穿山甲：科学、社会和保护

Pangolins: Science, Society and Conservation

〔英〕丹尼尔·W.S. 查兰德（Daniel W.S. Challender）

〔英〕海伦·C. 纳斯（Helen C. Nash）　主编

〔英〕卡莉·沃特曼（Carly Waterman）

华　彦　谭　琳　等译

科学出版社

北　京

图字：01-2021-0607 号

内 容 简 介

本书是第一部关于穿山甲科学研究和保护实践的综合性书籍。本书共分为 4 篇 39 章，全面梳理了全球穿山甲的进化与分类、自然历史文化、受胁状况以及保护措施，涵盖了保护科学、政策法规、兽医卫生和资金筹措创新等领域，凝聚了全球该领域科学家的集体智慧，旨在带领读者认识并深入了解穿山甲这一神秘且极具魅力的物种，本书的问世将对全球 8 种穿山甲的保护具有里程碑式的重要意义。

本书适合广大生物爱好者阅读，特别是对穿山甲这类珍稀濒危野生动物感兴趣的读者。希望有更多的公众关注并参与到穿山甲保护中来，拯救和保护像穿山甲一样处于濒危状态的野生动物，保护全球生物多样性，保护我们的地球。同时，本书也可以作为动物学、保护生物学、兽医学相关专业学生的参考书。

审图号：GS（2024）0189 号

图书在版编目（CIP）数据

穿山甲：科学、社会和保护 /（英）丹尼尔·W.S. 查兰德（Daniel W.S. Challender）等主编；华彦等译. —北京：科学出版社，2024.3
书名原文：Pangolins: Science, Society and Conservation
ISBN 978-7-03-077451-4

Ⅰ．①穿… Ⅱ．①丹… ②华… Ⅲ．①穿山甲-研究 Ⅳ．①Q959.835

中国国家版本馆 CIP 数据核字（2024）第 009178 号

责任编辑：张会格 薛 丽 / 责任校对：郑金红
责任印制：肖 兴 / 封面设计：无极书装

科学出版社 出版

北京东黄城根北街 16 号
邮政编码：100717
http://www.sciencep.com

北京建宏印刷有限公司印刷
科学出版社发行 各地新华书店经销

*

2024 年 3 月第 一 版 开本：889×1194 1/16
2024 年 6 月第二次印刷 印张：31
字数：1 050 000

定价：398.00 元
（如有印装质量问题，我社负责调换）

《穿山甲：科学、社会和保护》
翻译人员名单

译　者（以姓氏汉语拼音为序）

安富宇　包　衡　范龙成　华　彦

龙泽旭　孙　松　谭　琳　王嘉文

王　姣　吴雅韵　徐锦前　薛婷婷

审　校　华　彦　魏世超　马梦杰

编撰者列表

莱维塔·阿科斯塔-拉格拉达（Levita Acosta-Lagrada）　巴拉望可持续发展工作委员会，菲律宾普林塞萨港；摄政公园伦敦动物学会，世界自然保护联盟物种生存委员会穿山甲专家组，英国伦敦

盖瑞·埃兹（Gary Ades）　嘉道理农场暨植物园动物保育部，中国香港

尼克·阿勒斯（Nick Ahlers）　世界自然保护联盟国际野生动物贸易研究组织，南非比勒陀利亚大学哈特菲尔德校区，南非

法拉兹·阿克里姆（Faraz Akrim）　安瑞德农业大学野生动物管理系，巴基斯坦拉瓦尔品第

丹尼尔·阿兰皮耶维奇（Daniel Alempijevic）　佛罗里达大西洋大学综合生物学系，美国佛罗里达州博卡拉顿

德克斯特·阿尔瓦拉多（Dexter Alvarado）　卡塔拉基金会有限公司，菲律宾公主港埃尔兰乔

沙伊斯塔·安德利布（Shaista Andleeb）　安瑞德农业大学野生动物管理系，巴基斯坦拉瓦尔品第

布鲁·盖伊-马修·阿索（Brou Guy-Mathieu Assovi）　费利克斯·乌弗埃-博瓦尼大学，科特迪瓦阿比让

山姆·阿耶拜尔（Sam Ayebare）　野生动物保护学会，美国纽约布朗克斯

威廉·比莱特（Guillaume Billet）　巴黎大学古生物学研究中心，法国国家自然历史博物馆

蒂莫西·C. 博内布拉克（Timothy C. Bonebrake）　香港大学生物科学学院，中国香港

安巴拉西·布珀（Anbarasi Boopal）　ACRES 野生动物救护中心，新加坡

汤姆·布鲁斯（Tom Bruce）　摄政公园伦敦动物学会保护与政策部，英国伦敦

盖尔·伯吉斯（Gayle Burgess）　环境科学研究院，英国伦敦；环境学会，英国考文垂

弗朗西斯·卡巴纳（Francis Cabana）　新加坡野生动物保护组织，新加坡

罗德·卡西迪（Rod Cassidy）　僧伽穿山甲项目，中非共和国赞加-僧伽特别保护区

塔玛尔·卡西迪（Tamar Cassidy）　僧伽穿山甲项目，中非共和国赞加-僧伽特别保护区

丹尼尔·W.S. 查兰德（Daniel W.S. Challender）　牛津大学动物学系和牛津马丁学院，英国牛津；摄政公园伦敦动物学会，世界自然保护联盟物种生存委员会穿山甲专家组，英国伦敦

赵荣台（Jung-Tai Chao）　台湾林业科学研究所，中国台湾台北

沙韦斯·奇玛（Shavez Cheema）　加里曼丹岛野生动物园，马来西亚哥打基纳巴卢；摄政公园伦敦动物学会，世界自然保护联盟物种生存委员会穿山甲专家组，英国伦敦

陈玉婷（Tina Ting-Yu Chen）　台北动物园，中国台湾台北

程文达（Wenda Cheng）　香港大学生物科学学院，中国香港

杰森·秦（Jason Shih-Chien Chin）　台北动物园，中国台湾台北

鞠连冲（Ju Lian Chong）　马来西亚登嘉楼大学科学与海洋环境学院热带生物多样性与可持续发展研究所，马来西亚吉隆坡；摄政公园伦敦动物学会，世界自然保护联盟物种生存委员会穿山甲专家组，英国伦敦

钟逸飞（Yi Fei Chung）　国家公园委员会保护部门，新加坡

罗西·库尼（Rosie Cooney）　世界自然保护联盟环境、经济和社会政策委员会/物种生存委员会可持续利用和生计专家小组，瑞士格朗；澳大利亚国立大学芬纳环境与社会学院，澳大利亚堪培拉

德西雷·李·道尔顿（Desire Lee Dalton）　国家动物园国家生物多样性研究所，南非比勒陀利亚；文达大学，南非托霍延杜

蒂姆·R.B. 达文波特（Tim R.B. Davenport）　野生动物保护学会坦桑尼亚项目，坦桑尼亚桑给巴尔

恩里科·迪·米宁（Enrico Di Minin）　赫尔辛基大学地质科学与地理学院，芬兰赫尔辛基；赫尔辛基大学可持续发展科研所，芬兰赫尔辛基；夸祖鲁-纳塔尔大学生命科学学院，南非韦斯特维尔

霍利·达布林（Holly Dublin）　世界自然保护联盟可持续利用和生计专家组，肯尼亚内罗毕

塞尔吉奥·费雷拉-卡多佐（Sérgio Ferreira-Cardoso）　图卢兹大学进化科学研究所，法国蒙彼利埃

路易丝·弗莱彻（Louise Fletcher）　摄政公园伦敦动物学会，世界自然保护联盟物种生存委员会穿山甲专家组，英国伦敦

安德鲁·福勒（Andrew Fowler）　摄政公园伦敦动物学会保护与政策部，英国伦敦

菲利普·高伯特（Philippe Gaubert）　南部-比利牛斯大区卢兹大学进化与生物多样性实验室，法国图卢兹市；波尔图大学理学院海洋与环境多学科研究中心，葡萄牙马托西纽什

蒂莫西·J. 高登（Timothy J. Gaudin）　田纳西大学查塔努加分校生物地理环境学院，美国田纳西州查塔努加市

玛雅·古德胡斯（Maja Gudehus）　僧伽穿山甲项目，中非共和国赞加-僧伽特别保护区

兰金海（Lam Kim Hai）　菊芳国家公园拯救越南野生动物组织，越南宁平

斯图尔特·R. 哈洛普（Stuart R. Harrop）　金斯顿大学，英国伦敦

约翰·哈特（John Hart）　卢库鲁基金会，刚果民主共和国金沙萨

雷兹·哈特（Terese Hart）　卢库鲁基金会，刚果民主共和国金沙萨

安娜·豪斯曼（Anna Hausmann）　赫尔辛基大学地质科学与地理学院，芬兰赫尔辛基；赫尔辛基大学可持续发展科研所，芬兰赫尔辛基

莱昂内尔·豪蒂尔（Lionel Hautier）　图卢兹大学进化科学研究所，法国蒙彼利埃

马丁·赫加（Martin Hega）　野生动物保护学会加蓬项目，加蓬利伯维尔

肖恩·P. 海顿（Sean P. Heighton）　法国国家科学研究中心，法国发展研究院，巴黎萨克雷大学、比利牛斯大学进化与生物多样性实验室，法国图卢兹市；比勒陀利亚大学动物学和昆虫学系，南非比勒陀利亚

莎拉·海因里希（Sarah Heinrich）　摄政公园伦敦动物学会，世界自然保护联盟物种生存委员会穿山甲专家组，英国伦敦；阿德莱德大学生物科学学院，澳大利亚南澳大利亚州阿德莱德；大湖牧场监测保护研究协会，加拿大不列颠哥伦比亚省

迈克尔·霍夫曼（Michael Hoffmann）　摄政公园伦敦动物学会保护与政策部，英国伦敦

蕾切尔·霍夫曼（Rachel Hoffmann）　世界自然保护联盟物种生存委员会，英国剑桥

伊舒·古德维尔·伊舒（Ichu Godwill Ichu）　摄政公园伦敦动物学会，世界自然保护联盟物种生存委员会穿山甲专家组，英国伦敦；中非盗猎应对小组穿山甲保护网，喀麦隆雅温得

丹尼尔·J. 英格拉姆（Daniel J. Ingram）　斯特灵大学生物与环境科学学院非洲森林生态学小组，英国斯

特灵

瑙申·伊尔沙德（Nausheen Irshad）　波朗克-拉瓦拉科特大学动物学系，巴基斯坦

廖洪江（Nian-Hong Jang-Liaw）　台北动物园，中国台湾台北

雷蒙德·詹森（Raymond Jansen）　茨瓦尼科技大学环境、水与地球科学系，南非比勒陀利亚；非洲穿山甲工作组，南非比勒陀利亚

蒋志刚（Zhigang Jiang）　中国科学院动物研究所，中国北京

杰西卡·吉默森（Jessica Jimerson）　菊芳国家公园拯救越南野生动物组织，越南宁平

吉姆·高（Jim Kao）　台北动物园，中国台湾台北

帕拉提娃·卡斯帕尔（Prativa Kaspal）　特里布汶大学巴克塔布尔多校区妇女保护组织，尼泊尔吉尔蒂布尔

莉迪亚·K.D. 卡蒂斯（Lydia K.D. Katsis）　摄政公园伦敦动物学会，世界自然保护联盟物种生存委员会穿山甲专家组，英国伦敦

安比卡·P. 卡蒂瓦达（Ambika P. Khatiwada）　国家自然保护信托基金，尼泊尔勒利德布尔

安托瓦内特·科茨（Antoinette Kotze）　南非国家生物多样性研究所国家动物园，南非比勒陀利亚；自由州大学遗传学系，南非布隆方丹

阿德·库尔尼亚万（Ade Kurniawan）　摄政公园伦敦动物学会，世界自然保护联盟物种生存委员会穿山甲专家组，英国伦敦；新加坡野生动物保护组织，新加坡

胡安·拉普恩特（Juan Lapuente）　科洛吉和特罗本比奥吉大学生物中心（动物学Ⅲ）维尔茨堡大学科特迪瓦与动物生态学和热带生物学科莫埃研究站科莫埃黑猩猩保护项目，德国维尔茨堡

娜塔莉·劳伦斯（Natalie Lawrence）　剑桥大学历史与科学系，英国剑桥

佩奇·B. 李（Paige B. Lee）　新加坡野生动物保护组织保护研究与兽医服务部，新加坡

卡洛琳·利斯（Caroline Lees）　世界自然保护联盟物种生存委员会自然保育规划专责小组，美国明尼苏达州苹果谷

切尼·利（Chenny Li）　国家公园委员会保护部门，新加坡

李厚峰（Hou-Feng Li）　中兴大学昆虫学系，中国台湾台中

李宇文（Jocy Yu-Wen Li）　台北动物园，中国台湾台北

诺曼·T-L. 利姆（Norman T-L Lim）　摄政公园伦敦动物学会，世界自然保护联盟物种生存委员会穿山甲专家组，英国伦敦；新加坡南洋理工大学国家教育学院，新加坡

林忠志（Chung-Chi Lin）　彰化师范大学生物系，中国台湾彰化

弗洛拉·罗萱怡（Flora Hsuan-Yi Lo）　台北动物园，中国台湾台北

卡林·洛伦斯（Karin Lourens）　约翰内斯堡野生动物兽医医院，南非约翰内斯堡

索尼娅·卢斯（Sonja Luz）　摄政公园伦敦动物学会，世界自然保护联盟物种生存委员会穿山甲专家组，英国伦敦；新加坡野生动物保护组织保护研究与兽医服务部，新加坡；世界自然保护联盟物种生存委员会自然保育规划专责小组，美国明尼苏达州苹果谷

塔里克·马哈默德（Tariq Mahmood）　安瑞德农业大学野生动物管理系，巴基斯坦拉瓦尔品第

菲奥娜·麦瑟斯（Fiona Maisels）　野生动物保护学会，美国纽约布朗克斯；斯特灵大学生物与环境科学学院，英国斯特灵

大卫·米尔斯（David Mills） 夸祖鲁-纳塔尔大学生命科学学院，南非德班；美国纽约豹类学会，美国纽约

拉杰什·库马尔·莫哈帕特拉（Rajesh Kumar Mohapatra） 南丹卡南动物园，印度布巴内斯瓦尔

达娜·J. 莫林（Dana J. Morin） 密西西比大学渔业与水产养殖野生动物学院，美国密西西比斯塔克维尔；南伊利诺伊大学联合野生动物实验室，美国伊利诺伊卡本代尔；摄政公园伦敦动物学会，世界自然保护联盟物种生存委员会穿山甲专家组，英国伦敦

海伦·C. 纳斯（Helen C. Nash） 摄政公园伦敦动物学会，世界自然保护联盟物种生存委员会穿山甲专家组，英国伦敦；新加坡国立大学生物科学系，新加坡

康斯坦特·恩贾西（Constant Ndjassi） 动植物国际利比里亚方案，利比里亚蒙罗维亚

布鲁诺·内比（Bruno Nebe） 蒙杜里穿山甲研究中心，纳米比亚斯瓦科普蒙德

利奥·尼斯卡宁（Leo Niskanen） 世界自然保护联盟非洲南部与东部地区办事处，肯尼亚内罗毕

斯图尔特·尼克松（Stuart Nixon） 切斯特动物园北英格兰动物协会野外项目，英国切斯特

罗伯·奥格登（Rob Ogden） "追踪"野生动物法医网络，英国爱丁堡；爱丁堡大学皇家（迪克）兽医学院和罗斯林研究所，英国爱丁堡

阿莱格里亚·奥尔梅（Alegria Olmedo） 牛津大学动物学系，英国伦敦；为了穿山甲民众组织，英国伦敦

安妮特·奥尔森（Annette Olsson） 国际保育协会，新加坡

科尔曼·奥克里奥丹（Colman O'Criodain） 世界自然基金会，肯尼亚内罗毕

温迪·帕纳诺（Wendy Panaino） 南非约翰内斯堡金山大学动植物与环境科学学院生理学与非洲生态中心脑功能研究组，南非约翰内斯堡

苏达尔桑·班达（Sudarsan Panda） 萨特科西亚老虎保护区，印度安古尔

埃利沙·潘姜（Elisa Panjang） 摄政公园伦敦动物学会，世界自然保护联盟物种生存委员会穿山甲专家组，英国伦敦；英国卡迪夫大学卡迪夫生物科学学院生物与环境部，英国卡迪夫；沙巴野生动物部丹瑙吉朗野外中心，马来西亚哥打基纳巴卢

克里·帕克（Keri Parker） 拯救穿山甲野生动物保护网，美国加利福尼亚旧金山；摄政公园伦敦动物学会，世界自然保护联盟物种生存委员会穿山甲专家组，英国伦敦

库马尔·波德尔（Kumar Paudel） 尼泊尔绿色保护组织，尼泊尔加德满都新巴内什沃尔

普里扬·佩雷拉（Priyan Perera） 斯里贾亚瓦德纳普拉大学林业与环境科学系，斯里兰卡努格古达

达伦·W. 彼得森（Darren W. Pietersen） 比勒陀利亚大学动物与昆虫学系哺乳动物研究所，南非哈特福尔德；摄政公园伦敦动物学会，世界自然保护联盟物种生存委员会穿山甲专家组，英国伦敦

克里斯汀·普劳曼（Christian Plowman） 野生动物保护学会，刚果共和国布拉柴维尔

保罗·兰金（Paul Rankin） 已故

马杜·拉奥（Madhu Rao） 新加坡野生动物保护组织，新加坡

艾米·罗伯茨（Amy Roberts） 芝加哥动物园/布鲁克菲尔德动物园，美国伊利诺伊州布鲁克菲尔德

迪莉斯·罗（Dilys Roe） 国际环境与发展研究所，英国伦敦

萨拜因·肖普（Sabine Schoppe） 卡塔拉基金会有限公司，菲律宾公主港埃尔兰乔；摄政公园伦敦动物学会，世界自然保护联盟物种生存委员会穿山甲专家组，英国伦敦

戈诺·塞米亚迪（Gono Semiadi） 摄政公园伦敦动物学会，世界自然保护联盟物种生存委员会穿山甲专家组，英国伦敦；印度尼西亚科学院生物研究中心芝比侬科学中心，印度尼西亚茂物

桑迪亚·夏尔马（Sandhya Sharma） 保护生物学家，尼泊尔辛胡巴佐克

黛比·肖（Debbie Shaw） 摄政公园伦敦动物学会，世界自然保护联盟物种生存委员会穿山甲专家组，英国伦敦

克里斯·R. 谢菲尔德（Chris R. Shepherd） 摄政公园伦敦动物学会，世界自然保护联盟物种生存委员会穿山甲专家组，英国伦敦；大湖牧场监测保护研究协会，加拿大不列颠哥伦比亚省

马修·H. 雪莉（Matthew H. Shirley） 佛罗里达国际大学热带保护研究所，美国北迈阿密

黛安娜·斯金纳（Diane Skinner） 世界自然保护联盟可持续利用和生计专家组，津巴布韦哈拉雷

奥卢费米·索德因（Olufemi Sodeinde） 美国纽约城市大学布鲁克林分校纽约城市理工学院生物科学系，纽约布鲁克林

维森·宋德赛（Withoon Sodsai） 摄政公园伦敦动物学会，世界自然保护联盟物种生存委员会穿山甲专家组，英国伦敦；诺丁汉特伦特大学，英国诺丁汉

杜罗贾耶·苏乌（Durojaye Soewu） 奥孙州立大学埃吉博校区农业学院渔业和野生动物管理系，尼日利亚奥绍博

Bee Choo Ng Strange 新加坡自然协会脊椎动物研究组，新加坡

孙敬闵（Nick Ching-Min Sun） 屏东科技大学生物资源研究所，中国台湾屏东

图尔希·拉克西米·苏瓦尔（Tulshi Laxmi Suwal） 小型哺乳动物保护和研究基金会，尼泊尔加德满都；屏东科技大学热带农业暨国际合作系，中国台湾屏东

乔纳森·斯瓦特（Jonathan Swart） 韦尔格冯登野生动物保护区，南非瓦尔沃特

桑占·塔帕（Sanjan Thapa） 小型哺乳动物保护与研究基金，尼泊尔加德满都

保罗·汤姆逊（Paul Thomson） 野生生物保育网络拯救穿山甲项目部，美国加利福尼亚州旧金山

凯西特雷勒-霍尔兹（Kathy Traylor-Holzer） 世界自然保护联盟物种生存委员会自然保育规划专责小组，美国明尼苏达州苹果谷

迈克尔·赛斯-洛尔福斯（Michael 't Sas-Rolfes） 牛津大学地理与环境学院和马丁学院，英国牛津

迪奥戈·韦里西莫（Diogo Veríssimo） 牛津大学动物学系和马丁学院，英国牛津；圣地亚哥动物园保护研究中心，加利福尼亚州埃斯孔迪多

阿克沙伊·维什瓦纳特（Akshay Vishwanath） 世界自然保护联盟非洲南部与东部地区办事处，肯尼亚内罗毕

马丁·T. 沃尔什（Martin T. Walsh） 英国剑桥大学沃尔夫森学院，英国剑桥

默罕默德·瓦西姆（Muhammad Waseem） 世界自然基金会巴基斯坦分会，巴基斯坦伊斯兰堡

卡莉·沃特曼（Carly Waterman） 摄政公园伦敦动物学会保育与政策部，英国伦敦；摄政公园伦敦动物学会，世界自然保护联盟物种生存委员会穿山甲专家组，英国伦敦

约翰·R. 韦伯（John R. Wible） 卡内基自然历史博物馆哺乳动物部，美国匹兹堡

利安娜·薇薇安·威克（Leanne Vivian Wicker） 维多利亚州动物园集团希斯维尔野生动物保护区澳大利亚野生动物医疗中心，澳大利亚

丹尼尔·威尔科特斯（Daniel Willcox） 摄政公园伦敦动物学会，世界自然保护联盟物种生存委员会穿

山甲专家组，英国伦敦；菊芳国家公园拯救越南野生动物组织，越南宁平

奥利弗·威瑟（Oliver Withers）　摄政公园伦敦动物学会保护与政策部，英国伦敦

尼奇·赖特（Nicci Wright）　非洲国际爱护动物协会，南非约翰内斯堡；非洲穿山甲工作组，南非约翰内斯堡

温迪·赖特（Wendy Wright）　澳大利亚联邦大学健康与生命科学学院，澳大利亚维多利亚吉普斯兰

吴诗宝（Shibao Wu）　华南师范大学生命科学学院，中国广州

邢　爽（Shuang Xing）　香港大学生物科学学院，中国香港

于一爽（Yishuang Yu）　华南师范大学生命科学学院，中国广州

张富华（Fuhua Zhang）　华南师范大学生命科学学院，中国广州

张明霞（Mingxia Zhang）　中国科学院西双版纳热带植物园，中国勐腊

周有龙（Youlong Zhou）　河南中医药大学，中国郑州

滕凯·佐尔塔尼（Tenke Zoltani）　贝特金融，瑞士日内瓦

译 者 序

  穿山甲是一种神奇的哺乳动物,它与大家熟知的其他野生动物相比更加独特:独特的形态特征、独特的生活习性、独特的演化历史。正因为独特,穿山甲散发出与众不同的魅力!然而,近二十年来,由于人为干扰、栖息地丧失、气候变化等因素,全球 8 种穿山甲种群急剧下降,等我们重新审视人类与这类奇特生物的关系时,才发现其实我们对穿山甲还知之甚少。

  在 5 年前,我对穿山甲的了解也仅限于标本和文献,甚至没见过穿山甲活体。2020 年,由于工作的原因,我的保护研究对象从虎豹转为穿山甲,我开始梳理全球关于穿山甲保护研究文献资料。庆幸的是,原 IUCN 物种生存委员会穿山甲专家组主席丹尼尔·W.S. 查兰德等人系统整理了全球穿山甲研究进展,召集 130 多名作者共同编著完成了这部迄今为止最为权威的穿山甲保护研究巨著,为今后的穿山甲保护奠定了重要基础。

  中国是亚洲穿山甲的重要分布区,分布有中华穿山甲和马来穿山甲,印度穿山甲是否在中国分布暂无证据。中国政府高度重视穿山甲等野生动物的保护工作,2020 年 7 月,国家林业和草原局穿山甲保护研究中心在广州成立,对中国乃至全球分布的穿山甲物种开展就地和迁地保护研究,为全球 8 种穿山甲的系统保护贡献中国力量。

  本书由华彦、谭琳主持翻译,第一篇第 1 部分进化、系统发育和分类学(第 1~2 章)由华彦、龙泽旭翻译,第 2 部分(第 3~11 章)生物学、生态学和地位由孙松、范龙成翻译;第二篇文化意义、利用与贸易概论(第 12~16 章)由包衡、徐锦前翻译;第三篇第 1 部分执法和监管(第 17~20 章)由吴雅韵翻译,第 2 部分提高认识和行为改变(第 21~22 章)由范龙成翻译,第 3 部分现场保护和当地社区参与(第 23~27 章)由王姣、王嘉文翻译,第 4 部分迁地保护(第 28~32 章)由安富宇翻译,第 5 部分保育规划、研究和融资(第 33~38 章)由薛婷婷翻译;第四篇未来(第 39 章)由华彦翻译。在本书的翻译过程中,得到原作者丹尼尔·W.S. 查兰德等人的大力支持,本书的出版也得到了国家林业和草原局穿山甲保护研究中心和广东省林业局在经费、人员等各方面的大力支持,在此一并表示感谢。

  本书涉及的内容非常广泛,又有较多交叉学科,加上译者水平有限,不足之处在所难免,敬请广大专家、学者及读者批评指正。

译 者

2023 年于广州

序　一

"它是微型的夜间艺术家、工程师……达·芬奇作品的复制——令人印象深刻的动物和鲜有所闻的劳动者。"

——诗人 Marianne Moore《穿山甲》

穿山甲是自然界中最具魅力、最神秘的物种之一。它的身体构造机理和进化历程非常独特，奇异非凡，仿佛是人们想象出来的物种。

现实生活中如果见到它，即便达·芬奇在世，也会觉得这是一种无法凭空想象出来的生物。

回忆起二十多年前，第一次见到它的场景，至今仍记忆犹新。当时我正在老挝开展野外探险："它长得像一只披满鳞甲的小狗，有一条像恐龙那样的尾巴，长长的鼻子，蜿蜒的舌头，没有牙齿"。想象一下，当这样的一只小动物坐起来，用它的眼睛专注地看着你的时候，这样的场景实在令人难忘。

其实，在初遇穿山甲的几个月前，我就对它产生了好奇。1996 年，我帮助世界自然保护联盟（IUCN）编制了《世界自然保护联盟濒危物种红色名录》，这是有史以来第一次使用定量标准来评估所有哺乳动物的灭绝风险。

作为参与这项伟大事业的一员，在与全球的科学家进行交流时才发现其实我们对穿山甲知之甚少，对它们的研究非常有限，有关穿山甲的种群数量、栖息环境和非法贸易等情况都不是很清楚。而且，穿山甲并未被《世界自然保护联盟濒危物种红色名录》列为"濒危"等级。后来，随着有关穿山甲非法贸易消息的报道越来越多，我想穿山甲的处境可能比之前想象的更加糟糕。

近年来，穿山甲的非法贸易数量惊人，达到了数万只。2012 年，我和老朋友、本书的作者丹尼尔·W.S. 查兰德博士，一起重新组建了"世界自然保护联盟物种生存委员会穿山甲专家组（IUCN/SSC Pangolin Specialist Group）"，希望通过穿山甲专家组的工作填补对穿山甲相关研究的空白，为科学开展穿山甲保护提供更多的数据支持。穿山甲专家组对现存的 8 个穿山甲物种进行种群状况评估后发现，全球的穿山甲受胁状况比预想的严重得多。

穿山甲是当今全球非法贸易最多的哺乳动物，分布在全球各地的 8 种穿山甲都面临灭绝的风险，我们的工作和使命是让更多的公众关注穿山甲并参与到穿山甲的保护中来。

也许你会奇怪，为什么穿山甲盗猎会如此猖獗？这是由于其独特的外表和习性，使它们在非洲和亚洲的文化历史中具有重要的意义。它们是世界上唯一体被鳞甲的哺乳动物，其盔甲般的鳞片由角蛋白组成，与人类指甲和头发中的蛋白质成分相同。穿山甲已经进化了 8000 万年，与它们食肉的近亲动物不同，它们主要用强有力的爪子、灵敏的鼻子和富有黏液的长舌头捕食蚂蚁和白蚁。

穿山甲体型虽小，但力量强大。第一次在老挝有幸遇见穿山甲，数年后我在加蓬雨林研究大猩猩时，恰巧又碰见几只。一天晚上，我偶遇一只大穿山甲，体重超过 30kg。我悄悄跟在它后面，观察它如何活动。当我试图伸手抓住它，想看得更清楚时，它却不停地移动，拖着我前进，最后把我弄得人仰马翻。这时候我才意识到，这些动物原来这么强壮，最好离它们远点，不要打扰到它们。

穿山甲既无辜又脆弱。它们天性孤僻、性情温和，可能是自然界中最内向的类群，仅仅热衷于在深夜安静地做自己的事情。每当受到威胁时，它们只会把自己卷成一个球，靠盾牌一样的鳞片保护自己，虽然这可以抵御自然界的捕食者，但也很容易让它们成为盗猎者的目标，轻而易举地被捕获。

穿山甲的独特习性使它们很难被人工圈养，这也是它们在动物园和其他野生动物收容站存活率一直很低的原因，不过现在情况已经逐渐好转。

众所周知，近年来穿山甲被大量捕猎并被大规模贩卖，据统计，自 2000 年以来，全球已有超过 100

万只穿山甲被贩卖。它们被追捧的主要原因是东南亚一些国家盛传穿山甲的鳞片可入药，肉亦是美味。

2000 年以后，共计有 4 种亚洲穿山甲相继被列入禁止国际贸易的范畴。2017 年一项针对所有穿山甲 8 个种的国际贸易禁令生效。尽管采取了相关保护措施，但在过去十余年中，依然有 70 个国家和地区参与了穿山甲的非法贸易。

在中国，依据《中华人民共和国野生动物保护法》，销售和消费穿山甲肉和非法来源的鳞片是违法的。然而，大约有 200 家制药公司依然在生产含有穿山甲鳞片的传统药物，大约 700 家医院依然在销售含有穿山甲甲片成分的药物。迄今为止，医学界尚未明确穿山甲甲片对人体健康的生理作用，也存在多种可行的甲片利用的代替方案，尽管如此，穿山甲甲片的利用仍未完全停止。2019 年 8 月，中国政府明确宣布含有穿山甲鳞片的传统药物不再纳入国家基本医疗保险基金的支付范围，这一变化成为减少穿山甲鳞片需求的重要措施。通过不断加深不同受众的理解和参与，在各方的积极努力下，穿山甲保护取得了一定的成效，让我们看到了穿山甲保护的希望和美好未来。

寻求名人等有重要影响力的人士支持穿山甲保护事业，将有助于帮助人们改变习惯和认识，提高大众对穿山甲保护及其面临威胁的科学认知。这些人会潜移默化地影响到他们的支持者，关注保护穿山甲事业，或劝阻身边的人不要使用和消费穿山甲及其制品。2014 年，我、丹尼尔、皇家基金会联合野生动物保护联盟与 Rovio 娱乐公司（《愤怒的小鸟》的发行单位）开发了一款名为"与穿山甲滚"的 App，剑桥公爵威廉王子在一段公开的视频中，使用了这款 App，希望在全球范围内让更多的人了解穿山甲以及它们所处的困境并唤起人们对穿山甲的保护意识。

尽管我们的工作重点在穿山甲保护上，但我们寄希望于通过不同方式产生更加广泛的影响。我们创建了一套如何让一个物种从默默无闻到引起关键人群关注，然后将这种关注放大到更广泛的公众视野的知识体系。2016 年，穿山甲甚至因在迪士尼的影片——《奇幻森林》中客串而在好莱坞引起轰动。对于所有关心神奇生物保护的人来说，《奇幻森林》是一部里程碑影片。更令人鼓舞的是，在最近举行的《濒危野生动植物种国际贸易公约》（CITES）会议上，关于穿山甲保护问题的讨论和关注更加广泛了。

尽管穿山甲保护前景光明，但当前依然还有很多工作要做。关键问题在于尽快找到有效的方法来遏制人类对穿山甲及其制品的消费和使用。随着全球保护运动越来越多地引入行为科学，现在比以往任何时候都有更多机会来确定和锁定穿山甲需求的根源。与此同时，当地的非政府组织也在发挥积极的作用，对人们的行为改变也更加关注。另一种方法是，通过科普宣教，就像这本书一样，通过思想共鸣，推动人们对穿山甲认知的改变。通过收集有关穿山甲及其受胁的最新资讯、提出解决方案，实施具体保护措施，从当地社区的参与—穿山甲及其制品需求减少—有效的执法监督等各个环节的完善，最终实现穿山甲的系统保护。

穿山甲是地球上非常独特的哺乳动物，它天真、害羞、神秘，独一无二，正因它的特别，穿山甲的保护尤显重要。然而，全球穿山甲由于乱捕滥猎和非法贸易濒临灭绝，这种不公正现象迫使我们所有人采取行动！

就我个人而言，作为一名保护主义者，为穿山甲的未来而战一直是我奋斗的初心与使命。我认为，穿山甲不仅仅是单一的濒危野生动物，它具有更宏观的意义，它的现状映射了当今许多野生动物面临的困境，我们致力于保护全球生物多样性，就要拯救和保护像穿山甲这样的濒危野生动物。

面对人类不断对大自然和动物栖息地的蚕食以及对动物资源的过度消耗，地球上的野生动物却毫无抵抗之力，就像一只小巧的穿山甲，面对盗猎者，只能蜷曲成一团，任凭被带走，甚至痛苦地死去，完全不能主宰自己的命运。因此，当今地球上所有野生动物的命运都掌握在人类手中，只有我们自己才能拯救它们。每当有人问我，在野生动物保护事业中，普通大众能做点什么？我总是对他们说，在你的生活中，选择一两件力所能及的事并坚持做下去，就足够了。但对我而言，穿山甲已成为我生活中的一部分，无论我在做什么，都会一直关注它。其实，无论普通人还是从事保护的工作者，我们都可以在穿山甲保护的具体工作中寻找到各自的价值与关注点，只要我们确保自己能持续地投入时间和精力，这就是每个人推动穿山甲保护的方式，它不会在一两年内就实现，而是需要终生投入与付出。

在我华盛顿哥伦比亚特区国家地理学会总部的办公室里，我的办公桌上一直放着一个小穿山甲雕塑，以此提醒自己肩负的责任与使命。我的办公桌对面是一张标志性的穿山甲照片，由著名摄影师、《国家地理》杂志同事——乔尔·萨尔托雷（Joel Sartore）拍摄。每次我走出房门，经过那幅穿山甲肖像时，它那犀利的、几乎跟人类一样的眼神都会凝视着我。

"穿山甲，令人印象深刻的动物和鲜为人知的劳动者。"这是 20 世纪 30 年代诗人玛丽安·摩尔（Marianne Moore）写下的，时过境迁，世界已经发生了翻天覆地的变化。如今，穿山甲保护前途未卜，我们务必继续努力把它们从不为人所知的困境中解放出来，让全世界的目光持续地关注它们，让更多的人听到它们的消息并深入了解它们，一起创造一个野生濒危动物保护的范例。

幸运的是，世界各地已经有不少人在为实现这一目标而努力，科学家、研究人员、自然主义者等保护人士正在为提升人们对穿山甲的认知、推动其参与保护行动作出重要贡献。

感谢所有读过这本书以及将相关资讯传递下去的人，感谢你们为推进穿山甲保护的伟大事业作出重要贡献，这是我们致力于拯救这些最精致、最迷人、最珍贵物种的重要动力。

乔纳森·贝利博士
美国国家地理学会执行副主席、首席科学家

序　二

　　生物多样性和生态系统服务政府间科学政策平台（IPBES）最近发布了一份关于全球生物多样性现状的评估报告。报告中指出：人类活动（如森林砍伐、过度捕捞、气候变化、环境污染和外来物种入侵等）是导致全球生命维持系统功能下降的主要因素，该报告具有里程碑式的重要意义，发人深省！

　　目前，全世界生态系统正面临严重威胁，物种以前所未有的速度加快灭绝。这对环保专家而言，已不是新闻。科学家、环保主义者、政府官员等所有从事生态系统保护工作的人员都在试图理解生态系统面临的复杂威胁，并通过制定生态修复方案，尽最大努力实施有效的保护。

　　为认识目前的挑战和机遇，爱思唯尔（Elsevier）出版社于 2016 年开始出版丛书——"全球生物多样性：从基因到景观保护"（*Biodiversity of the World: Conservation from Genes to Landscapes*）。本丛书由著名学者和环保专家执笔，每一卷聚焦于一个物种或分类保护单元，涉及行为、保护、生态、进化、遗传、管理、生理、政策、恢复和维持等内容。从基因到景观等不同尺度聚焦学科交叉融合，推动全球生物多样性保护和研究。

　　《穿山甲：科学、社会和保护》（*Pangolins: Science，Society and Conservation*）一书由丹尼尔·W.S. 查兰德（Daniel W.S. Challender）、海伦·C. 纳斯（Helen C. Nash）和卡莉·沃特曼（Carly Waterman）主编。该书共有三十多个章节，概括了迄今为止全世界穿山甲的保护和研究工作，凝聚了全球该领域科学家的集体智慧，全面梳理了全球穿山甲进化和分类、自然历史文化、面临的威胁以及保护措施，该书的问世对全球的穿山甲保护具有里程碑式的重要意义。

　　该书于 2019 年《濒危野生动植物种国际贸易公约》（CITES）第 18 次缔约方大会（CITES CoP18）召开之际完成。CITES 是半个世纪前为保护国际贸易导致受威胁甚至濒临灭绝的物种制定的全球性物种保护条约。三年前在南非召开 CITES 第 17 次缔约方大会，会议标志性成果是 182 个缔约方代表表决禁止所有穿山甲物种进行国际商业性贸易，表决通过后全体参会代表报以热烈的掌声和欢呼声。会后，我与世界自然保护联盟物种生存委员会（IUCN/SSC）穿山甲专家组主席丹尼尔·W.S. 查兰德博士座谈，萌生了撰写此书的想法。查兰德博士用自己强大的号召力和旺盛的精力，汇集了全球顶尖穿山甲保护专家学者，共同为这本书贡献力量和智慧。

　　《穿山甲：科学、社会和保护》（*Pangolins: Science，Society and Conservation*）是本丛书的第四本专著。2016 年出版的第一本《雪豹》（*Snow Leopards*），由 Thomas McCarth 和 David Mallon 主编，获得了 2017 年野生动物社会丛书中的野生动物出版类奖项。第二本——《猎豹：生物学和保护》（*Cheetahs: Biology and Conservation*）于 2017 年出版，由 Laurie Marker、Lorraine Boast 和 Anne Schmidt-Kuentzel 主编。第三本——《美洲鹤：生物学和保护》（*Whooping Cranes: Biology and Conservation*）于 2018 年出版，由 John French、Sarah Converse 和 Jane Austin 主编。本丛书希望将国际高度关注的物种和分类单元进行综合性、多学科和权威的报道。Daniel、Helen 和 Carly 出色地完成了本书的撰写工作，全方位总结了穿山甲这一独特可爱物种的生物特征和保护研究工作，提升了整个丛书的水平。很荣幸有这么多优秀编辑和作者为本丛书出版贡献力量，毫无疑问，此书的出版将对穿山甲保护和研究产生深远影响。

　　好的内容和题材需要优秀的出版商鼎力支持。本丛书源于 Elsevier 生命科学部前高级策划编辑 Kristi Gomez 的启发鼓励和大力支持。动物科学、生物学和进化生物学的策划编辑 Anna Valutkevich 以热情和专业的工作态度投入本书编辑出版。编辑项目经理 Devlin Person 和 Elsevier 团队的其他成员为本书的出版做出了积极努力。

　　当今，全球生物多样性面临的威胁日益增加，令人欣慰的是，有越来越多个人和组织积极开发与应用科学有效的技术用以研究和保护濒危物种。穿山甲的故事是人类对这一珍稀神秘物种及其栖息地造成巨大破坏的悲惨案例，换个角度看，也积极乐观地展现了从事穿山甲保护的同仁们克服重重困难，完成看似不可能任务的艰辛历程。

我希望广大读者会喜欢并向朋友们推荐这本书。此外，本丛书的其他书籍正在编写中，希望你们和我一样，对即将问世的其他几部生物多样性保护书籍同样重视，充满期待。

全球生物多样性：从基因到景观保护

丛书主编　菲利普·J.尼胡斯

美国沃特维尔科尔比学院环境研究项目主任

致　　谢

穿山甲保护过去一直被忽视，目前受到前所未有的关注。2016 年 10 月，穿山甲被列入《濒危野生动植物种国际贸易公约》（CITES）附录 I，禁止所有穿山甲物种及其制品的国际商业性贸易。国际媒体开始酝酿了本书的出版，菲利普·J. 尼胡斯意识到大众欠缺了解穿山甲科学保护知识的途径，所以他建议写一本这样的书，并把它列入 Elsevier 的"全球生物多样性：从基因到景观保护"（*Biodiversity of the World: Conservation from Genes to Landscapes*）系列。

我们欣然地接受了这项任务，马上起草大纲，着手撰写。该项任务挑战极大，需要更多人参与，因此，我们求助于过去 10 年建立的研究穿山甲和相似濒危物种保护的专家网络。令人欣慰的是，很快就收到了来自各方面的积极响应。专家们分享了编写本书时的最新资讯、受胁状况和保护措施等。本书通过了国际同行评审，广大读者也认识到本书的价值，并给予了高度好评。

这是第一部关于穿山甲科学研究和保护实践的综合性书籍。本书的出版得益于全球 134 位作者的贡献，他们在各自擅长的学科和专业领域贡献力量，涵盖保护科学、政策法规、兽医卫生和金融创新等领域，并将这些知识浓缩成精华融入书中。我们由衷地感谢每一位作者对本书的帮助，没有他们的辛勤付出就没有这本书的正式出版。

如果本书仅重视保护穿山甲学术研究，不会有这么大的现实意义。迄今为止，人类对穿山甲的认识很大部分来自穿山甲分布区的当地居民。穿山甲面临的威胁几乎都是人为的，要拟定地方性或者全球性的保护方案，需要不同的利益相关方共同设计和实施。简而言之，保护穿山甲需要凝聚多方力量，发挥各自作用，采取多种措施，这是本书中明确提出的有效方法。

如果没有广泛支持，本书不可能完成。首先，我们非常感谢菲利普·J. 尼胡斯提供出版机会，其次感谢他在本书出版过程中的悉心指导和大力支持。我们还要感谢 Elsevier 出版社的 Kavitha Balasundaram、Billie Jean Fernandez、Kristi Gomez、Punitha Govindaradjane、Praveen Kumar、Sandhya Narayanan、Anna Valutkevich 和 Andre Wolff，特别是编辑项目经理 Devlin Person，感谢他的辛勤付出，感谢所有关心、帮助和支持本书出版的人。

感谢 David Mallon 给我们许多慷慨的建议，弥补了我们在出版经验上的短板。感谢 Chris Shepherd 为书稿设计和大纲编写提供的大力帮助。感谢 Michael Hoffmann 在整个过程中的建议和支持。衷心地感谢参与本书的审阅，并在我们寻求帮助时提供了技术支持和建议的朋友和同事。这里要特别感谢 Gary Ades、Rosie Cooney、Animesh Ghose、Amy Hinsley、Rachel Hoffmann、Daniel Ingram、Jessica Jimerson、Helen O'Neill、Matthew Shirley、Nick Ching-Min Sun、Michael't Sas-Rolfes、Scott Trageser、Tessa Ullmann 及 Diogo Verı'ssimo。我们非常感谢 Thomas Starnes 为本书绘制地图。同时也感谢 Rajesh Mohapatra 同意我们在本书的封面使用他所拍摄的印度穿山甲照片。

穿山甲是最迷人的动物之一，它还有很多谜团有待解锁。为了确保这种讨人喜欢、日益具标志性的明星物种有光明的未来，我们还有很多事情要做。如果本书能在穿山甲研究和保护方面发挥积极作用，那么我们的努力就没有白费。

丹尼尔·W.S. 查兰德

海伦·C. 纳斯

卡莉·沃特曼

目　　录

第一篇
穿山甲是什么?

综　述

　　第一篇第1部分讨论穿山甲的进化、系统发育和分类学。该部分详细介绍了关于穿山甲最新的科学设想，如它们是在何时、何地以及如何进化的，并利用化石记录和DNA信息来解释它们数千万年的自然进化历程。在评估这段进化史时，第1章讨论了穿山甲独特的形态特征，包括它们的表皮鳞片以及解剖学上对食性特化的适应。第2章基于穿山甲的化石证据和现存穿山甲对其系统发育和分类作出权威性的阐述，描述了现存穿山甲最新的综合分类体系，展望了揭示穿山甲物种多样性相关研究的思路和途径。

　　第2部分探讨穿山甲的生物学、生态学和地位。第3章概述了穿山甲在生态系统中的角色，具体包括：群居昆虫的捕食者、猎物、寄生虫的宿主和生态系统其他服务功能的提供者。第4~11章对现存8种穿山甲进行了系统描述。这包括了解到的关于穿山甲的分类学和形态学，尽管不同种类穿山甲形态特征具有诸多共同点，但是这些章节对每个穿山甲物种的独特性和适应性分别进行了讨论，重点比较了不同穿山甲物种的种间特异性，并提供了相关形态测量数据加以佐证。这些章节还概括了穿山甲分布的最新信息，更新了地理范围分布图。此外，还包括穿山甲栖息地、生态和行为、个体发生和繁殖、种群、受胁状况等内容。过度利用是大多数穿山甲物种面临的主要威胁，这在第二篇有详细叙述。

第1部分

进化、系统发育和分类学

第 1 章　进化与形态学

蒂莫西·J.高登[1]，菲利普·高伯特[2,3]，威廉·比莱特[4]，莱昂内尔·豪蒂尔[5]，塞尔吉奥·费雷拉-卡多佐[5]，约翰·R.韦伯[6]

1. 田纳西大学查塔努加分校生物地理环境学院，美国田纳西州查塔努加市
2. 南部-比利牛斯大区卢兹大学进化与生物多样性实验室，法国图卢兹
3. 波尔图大学理学院海洋与环境多学科研究中心，葡萄牙马托西纽什
4. 巴黎大学古生物学研究中心，法国国家自然历史博物馆
5. 图卢兹大学进化科学研究所，法国蒙彼利埃
6. 卡内基自然历史博物馆哺乳动物部，美国匹兹堡

引　言

　　穿山甲，或称有鳞食蚁兽，属于哺乳纲（Mammalia）真兽亚纲（Theria）鳞甲目（Pholidota），从形态特征方面看，它属于哺乳动物中最不寻常的目。正如"被鳞甲的食蚁兽"这个名字的寓意，它们最引人注目的特征是那层覆盖在表皮上的鳞片构成的外部"盔甲"，这为它们赢得了"行走的松果"或"漫步的洋蓟"等丰富的绰号。它们是唯一拥有这种"盔甲"的哺乳动物，尽管异关节总目（Xenarthra）犰狳类（Armadillos）也有一层表皮鳞片，但它们的鳞片与下面的骨性皮肤有密切关联，组织结构与穿山甲有很大的差异（Grassé，1955a；Vickaryous and Hall，2006）。穿山甲遇到危险时会将自己卷成一个球状，让盔甲状的鳞片暴露在外进行防御，因此在马来语中，"穿山甲"也有"卷起来"的意思（Kingdon，1997）。此外，除了体被鳞甲外，穿山甲不同于其他哺乳动物的特征还有：无齿、缺失釉质功能基因（Meredith et al.，2009）、发达的长舌（Chan，1995；Kingdon，1974）、食性特化（以蚂蚁和白蚁为食）（Heath，2013）、发达的肛腺（Kingdon，1974）及善于掘洞和爬树（Gaudin et al.，2009，2016）。

　　鳞甲目的起源和早期进化一直难以阐明，牙齿是哺乳动物骨骼中最耐用、最容易保存的部分，由于缺乏牙齿，它们的化石记录很少（Gaudin et al.，2009，2016）。穿山甲化石稀少的状况，可能与它们偏好森林环境及其在局部区域野外种群密度低有关（Gaudin，2010；Gaudin et al.，2016）。此外，它们与其他有胎盘哺乳动物群体的关系，在历史上一直存在争议，穿山甲由于没有牙齿，缺乏了重要的进化证据，很多系统发育的问题难以厘清（Emry，2004；Ungar，2010），但随着研究的不断深入，分歧正逐步减少。

　　本章概述了穿山甲这一类群与其他哺乳动物的系统发育关系，总结了已知的化石证据，讨论了该类群的历史生物地理学问题，探讨了这种高度独特的哺乳动物的不寻常的形态特征。

穿山甲的超序关系

　　林奈于 1758 年给中华穿山甲定名为 *Manis pentadactyla*，并将它与大象、海牛、树懒、食蚁兽一起放在 Bruta 目中。1766 年，他又将犰狳加入其中。1780 年，Storr 将大象和树懒从中移除，并将包含穿山甲、食蚁兽、树懒和犰狳的目改名为 Mutici。Mutici 所包含的动物构成了贫齿目（Edentata）的核心（Vicq d'Azyr，

1792)，这个分支的动物类群在 20 世纪有了新的变化（Cuvier，1798）。尽管没有得到广泛认同，贫齿目却在 1887 年被 Thomas 提升至与真兽下纲（Eutheria）和后兽下纲（Metatheria）相对等的亚纲水平。毫无疑问，Thomas 的假设没有得到支持，其主要原因是，穿山甲与其他胎盘动物展现出了明显的亲缘关系，拥有大部分胎盘类动物的共有衍征，如具有绒毛膜尿囊型胎盘、较长的妊娠期、上耻骨缺失、具嗅球和胼胝体、具发达的大脑皮层、具双间子宫等（Elliot Smith，1899；Grassé，1955b；O'Leary et al.，2013）。

1904 年，Weber 将穿山甲定为鳞甲目（Pholidota），该目还包括了犰狳、树懒、食蚁兽等贫齿目的物种，以及土豚在内的管齿目（Tubulidentata）物种。20 世纪初期，当时还有作者将贫齿目和穿山甲的分类联系在一起（Rose et al.，2005），但到了 1945 年，Simpson 在梳理哺乳动物的分类时，又将这两者分离开来，基本结束了关于穿山甲分类地位的争论。此后，在首次对有胎盘哺乳动物的系统发育研究中，McKenna（1975）将鳞甲目划入一个更广泛的分支，这一分支包含了除贫齿目、兔形目（Lagomorpha）和象鼩目（Macroscelidea）外的全部有胎盘哺乳动物。但到了 20 世纪 80 年代末至 90 年代初，Novacek 及同事对穿山甲和贫齿目的分类，又重新进行了修订（Novacek，1986，1992；Novacek and Wyss，1986）。他们提出，鳞甲目和贫齿目之间具有诸多趋同进化特征，如齿系减少、发达的掘地能力以及颅骨的共性特征（如弓形下窝缩小、腭至腹侧眼眶壁紧缩）。这些特征很容易将鳞甲目与贫齿目动物联系在一起。当然，基于趋同进化的形态特征进行分类的方法受到了质疑（Rose et al.，2005），特别是在过去的 20 年中，无论是基于形态学还是分子生物学关于胎盘动物系统发育的文章中，没有一项是支持贫齿目和鳞甲目是遗传上的姐妹群的说法。

1985 年，Shoshani 等基于 DNA 序列分析，首次将穿山甲与食肉目（Carnivora）归为一类。这个结论被普遍接受，直到新的序列数据（Murphy et al.，2001a，2001b；Meredith et al.，2011）和 O'Leary 等（2013）提出新的佐证。但是，O'Leary 等的研究仅是从形态学特征上把鳞甲目、异关节目和管齿目列入贫齿目。穿山甲和食肉动物都有一些不寻常的衍生特征，包括小脑幕的骨化以及腕节上舟骨与月骨融合，但这些特征在每个类群的进化早期都不明显或缺失（Rose et al.，2005），因此，目前还没有直接的形态学证据将这两个类群连接起来。

还有一些灭绝的支系，被认为可能与穿山甲有密切的亲缘关系。有研究认为，穿山甲与古新世早期已知的一个小的动物群"古齿龙"存在较近的进化关系（Rose，2006）。古齿龙的齿系退化，可能使它像穿山甲和许多贫齿目动物一样具有食蚁性和掘洞适应性特征（Rose，2006）。Matthew（1918）首次指出了古齿龙、穿山甲和贫齿目之间的亲缘关系，他认为，从目前来看，找不到非常有力的证据来反对穿山甲和有甲贫齿类是从古齿龙演化而来的。Matthew（1918）认为关于古齿龙的亲缘关系有两个学派：一部分人认为更靠近贫齿目（Patterson et al.，1992；Simpson，1945；Szalay，1977），另一部分人则认为更接近穿山甲目（Emry，1970；McKenna and Bell，1997；Rose et al.，2005）。后一个观点得到了大多数人的支持。Gaudin 等（2009）命名了一个新的超目（superorder）——Pholidotamorpha，该超目包括古乏齿目（Palaeanodonta）和鳞甲目，这一观点也得到了 O'Leary 等（2013）研究结果的支持。令人好奇的是，Gaudin 等（2009）命名的 Pholidotamorpha 还包括中始新世分类单元 *Eurotamandua joresi*，该类最被人所知的是，来自于著名的被称为"Messel lagerstätten"的一个头骨（Storch，1981）。其最初被描述成贫齿目食蚁兽的近亲，它也许是旧大陆唯一的贫齿目。然而，近来的研究对这种分类方法提出了质疑（Rose，1999；Szalay and Schrenk，1998），Gaudin 等（2009）将 *Eurotamandua* 划入鳞甲目，作为一个包括所有现存的或穿山甲化石分支的姐妹分类单元。

穿山甲进化历史

考虑到最古老的穿山甲化石来自欧洲，而与之最接近、最可能的两个祖先——古乏齿目（Palaeanodonta）和食肉目（Carnivora）来自北美，所以鳞甲目很可能起源于劳亚古大陆（Flynn and Wesley-Hunt，2005；Gaudin et al.，2016；Rose et al.，2005）。这种超目关系，意味着鳞甲目的起源可能是一个复杂的幽灵谱系，因为古乏齿目（Palaeanodonta）与食肉目（Carnivora）可以追溯到古新世早期（Gaudin et al.，2016；O'Leary et al.，2013），而公认的最古老的穿山甲化石——*Euromanis* 和 *Eomanis*，来自德国梅塞尔（Messel）始新世早中期的岩层，约 4500 万年前的路特期（Gaudin et al.，2009；Rose et al.，2005；图 1.1）。分子系统发生学暗示了一个更古老的幽灵谱系，可追溯到白垩纪（Emerling et al.，2018；Meredith et al.，2011）。

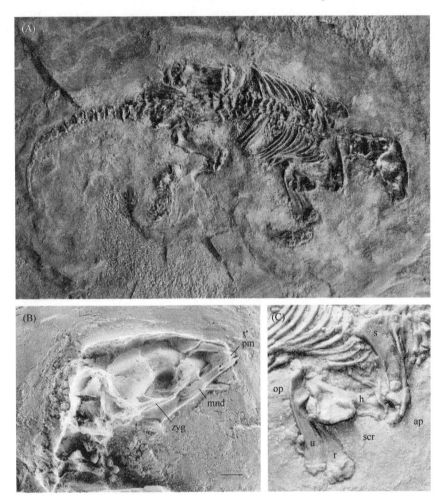

图 1.1　（A）*Eomanis waldi* 骨骼化石右侧视图。（B）*E. waldi* 头骨特写右侧视图（SMF MEA 263 cast）。（C）*Eomanis waldi* 右侧肩胛骨、肱骨、桡骨、尺骨特写（SMF MEA 263 cast）。ap：肩峰；h：肱骨；mnd：下颌骨；op：鹰嘴突；pm：前颌骨；r：桡骨；s：肩胛骨；scr：旋后肌嵴；u：尺骨；zyg：颧弓。照片 A/B 由 Gerhard Storch 提供。照片 C 得到 Springer/J. Mammal. Evol. Gaudin, T.J., Emry, R.J., Wible, J.R., 2009. The phylogeny of living and extinct pangolins (Mammalia: Pholidota) and associated taxa: a morphology based analysis. J. Mammal. Evol. 16(4), 235-305.（https://doi.org/10.1007/s10914-009-9119-9）的许可。

来自梅塞尔岩层的化石与古乏齿兽类（palaeanodonts）有很强的相似性。例如，它们都拥有一个细长的肩胛冈，一个有独立的近端延伸的肱骨旋后肌嵴和一个细长的在远端向内侧倾斜的三角嵴，短而宽的距骨和一个增大的第三指爪（图 1.1；Gaudin et al.，2009；Rose et al.，2005；Storch，2003）。最古老的穿山甲化石也是最小的化石。*Euromanis krebsi* 是一个缺少头骨的不完整标本（Gaudin et al.，2009；Storch and Martin，1994），它比 *Eomanis waldi* 稍大一些。多个 *E. waldi* 的标本被人熟知，包括几个近乎完整的头骨标本（全长约 47cm），该种比现存的体型最小的树栖南非地穿山甲稍小一些（Gaudin et al.，2009，2016；Storch，1978，2003）。*E. waldi* 缺乏树栖适应能力，拥有非常短的尾巴和爪。像现存的穿山甲和其他食蚁哺乳动物一样，它没有牙齿，因此，它极可能是以蚂蚁和白蚁为食。它保留了表皮鳞片，但鳞片覆盖的范围尚不清楚（Koenigswald et al.，1981）。然而，在大多数方面，它的骨骼比其他已知的穿山甲要原始得多，缺乏典型的穿山甲特征，如裂开的爪和腰椎关节突，在颅骨中保留了完整的颧弓［Gaudin et al.，2009；Rose et al.，2005；现存的穿山甲种类中，除了中华穿山甲（*Manis pentadactyla*）外，其他 7 种穿山甲颧弓均不完整（Emry，2004）］。

　　穿山甲在早古近纪（Paleogene）的化石记录很少，在已知的穿山甲分类单元中，仅见于现存穿山甲分布区之外的部分劳亚古大陆（Gaudin et al.，2006，2016）。除梅塞尔岩层的化石外，仅知道有三种穿山甲化石属早古近纪，其中 *Cryptomanis* 属是基于一具来自于中晚期始新世的中国东北发掘的没有头骨的局部骨骼（*C. gobiensis*；约 4000 万年前，巴顿期；Gaudin et al.，2006；图 1.2）。在所有的早古近纪穿山甲化石中，这个分类单元的骨骼最健壮，很可能与现存的亚洲穿山甲一样，有着细长的脚趾，但缺少可卷曲的尾（Gaudin et al.，2006）。*Patriomanis* 属是从来自于始新世晚期北美洲西部发掘的几具基本完整的骨骼和部分残骸中为人所知的（3700 万～3500 万年前，普利亚本期；Gaudin et al.，2016；图 1.2）。所有的 *Patriomanis* 化石都被指定为一个物种——*P. americana*。这个物种不如 *Cryptomanis* 健壮，但仍表现出明显的洞穴适应能力，大概是为了挖掘蚂蚁和白蚁的巢穴，因为它不具有像 *Eomanis* 一样的牙齿。但与 *Cryptomanis* 比起来，它的脚趾较短，却拥有可能用来缠绕的长尾，虽然尾部形态有差异，但功能上却与现存的小型树栖或半树栖非洲穿山甲相似（第 8 章、第 9 章），表明 *Patriomanis* 也可能是树栖（Gaudin et al.，2016）。这两个属组成了已经灭绝的 Patriomanidae 科（Gaudin et al.，2009，2016）。

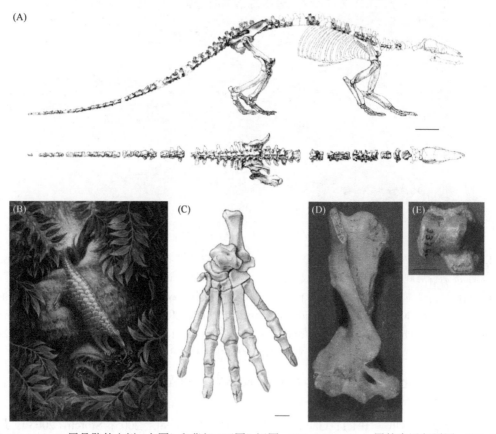

图 1.2　（A）*Patriomanis* 属骨骼的右侧（上图）和背部（下图）视图。（B）*Patriomanis* 属的生活复原图。（C）*Cryptomanis* 属后肢末节背视图（AMNH 26140）。（D）*Necromanis franconica* 右肱骨前视图。（E）*Necromanis franconica* 右距骨背视图（SMF M3379a）。图中比例尺表示 1cm。图 A、图 B 修改自 Gaudin, T.J., Emry, R.J., Morris, J., 2016. Description of the skeletal anatomy of the North American pangolin *Patriomanis Americana* (Mammalia, Pholidota) from the latest Eocene of Wyoming (USA). Smithson. Contrib. Paleobiol. 98, 1-102；图 C 修改自 Gaudin, T.J., Emry, R.J., Pogue, B., 2006. A new genus and species of pangolin (Mammalia, Pholidota) from the late Eocene of Inner Mongolia, China. J. Vertebr. Paleontol. 26(1), 146-159（修改许可来自于 Taylor and Francis Ltd, www.tandfonline.com）。照片 D、E 由 T. Gaudin 提供。

早古近纪晚期发现的穿山甲化石——*Necromanis* 属，在所有已灭绝的穿山甲中拥有最广泛的地层和地理分布。从渐新世中期到中新世中期（从古近纪晚期延伸到新近纪早期；2800 万～1400 万年前；Alba et al.，2018；Gaudin et al.，2009；Koenigswald，1999；图 1.2），在德国、法国、西班牙的多个地方都有发现（Alba et al.，2018；Crochet et al.，2015；Koenigswald，1999）。尽管如此，该属的三个种——*N. franconica*、*N. quercyi*、*N. parva* 的骨骼解剖学特征仍然不完全为人所知。但是，一具来自德国还暂未被描述的 *N. franconica* 骨骼化石可能会改变这种状况（Hoffmann et al.，2009）。*Necromanis* 属的分类关系没完全厘清之前，通过系统发育分析暂将它划入 Patriomanidae 或作为 Patriomanidae 的姐妹分类单元，或者作为包含所有现存种穿山甲属的一个分支（Gaudin et al.，2009）。另外还有一具产自北非早古近纪的穿山甲化石记录，是来自北非渐新世的几个孤立的有爪动物，化石以分离的趾的形式存在，但分类学的作用仍存疑（Gaudin，2010；Gaudin et al.，2009；Gebo and Rasmussen，1985）。

穿山甲的新近纪（Neogene）化石记录并不比古近纪多多少。基于匈牙利不完整的化石证据判断（Kormos，1934），穿山甲在欧洲至少存活至中新世中期（Koenigswald，1999），也有可能到上新世晚期。尽管如此，早新近纪期的 *Necromanis* 属的分类证据依然不完整。可以确定的是，上新世和更新世的穿山甲化石产自非洲，尽管它们的骨骼比现存的略小，但上新世的化石被归类为现存的巨地穿山甲（*Smutsia gigantea*），而更新世晚期的化石被归类为现存的南非地穿山甲（*S. temminckii*；Gaudin，2010）。三个化石记录中，有两个来自现有非洲种分布范围之外的南非，同时，来自南非的上新世化石仅有巨地穿山甲的化石保存完整（Botha and Gaudin，2007；Gaudin，2010）。直到更新世，南亚和东印度群岛未见穿山甲化石出现（Emry，1970）。除 *Manis lydekkeri*（仅有一根趾骨）和更新世爪哇岛的巨大穿山甲 *M. palaeojavanica*，所有的化石都被划入了现存穿山甲的分类系统中（Emry，1970；Gaudin et al.，2009）。*M. palaeojavanica* 是迄今为止发现的体型最大的穿山甲，体长可达 2.5m（Dubois，1926），比现存体型最大的巨地穿山甲（*Smutsia gigantea*）体长还要长一半。

现存穿山甲的形态特化

相对于其他哺乳动物类群，穿山甲是一个相对单一的群体，尽管起源古老，但食蚁性的特征可能成为制约它们辐射进化的重要因素。以蚂蚁和白蚁为食的适应性特征在现存的 8 种穿山甲（Manidae）中都存在：无齿、咀嚼肌弱化、锋利的爪、前肢屈肌强壮、厚实的皮肤、耳郭小以及瓣状的鼻孔。在南美食蚁兽中也具有类似的特征。

如前所述，穿山甲最具特点的特征是"盔甲式鳞片"。它覆盖了躯干的背部、整个尾部以及腿部外侧（图 1.3）。鳞片是表皮的角化产物，由扁平、实心和角化的细胞组成（Tong et al.，1995；Wang et al.，

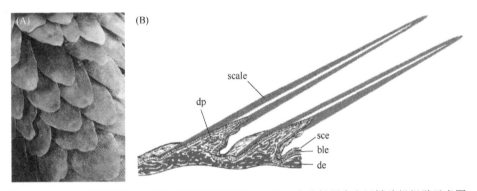

图 1.3 （A）白腹长尾穿山甲尾基部鳞片背视特写。（B）白腹长尾穿山甲鳞片组织学示意图。ble：表皮基底层；de：真皮；dp：真皮乳突；sce：表皮角质层；scale：甲片。图 B 修改自 Grassé, P.-P., 1955b. Ordre des Pholidotes. In: Grassé P.-P. (Ed.), Traitéde Zoologie, vol. 17 Mammifères. Masson et Cie, Paris, pp. 1267-1282。穿山甲鳞甲照片来自 T. Gaudin。

2016），它与犀牛角或针鼹棘不同，但与灵长类的指甲是同源的（Spearman，1967），穿山甲是唯一在躯体上长出类似指甲附着物的哺乳动物。

　　从进化的角度来说，覆盖鳞甲是有代价的。鳞甲新陈代谢不活跃，和厚厚的皮肤一起占到了穿山甲体重的 1/10～1/3。因为穿山甲鳞甲很大一部分由硬蛋白组成（Mitra，1998），它们的形成很可能需要消耗大量的蛋白质（Gaubert，2011）。

　　与常人的认识相反，其实，鳞片对隔热以及抵御蚂蚁、白蚁或皮肤寄生虫的作用很小（Heath and Hammel，1986）。它们更多的作用是保护自己免受大型捕食者或在挖掘洞穴时造成的伤害（Tong et al.，1995）。鳞片对触摸十分敏感，皮肤肌可以调节鳞片的方向。当穿山甲蜷缩成典型的防御姿势时，尾巴两侧巨大、突出的鳞片向后翘起，构成尖锐的粗糙体以形成威胁之势。

　　与现存的大多数哺乳动物相比，穿山甲的头骨非常独特，因为它具有许多不寻常的形态特征：头骨细长、无齿、吻突发达、颧弓纤细或不完全，头骨从背部和腹部看都呈现三角形（图 1.4），这些特征与它们专一的食蚁性有关。

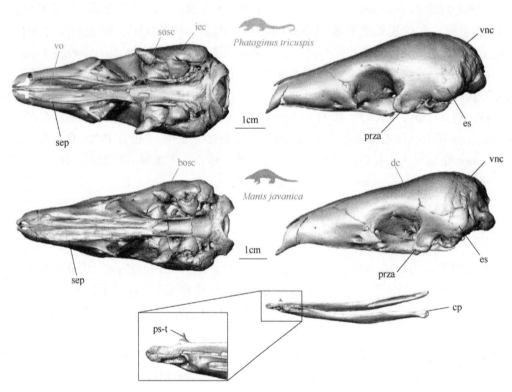

图 1.4　现存穿山甲的头部特征。腹侧与侧面所示分别为白腹长尾穿山甲（*Phataginus tricuspis*，BMNH 12-12-3-3）和马来穿山甲（*Manis javanica*，BMNH 9-1-5-858）头骨。标黑的特征为现存穿山甲具有的共同特征，标绿的特征为白腹长尾穿山甲拥有的典型特征，而标蓝的特征为马来穿山甲的典型特征。bosc：宽阔的眶蝶骨-鳞状骨连接；cp：下颌骨的髁突，扁平且低；dc：颅骨背部下陷；es：膨胀的上鼓室窦；iec：外鼓骨膨胀；prza：颧弓后根（不完全）；ps-t：骨质假牙；sep：上颚边缘锐化；sosc：短的眶蝶骨-鳞状骨连接；vnc：退化的颈嵴；vo：腭部可见的犁骨。

　　穿山甲虽然没有牙齿，但其上颌骨的上颚侧面呈现出尖锐的边缘，下颌骨同样无齿，但在犬齿位置有一对骨质突起。下颚长，内外侧受压，有下颌垂直支，仅由扁平低位的髁突组成，冠状突和角突缺如（图 1.4）。这些特征中有些已经出现在古近纪的鳞甲类中（Gaudin et al.，2016），此外，现存的穿山甲也可以通过一些更细微的特化特征加以区分。现存穿山甲的头骨高度分离，其特化特征由多个清晰的颅骨同源性状所展现（图 1.4；Gaudin et al.，2009）。近年来通过几何形态学分析发现，现存 8 种穿山甲有 7 种颅骨形变的主要模式（图 1.5；Ferreira-Cardoso et al.，2019）。这些分析表明，异速生长在颅内变异形成过程中发挥了重要作用，特别是在非洲穿山甲中，体型越大的种具有更长的吻部。亚洲分布的穿山甲通常具有更强健的吻部（更高和更宽）以及更发达的颧弓和不同程度的眶部收缩（图1.5A，左下）。相比之下，体型小的非洲种则拥有狭窄而纤细的吻部，眶窝和颅骨背部下陷不明显，且颅骨相对较宽[图1.4、图1.5A（右下）]。Gaudin等（2009）强调了非洲穿山甲及其亚洲近亲之间的相似性，并丰富了非洲穿山甲呈单系进化分支的形态学证据。Ferreira-Cardoso等（2019）分析了非洲穿山甲的种间头骨形态差异，其中南非地穿山甲（*S. temminckii*）与白腹长尾穿山甲（*P. tricuspis*）有些相似，而巨地穿山甲（*S. gigantea*）与马来穿山甲（*Manis javanica*）相似。总的来说，没有发现颅骨形态在种水平的显著差异，其变异模式似乎能反映出不同的地理分布特征（Gaudin et al.，2009），但对于许多穿山甲独有的头骨形态结构之间的功能联系还有待继续评估。白腹长尾穿山甲粗厚的半规管和骨迷路的耳蜗下螺旋，以及上鼓室窦的不同形态，颧弓后根、关节窝（图1.4）的潜在功能，还需要更加深入探究。

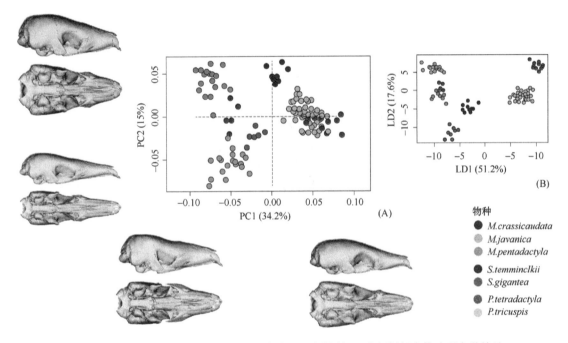

图1.5　利用三维几何形态测量方法对现存穿山甲颅骨的75个解剖标志构建形态学差异。
（A）颅骨形态转变的主成分分析及相关模式。（B）对第一主成分进行线性判别分析（LDA），解释了90%的方差。

物种
● *M.crassicaudata*
● *M.javanica*
● *M.pentadactyla*
● *S.temminclkii*
● *S.gigantea*
● *P.tetradactyla*
● *P.tricuspis*

　　Gaudin等（2009）指出几个将Pholidota定义为一个整体的颅后同源结构，包括三角形的甲下突、突出的坐骨棘以及小的坐骨孔。长久以来，人们一直认为，穿山甲的颅后骨骼具有高度的独特性，这在很大程度上源于它们适应了挖掘、树栖或攀爬（图1.6），与它们的食蚁性关系不大。然而，值得注意的是，许多典型颅骨特征在其进化的早期（即始新世中期的梅塞尔分类群）并不显著。但是，Manoidea仅包含了已灭绝的Patriomanidae和穿山甲科（所有现存的种类），通过许多独特的颅后骨骼特征来判断，其中许多特征与掘洞习性有关，这些包括有裂隙的爪状指骨和连接的腰椎关节突（图1.7，图1.8；Gaudin et al.，2009）。

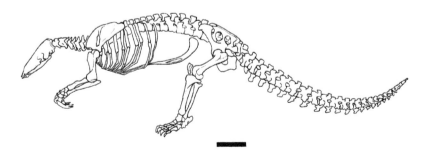

图1.6　巨地穿山甲骨骼左侧视图。图片来自 Gaudin, T.J., 2010. Pholidota. In: Werdelin, L., Sanders W.J. (Eds.), Cenozoic Mammals of Africa. University of California Press, Berkeley, pp. 599-602. 比例尺表示10cm。

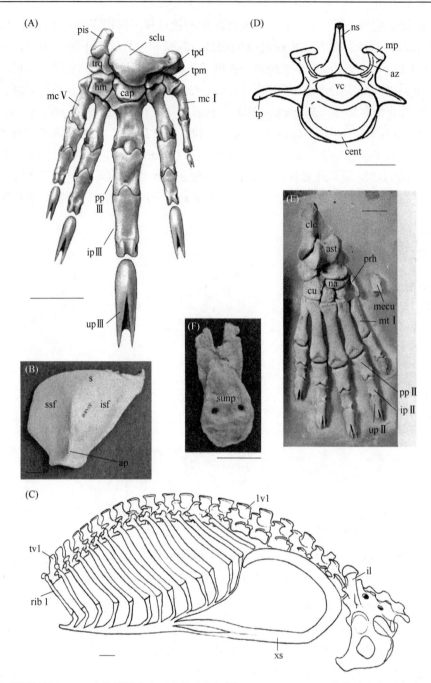

图1.7　穿山甲颅后骨骼特征。（A）白腹长尾穿山甲右前肢背视图（CM 16206）。（B）南非地穿山甲左肩胛骨侧视图（AMNH 168955）。（C）白腹长尾穿山甲背部椎骨、肋骨、胸骨、骶骨、盆骨左侧视图（CM 16206）。（D）*Patriomanis americana* 腰椎前视图（USNM-P 299960）。（E）*Patriomanis americana* 右后肢背视图（USNM-P 299960）（图中所示内侧楔骨来自左肢，因为右侧的缺失）。（F）*Patriomanis americana* 右后肢趾骨腹侧图。以下展示了 Manoidea 清楚的共源性状：裂开的趾骨，舟骨和月骨的融合，肩胛骨的肩峰突起不发育，前胸椎的神经棘与后胸椎相比没有明显的伸长，腰椎关节可环抱，存在前拇趾，存在距骨与骰骨连接，三角颌下突。ap：肩峰；ast：距骨；az：前椎骨关节突；cap：头状骨；cent：椎体；clc：跟骨；cu：骰骨；hm：钩骨；il：髂骨；ip：中间指（趾）骨；isf：冈下窝；lv：腰椎；mc：掌骨；mecu：内侧楔骨；mp：椎骨乳突；mt：跖骨；na：舟骨；ns：棘突；pis：豌豆骨；pp：近端指（趾）骨；prh：前拇趾；rib1：第一真肋；s：肩胛骨；sclu：舟月骨；ssf：冈上窝；sunp：趾骨下突；tp：横突；tpd：小多角骨；tpm：大多角骨；trq：三角骨；tv：胸椎；up：末节指（趾）骨；vc：椎孔；xs：剑突。比例尺 1cm。图 A～E 修改自 Gaudin, T.J., Emry, R.J., Wible, J.R., 2009. The phylogeny of living and extinct pangolins (Mammalia, Pholidota) and associated taxa: a morphology based analysis. J. Mammal. Evol. 16(4), 235-305；图 F 修改自 Gaudin, T.J., Emry, R.J., Morris, J., 2016. Description of the skeletal anatomy of the North American pangolin *Patriomanis Americana* (Mammalia, Pholidota) from the latest Eocene of Wyoming (USA). Smithson. Contrib. Paleobiol. 98, 1-102。

现存的穿山甲有一套独特的颅后特征，包括明显弯曲的距骨，凹陷的距骨头，后肢长骨嵴退化（图 1.7，图 1.8；Gaudin et al., 2009）。根据 Gaudin 等（2006，2016）的研究，这些特征多数与近端肢体部分挖掘特征的减少以及远端部分的增强有关，可能与现存穿山甲挖掘方式有关。

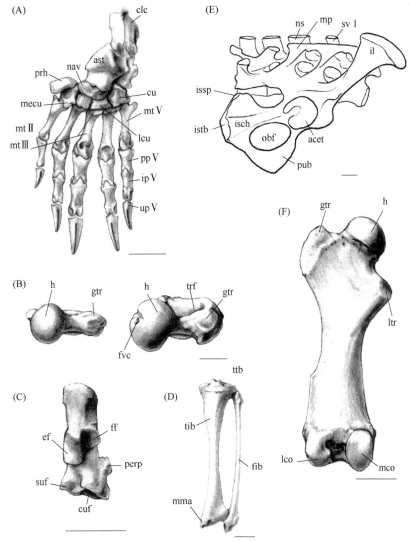

图 1.8　现存穿山甲的颅后骨骼特征。（A）白腹长尾穿山甲左后肢背视图（CM 16206）。（B）白腹长尾穿山甲（CM 16206，左图）与 *Patriomanis americana*（USNM-P 299960，右图）左股骨近端视图。（C）白腹长尾穿山甲（CM 16206）左跟骨背视图。（D）白腹长尾穿山甲（CM 16206）左胫骨和腓骨前视图。（E）巨地穿山甲（AMNH 53858）骨盆和骶骨右视图。（F）白腹长尾穿山甲（CM 16206）左股骨后视图。以下展示了 Manidae 的同源性状：距骨和指骨远端龙骨突沿整个髁的背腹长度延伸；第二距骨近端横向扩张；第三距骨近端关节面与骨体背侧表面重叠；外侧楔形骨横向变宽，宽高比≥1.4；距骨颈宽度大于整个距骨宽度的 60%；舟骨的距骨端具凹陷；股骨大转子前后压缩，前后深度≤横断面宽度；股骨头凹缺失；跟骨的支撑小关节面位于距骨和腓骨关节面的远端，与跟骨的远端边缘相连；股骨转子窝和转子间嵴未发育或缺失；骶髂关节附着融合；骶椎间棘长度增加，>棘突高度的 2/3；臀窝界限不清，髂嵴变圆，薄弱，背缘缺失；尾背侧髂椎并入骶髂关节；坐骨棘位于坐骨结节附近，闭孔后部的背面；坐骨腹面背侧边缘到骶椎横突；胫骨嵴薄弱，圆形，缺少侧凹。acet：髋臼；ast：距骨；clc：跟骨；cu：骰骨；cuf：骰骨面；ef：外侧面；ff：腓骨面；fib：腓骨；fvc：股骨头凹；gtr：大转子；h：股骨头；il：髂骨；ip：中间指骨；isch：坐骨；issp：坐骨棘；istb：坐骨结节；lco：外侧髁；lcu：外侧楔骨；ltr：小转子；mco：内侧髁；mecu：内侧楔骨；mma：内踝；mp：椎骨乳突；mt：距骨；nav：舟骨；ns：棘突；obf：闭孔；perp：腓骨突；pp：近端指骨；prh：前拇趾；pub：耻骨；suf：支撑面；sv：荐椎；tib：胫骨；trf：转子窝；ttb：胫骨粗隆；up：末节指骨。比例尺＝1cm。改编自 Springer/J. Mammal. Evol. Gaudin, T.J., Emry, R.J., Wible, J.R., 2009. The phylogeny of living and extinct pangolins (Mammalia: Pholidota) and associated taxa: a morphology based analysis. J. Mammal. Evol. 16(4), 235-305. (https://doi.org/10.1007/s10914-009-9119-9)。

　　穿山甲前脚的爪子和强有力的前肢是打开白蚁丘和蚁巢的利器。在树栖种类中（白腹长尾穿山甲和黑腹长尾穿山甲），前脚的爪子是弯曲的，而后脚的爪子更长，以便沿着树枝移动。陆栖穿山甲中，前爪成比例，比树栖穿山甲更长、卷曲度更低，穿山甲在泥土中行走和挖掘时，由于需要支撑身体重量，爪子会表现出更大的磨损；而在树栖种类中，穿山甲爪子垂直于地面，重量压在折叠的腕部上，由于磨损作用，后肢的爪在陆生种类中较短。陆栖种类的前肢主要用于挖掘蚂蚁巢穴，它们的骨骼特征显示出明显增强的肩部伸缩能力、强大的肘部伸展能力、腕部和足趾的弯曲能力，以及前臂的前旋和后旋能力（Gaubert，2011；Kingdon，1974；Steyn et al.，2018）。锁骨在现存穿山甲物种中已演变成不同的运动模式（Kawashima et al.，2015），这使得它的缺失很难从功能上作出解释。

　　穿山甲的尾部肌肉发达，尾巴有时作为"棍棒"，用来攻击捕食者。当两足行走或攀爬时，尾巴也被用来维持平衡。在半树栖和树栖非洲穿山甲中，尾巴是可以高度卷曲的，并且在它腹侧尖端有一个充满许多环层小体的触敏垫（振动/施压受体；Doran and Allbrook，1973）。在马来穿山甲、菲律宾穿山甲和中华穿山甲中，存在一个相似、更窄、可能也不那么敏感的掌垫（*Manis javanica*，*M. culionensis*，*M. pentadactyla*），但其他种中却不存在（Pocock，1924；参见第 4 章、第 6 章、第 7 章）。

　　营半树栖和树栖非洲穿山甲的颅后解剖特别独特，在 Gaudin 等（2009）的系统发育分析中，它们拥有所有穿山甲属中最多的颅后近裔性状，包括"更均匀、纤细的指和更细长的肢体"（Gaudin et al.，2009）。该属中的两个物种都有一条非常细长的尾巴，黑腹长尾穿山甲有 47～50 枚尾椎骨，是已知现存哺乳动物中最多的（Flower，1885；Gaubert，2011；Gaudin et al.，2016）。

　　许多作者都曾描述过穿山甲的骨骼肌结构。Windle 和 Parsons（1899）对许多较早的文献进行了较系统的总结。Slijper（1946）对轴上肌系进行了描述，Jouffroy（1966）和 Jouffroy 等（1975）发表了对巨地穿山甲远端前肢、前爪、远端后肢和脚部肌肉的详细描述。所有现存的穿山甲类群都显示出剑突增大的特征，这正是舌肌的起源（Grassé，1955b），在非洲穿山甲种类中，它的体积非常大，延伸到腹腔，在骨盆前转向脊柱（Doran and Allbrook，1973；Kingdon，1974；图 1.6，图 1.7）。Heath（2013）回顾了各种关于非洲穿山甲和马来穿山甲的细长舌肌组织文献，这些文献中提到，穿山甲的舌头被极大地拉长（Chan，1995；Doran and Allbrook，1973；Heath，2013；Kingdon，1974；图 1.9A），并且能够将近一半的长度伸到口腔外（Heath，2013），舌头向后延伸，穿过颈部和胸部到腹侧壁甚至更远。在胸腔和咽喉区域，舌头被置于舌管中，舌管由黏膜包裹，起引导和促进运动的作用。舌头在收回时被储存在喉咙的一个囊内（Chan，1995；Doran and Allbrook，1973；Heath，2013）。在穿山甲肌肉组织中，值得注意的特征是，增厚的筋膜和退化的咀嚼肌（Grassé，1955b；Windle and Parsons，1899）。Windle 和 Parsons（1899）列举了骨骼肌的不同特征，包括哺乳动物中普遍存在的某些肌肉的缺失（如胸锁乳突肌），部分肌肉增大 [如腓骨屈肌、腘肌、股薄肌、旋后肌（近端具籽骨）]，附着体改变（如肱二头肌缺少长头附着，而跖肌在股骨大转子上有附着部位）和肌肉融合（如棘突/肩峰三角肌、尾股肌/臀浅肌、臀中肌/臀小肌/梨状肌、腓肠肌外侧头/跖肌的融合）。此外，Jouffroy（1966）注意到腓肠肌远端与比目鱼肌融合，肱桡肌和三角肌相邻。穿山甲与贫齿目动物具有相似的肌肉特征，包括翼-鼓肌的出现（Grassé，1955b），胸外侧直肌的出现，股二头肌股骨肩部区域起源的肌肉发达（Shrivastava，1962），括约肌缺失（Windle and Parsons，1899），还有在趾伸肌中存在表层和深层肌肉（Jouffroy，1966；Jouffroy et al.，1975）。Kawashima 等（2015）提出，穿山甲进化出一种独特的肩带肌肉组织，以应对身体生长连续坚硬盔甲导致的运动能力丧失。他们表示，一些肩带肌肉的附着部分，已完全覆盖肩胛骨，并提到与之相反的头部摆动方向与肩甲的旋转和前肢的伸展方向有关。

　　与其他食蚁哺乳动物一样（Gaudin et al.，2018），穿山甲的唾液腺明显增大，几乎覆盖了整个咽部和咽喉部，并分泌出一种非常黏稠的碱性黏液（Fang，1981；Heath，2013；图 1.9A）。胃由单腔或双腔组成（Fang，1981；Grassé，1955b；Heath，2013），在幽门附近的区域有大量的角质齿，用来磨碎蚂蚁和白蚁（Krause and Leeson，1974；Nisa et al.，2010；图 1.9B）。穿山甲还会在进食过程中吞下小石子和泥土，以促进胃的研磨作用（Grassé，1955b）。穿山甲没有盲肠，肛门腺扩张显著，在肛门开口处形成突出的肛周圈（Grassé，1955b；Heath，2013；Kingdon，1974）。

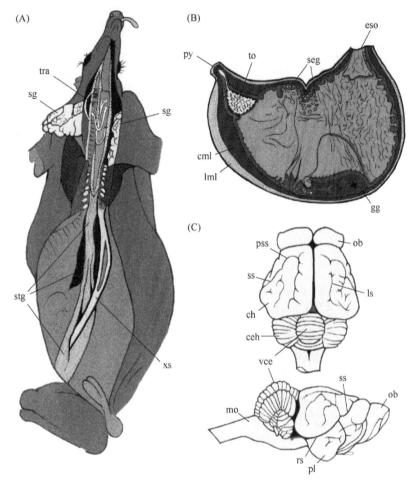

图 1.9 （A）巨地穿山甲解剖腹视图，显示了唾液腺、剑突和拉长的舌头肌肉组织。（B）马来穿山甲胃前部切面腹视图。（C）马来穿山甲脑部背视图（上）与右侧视图。ceh：小脑半球；ch：大脑半球；cml：平滑肌环肌层；eso：食管；gg：胃腺；lml：平滑肌纵行肌；ls：外沟回；mo：延髓；ob：嗅球；pl：梨状叶；pss：前侧裂；py：幽门；rs：嗅脑沟；seg：浆液腺；sg：唾液腺；ss：外侧裂；stg：胸骨肌；to：研磨组织，排列有角质齿；tra：气管；vce：小脑蚓部；xs：剑突。
图 A 修自 Kingdon, J., 1974. East African Mammals. vol. 1. University of Chicago Press, Chicago。图 B/C 修自 Grassé, P.-P., 1955b. Ordre des Pholidotes. In: Grassé P.-P. (Ed.), Traitéde Zoologie, vol. 17. Mammifères.Masson et Cie, Paris, pp. 1267-1282。

　　雌性穿山甲通常有两个腋窝乳头，有一个双间子宫和一个覆盖绒毛簇的无蜕膜胎盘（Grassé，1955b；Heath，2013）。穿山甲的阴茎海绵体前段融合，Grassé（1955b）认为雄性穿山甲的阴茎"小"，而 Heath（2013）则认为其发育良好。睾丸被包裹在腹股沟区的一层皮肤里，但严格来说穿山甲没有阴囊，也没有尿道球腺（Grassé，1955b；Heath，2013）。

　　Hyrtl（1854）研究了黑腹长尾穿山甲的血管系统，在前肢、后肢和骶尾部椎管内，发现了明显的动静脉闭锁。与黑腹长尾穿山甲一样，Bugge（1979）和 Wible（1984）研究了马来穿山甲的颅内动脉，du Boulay 与 Verity（1973）研究了中华穿山甲和白腹长尾穿山甲的颅内动脉。在所有分类群中，颅内血管模式都是相似的：椎-基底动脉是脑血的主要供给者，由颈内动脉补充，大部分镫骨系统的末端分支附于颈外动脉系统。du Boulay 和 Verity（1973）报道，白腹长尾穿山甲椎动脉上有结节，但黑腹长尾穿山甲似乎没有这样的结构（Hyrtl，1854）。关于舌头动脉血供应，在白腹长尾穿山甲和巨地穿山甲中，左右舌动脉在舌基部汇合，形成穿过舌顶肌的中央动脉（Doran and Allbrook，1973）。舌动脉联合在其他具有发达舌头的哺乳动物中也有报道（如 *Tachyglossus* 和 *Tarsipes*，Doran and Badgett，1971）。

Weber（1894）对马来穿山甲进行了详细的描述和重要概括，对穿山甲大脑研究作出了卓越贡献。Imam（2017）对白腹长尾穿山甲进行了进一步的剖析。白腹长尾穿山甲平均脑化指数（encephalization quotient，EQ）为 0.844（$n=5$，哺乳动物的平均脑化指数为 1）；但是，如果从计算中去掉大约 1/5 的质量，则 EQ 平均值为 0.997（Imam et al.，2017）。在大多数动物中，大脑皮层的回转和沟回模式与食肉动物相似，但穿山甲更为简单（图 1.9C）。一个不寻常的特征是，锥体束交叉的位置与其他哺乳动物比起来在远吻端，与舌下神经核明显相关，因此推测与显著发达的舌头有关。Imam 等（2017）注意到穿山甲另一个不寻常的特征：脊髓很短，在胸廓部末端延伸成一条非常长的马尾神经。

结　　论

目前，探讨穿山甲与其他胎盘哺乳动物的关系，重建其形态进化和生物地理历史等方面的研究，已经取得了很大进展。然而，缺乏化石记录，仍然是研究穿山甲进化历史的一个重大障碍。来自德国始新世中期梅塞尔动物群系化石解剖特征的更深入的研究，将会使穿山甲研究向前迈出重要的一步。此前发表的仅有 *Eurotamandua* 的详细资料（Storch and Habersetzer，1991；Szalay and Schrenk，1998），这是对了解最少的 *Eomanis waldi* 类唯一作详细描述的标本。虽然，我们对穿山甲的起源知之甚少，而且目前的知识重建依然基于非常有限的证据，但古近纪穿山甲化石的发现，毫无疑问会增加我们对其形态进化和系统发育关系的了解，而新近纪化石可以厘清现存种的生物地理起源（Gaudin et al.，2006，2016）。关于现存种的形态学知识，有趣的研究结果已经或正在继续发表（Gaubert and Antunes，2005；Gaudin et al.，2009；Imam et al.，2017；Nisa et al.，2010；Ofusori et al.，2008；Wang et al.，2016），但是对这个类群的研究依然有待加强。这的确有诸多不得不面对的现实困难，如穿山甲物种数量少，令人费解的天然近亲，大部分穿山甲生活在旧大陆的热带森林中，种群密度低，主要为夜间活动等。然而，鉴于物种的特殊性，以及当前生存状态面临的威胁，我们显然更有责任开展更多的研究工作。希望这一章和这本书，将鼓舞更多有识之士参与到这一迷人的哺乳动物群体的研究中。

参 考 文 献

Alba, D.M., Hammond, A.S., Vinuesa, V., Casanovas-Vilar, I., 2018. First record of a Miocene pangolin (Pholidota, Manoidea) from the Iberian Peninsula. J. Vertebr. Paleontol. 38 (1), e1424716.

Botha, J., Gaudin, T., 2007. An early pliocene pangolin (Mammalia; Pholidota) from Langebaanweg, South Africa. J. Vertebr. Paleontol. 27 (2), 484-491.

Bugge, J., 1979. Cephalic arterial pattern in New World edentates and Old World pangolins with special reference to their phylogenetic relationships and taxonomy. Acta Anat. (Basel) 105 (1), 37-46.

Chan, L.-K., 1995. Extrinsic lingual musculature of two pangolins (Pholidota: Manidae). J. Mammal. 76 (2), 472-480.

Chang, H.T., 1944. High level decussation of the pyramids in the pangolin (Manis pentadactyla dalmanni). J. Comp. Neurol. 81 (3), 333-338.

Crochet, J.-Y., Hautier, L., Lehmann, T., 2015. A pangolin (Manidae, Pholidota, Mammalia) from the French Quercy phosphorites (Pech du Fraysse, Saint-Projet, Tarn-et-Garonne, late Oligocene, MP 28). Palaeovertebrata 39 (2), e4.

Cuvier, G., 1798. Tableau Élémentaire de l'Histoire Naturelle des Animaux. J. B. Baillière, Paris.

du Boulay, G.H., Verity, P.M., 1973. The Cranial Arteries of Mammals. William Heinemann Medical Books Limited, London.

Doran, G.A., Allbrook, D.B., 1973. The tongue and associated structures in two species of African pangolins, *Manis gigantea and Manis tricuspis*. J. Mammal. 54 (4), 887-899.

Doran, G.A., Badgett, H., 1971. A structural and functional classification of mammalian tongues. J. Mammal. 52 (2), 427-429.

Dubois, E., 1926. *Manis palaeojavanica*, the giant pangolin of the Kendeng fauna. Proceedings of the Koninklijke Nederlandsche Akademie van Wetenschappen, Amsterdam 29, 1233-1243.

Ekdale, E.G., 2013. Comparative anatomy of the bony labyrinth (inner ear) of placental mammals. PLoS One 8 (6), e66624.

Elliot Smith, G., 1899. The brain in the Edentata. Transactions of the Linnean Society of London. Zoology 7 (7), 277-394.

Emerling, C.A., Delsuc, F., Nachman, M.W., 2018. Chitinase genes (CHIAs) provide genomic footprints of a post-Cretaceous dietary radiation in placental mammals. Sci. Adv. 4 (5), eaar6478.

Emry, R.J., 1970. A North American Oligocene pangolin and other additions to the Pholidota. Bull. Am. Museum Nat. Hist. 142, 457-510.

Emry, R.J., 2004. The edentulous skull of the North American pangolin, *Patriomanis americanus*. Bull. Am. Museum Nat. Hist. 285, 130-138.

Fang, L.-X., 1981. Investigation on pangolins by following their trace and observing their cave. Nat., Beijing Nat. Hist. Museum 3, 64-66. [In Chinese].

Ferreira-Cardoso, S., Billet, G., Gaubert, P., Delsuc, F., Hautier, L., 2019. Skull shape variation in extant pangolins (Manidae, Pholidota): allometric patterns and systematic implications. Zool. J. Linn. Soc. XX. 1-21.

Flower, W.H., 1885. An Introduction to the Osteology of the Mammalia. Macmillan, London.

Flynn, J.J., Wesley-Hunt, G.D., 2005. Carnivora. In: Rose, K. D., Archibald, J.D. (Eds.), The Rise of Placental Mammals. Origins and Relationships of the Major Extant Clades. Johns Hopkins University Press, Baltimore, pp. 175-198.

Gaubert, P., 2011. Family Manidae. In: Wilson, D.E., Mittermeier, R.A. (Eds.), Handbook of the Mammals of the World, vol. 2. Hoofed Mammals. Lynx Edicions, Barcelona, pp. 82-103.

Gaubert, P., Antunes, A., 2005. Assessing the taxonomic status of the Palawan pangolin *Manis culionensis* (Pholidota) using discrete morphological characters. J. Mammal. 86 (6), 1068-1074.

Gaudin, T.J., 2010. Pholidota. In: Werdelin, L., Sanders, W. J. (Eds.), Cenozoic Mammals of Africa. University of California Press, Berkeley, pp. 599-602.

Gaudin, T.J., Emry, R.J., Pogue, B., 2006. A new genus and species of pangolin (Mammalia, Pholidota) from the late Eocene of Inner Mongolia, China. J. Vertebr. Paleontol. 26 (1), 146-159.

Gaudin, T.J., Emry, R.J., Wible, J.R., 2009. The phylogeny of living and extinct pangolins (Mammalia, Pholidota) and associated taxa: a morphology based analysis.J. Mammal. Evol. 16 (4), 235-305.

Gaudin, T.J., Emry, R.J., Morris, J., 2016. Skeletal anatomy of the North American pangolin *Patriomanis americana* (Mammalia, Pholidota) from the latest Eocene of Wyoming (USA). Smithson. Contrib. Paleobiol. 98, 1-102.

Gaudin, T.J., Hicks, P., Di Blanco, Y., 2018. *Myrmecophaga tridactyla* (Pilosa: Myrmecophagidae). Mammal. Sp. 50(956), 1-13.

Gebo, D.L., Rasmussen, D.T., 1985. The earliest fossil pangolin (Pholidota: Manidae) from Africa. J. Mammal. 66(3), 538-540.

Grassé, P.-P., 1955a. Ordre des Édentés. In: Grassé, P.-P. (Ed.), Traité de Zoologie, vol. 17, Mammifères. Masson et Cie, Paris, pp. 1182-1266.

Grassé, P.-P., 1955b. Ordre des Pholidotes. In: Grassé, P.-P. (Ed.), Traité de Zoologie, vol. 17, Mammifères. Masson et Cie, Paris, pp. 1267-1282.

Heath, M., 2013. Order Pholidota - Pangolins. In: Kingdon, J., Hoffmann, M. (Eds.), Mammals of Africa, vol. V, Carnivores, Pangolins, Equids and Rhinoceroses. Bloomsbury Publishing, London, pp. 384-386.

Heath, M.E., Hammel, H.T., 1986. Body temperature and rate of O2 consumption in Chinese pangolins. Am. J. Physiol.-Regul., Integr. Comp. Physiol. 250 (3), R377-R382.

Hoffmann, S., Martin, T., 2011. Revised phylogeny of Pholidota: implications for Ferae. J. Vertebr. Paleontol. 31 (Suppl. 2), 126A-127A.

Hoffmann, S., Martin, T., Storch, G., Rummel, M., 2009. Skeletal reconstruction of a Miocene pangolin from southern Germany.

J. Vertebr. Paleontol. 29, 115A-116A.

Hyrtl, J., 1854. Beiträge zur vergleichenden Angiologie. V. Das arterielle Gefäss-system der Edentaten. Denkschriften Akademie der Wissenschaft, Wien, mathematisch-naturwissenschaftliche Klasse 6, 21-65.

Imam, A., Ajao, M.S., Bhagwandin, A., Ihunwo, A.O., Manger, P.R., 2017. The brain of the tree pangolin (*Manis tricuspis*). I. General appearance of the central nervous system. J. Comp. Neurol. 525 (11), 2571-2582.

Jouffroy, F.K., 1966. Musculature de l'avant-bras et de la main, de la jambe et du pied chez *Manis gigantea*, III. Biol. Gabon. 2, 251-286.

Jouffroy, F.K., Lessertisseur, J., Renous, S., 1975. Le problème des muscles extensores breves profundi (manus et pedis) chez les Mammifères (Xenarthra et Pholidota). Mammalia 39 (1), 133-145.

Kawashima, T., Thorington, R.W., Bohaska, P.W., Chen, Y. J., Sato, F., 2015. Anatomy of shoulder girdle muscle modifications and walking adaptation in the scaly Chinese pangolin (*Manis pentadactyla pentadactyla*: Pholidota) compared with the partially osteoderm-clad armadillos (Dasypodidae). Anat. Rec. 298 (7), 1217-1236.

Kingdon, J., 1974. East African Mammals, vol. 1. University of Chicago Press, Chicago.

Kingdon, J., 1997. The Kingdon Field Guide to African Mammals. Academic Press, London.

Koenigswald, W. von, 1999. Order Pholidota. In: Rössner, G.E., Heissig, K. (Eds.), The Miocene Land Mammals of Europe. Verlag Dr. Friedrich Pfeil, Munich, pp. 75-80.

Koenigswald, W. von, Richter, G., Storch, G., 1981.Nachweis von Hornschuppen bei Eomanis waldi aus der "Grube Messel" bei Darmstadt (Mammalia, Pholidota). Senckenbergiana lethaea 61, 291-298.

Kormos, T., 1934. *Manis hungarica* n. s., das erste Schuppentier aus dem europäischen Oberpliozän. Folia Zoologica et Hydrobiologica 6, 87-94.

Krause, W.J., Leeson, C.R., 1974. Stomach of pangolin (*Manis pentadactyla*) with emphasis on pyloric teeth. Acta Anat. 88 (1), 1-10.

Linnaeus, C., 1758. Systema Natura Per Regna Tria Natura, Secundum Classes, Ordines, Genera, Species, Cum Characteribus, Differentiis, Synonymis, Locis. Tomus I. Editio decima, reformata. Salvius, Stockholm.

Matthew, W.D., 1918. Edentata. A revision of the lower Eocene Wasatch and Wind River faunas. Part V—Insectivora (continued), Glires, Edentata. Bull. Am. Museum Nat. Hist. 38, 565-657.

McKenna, M.C., 1975. Toward a phylogenetic classification of the Mammalia. In: Luckett, W.P., Szalay, F.S. (Eds.), Phylogeny of the Primates. Plenum Press, New York and London, pp. 21-46.

McKenna, M.C., Bell, S.K., 1997. Classification of Mammals Above the Species Level. Columbia University Press, New York.

Meredith, R.W., Gatesy, J., Murphy, W.J., Ryder, O.A., Springer, M.S., 2009. Molecular decay of the tooth gene Enamelin (ENAM) mirrors the loss of enamel in the fossil record of placental mammals. PLoS Genet. 5 (9), e1000634.

Meredith, R.W., Janˇecka, J.E., Gatesy, J., Ryder, O.A., Fisher, C.A., Teeling, E.C., et al., 2011. Impacts of the Cretaceous terrestrial revolution and KPg extinction on mammal diversification. Science 334 (6055), 521-524.

Mitra, S., 1998. On the scales of the scaly anteater Manis crassicaudata. J. Bombay Nat. Hist. Soc. 95 (3), 495-498.

Murphy, W.J., Eizirik, E., Johnson, W.E., Zhang, Y.P., Ryder, O.A., O'Brien, S.J., 2001a. Molecular phylogenetics and the origins of placental mammals. Nature 409 (6820), 614-618.

Murphy, W.J., Eizirik, E., O'Brien, S.J., Madsen, O., Scally, M., Douady, C.J., et al., 2001b. Resolution of the early placental mammal radiation using Bayesian phylogenetics. Science 294 (5550), 2348-2351.

Nisa, C., Agungpriyono, S., Kitamura, N., Sasaki, M., Yamada, J., Sigit, K., 2010. Morphological features of the stomach of Malayan pangolin, Manis javanica. Anat. Histol. Embryol. 39 (5), 432-439.

Novacek, M.J., 1986. The skull of leptictid insectivorans and the higher-level classification of eutherian mammals. Bull. Am. Museum Nat. Hist. 183, 1-111.

Novacek, M.J., 1992. Mammalian phylogeny: shaking the tree. Nature 356, 121-125.

Novacek, M.J., Wyss, A.R., 1986. Higher-level relationships of the recent eutherian orders: morphological evidence. Cladistics 2 (4), 257-287.

Ofusori, D.A., Caxton-Martens, E.A., Keji, S.T., Oluwayinka, P.O., Abayomi, T.A., Ajayi, S.A., 2008. Microarchitectural adaptation in the stomach of the African tree pangolin (Manis tricuspis). Int. J. Morphol. 26 (3), 701-705.

O'Leary, M.A., Bloch, J.I., Flynn, J.J., Gaudin, T.J., Giallombardo, A., Giannini, N.P., et al., 2013. The placental mammal ancestor and the post-KPg radiation of placentals. Science 339 (6120), 662-667.

Patterson, B., Segall, W., Turnbull, W.D., Gaudin, T.J., 1992. The ear region in xenarthrans (=Edentata, Mammalia). Part II. Sloths, anteaters, palaeanodonts, and a miscellany. Fieldiana, Geology n.s. 24, 1-79.

Pocock, R.I., 1924. The external characters of the pangolins (Manidae). Proc. Zool. Soc. Lond. 94 (3), 707-723.

Rose, K.D., 1999. Eurotamandua and Palaeanodonta: Convergent or related? Paläontologische Zeitschrift 73 (3-4), 395-401.

Rose, K.D., Emry, R.J., Gaudin, T.J., Storch, G., 2005. Chapter 8. Xenarthra and Pholidota. In: Rose, K.D., Archibald, J.D. (Eds.), The Rise of Placental Mammals. Origins and Relationships of the Major Extant Clades. Johns Hopkins University Press, Baltimore, pp. 106-126.

Rose, K.D., 2006. The Beginning of the Age of Mammals. Johns Hopkins University Press, Baltimore.

Shoshani, J., Goodman, M., Czelusniak, J., Braunitzer, G., 1985. A phylogeny of Rodentia and other eutherian orders: parsimony analysis utilizing amino acid sequences of alpha and beta hemoglobin chains. In: Luckett, W.P., Hartenberger, J.-L. (Eds.), Evolutionary Relationships Among Rodents: A Multidisciplinary Approach. Plenum, New York, pp. 191-210.

Simpson, G.G., 1945. The principles of classification and a classification of mammals. Bull. Am. Museum Nat. Hist. 85, 1-350.

Slijper, E.J., 1946. Comparative biologic-anatomical investigations on the vertebral column and spinal musculature of mammals. Verhandelingen der Koninklijke Nederlandsche Akademie van Wetenschappen, Afdeeling Natuurkunde, Tweede Sectie 17, 1-128.

Spearman, R.I.C., 1967. On the nature of the horny scales of the pangolin. Zool. J. Linn. Soc. 46 (310), 267-273.

Shrivastava, R.K., 1962. The deltoid musculature of the Edentata, Pholidota and Tubulidentata. Okajimas Folia. Anat. Jpn. 38 (1), 25-38.

Steyn, C., Soley, J.T., Crole, M.R., 2018. Osteology and radiological anatomy of the thoracic limbs of Temminck's ground pangolin (Smutsia temminckii). Anat. Rec. 301 (4), 624-635.

Storch, G., 1978. Eomanis waldi, ein Schuppentier aus dem Mittel-Eozän der "Grube Messel" bei Darmstadt (Mammalia: Pholidota). Senckenbergiana lethaea 59, 503-529.

Storch, G., 1981. Eurotamandua joresi, ein Myrmecophagidae aus dem Eozän der "Grube Messel" bei Darmstadt (Mammalia, Xenarthra). Senckenbergiana lethaea 61, 247-289.

Storch, G., 2003. Fossil Old World "edentates." In: Fariña, R.A., Vizcaíno, S.F., Storch, G. (Eds.), Morphological studies in fossil and extant Xenarthra (Mammalia). Senckenbergiana Biologica 83, 51-60.

Storch, G., Habersetzer, J., 1991. Rückverlagerte Choanen und akzessorische Bulla tympanica bei rezenten Vermilingua und Eurotamandua aus dem Eozän von Messel (Mammalia: Xenarthra). Zeitschrift für Säugetierkunde 56, 257-271.

Storch, G., Martin, T., 1994. Euromanis krebsi, ein neues Schuppentier aus dem Mittel-Eozän der Grube Messel bei Darmstadt (Mammalia: Pholidota). Berliner geowissenschaftliche Abhandlungen E13, 83-97.

Storr, G.C.C., 1780. Prodromus methodi mammalium. Respondente F. Wolffer, Tubingae.

Szalay, F.S., 1977. Phylogenetic relationships and a classification of the eutherian mammals. In: Hecht, M.K., Goody, P.C., Hecht, B.M. (Eds.), Major Patterns in Vertebrate Evolution. Plenum Press, New York, pp. 315-374.

Szalay, F.S., Schrenk, F., 1998. The middle Eocene Eurotamandua and a Darwinian phylogenetic analysis of "edentates". Kaupia: Darmstädter Beiträge zur Naturgeschichte 7, 97-186.

Thomas, O., 1887. On the homologies and succession of the teeth in the Dasyuridae, with an attempt to trace the history of the evolution of mammalian teeth in general. Philos. Trans. R. Soc. Lond. 1887 (B), 443-462.

Tong, J., Ren, L.Q., Chen, B.C., 1995. Chemical constitution and abrasive wear behaviour of pangolin scales. J. Mater. Sci. Lett. 14 (20), 1468-1470.

Ungar, P.S., 2010. Mammal Teeth: Origin, Evolution, and Diversity. Johns Hopkins University Press, Baltimore.

Vickaryous, M.K., Hall, B.K., 2006. Osteoderm morphology and development in the nine-banded armadillo, *Dasypus novemcinctus* (Mammalia, Xenarthra, Cingulata). J. Morphol. 267 (11), 1273-1283.

Vicq d'Azyr, F., 1792. Système anatomique des Quadrupèdes. Encyclopédie méthodique. Vve. Agasse, Paris.

Wang, B., Yang, W., Sherman, V.R., Meyers, M.A., 2016. Pangolin armor: overlapping, structure, and mechanical properties of the keratinous scales. Acta Biomater. 41, 60-74.

Weber, M., 1894. Beiträge zur Anatomie und Entwickelung des Genus Manis. Zoologische Ergebnisse einer Reise in Niederländisch Ost-Indien 2, 1-116.

Weber, M., 1904. Die Säugetiere. Einführung in die Anatomie und Systematic der recenten und fossilen Mammalia. Verlag von Gustav Fischer, Jena.

Wible, J.R., 1984. The Ontogeny and Phylogeny of the Mammalian Cranial Arterial Pattern. Ph.D. Dissertation, Duke University, Durham, United States.

Windle, B.G., Parsons, F.G., 1899. Myology of the Edentata. Proc. Zool. Soc. Lond. 314-338, 990-1017.

第 2 章　系统发育与系统分类

菲利普·高伯特[1,2]，约翰·R.韦伯[3]，肖恩·P.海顿[1,4]，蒂莫西·J.高登[5]

1. 法国国家科学研究中心，法国发展研究院，巴黎萨克雷大学、比利牛斯大学进化与生物多样性实验室，法国图卢兹市
2. 波尔图大学理学院海洋与环境多学科研究中心，葡萄牙马托西纽什
3. 卡内基自然历史博物馆，美国宾夕法尼亚州匹兹堡市
4. 比勒陀利亚大学动物学和昆虫学系，南非比勒陀利亚
5. 田纳西大学查塔努加分校生物地理环境学院，美国田纳西州查塔努加市

引　言

穿山甲（鳞甲目）的分类历史较为混乱。如第 1 章所述，早期的研究认为，鳞甲目与其他以蚂蚁为食的哺乳动物（如贫齿目）更为接近，但是分子系统发育分析表明，穿山甲与食肉目（一种牙齿多样的哺乳动物古老类群）亲缘关系更近，加上一些化石［如古乏齿兽类（palaeanodonts）］的谱系关系尚未厘清，使得鳞甲目进化的争论更加激烈。本章简要介绍了穿山甲的传统分类，以及鳞甲目与当前穿山甲科的化石及现存证据之间的联系。在现有穿山甲分子系统发育学和系统地理学发展的基础上，本章详细论述了穿山甲的生物地理学背景：起源于始新世晚期与渐新世之间的欧亚大陆穿山甲和热带穿山甲种群是如何分化的（在 4500 万～3100 万年前；Gaubert et al.，2018），并基于多学科对这一濒临灭绝的动物类群的分类重新提供一个最新的评估。

传统生态学知识

系统发育学和系统分类学通常被认为是科学家的事情，很少涉及传统知识领域（Freeman，1992）。但是，分布在不同地理区域的穿山甲，不同的俗名让人们对其独特的外表和生活方式产生了深刻的印象。穿山甲英文名字 "Pangolin"，起源于马来语（见第 1 章），其属名 *Manis* 来自于拉丁语 *Manes*，意思是幽灵，在罗马宗教中意为 "死亡人的灵魂"，反映出其夜间隐秘的生活方式（Gotch，1979）。在中国，其被称作 "穿山甲"，意思是体被鳞甲并可以挖穿大山的动物。在南非，穿山甲被称为 "Ietermagog"，据说这个词的意思是这些动物吃爬虫（"goggas"；Lynch，1980）。在文达共和国（现已并入南非），穿山甲被叫做 "Khwara"，意思是雨水短缺，这源于当地人相信如果穿山甲的血洒在了土地上，那么这片土地将不会降雨（Netshisaulu，2012）。在贝宁共和国，Nago 语中穿山甲被叫做 "Agnika"，意指可以卷成一团的动物。

尽管目前尚不清楚这些特定的称谓是否来源于当地居民（尤其是猎人），以及这些名字在当地知识体系中与穿山甲的形态特征有怎样的联系，但是后期所表达的意思多少能反映出西方科学的分类标准。在喀麦隆，"Yaoundé" 野味市场上出售的三种穿山甲之间有明显的区别。黑腹长尾穿山甲被称为魔法师穿山甲（Caubert，2011），反映出它们在季节性洪水淹没洼地时隐秘的生活习惯（Pagès，1970），体型最大的穿山甲被称作巨地穿山甲，而白腹长尾穿山甲来源于 "Pangolin" 字意。在刚果共和国南部，

Kisakata 语区分了巨地穿山甲与白腹长尾穿山甲，将巨地穿山甲叫做 "Ikonfre"，意思是比其他种大的穿山甲，将体型较小的（很可能是白腹长尾穿山甲）叫做 "Nkoo"，意思是扯自己的尾巴。在贝宁共和国，穿山甲在南部的主要语言——丰语中被叫做 "Lihui"。尽管还不清楚现存的不同种类的穿山甲在其所在国家的文化中有何种程度上的差异（Neuenschwander et al.，2011），"Lihui" 似乎都用在不同形态的穿山甲上，其中包括巨地穿山甲。

分　类

　　鳞甲目所包含的动物类群一直是一个有争议的话题，尤其是将化石类群考虑在内时显得更加复杂。虽然现存穿山甲与其他现存的胎盘动物不同，属于一个单独分支（见第 1 章），但仍有些化石类群的归属尚未被普遍接受，特别是古乏齿目分支的成员（Emry，1970），以及神秘的始新世类群 *Eurotamandua*（Gaudin et al.，2009）。如第 1 章所述，早期的研究认为该类群与贫齿目（犰狳、树懒、食蚁兽）关系更近（Patterson et al.，1992），与之相反的是，大多数近期的研究喜欢将古乏齿兽类（palaeanodonts）与穿山甲联系在一起（Gaudin et al.，2009；O'Leary et al.，2013；Rose et al.，2005），后者的研究则引出了命名的问题。如果像 Emry（1970）那样，从广义上考虑鳞甲目，那么便不能为包含现存穿山甲及它们的近亲非古乏齿兽类找到一个广泛接受的术语。然而，如果我们将该目限制在现有的穿山甲和它们起源的化石类群，那么之前使用的术语对古乏齿兽类穿山甲分支也不可用。这对于解决 "哺乳动物目应该由什么组成" 的问题没有帮助（Cantino and de Queiroz，2000）。尽管如此，Gaudin 等（2009）提出了一个命名法，该命名法最大限度地提高了分类稳定性和与过去使用的一致性。他们将鳞甲目限制在现存的穿山甲及它们的化石类群，通过建立一个基于起源的分支，将该分支定义为 "最具包容性的分支，包括古欧洲穿山甲，即 *Euromanis krebsi* 与穿山甲的共同祖先和后代，外加其他所有与该共同祖先更加相关的类群，而不是古乏齿兽类（Gaudin et al.，2009）"，这一定义将古乏齿兽类排除在鳞甲目之外。随后，有很多研究者对该分支使用鳞甲目形态 "Pholidotamorpha" 这一新名称，这一分支既包括穿山甲，又包括古乏齿兽类，该分支建立了一个基于节点的分支，定义为 "最不具包容性的分支，其包括始贫齿兽（*Metacheiromys dasypus*）和中华穿山甲（*M. pentadactyla*）的共同祖先与后代（Gaudin et al.，2009）"。

科层面的系统发育

　　除了 McKenna 和 Bell（1977）提出的令人费解的分类外，目前学术界普遍认为，现存的 8 种穿山甲属于 3 个属，然后组成了一个单科——穿山甲科，包括了其他已经灭绝的穿山甲属（Gaubert et al.，2009，2018；Gaudin and Wible，1999）。Gaudin 等（2009）将这一科定义为基于起源的分支——"最具包容性的一个分支，包括了白腹长尾穿山甲（*Phataginus tricuspis*）和中华穿山甲（*M. pentadactyla*）的共同祖先及它们的后代，以及所有与这个共同祖先更亲近的类群（相比于晚始新世北美穿山甲 *Patriomanis americana*，这其中包括在更新世从欧洲和亚洲灭绝的 *Manis palaeojavanica*，以及存疑的 *M. lydekkeeri* 和 *M. hungarica*）"（Emry，1970；Kormos，1934）。鳞甲目的其他科，则全部由已经灭绝的类群组成。祖穿山甲科（Patriomanidae）包含两种已经灭绝的物种——*Patriomanis americana* 和始新世末期产自中国的 *Cryptomanis gobiensis*（Gaudin et al.，2006，2009，2016）。渐新世至中新世欧洲的 *Necromanis* 属，可能是该科的第三个成员，但是它的关系问题并未完全解决，在一些研究中，它被认为是穿山甲科的姐妹群，包括了其他两种 patriomanid，然而在其他研究中，它又变成了祖穿山甲科（Patriomanidae）中的祖穿山甲属（*Patriomanis*）和 *Cryptomanis* 的姐妹群（Gaudin et al.，2009；Hoffmann and Martin，2011；图 2.1）。在任何一种情况下，Patriomanidae 都与穿山甲科最相近，这两类一起组成了 Gaudin 等（2009）所说的 "Manoidea" 分支。Manoidea 是族谱中最强的节点之一，该类拥有 27 个明确的骨骼突，其中 6 个是这个分支特有的。Ecomanidae 科最初由 Storch（2003）创立，用来囊括欧洲类群 *Eomanis waldi* 和 *Euromanis krebsi*（Gaudin et al.，2009），但是后面两个类群在 Gaudin 等（2009）的系统发育分析中并没有聚类在一起，因此，该科是一个只包含 *Eomanis waldi* 的单独类群。Eomanidae 科被认为是 Manoidea 的姐妹群，一同组成了 Gaudin 等（2009）所指的"Eupholidota"。如 Gaudin 等（2009）系统发育研究所述，两种来自中始新世梅塞尔沉积层（与发掘 *Eomanis waldi* 的沉积层相同）的已灭绝穿山甲——*Eurotamandua joresi* 和 *Euromanis krebsi*，共同形成了 Eupholidota 的姐妹群。考虑到谱系基部节点的支撑作用相当弱，Gaudin 等（2009）拒绝对这两个类群进行任何明确的科等级上的分配，使它们本质上成为鳞甲目内的"未定地位"（*incertae sedis*）（即分类状态不明确）。

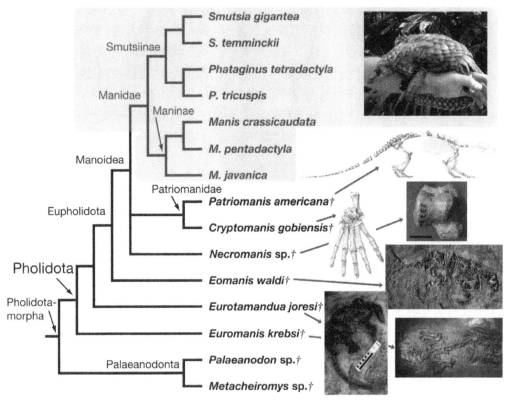

图 2.1　基于形态学的鳞甲目系统发育研究，Gaudin 等（2009）通过对 15 个群类内 395 个骨骼特征的遗传和血统因素分析构建的穿山甲谱系，包括现存 8 种穿山甲物种中的 7 种（菲律宾穿山甲不在他们的研究中），5 个化石穿山甲（*Eurotamandua joresi*），以及两个古乏齿兽类属。†表示灭绝的类群。修改自 Springer/J. Mammal. Evol. Gaudin, T.J., Emry, R.J., Wible, J.R., 2009. The phylogeny of living and extinct pangolins (Mammalia: Pholidota) and associated taxa: a morphology based analysis. J.Mammal. Evol. 16(4), 235-305. (https://doi.org/10.1007/s10914-009-9119-9)。现存白腹长尾穿山甲的照片，*Necromanis franconica* 的右距骨（背视图，比例尺＝1cm），*Euromanis* 和 *Eurotamandua* 的骨架来自于 T.G. Gaudin。*Eomanis* 的照片来自 G. Storch。*Patriomanis* 的手绘骨骼改编自 Gaudin, T.J., Emry, R.J., Morris, J., 2016. Skeletal anatomy of the North American pangolin *Patriomanis americana*（Mammalia, Pholidota）from the latest eocene of Wyoming (USA). Smithson. Contrib. Paleobiol. 98, 1_102；*Cryptomanis* 的左后趾（背视图）来自 Gaudin, T.J., Emry, R.J., Pogue, B., 2006. A new genus and species of pangolin (Mammalia, Pholidota) from the late Eocene of inner Mongolia, China. J. Vertebr. Paleontol. 26(1), 146-159, 经 Taylor and Francis Ltd 允许已做修改（www.tandfonline.com）。

现存类群的系统发育：形态学依据

Gaudin 和 Wible（1999）从形态学角度（仅基于颅骨解剖学）对穿山甲系统学进行了第一次分支研究。此次研究辨认出了现存穿山甲的三个主要分支，包括一个亚洲穿山甲分支、一个非洲树栖穿山甲分支和一个非洲地栖穿山甲分支。Gaudin 等（2009）的全面分析，包括了 Gaudin 和 Wible（1999）研究中的所有特性，又加入了许多来自整个骨架的特征，从而确认了三种分类，并将每个类别提升到了属的级别，*Manis* 被指定为亚洲穿山甲种，*Phataginus* 被指定为非洲树栖穿山甲种，*Smutsia* 被指定为非洲地栖穿山甲种（Koenigswald，1999）（图 2.1）。前两个属（*Manis* 和 *Phataginus*）得到了充足的支持。事实上，连接非洲树栖穿山甲的节点是整个进化树中最稳健的，由 49 个明确的共源性状得来（来自 395 个性状；Gaudin et al.，2009；见第 1 章）。与 Gaudin 和 Wible（1999）的研究相比，Gaudin 等（2009）将两种非洲属分组到单一分支，他们将其命名为 Smutsiinae 亚科。尽管它由 21 个明确的共源性状诊断而来，包括 5 个该分支独有的性状（Gaudin et al.，2009），但这种分组的支持度很弱。

　　迄今为止，以形态为基础的系统发育研究，依然未能成功解释 4 个亚洲物种之间的关系。Gaudin 和 Wible（1999）及 Gaudin 等（2009）的研究都没有将 *M. culionensis* 纳入他们的分析中。尽管后者认为菲律宾穿山甲与马来穿山甲的关系很近，这个关系在最近的分子系统发育学中得到了验证（Gaubert et al.，2018）。Gaudin 和 Wible（1999）的分析勉强支持马来穿山甲与中华穿山甲的亲缘关系，然而 Gaudin 等（2009）进行了更加广泛的分析，有力地支持了将中华穿山甲与印度穿山甲划为关系更近的进化支。亚洲穿山甲分支由 23 个明确的骨骼共源性状分析而来，包括 5 个特有的特征。然而，这与最近将马来穿山甲和印度穿山甲联合为姐妹群的分子研究结果并不一致（Gaubert et al.，2018），这一结果与两种形态学研究结果都不同。

现存类群的系统发育：分子依据

　　分子系统发育分析虽然受到采样点不全和基因位点代表性不足的制约（du Toit et al.，2014；Gaubert and Antunes，2005；Hassanin et al.，2015；Zhang et al.，2015），但它们都证实了非洲穿山甲和亚洲穿山甲在形态上的差异（Gaudin et al.，2009）。Gaubert 等（2018）基于对现存 8 种穿山甲完整有丝分裂基因组和 9 个核基因变异的评估，提出了迄今为止最全面的穿山甲系统发育史（图 2.2）。这项研究证

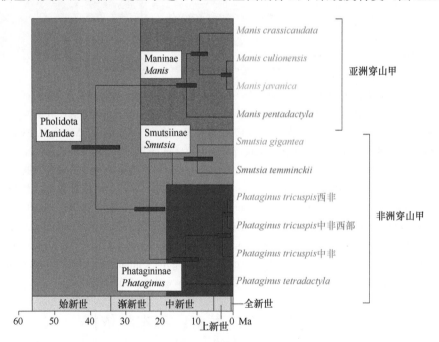

图 2.2　基于对穿山甲有丝分裂基因组和 9 个核基因进行系统发育分析得到的现存穿山甲进化树。最近的共同祖先时间的中值和 95%最高后验密度展现了受到支持的节点。修改自 Gaubert, P., Antunes, A., Meng, H., Miao, L., Peigné, S., Justy, F., et al., 2018. The complete phylogeny of pangolins: scaling up resources for the molecular tracing of the most trafficked mammals on Earth. J. Hered. 109(4), 347-359.

实了亚洲穿山甲与非洲穿山甲之间的深度分化，与先前形态学观察（Patterson，1978）、形态系统发育分析（Gaudin et al.，2009）及初步的分子系统发育分析（du Toit et al.，2014；Gaubert and Antunes，2005；Hassanin et al.，2015）的结果一样。大的基因组距离（18%～23%）支持了现存穿山甲分为三个属（Gaudin et al.，2009；基于形态学差异的分析提出），包括 Manis（亚洲穿山甲）、Smutsia（大型/地栖非洲穿山甲）及 Phataginus（小型/树栖非洲穿山甲）（Gaubert et al.，2018）。这三个属是否足以描述现存穿山甲的多样性仍无定论，需要更深入的比较研究。

有丝分裂基因组距离加上三个属之间高度的形态差异似乎证明，现存穿山甲中存在三个亚科的合理性，即 Maninae（Manis spp.）、Smutsiinae（Smutsia spp.）及 Phatagininae（Phataginus spp.）。Gaudin 等（2009）描述了 Phataginus 的骨骼特殊性，该分支有 10 个独特的共源性状，与之相比，Manis 与 Smutsia 分别只有 7 个和 3 个。此外，Gaubert 等（2018）还描述了 8 个 Phataginus 额外的独特特征及 4 个亚洲穿山甲（Manis）和 1 个大型/地栖非洲穿山甲（Smutsia）的额外特征，因此 Phataginus 共有 18 个识别特征，Manis 与 Smutsia 分别有 11 个和 4 个。

Gaubert 等（2018）的研究提供了一个完整的现存穿山甲系统发育进化树（图 2.2）。数据显示，巨地穿山甲与白腹长尾穿山甲、黑腹长尾穿山甲曾分别是姐妹种。在 Maninae 中，进化树与支持中华穿山甲与印度穿山甲为姐妹种的形态学假设不符（Gaudin et al.，2009）。相反，进化树显示，印度穿山甲是马来穿山甲-菲律宾穿山甲分支的姐妹种，而中华穿山甲与其他三种为姐妹种（Gaubert et al.，2018）。

穿山甲生物地理分化现状

du Toit 等（2014）和 Gaubert 等（2018）利用分子时钟方法估计了现存穿山甲科的起源时间。这些时间比之前在哺乳动物层级上的系统发育分析提出的时间要晚（Bininda-Emonds et al.，2007；Meredith et al.，2011），但与穿山甲科的姐妹科——Patriomanids 的已知起源时间相当（Gaudin et al.，2009）。此外，Gaubert 等（2018）假设现存穿山甲 Manis、Smutsia 和 Phataginus 的原始分化发生于晚始新世至中新世晚期（3800 万～1300 万年前）。亚洲和非洲穿山甲的分化，可能发生在渐新世-中新世边界之前（约 2300 万年前），与现存非洲穿山甲的估计起源和欧亚起源的其他哺乳动物类群分化的假设模式一致（Gaubert and Cordeiro-Estrela，2006；Steiner and Ryder，2011）。化石记录显示，鳞甲目起源于古新世晚期（6000 万年前）的 Laurasian（Storch，2003），Gaudin 等（2009）假设鳞甲目在新生代晚期从欧洲迁移到非洲和亚洲，而现存的穿山甲由于在上新世-更新世（起源于大概 500 万年前）受到全球气候变冷的影响，因此仅分布于热带地区。这种推断与 Gaubert 等（2018）对分化时间的估计一致，研究者通过过滤不可能的路径找到了一条可能的迁移路线，即在晚始新世的早期，穿山甲可能曾穿过非洲和欧亚大陆间的特提斯海（Tethys）海峡（Sen，2013）。另一条更新的非洲与欧亚大陆间的迁移路线，发生在 2000 万～1600 万年前欧亚大陆和阿拉伯微板块碰撞形成的"Gomphotherium 陆桥"（Koufos et al.，2005；Rögl，1999）。然而，在现存的穿山甲化石记录中，存在一个证据缺口，如除了埃及法雍地区（Fayum）早期渐新世矿床的模糊记录（Gaudin et al.，2009；Gebo and Rasmussen，1985），非洲穿山甲和亚洲穿山甲化石在 500 万年前的记录缺失（Botha and Gaudin，2007；Emry，1970），这使得穿山甲的生物地理历史变得扑朔迷离。Gaubert 等（2018）估计，现存的三个穿山甲属在中新世中晚期开始分化（1290 万～980 万年前），这是由于当时的全球气候正处于急剧恶化的时期——中新世事件或者中新世中期气候变冷（Costeur et al.，2007）。大约 1400 万年前开始，逐渐加剧的全球变冷破坏了区域间哺乳动物的连通性，并因此促进了物种的多样化（Maridet et al.，2007）。

马来穿山甲和菲律宾穿山甲姐妹种在形态学上相似，白腹长尾穿山甲的神秘血统出现在较近的更新世（270 万～170 万年前），与周期性的雨林收缩（deMenocal，2004）相吻合，这可能是它们多样化的因素之一（Gaubert et al.，2016，2018）。Gaubert 等（2016）用系统地理学评估了传统的生物地理屏障和河流庇护所对热带非洲白腹长尾穿山甲多样化的作用。更新世主要的干旱时期，雨林随之收缩为避难所（deMenocal，2004），很有可能促进了穿山甲物种多样性的形成，这符合物种对雨林栖息地的偏好（Gaubert，2011）。例外的是，达荷美峡谷（Dahomey Gap）（从多哥到尼日利亚东南部）的独特血统可能来自于非洲西部的隔离种群，该种群适应了达荷美峡谷被森林-草原覆盖的干旱条件（Dupont and Weinelt，1996；Maley，1996），因此符合多样性避难所消失的假说（Damasceno et al.，2014）。

也有人认为，马来穿山甲和菲律宾穿山甲分化是原菲律宾穿山甲经由更新世陆桥从加里曼丹岛传入，随后又被海平面上升所隔离导致的（Gaubert and Antunes，2005）。此外，正如在其他哺乳动物物种中观察到的那样，来自于斯里兰卡的非单系的印度穿山甲（与来自于印度的一个种相关）表明，印度和斯里兰卡之间通过仅 20km 宽的保克（Palk）海峡的长期连接（Rohling et al.，1998），在更新世期间促进了穿山甲的多次传播（Gaubert et al.，2017；Vidya et al.，2011）。

总的来说，气候条件似乎是中新世中期以来穿山甲多样化的主要驱动力，因为全球变冷影响了热带地区的生态环境（deMenocal，2004），现存的穿山甲种类在很大程度上受到了限制。

热带非洲和亚洲穿山甲的系统地理学及隐藏的多样性

穿山甲科内的地理变异还很不清楚。Gaubert 等（2015）在一项针对非洲野生动物丛林肉制品贸易的分子追踪研究中，首次发现了单个穿山甲种（白腹长尾穿山甲）存在与地理模式相对应的明显线粒体差异。Gaubert 等（2016）采集了穿山甲分布区的 100 多只个体，评估了 2 种线粒体、3 种细胞核和 1 种 Y 染色体基因的遗传变异。在此基础上，他们划定了物种内部存在的 6 个不同的地理谱系，这些系统地理谱系被限定在非洲西部（加纳以西）、加纳、达荷美峡谷、非洲中西部、加蓬和非洲中部。事实上，值得注意的是，这些谱系没有重叠的范围，除了非洲中西部和加蓬，它们的范围是不确定和相互限制的。

鉴于白腹长尾穿山甲在遗传和地理上的隔离，6 个系统地理谱系被确定为进化显著单元（ESU），可以保证种或亚种的地位（Gaubert et al.，2016，2018）。这将导致几个类群的重建和新的描述，需要依托更综合的方法（包括核基因组学和比较形态学）。

利用线粒体和核标记对南非地穿山甲进行初步系统地理评估表明，在物种范围的南半部分，种群结构和分化较弱（du Toit，2014），与白腹长尾穿山甲显著的系统地理模式形成了对比。虽然对马来穿山甲的地理变异的评估还不够彻底，但其已经揭示了亚洲穿山甲某种程度的隐藏多样性。一项基于线粒体 DNA（mtDNA）的开创性研究，对在香港检获的 239 只穿山甲鳞片进行了分型，发现有两种截然不同的遗传演化支（约 9%），其中一种对应于马来穿山甲，另一种可能代表了亚洲的一个神秘穿山甲谱系，与已知的任何亚洲穿山甲序列都不匹配（Zhang et al.，2015）。基于线粒体 DNA 序列和已知地理起源的初步分析，进一步证实了在该物种中存在着几种神秘谱系，就像以前认为的分布在菲律宾的马来穿山甲实际上是菲律宾穿山甲一样。然而，遗憾的是，到目前为止依然没能重建 Zhang 等（2015）发现的神秘谱系。一项基于数千个核标记［单核苷酸多态性（SNP）］的研究也表明，马来穿山甲中存在一定程度的神秘多样性，可能分别来自于加里曼丹岛、爪哇和新加坡-苏门答腊三个独特的谱系，虽然从某种程度说，人类的贸易可能会破坏这种谱系划分（Nash et al.，2018）。

现存类群的划分

Gaudin 等（2009）详细讨论了穿山甲系统学未解决的问题。这些问题主要是在物种名称和分类方面存在许多观点的分歧。从历史上看，早期的分类都严重依赖穿山甲解剖学的特点，包括属和亚属层级上的分类也一样，如甲片模式和形态，甲片之间是否有毛发及毛发的颜色，是否存在耳郭，眼睛的大小，尾巴的后部是否存在敏感的垫子及其形状，足底的结构和爪子的形状，剑状软骨的大小和形状（Grassé，

1955；Jentink，1882；Patterson，1978；Pocock，1924）。这些早期的研究，认识到亚洲和非洲分类群之间的明确区别，这一区别已经在随后的系统发育研究中得到支持。穿山甲被归为一个单属——*Manis*（Emry，1970；Jentink，1882；Schlitter，2005）或几个亚科、属、亚属。Pocock（1924）将穿山甲分为6 个属，包括：穿山甲属（*Manis*）［中华穿山甲（*M. pentadactyla*）］、*Phatages*（*Phatages crassicaudata*）、*Paramanis*（*Paramanis javanica*）、地穿山甲属（*Smutsia*）［南非地穿山甲（*S. temminckii*）、巨地穿山甲（*S. gigantea*）、长尾穿山甲属（*Phataginus*）［白腹长尾穿山甲（*P. tricuspis*）］和 *Uromanis* ［黑腹长尾穿山甲（*Uromanis tetradactyla*）］。现存的穿山甲一般被描述为 7 个物种，这是由于常被认为是马来穿山甲亚种的菲律宾穿山甲被提升到了种的水平，当然，这是基于区别于其姐妹种——马来穿山甲的形态和分子生物学研究证据提出的（Feiler，1998；Gaubert and Antunes，2005；Gaubert et al.，2018）。

　　不同种穿山甲的常用名也反映出了未达成共识的事实（Gaubert，2011；IUCN，2018；Schlitter，2005）。以下提供了一个综合分类，总结了现有的穿山甲科最新的分类学信息（图 2.3）。

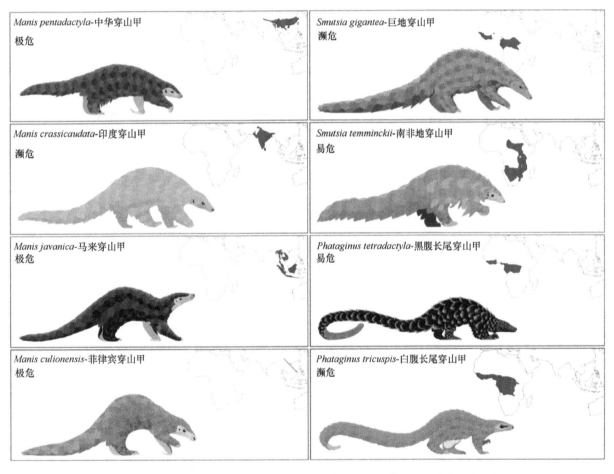

图 2.3　现存 8 种穿山甲物种在《世界自然保护联盟濒危物种红色名录》中的保护状态及分布。
分布图来自于《世界自然保护联盟濒危物种红色名录》（2019-3）。插图：Sheila McCabe。

现存穿山甲的最新分类

穿山甲科　Manidae Gray，1821

穿山甲亚科　Maninae Gray，1821（亚洲穿山甲）

穿山甲属　*Manis* Linnaeus，1758

Manis pentadactyla Linnaeus，1758：中华穿山甲（Chinese pangolin）、短尾穿山甲（short-tailed pangolin）

　　Manis crassicaudata E. Geoffroy Saint-Hilaire，1803：印度穿山甲（Indian pangolin）、厚尾穿山甲（thick-tailed pangolin）

　　Manis javanica Desmarest，1822：马来穿山甲（Sunda pangolin，Malayan pangolin）

　　Manis culionensis (de Elera，1915)：菲律宾穿山甲（Philippine pangolin）、巴拉望穿山甲（Palawan pangolin）

　　形态学特征：

　　7 个独特骨骼的共源性状（Gaudin et al.，2009）：距骨头腹侧缘存在跟舟韧带深沟；胫骨远端后侧面存在胫骨后肌肌腱深沟，被软组织封闭，形成隧道；前视图可见横突孔；头状骨近端关节非常宽，超过头状骨最大背腹深度的 85%；广泛的眶蝶骨/鳞状骨接触；面神经在骶骨岬和腮腺嵴形成的封闭管内行走；砧骨结实而呈长方形，脚短。

　　1 种软组织共源性状（Gaudin et al.，2009）：剑状软骨延伸拉长，长度远远大于剑突胸骨的骨化部分，远端呈铲状，中央有穿孔。

　　5 个独特的外部特征（Gaubert et al.，2018）：鳞片间具有突出鳞片层的刚毛（非洲穿山甲没有刚毛）（Pocock，1924）；后脚的第三爪比第四爪长得多（非洲穿山甲后肢的第三爪比第四爪稍微长一点）；尾背侧的中间一列鳞片一直延伸到尾端（非洲穿山甲在延伸至尾端前终止）；尾背侧中间一列鳞片后缘平滑且呈"V"字形（非洲穿山甲的呈三齿状）；耳郭（耳）位于听孔后缘（非洲穿山甲没有耳郭）。

　　Smutsiinae 亚科　　Gray，1873（体型大的非洲穿山甲）

　　地穿山甲属　*Smutsia* Gray，1865

　　Smutsia gigantean (Illiger，1815)：大穿山甲（giant pangolin）、巨地穿山甲（giant ground pangolin）

　　Smutsia temminckii (Smuts，1832)：南非地穿山甲（Temminck's pangolin）、开普穿山甲（Cape pangolin）、地穿山甲（ground pangolin）、草原穿山甲（steppe pangolin）

　　形态学特征：

　　3 个独特的骨骼共源性状（Gaudin et al.，2009）：跟腱附着面增大，沿跟骨足底面向前延伸超过一半长度；尺骨肘突宽，最大宽度为尺骨最大长度的 15%；下颌管内存在一个延长的侧穿孔。

　　1 个独特的外部特征（Gaubert et al.，2018）：体腹部，包括脚的毛发（<0.5cm）且稀疏（其他穿山甲毛发长且密）。

　　Phatagininae 亚科　　Gaubert，2018（体型小的非洲穿山甲）

　　长尾穿山甲属　*Phataginus* Rafinesque，1820

　　Phataginus tetradactyla (Linnaeus，1766)：黑腹长尾穿山甲（black-bellied pangolin）、长尾穿山甲（long-tailed pangolin）

　　Phataginus tricuspis (Rafinesque，1820)：白腹长尾穿山甲（white-bellied pangolin）、非洲白腹长尾穿山甲（African white-bellied pangolin）、三尖穿山甲（three-cusped pangolin）、树穿山甲（tree pangolin）、普通非洲穿山甲（common African pangolin）[可能由 6 个不同的种/亚种组成，对应于来自非洲西部、加纳、达荷美峡谷、非洲中西部和加蓬的血统（Gaubert et al.，2016，2018）]。

　　形态学特征：

　　10 个独特的骨学共源性状（Gaudin et al.，2009）：第五跖骨侧缘沿腹向伸长，通过由背侧嵴与腹侧嵴围成的凹陷与骰骨面分离；第五跖骨的骰骨面横向受压，宽度≤深度，但腹侧扩张；外侧楔形骨舟骨面呈蝴蝶形，在背侧和腹侧端横向扩张，内侧和外侧边缘凹；舟骨的距骨关节面凹陷局限于凸面腹侧；背侧视角中距骨滑车的近端边缘平直或凸出；胫骨远端受压，最大宽度与前后深度之比≥2；小转子朝向内侧，大部分被股骨头遮挡，但近端可见；髋臼窝腹侧开放；前端视角下肱骨滑车远端边缘凸出；第一指指骨极大退化，长度小于第五指指骨的 1/2。

　　8 个独特的外部特征（Gaubert et al.，2018）：头体长/尾长<1（其他的穿山甲>1）；前肢的上部有毛，没有鳞片覆盖（其他的穿山甲有鳞片覆盖）；后肢的上部（背视图）没有被鳞片覆盖，在爪基部和后脚鳞片之间有一毛发带（其他的穿山甲全被鳞片覆盖，没有毛发带）（Pocock，1924）；前足第一爪的基部比第五爪靠后（其他穿山甲基本上在一条直线上）；后足第一爪的基部明显比第五爪靠后（其他穿山甲基本上在一条直线上）；前足第三爪的长度比第二爪、第四爪长 2 倍（其他穿山甲小于 2 倍）；鼻头和最近的颅顶鳞片之间的距离（成体，背视图）大于 1cm（其他穿山甲小于 1cm）；由于缺少两个中位鳞片和两个侧位鳞片，尾部末端（成体，腹侧）肉垫大（其他穿山甲尾部末端垫狭窄或不存在）（Pocock，1924）。

结　　论

　　尽管人们对穿山甲研究的兴趣，明显受到了媒体的极大推动，但因为穿山甲面临着生存威胁，所以它们目前仍是进化过程中的“黑箱”。虽然现存穿山甲的三个亚属分类，似乎已达成共识，但仍有一些问题需要进一步的证据来澄清，包括化石与现存类群的亲缘关系和现存类群的物种划分。鉴于目前一些对穿山甲物种（白腹长尾穿山甲、马来穿山甲）遗传多样性的研究已经取得了开创性成果，我们相信揭示现存穿山甲的其他隐蔽种的相关研究依然有很大的探索空间。这反过来又可能直接影响到贩运的可追溯性（见第 20 章）和有效保护措施的执行。

参 考 文 献

Bininda-Emonds, O.R.P., Cardillo, M., Jones, K.E., MacPhee, R.D.E., Beck, R.M.D., Grenyer, R., et al., 2007. The delayed rise of present-day mammals. Nature 446 (7135), 507-512.

Botha, J., Gaudin, T., 2007. An early pliocene pangolin (Mammalia; Pholidota) from Langebaanweg, South Africa. J. Vertebr. Paleontol. 27 (2), 484-491.

Cantino, P.D., de Queiroz, K., 2000. PhyloCode: a phylogenetic code of biological nomenclature, Version 2a. Available from: <http://www.ohio.edu/phylocode/>. [April 9, 2019].

Costeur, L., Legendre, S., Aguilar, J.-P., Lécuyer, C., 2007. Marine and continental synchronous climatic records: towards a revision of the European Mid-Miocene mammalian biochronological framework. Geobios 40 (6), 775-784.

Damasceno, R., Strangas, M.L., Carnaval, A.C., Rodrigues, M.T., Moritz, C., 2014. Revisiting the vanishing refuge model of diversification. Front. Genet. 5, 1-12.

deMenocal, P.B., 2004. African climate change and faunal evolution during the Pliocene-Pleistocene. Earth Planet. Sci. Lett. 220 (1-2), 3-24.

du Toit, Z., 2014. Population Genetic Structure of the Ground Pangolin based on Mitochondrial Genomes. M.Sc. Thesis, University of the Free State, Bloemfontein, South Africa.

du Toit, Z., Grobler, J.P., Kotzé, A., Jansen, R., Brettschneider, H., Dalton, D.L., 2014. The complete mitochondrial genome of Temminck's ground pangolin (*Smutsia temminckii*; Smuts, 1832) and phylogenetic position of the Pholidota (Weber, 1904). Gene 551 (1), 49-54.

Dupont, L.M., Weinelt, M., 1996. Vegetation history of the savanna corridor between the Guinean and the Congolian rain forest during the last 150,000 years. Veg. Hist. Archaeobot. 5 (4), 273-292.

Emry, R.J., 1970. A North American Oligocene pangolin and other additions to the Pholidota. Bull. Am. Museum Nat. Hist. 142, 457-510.

Feiler, A., 1998. Das Philippinen-Schuppentier, Manis culionensis Elera, 1915, eine fast vergessene Art (Mammalia: Pholidota:

Manidae). Zoologische Abhandlungen-Staatliches Museum Für Tierkunde Dresden 50, 161-164.

Freeman, M.M., 1992. The nature and utility of traditional ecological knowledge. Northern Perspect. 20, 9-12.

Gaubert, P., 2011. Family Manidae. In: Wilson, D.E., Mittermeier, R.A. (Eds.), Handbook of the Mammals of the World, vol. 2. Hoofed Mammals. Lynx Edicions, Barcelona, pp. 82-103.

Gaubert, P., Antunes, A., 2005. Assessing the taxonomic status of the Palawan pangolin *Manis culionensis* (Pholidota) using discrete morphological characters. J. Mammal. 86 (6), 1068-1074.

Gaubert, P., Cordeiro-Estrela, P., 2006. Phylogenetic systematics and tempo of evolution of the Viverrinae (Mammalia, Carnivora, Viverridae) within feliformians: implications for faunal exchanges between Asia and Africa. Mol. Phylogenet. Evol. 41 (2), 266-278.

Gaubert, P., Njiokou, F., Olayemi, A., Pagani, P., Dufour, S., Danquah, E., et al., 2015. Bushmeat genetics: setting up a reference framework for the DNA-typing of African forest bushmeat. Mol. Ecol. Resour. 15 (3), 633-651.

Gaubert, P., Njiokou, F., Ngua, G., Afiademanyo, K., Dufour, S., Malekani, J., et al., 2016. Phylogeography of the heavily poached African common pangolin (Pholidota, *Manis tricuspis*) reveals six cryptic lineages as traceable signatures of Pleistocene diversification. Mol. Ecol. 25 (23), 5975-5993.

Gaubert, P., Patel, R.P., Veron, G., Goodman, S.M., Willsch, M., Vasconcelos, R., et al., 2017. Phylogeography of the small Indian civet and origin of introductions to western Indian Ocean islands. J. Hered. 108 (3), 270-279.

Gaubert, P., Antunes, A., Meng, H., Miao, L., Peigné, S., Justy, F., et al., 2018. The complete phylogeny of pangolins: scaling up resources for the molecular tracing of the most trafficked mammals on Earth. J. Hered. 109 (4), 347-359.

Gaudin, T.J., Wible, J.R., 1999. The entotympanic of pangolins and the phylogeny of the Pholidota (Mammalia). J. Mammal. Evol. 6 (1), 39-65.

Gaudin, T.J., Emry, R.J., Pogue, B., 2006. A new genus and species of pangolin (Mammalia, Pholidota) from the late Eocene of Inner Mongolia, China. J. Vertebr. Paleontol. 26 (1), 146-159.

Gaudin, T., Emry, R., Wible, J., 2009. The phylogeny of living and extinct pangolins (Mammalia, Pholidota) and associated taxa: a morphology based analysis. J. Mammal. Evol. 16 (4), 235-305.

Gaudin, T.J., Emry, R.J., Morris, J., 2016. Skeletal anatomy of the North American pangolin *Patriomanis americana* (Mammalia, Pholidota) from the latest Eocene of Wyoming (USA). Smithson. Contrib. Paleobiol. 98, 1-102.

Gebo, D.L., Rasmussen, D.T., 1985. The earliest fossil pangolin (Pholidota: Manidae) from Africa. J. Mammal. 66 (3), 538-541.

Gotch, A.F., 1979. Mammals - Their Latin Names Explained. A Guide to Animal Classification. Blandford Press, Poole.

Grassé, P.P., 1955. Traité de Zoologie. vol. 17, Mammifères, Masson et Cie, Paris.

Hassanin, A., Hugot, J.-P., van Vuuren, B.J., 2015. Comparison of mitochondrial genome sequences of pangolins (Mammalia, Pholidota). C. R. Biol. 338 (4), 260-265.

Hoffmann, S., Martin, T., 2011. Revised phylogeny of Pholidota: implications for Ferae. J. Vertebr. Paleontol. 31 (Suppl), 126A-127A.

IUCN, 2018. The IUCN Red List of Threatened Species. Version 2018-1. Available from: <http://www.iucnredlist. org>. [August 13, 2018].

Jentink, F.A., 1882. Note XXV. Revision of the Manidae in the Leyden Museum. Notes from the Leyden Museum IV, 193-209.

Koenigswald, W. von., 1999. Order Pholidota. In: Rössner, G.E., Heissig, K. (Eds.), The Miocene Land Mammals of Europe. Verlag Dr. Friedrich Pfeil, Munich, pp. 75-80.

Kormos, T., 1934. *Manis hungarica* n. s., das erste Schuppentier aus dem europäischen Oberpliozän. Folia Zoologica et Hydrobiologica 6, 87-94.

Koufos, G.D., Kostopoulos, D.S., Vlachou, T.D., 2005. Neogene/Quaternary mammalian migrations in Eastern Mediterranean. Belg. J. Zool. 135, 181-190.

Lynch, C., 1980. Mammalian names and scientific names. Culna 19, 14-16.

Maley, J., 1996. The African rain forest - main characteristics of changes in vegetation and climate from the Upper Cretaceous to the Quaternary. Proceedings of the Royal Society of Edinburgh, Section B 104, 31-73.

Maridet, O., Escarguel, G., Costeur, L., Mein, P., Hugueney, M., Legendre, S., 2007. Small mammal (rodents and lagomorphs) European biogeography from the late Oligocene to the mid Pliocene. Glob. Ecol. Biogeogr. 16 (4), 529-544.

McKenna, M.C., Bell, S.K., 1997. Classification of Mammals Above the Species Level. Columbia University Press, New York.

Meredith, R.W., Janecka, J.E., Gatesy, J., Ryder, O.A., Fisher, C.A., Teeling, E.C., et al., 2011. Impacts of the Cretaceous terrestrial revolution and KPg extinction on mammal diversification. Science 334 (6055), 521-524.

Nash, H.C., Wirdateti, Low, G.W., Choo, S.W., Chong, J.L., Semiadi, G., et al., 2018. Conservation genomics reveals possible illegal trade routes and admixture across pangolin lineages in Southeast Asia. Conserv. Genet. 19 (5), 1083-1095.

Netshisaulu, N.C., 2012. Metaphor in Tshivenda. Ph.D. Thesis, Stellenbosch University, Stellenbosch, South Africa.

Neuenschwander, P., Sinsin, B., Goergen, G., 2011. Nature conservation in West Africa: Red List for Benin, International Institute of Tropical Agriculture, Ibadan.

O'Leary, M.A., Bloch, J.I., Flynn, J.J., Gaudin, T.J., Giallombardo, A., Giannini, N.P., et al., 2013. The placental mammal ancestor and the post-K-Pg radiation of placentals. Science 339 (6120), 662-667.

Pagès, E., 1970. Sur l'Écologie et les adaptations de l'orycté-rope et des pangolins sympatriques du Gabon. Biol. Gabon. 6, 27-92.

Patterson, B., 1978. Pholidota and Tubulidentata. In: Maglio, V.J., Cooke, H.B.S. (Eds.), Evolution of African Mammals. Harvard University Press, Cambridge, pp. 268-278.

Patterson, B., Segall, W., Turnbull, W.D., Gaudin, T.J., 1992. The ear region in xenarthrans (=Edentata, Mammalia). Part II. Sloths, anteaters, palaeanodonts, and a miscellany. Fieldiana, Geology, n.s. 24, 1-79.

Pocock, R.I., 1924. The external characters of the pangolins (Manidae). Proc. Zool. Soc. Lond. 94 (3), 707-723.

Rögl, F., 1999. Mediterranean and Paratethys. Facts and hypotheses of an Oligocene to Miocene paleogeography (short overview). Geol. Carpath. 50, 339-349.

Rohling, E.J., Fenton, M., Jorissen, F.J., Bertrand, G., Ganssen, G., Caulet, J.P., 1998. Magnitudes of sea level lowstands of the last 500,000 years. Nature 394 (6689), 162-165.

Rose, K.D., Emry, R.J., Gaudin, T.J., Storch, G., 2005. Xenarthra and Pholidota. In: Rose, K.D., Archibald, J.D. (Eds.), The Rise of Placental Mammals. Origins and Relationships of the Major Extant Clades. Johns Hopkins University Press, Baltimore, pp. 106-126.

Schlitter, D.A., 2005. Order Pholidota. In: Wilson, D.E., Reeder, D.M. (Eds.), Mammals Species of the World - A Taxonomic and Geographic Reference, third ed. Johns Hopkins University Press, Baltimore, pp. 530-531.

Sen, S., 2013. Dispersal of African mammals in Eurasia during the Cenozoic: ways and whys. Geobios 46 (1-2), 159-172.

Steiner, C.C., Ryder, O.A., 2011. Molecular phylogeny and evolution of the Perissodactyla. Zool. J. Linn. Soc. 163 (4), 1289-1303.

Storch, G., 2003. Fossil Old World "edentates". In: Fariña, R.A., Vizcaíno, S.F., Storch, G. (Eds.), Morphological studies in fossil and extant Xenarthra (Mammalia), vol. 83. Senckenbergiana Biologica, pp. 51-60.

Vidya, T.N.C., Sukumar, R., Melnick, D.J., 2011. Rangewide mtDNA phylogeography yields insights into the origins of Asian elephants. Proc. R. Soc. Lond. B: Biol. Sci. 276 (1706), 893-902.

Zhang, H., Miller, M.P., Yang, F., Chan, H.K., Gaubert, P., Ades, G., et al., 2015. Molecular tracing of confiscated pangolin scales for conservation and illegal trade monitoring in Southeast Asia. Glob. Ecol. Conserv. 4, 414-422.

第 2 部分

生物学、生态学和地位

第3章 穿山甲在生态系统中的角色

赵荣台[1]，李厚峰[2]，林忠志[3]

1. 台湾林业科学研究所，中国台湾台北

2. 中兴大学昆虫学系，中国台湾台中

3. 彰化师范大学生物系，中国台湾彰化

引　言

穿山甲分布于亚洲和非洲撒哈拉沙漠以南的热带与亚热带地区（Allen，1938；Heath，2013；第 4 章至第 11 章）。影响它们分布范围的因素包括：①食物，即蚂蚁和白蚁的分布；②环境温度，穿山甲在不适宜的环境温度中会迅速死亡，参见第 6 章和第 28 章；③获取水的途径，南非地穿山甲（*Smutsia temminckii*）和印度穿山甲（*Manis crassicaudata*）能在贫瘠干旱的环境中生存（见第 5 章和第 11 章）。穿山甲栖息于各种不同的生态系统，包括热带和亚热带的原始林与次生林、龙脑香科树林、阔叶林、针叶林、竹林、稀树草原林地、草地以及单一作物种植园和花园等人工景观（见第 4 章至第 11 章）。穿山甲属夜行动物，黑腹长尾穿山甲例外（*Phataginus tetradactyla*；见第 8 章），除交配或雌性穿山甲育幼时，该物种基本独居。气味是穿山甲的社交媒介，它们依靠发达的嗅觉系统捕食（Choo et al.，2016；Imam et al.，2018）。穿山甲展现了各种各样的生存方式：适应掘地型（穴居）、半树栖、树栖，以洞穴、树洞和其他结构为庇护所。本章简要介绍了穿山甲在生态系统中所扮演的角色，作为社会性昆虫的捕食者，洞穴挖掘者，既是被捕食物种，也是体内和体外寄生虫的宿主。

蚂蚁和白蚁的捕食者

穿山甲以蚂蚁和白蚁为食，卵、幼虫、蛹都在其捕食范围之内，但对食物的种类有所选择（Irshad et al.，2015；Pietersen et al.，2016）。在非洲苏丹 22 种可获得的蚂蚁中，南非地穿山甲只捕食其中的 2 种，研究人员还注意到在南非的萨比沙地，攻击性较强的黑腹捷蚁（*Anoplolepis custodiens*）占了南非地穿山甲总体食谱的 77%。在中国台湾，穿山甲的栖息地环境中记录到超过 90 种蚂蚁。中国台湾东部有超过 70%的蚂蚁种类在中华穿山甲的粪便样本中被发现（*M. pentadactyla*；C.-C. Lin，未发表数据），这些蚂蚁隶属于几种主要的蚂蚁亚科：臭蚁亚科、行军蚁亚科、蚁亚科、猛蚁亚科和切叶蚁亚科（C.-C. Lin，未发表数据），其中包括细足捷蚁（*A. gracilipes*）——发源于亚洲，在中国台湾有很强的入侵性（图 3.1；见第 4 章），分布范围较广。

蚂蚁群落根据季节变化呈现动态分布，作为穿山甲的食物，它们的可获得性和丰富度受到多种因素的影响（Wu et al.，2005）。这方面的研究比较少（见第 4 章），目前看来，影响蚁群分布的环境因素包括温度、湿度和降水量，生态因素则包括食物的可利用性，以及捕食等（Lach et al.，2009）。蚂蚁在北半球冬季活动减少（Kharbani and Hajong，2013；Nondillo et al.，2014）；在台湾，天气炎热时，地栖种类的蚂蚁活动最为频繁（特别是 7～10 月），较冷的时间段，活跃程度会降低（特别是 11～12 月；C.-C. Lin，未发表数据）。因此，夏季时间段穿山甲粪便中发现的蚂蚁种类和数量一般要高于冬季时间段（C.-C.

图 3.1　中华穿山甲（*M. pentadactyla*）捕食的细足捷蚁（*A. gracilipes*）。
照片来源：梁卫仁。

Lin，未发表数据；见第 4 章）。季节性猎物动态在多方面影响穿山甲，包括出现体重波动（如中华穿山甲；见第 4 章）。这有可能也适用于其他种类穿山甲，但需要进一步的研究。

穿山甲也食白蚁。中华穿山甲偏爱取食栖息在土壤中的较大种群规模的白蚁群（种群数量达到几百万只），而不是在树上筑巢的大个白蚁和小规模的蚁群（几千只；Li et al.，2011）。

台湾发现的中华穿山甲的粪便样本中多包含培菌性白蚁——黑翅土白蚁（*Odontotermes formosanus*）的残留物，这种白蚁是中华穿山甲的主要食物（见第 4 章；图 3.2）。其他种类有以木材为食的小象白蚁（*Nasutitermes parvonasutus*），以土为食的新渡户歪白蚁（*Pericapritermes nitobei*）和生活于地下的黄肢散白蚁（*Reticulitermes flaviceps*；Liang，2017）。中华穿山甲拒绝进食 4 种燥木或湿木白蚁（木白蚁亚科和胃白蚁亚科；Li et al.，2011；Liang et al.，2017）。黑翅土白蚁和穿山甲是旧大陆特有的分类群（Kharbani and Hajong，2013），并且属于同域分布，黑翅土白蚁（大白蚁亚科）很可能是穿山甲重要的食物种类（见第 4 章）。

图 3.2　黑翅土白蚁（*Odontotermes formosanus*）。生长在台湾的培菌性白蚁——黑翅土白蚁是中华穿山甲主食的一种白蚁。图片来源：梁卫仁。

通过捕食蚂蚁和白蚁，穿山甲成为社会性昆虫的调控器，通常认为穿山甲决定了当地蚂蚁和白蚁种群的丰富度与结构，并因此影响着当地的生态系统功能（如营养相互作用、分解、营养循环和能量流动；Del Toro et al.，2012）。蚂蚁具有多种多样的生态位和食性，但是绝大部分以小型节肢动物、植物组织或动物的尸体残余为食，是杂食者和食腐者，扮演着生态系统分解者的角色（Lach et al.，2009）。群居的白蚁专门清除死亡的植物组织，包括木材、落叶、腐殖质、藻类和真菌等。白蚁通过与肠道共生微生物、外部共生真菌或细菌发生协同作用，消化植物组织的主要成分——纤维素和半纤维素，并在生态系统的能量和物质循环中发挥重要作用。当然，如果不加以控制，白蚁和蚂蚁会成为害虫，并且造成很大的损失（如破坏建筑物；Del Toro et al.，2012），除此之外，白蚁还会导致农作物受损（Sileshi et al.，2005）。因此，穿山甲能通过控制蚂蚁和白蚁的数量来为生态系统提供重要的服务。Harrison（1961）估计，一只马来穿山甲（*M. javanica*）的胃容量大于 20 万只蚂蚁，Lee 等（2017）计算得出，一只中华穿山甲的胃里有超过 2.6 万个食物残余组织，其中 97%（25 803 个）是蚂蚁。如果这些昆虫是在胃容物分析前几天被捕食的，说明一只穿山甲每年要吃掉几百万只蚂蚁。穿山甲食蚁，但也会捕食其他种类的食物，包括甲虫和蜜蜂（见第 4～11 章）。

洞 穴 挖 掘

除了黑腹长尾穿山甲（见第 8 章），其他穿山甲都有不同程度的掘洞行为，这是为了防御和寻找食物。它们在不同类型的土壤中掘洞，主要包括壤土、黏土和沙质土壤（Dorji，2017；Fan，2005）。洞穴对于穿山甲十分重要，因为穿山甲体温的自我调节能力很差（见第 1 章），而洞穴作为庇护所为其提供了稳定的环境温度。通过掘洞，穿山甲可影响土壤的许多变化过程，包括有机物的周转率、通风率和矿化率。它们还可以作为生物扰动器，促进土壤的分层和混合，为土壤气体和渗透水创造流动路径。洞穴的结构，如深度、长度、复杂程度等因穿山甲种类和挖掘季节的不同而不同，因此对土壤的影响也不同。Fan（2005）曾测量了 294 只中华穿山甲洞穴的直径和长度，平均值分别为 17.3cm±3.0cm 和 80.6cm±48.3cm，通过测量翻出来的土壤体积估算出一个普通穿山甲洞穴的容积为 0.019m³，平均密度为每公顷 56.7 个洞穴（Fan，2005），可以推导出中华穿山甲在台湾翻掘的土壤总量为每公顷 1.08m³。

研究人员发现了一些动物共用穿山甲洞穴的情况，穿山甲洞穴为它们提供了庇护所和遮阴地。目前对这一现象如何影响生物的分布和数量，以及它们在何种程度上影响生态系统的过程和功能还知之甚少，这是进一步研究的一个方向。记录到使用过穿山甲洞穴的物种包括特拉凡柯陆龟（*Indotestudo travancorica*；Deepak et al.，2016）、非洲巨鼠（*Cricetomys* spp.），丛尾豪猪（*Atherurus africanus*；Bruce et al.，2018）、食蟹獴（*Herpestes urva*）、黄喉貂（*Martes flavigula*）和鼬獾（*Melogale moschata*）等（见第 4～11 章）。

作为食物和宿主的穿山甲

感受到威胁时，穿山甲要么逃跑，要么缩成极具特征性的团状，依赖身上的鳞甲来保护自己。后者有助于防御部分捕食者，如狮（*Panthera leo*；图 3.3）、亚洲狮（*P. leo. persica*）和虎（*P. tigris*）；也能让穿山甲有效躲避其他一些捕食者，包括黑猩猩（*Pan troglodytes*）、鳄鱼（鳄目）和蟒蛇（蚺科；见第 4～11 章；Kharbani and Hajong，2013；Kawanishi and Sunquist，2004）。Shine 等（1998）通过对 229 条网纹蟒的胃部残余物进行识别，记录到其中 6 个（2.6%）胃中含有马来穿山甲的残骸。目前，我们对穿山甲种群的被捕食率还所知甚少。

整个穿山甲科都有发现一系列寄生虫寄生的记录。这些寄生虫包括大量细菌、原生动物、病毒、蜱、螨、线虫、绦虫、棘头虫和五口虫（见第 29 章）。这些微生物的临床医学意义尚不清楚，尽管健康的穿山甲身上也带有大量蜱，尤其是花蜱属居多。Hutton（1949）在印度尼尔吉利斯（Nilgiris）发现印度穿山甲几乎每个鳞片下都存活着几只蜱。

图 3.3　雄狮（*Panthera leo*）叼着南非地穿山甲（*S. temminckii*）。
图片来源：Foto Mous/Shutterstock.com.

　　尽管证据有限，但也表明穿山甲在它们所处的生态系统中起着重要作用。当然还需要进一步研究以更好地了解穿山甲和它们的食物以及两者在生态系统功能间细微的相互作用，以量化这些作用的重要性。这应该包括人类关于穿山甲对生态系统服务影响价值的评估和一旦该物种灭绝可能产生的后果。

参 考 文 献

Allen, G.M., 1938. The Mammals of China and Mongolia. Natural History of Central Asia, vol. XI. Part I. The American Museum of Natural History, New York.

Bruce, T., Kamta, R., Mbobda, R.B.T., Kanto, S.T., Djibrilla, D., Moses, I., et al., 2018. Locating giant ground pangolins (*Smutsia gigantea*) using camera traps on burrows in the Dja Biosphere Reserve, Cameroon. Trop. Conserv. Sci. 11, 1-5.

Choo, S.W., Rayko, M., Tan, T.K., Hari, R., Komissarov, A., Wee, W.Y., et al., 2016. Pangolin genomes and the evolution of mammalian scales and immunity. Genome Res. 26 (10), 1312-1322.

Deepak, V., Noon, B.R., Vasudevan, K., 2016. Fine scale habitat selection in travancore tortoises (*Indotestudo travancorica*) in the Anamalai Hills, Western Ghats. J. Herpetol. 50 (2), 278-283.

Del Toro, I., Ribbons, R.R., Pelini, S.L., 2012. The little things that run the world: a review of antmediated ecosystem services and disservices (Hymenoptera: Formicidae). Myrmecological News 17, 133-146.

Dorji, D., 2017. Distribution, habitat use, threats and conservation of the Critically Endangered Chinese pangolin (Manis pentadactyla) in Samtse District. Bhutan. Unpublished Report for Rufford Small Grants, UK.

Fan, C.Y., 2005. Burrow Habitat of Formosan Pangolins (*Manis pentadactyla pentadactyla*) at Feitsui Reservoir. M.Sc. Thesis, National Taiwan University, Taipei, Taiwan. [In Chinese].

Harrison, J.L., 1961. The natural food of some Malayan mammals. Bull. Singapore Natl. Museum 30, 5-18.

Heath, M., 2013. Family Manidae. In: Kingdon, J., Hoffmann, M. (Eds.), Mammals of Africa., vol. V, Carnivores, Pangolins, Equids, Rhinoceroses. Bloomsbury Publishing, London, p. 387.

Hutton, A.F., 1949. Notes on the Indian pangolin (*Manis crassicaudata*, Geoffer St. Hilaire). J. Bombay Nat. Hist. Soc. 48, 805-806.

Imam, A., Bhagwandin, A., Ajao, M.S., Spocter, M.A., Ihunwo, A.O., Manger, P.R., 2018. The brain of the tree pangolin (Manis tricuspis). II. The olfactory system. J. Comp. Neurol. 526 (16), 2571-2582.

Irshad, N., Mahmood, T., Hussain, R., Nadeem, M.S., 2015. Distribution, abundance and diet of the Indian pangolin (Manis crassicaudata). Anim. Biol. 65, 57-71.

Kawanishi, K., Sunquist, M.E., 2004. Conservation status of tigers in a primary rainforest of Peninsular Malaysia. Biol. Conserv. 120 (3), 329-344.

Kharbani, H., Hajong, S.R., 2013. Seasonal patterns in ant (Hymenoptera: Formicidae) activity in a forest habitat of the West Khasi Hills, Meghalaya, India. Asian Myrmecology 5, 103-112.

Lach, L., Parr, C.L., Abbott, K.L. (Eds.), 2009. Ant Ecology. Oxford University Press, Oxford.

Lee, R.H., Cheung, K., Fellowes, J.R., Guénard, B., 2017. Insights into the Chinese pangolin's (*Manis pentadactyla*) diet in a peri-urban habitat. Trop. Conserv. Sci. 10, 1-7.

Li, H.-F., Lin, J.-S., Lan, Y.-C., Pei, K.J.-C., Su, N.-Y., 2011. Survey of the termites (Isoptera: Kalotermitidae, Rhinotermitidae, Termitidae) in a Formosan pangolin habitat. Florida Entomol. 94 (3), 534-538.

Liang, C.-C., 2017. Termite Species Composition in Soil and Feces of Formosan Pangolin (*Manis pentadactyla pentadactyla*) at Luanshan, Taitung. M.Sc. Thesis, National Pingtung University of Science and Technology, Pingtung, Taiwan. [In Chinese].

Liang, W.-R., Wu, C.-C., Li, H.-F., 2017. Discovery of a cryptic termite genus, *Stylotermes* (Isoptera: Stylotermitidae), in Taiwan, with the description of a new species. Ann. Entomol. Soc. Am. 110 (4), 360-373.

Nondillo, A., Ferrari, L., Lerin, S., Bueno, O.C., Bottona, M., 2014. Foraging activity and seasonal food preference of *Linepithema micans* (Hymenoptera: Formicidae), a species associated with the spread of *Eurhizococcus brasiliensis* (Hemiptera: Margarodidae). J. Econ. Entomol. 107 (4), 1385-1391.

Pietersen, D.W., Symes, C.T., Woodborne, S., McKechnie, A.E., Jansen, R., 2016. Diet and prey selectivity of the specialist myrmecophage, Temminck's ground pangolin. J. Zool. 298 (3), 198-208.

Shine, R., Harlow, P.S., Keogh, J.S., Boeadi, 1998. The influence of sex and body size on food habits of a giant tropical snake, *Python reticulatus*. Funct. Ecol. 12 (2), 248-258.

Sileshi, G., Mafongoya, P.L., Kwesiga, F., Nkunika, P., 2005. Termite damage to maize grown in agroforestry systems, traditional fallows and monoculture on nitrogen-limited soils in eastern Zambia. Agric. For. Entomol. 7 (1), 61-69.

Swart, J.M., Richardson, P.R.K., Ferguson, J.W.H., 1999. Ecological factors affecting the feeding behaviour of pangolins (*Manis temminckii*). J. Zool. 247 (3), 281-292.

Sweeney, R.C.H., 1956. Some notes on the feeding habits of the ground pangolin, *Smutsia temminckii* (Smuts). Ann. Mag. Nat. Hist. 9, 893-896.

Wu, S., Liu, N., Li, Y., Sun, R., 2005. Observation on food habits and foraging behavior of Chinese Pangolin (*Manis pentadactyla*). Chin. J. Appl. Environ. Biol. 11 (3), 337-341. [In Chinese].

第4章 中华穿山甲 *Manis pentadactyla* (Linnaeus, 1758)

吴诗宝[1,*]，孙敬闵[2,*]，张富华[1]，于一爽[1]，盖瑞·埃兹[3]，图尔希·拉克西米·苏瓦尔[4,5]，
蒋志刚[6]

1. 华南师范大学生命科学学院，中国广州
2. 屏东科技大学生物资源研究所，中国台湾屏东
3. 嘉道理农场暨植物园动物保育部，中国香港
4. 小型哺乳动物保护和研究基金会，尼泊尔加德满都
5. 屏东科技大学热带农业暨国际合作系，中国台湾屏东
6. 中国科学院动物研究所，中国北京

分　类

中华穿山甲之前被归在 *Pholidotus*、*Phatages*（Brisson，1762；Fitzinger，1872）和 *Pangolinus*（Rafinesque，1820），本书根据形态学（Gaudin et al.，2009）和遗传学证据（Gaubert et al.，2018）将该物种归于穿山甲属（*Manis*）。Linnaeus(1758)命名的中华穿山甲标本来源于台湾。一些研究人员（Ellerman and Morrison-Scott，1966）根据形态学特征，包括颅骨长度、鼻骨形状、体全长（Allen，1906，1938；Wang，1975），将中华穿山甲分为三个亚种，分别是分布于中国台湾的指名亚种（*Manis pentadactyla pentadactyla*）（Linnaeus，1758），又称为台湾穿山甲；分布于亚洲大陆地区的华南亚种（*M. p. aurita*）（Hodgson，1836）；还有分布于中国海南岛的海南亚种（*M. p. pusilla*）（Allen，1906）。然而，这些亚种还没有通过形态和分子生物学方法得到正式确认（Wu et al.，2007），这方面还需要进一步的研究。

同物异名：*Manis brachyuran*（Erxleben，1777）、*Manis auritus*（Hodgson，1836）、*Manis dalmanni*（Sundevall，1842）、*Pholidotus assamensis*、*Phatages bengalensis*（Fitzinger，1872）、*Manis pusilla*（Allen，1906）和 *Pholidotus kreyenbergi*（Matschie，1907）。

词源：*Manis* 一词源于拉丁语 "*manes*"，意为 "死者的灵魂"，在罗马宗教中意为 "幽灵"，指的是穿山甲夜间活动的习性和它们不寻常的外表。*pentadactyla* 表示在前肢和后肢都有 5 个（pente-）足趾（-daktulos）。目名——鳞甲目（Pholidota）源自希腊语 "*pholis*" 或 "*pholidos*"（所有格），角质鳞片（Gotch，1979）。

性　状

中华穿山甲（*Manis pentadactyla*）是一种中小型哺乳动物，体重 3～5kg，个体体重可达 8kg 以上（表 4.1）。体全长可达 89cm，尾长达 40cm，不到体全长的一半，明显短于其他种的穿山甲（表 4.1；Wu et al.，2004a）。Heath（1992）曾报道中华穿山甲的尾长小于体全长的 42%。雄性比雌性重可多达 30%（Wu et al.，2005a）。中华穿山甲身体呈流线型，修长，覆盖着重叠的角质鳞片（直径 20～50mm），生长自皮肤，呈网格状（图 4.1A）。这些鳞片持续生长，并终生覆盖于体表（Heath，1992）。鳞片覆盖

---

* 这两位作者对本章的贡献相同。

于头部和躯干的背表面、侧表面、四肢的外侧和尾巴；吻部、面部（前额除外）、躯干的腹侧表面和四肢内侧没有鳞片。躯干上的鳞片从背中部向外排列（Heath，1992）。尾部有 14～18 片鳞片横向排列、15～19 片鳞片纵向排列，有 14～20 片鳞片沿着尾部边缘排列。这些鳞片相互叠合，末端尖锐，覆盖在尾巴背部和腹部（表 4.1；Frechkop，1931）。中华穿山甲背中列的一行鳞片一直延伸到尾尖（Pocock，1924），尽管 Thomas（1892）报道有一例来自缅甸的标本没有表现出这种特征。除后肢的鳞片朝下生长（Heath，1992）外，其他鳞片都朝后生长。肩胛后鳞片与身体末端鳞片大小相似。鳞片总数介于 527 片到 581 片（表 4.1）。Zhou 等（2012）估计中华穿山甲鳞片干重平均值为 573.47g。鳞片颜色有深褐色、暗橄榄褐色、黄褐色或深灰色（Allen，1938；Heath，1992），偶有鳞片缺乏色素。如其他种的亚洲穿山甲一样，中华穿山甲鳞片底部生长着粗壮的刚毛，颜色从白色到浅棕色不等（Allen，1938）。吻部、面部（前额除外）、躯干的腹侧和四肢内侧缺乏鳞片，除了附着有稀疏的白色毛发外，都是裸露的（Allen，1938；Heath，1992）。

表 4.1　中华穿山甲形态特征

	测量指标		国家和地区	数据来源
体重	体重（♂）/kg	4.5（2.1～8.5），$n=20$	中国	Wu et al.，2004b；S. Wu，未发表数据
		5（3.5～7.6），$n=19$	中国	Chin et al.，2015
	体重（♀）/kg	3.5（2.2～5.7），$n=20$	中国	Wu et al.，2004b；S. Wu，未发表数据
		4.7（4～6），$n=14$	中国	Chin et al.，2015
体长	头尾长（♂）/mm	749（596～890），$n=18$	中国	Wu et al.，2004b；S. Wu，未发表数据
	头尾长（♀）/mm	699（598～810），$n=20$	中国	Wu et al.，2004b；S. Wu，未发表数据
	头体长（♂）/mm	437（356～590），$n=20$	中国	Wu et al.，2004b；S. Wu，未发表数据
	头体长（♀）/mm	413（357～475），$n=18$	中国	Wu et al.，2004b；S. Wu，未发表数据
	尾长（♂）/mm	310（238～400），$n=18$	中国	Wu et al.，2004b；S. Wu，未发表数据
	尾长（♀）/mm	285（241～340），$n=20$	中国	Wu et al.，2004b；S. Wu，未发表数据
椎骨	椎骨总数	59		Jentink，1882
	颈椎	7		Jentink，1882
	胸椎	16		Jentink，1882；Mohr，1961
	腰椎	6		Jentink，1882；Mohr，1961
	骶椎	3		Jentink，1882；Mohr，1961
	尾椎	27		Jentink，1882；Mohr，1961
头骨	长度（♂）/mm	99.4，$n=1$	中国	Wu et al.，2004b
	颧骨突宽度/mm	31.9（26.9～37.6），$n=12$	中国	Luo et al.，1993
鳞片	鳞片总数	554（527～581），$n=10$	中国、印度、尼泊尔、缅甸、未知	Ullmann et al.，2019
	鳞片行数（横向，体）	14～18		Frechkop，1931；Wu et al.，2004b
	鳞片行数（纵向，体）	15～19		Frechkop，1931
	尾边缘鳞片数	14～20		Frechkop，1931；Wu et al.，2004b
	尾中间行鳞片数	16～20		Frechkop，1931
	鳞片（湿）占体重比例/%	没有数据		
	鳞片（干）占体重比例[a]/%	11～19		

[a] 鳞片重量基于 Zhou 等（2012），体重在 3～5kg。

中华穿山甲头骨很厚，表现出许多与食蚁习性相协调的特征。具颧骨（Emry，2004），头呈圆锥形，鼻短，是它对其独特生活方式的适应。鳞片像一个头盔覆盖在额头上，在鼻端停止生长。中华穿山甲的耳郭突出，是所有穿山甲中最大的（外缘尺寸 20～30mm），包括从头部向外延伸的发达皮瓣，在其前方是明显的听觉孔（图 4.1B；Pocock，1924；Wu et al.，2004a）。面部皮肤呈现黄粉灰色。眼睛有深色的虹膜，眼睑发达。鼻孔裸露，湿润，呈粉红色（Pocock，1924）。与所有穿山甲种类一样，中华穿山甲没有牙齿，口腔小，但舌头长（16～40cm），向外延伸可达 8～10cm，最厚的地方有 1cm，舌头表面有一层黏着力强的唾液，可迅速缩回吃掉收集到的食物（Heath，1992）。穿山甲舌头根部附着于腹部的胸骨剑突，胸骨剑突呈铲状，由最后一对软性肋骨构成，相比非洲穿山甲，中华穿山甲胸骨剑突较短。胃由两个腔体组成，第一个腔体为储藏腔体，约占总容积的 80%；第二个腔体为研磨室，担负咀嚼的功能（Lin et al.，2015）。厚厚的肌肉壁上布满了皱褶和细小的角状刺，这些刺在吞入的小石头和土壤的帮助下将食物磨碎（Heath，1992；Krause and Leeson，1974；Lin et al.，2015）。

图 4.1 （A）孟加拉国的野生中华穿山甲。与穿山甲的其他种相比，它的尾巴比较短。（B）救护的中华穿山甲。它的前肢爪子很大，耳郭突出。（A）照片来源：Scott Trageser。（B）照片来源：Gary Ades/Kadoorie Farm and Botanic Garden。

中华穿山甲四肢粗壮，后肢稍短，五趾稍弯曲（Heath，1992）。前肢第三（中间）趾的爪最长（可达 66mm），力量最强（Pocock，1924；Wu et al.，2004a）。第一趾和第五趾很小，基本上已经退化，第一趾位置比第五趾稍微靠前（Pocock，1924）。后肢的爪比前肢短得多。在第一趾和第五趾后面的脚掌上有不清晰的颗粒状脚垫。尾的近端粗大结实，肌肉发达，向远端逐渐变窄，尾末端两侧几乎平行。在尾端的腹、侧表面有颗粒状的肉垫（Pocock，1924；Tate，1947），尾背部表面略呈拱形。

中华穿山甲肛门隆起处有一个横向长圆形凹状物，可能是腺状体的一部分，肛门腺会产生特殊气味的分泌物，这是中华穿山甲所特有的（Heath，1992；Pocock，1924；Wu et al.，2005a）。雄性的阴茎明显。与所有穿山甲一样，睾丸不会下沉到阴囊，而是在性成熟时通过腹股沟管，留在腹股沟的皮肤皱褶中（Heath，1992）。雌性的阴户位于肛门前（Pocock，1924），乳腺一对，胸位。

中华穿山甲的体温为 33.5～35℃，平均静息代谢率估计为 183.6ml O_2/(kg·h)（Heath and Hammel，1986）。当环境温度小于 25℃时，穿山甲的新陈代谢率会增加（Heath and Hammel，1986）。Weber 等（1986）指出，与同样体型大小的非穴居哺乳动物相比，中华穿山甲血液中血红蛋白的氧气亲和力较高，表明中华穿山甲对长时间缺氧环境的适应能力较强（见《生态学》一书；Heath，1992）。该物种具有皮下脂肪层（厚 1cm），为其提供了保暖功能（Fang，1981）。

中华穿山甲可能会与其他亚洲穿山甲，包括马来穿山甲（*M. javanica*）、菲律宾穿山甲（*M. culionensis*）和印度穿山甲（*M. crassicaudata*）等物种混淆。该物种容易通过较厚实的身体、更短的尾巴、更大的耳郭、更长的前肢爪子（特别是中间的爪子），以及横向鳞片行数（14～18）和尾部边缘鳞片数（14～20）来区分。中华穿山甲的尾端腹侧有一个颗粒状的肉垫，而印度穿山甲的末端则是鳞片。

分　布

中华穿山甲广泛分布于东亚、东南亚北部和南亚部分地区。在中国主要分布在长江以南地区，从南部的广东、广西、海南和云南，到贵州、四川（筠连、马边、西昌和米易）、西藏（察隅、芒康）和重庆（秀山、南川、酉阳、涪陵），横跨湖南、江西、福建三省，南临安徽，东临浙江（Allen，1938；Heath，1992；Jiang et al.，2016；Tate，1947；Wu et al.，2002）。北部分布于江苏南部的宁镇、茅山、崂山、依宿等低山和上海的金山、奉贤等地区（Wu et al.，2002）。Allen 和 Coolidge（1940）注意到该物种也分布在长江入海口的舟山岛上。Zhai（2000）认为该物种分布在河南省淅川县伏牛山地区，该地区是长江以北唯一的地理分布，但需要进一步研究。在香港，中华穿山甲在新界中部和东北部及大屿山均有记录，但只分布于大屿山的低纬度地区，不包括较小的离岛（Shek et al.，2007）。在台湾，除岛屿西部外，其他地区均有分布：包括低洼农田（最高海拔 1000m）和中央山脉的山麓丘陵、西麓山脉、桃园台地、东岸山脉、鹅銮鼻台地、大屯火山群、台北盆地、埔里盆地、屏东平原（Chao，1989）等。

中国以外，该物种广泛分布于越南北部和中部，从河江省一直到广治省南部，但在东北海岸没有分布（Newton et al.，2008）。分布区域包括菊芳（Cuc Phuong）国家公园、Khe Net 自然保护区、Ke Go 自然保护区、Ba Na 国家公园等（Newton et al.，2008）。物种分布的南部边界是跨越越南和老挝（The Lao People's Democratic Republic）的安南山脉，物种分布于后者的北部和中部地区（Duckworth et al.，1999）。在泰国茵他侬国家公园曾收集到一个中华穿山甲标本，清迈的 Doi Sutep 也有记录（Allen and Coolidge，1940）。同样有来自清康的黎府和湄宏顺的记录。来自缅甸的记录很少，但在内比都附近（Hopwood，1929）曾有记录，故中华穿山甲可能分布于该国的北部、东部和西部（Lekagul and McNeely，1988）。Naing 等（2015）于 21 世纪初在缅甸北部胡康谷地自然保护区记录到了该物种。同样，Rao 等（2005）在 Hkakaborazi 国家公园记录到的穿山甲可能就是中华穿山甲。在克伦邦（Moo et al.，2017）已证实分布有中华穿山甲，但在其南部观察到的可能是马来穿山甲。

缅甸以西，穿山甲在印度北部和东北部、孟加拉国、不丹和尼泊尔都有分布。印度东北部布拉马普特拉河以北的部分地区，南部的梅加拉亚邦、那加兰邦、曼尼普尔邦、特里普拉邦、米佐拉姆邦及阿萨姆邦都有中华穿山甲记录（Srinivasulu and Srinivasulu，2012；Zoological Society of India，2002）。此外，还有来自西孟加拉邦北部和锡金邦的记录（Misra and Hanfee，2000；Srinivasulu and Srinivasulu，2012）。印度北部，该物种出现在比哈尔邦北部，尼泊尔边境以南（Muarya et al.，2018）。在不丹，西南部的萨姆奇、中部的盖莱普和奇朗以及东南部的萨姆德鲁琼卡尔都有记录到中华穿山甲（Dorji，2017；Kinley et al.，2018；Srinivasulu and Srinivasulu，2012）。Trageser 等（2017）对孟加拉国穿山甲的分布进行了研究，确认了东南部的吉大港山区、东北部的拉瓦查拉国家公园及其邻近保护区和西北部的塔库尔高（Thakurgao）地区生存有中华穿山甲。Choudhury（2004）认为该物种在孟加拉国北部很常见，但缺乏证据。中华穿山甲广泛分布于尼泊尔东部、中部和西部地区，包括巴尔迪亚、奇特旺、马卡鲁巴伦、帕萨、撒加玛塔和加德满都国家公园，以及安纳普尔纳（Annapurna）、高里三喀（Gaurishankar）和康城章加（Kanchenjunga）保护区（DNPWC and DoF，2018；Shrestha，1981；Srinivasulu and Srinivasulu，2012）。

在东南亚部分地区（老挝、缅甸、泰国和越南），中华穿山甲似乎与马来穿山甲是同域分布的，而印度穿山甲在尼泊尔南部（如奇特万和苏克拉梵塔国家公园）、印度东北部（马纳斯国家公园）和孟加拉国（理论上）分布（Goswami and Ganesh，2014；Lahkar et al.，2018；Suwal and Verheugt，1995；H. Baral，个人通讯）。Duckworth 等（1999）推测中华穿山甲与马来穿山甲同域分布在高海拔区域，但是同域分布的亚洲穿山甲之间的生境和生态差异尚未阐明，有待进一步研究。

栖 息 地

穿山甲主要栖息于热带和亚热带的雨林、竹林、针叶林、针阔混交林、低山或丘陵森林（海拔400～500m）、草地和农业用地，能承受一定程度的干扰（Chao，1989；Gurung，1996；Wu et al.，2003a，2003b）。中华穿山甲分布在较宽的垂直梯度上，从中国台湾海拔低于100m的山地森林到尼泊尔东部高达3000m的地方都曾记录到穿山甲洞穴（A. Khatiwada，未发表数据）。Wu等（2003a）报道，该物种大量分布在广东省大雾岭自然保护区的针阔混交林、常绿阔叶混交林、针叶林和灌丛中，冬季优先选择针阔混交林，其次为灌丛林。因为厚厚的灌木层减少了洞穴入口周围的空气对流，保持了洞内的温度，这在冬季尤为重要（Wu et al.，2003a）。在孟加拉国，该物种出现在吉大港山区，其中包括原生和次生常绿林，常绿落叶阔叶混交林、竹林和一些已退化的生境。另外，在拉瓦查拉国家公园重新种植的常绿混交林中也记录到该物种存活，该地区以柚木（*Tectona grandis*）和其他木本植物为主（Trageser et al.，2017）。Gurung（1996）在尼泊尔皇家纳嘉郡森林中记录到了中华穿山甲的洞穴，周围有茂密的植物提供隐蔽保护，主要分布在以白茅（*Imperata cyclindrica*）和蕨类植物（*Gleichemia* spp.）为主的草地和生长着果树与红木荷（*Schima wallichi*）的斜坡上。有些洞穴靠近人类定居点。Kaspal（2008）在尼泊尔巴克塔普尔地区的硬木和松树混合林中记录到了洞穴。Gurung（1996）报道，7月和8月食物充足时，农民会在农田（玉米、大豆、山药）和竹林中看到该物种。这也证明了其较强的适应能力，能承受一定程度的干扰，但它会避开主要的公路（Chao，1989；Lin，2011；Wu et al.，2005a，2005b）。台湾南部曾有观察到该物种在一座废弃建筑物的地基上挖洞（N. Sun，未发表数据）的记录。

生 态 学

关于中华穿山甲的大部分生态知识来自中国南方的研究。该物种似乎有固定的栖息地，掘地而居，洞穴为其庇护所和觅食地。现有的研究表明，中华穿山甲营单配偶生活方式。在台湾北部的福山地区，研究人员（2005）使用遥测技术，估计雄性的家域范围大小为69.9hm^2（基于12个月的跟踪；$n=1$），雌性穿山甲家域面积为24.4hm^2（基于6个月的跟踪；$n=6$）。而在台湾东南部的台东，研究人员推算单个雄性的家域范围为96hm^2[100%最小凸多边形（MCP）；66.6hm^2 90%固定核密度（FKD）估算]，6只雌性的平均居住范围为14.3～30.3hm^2（MCP）和15.9～19.6hm^2（FKD）。台湾东部沿海山脉的研究证实，雄性家域与几只雌性家域重叠，体现了一雄多雌的社会结构。微卫星数据显示，雌性不止与一只雄性交配，但不在一个季节之内（N. Sun，未发表数据；参见个体发育和生殖）。

中华穿山甲通过掘洞接近食物、隐藏休息（包括分娩）和躲避捕食者（Bao et al.，2013；Wu et al.，2004c）。洞穴大致可分为居住洞穴（或休息）和觅食洞穴（Lin，2011），但有些洞穴同时存在这两个功能。例如，进食前穿山甲会在蚂蚁窝附近挖居住洞穴并在洞穴中进食（Heath，1992）。取食的洞穴通常比居住的洞穴短得多，通常可以在更开阔的地区找到，包括长满草的山坡（图4.2A）。Lin（2011）估计台湾东南部觅食洞穴密度为110.8个/hm^2，发现洞穴的概率与栖息地类型（森林与地势开阔的区域）之间没有统计学上的差异。

洞穴的长度和深度与捕食行为有关：南方冬季的穿山甲洞穴（1～3m）较夏季深（0.3～1m；Fang and Wang，1980；Wu et al.，2004c），在台湾也观察到类似的现象。在冬季，中华穿山甲至少会吃两种白蚁，其中包括黄翅大白蚁，这时它的蚁巢坐落于地表2m以下，但是在夏天，蚁巢较浅（15～50cm），更接近地面（Fang and Wang，1980；Heath，1992）。

图 4.2　(A) 在台湾东南部一个开阔长满草的山坡上的觅食洞穴。(B) 周围植被茂密的陡峭斜坡上的居住洞穴（周围植被被扒开）。(A) 照片和 (B) 照片来源：Nick Ching-Min Sun。

居住洞穴通常是盲洞，包括一个入口和无分支的隧道，该隧道终止于一个巢室，可以全年使用（Wu et al.，2004c；N. Sun，未发表数据）。隧道通常向下挖掘，但随后会倾斜，以防止雨水进入洞穴（Gurung，1996）。洞穴入口为圆形或椭圆形（Gurung，1996；Newton et al.，2008）。洞口尺寸能达 21cm×21cm（Gurung，1996）。洞穴的直径为 30~70cm，通常足够 2~3 个成年穿山甲同时居住，曾报道过发现直径长达 2m 的洞穴（Fang and Wang，1980；Liu and Xu，1981；Wang，2005；Wu et al.，2004c）。洞穴里铺满了沉水樟、台湾山香圆、牛尾菜和铁芒萁的叶子（Chao，1989）。穿山甲的洞穴挖掘速度估计为 2~3m/h（Fang and Wang，1980；Shi and Wang，1985a）。

据观察，中华穿山甲对居住洞穴的位置有特定偏好。冬季在中国南方武陵山自然保护区进行的研究表明，该物种更喜欢在陡峭的山坡（30°~60°）上挖洞，它们被阳光直射，有厚厚的灌木层，有些树冠覆盖，而且离水源很近（<1000m），离人类干扰的距离大多超过 1000m（Wu et al.，2003a，2003b）。在尼泊尔也观察到了类似的情况（Gurung，1996）。大雾岭的大多数洞穴都在海拔 760~1500m，避免朝北和地面裸露的斜坡（Wu et al.，2003a，2004c，2005a）。这表明，居住洞通常被灌木和其他植被很好地隐藏起来（图 4.2B；Jiang et al.，1988；Katuwal et al.，2017；Liu and Xu，1981）。在台湾，穿山甲在大圆石下挖洞居住（N. Sun，未发表数据）。Fan（2005）在翡翠水库区域发现，竹林、针叶林、阔叶林和次生林之间中华穿山甲的居住洞穴密度没有显著差异。

Lin（2011）报道，在台湾南部，一只雄性中华穿山甲在其栖息地范围内估计有 72.5~83.3 个洞，而雌性穿山甲估计有 29.4~39.6 个洞，这反映了一夫多妻的社会结构，即一只雄性的家域与多只雌性的家域重叠（Lin，2011）。台湾已经记录到深度达 5.05m 的居住洞穴（Lin，2011）。在孟加拉国，有猎人报告说穿山甲洞穴的深度可达到 10m（Trageser et al.，2017）。进入洞穴之后，中华穿山甲可能会在洞道内筑起土墙，只在顶部留下一条土缝（约 3cm，用于通风），这还能起到麻痹、阻挡捕食者的作用（Trageser et al.，2017；Wang，1990）。在旱季（11 月至次年 4 月），同一个洞穴穿山甲通常会连续使用 2~3d，而在台湾的雨季（6~10 月），这个时间平均只有一天（Lin，2011）。在中国的大雾岭自然保护区，中华穿山甲在迁移到另一个洞穴之前，会在同一个洞穴里生活 9~15d（平均 12d）（Wu et al.，2004c）。不同的穿山甲也会使用同一个洞穴，但很少会在同一天（N. Sun，未发表数据）。

洞穴在为中华穿山甲全年提供稳定的热环境方面起着重要作用（Bao et al.，2013；Fan，2005）。Bao

等（2013）测定了中国罗浮山自然保护区冬季穿山甲洞内的温度变化。他们发现，洞穴内空气温度的日变化很小（0～0.5℃），洞穴外的气温日变化相对大了很多（0.7～20℃）。整个冬季，洞内平均温度为19.0℃，明显高于洞外平均温度（15.2℃）（Bao et al.，2013）。在台湾，Khatri-Chhetri 等（2015）观察到秋冬季穿山甲个体心率和体温降低，认为这是一种能量保存的代谢反应。同时，研究人员发现该物种还需要较高的恒定湿度：在中国，雨季（6～8月）湿度80%～95%，旱季（12月至次年2月）湿度70%～85%（SCNU，未发表数据）。

中华穿山甲和其他穿山甲一样，会选择性地捕食白蚁、蚂蚁和其他昆虫（Fang and Wang，1980）。已发表和未发表的文献表明，该物种捕食 23 种蚂蚁和 12 种白蚁（表 4.2），但 Sun 等（2017）报道中华穿山甲在台湾地区捕食 70 种蚂蚁（5 科 25 属）和 4 种白蚁（2 科 4 属；表 4.3）。Lee 等（2017）对来自香港的一只幼年中华穿山甲的肠道内容物进行了研究，发现了超过 2.6 万个食物残骸，研究结果表明它有捕食较大的（>4mm）树栖或半树栖蚂蚁（相对于白蚁）的倾向。其中包括了尼科巴弓背蚁和双齿多刺蚁类，特别是暴多刺蚁，以及双突柄举腹蚁（1.88mm），而 Wu 等（2005b）注意到中华穿山甲偏好于双齿多刺蚁。与此不同，Sun 等（2017）发现，树栖蚂蚁的数量（食物数量）占总体食量的比例不到 5%，这说明了它们对食物具有较强的适应能力。

表 4.2 中华穿山甲捕食的蚂蚁和白蚁种类

种类		来源
蚂蚁（23 种）		
Aphaenogaster exasperata	雕刻盘腹蚁	Lee et al.，2017
Anoplolepis gracilipes	细足捷蚁	Lee et al.，2017
Camponotus friedae	弗里德弓背蚁	Yang et al.，2007
Camponotus mitis	平和弓背蚁	Lee et al.，2017
Camponotus nicobarensis	尼科巴弓背蚁	Lee et al.，2017
Camponotus variegatus	杂色弓背蚁	Lee et al.，2017
Camponotus herculeanus	广布弓背蚁	Ke et al.，1999
Camponotus sp.	弓背蚁属	Wu et al.，2004d
Carebara yanoi	矢野盲切叶蚁	Lee et al.，2017
Crematogaster rogenhoferi	黑褐举腹蚁	Liu and Xu，1981；Xu et al.，1983；Yang et al.，2007
Crematogaster macaoensis	澳门举腹蚁	Li et al.，2010a
Crematogaster dohrni	双突柄举腹蚁	Lee et al.，2017；Yang et al.，2007
Dolichoderus affinis	邻臭蚁	Li et al.，2010a
Tetramorium bicarinatum	双隆骨铺道蚁	Ke et al.，1999
Nylanderia bourbonica	布氏尼氏蚁	Lee et al.，2017
Oecophylla smaragdina	黄猄蚁	Li et al.，2010a
Odontomachus monticola	山大齿猛蚁	Wu et al.，2004d
Pheidole sp.	大头蚁属	Wu et al.，2004d
Pheidologeton yanoi	矢野拟大头蚁	Yang et al.，2007
Paratrechina bourbonica	布立毛蚁	Wu et al.，2004d
Polyrhachis demangei	德曼多刺蚁	Lee et al.，2017
Polyrhachis tyrannica	暴多刺蚁	Lee et al.，2017
Polyrhachis dives	双齿多刺蚁	Liu and Xu，1981；Xu et al.，1983；Wu et al.，2004d；Yang et al.，2007
白蚁（12 种）		
Capritermes nitobi	歪白蚁	Wu et al.，2004d
Coptotermes formosanus	台湾乳白蚁	Ke et al.，1999；Liu and Xu，1981；Xu et al.，1983；Wu et al.，2004d；Zhu-Ge and Huang，1989
Coptotermes hainanensis	海南乳白蚁	Wu et al.，2005b

续表

种类		来源
白蚁（12 种）		
Macrotermes barneyi	黄翅大白蚁	Lee et al.，2017；Liu and Xu，1981；Shi and Wang，1985b；Xu et al.，1983；Wu et al.，2004d；Zhu-Ge and Huang，1989
Odontotermes formosanus	黑翅土白蚁	Liu and Xu，1981；Shi and Wang，1985b；Wu et al.，2004d；Yang et al.，2007；Zhu-Ge and Huang，1989
Odontotermes zunyiensis	遵义土白蚁	Wu et al.，2004d
Odontotermes hainanensis	海南土白蚁	Xu et al.，1983；Wu et al.，2004d
Pericapritermes nitobei	新渡户歪白蚁	Liang，2017
Reticulitermes flaviceps	黄肢散白蚁	Lee et al.，2017
Reticulitermes chinensis	黑胸散白蚁	Li et al.，2010b；Liu and Xu，1981；Zhu-Ge and Huang，1989
Reticutitertmes hainanensis	海南散白蚁	Xu et al.，1983
Reticulitermes speratus	栖北散白蚁	Yang et al.，2007

表 4.3　台湾地区中华穿山甲食物中的蚂蚁和白蚁种类（基于 2009~2015 年收集的 132 份粪便样本）

种类		所占比例/%
蚂蚁		
Pheidologeton yanoi	矢野拟大头蚁	27.4
Pheidole nodus	宽结大头蚁	18.2
Pheidole fervens	长节大头蚁	11.6
Anoplolepis gracilipes	细足捷蚁	9.8
Crematogaster schimmeri	席氏举腹蚁	7.1
Camponotus monju	厚毛巨山蚁	4.8
Pseudolasius binghami	宾氏拟毛蚁	4
其他蚂蚁		17.1
白蚁		
Odontotermes formosanus	黑翅土白蚁	84.4
其他白蚁		15.6

　　穿山甲食谱因季节而异。根据进食频率，认为蚂蚁是中华穿山甲夏季的主要捕食对象，白蚁则是冬季的主要捕食对象（Wu et al.，2005b）。Sun 等（2017）也观察到台湾穿山甲捕食量有明显的季节波动性。在雨季（6~10 月），穿山甲进食量几乎是旱季（11 月至次年 4 月）的两倍，蚂蚁的占比在 56%~98%（Sun et al.，2017）。

　　在雨季，进食的物种多样性和蚂蚁丰度显著增加，与这一时期成体穿山甲的体重增加相对应（Sun et al.，2017）；相比之下，旱季该物种的体重可能下降 25%~30%（N. Sun，未发表数据）。Shi 和 Wang（1985a）报道，在中国，穿山甲在冬季与夏季分别可以 10d 和 5~7d 不进食。

　　关于穿山甲天敌的报道很少，可能有花豹（*Panthera pardus*）和蟒蛇。网纹蟒（*Malayopython reticulatus*）捕食马来穿山甲（Lim and Ng，2008），因此也有可能捕食中华穿山甲。研究人员还发现食蟹獴（*Herpestes urva*）和花面狸（*Paguma larvata*）会利用中华穿山甲的洞穴。

行　为

　　中华穿山甲属夜行动物，白天大部分时间在地下洞穴休息或睡觉，夜晚外出觅食（Wu et al.，2005b）。Fang 和 Wang（1980）报道，穿山甲在 19:00~22:00 活动较频繁。Liu 和 Xu（1981）报道，穿山甲每晚在距离居住洞穴 5~6km 的范围内觅食。美国的一项繁育研究发现它们从不会在 16:00 之前外出，通常在 17:00 之后出来活动，并间歇地活跃（30s～1.5h）至凌晨 2:00（Heath，1987）。活动时间占了任意 24h 时间段的 2.9%～7.6%（平均值＝5.6%）（Heath，1987；Heath and Vanderlip，1988）。Chen 等（2005）观察到台湾圈养的穿山甲在冬季出现的时间（16:00）早于夏季（17:00），活动在 3:00 前结束，但偶尔会活动至 8:00。圈养的中华穿山甲活动时间在 17:00～7:30（SCNU，未发表数据）。

　　中华穿山甲是四足动物（但可以用两足移动），走路时抬起头，鼻子离地，后肢跖行，前肢脚腕着地（Wang，1990；Wu et al.，2005a）。尾巴时而笔直地伸出，与地面平行，时而落在地上，留下尾巴拖拽的痕迹（Allen，1938；Heath，1992）。寻找食物时，它走得慢些，周期性地停下来搜寻，用鼻子嗅空气或地面，因为视力很差，它只能依靠敏锐的嗅觉来定位食物（Shi and Wang，1985b；Wu et al.，2005a，2005b）。觅食时主要寻找蚂蚁或白蚁的巢穴，也会在落叶和烂木下寻找其他昆虫。

　　中华穿山甲寻找蚁巢或白蚁时，前肢有力的爪子用于挖洞，后肢协调和支撑身体；如果土质坚硬，尾巴也能作为额外的发力点，使前肢发挥更大的挖掘力（Shi and Wang，1985b）。堆积的土壤被推到身体的下面和后面。它能很快挖开蚁巢，再把又长又黏的舌头伸进巢里，把食物舔入嘴中（Shi and Wang，1985a；Wu et al.，2005a，2005b）。吃完后，穿山甲会爬到水中，重新张开鳞片，待鳞片下的蚂蚁落到水中再吃掉（Tao，480～498 页；Wang，1990；Wu et al.，2005a，2005b）。如果进入蚁巢需要挖一个大洞，这个洞随后可能被用作居住洞（Wu et al.，2005a）。

　　进食之后，中华穿山甲会掘地挖洞，在里面排尿、排便并填土。这个洞通常 5～10cm 深（Heath，1992）。排便时，它们前肢稍微离地，有时直立，有时低下头，收缩腹肌排出粪便，然后掩埋。在圈养的情况下，它们通常会在围栏的角落或墙角处排便。

　　虽然主要生活在陆地上，但它具备攀爬能力，爬树是为了搜寻树栖的食物（Fang，1981）。爬树时，前爪用来抓住树干和树枝，灵活的、可缠绕的尾巴可用于支撑。下树时，该物种可能选择滑落，也会选择直接从树上掉落。中华穿山甲也是游泳能手，游泳时头部高出水面，身体其余部分浸在水中，四肢滑动前行。捷克共和国曾记录到一只穿山甲在游过 40m 宽的莫尔道河时被抓（Yang et al.，2007）。

　　受到威胁或发现捕食者时，中华穿山甲要么突然快跑，要么蜷缩成一团。如果是后者，则头埋在胸部，前肢环绕头部，后肢向颈部收拢，尾巴在头部上方卷起成球状。这时穿山甲可能会发出嘶嘶声（Zhang et al.，2016），并竖起鳞片来抵御捕食者（Wang，1989）。有时肛门腺会分泌气味以威慑捕食者。如遇到威胁时碰到有利地形条件，它们也会选择滚落山坡躲避捕食者（Liu and Xu，1981）。

个体发育和繁殖

　　穿山甲个体主营独居生活，只有交配时才会聚集，繁殖季节分明。雌性与幼崽共同生活至幼崽独立。交配发生于春、夏两季（2～7 月），雌性在秋季或早春产崽（9 月至次年 2 月；Chin et al.，2011；Heath，1992；Masui，1967；Wu，1998；Yang et al.，2001；Zhang et al.，2016）。台湾东部有研究记录到雄性在 12 月至次年 5 月出现在雌性居留洞穴，并与雌性同时停留 2min 到 24h 以上（$n=8$；N. Sun，未发表数据）。因此，交配时间可能比以前记录的变化范围要大。研究人员发现，当一只以上的雄性出现在发情期的雌性面前时，它们会激烈争斗，直到一方获胜，另一方离开该地区（Fang，1981；Heath，1992；Wang，2005）。交配时雄性会从侧面爬上雌性，并缠绕尾巴以确保生殖器接触。

　　2009～2013 年在台湾东部 1000hm^2 区域内捕获到了 54 只穿山甲（29 只雄性和 25 只雌性），并在 10 个微卫星标记处进行了基因分型。共建立了 186 对亲缘关系配对，包括 73 对全同胞、107 对半同胞和 6 对亲子关系，亲缘关系密切而复杂，但也说明了遗传多样性水平低和基因流动有限的现状。印证了之前在台湾进行的研究（Wang，2007），地理隔离或扩散能力差导致穿山甲的遗传多样性下降。同时，差异性模糊的亚群结构和杂合子缺陷表明台湾东部种群可能存在近亲繁殖。

　　研究表明，穿山甲妊娠期为 6～7 个月（180～225d），其间雌性体重逐渐增加，乳腺肿胀（Heath and

Vanderlip，1988；Yang et al.，2001；Zhang et al.，2016）。一些报告显示，妊娠期可能长达 8 个月（Wang，1990），甚至 372d（Chin et al.，2011），但这种情况极少出现，可能是延迟着床的结果，值得进一步研究。中华穿山甲胎盘分叉，双腔子宫。幼崽在分娩时出生（Zhang et al.，2016）；一般一胎一崽，双胞胎很少见（Wu，1998；Wang，1990）。有证据表明，雌性在哺育幼崽时可以怀孕。有记录在一只获救的哺乳期雌性的子宫中发现了胚胎（S. Wu，未发表数据）。在台湾，有报道一只雄性中华穿山甲与一只雌性交配，而雌性正在哺育一只 4 个月大的幼崽（图 4.3；N. Sun，未发表数据）。Liu 和 Xu（1981）在一个洞穴中观察到 4 只中华穿山甲，其中包括一只成年雄性和一只成年雌性，以及两只体重分别为 1500g 和 250g 的幼崽，这可能意味着该物种一年可以繁殖两次。

图 4.3　台湾的一对中华穿山甲正在进行交配。当时这只雌性穿山甲正在喂养一只 4 个月大的幼崽。
照片来源：Nick Ching-Min Sun。

雌性在洞穴中分娩，幼崽出生时头部、四肢、爪子和尾巴已发育完全。鳞片颜色呈灰白色，底部较深（Chao et al.，1993；Wu，1998；Zhang et al.，2016）。鳞片之间的白色刚毛清晰可见。爪子向内卷曲，包裹在柔软的胶状膜中，分娩后第二天，膜干燥脱落。这有助于防止新生幼崽的爪子抓破雌性穿山甲的子宫和阴道（Zhang et al.，2016）。幼崽刚生下眼睛就已睁开，运动协调性良好（Heath and Vanderlip，1988）。出生时，幼崽体重 80～180g（Chin et al.，2011；Heath and Vanderlip，1988；Liu and Xu，1981）、体长 185～265mm（Chao et al.，1993；Zhang et al.，2016）。饥饿时，幼崽会寻找母亲的乳头来吸奶。母亲则将幼崽紧紧地抱在胸前，只露出头部，哺乳期间略微放松身体，如果受到威胁，母亲会立即用身体把幼崽完全包裹起来（Masui，1967）。

幼崽出生后前几周被单独留在巢穴，之后趴在雌兽的尾巴上一起外出觅食（图 4.4；Sun et al.，2018）。幼崽第一次被观察到被母兽带着外出觅食是在其出生 30d 后。出生 11 周后，幼崽开始独立离开洞穴，表现出挖掘和舔食的行为。15 周后，幼崽探索的时间和距离显著增加（Heath，1992；Sun et al.，2018）。观察表明，幼崽 4 个月左右开始独立觅食，只有在更换洞穴时才由母兽携带（Sun et al.，2018）。护幼期间，幼崽每周长约 1.2cm；有案例显示，幼崽独立生活之前的体长约 47cm（Sun et al.，2018）。据不完全统计，人工饲养的中华穿山甲幼崽生长速度较慢（0.7cm/周；Wang et al.，2012）。Wang（2007）报道了一个被捕获的个体，体长约 47cm，体重约为 1.3kg。

断奶发生在 5～6 个月的时候（Liu and Xu，1981；Sun et al.，2018；Wang，2007），此时幼崽体重为 2～3kg（Masui，1967；SCNU，未发表数据）。

雌性通常在 1～1.5 岁时性成熟，某些个体可能早在 6 个月大时性成熟（Chin et al.，2011；Zhang et al.，2016）。雌性体重 2～3kg 时就能怀孕（*n*=8；Zhang et al.，2016）。野生穿山甲的寿命尚不清楚，但圈养穿山甲的寿命有超过 20 岁的记录（见第 36 章）。

图 4.4　雌性中华穿山甲和它的幼崽。幼崽在 30d 大时首次出洞。
照片来源：Nick Ching-Min Sun。

种　　群

　　野外穿山甲的种群数量，目前几乎没有可靠的定量数据，据推测，在其分布范围内的大部分地区，种群数量都在下降。影响种群数量的主要因素是人类的过度利用，其他影响因素包括食物的可获得性、季节性和天敌。由于过度开发，这个在中国曾经很常见的物种在 20 世纪 60 年代到 90 年代数量急剧下降（Wu et al.，2004e，2005a；Zhang，2009；参见第 16 章）。Wu 等（2004e）报道称，在此期间种群数量下降了约 94%。2002 年，研究人员通过使用包括洞穴计数法和样线法、样方法在内的测量方法，推测中华穿山甲数量在 5 万～10 万只（Wu et al.，2002）。中国国家林业局［现国家林业和草原局（NFGA）］估计，在 20 世纪 90 年代末，全国中华穿山甲数量约为 6.4 万只（国家林业局，2008）。其中广西穿山甲数量估计为 990 只，密度为 0.043 只/hm²（国家林业局，2008）。Zhang 等（2010）估计，在 2008 年中华穿山甲种群数量为 25 100～49 450 只。在一些地点（如广东省大雾岭自然保护区和罗浮山自然保护区），近 20 年未发现新的穿山甲洞穴。江苏、河南和上海三省（市）已多年未见穿山甲踪迹，估计野外区域性灭绝（Wu et al.，2005a；Zhang et al.，2010）。Yang 等（2018）估计，在中国东部地区（福建、江西和浙江），从 20 世纪 70 年代到 21 世纪头十年，该物种的分布范围缩小了 52%，现在的种群主要集中在武夷山一带。在海南岛，对当地人的采访表明，该物种依旧存在，但丰度很低（Nash et al.，2016）。然而，自 2010 年以来，在安徽、浙江、江西、福建、广东和海南的部分地区都有目击记录，甚至繁殖证据，即有母兽和幼崽存在（Zhang et al.，2017；S. Wu，未发表数据）。目前认为，该物种还存在于香港，但没有数量估计（Pei et al.，2010）。在台湾，中华穿山甲在 20 世纪 50～70 年代也因为过度开发而急剧减少（Chao，1989；见第 16 章）。不过岛上一些地方的种群数量在最近 10 年有所恢复（见第 36 章）。研究人员推断，台湾地区，或许还有香港，可能是穿山甲分布范围内种群数量没有下降的极少数地区。Pei（2010）估计，台湾台东地区穿山甲的密度为每平方公里 12～13 只。科学家在 2019 年利用 VORTEX 进行种群生存力分析（PVA），Kao 等（2019）估计台湾约有 1.5 万个体的集合种群，分为 4 个亚种群：北部、中部、南部和东部。

　　有证据表明，由于过度开发，东南亚大陆的穿山甲种群数量自 20 世纪末以来一直在减少。在越南，中华穿山甲已经非常罕见（Newton et al.，2008；P. Newton，个人通讯）。该国三个地区的猎人在采访中表示，1990～2000 年，由于过度捕猎，野外穿山甲种群数量急剧下降。老挝、泰国、缅甸和不丹的相关数据也很少，甚至没有。20 世纪 80 年代，在印度帕博尔山区森林曾经常见到中华穿山甲，但目前数量不详。在孟加拉国，中华穿山甲可能已经在东南部部分地区灭绝，仅在吉大港山区内的一些地区可能还继续存在数量稀少、相互隔离的穿山甲种群，因为这里打猎很少；但该国的穿山甲数量整体正在下降（Trageser et al.，2017）。尼泊尔的种群分布在保护区内外（见第 25 章），据估计留存有 5000 只，但由于过度的捕猎和偷猎，以及较小程度的栖息地丧失，估计种群数量也在减少（Jnawali et al.，2011；Thapa，2013）。

保 护 状 态

中华穿山甲被列入《世界自然保护联盟濒危物种红色名录》（Challender et al.，2019）、《中国物种红色名录》（Jiang et al.，2016）和尼泊尔濒危物种名单（Jnawali et al.，2011）。分布区国家立法规定保护该物种不能用作商业用途，2016 年中华穿山甲被列入《濒危野生动植物种国际贸易公约》附录Ⅰ。

致 危 因 素

中华穿山甲的主要致危因素是为了满足国内外需求产生的不可持续捕猎和偷猎。该威胁的严重程度很难在物种范围内进行量化，而且在分布区普遍存在（香港和台湾地区情况稍好）。厘清本地和国际需求的关系是未来穿山甲保护不能忽视的问题。在印度东北部，穿山甲肉在部分地区被合法食用（见 D'Cruze et al.，2018），鳞片和身体的其他部分广泛用于医疗用途（Mohapatra et al.，2015）。随着国际贸易的兴起，利润较低的本地消费被淘汰，主要转为鳞片的非法国际贸易，以获得高额的经济回报，孟加拉国（Trageser et al.，2017）、中国部分地区（Nash et al.，2016）、印度东北部（D'Cruze et al.，2018）和尼泊尔（Katuwal et al.，2015）都是如此。在 20 世纪 80 年代至 90 年代，向濒危野生动植物种国际贸易公约（CITES）组织报告的国际贸易中涉及约 5 万只中华穿山甲，包括尸体和活体。2000 年实行零出口配额后，合法的国际贸易已大幅减少（见第 16 章），而非法国际贸易有增无减。Challender 等（2015）估计，2000～2013 年，根据查获的记录，国际走私可能涉及 5 万多只中华穿山甲。这是为了满足消费者对鳞片的需求，鳞片是传统药物的一种成分，肉类是一种奢侈食品（Challender and Waterman，2017）。证据表明，这种贸易部分是由犯罪集团经营的，从村庄一级一直到出口到境外都有组织（Katuwal et al.，2015；见 16 章）。

中华穿山甲面临的其他威胁主要有：基础设施建设、栖息地消失或破碎化和杀虫剂的使用。在中国大陆（内地），水电站和采矿业对中华穿山甲栖息地的破坏比较严重，在中国香港、台湾，穿山甲的种群没有严重的捕杀和偷猎问题，威胁来自野狗、车祸以及人类用地的扩张。中国台湾的研究还表明，中华穿山甲可能会被困在洞穴或树洞中，尽管它们精通穴居和攀爬；死于陷阱也是目前存在的致危因素之一（Sun et al.，2019）。

参 考 文 献

Allen, J.A., 1906. Mammals from the island of Hainan, China. Bull. Am. Museum Nat. Hist. 22, 463-490.

Allen, G.M., 1938. The Mammals of China and Mongolia. Natural History of Central Asia, vol. XI. Part I. The American Museum of Natural History, New York.

Allen, G.M., Coolidge, H.J., 1940. Mammal collections of the Asiatic Primate Expeditions. Bull. Museum Comp. Zool., Harvard 97 (3), 131-166.

Bao, F., Wu, S., Su, C., Yang, L., Zhang, F., Ma, G., 2013. Air temperature changes in a burrow of Chinese pangolin, *Manis pentadactyla*, in winter. Folia Zool. 62 (1), 42-47.

Brisson, M.-J., 1762. Regnum Animale in Classes IX. Apud Theodorum Haak, Lugduni Batavorum.

Challender, D.W.S., Harrop, S.R., MacMillan, D.C., 2015. Understanding markets to conserve trade-threatened species in CITES. Biol. Conserv. 187, 249-259.

Challender, D., Waterman, C., 2017. Implementation of CITES Decisions 17.239 b) and 17.240 on Pangolins (*Manis* spp.), CITES SC69 Doc. 57 Annex. Available from <https://cites.org/sites/default/files/eng/com/sc/69/E-SC69-57-A.pdf>. [April 3, 2018].

Challender, D., Wu, S., Kaspal, P., Khatiwada, A., Ghose, A., Sun, N.C.-M., et al., 2019. *Manis pentadactyla. The IUCN Red List of Threatened Species* 2019: eT12764 A123585318. Available from: <http://dx.doi.org/10.2305/IUCN.UK.2019-3.RLTS.T12764A123585318.en>.

Chao, J.-T., 1989. Studies on the Conservation of the Formosan Pangolin (*Manis pentadactyla pentadactyla*). General Biology and Current Status. Division of Forest Biology, Taiwan Forestry Research Institute. Council of Agriculture, Executive Yuan, Taiwan. [In Chinese].

Chao, J.-T., Chen, Y.-M., Yeh, W.-C., Fang, K.-Y., 1993. Notes on a newborn Formosan pangolin *Manis pentadactyla pentadactyla*. Taiwan Museum 46 (1), 43-46.

Chen, S.-H., Hsi, C.-C., Chen, Y.-M., Chang, M.-H., 2005. Activity pattern of Formosan pangolin (*Manis pentadactyla pentadactyla*) in captivity. Taipei Zoo, Taiwan, Unpublished Report, pp. 1-7. [In Chinese].

Chin, S.-C., Lien, C.-Y., Chan, Y.-T., Chen, C.-L., Yang, Y.-C., Yeh, L.-S., 2011. Monitoring the gestation period of rescued Formosan pangolin (*Manis pentadactyla pentadactyla*) with progesterone radioimmunoassay. Zoo Biol. 31 (4), 479-489.

Chin, S.-C., Lien, C.-Y., Chan, Y., Chen, C.-L., Yang, Y.-C., Yeh, L.-Y., 2015. Hematologic and serum biochemical parameters of apparently healthy rescued Formosan pangolins (*Manis pentadactyla pentadactyla*). J. Zoo Wildlife Med. 46 (1), 68-76.

Choudhury, A., 2004. On the pangolin and porcupine species of Bangladesh. J. Bombay Nat. Hist. Soc. 101 (3), 444-445.

D'Cruze, N., Singh, B., Mookerjee, A., Harrington, L.A., Macdonald, D.W., 2018. A socio-economic survey of pangolin hunting in Assam, Northeast India. Nat. Conserv. 30, 83-105.

DNPWC and DoF (Department of National Parks and Wildlife Conservation and Department of Forests), 2018. Pangolin Conservation Action Plan for Nepal (2018-2022). Department of National Parks and Wildlife Conservation and Department of Forests, Kathmandu, Nepal.

Dorji, D., 2017. Distribution, habitat use, threats and conservation of the Critically Endangered Chinese pangolin (*Manis pentadactyla*) in Samtse District, Bhutan. Unpublished Report for Rufford Small Grants, UK.

Duckworth, J.W., Salter, R.E., Khounboline, K., 1999. Wildlife in Lao PDR: 1999 Status Report. IUCN, Wildlife Conservation Society and Centre for Protected Areas and Watershed Management, Vientiane, Lao PDR.

Ellerman, J.R., Morrison-Scott, T.C.S., 1966. Checklist of Palaearctic and Indian Mammals 1758 to 1946, second ed. British Museum, London.

Emry, R.J., 2004. The edentulous skull of the North American Pangolin, *Patriomanis americanus*. Bull. Am. Museum Nat. Hist. 285, 130-138.

Erxleben, U.C.P., 1777. Systema Regna Animalis, Classis 1, Mammalia. Lipsize, Impensis Weygandianus.

Fan, C.Y., 2005. Burrow Habitat of Formosan Pangolins (*Manis pentadactyla pentadactyla*) at Feitsui Reservoir. M.Sc. Thesis, National Taiwan University, Taipei, Taiwan. [In Chinese].

Fang, L.-X., 1981. Investigation on pangolins by following their trace and observing their cave. Nat., Beijing Nat. Hist. Museum 3, 64-66. [In Chinese].

Fang, L.X., Wang, S., 1980. A preliminary survey on the habits of pangolin. Mem. Beijing Nat. Hist. Museum 7, 1-6. [In

Chinese].

Fitzinger, L.J., 1872. Die naturliche familie der schuppenthiere (Manes). Sitzungsberichte der Kaiserlichen Akademie der Wissenschaften. Mathematisch-Naturwissenschaftliche Classe, CI., LXV, Abth. I, 9-83.

Frechkop, S., 1931. Notes sur les mammifères. VI. Quelques observations sur la classification des pangolins (Manidae). Bulletin du Musee royal d'Histoire naturelle de Belgique VII (22), 1-14.

Gaubert, P., Antunes, A., Meng, H., Miao, L., Peigné, S., Justy, F., et al., 2018. The complete phylogeny of pangolins: scaling up resources for the molecular tracing of the most trafficked mammals on Earth. J. Hered. 109 (4), 347-359.

Gaudin, T., Emry, R., Wible, J., 2009. The phylogeny of living and extinct pangolins (Mammalia, Pholidota) and associated taxa: a morphology based analysis. J. Mammal. Evol. 16 (4), 235-305.

Goswami, R., Ganesh, T., 2014. Carnivore and herbivore densities in the immediate aftermath of ethno-political conflict: the case of Manas National Park, India. Trop. Conserv. Sci. 7 (3), 475-487.

Gotch, A.F., 1979. Mammals - Their Latin Names Explained. A Guide to Animal Classification. Blandford Press, Poole.

Gurung, J.B., 1996. A pangolin survey in Royal Nagarjung Forest in Kathmandu, Nepal. Tiger Paper 23 (2), 29-32.

Heath, M.E., 1987. Twenty-four-hour variations in activity, core temperature, metabolic rate, and respiratory quotient in captive Chinese pangolins. Zoo Biol. 6 (1), 1-10.

Heath, M.E., 1992. Manis pentadactyla. Mammal. Sp. 414, 1-6.

Heath, M.E., Hammel, H.T., 1986. Body temperature and rate of O2 consumption in Chinese pangolins. Am. J. Physiol.-Regul., Integr. Comp. Physiol 250 (3), R377-R382.

Heath, M.E., Vanderlip, S.L., 1988. Biology, husbandry, and veterinary care of captive Chinese Pangolins (*Manis pentadactyla*). Zoo Biol. 7 (4), 293-312.

Hodgson, B.H., 1836. Synoptical description of sundry new animals enumerated in the catalogue of Nepalese mammals. J. Asiatic Soc. Bengal 5, 231-238.

Hopwood, S.F., 1929. Some notes on the pangolin (*Manis pentadactyla*) in Burma. J. Bombay Nat. Hist. Soc. XXXIII (1 & 2), 1-471.

Jentink, F.A., 1882. Note XXV. Revision of the Manidae in the Leyden Museum. Notes from the Leyden Museum IV, 193-209.

Jiang, H., Feng, M., Huang, J., 1988. Preliminary observation on pangolin's active habits. Chin. Wildlife 9, 11-13. [In Chinese].

Jiang, Z.G., Jiang, J., Wang, Y., Zhang, E., Zhang, Y., Li, L., et al., 2016. Red list of China's vertebrates. Biodivers. Sci. 24 (5), 500-551. [In Chinese].

Jnawali, S.R., Baral, H.S., Lee, S., Acharya, K.P., Upadhyay, G.P., Pandey, M., et al., 2011. The Status of Nepal's Mammals: The National Red List Series. Department of National Parks and Wildlife Conservation, Kathmandu, Nepal.

Kao, J., Li, J.Y.W., Lees, C., Traylor-Holzer, K., Jang-Liaw, N.H., Chen, T.T.Y., et al., (Eds.), 2019. Population and Habitat Viability Assessment and Conservation Action Plan for the Formosan Pangolin, *Manis p. pentadactyla*. IUCN SSC Conservation Planning Specialist Group, Apple Valley, Minnesota.

Kaspal, P., 2008. Status, Distribution, Habitat Utilization and Conservation of Chinese Pangolin in the Community Forests of Suryabinayak Range Post, Bhaktapur District. M.Sc. Thesis, Khowpa College, Tribhuvan University affiliated, Nepal.

Katuwal, H.B., Naupane, K.R., Adhikari, D., Sharma, M., Thapa, S., 2015. Pangolins in eastern Nepal: trade and ethno-medicinal importance. J. Threat. Taxa 7 (9), 7563-7567.

Katuwal, H.B., Sharma, H.P., Parajuli, K., 2017. Anthropogenic impacts on the occurrence of the critically endangered Chinese pangolin (*Manis pentadactyla*) in Nepal. J. Mammal. 98 (6), 1667-1673.

Ke, Y.Y., Chang, H., Wu, S.B., Liu, Q., Fenf, G.X., 1999. A study of Chinese pangolin's main food nutrition. Zool. Res. 20 (5), 394-395. [In Chinese].

Khatri-Chhetri, R., Sun, C.-M., Wu, H.-Y., Pei, K.J.-C., 2015. Reference intervals for hematology, serum biochemistry, and basic clinical findings in free-ranging Chinese pangolin (*Manis pentadactyla*) from Taiwan. Vet. Clin. Pathol. 44 (3), 380-390.

Kinley, Dorj, C., Thapa, D., 2018. New distribution record of the Critically Endangered Chinese pangolin *Manis pentadactyla* in Bhutan. The Himalayan Naturalist 1 (1), 13-14.

Krause, W.J., Leeson, C.R., 1974. The stomach of the pangolin (*Manis pentadactyla*) with emphasis on the pyloric teeth. Acta Anat. 88 (1), 1-10.

Lahkar, D., Ahmed, M.F., Begum, R.H., Das, S.K., Lahkar, B.P., Sarma, H.K., et al., 2018. Camera-trapping survey to assess diversity, distribution and photographic capture rate of terrestrial mammals in the aftermath of the ethnopolitical conflict in Manas National Park, Assam, India. J. Threat. Taxa 10 (8), 12008-120017.

Lee, R.H., Cheung, K., Fellowes, J.R., Guénard, B., 2017. Insights into the Chinese pangolin's (*Manis pentadactyla*) diet in a peri-urban habitat. Trop. Conserv. Sci. 10, 1-7.

Lekagul, B., McNeely, J.A., 1988. Mammals of Thailand, second ed. Darnsutha Press, Bangkok.

Li, W., Tong, Y., Xiong, Q., Huang, Q., 2010a. Efficacy of three kinds of baits against the subterranean termite Reticulitermes chinensis (Isoptera: Rhinotermitidae) in rural houses in China. Sociobiology 56 (1), 209-222.

Li, X., Zhou, J.L., Guo, Z.F., Guo, A.W., Chen, F.-F., 2010b. The analysis on nutrition contents of ants preyed on by Manis pentadactyla, Xishuangbanna of China. Sichuan J. Zool. 29 (5), 620-621. [In Chinese].

Liang, C.-C., 2017. Termite Species Composition in Soil and Feces of Formosan Pangolin (*Manis pentadactyla pentadactyla*) at Luanshan, Taitung. M.Sc. Thesis, National Pingtung University of Science and Technology, Pingtung, Taiwan. [In Chinese].

Lim, N.T.-L., Ng, P., 2008. Predation on *Manis javanica* by *Python Reticulatus* in Singapore. Hamadryad 32 (1), 62-65.

Lin, J.S., 2011. Home Range and Burrow Utilization in Formosan Pangolin (*Manis pentadactyla pentadactyla*) at Luanshan, Taitung. M.Sc. Thesis, National Pingtung University of Science and Technology, Pingtung, Taiwan. [In Chinese].

Lin, M.F., Chang, C.-Y., Yang, C.W., Dierenfeld, E.S., 2015. Aspects of digestive anatomy, feed intake and digestion in the Chinese pangolin (*Manis pentadactyla*) at Taipei Zoo. Zoo Biol. 34 (3), 262-270.

Linnaeus, C., 1758. Systema Natura Per Regna Tria Natura, Secundum Classes, Ordines, Genera, Species, Cum Characteribus, Differentiis, Synonymis, Locis. Tomus I. Editio decima, reformata. Salvius, Stockholm.

Liu, Z.H., Xu, L.H., 1981. Pangolin's habits and its resource protection. Chin. J. Zool. 16, 40-41. [In Chinese].

Lu, S., 2005. Study on the Distribution, Status and Ecology of Formosan Pangolin in Northern Taiwan (2/2). Taiwan Forestry Research Institute, Taipei, Taiwan. [In Chinese].

Luo, R., Chen, Y., Wei, K., 1993. The Mammalian Fauna of Guizhou. Guizhou Science and Technology Publishing House, Guiyang. [In Chinese].

Masui,M., 1967. Birth of a Chinese pangolin *Manis pentadactyla* at Ueno Zoo, Tokyo. International Zoo Yearbook 7, 147.

Matschie, P., 1907. Über chinesische süagetiere. In: Filchner, W. (Ed.), Wissenschaftliche Ergebinisse der Expedition Filchner. Ernst Siegfied Mittler und Sohn, Berlin, pp. 41-45.

Misra, M., Hanfee, N., 2000. Pangolin distribution and trade in east and northeast India. TRAFFIC Dispatches 14, 4-5.

Mohapatra, R.K., Panda, S., Acharjyo, L.N., Nair, M.V., Challender, D.W.S., 2015. A note on the illegal trade and use of pangolin body parts in India. TRAFFIC Bull. 27 (1), 33-40.

Mohr, E., 1961. Schuppentiere. Neue Brehm-Bucherei. A. Ziemsen Verlag, Wittenburg Lutherstadt.

Moo, S.S.B., Froese, G.Z.L., Gray, T.N.E., 2017. First structured camera-trap surveys in Karen State, Myanmar, reveal high diversity of globally threatened mammals. Oryx 52 (3), 537-543.

Muarya, K.K., Shafi, S., Gupta, M., 2018. Chinese Pangolin: sighting of Chinese pangolin (*Manis pentadactyla*) in Valmiki Tiger Reserve, Bihar, India. Small Mammal Mail 416. In: Zoo's Print 33 (1), 15-18.

Nabhitabhata, J., Chan-ard, T., 2005. Thailand Red Data: Mammals, Reptiles and Amphibians. Office of Natural Resources and Environmental Policy and Planning, Bangkok, Thailand.

Naing, H., Fuller, T.K., Sievert, P.R., Randhir, T.O., Po, S. H.T., Maung, M., et al., 2015. Assessing large mammal and bird richness from camera-trap records in the Hukaung Valley of Northern Myanmar. Raffles Bulletin of Zoology 63, 376-388.

Nash, H.C., Wong, M.H.G., Turvey, S.T., 2016. Using local ecological knowledge to determine status and threats of the Critically Endangered Chinese pangolin (*Manis pentadactyla*) in Hainan, China. Biol. Conserv. 196, 189-195.

National Forestry Administration, 2008. Investigation of Key Terrestrial Wildlife Resources in China. China Forestry Publishing House, Beijing, China. [In Chinese].

Newton, P., Nguyen, V.T., Roberton, S., Bell, D., 2008. Pangolins in peril: using local hunters' knowledge to conserve elusive species in Vietnam. Endanger. Species Res. 6, 41-53.

Pei, K.J.-C., 2010. Ecological Study and Population Monitoring for the Taiwanese Pangolin (*Manis pentadactyla pentadactyla*) in Luanshan Area, Taitung. Taitung Forest District Office Conservation Research, Taitung, Taiwan. [In Chinese].

Pei, K.J.-C., Lai, Y.C., Corlett, R.T., Suen, K.-Y., 2010. The larger mammal fauna of Hong Kong: species survival in a highly degraded landscape. Zool. Stud. 49 (2), 253-264.

Pocock, R.I., 1924. The external characters of the pangolins (Manidae). Proc. Zool. Soc. Lond. 94 (3), 707-723.

Rafinesque, C.S., 1820. Sur le genre *Manis* et description d'une nouvelle espèce: *Manis ceonyx*. Annales Générales des Sciences Physiques 7, 214-215.

Rao, M., Myint, T., Zaw, T., Htun, S., 2005. Hunting patterns in tropical forests adjoining the Hkakaborazi National Park, north Myanmar. Oryx 39 (3), 292-300.

Shek, C.-T., Chan, S.S.M., Wan, Y.-F., 2007. Camera Trap Survey of Hong Kong Terrestrial Mammals in 2002-06. Hong Kong Biodiversity. Agric., Fish. Conserv. Depart. Newsl. 15, 1-15.

Shi, Y., Wang, Y., 1985a. The pangolins' habit of eating ants. Chin. J. Wildlife 28 (6), 42-43. [In Chinese].

Shi, Y., Wang, Y., 1985b. The preliminary study on captive breeding pangolins. For. Sci. Technol. 10, 28-29. [In Chinese].

Shrestha, T.K., 1981. Wildlife of Nepal. A Study of Renewal Resources of Nepal, Himalayas. Curriculum Development Center, Tribhuvan University, Kathmandu, Nepal.

SMCRF (Small Mammals Conservation and Research Foundation), 2017. Pangolin Monitoring Protocol for Nepal. Department of Forests, Government of Nepal.

Srinivasulu, C., Srinivasulu, B., 2012. South Asian Mammals: Their Diversity, Distribution, and Status. Springer, New York.

Sun, N.C.-M., Pei, K.J.-C., Lin, C.-C., Li, H.-F., Liang, C.-C., 2017. The feeding ecology of Formosan pangolin (*Manis pendatactyla pendatactyla*) in the southern Coastal Mountain Range, Taiwan. In: South Asian Conference on Small Mammals Conservation "Small Mammals: Sustaining Ecology and Economy in the Himalaya", 27-29 August 2017, Kathmandu, Nepal.

Sun, N.C.-M., Sompud, J., Pei, K.J.-C., 2018. Nursing period, behavior development, and growth pattern of a newborn Formosan pangolin (*Manis pentadactyla pentadactyla*) in the wild. Trop. Conserv. Sci. 11, 1-6.

Sun, N.C.-M., Arora, B., Lin, J.-S., Lin, W.-C., Chi, M.-J., Chen, C.-C., et al., 2019. Mortality and morbidity in wild Taiwanese pangolin (*Manis pentadactyla pentadactyla*). PLoS One 14 (2), e0212960.

Sundevall, C.J., 1842. Om slägtet Sorex, med nâgra nya arters beskrifning. Kungliga Vetenskapsakademien, Stockholm.

Suwal, R., Verheugt, Y.J.M., 1995. Enumeration of Mammals of Nepal. Biodiversity Profiles Project Publication No. 6. Department of National Parks and Wildlife Conservation, Ministry of Forest and Soil Conservation, Nepal.

Tao, H.J., 480-498. Annotation of Materia Medica-Animals, China. [In Chinese].

Tate, G.H.H., 1947. Mammals of Eastern Asia. Macmillan, New York.

Thapa, P., 2013. An overview of Chinese pangolin (*Manis pentadactyla*): Its general biology, status, distribution and conservation threats in Nepal. Initiation 5, 164-170.

Thomas, O., 1892. On the Mammalia collected by Signor Leonardo Fea in Burma and Tenasserim. In: Doria, G., Gestro, R., (Ed.), Annali del Museo civico do storia natural di Genova, Series 2a vol. X, pp. 913-949.

Trageser, S.J., Ghose, A., Faisal, M., Mro, P., Mro, P., Rahman, S.C., 2017. Pangolin distribution and conservation status in Bangladesh. PLoS One 12 (4), e0175450.

Ullmann, T., Veríssimo, D., Challender, D.W.S., 2019. Evaluating the application of scale frequency to estimate the size of pangolin scale seizures. Glob. Ecol. Conserv. 20, e00776.

Wang, X.Q., 1975. The taxonomy of aves and mammals. Northeast Forestry University, Heilongjiang. [In Chinese].

Wang, P.L., 1989. The habits and resource protection of pangolins. Environ. Prot. Technol. 4, 27-28. [In Chinese].

Wang, Q.S., 1990. The Mammal Fauna of Anhui. Anhui Publishing House of Science and Technology, Hefei. [In Chinese].

Wang, S., 2005. Preliminary observation on wild life habits of 558 Chinese pangolins. Introd. Consult. 4, 52-53.

Wang, P.J., 2007. Application of Wildlife Rescue System in Conservation of the Formosan Pangolin (*Manis pentadactyla pentadactyla*). M.Sc. Thesis, National Taiwan University, Taipei, Taiwan. [In Chinese].

Wang, L.M., Lin, Y.J., Chan, F.T., 2012. The first record of successfully fostering a young Formosan pangolin (*Manis pentadactyla pentadactyla*). Taipei Zoo Bull 23, 71-76. [In Chinese].

Weber, R., Heath, M.E., White, F.N., 1986. Oxygen binding functions of blood and hemoglobin from the Chinese pangolin, Manis pentadactyla: possible implications for burrowing and low body temperature. Respir. Physiol. 64, 103-112.

Wu, S., 1998. Notes on a newborn Chinese pangolin (*Manis pentadactyla aurita*). J. Qinghai Normal Univ. (Nat. Sci.) 1, 40-42. [In Chinese].

Wu, S., Ma, G., Tang, M., Chen, H., Liu, N., 2002. The current situation of the resource on Chinese pangolins and countermeasures for protection. J. Nat. Resour. 17 (2), 174-179. [In Chinese].

Wu, S.B., Liu, N.F., Ma, G.Z., Xu, Z.R., Chen, H., 2003a. Habitat selection by Chinese pangolin (*Manis pentadactyla*) in winter in Dawuling Natural Reserve. Mammalia 67 (4), 493-501.

Wu, S.B., Liu, N.F., Ma, G.Z., Xu, Z.R., Chen, H., 2003b. Studies on habitat selection by Chinese pangolin (*Manis pentadactyla*) in winter in Dawuling Natural Reserve. Acta Ecol. Sin. 23 (6), 1079-1086. [In Chinese].

Wu, S., Liu, N., Zhang, Y., Ma, G., 2004a. Physical measurement and comparison for two species of pangolins. Acta Theriol. Sin. 24 (4), 361-364. [In Chinese].

Wu, S., Liu, N., Zhang, Y., Ou, Z., Chen, H., 2004b. Measurement and comparison for skull variables in Chinese pangolin and Malayan pangolin. Acta Theriol. Sin. 24 (3), 211-214. [In Chinese].

Wu, S., Ma, G., Chen, H., Xu, Z., Li, Y., Liu, N., 2004c. A preliminary study on burrow ecology of *Manis pentadactyla*. Chin. J. Appl. Environ. Biol. 15 (3), 401-407. [In Chinese].

Wu, S.B., Liu, N.F., Ma, G.Z., Tang, M., Chen, H., Xu, Z.R., 2004d. A current situation of ecology study on pangolins. Chin. J. Zool. 39 (2), 46-52. [In Chinese].

Wu, S., Liu, N., Zhang, Y., Ma, G., 2004e. Assessment of threatened status of Chinese pangolin (*Manis pentadactyla*). Chinese J. Appl. Environ. Biol. 10 (4), 456-461. [In Chinese].

Wu, S.B., Ma, G.Z., Liao, Q.X., Lu, K.H., 2005a. Studies of Conservation Biology on Chinese Pangolin. Chinese Forest Press, Beijing. [In Chinese].

Wu, S., Liu, N., Li, Y., Sun, R., 2005b. Observation on food habits and foraging behavior of Chinese Pangolin (*Manis pentadactyla*). Chin. J. Appl. Environ. Biol. 11 (3), 337-341. [In Chinese].

Wu, S.-H., Chen, M., Chin, S.-C., Lee, D.-J., Wen, P.-Y., Chen, L.-W., et al., 2007. Cytogenetic analysis of the Formosan pangolin, *Manis pentadactyla pentadactyla* (Mammalia: Pholidota). Zool. Stud. 46 (4), 389-396.

Xu, L., Liu, Z., Liao, W., 1983. Birds and Animals of Hainan Island. Beijing Science Press, Beijing. [In Chinese].

Yang, C.W., Guo, J.C., Li, Z.W., Yuan, X.W., Cai, Y.L., Fan, Z.Y., 2001. Studies on Taiwan Chinese pangolin. Taipei Zoo, Taipei, Taiwan. [In Chinese].

Yang, C.W., Chen, S., Chang, C.-Y., Lin, M.F., Block, E., Lorentsen, R., et al., 2007. History and dietary husbandry of pangolins in captivity. Zoo Biol. 26 (3), 223-230.

Yang, L., Chen, M., Challender, D.W.S., Waterman, C., Zhang, C., Hou, Z., et al., 2018. Historical data for conservation: reconstructing long-term range changes of Chinese pangolin (*Manis pentadactyla*) in eastern China (1970-2016). Proceedings of the Royal Society B 285 (1885), 20181084.

Zhai, W., 2000. Rare and Endangered Animals in Henan Province. Henan Science and Technology Press, Zhengzhou. [In Chinese].

Zhang, Y., 2009. Conservation and trade control of pangolins in China. In: Pantel, S., Chin, S.-Y. (Eds.), Proceedings of the Workshop on Trade and Conservation of Pangolins Native to South and Southeast Asia, 30 June-2 July 2008, Singapore Zoo, Singapore. TRAFFIC Southeast Asia, Petaling Jaya, Selangor, Malaysia, pp. 66-74.

Zhang, L., Li, Q., Sun, G., Luo, S., 2010. Population status and conservation of pangolins in China. Bull. Biol. 45 (9), 1-4. [In Chinese].

Zhang, F., Wu, S., Zou, C., Wang, Q., Li, S., Sun, R., 2016. A note on captive breeding and reproductive parameters of the Chinese pangolin, *Manis pentadactyla* Linnaeus, 1758. ZooKeys 618, 129-144.

Zhang, S., Zheng, F., Li, J., Bao, Q., Lai, J., Cheng, H., 2017. Monitoring diversity of ground-dwelling birds and mammals in Wuyanling National Nature Reserve using infrared camera traps. Biodivers. Sci. 25 (4), 427-429. [In Chinese].

Zhou, Z.M., Zhao, H., Zhang, Z.X., Wang, Z.H., Wang, H., 2012. Allometry of scales in Chinese pangolins (*Manis pentadactyla*) and Malayan pangolins (*Manis javanica*) and application in judicial expertise. Zool. Res. 33 (3), 271-275.

Zhu-Ge, Y., Huang, M., 1989. Fauna of Zhejiang (Mammalia). Zhejiang Science and Technology Press, Hangzhou. [In Chinese].

Zoological Society of India, 2002. Pangolins (Mammalia: Pholidota) of India. ENVIS Newsl. 9 (1 and 2).

第 5 章 印度穿山甲 *Manis crassicaudata* (Geoffroy, 1803)

塔里克·马哈默德 [1]，拉杰什·库马尔·莫哈帕特拉 [2]，普里扬·佩雷拉 [3]，瑙申·伊尔沙德 [4]，法拉兹·阿克里姆 [1]，沙伊斯塔·安德利布 [1]，默罕默德·瓦西姆 [5]，桑迪亚·夏尔马 [6]，苏达尔桑·班达 [7]

1. 安瑞德农业大学野生动物管理系，巴基斯坦拉瓦尔品第

2. 南丹卡南动物园，印度布巴内斯瓦尔

3. 斯里贾亚瓦德纳普拉大学林业与环境科学系，斯里兰卡努格古达

4. 波朗克-拉瓦拉科特大学动物学系，巴基斯坦

5. 世界自然基金会巴基斯坦分会，巴基斯坦伊斯兰堡

6. 保护生物学家，尼泊尔辛胡巴佐克

7. 萨特科西亚老虎保护区，印度安古尔

分 类

印度穿山甲过去曾被归属于 *Phatages*（Allen，1938；Pocock，1924；Sundevall，1842）和 *Pholidotus*（Gray，1865）。现根据形态学（Gaudin et al.，2009）和遗传学证据（Gaubert et al.，2018），将印度穿山甲列入穿山甲属（Allen，1938；Pocock，1924；Sundevall，1842）。

同物异名：*Manis laticauda*（Illiger，1815）、*Phatages laticauda*（Sundevall，1842）、*Pholidotus indicus*（Gray，1865）和 *Phatages laticaudatus*（Fitzinger，1872）。这个物种是单型科。染色体数目未知。

词源：*Manis*（见第 4 章）；*crassicaudata* 是参考厚或重（crassus-）尾巴（cauda）和提供（-atus）（Gotch，1979）。

性 状

印度穿山甲是一种中型哺乳动物。成体体重一般为 8～16kg，体长可达 148cm 左右，还有更大的记录（表 5.1）。印度拉贾斯坦邦曾记录到一只体重 32.2kg、体长 170cm 的成年印度穿山甲（Sharma，2002）。该物种雄性比雌性大且重（Roberts，1977），但雌雄体二态性的程度需要进一步研究。Irshad 等（2016）在巴基斯坦波特瓦尔高原开展了印度穿山甲（$n=12$）的研究，发现体重与总体长呈正相关关系，并将物种分为三个年龄组：幼体（≤2.5kg，体长 40～65cm）、亚成体（2.51～8kg，体长 66～120cm）和成体（≥8kg，体长≥120cm）。尾巴厚实粗大且肌肉发达，在近端与身体后部一样宽，向尾端逐渐变细（Heath，1995；Roberts，1977）。尾巴占总体长的 39%～54%（Aiyapann，1942；Irshad et al.，2016）。尾部的腹侧表面末端长有鳞片（Pocock，1924）。

印度穿山甲背部表面圆滑，腹部平坦。从表皮生长出来的鳞片覆盖其背部、体侧表面、四肢外侧及尾巴的背腹部（Jentink，1882；Heath，1995）。在背部，鳞片一直延伸到前额，并围绕鼻部留下一个缺口。其单块鳞片的表面积是亚洲穿山甲中最大的，长可达 70mm 左右，宽可达 85mm 左右（Mitra，1998）。

表 5.1　印度穿山甲形态特征

测量指标		国家和地区	数据来源
体重	体重（♂）/kg	14.25（11～19.3），*n*=4	巴基斯坦	Irshad et al.，2015；Roberts，1977
		10.92（9.88～12.05），*n*=3	印度（Odisha）	Mohapatra and Panda，2013
		32.2，*n*=1	印度（Rajasthan）	Sharma，2002
	体重（♀）/kg	14.55（9.1～20），*n*=2	巴基斯坦	Irshad et al.，2015；Roberts，1977
		9.8（9～10.59），*n*=3	印度（Odisha）	Mohapatra and Panda，2013
体长	头尾长（♂）/mm	1396（1340～1473），*n*=3	巴基斯坦	Irshad et al.，2015
		957（920～1020），*n*=3	印度（Odisha）	Mohapatra and Panda，2013
		1700，*n*=1	印度（Rajasthan）	Sharma，2002
	头尾长（♀）/mm	1370，*n*=1	巴基斯坦	Irshad et al.，2015
		883（780～1000），*n*=3	印度（Odisha）	Mohapatra and Panda，2013
	头体长（♂）/mm	805（762～843），*n*=3	巴基斯坦	Irshad et al.，2015
	头体长（♀）/mm	833，*n*=1	巴基斯坦	Irshad et al.，2015
	尾长（♂）/mm	650（530～710），*n*=3	巴基斯坦	Irshad et al.，2015
		487（470～510），*n*=3	印度（Odisha）	Mohapatra and Panda，2013
	尾长（♀）/mm	538，*n*=1	巴基斯坦	Irshad et al.，2015
		453（390～510），*n*=3	印度（Odisha）	Mohapatra and Panda，2013
椎骨	椎骨总数	57		Jentink，1882
	颈椎	7		Jentink，1882
	胸椎	15		Jentink，1882
	腰椎	6		Jentink，1882
	骶椎	3		Jentink，1882
	尾椎	26		Jentink，1882
头骨	长度（♂）/mm	77.5，*n*=1		Heath，1995
	颧骨突宽度	无数据		
鳞片	鳞片总数	485（444～527），*n*=17	印度、斯里兰卡、未知	Mohapatra et al.，2015a；Ullmann et al.，2019
	鳞片行数（横向，体）	11～14		Frechkop，1931；Mohr，1961
	鳞片行数（纵向，体）	11～13		Frechkop，1931；Jentink，1882
	尾边缘鳞片数	14～17		Frechkop，1931；Jentink，1882
	尾中间行鳞片数	14～17		Frechkop，1931
	鳞片（湿）占体重比例/%	没有数据		
	鳞片（干）占体重比例/%	没有数据		

鳞片从背中部向外排列生长，最大的鳞片位于身体和尾巴交界处（Irshad et al.，2016），这些鳞片的宽度是肩胛位置第一行鳞片表面积的两倍，重 7～10g（Mitra，1998）。在尾部，背中线鳞片一直生长到尾尖。有 11～14 列横向鳞片（即沿着前后轴在背部的中点穿过身体），有 11～13 排纵向鳞片。尾部边缘的鳞片呈折角状，覆盖尾背部和腹部的部分区域，鳞片边缘锋利、尖锐。鳞片总数存在种内差异，范围在 444～527 片（表 5.1）。鳞片底部有很细的条纹，颜色从淡黄色/橄榄色到卡其色/深褐色（图 5.1；Mitra，1998；Mohr，1961）。在鳞片底部生长有稀疏的黄色刚毛（40～50mm）（Prater，1971；R. K. Mohapatra，未发表数据）。Mohapatra 等（2015a）估计，一只 10.3kg 的穿山甲个体皮毛和鳞甲总重为 3.5kg，约占总质量的 34%。

印度穿山甲头小，呈圆锥形，口鼻突出。面部、口鼻、咽喉、颈部、整个腹侧表面及四肢内侧无鳞片，被稀疏的淡粉色毛发所覆盖（图 5.1；Pocock，1924）。面部的肤色从淡粉色到浅棕色不一，鼻部深棕色。眼睛小而黑，厚眼皮起保护作用。眼睛前方有小月牙形耳郭，这些耳郭是听孔的一部分（Roberts，

图 5.1　印度穿山甲。鳞片沿前后轴变宽变长，在臀部和尾近端最大。印度穿山甲的鳞片是亚洲穿山甲中最大的。照片来源：Vickey Chauhan/Shutterstock.com。

1977），但印度穿山甲的听觉较弱，主要依靠高度灵敏的嗅觉来定位食物（Prater，1971）。由于没有牙齿，印度穿山甲用它们沾有唾液（胸腔中的大唾液腺分泌的一种黏稠的唾液）的舌头舔食蚂蚁和白蚁。舌头长达42.5cm，约占总体长的 37%（Irshad et al.，2016），发生于腹部剑突的尾端（比非洲穿山甲短），通过胸腔到达口腔（Doran and Allbrook，1973；Irshad et al.，2015）。食物在胃里被消化吸收，进食时，舌头会沾上小石头或其他碎屑，在胃中起到帮助消化的作用（Prater，1971）。

印度穿山甲前肢比后肢稍长，每肢有 5 个趾（Heath，1995；Irshad et al.，2016）。趾端有爪，用于挖掘蚁巢、白蚁丘或居住洞（见行为；Roberts，1977）。五趾的中间三趾比第一趾和第五趾明显更大，其中第三趾最大；而第一趾、第五趾正逐渐退化（Pocock，1924；Roberts，1977）。后肢短而粗壮，爪子短且钝，后脚掌生有粗糙的颗粒肉垫并延伸到爪底部（Pocock，1924）。

其肛门腺会产生一种恶臭的黄色液体（Hutton，1949）。雌性的子宫呈双角状，胎盘扩散且无蜕膜（Grassé，1955）。胸部有两个乳头（5～8mm）（Aiyapann，1942）。

印度穿山甲体温约为 33.4℃，代谢率较低，一个 16kg 的个体其基础代谢估计为 78ml O_2/(kg·h)（McNab，1984）。其他穿山甲物种的代谢率在哺乳动物中也属于较低的，这与鳞片占体重比例大有关（McNab，1984；Heath and Hammel，1986）。

印度穿山甲可能会与它的亚洲同类——马来穿山甲（*M. javanica*）、菲律宾穿山甲（*M. culionensis*）及中华穿山甲（*M. pentadactyla*）混淆，因为印度穿山甲的部分分布区域与中华穿山甲是同域的（见分布）。但这个物种很容易与其他亚洲穿山甲区分，因为它体型大、鳞片大、耳郭小（尤其是和中华穿山甲相比）。其横纹鳞片行数为 11～14 行，而中华穿山甲横纹鳞片行数为 15～18 行，马来穿山甲和菲律宾穿山甲鳞片行数更多（见第 6 章、第 7 章）。另一区别是印度穿山甲尾端腹侧有鳞片，其他亚洲穿山甲则是肉垫（Pocock，1924）。中华穿山甲还有明显的肛门凹陷。

分　布

印度穿山甲分布于南亚：巴基斯坦北部到东南部、整个喜马拉雅山脉以南的印度次大陆，以及印度东北部和斯里兰卡。巴基斯坦 4 个省均有印度穿山甲分布记录。包括开伯尔-普赫图赫瓦（Khyber Pakhtunkhwa）的瑙谢拉（Nowshera）、马内斯拉（Maneshra）、马尔丹（Mardan）、白沙瓦（Peshawar）和斯瓦比（Swabi）地区；旁遮普的古尔加特（Gurjat）、卡苏尔（Kasur）、科哈特（Kohat）、拉合尔（Lahore）和锡亚尔科特（Sialkot）地区；还有阿托克（Attock）、恰夸尔（Chakwal）、杰赫勒姆（Jhelum）和拉瓦尔品第的波特瓦尔高原地区（Roberts，1977；Irshad et al.，2015；T. Mahmood，未发表数据），伊斯兰堡以北的马加拉山国家公园（Mahmood et al.，2015a）、阿扎德查谟和克什米尔；2008～2013 年，在旁遮普省南部的印度河和杰纳布河（流入印度河）泛滥平原曾有记录（Roberts，1977；Mahmood et al.，2018；F. Abbas，个人通讯）。巴基斯坦南部，该物种出现在俾路支省的拉斯贝拉和梅克兰地区；在信德，卡拉奇以北的科塔尔国家公园有分布记录（Akrim et al.，2017；R. Hussain，个人通讯）。此外，在海得拉巴

（Hyderabad）、塔帕克（Tharparker）、达杜（Dadu）和拉卡拉（Larkana）地区以及东部的卡奇（Kutch）都有发现记录（Roberts，1977）。

印度穿山甲在印度喜马拉雅山麓到南部的广大区域都有广泛分布，最北和东北地区无分布（Tikader，1983）。北部的北阿坎德邦、北方邦、比哈尔邦、贾坎德邦，以及德里、拉贾斯坦邦［包括凯奥拉德奥国家公园（Keoladeo National Park）和穆昆达拉山老虎保护区（Mukundara Hills Tiger Reserve）（Latafat and Sadhu，2016）］、中央邦［瓜廖尔（Saxena，1985）、阿查纳库尔（Achanakur）野生动物保护区和昌巴尔国家公园］、古吉拉特邦［包括卡奇（Kutch）（Himmatsinhji，1984）和吉尔国家公园］、恰蒂斯加尔邦和西孟加拉邦都有该物种的出现记录。而东北分布界限还不清楚（见 Agrawal et al.，1992；Choudhury，2001；Srinivasulu and Srinivasulu，2012）。Choudhury（2001）报道称，20 世纪 90 年代，阿萨姆邦的纳刚（Nagaon）地区抓获一只印度穿山甲，这是其分布区域最东部的记录，因此梅加拉亚邦可能也有分布（Agrawal et al.，1992）。Goswami 和 Ganesh（2014）报道 2008 年阿萨姆邦马纳斯国家公园曾观察到印度穿山甲个体出现，表明该物种与印度东北部的中华穿山甲同域分布。往南有奥里萨邦的记录，Mishra 和 Panda（2012 年）在南丹卡南生物公园动物救护记录中提到本州 30 个区中有 14 个区分布有该物种；Kotgarh、南丹卡南、Chandaka、Kuldiha、Satkosia Gorge 和 Sunabedha 野生动物保护区和 Similipal 国家公园也有相关记录（Mohapatra，2016）。印度穿山甲还曾出现于马哈拉施特拉邦——2017 年在普拉契达（Pratchidgad）社区保护区拍摄到两只个体（Freedman，2017）——卡纳塔克邦（本迪布尔、巴德拉、达尔玛和丹德利野生动物保护区和本迪布尔老虎保护区），果阿邦（卡图高野生动物保护区）和安得拉邦［卡姆巴拉康达（Kambalakonda）野生动物保护区；Murthy and Mishra，2010］。另外斯里哈里科塔岛（Manakadan et al，2013）较早前也有未经证实的报告，以及来自卡尼亚库马里（Kanyakumari）和喀拉拉邦（Kerala）的历史记录；该物种还出现在泰米尔纳德邦（Srinivasulu and Srinivasulu，2012）。

在尼泊尔，印度穿山甲分布在南部和西部的低地地区（Baral and Shah，2008），包括巴尔迪亚、班克、奇特旺、帕尔萨和舒克拉普翰塔（Shuklaphanta）国家公园（DNPWC and DoF，2018；Suwal and Verheugt，1995；H. Baral，个人评论）。在帕尔萨国家公园，该物种似乎与中华穿山甲同域分布（如印度东北部），需要进一步的研究解释两物种之间的生态位差异。马克万普尔地区也有过报道，该物种的分布区域可能延伸到东部丘陵地带，并广泛地分布在特莱地区，与印度北部接壤（DNPWC and DoF，2018）。

印度穿山甲在孟加拉国的分布情况尚不清楚。Khan（1985）报道，历史上该物种曾广泛分布于该国，但是目前在西北（朗布尔、迪纳杰布尔、拉杰沙希）和中西部［库什蒂亚（Kushtia）、杰索尔（Jessore）、巴布纳（Pabna）、博格拉（Bogra）］地区，以及达卡和库米拉地区已无踪迹；Heath（1995）报道，该物种在孟加拉国已完全灭绝。Trageser 等（2017）综述了孟加拉国穿山甲的现状，没有发现该物种存在的证据。然而根据历史分布、物种生态学以及 2018 年在邻近的印度西孟加拉邦的记录，印度穿山甲可能出现在孟加拉国的北部和西南部，但不包括沿海地区的库尔纳、萨德基拉、巴格哈特、巴里萨尔和博杜阿卡利县（A. Ghose and S. Trageser，个人评论）。在拉杰沙希大学保存着一个可能来源于孟加拉国（未经证实）的博物馆标本（S. Trageser，个人评论）。目前还需要对该物种在孟加拉国的生存状况做进一步研究。

印度穿山甲分布于斯里兰卡 9 个省的所有低海拔地区，包括该国中部的努瓦拉埃利亚区，在那里穿山甲可能生活在海拔较高的地方（Perera and Karawita，2019；Phillips，1981），以及所有干旱地带的国家公园与东北部（Mullaitivu、Trincomalee 和 Kuchchaweli）、西北部（Norochcholai、Ilanthadiya 和 Kalpitiya）和南部沿海地区（Kalamatiya、Waligama、Dikwella、Bundala 和 Unawatuna；Perera and Karawita，2019）。

该物种在中国是否存在还有待商榷。一些较早和现代的参考文献提到曾在云南西南部出现过（Allen，1938；Heath，1995；Jiang et al.，2015；Smith and Xie，2013）。对文献的查验表明，这是 Allen（1938）的一个错误识别，目标物种很可能是所谓的 "*Phatages crassicaudata*"；在 Howell（1929）对 *M. aurita*（=中华穿山甲；参见第 4 章）和 *M. javanica*（马来穿山甲）的描述中，*Phatages crassicaudata* 出现在 Anderson（1878）提出的 *M. aurita*（中华穿山甲）的同义词中。基于这一证据以及在中国没有更多的记录，该物种不太可能在中国出现。目前没有来自缅甸的记录（CITES，2000），印度穿山甲分布最东的记录是在印度东北部的阿萨姆邦（Choudhury，2001）。

栖　息　地

印度穿山甲栖息在热带和亚热带森林、干燥混合型常绿林、雨林、山地次生林和河流森林（Phillips，1981；Roberts，1977），在红树林、草地、农田、人工景观（如种植园）、家庭花园、灌木丛和干燥地区也曾出没（Karawita et al.，2018；Pabasara et al.，2015；Roberts，1977）。印度穿山甲被认为能很好地适应改造后的栖息地，前提是有充足的食物和不过度开发的压力。海拔分布范围从海平面附近（如斯里兰卡沿海）到尼泊尔 1538 m 的高山（Frick，1968；Mitchell，1975；District Forest Office，Surkhet，Nepal，未发表数据）。Hutton（1949）报道，在印度尼尔吉利斯约 2100m 海拔的地方发现了一只穿山甲。斯里兰卡中部的努瓦拉埃利亚地区记录到该物种可能在海拔 1850m 的地方出现过，但有人认为，在干燥地区印度穿山甲种群分布更丰富（Karawita et al.，2018；Pabasara et al.，2015）。

在巴基斯坦，印度穿山甲常见于亚热带荆棘林和贫瘠的丘陵地区，可能对此生境有选择性偏好（图 5.2；Roberts，1977）。

图 5.2　巴基斯坦波特瓦尔高原（Potohar Plateau）恰夸尔（Chakwal）地区的印度穿山甲。
图片来源：Faraz Akrim/Tariq Mahmood。

Mahmood 等（2014）报道，在波特瓦尔高原，优势树种［阿拉伯金合欢（*Acacia nilotica*）、毛叶枣（*Zizyphus mauritiana*）、适度金合欢（*A. modesta*）］和灌木［铜钱枣（*Z. nummularia*）、白花牛角瓜（*Calotropis procera*）和牧豆树（*Prosopis juliflora*）］与该物种有着密切联系。在马加拉山国家公园，该物种被记录在以适度金合欢、铜钱枣（*Z. nummularia*）、印度黄檀（*Dalbergia sissoo*）和西藏长叶松（*Pinus roxburghii*）为优势树种的区域，而马缨丹（*Lantana camara*）和石榴（*Punica granatum*）对印度穿山甲的生态作用也很重要（见《生态学》一书；Mahmood et al.，2015a）。在印度拉贾斯坦邦的穆昆达拉老虎保护区，该物种分布在以垂枝榆绿木和儿茶为优势种的平坦森林中（Latafat and Sadhu，2016）。在斯里兰卡热带低地的亚吉拉拉（Yagirala）森林保护区，Karawita 等（2018）报道，在冠层覆盖率达 75%～85%、高度达 25～40m 的以锡兰龙脑香（*Dipterocarpus zeylanicus*）、铁力木（*Mesua ferrea*）、尼丁树（*Pericopsis mooniana*)、波罗蜜(*Artocarpus heterophyllus*)、*A. nobilis* 等为优势树种的自然次生林中有印度穿山甲分布。该次生林的亚冠层主要为刺果树(*Chaetocarpus castanocarpus*)、藤黄(*Garcinia hermonii*)、木瓣树(*Xylopia championi*)、香风吹楠(*Horsfieldia iriyaghedhi*)和苦肉豆蔻(*Myristica dactyloides*)。人工橡胶园也发现有穿山甲常驻的洞穴。在以松类(*P. carribea*)为主的森林中发现有觅食洞；茂密的灌木丛生境中主要生长的是群蕊竹(*Ochlandra stridula*)；人为改造的栖息地中，主要是茶树(*Camellia sinensis*)和果树(Karawita et al.，2018)。

生　态　学

关于印度穿山甲的生态学研究有限。目前还没有对其家域大小的估算，但普遍认为它有稳定的家域范围。主要掘地生活，属于穴居动物。该物种挖掘洞穴既是为了居住，也是为了觅食(参见行为：Prater，1971；Roberts，1977)；印度穿山甲也会利用岩石和巨砾之间的裂缝作居住洞(Prater，1971)。在一些栖息地(如斯里兰卡的低地热带森林和印度的热带森林)，该物种营树栖生活(Heath，1995)。栖息或居住的洞穴比觅食的洞穴更大、更深，具体特征(如长度和宽度)随着栖息地和土壤类型变化(Mahmood et al.，2013)。入口形状为圆形或椭圆形，洞口宽度和高度可达到 46cm×59cm(图 5.3；Karawita et al.，2018)。洞穴由洞道和巢室构成，洞道在起始阶段向下倾斜，然后逐渐转折 20°~30°，可能在止于巢室之前轻微弯曲(图 5.4)。这大概是为了防水。进入洞穴，穿山甲会在洞口筑起一道土墙，从而隐藏休息的洞穴，以助躲避捕食者，还会留下一个小空隙用于通风(图 5.4；Karawita et al.，2018)。松软的土壤中，洞穴巢室可能在地表以下 6m 或更深，但在多岩石的土壤中较浅；它们大小不一，曾记录到直径达 60cm 的休息巢室(Prater，1971)。巴基斯坦的马加拉山国家公园发现的大多数洞穴都挖掘于马缨丹和石榴灌木下(Mahmood et al.，2015a)。相比而言，在波特瓦尔高原，大多数的洞穴是在凯尔树(*Capparis decidua*)和木樨榄牙刷树(*Salvadora oleoides*)的根下或根内挖掘的，这可能是因为这些植物和穿山甲的食物之间存在联系(Mahmood et al.，2013)。在斯里兰卡的热带低地雨林中，栖息洞穴分布于海拔 75~100m 的区域，坡度在 45°~60°，冠层覆盖率为 75%以上，远离人类干扰(Karawita et al.，2018)。Karawita 等(2018)注意到，在这种类型的栖息地，印度穿山甲似乎有在岩石基质中挖掘居住洞穴的倾向，可能是因为洞穴崩塌的风险更小。我们对印度穿山甲洞穴的利用所知甚少(如洞穴挖掘的频率、使用时间、共同居住)，有观察到母亲与幼崽(Mahmood et al.，2015b)、雌雄共用洞穴的情况(Roberts，1977)。仍需进一步研究(见第 34 章)。

图 5.3　印度穿山甲挖掘洞穴既为居住休息，也为获取食物。(A)居住洞。当挖掘这类洞穴时，印度穿山甲在洞穴外留下一个土堆，如图所示。(B)觅食洞。图片来源：Faraz Akrim/Tariq Mahmood。

图 5.4　印度穿山甲的洞穴剖面。图片来源：Priyan Perera。

印度穿山甲以蚂蚁和白蚁为食，包括卵、幼蚁和成虫，在进食过程中也吃砂砾、沙子和小石头，以助消化（Prater，1971）。该物种靠捕捉气味来定位食物、挖掘觅食洞穴，以接近地下蚂蚁巢穴和白蚁群。

觅食洞比居住洞浅，但挖掘数量多。在巴基斯坦，估计每平方公里有 18.85±2.63 个觅食洞，而每平方公里只有 2.57±0.29 个居住洞穴，前者的平均深度为 19.466cm±2.86cm（$n=55$；Mahmood et al.，2013）。斯里兰卡西南部，觅食洞穴平均深度为 68.12cm（$n=54$；Karawita et al.，2018）。觅食洞穴可能有多个入口通向一个蚂蚁巢穴或白蚁蚁群。一只印度穿山甲会反复造访一个觅食洞穴，但是比较有周期性，以便让它的食物恢复到可被捕食的数量（Karawita et al.，2018）。

印度穿山甲对食物具有选择性（Irshad et al.，2015；Prater，1971），已经有记录表明它并不完全是食蚁的。在印度喀拉拉邦抓捕的一只雌性印度穿山甲，根据胃容物分析其只食用细猛蚁（*Leptogenys* sp.），包括虫卵和成虫，且 57%的胃容物是沙粒（Ashokkumar et al.，2017）。在印度的马哈拉施特拉邦，该物种被记录到捕食窄颈弓背蚁（*Camponotus angusticollis*）、侧扁弓背蚁（*C. compressus*）、巴瑞弓背蚁（*C. parius*）、近缘盲切叶蚁（*Carebara affinis*）、多刺蚁（*Polyrhachis menelas*）、马林氏大头蚁（*Pheidole malinsii*）和黄猄蚁（*Oecophylla smaragdina*）。在巴基斯坦，两种黑蚁——孔氏弓背蚁和侧扁弓背蚁是波特瓦尔高原上穿山甲的主要食物，另有一种是白蚁（*Odontotermis obesus*），根据粪便分析，其所占食物的比例要小得多（Irshad et al.，2015）。平均 58%的粪便是黏土，草和木头碎片也会被摄入胃中（Irshad et al.，2015）。Hutton（1949）不仅在印度尼尔吉利斯发现了穿山甲个体胃里的黑蚁遗骸，还发现了甲虫翼鞘、蟑螂遗骸、蠕虫和植物碎屑，以及平均直径为 0.6cm 的 20 块石头。该物种在圈养中也表现出了对食物的选择性（Phillips，1928）。在印度南丹卡南动物园（Mohapatra and Panda，2014a），穿山甲食用带卵的编织蚁。在干旱地区，研究人员认为印度穿山甲在缺水情况下仍能存活一段时间（Prater，1971）。

印度穿山甲的主要天敌包括：虎（*Panthera tigris*）和花豹（*P. pardus*）（Benatar，2018；Mohapatra，2018；Ramakrishnan et al.，1999），以及古吉拉特邦吉尔国家公园中的亚洲狮（*P. leo persica*；Anon，2011），但对被捕食率知之甚少。在斯里兰卡的雅拉国家公园，观察到鳄鱼（*Crocodylus palustris*）捕食穿山甲（图 5.5；Mohapatra，2018）。懒熊（*Melursus ursinus*）也可能会捕食该物种（Mohapatra，2018）。

懒熊的食物大约有 78%由蚂蚁和白蚁组成（Bargali et al.，2004），可能是食物资源的近似和竞争使这两个物种相遇。其他潜在的捕食者包括狞猫（*Caracal caracal*）、斑鬣狗（*Crocuta crocuta*）、印度蟒（*Python molurus*）和巴基斯坦的家犬（*Canis familiaris*）（Roberts，1977；M. A. Beg，个人评论）。

图 5.5　鳄鱼是印度穿山甲的主要捕食者之一。图片来源：Charlotte Arthun。

行　为

印度穿山甲除了在交配和抚养后代时会雌雄一起行动,平时营独居生活,但对其社会结构知之甚少。通常认为其社会关系通过气味联系。众所周知,雄性会通过在领地边界喷洒尿液和排便来划定领地,并可能利用肛门腺喷洒腺液来达到这一目的。在人工饲喂环境中,雄性和雌性都在各自的领地上做标记,但这种行为在雄性身上更为常见（R. K. Mohapatra，未发表数据）。Roberts（1977）报道,11 月在巴基斯坦东南部的拉斯贝拉,一只雄性和一只雌性共用一个洞穴。

其夜间活动,白天蜷缩在洞穴里休息和睡觉（Israel et al.，1987；Prater，1971）。野生个体的活动模式尚不清楚,但在印度南丹卡南动物园,活动在 20:00～21:00 达到高峰（Mohapatra and Panda，2013）。圈养动物（*n*＝6）活动时间为 129.02min/夜±46.45min/夜,约 59%的时间在围栏内行走,14%的时间在进食（Mohapatra and Panda，2013）。同其他种类的穿山甲一样,它们的活动时间也有差异性,如 Roberts（1977）记录的,9 月在巴基斯坦旁遮普省,一只印度穿山甲在白天活动。

该物种是四足动物,主要是后肢承受体重。前后肢都是跖行性的,但是前爪向内折叠,爪子着地行走。动作缓慢,背部呈拱形,尾巴远离地面,有助于行走时保持平衡（图 5.2；Israel et al.，1987；Prater，1971）。印度穿山甲会抬起头,用后肢站立,必要时可双脚行走（Roberts，1977）,以便观察周围环境,探测气味。这有助于定位食物,发现捕食者,确定同种个体（如雌性寻找后代）和社会交往,包括寻找配偶（Israel et al.，1987；Acharjyo，2000）。印度穿山甲能够攀爬,会爬树寻找树栖食物（如 *O. smaragdina*）,它们用前肢抓住树干和树枝,并由后肢和可缠绕的尾巴支撑,作为第五个支撑点（Prater，1971）。

强有力的爪子用于挖掘休息和觅食的洞穴。在掘洞时,前脚掘松和挖出土壤,穿山甲会周期性钻出洞,清除挖出的泥土（Underwood，1945）。在穿山甲上半身从洞里退出来之前,它会快速把挖出的泥土推到身体下后侧（Roberts，1977；Underwood，1945）。

穿山甲利用敏锐的嗅觉定位食物,食物来源增加,寻嗅的频率也会增加（Underwood，1945）。穿山甲用强有力的爪子掘开蚁巢,Underwood（1945）报道,当发现大蚂蚁巢穴时,穿山甲会根据气味进行挖掘，如有需要，会侧卧或仰卧来挖掘蚁巢，它们会用后腿支撑着巢顶向上挖，以方便进食。一旦找到食物，就停止挖掘，然后开吃。进食时，舌头会迅速伸展到蚁巢或白蚁的通道中，然后收回，利用舌头上一层黏黏的唾液来黏附食物。在这个过程中，土壤、木头碎片和小石头也会被摄入。饮水主要是用舔舐的方式（Prater，1971）。

受到威胁时，印度穿山甲会迅速滚成一个球状，头朝下贴近胸部，四肢折叠，尾巴卷过头顶，只露出坚硬的鳞片。该物种在受到威胁或干扰时可能从肛门腺分泌一种有毒物质（Hutton，1949；Roberts，1977），或发出较大的嘶嘶声（Aiyapann，1942；Acharjyo，2000；Mohapatra and Panda，2014b）。在《雷普利》（Ripley，1965）中，菲利普斯（W. W. A. Phillips）讲述了这样一个故事，斯里兰卡的一位村民发现了一只穿山甲，他用木棍击打穿山甲直到它晕厥，然后把它挂在自己的脖子上想带回家食用。可穿山甲只是暂时晕厥，在路上恢复知觉后，立即在该村民的脖子上再蜷成一团，后来，该村民被发现时已经死亡，穿山甲仍然盘绕在他脖子上。

个体发育和繁殖

目前几乎没有印度穿山甲相关的繁殖生物学知识。推测雄性通过嗅觉来定位发情的雌性，在繁殖期间雄性和雌性会同居在一个洞穴（Roberts，1977）。印度穿山甲似乎没有明确的繁殖季节，至少在整个物种范围内没有。Mahmood 等（2015b）报道称，在巴基斯坦的波特瓦尔高原地区，该物种每年繁殖一次，交配发生在 7～10 月，在 1 月、4 月和 12 月观察到幼崽。Prater（1971）报道，在印度的德干高原，幼崽出生在 1～3 月，7 月在印度南部有分娩记录；7 月在斯里兰卡发现一只怀孕的雌性。印度拉贾斯坦邦记录有一只圈养的印度穿山甲在 11 月分娩（Prakash，1960），除了 5 月和 6 月，所有月份都观察到圈养穿山甲的繁殖行为（Mohapatra and Panda，2014a）。在交配过程中，雄性可能会追逐雌性，前期的相互求欢包括长时间的鼻对鼻或鼻对生殖器嗅探（Mohapatra and Panda，2014b）。雄性从后面或侧面骑乘雌性，用前肢的爪抓住雌性的身体；雌性抬起尾巴，让雄性调整它们的生殖器并开始交配；交配时两只穿山甲的尾巴通常会缠绕在一起（Mohapatra et al.，2015b）。妊娠期估计为 165～251d（Mohapatra et al.，2018）。以前提到的更短的妊娠期（65～70d）是错误的（Roberts，1977）。

分娩在居住洞中进行，通常一胎一崽，也有双胞胎的报道（Prater，1971）。在印度南丹卡南动物园，所有圈养的新生幼崽（$n=20$）都由一只年轻穿山甲生产（Mohapatra et al.，2018；Mohapatra and Panda，2014a）。穿山甲出生时体重 200～400g，体长 300～450mm（Ogilvie and Bridgwater，1967；Prater，1971）。出生时发育完好，鳞片柔软，后逐渐变硬，18 个月后达到成年鳞片的硬度（R. K. Mohapatra，未发表数据）。目前，对穿山甲产后护幼知之甚少，穿山甲母亲会照顾幼崽，危险时将其包裹在怀中来保护它（Acharjyo，2000；Mohapatra and Panda，2014a）。幼体在成长过程中会跟随母亲去觅食，它们趴在母亲的尾巴上，姿势不一（Israel et al.，1987；Roberts，1977）。幼崽在 5～8 个月大时逐渐独立（Mohapatra and Panda，2014a；Mohapatra，2016），3 岁左右达到成年体型和性成熟（R. K. Mohapatra，未发表数据）。野生穿山甲的自然寿命未知，俄克拉何马州动物园的一只印度穿山甲活到了 19 岁以上（Weigl，2005）。

种　　群

印度穿山甲的栖息地类型多种多样，对其数量影响最大的是食物的可获得性和天敌，包括人类。历史记录表明，印度穿山甲难以被观察到，密度较低（Phillips，1981；Roberts，1977）。目前关于物种数量的数据有限，但据报道，部分分布区的物种数量有所下降。在巴基斯坦的波特瓦尔高原，Irshad 等（2015）基于 2010～2013 年的活跃洞穴数量估算了 4 个地区的穿山甲密度（关于使用的方法，请参见 Willcox 等 2019 年的讨论）。据估计，2010～2012 年，4 个地区的穿山甲密度下降了约 79%（Irshad et al.，

2015），原因是穿山甲鳞片在国际贸易中的需求上升导致穿山甲被非法捕获和杀害（Mahmood et al.，2012）。2012 年估测的穿山甲密度包括：恰夸尔（Chakwal）的 0.37 只/km^2±0.12 只/km^2，杰赫勒姆（Jhelum）的 0.12 只/km^2±0.08 只/km^2，拉瓦尔品第（Rawalpindi）的 0.10 只/km^2±0.00 只/km^2，阿托克（Attock）的 0.33 只/km^2±0.24 只/km^2（Irshad et al.，2015）。利用同样的方法，Mahmood 等（2015a）估算的巴基斯坦开伯尔-普赫图赫瓦省马内斯拉（Maneshra）地区的马格拉山国家公园的平均密度为 0.36 只/km^2，巴基斯坦开伯尔-普赫图赫瓦省马内斯拉地区的平均密度为 0.00044 只/km^2（Mahmood et al.，2018）。

　　Pabasara 等（2015）利用相机拍摄记录和个体动物外形识别模型，估计斯里兰卡西南部亚吉拉拉森林保护区的穿山甲种群密度为 5.69 只/km^2（Rowcliffe et al.，2008）。基于对该地区穿山甲种群的过度利用，这个数据可能偏高。相比该物种分布范围内的其他地方，这个地区的密度值过高，这可能是由于栖息地的差异，即热带低地雨林拥有更广阔、更丰富的猎物栖息地。过度捕猎和偷猎对穿山甲种群的过度开发可能已使穿山甲在这个国家的某些地区绝迹（P. Perera，未发表数据）。目前没有印度、尼泊尔或孟加拉国的穿山甲数量信息，尽管前两个国家的保护区有关于该物种的现代记录（见分布），但还需要进一步研究，以确定包括孟加拉国在内的所有分布范围内不同国家的种群数量状况。

保 护 状 态

　　印度穿山甲被列入《世界自然保护联盟濒危物种红色名录》，为了获取它的肉和鳞片，偷猎行为明显增加，导致其种群数量急剧下降。鳞片主要是运往东亚，用于传统药物的生产（Mahmood et al.，2019）。根据《世界自然保护联盟濒危物种红色名录》的分类和标准，该物种在印度和尼泊尔被列为濒危物种（Jnawali et al.，2011），在巴基斯坦被列为易危物种（Sheikh and Molur，2005），在斯里兰卡被列为近危物种，在每个保护区内都受到法律保护。然而，致危因素仍然存在，该物种被列入《濒危野生动植物种国际贸易公约》附录Ⅰ。

致 危 因 素

　　印度穿山甲的主要威胁是过度开发，用于本地消费和国际贸易，该物种的鳞片在国际上被贩卖，主要走私到中国（Mahmood et al.，2012；见第 16 章）。对该物种范围内的捕猎进行量化很困难，在许多地方仍有捕猎活动，包括奥里萨邦、阿萨姆邦及西高止和东高止等邦（D'Cruze et al.，2018；Gubbi and Linkie，2012；Mitra，1998；Mohapatra et al.，2015a；Kanagavel et al.，2016）。其中包括部落狩猎，穿山甲肉是当地人的蛋白质来源之一，鳞片和爪子可用作玩器或入药，这是传统需求（见第 14 章；Mohapatra et al.，2015a；Sharma，2014）。在印度，狩猎的合法性因地而异（D'Cruze et al.，2018）。在巴基斯坦，鳞片作为一种珍贵药材被使用（Roberts，1977；T. Mahmood，未发表数据）。在斯里兰卡，穿山甲肉是当地猎人的美食，主要的威胁是过度捕杀（Perera et al.，2017）。在该国工作的外国劳工对穿山甲肉制品有大量需求。当地社区使用鳞片粉末作为药膏的成分来治疗牛的疾病（P. Perera，未发表数据）。

　　历史上提交 CITES 的国际贸易报告很少会涉及印度穿山甲（见第 16 章；Challender and Waterman，2017）。然而，至少从 21 世纪初开始，该物种就被走私到中国用于消费（Wu and Ma，2007）。当代穿山甲贸易主要涉及鳞片，这些鳞片来自印度、巴基斯坦、斯里兰卡，可能包括尼泊尔（Challender and Waterman，2017；Mahmood et al.，2012；Perera et al.，2017）。印度穿山甲贸易有所增加，这可能与中华穿山甲和马来穿山甲的数量下降有关（见第 4 章和第 6 章），也与老百姓对穿山甲鳞片货币价值的认识增强有关（D'Cruze et al.，2018）。查获数据表明，印度穿山甲的偷猎压力很大。数据显示，2011～2017 年，约有 1724 只印度穿山甲的鳞片在国际上被贩卖，实际涉及的动物个体数量可能更高，因为贸易并没有得到有效的控制（见第 16 章；Challender and Waterman，2017）。

次要威胁包括农业扩张和栖息地丧失，这使以前无法进入的地区变成狩猎和偷猎的场所；还有杀虫剂的使用和车祸的发生（Karawita et al.，2016；Murthy and Mishra，2010）。在斯里兰卡西南部的一些油棕榈种植园里，穿山甲被认为是有害生物，它们会在油棕榈树的根部周围挖掘，寻找食物，破坏油棕榈树（P. Perera，未发表数据）。因此，虽然该物种可以适应栖息地的改变，但也可能会无意中被伤害。

参 考 文 献

Acharjyo, L.N., 2000. Management of Indian pangolin in captivity. In: The Managing Committee (Ed.), Souvenir, 125 Years of Calcutta Zoo (1875-2000). Zoological Garden, Alipore, Calcutta, pp. 27-30.

Agrawal, V.C., Das, P.K., Chakraborty, S., Ghose, R.K., Mandal, A.K., Chakraborty, T.K., et al., 1992. Mammalia. In: Director (Ed.), State Fauna Series 3: Fauna of West Bengal, Part 1. Zoological Survey of India, Calcutta, pp. 27-169.

Aiyapann, A., 1942. Notes on the Pangolin (*Manis crassicaudata*). J. Bombay Nat. Hist. Soc. 43, 254-257.

Akrim, F., Mahmood, T., Hussain, R., Qasim, S., Zangi, I., 2017. Distribution pattern, population estimation and threats to the Indian pangolin *Manis crassicaudata* (Mammalia: Pholidota: Manidae) in and around Pir Larusa National Park, Azad Jammu and Kashmir, Pakistan. J. Threat. Taxa 9 (3), 9920-9927.

Allen, G.M., 1938. The Mammals of China and Mongolia. Natural History of Central Asia, vol. XI. Part I. The American Museum of Natural History, New York.

Anderson, J., 1878. An Account of the Zoological Results of the Two Expeditions to Western Yunnan in 1868 and 1875; and a Monograph of the Two Cetacean Genera, Platanista and Orcella. Bernard Quaritch, London.

Anon, 2011. Tenacious pangolin defies pride of lions. The Hindu: National Daily News Paper. Available from <http://www.thehindu.com/news/tenacious-pangolindefies-pride-of-lions/article2059874.ece>. [May 31, 2019].

Ashokkumar, M., Valsarajan, D., Suresh, M.A., Kaimal, A. R., Chandy, G., 2017. Stomach contents of the Indian pangolin *Manis crassicaudata* (Mammalia: Pholidota: Manidae) in Tropical Forests of Southern India. J. Threat. Taxa 9 (5), 10246-10248.

Baral, H.S., Shah, K.B., 2008. Wild Mammals of Nepal. Himalayan Nature, Kathmandu.

Bargali, H.S., Akhtar, N., Chauhan, N.P.S., 2004. Feeding ecology of sloth bears in a disturbed area in central India. Ursus 15 (2), 212-217.

Benatar, S., 2018. Not so invincible. Sanct. Asia 38 (4), 38-39.

Challender, D., Waterman, C., 2017. Implementation of CITES Decisions 17.239 b) and 17.240 on Pangolins (*Manis* spp.), CITES SC69 Doc. 57 Annex. Available from <https://cites.org/sites/default/files/eng/com/sc/69/E-SC69-57-A.pdf>. [May 31, 2019].

Choudhury, A., 2001. A Systematic Review of Mammals of North-East India With Special Reference to Non-Human Primates. D.Sc. Thesis, Guahati University, Assam, India.

CITES, 2000. Amendments to Appendices I and II of the Convention, Prop. 11.13 Transfer of *Manis crassicaudata, Manis pentadactyla, Manis javanica* from Appendix II to Appendix I. CITES, Geneva, Switzerland.

D'Cruze, N., Singh, B., Mookerjee, A., Harrington, L.A., Macdonald, D.W., 2018. A socio-economic survey of pangolin hunting in Assam, Northeast India. Nat. Conserv. 30, 83-105.

DNPWC and DoF (Department of National Parks and Wildlife Conservation and Department of Forests), 2018. Pangolin Conservation Action Plan for Nepal (2018-2022). Department of National Parks and Wildlife Conservation and Department of Forests, Kathmandu, Nepal.

Doran, G.A., Allbrook, D.B., 1973. The tongue and associated structures in two species of African pangolins, *Manis gigantea and Manis tricuspis*. J. Mammal. 54 (4), 887-899.

Fitzinger, L.J., 1872. Die naturliche familie der schuppenthiere (Manes). Sitzungsberichte der Kaiserlichen Akademie der Wissenschaften. Mathematisch-Naturwissenschaftliche Classe, CI., LXV, Abth. I, 9-83.

Frechkop, S., 1931. Notes sur les mammifères. VI. Quelques observations sur la classification des pangolins (Manidae). Bulletin du Musee royal d'Histoire naturelle de Belgique VII (22), 1-14.

Freedman, E., 2017. Indian Pangolins Spotted in Proposed Reserve. Available from: <https://www.rainforesttrust.org/indian-pangolin-spotted-proposed-reserve/>. [May 31, 2019].

Frick, F., 1968. Die Höhenstufenverteilung der Nepalesischen Säugetiere. Säugetierkundliche Mitteilungen 17, 161-173.

Gaubert, P., Antunes, A., Meng, H., Miao, L., Peigné, S., Justy, F., et al., 2018. The complete phylogeny of pangolins: scaling up resources for the molecular tracing of the most trafficked mammals on Earth. J. Hered. 109 (4), 347-359.

Gaudin, T., Emry, R., Wible, J., 2009. The phylogeny of living and extinct pangolins (Mammalia, Pholidota) and associated taxa: a morphology based analysis. J. Mammal. Evol. 16 (4), 235-305.

Goswami, R., Ganesh, T., 2014. Carnivore and herbivore densities in the immediate aftermath of ethno-political conflict: the case of Manas National Park, India. Trop. Conserv. Sci. 7 (3), 475-487.

Gotch, A.F., 1979. Mammals - Their Latin Names Explained. A Guide to Animal Classification. Blandford Press, Poole.

Grassè, P.P., 1955. Ordre des Pholidotes. In: Grassè, P.P. (Ed.), Traite de Zoologieé. vol. 17, Mammifères, Masson et Cie, Paris, pp. 1267-1284.

Gray, J.E., 1865. 4. Revision of the genera and species of entomophagous Edentata, founded on the examination of the specimens in the British Museum. Proc. Zool. Soc. Lond. 33 (1), 359-386.

Gubbi, S., Linkie, M., 2012. Wildlife hunting patterns, techniques, and profile of hunters in and around Periyar Tiger Reserve. J. Bombay Nat. Hist. Soc. 109 (3), 165-172.

Heath, M.E., 1995. *Manis crassicaudata*. Mammal. Sp. 513, 1-4.

Heath, M.E., Hammel, H.T., 1986. Body temperature and rate of O2 consumption in Chinese pangolins. Am. J. Physiol.-Regul., Integr. Comp. Physiol. 250 (3), R377-R382.

Himmatsinhji, 1984. On the presence of the pangolin *Manis crassicaudata* Gray and a fox *Vulpes* sp. in Kutch. J. Bombay Nat. Hist. Soc. 81, 686-687.

Howell, A.B., 1929. Mammals from China in the collections of the United States National Museum. Proceedings of the United States National Museum 75 (2772). Smithsonian Institution Press, Washington D.C., pp. 1-82.

Hutton, A.F., 1949. Notes on the Indian pangolin (*Manis crassicaudata*, Geoffer St. Hilaire). J. Bombay Nat. Hist. Soc. 48, 805-806.

Illiger, J.K.W., 1815. Ueberblick der Säugethiere nach ihrer Vertheilung über die Welttheile. Abhandlungen der Physikalischen Klasse der Königlich-Preussischen Akademie der Wissenschaften aus den Jahren 1815, 39-159.

Irshad, N., Mahmood, T., Hussain, R., Nadeem, M.S., 2015. Distribution, abundance and diet of the Indian pangolin (*Manis crassicaudata*). Anim. Biol. 65, 57-71.

Irshad, N., Mahmood, T., Nadeem, M.S., 2016. Morphoanatomical characteristics of Indian pangolin (*Manis crassicaudata*) from Potohar Plateau, Pakistan. Mammalia 80 (1), 103-110.

Israel, S., Sinclair, T., Grewal, B., Hoofer, H.J., 1987. Indian Wildlife. Apa Production. Hong Kong.

Jentink, F.A., 1882. Note XXV. Revision of the Manidae in the Leyden Museum. Notes from the Leyden Museum IV, 193-209.

Jiang, Z., Ma, Y., Wu, Y., Wang, Y., Zhou, K., Liu, S., et al., 2015. China's Mammal Diversity of Geographic Distribution. Science Press, Beijing. [In Chinese].

Jnawali, S.R., Baral, H.S., Lee, S., Acharya, K.P., Upadhyay, G.P., Pandey, M., et al., 2011. The Status of Nepal's Mammals: The National Red List Series. Department of National Parks and Wildlife Conservation. Kathmandu, Nepal.

Kanagavel, A., Parvathy, S., Nameer, P.O., Raghavan, R., 2016. Conservation implications of wildlife utilization by indigenous communities in the southern Western Ghats of India. J. Asia-Pacific Biodivers. 9 (3), 271-279.

Karawita, K., Perera, P., Pabasara, M., 2016. Indian pangolin (*Manis crassicaudata*) in Yagirala Forest Reserve: Ethnozoology and implications for conservation. Proceedings of the 21st International Forestry and Environment Symposium, 2016, Sri Lanka.

Karawita, H., Perera, P., Pabasara, G., Dayawansa, N., 2018. Habitat preference and den characterization of Indian Pangolin (*Manis crassicaudata*) in a tropical lowland forested landscape of Sri Lanka. PLoS One 13 (11), e0206082.

Khan, M.A.R., 1985. Mammals of Bangladesh. Nazma Reza, Dhaka.

Latafat, K., Sadhu, A., 2016. First photographic evidence of Indian pangolin *Manis crassicaudata* E. Geoffrey, 1803 in Mukundara Hills Tiger Reserve (MHTR), Rajasthan, India. J. Bombay Nat. Hist. Soc. 113, 21-22.

McNab, B.K., 1984. Physiological convergence amongst ant-eating and termite-eating mammals. J. Zool. Soc. Lond. 203 (4), 485-510.

Mahmood, T., Hussain, R., Irshad, N., Akrim, F., Nadeem, M.S., 2012. Illegal mass killing of Indian Pangolin (*Manis crassicaudata*) in Potohar Region, Pakistan. Pak. J. Zool. 44 (5), 1457-1461.

Mahmood, T., Jabeen, K., Hussain, I., Kayani, A.R., 2013. Plant species association, burrow characteristics and the diet of the Indian Pangolin, Manis crassicaudata, in the Potohar Plateau, Pakistan. Pak. J. Zool. 45 (6), 1533-1539.

Mahmood, T., Irshad, N., Hussain, R., 2014. Habitat preference and population estimates of Indian Pangolin (*Manis crassicaudata*) in District Chakwal of Potohar Plateau, Pakistan. Russ. J. Ecol. 45 (1), 70-75.

Mahmood, T., Andleeb, S., Anwar, M., Rais, M., Nadeem, M.S., Akrim, F., et al., 2015a. Distribution, abundance and vegetation analysis of the scaly anteater (*Manis crassicaudata*) in Margalla Hills National Park Islamabad, Pakistan. J. Anim. Plant Sci. 25 (5), 1311-1321.

Mahmood, T., Irshad, N., Hussain, R., Akrim, F., Hussain, I., Anwar, M., et al., 2015b. Breeding habits of the Indian pangolin (*Manis crassicaudata*) in Potohar Plateau, Pakistan. Mammalia 80 (2), 231-234.

Mahmood, T., Kanwal, K., Zaman, I.U., 2018. Records of the Indian Pangolin (Mammalia: Pholidota: Manidae: *Manis crassicaudata*) from Mansehra District, Pakistan. J. Threat. Taxa 10 (2), 11254-11261.

Mahmood, T., Challender, D., Khatiwada, A., Andleeb, S., Perera, P., Trageser, S., Ghose, A., Mohapatra, R., 2019. *Manis crassicaudata. The IUCN Red List of Threatened Species* 2019: e.T12761A123583998. Available from: <http://dx.doi.org/10.2305/IUCN.UK.2019-3.RLTS.T12761A123583998.en>.

Manakadan, R., Sivakumar, S., David, P., Murugan, B.S., 2013. The mammals of Sriharikota Island, Southern India, with insights into their status, population and distribution. J. Bombay Nat. Hist. Soc. 110 (2), 114-121.

Mishra, S., Panda, S., 2012. Distribution of Indian Pangolin *Manis crassicaudata* Gray (Pholidota, Manidae) in Orissa: a rescue prospective. Small Mammal Mail-Bi-Annu. Newsl. CCINA RISCINSA 3 (2), 51-53.

Mitchell, R.M., 1975. A checklist of Nepalese mammals. Säugetierkundliche Mitteilungen 23, 152-157.

Mitra, S., 1998. On the scales of the scaly anteater *Manis crassicaudata*. J. Bombay Nat. Hist. Soc. 95 (3), 495-498.

Mohapatra, R.K., Panda, S., 2013. Behavioural sampling techniques and activity pattern of Indian pangolins *Manis crassicaudata* (Mammalia: Manidae) in captivity. J. Threat. Taxa 5 (17), 5247-5255.

Mohapatra, R.K., Panda, S., 2014a. Husbandry, behavior and conservation breeding of Indian pangolin. Folia Zool. 63 (2), 73-80.

Mohapatra, R.K., Panda, S., 2014b. Behavioural descriptions of Indian pangolins (*Manis crassicaudata*) in captivity. Int. J. Zool. 795062.

Mohapatra, R.K., Panda, S., Acharjyo, L.N., Nair, M.V., Challender, D.W.S., 2015a. A note on the illegal trade and use of pangolin body parts in India. TRAFFIC Bull. 27 (1), 33-40.

Mohapatra, R.K., Panda, S., Nair, M.V., 2015b. On the mating behaviour of captive Indian pangolin (*Manis crassicaudata*). TAPROBANICA: J. Asian Biodivers. 7 (1), 57-59.

Mohapatra, R.K., 2016. Study on Some Biological Aspects of Indian Pangolin (*Manis crassicaudata* Gray, 1827). Ph. D. Thesis, Utkal University, Bhubaneswar, India.

Mohapatra, R.K., 2018. Rare observations of inter-specific interaction of sloth bear and leopard with Indian pangolin at Satpura Tiger Reserve, Central India. Biodivers. Int. J. 2 (4), 331-333.

Mohapatra, R.K., Panda, S., Sahu, S.K., 2018. On the gestation period of Indian pangolins (*Manis crassicaudata*) in captivity. Biodivers. Int. J. 2 (6), 559-560.

Mohr, E., 1961. Schuppentiere. Neue Brehm-Bucherei. A. Ziemsen Verlag, Wittenburg Lutherstadt.

Murthy, K.L.N., Mishra, S., 2010. A note on road killing of Indian pangolin *Manis crassicaudata* Gray at Kambalakonda Wildlife Sanctuary of Eastern Ghat Ranges. Small Mammal Mail - Bi-Annu. Newsl. CCINSA RISCINSA 2 (2), 8-10.

Ogilvie, P.W., Bridgwater, D.D., 1967. Notes on the breeding of an Indian pangolin *Manis crassicaudata*. Int. Zoo Yearbook 7 (1), 116-118.

Pabasara, M.G.T., Perera, P.K.P., Dayawansa, N.P., 2015. Preliminary Investigation of the Habitat Selection of Indian Pangolin (Manis crassicaudata) in a Tropical lowland Forest in South-West Sri Lanka. Proc. Int. For. Environ. Symp. 20, 4.

Perera, P.K.P., Karawita, K.V.D.H.R., Pabasara, M.G.T., 2017. Pangolins (*Manis crassicaudata*) in Sri Lanka: a review of current knowledge, threats and research priorities. J. Trop. For. Environ. 7 (1), 1-14.

Perera, P.K.P., Karawita, K.V.D.H.R., 2019. An update of distribution, habitats and conservation status of the Indian pangolin (*Manis crassicaudata*) in Sri Lanka. Glob. Ecol. Conserv. 21, e00799.

Phillips, W.W.A., 1928. A note on the habits of the Indian pangolin (Manis crassicaudata). Spoila Zeylan 14, 333.

Phillips, W.W.A., 1981. Manual of the Mammals of Sri Lanka. Wildlife and Nature Protection Society of Sri Lanka, Colombo.

Pocock, R.I., 1924. The external characters of the pangolins (Manidae). Proc. Zool. Soc. Lond. 94 (3), 707-723.

Prakash, I., 1960. Breeding of mammals in Rajasthan desert, India. J. Mammal. 41 (3), 386-389.

Prater, S.H., 1971. The Book of Indian Animals, third ed. Bombay Natural History Society, Bombay.

Ramakrishnan, U., Coss, R.G., Pelkey, N.W., 1999. Tiger decline caused by the reduction of large ungulate prey: evidence from a study of leopard diets in southern India. Biol. Conserv. 89 (2), 113-120.

Ripley, S.D., 1965. The Land and Wildlife of Tropical Asia. Life Nature Library Series. Time-Life International, Nederland.

Roberts, T.J., 1977. The Mammals of Pakistan. Ernest Benn Ltd, London.

Rowcliffe, J.M., Field, J., Turvey, S.T., Carbone, C., 2008. Estimating animal density using camera traps without the need for individual recognition. J. Appl. Ecol. 45 (4), 1228-1236.

Saxena, R., 1985. Instance of an Indian pangolin (*Manis crassicaudata*, Gray) digging into a house. J. Bombay Nat. Hist. Soc. 83, 660.

Sharma, S.K., 2002. Abnormal weight and length of the Indian pangolin *Manis crassicaudata* Gray, 1827, from Sirohi District, Rajasthan. J. Bombay Nat. Hist. Soc. 99 (1), 103-104.

Sharma, B.K., 2014. Pangolins in trouble. Sanct. Asia XXXIV 3, 38-41.

Sheikh, K.M., Molur, S. (Eds.), 2005. Status and Red List of Pakistan's Mammals based on the Pakistan Mammal Conservation Assessment and Management Plan Workshop 18-22 August 2003. IUCN, Islamabad.

Smith, A.T., Xie, Y., 2013. Mammals of China. Princeton University Press, Princeton.

Srinivasulu, C., Srinivasulu, B., 2012. South Asian Mammals: Their Diversity, Distribution, and Status. Springer, New York.

Sundevall, C.J., 1842. Om slägtet Sorex, med några nya arters beskrifning. Kungliga Vetenskapsakademien, Stockholm.

Suwal, R., Verheugt, Y.J.M., 1995. Enumeration of Mammals of Nepal. Biodiversity Profiles Project Publication No. 6. Department of National Parks and Wildlife Conservation, Ministry of Forest and Soil Conservation. Nepal.

Tikader, B.K., 1983. Threatened Animals of India. Zoological Survey of India, Calcutta.

Trageser, S.J., Ghose, A., Faisal, M., Mro, P., Mro, P., Rahman, S.C., 2017. Pangolin distribution and conservation status in

Bangladesh. PLoS One 12 (4), e0175450.

Ullmann, T., Veríssimo, D., Challender, D.W.S., 2019. Evaluating the application of scale frequency to estimate the size of pangolin scale seizures. Glob. Ecol. Conserv. 20, e00776.

Underwood, G., 1945. Note on the Indian pangolin (*Manis crassicaudata*). J. Bombay Nat. Hist. Soc. 45, 605-607.

Weigl, R., 2005. Longevity of Mammals in Captivity: From the Living Collections of the World. Kleine Senckenberg-Reihe 48, Stuttgart.

Willcox, D., Nash, H., Trageser, S., Kim, H.J., Hywood, L., Connelly, E., et al., 2019. Evaluating methods for detecting and monitoring pangolin (Pholidota: Manidae) populations. Glob. Ecol. Conserv. 17, e00539.

Wu, S.B., Ma, G.Z., 2007. The status and conservation of pangolins in China. TRAFFIC East Asia Newsl. 4, 1-5. [In Chinese].

第6章　马来穿山甲 *Manis javanica* (Desmarest，1822)

鞠连冲[1, 2]，埃利沙·潘姜[2, 3, 4]，丹尼尔·威尔科特斯[2, 5]，海伦·C.纳斯[2, 6]，戈诺·塞米亚迪[2, 7]，维森·宋德赛[2, 8]，诺曼·T-L.利姆[2, 9]，路易丝·弗莱彻[2]，阿德·库尔尼亚万[2, 10]，沙韦斯·奇玛[2, 11]

1．马来西亚登嘉楼大学科学与海洋环境学院热带生物多样性与可持续发展研究所，马来西亚吉隆坡
2．摄政公园伦敦动物学会，世界自然保护联盟物种生存委员会穿山甲专家组，英国伦敦
3．英国卡迪夫大学卡迪夫生物科学学院生物与环境部，英国卡迪夫
4．沙巴野生动物部丹瑙吉朗野外中心，马来西亚哥打基纳巴卢
5．菊芳国家公园拯救越南野生动物组织，越南宁平
6．新加坡国立大学生物科学系，新加坡
7．印度尼西亚科学院生物研究中心芝比依科学中心，印度尼西亚茂物
8．诺丁汉特伦特大学，英国诺丁汉
9．新加坡南洋理工大学国家教育学院，新加坡
10．新加坡野生动物保护组织，新加坡
11．加里曼丹岛野生动物园，马来西亚哥打基纳巴卢

分　　类

　　目前，根据形态学（Gaudin et al.，2009）与遗传学（Gaubert et al.，2018；Hassanim et al.，2015）的证据，马来穿山甲被归为 *Manis* 属。以前曾被归为 *Paramanis* 属（Pocock，1924）、*Paramanis* 亚属（Ellerman and Morrison-Scott，1966）或 *Pholidotus* 属（Fitzinger，1872；Gray 1865）。

　　同物异名：*Manis leptura* (Blyth，1842)、*Manis aspera* (Sundevall，1842)、*Manis leucura* (Blyth，1847)、*Manis guy* (Focillon，1850)、*Manis sumatrensis* (Ludeking，1862)、*Pholidotus malaccensis* 和 *Pholidotus labuanensis* (Fitzinger，1872)。模式标本来自印度尼西亚的爪哇岛（Desmarest，1822）。

　　分布于菲律宾的穿山甲种群之前被归于马来穿山甲。Feiler（1998）及后来的 Gaubert 和 Antunes（2005）的形态学研究支持将菲律宾穿山甲种群列为一个独立的种，即菲律宾穿山甲。该分类基于 6 个分离的形态学特征，如背侧横向鳞片的总行数，颈部、肩胛部以及肩胛后段鳞片的大小，鼻骨和颅骨总长之比，体全长与尾长之比，颚骨后端长度，颧弓延伸度等。遗传学证据表明，菲律宾穿山甲早在 80万～50 万年前就已从马来穿山甲种分化出来（Gaubert and Antunes，2005）。

　　利用全基因组标记进行研究，发现马来穿山甲的种群差异很大。加里曼丹岛、爪哇岛、新加坡及苏门答腊岛各地区的穿山甲均已高度分化成亚种（见第2章；Nash et al.，2018）。由于该物种分布较为广泛，单从整体分布不能全面了解其种群多样性。只有从遗传学与形态学等多方面开展研究，才能对该物种进行更科学的分类。

　　词源：*Manis*（见第 4 章）；*javanica* 一词指的是印度尼西亚的爪哇岛。

性　状

马来穿山甲是一种中等体型的哺乳动物，体重为 4～7kg，体全长可达 140cm（表 6.1），也有较大个体的观察记录。Sulaiman 等（2017）记录到了一只体重高达 13.5kg 的成年雄性个体。此外，马来西亚的一些偷猎者有捕捉到体重高达 21kg 的成年个体。目前发现并记录的该物种平均体重 4.96kg（样本数＝20 857；表 6.1；Pantel and Anak，2010）。头体长可达 79cm，尾长可达 72cm，尾长与体全长比均大于 0.42（Heath，1992）。体重与体长呈正相关（Sulaiman et al.，2017；Yang et al.，2010）。该物种具有性二态，雄性相比雌性拥有较大体型和体重，这可能与雄性个体的领地行为有关（见行为；Lim，2007；Sulaiman et al.，2017）。

表 6.1　马来穿山甲形态特征

	测量指标		国家和地区	文献来源
体重	体重（♂）/kg	5.09（2.8～9.1），n＝21		Save Vietnam's Wildlife，未发表数据（越南野生动物救护记录）
	体重（♀）/kg	4.5（2.9～6.3），n＝21		Save Vietnam's Wildlife，未发表数据（越南野生动物救护记录）
	性别未确定	4.96（<1～21）kg，n＝20 857	马来西亚沙巴	Pantel and Anak，2010
体长	头尾长（♂）/mm	1019（370～1375），n＝15	马来西亚	Sulaiman et al.，2017
	头尾长（♀）/mm	897（320～1400），n＝16	马来西亚	Sulaiman et al.，2017
	头体长（♂）/mm	524（253～790），n＝15	马来西亚	Sulaiman et al.，2017
	头体长（♀）/mm	473（170～680），n＝16	马来西亚	Sulaiman et al.，2017
	尾长（♂）/mm	495（110～680），n＝15	马来西亚	Sulaiman et al.，2017
	尾长（♀）/mm	422（150～720），n＝16	马来西亚	Sulaiman et al.，2017
脊椎	脊椎总数	61		Frechkop，1931；Jentink，1882
	颈椎	7		Jentink，1882
	胸椎	15		Jentink，1882
	腰椎	5～6		Jentink，1882；Mohr，1961
	骶椎	3～4		Jentink，1882；Mohr，1961
	尾椎	29～30		Jentink，1882；Mohr，1961
头骨	长度/mm	60～100		Gaubert，2011
	颧骨突宽度	未测量		
鳞片	鳞片总数	873（817～952），n＝12	印度尼西亚、马来西亚、新加坡、泰国	Ullmann et al.，2019；D. Challender and C. Shepherd，未发表数据
	鳞片行数（横向，体）	15～19		Gaubert and Antunes，2005；Frechkop，1931；Jentink，1882
	鳞片行数（纵向，体）	15～21		Frechkop，1931；Jentink，1882
	尾边缘鳞片数	20～30		Frechkop，1931；Jentink，1882
	尾中间行鳞片数	20～30		Frechkop，1931；Jentink，1882
	鳞片（湿）占体重比例/%	12.3，n＝1		D. Challender and C. Shepherd，未发表数据
	鳞片（干）占体重比例/%	10.9，n＝1		D. Challender and C. Shepherd，未发表数据

马来穿山甲的鳞片质地坚硬、相互重叠、角质化（图 6.1），末端边缘较锋利。身体呈流线型，背侧、腹侧、四肢躯干外缘及尾部覆盖鳞片。下颚和咽喉、胸部、腹部至肛门末端及四肢内侧均无鳞片覆盖（Jentink，1882）。头顶部的鳞片较小，一直延伸至鼻末端；面颊两侧无鳞片（Pocock，1924）。

身体鳞片横向 15～19 排，纵向 15～21 列（Frechkop，1931；Jentink，1882）。背上鳞片和肩胛部第一排鳞片整体大小相同。从尾根至尾尖及尾部两侧，有 20～30 排鳞片（Frechkop，1931；Jentink，1882）。尾部的鳞片呈风筝状折叠在背部和腹部表面。

图 6.1　马来穿山甲是半树栖动物，擅长爬树。图中可以明显地看到马来穿山甲背部和腹部两侧及四肢外侧的鳞片。图片来自：David Tan。

　　马来穿山甲的鳞片从鼻镜上缘沿身体长轴至尾尖呈流线型排列。鳞片有条纹，中间位置有一道龙骨状突起，要仔细观察才能看到（图 6.1；Jentink，1882；Pocock，1924）。马来穿山甲的尾巴强壮有力，可以盘卷抓握物体（Pocock，1924）。鳞片的颜色呈浅棕色、深灰色及深褐色。全身鳞片颜色分布不均匀。一些个体的背部和尾部鳞片呈黄白色或半透明样（图 6.1）。鳞片下长有一定数量的刚毛，这些刚毛的颜色呈灰白色、棕色甚至黑色（Hafiz and Chong，2016）。马来穿山甲头部较短小，口吻狭长呈明显的圆锥状（Pocock，1924）。头部狭长的结构与其采食蚂蚁的生活习性密不可分（见第 1 章）。面颊部多呈灰色或灰粉色，少部分呈蓝灰色。胸部及腹部的皮肤颜色差异不大，覆盖有颜色较浅的短毛。鼻尖呈粉棕色。眼睛较小，虹膜呈黑棕色。较厚的眼睑皮肤可以在采食蚂蚁时提供保护。马来穿山甲有明显的耳郭结构，外耳道的边缘由退化的皮肤棘突构成（图 6.1；Pocock，1924）。

　　Tarmizi 和 Sipangkul（2019）发现，雄性马来穿山甲颈下有内分泌腺体，挤压可流出白色乳状液体，发出特殊气味。他们推断雄性个体到达一定年龄或体重时，会分泌这种液体。目前没有学者对此现象或分泌的这种物质功能给出科学解释。马来穿山甲的下颌骨较为狭长，口腔空间狭小，没有牙齿，舌体较长。像其他穿山甲一样，马来穿山甲的舌体不是附着于舌骨上，而是附着于剑状软骨的末端。剑状软骨呈明显的鱼尾状或汤匙状。Chan（1995）将可伸缩的舌体划分为三个部分：非突出部分，由剑状软骨至胸前部；舌体管状部分，由大部分舌体构成，延伸至口腔；游离部分，表面附有黏膜层，起始于舌管基部，通过舌管腔进入口腔。马来穿山甲的舌头可伸出 25cm，以捕捉或舔食猎物（Nowak，1999）。被吞食的猎物经口腔、食管到达胃部。在幽门部通过幽门环状肌碾磨消化。幽门部内壁被角质化的复层鳞状上皮覆盖，这在食物研磨的过程中为黏膜层提供保护（Nisa et al.，2010）。马来穿山甲同中华穿山甲一样，胃内壁有角质棘，用于辅助食物的研磨和消化（Nisa et al.，2010；见 Lin et al.，2015）。肾脏有高度活跃和发达的近曲小管，与其唾液分泌有关（Pongchairerk et al.，2008）。马来穿山甲前后肢均有五趾，掌部肉垫均有颗粒网状纹路。前肢颗粒纹路不明显。马来穿山甲的前肢趾末有爪，中间位置爪较大，其中以第三爪最粗大，第二爪和第四爪大小差不多，比第三爪小。第一爪和第五爪退化，无明显功能性作用（Pocock，1924）。后肢趾骨和前肢趾骨长度接近，五爪长度也相似（Jentink，1882）。肛周区有成对大肛门腺。雄性的阴茎和雌性的外阴均在肛门前缘（Pocock，1924）。雌性个体有两个胸位乳房。正常的体温位于 33～35℃（Nguyen et al.，2014）。代谢率为 262ml O_2/(kg·h)（McNab，1984）。

　　马来穿山甲容易与菲律宾穿山甲和中华穿山甲混淆。第 7 章将对马来穿山甲和菲律宾穿山甲进行种间差异的划分与比较。第 4 章已对马来穿山甲和中华穿山甲进行了比较。马来穿山甲较中华穿山甲体型纤细，尾巴长，耳郭小，前肢的爪子明显比中华穿山甲小和短。中华穿山甲的横向鳞甲排数（14～18排）比马来穿山甲少，尾部边缘鳞甲数（14～20 排）即使有些重叠也比马来穿山甲的少。

分　布

马来穿山甲在菲律宾外主要分布于亚洲东南部（图 6.2；Corbet and Hill，1992）。在东南亚北部和西部的分布没有明显的界线划分。在缅甸，马来穿山甲主要分布在中部和南部，有 2014～2015 年克伦邦（Moo et al.，2017）和 2014～2016 年德林达依省（Aung et al.，2017）的记录。有学者根据中国科学院昆明动物研究所保存的标本，推断马来穿山甲可能在中国西南部的云南省有分布，但由于这些标本的来源不确定，因此在中国的分布还未确定。有学者（例如，Khan，1985）认为马来穿山甲在孟加拉国也有分布，但目前没有在该地区观察到马来穿山甲踪迹的记录（见 Trageser et al.，2017）。

在泰国，马来穿山甲主要分布在西部、南部和东南部（Lekagul and McNeely，1988）。2000 年至今许多当地的自然保护区或国家森林公园观测到野生马来穿山甲，如 Khao Ang Ru Nai 野生动物自然保护区（Jenks et al.，2012）、考亚（Khao Yai）野生动物自然保护区、康卡沾（Kaeng Krachan）国家森林公园、纳柯运河（Khlong Nakha）野生动物自然保护区、北碧府（Kanchanaburi Province）东南和西部森林公园（the southeastern western forest complex，sWEFCOM）（ZSL，2017）以及南部较远的 Hala-Bala 野生动物自然保护区等（Kitamura et al.，2010）。马来穿山甲曾出现在周围的岛屿上，如 Ko Ra 和攀牙湾内的岛屿上，但都很少有记录被证实。在老挝，马来穿山甲广泛分布在除北部和东北部的其他地区，近年来少有观察记录。Duckworth 等（1999）在南卡丁（Nam Kading）国家生态自然保护区观察到马来穿山甲。2010 年初，有人在纳凯-南屯（Nakai-Nam）国家生态自然保护区通过野外红外相机监测到该物种的踪迹（Coudrat，2017）。马来穿山甲在柬埔寨各地包括沿海地区均有分布（Desai and Lic，1996；McCann and Pawlowski，2017；Suzuki et al.，2017；Gray et al.，2017a；Thaung et al.，2017）。在越南，马来穿山甲主要分布在中部和南部（Newton et al.，2008），从义安省远至南方的金瓯省（U Minh Ha 国家公园；Willcox et al.，2017），以及崑嵩省、西宁省、广南省（Bourret，1942）、河静省（Timmins and Cuong，1999）、广平省（Le et al.，1997a）和多乐省（Le et al.，1997b）等均有分布。

马来穿山甲主要分布在马来西亚半岛和马来西亚加里曼丹岛。马来西亚半岛各地都有分布（Azhar et al.，2013；Chong et al.，2016；Ickes and Thomas，2003；Numata et al.，2005）。沙巴州（Sabah）和沙捞越州（Sarawak）两个地区都有马来穿山甲新的观测记录，如丹浓谷（Danum Valley）、西必洛-卡比利（Sepilok-Kabili）森林保护区、Lower Kinabatangan 自然保护区。此外，周边的岛屿，如加雅岛（Gaya Island）和纳闽岛（Labuan）也有马来穿山甲的观测记录（E. Panjang，未发表数据）。2000 年至今，沙捞越州（Sarawak）的 Lanjak Entimau 野生动物保护区通过野外红外相机监测到马来穿山甲的踪迹（Mohd-Azlan and Engkamat，2013），2015 年在库巴（Kubah）国家自然公园（Mohd-Azlan et al.，2018）、2017 年在 Mt. Penrissen 地区（Kaicheen and Mohd-Azlan，2018）均有观测记录。

马来穿山甲在新加坡各地均有分布（详见第 26 章），包括附近的岛屿，如德光岛（Pulau Tekong）和乌敏岛（Pulau Ubin；Lim and Ng，2008a）。据了解，在文莱达鲁萨兰国（Brunei Darussalam）分布较少，但有记录表明，在文莱麻拉（Brunei Muara）、白拉奕（Kuala Belait）、淡布隆（Temburong）以及都东（Tutong）4 个地区均有分布（Fletcher，2016；S. Cheema，未发表数据）。

在印度尼西亚，马来穿山甲分布广泛，加里曼丹岛、苏门答腊岛、爪哇岛、基乌岛和林加群岛、邦加岛和勿里洞岛、尼亚斯岛和帕吉岛、巴厘岛和附近岛屿均有分布（Corbet and Hill，1992）。Lyon（1909）曾经在布兰岛北部的廖内群岛上监测到马来穿山甲的活动踪迹。在 2018 年，有人在民丹岛周边的 Poto 岛监测到马来穿山甲（H.C. Nash，个人观察）。此外，在加里曼丹岛西北海岸外的纳土纳群岛上也有监测记录（Phillips and Phillips，2018）。

栖　息　地

马来穿山甲适应多种生存环境，包括原始森林、热带雨林、湿地森林、常绿灌木林、草地、森林公园、人工景观园林（如油棕和橡胶种植园）和城郊等（Azhar et al.，2013；Ketol et al.，2009；Lim and Ng，2008a；Payne et al.，1985；Wearn，2015）。其选择生境没有明显的偏好。在老挝，Duckworth 等（1999）发现马来穿山甲主要分布于海拔 600m 以下的山谷和山脉中。在东南亚，马来穿山甲几乎不会栖息在海拔超过 1000m 的地区。但 Payne 和 Francis（2007）在沙巴州基纳巴卢山海拔 1700m 的地方监测到了马来穿山甲。Kaicheen 和 Mohd-Azlan（2018）在沙捞越州 Mt. Penrissen 地区海拔 1200m 以上的地方也有监测发现。记录表明，马来穿山甲在食物充足、天敌和人工干预较小的条件下，可以在人工景观园林或人工种植园（如油棕种植园）进行繁衍生存。Khwaja 等（2019）对保护区进行初步监测，发现马来穿山甲较多生存在保护区外，而非保护区内。这需要进行系统的生态监测和研究（Davies and Payne，1982）。加大监测力度能更好地监测马来穿山甲，确定生境改变对马来穿山甲长期居住和种群繁衍的影响程度。新加坡一些种植园记录了上述现象（见第 26 章）。马来穿山甲能很好地适应湿地与河流生态系统。越南有记录表明，在季节性淹没的 U Minh 湿地的芦苇丛和白千层树林中观测到马来穿山甲个体（Willcox et al.，2017）。沙巴州 Kinabatangan 河边 100m 处曾观测到马来穿山甲（E. Panjang，未发表数据）。Khwaja 等（2019）的记录表明，随着河边人口数量增加，马来穿山甲栖息地与河流的距离变远。由于马来穿山甲逐渐远离原始自然生境，多数难以忍受冬季暴露在相对寒冷的地区，因而种群数量骤减[Hua et al.，2015；拯救越南野生动物组织（SVW），未发表数据]。

生　态　学

目前人们对于马来穿山甲的生态学和行为学了解较少。大多数研究以新加坡的研究报告为基础。马来穿山甲是半树栖动物，有一定的领地范围。Lim（2007）在新加坡的 Tekong 岛利用全群定位装置监测了岛上 54 只成年雄性穿山甲，发现其领地面积平均 1hm²，全群领地范围在 8.2～76.6hm²。Lim 还监测了岛上一只雌性个体，初步估算其活动领地面积为 7hm²。这个数据存在争议，因为该雌性个体还在哺乳期，带有幼崽。Lim 通过进一步观察发现，两只雄性个体会因领地相互进行争斗，表明该物种领地意识较强。

马来穿山甲可以利用多种场所搭建栖息洞穴，包括正在生长或枯烂的树洞、新挖或现有的洞穴，以及高草（如白茅）和人工棕榈种植园（图 6.2A～C，Lim and Ng，2008a；E. Panjang，未发表数据）。马来穿山甲利用这些场所改建的洞穴可能有多个入口，在新加坡，Lim 和 Ng（2008a）测量的马来穿山甲居住的树洞洞口直径为 13～24cm。在新加坡也发现，马来穿山甲会利用城市排水的大型管道作为洞穴（SVW，未发表数据）。在新加坡，Lim（2007）的记录表明，调查的 54 只成年雄性个体只会连续在一个洞穴居住 1～2d，而年轻雌性个体在洞穴中居住的时间较长一些（繁殖期和育幼期明显）。

马来穿山甲主要以白蚁和蚂蚁为食，对猎物具有选择性。在新加坡，通过调查 53 只成年雄性马来穿山甲的食性，发现成年雄性个体偏向于花较多时间采食蚂蚁而不是白蚁，采食蚂蚁的个体占比 67%，采食白蚁仅为 32.9%。虽然觅食的次数很多，但每次仅 2min 左右，绝大多数时间都在挖掘蚁巢（Lim，2007）。马来穿山甲常捕捉的蚂蚁有以下 11 种，分别是捷蚁属（*Anoplolepis*）、臭蚁属（*Dolichoderus*）、行军蚁属（*Dorylus*）、锯齿蚁属（*Odontomachus*）、织叶蚁属（*Oecophylla*）、臭蚁亚属（*Papyrius*）、细腰家蚁属（*Paratopula*）、立毛蚁属（*Paratrechina*）、大头蚁属（*Pheidole*）、凹头臭蚁属（*Philidris*）和多刺蚁属（*Polyrhachis*）（Lim，2007）。马来穿山甲比较喜欢捕捉多刺蚁（*Polyrhachis* spp.）和细足捷蚁（*A. gracilipes*）。监测发现，马来穿山甲也喜欢捕捉黄猄蚁（*Oecophylla smaragdina*），会消耗大量的时间和体力去挖掘巢穴和采食。Willcox 等（2017）在越南胡志明国家公园记录到马来穿山甲捕捉黄猄

图 6.2　新加坡一只雌性马来穿山甲育幼期的活动范围、活动周期及居住洞穴。（A）马来穿山甲众多的洞穴包括树洞，如在新加坡拍摄到的这个洞穴（B、C）。（B）倒下的树。（C）树底部进入洞穴的洞口，经许可转载自 Lim, N. T.-L., Ng, P. K. L., 2008a. Home range, activity cycle and natal den usage of a female Sunda pangolin *Manis javanica* (Mammalia: Pholidota) in Singapore. Endanger. Sp. Res. 4, 233–240。

蚁（*Oecophylla smaragdina*），且偏爱取食这种蚂蚁（Nguyen et al.，2014）。*Crematogaster* spp.（"心形"蚂蚁）、*Monomorium*、*Rhoptromyrmex*、*Technomyrmex* 在新加坡被禁止食用（Lim，2007），但 *Crematogaster* spp.在越南可被圈养食用（Nguyen et al.，2014）。Beebe（1919）剖检了一只马来穿山甲，发现其胃容物主要是火蚁（可能采食以该蚂蚁为主）。Harrison（1961）估计，一只穿山甲的胃中有 20 多万只蚂蚁和蛹。

　　马来穿山甲在野外会被老虎、豹和云豹等捕食（Grassman et al.，2005；Kawanishi and Sunquist，2004）。报报道，蟒蛇（Lim and Ng，2008b；Shine et al.，1998）、马来熊（*Helarctos malayanus*；Hedges and Aziz，2013）及野狗也会捕食马来穿山甲，但没有捕食次数记录。

　　马来穿山甲身上的寄生虫分为体内寄生虫和体外寄生虫，包括原虫（Else and Colley，1976）、蠕虫（如 *B. rugiamalayi*, *B. pahangi*；Laing et al.，1960）、蜱、细菌等（见第 29 章；Hafiz et al.，2012；Jammah et al.，2014；Mohapatra et al.，2016）。

行　　为

　　同其他穿山甲一样，马来穿山甲也是独居动物。唯一出现同种共居现象的是雌性育幼社会关系发生时（Lim and Ng，2008a）。这种关系仅仅维持到幼崽可以独立生存。马来穿山甲通过气味进行标识辨别和社会交流，可通过尿液和肛门腺分泌物了解对方的性别和健康状况。

马来穿山甲主要在夜间活动，白天常在树洞或洞穴中睡觉。在新加坡，Lim（2007）监测到 4 只成年雄性马来穿山甲平均每日活动时间为 165min±14min，监测的一只年轻雌性马来穿山甲平均每日活动时间为 127min±13.1min（Lim and Ng，2008a）。活动高峰期在 3:00～6:00。Lim（2007）发现，监测的这只雌性个体的活动高峰期集中在 8:00～18:00，这可能与随着幼崽接近断奶年龄，雌性个体的活动增加有关。因此也对其夜间活动进行了监测记录。Challender 等（2012）监测的 7 只个体的活动高峰是在 18:00～21:00，17:00～5:00 则是间歇性活动。Nguyen 等（2014）在冬季监测的个体集中在 17:00 从洞穴出来活动，夏天则是在 18:00～19:00，这可能与太阳光照周期有关。

马来穿山甲行走时四足并用，背部拱起，头和尾巴保持在身体水平线以下，整体类似驼峰。行走时，收起前爪，用掌背部着地支撑身体（van Strien，1983）。觅食时会间断停歇，可能会四肢同时着地，也可能会收起前肢，后肢支撑站立。伸头利用鼻子向不同方向嗅探，通过气味来寻找食物和发现同类及天敌。作为半树栖动物，马来穿山甲具有极强的攀爬能力，通过强有力的四肢和粗壮的长尾进行攀爬。爬较粗的树干时，马来穿山甲会同时移动前肢或后肢，并用强有力的爪子抓握树干（图 6.1），用尾巴支撑身体。爬到树冠时，马来穿山甲利用尾巴缠绕树枝进行自由移动。马来穿山甲可以利用尾巴抓握树干，支撑身体在树干上上下攀爬，有时会用尾巴倒挂于树枝。Challender 等（2012）在越南通过监测 7 只马来穿山甲的活动规律发现：一些个体超过 70%的活动时间用于采食和行走（行走或攀爬），最长活动时间占比达 43.5%±6.5%。而 40.7%±3.9%的时间用于采食、行走和攀爬。

马来穿山甲用敏锐的嗅觉在地面和树木的树冠中大范围寻找蚁巢，确定蚁巢的位置后，利用强壮的前肢挖掘蚁巢，把沾有唾液的舌头伸进蚁巢采食蚂蚁（图 6.3）。Lim（2007）指出，马来穿山甲挖掘蚁巢时，监测仪器传来的信号是嘈杂的，可以通过回传的信号在森林中找到监测的个体。

图 6.3　在马来西亚沙巴州，一只马来穿山甲在腐烂树干中寻找食物。
图片来源：Shavez Cheema。

马来穿山甲十分擅长游泳，E. Panjang 曾经拍摄到马来穿山甲横渡河流的影像（图 6.4），在新加坡观测到（H.C. Nash，个人观察），马来穿山甲在注满水的下水道和运河中游泳，在海里从一个岛游到另一个岛（S. Cheema，未发表数据）。当环境温度高于 30℃时，圈养的种群会进入水池中进行降温、游泳，冬天不会到水池中游泳。它会从树冠上滑下水池，Nguyen 等（2014）在越南发现，有只马来穿山甲经常从两米高的树冠上掉落水池，并在水池中排便。

图6.4　穿山甲善于游泳，马来西亚沙巴州的这只马来穿山甲，通过监测发现它可以在海中的岛屿间游动。
图片来源：Shavez Cheema。

马来穿山甲遇到危险时会将身体蜷缩在一起，体表上的鳞片可以起到很好的保护作用。马来穿山甲已经适应了捕食蚂蚁的方式和食性，厚厚的鳞片可以在其捕食蚂蚁时提供一定的防御（见 Stankowich and Campbell，2016）。根据面临的危险程度高低，马来穿山甲会选择躲到树上，或者将身体蜷缩成球状而自卫。当马来穿山甲将身体蜷缩成球状时，尾巴末端无鳞的角质垫会紧紧贴合在肩胛后端的鳞片上，外力很难迫使它伸展开身体（Lekagul and McNeely，1988）。

马来穿山甲会发出声音，但仅限于"嘶嘶"或"呼呼"喘息的声音，目前不认为这种声音在社交中起作用。

个体发育和繁殖

马来穿山甲每年都可能繁殖（Lim and Ng，2008a；Nguyen et al.，2014），圈养的种群每年繁殖有季节性（Zhang et al.，2015）。北部地区冬季较冷，蚂蚁活动较少，繁殖可能有季节性。目前对交配行为了解较少，推测雄性个体通过气味发现发情的雌性个体。人工圈养的条件下，雌雄个体繁殖会发生多次交配（Zhang et al.，2015）。观察发现，马来穿山甲的妊娠期为168～188d（大约6个月；Nguyen et al.，2014；Zhang et al.，2015）。马来穿山甲一胎通常只产一只幼崽，有报道一胎产两只幼崽的情况非常罕见（见第28章）。人工圈养的马来穿山甲，分娩前会十分焦躁，分娩时面朝墙角，采取排便的姿势，利用后肢和尾巴支撑身体，前肢离地，随着腹部肌肉阵缩，头部规律性向腹部低头贴近。分娩持续时间长达145～270min。监测的4只雌性穿山甲发现，分娩时间平均为209min，分娩后雌性个体体重减轻110～140g（Nguyen et al.，2014；Zhang et al.，2015；A. Kurniawan，未发表数据）。

马来穿山甲的哺乳期通常持续3～4个月（Lim and Ng，2008a；Nguyen et al.，2014）。新加坡有记录表明，一只年轻的雌性个体在哺乳期间使用了三个洞穴，包括直径50cm的树洞（图6.2A～C）。这表明，森林生境对马来穿山甲繁殖很重要（Lim and Ng，2008a）。雌性个体外出觅食时会暂时离开幼崽，幼崽出生30日左右慢慢尝试接触洞穴周围的环境（Lim and Ng，2008a）。出生第二个月到第三个月会和母兽一起出去觅食，有时会爬卧在母兽的尾巴上（图6.5）。人工圈养观察发现：年龄2～3个月的幼崽可以离开母兽，独自觅食（Nguyen et al.，2014）。人工圈养期间，观察到母兽会拒绝哺乳幼崽并进行攻击性驱赶，证实马来穿山甲的哺乳期大概3～4个月。但对于马来穿山甲何时达到性成熟了解较少。

通过测量 3 只幼崽体重，以平均 10.44g/d 的增长速度进行推算，预计马来穿山甲第一年的体重就可以达到 3～5kg（Zhang et al.，2015）。具体的增长速度还要做深入研究。雄性个体在 1.5 岁左右可达到性成熟，因为人工圈养条件下的雄性个体在这个时期采集到了成熟的精子，此时，这些雄性个体的体重达到 4.6kg 左右。雌性个体 1 岁时性成熟，人工圈养的条件下，雌性个体可在 6～7 个月时交配并怀孕，此时，雌性个体的体重约为 1.75kg。人工圈养个体的繁殖行为和参数与野外种群可能不同。穿山甲的年龄划分较为困难，Lim（2007）和 Yang 等（2010）认为，体重小于 3kg 为亚成体，体重大于 3kg 为成年穿山甲，但也需要参考鳞片和爪子的磨损程度进行划分。Yang 等（2010）认为，体重在 1.5～3kg 的个体为亚成体，但具体年龄划分还需要对马来穿山甲种群进行更多调查研究，目前了解不够。

图 6.5　在越南拍摄到的雌性马来穿山甲，雄性幼崽即将到断乳年龄。图片来源：Daniel W.S. Challender/Save Vietnam's Wildlife（拯救越南野生动物组织）。

种　群

很多地方没有关于马来穿山甲具体种群数量的记录，但确有证据表明马来穿山甲数量在减少。也有例外，新加坡 2019 年对境内的马来穿山甲进行了种群数量统计，显示种群数量约 1046 只（见第 26 章）。影响马来穿山甲种群数量增长的主要因素与食物的丰富度、食物获取的数量和难易程度有很大关系。此外，大型（直径 50cm）树木和其他可利用的洞穴结构、雌性繁殖育幼的栖息地、蚂蚁捕食率和食用量也有一定影响（Lim and Ng，2008a）。

缅甸没有新的马来穿山甲记录，由于农田开垦和盗猎，缅甸低纬度地区已观察不到其踪迹（Challender et al.，2019）。执法部门查获的记录表明，缅甸到中国的非法走私与马来穿山甲种群数量减少具有一定的关联。泰国低纬度地区也观测不到马来穿山甲的踪迹，有专家认为，该地区马来穿山甲已灭绝。虽然偶尔可以通过多个观测点的监测设备观测到它们的踪迹（在分布部分我们已提及），但是在野外很难遇到。ZSL（2017）在 Khlong Nahka 野生动物保护区及东南和西部森林公园（sWEFCOM）记录的发现率小于 10%，Kitamura 等（2010）在 HalaBala 野生动物保护区监测了三年，11 106 个相机监测的日数据结果仅发现 5 次马来穿山甲的踪迹。记录表明，东南亚北部地区很难监测到马来穿山甲野外活动的踪迹。在东南亚，该物种的数量大幅度减少，尤其是越南和老挝。老挝 13 个地区革新开放中对自然资源的过度开发，使得马来穿山甲从 20 世纪 60 年代至 90 年代种群数量下降了 99%（Duckworth et al.，1999；见 Nooren and Claridge，2001）。在越南，同样大规模的自然开发也导致马来穿山甲濒临灭绝。当地猎人报道，20 世纪 90 年代至 21 世纪这段时间，马来穿山甲数量严重下降。一些种群数量下降的证据来自越南南部（MacMillan and Nguyen，2014；Nuwer and Bell，2014）。柬埔寨马来穿山甲的数量也在减少，对当地猎人的采访表明，由于过度捕猎，马来穿山甲已经从很多保护区消失。虽然 2012 年后在很多地区都有马来穿山甲监测记录，我们在 Southern Cardamom 和 Botum Sakor 国家公园及 Peam Krasop 野生动物保护区内安装了 100 个红外相机进行全天候监测，但拍摄到的马来穿山甲影像很少，拍摄概率分别是 10%、小于 10% 及 9%（Gray et al.，2017a；Thaung et al.，2017）。

记录表明，马来西亚一些地方，马来穿山甲的数量正在下降（Davies and Payne，1982；Ickes and Thomas，2003；Payne et al.，1985）。2007 年与 2011 年对 Kelantan、Pahang 和 Terengganu 的猎人及村民进行了访问，发现由于盗猎走私，1980～1990 年马来穿山甲的种群数量急剧减少。据报道，一些地方出现了马来穿山甲功能性灭绝（见第 16 章）。沙巴州和沙捞越的马来穿山甲数量已急剧减少，还面临被捕捉的威胁，其野外活动踪迹很难被观测到。2018 年，在沙捞越的 Mt. Penrissen 地区，两年时间内，7382 台野外红外相机仅有 32 次拍摄到马来穿山甲的踪迹（Kaicheen and Mohd-Azlan，2018）。同年，Mohd-Azlan 等在 Kubah 自然公园架设了 2161 台野外红外相机，7 个月内有 2 次拍摄到马来穿山甲的踪迹。据推测，该地区马来穿山甲拍摄率在 10%。印度尼西亚少有对马来穿山甲的记录数据，但源自该国很大的非法贸易规模和数量，说明马来穿山甲在该国有一定分布但受到严重威胁，在巴厘岛已很难看到马来穿山甲了。

保 护 状 态

马来穿山甲被列入《世界自然保护联盟濒危物种红色名录》极度濒危物种（Challender et al.，2019）。由于长时间过度捕猎及资源掠夺，马来穿山甲的种群数量急剧减少甚至濒临灭绝。目前，马来西亚和新加坡已将其列为极度濒危物种，越南将其列为濒危物种。柬埔寨由于马来穿山甲种群数量稀少，该国已立法要求所属市县进行物种保护，禁止个人捕捉及商业利用。文莱达鲁萨兰国国家野生动物和林业部门已立法保护该物种。2016 年，马来穿山甲被列入 CITES（《濒危野生动植物种国际贸易公约》）附录 I，严禁当地居民猎杀、掠夺及利用该物种资源（如马来西亚）。在马来西亚吉兰丹州（Kelantan）和登嘉楼州（Terengganu），原住民通过燃烧干燥的马来穿山甲鳞片来驱赶亚洲象等其他野生动物。马来西亚加里曼丹岛的原住民会捕食马来穿山甲。沙巴州的卡塔山人（Kadazan）将穿山甲的鳞片做成铠甲保护自己不受鳄鱼攻击。彭亨州克劳（Krau）野生动物保护区附近的原住民认为，穿山甲是他们的图腾，所以他们不食用穿山甲（Hafiz and Chong，2016）。

致 危 因 素

穿山甲面临的最主要的致危因素包括偷猎、国际走私及无节制的资源掠夺和利用，这使穿山甲种群的延续遭受严重破坏。数百年来，马来穿山甲一直被原住民当作一种滋补佳品（Corlett，2007），人们认为马来穿山甲的肉及鳞片具有医疗和养生的作用（见 Anon，1999）。马来西亚部分地区当地人认为穿山甲的鳞片可以用于治疗哮喘并具有驱邪作用（Anon，1999；Hoi-Sen，1977）。在印度尼西亚，人们认为马来穿山甲的鳞片可以驱邪佑主，将马来穿山甲的鳞片系在栅栏上，可防止鹿和害虫破坏农作物（Puri，2005；见第 14 章）。人们通过使用陷阱、网、猎狗等一系列狩猎工具提高穿山甲的捕获率（Gray et al.，2017b；Newton et al.，2008）。哪怕是不以狩猎谋生或将其作为主要收入来源的业余爱好者，都会捕捉穿山甲（Pantel and Anak，2010）。穿山甲产地的需求量和全球性资源掠夺是开展穿山甲保护面临的巨大难题与挑战（Newton et al.，2008；Nijman et al.，2016；Pantel and Chin，2009）。此外，对卷入非法国际贸易的穿山甲开展救护工作十分艰难。证据表明，很多地方由于穿山甲贩卖的价格很高，如果当地的消费者不购买，盗猎者会将穿山甲转卖给走私者（MacMillan and Nguyen，2014；G. Semiadi，未发表数据）。东南亚的一些地方，走私者卖掉一只马来穿山甲的收入相当于几个月的工资（D. Challender，未发表数据）。这些都潜在刺激了穿山甲的走私。

穿山甲非法国际贸易兴起于 20 世纪初期至中期，主要包括穿山甲鳞片、皮肤，并且每年走私量可达数万只（见第 16 章）。这种情况一直延续到 20 世纪 70 年代至 90 年代。马来穿山甲是 CITES（《濒危野生动植物种国际贸易公约》）报告走私最多的物种。捕获穿山甲的地区慢慢向南部地区转移（见第 16 章）。值得注意的是，另外有些没被查处的非法国际贸易，主要涉及活体和胴体及鳞片，走私数量是 2000 年以前 CITES 报告的两倍以上（Challender et al.，2015；见第 16 章）。

CITES 规定禁止捕捉及走私穿山甲（见第 19 章），但 2000 年后非法走私行为仍然猖狂。2001～2019 年，马来穿山甲是全世界执法部门查获最多的走私物种，且走私范围涉及全球（见第 16 章）。Challender 等（2015）估计，2000～2013 年超过 20 万只马来穿山甲被走私到世界各地。其中大部分被走私到中国和越南。证据表明，马来穿山甲一直是国际非法走私的目标，特别是在东南亚的南部地区。2007～2009 年，一个走私集团从马来西亚的沙巴州非法走私超过 22 000 只马来穿山甲（Pantel and Anak，2010）。2019 年 2 月，沙巴州执法部门查获 30t 马来穿山甲及其产品，包括活体、死体及大量鳞片（Anon，2019）。该物种在其分布范围的北部地区（如缅甸；见 Nijman et al.，2016）、农业工业种植园（如橡胶和油棕种植园）及道路可达的区域出现概率增加（见 Clements et al.，2014），盗猎者和走私者很有可能把目标锁定在这些没有开展捕猎的地方。这也在一定程度上解释了为什么国际贸易上禁止走私穿山甲几十年后，仍有大量的走私者进行非法贸易。驱动穿山甲贸易走私的因素也与国际上需求增多（见第 16 章）、栖息地减少及执法不力紧密相关（Challender and Waterman，2017）。Veríssimo 和 Wan（2019）表明，保护该物种最有效的办法是控制穿山甲需求量。文莱达鲁萨兰国、新加坡和马来穿山甲分布范围内一些较小的岛屿，可能是马来穿山甲不受捕捉威胁的最后净土。

栖息地减少对马来穿山甲是一种间接性致危因素，穿山甲无处藏身，容易被盗猎者捕捉，这多数出现在采矿场、修建的水电站大坝及森林伐木作业现场。汽车撞死和野狗捕捉的情况也逐年增加。在新加坡，马来穿山甲死亡的主要原因是被汽车撞死（见第 26 章）。当下，有必要进行生态学研究，了解人工种植园（如油棕种植园）和自然栖息地中马来穿山甲的种群密度（Davies and Payne，1982），以及马来穿山甲如何利用这些栖息地生存，包括其觅食行为、洞穴分布和单一植被覆盖对其分布的影响（棕榈油约为 25 年；Woittiez et al.，2017）。

参 考 文 献

Anon, 1999. Review of Significant Trade in Animal Species included in CITES Appendix II, Detailed Review of 37 species. *Manis javanica*. World Conservation Monitoring Centre, IUCN Species Survival Commission and TRAFFIC, Cambridge, UK.

Anon, 2019. Malaysia makes record 30-tonne seizure. Available from: <https://phys.org/news/2019-02-malaysia-tonne-pangolin-seizure.html>. [July 15, 2019].

Aung, S.S., Sitwe, N.M., Frechette, J., Grindley, M., Connette, G., 2017. Surveys in southern Myanmar indicate global importance for tigers and biodiversity. Oryx 51 (1), 13.

Azhar, B., Lindenmayer, D., Wood, J., Fischer, J., Manning, A., McElhinny, C., et al., 2013. Contribution of illegal hunting, culling of pest species, road accidents and feral dogs to biodiversity loss in established oil-palm landscapes. Wildlife Res. 40 (1), 1-9.

Beebe, C.W., 1919. The Pangolin or Scaly Anteater. Zool. Soc. Bull. XVII (5), 1141-1145.

Blyth, E., 1842. The Journal of the Asiatic Society of Bengal V, XI, 444-470.

Blyth, E., 1847. Report of the Curator, Zoological Department. The Journal of the Asiatic Society of Bengal V, XVI pt. 2, 1271-1276.

Bourret, R., 1942. Les mammifères de la collection du Laboratoire de Zoologie de l'Ecole Supérieure des Sciences. Notes et Travaux de l'Ecole Supérieure, Université Indochinoise No. 1.

Challender, D.W.S., Nguyen, V.T., Jones, M., May, L., 2012. Time-budgets and activity patterns of captive Sunda pangolins (*Manis javanica*). Zoo Biol. 31 (2), 206-218.

Challender, D.W.S., Harrop, S.R., MacMillan, D.C., 2015. Understanding markets to conserve trade-threatened species in CITES. Biol. Conserv. 187, 249-259.

Challender, D., Waterman, C., 2017. Implementation of CITES Decisions 17.239 b) and 17.240 on Pangolins (*Manis* spp.), CITES SC69 Doc. 57 Annex. Available from <https://cites.org/sites/default/files/eng/com/sc/69/E-SC69-57-A.pdf>. [April 3, 2018].

Challender, D., Willcox, D.H.A., Panjang, E., Lim, N., Nash, H., Heinrich, S., Chong, J., 2019. *Manis javanica. The IUCN Red List of Threatened Species* 2019: e.T12763A123584856. Available from: <http://dx.doi.org/10.2305/IUCN.UK.2019-3.RLTS. T12763A123584856.en>.

Chan, L.-K., 1995. Extrinsic lingual musculature of two pangolins (Pholidota: Manidae). J. Mammal. 76 (2), 472-480.

Chong, J.L., Sulaiman, M.H., Marina, H., 2016. Conservation of the Sunda pangolin (*Manis javanica*) in Peninsular Malaysia: important findings and conclusions. Malayan Nat. J. 68 (4), 161-171.

Clements, G.R., Lynam, A.J., Gaveau, D., Yap, W.L., Lhota, S., Goosem, M., et al., 2014. Where and how are roads endangering mammals in Southeast Asia's forests? PLoS One 9 (12), e115376.

Corbet, G.B., Hill, J.E., 1992. The Mammals of the Indomalayan Region: A Systematic Review. Oxford University Press, Oxford.

Corlett, R., 2007. The Impact of Hunting on the Mammalian Fauna of Tropical Asian Forests. Biotropica 30 (3), 292-303.

Coudrat, C., 2017. Report on Camera Trap Survey in Nakai-Nam Theun National Protected Area. Project Analouk, Lao PDR. Unpublished report.

Davies, G., Payne, J., 1982. A Faunal Survey of Sabah. WWF Malaysia, Kuala Lumpur.

Desai, A.A., Lic, V., 1996. Status and Distribution of Large Mammals in Eastern Cambodia: Results of the First Foot Surveys in Mondulkiri and Rattankiri Provinces. IUCN, FFI, WWF Large Mammal Conservation Project, Phnom Penh, Cambodia.

Desmarest, M.A.G., 1822. Mammalogie ou Description des Espèces de Mammifères. Second partie, contenant Les Ordres des Rongeurs, des Édentatés, des Pachydermes, des Ruminans et des Cétacés. Chez Mme Veuve Agasse, Imprimeur-Libraire, Paris.

Duckworth, J.W., Salter, R.E., Khounboline, K., 1999. Wildlife in Lao PDR: 1999 Status Report. IUCN, Wildlife Conservation Society, Centre for Protected Areas and Watershed Management, Vientiane, Lao PDR.

Ellerman, J.R., Morrison-Scott, T.C.S., 1966. Checklist of Palaearctic and Indian Mammals 1758 to 1946, second ed. British Museum, London.

Else, J.G., Colley, F.C., 1976. *Eimeria tenggilinggi* sp. n. from the scaly anteater *Manis javanica* Desmarest in Malaysia. J. Eukaryotic Microbiol. 23 (4), 587-488.

Feiler, A., 1998. Das Philippinen-Schuppentier, *Manis culionensis* Elera, 1915, eine fast vergessene Art (Mammalia: Pholidota: Manidae). Zoologische Abhandlungen-Staatliches Museum Für Tierkunde Dresden 50, 161-164.

Fitzinger, L.J., 1872. Die naturliche familie der schuppenthiere (Manes). Sitzungsberichte der Kaiserlichen Akademie der Wissenschaften. Mathematisch-Naturwissenschaftliche Classe, CI., LXV, Abth. I, 9-83.

Fletcher, L., 2016. Developing a strategy for pangolin conservation in Brunei: Refining guidelines for the release of confiscated animals and gathering baseline data. Unpublished report for 1st Stop Brunei, Brunei Darussalam.

Focillon, A.D., 1850. Du genre Pangolin (*Manis Linn.*) et de deux nouvelles espèces de ce genre. Revue et Mag. de Zool. 2 Sér., Tome VII, 465-474, 513-534.

Frechkop, S., 1931. Notes sur les mammifères. VI. Quelques observations sur la classification des pangolins (Manidae). Bulletin du Musee royal d'Histoire naturelle de Belgique VII (22), 1-14.

Gaubert, P., 2011. Family Manidae. In: Wilson, D.E., Mittermeier, R.A. (Eds.), Handbook of the Mammals of the World, vol. 2. Hoofed Mammals. Lynx Edicions, Barcelona, pp. 82-103.

Gaubert, P., Antunes, A., 2005. Assessing the taxonomic status of the Palawan pangolin *Manis culionensis* (Pholidota) using discrete morphological characters. J. Mammal. 86 (6), 1068-1074.

Gaubert, P., Antunes, A., Meng, H., Miao, L., Peigne, S., Justy, F., et al., 2018. The complete phylogeny of pangolins: scaling up resources for the molecular tracing of the most trafficked mammals on earth. J. Hered. 109 (4), 347-359.

Gaudin, T.J., Emry, R.J., Wible, J.R., 2009. The phylogeny of living and extinct pangolins (Mammalia, Pholidota) and associated taxa: a morphology based analysis. J. Mammal. Evol. 16 (4), 235-305.

Grassman Jr., L.I., Tewes, M.E., Silvy, N.J., Kreetiyutanont, K., 2005. Ecology of three sympatric felids in a mixed evergreen forest in north-central Thailand. J. Mammal. 86 (1), 29-38.

Gray, J.E., 1865. 4. Revision of the genera and species of entomophagous Edentata, founded on the examination of the specimens in the British Museum. Proc. Zool. Soc. Lond. 33 (1), 359-386.

Gray, T.N.E., Billingsley, A., Crudge, B., Frechette, J.L., Grosu, R., Herranz-Muñoz, V., et al., 2017a. Status and conservation significance of ground-dwelling mammals in the Cardamom Rainforest Landscape, southwestern Cambodia. Cambodian J. Nat. Hist. 2017 (1), 38-48.

Gray, T.N.E., Marx, N., Khem, V., Lague, D., Nijman, V., Gauntlett, S., 2017b. Holistic management of live animals confiscated from illegal wildlife trade. J. Appl. Ecol. 54 (3), 726-730.

Hafiz, M.S., Marina, H., Afzan, A.W., Chong, J.L., 2012. Ectoparasite from confiscated Malayan pangolin (*Manis javanica* Desmarest) in peninsular Malaysia. UMT 11th International Annual Symposium on Sustainability Science and Management, Terengganu, Malaysia, 9-11 July.

Hafiz, S., Chong, J.L., 2016. Tenggiling Sunda Khazanah Alam Malaysia. Penerbit UMT, Kuala Terengganu.

Harrison, J.L., 1961. The natural food of some Malayan mammals. Bull. Singapore Natl. Museum 30, 5-18.

Hassanin, A., Hugot, J.-P., van Vuuren, J.B., 2015. Comparison of mitochondrial genome sequences of pangolins (Mammalia, Pholidota). C. R. Biol. 338 (4), 260-265.

Heath, M.E., 1992. *Manis pentadactyla*. Mammal. Sp. 414, 1-6.

Hedges, L., Aziz, S.A., 2013. A novel interaction between a sun bear and a pangolin in the wild. Int. Bear News 22 (1), 31-32.

Hoi-Sen, Y., 1977. Scaly Anteater. Nat. Malays. 2 (4), 26-31.

Hua, L., Gong, S., Wang, F., Li, W., Ge, Y., Li, X., et al., 2015. Captive breeding of pangolins: current status, problems and future prospects. ZooKeys 507, 99-114.

Ickes, K., Thomas, S.C., 2003. Native, wild pigs (*Sus scrofa*) at Pasoh and their impacts on the plant community. In: Okuda, T., Manokaran, N., Matsumoto, Y., Niiyama, K., Thomas, S.C., Ashton, P.S. (Eds.), Pasoh: Ecology and Natural History of a Southeast Asian Lowland Tropical Rain Forest. Springer, Japan.

Imai, M., Shibata, T., Mineda, T., Suga, Y., Onouchi, T., 1973. Histological and histochemical investigations on the stomach in man, Japanese monkey (*Macaca fuscata yakui*) and some other kinds of animals. Report V. On the stomach of the pangolin (*Manis pentadactyla* Linne). Okajimas Fol. Anat. Jap. 49, 433-454.

Jammah, O., Faizal, H., Chandrawathani, P., Premaalatha, B., Erwanas, A.I., Lily, R., et al., 2014. Eperythrozoonosis (*Mycoplasma* sp.) in Malaysian pangolin. Malays. J. Vet. Res. 5 (1), 65-69.

Jenks, K.E., Songasen, N., Leimgruber P., 2012. Camera trap records of dholes in Khao Khang Rue Nai Wildlife Sanctuary, Thailand. Canid news, 5, 1-5.

Jentink, F.A., 1882. Note XXV. Revision of the Manidae in the Leyden Museum. Notes from the Leyden Museum IV, 193-209.

Kaicheen, S.S., Mohd-Azlan, J., 2018. Camera trapping wildlife on Mount Penrissen area in Western Sarawak. Malays. Appl. Biol. 47 (1), 7-14.

Kawanishi, K., Sunquist, M.E., 2004. Conservation status of tigers in a primary rainforest of Peninsular Malaysia. Biol. Conserv. 120 (3), 329-344.

Ketol, B., Anwarali, F.A., Marni, W., Sait, I., Lakim, M., Yanmun, P.I., et al., 2009. Checklist of mammals from Gunung Silam, Sabah, Malaysia. J. Trop. Biol. Conserv. 5, 61-65.

Khan, M.A.R., 1985. Mammals of Bangladesh. A field guide: Nazma Reza, Dhaka.

Khwaja, H., Buchan, C., Wearn, O.R., Bahaa-el-din, L., Bantlin, D., Bernard, H., et al., 2019. Pangolins in global camera trap data: implications for ecological monitoring. Glob. Ecol. Conserv. 20, e00769.

Kitamura, S., Thon-Aree, S., Madsri, S., Poonswad, P., 2010. Mammal diversity and conservation in a small isolated forest of southern Thailand. Raffles Bull. Zool. 58 (1), 145-156.

Krause, W.J., Leeson, C.R., 1974. The stomach of the pangolin (*Manis pendactyla*) with emphasis on the pyloric teeth. Acta Anat. 88, 1-10.

Laing, A.B.G., Edeson, J.F.B., Wharton, R.H., 1960. Studies on filariasis in Malaya: the vertebrate hosts of Brugia malayi and Brugia pahangi. Ann. Trop. Med. Parasitol. 53 (4), 92-99.

Le, C.X., Truong, L.V., Dang, D.T., Ho, C.T., Ngo, D.A., Nguyen, N.C., et al., 1997a. A report of field surveys on biodiversity in Phong Nha Ke Bang forest (Quang Binh Province, central Vietnam). IEBR, FIPI, Forestry College, University of Vinh, WWF Indochina Programme, Hanoi, Vietnam.

Le, C.X., Pham, T.A., Duckworth, J.W., Vu, N.T., Lic, V., 1997b. A survey of large mammals in Dak Lak Province, Viet Nam. Unpublished report to IUCN and WWF. Hanoi, Viet Nam.

Lekagul, B., McNeely, J.A., 1988. Mammals of Thailand, second ed. Darnsutha Press, Bangkok.

Lim, N.T.-L., 2007. Autoecology of the Sunda Pangolin (*Manis javanica*) Singapore. M.Sc. Thesis, National University of Singapore, Singapore.

Lim, N.T.-L., Ng, P.K.L., 2008a. Home range, activity cycle and natal den usage of a female Sunda pangolin *Manis javanica* (Mammalia: Pholidota) in Singapore. Endanger. Sp. Res. 4, 233-240.

Lim, N.T.-L., Ng, P.K.L., 2008b. Predation on *Manis javanica by Python reticulatus* in Singapore. Hamadryad 32 (1), 62-65.

Lin, M.F., Chang, C.-Y., Yang, C.W., Dierenfeld, E.S., 2015. Aspects of digestive anatomy, feed intake and digestion in the Chinese pangolin (*Manis pentadactyla*) at Taipei zoo. Zoo Biol. 34 (3), 262-270.

Ludeking, E.W.A., 1862. Natuur- en Geneeskundige Topographische der Schets der Residentie Agam. In: Wassink, G. (Ed.), Geneeskundig Tijdschrift voor Nederlandsch Indie, Uitgegeven door de Vereeniging Tot Bevordering der Geneeskundige Wetenschappen in Nederlandsch Indie. Lange and Co, Batavia, pp. 1-153.

Lyon Jr., M.W., 1909. Additional notes on mammals of the Rhio Lingga archipelago, with descriptions of new species and a revised list. Proc. US Natl. Museum XXXVI 1684, 479-493.

McCann, G., Pawlowski, K., 2017. Small carnivores' records from Virachey National Park, north-east Cambodia. Small Carnivore Conserv. 55, 26-41.

MacMillan, D.C., Nguyen, Q.A., 2014. Factors influencing the illegal harvest of wildlife by trapping and snaring among the Katu ethnic group in Vietnam. Oryx 48 (2), 304-312.

McNab, B.K., 1984. Physiological convergence amongst ant-eating and termite-eating mammals. J. Zool. Soc. Lond. 203 (4), 485-510.

Mohd-Azlan, J., Engkamat, L., 2013. Camera trapping and conservation in Lanjak Entimau wildlife sanctuary, Sarawak, Borneo. Raffles Bull. Zool. 61 (1), 397-405.

Mohd-Azlan, J., Kaicheen, S.S., Yoong, W.C., 2018. Distribution, relative abundance and occupancy of selected mammals along paved road in Kubah National Park, Sarawak, Borneo. Nat. Conserv. Res. 3 (2), 36-46.

Mohapatra, R.K., Panda, S., Nair, M.V., Acharjyo, L.N., 2016. Check list of parasites and bacteria recorded from pangolins (*Manis* sp.). J. Parasit. Dis. 40 (4), 1109-1115.

Mohr, E., 1961. Schuppentiere. Neue Brehm-Bucherei. A. Ziemsen Verlag, Wittenberg Lutherstadt.

Moo, S.S.B., Froese, G.Z.L., Gray, T.N.E., 2017. First structured camera-trap surveys in Karen State, Myanmar, reveal high diversity of globally threatened mammals. Oryx 52 (3), 1-7.

Nash, H.C., Wirdateti, Low, G., Choo, S.W., Chong, J.L., Semiadi, G., et al., 2018. Conservation genomics reveals possible illegal trade routes and admixture across pangolin lineages in Southeast Asia. Conserv. Genet. 19 (5), 1083-1095.

Newton, P., Nguyen, V.T., Roberton, S., Bell, D., 2008. Pangolins in peril: using local hunters' knowledge to conserve elusive species in Vietnam. Endanger. Sp. Res. 6, 41-53.

Nguyen, V.T., Clark, V.L., Tran, Q.P., 2014. Sunda Pangolin (*Manis javanica*) Husbandry Guidelines. Carnivore and Pangolin Conservation Program – Save Vietnam's Wildlife, Vietnam.

Nijman, V., Zhang, M.X., Shepherd, C.R., 2016. Pangolin trade in the Mong La Wildlife market and the role of Myanmar in the smuggling of pangolins into China. Glob. Ecol. Conserv. 5, 118-126.

Nisa, C., Agungpriyono, S., Kitamura, N., Sasaki, M., Yamada, J., Sigit, K., 2010. Morphological features of the stomach of Malayan pangolin, *Manis javanica*. Anat. Histol. Embryol. 39 (5), 432-439.

Nooren, H., Claridge, G., 2001. Wildlife trade in Laos: the End of the Game. Netherlands Committee for IUCN, Amsterdam.

Nowak, R.M., 1999. Walker's Mammals of the World. Johns Hopkins University Press, Baltimore.

Numata, S., Okuda, T., Sugimoto, T., Nishimura, S., Yoshida, K., Quah, E.S., et al., 2005. Camera trapping: a non-invasive approach as an additional tool in the study of mammals in Pasoh Forest Reserve and adjacent fragmented areas in peninsular Malaysia. Malay. Nat. J. 57 (1), 29-45.

Nuwer, R., Bell, D., 2014. Identifying and quantifying the threats to biodiversity in the U Minh peat swamp forests of the Mekong Delta, Vietnam. Oryx 48 (1), 88-94.

Pantel, S., Chin, S.-Y., (Eds.), 2009. Proceedings of the Workshop on Trade and Conservation of Pangolins Native to South and Southeast Asia, 30 June-2 July 2008, Singapore Zoo, Singapore. TRAFFIC Southeast Asia, Petaling Jaya, Selangor, Malaysia.

Pantel, S., Anak, A.N., 2010. A preliminary assessment of Sunda pangolin trade in Sabah. TRAFFIC Southeast Asia, Petaling Jaya, Selangor, Malaysia.

Payne, J., Francis, C.M., Phillipps, K., 1985. A Field Guide to the Mammals of Borneo. The Sabah Society and WWF Malaysia, Kota Kinabalu and Kuala Lumpur.

Payne, J., Francis, C.M., 2007. A Field Guide to the Mammals of Borneo. The Sabah Society, Kota Kinabalu.

Phillips, Q., Phillips, K., 2018. Phillips's Field Guide to the Mammals of Borneo and their Ecology: Sabah, Sarawak, Brunei and Kalimantan. John Beaufoy Books, Oxford.

Pocock, R.I., 1924. The external characters of the pangolins (Manidae). Proc. Zool. Soc. Lond. 94 (3), 707-723.

Pongchairerk, U., Kasorndorkbua, C., Pongket, P., Liumsiricharoen, M., 2008. Comparative histology of the Malayan Pangolin kidneys in normal and dehydrated condition. Kasetsart J. (Nat. Sci.) 42, 83-87.

Puri, P.K., 2005. Deadly dances in the Bornean rainforest: hunting knowledge of the Penan Benalui. Royal Netherlands Institute of Southeast Asian and Caribbean Studies Monograph Series. KITLV Press, Leiden.

Shine, R., Harlow, P.S., Keogh Boedai, J.S., 1998. The influence of sex and body size on food habits of a giant tropical snake, *Python reticulatus*. Funct. Ecol. 12, 248-258.

Stankowich, T., Campbell, L.A., 2016. Living in the danger zone: exposure to predators and the evolution of spines and body armor in mammals. Evolution 70 (7), 1501-1511.

Sulaiman, M.H., Azmi, W.A., Hassan, M., Chong, J.L., 2017. Current updates on the morphological measurements of the

Malayan pangolin (*Manis javanica*). Folia Zool. 66 (4), 262-266.

Sundevall, C.J., 1842. Om slägtet Sorex, med nâgra nya arters beskrifning. Kungliga Vetenskapsakademien, Stockholm.

Suzuki, A., Thong, S., Tan, S., Iwata, A., 2017. Camera trapping of large mammals in Chhep Wildlife Sanctuary, northern Cambodia. Cambodian J. Nat. Hist. 1, 63-75.

Tarmizi, M.R., Sipangkul, S., 2019. Assisted reproduction technology: Anaesthesia and sperm morphology of the Sunda pangolin (*Manis javanica*). My Wildlife Vets 2019 (2), 5-6.

Thaung, R., Muñoz, V.H., Holden, J., Willcox, D., Souter, N.J., 2017. The vulnerable fishing cat *Prionailurus viverrinus* and other globally threatened species in Cambodia's coastal mangroves. Oryx 52 (4), 636-640.

Timmins, R.J., Cuong, T.V., 1999. An Assessment of the Conservation Importance of the Huong Son (Annamite) Forest, Ha Tinh Province, Vietnam, Based on the Results of a Field Survey for Large Mammals and Birds. Center for Biodiversity and Conservation and American Museum of Natural History, New York, USA.

Trageser, S.J., Ghose, A., Faisal, M., Mro, P., Mro, P., Rahman, S.C., 2017. Pangolin distribution and conservation status in Bangladesh. PLoS One 12 (4), e0175450.

Ullmann, T., Veríssimo, D., Challender, D.W.S., 2019. Evaluating the application of scale frequency to estimate the size of pangolin scale seizures. Glob. Ecol. Conserv. 20, e00776.

van Strien, N.J., 1983. Guide to the tracks of mammals of Western Indonesia. School of Environmental Conservation Management, Ciawi, School of Environmental Conservation Management, Indonesia.

Veríssimo, D., Wan, A.K.Y., 2019. Characterizing efforts to reduce consumer demand for wildlife products. Conserv. Biol. 33 (3), 623-633.

Wearn, O.R., 2015. Mammalian Community Responses to a Gradient of Land-Use Intensity on the Island of Borneo. M.Sc. Thesis, Imperial College London, UK.

Willcox, D., Bull, R., Nhuan, N.V., Tran, Q.P., Nguyen, V. T., 2017. Small carnivore records from the U Minh Wetlands, Vietnam. Small Carnivore Conserv. 55, 4-25.

Woittiez, L.S., van Wijk, M.T., Slingerland, M., van Noordwijk, M., Giller, K.E., 2017. Yield gaps in oil palm: a quantitative review of contributing factors. Eur. J. Agron. 83, 57-77.

Wu, S.B., Wang, Y.X., Feng, Q., 2005. A new record of mammalia in China—*Manis javanica*. Acta Zootaxonom. Sin. 30 (2), 440-443. [In Chinese].

Yang, L., Su, C., Zhang, F.-H., Wu, S.-B., Ma, G.-Z., 2010. Age Structure and Parasites of Malayan Pangolin (*Manis javanica*). J. Econ. Anim. 14 (1), 22-25. [In Chinese].

Zhang, F., Wu, S., Yang, L., Zhang, L., Sun, R., Li, S.S., 2015. Reproductive parameters of the Sunda pangolin, *Manis javanica*. Folia Zool. 64 (2), 129-135.

ZSL, 2017. Sunda Pangolin Monitoring Protocol – Thailand V.1.0. Zoological Society of London, UK.

第7章 菲律宾穿山甲 *Manis culionensis* (de Elera，1915)

萨拜因·肖普[1,2]，莉迪亚·K.D.卡蒂斯[2]，德克斯特·阿尔瓦拉多[1]，莱维塔·阿科斯塔-拉格拉达[2,3]

1. 卡塔拉基金会有限公司，菲律宾公主港埃尔兰乔
2. 摄政公园伦敦动物学会，世界自然保护联盟物种生存委员会穿山甲专家组，英国伦敦
3. 巴拉望可持续发展工作委员会，菲律宾普林塞萨港

分　　类

　　菲律宾穿山甲之前被列入 *Pholidotus* 属（de Elera，1915）*Paramanis* 亚属（Schlitter，2005），根据形态学和遗传学证据，本书将其列入穿山甲属（Gaubert et al.，2018；第2章）。虽然早期被划分为独特的物种（de Elera，1915；Lawrence，1939；Sanborn，1952），但随后的许多文献没有将该物种与马来穿山甲（*Manis javanica*）区分开来，有些研究将其视为马来穿山甲的亚种（Corbet and Hill，1992；Heaney et al.，1998；Pocock，1924；Taylor，1934）。Feiler（1998）提出了一系列形态特征来区分这两个物种，但没有考虑到 Lawrence（1939）的许多观察结果。Gaubert 和 Antunes（2005）根据6个离散的形态特征将该物种与马来穿山甲区分开来。它们包括：①背中部的鳞片行数（沿着一条与前后轴平行的线），菲律宾穿山甲鳞片行数为19～21，马来穿山甲鳞片行数为15～18（见下“性状”）；②菲律宾穿山甲背、肩胛、肩胛后区鳞片大小均匀，马来穿山甲鳞片差异较大；③鼻骨与颅骨总长度之比，菲律宾穿山甲的比例较小（<1/3），马来穿山甲的比例较大（>1/3）；④菲律宾穿山甲腭骨后区较薄弱，即没有膨胀的腹部，侧壁短，而马来穿山甲腭骨后区较厚实，即有膨胀的腹部，侧壁巨大；⑤颧突后延，菲律宾穿山甲短于蝶腭孔后，但马来穿山甲长于蝶腭孔后，与马来穿山甲（1.25cm±0.13cm，*n*=20）相比，菲律宾穿山甲（1.11cm±0.03cm，平均值±标准偏差，*n*=5；见下“性状”）的头部和身体与尾巴长度之比较小。Feiler（1998）和 Lawrence（1939）提出了15个额外的形态学特征来区分这两个物种，但 Gaubert 和 Antunes（2005）不支持它们的实用性。遗传分析支持菲律宾穿山甲与马来穿山甲的分化（Gaubertet al.，2018）。

　　巴拉望岛考古遗址的记录可以追溯到7000～5000年前（Gaubert，2011）。据推测，菲律宾穿山甲和马来穿山甲的种间分离发生在早更新世时期，当时加里曼丹岛和巴拉望岛之间的陆桥被升高的海平面淹没，在80万～50万年前（Gaubert and Antunes，2005）。

　　词源：*Manis*（见第4章）；*culionensis* 来源于菲律宾的 Culion 岛。

性　　状

　　菲律宾穿山甲是中型哺乳动物，一般重4～7kg，体长100～130cm（表7.1）。该物种体型上具有性二态，雄性比雌性更大更重（Schoppe et al.，in prep. a；表7.1）。形态上与马来穿山甲非常相似。身体覆盖着角状的、重叠的鳞片，这些鳞片是从皮肤上长出来的，呈圆形。在腹部表面、四肢内侧无鳞片分布，头面部部分呈粉红色，并覆盖有浓密的白色毛发（图7.1）。少量的粗毛或刚毛在鳞片的基部生长。尾巴大约是头体长的90%（Gaubert and Antunes，2005），背部和腹部都覆盖着鳞片。尾尖腹部没有鳞片，

表 7.1　菲律宾穿山甲形态特征

测量指标			国家和地区	数据来源
体重	体重（♂）/kg	14.9（2.7～7.3），n=9	菲律宾	S. Schoppe，未发表数据
	体重（♀）/kg	3.2（3～3.5），n=4	菲律宾	S. Schoppe，未发表数据
	体重（性别未确定）/kg	3.6（2.2～5.9），n=21	菲律宾	A. Ponzo and S. Schoppe，未发表数据
体长	头尾长（♂）/mm	1067（840～1330），n=8	菲律宾	S. Schoppe，未发表数据
	头尾长（♀）/mm	961（828～1030），n=4	菲律宾	S. Schoppe，未发表数据
	头体长（♂）/mm	582（450～740），n=8	菲律宾	S. Schoppe，未发表数据
	头体长（♀）/mm	533（470～563），n=4	菲律宾	S. Schoppe，未发表数据
	尾长（♂）/mm	533（470～563），n=4	菲律宾	S. Schoppe，未发表数据
	尾长（♀）/mm	428（358～470），n=4	菲律宾	S. Schoppe，未发表数据
椎骨	椎骨总数	没有数据		
	颈椎	没有数据		
	胸椎	没有数据		
	腰椎	没有数据		
	骶椎	没有数据		
	尾椎	29～30		Gaubert，2011
头骨	长度（性别不明）/mm	60～95	菲律宾	Gaubert，2011
	颧骨突宽度	无数据		
鳞片	鳞片总数	940（854～999），n=3	菲律宾	Ullmann et al.，2019
	鳞片行数（横向，体）	19～21，n=9	菲律宾	Gaubert and Antunes，2005
	鳞片行数（纵向，体）	没有数据		
	尾边缘鳞片数	28～32，n=4	菲律宾	L. Katsis and D. Challender，未发表数据；T. Ullmann，未发表数据
	尾中间行鳞片数	28～32，n=4	菲律宾	L. Katsis and D. Challender，未发表数据；T. Ullmann，未发表数据
	鳞片（湿）占体重比例/%	没有数据		
	鳞片（干）占体重比例/%	没有数据		

取而代之的是皮垫。身体上有 19～21 行横纹鳞片（Gaubert and Antunes，2005），在尾部边缘有 28～32 行鳞片（表 7.1）。鳞片总数为 854～999 枚（表 7.1），大小和形状各不相同。背部的鳞片呈宽菱形，是第一行肩胛后鳞片的两倍宽（Gaubert，2011）。四肢上的鳞片从上往下逐渐变小，后肢中央有一龙骨脊，末端尖锐；尾部边缘的鳞片十分锋利。

如其他亚洲穿山甲一样，菲律宾穿山甲背中部的一行鳞片一直延伸到尾尖（Jentink，1882）。鳞片的颜色从奶黄色、深黄白色到深棕色不等（图 7.1），个体的鳞片颜色可能是一致的，也可能不同部位的鳞片颜色具有差异性（Gaubert and Antunes，2005）。观察表明，幼崽的尾部末端可能会有几片白色半透明的鳞片，但随着年龄的增长鳞片会变黑（D. Alvarado，个人观察）。

头部呈圆锥形，除额部有小鳞片外，大部分皮肤裸露，额部鳞片向前延伸，在鼻前终止。面部呈粉灰色，鼻部呈深粉棕色。耳郭虽然存在，但像马来穿山甲一样，也是由位于听孔后的近垂直的皮肤脊组成，不如中华穿山甲（M. pentadactyla）那样明显。眼睛很小，有深色的虹膜，周围是肥厚的眼睑。和所有的穿山甲一样，菲律宾穿山甲没有牙齿，有长长的舌头，可以缩入喉咙里的肉袋。口腔很小。五趾，趾端有爪，第三爪最大（也最强壮），第二个趾和第四个趾（和爪子）较小，但大小大致相同。第一趾和第五趾（和爪子）已经退化，基本上没有功能。趾和爪的长度比例前后脚相近。据推测，该种在肛门周围有一对肛门腺。其基因组与马来穿山甲相似，雌性胸前有两个乳房。

菲律宾穿山甲易与马来穿山甲混淆，这两种穿山甲很难区分。Gaubert 和 Antunes（2005）提出，这

图 7.1　成年雌性菲律宾穿山甲，该物种为半树栖类。照片来源：Dexter Alvarado。

个物种可以通过一些特征（见分类学）来区分，包括横向鳞片的行数：菲律宾穿山甲有 19～21 行，马来穿山甲有 15～18 行。然而，其他资料（Frechkop，1931；Mohr，1961；Wu et al.，2004；L. Katsis and D. Challender，未发表数据）表明，马来穿山甲有 15～19 行横向鳞片，即两个物种之间有重叠。Gaubert 和 Antunes（2005）也认为，头尾比例是较容易分辨的特征，但本章测量的个体比例（1.21±0.06；平均值±标准偏差，$n=12$；表 7.1）更接近于马来穿山甲。横纹鳞片行数（假设它们不是 19 行），结合肩、肩胛和肩胛后位置上鳞片的大小（Gaubert and Antunes，2005）可以用来区分物种。尾部边缘鳞片行数如果是 31～32 行，也是菲律宾穿山甲的一个区别特征，马来穿山甲的尾部边缘鳞片行数上限为 30 行。但这些参数是基于菲律宾穿山甲的小样本量（$n=10$），深入研究发现个体鳞片数量存在较大差异，可能与马来穿山甲有更大的重叠。根据物种间分化不同，基于 DNA 的方法去区分这个物种可能更加合适（Luczon et al.，2016）。

菲律宾穿山甲也可能与中华穿山甲混淆。前者的特点包括较小、不突出的耳郭，前脚的爪子更小更短，而中华穿山甲的耳郭明显较大，其横向鳞片行数为 14～18 行，尾缘鳞片行数为 14～20 行（见第 4 章），菲律宾穿山甲的横纹鳞片行数和尾缘鳞片行数较多（表 7.1）。

分　布

菲律宾穿山甲是菲律宾巴拉望地区的特有种，分布在巴拉望岛北部、卡拉米安群岛（Calamian Islands）和周围较小的岛屿（图 7.2；Bourns and Worcester，1894；de Elera，1915；Everett，1889；Heaney et al.，1998；Lawrence，1939）。在巴拉望岛有该岛北部从更新世晚期到全新世晚期发现的化石记录（Lewis et al.，2008；Piper et al.，2011）。该物种也出现在杜玛兰岛（Dumaran Island）（Schoppe and Alvarado，2016）和塔伊泰（Taytay）的巴塔斯岛（Batas Island）（Acosta and Schoppe，2018；Schoppe et al.，2017）。当地居民指出，爱妮岛附近的岛屿拉根岛（Lagen Island）、塔尼帕岛（Tagnipa）和圣维森特的纳吉比松岛

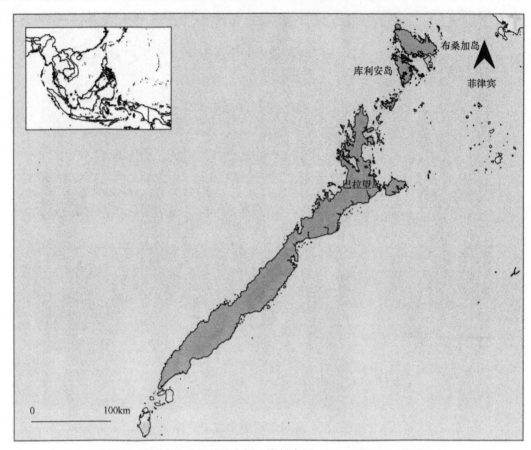

图 7.2　菲律宾穿山甲的分布图。资料来源：Schoppe et al.，2019。

（Nagbilisong Islands）都有菲律宾穿山甲的分布（Acosta and Schoppe，2018）。

在主岛巴拉望岛以北的卡拉米安群岛（Calamian Islands），该物种出现在库利昂（Culion）（de Elera，1915；Heaney et al.，1998；Hollister，1913）、布桑加岛（Hoogstraal，1951）及卡拉依特岛（Calauit Islands）（Alviola，1998）。2010～2015 年对当地社区的采访证实了在布桑加岛、库利昂、卡拉依特（Calauit）和马格兰贝（Maglalambay）有穿山甲存活（Paguntalan et al.，2010，2012，2015）。同样，在 2006 年进行的采访中，当地人认为该物种分布在布桑加岛、卡拉依特和库利昂的 12 个岛屿，以及卡拉绵群岛的至少 9 个小岛上（Rico and Oliver，2006）。

目前还不确定菲律宾穿山甲在巴拉望南部的巴拉巴克岛是否有分布。Steere（1888）报道，该物种不在该地区分布，文献中没有记录。南巴拉望岛的当地居民也反映岛上不存在该物种（Acosta and Schoppe，2018）。然而，巴拉望部落的猎人和巴拉巴克的当地人报告说该物种存在，只是数量很少（Schoppe and Cruz，2008）。具体情况仍需进一步调查。

栖　息　地

菲律宾穿山甲主要栖息在原生和次生低地森林（Heaney et al.，1998；Hoogstraal，1951），它们利用多种类型的栖息地（图 7.3），包括被商业采伐木材的低地草地-森林镶嵌地段和伐木低地森林（Esselstyn et al.，2004）、农业地带（Acosta-Lagrada，2012；Schoppe and Cruz，2009）、靠近海滩森林和红树林的沿海地区，以及河流森林（Marler，2016）。海拔 2015m 的地区也有发现记录（Acosta-Lagrada，2012）。该物种被认为与无花果树有密切联系，因为这些树的果实吸引蚂蚁，穿山甲喜爱在其根部挖洞居住（Schoppe and Cruz，2009），也会在其他树种下挖掘，包括秋枫（*Bischofia javanica*）和樫木属树木

（Acosta-Lagrada，2012）。栖息地的多样性表明，当食物供应充分时，该物种可以适应栖息地退化和人工改造林（Acosta-Lagrada，2012）。这与马来穿山甲相似，马来穿山甲能存活于高度退化的森林中（见第 6 章和第 26 章）。Acosta-Lagrada（2012）认为，该物种可能在原始森林中以较高的密度出现，这需进一步的研究和验证（见第 34 章）；另外，该物种具备在人为改变严重的单一栖息地（如栽培种植园）长期生存的能力。

生　态　学

菲律宾穿山甲半树栖，人们对它的生态习性知之甚少，目前掌握的大部分知识来自 2010～2018 年进行的研究。该物种生活在相对稳定的栖息地中。用最小凸多边形（MCP）法对三只雄性的家域面积进行估测，分别为 59hm^2、96hm^2 和 120hm^2（平均＝61.6hm^2），核心区域面积（个体占用时间≥50%）分别为 29hm^2、45hm^2 和 68hm^2（平均＝47.3hm^2；Schoppe and Alvarado，2016；Schoppe et al.，2017）。三只雄性穿山甲家域的范围没有重叠，表明雄性穿山甲具有领地意识（Schoppe et al.，in prep. b）。根据 257d 无线电跟踪，两只雌性的家域范围估计值分别为 47hm^2 和 75hm^2，核心区域范围分别为 12hm^2 和 18hm^2。在雨季（6～11 月），两只雌性和一只年轻雄性的活动范围没有重叠，但在旱季（12 月至次年 5 月）

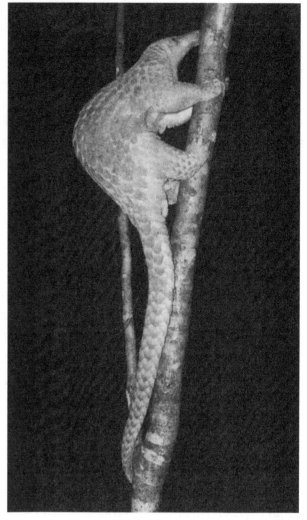

图 7.3　菲律宾穿山甲栖息于原始林和次生林，但其栖息地范围广泛，包括草地-森林镶嵌地段和海滩森林。
照片来源：Dexter Alvarado。

有部分重叠，这可能与水源位置有关（Schoppe and Alvarado，2016；Schoppe et al.，in prep. b）。雄性在 24h 内平均活动距离为 4.2km±0.6km（范围 3～5.3km），雌性为 3.1km±0.6km（范围 0～4km；Schoppe et al.，2017；in prep. b）。利用无线电遥测技术对 6 只被捕获的野生个体进行家域行为研究，三只雄性（包括一只年轻雄性；体重为 1.5kg）和三只雌性在离捕获地点 1.1～3.7km 的地方被释放。放生后，3 只雌性和年轻雄性在放生地点附近建立了新的家域，而两只成年雄性则返回了原先的家域（Schoppe and Alvarado，2016；Schoppe et al.，2017；in prep. b）。

菲律宾穿山甲选择庇护所（洞穴）位置非常多样化，森林地面、树洞（或在树枝的分叉处）、树垛或树根之间都有，它也会直接利用岩石下或岩石之间的洞穴。Acosta-Lagrada（2012）认为，洞穴普遍位于远离人为干扰的区域，距离水源 100～200m、坡度为 36°～50°的山坡上，与中华穿山甲相似（Wu et al.，2003；见第 4 章）。观察表明，雨季该物种更喜欢栖息在树上，旱季则选择在陆地，这可能与穿山甲避免雨季时洞穴被淹有关（Schoppe et al.，in prep. b）。研究人员对穿山甲洞穴的利用情况知之甚少，曾观察到一只雄性穿山甲连续 2～3 个晚上回到同一个洞穴，然后转移到另一个地点，最终在大约一周后又回到之前的洞穴（S. Schoppe，未发表数据）。

众所周知，菲律宾穿山甲在陆地和树上觅食，但对其食物种类和觅食行为了解不多。Acosta-Lagrada（2012）记录了它捕食两种蚂蚁 [大齿猛蚁（*Odontomachus infandus*）和双刺猛蚁（*Diacamma* sp.）] 和一种白蚁［象白蚁（*Nasutitermes* sp.）］的情况。Schoppe 和 Alvarado（2015a）观察到黄猄蚁（*Oecophylla smaragdina*）经常被捕食，是马来穿山甲偏爱的食物之一（Lim，2007；见第 6 章）。Lim（2007）指出，马来穿山甲捕食 11 种蚂蚁属的蚂蚁，这 11 种蚂蚁属在菲律宾都有分布（General and Alpert，2012）。表明菲律宾穿山甲的食性很可能与马来穿山甲相似，已知这些属中只有两个属出现在巴拉望岛，即多刺蚁属和织叶蚁属。

菲律宾穿山甲的天敌可能包括蟒蛇［如网纹蟒（*Malayopython reticulatus*）；Lim and Ng，2008］。体外寄生虫包括爪哇花蜱（Corpuz-Raros，1993；Jaffar et al.，2018），初步研究表明，86%的菲律宾穿山甲体表寄生爪哇花蜱（*n*=14；S. Schoppe，未发表数据）。

行　为

菲律宾穿山甲营独居生活，主要在夜间活动，白天休息（Schoppe and Alvarado，2015a，2016；Schoppe et al., in prep. b）。基于遥测技术研究发现，6 只穿山甲在 11 天内的活动时间峰值为 23:00～4:00（Schoppe et al., in prep. b）。通过对一只刚独立生活的年轻雄性监测 42 天发现，其表现出了相同的活动高峰期，每天平均活动 12h，在 24h 内平均移动 3.6km±1.1km（范围 0～5km）（Schoppe and Alvarado，2015a，2016；Schoppe et al., in prep. b）。初步研究表明，菲律宾穿山甲的活动模式可能受到月相影响，个体在满月期间活动的时间更长（Schoppe and Alvarado，2015a）。Schoppe 和 Alvarado（2015a）注意到，一只年轻的雄性在新月期间的中午 12 点就从巢穴中钻出来，并在午夜之前返回，但在满月期间（第一个季度和最后一个季度之间）则在黄昏时分钻出来，并在凌晨返回。

旱季时，个体从洞穴或其他休息场所出来后，会立即寻找水源，并在觅食前饮水；雨季时，个体会先觅食，然后饮水后返回居住洞（Schoppe et al., in prep. b）。旱季时观察到该物种在小溪里饮水时间长达 30～60min（Schoppe et al., in prep. b）。

菲律宾穿山甲行走时，头和尾保持在身体水平线以下，前肢向内折叠，脚腕着地。半树栖，攀登能力强，粗壮的长尾巴可作为第五肢使用（图 7.4），如马来穿山甲，该物种在攀爬树干时成对移动四肢，尾巴提供抓地力并承受体重，下树时头朝下（图 7.4）。

图 7.4　菲律宾穿山甲攀登能力优秀，它们用强壮的尾巴来支撑身体。
照片来源：Dexter Alvarado。

菲律宾穿山甲以蚂蚁和白蚁为食，无论爬树还是在地上行走时，都以其敏锐的嗅觉定位食物（Acosta-Lagrada，2012；Schoppe and Alvarado，2015a；Schultze，1914）。找到蚁巢或白蚁群后，用强壮的前肢掘开泥土，然后以长舌舔食（从卵到成虫）。穿山甲通常不将食物取食完，而是留下可复壮种群的白蚁或蚂蚁数量，待其恢复后再返回进食（Schoppe et al.，in prep. b）。除了捕食蚂蚁和白蚁外，它们还会在森林地面的树叶和腐烂的木材中寻找食物。Schultze（1914）认为，旱季时菲律宾穿山甲对树栖白蚁巢穴的依赖程度较高，雨季则倾向于陆栖白蚁巢，因为旱季时陆地上的白蚁巢穴较难挖掘，但这些仍待验证。

菲律宾穿山甲对人类很敏感，常见有逃跑行为（Schoppe et al.，in prep. b）。如果感觉威胁源头较远，菲律宾穿山甲会选择逃跑；反之它们会卷成一团以防御敌人（图 7.5）。

图 7.5　与所有穿山甲一样，菲律宾穿山甲在受到威胁时会蜷缩成一团。
照片来源：Sabine Schoppe。

当个体受到威胁时，发声仅限于发出嘶嘶声（Schultze，1914；Schoppe et al.，in prep. a）。

个体发育和繁殖

关于菲律宾穿山甲发育和繁殖的具体细节知之甚少，大部分来源于报告描述，与马来穿山甲的情况类似（见第 6 章）。塔格巴努阿（Tagbanua）、巴塔克（Batak）和巴拉望部落的当地居民报告说，该物种一般一胎一崽，极少出现双胞胎（Acosta and Schoppe，2018）。其繁殖季节不明确，与马来穿山甲相似（Schoppe et al.，in prep. a）。通常在 8 月雌性穿山甲会携带幼崽出现（Schoppe and Cruz，2009）。通过无线电遥测研究记录，9 月发现一只妊娠的雌性穿山甲，而 11 月观察到其带幼崽出现（Schoppe and Alvarado，2016）。关于菲律宾穿山甲发情周期、妊娠期、育幼、断乳、性成熟年龄和种群结构等方面的研究很少，但似乎与马来穿山甲有很多相似点。巴拉望省 6 个分布地点的成年穿山甲性别比从 1∶0.6 到 1∶1，平均为 1∶0.8，雄性占优势（Schoppe et al.，in prep. a）。

种　　群

关于菲律宾穿山甲的种群数据非常有限。Schoppe 等（in prep.a）使用狗进行搜寻，对代表东北群岛、巴拉望岛中部和巴拉望岛南部的 6 个地点的穿山甲密度进行了研究。在这些地点，估计成年穿山甲平均密度为 2.5 只/km²±1.4 只/km²。巴拉望岛东北部岛屿的穿山甲密度最高（3.5～4.0 只/km²），这可能与岛屿偏远及其栖息地受保护较好有关（Schoppe et al.，in prep.a）。巴拉望岛中部三个点成年穿山甲的平均密度为 1.8 只/km²±1.61 只/km²（Schoppe et al.，in prep.a），其中一个点的数据没有记录到（Schoppe and Alvarado，2015b）；巴拉望岛南部区域成年穿山甲的平均密度为 2 只/km²。

有证据表明，该物种种群分布不均，总体呈下降趋势（Bayron，2014；Schoppe et al.，2017；in prep. a）。当地居民报告称，该物种在 20 世纪 60 年代还很常见，当时人口密度较低，森林覆盖率较高（Acosta and Schoppe，2018）。穿山甲在 20 世纪 70 年代到 80 年代还经常出现，特别是在沿海和低地地区，包括阿博兰（J. Fabello，个人评论）。Rabor（1965）和 Heaney 等（1998）注意到该物种开始变得罕见。一项基于访谈的研究也表明菲律宾穿山甲种群数量在下降。从来自塔格巴努阿、巴塔克和巴拉望部落，以及巴拉望岛和卡拉绵群岛的库尤农社区（Cuyunon communities）的当地居民的访谈结果得知，1980～2018年，该物种分布范围南部的种群数量下降了 85%，北部下降了 95%（Acosta and Schoppe，2018）。

猎人和商人证实，该物种在巴拉望岛南部很罕见，在北部相对常见（Schoppe and Cruz，2009）。种群生物学调查研究表明，该物种越来越罕见，发现记录也越来越少（Acosta-Lagrada，2012；Rico and Oliver，2006）。当地猎人报告称，与 20 世纪 70 年代相比，花费相同的时间与人力所捕获的穿山甲数量有所下降（Schoppe，2013）。巴拉望省南部布鲁克斯角的一位猎人讲述道，1992 年每周可以捕捉到 3～4 只穿山甲，而到了 2012 年，每个月只能捕捉到一只穿山甲（Acosta-Lagrada，2012）。Bayron（2014）在罗哈斯、公主港和奎松（菲律宾吕宋岛西南部城市）也报告了类似结果。

保 护 状 态

菲律宾穿山甲被列入《世界自然保护联盟濒危物种红色名录》（Schoppe et al.，2019），证据表明，在其分布范围内穿山甲数量在持续下降。目前关于该物种种群的定量数据不足。菲律宾穿山甲在巴拉望省被列为严重濒危物种，在菲律宾被列为国家级濒危物种。根据《菲律宾野生动物法案 9147》，菲律宾穿山甲受法律保护，该法案禁止利用受威胁物种（包括当地居民用于传统用途）。该物种被列入《濒危野生动植物种国际贸易公约》附录Ⅰ。

致 危 因 素

菲律宾穿山甲的主要威胁是人类的过度利用。这包括当地人的利用和消费，以及国际贸易。由于该物种的地理分布范围相对狭小，情况更加复杂。栖息地丧失是另一个间接的威胁。在巴拉望岛，猎杀穿山甲用于当地居民生存、医疗和祭祀的历史至少有 6000 年（Lewis et al.，2008）。这包括以肉类为蛋白质来源，当地居民认为吃穿山甲有益于健康，能够治疗胃肠道疾病、炎症、哮喘和肠胃胀气等（Eder，1987；Esselstyn et al.，2004；Estrada et al.，2015）。鳞片用于治疗哮喘（Esselstyn et al.，2004）和前列腺等疾病（Acosta-Lagrada，2012），巴拉望的巴塔拉扎（Bataraza）地区居民使用腰带上的穿山甲鳞片治疗背部疼痛，其他多个原住民社区利用鳞片治疗精神失常（见第 12 章；Acosta and Schoppe，2018；Bayron，2014；Estrada et al.，2015）。在纳拉（Narra），烤熟的鳞片用来治疗产后虚弱和预防产后大出血（Acosta-Lagrada，2012；Acosta and Schoppe，2018）。在布鲁克（Brooke），当地居民认为喝穿山甲的血有助于强身健体（Acosta-Lagrada，2012）。

菲律宾境内，人们为获取穿山甲血液、肉类、皮肤和鳞片而大肆偷猎（Cruz et al.，2007；Esselstyn et al.，2004）。Bayron（2014）报道，巴拉望岛北部的偷猎极为严重，仅 2012 年一年，就有 448 只穿山甲在巴拉望岛的三个地方（公主港、罗哈斯和奎松）被偷猎。偷猎者通常是当地人，也可能是来自邻近地区的居民（巴朗盖），它们会驯养猎狗来猎捕穿山甲（Acosta and Schoppe，2018；Bayron，2014）。对查获的非法贸易数据的分析表明，包括马尼拉大都会在内的一些大城市存在对穿山甲肉和鳞片的大量需求（Gomez and Sy，2018），穿山甲被大量捕杀的主要原因是菲律宾国内和国际贸易的利益驱动，而不是当地居民的利用需求（Lacerna and Widmann，2008；Schoppe and Cruz，2009）。

《濒危野生动植物种国际贸易公约》（CITES）的贸易数据显示，20 世纪 80 年代涉及穿山甲的国际贸易中，菲律宾大约有 1 万只穿山甲以皮甲形式交易。Gomez 和 Sy（2018）的报告指出，尽管 2000 年后穿山甲的国际贸易数量有所下降（见第 16 章），但走私仍时有发生。2001～2017 年，至少有 39 起查获案件认定菲律宾是穿山甲的来源国或捕获地，涉及 667 只菲律宾穿山甲，判断依据主要是肉和鳞片，以及部分死亡个体，但实际非法贸易数量可能更多。这些案件大多发生在巴拉望岛，也发生在吕宋岛、民都洛岛、内格罗斯岛和塔布拉斯岛（Gomez and Sy，2018）。确切的贩运路线目前还不清楚，只知道该物种被非法交易到东马来西亚（如古达、山打根等马来西亚沙巴东北部港市）和马来西亚半岛，随后作为传统中医药原料被走私到中国（Pantel and Anak，2010；Schoppe and Cruz，2009）。然而，有人认为菲律宾穿山甲鳞片可能会出口，然后再加工成中药后进口，供国内消费（E. Sy，个人通讯）。在组织严密的国际穿山甲走私活动中，菲律宾成为重要的产地和出口国（Luczon et al.，2016）。当地居民为了生计目的合法获取和使用非林木产品而偷猎穿山甲并将其非法出售，这显然加剧了非法贸易问题的复杂程度。但遗憾的是，菲律宾的司法机构并不重视这一问题，执法力度不足，再加上缺乏人才和技术，政府对偷猎走私穿山甲等犯罪行为的打击力度不够，降低了非法贸易穿山甲的法律风险，导致菲律宾穿山甲犯罪行为猖獗。

栖息地丧失间接威胁穿山甲生存。为发展商业而修建道路，开放了以前的无人区，使得穿山甲被捕猎和偷猎的概率增加，同时被车辆撞死的可能性也在增加。与马来穿山甲一样，有必要研究菲律宾穿山甲利用自然和人工景观（如单一作物种植园）时的差异，以及评估该物种在人为干扰程度高、相对孤立的栖息地中长期生存的能力。

参 考 文 献

Acosta-Lagrada, L.S., 2012. Population density, distribution and habitat preferences of the Palawan Pangolin, *Manis culionensis* (de Elera, 1915). M.Sc. Thesis, University of the Philippines Los Baños, Laguna, Philippines.

Acosta, D., Schoppe, S., 2018. Proceedings of the Stakeholder Workshop on the Palawan Pangolin-Balintong, Bulwagang Princesa Tourist Inn, Puerto Princesa City, 17 February 2018, Katala Foundation Inc, Puerto Princesa City, Palawan, Philippines, pp. 1-10.

Alviola, P.L. III, 1998. Land vertebrates of Calauit Island, Palawan, Philippines. Asia Life Sci. 7 (2), 157-170.

Bayron, A.C., 2014. Trade dynamics of Palawan pangolin *Manis culionensis*. B.Sc. Thesis, Western Philippines University, Palawan, Philippines.

Bourns, F.S., Worcester, D.C., 1894. Preliminary Notes on the Birds and Mammals Collected by the Menage Scientific Expedition to the Philippine Islands. Minnesota Academy of Sciences, Minneapolis.

Corbet, G.B., Hill, J.E., 1992. The Mammals of the Indomalayan Region: A Systematic Review. Oxford University Press, Oxford.

Corpuz-Raros, L.A., 1993. A checklist of Philippine mites and ticks (Acari) associated with vertebrates and their nests. Asia Life Sci. 2 (2), 177-200.

Cruz, R.M., van den Beukel, D.V., Lacerna-Widmann, I., Schoppe, S., Widmann, P., 2007. Wildlife trade in Southern Palawan, Philippines. Banwa 14 (1), 12-26.

de Elera, C.D., 1915. Contribución a la Fauna Filipina. Colegio de Santo Tomás, Manila.

Eder, J.F., 1987. On the Road to Tribal Extinction: Depopulation, Deculturation, and Adaptive Well-Being Among the Batak of the Philippines. University of California Press, Berkeley.

Esselstyn, J.A., Widmann, P., Heaney, L.R., 2004. The mammals of Palawan Island, Philippines. Proc. Biol. Soc. Washington 117 (3), 271-302.

Estrada, Z.J.G., Panolino, J.G., De Mesa, T.K.A., Abordo, F. C.B., Labao, R.N., 2015. An ethnozoological study of the medicinal animals used by the Tagbanua tribe in Sitio Tabyay, Cabigaan, Aborlan, Palawan. In: Matulac, J.L.S., Cabrestante, M.P., Palon, M.P., Regoniel, P.A., Gonzales, B.J., Devanadera, N.P. (Eds.), Proceedings of the 2nd Palawan Research Symposium 2015. National Research Forum on Palawan Sustainable Development: Science, Technology and Innovation for Sustainable Development, 9-10 December, Puerto Princesa City, Palawan, Philippines, pp. 123-128.

Everett, A.H., 1889. Remarks on the zoo-geographical relationships of the island of Palawan and some adjacent islands. J. Zool. 57 (2), 220-228.

Feiler, A., 1998. Das Philippinen-Schuppentier, Manis culionensis Elera, 1915, eine fast vergessene Art (Mammalia: Pholidota: Manidae). Zoologische Abhandlungen-Staatliches Museum Für Tierkunde Dresden 50, 161-164.

Frechkop, S., 1931. Notes sur les mammifères. VI. Quelques observations sur la classification des pangolins (Manidae). Bull. du Musee royal d'Histoire naturelle de Belgique VII (22), 1-14.

Gaubert, P., 2011. Family Manidae. In: Wilson, D.E., Mittermeier, R.A. (Eds.), Handbook of the Mammals of the World, vol. 2. Hoofed Mammals. Lynx Edicions, Barcelona, pp. 82-103.

Gaubert, P., Antunes, A., 2005. Assessing the taxonomic status of the Palawan pangolin Manis culionensis (Pholidota) using discrete morphological characters. J. Mammal. 86 (6), 1068-1074.

Gaubert, P., Antunes, A.,Meng, H.,Miao, L., Peigne, S., Justy, F., et al., 2018. The complete phylogeny of pangolins: scaling up resources for the molecular tracing of the most trafficked mammals on earth. J. Hered. 109 (4), 347-359.

General, D.M., Alpert, G.D., 2012. A synoptic review of the ant genera (Hymenoptera, Formicidae) of the Philippines. ZooKeys 200, 1-111.

Gomez, L., Sy, E.Y., 2018. Illegal pangolin trade in the Philippines. TRAFFIC Bull. 30 (1), 37-40.

Heaney, L.R., Balete, D.S., Dollar, M.L., Alcala, A.C., Dans, A.T.L., Gonzales, P.C., et al., 1998. A synopsis of the mammalian fauna of the Philippine Islands. Fieldiana (Zool.) 88, 1-61.

Hollister, N., 1913. A review of the Philippine land mammals in the United States National Museum. Proc. United States Natl. Mus. 46, 299-341.

Hoogstraal, H., 1951. Philippine zoological expedition, 1946-1947. Narr. Itinerary. Fieldiana (Zool.) 33, 1-86.

Jaffar, R., Low, M.R., Maguire, R., Anwar, A., Cabana, F., 2018. WRS Husbandry Manual for the Sunda Pangolin (Manis javanica), first ed. Wildlife Reserves Singapore, Singapore.

Jentink, F.A., 1882. Note XXV. Revision of the Manidae in the Leyden Museum. Notes from the Leyden Museum IV, 193-209.

Lacerna, I.D., Widmann, P., 2008. Biodiversity utilization in a Tagbanua community, Southern Palawan, Philippines. In: Widmann, I.L., Widmann, P., Schoppe, S., van den Beukel, D.V., Espeso, M. (Eds.), Conservation Studies on Palawan Biodiversity: A Compilation of Researches Conducted in Cooperation With or Initiated by Katala Foundation Inc. Katala Foundation Inc, Puerto Princesa City, Palawan, pp. 158-170.

Lawrence, B.L., 1939. Collections from the Philippine Islands. Mammals. Bull. Mus. Comp. Zool. 86, 28-73.

Lewis, H., Paz, V., Lara, M., Barton, H., Piper, P., Ochoa, J., et al., 2008. Terminal Pleistocene to mid-Holocene occupation and an early cremation burial at Ille Cave, Palawan, Philippines. Antiquity 82 (316), 318-335.

Lim, N.T.-L, 2007. Autoecology of the Sunda Pangolin (Manis javanica) in Singapore. M.Sc. Thesis, National University of Singapore, Singapore.

Lim, N.T.-L., Ng, P.K.L., 2008. Predation on Manis javanica by Python reticulatus in Singapore. Hamadryad 32 (1), 62-65.

Luczon, A.U., Ong, P.S., Quilang, J.P., Fontanilla, I.K.C., 2016. Determining species identity from confiscated pangolin remains using DNA barcoding. Mitochondrial DNA Part B 1 (1), 763-766.

Marler, P.N., 2016. Camera trapping the Palawan Pangolin *Manis culionensis* (Mammalia: Pholidota: Manidae) in the wild. J. Threat. Taxa 8 (12), 9443-9448.

Mohr, E., 1961. Schuppentiere. Neue Brehm-Bucherei. A. Ziemsen Verlag, Wittenberg Lutherstadt.

Paguntalan, L.J., Gomez, R.K., Oliver, W., 2010. Threatened Species of the Calamian Islands: Developing an Integrated Regional Biodiversity Conservation Strategy in a Global Priority Area, Phase II - Biological Survey. Philippines Biodiversity Conservation Foundation. Katala Foundation Inc., and National Geographic Society Conservation Trust.

Paguntalan, L.J., Jakosalem, P.G., Oliver, W., 2012. Threatened Species of the Calamian Islands: Developing an Integrated Regional Biodiversity Conservation Strategy in a Global Priority Area, Phase II - Biological Survey. A report submitted to National Geographic Society.

Paguntalan, L.J., Jakosalem, P.G., Oliver, W., Reintar, A.R., Doble, K.J., 2015. Threatened Species of the Calamian Islands: Developing an Integrated Regional Biodiversity Conservation Strategy in a Global Priority Area, Phase II - Follow-up Biological Survey. A report submitted to Community Centered Conservation and GIZ – Protected Areas Management Enhancement Project (GIZ-PAME).

Pantel, S., Anak, A.N., 2010. A preliminary assessment of Sunda pangolin trade in Sabah. TRAFFIC Southeast Asia, Petaling Jaya, Selangor, Malaysia.

Pocock, R.I., 1924. The external characters of the pangolins (Manidae). Proc. Zool. Soc. Lond. 94 (3), 707-723.

Piper, P.J., Ochoa, J., Robles, E.C., Lewis, H., Paz, V., 2011. Palaeozoology of Palawan Island, Philippines. Quat. Int. 233 (2), 142-158.

Rabor, D.S., 1965. Threatened species of small mammals in tropical South East Asia. The problem in the Philippines. In: Talbot, L.M., Talbot, M.H. (Eds.), Proceedings of the Conference on Conservation of Nature and Natural Resources in Tropical South East Asia, Bangkok, Thailand, 29 November - 4 December 1965. IUCN, Morges, Switzerland, pp. 272-277.

Rico, E., Oliver, W., 2006. Threatened Species of the Calamian Islands: Developing an Integrated Regional Biodiversity Conservation Strategy in a Global Priority Area, Phase I, Findings and Recommendations of an Islands-Wide Ethnobiological Survey. A report submitted to National Geographic Society.

Sanborn, C.C., 1952. Philippine zoological expedition 1946-1947. Mammals. Fieldiana (Zool.) 33, 89-158.

Schlitter, D.A., 2005. Order Pholidota. In: Wilson, D.E., Reeder, D.M. (Eds.), Mammal Species of the World: A Taxonomic and Geographic Reference, third ed. Johns Hopkins University Press, Baltimore, pp. 530-531.

Schoppe, S., 2013. Catch me if you can! How can we monitor populations of the Philippine Pangolin? Oral presentation, 1st IUCN SSC Pangolin Specialist Group Conservation Conference, 24 - 27 June 2013, Wildlife Reserves Singapore, Singapore.

Schoppe, S., Cruz, R., 2008. Armoured but endangered: Galvanizing action to mitigate the illegal trade in Asian Pangolins: The situation in Palawan, Philippines. A report submitted to TRAFFIC by Katala Foundation Incorporated, pp. 1-16.

Schoppe, S., Cruz, R., 2009. The Palawan Pangolin *Manis culionensis*. In: Pantel, S., Chin, S.-Y., (Eds.), Proceedings of the Workshop on Trade and Conservation of Pangolins Native to South and Southeast Asia, 30 June - 2 July 2008, Singapore Zoo, Singapore. TRAFFIC Southeast Asia, Petaling Jaya, Selangor, Malaysia, pp. 176-188.

Schoppe, S., Alvarado, D., 2015a. Conservation Needs of the Palawan Pangolin *Manis culionensis* - Phase II (Extension), Final Scientific and Financial Report Submitted to Wildlife Reserves Singapore. Katala Foundation Inc, Puerto Princesa City, Palawan, Philippines, pp. 1-36.

Schoppe, S., Alvarado, D., 2015b. Conservation Needs of the Palawan Pangolin *Manis culionensis*-Phase I. Final Scientific and Financial Report to Wildlife Reserves Singapore. Katala Foundation Inc, Puerto Princesa City, Palawan, Philippines, pp. 1-30.

Schoppe, S., Alvarado, D., 2016. Movements of the Palawan Pangolin *Manis culionensis*-Final Project Report Submitted to Wildlife Reserves Singapore. Katala Foundation Inc, Puerto Princesa City, Palawan, Philippines, pp. 1-16.

Schoppe, S., Alvarado, D., Luz, S., 2017. Movement patterns of the Palawan Pangolin *Manis culionensis*. Poster presentation at 26th Philippine Biodiversity Symposium, 18-21 July 2017, Ateneo de Manila University, Quezon City, Philippines.

Schoppe, S., Katsis, L., Lagrada, L., 2019. Manis culionensis. The IUCN Red List of Threatened Species 2019: e.T136497A 123586862. Available from: <http://dx.doi.org/10.2305/IUCN.UK.2019-3.RLTS.T136497A123586862.en>.

Schoppe, S., Alvarado, D., Luz, S., in prep. a. First data on the population density of the Palawan Pangolin *Manis culionensis* from Palawan, Philippines. Katala Foundation Inc., Puerto Princesa City, Palawan, Philippines.

Schoppe, S., Alvarado, D., Luz, S. in prep. b. Home range and homing of the Palawan Pangolin *Manis culionensis*. Katala Foundation Inc., Puerto Princesa City, Palawan, Philippines.

Schultze, W., 1914. Notes on the Malay pangolin, *Manis javanica* Desmarest. Philippine J. Sci. 1, 93. Steere, J.B., 1888. A month in Palawan. Am. Nat. 22 (254), 142-145.

Taylor, E.H., 1934. Philippine land mammals. Bur. Sci. Mongr. (Manila) 30, 1-548.

Ullmann, T., Veríssimo, D., Challender, D.W.S., 2019. Evaluating the application of scale frequency to estimate the size of pangolin scale seizures. Ecol. Conserv. 20, e00776.

Wu, S.B., Liu, N.F., Ma, G.Z., Xu, Z.R., Chen, H., 2003. Studies on habitat selection by Chinese pangolin (*Manis pentadactyla*) in winter in Dawuling Natural Reserve. Acta Ecol. Sin. 23 (6), 1079-1086. [In Chinese].

Wu, S., Liu, N., Zhang, Y., Ma, G., 2004. Physical measurement and comparison for two species of pangolins. Acta Theriol. Sin. 24 (4), 361-364. [In Chinese].

第 8 章　黑腹长尾穿山甲 *Phataginus tetradactyla* (Linnaeus，1766)

玛雅·古德胡斯[1]，达伦·W.彼得森[2,3]，迈克尔·霍夫曼[4]，罗德·卡西迪[1]，
塔玛尔·卡西迪[1]，奥卢费米·索德因[5]，胡安·拉普恩特[6]，
布鲁·盖伊-马修·阿索[7]，马修·H.雪莉[8]

1．僧伽穿山甲项目，中非共和国赞加-僧伽特别保护区

2．比勒陀利亚大学动物与昆虫学系哺乳动物研究所，南非哈特菲尔德

3．摄政公园伦敦动物学会，世界自然保护联盟物种生存委员会穿山甲专家组，英国伦敦

4．摄政公园伦敦动物学会保护与政策部，英国伦敦

5．美国纽约城市大学布鲁克林分校纽约城市理工学院生物科学系，纽约布鲁克林

6．科洛吉和特罗本比奥吉大学生物中心（动物学Ⅲ）维尔茨堡大学科特迪瓦&动物生态学和热带生物学科莫埃研究站科莫埃黑猩猩保护项目，德国维尔茨堡

7．费利克斯·乌弗埃-博瓦尼大学，科特迪瓦阿比让

8．佛罗里达国际大学热带保护研究所，美国北迈阿密

分　类

黑腹长尾穿山甲曾被列入 *Manis* 属（Meester，1972；Schlitter，2005）和 *Uromanis* 属（Kingdon，1997；McKenna and Bell，1997；Pocock，1924），基于形态学（Gaudin et al.，2009）和遗传学证据（du Toit et al.，2017；Gaubert et al.，2018；Hassanin et al.，2015），本书对前人的观点持赞同态度（Grubb et al.，1998；Kingdon and Hoffmann，2013）。根据 *Manis* 属、*Smutsia* 属和 *Phataginus* 属之间的基因组距离，以及 *Phataginus* 属特有的形态特征，将 *P. tetradactyla* 归入 Phatagininae 亚科，指定其为小型非洲穿山甲物种（Gaubert et al.，2018；见第 2 章）。在许多早期文献中，其被称为长尾鱼，这个名称其实不准确（Mohr，1961）。主要产地为"美国、澳大利亚"（西非；Linnaeus，1766）。没有发现亚种。目前还没有关于染色体数目的资料。

同物异名：*Pholidotus longicaudatus* (Brisson，1756；不可用)、*Pholidotus longicaudatus* (Brisson，1756；不可用)、*Manis tetradactylus* (Linnaeus，1766)、*Manis macroura* (Erxleben，1777)、*Phataginus ceonyx* (Rafinesque，1820)、*Manis Africana* (Desmarest，1822)、*Manis tetradactyla* (Gray，1843)、*Manis guineensis* (Fitzinger，1872)、*Manis longicauda* (Sundevall，1842)、*Manis longicaudata* (Sundevall，1842，sic.，fide Pocock，1924)、*Manis senegalensis* (Fitzinger，1872)、*Manis hessi* (Noack，1889)、*Pholidotus tetradactyla* (Sclater，1901)、*Uromanis longicaudata* (Pocock，1924)、*Manis longicaudatus* (Rosevear，1953)。

词源：*Phataginus* 来源于 *phatagen*，这是东印度人对穿山甲的称呼；该物种名称 *tetradactyla* 来源于脚上的 4 个（tetra-）非退化趾（-dactyla）（Gotch，1979）。

性　状

黑腹长尾穿山甲（*Phataginus tetradactyla*）是一种小型的树栖非洲穿山甲，体重 1.1～3.6kg，全体长可达 120cm（表 8.1）。黑色皮肤和毛发覆盖腹部（大部分）、面部、四肢内侧、前肢上半部和前爪（Hatt，1934；Jentink，1882）。尾巴极长，可缠绕物体，占身体总长度三分之二（55～75cm；表 8.1；Hatt，1934；Tahiri-Zagrët，1970a）。腹部末端有一个裸露的、敏感的肉垫，尾巴强壮，可轻易支撑穿山甲的体重（Jentink，1882；Kingdon，1971；Pocock，1924）。有 47 节尾椎骨（Jentink，1882），是现存哺乳动物尾椎数量最多的动物。头体长 28～50cm（表 8.1）。

表 8.1　黑腹长尾穿山甲形态特征

	测量指标		国家和地区	数据来源
体重	体重（♂）/kg	2.83（2.2～3.6），*n*=4	尼日利亚东南部	Kingdon and Hoffmann，2013
		1.41（1.12～1.65），*n*=12	中非共和国	R. and T. Cassidy，未发表数据
	体重（♀）/kg	2.74（2.6～3.1），*n*=3	尼日利亚东南部	Kingdon and Hoffmann，2013
		1.45（1.3～1.7），*n*=4	中非共和国	R. and T. Cassidy，未发表数据
体长	头尾长（♂）/mm	874（810～937），*n*=3	刚果民主共和国	Hatt，1934
		985（920～1070），*n*=11	中非共和国	R. and T. Cassidy，未发表数据
		1007（820～1210），*n*=7	科特迪瓦	Tahiri-Zagrët，1970a
	头尾长（♀）/mm	851.4（755～930），*n*=5	刚果民主共和国	Hatt，1934
		1040（970～1110），*n*=4	中非共和国	R. and T. Cassidy，未发表数据
		1015（930～1100），*n*=2	科特迪瓦	Tahiri-Zagrët，1970a
	头尾长（性别未确定）/mm	1115（1060～1170），*n*=2	科特迪瓦	Tahiri-Zagrët，1970a
	头体长（♂）/mm	314（286～342），*n*=4	尼日利亚东南部	Kingdon and Hoffmann，2013
		398（370～460），*n*=10	中非共和国	R. and T. Cassidy，未发表数据
	头体长（♀）/mm	302（292～311），*n*=3	尼日利亚东南部	Kingdon and Hoffmann，2013
		420（370～500），*n*=4	中非共和国	R. and T. Cassidy，未发表数据
	尾长（♂）/mm	613.3（560～645），*n*=3	刚果民主共和国	Hatt，1934
		641（594～707），*n*=4	尼日利亚东南部	Kingdon and Hoffmann，2013
		658（520～690），*n*=10	中非共和国	R. and T. Cassidy，未发表数据
		643（600～710），*n*=7	科特迪瓦	Tahiri-Zagrët，1970a
	尾长（♀）/mm	560.6（505～623），*n*=5	刚果民主共和国	Hatt，1934
		633（606～670），*n*=3	尼日利亚东南部	Kingdon and Hoffmann，2013
		620（600～670），*n*=4	中非共和国	R. and T. Cassidy，未发表数据
	尾长（性别未确定）/mm	705（660～750），*n*=2	科特迪瓦	Tahiri-Zagrët，1970a
椎骨	椎骨总数	>70	利比里亚	Frechkop，1931；Jentink，1882
	颈椎	7	利比里亚	Jentink，1882
	胸椎	13	利比里亚	Jentink，1882；Mohr，1961
	腰椎	5～6	利比里亚	Jentink，1882；Mohr，1961
	骶椎	2～3	利比里亚	Jentink，1882；Mohr，1961
	尾椎	46～47	利比里亚	Frechkop，1931；Jentink，1882；Mohr，1961
头骨	长度（♂）/mm	70（69.1～71），*n*=2	刚果民主共和国	Hatt，1934
	长度（♀）/mm	65.3（62.1～68.7），*n*=7	刚果民主共和国	Hatt，1934
	颧骨突宽度（♂）/mm	24（23.6～24.4），*n*=2	刚果民主共和国	Hatt，1934
	颧骨突宽度（♀）/mm	24.5（22.8～26.9），*n*=7	刚果民主共和国	Hatt，1934

续表

	测量指标		国家和地区	数据来源
鳞片	鳞片总数	588（542~637），*n*=10	喀麦隆、未知	Ullmann et al.，2019
	鳞片行数（横向，体）	10~13		Frechkop，1931；Mohr，1961
	鳞片行数（纵向，体）	13		Frechkop，1931；Jentink，1882
	尾边缘鳞片数	42~47		Frechkop，1931；Jentink，1882；Mohr，1961
	尾中间行鳞片数	35~41		Frechkop，1931；Jentink，1882
	鳞片（湿）占体重比例/%	没有数据		
	鳞片（干）占体重比例/%	没有数据		

　　该物种身被宽大、重叠的鳞片，基部呈深棕色，边缘呈黄色或金色，在皮肤上以网格状排列生长（图 8.1）。每块鳞片都有细微的纵向条纹（Dorst and Dandelot，1970；Happold，1987），与其他体型相似的穿山甲［白腹长尾穿山甲（*P. tricuspis*）］相比更加厚实、坚固（Tahiri-Zagrët，1970a；M. Shirley and G.-B.M. Assovi，个人观察）。鳞片覆盖身体的背部和侧面，但面部、咽喉、腹部、前后肢内侧和前肢的上半部分没有鳞片（Jentink，1882；Kingdon，1971；Pocock，1924）。体侧的鳞片呈龙骨状（图 8.1；Hatt，1934）。鳞片之间没有毛发。体表有 10~13 条横向和 13 条纵向鳞片（表 8.1），表面积最大的鳞片位于背中部，长宽达 67mm×50mm（O. Sodeinde，未发表数据）。前肢的下半部分长有一对非常大的肩胛后鳞片（图 8.1；Hatt，1934）。前额、前肢、后肢和尾腹中部的鳞片最小。细长的尾巴边缘有 42~47 枚鳞片，边缘锐利（表 8.1）。尾背中部有 35~41 枚鳞片，尾端细小，尾中部鳞片消失，被尾两端的 9~10 枚鳞片所取代（图 8.2；Frechkop，1931；Jentink，1882）。全身鳞片数为 542~637 枚（表 8.1）。鳞片可能缺乏色素沉着，体表偶见，但通常在尾部或体侧（图 8.2；Hatt，1934）。年龄越大鳞片磨损越严重，部分尾腹表面的鳞片变得圆滑（Hatt，1934）。对野生环境中缺少尾鳞的老年个体的观察表明，该物种会随着年龄增长脱落部分鳞片，不再生长（M. Shirley and B.G.-M. Assovi，个人观察）。

图 8.1　中非共和国的黑腹长尾穿山甲。可见前肢下部的巨大后肩胛骨鳞片及覆盖其左侧面和后肢的龙骨状鳞片（棱鳞）。图片来源：Alex Ley。

图 8.2 中非共和国的一只黑腹长尾穿山甲正在爬树。这张图显示了该物种极长的尾巴，以及一些缺乏色素沉着的鳞片。照片来源：Maja Gudehus。

与其他穿山甲类似，黑腹长尾穿山甲头骨特征也与食蚁的习性相关（见第 1 章）。与白腹穿山甲（白腹长尾穿山甲）一样有泪腺骨（Emry，1970）。如果没有额头上的鳞片和脸颊、喉咙上的粗黑毛发（5～10mm），头部会显得又长又细（Gaubert，2011；Kingdon and Hoffmann，2013）。口鼻裸露，鼻孔潮湿，微微下翻，颜色与脸部相似（Kingdon and Hoffmann，2013）。眼睛大而圆，具黑色的虹膜，眼睑厚大。耳郭很小，由与听孔相邻的肉质隆起组成（Kingdon and Hoffmann，2013）。同其他穿山甲一样，黑腹长尾穿山甲无牙齿。

舌长 16～18cm，末端扁平，但横切面呈椭圆形（Gaubert，2011）。舌从剑突胸骨向前延伸，剑突胸骨是由最后一对肋骨形成的一个分叉的软骨结构，是舌头与腹部的连接点（Doran and Allbrook，1973；Sikes，1966）。从肋骨的后缘开始，舌头沿着身体的腹侧表面延伸到右侧的髂窝，从那里开始向后延伸，然后转向前，最后在横膈膜的背缘形成一个铲状软骨结构（见第 1 章；Heath，2013）。胸腔中的组织形成舌管，舌管包含舌头，舌管通过颈部进入口腔（Doran and Allbrook，1973）。

前脚掌和后脚掌各有五根趾，趾端有强壮弯曲的爪子，用来掘开蚁巢。前脚上的第一个趾已经退化，基本上没有功能，看起来只有四个趾；第五个趾几乎和第四个趾一样长，比其他穿山甲发达（Pocock，1924）。第三趾和爪最大，也最强壮。后足比前足长，前后足形状大致相似：有 4 个长而发达的爪，长度基本相等；第一趾已经退化（Pocock，1924）。前后脚都有发达的皮质肉垫，后脚的皮质肉垫从第一趾水平向后延伸到脚跟（Pocock，1924）。肛门的边缘有一对肛门腺，能产生强烈的气味，可用于气味标记，也能在受威胁时用于防御，但尚未有观察记录（Pocock，1924）。科特迪瓦的猎人声称能够通过这种气味找到黑腹长尾穿山甲（M. Shirle and B.G.-M. Assovi，未发表数据）。雌性的外阴位于肛门的前面，胸部有一对乳头。雄性的睾丸位于腹股沟区，不下降到阴囊中（见第 1 章）。

黑腹长尾穿山甲的体温通常在 30～36℃；平均静息代谢率估计为 160.2ml O$_2$/(kg·h)（Hildwein，1974）。

尽管外观差异很大，但黑腹长尾穿山甲与同域分布的白腹长尾穿山甲常被人混淆。事实上，通过皮肤颜色、鳞片大小和鳞片颜色很容易区分这两种穿山甲。黑腹长尾穿山甲的鳞片比白腹长尾穿山甲的鳞片大，深棕色的鳞片边缘呈金黄色，而白腹长尾穿山甲的鳞片则呈灰褐色或黄褐色，同时，黑腹长尾穿山甲的鳞片比白腹长尾穿山甲的鳞片要长得多。黑腹长尾穿山甲有两块很大的肩胛后鳞片（图 8.1），与白腹长尾穿山甲相比则显得小一些。黑腹长尾穿山甲与非洲大陆的两种陆栖穿山甲（巨地穿山甲和南非地穿山甲）的区别在于它的体型较小，尾巴极长，皮肤颜色和鳞片颜色独特。

分　布

黑腹长尾穿山甲分布在非洲西部和中部的森林地区，从塞拉利昂到刚果盆地的东部边界。Grubb 等（1998）对塞拉利昂西部的记录存疑，其中包括塞内加尔、冈比亚和几内亚比绍地区（Frade，1949；Meester，1972；Schlitter，2005），并认为塞拉利昂西部的半岛森林国家公园是其分布的最西边。

Reiner 和 Simões（1999）认为，黑腹长尾穿山甲可能存在于几内亚比绍，但证据不充分。在几内亚东南部的一些森林保护区（Barnett and Prangley，1997；Barrie and Kanté，2006）、利比里亚（Allen and Coolidge，1930）、科特迪瓦南部（Rahm，1956），加纳西南部和沃尔塔以西的区域也有其分布记录（Grubb et al.，1998）。该物种于 2016 年在科特迪瓦北部的科摩罗国家公园首次被记录到（J. Lapuente and K.E. Linsenmair，未发表数据），也有该物种在科特迪瓦北部其他地点出现的报告。如果上述报告准确，有理由相信黑腹长尾穿山甲也可能存活于加纳北部地区。向东分布于喀麦隆南部（Jeannin，1936）和中非共和国西南部，直到刚果民主共和国东部的区域（DRC；Hatt，1934；Rahm，1966；Schouteden，1944）。Blench 和 Dendo（2007）报道，在尼日利亚，黑腹长尾穿山甲在东南部比在西南部更常见。向南分布于加蓬和刚果共和国。在乌干达的 Semuliki 山谷进行深入调查很有必要，因为该地区是东非著名的刚果乡土动植物的保护区，分布有巨地穿山甲和白腹长尾穿山甲。

目前不清楚安哥拉是否有该物种的分布。一些参考著作中没有提及（Beja et al.，2019；Bocage，1889，1890；Hill and Carter，1941；Machado，1969；Thomas，1904）。Monard（1935）认为，黑腹长尾穿山甲在库内内南方有分布，Mohr（1961）认为在木萨米迪什有分布，但证据并不充分。Feiler（1990）将黑腹长尾穿山甲列入物种调查清单，指出这是在 1990 年以前的首次记录，但没有提及采集到标本或发现的具体地点。刚果共和国的下刚果省有该物种生活的记录（Schouteden，1944），所以不能排除黑腹长尾穿山甲生存于卡宾达地区的可能性（Kingdon and Hoffmann，2013；Taylor et al.，2018）。

栖　息　地

关于黑腹长尾穿山甲栖息地的具体研究有限。该物种在非洲穿山甲中最具树栖特性，经常在河岸和沼泽森林中出现，典型的栖息地是棕榈树（包括藤条）和特殊的沼泽树，如 *Uapaca* sp.，*Pseudospondis* sp.和 *Mitragina* sp.（Happold，1987；Kingdon and Hoffmann，2013；Pagès，1970），以及原始森林和热带大草原。美国自然历史博物馆和史密森尼国家自然历史博物馆目录中的记录表明，大多数黑腹长尾穿山甲个体都捕获于原始森林。例如，在中非共和国和科特迪瓦北部，黑腹长尾穿山甲最常出现于原始封闭的森林林冠层中，远离沼泽和河流森林（R. and T. Cassidy，未发表数据；J. Lapuente and K.E. Linsenmair，个人观察）。在科特迪瓦科摩罗国家公园的森林-稀树大草原地段中，该物种栖息在以马拉胶（*Anogeissus leiocarpus*）、几内亚酸荚（*Dialium guineense*）、柿树（*Diospyros abissinica*）和核果木（*Drypetes floribunda*）为优势植物种类的森林中，活动区域远离河流，缺乏棕榈树（J. Lapuente and K.E. Linsenmair，个人观察）。

相反，在科特迪瓦南部，黑腹长尾穿山甲常出现在水流丰富的沼泽森林中，优势树种主要是棕榈树和科特迪瓦酒椰，偶尔也出现在森林及保护区附近的油棕榈和橡胶种植园（图 8.3）。在黑腹长尾穿山甲栖息地中，可经常发现其在河边不足一米高的灌木植被中觅食（M. Shirley and B.G.-M. Assovi，个人观察）。尼日利亚东南部的原始林、次生林、再生林、沼泽林和农田都有黑腹长尾穿山甲出现的记录（Angelici et al.，1999，2001；Luiselli et al.，2015）。据尼日利亚西南部的猎人和森林工人说，他们偶尔会在次生林如废弃或半废弃的油棕种植园里遇到穿山甲（Sodeinde and Adedipe，1994）。

　　黑腹长尾穿山甲在森林中似乎主要活动于树冠层，这可能是观察研究较少的缘故。初步观察表明，在干扰较少的栖息地和人迹罕至的地方该物种数量更多（M. Shirley and B.G.-M. Assovi，个人观察）。目前还需要进一步的研究来深入了解黑腹长尾穿山甲对栖息地的需求和选择，以及栖息地质量对其分布的潜在影响。

图 8.3　科特迪瓦东南部被洪水淹没的沼泽森林中，一只成年雌性黑腹长尾穿山甲。
图片来源：Matthew H. Shirley。

生 态 学

　　黑腹长尾穿山甲主要在白天活动，偶有夜间活动（Booth，1960；Carpaneto and Germi，1989；Pagès，1970；R. and T. Cassidy，未发表数据）。过去两年，通过对两只黑腹长尾穿山甲的持续监测记录，以及对从中非共和国非法贸易中没收的 8 只穿山甲个体释放后的观察结果，都支持这一观点，即该物种主要在白天活动（R. and T. Cassidy，个人观察）。

　　目前为止，只有两项关于该物种家域的研究，其中一项研究的数据来源于中非共和国对两只重新释放的个体（9～12 个月大）超过两年的跟踪观察（R. and T. Cassidy，未发表数据），另一项研究在科特迪瓦进行，为期两个月，用无线电追踪 6 只穿山甲。前一项研究表明，中非共和国黑腹长尾穿山甲的家域面积非常小，分别为 48hm^2 和 12hm^2 [95%和 50%核心区域使用密度（KUD）]，第一年至第二年的变化范围分别为 36.3～56.2hm^2（95% KUD）和 7.2～15.01hm^2（50% KUD）。除年度家域面积变化不大外，森林利用面积的变化也不大，个体分布范围在 32.4hm^2 以上 [95%最小凸多边形（minimum convex polygon，MCP）法，约 1.2km×0.5km]。在科特迪瓦，6 只穿山甲个体（包括雌性和雄性）的平均家域面积为 9.27hm^2（95% MCP），分布范围从 0.13hm^2 到 25.9hm^2 不等（M. Shirley and B.G.-M. Assovi，未发表数据）。家域范围内，穿山甲个体会重复使用固定路线和洞穴（Pagès，1970）。

　　黑腹长尾穿山甲平时蜷缩在树洞、蕨类植物或藤本植物丛中睡觉，偶尔会在中空的昆虫巢穴中休息。像所有的穿山甲一样，该物种食蚁。不同的是，黑腹长尾穿山甲主要以树蚁为食（图 8.4），它似乎不常捕食白蚁，甚至根本不捕食白蚁（Kingdon and Hoffmann，2013；R. and T. Cassidy，个人观察；M. Shirley and B.G.-M. Assovi，个人观察）。据报道，举腹蚁属（*Crematogaster*）和切叶蚁属（*Cataulacus*）为其首选食物（Kingdon and Hoffmann，2013），而在中非共和国的观察表明，该物种的食物至少包括 7 种不同的蚁类，包括几内亚切叶蚁、织叶蚁和多刺蚁属，其卵、幼虫和蛹也会被捕食（M. Gudehus，未发表数据）。汗蜂也在黑腹长尾穿山甲的食谱之中。虽然关于黑腹长尾穿山甲摄食频率和摄食时间的研究只持续了两周，但观察结果表明，黑腹长尾穿山甲大部分时间都在休息或觅食（R. and T. Cassidy，个人观察）。

图 8.4　黑腹长尾穿山甲破开树栖蚁巢进食。该物种几乎只以蚂蚁为食。
照片来源：Michael Lorentz。

对黑腹长尾穿山甲的热生态学研究很少。在科特迪瓦开展的一项研究的结果推翻了之前认为黑腹长尾穿山甲花时间在森林树冠上晒太阳从而进行体温调节的说法。2018 年，研究人员在科特迪瓦将温度和光数据记录器附着在黑腹长尾穿山甲上，数据显示，被标记的穿山甲白天平均暴露在 110～170 光通量（0～1000lm）下，该数值远低于阳光直射下的环境亮度（3000～4000lm）（M. Shirley and B.G.-M. Assovi，未发表数据）。同时，标记动物周围的环境温度平均为 30℃，相比之下，森林树冠下和阳光直射下的平均气温分别为 27.5℃和 38℃，这表明该物种几乎所有的时间都在冠层以下。晚上，穿山甲的巢室温度在 3～8℃，高于周围环境，但相比于白天的平均温度下降了 1～4℃，说明其巢穴具有一定的保温功能（M. Shirley and B.G.-M. Assovi，未发表数据）。目前关于黑腹长尾穿山甲的研究资料还非常缺乏，需要进一步深入研究。

花豹（*Panthera pardus*）和斑鬣狗（*Crocuta crocuta*）可能是黑腹长尾穿山甲主要的自然捕食者，在加蓬（Henschel et al.，2005，2011）和科特迪瓦北部的科摩罗国家公园，几个豹子分布处有黑腹长尾穿山甲的遗骸（J. Lapuente and K.E. Linsenmair，个人观察）。白天活动及其较小的体型使该物种容易受到猛禽、黑猩猩（*Pan troglodytes*；Kingdon and Hoffmann，2013）、非洲岩蟒（*Python sebae*）和蜜獾（*Mellivora capensis*）及其他捕食者的捕食。

　　中非共和国和科特迪瓦的黑腹长尾穿山甲身上有扁虱（Tahiri-Zagrët，1970b，A. Kotze and E. Suleman，个人观察），在加蓬，发现穿山甲携带蜱（Sikes，1966；参见第 29 章）。

行　　为

　　由于对黑腹长尾穿山甲的研究有限，人类对其行为知之甚少。与其他穿山甲一样，该物种独居，唯一相对持久的社会关系是母子（女）关系。科特迪瓦的猎人偶尔会发现两只穿山甲在一起，但不清楚他们是母子（女），还是一对求偶伴侣（M. Shirley and B.G.-M. Assovi，个人观察）。

　　黑腹长尾穿山甲为四足动物，几乎营树栖生活，攀登能力强。前后肢成对移动，类似于毛毛虫，能在直立树干上快速爬行。它们用前脚握住树干或树枝，再用尾巴钩住，然后抬起后足。可缠绕的尾巴提供了多功能攀爬辅助：钩在树枝上或增加延伸距离，可以有效地充当第五肢。这样，黑腹长尾穿山甲就可以依靠攀缘植物在树枝间的空隙处活动（图 8.5）。长长的尾巴、扁平的腹部和尖锐的鳞片边缘缠绕在树干上以支撑自身的重量。当树木过大无法抓握时，穿山甲在下落过程中通常头往下，身体呈螺旋形，尾巴缠绕，可以增强附着力（R. and T. Cassidy，个人观察）。

图 8.5　位于中非共和国的黑腹长尾穿山甲。该物种用四肢和长长的、可缠绕的尾巴攀爬。照片来源：Maja Gudehus。

　　该物种喜爱在树木和其他植被中觅食（图 8.3），与同域分布的白腹长尾穿山甲形成反差，白腹长尾穿山甲半树栖、夜间活动，在树上和地面觅食（Booth，1960；Carpaneto and Germi，1989；Kingdon and Hoffmann，2013）。黑腹长尾穿山甲靠嗅觉定位树栖蚁巢，用强壮的爪子破开树枝和蚁巢取食（图 8.4）。沿着树枝移动的蚂蚁群也会被取食，黑腹长尾穿山甲用它长而黏的舌头舔食蚂蚁（Kingdon and Hoffmann，2013）。鲜见黑腹长尾穿山甲喝水的观察记录，初步研究表明，黑腹长尾穿山甲从汇集有雨水或露水的小树洞里喝水，而非爬下树到河流或湖泊里饮水（R. and T. Cassidy，个人观察）。

　　在中非共和国、刚果共和国和科特迪瓦，该物种有地面上行走的观察记录，但发生的频率尚不清楚（Wilderness Wildlife Trust，未发表数据；R. and T. Cassidy，个人观察；J. Lapuente and K.E. Linsenmair，个人观察）。在中非共和国，有人观察到一些穿山甲横穿马路，马路两旁的树冠不接触，黑腹长尾穿山甲从树冠上摔落后会立即爬到最近的一棵树上。也观察到携带幼崽的雌性过马路，黑腹长尾穿山甲善游泳，森林被水淹没时，由于树冠层间隔过大，它们会从一棵树游到另一棵树（M. Shirley and B.G.-M. Assovi，个人观察）。科特迪瓦有该物种横渡 20m 宽河流的观察记录。

受威胁时，它们会蜷缩成一团，一动不动，鳞片像盔甲一样起到保护作用。有时在感知到威胁后会静止长达几个小时（Kingdon and Hoffmann，2013；R. and T. Cassidy，个人观察）。它们会隐藏于茂密的植被中，避免被天敌发现，威胁离开后再恢复正常活动（M. Shirley and B.G.-M. Assovi，个人观察）。据报道，与其他穿山甲相比，该物种非常"害羞"。被救助的黑腹长尾穿山甲，特别是年轻的个体，偶尔会与其他穿山甲和照顾它的人类接触（R. and T. Cassidy，个人观察）。

个体发育和繁殖

对黑腹长尾穿山甲的繁殖学研究很少。由于独居，一般认为雄性和雌性只会在交配时在一起。该物种嗅觉发达，能够跟踪尿液和腺体的气味，这很可能是雄性能够确定雌性位置及状态的原因（Kingdon and Hoffmann，2013）。据 Pagès（1972a）报道，在交配之前，雌雄穿山甲相对站立，类似打斗行为；随后雌性会顺从雄性，并紧紧抓住雄性的尾巴（像幼崽紧抓母亲的尾巴一样）。在交配时，雄性和雌性的尾巴相互缠绕，防止生殖器官滑出。妊娠期估计为 140d，黑腹长尾穿山甲一般一胎一崽（Pagès，1970，1972b）。Kingdon 和 Hoffmann（2013）报道，雌性黑腹长尾穿山甲在分娩后 9~16 天能再次怀孕。新生的黑腹长尾穿山甲幼崽重 100~150g（Tahiri-Zagrët，1970a），体长 300~350mm（Kingdon and Hoffmann，2013）。幼崽出生在树洞里，最初几天它们不会离开树洞，母兽定期回来喂养幼崽。之后，母兽会驮着幼崽出去觅食或者更换住所。幼崽大约在两周大时开始吞食活物。准确的断奶月龄不详，但幼崽会在母兽再次产崽后离开，独立生活。Pagès（1975）报道，刚独立的黑腹长尾穿山甲在建立家域之前会游荡4~5 个月。在 15 个月左右体型达到成年尺寸（Pagès，1970，1972b），两岁左右达到性成熟。野生黑腹长尾穿山甲的寿命尚不清楚，也没有被长期圈养的报告。

种　群

对于黑腹长尾穿山甲的种群丰富度情况目前无定量数据。2018~2019 年，科学家在科特迪瓦南部 400hm^2 的沼泽森林中，对 6 只捕获的黑腹长尾穿山甲进行了基于无线电遥测技术的种群研究。数据表明，在沼泽森林栖息地中，穿山甲最低密度为 0.015 只/hm^2，种群面临密度低且持续的捕猎压力（M. Shirley and B.G.-M. Assovi，个人观察）。值得注意的是，有 4 只是一周内沿着一条不到 750m 的小河流，在面积为 15hm^2 的森林区域内被捕获，表明它们的实际密度可能更高（如 0.26 只/hm^2）。这是所有非洲穿山甲物种中相关记录最少的一种，反映出它们比较隐秘的栖息环境及其神秘性或低的种群密度（Kingdon and Hoffmann，2013）。

保 护 状 态

由于缺乏对黑腹长尾穿山甲的研究，其在全球范围内（从国家到地区）的种群情况都不清楚。该物种被列入《世界自然保护联盟濒危物种红色名录》，全球的种群数量正在下降（Ingram et al.，2019a）。2016 年，依据《世界自然保护联盟濒危物种红色名录》标准，该物种被列为乌干达国家级濒危物种（Kityo et al.，2016）。与其他穿山甲一样，黑腹长尾穿山甲也被列入《濒危野生动植物种国际贸易公约》附录 I。各个国家均已立法保护黑腹长尾穿山甲，禁止利用。但在加蓬、刚果共和国和塞拉利昂有例外情况，法律规定在特定条件下狩猎和交易黑腹长尾穿山甲是合法的，这些特定条件包括持有狩猎和运输许可证、限制地点（如不在保护区）和季节性。

致 危 因 素

　　与其他穿山甲一样，黑腹长尾穿山甲面临的主要威胁来自人类活动。栖息地丧失对这个物种的生存构成了最大的威胁（Megevand，2013）。整个西非的森林砍伐非常严重，一些国家失去了高达98%的自然森林（如科特迪瓦和加纳）。同时，非洲西部和中部人口快速增长，不断开垦农业用地，持续森林采伐，栖息地退化等都给黑腹长尾穿山甲的生存带来了威胁（Mayaux et al.，2013）。

　　尽管受到国家立法保护，但执法不力的问题普遍存在，在缺乏人力、物力和技术的情况下（Challender and Waterman，2017），黑腹长尾穿山甲被过度利用的状况并未得到改善。从古至今，黑腹长尾穿山甲一直被广泛猎杀利用，以获取肉和传统非洲药材，并在市场上公开售卖（见第15章）。Anadu等（1988）记录，黑腹长尾穿山甲是尼日利亚西南部消费市场排名第八受欢迎的哺乳动物。Boakye 等（2016）报道，2013~2014 年，加纳的酒吧经营者、批发商和农民猎人交易的 98 只穿山甲中，有18% 是黑腹长尾穿山甲（参见第15章）。在加蓬，该物种持续被猎杀和交易，价格不断上涨，随着亚洲移民消费群体的加入，需求量增加（Mambeya et al.，2018）。

　　历史上关于黑腹长尾穿山甲的国际贸易记录很少，仅限于少量活体和鳞片的出口（Challender and Waterman，2017）。然而，《濒危野生动植物种国际贸易公约》的贸易数据显示，2015 年尼日利亚出口中国 200 只活体黑腹长尾穿山甲，用于圈养繁殖（见第 16 章和第 32 章）。2008 年，有非洲穿山甲跨洲际贩运到亚洲的情况，主要涉及鳞片，在 2008~2019 年，交易数量不断增加，其中包括了黑腹长尾穿山甲（见第 16 章；Mwale et al.，2017）。由于相关数据缺失和走私贩运数量大且无法统计，想要估计交易的黑腹长尾穿山甲个体数量非常困难。例如，2019 年 4 月，在新加坡查获了从尼日利亚走私到越南的 12.9t 鳞片，估计来源于 3.5 万只非洲穿山甲（Liu，2019；有关个体转换参数请参阅第 16 章）。喀麦隆和尼日利亚是黑腹长尾穿山甲的主要产地（Ingram et al.，2019b），由于鳞片出口贸易的利益驱动，西非和中非的穿山甲成为猎人重点关注的猎捕对象（见第 16 章），这是对黑腹长尾穿山甲生存的最主要威胁。此外，也有将黑腹长尾穿山甲非法交易到欧洲野味市场的记录（Chaber et al.，2010）。

参 考 文 献

Allen, G.M., Coolidge, H.J. Jr., 1930. Mammals of Liberia. In: Strong, R.P. (Ed.), The African Republic of Liberia and the Belgian Congo, 2. Contributions of the Department of Tropical Medicine and the Institute for Tropical Biology and Medicine, pp. 569-622.

Anadu, P.A., Elamah, P.O., Oates, J.F., 1988. The bushmeat trade in southwestern Nigeria: a case study. Human Ecol. 16 (2), 199-208.

Angelici, F.M., Grimod, I., Politano, E., 1999. Mammals of the Eastern Niger Delta (Rivers and Bayelsa States, Nigeria): an environment affected by a gas-pipeline. Folia Zool. 48 (4), 249-264.

Angelici, F., Egbide, B., Akani, G., 2001. Some new mammal records from the rainforests of south-eastern Nigeria, Hystrix, Ital. J. Mammol. 12 (1), 37-43.

Barnett, A.A., Prangley, M.L., 1997. Mammalogy in the Republic of Guinea: an overview of research from 1946 to 1996, a preliminary check-list and a summary of research recommendations for the future. Mammal Rev. 27 (3), 115-164.

Barrie, B., Kanté, S., 2006. A rapid survey of the large mammals in Déré, Diécké and Mt. Béro classified forests in Guinée-Forestière, Southeastern Guinea. In: Wright, H.E., McCullough, J., Alonso, L.E., Diallo, M. S. (Eds.), A Rapid Biological Assessment of Three Classified Forests in Southeastern

Guinea. RAP Bulletin of Biological Assessment, 40. Conservation International, Washington, D.C., pp. 189-194.

Beja, P., Pinto, P.V., Veríssimo, L., Bersacola, E., Fabiano, E., Palmeirim, J.M., et al., 2019. The Mammals of Angola. In: Huntley, B., Russo, V., Lages, F., Nuno-Ferrand, N. (Eds.), Biodiversity of Angola, Science & Conservation: A Modern Synthesis. Springer, Cham, pp. 357-443.

Blench, R., Dendo, M., 2007. Mammals of the Niger Delta, Nigeria.

Boakye, M.K., Kotzé, A., Dalton, D.L., Jansen, R., 2016. Unravelling the pangolin bushmeat commodity chain and the extent of trade in Ghana. Human Ecol. 44 (2), 257-264.

Bocage, J.V.B. du., 1889. Mammiferes d'Angola et du Congo. Jornal de Sciências, Mathemáticas, Physicas e Naturaes, Lisboa 2 (1), 8-32, 174-185.

Bocage, J.V.B. du., 1890. Mammiferes d'Angola et du Congo. Jornal de Sciências, Mathemáticas, Physicas e Naturaes, Lisboa 2 (2), 1-32.

Booth, A.H., 1960. Small Mammals of West Africa. Longmans, London.

Brisson, M.-J., 1756. Le Regne Animale Divisé En IX Classes. Chez Cl. Jean-Baptiste Bauche, Paris.

Brisson, M.-J., 1762. Regnum Animale in Classes IX. Apud Theodorum Haak, Lugduni Batavorum.

Carpaneto, G.M., Germi, F.P., 1989. The mammals in the zoological culture of the Mbuti Pygmies in northeastern Zaire. Hystrix 1 (1), 1-83.

Chaber, A., Allebone-Webb, S., Lignereux, Y., Cunningham, A., Rowcliffe, J.M., 2010. The scale of illegal meat importation from Africa to Europe via Paris. Conserv. Lett. 3 (5), 317-323.

Challender, D., Waterman, C., 2017. Implementation of CITES Decisions 17.239 b) and 17.240 on Pangolins (*Manis* spp.), CITES SC69 Doc. 57 Annex. Available from <https://cites.org/sites/default/files/eng/com/sc/69/E-SC69-57-A.pdf>. [August 2, 2018].

Desmarest, A.G., 1822. Mammalogie ou description des Espèces de Mammifères. Second partie, contenant Les Ordres des Rongeurs, des Édentatés, des Pachydermes, des Ruminans et des Cétacés. Chez Mme Veuve Agasse, Imprimeur-Libraire, Paris.

Doran, G.A., Allbrook, D.B., 1973. The tongue and associated structures in two species of African pangolins, *Manis gigantea and Manis tricuspis*. J. Mammal. 54 (4), 887-899.

Dorst, J., Dandelot, P., 1970. A Field Guide to the Larger Mammals of Africa. Collins, London.

du Toit, Z., du Plessis, M., Dalton, D.L., Jansen, R., Grobler, J.P., Kotze, A., 2017. Mitochondrial genomes of African pangolins and insights into evolutionary patterns and phylogeny of the family Manidae. BMC Genom. 18, 746.

Emry, R.J., 1970. A North American Oligocene pangolin and other additions to the Pholidota. Bull. Am. Museum Nat. Hist. 142, 459-510.

Erxleben, U.C.P., 1777. Systema Regna Animalis, classis 1, Mammalia. Lipsize, Impensis Weygandianus.

Feiler, A., 1990. Distribution of mammals in Angola and notes on biogeography. In: Peters, G., Hutterer, R. (Eds.), Vertebrates in the Tropics. Museum Alexander Koenig, Bonn, pp. 221-236.

Fitzinger, L.J., 1872. Die naturliche familie der schuppenthiere (Manes). Sitzungsberichte der Kaiserlichen Akademie der Wissenschaften. Mathematisch-Naturwissenschaftliche Classe, CI., LXV, Abth. I, 9-83.

Frade, F., 1949. Algumas novidades para a fauna da Guiné Portuguesa (aves e mamíferos), 4. Junta das Missões Geográficas e de Investigaçõeses Colóniais (Lisboa), Estudos de Zoología, Anais, pp. 165-186.

Frechkop, S., 1931. Notes sur les mammifères. VI. Quelques observations sur la classification des pangolins (Manidae). Bulletin du Musee royal d'Histoire naturelle de Belgique VII (22), 1-14.

Gaubert, P., 2011. Family Manidae. In: Wilson, D.E., Mittermeier, R.A. (Eds.), Handbook of the Mammals of the World, vol. 2. Hoofed Mammals. Lynx Edicions, Barcelona, pp. 82-103.

Gaubert, P., Antunes, A., Meng, H.,Miao, L., Peigné, S., Justy, F., et al., 2018. The complete phylogeny of pangolins: scaling up resources for the molecular tracing of the most trafficked mammals on Earth. J. Hered. 109 (4), 347-359.

Gaudin, T.J., Emry, R.J., Wible, J.R., 2009. The phylogeny of living and extinct pangolins (Mammalia, Pholidota) and associated taxa: a morphology based analysis. J. Mammal. Evol. 16 (4), 235-305.

Gotch, A.F., 1979. Mammals - Their Latin Names Explained. A Guide to Animal Classification. Blandford Press, Poole.

Gray, J.E., 1843. List of the Specimens of Mammalia in the Collection of the British Museum. George Woodfall and Son, London.

Grubb, P., Jones, T.S., Davies, A.G., Edberg, E., Starin, E.D., Hill, J.E., 1998. Mammals of Ghana, Sierra Leone and the Gambia. Trendrine Press, Zennor, Cornwall.

Happold, D.C.D., 1987. The Mammals of Nigeria. Clarendon Press, Oxford.

Hassanin, A., Hugot, J.-P., van Vuuren, B.J., 2015. Comparison of mitochondrial genome sequences of pangolins (Mammalia, Pholidota). C. R. Biol. 338 (4), 260-265.

Hatt, R.T., 1934. The pangolin and aard-varks collected by the American Museum Congo expedition. Bull. Am. Museum Nat. Hist. 66, 643-671.

Heath, M.E., 2013. Order Pholidota - Pangolins. In: Kingdon, J., Hoffmann, M. (Eds.), Mammals of Africa, vol. V, Carnivores, Pangolins, Equids, Rhinoceroses. Bloomsbury Publishing, London, pp. 384-386.

Henschel, P., Abernethy, K.A., White, L.J.T., 2005. Leopard food habits in the Lopé National Park, Gabon, Central Africa. Afr. J. Ecol. 43 (1), 21-28.

Henschel, P., Hunter, L.T.B., Coad, L., Abernethy, K.A., Mühlenberg, M., 2011. Leopard prey choice in the Congo Basin rainforest suggests exploitative competition with human bushmeat hunters. J. Zool. 285 (1), 11-20.

Hildwein, G., 1974. Resting metabolic rates in pangolins (Pholidota) and squirrels of equatorial rain forests. Arch. Sci. Physiol. 28, 183-195.

Hill, J.E., Carter, T.D., 1941. The mammals of Angola, Africa. Bull. Am. Museum Nat. Hist. 78, 1-211.

Ingram, D.J., Shirley, M.H., Pietersen, D., Godwill Ichu, I., Sodeinde, O., Moumbolou, C., et al., 2019a. *Phataginus tetradactyla*. *The IUCN Red List of Threatened Species* 2019: e.T12766A123586126. Available from: <http://dx.doi.org/10.2305/IUCN.UK. 2019-3.RLTS.T12766A123586126.en>.

Ingram, D.J., Cronin, D.T., Challender, D.W.S., Venditti, D. M., Gonder, M.K., 2019b. Characterising trafficking and trade of pangolins in the Gulf of Guinea. Glob. Ecol. Conserv. 17, e00576.

Jeannin, A., 1936. Les mammiféres sauvages du Cameroun. Encyclopedie Biol. 16, 116-130.

Jentink, F.A., 1882. Note XXV. Revision of the Manidae in the Leyden Museum. Notes from the Leyden Museum IV, 193-209.

Kingdon, J., 1971. East African mammals. An Atlas of evolution in Africa, Primates, Hyraxes, Pangolins, Protoungulates, Sirenians, vol. I. Academic Press, London.

Kingdon, J., 1997. The Kingdon Field Guide to African Mammals. Academic Press, London.

Kingdon, J., Hoffmann, M., 2013. *Phataginus tetradactyla*-Long-tailed Pangolin. In: Kingdon, J., Hoffmann, M. (Eds.), Mammals of Africa, vol. V, Carnivores, Pangolins, Equids, Rhinoceroses. Bloomsbury Publishing, London, pp. 389-391.

Kityo, R., Prinsloo, S., Ayebere, S., Plumptre, A., Rwetsiba, A., Sadic, W., et al., 2016. *Phataginus tetradactyla*. Available from: <https://www.nationalredlist.org/species-information/?speciesID=263608>. [May 28, 2019].

Linnaeus, C., 1766. Systema Natura Per Regna Tria Natura, Secundum Classes, Ordines, Genera, Species, Cum Characteribus, Differentiis, Synonymis, Locis. Tomus I. Editio Duodecima, reformata. Salvius, Stockholm.

Liu, V., 2019. World Record Haul of Pangolin Scales Worth $52 Million Seized From Container at Pasir Panjang. Available from: <https://www.straitstimes.com/singapore/environment/record-haul-of-pangolin-scales-worth-52-million-seized-from-container-atpasir?fbclid=IwAR2m QJIf80UPz-InEScc5YZ-2HcFU2n3cFO5K2vT3lsat4Yng8iq TEhJes>. [May 28, 2019].

Luiselli, L., Amori, G., Akani, G.C., Eniang, E.A., 2015. Ecological diversity, community structure and conservation of Niger Delta mammals. Biodivers. Conserv. 24 (11), 2809-2830.

Machado, A de. B., 1969. Mamiferos de Angola ainda não citados ou pouco conhecidosa. Publições culturais da Companhia de Diamantes de Angola 46, 93-232.

Malbrant, R., MacLatchy, A., 1949. Faune de l'Équateur Africain Français. Tome II: Mammifères. Paul Lechevalier, Paris.

Mambeya, M.M., Baker, F., Momboua, B.R., Pambo, A.F.K., Hega, M., Okouyi, V.J.O., et al., 2018. The emergence of a commercial trade in pangolins from Gabon. Afr. J. Ecol. 56 (3), 601-609.

Mayaux, P., Pekel, J.-F., Desclee, B., Donnay, F., Lupi, A., Achard, F., et al., 2013. State and evolution of the African rainforests between 1990 and 2010. Philos. Trans. R. Soc. B 368 (1625), 20120300.

McKenna, M.C., Bell, S.K. (Eds.), 1997. Classification of Mammals: Above the Species Level. Columbia University Press, New York.

Meester, J., 1972. Order Pholidota. In: Meester, J., Stzer, H. W. (Eds.), The Mammals of Africa: An Identification Manual, Part 4. Smithsonian Institution Press, Washington, D.C., pp. 1-3.

Megevand, C., 2013. Deforestation Trends in the Congo Basin: Reconciling Economic Growth and Forest Protection. World Bank, Washington, D.C.

Mohr, E., 1961. Schuppentiere. Neue Brehm-Bucherei. A. Ziemsen Verlag, Wittenberg Lutherstadt.

Monard, A., 1935. Contribution à la Mammalogie d'Angola et Prodrome d'une Faune d'Angola. Arquivos do Museu Bocage 6, 1-314.

Mwale, M., Dalton, D.L., Jansen, R., De Bruyn, D., Pietersen, D., Mokgokong, P.S., et al., 2017. Forensic application of DNA barcoding for identification of illegally traded African pangolin scales. Genome 60 (3), 272-284.

Noack, T., 1889. Beiträge zur Kenntniss der Saugethierfauna von Sud-und Sudwest-Afrika. In: Spengel, J.W. (Ed.), Zoologische Jahrbücher. Abtheilung für Systematik, Geograhpie und Biologie Der Thiere, fourth ed. Fischer, Jena.

Pagès, E., 1970. Sur l'écologie et les adaptations de l'oryctérope et des pangolins sympatriques du Gabon. Biol. Gabon. 6, 27-92.

Pagès, E., 1972a. Comportement agressif et sexuel chez les pangolins arboricoles (*Manis tricuspis et M. longicaudata*). Biol. Gabon 8, 3-62.

Pagès, E., 1972b. Comportement maternal et developpement du jeune chez un pangolin arboricole (*M. tricuspis*). Biol. Gabon. 8 (1), 63-120.

Pagès, E., 1975. Étude éco-éthologique de *Manis tricuspis* par radio-tracking. Mammalia 39, 613-641.

Pocock, R.I., 1924. The external characters of the pangolins (Manidae). Proc. Zool. Soc. Lond. 94 (3), 707-723.

Rafinesque, C.S., 1820. Sur le genre *Manis* et description d'une nouvelle espèce: *Manis ceonyx*. Annales Générales des Sciences Physiques 7, 214-215.

Rahm, U., 1956. Notes on Pangolins of the Ivory Coast. J. Mammal. 37 (4), 531-537.

Rahm, U., 1966. Les mammifères de la forêt équatoriale de l'est du Congo. Annales du Musée Royal de l'Afrique Centrale, Sciences Zoologiques 149, 39-121.

Reiner, F., Simões, P., 1999. Mamíferos selvagens de Guiné-Bissau. Centro Portugues de Estudos dos Mamiferos Marinhos, Lisbao, Portugal.

Rosevear, D.R., 1953. Checklist and Atlas of Nigerian Mammals, With a Foreword on Vegetation. The Government Printer, Lagos.

Sclater, W.A., 1901. The Fauna of South Africa. R.H. Porter, London.

Schlitter, D.A., 2005. Order Pholidota. In: Wilson, D.E., Reeder, D.M. (Eds.), Mammal Species of the World: A Taxonomic and Geographic Reference, third ed. Johns Hopkins University Press, Baltimore, pp. 530-531.

Schouteden, H., 1944. De zoogdieren van Belgisch Congo en van Ruanda-Urundi I. - Primates, Chiroptera, Insectivora, Pholidota. Annalen van het Museum van belgisch Congo. C. Dierkunde. Reeks II. Deel III. Aflevering 1, 1-168.

Sikes, S.K., 1966. The tricuspid tree pangolin (Manis tricuspis): Its remarkable tongue complex. Niger. Field 31, 99-110.

Sodeinde, O.A., Adedipe, S.R., 1994. Pangolins in southwest Nigeria - current status and prognosis. Oryx 28 (1), 43-50.

Sundevall, C.J., 1842. Om slägtet Sorex, med nâgra nya arters beskrifning. Kungliga Vetenskapsakademien, Stockholm.

Tahiri-Zagrët, C., 1970a. Les Pangolins de Côte d'Ivoire II. - Les Especes et Leurs Repartitions Geographiques. Annales de l'Universite d'Abidjan, Series III, Fasicule 1, 223-244.

Tahiri-Zagrët, C., 1970b. Les Pangolins de Côte d'Ivoire III. - Observations Ethologiques. Annales de l'Universite d'Abidjan, Series E, III, Fasicule 1, 245-252.

Taylor, P.J., Neef, G., Keith, M., Weier, S., Monadjem, A., Parker, D.M., 2018. Tapping into technology and the biodiversity informatics revolution: updated terrestrial mammal list of Angola, with new records from the Okavango Basin. ZooKeys 779, 51-88.

Thomas, O., 1904. On mammals from northern Angola collected by Dr. W. J. Ansorge. Ann. Mag. Nat. Hist. 7 (13), 405-421.

Ullmann, T., Veríssimo, D., Challender, D.W.S., 2019. Evaluating the application of scale frequency to estimate the size of pangolin scale seizures. Glob. Ecol. Conserv. 20, e00776.

第9章　白腹长尾穿山甲 *Phataginus tricuspis* (Rafinesque，1820)

雷蒙德·詹森[1, 2]，奥卢费米·索德因[3]，杜罗贾耶·苏乌[4]，达伦·W.彼得森[5, 6]，丹尼尔·阿兰皮耶维奇[7]，丹尼尔·J.英格拉姆[8]

1. 茨瓦尼科技大学环境、水与地球科学系，南非比勒陀利亚
2. 非洲穿山甲工作组，南非比勒陀利亚
3. 纽约城市大学生物科学系，美国纽约布鲁克林
4. 奥孙州立大学埃吉博校区农业学院渔业和野生动物管理系，尼日利亚奥绍博
5. 比勒陀利亚大学动物与昆虫学系哺乳动物研究所，南非比勒陀利亚
6. 摄政公园伦敦动物学会，世界自然保护联盟物种生存委员会穿山甲专家组，英国伦敦
7. 佛罗里达大西洋大学综合生物学系，美国佛罗里达州博卡拉顿
8. 斯特灵大学生物与环境科学院非洲森林生态学小组，英国斯特灵

分　类

白腹长尾穿山甲曾被列入 *Manis* 属（Meester，1972；Schlitter，2005），根据形态学（Gaudin et al.，2009）和遗传学证据（du Toit et al.，2017；Gaubert et al.，2018）本书将其列入 *Phataginus* 属。Hatt（1934）报道，该物种在其不同分布范围内会有小的形态变化，包括鳞片颜色和毛发长度差异（如腹部）。Allen 和 Loveridge（1942）及 Meester（1972）在形态学分析的基础上提出了两个截然不同的亚种，分别是 *P. tricuspis*（除乌干达外其他区域）和 *P. t. mabirae*（乌干达）。Kingdon 和 Hoffmann（2013）认为这些亚种分类无效。

该物种被归于 Phatagininae 亚科，根据 *Manis* 属、*Smutsia* 属和 *Phataginus* 属之间的基因组差异以及 *Phataginus* 属特有的形态学特征，该物种被认为是一种小型非洲穿山甲（参见第 2 章；Gaubert et al.，2018）。Gaubert 等（2016）在白腹长尾穿山甲种群中发现了 6 个地理谱系（非洲中部、加蓬、达荷美峡谷、加纳、非洲西部和非洲中西部，见第 2 章），它们被认为是具有进化意义的进化显著单元（ESU），可能达到种或亚种的分化，但还需要深入的研究。Hassanin 等（2015）发现，加蓬的一种白腹长尾穿山甲与喀麦隆、加纳和尼日利亚的标本之间存在很高的核苷酸差异，加蓬新分类单元的潜力需要进一步研究。

白腹长尾穿山甲主要分布在西非几内亚（Rafinesque，1820）。染色体数目未知。同物异名：*Manis multiscutata*（Gray，1843）、*Manis tridentate*（Focillon，1850）、*P. t. mabirae*（Allen and Loveridge，1942）。

词源：*Phataginus*（见第 8 章）；物种名 *tricuspis* 指的是鳞片上的三个（tri-）尖锐凸起点（-cuspis）（Gotch，1979）。

性　状

白腹长尾穿山甲（*Phataginus tricuspis*）是一种小型半树栖非洲穿山甲，体重 1～3kg，体长约 100cm

（表9.1）。它是体重最轻的穿山甲，比同域分布的黑腹长尾穿山甲（*P. tetradactyla*）稍轻。该物种体型上没有性二态，但据报道，雄性比雌性略长、略重（Pagès，1968）。全体长的60%是长而易卷的尾巴（35～60cm）；体长在25～38cm，也可能更长（表9.1）。尾巴的腹部平坦而背部隆起，尾尖有一个裸露的皮肤肉垫。尾尖肉垫中有许多物理感受器神经末梢，在触觉和抓握方面十分灵敏（Doran and Allbrook，1973），白腹长尾穿山甲在攀爬时，尾巴可作第五肢（见行为）。该物种共有41节尾椎骨（表9.1）。

表9.1　白腹长尾穿山甲形态特征

	测量指标		国家和地区	数据来源
体重	体重（♂）[a]/kg		1.67（1.2～2.3），n=8	尼日利亚西南部	FMNH[b]
			2.36（1.74～2.86），n=4	尼日利亚东南部	Kingdon and Hoffmann，2013
	体重（♀）/kg		1.71（1.2～2.2），n=8	尼日利亚西南部	FMNH[b]
			2.6（1.94～2.88），n=11	尼日利亚东南部	Kingdon and Hoffmann，2013
体长	头尾长（♂）/mm		793.2（617～1027），n=25	刚果民主共和国	Hatt，1934
	头尾长（♀）/mm		768.4（630～920），n=25	刚果民主共和国	Hatt，1934
	头体长（♂）/mm		350（330～380），n=7	科特迪瓦、刚果民主共和国、利比里亚	FMNH[b]
			319（254～375），n=17	尼日利亚东南部	Kingdon and Hoffmann，2013
	头体长（♀）/mm		333（308～367），n=8	科特迪瓦、刚果民主共和国、加纳、利比里亚	FMNH[b]
			310（265～351），n=14	尼日利亚东南部	Kingdon and Hoffmann，2013
	尾长（♂）/mm		469.6（360～607），n=25	刚果民主共和国	Hatt，1934
	尾长（♀）/mm		460.4（350～590），n=25	刚果民主共和国	Hatt，1934
椎骨	椎骨总数		69		Frechkop，1931；Jentink，1882
	颈椎		7		Jentink，1882；Mohr，1961
	胸椎		13		Jentink，1882；Mohr，1961
	腰椎		6		Jentink，1882；Mohr，1961
	骶椎		2		Jentink，1882；Mohr，1961
	尾椎		41		Jentink，1882；Mohr，1961
头骨	长度（♂）/mm		72.8（63.8～80.8），n=22	刚果民主共和国	Hatt，1934
	长度（♀）/mm		68.7（58.5～79.2），n=20	刚果民主共和国	Hatt，1934
	颧骨突宽度（♂）/mm		27.3（22.7～32），n=22	刚果民主共和国	Hatt，1934
	颧骨突宽度（♀）/mm		25.4（20.2～29.3），n=20	刚果民主共和国	Hatt，1934
鳞片	鳞片总数		935（794～1141），n=25	喀麦隆、尼日利亚、塞拉利昂、乌干达、未知	Ullmann et al.，2019；D. Soewu，未发表数据
	鳞片行数（横向，体）		18～22	刚果民主共和国	Frechkop，1931；Hatt，1934
	鳞片行数（纵向，体）		19～25	刚果民主共和国	Frechkop，1931；Hatt，1934；Jentink，1882
	尾边缘鳞片数		35～40	刚果民主共和国	Frechkop，1931；Hatt，1934；Jentink，1882
	尾中间行鳞片数		30～33	刚果民主共和国	Frechkop，1931；Hatt，1934
	鳞片（湿）占体重比例/%		0.15～0.20		African Wildlife Foundation，未发表数据
	鳞片（干）占体重比例/%		没有数据		

[a] 据报道，雄性比雌性略重（基于小样本数据）。
[b] 佛罗里达自然历史博物馆。

　　体表覆盖覆瓦状的小块鳞片，这些鳞片从表皮长出，鳞片上有突起，略呈三尖两刃状（Jentink，1882；Rahm，1956）。除脸颊、腹部、四肢内侧外，身体其他部位皆覆有鳞片。前肢上部（肘至腕）无鳞片，长有棕色毛发（Pocock，1924）。体表有18～22枚横向排列的鳞片及19～25枚纵向鳞片，尾外缘有35～

40 枚呈折叠状的鳞片将尾部两侧边缘包被（Frechkop，1931；Hatt，1934；Jentink，1882）。尾背中部有两排 3～6 枚鳞片排列（Jentink，1882）。白腹长尾穿山甲鳞片总数在 790～1140 枚。最大的鳞片位于背部，尺寸可达 47mm×26mm；单块鳞片的重量最大为 0.66g（O. Sodeinde，未发表数据）。个体的鳞片颜色均匀，不同个体的鳞片颜色差异较大，从褐灰色到红棕色或黄褐色不等。较年长的个体鳞片边缘颜色可能会呈淡黄色（图 9.1～图 9.3；Rahm，1956；R. Jansen，个人观察）。背部中部的鳞片长短轴比例从 1:1 到 1:4 不等。体侧和四肢外侧的鳞片中央具有龙骨突状折叠，侧边有突起条纹，鳞片质地薄，较其他种类穿山甲鳞片脆弱。随着年龄增长，鳞片逐渐磨损，鳞片的尖端甚至会脱落（Hatt，1934；R. Jansen，个人观察）。与亚洲穿山甲种类不同，鳞片之间没有毛发。

图 9.1　在中非共和国觅食的白腹长尾穿山甲。
图片来源：Alex Ley。

图 9.2　白腹长尾穿山甲（左）和黑腹长尾穿山甲（右）鳞片。白腹长尾穿山甲鳞片位置：背部左上方，肩胛后；背侧右上方，肩胛；尾背侧左下方；尾部右下方边缘处。黑腹长尾穿山甲鳞片位置：背侧左上角边缘；背侧右上方，肩胛后；尾背侧左下方；尾部右下方边缘处。图片来源：Matthew H. Shirley。

图 9.3　老年白腹长尾穿山甲鳞片磨损。
照片来源：Frank Kohn。

颅骨的形态学特征与食蚁习性相适应（见第 1 章；Hatt，1934；Heath，2013）。白腹长尾穿山甲与黑腹长尾穿山甲一样存在泪腺骨，从而区别于其他穿山甲（Emry，1970）。头部呈锥形，吻比黑腹长尾穿山甲宽（Hatt，1934）。鳞片生长至前额，面部没有鳞片，覆盖着稀疏的毛发（图 9.3）。鼻子和眼睛周围的皮肤呈粉棕色，眼睛下面有一个黑色的斑点；嘴唇显粉红色（Hatt，1934）。眼大，虹膜黑色，眼睑肥厚（Hatt，1934）。鼻部轮廓分明，裸露而潮湿（Pocock，1924）。外耳郭基本消失（图 9.3），听觉尚存（Pocock，1924）。腹部浅灰白色，覆盖长达 20mm 的浓密白色毛发（Hatt，1934）。

白腹长尾穿山甲的身体结构高度适应其食蚁特性。舌长约 30cm，与其他种类的穿山甲一样，舌头发生于腹部剑突的基部（Doran and Allbrook，1973）。其舌根部呈"U"形，在转向颅侧前向尾部延伸至右髂窝，直到膈肌右侧下方（Chan，1995；Heath，2013）。然后舌头从腹部穿过胸部和颈部到达口腔（Doran and Allbrook，1973）。位于咽部和颈部的大唾液腺产生碱性黏液（pH 9～10；Fang，1981），这些黏液分泌到舌鞘中，并附着在舌头上（Doran and Allbrook，1973；Heath，2013）。进食过程中，舌头反复伸展和收缩，舌头前部有高密度纤维束，这表明舌头触觉（不是味觉）灵敏。舌头缺乏乳头状突起（Ofusori et al.，2008）。舌骨的作用是将食物从舌头上刮下来，并将其归拢于食道入胃，在胃里磨碎消化（Doran and Allbrook，1973）。类似于砂囊的胃由角质化的分层鳞状上皮和致密的胶原纤维构成，它们可以研磨蚂蚁和白蚁坚硬的几丁质外壳，并防止溃疡（Ofusori et al.，2008）。

白腹长尾穿山甲前肢略短于后肢（Sodeinde et al.，2002），四肢皆五趾。前肢第一趾退化；第二趾、第三趾和第四趾有长爪，第三趾的爪最长、最粗（图 9.3；Pocock，1924；Rahm，1956）。第五趾比第一趾长（Pocock，1924）。前脚爪比后脚稍长。与黑腹长尾穿山甲类似，白腹长尾穿山甲后脚有 4 个长而发达的爪，长度大致相等，第一趾退化（Pocock，1924）。前后肢掌端皮肤垫发达，覆盖整个脚掌（Pocock，1924）。肛腺体积大，位于肛门一侧，会产生白色分泌物，气味臭，肛腺对穿山甲具有重要的生态学作用（Ecology；Pagès，1968；Pocock，1924）。会阴短，雌性的外阴在肛门前面，乳房一对，胸位。雄性睾丸下降到腹股沟区。

白腹长尾穿山甲体温 27～34℃，可能更高（Heath and Hammel，1986），个体活动时体温较高；静息代谢率估计为 202.2ml O_2/（kg·h）（Hildwein，1974；Jones，1973）。白腹长尾穿山甲易与黑腹长尾穿山甲混淆，两者之间区别较明显：皮肤颜色、鳞片大小、鳞片数目和颜色不同，且白腹长尾穿山甲的肩胛后鳞片不如黑腹长尾穿山甲的大（图 9.2）。其他差异包括：白腹长尾穿山甲的口鼻较宽，黑腹长尾穿山甲的尾巴较长（第 8 章）。该物种与两种较大的非洲穿山甲的区别在于其较小的体型、较长的尾巴及鳞片的颜色和形态，白腹长尾穿山甲的背部鳞片长度大于宽度。

分　　布

白腹长尾穿山甲广泛分布于非洲西部和中部。几内亚比绍（Cantanhez National Park；Bout and Ghiurghi，2013）、非洲西部的几内亚（Ziegler et al.，2002）、塞拉利昂（Boakye et al.，2016a；Grubb et al.，1998）、利比里亚（Allen and Coolidge，1948；Verschuren，1982）、科特迪瓦（Rahm，1956）和加纳（Boakye et al.，2016b；Grubb et al.，1998；Ofori et al.，2012）等地区都有分布记录。在塞内加尔或冈比亚的分布记录尚待确认（Grubb et al.，1998）。多哥东部的记录较少，但多哥南部有记录（Amori et al.，

2016）。贝宁的记录也很少，1978 年在 Monts Kouffe 的防护林中曾记录到穿山甲活动，贝宁中部的野味市场也曾有过白腹长尾穿山甲的售卖记录（Sayer and Green，1984）。Akpona 等（2008）2000 年左右在贝宁南部的 Lama 森林保护区曾做过相关的生态学研究。来自贝宁北部的记录尚待证实（H. Akpona，个人评论）。

该物种分布在尼日利亚南部（Angelici et al.，1999a；Sodeinde and Adedipe，1994）、喀麦隆（Allen and Loveridge，1942；Jeannin，1936）和赤道几内亚（Kümpel，2006），包括比奥科岛（Albrechtsen et al.，2007）、加蓬（Pagès，1965，1975）和刚果共和国，相关记录都在持续更新（Hatt，1934；Swiacká，2018；R. Jansen，个人观察）。没有来自乍得的记录，但该物种在中非共和国南部和刚果民主共和国的部分地区出现（DRC；如 Garamba National Park；Monroe et al.，2015；van Vliet et al.，2015）。有来自布隆迪、卢旺达（Verschuren，1987）和乌干达的记录，包括在 Semuliki 国家公园（Kityo，2009；Treves et al.，2010；S. Nixon，个人评论）。在坦桑尼亚，该物种只出现于两个地方：与乌干达接壤的西北边境的明齐罗森林保护区和临近布科巴（Bukoba）的区域（Foley et al.，2014）。分布最东的区域包括肯尼亚西南部，Kakamega 森林保护区（Roth and cords，2015）。莫桑比克北部曾被认为是该物种分布区域的东部界限（Smithers and Lobão Tello，1976），但该结论已被推翻（Ansell，1982；Kingdon and Hoffmann，2013）。

在南部，该物种出现在安哥拉北部，包括卡宾达，最近的记录来自坎甘达拉国家公园（Beja et al.，2019；Hill and Carter，1941）。南部的分布界限以前被认为是赞比亚西北部的姆维尼伦加地区（Cotterill，2002），而在刚果民主共和国南部的偏远地区（Schouteden，1948），人们也曾怀疑该物种存在。2016～2018 年，在赞比亚西北部（靠近索尔韦齐）和赞比亚中部（塞伦杰）靠近刚果民主共和国边界地区，已有明确的记录表明，该物种的南方分布边界比之前记载的更靠南（D. Pietersen，未发表数据）。

栖 息 地

白腹长尾穿山甲主要栖息在潮湿的热带低地森林和次生林（Angelici et al.，1999b；Happold，1987；Kingdon，1971），在稀树草原、密林和河岸森林也有分布。该物种还出现在人为生境中，包括商业种植园［如柚木（*Tectona grandis*）、油棕］，偏爱那些很少使用或被遗弃、休耕的农田（如原为低地雨林地区；Angelici et al.，1999b；Sodeinde and Adedipe，1994）。在贝宁，Akpona 等（2008）发现，其在天然林和人工林之间的分布没有显著差异，尽管大多数个体（70%）是在天然林中被观察到。研究表明，该物种更喜欢封闭的森林栖息地，基于对个体分布的观察，白腹长尾穿山甲对森林的林龄更敏感，而非林分组成（Akpona et al.，2008）。相比之下，一项研究调查了物种分布范围内多个研究地点的红外相机拍摄记录（Khwaja et al.，2019），估计在保护区以外存在更高的居住概率。在保护状态下对穿山甲种群进行了初步统计，结果支持该物种能适应人工景观和退化的栖息地。Odemuni 和 Ogunsina（2018）指出，黑梅（*Vitex doniana*）等特殊木本植物可能会影响白腹长尾穿山甲的分布（如在种植园），因为它们结出的果实会吸引大量蚂蚁。

白腹长尾穿山甲可生存于人工景观和退化的森林环境，说明了该物种较强的适应能力。仅提供基本的生存需求，如充足的食物、合适的巢穴地点和可容忍的开发程度，穿山甲基本能适应新环境。然而，关于白腹长尾穿山甲对栖息地的利用及其生存和繁殖力，暂未有系统的研究和记录。因此，利用栖息地改造从而影响穿山甲的分布和密度是未来研究的一个方向。

该物种与黑腹长尾穿山甲大致同域分布。有一些栖息地重叠，但据报道，后者表现偏好沼泽森林（Angelici et al.，2001；Kingdon，1997）。这两个物种之间的生态差异暂未完全阐明。

生 态 学

Elizabeth Pagès 在 20 世纪 60 年代末和 70 年代率先对非洲热带穿山甲进行了生态学研究，现有许多白腹长尾穿山甲生态学和行为学的认识都源于这项研究。Pagès（1975）使用无线电遥测技术，确定了该物种不同大小和性别的居住范围，发现其范围并不是固定不变的。雄性（20～30hm^2）通常比雌性（3～4hm^2）拥有更大的家域，雄性的家域相互排斥，但与几个（多达 10 个）雌性的家域可能交叉甚至重叠，这表明其多配偶制的社会结构。证据表明，雄性有领地意识（Pagès，1975）。雌性每晚只在自己家域范围内的一小部分区域活动，而雄性会在自己家域范围内的更大部分区域活动，范围通常相当于几只雌性的家域范围。与雄性相比，雌性在觅食上的时间分配较少，覆盖的范围较小；Pagès（1975）估计，雌性每晚平均行走 400m，雄性平均行走 700m，雄性每晚行走距离可长达 1.8km。活动距离取决于当时的环境（如季节和天气），每晚最多可活动 10.5h（Pagès，1975）。在加蓬，雌性旱季（5～6 月）平均每晚觅食 5h，在雨季（1～4 月）下降到 2.45h。雄性在旱季每晚觅食 6.45h，在雨季减少到 3.45h（Pagès，1975）。据报道，这种变化是因为在雨季食物充足（Pagès，1975）。行走时遵循有规律的树栖路线，通过肛门腺液和尿液来识别气味（Pagès，1968）。

在加蓬，Pagès（1975）区分了两种被白腹长尾穿山甲使用的洞穴。第一种是觅食洞，偶尔使用，深 20～40cm，为挖掘土壤或白蚁丘所形成，主要用来取食。第二种是居住洞，如树洞（死树的空树干），通常离地 10～15m，选址隐蔽，在树枝的分叉处或藏在附生植物中。Akpona 等（2008）发现，在贝宁大多数白腹长尾穿山甲居住洞都在树上，他们观察到白腹长尾穿山甲偏爱两种树，即几内亚酸荚（*Dialium guineense*）和吉贝（*Ceiba pentandra*）。雌性会在居住洞待很长一段时间（几周），而雄性几乎每晚都会去一个新地方（Pagès，1975）。

该物种嗅觉灵敏，利用嗅觉来寻找树栖和陆地上的蚁巢与白蚁（Pagès，1975）。它们不会将巢穴完全破坏或将食物全部吃光，会留下一部分数量，待种群恢复后多次进食。该物种会取食树干或树枝上活动的蚂蚁，也会在枯死的树枝和腐烂的树干中寻找食物。陆地蚂蚁和白蚁数量多，是白腹长尾穿山甲主要的食物来源（Pagès，1975）。它们捕食的物种包括行军蚁（*Dorylus* 和 *Myrmicaria*），其他蚂蚁属有弓背蚁属、沟切叶蚁属、织叶蚁属和举腹蚁属（Pagès，1970），以及象白蚁属和锯白蚁属的成虫与若虫（Kingdon，1971；Pagès，1975）。培菌白蚁［大白蚁亚科（Macrotermitinae）］也被捕食（Pagès，1975）。

白腹长尾穿山甲有很多天敌。加蓬的多个地点发现了花豹（*Panthera pardus*）捕食白腹长尾穿山甲后的遗骸（Henschel et al.，2005，2011；Pagès，1970），其他可能的捕食者包括非洲金猫（*Profelis aurata*）、非洲岩蟒（*Python sebae*）、胡狼（*Canis* spp.）、蜜獾（*Mellivora capensis*）、黑猩猩（*Pan troglodytes*）、猫头鹰，可能还有鹰（Kingdon and Hoffmann，2013；Pagès，1970）。Ausden 和 Wood（1990）报道，在塞拉利昂，沼泽獴（*Atilax paludinosus*）吃白腹长尾穿山甲的尸体，这可能是一次随机的腐食采食。

白腹长尾穿山甲体内和体外都有寄生虫。花蜱属的蜱是常见的穿山甲寄生虫之一（Allen and Loveridge，1942；Ntiamoa-Baidu et al.，2005；Orhierhor et al.，2017），Sodeinde 和 Soewu（2016）从尼日利亚个体的胃肠道中提取了棘头类寄生虫，属于巨吻棘头虫属和钩棘头虫属两属（参见第 29 章）。

行　　为

该物种主要在夜间活动，半树栖，也在地面活动（Pagès，1975），树栖时间比黑腹长尾穿山甲短（见第 8 章）。营独居生活，雌性在育幼期间会和幼崽一起生活（图 9.4），Pagès（1965）多次发现，成对的白腹长尾穿山甲蜷缩在离地面很高的树洞里。在加蓬，该物种主要在地面上觅食（Pagès，1975），在贝宁刚好相反，Akpona 等（2008）观察到该物种主要在半落叶森林的树木上觅食。类似的情况在刚果民主共和国也有出现。在洛马米（Lomami）国家公园，该物种最常在缓冲区邻近村庄的森林地面觅食，更常被发现于公园内部森林的树冠层（D. Alempijevic，未发表数据）。

白腹长尾穿山甲每天大部分时间都躲在树洞里、树枝分叉处，或者蜷缩在附生植物中。属于夜行动物，活动时间主要用在觅食上。白天也有一些个体频繁活动（Jones，1973）。Pagès（1975）发现，雌性和幼崽在 19:00～21:30 活跃，雄性的活跃时间长，有时会持续到 4:00（Pagès，1975）。在喀麦隆贾河生物圈保护区的相机监测中发现，该物种在 20:00～4:00 比较活跃（ZSL，未发表数据）。在洛马米（Lomami）国家公园，根据录像记录，发现白腹长尾穿山甲的活动时间在 18:00～5:00，活动高峰期在 3:00（D. Alempijevic，未发表数据）。除了雌性与幼崽一起外，没有同种多个个体在一起活动的记录（D. Alempijevic，未发表数据）。

白腹长尾穿山甲在地面和树上活动，善爬树。行走时，后肢支撑大部分的体重，而且四肢都是脚掌向下（Kingdon，1971）。这与巨地穿山甲和亚洲穿山甲形成了鲜明的对比，亚洲穿山甲的体重主要由前脚支撑。Hatt（1934）认为，白腹长尾穿山甲的移动速度非常快；Pagès（1970）的报告称，白腹长尾穿山甲的移动速度为 1～1.5km/h。当攀爬时，前肢和后肢成对移动——这个动作类似于毛毛虫（Hatt，1934；Pagès，1970）。尾强壮可卷曲，既有助于平衡，又能支撑体重，连同

图 9.4　在喀麦隆，一只白腹长尾穿山甲带着幼崽外出。照片来源：Jiri Prochazka/ Shutterstock.com。

敏感的尾端肉垫感知和缠绕树枝，充当其第五肢（Hatt，1934；Pagès，1965，1970；D. Alempijevic，个人观察）。攀爬大树时，四肢和尾不能环抱住树干，这时主要靠尾腹部表面和尾边缘尖锐鳞片的贴附受力来承受动物的体重。

白腹长尾穿山甲视力较差，但嗅觉灵敏；确定蚁巢或白蚁的位置后，掘洞进入蚁巢，然后舔食（Heath，2013；Kingdon，1971）。Pagès（1975）注意到，白腹长尾穿山甲不挖洞进食时，会在枯枝落叶下连续进食少量食物。Kingdon（1971）报道，为了麻痹和引诱蚂蚁或白蚁使其爬上身体，它们会抖动鳞片，当需要驱逐食物时则竖起或压低鳞片，这两种行为都是为了高效觅食。白腹长尾穿山甲依赖气味导向，表现出气味标记行为，标记物是尿液和肛门腺分泌物的混合液体（Pagès，1968）。在刚果民主共和国的洛马米国家公园，发现 26% 植被的中高树冠层被气味标记过（高度大于 9m）（D. Alempijevic，未发表数据）。标记时，穿山甲会沿着树枝行走，然后弯腰将身体后端贴附于树枝上，后腿挂在两侧，接着快速滑行 3～4 步，大概是在同时排放尿液或肛门腺液进行标记；或者将整个腹部放在树枝上并沿着树枝滑动；这两种行为都可能是为了进一步涂抹气味（D. Alempijevic，未发表数据）。加蓬人工养殖的白腹长尾穿山甲，雄性和雌性都有气味标记行为，标记在树的底部、树干、树枝和树枝的分叉处（Pagès，1968）。白腹长尾穿山甲对声音和振动非常敏感，感觉受到威胁时，会迅速爬到附近的树上，或者蜷缩成一个球。虽然有鳞甲保护，但白腹长尾穿山甲的鳞片并不像其他种类的穿山甲那么结实，不足以抵抗某些食肉动物的捕杀（如豹）。白腹长尾穿山甲喜欢浓密的植被，可能是因为隐蔽效果比较好，可避免被大型食肉动物发现（Kingdon and Hoffmann，2013）。如被发现，它们的反应是从肛门腺释放排斥性分泌物，并可能伴随排便和排尿（Kingdon，1971）。它们游泳能力突出，狗刨式划水，并扭动身体前进；通常不会摆尾，但会用尾巴拍水来借力（Pagès，1970）。

个体发育和繁殖

白腹长尾穿山甲可全年繁殖。在加蓬，成年雌性几乎都能怀孕（Pagès，1965，1972a，1975）。

Tahiri-Zagrët（1968）估计平均发情周期 9d，个体差异很大（3～29d）。雄性通过气味来寻找雌性。在交配之前，雄性和雌性会表现出攻击性，包括胸对胸站立互相威胁，雌性表现出屈服后，交配开始；交配过程中，雄性和雌性的尾巴相互缠绕以防阴茎滑出（Pagès，1972b）。白腹长尾穿山甲通常一胎一崽，双胞胎十分罕见。部分研究人员估计妊娠期为 140～150d（Pagès，1972a），美国布鲁克菲尔德动物园对白腹长尾穿山甲的观察发现，妊娠期约为 8 个月（约 209d；Kersey et al.，2018）。这表明，有胚胎着床延迟或胚胎滞育的可能性，也说明只有在有利条件下胚胎才能在子宫着床（如食物充足，营养有保障时）。其他种类的穿山甲，如中华穿山甲（*Manis pentadactyla*）的妊娠期也有相当大的个体差异，需要进一步研究。产后发情发生在分娩后 9～16d（Pagès，1972a）。

幼崽出生时体重约 100g（Menzies，1967），体长约 290mm（Hatt，1934），发育基本完善（Kingdon，1971）。皮肤呈粉红色，幼崽除了眼睛周围的一圈外没有毛发；毛发在出生三周后开始显露（Rahm，1956）。与其他种类的穿山甲一样，母穿山甲会蜷缩在幼崽周围睡觉，方便哺乳，但晚上会离开一小段时间寻找食物（Kingdon，1971）。幼崽出生后的第一周，处于发情期的雌性会离开幼崽再次交配，孕期几乎涵盖了整个育幼期（Pagès，1972a）。母亲携带幼崽外出时，幼崽趴在母亲尾巴上（图 9.4）。白腹长尾穿山甲幼崽开始捕食蚂蚁和白蚁的年龄尚不清楚，但人工饲养的环境中，一只穿山甲幼崽 5 周大时就开始以固体食物为主要食物（Menzies，1967）。3～5 个月大时（上限 6 个月），幼儿开始尝试独立，这与母亲的下一次分娩期相一致。亚成体尝试独立时会大范围内游荡探索，直到建立起稳定的家域；它们在 18 个月大时达到成年穿山甲的体型（Pagès，1972a）。野生白腹长尾穿山甲的寿命未知。在人工饲养的情况下，圣地亚哥动物园的一只白腹长尾穿山甲活到了大约 10 岁。

种　群

白腹长尾穿山甲是最常见的非洲穿山甲物种。关于白腹长尾穿山甲种群的数据很少。在贝宁的森林保护区，Akpona 等（2008）估计，旱季天然林和人工种植园的密度为 0.84 只/km²。一项对非洲热带森林哺乳动物的研究表明，该地区白腹长尾穿山甲的密度为 10.9 只/km²（Fa and Purvis，1997），但可能是样本量较小和统计方法选择不当所致。根据对乌干达次生林中白腹长尾穿山甲的观察，Kingdon 和 Hoffmann（2013）认为，该物种在适宜的生境中密度较高。相比之下，Laurance 等（2006）发现，在加蓬受保护的石油开采区之外，穿山甲数量较多，可能由于开采区内的森林受干扰程度较大。刚果民主共和国洛马米国家公园进行了一项在不同垂直高度上架设红外相机的研究，2016～2018 年的 14 个月内（7499 个相机日），共收集到 74 个物种的记录；其中，白腹长尾穿山甲在缓冲区内地面出现的频率最高；在森林内部，树冠层的出现频率最高（15～30m；D. Alempijevic，未发表数据）。

大多数相关记录都表明，该物种数量正在减少。在加纳，上几内亚森林生态系的猎人在 2011 年报告说，白腹长尾穿山甲比较罕见（Alexander et al.，2015）。在贝宁南部，猎人认为该物种在 2007～2008 年数量很少（Djagoun and Gaubert，2009）。Soewu 和 Adekanola（2011）报道，尼日利亚奥贡州 Awori 人中的大多数传统医学从业者认为白腹长尾穿山甲数量正在减少。在尼日利亚西南部，猎人报告说白腹长尾穿山甲越来越稀少（Sodeinde and Adedipe，1994）。在乌干达，白腹长尾穿山甲被认为正在迅速减少（Kityo et al.，2016）。在加纳和几内亚，白腹长尾穿山甲的出生率正在下降（Bräutigam et al.，1994）。不过在 Volta 地区的 Akposa，超过 70% 的猎人（*n*=35）认为它们很常见（Emieaboe et al.，2014）。在乌干达，人们认为白腹长尾穿山甲的数量正在迅速下降（Kityo et al.，2016），同时，在加纳和几内亚的穿山甲也呈现出数量下降的趋势（Bräutigam et al.，1994）。

保 护 状 态

白腹长尾穿山甲被列入《世界自然保护联盟濒危物种红色名录》（Pietersen et al.，2019）和《濒危野生动植物种国际贸易公约》附录 I。2016 年依据《世界自然保护联盟濒危物种红色名录》的分类和标准，白腹长尾穿山甲在乌干达被评估为濒危物种（Kityo et al.，2016）。其分布范围内的多数国家都已制定法律进行保护，但在加蓬、刚果共和国和塞拉利昂，如果获得有关当局的许可证，可以合法猎杀和交易白腹长尾穿山甲；在布隆迪、肯尼亚和利比里亚，白腹长尾穿山甲还没有得到法律保护（Challender and Waterman，2017）。

致 危 因 素

过度捕杀和栖息地被破坏是白腹长尾穿山甲面临的主要致危因素。当地社区居民的猎捕和国际交易是白腹长尾穿山甲数量下降的重要原因。历史上，白腹长尾穿山甲一直作为食用蛋白质来源被猎杀，在野味市场上售卖，此外，其还是珍贵的药材原材料（见第 15 章）。Fa 等（2006）报道，2002～2003 年，白腹长尾穿山甲是喀麦隆野味市场上交易量第四高的物种。Boakye 等（2016b）记录了 2013 年 9 月至 2014 年 1 月在加纳 5 个地区非法交易的 341 只穿山甲，其中 82% 为白腹长尾穿山甲。Ingram 等（2018）估计，仅在中非，1975～2014 年，每年就有 42 万到 271 万只穿山甲（最有可能是 42 万）被捕获，主要是白腹长尾穿山甲，而且捕获数量还在增加。穿山甲在整个狩猎获取量中所占的比例从 1972 年的 0.04% 显著增加到 2014 年的 1.83%，在 1975～1999 年和 2000 年之后，每年的穿山甲捕获量都会增加约 150%（2000～2014 年；Ingram et al.，2018）。这证实了早期的研究（Fa and Peres，2001）。穿山甲的国际贸易进一步推动了白腹长尾穿山甲的开发利用。Fa 等（2006）报道，2002～2003 年，白腹长尾穿山甲是喀麦隆 47 个地区的第四大濒危物种。Kümpel（2006）在赤道几内亚也得到了相似的结论。据报道，在西部和中部部分地区的城市市场上，小型非洲穿山甲的零售价正在上涨，1993～2014 年，价格已经翻了一倍多（Mambeya et al.，2018），这也反映了市场需求量的增加和穿山甲数量的减少（Ingram et al.，2018）。

白腹长尾穿山甲的鳞片和肉是传统医学上的珍贵药材，这也是人们捕猎白腹长尾穿山甲的驱动因素之一（见第 15 章）。Djagoun 等（2012）在贝宁发现，26.4% 的受访药品商人出售白腹长尾穿山甲产品。Sodeinde 和 Adedipe（1994）报道，白腹长尾穿山甲在尼日利亚西南部不用于传统医学（见第 15 章）。

历史上，向 CITES 报告的关于白腹长尾穿山甲国际贸易的交易量有限，尤其是与亚洲穿山甲相比。然而，贸易动态在 2010 年发生了变化，国际贸易已成为严重的致危因素。2000 年以前，国际贸易主要包括少量的活体（Challender and Waterman，2017）。2010 年，国际贸易中出现了大量的白腹长尾穿山甲鳞片（2013～2016 年约有 7000 只白腹长尾穿山甲），这些鳞片主要产自刚果民主共和国和刚果共和国（第 16 章）。近十年来，大量的非洲穿山甲鳞片被出口到了亚洲，主要产于几内亚（Ingram et al.，2019）。据估计，2000 年至 2019 年 7 月，国际贩运涉及超过 50 万只非洲穿山甲，主要发生在 2015～2019 年，其中大多数可能是白腹长尾穿山甲（见第 16 章）。

栖息地破坏是白腹长尾穿山甲种群数量下降的另一重要原因。西非和中非的自然热带森林近几十年来遭到了严重的破坏，这可能是对白腹长尾穿山甲最大的威胁。在其分布范围的部分区域（如科特迪瓦和加纳），天然林面积减少非常大（Achard et al.，2014；Megevand，2013）。这是森林采伐、种植农作物（包括轮作农业）和大肆发展经济作物种植园［如油棕和可可（*Theobroma cacao*）］的结果。而快速增长的人口和城市发展，也进一步压缩了白腹长尾穿山甲的生存空间，增加了野外其与人类遭遇的概率

（Mayaux et al.，2013；Sodeinde and Adedipe，1994）。虽然白腹长尾穿山甲表现出具有适应一定程度干扰的能力，但这一点尚未得到充分证明，还需要进一步研究，特别是在自然栖息地和改造后栖息地的生态比较方面（Akpona et al.，2008；Sodeinde and Adedipe，1994）。

参 考 文 献

Achard, F., Beuchle, R., Mayaux, P., Stibig, H.-J., Bodart, C., Brink, A., et al., 2014. Determination of tropical deforestation rates and related carbon losses from 1990 to 2010. Glob. Change Biol. 20 (8), 2540-2554.

Akpona, H.A., Djagoun, C.A.M.S., Sinsin, B., 2008. Ecology and ethnozoology of the three-cusped pangolin *Manis tricuspis* (Mammalia, Pholidota) in the Lama forest reserve, Benin. Mammalia 72 (3), 198-202.

Albrechtsen, L., Macdonald, D.W., Johnson, P.J., Castelo, R., Fa, J.E., 2007. Faunal loss from bushmeat hunting: empirical evidence and policy implications in Bioko Island. Environ. Sci. Policy 10 (7-8), 654-667.

Alexander, J.S., McNamara, J., Rowcliffe, J.M., Oppong, J., Milner-Gulland, E.J., 2015. The role of bushmeat in a West African agricultural landscape. Oryx 49 (4), 643-651.

Allen, G.L., Loveridge, A., 1942. Scientific results of a fourth expedition to forested areas in East and Central Africa. I: Mammals. Bull. Museum Comp. Zool. Harv. Coll. 89 (4), 147-213.

Allen, G.M., Coolidge Jr., H.J., 1948. Mammals of Liberia. Harvard University Press, Massachusetts.

Amori, G., Segniagbeto, G.H., Decher, J., Assou, D., Gippoliti, S., Luiselli, L., 2016. Non-marine mammals of Togo (West Africa): an annotated checklist. Zoosystema 38 (2), 201-244.

Angelici, E.M., Luiselli, L., Politano, E., Akani, G.C., 1999a. Bushmen and mammal-fauna: a survey of the mammals traded in bush-meat markets of local people in the rainforests of south-eastern Nigeria. Anthropozoologica 30, 51-58.

Angelici, F.M., Grimod, I., Politano, E., 1999b. Mammals of the Eastern Niger Delta (Rivers and Bayelsa States, Nigeria): an environment affected by a gas-pipeline. Folia Zool. 48 (4), 249-264.

Angelici, F.M., Egbide, B., Akani, G., 2001. Some new mammal records from the rainforests of south-eastern Nigeria. Hystrix, Ital. J. Mammol. 12 (1), 37-43.

Ansell, W.F.H., 1982. The Mammals of Zambia, Issue 1. National Parks and Wildlife Service, Zambia.

Ausden, M., Wood, P., 1990. *The Wildlife of the Western Area Forest Reserve, Sierra Leone*. Forestry Division of the Government of Sierra Leone, Conservation Society of Sierra Leone, International Council for Bird Preservation, Royal Society for the Protection of Birds, Freetown, Sierra Leone.

Beja, P., Pinto, P.V., Veríssimo, L., Bersacola, E., Fabiano, E., Palmeirim, J.M., et al., 2019. The Mammals of Angola. In: Huntley, B.J., Russo, V., Lages, F., Nuno-Ferrand, N. (Eds.), Biodiversity of Angola, Science & Conservation: A Modern Synthesis. Springer, Cham, pp. 357-443.

Boakye, M.K., Pietersen, D.W., Kotzé, A., Dalton, D.L., Jansen, R., 2016a. Ethnomedical use of African pangolins by traditional medical practitioners in Sierra Leone. J. Ethnobiol. Ethnomed. 10, 76.

Boakye, M.K., Kotzé, A., Dalton, D.L., Jansen, R., 2016b. Unravelling the pangolin bushmeat commodity chain and the extent of trade in Ghana. Hum. Ecol. 44 (2), 257-264.

Bout, N., Ghiurghi, A., 2013. Guide des Mammiferes Du Parc National De Cantanhez, Guinée-Bissau. Acção para o Desenvolvimento, Guinêe-Bissau, Associazione Interpreti Naturalistici ONLUS, Italie.

Bräutigam, A., Howes, J., Humphreys, T., Hutton, J., 1994. Recent information on the status and utilization of African pangolins. TRAFFIC Bull. 15 (1), 15-22.

Chan, L.-K., 1995. Extrinsic lingual musculature of two pangolins (Pholidota: Manidae). J. Mammal. 76 (2), 472-480.

Challender, D., Waterman, C., 2017. Implementation of CITES Decisions 17.239 b) and 17.240 on Pangolins (*Manis* spp.),

CITES SC69 Doc. 57 Annex. Available from <https://cites.org/sites/default/files/eng/com/sc/69/E-SC69-57-A.pdf>. [December 18, 2018].

Cotterill, F.P.D., 2002. Biodiversity conservation in the Ikelenge Pedicle, Mwinilunga District, Northwest Zambia. Occasional publication in Biodiversity No. 10, Biodiversity Foundation for Africa, Bulawayo, Zimbabwe.

Doran, G.A., Allbrook, D.B., 1973. The tongue and associated structures in two species of African pangolins, *Manis gigantea and Manis tricuspis*. J. Mammal. 54 (4), 887-899.

Djagoun, C.A.M.S., Gaubert, P., 2009. Small carnivorans from southern Benin: a preliminary assessment of diversity and hunting pressure. Small Carnivore Conserv. 40, 1-10.

Djagoun, C.A., Akpona, H.A., Mensah, G.A., Nuttman, C., Sinsin, B., 2012. Wild mammals trade for zootherapeutic and mythic purposes in Benin (West Africa): capitalizing species involved, provision sources, and implications for conservation. In: Nóbregra Alves, R.R., Rosa, I.L. (Eds.), Animals in Traditional Folk Medicine. Springer, Berlin, Heidelberg, pp. 367-381.

du Toit, Z., du Plessis, M., Jansen, R., Grobler, J.P., Kotzé, A., 2017. Mitochondrial genomes of African pangolins and insights into evolutionary patterns and phylogeny of the family Manidae. BMC Genom. 18, 746.

Emieaboe, P.A., Ahorsu, K.E., Gbogbo, F., 2014. Myths, taboos and biodiversity conservation: the case of hunters in a rural community in Ghana. Ecol., Environ. Conserv. 20 (3), 879-886.

Emry, R.J., 1970. A North American Oligocene pangolin and other additions to the Pholidota. Bull. Am. Museum Nat. Hist. 142, 459-510.

Fa, J.E., Purvis, A., 1997. Body size, diet and population density in Afrotropical Forest Mammals: a comparison with neotropical species. J. Anim. Ecol. 66 (1), 98-112.

Fa, J.E., Peres, C.A., 2001. Game vertebrate extraction in African and Neotropical forests: an intercontinental comparison. In: Reynolds, J.D., Mace, G.M., Radford, K. H., Robinson, J.G. (Eds.), Conservation of Exploited Species. Cambridge University Press, Cambridge, pp. 203-241.

Fa, J.E., Seymore, S., Dupain, J., Amin, R., Albrechtsen, L., Macdonald, D., 2006. Getting to grips with the magnitude of exploitation: bushmeat in the Cross-Sanaga rivers region, Nigeria and Cameroon. Biol. Conserv. 129 (4), 497-510.

Fang, L.-X., 1981. Investigation on pangolins by following their trace and observing their cave. Nat., Beijing Nat. Hist. Museum 3, 64-66. [In Chinese].

Focillon, A.D., 1850. Du genre Pangolin (*Manis* Linn.) et de deux nouvelles espèces de ce genre. Revue et Mag. De Zool. 2 Sér., Tome VII, 465-474, 513-534.

Foley, C., Foley, L., Lobora, A., De Luca, D., Msuha, M., Davenport, T.R.B., et al., 2014. A Field Guide to the Larger Mammals of Tanzania. Princeton University Press, Princeton.

Frechkop, S., 1931. Notes sur les mammifères. VI. Quelques observations sur la classification des pangolins (Manidae). Bulletin du Musee royal d'Histoire naturelle de Belgique VII (22), 1-14.

Gaubert, P., Njiokou, F., Ngua, G., Afiademanyo, K., Dufour, S., Malekani, J., et al., 2016. Phylogeography of the heavily poached African common pangolin (Pholidota, *Manis tricuspis*) reveals six cryptic lineages as traceable signatures of Pleistocene diversification. Mol. Ecol. 25 (23), 5975-5993.

Gaubert, P., Antunes, A., Meng, H., Miao, L., Peigné, S., Justy, F., et al., 2018. The complete phylogeny of pangolins: scaling up resources for the molecular tracing of the most trafficked mammals on Earth. J. Hered. 109 (4), 347-359.

Gaudin, T.J., Emry, R.J., Wible, J.R., 2009. The phylogeny of living and extinct pangolins (Mammalia, Pholidota) and associated taxa: a morphology based analysis. J. Mammal. Evol. 16 (4), 235-305.

Gotch, A.F., 1979. Mammals - Their Latin Names Explained. A Guide to Animal Classification. Blandford Press, Poole.

Gray, J.E., 1843. Proceedings of Zoological Society of London 11 (1), 20-22.

Grubb, P., Jones, T.S., Davies, A.G., Edberg, E., Starin, E.D., Hill, J.E., 1998. Mammals of Ghana, Sierra Leone and the Gambia.

Trendrine Press, Zennor, Cornwall.

Happold, D.C.D., 1987. The Mammals of Nigeria. Clarendon Press, Oxford.

Hassanin, A., Hugot, J.-P., van Vuuren, B.J., 2015. Comparison of mitochondrial genome sequences of pangolins (Mammalia, Pholidota). C. R. Biol. 338 (4), 260-265.

Hatt, R.T., 1934. The pangolin and aard-varks collected by the American Museum Congo expedition. Bull. Am. Museum Nat. Hist. 66, 643-671.

Heath, M.E., 2013. Order Pholidota - Pangolins. In: Kingdon, J., Hoffmann, M. (Eds.), Mammals of Africa, vol. V, Carnivores, Pangolins, Equids, Rhinoceroses. Bloomsbury Publishing, London, pp. 384-386.

Heath, M.E., Hammel, H.T., 1986. Body temperature and rate of O_2 consumption in Chinese pangolins. Am. J. Physiol.-Regul., Integr. Comp. Physiol 250 (3), R377-R382.

Henschel, P., Abernethy, K.A., White, L.J.T., 2005. Leopard food habits in the Lopè National Park, Gabon, Central Africa. Afr. J. Ecol. 43 (1), 21-28.

Henschel, P., Hunter, L.T.B., Coad, L., Abernethy, K.A., Mühlenberg, M., 2011. Leopard prey choice in the Congo Basin rainforest suggests exploitative competition with human bushmeat hunters. J. Zool. 285 (1), 11-20.

Hildwein, G., 1974. Resting metabolic rates in pangolins (Pholidota) and squirrels of equatorial rain forests. Arch. Sci. Physiol. 28, 183-195.

Hill, J.E., Carter, T.D., 1941. The mammals of Angola, Africa. Bull. Am. Museum Nat. Hist. 78, 1-211.

Ingram, D.J., Coad, L., Abernethy, K.A., Maisels, F., Stokes, E.J., Bobo, K.S., et al., 2018. Assessing Africa-wide pangolin exploitation by scaling local data. Conserv. Lett. 11 (2), e12389.

Ingram, D.J., Cronin, D.T., Challender, D.W.S., Venditti, D. M., Gonder, M.K., 2019. Characterising trafficking and trade of pangolins in the Gulf of Guinea. Glob. Ecol. Conserv. 17, e00576.

Jeannin, A., 1936. Les mammiféres sauvages du Cameroun. Encyclopedie Biol. 16, 116-130.

Jentink, F.A., 1882. Note XXV. Revision of the Manidae in the Leyden Museum. Notes from the Leyden Museum IV, 193-209.

Jones, C., 1973. Body temperatures of *Manis gigantea* and *Manis tricuspis*. J. Mammal. 54 (1), 263-266.

Kersey, D., Guilfoyle, C., Aitken-Palmer, C., 2018. Reproductive hormone monitoring of the tree pangolin (*Phataginus tricuspis*). Chicago International Symposium on Pangolin Care and Conservation, Brookfield Zoo, Chicago, IL, 23-25 August 2018.

Kingdon, J., 1971. East African mammals. An Atlas of evolution in Africa, Primates, Hyraxes, Pangolins, Protoungulates, Sirenians, vol. I. Academic Press, London.

Kingdon, J., 1997. The Kingdon Field Guide to African Mammals. Academic Press, London.

Kingdon, J., Hoffmann, M., 2013. *Phataginus tricuspis* Tree Pangolin. In: Kingdon, J., Hoffmann, M. (Eds.), Mammals of Africa, vol. V, Carnivores, Pangolins, Equids and Rhinoceroses. Bloomsbury Publishing, London, pp. 391-395.

Khwaja, H., Buchan, C., Wearn, O.R., Bahaa-el-din, L., Bantlin, D., Bernard, H., et al., 2019. Pangolins in global camera trap data: implications for ecological monitoring, Glob. Ecol. Conserv. 20, e00769.

Kityo, R., 2009. Mammals: information on the mammal diversity for the Opeta-Bisina and Mburo-Nakivale wetland systems, eastern and western Uganda. In: Odul, M. O., Byaruhanga, A. (Eds.), Ecological Baseline Surveys of Lake Bisina-Opeta Wetland System, Lake Mburo-Nakivale Wetland System. Nature Uganda, East African Natural History Society, Kampala, pp. 85-98.

Kityo, R., Prinsloo, S., Ayebare, S., Plumptree, A., Rwetsiba, A., Sadic, W., et al., 2016. Nationally Threatened Species of Uganda. Available at: <http://www.nationalredlist.org/files/2016/03/National-Redlistfor-Uganda.pdf>. [June 21, 2018].

Kümpel, N.F., 2006. Incentives for Sustainable Hunting of Bushmeat in Rio Muni, Equatorial Guinea. Ph.D. Thesis, Imperial College London, London, UK.

Laurance, W.F., Croes, B.M., Tchignoumba, L., Lahm, S.A., Alonso, A., Lee, M.E., et al., 2006. Impacts of roads and hunting on central African rainforest mammals. Conserv. Biol. 20 (4), 1251-1261.

Mambeya, M.M., Baker, F., Momboua, B.R., Pambo, A.F.K., Hega, M., Okouyi, V.J.O., et al., 2018. The emergence of a commercial trade in pangolins from Gabon. Afr. J. Ecol. 56 (3), 601-609.

Mayaux, P., Pekel, J.-F., Desclee, B., Donnay, F., Lupi, A., Achard, F., et al., 2013. State and evolution of the African rainforests between 1990 and 2010. Philos. Trans. R. Soc. B 368 (1625), 20120300.

Megevand, C., 2013. Deforestation Trends in the Congo Basin: Reconciling Economic Growth and Forest Protection. World Bank, Washington, D.C.

Menzies, J.I., 1967. A preliminary note on the birth and development of a small-scaled tree pangolin *Manis tricuspis*. Int. Zoo Yearbook 7 (1), 114.

Meester, J., 1972. Order Pholidota. In: Meester, J., Stzer, H. W. (Eds.), The Mammals of Africa: An Identification Manual, Part 4. Smithsonian Institution Press, Washington, D.C., pp. 1-3.

Mohr, E., 1961. Schuppentiere. Neue Brehm-Bucherei. A. Ziemsen Verlag, Wittenberg Lutherstadt.

Monroe, B.P., Doty, J.B., Moses, C., Ibata, S., Reynolds, M., Carroll, D., 2015. Collection and utilization of animal carcasses associated with zoonotic disease in Tshuapa District, the Democratic Republic of the Congo, 2012. J. Wildlife Dis. 51 (3), 734-738.

Ntiamoa-Baidu, Y., Carr-Saunders, C., Matthews, B.E., Preston, P.M., Walker, A.R., 2005. Ticks associated with wild mammals in Ghana. Bull. Entomol. Res. 95 (3), 205-219.

Odemuni, O.S., Ogunsina, A.M., 2018. Pangolin habitat characterization and preference in Old Oyo National Park, Southwest Nigeria. J. Res. For., Wildlife Environ. 10 (2), 56-64.

Ofori, B.Y., Attuquayefio, D.K., Owusu, E.H., 2012. Ecological status of large mammals of a moist semi-deciduous forest of Ghana: implications for wildlife conservation. J. Biodivers. Environ. Sci. 2 (2), 28-37.

Ofusori, D.A., Caxton-Martins, E.A., Keji, S.T., Oluwayinka, P.O., Abayomi, T.A., Ajayi, S.A., 2008. Microarchitectural adaptations in the stomach of African Tree Pangolin (*Manis tricuspis*). Int. J. Morphol. 26 (3), 701-705.

Orhierhor, M., Okaka, C.E., Okonkwo, V.O., 2017. A survey of the parasites of the African white-bellied pangolin, *Phataginus tricuspis* in Benin City, Edo State, Nigeria. Nigerian. J. Parasitol. 38 (2), 266.

Pagès, E., 1965. Notes sur les pangolins du Gabon. Biol. Gabon. 1, 209-237.

Pagès, E., 1968. Les glandes odorantes des pangolins arboricoles (*M. tricuspis et M. longicaudata*): morphologie, développement et rôles. Biol. Gabon. 4, 353-400.

Pagès, E., 1970. Sur l'ecologie et les adaptations de l'orycteope et des pangolins sympatriques du Gabon. Biol. Gabon. 6, 27-92.

Pagès, E., 1972a. Comportement maternal et développement due jeune chez un pangolin arboricole (*M. tricuspis*). Biol. Gabon. 8, 63-120.

Pagès, E., 1972b. Comportement aggressif et sexuel chez les pangolins arboricoles (*Manis tricuspis et M. longicaudata*). Biol. Gabon. 8, 3-62.

Pagès, E., 1975. Étude éco-éthologique de *Manis tricuspis* par radio-tracking. Mammalia 39, 613-641.

Pietersen, D., Moumbolou, C., Ingram, D.J., Soewu, D., Jansen, R., Sodeinde, O., et al., 2019. *Phataginus tricuspis. The IUCN Red List of Threatened Species* 2019: e.T12767 A123586469. Available from: <http://dx.doi.org/10.2305/IUCN.UK.2019-3.RLTS.T12767A123586469.en>.

Pocock, R.I., 1924. The external characters of the pangolins (Manidae). Proc. Zool. Soc. Lond. 94 (3), 707-723.

Rahm, U., 1956. Notes on Pangolins of the Ivory Coast. J. Mammal. 37 (4), 531-537.

Rafinesque, C.S., 1820. Sur le genre *Manis* et description d'une nouvelle espèce: *Manis ceonyx*. Annales Générales des Sciences Physiques 7, 214-215.

Roth, A.M., Cords, M., 2015. Some nocturnal and crepuscular mammals of Kakamega Forest: photographic evidence. J. East Afr.

Nat. Hist. 104 (1-2), 213-225.

Sayer, J.A., Green, A.A., 1984. The distribution and status of large mammals in Benin. Mammal Rev. 14 (1), 37-50.

Schlitter, D.A., 2005. Order Pholidota. In: Wilson, D.E., Reeder, D.M. (Eds.), Mammal Species of the World: A Taxonomic and Geographic Reference, third ed. Johns Hopkins University Press, Baltimore, pp. 530-531.

Schouteden, H., 1948. Fauna de Congo Belge et du Ruanda-Urundi. I Mammiféres. Annales du Musée du Congo Belge, Zoologie 8 (1), 1-331.

Smithers, R.H.N., Lobão Tello, J.L.P., 1976. Check List and Atlas of the Mammals of Mozambique, Trustees of the National Museums and Monuments of Rhodesia, Salisbury, Zimbabwe.

Sodeinde, O.A., Adedipe, S.R., 1994. Pangolins in southwest Nigeria - current status and prognosis. Oryx 28 (1), 43-50.

Sodeinde, O.A., Adefuke, A.A., Balogun, O.F., 2002. Morphometric analysis of *Manis tricuspis* (Pholidota-Mammalia) from southwestern Nigeria. Glob. J. Pure Appl. Sci. 8, 7-13.

Sodeinde, O.A., Soewu, D.A., 2016. Pangolins in Nigeria: Their biology and ecology and challenges to their conservation. Poster Presented at the 3rd African Congress for Conservation Biology (ACCB, 2016), September 2016, El-Jadida, Morocco.

Soewu, D.A., Adekanola, T.A., 2011. Traditional medical knowledge and perceptions of pangolins (*Manis* sps [sic]) among the Awori People, Southwestern Nigeria. J. Ethnobiol. Ethnomed. 7, 25.

Swiacká, M., 2018. Market survey and population characteristics of three species of pangolins (Pholidota) in the Republic of Congo. M.Sc. Thesis, Czech University of Life Sciences Prague, Prague, Czech Republic.

Tahiri-Zagrët, C., 1968. Étude du Cycle OEstrien du pangolin *Manis tricuspis* (Rafinesque) Pholidotes. Annales de l'Universitiéd'Abidjan 4, 129-141.

Treves, A., Wima, P., Plumptre, A.J., Isoke, S., 2010. Camera-trapping forest-woodland wildlife of western Uganda reveals how gregariousness biases estimates of relative abundance and distribution. Biol. Conserv. 143 (2), 521-528.

Ullmann, T., Veríssimo, D., Challender, D.W.S., 2019. Evaluating the application of scale frequency to estimate the size of pangolin scale seizures. Glob. Ecol. Conserv. 20, e00776.

van Vliet, N., Nebesse, C., Nasi, R., 2015. Bushmeat consumption among rural and urban children from Province Orientale, Democratic Republic of Congo. Oryx 49 (1), 165-174.

Verschuren, J., 1982. Hope for Liberia. Oryx 16 (5), 421-427.

Verschuren, J., 1987. Liste commentée des Mammifères des Parcs Nationaux du Zaïre, du Rwanda et du Burundi. Bulletin de L'institut Royal de Sciences Naturelles de Belgique, Biologie 57, 17-39.

Ziegler, S., Nikolaus, G., Hutterer, R., 2002. High mammalian diversity in the newly established National Park of upper Niger, Republic of Guinea. Oryx 36 (1), 73-80.

第 10 章 巨地穿山甲 *Smutsia gigantean* (Illiger, 1815)

迈克尔·霍夫曼[1]，斯图尔特·尼克松[2]，丹尼尔·阿兰皮耶维奇[3]，山姆·阿耶拜尔[4]，汤姆·布鲁斯[1]，蒂姆·R.B.达文波特[5]，约翰·哈特[6]，雷兹·哈特[6]，马丁·赫加[7]，菲奥娜·麦瑟斯[4, 8]，大卫·米尔斯[9, 10]，康斯坦特·恩贾西[11]

1. 摄政公园伦敦动物学会保护与政策部，英国伦敦
2. 切斯特动物园北英格兰动物协会野外项目，英国切斯特
3. 佛罗里达大西洋大学综合生物学系，美国佛罗里达州博卡拉顿
4. 野生动物保护学会，美国纽约布朗克斯
5. 野生动物保护学会坦桑尼亚项目，坦桑尼亚桑给巴尔
6. 卢库鲁基金会，刚果民主共和国金沙萨
7. 野生动物保护学会加蓬项目，加蓬利伯维尔
8. 斯特灵大学生物与环境科学学院，英国斯特灵
9. 夸祖鲁-纳塔尔大学生命科学学院，南非德班
10. 美国纽约豹类学会，美国纽约
11. 动植物国际利比亚方案，利比里亚蒙罗维亚

分　　类

巨地穿山甲曾被归于 *Manis* 属（Meester，1972；Schlitter，2005）和 *Phataginus* 属（Grubb 等，1998），根据穿山甲的综合分类（第 2 章）（Allen，1939；Kingdon et al.，2013；Pocock，1924）及形态学（Gaudin et al.，2009）和遗传学（Gaubert et al.，2018；Hassanin et al.，2015）证据，近年将其纳入 *Smutsia* 属。异名：*africanus*（Gray，1865）、*wagneri*（Fitzinger，1872）。模式标本产地为尼日尔河，染色体数目不详。

词的来源：属名 *Smutsia* 起源于 19 世纪早期的南非博物学家约翰内斯·斯玛特（Johannes Smuts）；物种名称 *gigantea* 指拉丁语 *gigas*，意为巨大（Gotch，1979）。

性　　状

巨地穿山甲是现存体型最大的穿山甲，体重超过 30kg（可达 40kg），体长在 140～180cm（表 10.1）。身披重叠的角质鳞片（通常超过 17 横排），沿背中部、侧面、肩部和大腿具倾斜角度生长的网格状鳞片（图 10.1）。与其他非洲穿山甲一样，鳞片之间没有毛发，四肢鳞片变小，数量多。尾部边缘具 15～19 行尖锐的鳞片，凸起的背表面具大而厚的鳞片，稍凹的下表面为小而薄的鳞片（12～15 行），交错排列（表 10.1）。鳞片数为 446～664 枚（表 10.1）。尾巴末端略尖，由紧密相连的厚重鳞片构成。前额和吻上部覆盖紧密贴合的鳞片，眼睛和耳道周围覆盖短毛，头部裸露呈灰白色（Kingdon，1971）。腹部无鳞片

表 10.1　巨地穿山甲的形态特征

测量指标			国家和地区	数据来源
体重	体重（♂）/kg	32.1，n=1	乌干达	Nixon and Matthews，未发表数据
	体重（性别未确定）/kg	33，n=1	乌干达	Kingdon，1971
		28.8，n=119	加蓬	Mambeya et al.，2018
体长	头尾长（♂）/mm	1438（1370~1530），n=5	刚果民主共和国	Hatt，1934
		1798，n=1	乌干达	Nixon and Matthews，未发表数据
	头尾长（♀）/mm	1298（1185~1365），n=7	刚果民主共和国	Hatt，1934
	头尾长（性别未确定）/mm	1255，n=1	乌干达	Uganda National Museum（measured by S. Nixon，未发表数据）
		1710，n=1	利比里亚	Allen and Coolidge，1930
	头体长（♂）/mm	1088，n=1	乌干达	Nixon and Matthews，未发表数据
	头体长（♀）/mm	660，n=1	刚果民主共和国	Rahm，1966
	尾长（♂）/mm	674（650~700），n=5	刚果民主共和国	Hatt，1934
		710，n=1	乌干达	Nixon and Matthews，未发表数据
	尾长（♀）/mm	596（545~675），n=7	刚果民主共和国	Hatt，1934
		670，n=1	刚果民主共和国	Rahm，1966
椎骨	椎骨总数	55~57		Frechkop，1931；Jentink，1882
	颈椎	7		Jentink，1882
	胸椎	14		Jentink，1882；Mohr，1961
	腰椎	5		Jentink，1882；Mohr，1961
	骶椎	3~4		Jentink，1882；Mohr，1961
	尾椎	26~27		Jentink，1882；Mohr，1961
头骨	长度（♂）/mm	152（148~162），n=4	刚果民主共和国	Hatt，1934
	长度（♀）/mm	142（134~148），n=6	刚果民主共和国	Hatt，1934
	颧骨突宽度（♂）/mm	49.5（49~50），n=4	刚果民主共和国	Hatt，1934
	颧骨突宽度（♀）/mm	47（45~49），n=6	刚果民主共和国	Hatt，1934
鳞片	鳞片总数	567（446~664），n=10	喀麦隆、乌干达、未知	Ullmann et al.，2019；Uganda National Museum（measured by S. Nixon，2018）；Nixon and Matthews，未发表数据
	鳞片行数（横向，身体）	17		Frechkop，1931
	鳞片行数（纵向，身体）	13~17		Frechkop，1931；Jentink，1882
	尾外缘鳞片数	15~19		Frechkop，1931；Jentink，1882
	尾中间行鳞片数	11~15		Frechkop，1931；Jentink，1882
	鳞片（湿）占体重比例/%	无数据		
	鳞片（干）占体重比例/%	无数据		

图 10.1　乌干达巨地穿山甲。图片来源：Naomi Matthews。

覆盖，皮肤颜色呈浅粉至浅灰色。尾巴完全蜷曲起时，又长又宽，为没有鳞片覆盖的腹部提供保护，尾可以在折叠的双腿间伸展，从头部延伸到肩部。

巨地穿山甲口鼻狭长，有残留的耳软骨，无外耳郭。卷起时，外耳道可通过皮肤的外侧皱褶闭合。眼睛小而黑，周围肌肉发达，眼睑较厚。头骨致密厚实，与其他穿山甲类似，颧弓不完整，这与咀嚼肌（颞肌和咬肌）退化有关（Kingdon，1971；见第 1 章）。无齿，舌长（完全伸展时约 70cm），可伸出口腔外 30cm（Doran and Allbrook，1973），舌缩进喉囊中。舌头的快速伸展和收缩得益于舌根向后延伸到胸腔的结构，在胸腔中，舌根的延伸部分与胸骨的剑状软骨相连。随着舌的伸展和收缩，剑状软骨及其肌肉可以沿着腹腔壁自由滑动和摆动。食物直接进入幽门区，巨地穿山甲的幽门区结构类似鸟类的嗉囊，用小石块和砂子磨碎蚂蚁和白蚁。胃大，发育良好（Doran and Allbrook，1973；Hatt，1934；Mohr，1961）。没有盲肠。

该物种前后肢都有五趾。前肢外两趾爪残缺，中爪最长最强壮。挖掘时爪可向前伸展，行走时可弯曲。后肢爪短，肢短粗。具肛腺，尤其是雄性，可产生白色有强烈气味的蜡状分泌物（Hatt，1934；Kingdon，1971）。雌性胸部具乳头 1 对。体温 32～34.5℃，略低于普通哺乳动物（Jones，1973）。

南非地穿山甲（*Smutsia temminckii*）易与巨地穿山甲混淆。不过，南非地穿山甲小很多，尾巴短而圆；体表鳞片层数少，横向 12 行和纵向 11～13 行，体外侧 11～13 行，尾部中段 4～7 行（Frechkop，1931；Jentink，1882）。因南非地穿山甲大部分时间用双足行走，很少挖掘，它们的前肢较巨地穿山甲小得多，而巨地穿山甲前端骨骼和肌肉较发达（Kingdon，1971）。这种差异也体现在骨盆结构中，巨地穿山甲更坚固、细长，而南非地穿山甲的盆骨较短和垂直（Kingdon，1971）。

分　布

巨地穿山甲在非洲近赤道地区广泛分布。主要分布在塞内加尔（Dupuy，1968）、几内亚比绍（Frade，1949；Reiner and Simões，1999）、几内亚（Barnett and Prangley，1997）、塞拉利昂（Grubb et al.，1998）、利比里亚（Allen and Coolidge，1930；Coe，1975）、科特迪瓦（Rahm，1956）和加纳，最北至摩尔国家公园（Grubb et al.，1998）。该物种在加纳东南部和尼日利亚东部之间呈不连续分布。尽管 Grubb 等（1998）绘制的分布记录图包含加纳与多哥边界的 Fazao-Malfakassa 国家公园，但多年未见踪迹（Amori et al.，2016）。在贝宁，Sayer 和 Green（1984）在 20 世纪 70 年代记录了北部彭贾里国家公园边界上的 Batia 有巨地穿山甲的分布（Verschuren 在 1988 年也记录了它们在彭贾里的存在），并提到了邻国布基纳法索和尼日尔的目击事件（1973 年 Poche 在尼日尔 W 国家公园观察到它们）。Akpona 和 Daouda（2011）指出，尽管之前该物种大多数在贝宁北部地区，但现今可能只存在于彭贾里和 W 国家公园。似乎这种情况并未好转，因为正在进行的一项跨越 W-阿尔利-彭贾里地区的相机监测工作也没有新的发现（Harris et al.，2019；ZSL 未发表数据）。尼日利亚是否有该物种的分布，一直缺乏可靠证据（Happold，1987；Rosevear，1953）。该物种于 2016 年在东部的加沙卡古姆蒂国家公园被相机拍到（Nixon，未发表数据）；但对克里斯河国家公园的调查中未发现巨地穿山甲的踪迹（A. Dunn，未发表数据）。

从尼日利亚东部起，该物种较连续地分布在喀麦隆南部和赤道几内亚大陆到乌干达地区（Hatt，1934；Jeannin，1936；Kingdon，1971；Kingdon et al.，2013；Malbrant and MacLatchy，1949；Rahm，1966；Schouteden，1944，1948）。巨地穿山甲可能在乌干达默奇森瀑布国家公园（Murchison Falls National Park）与南非地穿山甲同域分布，两物种在那里均有记录。

维多利亚尼罗河将默奇森瀑布国家公园南北一分为二，可能限制了巨地穿山甲在乌干达的分布，将来还需要进一步调查研究。在肯尼亚西部，靠近乌干达边界的（Kingdon，1971）马哈勒山脉，该物种在坦桑尼亚坦噶尼喀湖边缘，以及乌干达边境的明齐罗森林自然保护区得到确认，贡贝国家公园也有摄像机拍摄记录（A. Collins，未发表数据）。伊萨（Issa）山谷的摄像机也捕捉记录到了巨地穿山甲（大马哈尔生态系统研究与保护/MPI-EVA，未发表数据）。它们很可能出现在 Tembwa、Ntakatta 和南部湖边的其他森林地区。据说巨地穿山甲在卢旺达已灭绝，但 2016 年摄像机捕捉的信息证实其在卡盖拉国家公园（Akagera National Park）有分布（D. Bantlin，未发表数据）。布隆迪目前没有记录（Kingdon et al.，2013）。

巨地穿山甲分布的北部界限尚不清楚。Fischer 等（2002）在科特迪瓦科摩罗国家公园南部稀树草原林地的长廊森林边缘记录到了一只个体，大约为 7°N，中非共和国北部与南苏丹边界相连的泽蒙戈（Zemongo）动物保护区也有记录（D. Roulet et al.，2007）。这两个国家的新记录都比先前的分布区偏北（Gaubert，2011；Kingdon，1997；Kingdon et al.，2013）。2015 年，南苏丹西南部靠近刚果民主共和国边境的地区也证实有巨地穿山甲存在（D. Reeder，未发表数据）。南部边界，巨地穿山甲广泛分布于刚果库瓦特（Cuvette）中部的整个森林地区，南至开塞（Kasai）河和桑库鲁（Sankuru）河的右岸（Thompson，未发表数据）。该物种广泛分布于卢阿拉巴河和刚果河之间的森林中，南至 3°S（Lukuru 基金会，未发表数据）。

如黑腹长尾穿山甲（*Phataginus tetradactyla*），巨地穿山甲在安哥拉的分布存疑。一些研究人员，如 Bocage（1889，1890）、Monard（1935）、Hill 和 Carter（1941）、Machado（1969）和 Feiler（1990）没有提到它们。之前有些文献提到它们曾经存在于卡宾达（Cabinda）森林中，特别是 Maiombe，因此将它们列入该国的动物名录是合理的（Kingdon et al.，2013；Beja et al.，2019，见其中的参考文献）。

值得注意的是，过去该物种在比奥科（Bioko）岛的记录（Gaubert，2011；Kingdon et al.，2013）实际上是源自胴体进口记录，并非野外调查数据（Hoffmann et al.，2015；Ingram et al.，2019）。

栖　息　地

巨地穿山甲栖息于原始森林和次生林、森林稀树草原、季节性水淹的沼泽森林、沿岸防护林、稀树草原和湿地。海拔分布范围较广，从略高于海平面的西非洼地沿海森林到海拔 2220m［刚果民主共和国东部艾伯丁裂谷（Albertine Rift）Tayna 自然保护区的 Mutenda 山；S. Nixon，未发表数据］的海拔梯度。在乌干达，Kingdon（1971）指出，它们零星地分布于西部和南部森林-热带稀树草原-种植地。活动范围从裸露的高原、低山、种植园及森林覆盖的山坡，到沼泽森林和长满纸莎草（*Cyperus papyrus*）的谷底。最近证实，乌干达中部的滋瓦犀牛（Ziwa Rhino）保护区 70km² 内的区域有巨地穿山甲分布，这充分表明，当威胁减少时该物种可以持续生存于高度碎片化的生境中。在乌干达基巴莱国家公园附近的农田生境未发现该物种的踪迹（D. Mills，未发表数据）。在坦桑尼亚的马哈雷山国家公园，穿山甲在一片独立的竹林（*Oxytenanthera abyssinica*）中被发现（Foley et al.，2014）。巨地穿山甲可能依赖永久性水源（Kingdon et al.，2013）。在喀麦隆本地的贾河动物保护区（Dja Faunal Reserve），8 个疑似巨地穿山甲的洞穴中，有 6 个位于距沼泽栖息地 100m 的范围内（Bruce et al.，2018）。

生　态　学

大部分关于巨地穿山甲生态和行为的信息来源于 Elisabeth Pagès 于 50 年前在加蓬所做的研究。Pagès（1970）观察到，巨地穿山甲在相对稳定和固定的家域范围觅食与栖息，为了寻找食物，巨地穿山甲每天的迁移距离可能达数公里。最近在尼日利亚和乌干达西部进行的相机监测表明，在不连续的栖息地中，巨地穿山甲发现率低，表明在这些地区它们的活动范围可能相对较大（Nixon，未发表数据）。相反，Kingdon（1971）根据对乌干达一只雄性巨地穿山甲的观察认为，它们的活动范围可能很小，在大约两年的时间里，这只雄性就在一个小区域内活动，经常在白蚁丘中使用一个半暴露的休息场所。

巨地穿山甲可以利用各种安全和隐藏的空间，如树与土堆的缝隙、倒木、茂密的灌木丛、树根部的洞穴，或开放的白蚁丘和土豚（*Orycteropus afer*）洞穴（图 10.2）。在加蓬中部，研究发现穿山甲拓宽地下的白蚁通道，形成了一个狭长但简单的洞穴网络，通常，深度不超过 1m（Pagès，1970）；Kingdon（1971）的研究结果则相反，他认为，巨地穿山甲可以挖掘长达 40m、深约 5m 的洞穴。在滋瓦犀牛保护区研究发现，巨地穿山甲偶尔会使用其他动物的洞穴，其他动物也会利用穿山甲洞穴（S. Nixon and N. Matthews，未发表数据）。穴居动物通常有多个入口和较大的洞穴空间，以满足它们在洞穴内转身，头朝前方离开洞穴，一方面可以探究洞口情况，防止天敌捕食，另一方面，鳞片的倾斜也会阻碍其在洞道的移动（Pagès，1970）。洞穴入口有时是从内部密封的（Kingdon，1971）。Pagès（1970）记录了加蓬猎人在洞穴中发现多只穿山甲（可能是母穿山甲和幼穿山甲）。有观察者记录，丛尾豪猪（*Atherurus*

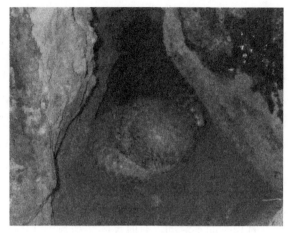

图 10.2　两只巨地穿山甲藏在加蓬的一个洞穴里。该物种主要在洞穴、缝隙、倒木、茂密的灌木丛中栖息。图片来源：WCS 加蓬。

africanus）和非洲巨鼠（*Cricetomys* spp.）与巨地穿山甲同一天晚上进入同一洞穴，表明它们存在某种程度的共生关系（Bruce et al.，2018；S. Nixon and N. Matthews，未发表数据）。在基巴莱（Kibale）国家公园，Mills 记录了一只沼泽獴（*Atilax paludinosus*）进入树底的洞穴，几小时后穿山甲也从该洞穴出现，表明它们同时在同一洞穴中生存（未发表数据）。

巨地穿山甲主要以白蚁为食，特别是大白蚁属（*Macrotermes*）、伪刺白蚁属（*Pseudocanthotermes*）、土白蚁属（*Odontotermes*）、方白蚁属（*Cubitermes*）、尖白蚁属（*Apicotermes*）、前白蚁属（*Protermes*）。此外还有蚂蚁，如枪盾猛蚁属（*Palthothyreus*）和行军蚁属（*Dorylus*）（Pagès，1970；Vincent，1964）。Bequaert（1922）记录了以下被穿山甲取食的物种：木匠蚁（*Camponotus manidis*）和小孔木匠蚁（*C. foraminosus*）、火葬腹蚂蚁（*Crematogaster impressa*）、行军蚁（*Dorylus* sp.）、针尾铺道蚁（*Tetramorium aculeata*）、蔽光铺道蚁（*T. opacum*）、*Myrmycaria eumenoides*、大头蚁（*Pheidole punctulata*）、白斜齿蚁（*Plagiolepis tenella*）、双齿多刺蚁（*Polyrhachis dives*）和长结织叶蚁（*Oecophylla longinoda*）。巨地穿山甲通过快速伸缩舌头舔食白蚁和蚂蚁，它的舌表面覆盖着一层特别黏稠的唾液，巨地穿山甲偶尔也会捕获其他昆虫；Kingdon（1971）观察到一只半浸在湖边水中的巨地穿山甲，靠舌头收缩捕获和吞食龙虱科（Dytiscidae）的昆虫。巨地穿山甲主要的天敌有狮（*Panthera leo*）、花豹（*P. pardus*）和大型蟒蛇（*Python* spp.；Pagès，1970）。

巨地穿山甲的身体寄生虫包括钩虫（*Ancylostoma* sp.）和花蜱（*Amblyomma compressum*；Mohapatra et al.，2016；Uilenberg et al.，2013；见第 29 章）。

行　为

巨地穿山甲一般单独活动，有时会观察到雌性伴同幼崽活动，Kingdon（1971）报道了一对成年巨地穿山甲和一只幼体一起活动的情况。在贾河动物保护区，相机监测调查中两次拍摄到两个成体一前一后活动，这表明它们有密切关系，可能是求偶（Bruce et al.，2018）。在滋瓦犀牛保护区，相机记录到同一时间段使用同一区域和洞穴的几只个体，表明它们的领域范围有相当大的重叠，洞穴并非专属某个穿山甲（S. Nixon and N. Matthews，未发表数据）。它们的社会活动主要通过气味联系，雄性发达的肛腺和特定的标记行为说明它们具有领地意识。在贾河动物保护区，观察到一只雄性在靠近洞穴入口的地方擦拭肛门腺体（Bruce et al.，2018）。

Kingdon（1971）发现，捕获的穿山甲午夜至清晨五点最活跃，而利比里亚的猎人描述了其晚上八点到第二天清晨的活动模式（图10.3；Kingdon et al.，2013）。在贾河动物保护区内，两次大规模相机调查，夜间拍摄到了32/33次，另外一次是在早上七点被记录的（Bruce et al.，2017；ZSL，未发表数据）。同样，在基巴莱（Kibale）国家公园，三个月的相机调查发现，大多数巨地穿山甲在晚上八点左右离开洞穴，最晚返回时间是清晨五点半（D. Mills，未发表数据）。另外，加蓬巴特克（Bateke）高原国家公园相机监测显示，巨地穿山甲白天有明显活动（Hedwig et al.，2018），乌干达塞姆利基（Semuliki）国家公园早上八点半左右也监测到穿山甲活动（S. Nixon et al.，未发表数据）。其他地方也有巨地穿山甲白天活动行为的报道（Bruce et al.，2017）。这可能反映了被捕猎压力的胁迫改变了其行为节律，在其他物种中也有类似的情况，如非洲象（*Loxodonta africana*）和黑猩猩（*Pan troglodytes*）在受到威胁的地区有偏好夜间活动的倾向（Krief et al.，2014；Maisels et al.，2015；Wrege et al.，2010）。巨地穿山甲有时长时间不活动，有时连续活动数周（Bequaert，1922；Kingdon，1971）。

图10.3　巨地穿山甲主要在夜间活动。图片来源：David Mills。

与南非地穿山甲用后肢行走不同，巨地穿山甲用四足行走。它们强健有力的前肢和发达的爪使其有能力挖掘地下白蚁群。Pagès（1975）研究发现，加蓬中部森林的巨地穿山甲很少破坏地面白蚁巢穴，主要以地下深50cm的白蚁为食。一旦白蚁巢穴暴露，它们会伸出舌头快速觅食。巨地穿山甲的尾巴长而结实，当四肢在挖掘时可以作为支撑（Kingdon，1971）。当巨地穿山甲处于攻击状态时，会用尾部猛烈地回击攻击者（Pagès，1970），巨地穿山甲在受到攻击时，尾巴也可以当作棍子，帮助身体快速地侧移，使尾部及边缘锋利鳞片呈剪刀状，从而抵御和反击捕食者。Booth（1960）报道，一个猎人曾遇到过一只巨地穿山甲，尾巴卷着一个死豹子的头。

尽管巨地穿山甲在受到干扰或骚扰时发出嘶嘶声和咕哝声（Kingdon，1971；T.R.B. Davenport，未发表数据），但大多数情况不发出声音。有证据表明，黑背麂羚（*Cephalophus dorsalis*）和巨地穿山甲之间存在某种联系。在两个月内的两个不同地点，贾河动物保护区的监测相机拍到黑背麂羚紧紧地跟随着一只巨地穿山甲（ZSL，未发表数据）。这两种动物的关系尚不明确，但在黑背麂羚胃中发现了蚂蚁和白蚁的残骸（Kingdon and Feer，2013）。

个体发育和繁殖

巨地穿山甲繁殖无季节性规律。乌干达在9月和10月有两例巨地穿山甲幼崽出生记录（Kingdon，1971）。Hatt（1934）报道了刚果民主共和国11月和12月的两例出生记录，一个体长240mm，另一个体长290mm。Mills在8月记录了一只母兽及其哺乳的幼崽（D. Mills，未发表数据），9月在乌干达记录了另一对母子（图10.4；S.Nixon and N.Matthews，未发表数据）。幼体出生时的全长与体重分别达450mm

和 500 余克，幼崽出生时就已可以睁开眼睛，覆盖未角质化的鳞片（Kingdon，1971）。出生仅一天的巨地穿山甲幼崽被放在它母亲身边时，会立刻爬到母亲尾巴上，幼崽具有很强的抓握力，并且具有很强的依附反射（flinging reflex）（Kingdon，1971），有利于在哺乳期幼崽与母兽的一起活动（D. Mills，未发表数据）。哺乳期的幼崽通常在下一个幼崽出生之前不会离开母兽。巨地穿山甲在野外或圈养环境中的寿命尚不明确。

图 10.4　巨地穿山甲一般独居，有时被观察到幼崽伴随着雌性活动。
图片来源：Naomi Matthews。

种　群

　　白蚁和蚂蚁的丰富度、人类活动和天敌的捕食压力、水源等可利用的栖息地因素和火灾发生的频率都会影响巨地穿山甲的种群数量（Khwaja et al.，2019）。现有数据表明，该物种现在难以见到了，通过相机监测有助于进一步揭示巨地穿山甲的种群状况（Khwaja et al.，2019）。在马哈勒（Mahale）国家公园，653 个相机日拍摄到 7 只个体，表明在此区域还较为常见；人类活动较多的明齐罗（Minziro）森林自然保护区，1500 个相机日仅记录了 2 只个体（Foley et al.，2014）。乌干达布东戈（Budongo）森林保护区内，2014 年 10 月至 2016 年 6 月，该物种在 750 个相机日被拍摄到 6 次，在 Bugungu 野生动物保护区，1600 个相机日监控拍到 1 次，在卡鲁玛（Karuma）野生动物保护区，264 个相机日监控拍到 1 次，在默奇森瀑布（Murchison Falls）国家公园（S. Ayebare，未发表数据），1485 个相机日监控到 1 次。在基巴莱（Kibale）国家公园，针对巨地穿山甲在旱季的种群密度布设的相机监控发现，6000 多个相机日仅记录到 1 次影像（Chester 动物园数据），这些调查表明，2010～2013 年，巨地穿山甲的种群规模有所减小（D. Mills，未发表数据），也有可能是栖息地利用和季节性差异导致数据的波动。刚果民主共和国洛马米（Lomami）国家公园，2012～2018 年，8 台相机拍到 5 只巨地穿山甲（每个地点布设 20 台相机，每台相机按照 1km 网格布设 50d；Lukuru 基金会，未发表数据）。220 个拍摄地点中只有 10 个位置有拍摄记录（每 100 个相机日发生 0.1 次）。这与土豚形成鲜明对比，土豚是 8 次调查中 6 次能被记录到，34 个相机位点，同一个网格上共有 77 次被记录到。10 个巨地穿山甲出现的相机中，有 6 个未监测到土豚，表明这两个食性相近的物种产生了空间生态位的分离。在滋瓦犀牛保护区的草原上，巨地穿山甲和土豚在同一区域被不同相机捕捉到影像。在贾河动物保护区，3371 个相机日（ZSL，未发表数据）调查记录了 23 只个体。而保护区另一区域，3725 个相机日共记录到 10 只个体出现（Bruce et al.，2017）。虽没有实质性差异，但由于离贾河对岸的村庄相对较近，一般有频繁人类活动的区域巨地穿山甲出现率低（Bruce et al., 未发表数据）。在加沙卡古姆蒂国家公园的 Kwano 地区，3350 个相机日，该物种只被记录了两次。尽管在 Kwano 地区很少发生偷猎，但季节性烧荒在破碎化的生境中频繁发生，巨地穿山甲仅在雨季时被记录到（Nixon，未发表数据）。基于现在的监测方法，需要投入更多才能得到较为科学的种群数据，Khwaja 等（2019）估计至少需要对 100 个地点进行最少 6 个月的监测，才能作出对未受干扰栖息地中巨地穿山甲种群的科学评估。

保护状态

巨地穿山甲被列入《世界自然保护联盟濒危物种红色名录》（Nixon et al., 2019），该物种数量在其分布范围内呈下降趋势。如前所述，这里缺乏量化的种群数量数据。2016 年其被列入《濒危野生动植物种国际贸易公约》附录 I，巨地穿山甲在大部分分布国家受立法保护，禁止捕杀。传统习俗在其部分分布地区为该物种提供了一定程度的保护，如刚果民主共和国中部的代凯塞（Dekese）地区，该物种被视为祖先动物，很少被猎杀。如果某个个体被杀了，需要准备特别的方式来纪念祖先。在代凯塞（Dekese）附近的一个村庄，一只死去的穿山甲被展示在祭坛或"etuka"上，然后在公共仪式上被食用（Thompson，未发表数据）。同样，在 20 世纪 90 年代，洛贝凯（Lobeke）周围的巴卡（Baka）的一些社区将捕猎或食用穿山甲视为严格禁忌（T.R.B. Davenport，未发表数据）。但随着穿山甲鳞片在亚洲市场的价值广为人知，以及来自喀麦隆和其他地方（其他中非国家）的大量人员进入该地区从事伐木经营，这种情况可能已经改变。

致危因素

巨地穿山甲面临两大威胁：当地消费和出口亚洲的非法贸易，适宜栖息地的退化与丧失。不可持续的猎杀和传统药物利用是对该物种的主要威胁，非洲到亚洲的非法走私迅速增长，以满足对穿山甲鳞片的需求。它们在野味市场也非常受欢迎，Colyn 等（1987）发现，约 100 只穿山甲在刚果民主共和国基桑加尼（Kisangani）周边的农村地区出售。在基桑加尼（扎伊尔东北部城市）市场上，巨地穿山甲的出售数量在 2002～2008 年翻了 7～9 倍（van Vliet et al., 2012）。同样，2000～2006 年，尽管加蓬的贸易记录记载了巨地穿山甲，总体调查显示，这一物种并未出现在 18 种最常见的贸易物种名单内。但到 2014 年，它们成为了第七大贸易物种，虽然受到充分保护，利伯维尔（加蓬首都）地区穿山甲的价格仍上涨了 211%（Mambeya et al., 2018）。Ingram 等（2019）报道，在赤道几内亚比奥科（Bioko）的马拉博（Malabo）市场，巨地穿山甲数量和价格在 1997～2017 年有所增加。正如在前文中指出，巨地穿山甲并不出现在比奥科（Bioko）地区，直到 2004 年从赤道几内亚大陆开始进口后，才出现在马拉博（Malabo）市场；从 2007 年开始，进口主要来自喀麦隆。在刚果民主共和国的萨隆加（Salonga）国家公园，猎人手中普遍有穿山甲鳞片，而 5 年前记录则很少（J. Eriksson，未发表数据）。

这些地区缉获了大量卷入非法走私的鳞片。2014～2015 年，乌干达 7 次共缉获约 2270kg 巨地穿山甲鳞片。2013～2016 年的 8 次收缴行动中，肯尼亚共缉获 1670kg 走私鳞片，据称最终目的地是中国、泰国和越南（Challender and Waterman，2017）。2017 年，基桑加尼当局缴获 2000kg 巨地穿山甲鳞片（Hart，未发表数据）。喀麦隆在 2014 年缴获 1000kg 走私鳞片，据称目的地是中国。泰国在 2017 年缴获 1066kg 穿山甲鳞片，来源于刚果民主共和国，经肯尼亚转机至泰国，目的地为老挝（Challender and Waterman，2017；另见第 16 章）。1975～2016 年，CITES 组织报告了一些合法贸易，主要涉及中国和数量较少的人工饲养个体（见第 16 章）。

捕猎和偷猎巨地穿山甲的方法很多（图 10.5）。加蓬中部，经验丰富的猎人可根据足迹和觅食痕迹找到穿山甲的洞穴（Pagès，1970）。刚果民主共和国中部的洛马米（Lomami）区域有资料报道，猎人用训练有素的狗来定位穿山甲活动路径和栖息洞穴后，挖掘穿山甲并用砍刀将它们杀死。也有报道称，在 Mbam et Djerem 国家公园里，人们带着狗在洞穴里猎杀巨地穿山甲（I. Goodwill，未发表数据）。2018年，加蓬沿海地区的调查显示，有人白天挖掘穿山甲洞穴，捕捉穿山甲（Chester 动物园，未发表数据）。非法捕猎猖獗的刚果民主共和国卢布图（Lubutu）地区，巨地穿山甲在为有蹄类动物（如小羚羊）设置的陷阱中被捕获（S. Nixon，未发表数据），其他保护区也发生了类似的事件［如基巴莱（Kibale）国家公园；R. Wrangham，未发表数据］。在 Maiko 国家公园，除用狗捕猎穿山甲外，还有直接证据表明，猎人在它们的洞穴口设置专门陷阱，进行有针对性的捕猎（Chester 动物园，未发表数据）。

图 10.5　加蓬被偷猎的巨地穿山甲。肉和传统医药的不可持续利用是巨地穿山甲的重大威胁，出口亚洲的非法国际贸易加剧了这一威胁。图片来源：Martin Hega。

　　第二个主要威胁与生境有关。该物种出现在原始林和次生林，据了解，由于森林消失、退化和破碎化，近几十年来，巨地穿山甲可利用生境的面积和质量都在下降。Mayaux 等（2013）研究发现，2000～2010 年，非洲中部和西部的森林净损失率分别评估为 0.1%和 0.3%。Hansen 等（2013）报道，2000～2012 年热带雨林的丧失显著增加。栖息地丧失和退化的原因包括：农业和农田的扩张，种植转移；商业伐木，森林采伐；城市基础设施的扩张和人口密度的增加（Mayaux et al.，2013）。

<h1 style="text-align:center">参 考 文 献</h1>

Akpona, H.A., Daouda, I.-H., 2011. Mammifères myrmécophages. In: Neuenschwander, P., Sinsin, B., Goergen, G. (Eds.), Protection de la Nature en Afrique de l'Ouest: Une Liste Rouge pour le Bénin. Nature Conservation in West Africa: Red List for Benin. International Institute of Tropical Agriculture, Ibadan, Nigeria, pp. 298-303.

Allen, G.M., 1939. A checklist of African mammals. Bull. Museum Comp. Zool. Harv. Coll. 83, 1-763.

Allen, G.M., Coolidge Jr., H.J., 1930. Mammals of Liberia. In: Strong, R.P. (Ed.), The African Republic of Liberia and the Belgian Congo, 2. Contributions of the Department of Tropical Medicine and the Institute for Tropical Biology and Medicine, pp. 569-622.

Amori, G., Segniagbeto, G.H., Decher, J., Assou, D., Gippoliti, S., Luiselli, L., 2016. Non-marine mammals of Togo (West Africa): an annotated checklist. Zoosystema 38 (2), 201-244.

Barnett, A.A., Prangley, M.L., 1997. Mammalogy in the Republic of Guinea: an overview of research from 1946 to 1996, a preliminary check-list and a summary of research recommendations for the future. Mammal Rev. 27 (3), 115-164.

Beja, P., Pinto, P.V., Veríssimo, L., Bersacola, E., Fabiano, E., Palmeirim, J.M., et al., 2019. The Mammals of Angola. In: Huntley, B.J., Russo, V., Lages, F., Nuno- Ferrand, N. (Eds.), Biodiversity of Angola, Science & Conservation: A Modern

Synthesis. Springer, Cham, pp. 357-443.

Bequaert, J., 1922. The predaceous enemies of ants. Bull. Am. Museum Nat. Hist. 45, 271-331.

Bocage, J.V.B. du., 1889. Mammiferes d'Angola et du Congo. Jornal de Sciências, Mathemáticas, Physicas e Naturaes, Lisboa 2 (1), 8-32, 174-185.

Bocage, J.V.B. du., 1890. Mammiferes d'Angola et du Congo. Jornal de Sciências, Mathemáticas, Physicas e Naturaes, Lisboa 2 (2), 1-32.

Booth, A.H., 1960. Small Mammals of West Africa. Longmans, London.

Bruce, T., Wacher, T., Ndinga, H., Bidjoka, V., Meyong, F., Ngo Bata, M., et al., 2017. Camera-Trap Survey for Larger Terrestrial Wildlife in the Dja Biosphere Reserve, Cameroon. Yaoundé, Cameroon: Zoological Society of London (ZSL) and Cameroon Ministry of Forests and Wildlife (MINFOF).

Bruce, T., Kamta, R., Mbobda, R.B.T., Kanto, S.T., Djibrilla, D., Moses, I., et al., 2018. Locating giant ground pangolins (*Smutsia gigantea*) using camera traps on burrows in the Dja Biosphere Reserve, Cameroon. Trop. Conserv. Sci. 11, 1-5.

Challender, D., Waterman, C., 2017. Implementation of CITES Decisions 17.239 b) and 17.240 on Pangolins (*Manis* spp.), CITES SC69 Doc. 57 Annex. Available from <https://cites.org/sites/default/files/eng/com/sc/69/E-SC69-57-A.pdf>. [2 August 2018].

Coe, M., 1975. Mammalian ecological studies of Mount Nimba. Liberia Mammal. 39 (4), 523-587.

Colyn, M., Dudu, A., Mankoto, M.M., 1987. Données sur l'exploitation du 'petit et moyen gibier' des forêts ombrophiles du Zaïre. In: Proceedings of International Symposium on Wildlife Management in Sub-Saharan Africa. International Foundation for the Conservation of Game, pp. 110-145.

Doran, G.A., Allbrook, D.B., 1973. The tongue and associated structures in two species of African pangolins, *Manis gigantea* and *Manis tricuspis*. J.Mammal. 54 (4), 887-899.

Dupuy, A.R., 1968. Sur la première capture au Sénégal d'un grand Pangolin *Smutsia gigantea*. Mammalia 32 (1), 131-132.

Feiler, A., 1990. Distribution of mammals in Angola and notes on biogeography. In: Peters, G., Hutterer, R. (Eds.), Vertebrates in the Tropics. Museum Alexander Koenig, Bonn, pp. 221-236.

Fischer, F., Gross, M., Linsenmair, K., 2002. Updated list of the larger mammals of the Comoé National Park, Ivory Coast. Mammalia 66 (1), 83-92.

Fitzinger, L.J., 1872. Die naturliche familie der schuppenthiere (Manes). Sitzungsberichte der Kaiserlichen Akademie der Wissenschaften. Mathematisch-Naturwissenschaftliche Classe, CI., LXV, Abth. I, 9-83.

Foley, C., Foley, L., Lobora, A., De Luca, D., Msuha, M., Davenport, T.R.B., et al., 2014. A Field Guide to the Larger Mammals of Tanzania. Princeton University Press, Princeton.

Frade, F., 1949. Algumas novidades para a fauna da Guiné Portuguesa (aves e mamíferos). Anais: Junta das Missões Geográficas e de Investigaçõeses Cólóniais (Lisboa), Estudos de Zoología 4, 165-186.

Frechkop, S., 1931. Notes sur les mammifères. VI. Quelques observations sur la classification des pangolins (Manidae). Bulletin du Musee royal d'Histoire naturelle de Belgique VII (22), 1-14.

Gaubert, P., 2011. Family Manidae. In: Wilson, D.E., Mittermeier, R.A. (Eds.), Handbook of the Mammals of the World, vol. 2. Hoofed Mammals. Lynx Edicions, Barcelona, pp. 82-103.

Gaubert, P., Antunes, A., Meng, H., Miao, L., Peigné, S., Justy, F., et al., 2018. The complete phylogeny of pangolins: scaling up resources for the molecular tracing of the most trafficked mammals on Earth. J. Hered. 109 (4), 347-359.

Gaudin, T.J., Emry, R.J., Wible, J.R., 2009. The phylogeny of living and extinct pangolins (Mammalia, Pholidota) and associated taxa: a morphology based analysis. J. Mammal. Evol. 16 (4), 235-305.

Gotch, A.F., 1979. Mammals - Their Latin Names Explained. A Guide to Animal Classification. Blandford Press, Poole.

Gray, J.E., 1865. 4. Revision of the genera and species of entomophagous Edentata, founded on the examination of the specimens in the British Museum. Proc. Zool. Soc. Lond. 33 (1), 359-386.

Grubb, P., Jones, T.S., Davies, A.G., Edberg, E., Starin, E.D., Hill, J.E., 1998. Mammals of Ghana, Sierra Leone and the Gambia. Trendrine Press, Zennor, Cornwall.

Hansen, M.C., Potapov, P.V., Moore, R., Hancher, M., Turubanova, S.A., Tyukavina, A., et al., 2013. Highresolution global maps of 21st-century forest cover change. Science 342 (6160), 850-853.

Happold, D.C.D., 1987. The Mammals of Nigeria. Clarendon Press, Oxford.

Harris, N.C., Mills, K.L., Harissou, Y., Hema, E.M., Gnoumou, I.T., VanZoeren, I.J., et al., 2019. First camera survey in Burkina Faso and Niger reveals human pressures on mammal communities within the largest protected area complex in West Africa. Conserv. Lett. 2019, e12667.

Hassanin, A., Hugot, J.-P., van Vuuren, B.J., 2015. Comparison of mitochondrial genome sequences of pangolins (Mammalia, Pholidota). C. R. Biol. 338 (4), 260-265.

Hatt, R.T., 1934. The pangolin and aard-varks collected by the American Museum Congo expedition. Bull. Am. Museum Nat. Hist. 66, 643-671.

Hedwig, D., Kienast, I., Bonnet, M., Curran, B.K., Courage, A., Boesch, C., et al., 2018. A camera trap assessment of the forest mammal community within the transitional savannah-forest mosaic of the Batéké Plateau National Park, Gabon. Afr. J. Ecol. 56 (4), 777-790.

Hill, J.E., Carter, T.D., 1941. The mammals of Angola, Africa. Bull. Am. Museum Nat. Hist. 78, 1-211.

Hoffmann, M., Cronin, D.T., Hearn, G., Butynski, T.M., Do Linh San, E., 2015. A review of evidence for the presence of Two-spotted Palm Civet *Nandinia binotata* and four other small carnivores on Bioko, Equatorial Guinea. Small Carnivore Conserv. 52 & 53, 13-23.

Ingram, D.J., Cronin, D.T., Challender, D.W.S., Venditti, D. M., Gonder, M.K., 2019. Characterising trafficking and trade of pangolins in the Gulf of Guinea. Glob. Ecol. Conserv. 17, e00576.

Jeannin, A., 1936. Les mammiféres sauvages du Cameroun. Encyclopedie Biol. 16, 116-130.

Jentink, F.A., 1882. Note XXV. Revision of the Manidae in the Leyden Museum. Notes from the Leyden Museum IV, 193-209.

Jones, C., 1973. Body temperatures of *Manis gigantea* and *Manis tricuspis*. J. Mammal. 54 (1), 263-266.

Khwaja, H., Buchan, C., Wearn, O.R., Bahaa-el-din, L., Bantlin, D., Bernard, H., et al., 2019. Pangolins in global camera trap data: implications for ecological monitoring. Glob. Ecol. Conserv. 20, e00769.

Kingdon, J., 1971. East African mammals. An Atlas of evolution in Africa, Primates, Hyraxes, Pangolins, Protoungulates, Sirenians, vol. I. Academic Press, London.

Kingdon, J., 1997. The Kingdon Field Guide to African Mammals. Academic Press, London.

Kingdon, J., Feer, F., 2013. Bay duiker *Cephalophus dorsalis*. In: Kingdon, J., Hoffmann, M. (Eds.), Mammals of Africa, vol. VI, Hippopotamuses, Pigs, Deer, Giraffe and Bovids. Bloomsbury Publishing, London, pp. 294-298.

Kingdon, J., Hoffmann, M., Hoyt, R., 2013. *Smutsia gigantea* Giant Ground Pangolin. In: Kingdon, J., Hoffmann, M. (Eds.), Mammals of Africa. vol. V, Carnivores, Pangolins, Equids, Rhinoceroses. Bloomsbury Publishing, London, pp. 396-399.

Krief, S., Cibot, M., Bortolamiol, S., Seguya, A., Krief, J.-M., Masi, S., 2014. Wild Chimpanzees on the Edge: Nocturnal Activities in Croplands. PLoS One 9 (10), e109925.

Machado A de B., 1969. Mamiferos de Angola ainda não citados ou pouco conhecidosa. Publições culturais da Companhia de Diamantes de Angola 46, 93-232.

Maisels, F., Fishlock, V., Greenway, K., Wittemyer, G., Breuer, T., 2015. Detecting threats and measuring change at bais: a monitoring framework. In: Fishlock, V., Breuer, T. (Eds.), Studying Forest Elephants. Neuer Sportverlag, Stuttgart, Germany, pp. 144-155.

Malbrant, R., MacLatchy, A., 1949. Faune de l'Équateur Africain Français. Tome II: Mammifères. Paul Lechevalier, Paris.

Mambeya, M.M., Baker, F., Momboua, B.R., Pambo, A.F.K., Hega, M., Okouyi, V.J.O., et al., 2018. The emergence of a commercial trade in pangolins from Gabon. Afr. J. Ecol. 56 (3), 601-609.

Mayaux, P., Pekel, J.-F., Desclee, B., Donnay, F., Lupi, A., Achard, F., et al., 2013. State and evolution of the African rainforests between 1990 and 2010. Philos. Trans. R. Soc. B 368 (1625), 20120300.

Meester, J., 1972. Order Pholidota. In: Meester, J., Stzer, H. W. (Eds.), The Mammals of Africa: An Identification Manual, Part 4. Smithsonian Institution Press, Washington, D.C., pp. 1-3.

Mohapatra, R.K., Panda, S., Nair, M.V., Acharjyo, L.N., 2016. Check list of parasites and bacteria recorded from pangolins (*Manis* sp.). J. Parasit. Dis. 40 (4), 1109-1115.

Mohr, E., 1961. Schuppentiere. Neue Brehm-Bucherei. A. Ziemsen Verlag, Wittenberg Lutherstadt.

Monard, A., 1935. Contributionà la Mammalogie d'Angola et Prodrome d'une Faune d'Angola. Arquivos do Museu Bocage 6, 1-314.

Nixon, S., Pietersen, D., Challender, D., Hoffmann, M., Godwill Ichu, I., Bruce, T., et al., 2019. *Smutsia gigantea. The IUCN Red List of Threatened Species* 2019: e.T12762A 123584478. Available from: <http://dx.doi.org/10.2305/IUCN.UK.2019-3. RLTS.T12762A123584478.en>.

Pagès, E., 1970. Sur l'écologie et les adaptations de l'orycté-rope et des pangolins sympatriques du Gabon. Biol. Gabon. 6, 27-92.

Pagès, E., 1975. Étude éco-éthologique de Manis tricuspis par radio-tracking. Mammalia 39, 613-641.

Poche, R., 1973. Niger's threatened Park W. Oryx 12, 216-222.

Pocock, R.I., 1924. The external characters of the pangolins (Manidae). Proc. Zool. Soc. Lond. 94 (3), 707-723.

Rahm, U., 1956. Notes on Pangolins of the Ivory Coast. J. Mammal. 37 (4), 531-537.

Rahm, U., 1966. Les mammifères de la forêt équatoriale de l'est du Congo. Annales du Musée Royal de l'Afrique Centrale, Sciences Zoologiques 149, 39-121.

Reiner, F., Simões, P., 1999. Mamíferos selvagens de Guiné-Bissau. Centro Portugues de Estudos dos Mamiferos Marinhos, Lisbao, Portugal.

Roulet, P.A., Pelissier, C., Patek, G., Beina, D., Ndallot, J., 2007. Projet Zemongo- Un aperçu du contexte écologique et de la pression anthropique sur les resources naturelles de la Réserve de Faune de Zemongo, Préfecture du Haut - Mbomou, République Centrafricaine. Rapport final de la mission du 15 janvier au 19 mars 2006. MEFCP, Bangui, CAR, pp. 1-78.

Rosevear, D.R., 1953. Checklist and Atlas of Nigerian Mammals, With a Foreword on Vegetation. The Government Printer, Lagos.

Sayer, J.A., Green, A.A., 1984. The distribution and status of large mammals in Benin. Mammal Rev. 14 (1), 37-50.

Schlitter, D.A., 2005. Order Pholidota. In: Wilson, D.E., Reeder, D.M. (Eds.), Mammal Species of the World: A Taxonomic and Geographic Reference, third ed. Johns Hopkins University Press, Baltimore, pp. 530-531.

Schouteden, H., 1944. De zoogdieren van Belgisch Congo en van Ruanda-Urundi I. - Primates, Chiroptera, Insectivora, Pholidota. Annalen van het Museum van belgisch Congo. C. Dierkunde. Reeks II. Deel III. Aflevering 1, 1-168.

Schouteden, H., 1948. Faune de Congo Belge et du Ruanda-Urundi. I. Mammifères. Annales du Musée du Congo Belge, Zoologie 8 (1), 1-331.

Uilenberg, G., Estrada-Pena, A., Thal, J., 2013. Ticks of the Central African Republic. Exp. Appl. Acarol. 60, 1-40.

Ullmann, T., Veríssimo, D., Challender, D.W.S., 2019. Evaluating the application of scale frequency to estimate the size of pangolin scale seizures. Glob. Ecol. Conserv. 20, e00776.

van Vliet, N., Nebesse, C., Gambalemoke, S., Akaibe, D., Nasi, R., 2012. The bushmeat market in Kisangani, Democratic Republic of Congo: implications for conservation and food security. Oryx 46 (2), 196-203.

Verschuren, J., 1988. Notes d'Ecologie, principalement des mammiferes, du Parc National de la Pendjari, Benin. Bulletin de l'Institut Royal Des Sciences Naturelles de Belgique 58, 185-206.

Vincent, F., 1964. Quelques observations sur les pangolins (Pholidota). Mammalia 28, 659-665.

Wrege, P.H., Rowland, E.D., Thompson, B.G., Batruch, N., 2010. Use of acoustic tools to reveal otherwise cryptic responses of forest elephants to oil exploration. Conserv. Biol. 24 (6), 1578-1585.

第 11 章　南非地穿山甲 *Smutsia temminckii* (Smuts，1832)

达伦·W.彼得森[1,2]，雷蒙德·詹森[3,4]，乔纳森·斯瓦特[5]，温迪·帕纳诺[6]，安托瓦内特·科茨[7,8]，保罗·兰金[9]，布鲁诺·内比[10]

1. 比勒陀利亚大学动物与昆虫学系哺乳动物研究所，南非哈特菲尔德
2. 摄政公园伦敦动物学会，世界自然保护联盟物种生存委员会穿山甲专家组，英国伦敦
3. 茨瓦尼科技大学环境、水与地球科学系，南非比勒陀利亚
4. 非洲穿山甲工作组，南非比勒陀利亚
5. 韦尔格冯登野生动物保护区，南非瓦尔沃特
6. 南非约翰内斯堡金山大学动植物与环境科学学院生理学与非洲生态中心脑功能研究组，南非约翰内斯堡
7. 南非国家生物多样性研究所国家动物园，南非比勒陀利亚
8. 自由州大学遗传学系，南非布隆方丹
9. 已故
10. 蒙杜里穿山甲研究中心，纳米比亚斯瓦科普蒙德

分　　类

　　南非地穿山甲曾被归于 *Manis* 属（Meester，1972；Schlitter，2005）和 *Phataginus* 属（Grubb et al.，1998），根据现有穿山甲的综合分类（见第 2 章）及形态学（Gaudin et al.，2009）和遗传证据（du Toit et al.，2017；Gaubert et al.，2018），本书将其纳入 *Smutsia* 属。同义词：*Phatages hedenborgii*（Fitzinger，1872）。模式标本产地为南非开普省北部的库鲁曼。种内无亚种分化。染色体数目不详。

　　词源：*Smutsia*（见第 10 章）；*temminckii* 来源于 Temminck 教授（1778～1858 年），荷兰动物学家（Gotch，1979）。

性　　状

　　南非地穿山甲体型中等，身体强壮，体重 9～10kg，全长达 140cm 左右，含略短于头体长的粗短尾部（表 11.1）。它们的身体大小变异较大。在苏丹，Sweeney（1974）记录了一只重达 21kg 的雄性。在南非卡拉哈里（Kalahari）生活的南非地穿山甲比该国中东部地区的小 25%～30%（表 11.1；Pietersen et al.，2014a）。成年雄性一般比雌性个体大且重，没有明显性二态差异（Heath and Coulson，1997a；Pietersen，2013；D.W. Pietersen，未发表数据）。南非地穿山甲体长与体重呈线性相关（Jacobsen et al.，1991）。角蛋白组成的大块重叠鳞片覆盖身体，覆盖区域包括背部和侧面、四肢、尾部的背部和腹部表面以及前额（图 11.1）。头部（不包括前额）、身体腹面和四肢内侧没有鳞片覆盖，但长有柔软的白色稀疏的短毛（约 5mm）。如其他非洲穿山甲，鳞片之间没有毛发。横向有 12 行鳞片，身体上有 11～13 行纵向鳞片，尾缘有 11～

13 排鳞片（表 11.1；Frechkop，1931；Jentink，1882）。尾缘上鳞片呈尖形，覆盖尾部背侧和腹侧；尾部近端有 5 排鳞片，朝远端减少到 4 排，形成 9 个鳞片行，每个鳞片行有 4 枚鳞片。全身的鳞片总数在 340～420 枚（表 11.1）。前额和上肢（如肘部到腕部）的鳞片最小，背部和尾部的鳞片最大（图 11.1）。除了后肢鳞片朝下外，其他鳞片都朝后（Swart，2013）。成年个体中，上层鳞片对下垫鳞片的持续磨损，导致鳞片的远侧边缘呈圆形且异常锋利。幼体和亚成体鳞片末端有明显的中间点或突出点，但会随年龄增长逐渐磨损并脱落。这些鳞片因覆盖区域不同颜色也不同，从灰色到深棕色和黄棕色（图 11.1）。年长个体的鳞片远端和近端一样厚（D.W. Pietersen，未发表数据）。皮肤和鳞片占总体重的 33%～35%（Kingdon，1971；Pietersen，2013），如果干燥后去除间质组织，其约为身体质量的 25%（Pietersen 和 Tikki Hywood 基金会，未公开数据）。

表 11.1　南非地穿山甲的形态特征

	测量指标		国家和地区	数据来源
体重	体重（♂）/kg	9.3（2.5～16.1），n=29	南非、津巴布韦	Coulson，1989；Heath and Coulson，1997a，1997b；Jacobsen et al.，1991；Swart et al.，1999
		6.0（2.6～10.6），n=50	南非开普省北部卡拉哈里	Pietersen，未发表数据
		21，n=1	苏丹	Sweeney，1974
	体重（♀）/kg	9.0（4.6～15.8），n=28	南非、津巴布韦	Coulson，1989；Heath and Coulson，1997a，1997b；Jacobsen et al.，1991；Swart et al.，1999
		5.6（2.5～10.2），n=28	南非开普省北部卡拉哈里	Pietersen，未发表数据
体长	头尾长（♂）/mm	836（634～1049），n=18	津巴布韦	Coulson，1989
		997（690～1240），n=50	南非开普省北部卡拉哈里	Pietersen，未发表数据
	头尾长（♀）/mm	827（720～925），n=15	津巴布韦	Coulson，1989
		984（640～1250），n=28	南非开普省北部卡拉哈里	Pietersen，未发表数据
	头尾长（性别未确定）/mm	1014（587～1403），n=10	津巴布韦	Heath and Coulson，1998
	头体长（♂）/mm	431（297～565），n=18	津巴布韦	Coulson，1989
	头体长（♀）/mm	458（350～677），n=15	津巴布韦	Coulson，1989
	尾长（♂）/mm	405（290～585），n=18	津巴布韦	Coulson，1989
	尾长（♀）/mm	370（223～440），n=15	津巴布韦	Coulson，1989
椎骨	椎骨总数	48		Jentink，1882
	颈椎	7		Jentink，1882
	胸椎	11～12		Jentink，1882；Mohr，1961
	腰椎	5～6		Jentink，1882；Mohr，1961
	骶椎	3		Jentink，1882；Mohr，1961
	尾椎	21～24		Jentink，1882；Mohr，1961
头骨	长度（♂）/mm	84.9（72～98.3），n=11		Coulson，1989
	长度（♀）/mm	81.2（71.8～89），n=6		Coulson，1989
	颧骨突宽度/mm	无数据		
鳞片	鳞片总数	382（343～422），n=6	南非，未知	Ullmann et al.，2019
	鳞片行数（横向，体）	12		Frechkop，1931
	鳞片行数（纵向，体）	11～13		Frechkop，1931；Jentink，1882
	尾边缘鳞片数	11～13		Frechkop，1931；Jentink，1882
	尾中间行鳞片数	4～7		Frechkop，1931；Jentink，1882
	鳞片（湿）占体重比例/%	34.3±3.4，n=18		Pietersen，2013
	鳞片（干）占体重比例/%	25		Pietersen and Tikki Hywood Foundation，未发表数据

图 11.1　南非卡拉哈里的南非地穿山甲。象牙色的鳞尖在该物种上很明显。图片来源：D.W. Pietersen。

头骨呈梨形，耳孔后最宽，到吻部逐渐变细（图 11.2）；从耳孔到枕骨锥形更为突出。无明显颈部（Swart，2013）。面部皮肤呈深灰色，眼睛小而黑，呈球状，除眼睑外，还有一层瞬膜（图 11.2）；视力差。鼻湿润。耳郭退化，有较大的外耳开口；耳孔里有柔软的绒毛。无牙齿，下颌骨的前部有两颗骨质突起，下颚脆弱，口小。舌头附着在腹部软骨（由最后一对软骨性肋骨形成）的末端（见第 1 章；Doran and Allbrook，1973；Heath，1992）。胸骨的剑突向后延伸至髂窝，然后转向背侧，沿着腹壁向前延伸，最后在横膈膜上形成一个匙状囊。胸骨的剑突通常延伸到右侧髂窝，很少延伸到左侧。在咽喉区，舌头在舌管中，舌管通过颈部延伸到口腔（Doran and Allbrook，1973）。舌长为 40~60cm，比头部和身

图 11.2　南非地穿山甲的脸部特写，显示出额头上的小鳞片，左脚上的爪子也可见。
图片来源：D. W. Pietersen。

体的长度相加还长（Kingdon，1971），伸出长度可达 20~40cm；舌管用黏液膜润滑舌头，黏液膜可"捕获"猎物（Swart，2013）。舌头缩回时，舌骨从舌头上刮下猎物，将其吞入胃的幽门区，在那里咀嚼（Doran and Allbrook，1973；Weber，1892）。下颌下的唾液腺明显增大，位于咽和颈区的尾部（Heath，1992）。

南非地穿山甲前后肢均有五趾。前肢肌肉发达，中间有三个长而尖的爪子（约 60mm），第一趾和第五趾的爪子小很多（约 30mm）（Swart，2013）。后肢圆柱形，带一个缓冲垫，前部最宽，后部稍微变细，脚印与幼年大象足迹相似（Swart，2013）。相比大多数其他穿山甲物种，后趾爪子较小（图 11.2），后肢承受着大部分的重量，骨盆比其他物种更垂直（Kingdon，1971）。尾巴宽大扁平、肌肉发达（Swart，2013），尾椎骨上拥有大量的肌腱，为其提供巨大的力量。尾上部分外凸，下部分微凹，紧贴身体，穿山甲卷起时其可覆盖头部、肩部和四肢（Swart，2013）。

南非地穿山甲皮下偶尔会积累大量的脂肪。首先沉积在肩胛区，然后向下延伸到尾部背表面。因为鳞片隔热性较差，这些皮下脂肪可能在隔热方面发挥作用（Heath and Hammel，1986；McNab，1984；Weber et al.，1986）。腹腔内少见脂肪沉积，营养缺乏时会被优先消耗（Pietersen，2013）。

肛门腺体位于肛门两侧，会产生刺鼻的液体，可在领域标记中起作用（Pocock，1924；）。雌性有两个胸位乳头，外阴位于肛门的正前方，雄性睾丸位于腹股沟区，未入阴囊（见第 1 章）。

南非地穿山甲体温比其他哺乳动物低。冬天在南非卡拉哈里沙漠地区远程监控了一只自由活动的成年雌性 34d，测量得到的平均体温为 32～35℃（最低和最高体温分别为 29.5℃ 与 35.4℃；Pietersen，2013），卡拉哈里沙漠其他区域也有类似的记录（W. Panaino，未发表数据）。体温呈周期性变化，在活动开始前迅速升高并达到峰值，然后稍有下降（0.8～1.2℃）活动温度为 33～34℃，但具有与活动有关的小波峰和小波谷的特征（Pietersen，2013）。当南非地穿山甲在洞穴中不活动时，体温逐渐下降，并在活动开始前达到最低点（Pietersen，2013）。在夏季的几个月里，这种现象并没有在卡拉哈里沙漠其他地区被观察到（W. Panaino，未发表数据）。静息代谢率约为其他同等大小哺乳动物的一半，南非东部 4 个自由活动个体的静息代谢率平均为 140.4ml O$_2$/（kg·h）（Swart，2013）。

分　　布

南非地穿山甲广泛分布在南非和东非。分布呈片状，主要由食物和洞穴丰度所决定（Pietersen et al.，2016a），分布格局也受栖息地变化影响，如农业生产（Coulson，1989；Pietersen et al.，2019）；栖息地过度开发造成了一些地区的局部种群大幅度减少甚至灭绝，物种分布的北部边界尚不清楚。乍得东北部的恩内迪（Malbrant，1952）和中非共和国东北部的 Ouanda Djalle 有分布记录；据报道，该物种曾广泛分布于该地区（Malbrant，1952）。苏丹南部努巴山脉的卡杜格利（Kadugli）有过记录（Sweeney，1956，1974），该物种曾在靠近埃塞俄比亚边界的森纳尔省被捕获（Yalden et al.，1996）。南非地穿山甲可能存在于埃塞俄比亚西部边境地区（Yalden et al.，1996），Schloeder 和 Jacobs（1996）证实该物种在该国西南部的 Omo 河流域有分布。

该物种广泛分布于东非，包括肯尼亚（除东部和东北部）、坦桑尼亚（Foley et al.，2014；Swynnerton and Hayman，1950）、乌干达（Bere，1962）、布隆迪和卢旺达（Dorst and Dandelot，1972；Kingdon，1971）。乌干达的默奇森瀑布国家公园分布有南非地穿山甲和巨地穿山甲，分布区被维多利亚尼罗河（Victoria Nile）隔开（前者在北岸，后者在南岸），但它们也可能是同域分布，针对这一情况将来还需要深入的调查。

在马拉维（Malawi），南非地穿山甲主要分布在南部，研究人员认为它应该全国各地都有分布（Ansell and Dowsett，1988；Smithers，1966；Sweeney，1959）。虽然赞比亚的中部和北部大面积地区有分布，但记录表明，该物种在西部、南部、中部和东部地区有分布（Ansell，1960，1978；Smithers，1966），该物种在赞比亚西北部的森林地区没有分布。

南非地穿山甲分布的西部界限在纳米比亚和安哥拉中南部。除沿海干旱地区外，该物种在纳米比亚广泛分布（Shortridge，1934；Stuart，1980）。在安哥拉，南非地穿山甲产于中部和南部地区，本格拉（Benguela）、Bié、卡孔达（Caconda）、Cuanza-Sul、Chitaeu、宽多库邦戈（Cuando-Cubango）、Huíla、Mombolo 和纳米贝（Namibe）邻近区域都有记录（Beja et al.，2019；Hill and Carter，1941；Meester，1972；Monard，1935）。在南部，该物种遍布莫桑比克（Mozambique）（Smithers and Tello，1976；Spassov，1990）、津巴布韦（Zimbabwe）（Coulson，1989）和博茨瓦纳（Botswana）（Smithers，1971）。斯威士兰（eSwatini）没有同时期的记录。在南非，该物种分布在西部、北部以及东部省份（Jacobsen et al.，1991；Kyle，2000；Pietersen et al.，2016a；Rautenbach，1982；Swart，1996）。一些地区过度开发已导致当地种群大量减少甚至灭绝，包括南非的夸祖鲁-纳塔尔（Kwa Zulu-Natal）省和斯威士兰（eSwatini）（Friedmann and Daly，2004；Kyle，2000；Monadjem，1998；Ngwenya，2001；Pietersen et al.，2014a）。

栖　息　地

南非地穿山甲栖息于干旱的热带稀树草原、洪泛平原（Heath and Coulson，1997a）、混交林及阔叶林（Heath and Coulson，1997a；Smithers，1966）、刺灌丛（*Vachellia* spp.和 *Senegalia* spp.）及沙丘草地。这些地区年降水量平均为 250～1400 mm（Coulson，1989；Heath and Coulson，1997a；Pietersen et al.，2016a；Skinner and Chimimba，2005；Swart，2013）。该物种不栖息于郁闭度高的森林和沙漠，也不表现出强烈的栖息地选择特性（Pietersen et al.，2014a）。海拔分布的范围从近海平面到 1700m（Coulson，1989）。该物种广泛分布于保护区、管理规范的狩猎场和畜牧场，但在作物种植区没有分布，可能与这些地区的杀虫剂使用、食物缺失及被捕杀的风险高有关。

生　态　学

南非地穿山甲生态学的大部分知识都是基于 20 世纪 80 年代到 21 世纪初对南非和津巴布韦种群进行的研究。南非地穿山甲栖息地范围似乎会随动物的年龄而变化，在南非卡拉哈里地区，基于最小凸多边形（minimum convex polygon，MCP）法估计成体南非地穿山甲的家域范围为 $10.0km^2 \pm 8.9km^2$，亚成体为 $7.1km^2 \pm 1.1km^2$（Pietersen et al.，2014a）。雄性和雌性的家域匹配度很好，单个雄性的家域与单个雌性的家域重叠，表明其单配偶制的婚配系统（Pietersen et al.，2014a）。津巴布韦分布的南非地穿山甲家域范围在 0.2～23.4 km^2，雄性的家域范围更大，与几个雌性的家域重叠，这可能与繁殖行为有关（Heath and Coulson，1997a）。在南非东北部，栖息地范围在 1.3～7.9km^2（van Aarde et al.，1990）。在南非东部［克鲁格（Kruger）国家公园地区］，雄性的活动范围为 9.28～22.98km^2，与多达 5 只成年雌性的家域重叠，表明存在一夫多妻制的婚配系统（Swart，2013）。雌性的家域范围为 0.65～6.66km^2，与多达 3 只成年雄性的家域范围重叠（Swart，2013）。南非东部的一只雄性（在所有研究个体中拥有最大的家域范围，为 22.98km^2），两年的时间里，有 234d 被记录到，其家域范围与 5 只雌性重叠，平均重叠率为 39%（家域范围的 9%～100%）（Swart，2013）。同一项研究发现，雌性的家域范围可能重叠率高达 34%。据报道，在雨季，雌雄家域范围都增加了约 4%（Swart，2013）。Pietersen 等（2014a）对在津巴布韦发现的雄性拥有更大的家域范围和更高的雌性家域范围重复率提出质疑，认为这是否是雄性进入而导致的上述结果，雄性穿山甲可以扩散很长的距离，这是完全有可能的。目前已经记录到雄性南非地穿山甲在 20d 内扩散 32～81km，在 4 个月内扩散的最远距离为 300km（van Aarde et al.，1990）。雌性的扩散距离较短（100km，Pietersen et al.，2014a）。将来还需要深入研究南非地穿山甲不同区域的婚配制度和扩散模式。

雄性南非地穿山甲似乎没有固定领地，它们排斥在自己领域范围内的其他成年雄性时会攻击入侵者，手段包括尾巴扭打和抓挠对方。这些战斗有时会持续数小时，直到其中一只穿山甲放弃并离开该地区（Swart，2013；W. Panaino，个人通讯）。

领域内有多个洞穴供栖息，个体通常在转移到另一个洞穴之前，会在某个特定的洞穴中连续待上几天（Heath and Coulson，1997a；Pietersen et al.，2014a；Swart，2013）。Swart（2013）在克鲁格（Kruger）国家公园地区研究发现，雄性最长连续 16d 使用洞穴（平均 2.3d，$n=4$），雌性是 75d（平均 5d，$n=8$），回到之前使用过的洞穴居住的比例分别为 18% 和 23%。南非地穿山甲不挖掘全新的地洞，喜欢利用其他物种包括土豚（*Orycteropus afer*）、跳兔（*Pedetes capensis*）、南非豪猪（*Hystrix africaeaustralis*）或疣猪（*Phacochoerus* spp.）等的洞穴，并在此基础上进行一定程度的深挖（Swart，2013）。Sweeney（1974）描述了一个 3～5m 长、角度较大并在地表下约 1m 处的洞穴。卡拉哈里（Kalahari）地区的洞穴长度为 1.2～12m，在土壤表面以下 0.5～5m 处终止（D.W. Pietersen，未发表数据）。该物种也栖息在岩石裂缝、山洞、白蚁巢穴、灌木丛或木堆中（Heath，1992；Heath and Coulson，1997a；Jacobsen et al.，1991；Pietersen et al.，2014a）。扩散中的个体很少在松软的沙地中挖洞，如果有，这些洞通常也不深（通常0.5m），不能提供足够的保护（D.W. Pietersen and W. Panaino，个人观察）。在卡拉哈里（Kalahari）地区观察到南非地穿山甲在挖掘巢穴和吃掉白蚁后，在巢穴中睡觉（D.W. Pietersen and W. Panaino，个人观察）。在南非海韦尔德（Highveld）地区圈养的穿山甲中也观察到类似的行为（R. Jansen，个人观察），旧洞穴随着破败被遗弃。南非地穿山甲有被转移后返回自己家域范围的习性，这个习性似乎在成年个体中更容易出现，但是被移动的距离超出一定范围时就很少出现这种习性（Heath and Coulson，1997b；P. Rankin，未发表数据）。

该物种是专一食蚁的动物，寻找食物的距离取决于栖息地类型和猎物的可获得性（Swart，2013）。南非东部，Swart（2013）记录到雄性的夜间活动距离为202～3791m，雌性为40～2176m。南非地穿山甲具有很强的食物选择性，南非和津巴布韦不同地区的群体捕食蚁类种类不同（Coulson，1989；Jacobsen et al.，1991；Richer et al.，1997；Swart et al.，1999）。据报道，总共有30种蚂蚁和10种白蚁被捕食，但是有许多其他物种，包括常见的类群，没有被记录到（Coulson，1989；Jacobsen et al.，1991；Pietersen et al.，2016；Richer et al.，1997；Swart et al.，1999；W. Panaino，未发表数据）。据Swart等（1999）报道，南非地穿山甲更喜欢大型蚁类（体长大于5mm），在南非萨比（Sabi）沙地，97%的食物来源为6种体长大于5mm的物种：黑腹捷蚁（*Anoplolepis custodiens*）、脊红蚁（*Myrmicaria natalensis*）、木工蚁（*Camponotus cinctellus*）、多刺蚁（*Polyrhachis schistacea*）、草白蚁（*Hodotermes mossambicus*）和斑点木工蚁（*Camponotus* sp. -*maculatus*-group）。其中，黑腹捷蚁（*A. custodiens*）占整个食物比例的77%，是全年最重要的食物来源（Swart et al.，1999）。Swart等（1999）和Swart（2013）在南非的穿山甲食性研究中发现，黑腹捷蚁（*A. custodiens*）是关键种类，可能决定了该地区穿山甲的分布格局，这也可能是因为黑腹捷蚁（*A. custodiens*）的巢道靠近土壤表面，很容易被南非地穿山甲取食（Swart et al.，1999）。Jacobsen等（1991）报道了在南非东部地区一些其他被捕食的蚂蚁 [*Acantholepsis capensis*、黑腹捷蚁（*A. custodiens*）、弓背蚁（*Camponotus* spp.）、举腹蚁（*Crematogaster amita*）、法老王蚁（*Monomorium albopilosum*）、脊红蚁属（*Myrmicaria natalensis*）、广大头蚁（*Pheidole megacephala*）、*P. schistacea*、*Tapenonia luteum*、白足狡臭蚁（*Technomyrmex albipes*）、土白蚁（*Odontotermes badius*）和*Trinervitermes rhodesiensis*]。

南非地穿山甲的天敌包括狮（*Panthera leo*）、花豹（*P. pardus*）、斑鬣狗（*Crocuta crocuta*）和蜜獾（*Mellivora capensis*）。有记录显示，尼罗鳄（*Crocodylus niloticus*）也捕食南非地穿山甲（Coulson，1989），非洲象（*Loxodonta Africana*）偶尔也会踩死穿山甲（R. Jansen，未发表数据）。曾经有人观察到非洲狮和非洲豹"玩耍"卷成球状的穿山甲，它们的鳞片保护使捕食者很难抓住它们，类似这样致穿山甲死亡的例子很少。斑鬣狗和非洲狮偶尔也会捕食穿山甲。蜜獾似乎知道如何有效地对付和吃掉穿山甲（Swart，2013；B. Nebe and W. Panaino，个人观察）。幼年穿山甲特别容易被捕食，因为它们体型较小，鳞片比成体的鳞片软。

南非地穿山甲身上常见的寄生虫是螨虫（*Manitherionyssus heterotarsus*），偶尔也有一些蜱，如软蜱类（*Ornithodoros moubata* 和 *O. compactus*）、硬蜱类（*Rhipicephalus theileri*）和其他蜱（Jacobsen et al.，1991；D.W. Pietersen，W. Panaino and T. Radebe，未发表数据；见第29章）。

行　为

南非地穿山甲为独居动物，雄性和雌性只在交配时短暂地聚在一起，雌性在哺乳期和幼崽会维持相对长的社会关系（Swart，2013；D.W. Pietersen，未发表数据）。南非地穿山甲适应了营养价值相对低的饮食，它们大部分时间都待在洞穴内或者类似洞穴的庇护所中，通常用一小部分时间活动（Swart，2013）。它们主要是夜间活动，有时也在黄昏和白天活动（Jacobsen et al.，1991；Richer et al.，1997；Swart，2013），活动时间可能因季节、食物可得性和躲避天敌而有所不同（Pietersen et al.，2014a）。在夏季温暖且湿度适中的环境（如南非东部）中，该物种夜间活动，避免暴露于高温，并能保存能量和水分（Jacobsen et al.，1991；Pietersen et al.，2014a，2016a；Swart，2013；Wilson，1994）。在卡拉哈里地区，包括幼体在内的活动可能完全在白天进行，在冬季也可能从白天开始持续到夜间，这是为了避免夜间极端寒冷的气温（Pietersen et al.，2014a；W. Panaino 未发表数据），穿山甲出洞穴的时间与最低环境温度密切相关（Pietersen et al.，2014）。这也是一种觅食策略，因为冬季和夜间蚂蚁不太活跃，聚集在巢穴中，不易获取，需要穿山甲消耗较多能量来捕食它们（Pietersen et al.，2014a，2016b）。南非和津巴布韦的研究表明，幼体和亚成体尤其倾向白天或黄昏觅食，这种行为可以避开夜间捕食者（如非洲狮）（Richer et al.，1997；Swart，1996，2013）。

在南非东部，该物种活动时间平均为每晚 3.96h±1.9h（0.6～8.3h），成体觅食行为开始于夜间 20:25（平均值；范围：14:34～02:15），亚成体觅食行为开始于 18:02（平均值；范围：14:30～20:15）（Swart，1996）。在卡拉哈里，活动期平均持续 5.7h±2.0h，从 1h 到 12h 不等，没有显示季节性变化（Pietersen et al.，2014a）。三个成体中最常见的出现时间在 16:00～18:00，也有个体早在 11:00 出现（Pietersen et al.，2014a）。Swart（1996）在萨比沙地研究发现，南非地穿山甲活动时间与摄食强度（每小时摄食时间）相关，即当摄食强度较高时，物种活动时间较短。不同环境中活动持续时间的变化可能与食物的可获得性有关，这仍需进一步研究。

与其他穿山甲不同，南非地穿山甲双足行走，走路时用腿负重，前肢向胸前收拢，尾巴离地，用作平衡（图 11.3）。它们能够轻松地攀爬，而且也会游泳（Kingdon，1971；P. Rankin，个人观察）。当攀爬陡峭的堤岸或岩石时，前肢用来抓牢障碍物，尾巴用来向前推进。直立站立时，用后肢和宽阔的尾巴保持平衡，并向周围嗅探。

图 11.3　南非地穿山甲是穿山甲中唯一用双足走路的物种，用尾巴作为平衡物。

图片来源：Paula French/Shutterstock.com。

南非地穿山甲觅食时间因栖息地类型而异，在茂密的灌木丛内觅食时间最长；其他生境使用比例较小，估计在 7%～20%（Richer et al.，1997；Swart et al.，1999）。南非地穿山甲体型大，使用敏锐的嗅觉来定位土壤中的食物（Swart，2013）。觅食时，鼻子紧靠地面，不断地嗅探以确定食物的位置；接近食物时，嗅探强度增加（Swart，2013）。发达的前肢和强壮的前爪用来撕开蚁巢，在树上觅食时，用爪撕开枯树上的树皮，舔食猎物。该物种通常只挖浅洞（5～10cm 深），清除土壤后，伸入长长的沾满唾液的舌头以捕获巢室深处的蚂蚁（Pietersen et al.，2016b；Swart et al.，1999；图 11.4）。在南非低地草原上的穿山甲觅食时间通常很短，平均 40s，很少超过 1min（Swart et al.，1999），可能是猎物的化学和

图 11.4　南非地穿山甲用它的长舌头捕食猎物。
图片来源：Francois Meyer。

物理防御导致的（如群集行为）。在卡拉哈里（Kalahari）沙漠，该物种取食周期较长，有时持续几分钟（D.W. Pietersen and B. Nebe，未发表数据）。较短的觅食持续时间能确保蚂蚁或白蚁不会全部一次性被吃完，确保重返同一个巢穴时能够再次觅食。觅食时，瞬膜遮住眼睛，鼻孔和耳朵闭合（Swart，2013）。取食地点根据蚁巢位置而异（Richer et al.，1997），该物种通常不在白蚁巢穴取食，因为其坚硬的蚁冢难以进入，但如果大雨软化外部或其他物种打开了巢穴，穿山甲也会入巢穴觅食，如土豚已经挖掘了一部分的巢穴。南非地穿山甲主要从食物身上获得水分，也会主动饮水（W. Panaino，个人观察），尤其在圈养条件下。

　　雄性和雌性行走时都会规律性地排放少量的尿液（D.W. Pietersen and W. Panaino，个人观察），并可能通过排出粪便和拖拽尾巴使其进一步扩散。南非地穿山甲也会在洞穴入口和洞穴中排便（D.W. Pietersen，F. Meyer and R. Jansen，个人观察），这同时具有标记领地的作用。雄性个体也会抬起后腿，将少量尿液喷射到树木和岩石上（Swart，2013）。肛门腺也被认为有气味标记的作用。除了居住洞之外，南非地穿山甲会定期巡视其他废弃洞穴，并重新在洞穴里留下气味标记（Swart，2013；D.W. Pietersen and W. Panaino，个人观察）。它们通常将粪便掩埋，这可能是避免被捕食者发现的一种策略，也可能是一种领地标记行为。掩埋的粪便会被其他个体穿山甲或动物（如土豚）挖出（D.W. Pietersen，个人观察）。南非地穿山甲经常使用的洞穴会定期清理，并将堆积的粪便移到洞口。

　　南非地穿山甲有时会在泥中或是草食动物的粪便与尿液中打滚（Swart，2013；D.W. Pietersen and W. Panaino，个人观察）。它们会侧卧在新鲜的粪便旁边，用前后脚抓住粪便，然后滚到它们上面，用脚弄碎，将粪便覆盖在腹部表面，同时在覆盖背部表面的粪堆中蠕动（Swart，2013；D.W. Pietersen and W. Panaino，个人观察）。它们还会通过排尿来制造泥坑并在其中打滚（Swart，2013；D.W. Pietersen，个人观察，图 11.5）。这种行为被认为具有抗寄生虫的作用，可能有助于掩饰穿山甲身上散发出的气味，在觅食时能避免猎物的防御行动。

图 11.5　南非地穿山甲在食草动物的粪便中滚动，这可能是抗寄生虫的行为。
图片来源：D.W. Pietersen。

受到威胁时，该物种静止不动，通常可以很好地伪装自己。南非地穿山甲可卷成一个紧密的球，给脆弱的头部、腿部和腹部表面提供保护，呈现给捕食者一个几乎无法穿透的鳞甲。卷曲时，前肢紧紧抓住后肢，尾巴卷曲在身体周围，捕食者或人类无法将它展开。宽大、肌肉发达的尾巴可能会以镰刀的动作缓慢地穿过背表面，当异物被定位时，如手或捕食者的爪子，它会用尾巴进行鞭打。鳞片边缘锋利，是一种有效的防御手段。蜷缩时通过振动身体发声，这是人耳可以听到的，这种行为很可能在有同类竞争的时候展示出来（Swart，2013；D.W. Pietersen，W. Panaino and R. Jansen，个人观察）。雄性接近雌性时可能会发出嘶嘶声。

个体发育和繁殖

雌性年产单胎（van Ee，1966；W. Panaino，未发表数据），可能每隔两年产一胎，也有少量双胞胎的记录（Jacobsen et al.，1991）。Sweeney（1974）报道了一个怀着发育良好胚胎的雌性仍在哺乳，身边还有一个未成年的幼体，这表明如其他种穿山甲一样，南非地穿山甲雌性可在哺乳时怀孕。相比之下，在南非的卡拉哈里地区，一只被监测了 5 年以上的雌性产了两次胎，这表明繁殖两年一次（D.W. Pietersen，未发表数据）。

繁殖是季节性的，尽管在一些种群中观察到了季节性高峰（D. Pietersen and W. Panaino，未发表数据），但目前的研究表明，南非地穿山甲一年四季都可繁殖（Ansell，1960；Coulson，1989；Jacobsen et al.，1991；Smithers，1971；Swart，2013）。雄性觅食时可能通过气味定位处于发情期的雌性（Swart，2013；D.W. Pietersen，个人观察）。雄性发现雌性后小心翼翼地接近，并在雌性周围盘旋，并不断地嗅探（可能还会发出嘶嘶声）（Swart，2013）。雄性从侧面用尾巴把雌性压在下面以确保生殖器接触，并将尾巴卷曲在雌性的尾巴周围以防止滑动（Swart，2013；van Ee，1978；D.W. Pietersen，未发表数据）。从有限的观察来看，雌性将雄性带到特定位置的洞穴中，在那里它们会持续待上 24～48h（Swart，2013；D.W. Pietersen，未发表数据）。妊娠期为 105～140d，此后，雌性在洞穴中产下一个幼崽（Swart，2013；van Ee，1966；D.W. Pietersen，未发表数据）。幼崽在出生时眼睛已睁开，身体呈粉红色，较柔软（Swart，2013）。新生幼崽的体全长约为 150mm，出生时体重约为 340g（van Ee，1966）。

对该物种的产后哺育模式了解不多，各地研究报道的出入比较大。雌性最初会把幼崽留在洞中，独自外出短时间觅食，然后每隔一段时间返回哺乳（Swart，2013）。分娩后一周内，雌性会将幼崽从分娩洞穴移到另一个洞穴（W. Pananino，未公开数据），转移洞穴时幼崽会抓住母亲尾巴底部的鳞片（van Ee，1978；D.W. Pietersen and W. Pananino，个人观察）。Kingdon（1971）报道，在东非，一个月后，幼崽开始骑在母亲的背上。随着年龄增长，幼体穿山甲会在洞穴外进行探险活动（Swart，2013；D.W. Pietersen and W. Panaino，个人观察）。在卡拉哈里岛，幼崽开始在母亲觅食时骑在母亲的尾巴上陪伴它（D.W. Pietersen，未发表数据）。在南非卡拉哈里低地的其他地方，在洞穴间转移幼崽时，雌性从不觅食，幼崽也不陪伴母亲外出觅食（J. Swart and W. Panaino，个人观察）。幼崽接近独立时，会骑在母亲的尾巴上或在母亲身边觅食，直到 3 岁左右独立（D.W. Pietersen，个人观察）。其他观察者报道，在卡拉哈里地区，幼崽大概在 4.5～6 个月时独立生活（W. Panaino，未发表数据），而在南非低地这个时间大概是 6～7 个月。但有记录显示，10～12 个月大的幼崽被观察到骑在雌性的背上，共用同一洞穴（Smithers，1983；Swart，2013；W. Panaino，未发表数据）。据观察，卡拉哈里一只年幼的南非地穿山甲在脱离母亲独立后的一个月与其父亲在同一洞穴生活（D.W. Pietersen，未发表数据）。南非低地，幼崽在没有母亲的教导下反复尝试学习觅食，独立时已是出色的捕食者（J. Swart，个人观察）。

如受威胁，雌性会用身体包裹幼崽以保护它。大的幼崽只会被部分包围，卷曲围绕着雌性，与包括头部在内的前躯成直角（Skinner and Chimimba，2005）。幼体穿山甲会在母亲家域范围内建立一个家域，它们的活动通常集中在其中的一小部分，可能是它们最熟悉的地方（Heath and Coulson，1997a；

Pietersen et al.，2014a；Swart，2013）。新独立的南非地穿山甲会在母亲的家域范围内停留大约 12 个月，后扩散到较远的地方（Pietersen et al.，2014a；Swart，2013）。普遍认为雌性在接近 2 岁时达到性成熟，由于它们通常在这个年龄段处在扩散过程中，很可能直到 3 岁或 4 岁才开始繁殖。雄性接近 2 岁时也能达到性成熟，但似乎仍会扩散，并且可能只在 6 岁或 7 岁时建立一个家域（并可能开始繁殖）（Pietersen，2013），需要进一步的研究来确定这些雄性在建立家域之前是否有助于基因库的建立。

　　南非地穿山甲的野外寿命尚不清楚。有记录一只个体被圈养了大约三年（Hoyt，1987；van Ee，1966）。较长的生殖期和低繁殖率表明该物种似乎可以存活 20～30 年（Swart，2013；D.W. Pietersen，未发表数据；Tikki Hywood Foundation，未发表数据）。和南非地穿山甲大小、生物学和生态学相似的一只印度穿山甲（*Manis crassicaudata*），在人工饲养条件下存活超过了 19 年（Hoyt，1987）。

种　群

　　由于行踪隐秘且夜间活动习性研究不全，穿山甲大多数物种的种群数量都缺乏准确估计。在南非东部和西部以及津巴布韦，该物种繁殖活跃个体的密度估计为每公里 0.12～0.16 只，绝对密度为每公里 0.23～0.31 只（Pietersen et al.，2014a；Swart，2013）。根据居住面积和密度估计，南非地穿山甲种群约有 16 000～24 000 只成年个体（Pietersen et al.，2016a）。没有任何其他国家、地区或全球的种群估计数据。南非地穿山甲的种群数量正在下降，主要原因是受到电网意外触电、地区和国际非法贸易过度以及栖息地丧失的威胁（见致危因素）。

保 护 状 态

　　南非地穿山甲被列入《世界自然保护联盟濒危物种红色名录》（Pietersen et al.，2019）中的易危物种，还被列入《南非哺乳动物红色名录》（Pietersen et al.，2016a），但没有其他国家或区域的评估。大多数国家的野生动物立法都对该物种进行了保护，一般禁止开发，2016 年该物种被列入《濒危野生动植物种国际贸易公约》附录Ⅰ。

致 危 因 素

　　乱捕滥猎、人工电围栏导致触电死亡、走私等活动是南非地穿山甲的主要威胁。在南非和纳米比亚，电围栏上的触电死亡是最普遍的。在该地区，电围栏在野生动物活动场所和农场都很常见（Beck，2008；Pietersen et al.，2014b；van Aarde et al.，1990）。有报道称，在乌干达只要穿山甲在有电围栏的区域内活动，这种威胁就有可能发生。南非地穿山甲用后肢行走，前肢和尾巴离开地面。当柔软、无保护的腹部接触到电围栏时，穿山甲会受到电击，并蜷缩成球状，经常会在不经意间将电网卷曲在身体里，这会产生连续电击，导致严重的伤害；一些个体因被困在电线上而死亡。Pietersen 等（2016a）估计，在南非，这些电围栏每年电死 377～1028 只南非地穿山甲（实际数字可能更高）。这占据了南非地穿山甲种群数量的 2%～13%（Pietersen et al.，2016a）。

　　南非地穿山甲被广泛应用于非洲传统医学，在文化仪式和作为护身符中发挥重要作用（见第 15 章；Baiyewu et al.，2018；Bräutigam et al.，1994）。在南非，该物种在草药市场上非常抢手（Cunningham and Zondi，1991）。虽然这种利用在历史上可能是可持续的，但有证据表明，情况已不再如此，由于过度利用，该物种已从其部分历史分布区中灭绝（夸祖鲁-纳塔尔省，南非；Pietersen et al.，2016a）。在东非，该物种在当地被称为"*Bwana mganga*"，意思是"医生先生"，暗指该物种用于文化仪式和传统医学（见第 12 章和第 14 章；Wright，1954）。在干旱时期，偷猎率可能会增加，因为这时穿山甲处于营养紧张状态，觅食时间增加，使它们更容易因暴露而发现，因此也更易被捕获。

历史上，向 CITES 报告的该物种的国际贸易很少（见第 16 章）。然而，在 2008～2019 年，南非地穿山甲的非法国际贸易明显增加，涉及活体动物和鳞片（Challender and Hywood，2012；Shepherd et al.，2017）。现有数据表明，这至少涉及 114 只个体（第 16 章），但实际数字可能更高。令人担忧的是，东亚和东南亚对穿山甲鳞片的需求似乎永无止境，过去十多年多次查获的货物涉及南非和东非的国家（Heinrich et al.，2017），穿山甲非法贸易已进入南非（Pietersen et al.，2014a；Shepherd et al.，2017）。

农业生产进行的土地开发，如轮垦农业、工业化农业等生产活动直接导致南非地穿山甲的栖息地丧失，此外，人类活动的增加可能导致盗猎猖獗（Pietersen et al.，2016a）。除此之外，路杀、作为食物或者礼物的捕猎也是导致南非地穿山甲种群下降的重要因素（Lindsey et al.，2011），在南非西部报道了专门为小型食肉动物设置的捕猎陷阱，而且非常普遍（Pietersen et al.，2014b；van Aarde et al.，1990）。另外，采矿活动和大型开放式水渠的建设也对南非地穿山甲构成了威胁。

参 考 文 献

Ansell, W.F.H., 1960. Mammals of Northern Rhodesia. The Government Printer, Lusaka.

Ansell, W.F.H., 1978. The Mammals of Zambia. National Parks and Wildlife Services, Chilanga, Zambia.

Ansell, W.F.H., Dowsett, R.J., 1988. Mammals of Malawi: An Annotated Check List and Atlas. Trendrine Press, Zennor, Cornwall.

Baiyewu, A.O., Boakye, M.K., Kotzé, A., Dalton, D.L., Jansen, R., 2018. Ethnozoological survey of the traditional uses of Temminck's Ground Pangolin (*Smutsia temminckii*) in South Africa. Soc. Anim. 26, 1-20.

Beck, A., 2008. Electric Fence Induced Mortality in South Africa. M.Sc. Thesis, University of the Witwatersrand, Johannesburg, South Africa.

Beja, P., Pinto, P.V., Veríssimo, L., Bersacola, E., Fabiano, E., Palmeirim, J.M., et al., 2019. The Mammals of Angola. In: Huntley, B.J., Russo, V., Lages, F., Nuno-Ferrand, N. (Eds.), Biodiversity of Angola, Science & Conservation: A Modern Synthesis. Springer, Cham, pp. 357-443.

Bere, R.M., 1962. The wild mammals of Uganda and neighbouring regions of East Africa. In Association With the East African Literature Bureau. Longmans, London.

Bräutigam, A., Howes, J., Humphreys, T., Hutton, J., 1994. Recent information on the status and utilisation of African pangolins. TRAFFIC Bull. 15 (1), 15-22.

Challender, D.W.S., Hywood, L., 2012. African pangolins under increased pressure from poaching and intercontinental trade. TRAFFIC Bull. 24 (2), 53-55.

Coulson, M.H., 1989. The pangolin (*Manis temminckii* Smuts, 1832) in Zimbabwe. Afr. J. Ecol. 27 (2), 149-155.

Cunningham, A.B., Zondi, A.S., 1991. Use of Animal Parts for the Commercial Trade in Traditional Medicines. Institute of Natural Resources, University of Natal, South Africa, Working paper 76.

Doran, G.A., Allbrook, D.B., 1973. The tongue and associated structures in two species of African pangolins, *Manis gigantea* and *Manis tricuspis*. J. Mammal. 54 (4), 887-899.

Dorst, J., Dandelot, P., 1972. A Field Guide to the Larger Mammals of Africa. Collins, London.

du Toit, Z., du Plessis, M., Dalton, D.L., Jansen, R., Grobler, J.P., Kotzé, A., 2017. Mitochondrial genomes of African pangolins and insights into evolutionary patterns and phylogeny of the family Manidae. BMC Genom. 18, 746.

Fitzinger, L.J., 1872. Die naturliche familie der schuppenthiere (Manes). Sitzungsberichte der Kaiserlichen Akademie der Wissenschaften. Mathematisch-Naturwissenschaftliche Classe, CI., LXV, Abth. I, 9-83.

Frechkop, S., 1931. Notes sur les mammifères. VI. Quelques observations sur la classification des pangolins (Manidae). Bulletin du Musee royal d'Histoire naturelle de Belgique VII (22), 1-14.

Friedmann, Y., Daly, B. (Eds.), 2004. Red Data Book of the Mammals of South Africa: A Conservation Assessment. Conservation Breeding Specialist Group Southern Africa, IUCN Species Survival Commission, Endangered Wildlife Trust, South Africa.

Foley, C., Foley, L., Lobora, A., De Luca, D., Msuha, M., Davenport, T.R.B., et al., 2014. A Field Guide to the Larger Mammals of Tanzania. Princeton University Press, Princeton.

Gaubert, P., Antunes, A., Meng, H., Miao, L., Peigné, S., Justy, F., et al., 2018. The complete phylogeny of pangolins: scaling up resources for the molecular tracing of the most trafficked mammals on Earth. J. Hered. 109 (4), 347-359.

Gaudin, T.J., Emry, R.J., Wible, J.R., 2009. The phylogeny of living and extinct pangolins (Mammalia, Pholidota) and associated taxa: a morphology based analysis. J. Mammal. Evol. 16 (4), 235-305.

Gotch, A.F., 1979. Mammals - Their Latin Names Explained. A Guide to Animal Classification. Blandford Press, Poole.

Grubb, P., Jones, T.S., Davies, A.G., Edberg, E., Starin, E.D., Hill, J.E., 1998. Mammals of Ghana, Sierra Leone and the Gambia. Trendrine Press, Zennor, Cornwall.

Heath, M.E., 1992. Manis temminckii. Mammal. Sp. 415, 1-5.

Heath, M.E., Hammel, H.T., 1986. Body temperature and rate of O2 consumption in Chinese pangolins. Am. J. Physiol.-Regul., Integr. Comp. Physiol. 250 (3), R377-R382.

Heath, M.E., Coulson, I.M., 1997a. Home range size and distribution in a wild population of Cape pangolins, *Manis temminckii*, in north-west Zimbabwe. Afr. J. Ecol. 35 (2), 94-109.

Heath, M.E., Coulson, I.M., 1997b. Preliminary studies on relocation of Cape pangolins *Manis temminckii*. South Afr. J. Wildlife Res. 27 (2), 51-56.

Heath, M.E., Coulson, I.M., 1998. Measurements of length and mass in a wild population of Cape pangolins (*Manis temminckii*) in north-west Zimbabwe. Afr. J. Ecol. 36 (3), 267-270.

Heinrich, S., Wittman, T.A., Ross, J.V., Shepherd, C.R., Challender, D.W.S., Cassey, P., 2017. The Global Trafficking of Pangolins: A Comprehensive Summary of Seizures and Trafficking Routes From 2010-2015. TRAFFIC, Southeast Asia Regional Office, Petaling Jaya, Selangor, Malaysia.

Hill, J.E., Carter, T.D., 1941. The mammals of Angola, Africa. Bull. Am. Museum Nat. Hist. 78, 1-211.

Hoyt, R., 1987. Pangolins: Past, Present and Future. AAZPA National Conference Proceedings, pp. 107-134.

Jacobsen, N.H.G., Newbery, R.E., De Wet, M.J., Viljoen, P. C., Pietersen, E., 1991. A contribution of the ecology of the Steppe Pangolin *Manis temminckii* in the Transvaal. Zeitschrift für Säugetierkunde 56 (2), 94-100.

Jentink, F.A., 1882. Note XXV. Revision of the Manidae in the Leyden Museum. Notes from the Leyden Museum IV, 193-209.

Kingdon, J., 1971. East African mammals. An Atlas of evolution in Africa, Primates, Hyraxes, Pangolins, Protoungulates, Sirenians, vol. I. Academic Press, London.

Kyle, R., 2000. Some notes on the occurrence and conservation status of *Manis temminckii*, the pangolin, in Maputaland, Kwazulu/Natal. Koedoe 43, 97-98.

Lindsey, P.A., Romanach, S.S., Tambling, C.J., Charter, K., Groom, R., 2011. Ecological and financial impacts of illegal bushmeat trade in Zimbabwe. Oryx 45 (1), 96-111.

Malbrant, R., 1952. Fauna du centre Africain Français (Maniferes et Oiseaux), second ed. Paul Lechevalier, Paris.

McNab, B.K., 1984. Physiological convergence amongst ant-eating and termite-eating mammals. J. Zool. 203 (4), 485-510.

Meester, J., 1972. Order Pholidota. In: Meester, J., Stzer, H. W. (Eds.), The Mammals of Africa: An Identification Manual, Part 4. Smithsonian Institution Press, Washington, D.C., pp. 1-3.

Mohr, E., 1961. Schuppentiere. Neue Brehm-Bucherai. A. Ziemsen Verlag, Wittenberg Lutherstadt.

Monadjem, A., 1998. The Mammals of Swaziland. Conservation Trust of Swaziland and Big Games Parks.

Monard, A., 1935. Contribution à la Mammologie d'Angola et Prodrome d'une Faune d'Angola. Arquivos do Museu Bocage 6, 1-314.

Ngwenya, M.P., 2001. Implications of the Medicinal Animal Trade for Nature Conservation in Kwazulu-Natal. Ezemvelo KZN Wildlife Report No. Na/124/04.

Pietersen, D.W., 2013. Behavioural Ecology and Conservation Biology of Ground Pangolins (*Smutsia temminckii*) in the Kalahari Desert. M.Sc. Thesis, University of Pretoria, Pretoria, South Africa.

Pietersen, D.W., McKechnie, A.E., Jansen, R., 2014a. Home range, habitat selection and activity patterns of an aridzone population of Temminck's ground pangolins, *Smutsia temminckii*. Afr. Zool. 49 (2), 265-276.

Pietersen, D.W., McKechnie, A.E., Jansen, R., 2014b. A review of the anthropogenic threats faced by Temminck's ground pangolin, *Smutsia temminckii*, in southern Africa. South Afr. J. Wildlife Res. 44 (2), 167-178.

Pietersen, D., Jansen, R., Swart, J., Kotze, A., 2016a. A conservation assessment of *Smutsia temminckii*. In: Child, M.F., Roxburgh, L., Do Linh San, E., Raimondo, D., Davies-Mostert, H.T. (Eds.), The Red List of Mammals of South Africa, Swaziland and Lesotho. South African National Biodiversity Institute and Endangered Wildlife Trust, South Africa.

Pietersen, D.W., Symes, C.T., Woodborne, S., McKechnie, A.E., Jansen, R., 2016b. Diet and prey selectivity of the specialist myrmecophage, Temminck's Ground Pangolin. J. Zool. 298 (3), 198-208.

Pietersen, D., Jansen, R., Connelly, E., 2019. *Smutsia temminckii. The IUCN Red List of Threatened Species* 2019: e.T12765A123585768. Available from: <http://dx.doi.org/10.2305/IUCN.UK.2019-3.RLTS.T12765A123585768.en>.

Pocock, R.I., 1924. The external characters of the pangolins (Manidae). Proc. Zool. Soc. Lond. 94 (3), 707-723.

Rautenbach, I.L., 1982. Mammals of the Transvaal. Ecoplan Monograph 1. Pretoria, South Africa.

Richer, R., Coulson, I., Heath, M., 1997. Foraging behaviour and ecology of the Cape pangolin (*Manis temminckii*) in north-western Zimbabwe. Afr. J. Ecol. 35 (4), 361-369.

Schlitter, D.A., 2005. Order Pholidota. In: Wilson, D.E., Reeder, D.M. (Eds.), Mammal Species of the World: A Taxonomic and Geographic Reference, third ed. Johns Hopkins University Press, Baltimore, pp. 530-531.

Schloeder, C.A., Jacobs, M.J., 1996. A report on the occurrence of three new mammal species in Ethiopia. Afr. J. Ecol. 34 (4), 401-403.

Shepherd, C.R., Connelly, E., Hywood, L., Cassey, P., 2017. Taking a stand against illegal wildlife trade: the Zimbabwean approach to pangolin conservation. Oryx 51 (2), 280-285.

Shortridge, G.C., 1934. The Mammals of South West Africa. William Heinemann Publishers, London.

Skinner, J.D., Chimimba, C.T., 2005. The Mammals of the Southern African Subregion. Cambridge University Press, Cambridge.

Smithers, R.H.N., 1966. The Mammals of Rhodesia, Zambia and Malawi. Collins, London.

Smithers, R.H.N., 1971. The Mammals of Botswana, 4. Museum Memoirs of the National Museums and Monuments, Rhodesia, pp. 1-340.

Smithers, R.H.N., 1983. The Mammals of the Southern African Subregion. University of Pretoria, Pretoria.

Smithers, R.H.N., Lobão Tello, J.L.P., 1976. Check List and Atlas of the Mammals of Mozambique, Trustees of the National Museums and Monuments of Rhodesia, Salisbury, Zimbabwe.

Smuts, J., 1832. Enumerationem Mammalium Capensium, Dessertatio Zoologica Inauguralis. J.C. Cyfveer, Leidae.

Spassov, N., 1990. On the presence and specific position of pangolins (Gen. Manis L.: Pholidota) in north Mozambique. Hist. Nat. Bulg. 2, 61-64.

Stuart, C.T., 1980. The distribution and status of *Manis temminckii* Pholidota Manidae. Säugetierkundliche Mitteilungen 28, 123-129.

Swart, J., 1996. Foraging Behaviour of the Cape Pangolin *Manis temminckii* in the Sabi Sand Wildtuin. M. Sc. Thesis, University of Pretoria, Pretoria, South Africa.

Swart, J., 2013. *Smutsia temminckii* Ground Pangolin. In: Kingdon, J., Hoffmann, M. (Eds.), Mammals of Africa, vol. V, Carnivores, Pangolins, Equids, Rhinoceroses. Bloomsbury Publishing, London, pp. 400-405.

Swart, J.M., Richardson, P.R.K., Ferguson, J.W.H., 1999. Ecological factors affecting the feeding behaviour of pangolins (*Manis temminckii*). J. Zool. 247 (3), 281-292.

Sweeney, R.C.H., 1956. Some notes on the feeding habits of the ground pangolin, Smutsia temminckii (Smuts). Ann. Mag. Nat. Hist. 9 (108), 893-896.

Sweeney, R., 1959. A Preliminary Annotated Check-List of the Mammals of Nyasaland. The Nyasaland Society, Blantyre.

Sweeney, R.C.H., 1974. Naturalist in the Sudan. Taplinger Publishing Co, New York.

Swynnerton, G.H., Hayman, R.W., 1950. A check-list of the land mammals of the Tanganyika Territory and the Zanzibar Protectorate. J. East Afr. Nat. Hist. Soc. 20 (6&7), 274-392.

Ullmann, T., Veríssimo, D., Challender, D.W.S., 2019. Evaluating the application of scale frequency to estimate the size of pangolin scale seizures. Glob. Ecol. Conserv. 20, e00776.

van Aarde, R.J., Richardson, P.R.K., Pietersen, E., 1990. Report on the Behavioural Ecology of the Cape Pangolin (*Manis temminckii*). Mammal Research Institute, University of Pretoria, Internal Report.

van Ee, C.A., 1966. A note on breeding the Cape pangolin Manis temminckii at Bloemfontein Zoo. Int. Zoo Yearbook 6 (1), 163-164.

van Ee, C.A., 1978. Pangolins can't be bred in captivity. Afr. Wildlife 32, 24-25.

Weber, M., 1892. Beitrage zur Anatomie und Entwickelungsge-schichte der Genus *Manis*. Mit tafel I-IX. Zoologische Ergenbnisse. Einer Reise in Niederländisch OstIndien, Band II, Leiden, pp. 1-116.

Weber, R.E., Heath, M.E., White, F.N., 1986. Oxygen binding functions of blood and hemoglobin from the Chinese Pangolin, *Manis pentadactyla*: Possible implications of burrowing and low body temperature. Respir. Physiol. 64 (1), 103-112.

Wilson, A.E., 1994. Husbandry of pangolins Manis spp. Int. Zoo Yearbook 33 (1), 248-251.

Wright, A.C.A., 1954. The magical importance of pangolins among the Basukuma. Tanzan. Notes. Rec. 36, 71-72.

Yalden, D.W., Largen, M.J., Kock, D., Hillman, J.C., 1996. Catalogue of the mammals of Ethiopia and Eritrea. 7. Revised checklist, zoogeography and conservation. Trop. Zool. 9 (1), 73-164.

第二篇

文化意义、利用与贸易概论

第二篇详细评论了非洲和亚洲对穿山甲的价值评估、利用和贸易，以及欧洲和全球国际贸易与非法走私。第12章探讨了穿山甲在非洲与亚洲象征主义和神话中的意义与仪式，详细描述了各洲广泛的信仰与实践，以及相关消费型或非消费型的物种利用，并加入了人类学讨论。第13章调查了穿山甲作为外来生物在早期现代欧洲（16~18世纪）的情况，描述了欧洲首批认识穿山甲的人，如何挑战传统认识世界的方式。第14章和第15章讨论了穿山甲各种各样的身体部位及其相关产品曾经和现在被亚洲与非洲人利用的方式。包括穿山甲肉、鳞片还有其他部位用于各种医疗和文化用途。这些章节也讨论了这些掠夺式利用对穿山甲种群的冲击。本部分最后一章（第16章）详述了1900~2019年穿山甲及其制品的国际贸易和非法走私情况。采用了来自《濒危野生动植物种国际贸易公约》组织的历史记录和数据，以及过去20年内的非法贸易数据，描述这一时期合法与非法贸易的特征。这一章提供了穿山甲非法贸易的发展动态，包括相关物种、走私路线及其对种群冲击的知识。得出的结论是，需要从地区到全球进行多层次多方面干预，来缓和穿山甲受到的过度利用威胁。第三篇还有更多细节讨论。

第12章 非洲和亚洲的象征、神话和仪式

马丁·T. 沃尔什

英国剑桥大学沃尔夫森学院，英国剑桥

引 言

本章回顾了非洲和亚洲地区有关穿山甲的宗教、信仰和地方习俗，包括它们在不同部落中的象征意义、神话传说及其在各种仪式中的作用。然而，由于某些原因，本篇综述存在很多不足之处：如没有阐述清楚某些部落的宗教信仰和各类活动仪式与穿山甲的关系，民族志学的细节有待继续完善，穿山甲在某些仪式中怎么使用或者具有什么作用还无法解释清楚。但有一点可以确定，人们常常觉得有鳞食蚁兽不同寻常的外表和它特殊的行为很有意思，让人着迷。因为穿山甲被发现时常处在警觉的静止状态，所以人类学家 Claude Lévi-Strauss（1963）及其追随者们提出了著名的假说："穿山甲善于沉思"，事实的确如此。所以，穿山甲比许多其他体型相近、数量相当、常见度相似的动物受人类关注些。虽然该物种没有如期望那样的深入研究，但仍吸引了人类学家和其他社会科学家的兴趣。

以下各节从不同的地理环境、各个大陆和个体案例出发，尽可能阐述清楚不同专题之间的联系。如公布日期和其他信息表明的那样，不同地域的"民族志现状"对其描述存在很大的差异，但其中所涉及的穿山甲种类已被确认。这也是前文提到的不完整内容之一：与该物种相比，人们对其他物种的实际状况和信仰了解得更多。本章的结语部分将再次回顾这一点和其他要点，总结穿山甲的文化意义，以及背后的原因。

非 洲

以穿山甲为信仰的"乐乐（Lele）"族

大多数学者对穿山甲在仪式上的使用和象征意义产生极大学术兴趣的原因是玛丽·道格拉斯（Mary Douglas）对"乐乐（Lele）"族生育信仰的描述和分析，该宗教的信仰对象是白腹长尾穿山甲（*Phataginus tricuspis*）（1957；1963）。母系社会的"乐乐（Lele）"族说的是班图语；他们部族一直以来的领地在中非热带雨林的南部和开塞河的西南部，也就是现在的刚果民主共和国境内。道格拉斯（Douglas）1949年至1950年在那里进行人类学野外调查（即民族志调查），她对穿山甲和其他宗教信仰的描述主要发生在那个时期。

这些宗教主要建立在村庄的基础上，很多地区都如此。宗教信仰的主要目的是让部族更好地繁衍生存，提高狩猎成功率，保证充足的食物来源，对抗巫术、诅咒一类不利影响。在道格拉斯（Douglas）的大部分研究里，信仰穿山甲的宗教是唯一以动物为信仰对象的宗教，也是最排外的宗教。如在延加（刚果民主共和国）（Yenga-Yenga）村，40个成年男子中只有4个是信教徒（Douglas，1957；Fardon，1999）。入教规则很严格，候选人首先得有一个儿子和一个女儿，这两个孩子必须同父同母；他本人和他父亲也

必须是本部落的人；他的妻子也得是该部落的人。这样的规定导致的结果是，部族里只有少部分男人有资格入教，甚至当入教成员要求放宽到包括相邻部落村庄的族人时，宗教的总人数仍然很少（Douglas，1963）。因此，宗教成员非常重视教会和信教徒的威严与声望。只有在杀死一只穿山甲（*Bina Luwawa*）作为仪式的一部分享用它时，这些入教候选人才能参加入会仪式。入教后，他们就被赋予了类似祭司或者神使一类的"能力"，"可以帮助部族提高狩猎成功率和妇女怀孕成功率，远离疾病和不幸"。"他们的特殊责任是将村庄迁移到举行仪式的新地点，还必须得有一个教徒和他的妻子在新地方的土地上先睡一晚"（Douglas，1963）。一些符合入教条件的人害怕承担这种特殊责任，毕竟在热带雨林的晚上野外露宿很危险，因此选择不加入教会。

道格拉斯（Douglas）描述了 1953 年旱季在延加（Yenga-Yenga）举行的一系列狩猎仪式。延加村之前过多的狩猎，导致后来的狩猎成功率降低，村民们认为是某种巫术作怪，所以对巫术的问责声非常多，村庄里的紧张气氛也日益加剧。杀死两只穿山甲之后，这个村庄开始实施禁止性行为的禁令，直到吃完穿山甲并再次成功捕猎后禁令才能失效。宴会的准备工作被各种争吵和不祥的预兆耽搁。猎杀到第三只穿山甲后，举行了穿山甲宴和入会仪式。人们谈起这只穿山甲时，好像它是自愿成为献祭品的（Douglas，1957，1963）。以下是道格拉斯（Douglas）对仪式的简短描述："他们最终确定在 9 月 5 日举行穿山甲宴和入教仪式。非常不走运，我没能看到仪式。有人告诉我，仪式的重点是宗教的信仰物——穿山甲。他们说，我们叫它 *kum*（主人或首领），因为信仰它才能让部族的女人怀孕。他们对吃了 *kum* 表示羞愧和尴尬。除了厨师以外，任何人都不能看到烹制穿山甲的情形。穿山甲的舌头、脖子、肋骨和胃并没有被吃掉，而是被埋在一棵棕榈树下。从那时起，喝棕榈树下的酒就成为 Begetters（有一个儿子和一个女儿的男人/女人）的唯一特权。有意思的是，新教徒入教之前要吃前两只正在腐烂的穿山甲的肉，而穿山甲腐烂较严重的部分，连同鳞片和骨头，都喂给了狗。教会的老成员吃新近被猎杀动物的肉。这些仪式让村庄里所有人相信第二天的狩猎会成功"（1957）。但如果第二天的狩猎并没有成功，而是过了好几天狩猎才成功，则禁止性行为的禁令直到那时才被解除。

穿山甲作为象征的典范

如果没有道格拉斯（Douglas）试图解释穿山甲和其他动物在"乐乐（Lele）"族象征中的作用，这篇不完整的综述不值一提。一些部族禁止女性触摸白腹长尾穿山甲，见到穿山甲要回避，道格拉斯（Douglas）认为这在一定程度上源于该物种异于常态动物。"Lele"族对穿山甲的描述，准确无误地记录了其不同寻常的特性："在我们的森林里，有一种动物，身体和尾巴像鱼一样，身上覆盖着鳞片。它有四条小短腿，有时候会爬到树上"（1957）。当地人认为穿山甲与水生生物相似，所以将它与居住在森林最深处最幽暗神秘地方的精灵联系在一起，这些精灵被当地人认为拥有控制人类生育的能力。

据说它其他方面也很与众不同。"穿山甲与其他动物不一样，它既不怕人，也不躲避人，而是静静地等猎人靠近。如果在森林里看到一只穿山甲，悄悄地从它后面走过去，突然狠狠地拍一下它的背部，它会吓得从树枝上掉下来，不像其他动物那样飞奔逃离，而是将身体卷成一个球，利用身上的鳞片保护自己。你可以静静地等待，直到它觉得安全了，把自己伸展开来，它探出头的一瞬间，就能把它打死然后抓获。此外，穿山甲的繁殖周期和人类相似，和鱼类、蜥蜴或者其他形态类似的动物不一样，这一点从外观上可以推测。'乐乐（Lele）'族人说，穿山甲和人类一样，一次只生一个幼崽。这本身很不同寻常，因为其他动物基本上都是一胎多个，单凭这一点，足以将穿山甲和其他动物划分开来，并可认为是人与穿山甲之间的一种特殊联系"（Douglas，1957）。

道格拉斯（Douglas）还说："从这个角度出发，'乐乐（Lele）'族人认为穿山甲相对人类，就像双胞胎父母相对其他动物。当然，生双胞胎和三胞胎的人类也被当地人认为是异类，因为这种生育模式动物中比较常见"（1957）。双胞胎的父母也被"乐乐（Lele）"族视为在宗教仪式上有重要作用的人：他们接受特殊的仪式，成为拥有祈祷狩猎成功和掌握繁育的祭司，尤其是村里的多胞胎父母，更是如此。可能因为"乐乐（Lele）"族人认为这些人在繁育后代方面和其他动物有相似之处，所以存在某些联系，认为他们有这种能力。事实上，他们也参与了 1953 年 8 月和 9 月的事件，道格拉斯（Douglas）在她之后的论文（1957）和专著（1963）中报道了这些事件。

　　道格拉斯（Douglas）将这些关于种族分类学和反常规的思想观念总结描述，发展成具有象征意义的理论，并在其著作《纯真与危险》（*Purity and Danger*）（1966）中推广，后来在《自然象征》（*Natural Symbols*）（1970）中深入阐述。前者是最常被引用的人类学文献之一，它对学术界的影响远远超出单一学科范围。引起了许多未曾听闻过穿山甲的研究人员的注意，并在其影响下催生了大量关于动物分类和象征主义的文献，这些文献也借鉴了 Lévi-Strauss 研究崇拜图腾和"原始思想"的方法（1963；1966）。从那时起，这些"不同寻常的"食蚁动物在人类学关于动物象征的讨论中占据了特殊的地位（Bulmer，1967；Ellen，1972；Lewis，1991；Morris，1998；Richards，1993；Sperber，1996；Tambiah，1969；Wijeyewardene，1968；Willis，1974）。

　　对道格拉斯（Douglas）关于"乐乐（Lele）"族人资料解读的批判性评论都集中在"乐乐（Lele）"族及其相邻部落中不同种类穿山甲的分类地位和文化意义部分（Douglas，1990，1993，1999；Ellen，1994；Fardon，1993；de Heusch，1985，1993；Lewis，1991，1993a，1993b，2003）。某些方面，道格拉斯（Douglas）自己预料到了这些批评。在她的原创性论文（1957）中，她承认她不知道"乐乐（Lele）"族如何区分白腹长尾穿山甲（他们称其为 luwawa）和巨地穿山甲（*Smutsia gigantea*），后者被称为 yolabondu。巨地穿山甲不是宗教信仰的对象，孕妇还会避开它。她推测，不同种类的穿山甲受到不同对待的原因，可能是在刚果历史上还存在其他以不同的穿山甲为信仰图腾的宗教。

　　《纯真与危险》（*Purity and Danger*）（1966）一书指出她的分析有大量难懂的事，"看来我对'乐乐（Lele）'族信仰穿山甲这部分写得太多了"，她承认这种宗教信仰"可能有很多不同层次和种类的意义"，但是这些理解仅仅是她自己的推测，"乐乐（Lele）"族人也没给她作出明确的解释。1988 年道格拉斯（Douglas）重访"乐乐（Lele）"族人时，发现基督教已经在当地广泛传播，信仰穿山甲的宗教已被取缔（Douglas，1990），虽然这种情况下她仍然能够收集到以前关于信仰穿山甲宗教的秘密信息，但也意味着只能从历史角度去研究这个宗教，除非它在某些隐秘的地方存在。否则，由于缺乏民族志的细节，除了一般的理论术语和对具有象征意义动物的其他研究，很难从别的角度重新解读"乐乐（Lele）"族的信仰。

中非和西非的转变

　　道格拉斯（Douglas）明白，穿山甲在中非其他地方被赋予了象征和仪式意义（1957，1990；见第 15 章）。虽然"乐乐"族的做法独特，但类似的事情也发生在热带雨林内和周围讲班图语的不同部落中。与"乐乐（Lele）"族一样，刚果民主共和国东部基伏（Kivu）省的本贝（Bembe）人也关注白腹长尾穿山甲，这是他们境内最常见的一种穿山甲。在本贝（Bembe）人的宇宙观中，穿山甲被视为民族文化的象征，它是少数介于生死之间的动物之一。之所以把它与死亡联系在一起，是因为它一般都在夜间活动，栖息于地下洞穴中，以白蚁为食，而白蚁本身与尸体或死者的灵魂联系在一起。同时，本贝（Bembe）人注意到，穿山甲通过盘旋身体形成螺旋状，可以有效抵抗自然界最强大的捕食者（一般是指狮子，因为狮子对盘成球的穿山甲无从下嘴）。它们有时像猴子一样直立行走，像鸟和蝙蝠一样攀爬和悬挂在树上，努力追求光明和与黑暗及死亡相对立的文化。据说，当地妇女通过观察穿山甲学会了如何养育自己的子女，人们通过观察穿山甲身上层层叠叠的鳞片学会了如何在房屋上盖屋顶，从而为自己提供避雨的场所（Gossiaux，2000）。

　　在本贝（Bembe）北部的邻居——乐家（Lega）地区，巨地穿山甲被称为白腹长尾穿山甲的"老大哥"，是某种特殊仪式的主要组成部分。它也被视为民族文化的象征，传说中巨地穿山甲教人们如何建造房屋——因为它的鳞片让人联想起屋顶上的瓦片。因此，当地禁止捕杀巨地穿山甲。如果一只巨地穿山甲被发现死在森林里，它就成为 Bwami 协会管理的公共财产（Bwami 协会的主要职能是维持社会凝聚力），必须马上进行繁杂的祭祀仪式，通过仪式净化整个社区。当地人会一起分享死亡穿山甲的肉，穿山甲一部分鳞片用于添置 Bwami 协会的仪式道具，另外一些则被扔到屋顶上。祭祀完成后，会用同种方法分配祭祀中使用的公山羊肉，之后，所有参与者会沐浴更衣，至此，才完成净化仪式（de Heusch，1985，summarizing Biebuyck，1953，1973）。

刚果民主共和国开塞省北部的汉巴（Hamba）地区也禁止捕杀巨地穿山甲。在这种情况下，穿山甲肉通常会留给相对新的政治团体成员——"森林的主人"（nkum' okunda），该团体声称首领曾经拥有非常强大的力量。这是一个封闭的、只有男性的团体，在一个没有异性和非信教徒的封闭空间里进行秘密仪式。如果猎人的陷阱不小心捕获了一只穿山甲，必须向该组织支付巨额罚款。土豚（非洲食蚁兽）也有类似的禁令，据说因为它们生活在深洞里，像穿山甲一样，一次只能抚育一个幼崽（de Heusch，1985）。这样从一个物种转移到另一个具有相似特征物种的观念比较普遍。

举个例子，生活在坦噶尼喀湖西南端的塔布瓦人（Tabwa），比起穿山甲（nkaka），更关注食蚁兽，尽管他们会把穿山甲鳞片当作药物使用，猎人也会在打猎营地的 4 个角落焚烧穿山甲鳞片，他们认为这种味道可以赶走狮子（Douglas，1990；Roberts，1986）。Roberts 指出，他们常用的是南非地穿山甲（Smutsia temminckii）的鳞片。塔布瓦人（Tabwa）认为，"兽中之王不是狮子，而是穿山甲"，因为穿山甲显而易见的力量和其他特性，所以它们的鳞片经常出现在该地区的文化历史中（Roberts，2009）。Nkaka 是一种图案的名称，被刻在不同的历史文物和当地部落妇女的身体上，在刚果民主共和国东南部的卢巴（Luba），这种图案的功能是"作为一种触发一连串联想、语境和意义的认知结构"。它出现在"代表权力的物体上"，包括可以容纳祖先灵魂的罐子和"几乎所有的卢巴王室的象征物品"。Nkaka 还被用来命名某些占卜者进入通灵状态时佩戴的珠子头饰，即"捕捉并将灵魂困住的道具"（Roberts，2013）。

虽然对西非地区的一些部族，穿山甲有着不同的文化寓意，但重要性一点也不差。人类学家 Ariane Deluz 讨论了科特迪瓦使用曼德语的古卢（Guro）地区有关巨地穿山甲的许多有意思的观点。穿山甲（zè 或 zègine）是一首歌曲的主角，录制于 19 世纪 80 年代中期，描述了一个氏族的神秘传说。故事中，一个名叫 Yuro 的人通过铁链爬上了天，然后带着一只有着战争寓意的穿山甲回到地面。他的女儿 Na 随即怀孕，并将其归咎于穿山甲，Yuro 威胁要杀死它时，穿山甲留下了它的"壳"，并返回天空。Na 的孩子成为氏族的创始人，被称为"穿山甲的后裔"。据说这个故事在古卢的掌管繁育的雕像中得到了验证，而其社会和精神含义由 Deluz 和他的一位同事提出（Deluz，1994）。

关于部族繁衍的思想显然是这个故事的一部分，这也可能与下一节讨论的桑古（Sangu）案例有关。对这些例子的系统汇编、比较和分析是一项前所未有的困难工作，因为许多民族志不完整，任务艰巨。穿山甲在整个非洲地区，特别是在讲尼日尔-刚果语的民族和散居在班图的人中，都被赋予了特殊的文化意义。某些情况下，可能是文化之间的相互借鉴，也有可能与穿山甲有关的一些观点、态度以及描述性词汇是早期热带雨林移民带过来的（Vansina，1990；Walsh，1995，1996）。如前所述，信仰和行为也可以从一个物种转移到另一个物种，完整的研究必须考虑到这一点。

穿山甲占卜和祭祀仪式

正如上文预料，东非和南非讲班图语的地区也出现了类似主题，增加了新的内容。穿山甲寓意部落领导力和生育能力之间的联系在"乐乐（Lele）"族所在地区也很明显，在遥远的东方，坦桑尼亚南部高地的不同民族也有相似之处。坦桑尼亚西南部的桑古（Sangu）族很久以前就有这项传统——遇到桑古地区唯一的穿山甲物种（南非地穿山甲）被视为意义重大的事件。当地人们相信穿山甲是从天上掉下来的，是由祖先送到地球上的。人们在灌木丛中遇到穿山甲时，据说这种动物会慢慢接近他们，然后跟着他们回到村子里。这种情况发生时，必须通知桑古族首领和祭司，举行一个类似双胞胎出生仪式的祭祀过程。穿山甲和它跟随的人被关在一起隔离一段时间，其间其他人一起唱跳祭祀歌舞。他们赤身裸体跳舞时，据说穿山甲也会加入，用后腿站着，跟着族人们一起跳舞，据说穿山甲有时会在跳舞时流泪，这预兆着来年风调雨顺。如果穿山甲的眼睛干燥，预兆来年将会遭受干旱（Bilodeau，1979；Walsh，1995，1996）。

描述的隔离细节和持续时间有很大的不同，后事描述也是如此。有一种说法是，隔离期要持续一整天，之后由专门的祭祀人员给穿山甲穿上黑色衣服，戴上头巾。让它们和长老带着一群羊一起走到最近的河边。先坐在河边，开始某种仪式动作——所有人一起左右摇摆，仪式结束后把羊宰了，肉烤熟后分着吃掉。然后挖一个洞铺入新宰杀的羊的羊毛，再把穿山甲放入。用泥土把洞口封住，把穿山甲活埋，仪式就完成了。另一种说法是，隔离时间至少三个星期，穿山甲在由桑古（Sangu）首领给穿上黑衣服、戴上黑头巾之前就已经被杀死（Walsh，1995，1996）。这些不同的描述，反映了祭祀仪式的稀有性和现实中的变化，主要原因还是随时间流逝文化遗失。比如"乐乐（Lele）"族人的穿山甲盛宴，这些仪式到现在都没有研究者直接观察到。

1975 年记录的桑古（Sangu）民间故事阐述了穿山甲、部族首领和繁育之间的联系。故事中，一个年轻的女人，拒绝跟随她的姐妹嫁给野兽，接受了一棵魔树的追求，结为夫妻。入夜，这棵树摇身变成首领，其鳞片状的树皮掉落下来变成穿山甲。黎明时分，穿山甲变成鳞片树皮后首领又变回树。这种状态一直持续，女人和她神奇的丈夫有了孩子，直到有一天晚上，女人用火把穿山甲烧死了。第二天早上，首领没有了鳞片，只剩下了身体裸露部分，所以没办法恢复到树的样子。人们为此欢欣鼓舞，女人的姐妹们与她们的动物丈夫离婚，一起成为首领的妻子（Bilodeau，1979）。故事到此结束，尽管与桑古（Sangu）族特有的穿山甲仪式没有特别的联系，但暗示了牺牲穿山甲对于恢复世界的正常平衡，以及保证首领/酋长在族内的重要地位是必要的，如果这个世界颠倒，人类地位将被动物取而代之。值得注意的是，这是研究者的解释，而非桑古（Sangu）族人亲述（Walsh，1995，1996）。

同样重要的是，不是所有的桑古（Sangu）族人都知道穿山甲仪式，尤其是没有经验的年轻人。在20 世纪 80 年代早期，一个年轻的桑古（Sangu）族人杀死穿山甲后，把它的尸体埋在牛圈里，作为防止牛被野兽"惊吓"的保护符，这种做法来自坦桑尼亚北部的移民，在那里，穿山甲的鳞片以及它们的骨头和尸体烧成的灰烬，被认为是抵御蛇和野生动物攻击非常有用的护身符（Wright，1954）。来自南方 Nyakyusa 的农民说他们根本不知道穿山甲在当地的作用以及重要性，来自 Nyasa-Tanganyika 的一群 Ndali 人路过当地时，途中宰食了一只穿山甲，激怒了当地的主人——桑古（Sangu）人（Walsh，1995，1996）。

鲁哈（Ruaha）大峡谷下游和东部的 Usangu 也有类似记录，在那里，禾禾（Hehe）族人、果果（Gogo）族人和其他长期居民也把遇到南非地穿山甲视为幸运的事。当这种情况发生在离家很远的地方时，他们会把唾沫吐在叶子上，将其贴在会卷起来的动物（穿山甲）的鳞片上，祈求好运和旅途顺利。如果在离家较近的地方发现了穿山甲，人们倾向于把它带回村子，通知族群其他成员，尤其是能够组织集体占卜仪式的祭祀人员或首领。给穿山甲穿上黑色的衣服，周围环绕着不同的物品，如食物、水、武器和药品。在歌舞伴奏下，中间的穿山甲随机选择的结果可预测未来，由祭司或部落首领来解释它的行为。例如，如果穿山甲朝一堆谷物移动，这被认为预示着来年会有一个好收成。观察穿山甲的其他行为也是他们预测未来的一部分：如果穿山甲在"哭泣"，这被认为是坏兆头。其实现实中，这看来有点像强行匹配，他们会先让穿山甲进行所谓的占卜仪式，再根据世界上发生的比较重大的事情进行匹配，比如全球性或者大范围的灾难、作物丰收或者歉收，以及国内外的各种纠纷等（Walsh，2007）。

每个村庄的穿山甲占卜仪式都有差异，但基本的模式一样。某些情况下，它没能按照原来的方法实施。记录的案例如穿山甲被政府狩猎管理部门没收；一位没有经验的首领想要举行祭祀仪式，却因为穿山甲逃跑而搞砸；穿山甲在举行仪式之前被打死而导致仪式失败。在很多情况下，当地的居民为了获取食物或者售卖鳞片而捕杀穿山甲。

在鲁哈（Ruaha）大峡谷地区，穿山甲总被用作各种药物和魔法仪式的原料。穿山甲鳞片用途最多，既有治疗作用，也有保护作用，常被用于治疗冻疮、落枕、背痛、肺炎、儿童惊厥和皮疹，还被用于保护猎人和他们的营地以及公园管理员不受野生动物和意外伤害（见第 15 章）。穿山甲的其他部分，包括心脏和喉部，也被当成保护符，可以神奇地麻醉被猎杀的动物。"禾禾（Hehe）"和"果果（Gogo）"族人认为，不该为了获取鳞片和其他身体部位而故意猎杀穿山甲。相反，这些部位应该取自于自然死亡或祭祀仪式上牺牲的动物，就像吃穿山甲肉这种行为也只能在进行祭祀仪式的时候进行（Walsh，2007）。

　　利用穿山甲占卜的仪式和做法也有差异。在讲果果语的地区，他们通常使用特殊的雨石与求雨仪式。某些情况下，这些仪式与为女孩步入青春期和新生儿举行的仪式混在一起。有些地方，双胞胎的出生和双亲育儿的仪式是主要内容。因此，穿山甲自身命运也受当地不同习俗的影响，通常祭祀仪式结束后，穿山甲会被放回灌木丛。但在某些地方，它会被带到干涸的河道中打死，烤熟之后被祭司和其他仪式的参与者食用。这些仪式间的共同点是它们与当地的族群繁荣、收成及其族人的幸福有联系，所以穿山甲也被描述为"酋长"和"雨神"（*munyamdonya*；Walsh，2007）。

　　零散的报告表明，利用穿山甲进行占卜的活动还在坦噶尼喀湖（Walsh，1997）和印度洋沿岸（Keregero，1998）以外的地方进行，穿山甲的祭祀也被不同的民族描述，包括坦桑尼亚中部的 Nyaturu 人（Jellicoe，1978），穿山甲与酋长权威、部族繁荣和财富之间的联系在很远的地方也为人知晓，包括南非一些说班图语的族群（见第 15 章）。自古以来，南非 Limpopo 省的 Lobedu 部族认为南非地穿山甲属于女王，必须活捉。穿山甲的脂肪用于制作祈求下雨时使用的物品，首领在求雨仪式中使用穿山甲脂肪制作的物品，有时还会宰杀黑羊来增强求雨仪式的效果（de Heusch，1985，引自 Krige and Krige，1943）。津巴布韦前殖民地的 Shona 人自古以来被禁止捕杀穿山甲，如果犯禁，除了受物质惩罚外，还会招致先祖的愤怒。所以任何发现穿山甲的人必须把它交给当地的首领，因为他们相信这将确保所有人平安富足。尽管当地出台了严格的反偷猎法，但是这一行为仍屡禁不止（见第 15 章），甚至还有增加的趋势。国家独立后，许多人甚至向前总统罗伯特·加布里埃尔·穆加贝赠送穿山甲来讨好他（Duri，2017）。

医药和法术用途的穿山甲制品

　　这些想法和实际应用的缘由与穿山甲显而易见的特征和行为有关，因为它们与其他动物不同。人们相信非洲所有种类的穿山甲鳞片及其身体部位都有特殊的功效，黑腹长尾穿山甲（*P. tetradactyla*）也如此。在当地，穿山甲的身体部位有着各种各样的药用价值和其他神奇的功效（见第 15 章）。据报道，对尼日利亚西南部的传统 Awori 医生的调查显示，穿山甲被用于治疗 47 种不同的疾病，其中 15 种使用的是鳞片（Soewu and Adekanola，2011；Soewu and Ayodele，2009）。在塞拉利昂的一项调查发现，穿山甲身体的 22 个部位（其中大部分是鳞片），被用于治疗 59 种疾病（Boakye et al.，2014）。类似用途，也可以在文献中找到相关列表信息（Akpona et al.，2008，贝宁拉马森林保护区；Setlalekgomo，2014，博茨瓦纳奎嫩区）。

　　前些章节（另见第 15 章）有举例说明穿山甲的鳞片被当作护身符和其他药用材料。过去，鳞片通常用于祭祀。最著名的例子是 Wright（1954）描述一只穿山甲被苏库马（Sukuma）族的首领刺穿，钉在围栏入口对面的柱子上，任其腐烂，"穿山甲腐烂后，酋长用它的鳞片和来参观部落的游客交换礼物；每块鳞片的市场价值约为一先令。如果把这些鳞片戴在脖子或腿上，被认为可以有效地抵御蛇和其他野兽。风湿病发作时，老人还会把它们绑在四肢上，或者绑在患有脾脏肿大疾病的儿童身上。鳞片也是种植学中一个重要的'催化剂'，年初把它与播种的种子混合在一起，播种下去会有一个好收成。死亡的穿山甲尸体烧成骨灰后被酋长小心地保存在家中罐子里。少量的骨灰会发放给遭受狮子袭击的村民。人们相信，往燃烧的大火中撒入少量的骨灰对狮子具有最强大的威慑作用"（Wright，1954）。另一种说法是苏库马（Sukuma）人认为穿山甲鳞片具有隐形能力，这与穿山甲的数量少和夜间活动习性有关（Cory，1949）。因此，穿山甲鳞片在殖民时期就有市场交易，甚至在那之前就已经存在。来自非洲各地的证据表明，到目前为止，为了获取鳞片而捕杀穿山甲已经对它们的生存构成了相当大的威胁，正如本书其他章节所记载（见第 15 章和第 16 章）。

亚　　洲

亚洲穿山甲的区别

分布在亚洲的 4 种穿山甲在当地人的信仰和仪式中占有特殊地位，尽管证据还不足。大多数报道主要关注穿山甲的使用，特别是鳞片在传统医学和巫术方面的应用。与非洲一样，穿山甲的鳞片和其他部位也有着广泛的用途，在第 14 章给出了一些例子。如果这篇综述可作为指南的话，南亚和东亚关于穿山甲及其鳞片和其他身体部位的神奇功效就更加多样化，这也反映了亚洲大陆与穿山甲共存的人们的语言和文化多样性。这里关于穿山甲保护和繁育的需求相似，但也有许多不同的概念和做法。对于这些变化，我们经常使用相同的类比逻辑推理，即在当地人对它们行为和功能理解的基础上，理解穿山甲及其不同部位会被赋予不同的意义和力量。因此，鳞片的保护作用和它们在治病和辟邪方面的用途之间存在着共同的联系。

尽管当代许多研究的重点在穿山甲及其鳞片的贸易和走私，但关于穿山甲在族群形成过程、宇宙学和仪式行为作用中的相关细节还是很少。一个例外是 Alex Aisher（2016）对印度东北部部分地区尼兴（Nyishi）人支持穿山甲保护的信仰和实践研究。Aisher 认为，穿山甲因其特异性和分类学上的独特性被人类认为非常适合传统中医，从而推动了该物种的国际走私贸易，但在尼兴人部落中的作用却大不相同。在他们的宇宙学中，*sechik*，即中华穿山甲（*Manis pentadactyla*），被称为水神布鲁（Buru）的孩子：当地人害怕它和其他"主神"的复仇，因此不愿猎杀穿山甲，特别是当穿山甲和其他具有重要意义的动物被外人无所顾忌地捕杀时，这种恐惧越发明显（Aisher，2016）。

当地的做法对保护穿山甲有所帮助，但无法阻止所有的外来猎人和商人过度捕猎穿山甲。另外，地方风俗本身可能就是问题的一部分。正如巴拉加马利部落的猎人的报告：巴拉望土著居民狩猎和食用菲律宾穿山甲（*M. culionensis*），原因是供奉穿山甲得到的回报越来越少（Acosta-Lagrada，2012）。据报道，穿山甲在巴拉望当地有多种药用价值和其他神奇用途（见第 7 章和第 14 章），如佩戴它们的鳞片可以抵御阿斯旺（*aswang*），阿斯旺是菲律宾版吸血鬼，是可变化成多种形态的吸血、吞食胎儿和内脏的老巫婆（Estrada et al.，2015；Nadeau，2011）。有意思的是，菲律宾穿山甲有时候也会被误认为是这类吸血鬼，比如在 2015 年 3 月的某个晚上，在帕塞市（Pasay）的屋顶上游荡的一只穿山甲就被误认为是吸血鬼（Frialde，2015）。

马来西亚半岛禁止猎杀穿山甲

东南亚有些完整的记录，最有趣的案例之一是马来西亚北部半岛高地的原住民部落——特米亚（Temiar）的宗教研究（Benjamin，2014）。他们的本土宗教以公共灵媒仪式为中心，在晚上进行合唱、舞蹈和出神的仪式表演。有一套精心设计的宇宙学思想和祭祀饮食禁忌，令人联想起玛丽·道格拉斯（Mary Douglas）所描述的"乐乐（Lele）"族习俗，她抱怨过其他族群学家没有像她一样用同样的方式研究族群的食物禁忌（Douglas，1990）。穿山甲在特米亚（Temiar）体系中扮演着重要的角色，与其他禁忌动物相比，穿山甲的禁令更多，被称为"高级首领"（Benjamin，2014）。

这里讨论的物种是马来穿山甲（*M. javanica*）。像其他一些动物一样，小孩子及其母亲和助产护士都不能吃穿山甲。最重要的是，"如果穿山甲被杀了，必须小心翼翼地把它带到村子里，避免尸体被带到离最终烹饪的房子更近的地方"。煮熟后，必须把部分肉分发给能够吃它的人（基本上是那些不视吃穿山甲肉为禁忌的人），以及看到猎人把穿山甲尸体带回家的人。"吃肉的过程有各种各样的规矩，如果不遵守，后果很严重"。用一个知情者的话说，"我们要小心地吃，不能把骨头掉在地上，而是把它们扔在火里烧成灰；然后我们必须烧掉盛肉的竹子"。违反这些规则中任何一项，将作为罪犯被处死。穿山甲还活着的时候也会这样处置，这种程度的禁忌说明当地人认为穿山甲是"不可驯服的"物种之一，如果试图驯服它，可能会造成村里的宠物死亡。神话中穿山甲（wejwooj）与人类领域有着特殊的关系。创世故事中穿山甲（Wejwooj）负责种植 təlayaak 树，其草木灰是种植烟草最好的肥料（Benjamin，2014）。

这是一个复杂系统的一部分，民族志学者 Geoffrey Benjamin 如实说道，"自然物种的日常仪式和相关神话间的关系，是一个我没有足够的数据来概括的话题"（Benjamin，2014）。这让人联想到"乐乐（Lele）"族人的民族志、桑古（Sangu）族的习俗和他们以穿山甲为特色的神话般的民间故事之间多少有些模糊的联系。穿山甲与生育之间有着明显的联系，人们也认识到穿山甲在人类文化的建立中所起的作用，但 Benjamin 没有试图去解释它。关于穿山甲在宗教仪式和神话中的作用，很少有这样详细的记载。

在马来西亚半岛的其他原住民族群中也有与之相似的想法和行动。巴捷客（Batek）人规定"妇女怀孕期间禁止吃穿山甲，这与该动物的防御习性有关，受到威胁时，它会蜷缩成紧实的球状，被当地人认为会增加分娩时类似产道收缩的可能性，对分娩过程造成阻碍"（Tacey，2013）。在雪兰莪州（Selangor）西海岸凯里岛（Carey Island）的玛美里族（Mah Meri）（Ma′ Betisék）中，"kondok 或穿山甲（Manis javanica，Linn 据说由出生后的人类形成"。另一个类似的例子是玛美里族常把妇女生产后的胎盘胎衣包裹在垫子里，埋入地下，因此，穿山甲的鳞片类似于露兜树垫的纹理和编织图案（Karim，1981）。

在霹雳州，据说穿山甲能够咬大象的脚致其死亡，或者盘绕在大象的鼻子上让它们窒息而死。根据斯加特（Skeat）的说法，这个故事在雪兰莪州有更详细的解释："据说大象总是会避开'爪宜（jawi-jawi）'树（一种榕树），因为它曾经被犰狳舔过（原文写道）。犰狳舔完后就走了，走过来的大象被那讨厌的气味吓了一跳，就'发誓'再也不靠近那棵树了。它遵守了它的'誓言'，它的后代也和它一样，所以直到今天，'爪宜（jawi -jawi）'仍然是森林中大象不敢接近的一种树"（Skeat，1900，引自早期的一篇文献）。据说，一些特米亚（Temiar）人和 Lanoh 人了解这些故事后，相信穿山甲具有超自然力量。"因此，在原住民社区有很多人佩戴穿山甲鳞片来驱赶邪灵"。"他们认为穿山甲鳞片燃烧后会产生极强的气味，这种气味对大象有一定的驱逐作用，使其绕开人类居住地，还有一个原因是大象曾经被穿山甲杀死，所以会对穿山甲的味道感到恐惧，从而达到这种效果"（Yahaya，2014）。

印度尼西亚的穿山甲形象

尽管没有足够信息（无论是语言还是其他形式）来追踪马来西亚半岛穿山甲的观念史，爪哇中部地区的情况却截然不同，在那里，马来穿山甲的图像早在 9 世纪就被刻入位于普兰巴兰（Prambanan）村的印度教 Shaivite 庙宇。一只被埋在湿婆坐骑 Nandi 公牛雕像下方的中央位置，另一只则被雕刻在专门供奉锡瓦的寺庙的栏杆上，"罗摩（Rama）面前的《罗摩衍那故事集》（Ramayana narrative）浅浮雕板"，环绕着寺院建筑物（Totton，2011）。穿山甲还出现在《罗摩衍那·咔咔印》（Ramayana kakawin）——写于公元 870 年旧爪哇版本的梵文史诗中；它们因驱赶毒蛇而受到赞誉，并在罗摩最终加冕时被用来庆祝。Mary-Louise Totton 认为，穿山甲在 Loro Jonggrang 的代表形象不止于此，它暗示了"穿山甲是很温顺的动物，有卷成球状保护自己的行为"，"受到威胁时，穿山甲可以卷成球等待危险到来"。"穿山甲在罗摩（Rama）面前很顺从地卷成球状，这是它提出警告的方式和一种生存策略：保护好自己，等着前方的危险到来"（Totton，2011）。她对这部史诗后续版本中有一集以穿山甲为主题作出了类似解释，推测了穿山甲与农业生产及繁育间的一系列联系，将其与"乐乐（Lele）"族人和其他非洲族群的信仰和做法作出比较。

Totton 还将其与近期事件做了比较。用她的话来说，"一个马来西亚和印度尼西亚西部的民间故事揭示了穿山甲的另一个特性：一只穿山甲躺在地上，张开它的鳞片。蚂蚁以为它死了，蜂拥而上。而穿山甲迅速夹紧鳞片，慢吞吞地挪到附近的池塘里，张开鳞片把蚂蚁放出，待其淹死再吃掉"。民间传说把穿山甲塑造成聪明的骗子，利用欺骗来达到自己的目的。1999 年激烈的印度尼西亚预选时期，梅加瓦蒂·苏加诺普特丽（Megawati Sukarnoputri）被许多人诟病太过被动。一篇为她辩护的报纸文章的标题是"Megawati, Api Api Trenggiling Mati"（梅加瓦蒂，她的精神就像死去的穿山甲）。这篇文章中，一位爪哇巫师将梅加瓦蒂的政治立场总结为"像穿山甲的鳞片一样有层次"，并描述梅加瓦蒂如何和她的父亲交流，就像穿山甲会保护自己的尾部一样，会回顾以前的经历。他通过这种方式提醒读者穿山甲的生活习性。乍一看，梅加瓦蒂显得软弱和顺从，但他说，像穿山甲一样，以弱示敌是一个聪明的策略，可以后来居上，超过对手。奇怪的是，穿山甲的"精髓"被"公牛"所借鉴，我们再来看看这篇报道的后续。"穿山甲战略"在梅加瓦蒂的政党"黑牛"（black bull）的有力领导下得到了重视。一个坚定支持者裹着这个象征符号占据了整个报道页面，她的政党（人民党）的勇敢的公牛图标与穿山甲（英明的领袖）的精神相匹配。使用穿山甲精神的措辞之所以有效，是因为公众有理解这一精神的基础（Totton，2011）。回顾津巴布韦一案，进一步证实这既反映了过去实际发生的事实，也对理解当代穿山甲的象征含义具有重要意义。

结　　论

值得强调的是，穿山甲的象征意义既有历史根源，也能引起当前的政治共鸣。穿山甲的利用在任何一个地方都可能受到不同群体的争议，且随着时间的推移而改变：最明显的例子是穿山甲走私和贩运受全球化的影响逐步扩大化（见第 16 章）。现有证据表明，撒哈拉以南的非洲地区，许多与穿山甲有关的信仰和实践在历史上相互关联，特别是在说班图语和尼日尔-刚果语的人之间，他们的居住地覆盖了非洲 4 种穿山甲大部分分布地区。通常与穿山甲有关的"领袖"和"繁育"概念也发生了许多变化，某些情况下，这些概念会从穿山甲转移到其他穴居动物，包括非洲食蚁兽和豪猪。在亚洲，要辨别这种联系比较困难，因为这 4 种亚洲穿山甲的起源不同，且亚洲地区的语言种类极多。尽管如此，还是可以看出一些区域性的历史关系，而且深入的研究将揭示过去和现在穿山甲及其产品的贸易路线及模式。

与亚洲穿山甲有关的一些信仰和做法与非洲部分地区普遍存在的信仰和做法之间有一些相似之处。这些类似的情况，源自于当地人观察到的穿山甲特征和行为的相似性，以及人类有限的可比较和关注的范围。这些相似的来源是类比（Descola，2013；Kohn，2015；Aisher，2016），穿山甲鳞片的保护特性被类比为护身符，这只是一个例子。对人类来说，不仅"善于思考"，而且善于类比思考穿山甲，它们具有不同寻常的特征，成为人类思想和行动、象征、神话创造及仪式实践的优秀对象，包括创造不同种类的药物和法术。核心是它们与其他动物的不同之处（Aisher，2016；Walsh，2007），也表现在分类学上的与众不同（Douglas，1957，1966）。改变、适应或运用这些思维方式对自然保护，尤其是自然保护教育提出了挑战。对人类学家和其他社会科学家来说，真正的"穿山甲悖论"是一个挑战（Willis，1974）：不在于种族生物学和分类学，而是缺乏好的比较研究案例，可以确切地解释人们对穿山甲的看法和做法，以及在自然保护主义者的干预下情况是如何及为什么会发生变化的。

参 考 文 献

Acosta-Lagrada, L.S., 2012. Population density, distribution and habitat preferences of the Palawan Pangolin, *Manis culionensis* (de Elera, 1915). M.Sc. Thesis, University of the Philippines Los Baños, Laguna, Philippines.

Aisher, A., 2016. Scarcity, alterity and value: decline of the pangolin, the world's most trafficked mammal. Conserv. Soc. 14 (4), 317–329.

Akpona, H.A., Djagoun, C.A.M.S., Sinsin, B., 2008. Ecology and ethnozoology of the three-cusped pangolin *Manis tricuspis* (Mammalia, Pholidota) in the Lama forest reserve, Benin. Mammalia 72 (3), 198–202.

Benjamin, G., 2014. Temiar Religion, 1964-2012: Enchantment, Disenchantment and Re-enchantment in Malaysia's Uplands. NUS Press, Singapore.

Biebuyck, D., 1953. Répartitions et droits du Pangolin chezles Balega. Zaïre 7 (8), 899–934.

Biebuyck, D., 1973. Lega Culture: Art, Initiation and Moral Philosophy among a Central African People. University of California Press, Berkeley and Los Angeles.

Bilodeau, J., 1979. Sept contes Sangu dans leur context culturel et linguistique. Ph.D. Thèse, Université de la Sorbonne Nouvelle, Paris, France.

Boakye, M.K., Pietersen, D.W., Kotzé, A., Dalton, D.L., Jansen, R., 2014. Ethnomedicinal use of African pangolins by traditional medical practitioners in Sierra Leone. J. Ethnobiol. Ethnomed. 10 (76).

Bulmer, R., 1967. Why is the cassowary not a bird? A problem of zoological taxonomy among the Karam of the New Guinea Highlands. Man (New Series) 2 (1), 5–25.

Cory, H., 1949. The ingredients of magic medicines. Africa 19 (1), 13–32.

Deluz, A., 1994. Incestuous fantasy and kinship among the Guro. In: Heald, S., Deluz, A. (Eds.), Anthropology and Psychoanalysis: An Encounter through Culture. Routledge, London and New York, pp. 40–53.

Descola, P., 2013. Beyond Nature and Culture. University of Chicago Press, Chicago (Original work published 2005).

de Heusch, L., 1985. Sacrifice in. Africa: A Structuralist Approach. Manchester University Press, Manchester.

de Heusch, L., 1993. Hunting the pangolin. Man 28 (1), 159–161.

Douglas, M., 1957. Animals in Lele religious symbolism. Africa 27 (1), 46–58.

Douglas, M., 1963. The Lele of the Kasai. Oxford University Press for the International African Institute, London.

Douglas, M., 1966. Purity and Danger: An Analysis of Concepts of Pollution and Taboo. Routledge & Kegan Paul, London.

Douglas, M., 1970. Natural Symbols: Explorations in Cosmology. Penguin Books, Harmondsworth, Middlesex.

Douglas, M., 1990. The pangolin revisited: a new approach to animal symbolism. In: Willis, R.G. (Ed.), Signifying Animals: Human Meaning in the Natural World. Unwin Hyman, London, pp. 25–36.

Douglas, M., 1993. Hunting the pangolin. Man 28 (1), 161–165.

Douglas, M., 1999. Implicit Meanings: Selected Essays in Anthropology, second ed. Routledge, London and New York.

Duri, F.T.P., 2017. Development discourse and the legacies of pre-colonial Shona environmental jurisprudence: pangolins and political opportunism in independent Zimbabwe. In: Mawere, M. (Ed.), Underdevelopment, Development, and the Future of Africa. Langaa Research & Publishing Common Initiative Group, Bamenda, Cameroon, pp. 435–460.

Ellen, R., 1972. The marsupial in Nuaulu ritual behaviour. Man (New Series) 7 (2), 223–238.

Ellen, R.F., 1994. Hunting the pangolin. Man 29 (1), 181–182.

Estrada, Z.J.G., Panolino, J.G., De Mesa, T.K.A., Abordo, F. C.B., Labao, R.N., 2015. An ethnozoological study of the medicinal animals used by the Tagbanua tribe in Sitio Tabyay, Cabigaan, Aborlan, Palawan. In: Matulac, J.L.S., Cabrestante, M.P., Palon, M.P., Regoniel, P.A., Gonzales, B.J., Devanadera, N.P. (Eds.), Proceedings of the 2nd Palawan Research Symposium 2015. National Research Forum on Palawan Sustainable Development: Science, Technology and Innovation for Sustainable Development, 9–10 December. Puerto Princesa City, Palawan, Philippines, pp. 123–128.

Fardon, R., 1993. Spiders, pangolins and zoo visitors. Man 28 (2), 361–363.

Fardon, R., 1999. Mary Douglas: An Intellectual Biography. Routledge, London and New York.

Frialde, M., 2015. Pangolin rescued in Pasay. The Philippine Star, Manila. Available from: <https://www.philstar.com/metro/2015/03/08/1431127/pangolin-rescued-pasay>. [October 14, 2018].

Gossiaux, P.P., 2000. Le Bwame du Léopard des Babembe (Kivu-Congo): Rituel Initiatique et Rituel Funéraire (1ère partie). Available from<http://www.anthroposys.be/bwame1.htm>. [September 28, 2018].

Jellicoe, M., 1978. The Long Path: A Case Study of Social Change in Wahi, Singida District, Tanzania. East African Publishing

House, Nairobi.

Karim, W.-J.B., 1981. Ma' Betisék Concepts of Living Things. The Athlone Press, London.

Keregero, K., 1998. Pangolin brings hope to Coast Region. The Guardian, Dar es Salaam, 1 September 3.

Kohn, E., 2015. Anthropology of ontologies. Annu. Rev. Anthropol. 44, 311–327.

Krige, J.D., Krige, E.J., 1943. The Realm of the Rain-Queen: A Study of the Pattern of Lovedu Society. Oxford University Press, London.

Lévi-Strauss, C., 1963. Totemism (R. Needham, Trans.). Beacon Press, Boston (Original work published 1962).

Lévi-Strauss, C., 1966. The Savage Mind (La Pensée Sauvage). Weidenfeld and Nicolson, London (Original work published 1962).

Lewis, I.M., 1991. The spider and the pangolin. Man 26 (3), 513–525.

Lewis, I.M., 1993a. Hunting the pangolin. Man 28 (1), 165–166.

Lewis, I.M., 1993b. Spiders, pangolins and zoo visitors. Man 28 (2), 363.

Lewis, I.M., 2003. Social and Cultural Anthropology in Perspective, third ed. Transaction Publishers, New Brunswick and London.

Morris, B., 1998. The Power of Animals: An Ethnography. Berg, Oxford.

Nadeau, K., 2011. Aswang and other kinds of witches: a comparative analysis. Philip. Quart. Cult. Soc. 39 (3/4), 250–266.

Richards, P., 1993. Natural symbols and natural history: chimpanzees, elephants and experiments in Mende thought. In: Milton, K. (Ed.), Environmentalism: The View From Anthropology. Routledge, London and New York, pp. 144–159.

Roberts, A.F., 1986. Social and historical contexts of Tabwa art. In: Roberts, A.F., Maurer, E.M. (Eds.), Tabwa. The Rising of a New Moon: A Century of Tabwa Art. The University of Michigan Museum of Art, Ann Arbor, pp. 1–48.

Roberts, A.F., 2009. Bugabo: Arts, Ambiguity, and Transformation in Southeastern Congo. Available from<http://www.anthroposys. be/robertspdf.pdf>. [September 28, 2018].

Roberts, M.N., 2013. The king is a woman: shaping power in Luba Royal Arts. Afr. Arts 46 (3), 68–81.

Setlalekgomo, M.R., 2014. Ethnozoological survey of the indigenous knowledge on the use of pangolins (*Manis* sps [sic]) in traditional medicine in Lentsweletau Extended Area in Botswana. J. Anim. Sci. Adv. 4 (6), 883–890.

Skeat, W.W., 1900. Malay Magic Being an Introduction to the Folklore and Popular Religion of the Malaya Peninsula. Macmillan and Co, London.

Soewu, D.A., Ayodele, I.A., 2009. Utilisation of pangolin (*Manis* sps [sic]) in traditional Yorubic medicine in Ijebu province, Ogun State, Nigeria. J. Ethnobiol. Ethnomed. 5, 39.

Soewu, D.A., Adekanola, T.A., 2011. Traditional-medical knowledge and perception of pangolins (*Manis* sps [sic]) among the Awori People, southwestern Nigeria. J. Ethnobiol. Ethnomed. 7, 25.

Sperber, D., 1996. Why are perfect animals, hybrids, and monsters food for symbolic thought? Method Theory Study Religion 8 (2), 143–169.

Tacey, I., 2013. Tropes of fear: the impact of globalization on Batek religious landscapes. Religions 4, 240–266.

Tambiah, S.J., 1969. Animals are good to think and good to prohibit. Ethnology 8 (4), 424–459.

Totton, M.-L., 2011. The pangolin: a multivalent memento in Indonesian art. Indones. Malay World 39 (113), 7–28.

Vansina, J., 1990. Paths in the Rainforests: Toward a History of Political Tradition in Equatorial Africa. James Currey, London.

Walsh, M.T., 1995/96. The ritual sacrifice of pangolins among the Sangu of south-west Tanzania. Bull. Int. Committ. Urgent Anthropol. Ethnol. Res. 37/38, 155–170.

Walsh, M.T., 1997. Mammals in Mtanga: Notes on Ha and Bembe Ethnomammalogy in a Village Bordering Gombe Stream National Park, Western Tanzania. Lake Tanganyika Biodiversity Project, Kigoma.

Walsh, M.T., 2007. Pangolins and politics in the Great Ruaha valley, Tanzania: symbol, ritual and difference/Pangolin et politique dans la vallée du Great Ruaha, Tanzanie: symbole, rituel et différence. In: Dounias, E., Motte-Florac, E., Dunham, M. (Eds.), Le symbolism des animaux: L'animal, clef de voûte de la relation entre l'homme et la nature? /Animal Symbolism: Animals,

Keystone of the Relationship Between Man and Nature? Éditions de l'IRD. Paris, pp. 1003-1044.

Wijeyewardene, G., 1968. Address, abuse and animal categories in northern Thailand. Man (New Series) 3 (1), 76-93.

Willis, R., 1974. Man and Beast. Hart-Davis, MacGibbon, London.

Wright, A.C.A., 1954. The magical importance of pangolins among the Basukuma. Tanganyika Notes Records 36, 71-72.

Yahaya, F.H., 2014. The usage of animals in the lives of the Lanoh and Temiar tribes of Lenggong, Perak. Paper presented at ICoLASS 2014-USM-POTO International Conference on Liberal Arts and Social Sciences, Hanoi and Ha Long Bay, Vietnam, 25-29 April.

第 13 章　欧洲 16～18 世纪穿山甲的早期生物地理学和象征意义

娜塔莉·劳伦斯

剑桥大学历史与科学系，英国剑桥

引　言

文字、兽皮和模糊的描述加上一些想象力构成了穿山甲在欧洲的历史。16 世纪晚期，类似穿山甲的生物开始出现在欧洲作家的游记中。锡兰、暹罗和几内亚等地的旅行者都对穿山甲进行过描述。这些动物被暹罗人称为 lin，在中国、苏门答腊、爪哇和马六甲被称为 pangoelling，在马拉巴尔被称为 allegoe，在几内亚被称为 quogelo。与此同时，欧洲的博物学家和收藏家在《好奇》（Curiosity）杂志上发表了对"有鳞蜥蜴"皮肤的描述，但少有详细的旅行记录。这些记录起源模糊，最常见的原因是混乱的运输过程以及没有对样品进行标记，它们好像都来自"印度"。"按照欧洲对自然界动物的传统分类，它们并不那么容易被归类，总是介于不同的群体之间，所以不同寻常的兽皮成了这些特殊的有鳞生物的标志"。"有鳞蜥蜴"成了一种未知的野兽，既被描绘成恶魔，也被描绘成无辜的动物，体现了当时不同殖民地间的冲突。

本章讨论了早期欧洲旅行者与穿山甲的野外邂逅，穿山甲皮的运输及这种动物是怎么引起欧洲人的好奇。本章探讨了穿山甲对世人来说不为熟知的形象和它们与西印度犰狳的比较，以及这些"有鳞兽"如何成为"生命之链"上的生物地理的象征和过渡性生物。

与穿山甲的邂逅：各地名称 pangoelling、allegoe、quogelo 和 tamach

关于穿山甲最早的旅行记录是荷兰探险家扬·哈伊根·范·林斯霍滕（Jan Huygen van Linschoten）在他的《远航葡属东印度游记》（Itinerario，Voyage ofte Schipvaert naer Oost ofte Portugaels Indien）中记录的（1597）。他如此描述：像"果阿河"的"鱼"，有着"中等大小狗"差不多的体型，在大厅里跑来跑去，"像猪一样打鼾"，身体覆盖着"拇指宽的鳞片，比钢铁还硬"。"被打扰"时，滚成一个球，无法用武力或"工具"撬开，只有"安静"时，"它打开自己，然后逃掉"。扬·哈伊根·范·林斯霍滕的这本著作是第一本广为人知、有重大影响的欧洲出版物，描述了亚洲的贸易、动物的自然分布以及有重要价值的航运路线，他对穿山甲的描述没有被后来者使用：因为不关穿山甲的起源故事（van Linschoten，1885）。

17 世纪 30 年代，荷兰博物学家兼医生 Jacobus Bontius 的手稿中（现存于牛津大学植物科学图书馆）描述了巴达维亚的另一种生物。"一些人叫它 tamach，另一些人叫它 Larii"，或者叫做"testudo squamata"（带鳞片的乌龟）。附带的草图中的鳞片表明这几乎就是一只穿山甲。Bontius 形容这种挖洞的"嗜睡动物"具有"冷酷的天性"，身上覆盖着鲤鱼般的鳞片，不同于 Bontius 见过的任何其他陆龟，"会在水中生活一段时间"。爪哇人称之为"怪物 taunah，与在地上挖坑的动物相同，因为它沿着河岸在地上挖洞，然后把自己藏起来"，被人误以为是"两栖动物"。他还描述了中国医生非常重视这种鳞片："肝胆功能紊乱、痢疾和霍乱，可用干燥的鳞片磨成粉末与酒或米汤一起食用"；Bontius 本人可以证明它们的功效（Bontius，1630；Bontius，1931）。Bontius 对 *tamach* 的素描和描述被发表在《自然史》（*Historiae Naturalis*）和 Willem Piso 的《印度自然与医学》（*Indiae utriusque re naturali et medica*）上，后者是关于"印度自然"的开创性著作的一部分（Bontius，1658）。

　　近一个世纪后，法国耶稣会传教士 Guy Tachard 描述了在 17 世纪 80 年代的暹罗遇到的一种爬行类、有鳞的"刺猬"（*herisson*），葡萄牙人称之为 *bichoverghonso*（隐秘的长虫）。他写道，"生活在森林，躲在洞里"，拒绝提供的所有食物（包括水果、肉类和大米），他感到惊讶，不知道其如何生存。它的舌头像蛇，但并不伤人。解剖一个刚宰杀的标本时，发现它是冷血动物。而那些活着的害怕时都会蜷缩起来，他解剖了这个生物，发现它的子宫里还有幼崽。他说，当母亲被杀死时，幼崽还会继续紧紧抓住母亲的尾巴，就像它活着时那样。1689 年出版的《塔查德游记》（*Tachard's Travelogue*）中描绘了一只活的穿山甲，还有一只小穿山甲骑在母亲的尾巴上（Tachard，1689；图 13.1）。

图 13.1　"L'Herisson"来自 Guy Tachard 的第二次航行记录（1689，bk. 6 第 250 页）。他在典型的
东方风景画中描绘了这种动物：幼崽骑在母亲的尾巴上。

　　18 世纪 20 年代出版了两个殖民地的穿山甲描述。荷兰驻印尼安汶（Ambon）的部长弗朗索瓦·瓦伦泰恩（FrancoisValentijn）描述了"爪哇、苏门答腊和马拉卡"的一种动物，称为 *panggoeling* 或 *mierenvanger*（吃蚂蚁的动物）。与狗大小差不多，有蜥蜴般的舌头和鳞片。长爪能在地面甚至石头地板上挖深洞，因此得名"*Duyvel*"。体表鳞片"为中国人所追捧"，可用于制造盔甲和武器，因为"重量轻，非常坚硬，不易刺穿"（Valentijn，1724）。对荷兰殖民地穿山甲感兴趣的不仅有受过教育的官员和博物学家。同时代类似的描述还有一个，海牙的荷兰东印度公司（Vereenigde Oost-Indische Compagnie，以下简称 VOC，特许建立于 1602 年）的档案中有一幅匿名的彩色图片，出自商人或士兵之手。描绘了非常逼真的穿山甲盘绕和展开姿态，并与其他种类繁多的自然史图像摆在一起（海牙国家档案馆：库存 1.11.01.01，nr.150B）。

18 世纪 20 年代的第二份报告由法国制图师和航海家 Reynaud des Marchais 在几内亚撰写。他描述了树林里有"一种有四只脚的动物，黑人管它叫 *Quogelo*"。它"覆盖着鳞片，有点像朝鲜蓟的叶子，但更尖一点"。它把自己缩成一团来自卫，只露出"像铁一样"的鳞片，"很厚，很结实，足以抵御攻击它的动物的爪子和牙齿"。它进食时有点儿细嚼慢咽的意思，伸出"极长的舌头，舌头上覆盖着一层油腻黏稠的液体"，像食蚁兽一样捕捉蚂蚁。他证明这种动物"一点也不凶恶，它不攻击任何人"，尽管"人们用棍子打死它，剥它的皮，卖它的鳞片，吃它的肉"。它的食物是一种"带有麝香味"的蚂蚁，这种蚂蚁"白而娇嫩"（白蚁）。Des Marchais 表示"在不缺蚂蚁的地方，饲养这种动物很有意思"，但他并没有实现这个愿望（Labat，1730）。

奇异展柜里的有鳞蜥蜴

欧洲人从 16 世纪开始探索世界"未知"地区时，发展了复杂的全球贸易网络，给欧洲带来了丰富的物质财富。大量外来商品从地球遥远的角落到达欧洲贸易港口。某些物品在 17 世纪变得越来越普遍，反映了海洋货物贸易的系统化：不只是水手们从印度群岛随意收集一些有潜在价值的"东西"，早期欧洲繁华的古董市场使得商业企业在贸易途中出现了各种收购商品的行为。航行过程中保存良好、体积相对较小、在欧洲具有很高销售价值的物品被列为船舶货物的优先考虑对象（Parsons and Murphy，2012）。

不同于多数大型动物的标本，干燥的穿山甲皮长途运输相对容易。穿山甲应该是被带到欧洲最常见的标本之一，而非今天在非洲和亚洲市场上交易的活体、胴体或加工过的鳞片（第 14 章至第 16 章）。它们在亚洲贸易网络中已经是各个方面都很成熟的商品了，因此成为欧洲贸易企业从东向西商业运输的一部分。荷属东印度群岛成为欧洲"异域风情"的试金石。事实上，穿山甲的皮"来自印度"，有非常特殊的外观，足以使这些皮在早期欧洲市场成为带有异域风情且高度畅销的商品，销售火爆，炙手可热（Lawrence，2015a，2015b）。

穿山甲的皮革以一种奢侈品形式进入欧洲市场，主要作为奇珍异宝列于橱窗供观赏。除此之外还有锯鳐（锯鳐科）的喙部、犰狳（犰狳科）的甲壳、河豚（鲀科）和一角鲸（一角鲸科）的牙齿，穿山甲的皮甲似乎是任何资深收藏家都必须拥有的物品之一。事实上，穿山甲皮成为了相对常见的收藏品——考虑到这一时期东方和欧洲之间的重要贸易往来，这并不奇怪。这些商品受人欢迎，因为它们奇怪的、令人惊讶的形状，它们不常见但却很容易辨认。非常重要的是，它们也具有明显的异域风情（Lawrence，2015a，2015b）。

17 世纪，无数来路不明的"有鳞蜥蜴"标本在学术界流传。例如，1698 年，巴黎皇家科学院的秘书 Jean-Baptiste Du Hamel 报告说，他已将标本寄给了皇家植物园（Jardin Du Roi）的解剖学教授 Joseph-Guichard Duverney 和作者 Charles Perrault，他们都非常感兴趣，并对其进行了检查（Du Hamel，1701）。这些标本在博洛尼亚博物学家 Ulysse Aldrovandi、the Wunderkammer at Castle Gottdorf、米兰的 Manfredo Settala 博物馆、伦敦的皇家学会（Royal Society）藏品和纽伦堡的罗勒 Basil Besler 藏品的收藏目录中均有描述。鲁道夫二世（Rudolf Ⅱ）收藏的一本相册（Haupt et al.，1990）含有欧洲收藏的几幅穿山甲原图，详细描绘了一只长着和蜥蜴一样的脸且看起来很不高兴的动物。

犰狳很多方面与穿山甲相似，不过在穿山甲成为主要收藏品时，犰狳在欧洲已经很常见了。该物种 16 世纪早期从美洲引进，可能是这一时期最常见的外来标本（Brienen，2007）。著名的瑞士博物学家 Conrad Gessner 描述了犰狳是如何"很轻松地从遥远的地方运输过来，因为大自然赋予了它坚硬的皮肤"，所以"里面的肉可以很容易地拿出来，而不会伤害到原始形态"（Brienen，2007；Gessner，1554）。其他作者对中东市场犰狳壳的描述表明，犰狳在 16 世纪中期甚至被运送到更遥远的东方，可能在几内亚、美洲和欧洲之间的奴隶贸易路线上流通。在欧洲和中东，犰狳壳用作药材。西班牙内科医生 Nicholas Monardes 报告说，犰狳尾巴被磨碎制成小丸，放入耳道后可治愈耳鸣等耳疾。穿山甲鳞片也可像这样在药典中被使用（Monardes in Clusius，1605）。

　　一旦放入标本柜中，穿山甲和犰狳皮比许多其他标本储存时间长。有一个穿山甲早期标本被富有的阿姆斯特丹药剂师 Albertus Seba 收藏，现在仍保存在圣彼得堡的彼得大帝人类学民族学博物馆。它们也偶尔作为活体标本进行运输——施巴（Seba）报道了一个来自斯里兰卡阿拉克（Arak）的活体（Seba，1734）。有活体穿山甲被带到欧洲，尽管动物园少有该动物的记录。如 17 世纪阿姆斯特丹的白象动物园的广告单邀请游客去参观标本 nigomsen duyvel。据说，这个标本是在运往阿姆斯特丹的途中被杀死的，它企图逃跑，导致运输非常麻烦，且该生物的食蚁性使其难以在长途航行中存活。动物园的一位游客 Jan Velten 为这只独特的动物——duyvel（明显是穿山甲）画了一幅绝妙的素描，它有着巨大的前爪，脸上带着顽皮的表情（Pieters，1998）。

自然历史书中的有鳞蜥蜴

　　随着早期许多近代小说素材涌入欧洲，自然历史书籍出版出现了爆炸性的增长，尤其是那些异国风情的书籍。各殖民地的旅行者和官员早期对穿山甲的各种记录和描述，没有真正成为 17 世纪、18 世纪权威的自然史著作。相反，大多数学术作家似乎只讨论他们在欧洲遇到的动物标本。现在我们所知道的穿山甲最早在 1605 年由莱顿大学（Leiden University）植物学教授卡罗勒斯·克卢修斯（Carolus Clusius）撰写的欧洲自然史著作《异域十书》（Exoticorum Libri Decem）中出现。他描述了他的一位朋友，著名的收藏家克里斯蒂安·波雷特（Christian Porrett）向他展示的拥有一英尺长身体和两英尺半长尾巴的有鳞蜥蜴（Lacertus peregrinus squamosus，国外有鳞蜥蜴）的皮肤（图 13.2）。

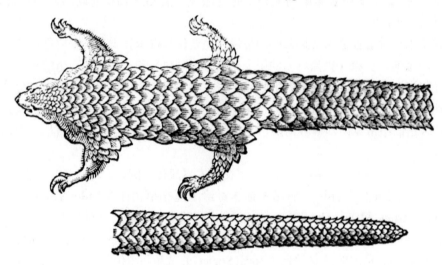

图 13.2　卡罗勒斯·克卢修斯（Carolus Clusius）教授的著作《异域十书》中描绘的 "Lacertus Peregrinus squamosus" 或者 "国外的有鳞蜥蜴"（1605，bk. V appendix，p. 374）。很明显，这是一个穿山甲皮肤标本精心描绘图，但其身份和来源已无从知晓。

　　克卢修斯教授确信在自然历史中没有类似的描述，所以他竭尽所能地详细描述，如它是如何被各种颜色的尖锐鳞片覆盖着，前脚有长长的钩状爪子。一名记者寄来了两块类似皮肤的鳞片，波雷特（Porrett）不知道 "这种蜥蜴皮最初是从哪里来的"，"因为它相当稀有"，所以他把它 "放在其收藏的各种各样异国珍品中"。克卢修斯教授被告知在阿姆斯特丹的一名 "外国商品" 贸易商那里收藏着另一块 "皮肤"。除了这些对穿山甲皮的详细描述之外，克卢修斯教授没有关于这种奇怪动物的起源或其他资料（Clusius，1605）。

17 世纪关于这种有鳞蜥蜴的第二部主要著作是 Jacobus Bontius 的《自然史》(*Historiae Naturalis*)。该书描述了两种穿山甲：前面描述的 *tamach*，以及 "*De Lacerto Indico squamoso*" [有鳞印度蜥蜴（Scaly Indian Lizard）；图 13.3]。后者被描述为从台湾岛上 "得到" 的标本，但没有具体地名。这种蜥蜴经常出没于树林中，它有坚硬的鳞片，一旦被激怒，鳞片会张开。荷兰人称之为 "台湾魔鬼"，它的皮肤有 "可怕的形状"（Bontius，1658）。它像巴西的食蚁兽 *tamandoa* 一样，用带爪的前脚猛力地撕开蚂蚁巢穴，也是当地人视为珍宝的一道菜，就像其他的 "巴西巨蜥" 一样，如鬣蜥（*leguánae*）和犰狳（*tatu*）。Bontius 在 Sherard 收藏的原始手稿中并没有发现 *Lacerto Indico*。它被收录在历史附录中，所以这种生物很可能是 Willem Piso 后来在创作《印度自然与医学》(*Indiae utriusque re naturali et medica*) 时从一个未知来源重添加的（Bontius，1630；Bontius，1658；Cook，2007）。

图 13.3　来自 Jacobus Bontius 的著作《自然史》(*Historiae Naturalis*) 中的 "*Lacertus squamosus*"（1658 bk. V appendix，p. 60）。从动物的姿势和长满鳞片的脸判断，这张绘图似乎临摹自有皮肤的标本，也可能是临摹其他的绘图。

在《自然史》(*Historiae Naturalis*) 中，*tamach* 和 "台湾恶魔" 被两次记录，表明有鳞蜥蜴身份不确定。克卢修斯（Clusius）和庇索（Piso）发表的文章和图片被后续许多出版物引用，包括描述 "有鳞蜥蜴" 皮肤的收藏品目录。例如，Basil Besler 的藏品目录和 Adam Olearius 的戈托尔夫城堡收藏柜记录表中都使用了克卢修斯（Clusius）的描述，一些目录增添了新的例子（Lochner and Lochner，1716；Olearius，1666）。这些身份不明的、有鳞四足动物散布在欧洲的自然历史文献、游记、目录和分类中，但几乎没有人把它们整合成一个统一的概念。

有鳞哺乳动物的分类

16 世纪、17 世纪传入欧洲的新物种对欧洲的传统世界观形成了一些挑战。要把他们整合到欧洲传统的物种分类系统很困难。从中世纪开始，用经典的亚里士多德分类法划分动物为：胎生四足动物、鸟类、鲸鱼、卵生四足动物和鱼类。穿山甲这类动物超越了这些群体的界限——拥有鳞片和毛发，具有明显的半水生习性、食蚁性和胎生。集这些特性于一个物种，当时世界上的分类学知识没法解释，亟需更新对自然世界排序的方法。关于 "鳞蜥" 的分类有两个方面让近代欧洲学者感到困惑。首先，东方 "有鳞的蜥蜴" 与西方 "带壳的犰狳" 之间有什么区别？其次，这些生物在自然大尺度范围内处于什么位置？

第一个问题——穿山甲和我们较熟悉的犰狳或 *tatu* 是同一种动物吗？正如前文所讨论，标本来源常常不明确或完全缺失。一个复杂的因素是：非洲西海岸是东、西印度群岛贸易路线重要的转运中心，从大西洋流通的货物都在这里转运，可能会使标本（或者动物）的起源产生严重混乱，就像它肯定会对许多其他的天然物品造成混淆一样。通常，商人和水手们只是忽略收集这些信息：奇怪的有鳞动物很容易混淆，特别是利用不完整的文本参考资料（Smith，2007）。

在 17 世纪末和 18 世纪初的许多分类学著作中，以及在某些收藏目录中，犰狳和穿山甲很明显的被混为一谈。随着犰狳数量和类型在之后的分类与收藏目录著作中增加，引用关于它们的参考文献也从东印度到了非洲。同样，穿山甲的起源也从东方扩展到了西印度。在一些出版物中，对这两种动物的描述基本上没有区分。例如，在 Robert Hubert 的 1664 年收藏目录中，他提到了东印度和西印度的犰狳，以及 "B […] gelugey"，"一种生活在非洲某些地方的生物，某种蜥蜴，像鱼一样有巨大的鳞片"，这很可能是穿山甲（Hubert，1664）。

同样，在施巴（Seba）的《奢侈品目录》（*luxurious Catalogue*）（1734）中，他描述了 *tatu d'Afrique* 和 *tatu Orientalis* 的标本。目录中对两种穿山甲进行了描述，不仅把两个看起来非常不同的动物合二为一，还说它们被巴西人称为 "*tatoe*"，被西班牙人称为 "犰狳（*armadillo*）"。Jacobus Theodore Klein（1751）将这些 "被甲和多毛" 的生物分为三类：来自台湾的 *tatu mustelinus*（weasel-tatu）或 *vivera cataphracta* [盔甲雪貂（armoured ferret）] 或 *diabolus Tajovanicus*；美洲和东方的 *porcellus cataphractus*（豪猪）或常见的 *tatu*；还有来自非洲的 *tatu caninus* 或 *cynocephalus*（狒狒）。John Hill 的《动物史》（*History of Animals*）（1752）描述了来自非洲、东印度群岛和南美洲的 7 种犰狳。其中包括了东印度群岛和南美洲的 "有鳞蜥蜴"。其他分类学家，如马蒂兰-雅克·布里松（Mathurin-Jacques Brisson）在《动物界》（*Regnum Animale*）（1762）中，描述了来自巴西、中国台湾、爪哇和其他特定地点的穿山甲，或者省略了穿山甲这种特殊的生物，直接描述了犰狳的类型，其中穿山甲被称为 "台湾恶魔" 或有鳞的犰狳。

东方穿山甲和西方犰狳的区分或合并可能不仅是自然历史的问题，它通常与政治生物地理学有关，该学科有意组合不同生物以实现特定目标。在 *De Indiae utriusque*（1658）中，庇索（Piso）（1648）在荷属巴西修改了关于犰狳的原始描述。评论部分写道："这种特殊形式的动物不仅分布在西方，也分布在东方地区"（Piso，1658；Piso and Marcgrave，1648）。庇索（Piso）的著作是一本广义的生物地理学书籍，它让东印度群岛和西印度群岛之间产生了一种隐喻性的联系：将荷兰殖民地的异国财富汇集成一册，从而描绘出荷兰全球贸易企业的范围和影响力。当时荷兰许多其他出版社也出版了类似的书籍，大多数都是展现这种异域风情，有点儿类似 "全球万物大杂烩"（Schmidt，2011；Schmidt，2015）。

法国著名博物学家布丰（Buffon）（Georges-Louis Leclerc，Comte de Buffon）（1707~1788）在他的《自然史》（*Histoire Naturelle*）（1749~1788，36 卷）中批评了许多分类学著作中存在的混淆错误。布丰将穿山甲或 *manis* 与犰狳区分为旧世界和新世界的生物。他确定了两种 *manis*：短尾 *manis* 或 *pangolin*，以及起源于非洲和东印度群岛的更小的长尾 *manis* 或 *phatagin*。布丰认为，其他分类学家过于相信施巴（Seba）这样的收藏家的描述。他们经常被标本来源错误、不可靠的历史信息或无法区分犰狳和穿山甲的旅行者所误导。他认为 "有鳞蜥蜴" 这个名字过于模糊。他特别批评庇索（Piso）的推论，因为 "他没有任何权威证据证明，犰狳是在东印度群岛被发现的"。布丰的做法本质上与庇索的相反，他的目的在于区分和辨别新旧世界的生物地理学（Buffon，1797；Lawrence，2015b）。

除了穿山甲和犰狳是否为同类的问题外，这种有鳞动物究竟应该放在自然界中的什么位置？原有的分类是一种传统的结构，它将所有的生物排列有序，从底层的无生命物质开始，到最上层的天使和上帝。鱼类、爬行动物和无脊椎动物在底部附近，而哺乳动物和鸟类的位置较高，所有这些都无形地连接在一起（Lovejoy，1964）。

穿山甲是爬行动物还是哺乳动物？似乎介于两者之间，所以博物学家把它们描绘成介于这两种动物间的特殊动物。在《动物史》（*Historiae Animalium*）（1554）中，Conrad Gessner 描述了 "东方印度" 中 "类似于蛇的动物"，有四只脚和非常长的尾巴。这些类似于西印度的 *Hyuana*（鬣蜥）和 *Bardato*（犰狳），它们本身是 "四足蛇"。在 Aldrovandi 1645 年的作品 *De quadrupedibus digitatis* 中，他将自己收藏的印度蜥蜴（*Lacertus Indicus*）的原始标本、穿山甲皮放入这些具有异域风情的蜥蜴种类中，这些外来蜥蜴被描述为 "鬣蜥的同类"。同样，在施巴（Seba）的目录中，一只穿山甲吐出长长的 "爬行动物" 舌头，另一只则与几条蛇在一起（Seba，1734）。

许多爬行动物分类学著作把穿山甲归为爬行动物。例如，在英国博物学家约翰·雷（John Ray）出版的《四足动物概要》（*Synopsis Animalium Quadrupedum*）（1693）中，由于其形态的不同，*lacertus peregrinus*（"外国蜥蜴"）被归类为卵生爬行动物或"卵生四足动物"。另一些人"因为它特殊的形态"把它们列为一个特定的种群，地位特殊。布丰（Buffon）把穿山甲和"蜥蜴"区分开来，因为它们的"喉咙、胸部和腹部"没有鳞片，而腹部有毛发或光滑的皮肤。然后，布丰描述了穿山甲和犰狳与"其他四足动物"之间的"本质区别"，把它们归为介于"四足动物和爬行动物间的中间动物"（Buffon，1797）。18 世纪后期，博物学家 Thomas Pennant 也曾描述过"这种动物如何接近蜥蜴的一个属，成为连接爬行动物和四足动物链条上的一环"（Pennant，1771）。当时，穿山甲总被认为是一种杂交生物，在生物分类学大链条中连接不同的动物形态。

瑞典博物学家卡尔·冯·林奈（Carl von Linné）的第 1 版《自然系统》（*Systema Naturae*）（1735）极为明显地表现了对穿山甲和犰狳做分类的困难。1744 年的第 4 版中，林奈根据形态学特征把 *Lacertus squamosus* 与小食蚁兽放在了大食蚁兽属（*Myrmecophagia*）中的第一目，即人形目（Anthropomorpha），其中还包括树懒、猿猴和人类。施巴（Seba）将 *tatu Africanus* 和 *Orientalis* 加入刺猬所在第二级的猬属，尖齿的野生动物。到第 10 版（1758）的时候，由于它的鳞片和耳朵的缺失，*manis* 被单独分为一项，在 *Bruta* 的第二级。6 种犰狳——大多数认为起源于西印度群岛——被归类为带骨壳的犰狳，第四级，*Bestiae*。到了第 13 版，犰狳被移到了与 *Bruta* 和 *manis* 一样的第二级中［Linnæus，1744；Linnæus，1758；Linnæus and Gmelin，1788-9；Linnaeus（1758）将其归为 *Manis* 属，见第 2 章］。

殖民地的怪物

近现代早期，动物和植物仍然带有明显的象征意义和道德意义，在口头文化中传播，并记录在中世纪的动物寓言集或后来关于动植物象征意义的书籍中。新加入的动物通常有各种各样的象征意义，经常与它们的来源地联系在一起。穿山甲或有鳞蜥蜴，来自异域印度，是在欧洲列强与当地人民和政府关系紧张的地方出现的一种野兽，这种动物在形式和行为上寓意着殖民关系的矛盾。仔细分析这些动物的描述文本，可以清楚地解读出这一寓意。

在 17 世纪和 18 世纪的记载中，穿山甲既是邪恶的又是无辜的。一方面，穿山甲可以被看作是一个不可思议、强大、具有侵略性、带尖刺的恶魔，破坏殖民地的基础设施。一些博物学家将这种特殊的动物描述为"魔鬼"，因为它的身体形态和它"被激怒时"张开的"可怕鳞片"，或者因为它挖开了稻田和欧洲房屋的地基。这种动物蜷缩起来时像一枚弹道导弹，欧洲武器无法刺穿它的铁甲（Bontius，1658；Du Hamel，1701；Valentijn，1724）。无法被轻易穿透也是犰狳盔甲的一个特点：它是一种"全副武装的野兽"，身上覆盖着"坚硬的"铠甲，"任何箭都射不穿"，这种带铠甲的皮可以用来制作"战争时期的铁手套"（Jonston，1678；Van Linschoten，1885）。

另一方面，穿山甲只是急需保护的带甲无害动物。Des Marchais 描述穿山甲躲避危险，只吃烦人的蚂蚁。事实上，他认为穿山甲对控制昆虫的危害能起到积极作用（Labat，1730）。布丰将穿山甲描述为一种温顺、无辜、需要盔甲的生物，它唯一的"可怕"之处——只会用鳞片伤害那些攻击它的动物（Buffon，1797）。这样，穿山甲强大的铠甲成为了一种天赋平衡，让脆弱的动物得到保护。犰狳的壳同样具有矛盾的特征，"在战争和和平时期都有用"（Jonston，1678）。它被塞缪尔·帕切斯（Samuel Purchas）描述为一种脆弱的生物，与海龟或刺猬有亲缘关系，"在丛林中爬行"和"不太会奔跑"，需要鳞片对它白嫩的肉进行保护（Purchas，1625）。

还有一些学者探讨了政治化自然史是如何形成的，这些自然史中，殖民地地区的植物和动物呈现人类本性的不确定性。例如，民族历史学家迈克尔·多夫（Michael Dove）和 Carol Carpenter 分析了 17 世纪殖民时期东印度群岛的自然历史中关于见血封喉（*upas*）树的神话故事。在 VOC 植物学家 Georg Eberhard Rumphius（1627～1702）的著作中，这种树被称为致命的"毒树"，象征着该地区的土著人和自然之间的斗争。殖民地的产生和观念的变化导致了见血封喉（*upas*）树形象的转变（Dove and Carpenter，2005）。这些都是政治生物地理学的风格：异域的资源丰富但有潜在危险，用于生产的动物既可食用又可用于战争；植物可以药用又可致命。

这些道德的属性并非无关紧要，它们体现了殖民者的野心和偏见。动植物代表了殖民者的困境，有些动植物特征表现出殖民地的政治困境。最近的学术研究概述了荷兰人在亚洲的殖民情况，使得人们有可能结合不同地区的殖民者所经历的斗争来考虑穿山甲的道德属性。尤其是 17 世纪 20 年代至 40 年代，荷兰在中国台湾的基地是一个至关重要但危机四伏的贸易重地（Dove and Carpenter，2005；Parthesius，2010；Van Dyke，1997；Weststeijn，2014）。

范伦坦太因（Valentijn）所描述的 *dyvel* 破坏了荷兰人掌握中国台湾的企图，它们挖开了土地和建筑物的地基，使其不得不与之进行暴力斗争。在荷兰殖民地，爪尖的东印度 *pangoelling* 是一种具有威胁性的野兽，它以令人难以置信的挖掘速度破坏了地板和房屋。它皮肤上有盾状的鳞片，为制造盔甲提供了原材料。范伦坦太因（Valentijn）描述了中国人如何使用穿山甲鳞片来制作"武器和盔甲裙"（*Pantsiers en Wapenrokken van te maken*）（Valentijn，1724）。

就像朗姆菲斯（Rumphius）的致命见血封喉（*upas*）树或"毒树"一样，印度尼西亚安汶本地人（Ambonese）利用树的汁液给飞镖浸毒，变得致命，这种生物的防御手段为当地人抵抗荷兰殖民侵占提供了武器。因此，它被称为"*Ceylonsche Duyvel*"，在中国台湾，它被称为"*Taywansche Duyvel*"，反映出自 17 世纪 30 年代以来，这个荷兰曾经掌握的重要印度洋贸易基地所受到的威胁。穿山甲的两种寓意，或许表达了荷兰人所实施的殖民侵略和欧洲统治的正义性，以及雄心勃勃的殖民者的残暴和强大的殖民者的潜在恐惧之间的对立。

结　　论

穿山甲在 16 世纪与 17 世纪是整个非洲和亚洲常见的贸易物种，当它们通过全球贸易网络传到早期现代欧洲的收藏家和博物学家手中时，它们的鳞甲不被了解且出人意料。活体动物同样令欧洲旅行者困惑。虽然看起来与传统的分类类群不一致，但"有鳞魔鬼"通过一个象征性的过程和现存分类结构的转变被整合到欧洲知识体系中。像许多其他外来事物一样，欧洲自然历史中穿山甲的特征体现了欧洲看待世界的新旧方式。尽管穿山甲仍不太适合当时世界的分类法，但它们仍然是令人惊奇和着迷的动物。

致　　谢

感谢 Janice Thomas 为我们提供法语的英语翻译，以及剑桥大学拉丁语小组为我们提供的拉丁语翻译方面的帮助。

参 考 文 献

Aldrovandi, U., 1645. De quadrupedibus digitatis viviparis libri tres et de quadrupedibus digitatis oviparis libri duo. Bologna.

Bontius, J., 1630. 'Jacobi Bontii medici arcis ac civitatis Bataviae Novae in Indiis ordinarii Exoticorum Indicorum Centuria prima, 1630'. MS Sherard, 186, 28. Plant Sciences Library, Oxford, Sherard Collection.

Bontius, J., 1658. Historiae Naturalis et Medicae Indiae Orientalis Libri sex. In: Piso, W. (Ed.), De Indiae Utriusque Re Naturali Et Medica, Libri Quatuordecim. Elzevir, Amsterdam.

Bontius, J., 1931. Tropische Geneeskunde/on tropical medicine. In: Andel, M. (Ed.), Opuscula Selecta Neerlandicorum De Arte Medica. Sumptibus Societatis, Amsterdam, no. 10.

Brienen, R.P., 2007. From Brazil to Europe: the zoological drawings of Albert Eckhout and Georg Marcgraf. In: Enenkel, K.A.E., Smith, P.J. (Eds.), Early Modern Zoology: The Construction of Animals in Science, Literature and the Visual Arts. Brill, Leiden and Boston, pp. 273-315.

Brisson, M.-J., 1762. Regnum Animale in Classes IX. Apud Theodorum Haak, Lugduni Batavorum.

Buffon, G.L.L., comte de, 1797. Barr's Buffon. Buffon's Natural History. H.D. Symonds, London.

Clusius, C., 1605. Exoticorum libri decem: quibus animalium, plantarum, aromaticum, aliorumque, peregrinorum fructum historiae describuntur. Plantin Press, Leiden.

Cook, H.J., 2007. Matters of Exchange: Commerce, Medicine and Science in the Dutch Golden Age. Yale University Press, New Haven, Connecticut and London.

Dove, M., Carpenter, C., 2005. The "Poison Tree" and the changing vision of the indo-malay realm. In: Wadley, R. L. (Ed.), Histories of the Borneo Environment: Economic, Political and Social Dimensions of Change and Continuity. KITLV Press, Netherlands, pp. 183-212.

Du Hamel, J., 1701. Regiae Scientiarum Academiae Historia, second ed. Paris.

Gessner, C., 1554. Historiae animalium, vol. 2, Appendix historiae quadrupedum viviparorum et oviparorum. C. Froschoverus, Zurich.

Haupt, H., Vignau-Wilberg, T., Irblich, E., Staudinger, M., 1990. Le bestiaire de Rodolphe II. Cod. Min. 129 et 130 de la Biblio-thèque nationale d'Autriche. Paris, fol. 69r.

Hill, J., 1752. An History of Animals. Thomas Osborne, London.

Hubert, R., 1664. A Catalogue of Many Natural Rarities…Collected by Robert Hubert…and Dayly to be Seen at the Place Called the Musick House at the Miter…Tho. Ratcliffe, London.

Jonston, J. A Description of the Nature of Four-footed Beasts…Translated into English by J.P. Amsterdam, 1678.

Klein, J.T., 1751. Quadrupedum dispositio brevisque historia naturalis. Schmidt, Leipzig.

Labat, J.B., 1730. Voyage du chevalier Des Marchais en Guinée, isles voisines, et à Cayenne, fait en 1725, 1726 and 1727: Contenant une description très exacte and très étendue de ces païs…, vol. 1. G. Saugrain l'aîné, Paris.

Lawrence, N., 2015a. Assembling the dodo in early modern natural history. Br. J. Hist. Sci. 48 (3), 387-408.

Lawrence, N., 2015b. Exotic origins: the emblematic biogeographies of early modern scaly mammals. Itinerario 39 (1), 17-43.

Linnaus, C., 1744. Systema Natura in quo proponuntur Natura Regna tria secundum Classes, Ordines, Genera & Species. Editio quarta ab Auctore emendata & aucta. Accesserunt nomina Gallica. David, Paris.

Linnaus, C., 1758. Systema Natura Per Regna Tria Natura, Secundum Classes, Ordines, Genera, Species, Cum Characteribus, Differentiis, Synonymis, Locis. Tomus I. Editio decima, reformata. Salvius, Stockholm.

Linnaus, C., Gmelin, F. (Ed.), 1788-9. The Animal Kingdom, or Zoological System, of the Celebrated Sir Charles Linnaus Mammalia…being a translation of that part of the Systema Natura…by Professor Gmelin of Goettingen…, thirteenth ed. G.E. Beer, Leipzig.

Lochner, M.F., Lochner, J.H., 1716. Rariora musei besleriani quae olim Basilius et Michael Rupertus Besleri…Nuremberg.

Lovejoy, A.O., 1964. The Great Chain of Being. Harvard University Press, Cambridge.

Olearius, A., 1666. Gottorffische Kunst-Cammer…Johan Holwein, Schlesswig.

Parsons, C., Murphy, K., 2012. Ecosystems under sail, specimen transport in the eighteenth-century French and British Atlantics. Early Am. Stud. 10 (3), 503-539.

Parthesius, R., 2010. Dutch Ships in Tropical Waters: The Development of the Dutch East India Company (VOC) Shipping Network in Asia, 1595-1660. Amsterdam University Press, Amsterdam.

Pennant, T., 1771. Synopsis of Quadrupeds. J. Monk, Chester.

Pieters, F.J.M., 1998. Wonderen der Nature in de Menagerie van Blaauw Jan te Amsterdam, zoals gezien door Jan Velten rond 1700. Rare and Historical Books, ETI Digital.

Piso, W., 1658. De Indiae utriusque re naturali et medica, libri quatuordecim. Elzevir, Amsterdam.

Piso, W., Marcgrave, G., 1648. Historia Naturalis Brasiliae. Amsterdam.

Purchas, S., 1625. Hakluyts posthumus, or, Purchas his Pilgrimes. Contayning a history of the world, in sea voyages, & lande-trauells…W. Stansby, London, part 4, book 7.

Ray, J., 1693. Synopsis methodica animalium quadrupedum et serpentini generis…London.

Schmidt, B., 2011. Collecting global icons: the case of the exotic parasol. In: Bleichmar, D., Mancall, P. (Eds.), Collecting Across Cultures: Material Exchanges In The Early Modern Atlantic World. University of Pennsylvania Press, Philadelphia, pp. 31–57.

Schmidt, B., 2015. Inventing Exoticism: Geography, Globalism, and Europe's Early Modern World. University of Pennsylvania Press, Philadelphia.

Seba, A., 1734. Locupletissimi rerum naturalium thesauri…et depingendum curavit Albertus Seba. Amsterdam.

Smith, P.J., 2007. On Toucans and Hornbills: readings in early modern ornithology from Belon to Buffon. In: Enenkel, K.A.E., Smith, P.J. (Eds.), Early Modern Zoology: The Construction of Animals in Science, Literature and the Visual Arts. Brill, Leiden and Boston, pp. 75–120.

Tachard, G., 1689. Second voyage du père Tachard et des Jésuites envoyez par le roy au royaume de Siam…P. Mortier, Amsterdam.

Valentijn, F., 1724. Oud en Nieuw Oost-Indiën. Van Braam, Dordrecht.

Van Dyke, P.A., 1997. How and why the Dutch east India company became competitive in intra-asian trade in east Asia in the 1630s. Itinerario 21 (03), 41–56.

Van Linschoten, J.H., 1885. The Voyage of John Huyghen van Linschoten to the East Indies: From the Old English Translation of 1598…Hakluyt Society, London.

Weststeijn, A., 2014. The VOC as a company-state: debating seventeenth-century Dutch colonial expansion. Itinerario 38 (1), 13–34.

第 14 章　食用和药用价值：亚洲的历史和当代对穿山甲的利用

邢爽[1]，蒂莫西·C.博内布拉克[1]，程文达[1]，张明霞[2]，盖瑞·埃兹[3]，黛比·肖[4]，周有龙[5]

1. 香港大学生物科学学院，中国香港
2. 中国科学院西双版纳热带植物园，中国勐腊
3. 香港特别行政区嘉道理农场暨植物园动物保育部，中国香港
4. 摄政公园伦敦动物学会，世界自然保护联盟物种生存委员会穿山甲专家组，英国伦敦
5. 河南中医药大学，中国郑州

引　言

　　亚洲人利用野生动植物有上千年的历史（Corlett，2007；Donovan，2004）。事实上亚洲穿山甲及其附属产品在每个分布的国家都被消费过。主要形式有食用穿山甲肉，使用穿山甲鳞片做中药等传统药物，以及用于仪式、装饰和其他用途。本章按区域（南亚，东南亚和东亚）顺序论述了穿山甲及其身体部件在亚洲的各种用途。鉴于穿山甲多样化的用途，本综述难以详尽，引用了已发表的和内部参考的各种文献。历史上，捕获和出售穿山甲是一种创收手段，特别是在东南亚，但是没有具体获利多少的记录（如没有出售穿山甲对家庭收入贡献的详细记录和讨论）。亚洲穿山甲在每个分布国家都受立法保护，禁止捕猎，尽管当地人民有狩猎的习惯，但也有一些例外情况（比如在印度；D'Cruze et al.，2018）。区分历史用途（即不再出现）和当代用途是项困难的工作，但本章适当地进行了区分。最后评估了穿山甲分布地区利用穿山甲对其种群的影响。

南　亚

　　本章中指的南亚是有印度穿山甲（*Manis crassicaudata*）和中华穿山甲（*M. pentadactyla*）分布的国家，包括孟加拉国、不丹、印度、尼泊尔、巴基斯坦和斯里兰卡。

营养用途

　　穿山甲在南亚地区作为食物历史悠久。印度历史上有以食用穿山甲维持生计的情况。通常，当地主要农村地区的部落，会猎杀这些动物（有时会带着猎狗），要么直接捉住它们，要么找到它们的洞穴后利用烟把它们熏出来捕杀。众所周知，西高止山脉（Western Ghats）是印度穿山甲被猎杀的地方（Kanagavel et al.，2016；A. Kanagavel，个人评论）。据报道，印度南部喀拉拉邦阿纳马里山（Anamali Hills）的卡达尔（Kadars）人也捕猎和食用穿山甲，穿山甲是一种受当地人喜爱的食物，虽然有报道表明这种情况在 20 世纪 90 年代很少见（Anon，1992）。庆祝印度普尔尼玛大佛的 Shikar Utsav 传统狩猎节中，也曾狩猎过印度穿山甲。中华穿山甲过去在印度东北部被捕猎过，且还有继续捕猎的趋势（那加兰邦和阿萨姆

邦；Anon，1999；D'Cruze et al.，2018）。斯里兰卡民族考古学研究表明，土著"维达"族人过去经常从洞穴中抓印度穿山甲作为食物（Chandraratne，2016；Perera et al.，2017）。Khan（1984）报道，印度穿山甲在孟加拉国因其不同寻常的外表被捕杀，当地人会捕猎穿山甲食用或者利用其鳞片。Trageser 等（2017）报道，孟加拉国吉大港山区（Chittagong Hill Tracts）的 Mro 猎人为获取鳞片作为商品而猎杀中华穿山甲。有证据表明，穿山甲消费已经被禁止，现有的形式是穿山甲及其附属产品的非法贸易，印度东北部（D'Cruze et al.，2018）、尼泊尔（Katuwal et al.，2015）和巴基斯坦都有发生（Mahmood et al.，2012；见第 5 章）。

医药用途

印度穿山甲和中华穿山甲的鳞片在印度、尼泊尔和巴基斯坦都有广泛的医药用途（Mitra，1998；Mohapatra et al.，2015；Perera et al.，2017；Roberts，1977；表 14.1）。尼泊尔某些地区当地人认为穿山甲鳞片制品对有生殖问题的妇女有好处，穿山甲的子宫在当地被称为"garvello"，被认为可以预防流产（Kaspal，2009）。印度本地市场可以找到由穿山甲鳞片制成的戒指，一些部落认为它们可以治疗痔疮（Chinlampianga et al.，2013；Mohapatra et al.，2015；图 14.1）。一些少数民族认为，穿戴上中华穿山甲的皮肤和鳞片有助于预防肺炎（Lalmuanpuii et al.，2013；Mohapatra et al.，2015）。在尼泊尔，穿山甲鳞片被放在婴儿篮的旁边，以保护婴儿和年幼的孩子免受疾病的伤害及负面情绪的影响，在尼泊尔东部的部分地区，鳞片被视为好运的象征（Kaspal，2009；Katuwal et al.，2015）。

表 14.1 穿山甲在南亚的医药和其他用途

身体部位	作用	种类	国家	文献来源
药用				
鳞片	戴在手上作为戒指来治疗生殖问题，防止流产	中华穿山甲	尼泊尔	Kaspal，2009
	用作治疗痔疮的指环	印度穿山甲	印度	Chinlampianga et al.，2013
	系在腰部以减轻背痛	印度穿山甲	印度	Bagde and Jain，2013[a]
	治疗肺炎		尼泊尔	Katuwal et al.，2015
皮肤和鳞片	戴在脖子上有助于预防肺炎	中华穿山甲	印度	Lalmuanpuii et al.，2013
肉	缓解肌肉僵硬	印度穿山甲	印度	Chinlampianga et al.，2013
	治疗胃肠道问题，作为怀孕期间的止痛药，缓解背痛		尼泊尔	Katuwal et al.，2015
其他				
鳞片	放在婴儿篮子旁边，以保护他们免受疾病和坏情绪的影响	中华穿山甲	尼泊尔	Kaspal，2009
	预防危险		尼泊尔	Katuwal et al.，2015

[a] Bagde, N., Jain, S., 2013. An ethnozoological studies ［sic］ and medicinal values of vertebrate origin in the adjoining areas of Pench National Park of Chhindwara District of Madhya Pradesh, India. Int. J. Life Sci. 1（4），278283.

其他用途

穿山甲及其身体部分在南亚还有一系列其他用途，包括文化和宗教上的应用。喜马拉雅山东部的"Nyishi"部落认为穿山甲是"Dojung-Buru"（一种神灵）的孩子，意味着它们被视为神圣的动物。当地人认为狩猎和杀戮穿山甲会给那些亵渎神灵的人带来不幸和悲剧（见第 12 章；Aisher，2016），从而抑制了狩猎和消费行为（Aisher，2016）。

东 南 亚

马来穿山甲（*M. javanica*）和中华穿山甲原产于东南亚文莱、柬埔寨、印度尼西亚、老挝、马来西亚、缅甸、新加坡、泰国和越南等国。本节还介绍了菲律宾特有物种——菲律宾穿山甲（*M. culionensis*）。

营养用途

整个东南亚都有食用穿山甲肉的历史（Corlett，2007）。据报道，马来穿山甲是沙巴州达雅族人和马来西亚半岛原住民（Anon，1992；Harrisson and Loh，1965）最喜爱的食物。普里（Puri）（2005）报道，一旦遇上，该物种就会被沙捞越州的土著人 Penan Benalui 吃掉。在印度尼西亚，这种动物一直以来被当地人作为蛋白质的来源食用，苏门答腊和爪哇人认为吃穿山甲肉可以治愈皮肤病（Anon，1999）。菲律宾穿山甲一直以来都是巴拉望（Pala'wan）部落食用以维持生存的捕猎对象

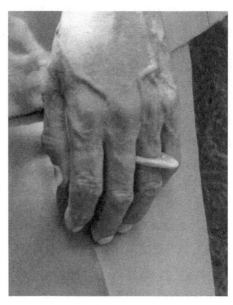

图 14.1　在南亚，穿山甲鳞片被制作成戒指，据说这样可以治疗疾病。
图片来源：Rajesh Kumar Mohapatra。

（Acosta-Lagrada，2012），不过该物种越来越稀少（见 7 章）。在越南，中华穿山甲和马来穿山甲的肉与鳞片一直都被人们广泛利用，这些肉和鳞片在当地被食用或者交易到城镇（Sterling et al.，2006）。与南亚部分地区一样，穿山甲可以卖到很高的价钱，因此当地人不再自己消费，转向非法售卖（MacMillan and Nguyen，2014；Nuwer and Bell，2014；见第 6 章），但还是有些人仍在继续自用（如靠近保护区的地方）。城市中穿山甲的消费主要在高端餐厅，那里的穿山甲以高价出售。除熊掌外，穿山甲肉是 2013 年胡志明市（HCMC）最火爆的餐厅中最昂贵的野味（Challender et al.，2015），2018 年胡志明市穿山甲售价为 700 美元/kg（D. Challender，未发表数据）。2016 年研究表明，越南超过 50%的消费者吃过穿山甲肉，因为他们喜欢这种味道（Save Vietnam's Wildlife，未发表数据）。穿山甲通常是整批订购，按重量定价（Dang et al.，2009），甚至在某些餐厅，穿山甲会在消费者面前被活杀，然后血液混合酒，在吃肉之前饮用（Dang et al.，2009）。穿山甲肉通常用来烧烤或炒（图 14.2）。一些报道表明，越南穿山甲肉的消费者认为它具有药用性质（Dang et al.，2009；Vo，1998），但消费动机仍然不清楚（见第 22 章）。

图 14.2　越南餐厅菜单上的穿山甲肉。图片来源：Daniel W.S. Challender。

在文莱达鲁萨兰国，大多数人不捕猎或食用包括穿山甲在内的野生动物，因为他们信奉穆斯林（食用野生动物被视为不健康），而许多少数民族认为野生动物是神圣的，捕猎和食用它们是禁忌（Nyawa，2009）。

医药用途

中华穿山甲、马来穿山甲和菲律宾穿山甲在东南亚有重要的医药用途。在缅甸北部，它们被用来治疗胃痛和皮疹，单个鳞片用来制作项链，保护佩戴者免受疾病侵害。印度尼西亚和马来西亚也有报告类似用途的（Anon，1992，1999；Pantel and Anak，2010）。对包括菲律宾巴拉望南部巴拉加马利部落酋长等土著人的民族生物学调查显示，当地人认为，老年人佩戴穿山甲鳞片制成的腰带可避免前列腺相关疾病；饮用穿山甲血可带来健康（Acosta-Lagrada，2012）。

在越南，穿山甲鳞片被用作传统医药（traditional vietnamese medicine，TVM）成分。越南官方药典将穿山甲鳞片（越南语为 xuyên sơn giáp）作为一味药物，用于刺激神经、改善血液循环、治疗溃疡，促进哺乳期妇女的乳汁分泌。根据具体用途，将鳞片烤成粉末，与葡萄酒同服；或者将鳞片烧成粉末，直接敷在皮肤上；或与其他成分混合在水中饮用。Dang 等（2009）报道，鳞片还可用于治疗疟疾和风湿病等其他疾病。虽然越南禁止使用穿山甲及其相关产品（Challender and Waterman，2017），但某些越南传统药店仍在非法销售穿山甲鳞片（Challender et al.，2015）。

其他用途

在东南亚，穿山甲鳞片和其他身体部位被用于其他的一些用途。例如，印度尼西亚部分地区，穿山甲的舌头用来防止巫术伤害（Anon，1999），鳞片在马来西亚用来抵御巫术（Sabah and Sarawak；Hoi-Sen，1977）。在柬埔寨，当地人把穿山甲的鳞片挂在孩子的脖子和手腕上，保护他们免受恶鬼伤害（Namyi and Olsson，2009）。菲律宾的巴拉望人利用穿山甲鳞片抵御巫术，相信燃烧鳞片可以让雷声停止，因为他们认为雷声可能带来疾病（Acosta-Lagrada，2012）。在文莱达鲁萨兰国，少数民族部落历史上曾使用马来穿山甲鳞片制作盔甲和装饰品（Nyawa，2009）。

东　　亚

本节讨论东亚（包括中国和韩国）对穿山甲的利用。只有中华穿山甲原产于东亚（见第4章）。

营养用途

东亚部分地区利用中华穿山甲的历史已超千年，食补是其用途之一。在《鸡肋编》中（公元1139年），信州（今江西省）的习俗是用发酵的米酒和酒糟（死酵母和残渣）来煮穿山甲肉，这种食物一般是街边小吃。明朝（1368~1644年）流行的吃法，《竹屿山房杂部》（*Zhu Yu Shan Fang Za Bu*；1504年）记载：在下锅煮熟之前将穿山甲在盐中腌制两天。清朝时，中国西南部的苗族人通常晒干并熏制穿山甲肉以备后用（Wang，2000）。受中医影响，中国南方人历来将穿山甲视为"热性"食物，喜欢在冬天吃穿山甲祛除"寒气"（Anon，1992）。Allen（1938）报道，1922年冬天，在广州的市场看到贩卖活穿山甲。穿山甲肉被认为有"滋补"的功效，特别是在南方（Wu et al.，2002），人们认为吃穿山甲肉可以滋阴补阳，并有助于祛火排毒（Zhang，2009）。Coggins（2003）报道，在福建，穿山甲肉常搭配舌头一起出售，民间传说这样食疗药效最强。20世纪中后期，中华穿山甲也受到台湾居民的喜爱，并作为"野味"在餐馆出售，但现在已没有这种现象了（Anon，1992；见第36章）。

目前缺乏对穿山甲肉消费动机的深入研究（见第 22 章）。Zhang（2009）报道，穿山甲肉被当作一种美味和"滋补"食物，而 Zhang 和 Yin（2014）指出，人们对尝试"野味"的好奇心和认为其所具有的药用价值直接或间接推动了穿山甲的消费。穿山甲肉可以用多种方式烹调，包括炖肉或煮汤，通常与葡萄酒和中药搭配，如条纹藁本（*Ligusticum striatum*）、通脱木（*Tetrapanax papyriferus*）、漏芦（*Stemmacantha* spp.）和五叶神（木通属植物）（*Akebia* spp.），或者和其他肉类，如鸡肉或猪肉一起烹调（Jiao，2013；Yao，2005）。在南方，烟熏制的穿山甲产品偶尔能在偏远农村地区的市场上找到（M. Zhang，个人观察）。随着走私偷猎次数增长，中华穿山甲数量大幅度下降（见后续讨论），现在市民消费对象还包括了马来穿山甲（见第 16 章）。

　　穿山甲的肉类消费还发生在边境地区，特别是老挝和缅甸一带（Gomez et al.，2016；Zhang et al.，2017）。Nijman 等（2016）报道，与云南接壤的缅甸勐拉地区有穿山甲肉和酒售卖，餐馆和赌场都有活穿山甲被贩卖。

医药用途

　　中国第一个关于穿山甲医药用途的记录可追溯到南朝梁的《本草经集注》。书中记载鳞片保护穿山甲免受蚊虫叮咬，因而穿山甲鳞片可以治愈蚊虫叮咬。这本书还介绍了燃烧鳞片治疗小儿夜啼。唐朝（公元682 年）时，《千金要方》首次记载了穿山甲治疟汤：把猪油和穿山甲鳞片混在一起，烧成灰，与白酒同服；还可用草药和矿物质制成的鳞甲驱邪。《外台秘要》（公元 752 年）是第一个记录中药使用鳞片来刺激哺乳期妇女乳汁分泌的书籍，这种用法仍在使用。在宋朝（公元 978 年），《太平圣惠方》中还记录了穿山甲及其制品有活血化瘀、促进血液循环的作用。公元 1131 年，《产育保庆集》首次记录用醋对穿山甲鳞片加工，可以作为催乳药（Hu et al.，2012）。中药中主要使用穿山甲鳞片来活血化瘀和帮助哺乳期妇女分泌乳汁，穿山甲产品还可用于治疗妇科等相关疾病，并已被广泛用于治疗女性不孕症。中医认为包括穿山甲鳞片粉末在内的药丸可用于治疗输卵管阻塞，从而治疗不孕症（Zhou and Li，2010）。鳞片也被用于治疗卵巢癌（Au，1981），Yu 和 Hong（2016）报道，鳞片是中医治疗乳腺癌和淋巴瘤相关症状的常用药物。据报道，他们已申请治疗更广范围的疾病（表 14.2）。兽医也应用鳞片来治疗牛分娩后的泌乳疾病和乳腺炎（Bayin et al.，2009；Hao et al.，2017）。

表 14.2　穿山甲鳞片在中医上的应用情况

用途	用途	用途	用途
肠梗阻 [a]	冠状动脉疾病 [e]	痔疮 [i]	骨髓炎 [l]
气喘 [b]	肩周炎 [f]	高脂血症 [e]	止疼 [m]
小儿厌食症 [c]	甲状腺肿 [g]	白细胞减少症 [j]	帕金森病 [n]
慢性咽炎 [d]	（儿童）生长痛 [h]	疟疾 [k]	蛲虫感染 [o]

[a] Zhao, L., 2004. Pangolin scales cure adhesive intestinal obstruction. Shandong J. Traditional Chin. Med. 23 (12), 758-759. [In Chinese].

[b] Wang, J. P., Hu, M.L., 2012. Forty-two cases of "Er long ma xing tang" soup with modern medicine treat asthma. Traditional Chin. Med. Res. 25 (11), 28-29. [In Chinese].

[c] Sun, S., 2002. Pangolin scales cure children anorexia. J. Traditional Chin. Med. 43 (2), 95. [In Chinese].

[d] Chen,S., 2002. Pangolin scales cure chronic pharyngitis. J. Traditional Chin. Med. 43 (2), 92. [In Chinese].

[e] Fan, X., 2002. Pangolin scales cure coronary artery disease and Hyperlipidemia. J. Traditional Chin. Med. 43 (4), 252. [In Chinese].

[f] Ren, L., Zhou, H., 2005. Pangolin scales cure frozen shoulder. Nei Mongol J. Traditional Chin. Med. 3, 7. [In Chinese].

[g] Li, C., 2002. Pangolin scales cure goitre. J. Traditional Chin. Med. 43 (4), 253. [In Chinese].

[h] Ma, J., 2002a. Pangolin scales cure growth pain. J. Traditional Chin. Med. 43 (2), 95. [In Chinese].

[i] Ma, J., 2002b. Pangolin scales cure hemorrhoid. J. Traditional Chin. Med. 43 (4), 254. [In Chinese].

[j] Zheng, M., 2002. Pangolin scales cure Leukopenia. J. Traditional Chin. Med. 43 (4), 252. [In Chinese].

[k] Chen, D. Q., 2002b. Pangolin scales treat malaria. J. Traditional Chin. Med. 43 (2), 92. [In Chinese].

[l] Wang, X., 2002. Pangolin scales cure osteomyelitis. J. Traditional Chin. Med. 43 (2), 95. [In Chinese].

[m] Wu, S., Nong, C., He, X., Chen, Y., Lu, Q., Wei, J., 2012. Study of water abstraction of pangolin scales on pain relieving. Guangxi Med. 34 (1), 7?9. [In Chinese].

[n] Jin, D., 2002. Pangolin scales cure Parkinson's disease. J. Traditional Chin. Med. 43 (4), 252. [In Chinese].

[o] Yin, Q., 2002. Pangolin scales cure enterobiasis. J. Traditional Chin. Med. 43 (4), 253. [In Chinese].

鳞片经过加工后用于中药。首先，将它们砂煨，即在230～250℃下用沙子加热，翻炒直到它们卷曲并变成米色为止（图14.3）。最好使用粒径在0.1～0.2cm的沙子（Zhou et al.，2014）。然后将鳞片浸泡在醋中，洗净，晒干。醋浸过的鳞片被称为"醋山甲"。最新的一种方法是将鳞片放置在微波炉中，加热直到其膨胀并卷曲（Zhou et al.，2014：图14.3）。这些鳞片被称为"炮山甲"，通常被中医认为是劣质的。因为后者的过程较简单且劳动强度较低，所以比较适合工业生产（Cao and Tang，2002；Zhou et al.，2014）。粉末状的鳞片可以进一步压缩成药丸——"甲珠"。无论是未经加工的还是经过加工的鳞片，都可以称为"穿山甲"。中药使用鳞片时，通常将它们与其他草药成分结合，包括条纹藁本（*Ligusticum striatum*）、通脱木（*Tetrapanax papyriferus*）、漏芦（*Stemmacantha* spp.）和木通（*Akebia* spp.），以达到预期所谓的药用效果（Jiao，2013）。

图14.3　在越南销售的未加工的鳞片（右）和用于传统中医或者传统越医已加工的鳞片（左）。
图片来源：丹尼尔·W. S. 查兰德。

《中华人民共和国药典》（简称《中国药典》）[①]将中华穿山甲鳞片列为中药的一种成分，而且在中国有合法的穿山甲鳞片市场。2007年，政府发布了一项关于穿山甲鳞片使用的通知，为确保野生穿山甲及其鳞片不进入贸易市场，政府设立了一项认证制度，限制生产含有穿山甲鳞片的药品，包括零售、政府库存的药品和鳞片。2009～2015年，政府平均每年从库存中消耗26.6t用于中药生产和零售的穿山甲鳞片（China Biodiversity Conservation and Green Development Foundation，2016）。认证后的产品包装上有认证标签（图14.4），含鳞片的认证药物仅限在716家指定医院使用和销售（China Biodiversity Conservation and Green Development Foundation，2016）。

目前有人提出了几种可能的中药穿山甲鳞片替代品。这包括猪蹄（Liu et al.，2002）、牛科和鹿科物种的角（Luo et al.，2011）及牛草植物的干种子［王不留行（*Vaccaria segetalis*）；Wang，2009］。其他具有类似医疗功效的草药包括：*Paris polyphila*、条纹藁本（*Ligusticum striatum*）、丹参（*Salvia miltiorrhiza*）和密花豆（*Spatholobus suberectus*）。Wang（2009）报道，20世纪90年代中国台湾研究显示，尽管禁止中医使用鳞片，但他们对替代品的有效性和使用持保留态度。

---

① 书中提到的《中华人民共和国药典》是早期的版本，2022年版《中华人民共和国药典》中穿山甲鳞片未被继续收载。

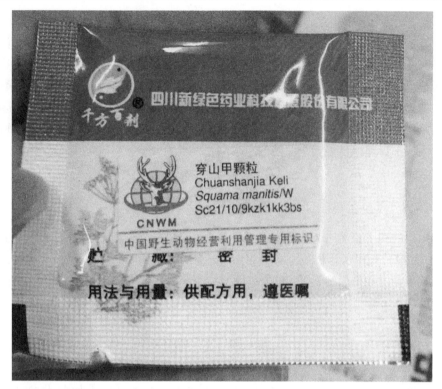

图 14.4　在中国销售的含有穿山甲鳞片的已认证药物。包装上的标签表明该药品
已通过官方认证。图片来源：Shu Chen。

穿山甲鳞片在韩国的传统医学中也有使用，20 世纪 80 年代和 90 年代韩国进口了大量穿山甲鳞片（Anon，1992，1999）。然而，很少有文献记载目前的使用情况。

其他用途

穿山甲的其他用途包括充当护身符。在中国海南省，传说儿童佩戴由穿山甲鳞片制成的护身符可保护他们免受恶灵的侵害（Nash et al.，2016）。在香港，人们佩戴由穿山甲制成的护身符来防止鬼魂近身（Anon，1992）。历史上，在香港猎杀穿山甲的主要原因是当地人认为它们能挖出人类的尸体（Ye，1985）。这可能源于它们夜间的活动和觅食习性（见第 4 章）。

穿山甲利用也受文化影响。穿山甲的爪子出现在中国盗墓题材畅销小说——《盗墓笔记》中，该书被拍成了 2016 年的电影《盗墓笔记》。这显然导致用穿山甲爪子制作项链的非法需求大幅度提高，这种项链在缅甸有销售（M. Zhang，个人观察），尽管这种需求的程度尚不清楚。

穿山甲及其制品的利用对穿山甲种群的影响

目前普遍缺乏亚洲穿山甲种群的数据（第 4 至第 7 章），要消除穿山甲及其制品利用对其种群的影响相当困难。而且，现有证据表明：许多地方，穿山甲种群数量已经下降或者正在下降，其中原因之一就是国内消费。特别是在南亚，人们对穿山甲种群了解很少，印度穿山甲分布最为广泛，但也很少被观察到，密度很低。这表明，继续乱捕滥猎，会对穿山甲的种群数量产生重大影响（见第 5 章）。国际贩运加剧了过度利用的状况（Mahmood et al.，2012）。在东南亚，由于过度捕猎（Anon，1992，1999），中华穿山甲及马来穿山甲在 20 世纪 80 年代和 20 世纪 90 年代种群数量急剧下降（见第 4 章和第 6 章）。特别是马来穿山甲，由于与人类有关的消费和针对性的捕猎，目前在低地地区已经灭绝，包括缅甸、泰国、柬埔寨、老挝和越南（Duckworth et al.，1999；Nooren and Claridge，2001；见第 6 章）。东亚相对有更多的研究数据。在中国大陆，中华穿山甲的数量在 20 世纪 60 年代到 80 年代急剧下降，由于过度利用穿山甲肉和鳞片，每年捕猎的穿山甲多达 16 万只（Zhang，2009；Zhang et al.，2010）。尽管该物种仍然存在，但由于种群密度非常低，所以变得难得一见（见第 4 章）。在中国台湾，20 世纪中叶，由于中华穿山甲的皮在大陆皮革工业中的开发应用，每年至少 6 万只穿山甲被捕杀，种群数量急剧下降（Anon，1992）。值得欣慰的是，中国台湾的中华穿山甲种群似乎正在恢复（见第 4 章和第 36 章）。亚洲穿山甲面临来自各层面的经营利用的威胁，以及有针对性的盗猎走私，迫切需要确定国家层面和地区的利用对其种群数量的影响，以便为保护管理提供更为全面的信息。

结　　论

在亚洲，穿山甲的利用有着悠久的历史，几乎每个有分布的国家都有消费需求。这主要包括食用及医药用途，如穿山甲鳞片在中医等传统医学中的使用。不同国家和地区有所差异，特别是东南亚和东亚，穿山甲的消费导致其种群数量急剧下降。减少过度捕猎与利用需要采取一系列的干预措施（见第 17 章和第 38 章），而且，深入了解亚洲利用穿山甲的复杂文化背景也至关重要。

参 考 文 献

Acosta-Lagrada, L.S., 2012. Population density, distribution and habitat preferences of the Palawan Pangolin, *Manis culionensis* (de Elera, 1915). M.Sc. Thesis, University of the Philippines Los Baños, Laguna, Philippines.

Aisher, A., 2016. Scarcity, alterity and value: decline of the pangolin, the world's most trafficked mammal. Conserv. Soc. 14 (4), 317–329.

Allen, G.M., 1938. The Mammals of China and Mongolia. Natural History of Central Asia, vol. XI. Part I. The American Museum of Natural History, New York.

Anon, 1992. Review of Significant Trade in Animal Species included in CITES Appendix II, Detailed Review of 24 Priority Species, Indian, Malayan and Chinese Pangolin. CITES, Geneva, Switzerland.

Anon, 1999. Review of Significant Trade in Animal Species Included in CITES Appendix II, Detailed Review of 37 Species. *Manis javanica*. World Conservation Monitoring Centre, IUCN Species Survival Commission and TRAFFIC, Cambridge, UK.

Au, B., 1981. Reports of eight cases of using pangolin scale to treat ovarian cancer. Jiangxi J. Traditional Chin. Med. 3, 35. [In Chinese].

Bayin, J., Matsumoto, M., Islam, M.S., Yabuki, A., Kanouchi, H., Oka, T., et al., 2009. Promoting effects of Chinese pangolin and wild pink medicines on the mammary gland development in immature mice. J. Vet. Med. Sci. 71 (10), 1325–1330.

Cao, Z., Tang, J., 2002. Comparison between different methods in preparing pangolin scales. J. Henan Coll. Traditional Chin. Med. 17 (6), 24. [In Chinese].

Challender, D.W.S., Harrop, S.R., MacMillan, D.C., 2015. Understanding markets to conserve trade-threatened species in CITES. Biol. Conserv. 187, 249–259.

Challender, D., Waterman, C., 2017. Implementation of CITES Decisions 17.239 b) and 17.240 on Pangolins (*Manis* spp.), CITES SC69 Doc. 57 Annex. Available from<https://cites.org/sites/default/files/eng/com/sc/69/E-SC69-57-A.pdf>. [August 2, 2018].

Chandraratne, R., 2016. Some ethno-archaeological observations on the subsistence strategies of the veddas in Sri Lanka. Soc. Aff. 1 (4), 33–44.

China Biodiversity Conservation and Green Development Foundation, 2016. An Overview of Pangolin Data: When Will the Over-Exploitation of the Pangolin End? Available from: <http://www.cbcgdf.org/English/NewsShow/5011/6145.html>. [March 19, 2019].

Chinlampianga, M., Singh, R.K., Sukla, A.C., 2013. Ethnozoological diversity of Northeast India: Empirical learning with traditional knowledge holders of Mizoram and Arunachal Pradesh. Indian J. Traditional Knowledge 12 (1), 18–30.

Coggins, C., 2003. The Tiger and the Pangolin: Nature, Culture, and Conservation in China. University of Hawaii Press, Honolulu.

Corlett, R.T., 2007. The Impact of Hunting on the Mammalian Fauna of Tropical Asian Forests. Biotropica 39 (3), 292–303.

D'Cruze, N., Singh, B., Mookerjee, A., Harrington, L.A., Macdonald, D.W., 2018. A socio-economic survey of pangolin hunting in Assam, Northeast India. Nat. Conserv. 30, 83–105.

Dang, N.X., Tuong, N.X., Phong, P.H., Nghia, N.X., 2009. The Pangolin Trade in Viet Nam. TRAFFIC Southeast Asia, Unpunished report.

Donovan, D.G., 2004. Cultural underpinnings of the wildlife trade in Southeast Asia. In: Knight, J. (Ed.), Wildlife in Asia. Cultural Perspectives. Routledge Curzon, London, pp. 88–111.

Duckworth, J.W., Salter, R.E., Khounboline, K., 1999. Wildlife in Lao PDR: 1999 Status Report. IUCN, Wildlife Conservation Society, Centre for Protected Areas and Watershed Management, Vientiane, Lao PDR.

Gomez, L., Leupen, B.T.C., Heinrich, S., 2016. Observations of the Illegal Pangolin Trade in Lao PDR. TRAFFIC, Southeast Asia Regional Office, Petaling Jaya, Selangor, Malaysia.

Hao, J., Li, J., Yin, B., Sha, W., Liu, F., Li, D., et al., 2017. Effects of Chinese herbal compound formula on LDH, NAG activity in serum of dairy cows with recessive mastitis. Heilongjiang Anim. Sci. Vet. Med. 24, 52. [In Chinese].

Harrisson, T., Loh, C.Y., 1965. To scale a pangolin. Sarawak Museum J. 12, 415–418.

Hoi-Sen, Y., 1977. Scaly anteater. Nat. Malays. 2 (4), 26–31.

Hu, X., Wen, C., Xie, Z., 2012. History and application of pangolin scales. Chin. Arch. Traditional Chin. Med. 30 (3), 590–591. [In Chinese].

Jiao, H., 2013. Combination of TCM and modern medicine in stimulating milk secretion. Asian-Pac. Traditional Med. 9 (12), 134. [In Chinese].

Kanagavel, A., Parvathy, S., Nameer, P.O., Raghavan, R., 2016. Conservation implications of wildlife utilization by indigenous communities in the southern Western Ghats of India. J. Asia-Pac. Biodivers. 9 (3), 271–279.

Kaspal, P., 2009. Saving the Pangolins: Ethnozoology and Pangolin Conservation Awareness in Human Dominated Landscape. A Preliminary Report to the Rufford Small Grants Foundation. Available from: <https://www.rufford.org/rsg/projects/prativa_kaspal>. [January 17, 2019].

Katuwal, H.B., Neupane, K.R., Adhikari, D., Sharma, M., Thapa, S., 2015. Pangolins in eastern Nepal: trade and ethno-medicinal importance. J. Threat. Taxa 7 (9), 7563–7567.

Khan, M.A.R., 1984. Endangered mammals of Bangladesh. Oryx 18 (3), 152–156.

Lalmuanpuii, J., Rosangkima, G., Lamin, H., 2013. Ethnomedicinal practices among the Mizo ethnic group in Lunglei district, Mizoram. Sci. Vision 13 (1), 24–34.

Liu, Y., Zhai, J., Wang, H., Yang, Z., 2002. Research progress of using pig nails as substitutes of pangolin scales. Hebei Traditional Chin. Med. 24 (8), 624–625. [In Chinese].

Luo, J., Yan, D., Zhang, D., Feng, X., Yan, Y., Dong, X., et al., 2011. Substitutes for endangered medicinal animal horns and shells exposed by antithrombotic and anticoagulation effects. J. Ethnopharmacol. 136 (1), 210–216.

MacMillan, D.C., Nguyen, Q.A., 2014. Factors influencing the illegal harvest of wildlife by trapping and snaring among the Katu ethnic group in Vietnam. Oryx 48 (2), 304–312.

Mahmood, T., Hussain, R., Irshad, N., Akrim, F., Nadeem, M.S., 2012. Illegal mass killing of Indian pangolin (*Manis crassicaudata*) in Potohar region, Pakistan. Pak. J. Zool. 44 (5), 1457–1461.

Mitra, S., 1998. On the scales of the scaly anteater *Manis crassicaudata*. J. Bombay Nat. Hist. Soc. 95 (3), 495–498.

Mohapatra, R.K., Panda, S., Acharjyo, L.N., Nair, M.V., Challender, D.W.S., 2015. A note on the illegal trade and use of pangolin body parts in India. TRAFFIC Bull. 27 (1), 33–40.

Nash, H.C., Wong, M.H.G., Turvey, S.T., 2016. Using local ecological knowledge to determine status and threats of the Critically Endangered Chinese pangolin (*Manis pentadactyla*) in Hainan, China. Biol. Conserv. 196, 189–195.

Namyi, H., Olsson, A., 2009. Pangolin Research in Cambodia. In: Pantel, S., Chin, S.-Y. (Eds.), Proceedings of the Workshop on Trade and Conservation of Pangolins Native To South and Southeast Asia, 30 June–2 July 2008, Singapore Zoo, Singapore. TRAFFIC Southeast Asia, Petaling Jaya, Selangor, Malaysia, pp. 172–175.

Nijman, V., Zhang, M., Shepherd, C.R., 2016. Pangolin trade in the Mong La wildlife market and the role of Myanmar in the smuggling of pangolins into China. Glob. Ecol. Conserv. 5, 118–126.

Nooren, H., Claridge, G., 2001. Wildlife Trade in Laos: the End of the Game. Netherlands Committee for IUCN, Amsterdam.

Nuwer, R., Bell, D., 2014. Identifying and quantifying the threats to biodiversity in the U Minh peat swamp forests of the Mekong Delta, Vietnam. Oryx 48 (1), 88–94.

Nyawa, S., 2009. Pangolin in Brunei Darussalam. In: Pantel, S., Chin, S.-Y. (Eds.), Proceedings of the Workshop on Trade and Conservation of Pangolins Native to South and Southeast Asia, 30 June–2 July 2008, Singapore Zoo, Singapore. TRAFFIC Southeast Asia, Petaling Jaya, Selangor, Malaysia, pp. 25–28.

Pantel, S., Anak, N.A., 2010. A preliminary assessment of Sunda pangolin trade in Sabah. TRAFFIC Southeast Asia, Petaling Jaya, Selangor, Malaysia.

Perera, P.K.P., Karawita, K.V.D.H.R., Pabasara, M.G.T., 2017. Pangolins (*Manis crassicaudata*) in Sri Lanka: a review of current knowledge, threats and research priorities. J. Trop. For. Environ. 7 (1), 1–14.

Puri, P.K., 2005. Deadly dances in the Bornean rainforest: hunting knowledge of the Penan Benalui. Royal Netherlands Institute of Southeast Asian and Caribbean Studies Monograph Series. KITLV Press, Leiden.

Roberts, T.J., 1977. The Mammals of Pakistan. Ernest Benn Ltd, London.

Sterling, E.J., Hurley, M.M., Minh, L.D., 2006. Vietnam: A Natural History. Yale University Press, New Haven, Connecticut and London.

Trageser, S.J., Ghose, A., Faisal, M., Mro, P., Mro, P., Rahman, S.C., 2017. Pangolin distribution and conservation status in Bangladesh. Plos ONE 12 (4), e0175450.

Vo, V.C., 1998. Dictionary of Vietnamese Medicinal Fauna and Minerals. Health Publishing House, Hanoi. [In Vietnamese].

Wang, S., 2000. Ancient delicacy: pangolin for people from the south. Sichuan Cooking 5, 16. [In Chinese].

Wang, G.B., 2009. Conservation of pangolins in Taiwan. In: Pantel, S., Chin, S.-Y. (Eds.), Proceedings of the Workshop on Trade and Conservation of Pangolins Native To South and Southeast Asia, 30 June–2 July 2008, Singapore Zoo, Singapore. TRAFFIC Southeast Asia, Petaling Jaya, Selangor, Malaysia, pp. 80–83.

Wu, S., Ma, G., Tang, M., Chen, H., Liu, N., 2002. The status of pangolin resources in China and conservation strategies. J. Nat. Resour. 17 (2), 174–180. [In Chinese].

Wu, S.B., Ma, G.Z., 2007. The status and conservation of pangolins in China. TRAFFIC East Asia Newsl. 4, 1–5. [In Chinese].

Xu, L., Guan, J., Lau, W., Xiao, Y., 2016. An Overview of Pangolin Trade in China. TRAFFIC Briefing Report. TRAFFIC, Cambridge, UK, pp. 1–10.

Yao, L., 2005. Best gift for babies. Food Sci. 2, 33. [In Chinese].

Ye, L.F., 1985. Local Animal and Plants in Hong Kong. Joint Publishing, Hong Kong.

Yu, R., Hong, H., 2016. Cancer Management With Chinese Medicine-Prevention and Complementary Treatments. World Scientific Publishing, New Jersey.

Zhang, Y., 2009. Conservation and trade control of pangolins in China. In: Pantel, S., Chin, S.-Y. (Eds.), Proceedings of the Workshop on Trade and Conservation of Pangolins Native To South and Southeast Asia, 30 June–2 July 2008, Singapore Zoo, Singapore, TRAFFIC Southeast Asia, Petaling Jaya, Selangor, Malaysia, pp. 66–74.

Zhang, L., Li, Q., Sun, G., Luo, S., 2010. Population status and conservation of pangolins in China. Bull. Biol. 45 (9), 1–4. [In Chinese].

Zhang, L., Yin, F., 2014. Wildlife consumption and conservation awareness in China: a long way to go. Biodivers. Conserv. 23 (9), 2371–2381.

Zhang, M., Gouveia, A., Qin, T., Quan, R., Nijman, V., 2017. Illegal pangolin trade in northernmost Myanmar and its links to India and China. Glob. Ecol. Conserv. 10, 23–31.

Zhou, R., Li, H., 2010. Investigating the source of pangolin as a treat for infertility. Bull. Yunnan Chin. Traditional Med. 1, 61–63. [In Chinese].

Zhou, Z., Wang, J., Ma, X., 2014. The research progress of pangolin. Pharmacy Clin. Chin. Mater. Med. 5 (1), 54–56. [In Chinese].

第15章　野味和其他用途：非洲的历史和当代对穿山甲的利用

杜罗贾耶·苏乌[1,*]，丹尼尔·J. 英格拉姆[2,*]，雷蒙德·詹森[3,4]，奥卢费米·索德因[5]，
达伦·W. 彼得森[6,7]

1. 奥孙州立大学厄伊格博校区农学院渔业和野生动物管理系，尼日利亚奥索博
2. 斯特灵大学生物与环境科学院非洲森林生态学小组，英国斯特灵
3. 茨瓦内理工大学环境、水与地球科学系，南非比勒陀利亚
4. 非洲穿山甲工作组，南非比勒陀利亚
5. 纽约城市大学纽约城市理工学院生物科学系，美国纽约布鲁克林
6. 比勒陀利亚大学动物与昆虫学系哺乳动物研究所，南非哈特菲尔德
7. 摄政公园伦敦动物学会，世界自然保护联盟物种生存委员会穿山甲专家组，英国伦敦

引　言

自古以来，人类一直将野生动植物用作食物、服装、收入来源和医药（MacKinney，1946；Milner-Gulland et al.，2003）。历史上，非洲穿山甲被用作可食用的森林猎物、肉类（即蛋白质）和收入来源，其躯体和其他身体部位被认为有药用价值（Boakye et al.，2016；Fa et al.，2006）。这涉及非洲所有 4 个物种：白腹长尾穿山甲（*Phataginus tricuspis*）、黑腹长尾穿山甲（*P. tetradactyla*）、南非地穿山甲（*Smutsia temminckii*）和巨地穿山甲（*S. gigantea*）。本章根据地理区域（西非，中非，东非和南非）讨论了穿山甲在非洲的历史和当代用途。大致可分为三个主要类别：①用作食物（即肉类食品）；②身体部位用于医疗或民族药理学；③其他用途（精神治疗或者预言等）。本章未提供当地贸易详细的动态信息，在描述利用情况时展开了讨论。特别是在中西部非洲，人们猎杀或偷猎穿山甲，在当地（家庭或村庄）进行消费、交易或和其他商品交换，或者用烟熏制后运输到城镇和城市的超市、商业中心进行贩卖（Cowlishaw et al.，2005；Ingram et al.，2019；Mambeya et al.，2018）。尽管穿山甲在分布地区一般都受法律保护（Challender and Waterman，2017），但由于执法人员受过的训练和装备不足，难以检测穿山甲的走私行为，可能没有意识到跨境运输此类产品非法，所以在这方面有所欠缺。本章最后评估了地方和国家利用开发穿山甲对其种群的影响。

西　非

西非生活着三种热带非洲穿山甲：白腹长尾穿山甲、黑腹长尾穿山甲及巨地穿山甲。分布地区包括贝宁、布基纳法索、科特迪瓦、冈比亚、加纳、几内亚、几内亚比绍、利比里亚、尼日利亚、塞内加尔、

塞拉利昂和多哥。

营养用途

齐巴（Zeba）（1998）观察到，西非的大多数当地语言把"野生动物"的词源翻译为"野味"。历史上，穿山甲一直是该地区野味的来源（Ajayi，1978；Ordaz-Nemeth et al.，2017；Petrozzi et al.，2016），而且一直保持着大量的需求（Boakye et al.，2015；Gonedelé Bi et al.，2017；Greengrass，2016；图 15.1）。所有三种当地穿山甲都被食用，但白腹长尾穿山甲是该地区野味市场上最常见的一种穿山甲，并因此遭受了大量的捕猎（Boakye et al.，2016；Bräutigam et al.，1994；Soewu and Ayodele，2009）。Boakye 等（2016）报道，在加纳丛林肉商品链上交易的 341 只穿山甲中，白腹长尾穿山甲占 82%，而黑腹长尾穿山甲占 18%。阿纳达（Anadu）等（1988）报道，在尼日利亚西南部消费者最喜欢食用的哺乳动物中，黑腹长尾穿山甲和白腹长尾穿山甲排在第八位。相比之下，Hoyt（2004）指出，在利比里亚，白腹长尾穿山甲在城市地区消费者的野生哺乳动物口味偏好测试中排名第 12 位，仅次于巨地穿山甲（第 3 位）和黑腹长尾穿山甲（第 8 位）。

图 15.1　当地人准备食用一只去掉鳞片的黑腹长尾穿山甲。图片来源：非洲穿山甲工作组。

鉴于穿山甲作为野味的大量需求，它们常常在野味市场被售卖，并在市场上被当场宰杀。Anadu 等（1988）发现，在尼日利亚西南部的市场和路边交易的所有动物中，白腹长尾穿山甲和黑腹长尾穿山甲占 0.7%。同样，白腹长尾穿山甲占巴耶尔萨州斯瓦里市场（Swali market）交易中哺乳动物总量的 0.32%（Akani et al.，2015）。Fa 等（2006）估计，在尼日利亚东南部的克里斯萨纳加河（Cross-Sanaga Rivers）地区，猎人每年捕获的野味含约 28 000kg 的白腹长尾穿山甲（约 10 000 只）。在利比里亚，Bene 等（2013）报道，白腹长尾穿山甲和黑腹长尾穿山甲分别占宁巴州（Nimba County）猎人总捕获量的 1.76%与 1.35%。Greengrass（2016）估计，在利比里亚萨波国家公园（Sapo National Park）附近的两个狩猎营地［分别为尼切布（Neechebu）和查内代（Chanedae）］，白腹长尾穿山甲分别占总捕获量的 2.6%和 0.78%。

医药用途

　　西非的传统医药广泛使用穿山甲（Djagoun et al.，2012；Soewu and Adekanola，2011）。大多数农村地区的西非人依靠传统医药满足其医疗保健需求（Boakye et al.，2014；世界卫生组织，2013），他们通过市场摊位出售植物和动物产品，这在农村和城市地区都很常见（Ntiamoa-Baidu，1987；图 15.2）。在塞拉利昂，穿山甲有 22 个身体组织被用来治疗疾病，在贝宁、加纳和尼日利亚也有类似的用法，传统医生为治疗多种疾病开出使用不同白腹长尾穿山甲身体部位的药方，包括头部、心脏、血液、眼睛、肠道、舌头和鳞片（表 15.1）。不同国家对穿山甲身体组织的使用有所不同，但不同的疾病（从风湿病到麻风病）有不同的规定（表 15.1）。

图 15.2　在传统医药市场出售的白腹长尾穿山甲皮。图片来源：非洲穿山甲工作组。

表 15.1　贝宁、加纳、尼日利亚和塞拉利昂传统医师为治疗疾病和其他症状而开出的
白腹长尾穿山甲的身体部位的治疗用途

身体部位	治疗疾病	国家
胆汁	月经疼痛、阴囊肿块	加纳[a]
骨	皮肤疤痕、伤口愈合、风湿病、关节痛和僵硬、抽搐、头痛、中风、腰疼、哮喘、尿床、发烧、断腿、皮疹、乳腺癌	贝宁[b]、加纳[a]、尼日利亚[c]、塞拉利昂[d]
血	伤口愈合、象皮病、风湿、胃病、心脏病	塞拉利昂[d]
脑	心脏病、胃病、精神疾病	塞拉利昂[d]
爪	哮喘、妊娠纹、胃灼热、不孕不育	加纳[a]、塞拉利昂[d]

续表

身体部位	治疗疾病	国家
眼	结膜炎、阳痿、精神疾病	加纳[a]、尼日利亚[c]、塞拉利昂[d]
雌性生殖器	生产后促使胎盘排出	尼日利亚[c]
后足	足跟裂、背痛、象皮病、脚气、骨折	贝宁[b]、塞拉利昂[d]
前足	阳痿、象皮病	塞拉利昂[d]
头部	不孕不育、头痛、皮肤病、牙痛、心脏病、瘫痪、中风、哮喘、疝气、发烧、身体疼痛、淋病、爪形手、精神疾病	贝宁[b]、加纳[a]、尼日利亚[c]、塞拉利昂[d]
心脏	预防流产、胃病、心脏病	贝宁[b]、加纳[a]，塞拉利昂[d]
内脏	食物中毒	尼日利亚[c]
肠	胃病、头痛	贝宁[b]、塞拉利昂[d]
肝脏	哮喘	塞拉利昂[d]
雄性生殖器	疝气、头痛、象皮病、脚气、不孕、阳痿	塞拉利昂[d]
肉	帮助早产儿正常发育、胃病、风湿病、癫痫、高血压、身体疼痛、不孕症、月经痛、咳嗽、预防流产、惊厥、贫血、常见的儿童发育疾病	加纳[a]、塞拉利昂[d]
油脂	皮疹、妊娠纹、脚后跟裂、皮肤病、膝盖疼痛、皮肤疤痕、心脏病、爪形手、身体疼痛、象皮病	塞拉利昂[d]
鳞甲	肌肉疼痛、背痛、头痛、月经过多、痛经、尿床、中风、水痘、癫痫、心脏病、伤口愈合、皮肤干燥、皮疹、溃疡、脚后跟干裂、抽搐、关节炎、耳朵感染、胃病、麻风病、帮助早产儿正常发育、象皮病、阳痿、不育症、骨折、腰疼、皮肤疤痕、胃病、肚脐发炎，指甲感染，关节炎，风湿病、癫痫、血液净化、胃溃疡、中风、性病、确保安全分娩、精神疾病、壮阳药（对男性）	加纳[a]、尼日利亚[c]、塞拉利昂[d]
性器官（雄性和雌性）	不孕症	塞拉利昂[d]
皮肤	皮肤病	贝宁[b]
尾巴	阳痿、急性出血性结膜炎、瘫痪、爪形手、抽搐、昏厥、胃病、象皮病、腰痛、脚后跟裂、免受蛇咬和蝎子叮咬	塞拉利昂[d]
脚爪	急性出血性结膜炎、癫痫	加纳[a]，塞拉利昂[d]
舌	哮喘	贝宁[b]
肋骨	甲状腺肿	加纳[a]、尼日利亚[c]
脊椎骨	中风	尼日利亚[c]
腰背部	保胎	贝宁[b]
整体动物	经期出血、象皮病、麻风病	加纳[a]、尼日利亚[c]，塞拉利昂[d]

[a] Boakye, M.K., Pietersen, D. W., Kotzé, A., Dalton, D. L, Jansen, R., 2016. Unravelling the pangolin bushmeat commodity chain and the extent of trade in Ghana. Hum. Ecol. 44 (2), 257-264.

[b] Akpona, H. A., Djagoun, C. A. M. S., Sinsin, B., 2008. Ecology of the three-cusped pangolin Manis tricuspis (Mammalia, Pholidota) in the Lama forest reserve, Benin. Mammal. 72 (3), 198-202.

[c] Soewu, D. A., Adekanola, T. A., 2011. Traditional-medical knowledge and perception of pangolins (Manis sps [sic]) among Awori People, Southwestern Nigeria. J. Ethnobiol. Ethnomed. 7, 25.

[d] Boakye, M. K., Pietersen, D. W., Kotzé, A., Dalton, D. L., Jansen, R., 2014. Ethnomedicinal use of African pangolins by traditional medical practitioners in Sierra Leone. J. Ethnobiol. Ethnomed. 10, 76.

其他用途

其他用途包括精神治疗和预言，为人们提供保护或带来好运。一系列穿山甲身体部位被利用（表 15.2）。在贝宁，白腹长尾穿山甲的鳞片被用作护身符，据说能保护佩戴者免受枪击或刀伤。Boakye 等（2014）

发现，西非三种热带非洲穿山甲的鳞片都可以用来保护人们免受巫术伤害和制作护身符，其在塞拉利昂的特恩（Temne）和林姆巴（Limba）族群以及加纳的阿什提（Ashanti）族群中在驱除恶灵方面非常重要。穿山甲鳞片在尼日利亚西南部的 Ijebus 人和阿沃利斯（Aworis）人中应用最广，用于治疗精神疾病，如盗窃癖，也用来祈求好运和驱逐巫师，如在加纳和塞拉利昂（表 15.2）。鳞片可以单独使用，也可以与其他成分一起使用。在尼日利亚，人们将非洲豆蔻（*Aframomum melegueta*）的种子磨碎，与粉末状的烤穿山甲鳞片混合后将粉末添加到玉米粥中食用（Soewu and Adekanola，2011）。

表 15.2　贝宁、加纳、尼日利亚和塞拉利昂传统治疗师开具的利用白腹长尾穿山甲身体部位的药方

身体部位	规定用途	国家
骨头	精神保护、免受巫术侵害	加纳[a]、尼日利亚[b]、塞拉利昂[c]
血	防止巫术	塞拉利昂[c]
爪	免受巫术的伤害	加纳[a]、塞拉利昂[c]
眼	盗窃癖、精神保护	加纳[a]、尼日利亚[b]、塞拉利昂[c]
肉	赋予占卜、好运、保护、安全的能力	尼日利亚[b]
头	开业仪式的必备物品、精神保护、好运、安全、盗窃癖、加入巫师团体仪式时的物品	贝宁[d]、加纳[a]、尼日利亚[b]、塞拉利昂[c]
头尾端	创业过程中摆放的物件	尼日利亚[b]
内部器官	治疗性毒药"麻杆"	尼日利亚[b]
肠道	好运	塞拉利昂[c]
腿	精神保护、开业仪式的必备物品	加纳[a]
四肢	好财运	尼日利亚[b]
四肢及内脏	开业仪式的必备物品	尼日利亚[b]
肉	变聪明、精神保护、开业仪式的必备物品、增长领袖气质	加纳[a]、塞拉利昂[c]
鳞片	不受刀伤、精神保护、不受巫术伤害、好运、农场生产力高/开业仪式的必备物品、盗窃癖	贝宁[d]、加纳[a]、尼日利亚[b]、塞拉利昂[c]
尾巴	盗窃癖、农场高产、精神保护	塞拉利昂[c]
脚爪	精神保护	加纳[a]、塞拉利昂[c]
胸腔	预防下雨	尼日利亚[b]、塞拉利昂[c]
整只动物	开业仪式的必备物品、赋予隐身性、好运、繁荣	加纳[a]、尼日利亚[b]、塞拉利昂[c]

[a] Boakye, M. K., Pietersen, D. W., Kotzé, A., Dalton, D. L, Jansen, R., 2016. Unravelling the pangolin bushmeat commodity chain and the extent of trade in Ghana. Hum. Ecol. 44 (2), 257-264.

[b] Sodeinde, O. A., Adedipe, S. R., 1994. Pangolins in south-west Nigeria？current status and prognosis. Oryx 28 (1), 43-50; Sodeinde, O. A., Soewu, D. A., 1999. Pilot Study of the traditional medicine trade in Nigeria. TRAFFIC Bull. 18, 35-40; Soewu, D. A., Adekanola, T. A., 2011. Traditional-medical knowledge and perception of pangolins (*Manis* sps [sic]) among Awori People, Southwestern Nigeria. J. Ethnobiol. Ethnomed. 7, 25.

[c] Boakye, M. K., Pietersen, D. W., Kotzé, A., Dalton, D. L., Jansen, R., 2014. Ethnomedicinal use of African pangolins by traditional medical practitioners in Sierra Leone. J. Ethnobiol. Ethnomed. 10, 76.

[d] Akpona, H. A., Djagoun, C. A. M. S., Sinsin, B., 2008. Ecology of the three-cusped pangolin *Manis tricuspis* (Mammalia, Pholidota) in the Lama forest reserve, Benin. Mammal. 72 (3), 198-202.

中　非

非洲中部有三种非洲穿山甲。就本章而言，该区域包括安哥拉、喀麦隆、中非共和国、乍得、刚果民主共和国、赤道几内亚、加蓬和刚果共和国。

营养用途

穿山甲是非洲中部很受欢迎的野味。它们在食物喜好中经常排在前列（Kümpel，2006）。喀麦隆的

一项研究显示，受访者对白腹长尾穿山甲味道的评价很高，在野味排行前 10 个物种中排名第三（Wright and Priston，2010）。与其他物种相比，穿山甲被捕猎的数量一直在增加。Ingram 等（2018）估计，每年中非至少有 40 万只非洲穿山甲被捕获，大部分用于野味食用，从 20 世纪 70 年代至 21 世纪 10 年代，被猎杀的穿山甲比例有所上升。

在喀麦隆、刚果民主共和国、赤道几内亚、加蓬和刚果共和国，路边餐馆、野味类市场甚至首都的餐馆都有穿山甲公开销售（Albrechtsen et al.，2007；Cronin et al.，2015；Dethier，1995；Dupain et al.，2012；Mambeya et al.，2018；Mbete，2012）。在刚果民主共和国的基桑加尼，2002～2009 年，市场上的巨地穿山甲数量增加了 7 倍，其他中型（10～50kg）动物的数量显著减少；小型（小于 10kg）动物同期增加（van Vliet et al.，2012）。在喀麦隆，Infield（1988）报道，科鲁普国家公园周围，穿山甲肉非常受欢迎，Bobo 和 Kamgaing（2011）发现，白腹长尾穿山甲是科鲁普国家公园东北部村庄捕获量第二大的动物。这两种树栖物种（白腹长尾穿山甲和黑腹长尾穿山甲）都是在 Banyang-Mbo 野生动物保护区被 Mbo 族和 Banyangi 族猎人捕获的（Willcox and Nambu，2007）。在赤道几内亚，1991～2003 年（Kümpel，2006）和 2003～2010 年（Gill，2010），中部和芒多西市场（Malabo market）的穿山甲销售比例不断增加，赤道几内亚大陆和喀麦隆通过比奥科运往马拉博市场（Cronin et al.，2015；Hoffmann et al.，2015；Ingram et al.，2019；图 15.3）。在加蓬，2002～2014 年，马科库（Makokou）和利伯维尔市场的穿山甲价格上涨非常厉害（Mambeya et al.，2018）。在利伯维尔，巨地穿山甲和白腹长尾穿山甲的价格分别上涨了 211% 与 73%，而通货膨胀只上涨了 4.6%（Mambeya et al.，2018）。这项研究还强调，亚洲相关产业的工人经常向猎人提出购买穿山甲的需求；额外的需求说明了价格上涨的原因，这对此稀有物种的潜在威胁值得进一步研究。

图 15.3　巨地穿山甲（*Smutsia gigantea*）在西非和中非被猎杀和偷猎，并作为丛林肉消费或出售。
图片来源：Stuart Nixon。

中非共和国、安哥拉和乍得的研究较少，但在这些国家，穿山甲也会被猎杀和消费。中非研究中心的研究表明，巴卡（Baka）族和非巴卡族都吃穿山甲（Bahuchet，1990；Hodgkinson，2009），在 Bofiethnic 族群体中，Babingas-Bofis 族和 Gbayas-Bofis 族都会捕捉穿山甲（Lupo and Schmitt，2002；Vanthomme，2010）。尽管穿山甲是受保护物种，但在中非共和国的城市市场上也能经常看到贩卖巨地穿山甲（Fargeot，2013）。在安哥拉和乍得，关于穿山甲作为食用森林动物的信息很少。斯文松（Svensson）等（2014）报道，白腹长尾穿山甲在安哥拉的路边野味市场上公开出售，布劳提冈（Bräutigam）等（1994）报道，乍得人在当地食用穿山甲，且这种消费行为很可能会继续发生。

医药用途

科学文献中很少有中非民族药理学关于穿山甲的记录。但喀麦隆科鲁普国家公园附近的农村居民说，白腹长尾穿山甲和黑腹长尾穿山甲鳞片可用于治疗胃病（Bobo and Ntum Wel，2010）。通常将其烧焦或磨成粉末，与棕榈油或水混合后服用以净化肠胃。博基（Boki）人和 Anyang 人用这种鳞片治疗咳嗽（Mouté，2010）。乍得有报道指出，穿山甲附属产品可用于治疗疟疾（Bräutigam et al.，1994）。

其他用途

穿山甲与中非人民有着各种各样的关联和精神联系，如与生育能力和人格魅力之间的联系（见第12章）。然而，并非所有关联都是好兆头。刚果民主共和国东部的姆布蒂（Mbuti）人建议孕妇不要食用白腹长尾穿山甲或巨地穿山甲，他们认为这些食用动物可能会导致分娩过程中致命的出血（Ichikawa，1987）。刚果共和国和喀麦隆的巴卡（Baka）部落将一种疾病与白腹长尾穿山甲联系在一起，如果婴儿父母在孩子出生前或哺乳期间食用这种肉，婴儿就会患上腹部疾病（Sato，1998）。在刚果民主共和国的萨隆加-卢基尼-桑库鲁地区，巨地穿山甲是图腾动物，如果不和大家一起分享，将导致该家族成员死亡（Abernethy et al.，2010）。该物种也是恩孔杜（Nkundu）人的图腾，他们只会在特定的民族文化要求下猎杀它；还要准备一个圣地安放穿山甲尸体（Steel et al.，2008）。

穿山甲附属产品也被当作工具使用。在喀麦隆西南部，树栖穿山甲的鳞片用作刀片，它们的皮被用来缝制鼓（Bobo et al.，2015）。

东　　非

就本章而言，东非包括布隆迪、埃塞俄比亚、肯尼亚、马拉维、卢旺达、索马里、南苏丹、坦桑尼亚、乌干达和赞比亚。该地区有三种穿山甲：南非地穿山甲、巨地穿山甲和白腹长尾穿山甲，而黑腹长尾穿山甲可能仅在乌干达出现（见第8章）。

营养用途

与西非、中非和南非相比，东非对穿山甲利用的研究很少，但也有文献可查。坦桑尼亚曾记录到Banyamwezi 猎人在 20 世纪 90 年代中期猎杀巨地穿山甲作为食物（Carpaneto and Fusari，2000）。在乌干达，奥卢泼特（Olupot）等（2009）报道，2007～2008 年，卡富盆地（Kafu Basin）和默奇森瀑布保护区分别发现了两只巨地穿山甲被杀，可能是为了获取野味。

医药用途

东非民族药理学对穿山甲的应用有限。在坦桑尼亚，巨地穿山甲的鳞片被用来摆顺胎儿在孕妇子宫内的位置，以助分娩和分娩后排出胎盘（Marshall，1998）。碾磨成粉的鳞片用来治疗流鼻血（Kingdon，1974）。

其他用途

穿山甲有时被认为与人类的吸引力相关。在乌干达布干达王国，妇女通常在占卜者在场时，将巨地穿山甲的鳞片埋在自己爱慕对象的家门口台阶下，以助自己实现夙愿（Kingdon，1974）。

传闻穿山甲和雨水也有关联。沃尔什（Walsh）（1995，1996）报道，坦桑尼亚西南部的桑古（Sangu）人进行了穿山甲的祭祀仪式，这种祭祀期待降雨和丰富的食物，一般很少举行（Walsh，1995，1996；见第12 章）。坦桑尼亚和马拉维其他地区也有类似情况，在那里，穿山甲出现就是下雨的征兆（Bräutigam et al.，

1994；Mafongoya and Ajayi，2017）。在东非的几个国家，穿山甲也与好运联系在一起（见第 12 章）。

穿山甲相关附属产品被用作护身符。据报道，乌干达妇女将巨地穿山甲的鳞片与树皮混合防止恶灵侵害（Kingdon，1974）。在坦桑尼亚的鲁哈（Ruaha）国家公园和姆博米帕（Mbomipa）野生动物管理区，南非地穿山甲鳞片被用来防御坏人和抵挡厄运（Mbilinyi，2014）。据报道，在马拉维鳞片被用来抵御噩兆（Marshall，1998）。Bräutigam 等（1994）报道，在乌干达阿乔利（Acholi），用燃烧穿山甲鳞片产生的烟雾来驱赶狮子，在坦桑尼亚，其也被用来驱赶其他野生动物（Marshall，1998）。

南　非

南非地穿山甲是南非唯一的穿山甲，在本章中该地区包括博茨瓦纳、莫桑比克、纳米比亚、南非共和国、斯威士兰和津巴布韦。该地区有大量的部落有长期利用南非地穿山甲作为食物来源、治疗疾病和举行祭祀仪式的历史。

营养用途

各个国家都有南非地穿山甲被猎杀的记录，如南非共和国（Jacobsen et al.，1991；Pietersen et al.，2016；van Aarde et al.，1990）、津巴布韦（Ansell，1960；Coulson，1989）和博茨瓦纳（Setlalekgomo，2014）。纳米比亚没有可查询的记录，但有狩猎和消费的迹象。莫桑比克也是如此（D.W. Pietersen，个人观察）。但南非穿山甲的消费量比西非和中非少得多。部分原因可能是穿山甲肉的脂肪含量较高（Bräutigam et al.，1994）。据悉，南非卡拉哈里地区的农场工人吃过在公路边被撞死的穿山甲，也吃过被电死在野禽农场围栏上的穿山甲，但他们没有主动捕杀穿山甲作为食物（Pietersen et al.，2014）。南非的野味贸易很少受到研究关注（Hayward，2009；Warchol and Johnson，2009），这对南非地穿山甲种群的影响仍然未知。

医药用途

传统药物利用在南非已经有几个世纪的历史了。历史上乡村草药医生和 "Sangomas"（使用天然植物和动物疗法的传统医师）让南非的传统医药商业贸易十分繁荣（Cunningham and Zondi，1991；Williams and Whiting，2016），部分原因是南非农村大多数人通过咨询传统医师来治疗疾病。"强有力的"物种很容易在包括邻国在内的大面积地区被捕获，并在城市商业市场出售 [如法拉第（Faraday）和约翰内斯堡（Johannesburg）市场；Williams and Whiting，2016]。穿山甲是南非最受欢迎的哺乳动物之一（Cunningham and Zondi，1991），在那里可以找到它们的鳞片和骨骼（Whiting et al.，2011），但这种动物的捕获率很低。Williams 和 Whiting（2016）认为可能是因为它们在野外极难被找到。穿山甲在津巴布韦也很受欢迎，在那里，它被视为一种强效药物（Duri，2017；Smithers，1966）。穿山甲的各个部位在纳米比亚和莫桑比克的市场上很少见到，尽管 Marshall（1998）报道这两个国家对穿山甲都存在大量需求。但为特殊疾病而开出穿山甲身体部位的处方却很少受到关注。Setlalekgomo（2014）和 Baiyewu 等（2018）分别调查了博茨瓦纳和南非共和国传统医药利用穿山甲的情况。像在西非一样，从肝脏和肺部到大脑、血液、脂肪和鳞片等身体部位都是传统医师为关节炎、月经过多、水痘、耳痛和糖尿病等疾病开出的处方（表 15.3）。

表 15.3　博茨瓦纳和南非共和国的传统医生为治疗疾病开出的利用穿山甲身体部位的药方。

身体部位	治疗的疾病种类
鳞甲	身体疼痛、关节炎、头痛、背痛、脚/腿肿、脚痉挛、月经出血过多、月经疼挛、婴儿疾病、中风、水痘、癫痫、心脏病、伤口、皮肤问题/皮肤干燥、皮疹、溃疡、结核病、疲倦、癌症、胸痛、脚后跟开裂、糖尿病、甲状腺肿、高血压、持续咳嗽

身体部位	治疗的疾病种类
血液	月经过多、痛经、心脏病、鼻出血、高血压、胸痛、血液净化，对身体健康有益
肉	听力问题、耳疮、耳痛、皮肤问题/皮肤干燥、皮疹
心脏、肝、肠、肺	鼻出血、皮肤病、儿童体内寄生虫、儿童哮喘、增加生育能力
爪	疼痛

来源：Baiyewu, A. O., Boakye, M. K., Kotze', A., Dalton, D. L., Jansen, R., 2018. Ethnozoological survey of the traditional uses of Temminck's pangolin (*Smutsia temminckii*) in South Africa. Soc. Anim. 26, 1-20; Setlalekgomo, M. R., 2014. Ethnozoological survey of the indigenous knowledge on the use of pangolins (*Manis* sps [sic]) in traditional medicine in Lentsweletau Extended Area in Botswana. J. Anim. Sci. Adv. 4 (6), 883-890.

其他用途

在南非，与某些物种的偶遇通常与预兆或信仰有关。对津巴布韦的修纳（Shona）人和南非的阿马祖鲁人（amaZulu）来说，发现穿山甲是非常好的预兆，通常这种动物会被捕获并作为"有价值的"礼物送给酋长、国家元首或传统医师（Coulson，1989；Pietersen et al.，2014）。通过向传统医师赠送穿山甲，人们相信这个人会得到保护和幸福（Challender and Hywood，2012）。当南非的文达（Venda）人和班图族（Tswana）人看到穿山甲时，会唱特殊的歌曲，并宰杀绵羊，酋长和部落成员会对看到该动物的人给予特殊待遇（Baiyewu et al.，2018）。

在某些地方，人们认为穿山甲与气候现象密切相关，包括降雨（如在东非）和干旱。南非部落文化中普遍认为，如果穿山甲的血溅到地上，会导致干旱（Baiyewu et al.，2018；Niehaus，1993）。在文达和班图族部落，人们相信这种动物会在闪电和雷暴期间"从天上飞下来"，因为当地人经常在这种气象出现后看到它们（Baiyewu et al.，2018）。Bräutigam 等（1994）报道，人们认为纳米比亚加大捕获穿山甲力度，可能是当地对于雨水需求较大，但久不下雨的原因。相反，南非的阿马祖鲁人（amaZulu）认为，如果看到穿山甲，会发生干旱，为了防止这种情况发生，必须杀死这种动物（Kyle，2000）。在莫桑比克，南非地穿山甲与雨有关，活穿山甲可能是富足或饥荒的象征（Bräutigam etal.，1994）。

在博茨瓦纳，如果一个人看到没有蜷缩起来的穿山甲，或者看到它用两条腿走路，这是一个不好的预兆。据信，任何走过穿山甲足迹的孕妇都会生下一个皮肤有鳞的婴儿，如果一个人踩到穿山甲的足迹，鞋跟会开裂（Setlalekgomo，2014）。

南非地穿山甲的鳞片用于多种精神疗法。Baiyewu 等（2018）和 Setlalekgomo（2014）分别研究了南非共和国和博茨瓦纳关于鳞片在治疗精神疾病方面的用途（表 15.4）。穿山甲鳞片和血液在农村地区传统医师的治疗方法中得到了最大限度的应用。许多这样的精神联系都与带来好运、给予保护或力量以及净化身体有关。当地人通常将鳞片放在皮夹中"保护"金钱，或者将放有鳞片的皮夹放在汽车中防止发生事故，甚至直接吞咽鳞片以延长寿命或避免犯错。有时会将血液放在瓶中，与油脂混合，用于建造房屋或动物围栏以抵御恶魔入侵（Baiyewu et al.，2018）。南非夸祖鲁-纳塔尔省认为，吸入燃烧鳞片的烟雾可以减少狂躁的情绪（Cunningham and Zondi，1991）。

表 15.4　博茨瓦纳和南非共和国的传统医者为治疗精神疾病而开出的南非地穿山甲及其身体部位的处方。

身体部位	精神疗法
甲片	预防雷击、预防坏天气、带来好运、晋升职位、防止外伤、防止精神伤害、使婴儿/儿童变强壮、抵御恶灵的伤害、防止火灾、求姻缘符、长寿、净化灵魂、稳固领导者的地位、保护牛和其他牲畜、保佑牛多生牛犊、保护农作物免受巫术的侵害
血液	稳固领导者的地位、预防精神和身体受到伤害、预防雷击、预防坏天气、保佑牛多生牛犊、保护牛和其他牲畜、抵御恶灵的伤害、净化灵魂、净化血液、祈求健康和福祉、求姻缘、吸引顾客
脂肪	抵御恶灵或厄运、祭祀仪式、净化灵魂、净化血液

身体部位	精神疗法
心脏、肝、肠、肺	稳固领导者的地位、防止被诱惑、防止恶灵侵害
头、脑、眼、鼻	保护牛圈（围场）和其他牲畜免受邪恶与食肉动物的侵害、精神控制、预言
爪	好运、强化身体
皮肤、尸体	保护牛和其他牲畜
整只动物	稳固领导者的地位、好运、晋升、防止恶灵侵害

来源：Baiyewu, A. O., Boakye, M. K., Kotze', A., Dalton, D. L., Jansen, R., 2018. Ethnozoological survey of the traditional uses of Temminck's pangolin (*Smutsia temminckii*) in South Africa. Soc. Anim. 26, 120; Setlalekgomo, M. R., 2014. Ethnozoological survey of the indigenous knowledge on the use of pangolins (*Manis* sps [sic]) in traditional medicine in Lentsweletau Extended Area in Botswana. J. Anim. Sci. Adv. 4 (6), 883890.

穿山甲及其制品的利用对穿山甲种群的影响

在西非，关于穿山甲的野味类贸易和传统医药用途的研究（Akpona et al.，2008；Boakye et al.，2014，2015；Soewu and Adekanola，2011）所达成的共识是：这些活动导致三种非洲穿山甲种群数量减少（见第 8 章至第 10 章）。受访者对近 30 年来穿山甲在野味和传统医药交易中的使用情况看法显示，穿山甲的数量和分布范围逐步下降。Anadu 等（1988）报道，尼日利亚本德尔州［现在是江户州（Edo）和三角州（Delta）］的野味零售商将白腹长尾穿山甲和黑腹长尾穿山甲列为难以获得的物种（Anadu et al.，1988）。同样，Sodeinde 和 Adedipe（1994）指出，猎人们的描述表明，现在白腹长尾穿山甲比往年更稀有。接受 Soewu 和 Adekanola（2011）采访的传统医学从业者回应称，随着时间推移，穿山甲平均数量在减少、体型也都在变小。

中非现有的证据表明，当地的利用和贸易量对于整个种群来说无法持续。Ingram 等（2018）利用当地狩猎数据估计了整个地区穿山甲种群的利用情况。基于 310 只收缴样本，45%的穿山甲属于亚成体或幼体，所以他们估计，每年可能有 40 万只穿山甲被盗猎。此外，该地区穿山甲的捕获量似乎在增加。Ingram 等（2018）报道，从 2000 年前（1975～1999 年）到 2000 年后（2000～2014 年），穿山甲的年捕获量增加了约 150%。捕获的穿山甲量占所有动物捕获量的百分比也从 1972 年的 0.04%显著增加到 2014 年的 1.83%（Ingram et al.，2018）。当地人的普遍认知也从另一方面证明了穿山甲正变得越来越稀少。2009 年，在喀麦隆科鲁普国家公园附近接受采访的当地社区人员表示，之前 10 年，巨地穿山甲数量充足，从 2009 年开始变得非常罕见（Ngoufo et al.，2014）。尽管是坊间传闻，Infield（1988）指出该物种在科鲁普国家公园附近的地区可能已经不再有分布，Mouté（2010）也报道，在该公园东北方向观察不到该物种。Abugiche（2008）指出，巨地穿山甲可能在喀麦隆 Banyang-Mbo 野生动物保护区附近的 14 个村庄灭绝。对加蓬当地两个村庄的 Pouvi 族猎人采访显示，巨地穿山甲的数量要么很稀少，要么已经从一些地区消失（Schleicher，2010）。

关于东非地区穿山甲利用及其对种群影响的信息很少。根据缉获记录，该区域的穿山甲非法贸易量（主要是规模）一直在增加，这牵涉到肯尼亚和乌干达等其他国家（见第 16 章；Challender and Waterman，2017；Heinrich et al.，2017）。可目前尚不明确这些穿山甲的来源，无法清楚地判断它们是专为国际走私用还是狩猎的副产品。

南非地穿山甲在南非受到高度追捧，过度捕猎会对当地种群数量造成一定影响。在南非夸祖鲁-纳塔尔省，过度的捕猎直接导致该物种在当地灭绝（见第 11 章；Cunningham and Zondi，1991；Pietersen et al.，2014，2016）。由于该物种习性难以捉摸，又难于发现，这使得确定使用对该物种范围内其他种群的影响变得更加困难（见第 11 章）。该物种在南非传统市场上比较少见，可能是由于其稀缺性，但需要对种群状况进行进一步研究（第 34 章）。

总体而言，证据表明，许多地方野味和传统药材的需求导致穿山甲数量无论从短期还是长期来看，都无法持续利用。由于盗猎压力与针对国际走私的目的性捕猎（见第 16 章），整个非洲穿山甲的数量很可能正在减少（请参阅第 8 章至第 11 章）。具体需要进一步开展量化研究，鉴定和监测地区及国家利用对穿山甲种群数量的影响。

结　论

非洲各地穿山甲的利用模式相似，但存在一些地区差异。这种动物被当作野味食用，特别是在西非和中非，那里对所分布的三种非洲热带穿山甲都有大量的需求。据报道，白腹长尾穿山甲是最常见的物种，也是贸易量最大的物种。大多数非洲农村人口依赖传统医师来满足医疗需求，而穿山甲是整个非洲传统医药的利用对象，这间接加剧了对穿山甲的猎捕杀戮。从非洲部分地区（如刚果民主共和国、尼日利亚）的高人口增长率预测来看，非洲穿山甲种群的利用压力近期内不太可能缓解。因此，迫切需要开展研究，了解利用开发程度及其对种群数量的影响，为规划保护和管理提供信息。

参 考 文 献

Abernethy, K., Coad, L., Llambu, O., Makiloutila, F., Easton, J., Akiak, J., 2010. Wildlife Hunting, Consumption Trade in the Oshwe Sector of the Salonga-Lukenie-Sankuru Landscape, DRC. WWF CARPO, Kinshasa, Democratic Republic of Congo.

Abugiche, S.A., 2008. Impact of Hunting and Bushmeat Trade on Biodiversity Loss in Cameroon: A Case Study of the Banyang-Mbo Wildlife Sanctuary. Ph.D. Thesis, Brandenburg University of Technology, Germany.

Ajayi, S., 1978. Pattern of bushmeat production, preservation and marketing in West Africa. Niger. J. For. 8, 48–52.

Akani, G.C., Amadi, N., Eniang, E.A., Luiselli, L., Petrozzi, F., 2015. Are mammal communities occurring at a regional scale reliably represented in "hub" bushmeat markets? A case study with Bayelsa State (Niger Delta, Nigeria). Folia Zool. 64 (1), 79–86.

Akpona, H.A., Djagoun, C.A.M.S., Sinsin, B., 2008. Ecology and ethnozoology of the tree-cusped pangolin *Manis tricuspis* (Mammalia, Pholidota) in the Lama forest reserve, Benin. Mammalia 72 (3), 198–202.

Albrechtsen, L., Macdonald, D.W., Johnson, P.J., Castelo, R., Fa, J.R., 2007. Faunal loss from bushmeat hunting: empirical evidence and policy implications in Bioko Island. Environ. Sci. Policy 10 (7–8), 654–667.

Anadu, P.A., Elamah, P.O., Oates, J.F., 1988. The bushmeat trade in southwestern Nigeria: a case study. Human Ecol. 16 (2), 199–208.

Ansell, W.F.H., 1960. Mammals of Northern Rhodesia. The Government Printer, Lusaka.

Bahuchet, S., 1990. Food sharing among the pygmies of Central Africa. Afr. Study Monogr. 11 (1), 27–53.

Baiyewu, A.O., Boakye, M.K., Kotze, A., Dalton, D.L., Jansen, R., 2018. Ethnozoological survey of the traditional uses of Temminck's pangolin (*Smutsia temminckii*) in South Africa. Soc. Anim. 26, 1–20.

Bene, J.-C.K., Gamys, J., Dufour, S., 2013. A wealth of Wildlife Endangered in northern Nimba County, Liberia. Int. J. Innov. Appl. Stud. 2 (1), 314–323.

Boakye, M.K., Pietersen, D.W., Kotzé, A., Dalton, D.L., Jansen, R., 2014. Ethnomedicinal use of African pangolins by traditional medical practitioners in Sierra Leone. J. Ethnobiol. Ethnomed. 10, 76.

Boakye, M.K., Pietersen, D.W., Kotzé, A., Dalton, D.-L., Jansen, R., 2015. Knowledge and uses of African pangolins as a source of traditional medicine in Ghana. PLoS One 10 (1), e0117199.

Boakye, M.K., Pietersen, D.W., Kotzé, A., Dalton, D.L., Jansen, R., 2016. Unravelling the pangolin bushmeat commodity chain and the extent of trade in Ghana. Hum. Ecol. 44 (2), 257–264.

Bobo, K.S., Ntum Wel, C.B., 2010. Mammals and birds for cultural purposes and related conservation practices in the Korup area,

Cameroon. Life Sci. Leaflets 9, 226–233.

Bobo, K.S., Kamgaing, T.O.W., 2011. *Etude chasse et contribution a l'evaluation de la durabilite des prelevements de Cephalophus monitcola* en peripherie nord-est du parc national de Korup (sud-ouest, Cameroun). Report for The Volkswagen Project, Dschang, Cameroon.

Bobo, K.S., Aghomo, F.F.M., Ntumwel, B.C., 2015. Wildlife use and the role of taboos in the conservation of wildlife around the Nkwende Hills Forest Reserve; southwest Cameroon. J. Ethnobiol. Ethnomed. 11, 2.

Bra··utigam, A., Howes, J., Humphreys, T., Hutton, J., 1994. Recent information on the status and utilization of African pangolins. TRAFFIC Bull. 15 (1), 15–22.

Carpaneto, G.M., Fusari, A., 2000. Subsistence hunting and bushmeat exploitation in central-western Tanzania. Biodivers. Conserv. 9 (11), 1571–1585.

Challender, D.W.S., Hywood, L., 2012. African pangolins under increased pressure from poaching and intercontinental trade. TRAFFIC Bull. 24 (2), 53–55.

Challender, D., Waterman, C., 2017. Implementation of CITES Decisions 17.239 b) and 17.240 on Pangolins (*Manis* spp.), CITES SC69 Doc. 57 Annex. Available from <https://cites.org/sites/default/files/eng/com/sc/69/E-SC69-57-A.pdf>. [August 2, 2018].

Coulson, I., 1989. The pangolin (*Manis temminckii* Smuts, 1835) in Zimbabwe. Afr. J. Ecol. 27 (2), 149–155.

Cowlishaw, G., Mendelson, S., Rowcliffe, J.M., 2005. Evidence for post-depletion sustainability in a mature bushmeat market. J. Appl. Ecol. 42 (3), 460–468.

Cronin, D., Woloszynek, S., Morra, W.A., Honarvar, S., Linder, J.M., Gonder, M.K., et al., 2015. Long-Term urban market dynamics reveal increased bushmeat carcass volume despite economic growth and proactive environmental legislation on Bioko Island, Equatorial Guinea. PLoS One 10 (8), e0137470.

Cunningham, A.B., Zondi, A.S., 1991. Use of Animal Parts for Commercial Trade in Traditional Medicines. Working Paper No. 76. Institute for Natural Resources, University of Natal, South Africa.

Dethier, M., 1995. Projet ECOFAC-Composante Cameroun-Etude Chasse. AGRECO, Bruxelles, Belgium.

Djagoun, C.A., Akpona, H.A., Mensah, G.A., Nuttman, C., Sinsin, B., 2012. Wild mammals trade for zootherapeutic and mythic purposes in Benin (West Africa): capitalizing species involved, provision sources, and implications for conservation. In: Nóbregra Alves, R.R., Rosa, I.L. (Eds.), Animals In Traditional Folk Medicine. Springer, Berlin, Heidelberg, pp. 367–381.

Dupain, J., Nackoney, J., Vargas, J.M., Johnson, P.J., Farfan, M.A., Bofaso, M., et al., 2012. Bushmeat characteristics vary with catchment conditions in a Congo market. Biol. Conserv. 146 (1), 32–40.

Duri, F.P.T., 2017. Development discourse and the legacies of pre-colonial Shona environmental jurisprudence: pangolins and political opportunism in independent Zimbabwe. In: Mawere, M. (Ed.), Underdevelopment, Development and the Future of Africa. Langaa Research and Publishing Common Initiative Group, Bamenda, Cameroon, pp. 435–460.

Fa, J.E., Seymour, S., Dupain, J., Amin, R., Albtrechtsen, L., Macdonald, D., 2006. Getting to grips with the magnitude of exploitation: bushmeat in the Cross-Sanaga region, Nigeria and Cameroon. Biol. Conserv. 129 (4), 497–510.

Fargeot, C., 2013. La chasse commerciale en Afrique central: une menace pour la biodiversite ou une activite economique durable? La cas de la Republique Centrafricaine. Ph.D. Thesis, L'Universite Paul Valery, Montpellier, France.

Gill, D.J.C., 2010. Drivers of Change in Hunter Offtake and Hunting Strategies in Sendje, Equatorial Guinea. M.Sc. Thesis, Imperial College London, UK.

Gonedelé Bi, S., Koné, I., Béné, J.C.K., Bitty, E.A., Yao, K. A., Kouassi, B.A., et al., 2017. Bushmeat hunting around a remnant coastal rainforest in Coté d'Ivoire. Oryx 51 (3), 418–427.

Greengrass, E., 2016. Commercial hunting to supply urban markets threatens mammalian diversity in Sapo National Park, Liberia. Oryx 50 (3), 397–404.

Hayward, M.W., 2009. Bushmeat hunting in Dwesa and Cwebe Nature Reserves, Eastern Cape, South Africa. South Afr. J. Wildlife

Res. 39 (1), 70–84.

Heinrich, S., Wittman, T.A., Rosse, J.V., Shepherd, C.R., Challender, D.W.S., Cassey, P., 2017. The Global Trafficking of Pangolins: A Comprehensive Summary of Seizures and Trafficking Routes From 2010–2015. TRAFFIC, Southeast Asia Regional Office, Petaling Jaya, Selangor, Malaysia.

Hodgkinson, C., 2009. Tourists, Gorillas and Guns: Integrating Conservation and Development in the Central African Republic. Ph.D. Thesis, University College London, London, UK.

Hoffmann, M., Cronin, D.T., Hearn, G., Butynski, T.M., Do Linh San, E., 2015. A review of evidence for the presence of Two-spotted Palm Civet *Nandinia binotata* and four other small carnivores in Bioko, Equatorial Guinea. Small Carnivore Conserv. 52 & 53, 13–23.

Hoyt, R., 2004. Wild meat harvest and trade in Liberia: managing biodiversity, economic and social impacts. Overseas Development Institute Wildlife Policy Briefing Number 6. Overseas Development Institute, London, UK.

Ichikawa, M., 1987. Food restrictions of the Mbuti Pygmies, Eastern Zaire. Afr. Study Monogr. 6, 97–121.

Infield, M., 1988. Hunting, Trapping and Fishing in Villages Within and on the Periphery of the Korup National Park. WWF Report, UK.

Ingram, D.J., Coad, L., Abernethy, K.A., Maisels, F., Stokes, E.J., Bobo, K.S., et al., 2018. Assessing Africa-wide pangolin exploitation by scaling local data. Conserv. Lett. 11 (2), e12389.

Ingram, D.J., Cronin, D.T., Challender, D.W.S., Venditti, D. M., Gonder, M.K., 2019. Characterizing trafficking and trade of pangolins in the Gulf of Guinea. Glob. Ecol. Conserv. 17, e00576.

Jacobsen, N.H.G., Newbery, R.E., De Wet, M.J., Viljoen, P. C., Pietersen, E., 1991. A contribution of the ecology of the Steppe Pangolin *Manis temminckii* in the Transvaal. Zeitschrift für Säugetierkunde 56 (2), 94–100.

Kingdon, J., 1974. East African Mammals: An Atlas of Evolution in Africa, vol. 1. University of Chicago Press, Chicago.

Kümpel, N.F., 2006. Incentives for Sustainable Hunting of Bushmeat in Río Muni, Equatorial Guinea. Ph.D. Thesis, Imperial College London, UK.

Kyle, R., 2000. Some notes on the occurrence and conservation status of *Manis temminckii*, the pangolin, in Maputaland, KwaZulu/Natal. Koedoe 43, 97–98.

Lupo, K.D., Schmitt, D.N., 2002. Upper paleolithic nethunting, small prey exploitation, and women's work effort: a view from the ethnographic and ethnoarchaeological record of the Congo Basin. J. Archeol. Method Theory 9 (2), 147–179.

MacKinney, L.C., 1946. Animal substances in materia medica. J. Hist. Med. Allied Sci. 1 (1), 149–170.

Mafongoya, P.L., Ajayi, O.C., 2017. Indigenous Knowledge Systems and Climate Change Management in Africa. CTA, Wageningen, The Netherlands.

Mambeya, M.M., Baker, F., Momboua, B.R., Pambo, A.F.K., Hega, M., Okouyi, V.J.O., et al., 2018. The emergence of a commercial trade in pangolins from Gabon. Afr. J. Ecol. 56 (3), 601–609.

Marshall, N.T., 1998. Searching for a Cure: Conservation of Medicinal Wildlife Resources in East and Southern Africa. TRAFFIC International, Cambridge, UK.

Mbete, R.A., 2012. Household Bushmeat Consumption in Brazzaville, the Congo. Ph.D. Thesis, University of Liege, Liege, Belgium.

Mbilinyi, S., 2014. Medicinal Use of Wild Animal Products by the Local Communities Around Ruaha National Park and Mbomipa Wildlife Management Area. B.Sc. Thesis, Sokoine University of Agriculture, Morogoro, Tanzania.

Milner-Gulland, E.J., Bennett, E., the SCB 2002 Annual Meeting Wild Meat Group, 2003. Wild meat: the bigger picture. Trends Ecol. Evol. 18 (7), 351–357.

Mouté, A., 2010. Etat des lieux et perspectives de gestion durable de la chasse villageoise en peripherie nord-est du parc national de Korup, region du sud-ouest de Cameroun. M.Sc. Thesis, Universite de Dschang, Dschang, Cameroon.

Ngoufo, R., Yongyeh, N.K., Obioha, E.E., Bobo, K.S., Jimoh, S.O., Waltert, M., 2014. Social norms and cultural services–community belief system and use of wildlife products in the northern periphery of the Korup National Park, south-west Cameroon. Change Adapt. Socioecol. Syst. 1, 26–34.

Niehaus, I.A., 1993. Witch-hunting and political legitimacy: continuity and change in Green Valley, Lebowa, 1930-91. Africa: J. Int. Afr. Inst. 63 (4), 498–530.

Ntiamoa-Baidu, Y., 1987. West African wildlife: a resource in jeopardy. Unasylva 39 (2), 27–35.

Olupot, W., Mcneilage, A.J., Plumptre, A.J., 2009. An Analysis of Socioeconomics of Bushmeat Hunting at Major Hunting Sites in Uganda. Working Paper 38. Wildlife Conservation Society (WCS), Kampala, Uganda.

Ordaz-Nemeth, I., Arandjelovic, M., Boesch, L., Gatiso, T., Grimes, T., Kuehl, H.S., et al., 2017. The socio-economic drivers of bushmeat consumption during the West African Ebola crisis. PLoS Negl. Trop. Dis. 11 (3), e0005450.

Petrozzi, F., Amori, G., Franco, D., Gaubert, P., Pacini, N., Eniang, E.A., et al., 2016. Ecology of the bushmeat trade in West and Central Africa. Trop. Ecol. 57 (3), 547–559.

Pietersen, D.W., McKechnie, A.E., Jansen, R., 2014. A review of the anthropogenic threats faced by Temminck's ground pangolin, *Smutsia temminckii*, in southern Africa. South Afr. J. Wildlife Res. 44 (2),167–178.

Pietersen, D., Jansen, R., Swart, J., Kotze, A., 2016. A conservation assessment of *Smutsia temminckii*. In: Child, M.F., Roxburgh, L., Do Linh San, E., Raimondo, D., Davies-Mostert, H.T. (Eds.), The Red List of Mammals of South Africa, Swaziland and Lesotho. South African National Biodiversity Institute and Endangered Wildlife Trust, South Africa.

Sato, H., 1998. Folk etiology among the Baka, a group of hunter-gatherers in the African rainforest. Afr. Study Monogr. Suppl. 25, 33–46.

Schleicher, J., 2010. The Sustainability of Bushmeat Hunting in Two Villages in Central Gabon. M.Sc. Thesis, University of Oxford, UK.

Setlalekgomo, M.R., 2014. Ethnozoological survey of the indigenous knowledge on the use of pangolins (*Manis* sps [sic]) in traditional medicine in Lentsweletau Extended Area in Botswana. J. Anim. Sci. Adv. 4 (6), 883–890.

Smithers, R.H.N., 1966. The Mammals of Rhodesia. Zambia and Malawi. Collins, London.

Sodeinde, O.A., Adedipe, S.R., 1994. Pangolins in southwest Nigeria–current status and prognosis. Oryx 28 (1), 43–50.

Soewu, D.A., Ayodele, I.A., 2009. Utilisation of pangolin (*Manis* sp. [sic]) in traditional Yorubic medicine in Ijebu Province, Ogun State, Nigeria. J. Ethnobiol. Ethnomed. 5, 39.

Soewu, D.A., Adekanola, T.A., 2011. Traditional-medical knowledge and perception of pangolins (*Manis* sps [sic]) among Awori People, Southwestern Nigeria. J. Ethnobiol. Ethnomed. 7, 25.

Steel, L., Colom, A., Maisels, F., Shapiro, A., 2008. The Scale and Dynamics of Wildlife Trade Originating in the South of the Salonga-Lukenie-Sankuru landscape. WWF, Democratic Republic of Congo.

Svensson, M., Bersacola, E., Bearder, S., 2014. Pangolins in Angolan bushmeat markets. News piece for the IUCN SSC Pangolin Specialist Group. Available from: <https://www.pangolinsg.org/2014/06/01/pangolins-in-angolan-bushmeat-markets-2/>. [November 3, 2018].

van Aarde, R.J., Richardson, P.R.K., Pietersen, E., 1990. Report on the Behavioural Ecology of the Cape Pangolin (*Manis temminckii*). Mammal Research Institute, University of Pretoria, South Africa.

van Vliet, N., Nebesse, C., Gambalemoke, S., Akaibe, D., Nasi, R., 2012. The bushmeat market in Kisangani, Democratic Republic of Congo: implications for conservation and food security. Oryx 46 (2), 196–203.

Vanthomme, H., 2010. L'exploitation durable de la faune dans un village forestier de la Republique Centrafricaine: une approche interdisciplinaire. Ph.D. Thesis, Museum National D'Histoire Naturelle, Paris, France.

Walsh, M.T., 1995/96. The ritual sacrifice of pangolins among the Sangu of south-west Tanzania. Bull. Int. Committ. Urgent Anthropol. Ethnol. Res. 37/38, 155–170.

Warchol, G., Johnson, B., 2009. Wildlife crime in the game reserves of South Africa: a research note. Int. J. Comp. Appl. Crim. Just. 33 (1), 143–154.

Whiting, M.J., Williams, V.L., Hibbitts, T.J., 2011. Animals traded for traditional medicine at the Faraday market in South Africa: species diversity and conservation implications. J. Zool. 284 (2), 84–96.

Willcox, A.S., Nambu, D.M., 2007. Wildlife hunting practices and bushmeat dynamics of the Banyangi and Mbo people of southwestern Cameroon. Biol. Conserv. 134 (2), 251–261.

Williams, V.L., Whiting, M.J., 2016. A picture of health? Animal use and the Faraday traditional medicine market, South Africa. J. Ethnopharmacol. 179, 265–273.

World Health Organization, 2013. World Health Organization Traditional Medicine Strategy 2014–2023. World Health Organization, Geneva, Switzerland.

Wright, J.H., Priston, N.E.C., 2010. Hunting and trapping in Lebialem Division, Cameroon: bushmeat harvesting practices and human reliance. Endanger. Sp. Res. 11 (1), 1–12.

Zeba, S., 1998. Community Wildlife Management in West Africa: A Regional Review. Evaluating Eden Series Working Paper No.9. International Institute for Environment and Development (IIED), London, UK.

第 16 章 1900～2019 年穿山甲的国际贸易和走私

丹尼尔·W. S. 查兰德 [1, 2]，莎拉·海因里希 [2, 3, 4]，克里斯·R. 谢菲尔德 [2, 4]，
莉迪亚·K. D. 卡蒂斯 [2]

1. 牛津大学动物学系和牛津马丁学院，英国牛津
2. 摄政公园伦敦动物学会，世界自然保护联盟物种生存委员会穿山甲专家组，英国伦敦
3. 阿德莱德大学生物科学学院，澳大利亚南澳大利亚州阿德莱德
4. 大湖牧场监测保护研究协会，加拿大不列颠哥伦比亚省

引　言

　　穿山甲及其附属产品用于商业和国际贸易历史悠久。至少可以追溯到 20 世纪初，很可能发生得更早，一直是合法与非法形式并存，以致 21 世纪初穿山甲及其制品非法贸易量达到高潮。本章调查了 1900 年至 2019 年 7 月穿山甲的国际贸易和贩运情况，回顾了历史贸易，对《濒危野生动植物种国际贸易公约》（CITES）贸易数据及基于缉获记录的非法贸易数据进行了分析。讨论了国际贸易和走私的时空动态、对种群数量的影响及目前驱动贸易和走私的因素。

　　CITES 贸易数据于 2018 年 9 月 13 日从 CITES 网站（https://trade.cites.org/）下载并开展分析，以穿山甲各物种比较报告的形式进行。包括 1975 年到 2016 年（可获得完整数据的最近一年）的所有当事方、来源、目的和贸易条件数据。下载此文件是因为针对哺乳动物的 CITES 分类命名（Wilson and Reeder，2005）包括了该属中的所有穿山甲。结果和讨论遵循第 2 章介绍的分类法，即穿山甲分为 3 个属：*Manis*、*Phataginus* 和 *Smutsia*（Gaudin et al.，2009；Gaubert et al.，2018）。

　　Challender 等（2015）提供了含非洲和亚洲穿山甲数据集的更新版本，分析了 2000 年至 2019 年 7 月的非法国际贸易，用于估计贸易中动物数量的换算参数（表 16.1）。估算非法贸易中每种穿山甲的数量比较困难，因为大多数数据来源没有记录这块信息，仅注明"穿山甲"（如 *Manidae* spp.）。在这种情况下，使用了马来穿山甲（*Manis javanica*）的转换参数（表 16.1），因为该物种存在精确的转换参数数据，它比树栖和半树栖的非洲穿山甲大，比陆栖的非洲穿山甲小，树栖和陆栖的非洲穿山甲分别是穿山甲科最小和最大的物种。然而，这可能低估或高估了任何一次缉获中的穿山甲数量，总体而言，这取决于所涉及的物种种类（Challender and Waterman，2017）。同样的参数被用来估计历史贸易中穿山甲的数量（20 世纪初至 20 世纪 70 年代）和 CITES 贸易报告中涉及的数量。

表 16.1　用于估计非法贸易穿山甲数量的换算参数。参数只用现有的数据

种类	参数		
	个体/kg	鳞片/g	肉/kg
中华穿山甲		573.47[a]	
马来穿山甲	4.96[b]	360.51[a]	4.59[c]

续表

种类	参数		
	个体/kg	鳞片/g	肉/kg
菲律宾穿山甲	4.96[b]	360.51[a]	4.59[c]
印度穿山甲		3400[d]	
白腹长尾穿山甲		301[e]	
巨地穿山甲		3600[f]	
Manis spp.	4.96[b]	360.51[a]	4.59[c]
Phataginus spp.		301[g]	
Phataginus/Smutsia spp.		360.51[a]	
穿山甲科	4.96[b]	360.51[a]	4.59[c]

[a] From Zhou, Z.-M., Zhao, H., Zhang, Z.-X., Wang, Z.-H., Wang, H., 2012. Allometry of scales in Chinese pangolins (*Manis pentadactyla*) and Malayan pangolins (*Manis javanica*) and application in judicial expertise. Zool. Res. 33 (3), 271275.

[b] Trimmed mean. Taken from Pantel, S., Anak, N. A., 2010. A preliminary assessment of Sunda pangolin trade in Sabah. TRAFFIC Southeast Asia, Petaling Jaya, Selangor, Malaysia.

[c] From Challender, D. W. S., Harrop, S. R., MacMillan, D. C., 2015. Understanding markets to conserve trade-threatened species in CITES. Biol. Conserv. 187, 249259.

[d] From Mohapatra, R. K., Panda, S., Nair, M. V., Acharjyo, L. N., Challender, D. W. S., 2015. A note on the illegal trade and use of pangolin body parts in India. TRAFFIC Bull. 27 (1), 3340.

[e] 根据表 9.1（第 9 章）中的参数计算。

[f] 数据来自蒂基·海伍德基金会。

[g] As e.

20 世纪中早期的贸易（1900～1970 年）

记录显示，穿山甲的商业捕杀和国际贸易主要发生在 20 世纪初至中期。Dammerman（1929）报道称，尽管该物种受到法律保护，1925～1929 年，印度尼西亚爪哇向中国大陆出口了数吨马来穿山甲鳞片，每年涉及多达 10 000 只动物（Nijman，2015）。Harrisson 和 Loh（1965）报道，1958～1964 年，超过 60t 的穿山甲从加里曼丹岛、马来西亚砂拉越州、新加坡等地出口到中国大陆，据报道其被用于中医（Allen，1938）。如果 Harrisson 和 Loh 报道的数据准确，使用换算参数（表 16.1），加里曼丹岛的穿山甲贸易可能涉及 166 000 只马来穿山甲。大约同一时间，中国台湾的中华穿山甲（*M. pentadactyla*）数量也在下降，原因是当地皮革业快速发展，需求增多，导致穿山甲的捕猎数量增多，在 20 世纪 50 年代到 70 年代，每年至少有 6 万只穿山甲被捕获（Anon，1992）。因此，由于穿山甲种群数量减少，中国台湾越来越依赖从东南亚进口穿山甲。据估计，整个 20 世纪 70 年代，当地每年从柬埔寨、老挝、印度尼西亚、马来西亚、缅甸、越南和菲律宾进口 50 000～60 000 张穿山甲皮，其中大部分可能是马来穿山甲，也包括菲律宾穿山甲（*M. Culionensis*；Anon，1992）。虽然直到 2005 年后者才被确认为一个独立的种（Gaubert and Antunes，2005；见第 7 章），但源自菲律宾的马来穿山甲贸易肯定涉及菲律宾穿山甲。由于禁止捕猎，加上劳动力成本增加，以及国际供应出现问题，中国台湾的穿山甲皮革业在 20 世纪 80 年代关闭（Anon，1992）。除中国台湾的穿山甲种群数量下降外，该贸易还导致了东南亚马来穿山甲种群数量的下降（见下一节）。

20 世纪后期的贸易（1975～2000 年）

随着 1975 年《濒危野生动植物种国际贸易公约》（CITES）的问世，全球对国际野生动植物贸易的监测有所改善。亚洲穿山甲的种类，当时已被确认为马来穿山甲、中华穿山甲和印度穿山甲（*M.*

crassicaudata），都被列入 CITES 附录Ⅱ。南非地穿山甲（*Smutsia temminckii*）被列入 CITES 附录Ⅰ，其余三个非洲物种在 1976 年被加纳列入 CITES 附录Ⅲ。1995 年，所有种类的穿山甲都被列入 CITES 附录Ⅱ（见第 19 章）。

1975～2000 年向 CITES 组织报告的贸易涉及约 776 000 只穿山甲（Heinrich et al.，2016）。主要包括带鳞片的皮张，据估计，其中 509 564 只来自 19 个亚洲穿山甲分布区中的 11 个国家（图 16.1）。贸易大部分为马来穿山甲（87%；509 564 张皮中的 442 966 张），包括菲律宾穿山甲，其中中华穿山甲（11%；53 874 张皮）和印度穿山甲（2%；10 555 张皮；图 16.1）涉及的贸易则少得多。然而，据了解，贸易中的穿山甲皮容易被误认，贸易中没有涉及印度穿山甲（Anon，1999a，1999c；Broad et al.，1988）。

这些数据表明，1977～2000 年，国际平均每年交易 21 232 张皮，在 1981 年达到顶峰，接近 60 000 张皮，值得注意的是 2000 年，交易了近 74 000 张皮（图 16.1A，图 16.1B）。后一个高峰可能是由于 2000 年《濒危野生动植物种国际贸易公约》第 11 次缔约方大会上提议将亚洲穿山甲纳入 CITES 附录Ⅰ（请参阅第 19 章）。CITES 的提案已被证明对贸易有较大影响（Rivalan et al.，2007）。1989 年报告的贸易可忽略不计，前两年的贸易量有所下降，部分原因是 1987 年美国对泰国和印度尼西亚进口穿山甲皮实施禁令（Anon，1992；Nooren and Claridge，2001）。尽管许多州都参与了这种贸易，但据报道穿山甲的来源随着时间的推移而发生变化，这是由于穿山甲供应量减少了（Anon，1992，1999a），也可能是为了避免与美国进口新禁令发生冲突，尽管美国当时是最重要的毛皮市场（Heinrich et al.，2016；Nooren and Claridge，2001）。主要出口国分别是 20 世纪 70 年代末及 80 年代的印度尼西亚和泰国，90 年代的老挝和马来西亚（图 16.1A）。尽管穿山甲在主要出口国，如印度尼西亚、马来西亚和泰国是受保护物种，大部分走私还是出于商业目的。这种贸易的绝大部分最终目的地是美国和墨西哥，大量在日本和新加坡中转。一旦进入北美，穿山甲皮就被制成皮革制品，包括手袋、皮带、钱包和靴子，用于批发和零售（图 16.2）。

根据《濒危野生动植物种国际贸易公约》的贸易数据，1975～2000 年，鳞片和一系列其他亚洲穿山甲附属产品也在国际上交易。这包括 1994～2000 年近 17 000kg 的鳞片，相当于约 47 000 只马来穿山甲，从马来西亚出口到中国用于生产中药。交易涉及的中华穿山甲和种类不明的穿山甲 "*Manis* spp." 的量要小得多，且也涉及了相对少量的活体、肉类和其他衍生品（Challender and Waterman，2017；Heinrich et al.，2016）。

相比之下，向 CITES 组织报告的非洲穿山甲的国际贸易数据非常少。它主要涉及活体白腹长尾穿山甲（*Phataginus tricuspis*）和黑腹长尾穿山甲（*P. tetradactyla*），其中近 150 只是从日本和美国进口的，用于圈养和商业用途，还涉及少量的尸体和标本及其他衍生品（Challender and Waterman，2017）。

尽管这一时期上报给 CITES 组织的亚洲穿山甲交易数量可观，但与未上报的交易量相比，就显得微不足道了。从 CITES 组织关于穿山甲重要贸易评估报告中提取的数据（Anon，1992，1999a，1999b，1999c），Challender 等（2015）估计，这种贸易至少还涉及 500 000～935 000 只亚洲穿山甲。韩国在 20 世纪 80 年代至 90 年代每年进口几吨或几十吨鳞片，中国在 20 世纪 90 年代也进口了数量较多的鳞片；中国主要从东南亚等地区进口成千上万只活体穿山甲，其中大部分是中华穿山甲和马来穿山甲（Anon，1992，1999a，1999b，1999c；Broad et al.，1988；Li and Li，1998；Wu et al.，2004；Wu and Ma，2007）。虽然这种贸易没有正式向 CITES 组织报告，但它仍然被纳入重要贸易评估报告中，意味着它构成了 20 世纪末政策决策基础证据的一部分（见第 19 章）。

由于缺乏对穿山甲种群及其行为（如死亡率和繁殖率）的了解，确定国际贸易对种群的影响并将其从本地利用中分离出来非常具有挑战性（Anon，1992，1999a，1999b）。有证据表明，无论是合法的还是非法的国际贸易，亚洲穿山甲数量下降与商业方面的需求有重要关系。根据 1988～1999 年 CITES 组织第一次调查结果，人们越来越认识到贸易驱动的盗猎导致了东南亚地区的中华穿山甲和马来穿山甲数量严重减少（Anon，1999a，1999b；Broad et al.，1988）。老挝不同地区的村民在 20 世纪 90 年代估测，由于过度

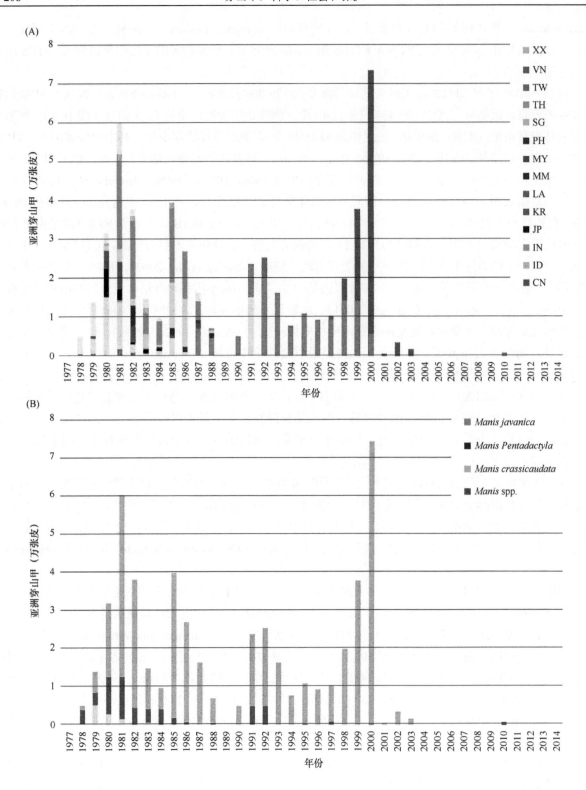

图 16.1　（A）1977～2014 年国际贸易中按进口商、原产地（如果原产地未报告则为出口商）报告的全亚洲穿山甲皮的估计数量，包括被记录为 *Manis* spp.的交易。报道的最后一年是 2014 年。贸易源自或出口自 13 个亚洲穿山甲分布国家及地区：中国（CN，数据不含台湾）、印度尼西亚（ID）、印度（IN）、日本（JP）、韩国（KR）、老挝（LA）、缅甸（MM）、马来西亚（MY）、菲律宾（PH）、新加坡（SG）、泰国（TH）、中国台湾（TW）和越南（VN）。XX 表示未知。（B）进口商报告的 1977～2014 年国际贸易中亚洲穿山甲全皮的估计数量，按物种分列。这包括穿山甲属 *Manis* spp.的贸易。原产于亚洲穿山甲分布区或从亚洲穿山甲分布区出口。资料来源：《濒危野生动植物种国际贸易公约》的贸易数据。

捕猎，马来穿山甲的数量相比于 20 世纪 60 年代减少了 99%（Duckworth et al.，1999）。东南亚其他地区也有类似证据。在马来西亚半岛的许多地方，当地的土著人报告说，在 20 世纪 70 年代和 80 年代，马来穿山甲数量丰富，但由于过度捕猎，数量在 21 世纪前十年急剧下降（D. Challender，未公开数据）。据报道，马来西亚半岛的一家贸易公司 20 世纪 90 年代每月收获 100t 穿山甲（相当于约 20 000 只马来穿山甲）用于出口，但后来停止了贸易，因为当时穿山甲资源几乎已经耗尽（Anon，未发表数据）。越南 2007 年对该国北部和中部三个不同省份的猎人进行的采访显示，中华穿山甲和马来穿山甲的数量在 20 世纪 90 年代和 21 世纪前十年出现了下降，主要原因是过度捕猎（Newton et al.，2008；P. Newton，个人评论）。同样，柬埔寨的猎人说马来穿山甲由于过度捕猎已经在一些地区消失，缅甸和泰国的部分地区也出现了同样的情况（见第 6 章）。

图 16.2　穿山甲皮革制品。图片来源：美国鱼类及野生动植物管理局。

　　20 世纪末，东亚穿山甲的数量也有所减少，尽管不是由于国际贸易，但这对了解当代贸易和非法走私动态至关重要。20 世纪 60 年代至 20 世纪 80 年代，中国每年估计收获 150 000～160 000 只穿山甲（Zhang，2009），主要涉及中华穿山甲（有关马来穿山甲在中国的分布情况，请参见第 6 章）。中国南方传说食用穿山甲肉对身体有好处，因而穿山甲美食大受青睐（见第 14 章），还有中医利用穿山甲鳞片等（Zhang，2009），大规模的开发利用导致了 20 世纪 90 年代中期中华穿山甲的商业灭绝（Anon，1999b；Zhang，2009）。Wu 等（2004）估计，中华穿山甲的种群数量在 20 世纪 60 年代至 21 世纪初下降了 94%。在 20 世纪 90 年代之前，中国在穿山甲及其附属产品方面基本上自给自足。但由于国内需求大增，供应短缺，20 世纪 90 年代初，从邻国包括老挝、缅甸和越南进口了大量的活体和鳞片（Anon，1999b）。然而据报道，1995 年国际供应中断，导致中国南方的鳞片价格在 1995～1996 年翻了一倍以上（SATCM，1996）。有报告表明，20 世纪 90 年代中后期中国严重缺乏穿山甲鳞片，导致一些中药公司公开提出购买大量穿山甲鳞片的需求（Anon，1999b）。对穿山甲肉、鳞片及含鳞片产品的持续需求，让中国在 20 世纪后期的穿山甲贸易中起了重要作用。

贸易和走私（2000～2019 年）

《濒危野生动植物种国际贸易公约》的贸易报告（2001～2016 年）

在 2000 年的《濒危野生动植物种国际贸易公约》第 11 次缔约方大会上，基于穿山甲非法贸易对其可持续性及种群影响的担忧，会议为野生亚洲穿山甲的商业国际贸易设立了零出口配额（见第 19 章）。在此期间，由于非法贸易仍在继续，2016 年第 17 届联合国气候变化大会将 8 种穿山甲从 CITES 附录 II 提升至 CITES 附录 I，在全球范围内发布野生穿山甲商业贸易禁令，并于 2017 年 1 月 2 日生效。

与 2000 年之前相比，2001～2016 年，亚洲穿山甲报告的贸易量较少（图 16.1A，图 16.1B）。这主要涉及皮张，2001～2003 年交易了约 6000 张马来穿山甲皮，零出口配额禁令导致了该贸易量的下降，此后几乎没有非法皮张贸易的报告（图 16.1A，图 16.1B；Challender et al.，2015；Challender and Waterman，2017；Heinrich et al.，2016）。一个例外是，2010 年查获了 1000 张从老挝出口到墨西哥的中华穿山甲皮张，据报道这些穿山甲都是合法商业养殖的（Challender and Waterman，2017）。此外还有从马来西亚出口的 3200kg 鳞片，以及大量的药品、鞋子和其他物品，包括皮革制品（Challender and Waterman，2017；Heinrich et al.，2016）。

向 CITES 组织报告的国际贸易中的非洲穿山甲数量在 2001～2016 年显著增加。这主要包括鳞片和活体，涉及白腹长尾穿山甲和巨地穿山甲（*S. gigantea*）。要准确估计贸易量比较困难，因为进口商和出口商记录的数量不一致。根据进口商记录，2013～2016 年，贸易估计涉及 2510kg 白腹长尾穿山甲鳞片（相当于约 8000 只个体）。这些鳞片主要从刚果民主共和国和刚果共和国出口。根据进口商和出口商的数据，走私贸易涉及大约 11.3t 巨地穿山甲鳞片（约 3100 只个体），在 2014～2016 年，这些货物 90% 以上从布隆迪走私到中国香港（57%，约 6500kg），从乌干达走私到中国（36%，约 4000kg）。没有证据表明布隆迪存在巨地穿山甲（见第 10 章），表明这些鳞片要么是从其他国家走私的，要么判断错误。2015 年，刚果民主共和国又出口了 750kg 未经鉴定的非洲穿山甲鳞片。

如果向 CITES 组织报告的贸易量是实际贸易量（而非发放的许可证量），2000 年后的贸易涉及约 1340 只活体非洲穿山甲，其中大部分出口到亚洲，包括 2012～2015 年从尼日利亚和多哥出口到老挝和越南的 650 只白腹长尾穿山甲，2015 年从尼日利亚出口的 200 只黑腹长尾穿山甲，以及 2012～2015 年从尼日利亚和多哥出口的 150 只巨地穿山甲，全部用于圈养繁殖或商业用途。这种贸易显然与试图商业圈养或人工养殖穿山甲有关（见第 32 章）。其他活体非洲穿山甲交易涉及白腹长尾穿山甲，2001～2016 年，主要出于商业目的估计交易了 287 只白腹长尾穿山甲，大多数动物（83%）从多哥、贝宁和喀麦隆出口。美国进口了 132 只个体，还有一些国家进口了少量的穿山甲，包括捷克共和国、意大利、日本、马来西亚、韩国和英国。同样，少量的黑腹长尾穿山甲、巨地穿山甲和南非地穿山甲也在同期由于同样的用途被交易。还有一些非洲穿山甲贸易涉及少量头骨、皮肤和其他衍生品（Challander and Waterman，2017）。

非法国际贸易（2000～2019 年）

非法野生动植物贸易一般非常隐秘，所以贸易行为很难监控。量化非法贸易的额度通常依靠政府或公开的数据（如媒体报道的缉获量）或使用新的方法（Hinsley et al.，2017）。本书选择 Challender 等（2015）根据来自政府、非政府组织和公开数据内容更新的数据库，描述国际穿山甲非法贸易状况。选择该数据库是因为它可以评估近 20 年（2000 年 8 月至 2019 年 7 月）的穿山甲交易情况。根据报告的国家或原产地（如非洲），结合物种特异的地理分布，可以推断出非法贸易中的穿山甲种类。因为报告中（如在媒体中）很少记录到穿山甲的种类（Challender et al.，2015）。尽管使用了收缴的数据，但会存在检测和报告偏差（Underwood et al.，2013），结果不足以去推断未来的贸易趋势或绝对交易量（Milliken et al.，2012）。此外，有关走私路线的数据可能存在不准确的地方，因此应谨慎对待（Challender and Waterman，2017；Heinrich et al.，2017）。

2000 年 8 月至 2019 年 7 月，穿山甲及其附属产品的国际走私估计涉及 89.5 万只个体（图 16.3A）。该数据推断基于缉获的 1474 只穿山甲和其他非法贸易记录（如贸易集团日志；Pantel and Anak，2010）。由于只有一部分非法贸易穿山甲被截获，因此实际贩运数量可能远超这一数字，但是对未发现和未报告的非法贸易进行统计比较困难（Phelps and Webb，2015），且超出了本章的范围。本章估计的穿山甲缉获数量可能偏高，如果走私的非洲穿山甲鳞片主要来源于地栖物种（如巨地穿山甲），则这种情况概率较高，因为使用的是科级转换参数（见表 16.1）。然而，根据对非洲热带穿山甲数量的了解（见第 9 章至第 11 章），缉获的白腹长尾穿山甲比例高于其他种类，尤其是考虑到穿山甲的捕猎属于不分种类的乱捕滥猎。更准确地记录和报告非法交易的穿山甲，对今后的分析更加有帮助（见第 34 章）。

国际走私涉及所有 8 种穿山甲（图 16.3B）。历史上记录在案的非法国际贸易主要涉及亚洲穿山甲。令人震惊的是，近期的大多数贸易（其中可以推断贸易中的属或种）包含非洲穿山甲，而且这些走私主要发生在 2016~2019 年（图 16.3B）。据估计，这涉及 58.5 万只非洲穿山甲，占穿山甲总贸易额的 65%。它主要涉及长尾穿山甲/地穿山甲（*Phataginus/Smutsia* spp.）贸易（58.5 万只动物中的 93%，54.4 万只），包括未鉴定到种的非洲穿山甲或其附属产品。涉及的长尾穿山甲（*Phataginus* spp.）估计有 3.9 万只（7%，总数 58.5 万只；图 16.3B）。据报道，一些其他种穿山甲的贸易很少，仅限于 1997 只白腹长尾穿山甲、118 只巨地穿山甲和 144 只南非地穿山甲（图 16.3B）。然而，几乎可以肯定，每一个物种的非法贸易量都远远大于记录量。黑腹长尾穿山甲的非法贸易没有具体记录（图 16.3B）。通过两种科学手段（Mwale et al.，2017）和对查获的鳞片进行目测检查，验证了这一物种走私到亚洲的事实（如在阿比让，M. Shirley，个人评论）。

亚洲穿山甲的非法贸易估计涉及 27.5 万只个体（占总贸易量的 31%），大部分（73%；27.5 万只中的 20.2 万只）为 *Manis* spp.（即无法推断所涉及的具体物种种类）。其中估计有 6.5 万只马来穿山甲（占全部非法贸易的 7%），其他穿山甲的数量要少得多（中华穿山甲约 3500 只，印度穿山甲约 3700 只，菲律宾穿山甲约 700 只）。但是，就像非洲穿山甲一样，几乎每个物种的非法走私肯定会涉及更多的动物，这在 *Manis* spp. 或 *Manidae* spp. 的贸易中得到了验证（图 16.3B）。据估计，*Manidae* spp. 贸易涉及 35 000 只穿山甲。

国际走私的穿山甲个体（即活的或死的）、肉、鳞片和皮张，涉及 50 多个国家。目前已经在 40 个国家缉获过走私的穿山甲，55 个国家被指为来源国、出口国、过境国或目的地国。这与之前对 2010~2015 年的走私案例分析大体一致，其中涉及 67 个国家（Heinrich et al.，2017）。这 55 个国家包括 19 个亚洲国家中的 17 个和 36 个非洲国家中的 25 个。

绝大多数（83%）穿山甲非法贸易对象是鳞片，估计相当于 74.5 万只穿山甲。大部分贸易（约 74.5 万只穿山甲中的 80%，59.2 万只）发生在 2016 年至 2019 年 7 月（图 16.3B），通过海运，穿山甲鳞片被藏在集装箱的箱子或麻袋中，并申报为鱼类（图 16.4）。几乎所有的非洲穿山甲贸易都涉及鳞片。假设报告的原产国或出口国数据准确，根据现有数据，非洲穿山甲主要来自尼日利亚（22.6 万只穿山甲）、刚果民主共和国（4.4 万只）、喀麦隆（3.4 万只）、乌干达（1.5 万只；未报告目的地）、刚果共和国（1.1 万只）和加纳（1 万只）。科特迪瓦、布基纳法索和利比里亚被报道是大约 0.83 万只穿山甲鳞片的出口国。根据现有数据，这种走私贸易中转国主要是中非共和国、肯尼亚、马来西亚、新加坡、泰国、土耳其和越南。马来西亚是亚洲走私穿山甲的重要中转站（图 16.4；Krishnasamy and Shepherd，2017）。据报道，马来西亚也是一个目的国，但不清楚它实际上是目的地，还是作为一个通往东亚的走私通道。如果报告的目的地是准确的，那么穿山甲走私的主要目的地是中国、越南和老挝。

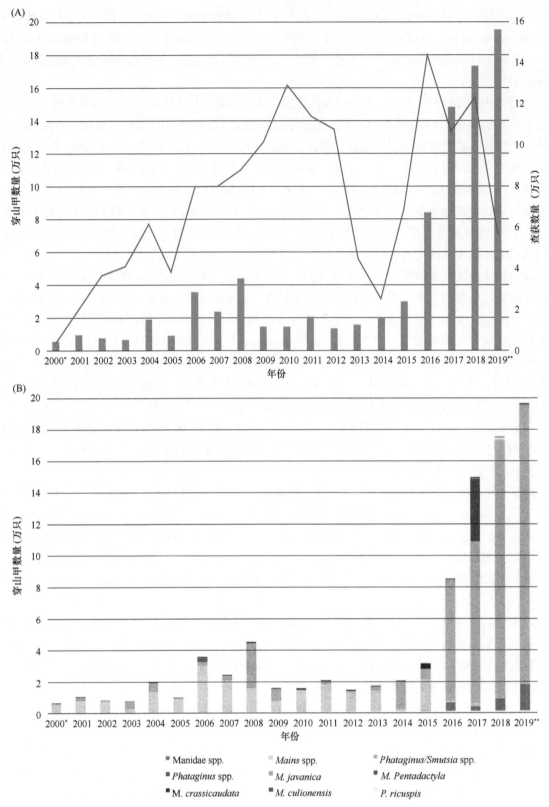

图16.3　（A）2000年8月至2019年7月非法交易的穿山甲估计数量和查获数量。（B）根据现有的缉获数据，估计2000年8月至2019年7月非法交易的穿山甲的种类、属数或以科为单位出现的数量。资料来源：开放资源和穿山甲分布国的政府统计数据。基于缉获和非法贸易记录的贸易量以及有关统计方法，请参见Challender，D.W.S.，Harrop，S.R.，MacMillan，D.C.，2015. Understanding markets to conserve trade-threatened species in CITES. Biol. Conserv. 187，249-259. 橙色条=穿山甲的估计数量；蓝色线=查获数量。*仅2000年8月至12月的缉获量。＊＊仅2019年1月至7月的缉获量。

亚洲穿山甲的鳞片交易涉及约 12.8 万只个体，包括所有 4 个物种。大部分（82%；12.8 万只动物中的 10.5 万只）不能推断出准确的物种种类。大多数情况下，交易主要涉及马来穿山甲（13%；12.8 万只动物中的 1.7 万只）。亚洲穿山甲的大部分贸易源自印度尼西亚和缅甸，目的地是越南等国。然而，原产国和出口国各不相同，包括印度、马来西亚、尼泊尔、巴基斯坦、菲律宾、新加坡、斯里兰卡和越南。据估计，有 3.1 万只穿山甲鳞片的贸易来源、出口及目的地大致相同。

穿山甲活体、胴体和肉也占了交易量的 16%，其中包括大约 14.6 万只穿山甲，主要是 *Manis* spp.（66%；14.6 万只动物中的 9.7 万只）和马来穿山甲（30%；14.6 万只动物中的 4.4 万只）。其他物种的非法贸易数量要少得多，但很可能也包括在 *Manis* spp. 的走私中。大多数走私活动来自或出口自印度尼西亚和马来西亚，少部分来自泰国、老挝、柬埔寨、新加坡和越南。主要的过境地区和国家包括中国香港和越南，但也有马来西亚、泰国和老挝。大量冷冻穿山甲（如一次几吨）通常从印度尼西亚海上走私到越南和中国，而少量的活体动物则通过马来西亚、老挝、越南等路线进行陆上走私交易，主要目的地市场是中国，其次是越南。

据估计，其他交易涉及 4450 张穿山甲皮，主要是马来穿山甲（3900 张皮），但尚不清楚这仅是皮张还是含有鳞片的贸易。

图 16.4　在马来西亚检获的由非洲运东亚的穿山甲鳞片。图片来源：海关部门。

国际贸易和走私对穿山甲的影响

国际贸易和走私是导致亚洲穿山甲数量下降的主要原因，特别是马来穿山甲和中华穿山甲。虽然马来穿山甲的国际商业贸易从 20 世纪初就开始了，但是从 20 世纪 50 年代至 70 年代的大量合法或非法国际贸易才是造成穿山甲数量下降的原因：从 20 世纪 80 年代到 21 世纪，这两个物种在东南亚部分地区的数量急剧下降（见先前讨论）。此外，菲律宾的土著报告说，当地穿山甲的数量在 20 世纪 80 年代到 21 世纪 10 年代急剧下降（Acosta and Schoppe，2018）。由于国际贸易和走私，在东南亚的一些地方穿山甲越来越罕见，数量急剧减少，甚至完全消失（Newton et al.，2008；Willcox et al.，2019）。虽然亚洲穿山甲在野外还有分布，但它们仍受盗猎的威胁，很可能只有新加坡、中国台湾和其他一些岛屿的适当捕获不会对它们的种群构成重大威胁。

穿山甲的国际走私在亚洲似乎越来越普遍。2000～2008 年的走私案例主要涉及来自东南亚的亚洲穿山甲，通常被走私到中国和越南（Challender et al.，2015；Pantel and Chin，2009）。然而，在 2009 年和 2019 年，亚洲 19 个穿山甲产地国家中有 17 个涉及此类贸易（不丹和文莱达鲁萨兰国除外）。存在走私案例的这些国家包括印度、尼泊尔、巴基斯坦和斯里兰卡，尽管这些国家在非法国际穿山甲贸易方面的走私记录没有那么显眼。已有证据表明，盗猎走私对一些地方的穿山甲种群数量产生了负面影响。例如，据报道在巴基斯坦波特瓦尔高原地区，印度穿山甲 2010～2012 年的种群数量减少了 80%，主要原因是这些动物被猎杀并被走私到中国（Irshad et al.，2015；Mahmood et al.，2012；见第 5 章）。至关重要的是，目前仍然需要研究优化种群密度的监测方法，以更严格地量化各种利用对穿山甲种群的影响（见第 34

章和第 35 章）。

　　21 世纪初，穿山甲的国际贸易和走私最显著的趋势是自 2008 年左右以来，大量的合法或非法洲际贸易从非洲涌入亚洲市场（Challender and Hywood，2012）。这在 21 世纪初还不明显，但当时就有人怀疑随着亚洲穿山甲数量的减少，来自非洲的穿山甲会填补贸易的空缺（Braütigam et al.，1994）。这种转变反映在《濒危野生动植物种国际贸易公约》的贸易数据中（见上文的讨论；Heinrich et al.，2016），以及目前穿山甲的国际贸易包括所有 4 种非洲穿山甲和至少 25 个国家分布区大额度的鳞片走私目的地主要是东南亚（图 16.3B）。

　　确定当代非法国际走私对非洲穿山甲种群数量的影响比较困难，因为本地人也在大量的利用而且无法阻止这种行为。穿山甲在整个西非和中非的人类历史中，早已被当作可食用的野味，连同它们的身体部位，包括鳞片——用于传统药物和其他用途（见第 15 章；Boakye et al.，2015；Soewu and Adekanola，2011）。Ingram 等（2018）猜测，在中非，每年至少有 40 万～270 万（更接近 40 万）只穿山甲被当地人捕获利用。然而，越来越多的证据表明，洲际间走私给非洲穿山甲种群带来了额外的压力。非洲穿山甲的鳞片被非法出口，其肉制品被消费或作为副产品出售，甚至被丢弃（CITES，2019；S. Jones，个人评论）。这似乎是喀麦隆及其邻国（O. Drori，个人评论）科特迪瓦（M. Shirley，个人评论）和加蓬的现状，穿山甲在科特迪瓦和加蓬的走私路线似乎不同于其他普通的野生动物（Mambeya et al.，2018）。阐明这些动态变化以及它们在国境内、国家之间及时间上的变化，对于理解国际走私和乱捕滥用对非洲穿山甲种群的影响至关重要（Ingram et al.，2019）。

当代穿山甲国际非法贸易的驱动因素

　　国际上贩卖的穿山甲及其身体部位来自亚洲和非洲的农村地区。历史上，截至 2008 年，亚洲市场的供应仅限于亚洲。在各个不同时期，20 世纪 80 年代和 90 年代（Anon，1992；1999a，1999b）、21 世纪初（Newton et al.，2008；Sopyan，2009）和近 10 年（Azhar et al.，2013；D'Cruze et al.，2018）穿山甲一直被收集、捕杀和偷猎，穿山甲肉、皮张和鳞片进入国际贸易市场，因为其高额的价格，这种情况一直存在。捕猎和偷猎穿山甲的人包括生活贫困和偏远的农村人（如印度尼西亚和马来西亚部分地区），出售一只穿山甲的回报相当于他们几个月的收入（D. Challander，未发表数据）。这部分人还包括那些生活相对贫困的人，通过捕猎和走私穿山甲来赚取额外收入（Pantel and Chin，2009）或维持生计（Challender and MacMillan，2014）。2004 年，一份报告指出，越南农村地区的人偷猎和贩卖穿山甲的理由是为了能够买得起电视（Anon，2004）。农村居民（如印度尼西亚的农民）会偷偷地盗猎穿山甲（Sopyan，2009），植物种植园（如马来西亚和印度尼西亚）的工人也偷猎穿山甲进行非法贸易（Azhar et al.，2013）。在 20 世纪 80 年代和 90 年代，穿山甲可能在当地被保存和消费，东南亚大部分地区，人们发现穿山甲的第一反应是将其非法出售。证据表明，这一现象现在已基本消失（MacMillan and Nguyen，2014；Nuwer and Bell，2014；G. Semiadi，个人评论）。印度东北部的研究表明，穿山甲只有鳞片被非法出售，而肉在当地被消费，仅仅出售鳞片就可获得相当于几个月的收入（D'Cruze et al.，2018）。

　　非洲穿山甲的洲际贸易没有完善的记录，亚洲也如此。一般来说，在巨大的金钱诱惑和刺激下，人们会捕获出售穿山甲或其身体附属物。穿山甲在西非和中非的野味市场有广泛的交易（Boakye et al.，2016）。然而，有证据表明，在加蓬（Mambeya et al.，2018）、科特迪瓦（M. Shirley，个人评论）和喀麦隆（O. Drori，个人评论），穿山甲和其他普通野味的走私贸易路线不一样。它与某些高价值野生动物的走私有关，包括大象象牙（Mambeya et al.，2018）、大猩猩（Gorilla spp.）、黑猩猩（Pan troglodytes）和花豹（Panthera pardus）以及其他物种（Ingram et al.，2019），而且形成了有组织的犯罪（UNODC，2016）。

　　据了解，穿山甲非法贸易由有组织的犯罪集团为追求高额经济利益而进行。在亚洲和非洲，他们常在农村地区狩猎或偷猎穿山甲，将动物及其鳞片储存在家庭或村庄里，由中间人定期收集，穿山甲及其附属产品在出口之前和运输到消费市场的过程中，要经过不同层次的贸易商或中间商（Pantel and Chin，2009；Sopyan，2009）。已查明在亚洲经营穿山甲贩运网络的各种犯罪集团，可能也负责非洲的穿山甲洲际走私。老挝已经发现了从事此类走私的犯罪集团 PDR（Rademeyer，2012），Sopyan（2009）详细说明了一个犯罪集团在苏门答腊岛的巨港（巴邻旁）从 21 世纪第一个十年的中期开始，每个月向中国和越南走私 11t 马来穿山甲鳞片（约 2200 只）。在马来西亚沙巴州，有犯罪集团从 2007~2009 年偷猎了大约 2.2 万只马来穿山甲用于非法出口（Pantel and Anak，2010）。证据表明，这些犯罪集团的运作方式是，利用合法企业作为贩卖走私穿山甲的幌子，贿赂官员“睁一只眼闭一只眼”（Sopyan，2009），某些情况下，还利用新的走私路线和加工产品来改变其外观（如穿山甲鳞片粉末；Heinrich et al.，2019；D. Challender，未发表数据）。Heinrich 等（2017）发现从 2010~2015 年平均每年出现 29 条新的穿山甲走私路线。虽然缴获案件赃物时有发生，但现有数据表明，逮捕、起诉和定罪率都很低（Challender and Waterman，2017）。走私犯被捕时，他们也可能拥有确保获释的手段。如 2012 年，泰国逮捕了一名贩卖穿山甲的人，提出指控并开具罚款，罪犯在被捕后数小时内以现金全额支付了 7.5 万美元的罚款（Challender and MacMillan，2014）。津巴布韦或许算个例外，在那里盗猎穿山甲的犯罪成本在不断增加，犯罪者往往被判最高 9 年的刑期（Shepherd et al.，2017）。

应对国际穿山甲非法贸易

穿山甲走私长期以来一直存在于国际商业贸易中，尤其是在亚洲，因为国际非法贸易进行的狩猎和偷猎，现在已经对该物种持续生存构成了重大威胁，或许南非地穿山甲是个例外（见第 11 章）。历史上，控制国际走私的主要方法是通过立法对偷猎和贸易进行监管。虽然穿山甲在大多数分布区都是受保护的物种，并且受《濒危野生动植物种国际贸易公约》保护已有很长的时间（见第 19 章），但迄今采取的措施不足以防止乱捕滥猎。

穿山甲非法贸易网络很复杂，涉及各种各样的人和各自不同的动机，牵涉的地域也很广，问题似乎很难解决。一系列的保护解决方案需要紧急实施，包括就地保护、打击走私、解决消费者需求。特殊情况下，有必要在一些地区采取适合的干预措施来保护穿山甲。很多情况需要政府部门执法和地方社区参与相结合，前者需要有充足的资源和有效的执行，后者则需要围绕各方一致的理念建立伙伴关系（见第 24 章和第 25 章）。此外，还应监测野外穿山甲种群，评估这些干预措施的有效性（第 35 章）。可能还需要其他干预措施来支持就地保护，如创新融资机制（见第 37 章）或穿山甲旅游观光景区等（见第 38 章）。为了识别、瓦解和摧毁走私穿山甲及其附属产品的犯罪网络组织，必须在当地和国际走私路线上，根据可靠情报，开展合理有效执法，并通过司法系统进行有效处理（见第 17 章和第 18 章）。对实施《濒危野生动植物种国际贸易公约》有较大阻碍的国家，可以从《濒危野生动植物种国际贸易公约》及其缔约方获得支持和帮助（见第 19 章）。最后，在主要消费市场分布地区，需要通过改变消费者行为（见第 22 章），减少国际非法贸易对穿山甲的捕猎。这些干预措施已在本章第 3 节中详细讨论。

参 考 文 献

Acosta, D., Schoppe, S., 2018. Proceedings of the stakeholder workshop on the Palawan Pangolin–Balintong, Bulwagang Princesa Tourist Inn, Puerto Princesa City, 17 February 2018. Katala Foundation Inc, Puerto Princesa City, Palawan, Philippines, pp. 1–10.

Allen, J.A., 1938. Chinese medicine and the pangolin. Nature 141, 72.

Anon, 1992. Review of Significant Trade in Animal Species included in CITES Appendix II, Detailed Review of 24 priority species, Indian, Malayan and Chinese pangolin. CITES, Geneva, Switzerland.

Anon, 1999a. Review of Significant Trade in Animal Species Included in CITES Appendix II, Detailed Review of 37 Species. *Manis javanica*. World Conservation Monitoring Centre, IUCN Species Survival Commission and TRAFFIC, Cambridge, UK.

Anon, 1999b. Review of Significant Trade in Animal Species Included in CITES Appendix II, Detailed Review of 37 Species. *Manis pentadactyla*. World Conservation Monitoring Centre, IUCN Species Survival Commission and TRAFFIC, Cambridge, UK.

Anon, 1999c. Review of Significant Trade in Animal Species Included in CITES Appendix II, Detailed Review of 37 Species. *Manis crassicaudata*. World Conservation Monitoring Centre, IUCN Species Survival Commission and TRAFFIC, Cambridge, UK.

Anon, 2004. Pangolins for televisions. Unpublished report. Hanoi, Vietnam.

Azhar, B., Lindenmayer, D., Wood, J., Fischer, J., Manning, A., McElhinny, C., et al., 2013. Contribution of illegal hunting, culling of pest species, road accidents and feral dogs to biodiversity loss in established oil-palm landscapes. Wildlife Res. 40 (1), 1–9.

Boakye, M.K., Pietersen, D.W., Kotzé, A., Dalton, D.-L., Jansen, R., 2015. Knowledge and uses of African pangolins as a source of traditional medicine in Ghana. PLoS One 10 (1), e0117199.

Boakye, M.K., Kotzé, A., Dalton, D.L., Jansen, R., 2016. Unravelling the pangolin bushmeat commodity chain and the extent of trade in Ghana. Hum. Ecol. 44 (2), 257–264.

Bra··utigam, A., Howes, J., Humphreys, T., Hutton, J., 1994. Recent information on the status and utilization of African pangolins. TRAFFIC Bull. 15 (1), 15–22.

Broad, S., Luxmoore, R., Jenkins, M., 1988. Significant Trade in Wildlife, A Review of Selected Species in CITES Appendix II. IUCN Conservation Monitoring Centre, Cambridge, UK.

Chaber, A.S., Allebone-Webb, S., Lignereux, Y., Cunningham, A.A., Rowcliffe, J.M., 2010. The scale of illegal meat importation from Africa to Europe via Paris. Conserv. Lett. 3 (5), 317–323.

Challender, D.W.S., Hywood, L., 2012. African pangolins under increased pressure from poaching and intercontinental trade. TRAFFIC Bull. 24 (3), 53–55.

Challender, D.W.S., MacMillan, D.C., 2014. Poaching is more than an enforcement problem. Conserv. Lett. 7 (5), 484–494.

Challender, D.W.S., Harrop, S.R., MacMillan, D.C., 2015. Understanding markets to conserve trade-threatened species in CITES. Biol. Conserv. 187, 249–259.

Challender, D., Waterman, C., 2017. Implementation of CITES Decisions 17.239 b) and 17.240 on Pangolins (*Manis* spp.), CITES SC69 Doc. 57 Annex. Available from: <https://cites.org/sites/default/files/eng/com/sc/69/E-SC69-57-A.pdf>. [August 2, 2018].

Challender, D.W.S., t Sas-Rolfes, M., Ades, G., Chin, J.S.C., Sun, N.C.M., Chong, J.L., et al., 2019. Evaluating the feasibility of pangolin farming and its potential conservation impact. Glob. Ecol. Conserv. 20, e00714.

CITES, 2019. Wildlife Crime Enforcement Support in West and Central Africa. CITES CoP18 Doc. 34. Available from: https://cites.org/sites/default/files/eng/cop/18/doc/E-CoP18-034.pdf. [November 16, 2019].

Dammerman, K.W., 1929. Preservation of Wild Life and Nature Reserves in the Netherlands Indies. Proceedings of the 4th Pacific Science Congress, Java. Emmink, pp. 1–91.

D'Cruze, N., Singh, B., Mookerjee, A., Harrington, L.A., Macdonald, D.W., 2018. A socio-economic survey of pangolin hunting in Assam, Northeast India. Nat. Conserv. 30, 83–105.

Duckworth, J.W., Salter, R.E., Khounboline, K., 1999. Wildlife in Lao PDR: 1999 Status Report. IUCN, Wildlife Conservation Society, Centre for Protected Areas and Watershed Management, Vientiane, Lao PDR.

Gaubert, P., Antunes, A., 2005. Assessing the taxonomic status of the Palawan pangolin *Manis culionensis* (Pholidota) using discrete morphological characters. J. Mammal. 86 (6), 1068–1074.

Gaubert, P., Antunes, A., Meng, H., Miao, L., Peigné, S., Justy, F., et al., 2018. The complete phylogeny of pangolins: scaling up resources for the molecular tracing of the most trafficked mammals on Earth. J. Hered. 109 (4), 347–359.

Gaudin, T., Emry, R., Wible, J., 2009. The phylogeny of living and extinct pangolins (Mammalia, Pholidota) and associated taxa: a morphology based analysis. J. Mammal. Evol. 16 (4), 235-305.

Harrisson, T., Loh, C.Y., 1965. To scale a pangolin. Sarawak Museum J. 12, 415-418.

Heinrich, S., Wittmann, T.A., Prowse, T.A.A., Ross, J.V., Delean, S., Shepherd, C.R., et al., 2016. Where did all the pangolins go? International CITES trade in pangolin species. Glob. Ecol. Conserv. 8, 241-253.

Heinrich, S., Wittman, T.A., Rosse, J.V., Shepherd, C.R., Challender, D.W.S., Cassey, P., 2017. The Global Trafficking of Pangolins: A Comprehensive Summary of Seizures and Trafficking Routes From 2010-2015. TRAFFIC, Southeast Asia Regional Office, Petaling Jaya, Selangor, Malaysia.

Heinrich, S., Koehncke, A., Shepherd, C.R., 2019. The role of Germany in the illegal global pangolin trade. Glob. Ecol. Conserv. 20, e00736.

Hinsley, A., Nuno, A., Ridout, M., John St., F.A.V., Roberts, D.L., 2017. Estimating the extent of CITES noncompliance among traders and end-consumers: lessons from the global orchid trade. Conserv. Lett. 10 (5), 602-609.

Ingram, D.J., Coad, L., Abernethy, K.A., Maisels, F., Stokes, E.J., Bobo, K.S., et al., 2018. Assessing Africa-wide pangolin exploitation by scaling local data. Conserv. Lett. 11 (2), e12389.

Ingram, D.J., Cronin, D.T., Challender, D.W.S., Venditti, D. M., Gonder, M.K., 2019. Characterizing trafficking and trade of pangolins in the Gulf of Guinea. Glob. Ecol. Conserv. 17, e00576.

Irshad, N., Mahmood, T., Hussain, R., Nadeem, M.S., 2015. Distribution, abundance and diet of the Indian pangolin (Manis crassicaudata). Anim. Biol. 65 (1), 57-71.

Li, Y., Li, D., 1998. The dynamics of trade in live wildlife across the Guangxi border between China and Vietnam during 1993-1996 and its control strategies. Biodivers. Conserv. 7 (7), 895-914.

Krishnasamy, K., Shepherd, C.R., 2017. Seizures of African pangolin scales in Malaysia in 2017. TRAFFIC Bull. 29 (2), 53-55.

MacMillan, D.C., Nguyen, Q.A., 2014. Factors influencing the illegal harvest of wildlife by trapping and snaring among the Katu ethnic group in Vietnam. Oryx 48 (2), 304-312.

Mahmood, T., Hussain, R., Irshad, N., Akrim, F., Nadeem, M.S., 2012. Illegal mass killing of Indian Pangolin (Manis crassicaudata) in Potohar Region, Pakistan. Pak. J. Zool. 44 (5), 1457-1461.

Mambeya, M.M., Baker, F., Momboua, B.R., Pambo, A.F.K., Hega, M., Okouyi, V.J.O., et al., 2018. The emergence of a commercial trade in pangolins from Gabon. J. Afr. Ecol. 56 (3), 601-609.

Milliken, T., Burn, R.W., Underwood, F.M., Sangalakula, L., 2012. The Elephant Trade Information System (ETIS) and the Illicit Trade in Ivory: A report to the 16th meeting of the Conference of the Parties to CITES. TRAFFIC International, Cambridge, UK.

Mwale, M., Dalton, D.-L., Jansen, R., De Bruyn, M., Pietersen, D., Mokgokong, P.S., et al., 2017. Forensic application of DNA barcoding for identification of illegally traded African pangolin scales. Genome 60 (3), 272-284.

Newton, P., Nguyen, T.V., Roberton, S., Bell, D., 2008. Pangolins in peril: using local hunters' knowledge to conserve elusive species in Vietnam. Endanger. Sp. Res. 6, 41-53.

Nijman, V., 2015. Pangolin seizures data reported in the Indonesian media. TRAFFIC Bull. 27 (2), 44-46.

Nijman, V., Zhang, M.X., Shepherd, C.R., 2016. Pangolin trade in the Mong La wildlife market and the role of Myanmar in the smuggling of pangolins into China. Glob. Ecol. Conserv. 5, 118-126.

Nooren, H., Claridge, G., 2001. Wildlife Trade in Laos: The End of the Game. Netherlands Committee for IUCN, Amsterdam.

Nuwer, R., Bell, D., 2014. Identifying and quantifying the threats to biodiversity in the U Minh peat swamp forests of the Mekong Delta, Vietnam. Oryx 48 (1), 88-94.

Pantel, S., Chin, S.-Y., 2009. Pangolin capture and trade in Malaysia. In: Pantel, S., Chin, S.-Y. (Eds.), 2009. Proceedings of the Workshop on Trade and Conservation of Pangolins Native to South and Southeast Asia, 30 June-2 July 2008, Singapore Zoo, Singapore. TRAFFIC Southeast Asia, Petaling Jaya, Selangor, Malaysia, pp. 143-160.

Pantel, S., Anak, N.A., 2010. A preliminary assessment of Sunda pangolin trade in Sabah. TRAFFIC Southeast Asia, Petaling Jaya, Selangor, Malaysia.

Phelps, J., Webb, E.L., 2015. "Invisible" wildlife trades: Southeast Asia's undocumented illegal trade in wild ornamental plants. Biol. Conserv. 186, 296–305.

Rademeyer, J., 2012. Killing for Profit. Zebra Press, Cape Town.

Rivalan, P., Delmas, V., Angulo, E., Bull, L.S., Hall, R.J., Courchamp, F., et al., 2007. Can bans stimulate wildlife trade? Nature 447, 529–530.

SATCM, 1996. Guangxi Province: cross-border trade prices for pangolins rise further. Zhongyaocai (State Administration of Traditional Chinese Medicine) 19, 4.

Shairp, R., Veríssimo, D., Fraser, I., Challender, D.W.S., MacMillan, D.C., 2016. Understanding urban demand for wild meat in Vietnam: implications for conservation actions. PLoS One 11 (1), e0134787.

Shepherd, C.R., Connelly, E., Hywood, L., Cassey, P., 2017. Taking a stand against illegal wildlife trade: the Zimbabwean approach to pangolin conservation. Oryx 51 (2), 280–285.

Soewu, D.A., Adekanola, T.A., 2011. Traditional-medical knowledge and perceptions of pangolins (*Manis* sps [sic]) among the Awori people, Southwestern Nigeria. J. Ethnobiol. Ethnomed. 7 (1), 25.

Sopyan, E., 2009. Malayan Pangolin *Manis javanica* Trade in Sumatra, Indonesia. In: Pantel, S., Chin, S.-Y. (Eds.), 2009. Proceedings of the Workshop on Trade and Conservation of Pangolins Native to South and Southeast Asia, 30 June–2 July 2008, Singapore Zoo, Singapore. TRAFFIC Southeast Asia, Petaling Jaya, Selangor, Malaysia, pp. 134–142.

Underwood, F.M., Burn, R.W., Milliken, T., 2013. Dissecting the illegal ivory trade: an analysis of ivory seizures data. PLoS One 8 (10), e76539.

UNODC, 2016. World Wildlife Crime Report: Trafficking in Protected Species. UNODC, Vienna, Austria.

Willcox, D., Nash, H., Trageser, S., Kim, H.-J., Hywood, L., Connelly, E., et al., 2019. Evaluating methods for detecting and monitoring pangolin (Pholidata: Manidae) populations. Glob. Ecol. Conserv. 17, e00539.

Wilson, D.E., Reeder, M., 2005. Mammal Species of the World, A Taxonomic and Geographic Reference, third ed. Johns Hopkins University Press, Baltimore.

Wu, S.B., Liu, N., Zhang, Y., Ma, G.Z., 2004. Assessment of threatened status of Chinese Pangolin (*Manis pentadactyla*). Chin. J. Appl. Environ. Biol. 10, 456–461. [In Chinese].

Wu, S.B., Ma, G.Z., 2007. The status and conservation of pangolins in China. TRAFFIC East Asia Newsl. 4, 1–5. [In Chinese].

Zhang, Y., 2009. Conservation and trade control of pangolins in China. In: Pantel, S., Chin, S.-Y. (Eds.), 2009. Proceedings of the Workshop on Trade and Conservation of Pangolins Native to South and Southeast Asia, 30 June–2 July 2008, Singapore Zoo, Singapore. TRAFFIC Southeast Asia, Petaling Jaya, Selangor, Malaysia, pp. 66–74.

第三篇
保 护 策 略

概　述

　　第三篇着重讨论穿山甲的保护解决方案，共有 5 个部分：执法和监管、意识的提升和行为的改变、就地保护和当地的社区参与、迁地保护，以及保护规划、科学研究和资金筹措。

　　第 1 部分从第 17 章开始，该章节研究了国际法并评估了其在穿山甲保护中的应用，然后讨论了执法的复杂性，并认为穿山甲贩卖应该像其他形式的有组织的集团犯罪一样被视为严重犯罪。随后，从基层执法的角度介绍了非洲穿山甲保护执法面临的实际挑战，以及如何克服困难（第 18 章）。第 18 章描述了有效执法的 6 个基本要素，即便是在资源匮乏的环境中也可以应用。第 19 章回顾了穿山甲保护在 CITES 中的复杂历史，并评估了该公约在确保国际穿山甲贸易的可持续性方面是否有效，以及未来如何利用该公约保护穿山甲。第 1 部分最后讨论了如何利用法医学来支持执法并为刑事调查提供信息，从而更加有效地打击非法穿山甲贸易（第 20 章）。

　　第 2 部分着重于穿山甲保护意识提高和人们的行为改变。第 21 章描述了穿山甲在 10 年间从几乎一无所知变成了全球非法野生动物贸易缩影的过程。描述了 2012～2018 年帮助提高该物种知名度的 8 个关键事件和活动，以及可应用于其他物种保护的经验教训。第 22 章强调了通过改变消费者行为，努力减少重要市场对穿山甲产品需求的重要性，作为第 1 部分关于传统捕猎和贸易法规的补充，探讨了改变消费者行为的具体措施。

　　第 3 部分主要讨论如何让不同的利益相关者参与到穿山甲保护中。第 23 章剖析了为什么保护穿山甲要从当地社区和原住民入手，以及从这一层面开始推动穿山甲保护的重要意义。第 23 章介绍了一个包含有 4 种途径的可变理论，概述了当地社区层面的行动如何改变偷猎的动机。2016～2018 年，这一理论在肯尼亚的三个社区保护区进行了试点，第 24 章讨论了这一案例及其在实施过程中获得的重要经验。第 25～27 章介绍了尼泊尔、新加坡和喀麦隆的案例研究，每个案例都强调了为什么合作及多种方法的运用对保护穿山甲至关重要。

　　第 4 部分重点介绍穿山甲的迁地保护。迁地保护是把非法贸易中获救的穿山甲个体通过放归进行野外种群复壮，或形成一个稳定健康的人工繁育种群来补充野生穿山甲种群的保护策略。第 28 章讨论了圈养穿山甲的主要挑战，以及最近在穿山甲饲养方面取得的进展，这些进展确保了一些健康圈养种群的维持。第 29 章对穿山甲疾病诊疗问题进行了回顾，其中也强调了当前急需突破的关键技术瓶颈。第 30

章借鉴了南非和越南有关机构的经验，讨论了与从非法贸易中没收的穿山甲的救护、康复和放归有关的成功案例和面临的主要挑战。第31章讨论了动物园在穿山甲保护中发挥的重要作用和未来前景。第32章介绍了在评估野生动物养殖的潜在影响时需要考虑的关键因素，并评估了商业性养殖穿山甲的潜力，以确保商业市场对穿山甲及其制品的可持续利用。

第5部分讨论了穿山甲科学研究和保护工作的重点，以及支撑穿山甲保护的几种方法。第33章讨论了制定参与性保护战略的理由及必要性，以及相关的监测和评估方法对保护工作的指导及 IUCN 的模式和成功经验的借鉴。第34章和第35章讨论了当前穿山甲保护研究的重点工作：基于穿山甲生态学和生物学研究，建立穿山甲种群监测的科学方法。并通过中国台湾穿山甲的案例研究，探讨了在 13 年的保护历程中，多方利益相关者是如何在工作实践中发挥作用的（第36章）。最后两章探讨了影响力投资的潜力，使用成果付费工具为穿山甲保护筹措资金的可能性（第37章），以及开展生态旅游帮助监测和保护穿山甲的潜力（第38章）。

穿山甲保护面临的挑战是显而易见的，但我们看到了取得最后胜利的曙光。人们对穿山甲的科学认知比以往任何时候都要高，政府打击偷猎和贩卖等问题的意愿更加强烈，人们对穿山甲保护所需的行动有了更深入的了解，并有更多的资金来确保行动方案的落地。多方利益相关者共同参与对克服困难和具体的保护行动实施至关重要。最后部分讨论了穿山甲保护的机遇和挑战，探讨了如何扩大现有保护行动规模，以实现穿山甲种群的永续保护。

第 1 部分
执法和监管

第17章　通过国际和国家监管以及有效执法来保护穿山甲

斯图尔特·R. 哈洛普

金斯顿大学，英国伦敦

引　言

过去 5 年，穿山甲的处境十分危险，主要是因为野生穿山甲种群面临着在国际非法贸易中被大量贩卖向亚洲市场的威胁（见 16 章）。从管理方面来看，穿山甲这样的处境和人类活动息息相关。因此，穿山甲的困境反映了地方乃至全球范围的执法不力及监管体制的缺陷。穿山甲面临着过度开发导致灭绝的威胁，再加上人类活动范围增加，穿山甲的自然栖息地面积日渐减小、破碎化。穿山甲目前唯一的优势在于它们不会像其他大型野生动物一样，直接面临与人类的冲突，从而遭受更多的人为威胁（见 25 章）。

穿山甲面临着国内和国际上的威胁。全球化时代背景下，穿山甲灭绝的主要原因是越来越多的跨境走私：穿山甲在国际野生动物非法贸易中所占的比例增加，一定程度上是东亚和东南亚市场需求增加所导致的（见 16 章）。不幸的是，国际上大多数管理制度都不能很好地应对和解决这些问题。有重要的证据表明，健全生物多样性保护法规方面的工作并没有跟上保护科学的发展速度。实际上，这些法律法规的制定速度正在放缓，而非加速（Harrop，2013；Rands et al.，2010）。

本章将简要探讨现有的保护监管和执行状况，审查已执行的条例和其他补充执行条例，从而讨论现有和过去的执法有效性。

大概在 15 世纪至 16 世纪，生活在穿山甲地理分布范围内的当地居民——通过不断地尝试（狩猎、采集、捕鱼等）——不论成败地对自然资源可持续利用进行了探索。资源可持续利用的失败被归咎于历史局限性，然而，农村社区对资源可持续性利用的研究揭示了一整套保护自然资源和确保自然资源可持续利用的方法（Harrop，2003）。在传统居民地，适应当地实际情况的监管条例和执行策略是保护成功必不可少的一个因素，包括对自然繁殖地的保护，限制地区动物的捕猎种类和数量，明确保护责任制，宣传动物保护以及惩罚各种违法行为，这些管理方法可以在人口稀少地区有效运作（Harrop，2003）。然而，这些管理制度也容易受到掌权者主观因素的影响，同时也容易受到不同社区移民的影响（Harrop，2003）。

当欧洲殖民者将他们自己的外来政权置于其之上时，大多数传统的社区管理制度受到了极大的冲击。某些情况下使用无主地的概念这一论点仍有争议（Cavanagh，2014），他们强加了大而全的法律制度，却在许多情况下，忽视了传统的规章制度，或者用"更高等级"的身份将其覆盖。这些欧洲政权留下了自己的印记，事实上，某些情况下，殖民地法律制度仍然旨在保护野生动物，尤其是穿山甲。此外，压制保护生物多样性和分配自然资源利用权的习惯做法不一定能根除旧的制度或长久的文化记忆。某些情况下，这些制度没有纳入多元化的法律体系，隐瞒公民权利或企图消灭传统政权的案件激起了愤怒——反过来又可能挫败当代穿山甲保护和其他物种保护的执法热情（Colchester，2004），进一步引起愤怒和怨恨，并直接导致更多的偷猎行为（Masse and Lunstrum，2016）。

许多物种受到欧洲殖民者让农民破坏自然栖息地和饲养家畜而引起的负面影响。另外，从 19 世纪末开始，全新的自然资源利用和休闲捕猎浪潮冲击了野生动物种群，开辟了新的国内和全球市场（Lindsey，2008）。结果使一些动物的数量开始下降，之后殖民者开始实施早期的保护制度，通常只是为了保障他们自己的狩猎运动——猎捕一些非洲的大型哺乳动物。但是，当这些保护制度失效后，当地人民往往根据自己的习惯在这片土地上继续实施传统做法，虽然他们基本上失去了他们祖先的家园，并迁移到别处。当然也有一些例外（如马赛人仍然待在坦桑尼亚恩戈罗山口）。土地掠夺加剧了现有的怨恨和愤怒，许多情况下不利于实现保护目标（Brockington and Igoe，2006）。这种不满情绪仍然是当代保护包括穿山甲在内的各个物种所面临挑战的一部分（Massé and Lunstrum，2016）。

必须在经济和社会迅速变化的全球化世界中审视当代的立法情况，现在，保护是一个跨国界的国际问题。历史文化仍然需要立法时重点考虑。因此，对国家法律和有关国际法律文书的审议不能忽视地方风俗习惯和长久的文化记忆，它们可能隐藏在早已失去效应的法律制度之下。如果不了解当地的情况，就不可能制定有效的法律并通过执法来保护穿山甲。

保护穿山甲的国际法

国际生物多样性保护法在绝望中发展起来，利用了很多临时有针对性的方法，以完全不同于普通法律的方式制定，由一些特别文书组成，而非一个理想且可协调所有缔约方共同处理所有自然世界威胁的国际法集合（Harrop，2013）。此外，相关的国际法律文书几乎没有规定缔约方应遵守的明确义务。当某缔约方批准一项国际法律文书，如《濒危野生动植物种国际贸易公约》或《生物多样性公约》，它承诺通过该法案后，会在自己的监管体系内执行国际法的条款。如果该文书的设计笼统而不具体，会减弱其影响，使缔约方受到很大的影响。

与穿山甲保护相关的国际性工具主要有两个。第一个是《濒危野生动植物种国际贸易公约》，编写清晰明确（真正的律师文书；Harrop，2013），设计上专注于特定的领域，以可持续国际野生动物贸易为目标，格外关注穿山甲的保护。然而，《濒危野生动植物种国际贸易公约》面临许多挑战（见第 19 章），因为它编写时忽视了野生动物贸易的社会、经济、文化复杂性，所以《濒危野生动植物种国际贸易公约》对穿山甲的保护收效甚微（Challender et al.，2015a，2015b；'t Sas-Rolfes，2000）。《濒危野生动植物种国际贸易公约》试图保护的许多物种仍存在大量的非法交易（Hinsley et al.，2018；UNODC，2016）。必须强调的是，精心制定法律体系只是第一步，在法律的适用和执行过程中会出现许多问题。例如，概念设计上存在某个缺陷，在公约使用很久之后才被发现；有悖常理的问题，如《濒危野生动植物种国际贸易公约》试图保护的物种在当地灭绝（Leader-Williams，2003）；国际社会未能充分支持具有执行力的法律文书；比物种保护更应优先考虑的全球事项（Harrop and Pritchard，2011）；对世界各地物种产生负面影响力的复杂性。

第二个工具是《生物多样性公约》。虽然该公约被视为"地球峰会"（1992 年联合国环境与发展会议）的一项最高成就，但它并没有对缔约方规定实质性的义务，也没有涉及明确、具体和统一的执行方法。该公约规定非常笼统，有大量的限定条件，且经常以不恰当的、不规范的语言表达，以至于评论家们描述该公约规定的义务是"弹性的、分散的"（Braithwaite and Drahos，2000）。最初人们试图增加《议定书》这类附属文书去加强《生物多样性公约》的效力，却没有任何成果表明这种加强能够直接影响到穿山甲的保护成效。不但如此，附属文件反而制定了两项不具约束力的战略计划。因此，尽管《生物多样性公约》也有强硬的规定：要求监测物种和栖息地的状态（第七条），并且一般要求物种地理分布区国家建立保护区以保护物种的种群数量（第八条），但公约规定的大部分义务是"弹性的"和"笼统的"，并且这些战略计划对缔约方不具备约束力；这导致公约不太可能促使缔约方提升其保护措施和优先级。各国政府还面临大量其他短期义务。

其他国家法律

国际法规有两个与穿山甲保护有关的方面需要深入规范。第一，认识到有必要采取多方面措施应对穿山甲面临的威胁，其中包括处理当地居民和社区权利的国际文书。与《生物多样性公约》的规定直接将当地居民的权利与保护生物多样性联系起来不同，这些国际文书关注的是当地居民的人权，而不仅是考虑生物多样性保护。它们支持增加一直生活在该土地上的当地居民的权利，使他们能够参与环境规划，并允许他们继续使用传统、自给自足的生计方式。具体来说，这些文书包括 ILO 169（《独立国家土著和部落人民公约》，1989）和 2007 年《联合国土著人民权利宣言》（UN GA 61/295）。前者参与的国家数量有限，实际上没有任何一个穿山甲地理分布区国家批准了这份文件。因此，《独立国家土著和部落人民公约》无法对这些国家直接规定义务。《联合国土著人民权利宣言》也无法提供更多帮助，因为它的地位存在争议，而且只有没有法律约束力的弹性规定。因此，这两项文书只能作为具有说服力的政策而不是强制性的法律。然而，在这里提到它们是因为，理论上讲它们可以带来一定变化，促使国家政府与当地居民和社区建立合作伙伴关系，共同保护穿山甲（见第 23 和第 24 章）。

根据土著居民和传统生存权的主题制定的《保护野生动物迁徙物种公约》记载有一项具体的规定，作为保护禁令的例外，在"为满足传统生存的需要"的情况下，允许捕杀濒危物种。这是为了鼓励当地社区保护包括穿山甲在内的濒危物种，这种类型的捕猎已被确定为法律禁令豁免（Cooney et al.，2017）。与《生物多样性公约》不同，《保护野生动物迁徙物种公约》包含了较为全面和可执行的条款，涵盖了全部针对濒危物种制定的保护措施，这些濒危物种符合《保护野生动物迁徙物种公约》对迁徙物种的定义。它还包括了指导方针，指导濒危物种地理分布范围内的国家为促进跨境合作和协调一致的战略而签订具体协议，可以解决穿山甲所面临的跨境问题（见第 16 章；Challender and Waterman，2017）。与 CITES 类似，该公约在附录中列出了濒危物种。CITES 附录 I 包括受保护的濒危物种，而 CITES 附录 II 则包括受保护的物种，这些物种暂时没有受到威胁，但处于不利的状况。具体的措施适用于每个附录，而且 CITES 附录 II 物种的保护措施必须比 CITES 附录 I 物种更加宽松。穿山甲不是一个典型的迁徙物种，不能被关于迁徙物种的公约所保护，也不包括在《保护野生动物迁徙物种公约》的附录中。然而，与更典型的迁徙动物相比，相对定居的物种［如大猩猩（*Gorilla* spp.）］也被列入《保护野生动物迁徙物种公约》的保护范围。此外，还有一项关于保护大猩猩及其栖息地的补充协议，是根据《保护野生动物迁徙物种公约》中的权力制定的，它在法律上约束了所有 10 个大猩猩栖息地地理分布区国家实施保护该物种及其栖息地的措施。乍看，大猩猩不是典型的迁移物种，但已被纳入《保护野生动物迁徙物种公约》保护范围，该公约对迁移物种的定义强调物种或种群跨越国家边界。

这一定义方法有可能将许多其他需要更多国际保护关注的物种纳入《保护野生动物迁徙物种公约》的保护范围。并非所有的国家边界都是阻止穿山甲迁移到别国的地理障碍，实际上有些国家边界只是人为划定。但是，某些种群或种类的穿山甲可能符合这一关于迁徙物种的定义，值得并且需要《保护野生动物迁徙物种公约》的保护。

国家立法的实施

CITES 对其条例有明确的规定，有明确的法律术语指导措施的实施，几乎所有穿山甲分布区的国家都是 CITES 的缔约方。此外，各缔约方应采取措施落实公约，包括制定完备的履约条例，但只有 101 个缔约方（55%）的立法符合履约要求（CITES，2019）。各方已就优先保护穿山甲的措施达成一致的认识，包括执法的有效性（见第 19 章）。这不仅适用于穿山甲分布国，也适用于所有 CITES 缔约方（目前包括 182 个国家和欧盟地区），因为穿山甲走私是一个全球性问题（Heinrich et al.，2017）。然而，即使有了这些措施，在国家和地方实行有效执法仍面临许多挑战。

穿山甲分布国对穿山甲国际贸易的监管与 CITES 的缔约方一样，包括监管非法贸易的渠道和目的地（Heinrich et al.，2017，2019），都对穿山甲的国际贸易进行监管。虽然所有种类的穿山甲都包含在 CITES 附录Ⅰ中（见第 19 章），但在执行 CITES 的方法上存在一些差异。在实施方式上，各国有所不同。在一些分布国，实施的法律针对所有种类的穿山甲，但在部分地区法律只适用于本地物种。后一种情况下，这有可能在监测和执法方面出现问题。由于各个种的穿山甲外形比较相似，其鳞片尤其难以分辨，故给执法过程带来了不便，如某些走私者声称交易的是非本地物种，但其实贩卖的是本地物种。考虑到立法和执法在不同国家地区的差异性，在大多数穿山甲分布地区，CITES 作为法律指导，具体实施须考虑到当地实际情况（Challender and Waterman，2017）。

穿山甲分布国也通过国家立法来控制穿山甲资源的利用和相关贸易。具体实施可能会遵从于 CITES 的法规，也可能不同，通常包括没收以及储存和处置没收的穿山甲及其制品的规定。大多数穿山甲分布地对偷猎和走私穿山甲都有惩罚措施。这些罚款因国家不同而异，从科特迪瓦 10 美元以下的罚款到南非 76 万美元的罚款，而在中国最高可判终身监禁（Challender and Waterman，2017）甚至死缓（Anon，2008）。

在津巴布韦，自 2010 年以来，对穿山甲采收和贸易犯罪的执法力度明显加大，最高可判处 9 年有期徒刑，有迹象表明，重刑罚可能起到威慑作用（Shepherd et al.，2016）。然而，巨额罚款甚至监禁并不一定能完全阻止犯罪（Leader-Williams and Milner-Gulland，1993）。此外，就穿山甲贩运而言，各国及不同地区的文化、政治、经济背景不同，所以他们所采取的有效惩罚措施也有所不同。

因此，迄今为止所讨论的大量国际软法和硬法、国家实施法和单方面国家法只是保护工作的一部分，如果没有精心设计的具有针对性的执法方式和有效策略，在从地方到全国性的非法贸易中，法律无法真正减轻穿山甲所面临的灭绝威胁。

法律条文的执行

为了有效保护穿山甲，执法必须得到相关制裁和司法管理机构的充分支持。如果法律不明确或太过模糊，或没有使用产生法律义务的语言，法律就很难发挥效力。因此，像《生物多样性公约》这样笼统不具体的公约很难被有效执行，缔约方通常执行更明确和更具强制性的 CITES 条款及其基础国家立法。然而，尽管 CITES 的法律内容相对清晰，其在执行规定方面也面临挑战。广泛存在采收和贩运穿山甲方面的执法困难，主要是所有地区都缺乏执行能力，既缺乏设备、识别穿山甲及其部位和衍生品的生物技术，也缺乏监控网上非法交易的能力。其他问题还包括：无法在国家边界上全天候地执法；在偏远的农村地区执法困难，高额利润刺激了当地社区居民的偷猎行为（见 18 章；Challender and Waterman，2017）。

更高的层次上，公约缔约方可能没有根据国际法履行其所承担的义务。当然，在建立了执法和司法机制的国家背景下，这种情况大概率不可能发生。国家存在政治压力，非政府组织也经常公开揭露政府机构的失职，督促它们履行义务（见第 19 章）。然而，即使有了执行国际义务的国家法律，得到充足的资金支持，并且有指导执法和司法适用的有效机制的支持，问题也可能仍然存在。此外，立法还可能产生一些无法预见的后果。这些问题的产生源于物种存在于一个复杂的生态环境关系网中，而立法的设计者（和生物保护学家）可能对此知之甚少，也因为保护一个物种需要对人类与该物种之间的关系有深刻的理解，这需要考虑到广泛的文化、社会、经济和其他方面的当地和全球动态。殖民者颁布的一些保护物种的法律产生的影响如此广泛，以至于这些法律也会影响到当地社区对生物多样性传统的利用行为。如前文所述，这可能会引起愤怒和怨恨，破坏保护工作。因此，保护穿山甲的有效方法之一是当地利益相关者的参与及其对保护战略的支持（见第 23 章和第 24 章）。如果不解决穿山甲分布范围内的社区问题，严厉的法律手段可能只是生硬的工具，一方面效力有限，另一方面可能会加剧问题。

严厉的法律手段也为官员腐败创造了空间,特别是那些工资较低的官员,这可能会导致迫害和对人权的侵犯。因此,腐败可能是另一个隐患,特别是在发展中国家,它可能破坏原本有效的保护(Felbab-Brown,2018)。它还可能加剧动物保护所面临的问题,特别是在涉及高价值物种(如穿山甲)的区域。

要保证法律的有效性,需要法律以及围绕其实施的行动,都能起到威慑作用。并且这些法律和行动需要根据当地环境和非法跨境贸易链上的缉获情况而有所变通。某些情况下,即使偷猎维持最低的水平,高额罚款也会起到威慑作用。当地偷猎者可能会因经济处罚或判刑的威慑而被阻退。对于复杂的偷猎和贩运活动的高层组织,维持贩运网络的费用可能极为昂贵,因此,提高侦破率是打击这类犯罪更有效的方式(Leader-Williams and Milner-Gulland,1993)。

打击非法贸易的更高级的联合行动

在穿山甲犯罪发生率高的地区,与潜在的高额利润相比,经济惩罚或短期监禁的威慑似乎微不足道。这种处罚,只能构成偶然的和轻微的职业危害。此外,除了施加惩罚外,当地的威慑可能会完全消失。CITES 备受批评的主要方面之一,也是其成功率低的一个原因,是该公约未能充分理解市场的力量及收获和利用野生动物的驱动力和复杂机制(Challender et al.,2015a,2015b,2019)。穿山甲的跨境走私活动,与象牙、木材和毒品等其他高价值野生动植物产品的走私活动类似。这类走私与复杂的洗钱计划、贩毒集团和其他犯罪集团组织纠缠在一起(Ingram et al.,2019;Mambeya et al.,2018)。各国之间、国际刑警组织等政府机构之间、复杂金融活动的专家调查人员之间的国际合作对于了解犯罪活动的性质及背后组织的规模和复杂性至关重要(Nellemann et al.,2014)。某种程度上,这种合作正在发生。因此,非洲和亚洲穿山甲分布国向 CITES 组织报告说,他们已经与其他国家和国际刑警组织合作,打击穿山甲非法贸易(Challender and Waterman,2017)。

尽管如此,我们还可以做更多的工作,并将重点放在利用非传统立法来打击野生动物贩运"跟着钱走"的现象(Bawden,2018)。发现、跟踪和查封切断大规模非法贸易背后的资金流,有可能铲除从最高层到最底层行动者的整个犯罪组织。筹集资金是犯罪的一个主要目的,是全球犯罪集团组织、成事、壮大的关键。资金支持了非法贸易网络和基础设施构建,滋生了腐败,导致部分官员去帮助犯罪组织实现跨境走私贩运(Realuyo,2017)。全球金融系统使快速的资金转移成为可能,无障碍交易使洗钱策略得以扩散(Winer and Trifin,2003)。Winer 和 Trifin(2003)认为,通过使用全球协调统一的金融情报和银行机制,各国将有能力更好地发现和没收非法资金,从而挫败组织和经营国际野生物种贩运的犯罪集团。利用这些方法,各国可以切断非法贸易物流所需的资金,打击为非法收获和销售提供便利的基础设施和政治腐败,并减少野生动物违禁品跨越国界的通道(Winer and Trifin,2003)。

Haenlein 和 Keatinge(2017)提出了一份清单,列出了在打击野生动物犯罪方面需要采取的行动。其中包括:各国需要认识到,野生动物犯罪是更广泛的洗钱犯罪的上游犯罪,因此有必要在必要时颁布国家法律的修改条例,打击这一犯罪;野生动物贸易调查人员应接受针对打击犯罪活动财务方面的能力培训;使用其他起诉机制,如与腐败和洗钱相关的起诉机制,给予罪犯更重的惩罚;在更高级别上将野生动物犯罪纳入国家风险评估(因为洗钱通常与影响国家安全的恐怖主义和其他有组织犯罪联系在一起);协调分享相关财务信息。

结　　论

穿山甲面临的问题说明了地方、国家和全球监管和执法体制面临的诸多挑战。条款过于分散且笼统的国际法(如《生物多样性公约》)在直接减轻穿山甲面临的威胁方面效果有限。然而,除了 CITES 之外,《保护野生动物迁徙物种公约》《独立国家土著和部落人民公约》和《联合国土著人民权利宣言》为加强现有保护力度和进一步保护穿山甲的行动提供了额外条例。在大多数穿山甲地理分布区，穿山甲在纸面上得到了很好的保护，但要在这些国家将保护落到实处，做到有效执法，还需要克服许多挑战。此外，明确的法律条文和协调有效的执行并不是全部。以硬实力为后盾的执法具有战略意义，能够在一定程度上遏制犯罪活动，并有足够的力量与参加穿山甲商业贩运的犯罪分子相抗衡。同样，需要消除不利因素，建立有鼓励措施又不能损害当地居民的权利的发展战略，确保当地社区能够支持穿山甲保护工作。所有这些方法都是国家和国际达成有效执法的基础。

参 考 文 献

Anon, 2008. China comes down on pangolin smugglers. Available from <https://www.reuters.com/article/environment-china-pangolins-dc-idUSPEK19856420080110>. [August 18, 2019].

Bawden, T., 2018. Duke of Cambridge urges governments to "follow the money" on wildlife crime', iNews the Essential Daily Briefing. Available from: <https://inews.co.uk/news/environment/duke-of-cambridgeurges-governments-to-follow-the-money-on-wildlifecrime/>. [January 9, 2018].

Braithwaite, J., Drahos, P., 2000. Global Business Regulation. Cambridge University Press, Cambridge.

Brockington, D., Igoe, J., 2006. Eviction for conservation: a global overview. Conserv. Soc. 4 (3), 424–470.

Cavanagh, E., 2014. Possession and dispossession in corporate New France, 1600–1663: Debunking a "Juridical History" and Revisiting Terra Nullius. Law Hist. Rev. 32 (1), 97–125.

Challender, D.W.S., Harrop, S.R., MacMillan, D.C., 2015a. Understanding markets to conserve trade-threatened species in CITES. Biol. Conserv. 187, 249–259.

Challender, D.W.S., Harrop, S.R., MacMillan, D.C., 2015b. Towards informed and multi-faceted wildlife trade interventions. Glob. Ecol. Conserv. 3, 129–148.

Challender, D., Waterman, C., 2017. Implementation of CITES Decisions 17.239 b) and 17.240 on Pangolins (Manis spp.), CITES SC69 Doc. 57 Annex. Available from: <https://cites.org/sites/default/files/eng/com/sc/69/E-SC69-57-A.pdf>. [August 2, 2018].

Challender, D.W.S., Hinsley, A., Milner-Gulland, E.J., 2019. Inadequacies in establishing CITES trade bans. Front. Ecol. Environ. 17 (4), 199–200.

CITES, 2019. National Laws for Implementation of the Convention. CITES CoP18 Doc. 26. Available from: <https://cites.org/sites/default/files/eng/cop/18/doc/E-CoP18-026-R1.pdf>. [March 15, 2019].

Colchester, M., 2004. Conservation policy and indigenous peoples. Cult. Surv. Quart. 28 (1), 17–23.

Cooney, R., Roe, D., Dublin, H., Phelps, J., Wilkie, D., Keane, A., et al., 2017. From poachers to protectors: engaging local communities in solutions to illegal wildlife trade. Conserv. Lett. 10 (3), 367–374.

Felbab-Brown, V., 2018. The threat of illicit economies and the complex relations with state and society. In: Comolli, V. (Ed.), Organized Crime and Illicit Trade: How to Respond to This Strategic Challenge in Old and New Domains. Palgrave Macmillan, pp. 1–21.

Haenlein, C., Keatinge, T., 2017. Follow the Money-Using Financial Investigation to Combat Wildlife Crime. Royal United Services Institute for Defence and Security Studies Occasional Paper. Royal United Services Institute, London, UK.

Harrop, S.R., 2003. Human diversity and the diversity of life: international regulation of the role of indigenous and rural communities in conservation. Malay. Law J. 4, xxxviii-lxxx.

Harrop, S.R., 2013. Biodiversity and conservation. In: Falkner, R. (Ed.), The Handbook of Global Climate and Environment Policy. Wiley-Blackwell, Oxford, pp. 37–53.

Harrop, S.R., Pritchard, D., 2011. A hard instrument goes soft: the implications of the Convention on Biological Diversity's current trajectory. Glob. Environ. Change 21 (2), 474–480.

Heinrich, S., Wittman, T.A., Ross, J.V., Shepherd, C.R., Challender, D.W.S., Cassey, P., 2017. The Global Trafficking of Pangolins: A Comprehensive Summary of Seizures and Trafficking Routes From 2010–2015. TRAFFIC, Southeast Asia Regional Office, Petaling Jaya, Selangor, Malaysia.

Heinrich, S., Koehncke, A., Shepherd, C.R., 2019. The role of Germany in the illegal global pangolin trade. Glob. Ecol. Conserv. 20, e00736.

Hinsley, A., de Boer, H.J., Fay, M.F., Gale, S.W., Gardiner, L.M., Gunasekara, R.S., et al., 2018. A review of the trade in orchids and its implications for conservation. Bot. J. Linn. Soc. 186 (4), 435–455.

Ingram, D.J., Cronin, D.T., Challender, D.W.S., Venditti, D. M., Gonder, M.K., 2019. Characterising trafficking and trade of pangolins in the Gulf of Guinea. Glob. Ecol. Conserv. 17, e00576.

Leader-Williams, N., 2003. Regulation and protection: successes and failures in rhinoceros conservation. In: Oldfield, S. (Ed.), The Trade in Wildlife. Regulation for Conservation. Earthscan, London, pp. 89–99.

Leader-Williams, N., Milner-Gulland, E.J., 1993. Policies for the enforcement of wildlife laws: the balance between detection and penalties in Luangwa Valley, Zambia. Conserv. Biol. 7 (3), 611–617.

Lindsey, P.A., 2008. Trophy hunting in sub-Saharan Africa: Economic Scale and Conservation Significance. Best Practices in Sustainable Hunting, 41–47.

Mambeya, M.M., Baker, F., Momboua, B.R., Pambo, A.F.K., Hega, M., Okouyi, V.J.O., et al., 2018. The emergence of a commercial trade in pangolins from Gabon. Afr. J. Ecol. 56 (3), 601–609.

Massé, F., Lunstrum, E., 2016. Accumulation by securitization: commercial poaching, neoliberal conservation, and the creation of new wildlife frontiers. Geoforum 69, 227–237.

Nellemann, C., Henriksen, R., Raxter, P., Ash, N., Mrema, E. (Eds.), 2014. The Environmental Crime Crisis–Threats to Sustainable Development From Illegal Exploitation and Trade in Wildlife and Forest Resources. UNEP Rapid Response Assessment. United Nations Environment Programme and GRID-Arendal, Nairobi and Arendal.

Rands, M.R.W., Adams, W.R., Bennun, L., Butchart, S.H. M., Clements, A., Coomes, D., et al., 2010. Biodiversity conservation: challenges beyond 2010. Science 329 (5997), 1298–1303.

Realuyo, C.B., 2017. "Following the Money Trail" to Combat Terrorism, Crime, and Corruption in the Americas. Available from: <https://www.wilsoncenter.org/sites/default/files/follow_the_money_final_0.pdf>. [January 9, 2019].

Shepherd, C.R., Connelly, E., Hywood, L., Cassey, P., 2016. Taking a stand against illegal wildlife trade: the Zimbabwean approach to pangolin conservation. Oryx 51 (2), 280–285.

't Sas-Rolfes, M., 2000. Assessing CITES: four case studies. In: Hutton, J., Dickson, B. (Eds.), Endangered Species Threatened Convention, The Past, Present and Future of CITES. Africa Resources Trust and Earthscan Publications Ltd, London, pp. 69–87.

UNODC, 2016. World Wildlife Crime Report: Trafficking in Protected Species. UNODC, Vienna, Austria.

Winer, J.M., Trifin, J.R., 2003. Follow the money: the finance of illicit resource extraction. In: Collier, P., Bannon, I. (Eds.), Natural Resources and Violent Conflicts: Options and Actions. World Bank, Washington, D.C., pp. 161–214.

第 18 章　打击非法穿山甲贸易——执法人员的观点

克里斯汀·普劳曼

野生动物保护学会，刚果共和国布拉柴维尔

引　言

穿山甲非法贸易量数额巨大，2008 年以来，非洲穿山甲（主要是鳞片）被贩卖到亚洲市场的数量明显增加（见 16 章）。除部分土著居民在当地的使用有一些特许外，穿山甲在几乎所有分布国都受到国家立法保护，禁止利用和非法贸易穿山甲。

打击穿山甲等野生动物走私的执法效力低下问题已经引起社会的广泛关注。用于国家层面的执法资金受到政治上的限制，需要与基础设施、教育、医疗等国计民生的项目进行竞争 （Challender and MacMillan，2016），尤其是野生动物立法的实施，一直以来都被认为是低优先级（Reeve，2002），另外，腐败、官商勾结和裙带关系也会破坏执法的效力（见 Felbab-Brown，2018；Reeve，2002）。野生动物非法贩运的驱动因素很复杂，包括贫困、企业的非法经营，以及与消费者需求相关的复杂的社会背景（Shairp et al.，2016），立法和执法对这些复杂的驱动因素考虑不周，导致执法效力降低（Challender and MacMillan，2014；Roe et al.，2002）。具体包括：对一线执法人员（如海关人员）培训不足，人力和技术缺乏，国家间及国内执法机构的沟通协作不够等（Challender and Waterman，2017；Patel，1996；Reeve，2002）。从 21 世纪初到近 10 年，为了应对偷猎危机，国际保护组织在执法方面投入了大量资金，这包括专门用于执法能力培训等的相关资源。2010～2016 年，全球用于打击野生动物走私的资金超过 13 亿美元，据估计，大约 65% 的资金用于保护区管理和国际执法的情报收集（World Bank，2016）。

然而，在穿山甲分布国和其他地区（如非法贸易的中转地和目的地），为什么野生动物保护等法律法规执行效率低下？本章调查了为预防和侦破偷猎、非法买卖和贩运穿山甲及其制品过程的一线执法人员，介绍了欧洲几十年来在野生动物非法贸易调查取证方面的经验，以及在非洲多个国家执法的实例和方法，虽然本章主要关注非洲，但其经验和做法也适用于其他地区打击穿山甲的非法贸易，尤其是那些保护形势严峻、地域孤立或资源贫乏的地区。

实际参与者角度

在这里，实际参与者是指执法官员、调查人员、办案人员或情报收集人员，这些人员是打击非法野生动物贸易（IWT）的重要力量。希望在此提出的观点能对打击穿山甲贩运提供有益的借鉴（Challender et al.，2014；参见 CITES Res. Conf. 17.10）。本章重点关注调查和情报收集过程的初始阶段，没有涉及立法文书、司法程序及国际法和公约问题（见第 17 章及第 19 章）。本章首先对执法作出适当的界定，具体化明确打击穿山甲非法贸易的基本要素。然后提出概念，指出执法活动六要素，这对成功打击偷猎者和贩运穿山甲的犯罪活动至关重要。如果这 6 个要素得以落实，穿山甲非法贸易量将减少，罪犯和公众对执法能力及贩运穿山甲后果的认识将得到提高。应当指出的是，穿山甲贩运通常与其他野生动物贩运相联系，甚至与毒品交易等犯罪行为共同进行（Ingram et al.，2019；Mambeya et al.，2018），这意味着所讨论的挑战和解决方案适用于广泛的非法贸易物种。

什么是"执法"？

简单地说，执法就是法律的应用。执法机构（LEA）通常是政府机构或部门，负责应用法律。在打击非洲野生动物贩运方面，这些机构可包括野生动物或林业主管部门、警察、海关、检察和司法部门及相关军事单位，这些机构通常是协调配合的。

法律应用可以广泛地解释为预防违法行为的发生。通过查明违法行为，并取得充分的证据，以便将行为人提交给适当的司法当局并接受司法程序审讯，最终起诉。法律应用的各个环节都有助于人们理解保护法律执行的真正意义。例如，执法人员在保护区内巡逻，监控保护区内的动植物及违法行为，社交媒体拍摄的被拘留的偷猎者及其违禁品等。但是，执法应包括犯罪过程的所有组成部分，包括最后成功起诉。这些要素包括情报、逮捕、证据和起诉，它们是调查的基础。没有这些要素，不符合执法的定义，也不可能实现执法的目标。

普遍来看，要正确应用法律并确保有效，应确保达到一些重点要求。这些要求具有普遍性，因为它们在立法或司法上没有具体规定，且不论国家或组织的执法能力和拥有的资源如何，都可适用。首先，解决穿山甲的非法贸易问题应该与其他保护组织合作。特别是在社区参与、保护区和物种监测方面，有许多共性，这些共性构成了有效执法的基本要素。例如，出于保护目的对物种进行电子或空中监测，可识别潜在的以营利为目的的偷猎、非法贩运高发地区，或用来证实有关非法活动的历史犯罪情报（见Sandbrook 2015 年关于空中监测的伦理讨论）。其次，从农村社区、土著居民到保护区与非政府组织工作人员及国际有组织犯罪等各个层面的情报网是执法的关键。忽视利益相关者提供的传统执法支持，可能导致情报或信息缺失，降低执法有效性。与相关领域的所有利益相关者建立合作伙伴关系是成功获取情报的关键因素。对执法机构和非政府组织来说，为保护目的而获得共享数据极为必要。这在许多情况下，可通过正式协议或口头协定建立健全透明的信息收集或共享协议（College of Policing，2014）。最后，野生动物的执法人员通常只是来自当地的野生动物部门的官员，而穿山甲走私具有典型的跨国特征，可以通过陆路、空运和海运进行（Heinrich et al.，2017）。因此，对执法机构的支持不该局限于从事特定野生动物事务的工作人员，还应包括警察、宪兵、边境和海关人员及港口当局。对于执法的支持不能只局限在特定的保护区或地理区域内，这点至关重要。

有效执法的 6 个要素

尽管穿山甲保护工作困难重重，但以下 6 个具体要素可以改善非洲许多穿山甲分布国的执法有效性，加强打击穿山甲贩运的能力。通常，人们对执法机构的支持只注重于这 6 个要素其中之一，不能全面有效改善和转变执法机构的执法能力和态度。对执法的支持应注重执行和指导最优方案，必要时改变执法理念和态度，并应尽一切努力使之成为可能，而非单纯的命令或行动。对前线执法人员的培训应有一个行动重点，最好能在培训计划完成后开展实际执法活动。而且，培训应在内部进行，由执法组织自己完成，确保培训过程和方法的系统化和可持续性。如果由外来机构负责培训，他们应具有专门的执法知识，使培训内容能够适用执法。本节将逐一讨论这 6 个要素，并探讨它们在实际工作中对加强打击非法穿山甲贸易发挥的作用。

1. 社区参与

野生动物执法的一个关键是执法人员和当地社区居民之间的互动关系。从事穿山甲捕猎或偷猎的人通常来自边缘社区，很少或根本没有与执法官员接触。即使有接触，也通常是被动的（如例行检查和猎物查没）。这对两方的关系起不到什么积极作用，而且更有可能使这些社区对执法部门丧失信心，最终成为该地区野生动物犯罪的助推器。不恰当的互动也会使社区居民的后代继续消极地看待执法。此外，数十年来，许多社区以捕杀穿山甲（和其他物种）作为蛋白质来源，如果以劝阻或恐吓手段应对，大多数情况下起不到应有的效果。

社区治安指警察在其所服务的社区内征得同意后维持治安，实现警民互利关系。许多中非国家几乎不存在这一概念。如果执法人员以有教育意义、非对抗性方式与社区接触，并试图成为社区的一部分，社区成员可能很愿意帮助他们，如分享资讯等，这无疑给国家和地方政府带来诸多利益。2017~2018 年，德国国际合作办公室实施了一项加强社区与喀麦隆/加蓬边境哨所执法部门互动的项目（D. Hauthoff，个人评论）。由于认识到社区是打击野生动物走私的关键，他们在边境哨所内的一个村庄安装了水泵，使村民能够参与其中，并与执勤的执法人员积极互动。正因为如此，社区居民愿意协助调查穿山甲狩猎、偷猎和贩运等问题，并提供有价值的信息。这点尤为重要，因为当地人和土著社区可能成为野生动物偷猎者、贩运者和组织者的目标，他们引诱这些人利用其传统的狩猎技能和丛林知识获取野生动物并出售。例如，在喀麦隆南部，巴卡人（Baka）（一个半游牧的土著部落）作为向导参与偷猎活动，而报酬是威士忌。

以社区为中心打击野生动物走私的执法行动应包括地方执法，从而提高可信度和促进执法部门与社区之间更广泛的联系和互动。值得信赖的警民关系可以产生积极的结果，帮助执法人员判断和区分以维持生计为基础的狩猎和出于犯罪动机的营利性偷猎。这将确保执法人员主要以后者为打击目标，且不会影响他们与当地社区建立长期的合作关系。

对执法人员和长期在社区工作的当地保护人员进行教育培训至关重要，并应与那些和社区建立了良好关系的非政府组织建立合作。培训应强调与社区成员建立融洽关系的重要性，以便了解在当地社区内发生了何种犯罪行为，以明确区分是为生计而捕猎的猎户，还是那些以营利为目的的个人和团体。执法人员和社区之间建立互信的伙伴关系是提供信息和情报共享的重要平台。

即使在最复杂、最严重的刑事案件调查中，当地部门通常也是调查的第一站，随着时间的推移，他们对当地社区的了解增多，并与之逐渐建立联系，意味着他们能够经常得到关于猎人、偷猎者和走私者的信息，并对犯罪动机有更深入的了解。在非洲穿山甲分布国的偏远村庄或农村小镇社区复制类似的做法，对执法部门（和非政府组织）干预穿山甲贩运的能力提升发挥了积极的作用。许多非洲地区没有正式的或集中的情报共享机构，地方执法部门也应该向有关部门、组织、联系人或机构提供有关穿山甲贩运活动的信息。除了以野生动物保护为中心的保护区，对于那些处于孤立或资源贫乏地区的一线工作人员来说，这个概念不存在。工作人员可能有义务或应组织的要求，将任何相关信息传递给他们的上级或同级。然而，这些信息由于时间限制、资源问题、官员腐败或其他因素，常常不能转化为实际行动，而且在许多领域，非政府组织的合作伙伴往往被视为（并采取行动）事实上的信息共享渠道。与社区紧密联系的执法官员与执法机构中心之间的持续对话将使他们有机会分享相关信息。方式可以很简单，比如为当地执法官员提供电话号码，或者与非政府组织的定期见面交流。

2. 增强情报循环

情报是一个被大肆吹嘘的概念，有时在保护圈内使用情报循环这个术语时，人们对它知之甚少：本质上，情报周期性地影响着信息的传达和随后的行动。它可以成为打击穿山甲走私的一个非常有力的工具。然而，大多数非洲穿山甲分布国在有效管理情报方面的能力、知识和资源有限。虽然他们有能力使用以实地观察为基础的工具，如空间监测和通讯工具（SMART；见第 27 章），但这不能代表他们拥有获取专门情报的能力。野外观察的基础工具也应该有在法庭上提供证据的能力，这意味着他们接收和存储的数据（如照片、GPS 信息）应该在法庭上能够维持数据完整性和准确性，这可能意味着起诉能否成功。

政府或非政府组织最好有专门的情报官员或机构。这意味着当地或社区官员和其他人员的知识能够被综合利用起来，从而能够据此评估和传播信息。该职位最好设定为单线联络，与情报反馈点直接联系，并接受基本人力资源管理培训（见下一节），使他们具备完成工作的技能。最理想的情况是，情报官员还会询问被捕者或相关人员，以获取有关贩运方法、参与者、地理位置和贩运事件等信息。最后，情报官员应通过培训并具备分析情报的能力，以理解犯罪活动。

3. 人力资源管理透明化发展

线人的培养、招聘和管理是一项复杂、敏感、高度专业化的技能。在保护圈中，有效地构建和管理一个线人网络经常被作为打击野生动物走私的目标之一，特别是在资金筹措过程中，捐助者通常对此比较感兴趣。考虑到其中的复杂性，非洲许多穿山甲分布的国家试图建立一个基于当地的有效人力资源系统是十分困难的。在经验或专业知识不足时，试图这样做，无论在道德上还是在组织上都有很大风险。这包括核算处理资源的所有要素：专业的培训；风险来源/警察/处理程序；付款金额及系统管理；信息安全（特别是消息提供者身份）；信息的法律保护（即保护身份的立法措施）；成立秘密部门，处理情报来源和部署相关的秘密技术；执行既不确认也不否认（NCND）政策，以维护信息来源的安全；结果透明、合乎道德地进行奖励；通过严格和透明的财务会计和记录制度解决各机构的问责制和腐败问题；在这些问题上培训高级官员和管理人员以提高法律的执行能力。当然，在适当的环境下，这并非不能做到，而且还有拓展的空间。一旦建立了网络监管，实现了具体的执法目标（增加缉获、逮捕和起诉数量），就可以复制以当地保护区域（或生态系统）为基础的工作模板，并移植到其他地方。

在欧盟和英国，信息管理受到严格的审查、指导、协商和法律监督。当国家没有明确的信息接收条规和管理时，英国的业务守则可以提供参考，并适当考虑到欧洲人权公约，因为它涉及秘密执法行动。英国的业务守则包括关于透明度、问责和保护的全面的可审计的规定，因此提供了一个合适的标准。

虽然许多困难有待克服，但专业、可信和有效的人力资源管理效力不能低估：它们仍然是最终的情报收集手段。

4. 快速反馈（网络行动）

为了向情报循环概念提供实质性帮助，情报部门必须能够对情报作出迅速反应。如果没有足够快的反应能力，这个反馈过程通常会停滞，从而导致对犯罪网络打击不到位。我们也失去了进一步收集信息并将其反馈到情报循环中的机会。例如，对有关穿山甲贩运者的人员信息作出如下反应：提供打击特定犯罪活动的最佳机会；提供信息逮捕罪犯和移交司法部门处理；使执法部门从犯罪嫌疑人那里获得必要的证据和情报，并反馈到情报循环中。

从长远来看，将信息反馈回情报网络能够有效打击犯罪，其他条件相同的情况下，最终会促进犯罪组织瓦解。

许多非洲国家在打击穿山甲走私的过程中，最大的问题就是没有从个人狩猎者那里获取情报，这些人通常只是为了维持生计或赚取微薄的利润。通过与其进行合法的情报面谈，以及正确的取证方法，可以收集到很多信息，从而可以将信息反馈回情报循环中。这类情报在查明网络组织、犯罪关系和贩运方法，以及进一步加强执法行动方面具有重大价值。

但执行部门的反应能力在许多情况下是执法行动成败的关键。提供车辆和设备方面应有适当的预算考虑，相关人员可能还需要训练（如战术和逮捕训练、被拘留者安全、人权和以社区为中心的通信等事务）。

5. 提高刑事调查能力

刑事案件的调查是执法的基础，使案件能够提交法院，从而完成司法程序。保管并维持证据的完整性对这一过程至关重要。例如，当偷猎者被逮捕时，执法机构的工作人员应妥善处理证据，包括为武器和其他物品拍照、扣押和标记，并保留它们供法医评估（包括与其他刑事案件进行弹道匹配的可能性）。在政府机构缺乏司法鉴定能力的情况下，各种国际机构或非政府组织可在某些情况下参与并提供帮助。

例如，2018 年，朴次茅斯大学与伦敦动物学会（ZSL）和英国边境部队合作，开发了法医凝胶，能够从穿山甲鳞片中获得完整的指纹等证据。在开发过程中，方便实用是一个重要的考虑因素，这种凝胶可由具有法医知识或受过培训的执法人员使用。

应该以同样的方式处理陷阱和圈套。现场物品的照片或视频必不可少，犯罪工具应该贴上标签，并进行封存。例如，在刚果盆地深处巡逻的探员如果碰巧遇到一个犯罪现场，他们不太可能拥有合适的自动密封袋来保存弹壳、武器或嫌疑人留下的个人物品。然而，他们可以通过使用其他可用的物品来最大限度地减少身体接触，最大限度地提高证据的完整性，如用树叶暂时包裹证据物品。

执法机构在执法过程中应避免拍摄持有违禁品（如穿山甲鳞片、穿山甲尸体）的嫌犯。这违背了嫌疑人不自证其罪的道德权利（即使供词已经被记录下来，也不适当）。与此相关，发布被捕者的照片到网上有道德争议，因为这意味着进行公平的司法程序之前即证明其有罪。这种情况下辩护律师可以利用胁迫、法医证物污染或不恰当的证据处理等论点，为嫌疑人辩解开脱。执法人员应清楚与具体案件有关的笔记或图片的价值，以便之后的使用。

理想情况下，野生动物犯罪现场应被视为严重犯罪现场，以便得到妥善的保存，为之后的证据评估、采集、转移打下基础。应考虑到警戒线、常见的进出通道、犯罪现场记录、草图、视频和照片、有机材料样本、液体和身体（血液和组织）样本（动物和人）。证据链应保持完整，确保对物证的干扰最小。应当有一个保管链的概念，以及适当的证据样本存放地。

将物证或法医证据转化为适用于司法程序的可行文件或影像的能力也至关重要。坦桑尼亚的杨凤兰（所谓的"象牙女王"）案引起了媒体的大量关注（Kriel and Duggan，2015），许多组织声称，在她被捕时参与或成功地拘留了她。连续休庭之后，她的案件最终于 2019 年 2 月才结束，其原因是司法程序和文书陈述不一致。这个案件凸显了建立健全法律监管链条的必要性。

案件调查需要适当的管理和执行。以正确的方式与被捕者面谈，获得更多有关犯罪活动的信息，是目前野生动物执法中尚未考虑到的重要一环。在实际调查中，很少有个体偷猎者或低级组织者被逮捕后由受过专业训练的人员问询得到跨国贩运的背后网络等重要信息。对一些执法者来说，逮捕个体偷猎和贩运者很容易让他们满意，其实更应该考虑挖掘这些人具有的情报价值。

通过手机、电脑和金融数据可以详细了解犯罪网络，但这些审讯步骤时常被遗漏，进一步错失获得更多信息的机会，将来应该实行强制的标准审讯步骤。证据表明，国际穿山甲贩运组织严密（见第 16 章），为了解决这一问题，执法机构应持续发挥情报循环的作用，有效地利用线人资源，挖掘犯罪嫌疑人身上的情报，获取进一步的信息，从而破坏贩运活动。该方法同样适用于利用社交媒体销售穿山甲产品的犯罪活动。

6. 提高起诉率和定罪率

法律的适用将根据罪犯触犯的相关法律条文，通过起诉和定罪，使其对行为负责。在许多非洲穿山甲分布国家，可以通过多种方式提高罪犯起诉率和定罪率。这包括对司法人员，特别是检察官、调查人员、警卫、警察和海关官员进行培训，确保司法人员对证据和起诉程序理解到位。值得注意的是，这个方法适用的地区偷猎盛行，但他们往往不知道野生动物的保护地位和重要性。这种培训将有助于确保他们认识到穿山甲贩运违法的严重性，甚至有许多情况属于有组织的跨国犯罪。尽管有当地立法保护，但法院、法官和检察官也应了解穿山甲受到国际公约的保护，即穿山甲被列入《濒危野生动植物种国际贸易公约》附录Ⅰ（见第 19 章）。与毒品贩运案中使用的方法类似，每个与穿山甲贩运有关的案件档案应包括一份影响陈述书或类似的专家证词，说明非法贸易的严重性和对穿山甲种群的影响。以往成功的穿山甲贩运案件起诉提供的个案研究或陈述案例也会对现在的案情起作用。提高司法部门的案件处理能力，提升向法院提交的案件材料的质量，有助于提高起诉成功率和定罪率。

应进一步鼓励司法机构和各国政府颁布立法或议定书，使较低级别的罪犯坦白信息以得到更宽大的判决，以此来换取关于更高一级犯罪组织的实质、利于采取行动的情报。这将使执法机构更容易追查有组织犯罪网络的高级阶层信息。

最后，具有内阁、政府或外交影响力的组织，包括一些国际非政府组织，应利用这种影响力，结合所讨论的要素，使量刑准则更加合理化，并对那些参与穿山甲走私的人付诸实施，没收其资产和赃款（见第 17 章），对穿山甲贩运组织者量刑定罪。

结　　论

有效实施法律对解决和减少穿山甲非法贸易问题至关重要。这里强调的执法的 6 个关键要素不是独立实施的，它们需要协同进行，产生长期的成效。我们所讨论的一些概念，很容易招致人们的批评或怀疑，特别是在局势不稳定和易受冲突影响的国家，因为在这些国家中黑势力和腐败可能成为穿山甲保护工作的障碍。但是，这些解决方案能够适应不同的环境，不需要过于复杂的操作，可由一线执法人员实施。

2018 年 3 月，贝宁的科托努机场截获了近 5t 的穿山甲鳞片，这是在贝宁发生的最大规模的一起非法野生动物走私案件。执法人员来自一个专业的反野生动物贩运专家小组，他们在 2017 年接受了专业的培训。执法人员所在单位的主要任务是缉毒，他们明确表示，如果没有接受过关于识别走私犯的一般行为特征和穿山甲鳞片特征（嫌疑犯声称它们是干鱼鳞）的训练，很难查获类似的案子。这个案例充分说明了执法人员学习专业知识和提高执法能力的重要性，这样才能让其更好地了解动物个体特征、走私路线和运输方法。保护穿山甲面临着各种各样的挑战，只有确保司法机关的一线执法人员拥有逮捕、起诉和定罪所需的资源和专业知识，并将情报反馈给情报循环系统，才能打击有组织的穿山甲走私网络，从而减少过度利用给穿山甲带来的灭绝威胁。

参 考 文 献

Challender, D.W.S., MacMillan, D.C., 2014. Poaching is more than an enforcement problem. Conserv. Lett. 7 (5), 484-494.

Challender, D.W.S., MacMillan, D.C., 2016. Transnational environmental crime: more than an enforcement problem. In: Schaedla, W.H., Elliott, L. (Eds.), Handbook of Transnational Environmental Crime. Edward Elgar Publishing, Cheltenham and Northampton, Massachusetts, pp. 489-498.

Challender, D., Waterman, C., 2017. Implementation of CITES Decisions 17.239 b) and 17.240 on Pangolins (Manis spp.), CITES SC69 Doc. 57 Annex. Available from: <https://cites.org/sites/default/files/eng/com/sc/69/E-SC69-57-A.pdf>. [August 2, 2018].

Challender, D.W.S., Waterman, C., Baillie, J.E.M., 2014. Scaling Up Pangolin Conservation. IUCN SSC Pangolin Specialist Group, Zoological Society of London, London, UK.

College of Policing, 2014. Code of Ethics. A Code of Practice for the Principles and Standards of Professional Behaviour for the Policing Profession of England and Wales. Available from: <https://www.college.police.uk/What-we-do/Ethics/Ethics-home/Documents/Code_of_Ethics.pdf>. [June 18, 2019].

Felbab-Brown, V., 2018. The threat of illicit economies and the complex relations with state and society. In: Comolli, V. (Ed.), Organized Crime and Illicit Trade: How to Respond to This Strategic Challenge in Old and New Domains. Palgrave Macmillan, pp. 1-21.

Heinrich, S., Wittman, T.A., Ross, J.V., Shepherd, C.R., Challender, D.W.S., Cassey, P., 2017. The Global Trafficking of Pangolins: A Comprehensive Summary of Seizures and Trafficking Routes From 2010-2015. TRAFFIC, Southeast Asia Regional Office, Petaling Jaya, Selangor, Malaysia.

Ingram, D.J., Cronin, D.T., Challender, D.W.S., Venditti, D. M., Gonder, M.K., 2019. Characterising trafficking and trade of pangolins in the Gulf of Guinea. Glob. Ecol. Conserv. 17, e00576.

Kriel, R., Duggan, B., 2015. 'Queen of Ivory' arrested in Tanzania. CNN. Available from: <https://edition.cnn.com/2015/10/09/africa/tanzania-elephant-ivory-queenarrest/index.html>. [March 23, 2019].

Mambeya, M.M., Baker, F., Momboua, B.R., Pambo, A.F.K., Hega, M., Okouyi, V.J.O., et al., 2018. The emergence of a commercial trade in pangolins from Gabon. Afr. J. Ecol. 56 (3), 601–609.

Patel, P., 1996. The Convention on International Trade in Endangered Species: enforcement and the last unicorn. Houst. J. Int. Law 157–213.

Reeve, R., 2002. Policing International Trade in Endangered Species. The CITES Treaty and Compliance. The Royal Institute of International Affairs and Earthscan Publications Ltd, London.

Roe, D., Mulliken, T., Milledge, S., Mremi, J., Mosha, S., Greig-Gran, M., 2002. Making a killing or making a living? Wildlife trade, trade controls and rural livelihoods. Biodiversity and Livelihoods Issues, No.6. IIED, London, UK.

Sandbrook, C., 2015. The social implications of using drones for biodiversity conservation. Ambio 44 (Suppl. 4), S636–S657.

Shairp, R., Veríssimo, D., Fraser, I., Challender, D.W.S., MacMillan, D.C., 2016. Understanding urban demand for wild meat in Vietnam: implications for conservation actions. PLoS One 11 (1), e0134787.

World Bank, 2016. Analysis of International Funding to Tackle Illegal Wildlife Trade. The World Bank, Washington D.C.

ZSL, 2018. Anti-trafficking officials in Benin seize record haul of pangolin scales. Available from: <https://www.zsl.org/conservation/news/anti-trafficking-officials-inbenin-seize-record-haul-of-pangolin-scales>. [April 16, 2019].

第19章 《濒危野生动植物种国际贸易公约》应对穿山甲贸易威胁

丹尼尔·W. S. 查兰德 [1, 2]，科尔曼·奥克里奥丹 [3]

1. 牛津大学动物学系和马丁学院，英国牛津
2. 摄政公园伦敦动物学会，世界自然保护联盟物种生存委员会穿山甲专家组，英国伦敦
3. 世界自然基金会，肯尼亚内罗毕

引 言

《濒危野生动植物种国际贸易公约》（CITES）是确保国际野生动植物可持续贸易的多边环境协议书（CITES，2019a；Wijnstekers，2018）。CITES 于 20 世纪中后期开始实施，1975 年生效，目的是更好地控制野生动植物国际贸易（CITES，2019a）。CITES 有包括欧盟在内的 182 个缔约方，通过国家立法和执法机制以及许可证制度实施（CITES，2019b）。各国依据自愿加入 CITES，加入后须采取若干措施来执行公约条款，包括颁布立法、执行规定，并指定相关国家管理局和科学权威机构负责具体实施。这些机构必须对贸易水平进行监测并提供咨询意见，核实贸易中的标本是否为合法获取，并为贸易发放许可证(如进出口许可证和再出口证书)，以确保贸易具有生物学上的可持续性（CITES，2019c）。

CITES 的主要原则是贸易管制，其管制程度取决于物种被列在 CITES 的哪一个附录中，通常是三个附录之一。每个附录有相应的贸易管制措施，依据是该生物物种和贸易标准评估的灭绝风险，即"列入名册的资格准则"。附录Ⅰ列出了大约 1000 种在国际贸易中被视为濒临灭绝的物种，通常禁止商业贸易，有特殊情况才被批准（CITES，2019c）。批准贸易时，不仅需要出口国签发出口许可证证明样本获得渠道合法，还需要进口国签发进口许可证。大多数 CITES 列出的物种（约 35 000 种）都包含在附录Ⅱ中（CITES，2019d）。这些物种如果贸易不受管制，则在未来有灭绝危险；或者由于其与前一类物种相似（即"外形相似的物种"）而必须对其贸易加以管制。在签发出口许可证的前提下，准许这些物种的贸易，这主要基于：①调查结果证明合法获取，即确定有关物种的样本获取渠道合法；②调查结果证明非损害，即出口国声明某一特定物种的样本贸易不会损害该物种在野外的生存。附录Ⅲ列出了约 200 种物种，其贸易由一个或多个缔约方管理，但相关缔约方之间在防止不可持续性贸易方面有合作（CITES，2019d）。

缔约方可对附录提出修正。附录Ⅰ和附录Ⅱ之间物种的列入、删除和转移通常在缔约方大会（CoP）上进行。修正案的通过取决于出席会议并参与表决的缔约方协商一致或至少三分之二投票通过。每三年举行一次的缔约方大会是 CITES 的最高决策机构，两次会议之间的大会管理工作由常务委员会负责。

为了确保缔约方遵守公约，CITES 使用了"胡萝卜"加"大棒"的组合（Reeve，2002）。这包括技术援助和能力建设（如培训和法律），反之，威胁对缔约方不遵守的 CITES 所列物种实施贸易制裁（Reeve，2006；Sand，2013）。制裁的形式是，常务委员会建议缔约方暂停与该国的某些或所有公约所列濒危物种进行贸易。例如，在缔约方未能制定并实施法律来履行 CITES 的情况下，可以使用这些处罚规则。随着 CITES 的发展，已经采用了一些额外的机制来支持遵约。其中包括"重要贸易回顾"（RST）审查，通过审查，为 CITES 附录Ⅱ物种贸易的不可持续性或存在其他问题的缔约方制定补救建议，以及对圈养动物标本贸易提供审查程序。此外，有国家不遵守规定时，对涉及大量非法贸易的特定种类或种群采取特别措施。这些措施包括通过 CITES 的商议和决定，指导缔约方、CITES 秘书处和其他濒危物种公约的委员会和利益攸关方采取具体行动。例如，敦促缔约方消除消费者对特定物种的需求或销毁某些衍生品的库存，建立特制的"非法贸易监测系统"[如大象贸易信息系统（ETIS）]，以及向存在问题的国家派遣高级技术专家或政治特派员（Challender et al.，2015a）。随着对 CITES 所列物种，特别是其附录Ⅰ所列物种非法贸易的日益重视，缔约方会议和常务委员会在遵约问题上花费了更多的时间，并深入关注了一些势态严峻需要深度关切的国家，如刚果民主共和国（DRC）、几内亚、老挝人民民主共和国（Lao PDR）和尼日利亚（CITES，2018）。

历史上，包括 20 世纪中后期（见第 16 章），穿山甲的国际贸易量很大，所以它们从 CITES 创立以来，就被列入该公约中进行保护，在 CITES 中有着悠久而复杂的历史。本章将讨论 CITES 在历史上是如何对穿山甲进行管理，是否有效确保了国际穿山甲贸易的可持续性，批判性地评估了 CITES 决议的影响，并讨论了在 CITES 中进一步保护穿山甲的方法。

《濒危野生动植物种国际贸易公约》中穿山甲的历史

CITES 成立之初，其附录Ⅱ中列出了亚洲穿山甲 [除了菲律宾穿山甲（*Manis culionensis*），当时其没有被描述为一个独立的物种]，附录Ⅰ中列出了南非地穿山甲（*Smutsia Temminckii*）（图 19.1）。这些目录是在没有明确的目录列入标准的情况下编制的，目录列入标准直到 1976 年第 1 次缔约方大会上（Huxley，2000 年）才发展起来。1992 年，CITES 第 8 次缔约方大会就南非地穿山甲是否应该被列入附录Ⅰ进行了辩论（CITES，1994），之后，瑞士作为公约保存国政府，于 1994 年 CITES 第 9 次缔约方大会上提议将这一物种从附录Ⅰ转移到附录Ⅱ。瑞士还建议将巨地穿山甲（*S. gigantea*）、白腹长尾穿山甲（*Phataginus tricuspis*）和黑腹长尾穿山甲（*P. tetradactyla*）列入附录Ⅱ。该提案应动物委员会主席、CITES 动物技术咨询委员会的要求提交，CITES 第 9 次缔约方大会上缔约方同意将其列入附录Ⅱ。因此，从 1995 年 2 月 16 日起，穿山甲（*Manis* spp.）被列入附录Ⅱ。这包括了所有现存的穿山甲物种，因为 CITES 使用 Wilson 和 Reeder（2005）的哺乳动物分类作为参考，认为每个穿山甲物种都属于 *Manis* 属。

对亚洲穿山甲国际贸易可持续性的担忧，导致它们多次被纳入"重要贸易回顾"（RST）第一轮谈判。从 1977～2000 年，据 CITES 报告，穿山甲的国际贸易涉及估计超过 75 万只动物（第 16 章；Heinrich et al.，2016）。主要是亚洲穿山甲的皮革和鳞片；超过 50 万张皮革主要用于商业目的，其中大部分来自马来穿山甲（*Manis javanica*）。大量皮革贸易的目的地为日本、美国和墨西哥，用于皮革制品的生产和零售（Anon，1992）。尽管有报道称，出口方允许进行贸易，且本应为这种贸易制定"无本金交割外汇远期合约"（NDF），但出于对贸易可持续性的担忧，亚洲穿山甲被纳入 1988 年"重要贸易回顾"（RST）初级阶段、1992 年"重要贸易回顾"第一阶段和 1999 年"重要贸易回顾"第四阶段（表 19.1）。

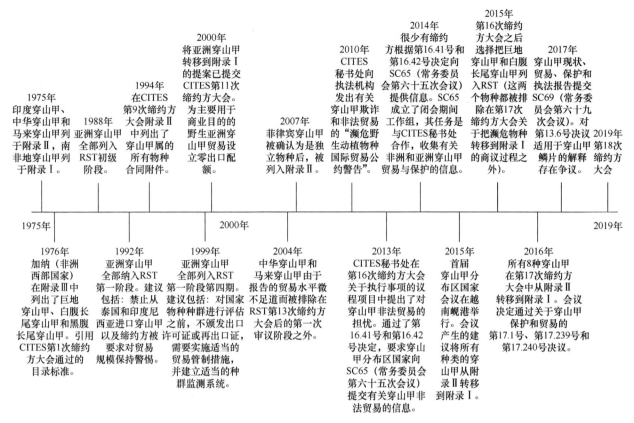

图 19.1 所选穿山甲在 CITES 中的时间线。改编自 Challender, D. W. S., Harrop, S. R., MacMillan, D. C., 2015b. Understanding markets to conserve trade-threatened species in CITES. Biol. Conserv. 187，249-259.

表 19.1 CITES 重要贸易回顾（RST）过程中关于穿山甲的表现、建议和结果

阶段	包括物种	表现	建议（P=主要建议；S=次要建议）	缔约方指向	结果
准备阶段（1988）	马来穿山甲 中华穿山甲 印度穿山甲	可能存在的问题			
I（1992）	马来穿山甲 中华穿山甲 印度穿山甲	C 类（现时的贸易水平及/或保育情况尚不清楚）。提出主要建议和次要建议	P：禁止进口源自印度尼西亚和泰国的产品，因为这两个国家都有保护该物种的法律	所有缔约方	通知 688 号发送给各方。秘书处满意
			S：涉及中药贸易的各方，特别是新加坡和中国，都被要求对穿山甲鳞片贸易保持警惕	中药贸易相关缔约方	通知 688 号发送给各方。秘书处满意
			S：秘书处应告知非贸易进口国家，特别是韩国，对这些物种进行贸易管制，并要求这些国家进行合作，确保所有的进口标本都是合法出口的	非缔约方进口国，特别是韩国	秘书处致函韩国（当时为非缔约方）
			S：马来西亚管理当局应向秘书处通报穿山甲的保护情况，特别是在沙巴和沙捞越	马来西亚	马来穿山甲在马来西亚被保护。秘书处满意
			S：新加坡管理当局应调查进口穿山甲鳞片的来源，核实出口的合法性，并就调查结果向秘书处提出建议	新加坡	一个进口国被起诉。秘书处满意
			中国管理当局应向秘书处通报其关于中华穿山甲的研究现状	中国	计划在中国进行圈养的实地调查和研究。秘书处满意

续表

阶段	包括物种	表现	建议（P=主要建议；S=次要建议）	缔约方指向	结果
Ⅳ（1999）	马来穿山甲 中华穿山甲 印度穿山甲 巨地穿山甲 南非地穿山甲 白腹长尾穿山甲 黑腹长尾穿山甲	马来穿山甲：d（Ⅰ）类-资料显示，全球数量或某一特定范围内的数量正受到国际贸易的不利影响。提出主要建议 中华穿山甲：d（Ⅰ）/d（Ⅱ）类-资料显示，全球数量或某一特定范围内的数量正受到国际贸易的不利影响。提出主要建议 印度穿山甲、巨地穿山甲、南非地穿山甲、白腹长尾穿山甲、黑腹长尾穿山甲：d（Ⅲ）类-从审查中删除	P：在采取下列行动并报告秘书处满意之前，不应颁发或接受马来穿山甲、中华穿山甲、印度穿山甲的标本的出口证或再出口证 ● 对批准出口这些物种标本的国家的全范围内三个物种的分布和种群状况（包括丰度）进行评估 ● 老挝政府当局和新加坡、泰国、柬埔寨、中国、马来西亚、越南、缅甸和印度尼西亚的政府当局制定并实施了适当的控制措施和检查程序，以检测和拦截所有穿山甲属物种标本的非法运输 ● 所有希望交易穿山甲、穿山甲部位和衍生品的国家的政府当局都开发了充分的、基于科学的种群监测系统和措施，以识别和监管合法获取的标本的出口	所有缔约方	第 11 次缔约方大会（2000）对捕获的野生马来穿山甲、中华穿山甲、印度穿山甲的标本设置了零出口配额。SC45（常务委员会第四十五次会议）（2001）同意，如果取消零配额，任何希望进行这些物种贸易的国家都需要让秘书处相信，1999年的建议在出口之前就已经被执行
第 16 次缔约方大会之后（2013）	巨地穿山甲 白腹长尾穿山甲	在第 17 次缔约方大会从附录Ⅱ转移到附录Ⅰ后被排除在流程之外			

注：改编自 Challender, D. W. S., Harrop, S.R., MacMillan, D. C., 2015b. Understanding markets to conserve trade-threatened species in CITES. Biol. Conserv. 187, 249-259。

　　RST 的每个阶段，都详细审查了每个物种的生物学、所受威胁和国际贸易情况。由于缺乏穿山甲种群数量数据，很难确定开采量对种群的影响，也很难将国际贸易与当地贸易（即国内）区分开来。然而，随着东南亚部分地区穿山甲数量的减少，贸易模式也发生了变化，每篇审查报告都记录，在中华穿山甲和马来穿山甲分布区的很多地方，捕猎穿山甲的难度很大，捕猎人数开始下降（Anon，1992，1999；Broad et al.，1988）。此外，审查报告还记录了大量未报告的似乎是非法的穿山甲贸易，特别是涉及活体动物和鳞片的贸易，数量远远超过了当地政府向 CITES 报告的贸易水平（见第 16 章）。同样，审查报告记录了穿山甲产地社区由于穿山甲及其衍生品的高昂价格产生了偷猎和交易这些动物的强烈动机，而且国际市场对穿山甲肉和鳞片有大量的需求。在 RST 的第一阶段采取了有时限的补救措施，1992 年规定了短期（主要）建议和长期（次要）建议的组合，以确保未来贸易的可持续（表 19.1）。建议包括禁止从印度尼西亚和泰国进口亚洲穿山甲及其身体部分，因为在这些国家，穿山甲受到法律保护，此外，还要求中药贸易的各参与方对贸易的规模保持警惕（表 19.1）。

　　尽管执行这些建议得到了 CITES 秘书处的肯定（表 19.1），但考虑到对可持续性利用的关注，当时确认的 7 种穿山甲被列入了 RST 第四阶段。由于非洲物种和印度穿山甲的国际贸易不成问题（表 19.1），它们被排除在这一程序之外。对于中华穿山甲和马来穿山甲的判断使种群受到国际贸易的不利影响，据此提出了初步建议。规定各缔约方在评估每一物种的分布和种群状况（包括丰度）并制定基于科学的种群监测方法之前，缔约国不应接受这些物种的出口或再出口（表 19.1）。

　　虽然亚洲穿山甲仍处于 RST 的第四阶段，但在 2000 年第 11 次缔约方大会上，拟议亚洲穿山甲从附录Ⅱ名单转移到附录Ⅰ名单（CITES，2000a）。经过会议辩论，尽管一些缔约方和 CITES 秘书处承认马来穿山甲符合列入附录Ⅰ（CITES，2000b）的标准，但该提案被否决。这是因为该物种仍处在 RST 过程中，将其列入附录Ⅰ还为时过早。相反，缔约方对用于商业目的的野生亚洲穿山甲采用零出口配额，实际上是一项代理贸易禁令（Challender et al.，2015b），但这种禁令并不要求进口国签发进口许可证。

　　2001～2016 年，亚洲穿山甲皮革贸易的报告相对较少，表明零出口配额制度导致穿山甲皮革贸易几近停滞（第 16 章；Challender et al.，2015b）。与 2000 年之前相比，涉及亚洲穿山甲的贸易数额几乎可以忽略不计，包括其一系列衍生物的贸易（Challander and Waterman，2017）。相反，据报告 2000 年后非洲穿山甲的国际贸易有所增加（见第 16 章）。

2001～2016 年，穿山甲及其肉和鳞片的非法贸易远远超过了向 CITES 报告的所有贸易量总和。来自 RST 进程和其他来源（如政府记录、媒体报道的缉获量）的证据表明，至少自 20 世纪 80 年代起，亚洲就一直存在未报告的穿山甲及其身体部分的非法贸易，2000 年后这种贸易明显有增无减。据估计，2000 年 8 月至 2019 年 7 月的非法贸易涉及近 90 万只穿山甲（见第 16 章）。2016～2018 年，非法贸易涉及所有 8 个物种，特别是非洲穿山甲，而且几乎只涉及鳞片（第 16 章）。然而，尽管 2008 年出现了非洲穿山甲鳞片向亚洲市场的跨洲走私贩运（Challender and Hywood，2012），即穿山甲贩运成为一个洲际问题，而不仅仅局限于亚洲，但 2001～2013 年，穿山甲在 CITES 中几乎没有得到一致性的关注，尽管它们非常需要。

2000 年第 11 次缔约方大会否决将亚洲穿山甲从附录 II 转移到附录 I 的提案之后，穿山甲再次出现在 2013 年第 16 次缔约方大会关于执法事项的议程项目中；CITES 秘书处对频繁发生穿山甲及其制品大规模缉获表示担忧。这导致了一系列行动，最终在 2016 年的第 17 次缔约方大会上，穿山甲物种从附录 II 转移到了附录 I。第 16 次缔约方大会通过了两项决定，指示穿山甲分布区国家向 SC65（常务委员会第六十五次会议）提交有关保护和非法贸易的资料，并由本次会议提出解决非法贸易问题的建议，向第 17 次缔约方大会提交报告。SC65 成立了一个闭会期间工作组，收集有关穿山甲保护和贸易的详细资料，起草打击非法贸易的建议，供 SC66（常务委员会第六十六次会议）审议。到 SC66（2016 年 1 月）时，由越南和美国政府共同主办的第一次穿山甲分布区国家会议已在越南岘港成功举行。这次会议产生了一系列建议，包括将所有穿山甲物种从附录 II 转移到附录 I。由缔约方提交给 SC66 的资料证明，我们对穿山甲种群知之甚少，穿山甲种群数量可能正在减少。SC66 向第 17 次缔约方大会提出了一些建议，其中包括缔约方通过一项决议（即详细阐述公约条款的软法），敦促缔约方采取若干措施打击贩运，呼吁所有利益相关方参与行动。

在第 17 次缔约方大会之前，包括尼泊尔、菲律宾、塞内加尔、南非和越南以及美国在内的一些缔约方，联合提交了将所有穿山甲物种从附录 II 转移到附录 I 的提案。会议上几乎所有缔约方一致支持这些提议，但印度尼西亚例外，该国就将中华穿山甲和马来穿山甲转移到附录 I 的修正案投了反对票。

此外，在第 17 次缔约方大会上，人们对穿山甲产生了极大的兴趣，埃及代表团在会议第一委员会上宣布"第 17 次缔约方大会是穿山甲的缔约方大会"。每一种穿山甲都从附录 II 转移到附录 I，该目录于 2017 年 1 月 2 日正式生效。第 17 次缔约方大会还通过了一项关于穿山甲的决议，敦促缔约方和其他利益相关方在其他方面采取行动：确保制定强有力的立法系统，对穿山甲及其制品的非法贸易使用威慑性惩罚，并确保严格执行法律；开展以非法贸易为重点的侦查能力建设活动；确保在有穿山甲养殖设施的地方，不进行穿山甲及衍生产品非法贸易；确保在有穿山甲相关产品库存的地方有适当的控制措施，保证库存安全；与当地社区合作，确保穿山甲种群可持续管理；采取措施，减少对非法交易穿山甲产品的需求；制定现场监测、保护和管理方案。

第 17 次缔约方大会还通过了两项关于穿山甲的决议；第一项决议请求 CITES 秘书处与国际执法网络（如打击野生动物犯罪国际联盟）联络，确保其成员工作计划优先考虑穿山甲，其成员除 CITES 秘书处外，还包括国际刑事警察组织、联合国毒品和犯罪问题办公室（UNODC）、世界海关组织（WCO）和世界银行。第二项决议要求就穿山甲的现状、贸易、执法努力、库存、圈养种群数量和减少需求举措等问题提交一份全面报告。这份报告在 SC69（常务委员会第六十九次会议）上提交（Challender and Waterman，2017），据此提出了多项决议草案，其中包含支持打击非法穿山甲贸易的行动，提交至第 18 次缔约方大会（CITES，2017；CITES，2019e）。还有鼓励穿山甲分布区国家执行第 17.10 号决议阐明的保护穿山甲的紧急措施，鼓励分布区国家、政府间组织，援助机构和非政府组织制定能够协助提供执行这些措施的工具和指导，并提请秘书处注意，以便与 CITES 缔约方分享。到第 18 次缔约方大会（2019年 8 月）时，提出了更多的决议草案供缔约方大会通过。其中包括指导 CITES 秘书处与专家合作，制定更可靠的转换参数，准确估计穿山甲在非法贸易中的数量，并编写一份关于第 18 次缔约方大会和第 19次缔约方大会期间穿山甲的现状、合法和非法贸易、库存及执法问题的报告。这些决议在第 18 次缔约方大会上通过。

此外，穿山甲是 SC69（2017 年 11 月）的争论焦点。具体而言，关于穿山甲鳞片储存的问题，以及该物种在列入附录 II 期间累积的此类储存，是否应视为附录 I 所列物种的样本，禁止商业贸易，或依从附录 II 所列物种的相关法规允许此类储存进行商业贸易。会议上进行了激烈的辩论，中国与喀麦隆、加蓬、尼日利亚、塞内加尔、欧盟和美国之间就这一问题（特别是第 13.6 号决议，修订本）进行了激烈的讨论。常务委员会表决认为，在第 18 次缔约方大会之前，这些穿山甲鳞片应视为附录 I 所列物种的样本。这一解释在第 18 次缔约方大会上得到了辩论双方的同意。

《濒危野生动植物种国际贸易公约》对穿山甲有效吗？

《濒危野生动植物种国际贸易公约》在物种保护和国际合作方面的有效性一直并将继续存在争议（Bowman，2013；'t Sas-Rolfes，2000）。由于影响物种状况的各种混杂因素（如生境丧失、内因和外在生物因素；Martin，2000），很难判断 CITES 的国际政策对野生物种状况的影响。然而，利用不断变化的贸易动态、经济和其他数据，我们可以推断 CITES 决策的影响。CITES 在很大程度上未能确保穿山甲及其制品国际贸易的可持续性。这可归因于一些关键因素，包括缔约方之间，特别是区域国家之间不遵守公约法规，缺乏适当的生态监测方法和穿山甲种群知识，无法为 CITES 的决策和进程提供信息，以及CITES 中的决策没有考虑到贸易的经济现实（Challender and MacMillan，2014）。

尽管亚洲穿山甲出口在 20 世纪 70 年代末到 20 世纪 90 年代末被宣称为可持续的，即缔约方大概都制定了"无本金交割外汇远期合约"（NDF），并发放了贸易许可证，但有证据表明，这种贸易实际上不可持续，并导致中华穿山甲和马来穿山甲种群数量减少，如在老挝、马来西亚和泰国（第 16 章；Nooren and Claridge，2001）。尽管穿山甲在包括印度尼西亚、马来西亚和泰国在内的出口国是受保护的物种，它们本应受到保护，不被商业利用，但仍有贸易发生。有效的生态监测方法，加上对穿山甲种群及其行为方式（如种群数量估计数、增长率、死亡率）有更多的了解，将使国家发展基金能够对开采量和相关管理作出更准确的估计，预防出现不可持续性利用的情况。可即使有了这些知识，也不能保证它会改善贸易可持续性和各缔约方遵守 CITES 的情况。亚洲穿山甲分布区国家在遵守公约方面的缺陷十分严重，既缺乏能力、资源和人员，又缺乏政党之间的有效沟通，还需要更好地培训海关和其他一线执法人员，以及更强有力的立法和执行（McFadden，1987；Patel，1996）。

亚洲穿山甲多次进入 RST 程序，建议也得到了实施。可这并没有阻止正在进行的贸易以及对可持续性利用的担忧。其失败之处在于 RST 的建议侧重于监管措施，没有涉及贸易的经济驱动因素。这些建议并没有解决来源国（通常是贫穷的农村地区）当地人猎杀或偷猎穿山甲的高额经济动机，也无助于解决关键国际市场对穿山甲及其衍生物的需求。CITES 因未能应对野生动物贸易的经济现实而受到批评（Challender and MacMillan，2014；Challender et al.，2015a），如果在 RST 过程考虑到偷猎和贩运的驱动因素，那么亚洲穿山甲的结果可能有所不同。

2000 年开始对野生亚洲穿山甲商业交易实行零出口配额制，既有积极的一面，也有消极的一面。加上其他措施，如美国在 20 世纪 80 年代后期对穿山甲皮革实施进口禁令，实行零配额，几乎阻止了所有亚洲穿山甲皮革的国际贸易，2000 年后没有相关贸易报告（见第 16 章）。然而，作为一项监管措施，配额多少对解决贸易的实际驱动力作用甚微，穿山甲及其制品的大量非法贸易发生在 2000～2019 年。零出口配额使得此时发生的商业贸易都非法，并为有组织犯罪分子所掌握，因此很难监控管理，所以这些上报的贸易数据存在许多问题和偏差（Underwood et al., 2013）。

现在评估将穿山甲列入附录 I 对其保护的作用还为时过早。2017～2019 年缉获了大量穿山甲及其衍生物的非法贸易货物，主要分布在非洲和亚洲，涉及全部 8 种穿山甲。虽然这有积极意义，拦截了非法贸易，但报告表明，对穿山甲种群的利用没有产生立竿见影的积极影响。还有一个风险是，穿山甲被列入附录 I 目录可能会加剧其盗猎率，这需要引起研究人员的注意（见第 34 章）。合规性也仍然是一个问题，如有人试图从布隆迪、刚果民主共和国和尼日利亚向中国和老挝出口商业穿山甲鳞片（CITES, 2018）时使用了欺诈性许可，穿山甲产地国家仍因不遵守规定而面临贸易禁令（如几内亚、利比里亚）。

当前《濒危野生动植物种国际贸易公约》中穿山甲的情况如何？

穿山甲可以说正处于 CITES 中的十字路口。悲观主义者可能会指出，被列入附录 I 目录未能解决许多其他物种在国际贸易中濒临灭绝的问题。最引人注目的例子也许是老虎（Panthera tigris），人们努力阻止交易，包括 1993 年对孟加拉虎骨骼贸易实施禁令，但是这些努力并没有成功（Novak, 1999; Nowell and Ling, 2007），孟加拉虎的数量持续下降，直到 2016 年数量才开始明显回升（WWF, 2016）。然而，虽然这些例子可以警告盲目乐观者，但近几十年来，对一些物种来说，附录 I 目录的确提供了法律和制度支持，使就地保护取得了一些成功。亚洲大型独角犀牛[印度犀（Rhinoceros unicornis）]就是很好的例子，由于严格的保护措施，全球大型独角犀牛的数量正在增加（Talukdar et al., 2008）。CITES 缔约方在第 17 次缔约方大会上通过了一项关于穿山甲的具体决议和一系列决定，这一事实与之前的案例形成鲜明对比，之前决议通过的时间一般要晚得多，这表明 CITES 缔约方已经吸取了教训，并预计会出现一些与穿山甲有关的执行法案。

尽管如此，在取得成功的例子上（如大型独角犀牛数量增加），这些成功取决于国家和地方的政治意愿，以及在物种分布区各地的实地工作。目前尚不清楚这些成功因素能否在穿山甲分布区得以复制，确保全部 8 个穿山甲物种的未来。

这方面，至关重要的是在 CITES 和其他相关国际论坛上继续监督与穿山甲有关的问题。CITES 通过了第 17.239 号和第 17.240 号决定（图 19.1），确保了附录 I 目录的执行情况将继续在 SC69 和第 18 次缔约方大会上受到审查，而在第 18 次缔约方大会上通过的决议意味着在第 19 次缔约方大会之前附录 I 目录的执行将继续受到监督。

其他具有高市场价值和大量非法贸易情况的物种表明，今后很长一段时间内，持续的审查将非常必要。根据以往的经验，穿山甲可能会面临以下问题：据称来自圈养的穿山甲贸易增加，试图出售在附录 I 目录生效之前已经获得但尚未处理的库存，走私技术日益复杂，腐败助长非法贸易的问题更加严重。

CITES 可以通过很多方法解决这些问题。第一个方法是通过常务委员会，在第 18 次缔约方大会通过决议后，常务委员会的任务是在第 18 次缔约方大会至第 19 次缔约方大会的闭会期间重点关注穿山甲，包括穿山甲的非法贸易。

常务委员会今后的会议需要查明各国在执行方面真正的困难，如是否缺乏能力或资源。常务委员会还需要查明哪些国家存在治理不力或缺乏政治意愿的障碍。通常，这些存在障碍的国家是通过以下指标来确定的：①在过境国或目的地国查获货物，并有文件或法医证据将问题追溯到分布区国家（产地国），或者追溯到其他过境国的，而存在障碍的国家在被追溯后被发现几乎没有或根本没有类似的扣押记录（Underwood et al., 2013）；②公开销售穿山甲及其制品的消费国，要么是不顾禁令或者执行不力（如越南），要么是由于立法漏洞，允许在未核实来源时公开销售野生动物产品。

这种情况下，困扰此类案件的问题是，如何最好地收集证据来确认这些国家的身份立场。不可避免的是，所有出席 CITES 会议的缔约方和非缔约方国家提交的报告，都是通知常务委员会：他们正按照 CITES 的要求完成一切工作。如果没有能够反驳他们提交的这些报告的确凿证据，他们作为主权国家政府的说法将被视为真实的。不过，CITES 有时也授权对某些案件进行独立审查，并采取多种审查形式，以监测非法贸易发展趋势，并确定具体哪些国家需要采取进一步行动。

关于《濒危野生动植物种国际贸易公约》遵守程序的第 14.3 号决议

第 14.3 号决议规定了遵约程序的一般准则。本决议规定，除非例外情况，当 CITES 秘书处收到表明某一缔约方不遵守某一特定问题的信息时，秘书处应首先与该缔约方讨论这一问题，如果没有得到适当答复，再与常务委员会讨论这一问题。委员会可最终决定建议其他缔约方暂停与有关国家的某些物种或 CITES 所列所有物种的贸易。例如，几内亚所有被列入 CITES 名录的物种都被暂停交易，因为该国在没有繁殖设施的情况下出口经认证为圈养繁殖的大猩猩（*Gorilla* spp.）。然而，虽然这项决议是 CITES 所有遵约事项的核心，但如果它没有与其他机制结合使用，其所依赖的信息可能是临时性的，除非存在确凿证据，否则该国的辩词往往足以结束针对此事的讨论。此外，由于遵约程序具有惩罚性的含义，当该国是由于缺乏资源而非缺乏政治意愿时，这些程序未必是最好的办法。

公约第十三条

公约第十三条在许多方面是 CITES 条款的核心，也是遵约程序第 14.3 号决议的基础。其规定：当秘书处确认附录 I 或附录 II 所列任何物种正在受到国际贸易的不利影响，或 CITES 的规定没有得到有效执行时，秘书处应首先向有关缔约方提供相关资料。然而，与 2007 年生效的只是编纂了先前惯例的决议不同，秘书处在 2016 年才开始援引协议第十三条。2018 年，老挝、刚果民主共和国、几内亚及后来的日本和尼日利亚都受到了常务委员会的审查。可只有老挝实施了具体的整改措施，改进其立法、执法和执行 CITES 的其他方面。

关于保护和贸易非洲和亚洲犀牛的第 9.14 号决议［第 17 次缔约方大会（CoP17）］

对犀牛采取的措施可能会给穿山甲带来希望。2004 年第 13 次缔约方大会上，针对来自各犀牛分布区国家关于本决议所规定内容的投诉，会议商定，未来的贸易中，世界自然保护联盟物种生存委员会（IUCN/SSC）犀牛专家组将与各犀牛分布区国家协商，就所有 5 种犀牛的现状和贸易编写一份综合报告，代替之前的报告。事实证明，这是一种较好分析贸易和贩运趋势的方法，比以前要求的各国自行报告本国的做法要更好。然而，该机制尚未纳入其他具体物种的决议中。在大多数情况下，即使有独立的报告，也是由执法机构给出的临时性报告，如 SC69 报告中关于穿山甲的提案。

大象贸易信息系统（ETIS）

为大象（*Elephantidae* spp.）定制的非法贸易报告机制可以成为穿山甲保护措施的一个参考。1997 年，第 10 次缔约方大会通过了关于大象标本贸易的第 10.10 号决议。这项决议涵盖了大象保护和象牙贸易的许多方面，并且几乎随后的每一次缔约方大会上都对该决议进行了修订。与本次讨论最相关的条款是那些委托创建 ETIS 的条款。ETIS 的核心部分是一个关于大象标本的数据库，其中记录了 1989 年以来，各国政府或其他组织从世界各地向该数据库报告的大象标本的缉获情况，该数据库由一系列处理缉获数据的附属数据库支持。非法贸易的趋势也可以根据象牙销售等事件和背景来推测。ETIS 已经确定了一些关键国家，这些国家在象牙贩运中的角色加剧了大象的偷猎危机。这导致 CITES 制定了《国家象牙行动计划》进程，该进程载于第 17 次缔约方大会第 10.10 号决议，该进程作为一种机制，可确定哪些国家应根据 CITES 采取合规措施，哪些国家可能需要额外的支持。

虽然 ETIS 肯定是监测任何物种非法贸易趋势的最复杂且先进的机制，但它的成本确实很高，主要依赖捐助者资助。尽管如此，它已被证明是监测非法贸易趋势的有效工具，包括查明过境和消费市场，它为那些存在严重走私贩运的其他高价值物种提供了一种监测模式，包括穿山甲。

非法贸易报告

第 17 次缔约方大会为了方便系统地报告非法贸易事件，对两项决议进行了修订：关于国家报告的第 11.17 号决议和关于遵守和执行的第 11.3 号决议。此外，会议通过了第 17.121 号决议，授权 CITES 秘书处与有关机构进行接触，其中包括作为 CITES 缔约方年度贸易报告接受者——联合国环境署-世界保护监测中心（UN Environment-WCMC），以及联合国毒品和犯罪问题办公室（UNODC），UNODC 负责维持世界缉获数据库（WorldWISE），该数据库是联合国毒品和犯罪问题办公室首份世界野生动物犯罪报告（UNODC，2016）的基础。这项决议的目的是建立一个全球框架，储存和管理通过缔约方年度非法贸易报告收集的非法贸易数据。

事实证明，世界缉获数据库（WorldWISE）在通过参考货币价值比较不同物种（包括穿山甲）在贸易中的数量方面非常有用。然而，虽然这个数据库可能有助于物种间的比较，但大多数数据都来自于少数国家。关于执法工作努力程度的数据没有得到校对，对于那些没有报告缉获量的国家来说，不知道这些国家是因为没有非法贸易发生，还是因为没有缉获量，或者仅仅是因为没有报告缉获量。尽管如此，它仍然是一个有用的机制，可以使决策者了解穿山甲非法贸易相对于其他高价值物种（如象牙、紫檀等）贸易的规模。

齐 心 协 力

CITES 可以利用一些机制来监控和采取相应措施减少穿山甲的非法贸易。很大程度上，这些机制都是现成的，只需要将它们应用于穿山甲这一物种即可。CITES 的履约程序也是如此，包括公约第十三条和第 14.3 号决议。非法贸易报告也是如此，这些报告中的非法贸易数据已经被世界缉获数据库（WorldWISE）利用，去帮助了解这种贸易的性质和数量。此外，效仿对犀牛、老虎或大象等物种所做的努力，保护穿山甲需要采用定制措施，其中很可能包括对 CITES 第 17.10 号决议的修正，而这需要额外的资金来执行这些措施。归根结底，采取这些措施的合理性取决于穿山甲目前的保护状况，以及它们在国际贸易中处于过度利用的形势。本书在其他章节提及，市场对穿山甲的需求量很大，它们又容易被捕获，因此，穿山甲面临过度开发利用的情况越来越严重。

当务之急是，CITES、穿山甲分布区国和资金捐助者必须掌握最佳信息，采取行动，既援助那些存在资源和保护缺口的国家，也要向那些立法薄弱、定罪率低、与非法穿山甲贸易相关的腐败严重又缺乏政治意愿的国家施压。穿山甲也许比其他物种更需要 CITES 为其定制监测机制。这种机制应具有持续评估的性质，而不是一个或多个单独的报告，它们应足够健全，能够产生最大数量的信息，成为作出决定的依据。ETIS 可以说是最好的效仿模式。然而，不能认为穿山甲被列入附录 I 是"拯救了穿山甲"，我们清醒地认识到，被列入目录虽然具有历史意义，但它只是一个开始，这个过程需要持续进行下去。此外，考虑到 CITES 在应对贸易和走私贩运的经济与社会驱动力方面的局限性，这一目录的效力需要一套干预措施才能实现，目录的效力可从引导当地社区参与保护工作到改变消费者行为。

参 考 文 献

Anon, 1992. Review of Significant Trade in Animal Species included in CITES Appendix II, Detailed Review of 24 priority species, Indian, Malayan and Chinese pangolin. CITES, Geneva, Switzerland.

Anon, 1999. Review of Significant Trade in Animal Species included in CITES Appendix II, Detailed Review of 37 species. World Conservation Monitoring Centre, IUCN Species Survival Commission and TRAFFIC, Cambridge, UK.

Bowman, M., 2013. A tale of two CITES: divergent perspectives upon the effectiveness of the wildlife trade convention. Rev. Eur.

Commun. Int. Environ. Law 22 (3), 228–238.

Broad, S., Luxmoore, R., Jenkins, M., 1988. Significant Trade in Wildlife, A Review of Selected Species in CITES Appendix II. IUCN Conservation Monitoring Centre, Cambridge, UK.

Challender, D.W.S., Hywood, L., 2012. African pangolins under increased pressure from poaching and intercontinental trade. TRAFFIC Bull. 24 (2), 53–55.

Challender, D.W.S., MacMillan, D.C., 2014. Poaching is more than an enforcement problem. Conserv. Lett. 7 (5), 484–494.

Challender, D.W.S., Harrop, S.R., MacMillan, D.C., 2015a. Towards informed and multi-faceted wildlife trade interventions. Glob. Ecol. Conserv. 3, 129–148.

Challender, D.W.S., Harrop, S.R., MacMillan, D.C., 2015b. Understanding markets to conserve trade-threatened species in CITES. Biol. Conserv. 187, 249–259.

Challender, D., Waterman, C., 2017. Implementation of CITES Decisions 17.239 b) and 17.240 on Pangolins (*Manis* spp.), CITES SC69 Doc. 57 Annex. Available from: <https://cites.org/sites/default/files/eng/com/sc/69/E-SC69-57-A.pdf>. [August 2, 2018].

CITES, 1994. Amendments to Appendices I and II of the Convention, Transfer from Appendix I to Appendix II of *Manis temminckii* and inclusion of *Manis gigantea*, *Manis tetradactyla* and *Manis tricuspis* in Appendix II. CITES, Geneva, Switzerland.

CITES, 2000a. Amendments to Appendices I and II of the Convention, Prop. 11.13 Transfer of *Manis crassicaudata*, *Manis pentadactyla*, *Manis javanica* from Appendix II to Appendix I. CITES, Geneva, Switzerland.

CITES, 2000b. Doc. 11.59.3, Consideration of proposals for amendment of Appendices I and II, Eleventh Meeting of the Conference of the Parties. CITES, Geneva, Switzerland.

CITES, 2017. SC69 Com. 9, Report of the Working Group on Pangolins (Manidae spp.). Available from: <https://cites.org/sites/default/files/eng/com/sc/69/com/E-SC69-Com-09.pdf>. [September 25, 2018].

CITES, 2018. SC70 Doc. 27.3.5, Application of Article XIII in Nigeria. Available from: <https://cites.org/sites/default/files/eng/com/sc/70/E-SC70-27-03-05.pdf>. [December 31, 2018].

CITES, 2019a. What is CITES? Available from: <https://www.cites.org/eng/disc/what.php>. [January 1, 2019].

CITES, 2019b. List of Parties to the Convention. Available from: <https://www.cites.org/eng/disc/parties/index.php>. [January 1, 2019].

CITES, 2019c. How CITES works. Available from: <https://www.cites.org/eng/disc/how.php>. [January 1, 2019].

CITES, 2019d. The CITES species. Available from: <https://www.cites.org/eng/disc/species.php>. [January 1, 2019].

CITES, 2019e. Pangolins (*Manis* spp.). CITES CoP18 Doc. 75. Available from: <https://cites.org/sites/default/files/eng/cop/18/doc/E-CoP18-075.pdf>. [September 22, 2019].

Heinrich, S., Wittmann, T.A., Prowse, T.A.A., Ross, J.V., Delean, S., Shepherd, C.R., et al., 2016. Where did all the pangolins go? International CITES trade in pangolins species. Glob. Ecol. Conserv. 8, 241–253.

Huxley, C., 2000. CITES: The vision. In: Hutton, J., Dickson, B. (Eds.), Endangered Species Threatened Convention, The Past, Present and Future of CITES. Africa Resources Trust and Earthscan Publications Ltd, London, pp. 3–12.

Martin, R.B., 2000. When CITES works and when it does not. In: Hutton, J., Dickson, B. (Eds.), Endangered Species Threatened Convention, The Past, Present and Future of CITES. Africa Resources Trust and Earthscan Publications Ltd, London, pp. 29–37.

McFadden, E., 1987. Asian compliance with CITES, problems and prospects. Boston Univ. Int. Law J. 5, 311–325.

Nooren, H., Claridge, G., 2001. Wildlife Trade in Laos: The End of the Game. Netherlands Committee for IUCN, Amsterdam.

Novak, R.M., 1999. *Panthera tigris* (tiger), Walker's Mammals of the World, sixth ed. Johns Hopkins University Press, Baltimore, pp. 825–828.

Nowell, K., Ling, X., 2007. Taming the tiger trade: China's markets for wild and captive tiger products since the 1993 domestic trade ban. TRAFFIC East Asia, Hong Kong, China.

Patel, P., 1996. The Convention on International Trade in Endangered Species: enforcement and the last unicorn. Houst. J. Int. Law 157–213.

Reeve, R., 2002. Policing International Trade in Endangered Species, The CITES Treaty and Compliance. The Royal Institute of International Affairs and Earthscan Publications Ltd, London.

Reeve, R., 2006. Wildlife trade, sanctions and compliance: lessons from the CITES regime. Int. Aff. 82 (5), 881–897.

Sand, P.H., 2013. Enforcing CITES: the rise and fall of trade sanctions. Rev. Eur. Commun. Int. Environ. Law 22 (3), 251–263.

Talukdar, B.K., Emslie, R., Bist, S.S., Choudhury, A., Ellis, S., Bonal, B.S., et al., 2008. *Rhinoceros unicornis. The IUCN Red List of Threatened Species* 2008: e.T19496A8928657. Available from: <https://www.iucnredlist.org/species/19496/8928657>. [December 31, 2018].

't Sas-Rolfes, M., 2000. Assessing CITES: four case studies. In: Hutton, J., Dickson, B. (Eds.), Endangered Species Threatened Convention, The Past, Present and Future of CITES. Africa Resources Trust and Earthscan Publications Ltd, London, pp. 69–87.

Underwood, F.M., Burn, R.W., Milliken, T., 2013. Dissecting the illegal ivory trade: an analysis of ivory seizures data. PLoS One 8 (10), e76539.

UNODC, 2016. World Wildlife Crime Report: Trafficking in Protected Species. UNODC, Vienna, Austria.

Wijnstekers, W., 2018. The Evolution of CITES, eleventh ed. International Council for Game and Wildlife Conservation, Budapest, Hungary.

Wilson, D.E., Reeder, M., 2005. Mammal Species of the World, A Taxonomic and Geographic Reference, third ed. Johns Hopkins University Press, Baltimore.

WWF, 2016. Global Wild Tiger Population Status. Available from:<http://tigers.panda.org/wp-content/uploads/Background-Document-Wild-Tiger-Status-2016. pdf>. [January 1, 2019].

第20章　通过法医学了解穿山甲的非法贸易：执法中的应用

安托瓦内特·科茨[1,2]，罗伯·奥格登[3,4]，菲利普·高伯特[5,6]，尼克·阿勒斯[7]，
盖瑞·埃兹[8]，海伦·C.纳斯[9,10]，德西雷·李·道尔顿[1,11]

1. 南非国家生物多样性研究所国家动物园，南非比勒陀利亚

2. 自由州大学遗传学系，南非布隆方丹

3. "追踪"野生动物法医网络，英国爱丁堡

4. 爱丁堡大学皇家（迪克）兽医学院和罗斯林研究所，英国爱丁堡

5. 法国国家科学研究中心，法国发展研究院，巴黎萨克雷大学、比利牛斯大学进化与生物多样性实验室（EDB），法国图卢兹

6. 波尔图大学理学院海洋与环境多学科研究中心，葡萄牙马托西纽什

7. 世界自然保护联盟国际野生动物贸易研究组织，南非比勒陀利亚大学哈特菲尔德校区，南非

8. 香港特别行政区嘉道理农场暨植物园动物保育部，中国香港

9. 新加坡国立大学生物科学系，新加坡

10. 摄政公园伦敦动物学会，世界自然保护联盟物种生存委员会穿山甲专家组，英国伦敦

11. 文达大学，南非托霍延杜

引　言

近几十年来，全球穿山甲及其制品的非法贸易在非洲和亚洲都有所增加，主要被用于传统药物和野生肉类贸易，以满足日益增长的市场需求（第14～16章；Heinrich et al.，2016；Ingram et al.，2018）。对穿山甲缉获量的分析显示，原产于非洲，供应亚洲传统医药市场的穿山甲鳞片数量显著增加，而鳞片及整具去内脏的穿山甲身体在亚洲的交易更为频繁（Challender and Waterman，2017；Heinrich et al.，2017）。

了解非法贸易的动态情况对于执法部门把握执法重点和开展案件调查非常重要，既可以为穿山甲贩运的书面调研直接提供信息，也可以通过科学分析获得信息。执法人员通常无法将缉获的穿山甲及其制品识别为比"穿山甲"这个物种更具体的东西。这虽然足以在穿山甲物种都受到普遍保护的国际非法贸易案件中提起诉讼（详见第17章），但它限制了对穿山甲分布区国家的调查，并妨碍了收集有关缉获穿山甲来源的潜在重要信息。相反，从法医学的角度来看，传统的贸易研究指导科学家去了解穿山甲贸易管制中遇到的物种、运输路线和样本类型，允许法医学家为他们可能面临的调查问题和证据材料类型做好准备。因此，科学家与贸易监测机构之间的合作，通过整合各自数据集合，是穿山甲非法贸易调查的一个重要方面。

野生动物法医学分析可用于调查偷猎和非法贸易、鉴别人工圈养种群与野生种群、传统医药贸易中受保护物种的鉴定。目前已经开发了支持执法的不同方法，包括物种鉴定、地理起源、个体识别、亲缘关系、年龄测定和性别判定等。本章回顾了这些方法对研究穿山甲走私贩运的潜在意义和应用，以及如何协调地方和全球行动去应用这些方法，使其成为打击穿山甲走私贩运的有效工具。

动物法医学研究进展

物种鉴定

运用形态学方法，如解剖骨学或显微镜来识别物种。这需要在宏观和微观尺度上具备比较专业的解剖学知识（Bell，2011）。对南非地穿山甲（*Smutsia temminckii*）的放射医学和鳞片研究表明，身体上的鳞片模式与内部骨骼结构有关，因此鳞片可以用来识别不同的穿山甲物种（Steyn，2016）。然而，由于分布于身体不同部位的鳞片在形状和大小上不同，且可以随着年龄和环境的变化而变化，因此，并不能仅从鳞片精确地识别出穿山甲种类。动物形态的微观分析可用于排除可能的穿山甲物种，但由于物种之间测量范围的重叠以及参考数据的有限，通常不被用于物种鉴定（Hillier and Bell，2007）。

运用分子遗传学方法鉴定穿山甲物种主要依靠线粒体 DNA（mtDNA）标记或物种特异性微卫星标记的 DNA 条形码技术。靶向线粒体基因区包括细胞色素 C 氧化酶 I 基因（*CO I*）、细胞色素 b 基因（*Cytb*）、靶向线粒体基因控制区基因（*CR*）、12s 和 16s 核糖体 RNA 的基因，这些基因区鉴定方法都在以往的法医应用研究中得到了验证（Balitzki-Korte et al.，2005；Dawnay et al.，2007；Gaubert et al.，2015）。利用这些方法，对线粒体基因组的一个区域进行测序，并与基因库 GenBank［美国国家生物技术信息中心（NCBI）建立的 DNA 序列数据库］、欧洲分子生物学实验室（EMBL）、生命条形码数据库（BOLD）（Ratnasingham and Hebert，2007）等公共在线数据库进行比对，以及运用在线鉴定工具，如与 ForCyt（Ahlers et al.，2017）和 DNAbushmeat（Gaubert et al.，2015）中的序列进行比较。在法医案件中，任何物种鉴定成功的关键都是构建 DNA 文库。专栏 20.1 中提供了一个证明 DNA 条形码技术在穿山甲鉴定中的实用性的案例研究。ForCyt 与其他可公开访问的数据库的不同之处在于，它是专门为野生生物司法鉴定工作而设计的，只包含从有效凭证的样本中获得的有质量保证的序列数据。

专栏 20.1

案例研究：DNA 条形码技术在非洲穿山甲鳞片非法交易鉴定中的法医学应用（Mwale et al.，2017）。

2014～2015 年，中国香港 CITES 管理当局没收了 3.3t 穿山甲鳞片。因为怀疑这批货物来自非洲，工作人员将 10 袋具有代表性的样品送到南非国家动物园的法医实验室进行分析（图 20.1A，图 20.1B），每个袋子代表不同批次的托运货物（每袋净重 27kg）。这些货物被目测分类为不同的鳞片类型，并由分类专家基于质地、颜色和形态暂时将这些鳞片分类为不同物种。以三种非洲穿山甲为参考样本，这三种穿山甲分别是南非地穿山甲、黑腹长尾穿山甲和白腹长尾穿山甲，并分析每种鳞片的形态类型。参考文献补充了从基因库 GenBank 检索到的巨地穿山甲、马来穿山甲和中华穿山甲的序列。结果表明，这些样品来自非洲和亚洲，其中没收的一袋鳞片中可能含有多种穿山甲的鳞片。这为进一步准确鉴定南非地区的穿山甲物种奠定了基础。

图 20.1　　（A）提取穿山甲鳞片组织及其 DNA 进行法医学分析。（B）从非法野生动物交易中缴获的穿山甲鳞片。

更广泛的层面上，与相关警察部门、检察机关和环境执法机构的合作对确保司法鉴定技术的应用至关重要。有必要提高全球执法和检察系统对 DNA 条形码的认识，推广这项技术，目前这项技术正被纳入实际调查和法庭案件中。需要标准操作程序（SOP）和指导性文件，让参与样本收集和分析的工作人员接受充分的培训，以确保遵守协议、合法使用参考资料库和合法地开展所有后续调查。

地理起源

犯罪调查需要确定活体穿山甲、酮体或其制品的地理来源，以了解偷猎热点地区和贸易路线及选择活体野外放归地点。主要有两种方法对查获的野生动物样本地理来源进行分析：稳定同位素分析和分子遗传学分析。生物材料的地理起源，有时被称为生物地理定位，可以使用稳定轻同位素（Hobson and Wassenaar，2018；Oulhote et al.，2011）来确定。这个过程中，利用同位素景观图（isotopic maps or isoscapes），根据同位素所在的剖面确定样品可能的来源。测量稳定同位素已用于追踪一系列野生动物产品的来源，包括非洲象象牙（van der Merwe et al.，1990；Vogel et al.，1990；Ziegler et al.，2016），并广泛用于贸易食品的分析。该技术原理基于不同地理区域间元素稳定同位素比值的差异，与潜在环境差异（如氢、氧同位素比值）、植被类型（如氮同位素比值）或潜在地质情况（如锶同位素比值）有关。为了使稳定同位素分析在确定地理来源时发挥作用，通常需要为一个样品生成一个多元素剖面图，并将其分配给一个有多种元素的等值线图。这种方法的局限在于，尽管许多地理区域都有特定的同位素等值线图，但将同位素纳入生物材料分析可能会因物种和组织类型的差异产生误差，因此通常需要为分析中使用的每种类型的样品生成单独的等值线图。这一局限性，再加上难以获取适当的实验室设备和验证试验方法，意味着同位素分析法在法医调查中的应用有限（Meier-Augenstein et al.，2013），尽管它在穿山甲的起源分析方面具有很好的应用潜力，但至今仍未得到证实。

分子遗传学方法依赖于线粒体脱氧核糖核酸（DNA）变异和核 DNA 变异［微卫星标记或单核苷酸多态性（SNP）］的分析，将个体分配到特定群体，这种方法为个体识别提供了一种替代选择（Ogden and Linacre，2015）。该方法利用的遗传分化是不同地理区域的隔离种群之间逐渐遗传分离的结果。对于线粒体 DNA，群体可能表现出固定的离散遗传差异，而对于核 DNA，遗传标记频率的差异可以表征遗传结构。准确的鉴定识别依赖于大型遗传数据库开发，这些数据库包括了所有物种地理分布的候选种群来源（Ogden et al.，2009；Wasser et al.，2015）。由 Pritchard（2000）和 Falush（2003）等开发的贝叶斯方法可将个体分配到种群中。例如，利用线粒体 DNA 序列和微卫星基因型对获救的 46 只黑猩猩的地理起源进行了研究（Ghobrial et al.，2010）。特别是对穿山甲而言，通过一系列线粒体 DNA 和核 DNA 检测，可以识别白腹长尾穿山甲的 6 个地理谱系（Gaubert et al.，2016），这有助于在次区域范围内追踪该物种的全球贸易。

个体识别

在试图将来自不同犯罪现场或供应链上不同点的样本联系起来时，野生动物法医学中的动植物个体鉴定非常有用。在被贩卖的动物个体数量相对较少、信息价值很高的情况下最常使用这种方法。例如，通过 RHODIS 数据库（犀牛 DNA 索引系统）（Harper et al.，2018）使用个体 DNA 分析将角与犀牛个体联系起来，或将分开运输的成对象牙串联起来（Wasser et al.，2015）。这项程序通常不是确保定罪的必要条件，只适用被贩运的生物个体数目相对较少（数十至数百个个体）的情况。对穿山甲来说，通常交易的是成千上万的个体（或几十万片鳞片），个体识别的证据价值或者情报价值相对于工作成本要少得多。除了在活体穿山甲上偶尔出现特定的形态特征（如容易辨认的鳞片或鳞片结构）之外，很难区分动物个体。虽然没收动物及其制品的照片库可能提供有用的参考材料，特别是对证据链的支持，但目前在个体水平上对穿山甲的形态学鉴定几乎没有即时的需求。

DNA 图谱构建可以实现个体标记，就像人类基因组图谱一样。个体 DNA 图谱可用于管制受配额限制物种的合法贸易，或用于确定动物的圈养来源。然而，目前还没有将穿山甲个体 DNA 图谱应用于贸易监测或法医调查的技术，暂时也没有这样做的必要。

亲缘关系的调查

目前只能基于 DNA 的方法来鉴定人工繁育或野外捕获的动物之间的亲缘关系（Ogden et al.，2009）。从亲代到子代的遗传模式允许利用 DNA 图谱来验证家庭关系。如果在后代个体中观察到的全部或部分特征不存在于亲代中，则亲子关系将不成立。除了 DNA 分析系统外，还可以依赖育种记录鉴定人工繁育种群的亲缘关系。如果要有效地使用任意 DNA 检测系统，就应在育种许可证条例中包含对育种记录的要求。随着穿山甲养殖场的出现（见第 32 章），为了防止通过圈养繁殖中心对野生穿山甲进行"洗白"，这种监管框架非常必要。

年龄测定

在野生动物犯罪调查中，可能需要确定某个个体是否生活在某个特定的时间点。如 1947 年之前犀牛角或象牙的收集早于颁布禁止贸易法律。判断近年的生物材料的主要方法是放射性碳年代测定法。在 20 世纪 50 年代早期，大气层核试验变得很普遍，导致不同碳同位素数量的人为增加，特别是碳 14（δ^{14}C），到 1965 年，碳 14 的丰度增加了一倍。因此，预计这一时期之前的生物样品的 δ^{14}C 比值将低于现代样品。还可以通过分析形态特征来确定死亡个体的实际年龄，如鱼类耳石中的年轮（Campana，2001）和哺乳动物的环状牙骨质（Wittwer-Backofen et al.，2004），但要应用于有时限的法制体系，就必须同时提供可靠的估计死亡日期。确定活物的年龄很大程度上取决于其外观特征，这些特征随着时间的推移会以不同的方式发生可预测的变化，如座头鲸（*Megaptera novaeangliae*）腹侧的色素沉着模式，或人工标记，如附在鸟腿上的独特编号环（Sherley et al.，2014）。

基因年龄测定的研究也取得了重大进展，目前主要是人类的基因年龄测定，这为法医鉴定提供了希望（Jarman et al.，2015）。虽然目前对穿山甲非法贸易的调查不需要知道个体的年龄或生命周期；但这种情况可能会改变，如 CITES 存在前穿山甲的合法流通可能会为当代标本（如穿山甲鳞片）的非法贸易提供漏洞。我们需要以远瞻目光审视当前的情况，以便法医界有足够的时间来开发和验证穿山甲年龄的测定方法。

性别判定

通过形态学和分子遗传学方法确定性别可用于许多贸易物种的鉴别，有时也可用于执法。对于穿山甲来说，可以通过直接观察生殖器区域进行性别判定，这取决于不同的物种（如南非地穿山甲由于其阴茎的尺寸，更容易确定性别）及死去的动物是否保有完整的尸体。如果只获得了动物的一部分组织，或者性别特征缺失或难以观察，则需要进行分子性别测定。目前还没有通过测定穿山甲 DNA 进行性别判定的方法，但如果需要的话，应该很容易进行开发。然而，与年龄测定一样，目前暂时没有支持执法调查的即时需求。

在全球和区域内协调和管理野生动物法医学

全球野生动物法医分析能力和案件调查数量正逐年增长。2009～2019 年的 10 年，特别是在非洲和东南亚，与野生动物相关的法医能力建设活动显著增加，以致许多国家要求使用野生动物法医证据支持起诉。但是这一国际发展进程远未完成，不同国家的实验室有不同的运作水平，提供一系列与本国需求和自身能力相关的技术。非法穿山甲贸易的国际性，包括非洲和亚洲分布区国家的数量及随后穿山甲通过非分布区国家的转移，意味着法医活动也需要在国际协调范围内进行。在这方面，有两个关键因素应予以考虑：①各国之间穿山甲识别鉴定技术的可操作性和协调性；②以足够严谨的法医学程序来实施这些方法，确保贸易沿线国家执法没有司法鉴定能力薄弱的环节。

研究和方法的发展

尽管由于非法贸易，穿山甲在全球范围内受到了高度关注，但对整个穿山甲群体的研究仍明显不足。虽然对非洲和东南亚的穿山甲物种开展了分类学研究，但 2010 年之前的种群系统发育研究相对较少。数据缺乏阻碍了法医学和遗传学工具的发展，大量的穿山甲基础生物学研究要在司法实践之前就要开展。自 2010 年以来，多个国际组织一直致力于穿山甲生物学、生态学和进化史研究应用，致力于开发一些经过验证的追溯工具和法医鉴定技术。

菲利普·高伯特（Phillippe Gaubert）及其同事在法国图卢兹大学的工作重点是穿山甲的进化史（Gaubert et al.，2018）和非洲穿山甲的种群遗传学研究（Gaubert et al.，2016），根据遗传变异区分来自不同地理区域的穿山甲，从而为缉获的穿山甲溯源奠定了基础。南非国家生物多样性研究所（SANBI）的研究小组在安托瓦内特·科茨（Antoinette Kotze）领导下的国家动物园野生生物法医实验室，用辅助手段进行物种鉴定（Dalton and Kotze，2011）并与原产地进行匹配（Mwale et al.，2017），以帮助调查南非的非法穿山甲贸易。

在东亚，香港大学生物科学学院最近建立了一个司法鉴定实验室，支持野生动物犯罪的执法工作，重点分析穿山甲。嘉道理农场暨植物园（KFBG）的生物保护遗传学实验室也提供分析服务，对中国香港查获的穿山甲鳞片进行初步调查，并将调查结果捐赠给科学利用中心（Zhang et al.，2015）。KFBG 最近更关注非洲穿山甲的非法贸易，他们利用 2009 年以来中国香港查获的来自非洲的穿山甲鳞片，结合统计建模进行分析，确定了非法贸易的特征，制定了有针对性的保护策略和执法工作的优先领域。

在东南亚，印度尼西亚、马来西亚和新加坡的研究项目促成了穿山甲识别鉴定新方法的发展。在新加坡进行的马来穿山甲地理分布分析的工作（见专栏 20.2），证明了这一领域的研究和开发应用对穿山甲贸易调查的可行性，而不同国家、学术和非政府组织的合作为该地区更广泛的工作提供了一个强有力的模式。与此同时，位于吉隆坡野生动物和国家公园部的马来西亚国家野生动物法医实验室已开始对该地区穿山甲物种进行基因组分析，这不仅增进了对东南亚穿山甲分类知识新的理解，也为马来西亚及其他地区开发基于 DNA 的可追溯工具增添了可能性。

专栏 20.2

案例研究：马来穿山甲在东南亚岛屿的非法贸易。

分布于东南亚岛屿的马来穿山甲因非法贸易遭到严重偷猎。2015 年 4 月，在印度尼西亚棉兰一次缴获了 5t 冷冻穿山甲、77kg 穿山甲鳞片和 96 只穿山甲活体（Nijman et al.，

2016）。由于穿山甲种类繁多，跨国性很强，即使通过形态特征或技术方法能够从物种水平上鉴别穿山甲，也很难确定国家或区域来源，除非线人提供的情报非常准确。应用先进的基因技术在东南亚岛屿进行了试验，帮助提供几次缉获的 97 只马来穿山甲的来源信息。其中包括使用来自整个区域的地理定位参考样品，帮助将被缉获的生物个体分配到它们可能的地理来源。DNA 分析显示，来自加里曼丹岛、爪哇岛和新加坡/苏门答腊岛的马来穿山甲有三种先前未被确认的遗传谱系。对于缴获的样本，可以断定大部分穿山甲是从加里曼丹岛捕获并出口到爪哇的（Nash et al.，2018）。

　　该项目是印度尼西亚科学研究所（LIPI）、世界自然保护联盟物种生存委员会（IUCN/SSC）穿山甲专家组、新加坡国立大学（NUS）、马来亚大学（UM）、马来西亚登嘉楼大学（UMT）和新加坡野生动物保护组织（WRS）之间的合作项目，由东南亚热带生物区域中心（SEAMEO BIOTROP DIPA）和其他合作伙伴提供资金支持。

提升法医学在穿山甲研究中的能力

　　促进国际野生动物法医界研发相应的技术应用到穿山甲执法鉴定中来，是调查非法穿山甲贸易的下一个重要步骤。为使穿山甲样本分析结果能够成功应用于执法工作，就必须让从犯罪现场到法庭的所有工作人员提高认识并建立专门知识体系。使用生物材料作为法医证据，要求遵循严格的程序进行查获，以维护被没收的穿山甲产品的证据完整性和生物完整性。分析此类证据样本的实验室需要在严格的质量管理体系下运行，使用先前验证过的测试方法，以产生可靠、可重复、准确的结果。最后，生成法医报告并将其传达给专业法律人员，以便控方、辩方和司法部门都能够评估和接受提交给他们的证据。

　　这些问题并非仅穿山甲保护碰到，国际野生生物法医界正致力于确保国家执法机构能够获得在共同法医框架内提供的国际公认检验的法医服务。野生动物法医学协会（SWFS）为这一学科制定了国际标准。由美国国际开发署（USAID）、美国国务院和欧盟委员会支持的长期能力建设项目，都是有助于传播和协调这一领域的最佳方案，主要是通过"追踪"野生动物法医网络和荷兰法医研究所（NFI）等技术专家组织来实施。在这些综合方案中，一系列关于穿山甲法医学的具体项目正在开发中，包括为协助检获穿山甲而进行的识别鉴定人员培训、采集穿山甲样品进行法医分析的规程制定、从穿山甲鳞片中提取 DNA 的实验室培训，以及为协调各国间的穿山甲缉获分析制定准则（图 20.2）。

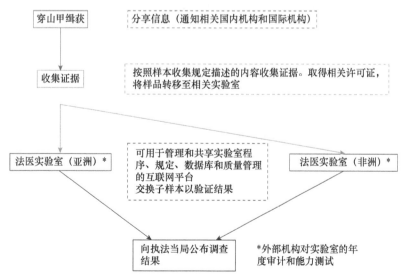

图 20.2　涉及没收穿山甲的野生动物法医调查的建议指南。
摘自联合国毒品和犯罪问题办公室（UNODC），2014 年。

结　　论

　　执法部门的需求驱动了野生动物法医学的发展和应用。执法机构可能正在寻找相关的情报数据，以便为调查有关贸易模式和可能的运输路线提供信息，或者他们可能需要有关样本身份的法医证据，以便在法律诉讼中使用。这些需求将指导科学界寻求最佳方式以支持打击非法穿山甲贸易。在野生动物法医学领域，目前只有一小部分可使用的方法适用于穿山甲执法，这些方法主要侧重于物种鉴定和地理溯源。具有完整形态特征的物证鉴定可以通过形态学检查，或者常规 DNA 测序分析来实现。确定地理来源的方法适用于特定地区的某些物种，目前正在努力提升这些能力，使所有穿山甲都能追溯到它们的来源，或至少达到一定程度上的准确度。

　　与其他物种一样，穿山甲法医学分析方法的发展及其在法律案件中的验证，跨越了学术研究和法医实验室之间的界限，需要这两个科学界进行协调统筹。随着对与穿山甲非法贸易有关的数据分析需求量的增加，科学界反响强烈，将有越来越多的专用技术和实验室用于穿山甲司法医学鉴定。

参 考 文 献

Ahlers, N., Creecy, J., Frankham, G., Johnson, R.N., Kotze, A., Linacre, A., et al., 2017. 'ForCyt' DNA database of wildlife species. Forensic Sci. Int.: Genet. Suppl. Ser. 6, e466–e468.

Balitzki-Korte, B., Anslinger, K., Bartsch, C., Rolf, B., 2005. Species identification by means of pyrosequencing the mitochondrial 12S rRNA gene. Int. J. Legal. Med. 119 (5), 291–294.

Bell, L.S., 2011. Forensic science in support of wildlife conservation efforts-morphological and chemical approaches (global trends). Forensic Sci. Rev. 23 (1), 29–35.

Campana, S.E., 2001. Accuracy, precision and quality control in age determination, including a review of the use and abuse of age validation methods. J. Fish. Biol. 59 (2), 197–242.

Challender, D., Waterman, C., 2017. Implementation of CITES Decisions 17.239 b) and 17.240 on Pangolins (*Manis* spp.), CITES SC69 Doc. 57 Annex. Available from: <https://cites.org/sites/default/files/eng/com/sc/69/E-SC69-57-A.pdf>. [March 22, 2018].

Dalton, D.L., Kotze, A., 2011. DNA barcoding as a tool for species identification in three forensic wildlife cases in South Africa. Forensic. Sci. Int. 207 (1–3), e51–e54.

Dawnay, N., Ogden, R., McEwing, R., Carvalho, G.R., Thorpe, R.S., 2007. Validation of the barcoding gene COI for use in forensic genetic species identification. Forensic. Sci. Int. 173 (1), 1–6.

Falush, D., Stephens, M., Pritchard, J.K., 2003. Inference of population structure using multilocus genotype data: linked loci and correlated allele frequencies. Genetics 164 (4), 1567–1587.

Gaubert, P., Njiokou, F., Olayemi, A., Pagani, P., Dufour, S., Danquah, E., et al., 2015. Bushmeat genetics: setting up a reference framework for the DNA-typing of African forest bushmeat. Mol. Ecol. Resour. 15 (3), 633–651.

Gaubert, P., Njiokou, F., Ngua, G., Afiademanyo, K., Dufour, S., Malekani, J., et al., 2016. Phylogeography of the heavily poached African common pangolin (Pholidota, *Manis tricuspis*) reveals six cryptic lineages as traceable signatures of Pleistocene diversification. Mol. Ecol. 25 (23), 5975-5993.

Gaubert, P., Antunes, A., Meng, H., Miao, L., Peigné, S., Justy, F., et al., 2018. The complete phylogeny of pangolins: scaling up resources for the molecular tracing of the most trafficked mammals on Earth. J. Hered. 109 (4), 347-359.

Ghobrial, L., Lankester, F., Kiyang, J.A., Akih, A.E., De Vries, S., Fotso, R., et al., 2010. Tracing the origins of rescued chimpanzees reveals widespread chimpanzee hunting in Cameroon. BMC Ecol. 10 (1), 2.

Harper, C., Ludwig, A., Clarke, A., Makgopela, K., Yurchenko, A., Guthrie, A., et al., 2018. Robust forensic matching of confiscated horns to individual poached African rhinoceros. Curr. Biol. 28 (1), 13-14.

Heinrich, S., Wittmann, T.A., Prowse, T.A., Ross, J.V., Delean, S., Shepherd, C.R., et al., 2016. Where did all the pangolins go? International CITES trade in pangolin species. Glob. Ecol. Conserv. 8, 241-253.

Heinrich, S., Wittman, T.A., Ross, J.V., Shepherd, C.R., Challender, D.W.S., Cassey, P., 2017. The Global Trafficking of Pangolins: A Comprehensive Summary of Seizures and Trafficking Routes From 2010-2015. TRAFFIC, Southeast Asia Regional Office, Petaling Jaya, Selangor, Malaysia.

Hillier, M.L., Bell, L.S., 2007. Differentiating human bone from animal bone: a review of histological methods. J. Forensic. Sci. 52 (2), 249-263.

Hobson, K.A., Wassenaar, L.I., 2018. Tracking Animal Migration With Stable Isotopes, second ed. Academic Press, London.

Ingram, D.J., Coad, L., Abernethy, K.A., Maisels, F., Stokes, E.J., Bobo, K.S., et al., 2018. Assessing Africa-wide pangolin exploitation by scaling local data. Conserv. Lett. 11 (2), e12389.

Jarman, S.N., Polanowski, A.M., Faux, C.E., Robbins, J., Paoli-Iseppi, D., Bravington, M., et al., 2015. Molecular biomarkers for chronological age in animal ecology. Mol. Ecol. 24 (19), 4826-4847.

Meier-Augenstein, W., Hobson, K.A., Wassenaar, L.I., 2013. Critique: measuring hydrogen stable isotope abundance of proteins to infer origins of wildlife, food and people. Bioanalysis 5 (7), 751-767.

Mwale, M., Dalton, D.L., Jansen, R., De Bruyn, M., Pietersen, D., Mokgokong, P.S., et al., 2017. Forensic application of DNA barcoding for identification of illegally traded African pangolin scales. Genome 60 (3), 272-284.

Nash, H.C., Wirdateti, W., Low, G., Choo, S.W., Chong, J. L., Semiadi, G., et al., 2018. Conservation genomics reveals possible illegal trade routes and admixture across pangolin lineages in Southeast Asia. Conserv. Genet. 19 (5), 1083-1095.

Nijman, V., Zhang, M.X., Shepherd, C.R., 2016. Pangolin trade in the Mong La wildlife market and the role of Myanmar in the smuggling of pangolins into China. Glob. Ecol. Conserv. 5, 118-126.

Ogden, R., Dawnay, N., McEwing, R., 2009. Wildlife DNA forensics - bridging the gap between conservation genetics and law enforcement. Endanger. Sp. Res. 9 (3), 179-195.

Ogden, R., Linacre, A., 2015. Wildlife forensic science: a review of genetic geographic origin assignment. Forensic Sci. Int.: Genet. 18, 152-159.

Oulhote, Y., Le Bot, B., Poupon, J., Lucas, J.P., Mandin, C., Etchevers, A., et al., 2011. Identification of sources of lead exposure in French children by lead isotope analysis: a cross-sectional study. Environ. Health 10 (1), 75. Pritchard, J.K., Stephens, M., Rosenberg, N.A., Donnelly, P., 2000. Association mapping in structured populations. Am. J. Hum. Genet. 67 (1), 170-181.

Ratnasingham, S., Hebert, P.D., 2007. BOLD: The barcode of life data system. Mol. Ecol. Notes 7 (3), 355-364. Available from: <http://www.barcodinglife.org>.

Sherley, R.B., Abadi, F., Ludynia, K., Barham, B.J., Clark, A.E., Altwegg, R., 2014. Age-specific survival and movement among major African Penguin Spheniscus demersus colonies. Ibis 156 (4), 716-728.

Steyn, S. 2016. The Radiological Anatomy and Scale Pattern of the Thoracic Limb of *Smutsia temminckii*. M.Sc. Thesis, University of Pretoria, Pretoria, South Africa.

UNODC, 2014. Guidelines for Forensic Methods and Procedures of Ivory Sampling and Analysis. United Nations Office of Drugs and Crime, United Nations, New York.

van der Merwe, N.J., Lee-Thorp, J.A., Thackeray, J.F., Hall- Martin, A., Kruger, F.J., Coetzee, H., et al., 1990. Source-area determination of elephant ivory by isotopic analysis. Nature 346 (6286), 744-746.

Vogel, J.C., Eglington, B., Auret, J.M., 1990. Isotope fingerprints in elephant bone and ivory. Nature 346 (6286), 747-749.

Wasser, S.K., Brown, L., Mailand, C., Mondol, S., Clark, W., Laurie, C., et al., 2015. Genetic assignment of large seizures of elephant ivory reveals Africa's major poaching hotspots. Science 349 (6243), 84-87.

Wittwer-Backofen, U., Gampe, J., Vaupel, J.W., 2004. Tooth cementum annulation for age estimation: results from a large known-age validation study. Am. J. Phys. Anthropol. 123 (2), 119-129.

Zhang, H., Miller, M.P., Yang, F., Chan, H.K., Gaubert, P., Ades, G., et al., 2015. Molecular tracing of confiscated pangolin scales for conservation and illegal trade monitoring in Southeast Asia. Glob. Ecol. Conserv. 4, 414-422.

Ziegler, S., Merker, S., Streit, B., Boner, M., Jacob, D.E., 2016. Towards understanding isotope variability in elephant ivory to establish isotopic profiling and sourcearea determination. Biol. Conserv. 197, 154-163.

第 2 部分
提高认识和行为改变

第 21 章　不再是被遗忘的物种：从历史、关键事件及保护意识的提高得到的经验

保罗·汤姆逊[1]，路易丝·弗莱彻[2]

1. 野生生物保育网络拯救穿山甲项目部，美国加利福尼亚州旧金山
2. 摄政公园伦敦动物学会，世界自然保护联盟物种生存委员会穿山甲专家组，英国伦敦

引　言

在不到 10 年的时间，穿山甲的知名度不断提高，从默默无闻到成为非法野生动物贸易的标志（Harrington et al.，2018），从不属于生物多样性保护圈，到现在成为全世界熟知的物种。这很大程度上得益于一系列的事件和活动，旨在提高人们对穿山甲的认识，意识到它们面临的威胁及应采取的紧急保护行动。

提高人们对穿山甲的认识是推动地区、国家甚至全球提升保护穿山甲意识的重要方面，也是穿山甲保护获得广泛支持并改变人们行为的有效手段，是解决具体保护问题的第一步（Schultz，2010）。由于穿山甲面临濒临灭绝的风险，提高人们对穿山甲的认识具有非常重要的战略意义（详见第 14～16 章）。历史上穿山甲很少受到关注（Challender et al.，2012），直到 2012 年，在北美、南美和欧洲等地区以及穿山甲分布国，大多数公众对穿山甲知之甚少（Harrington et al.，2018；D. Hendrie，个人评论），具体的保护行动更加缺乏。

然而，在之后的短时间内，人们对穿山甲及其面临的非法贸易威胁的关注度大幅增长。Harrington 等（2018）报道，近年来，社交媒体、新闻文章、网络等对穿山甲的搜索频率增加。2009～2016 年，Facebook 上关于穿山甲的帖子、评论和点赞量增长了近 100 倍，2005～2016 年，媒体编辑发表的穿山甲的新闻文章增长了 9 倍。

本章讨论了从早期研究和保护工作的简要历史开始，最终形成的一个致力于促进穿山甲保护的全球网络。本章记录了 8 项旨在全球范围内提高对穿山甲认识的重要活动,研究了这些活动如何在 2012～2018 年帮助穿山甲物种数量总体增长。

然而，尽管人们对穿山甲的认识不断提高，但与传统的标志性物种，如狮（*Panthera leo*）、犀牛（Rhinocerotidae）和大象（Elephantidae）相比，穿山甲仍然鲜为人知，受到过度开发利用的威胁仍然还在持续。需要进一步提高人们对穿山甲的认识，从而获得更多的支持，确保保护工作获得成功。通过研究与这些物种相关的重要事件和活动，人们对穿山甲或其他似乎被"遗忘"物种的认识和了解逐渐提高。

保护运动的开始

穿山甲没有知名度的几个世纪里，对穿山甲感兴趣的人仅限于博物学家、收藏家和分类学家（见第

13 章）。20 世纪中后期，该物种引起了动物学家的兴趣（Mohr，1961），研究集中在物种的利用（Anadu et al.，1988）、生态学（Heath and Coulson，1997；Pagès，1975）和畜牧业（Heath and Vanderlip，1988）及国际贸易（Wu and Ma，2007）。尽管取得了一些进展，但这些研究工作在很大程度上是分散的，缺乏国际机构协调优先研究领域，从而确保集中有限资源用于最紧迫的保护问题研究。

　　21 世纪初，自然保护主义者开始注意到大量穿山甲、肉和鳞片出现在国际市场，特别是在东亚和东南亚（Pantel and Chin，2009）。曾经缉获多达 17t 去内脏的穿山甲及其鳞片（相当于近 3500 只动物，转换系数见第 16 章），通常走私路线沿着印度尼西亚和马来西亚到中国和越南（Pantel and Chin，2009）。尽管亚洲穿山甲在 CITES 中的出口配额为零（见第 16 章和第 19 章），但是穿山甲的非法贸易非常猖獗，很少有针对性的措施进行有效保护。

　　20 世纪末，一批新兴的国际穿山甲保护团体成立，如越南食肉动物和穿山甲保护项目（CPCP）（现为拯救越南野生动物组织，简称 SVW）、津巴布韦的蒂基-海伍德基金会（the Tikki Hywood Foundation）、东南亚的国际野生物贸易研究组织（TRAFFIC）、国际保护组织的柬埔寨计划、越南自然教育（ENV）、中国台湾的台北动物园，以及华南师范大学吴诗宝教授团队。2007 年拯救穿山甲活动成为了提高人们对穿山甲认识的标志性事件（Harrington et al.，2018）。拯救穿山甲网站是第一个专门致力于推广穿山甲和反映其濒危程度的网站。2008 年，国际野生物贸易研究组织举办了一个南亚和东南亚穿山甲贸易和保护研讨会，目的是召集政府利益相关者、非政府组织、研究机构、动物园和救护中心交流信息，寻求解决穿山甲非法贸易问题的方案（Pantel and Chin，2009）。2011 年，成立了非洲穿山甲工作组（APWG），确定了保护对策，以解决非洲穿山甲面临的威胁日益严重的问题。世界自然保护联盟物种生存委员会（IUCN/SSC）穿山甲专家组（PSG）于 2012 年重新成立，根据穿山甲面临的威胁，确定了全球层面的保护行动（Challender et al.，2012；另见第 39 章）。2013 年穿山甲专家组在新加坡野生动物保护区召开会议，这次会议有史以来首次召集了对亚洲和非洲穿山甲具有专业保育知识的利益相关者。会议成果包括穿山甲专家组推出的"扩巨地穿山甲保护"行动计划（Challender et al.，2014），该计划为解决全球所有 8 种穿山甲的保护问题提供了针对性的建议。

　　2005 年底到 2016 年底，穿山甲在社会媒体上的报道量急剧增加，公众关注的热点集中于各种穿山甲缉获量的报告（Harrington et al.，2018）。例如，2013 年 4 月在菲律宾缉获了 10t 穿山甲，相当于约 2000 只个体（Harrington et al.，2018）。这一时期，对穿山甲及其困境的认识从非政府组织、行内人士和学术界扩大到政府、记者及全球公众。穿山甲照片被陈列在 2015 年在法国蒙蒂耶举办的野生动物摄影展上，这是欧洲最大的野生动物摄影活动；印度尼西亚棉兰广泛宣传了 4000 只被冷冻的穿山甲，有一张照片赢得了 2016 年度野生动物摄影师大赛；穿山甲在《愤怒的小鸟》系列游戏中亮相；一只穿山甲在 2016 年迪士尼动画大片——《奇幻森林》中客串。2012 年开始的"世界穿山甲日"在线活动，在世界各地提高了公众对穿山甲及其面临威胁的认识。

　　2012～2018 年，发生了在全球范围内对提高穿山甲认识发挥重大作用的 8 项重要事件和活动，具体包括穿山甲保护或非法贸易的有关行动。每个事件都有其独特点，由自然资源保护主义者、民众或其他利益相关者参与，旨在通过各种形式提高人们对穿山甲及其保护的认识。2012 年是这项工作的开端，因为在这一年不仅穿山甲专家组重建，而且开始了第一个世界穿山甲日。采访的 21 位穿山甲保护专家和媒体专业人士发表了对各种活动和事件的看法，本章难以一一概括每一次活动和每一名参与者，在此对穿山甲保护作出贡献的组织和个人表示感谢。

世界自然保护联盟穿山甲专家组

　　穿山甲专家组是世界自然保护联盟南南合作的主要工作单位，提供丰富的专业知识，以实现"通过减少全球生物多样性丧失，构建一个和谐的世界"（IUCN SSC，2016）。他们致力于生物多样性保护，充分发挥专家和志愿者的力量，努力传播保护思想，编制有效方案，推动政府保护意愿，筹措财政和人力资源，采取具体行动保护生物多样性。

2012 年之前，穿山甲是唯一没有物种生存委员会专家组的哺乳动物。鉴于该物种非法贸易的程度，需要在全球作出协调一致的反应，促进对该物种的保护和关注。穿山甲专家组的任务是召集相关专家和保护利益相关者，动员起来共同保护穿山甲。穿山甲专家组汇集了生态学、社会科学、保护政策、兽医健康和遗传学等方面的专家，制定保护战略，确定物种保护急需开展的科学研究。

2012～2018 年，穿山甲专家组通过一些关键的会议为穿山甲保护提供了技术和科学支持，提高了国际上对穿山甲保护及其政策的认识。例如，2013 年新加坡野生动物保护组织举办了首次以亚洲穿山甲和非洲穿山甲为主题的国际保护会议；2017 年举办了首次马来穿山甲保护规划研讨会（IUCN SSC 穿山甲专家组等，2018）。2013 年以来，穿山甲专家组还为《濒危野生动植物种国际贸易公约》常务委员会及缔约方大会（CoP）和 2015 年在越南举行的首届国际穿山甲大会提供了技术支持。

穿山甲专家组作为穿山甲保护的权威机构，通过与新闻和广播媒体合作，扩大宣传，帮助提高公民保护意识。该小组的主要成员经常活跃在纸媒和广播电视媒体上，提供核查事实、非法贸易统计数据，并积极参与世界穿山甲日的活动。

特别是穿山甲专家组通过官方渠道，使穿山甲专家在分布区国家之间共享信息，使得专家与利益相关方之间能够得到以前从未有过的协调统筹。作为一个旨在促进穿山甲保护的正式机构，穿山甲专家组通过协调和召集专家召开技术研讨会，提供保护管理手段和协助媒体使更多的人关注穿山甲，大大地提升了全球穿山甲的保护力度。

世界穿山甲日

"世界穿山甲日"是一个由民间发起的旨在提高人们对穿山甲的认识、建立公众对穿山甲保护的支持的纪念日，具体时间为每年 2 月的第三个星期六。"世界穿山甲日"的目标是正视穿山甲面临的威胁，教育公众，并分享不同地区、国家穿山甲保护工作的进展。

2012 年开始，世界穿山甲日作为一个由少数人发起的在线活动，已经发展为参与人数越来越多的线上活动（P. Thomson，未发表数据），包括濒危野生动植物种国际贸易公约（CITES）、世界自然保护联盟（IUCN）和美国鱼类及野生动植物管理局（USFWS）等机构的成员。2018 年，来自 47 个国家的 Facebook 网站用户为世界穿山甲日页面点赞，包括美国、阿根廷、肯尼亚和以色列等国家，充分表明穿山甲引起了全球目光的关注，远远超出了国家界限。2012 年 2 月的第一个世界穿山甲日，谷歌"穿山甲"月度搜索量明显增加，2016 年的世界穿山甲日，Facebook 网站与穿山甲相关的新闻文章或帖子的数量不断增长（Harrington et al.，2018）。

除此之外，2012～2018 年，全球各地为世界穿山甲日举办的活动越来越多。如 2018 年，美国国际开发署（USAID）在世界穿山甲日发布了穿山甲鉴定指南，支持一线执法人员。2018 年底，在马来西亚沙巴州山打根国际机场展示了一个超大的穿山甲雕塑（图 21.1）。穿山甲研究进展（USFWS MENTOR-POP）项目的研究人员在喀麦隆组织了"穿山甲散步"活动，在当地一所学校进行了学术讲座，喀麦隆 Kimbi Fungom 国家公园举办了一场公务员与年轻人的足球比赛（图 21.2）。尼泊尔当地生物多样性和外联组织 KTK-BELT 为当地居民举办了培训班以提高他们对穿山甲的认识，并放映了穿山甲保护的纪录片。尽管这些活动都是有选择性召开的，但提高了民众对穿山甲保护的宣传与认识，世界各地开展的保护穿山甲的活动也逐年增加。

世界穿山甲日从最初的由普通民众发起的在线活动，发展成为一系列线上和线下相结合的全球性运动，包括公民、非政府组织、各国政府、政府间合作组织以及联合国机构的积极参与，这些活动大大提高了人们对穿山甲的认识。

图 21.1　2018 年，世界穿山甲日，丹瑙吉朗野外中心的埃利沙·潘姜（Elisa Panjang）揭幕了一个新的沙巴州山打根国际机场的"穿山甲雕塑"，马来西亚。图片来源：Elisa Panjang。

图 21.2　2018 年在喀麦隆 Kimbi Fungom 国家公园举行了青少年足球赛，并开展了其他活动，旨在提高当地居民对世界穿山甲日的认识。图片来源：Jerry Kirensky Mbi。

世界上非法贸易量最大的野生哺乳动物

　　声称穿山甲是"世界上非法贸易量最大的野生哺乳动物"对提高穿山甲知名度非常有效。这项声明起始于 2011 年，当时穿山甲专家组的领导层就如何使穿山甲进入公众视野并获得保护支持展开讨论。根据当时的海关缉获数据分析，2000～2013 年，全球有 100 万只穿山甲被偷猎和贩运（IUCN SSC 穿山甲专家组，2016）。与同一时期其他哺乳动物相比，没有任何一种野生哺乳动物的非法贸易量如此之高；因此，穿山甲被认为是世界上非法贸易量最大的野生哺乳动物，这一口号被全球新闻界和媒体使用至今。

美国有线电视新闻网（CNN）2014 年 4 月发表了一篇题为"你可能从未听说过，却是世界上非法贸易量最大的野生哺乳动物"的文章（Sutter，2014），成为第一家使用这一口号的大媒体，引发了读者、其他媒体和保护组织对穿山甲的关注。互联网极大地推动了穿山甲知识的传播，个人能够分享文章及对他人的文章作出回应。例如，CNN 的穿山甲文章激发了 YouTube 视频网站的各种创作灵感，民众要求迪士尼将穿山甲角色加入电影情节中，出版一系列穿山甲儿童读物等等（J. Sutter，个人评论）。CNN 的这篇文章最有影响力的是它醒目的标题，该文章发表后，多家大型媒体和视频网站开始使用"世界上非法贸易量最大的野生哺乳动物"的口号，这成为了穿山甲的代名词，令全世界的读者和观众对穿山甲印象深刻。

谷歌涂鸦

谷歌在提高人们对穿山甲的认识方面发挥了积极的作用。2015 年和 2017 年，这家科技公司对"谷歌涂鸦"（Google Doodles）登录页上的谷歌标志做了图形更改，用于庆祝节日、周年纪念日及纪念著名艺术家、科学家和先驱。2015 年的"地球日"涂鸦，用户可以参加一个小测验，问"你是哪种动物"，其中一只动物就是穿山甲。在其页面还包括了有关穿山甲保护的资讯和搜索引擎。两年后，2017 年情人节，谷歌以互动游戏的形式制作了一个涂鸦，涂鸦原形就是穿山甲。该游戏链接到世界自然基金会（WWF-US），用户可以在基金会网站上找到更多关于穿山甲及其致危因素的信息。该涂鸦于 2017 年 2 月 13 日至 14 日在 60 多个国家的手机、网络和谷歌"应用程序"上发布。

"谷歌涂鸦"产生了大量穿山甲的在线话题，尽管谷歌没有披露涂鸦覆盖范围的统计数据，但是谷歌趋势（Google Trends，GT）可用来追踪公众保护意识的改变（Harrington et al.，2018；Proulx et al.，2014）。GT 数据分析显示，2017 年情人节涂鸦和 2015 年动物问答涂鸦与 2004 至 2018 年谷歌搜索"穿山甲"一词的两个最高峰值相关联（图 21.3）。值得注意的是，2015 年谷歌涂鸦发布日（4 月 22 日）的前一天，印度尼西亚棉兰刚刚缉获了大规模的走私穿山甲，引发网上大量新闻报道，网站上对穿山甲的搜索也达到高峰。

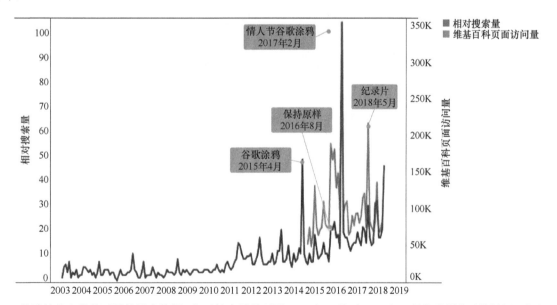

图 21.3 谷歌趋势和维基百科的月度数据。相对搜索量显示了 2004 年 1 月至 2019 年 1 月谷歌用户对关键词"穿山甲"的搜索兴趣。维基百科页面浏览量是指 2015 年 7 月至 2019 年 1 月，每月访问穿山甲维基百科页面的次数。维基百科和谷歌搜索"穿山甲"一词的访问高峰都与 2017 年 2 月的情人节谷歌涂鸦相关联。

　　2017 年情人节的谷歌涂鸦很活跃，在维基百科（en.Wikipedia.org）上浏览穿山甲条目的人比其他网站都多。其他有记录的日期从 2015 年 7 月至 2018 年底（Wikipedia，2019）。涂鸦发布当天，该页面的浏览量为 101 472 次（日均为 3425 次），是之前记录的两倍多（2016 年 8 月 26 日为 52 869 次）。

　　2017 年谷歌涂鸦直播的两天里，世界自然基金会-美国（WWF-US）记录了近 27 万次页面访问量和 30.5 万次登录页面浏览量，远远超过了网站上所有其他页面，超过 50% 的网站流量都与穿山甲内容相关。因为涂鸦活动，世界自然基金会声称全球针对穿山甲的捐款大幅增加（D. Quigley，个人评论）。

濒危野生动植物种国际贸易公约组织第 17 次缔约方大会

　　尽管穿山甲保护提案在濒危野生动植物种国际贸易公约组织提案中由来已久，但第 17 次缔约方大会（Cop 17，2016 年 9～10 月）对于穿山甲来说是重要时刻。在这次会议上通过了将穿山甲所有 8 个物种从 CITES 附录 II 提升到附录 I 的提案，会议之前和期间的一系列活动（图 21.4），特别是列入 CITES 附录 I 后穿山甲的国际商业性贸易禁令，极大地提高了公众对穿山甲的认识。

图 21.4　在南非约翰内斯堡举行的 CITES 的 Cop17 会议上的 IUCN 穿山甲专家组成员。
从左到右：Lisa Hywood、Jeff Flocken、Leanne Wicker、Dan Challender、Thai Van Nguyen、
Keri Parker and Darren Pietersen。图片来源：Frank Kohn/美国鱼类及野生动植物管理局。

　　在第 17 次缔约方大会召开前几个月，有关提高人们对穿山甲及其受胁认识的活动就已经开始，为所有 8 种穿山甲列入 CITES 附录 I 提供战略支持。2015 年，一批非政府保护组织根据《濒危物种法》请求美国鱼类及野生动植物管理局保护 7 种穿山甲。《濒危物种法》成功地对美国的穿山甲进出口、洲际运输和外国商业活动施加了严格限制，还对 CITES 管制的贸易施加了严格的限制。这次请愿是战略性行动，促使美国公众和官员以及穿山甲保护利益相关者认识并支持穿山甲保护，推动了 CITES 第 17 次缔约方大会将穿山甲提升到 CITES 附录 I。

　　2016 年 9 月，世界自然保护联盟（IUCN）的世界保护大会（World Conservation Congress，WCC）在美国夏威夷举办了穿山甲相关的活动，包括推动将穿山甲列入 CITES 附录 I 及打击穿山甲非法贸易和解决物种保护的问题。IUCN 在 WCC 召开前，通过了一项关于敦促 IUCN 缔约方支持穿山甲从附录 II 提升到附录 I 的提议。相关媒体采用"穿山甲是世界上非法贸易量最大的野生哺乳动物"的口号，并进行

大力推广。缔约方几乎作出一致性决定，无疑这些新闻在一定程度上影响了一些国家和组织作出同意该提案的决定。

将穿山甲列入 CITES 附录Ⅰ的决定引起了公众对穿山甲的广泛关注。2016 年 8 月，谷歌每月搜索"穿山甲"和访问维基百科（Wikipedia）上穿山甲条目的次数都达到了高峰（图 21.3）。此外，2016 年 8~10 月，至少有 58 个全球性的报纸和在线媒体都刊登了这一消息（T. Shibaike，未发表数据）。

纪录片

与传统的标志性物种相比，以穿山甲为主角的电影和纪录片并不多，仅有两个关于穿山甲的纪录片，主要是在野外很难拍摄到穿山甲，导致公众对穿山甲的习性知之甚少。

2012 年穿山甲首次出现在纪录片中，著名的博物学家大卫·爱登堡爵士将穿山甲列为他最想拯救的 10 种濒临灭绝的动物之一。该片段出现在英国广播公司（BBC）播出的"大卫·爱登堡的方舟：世界自然特辑（Attenborough's Ark：Natural World Special）"中，共有 457 万人观看，成为最受关注的自然世界纪录片之一。它已经在 BBC 和世界各地多次播出。

2018 年，BBC 推出了另外一部穿山甲专题纪录片，随后在美国公共广播系统（PBS）播出，这是首次以穿山甲为专一题材的热播纪录片。该纪录片在英国名为"穿山甲：世界头号通缉动物"，在美国名为"自然：世界头号通缉动物"，使得相关国家公众对穿山甲的认识提高。BBC 自然历史部推出了纳米比亚珍稀濒危物种基金会和拯救越南野生动物组织基金会关于穿山甲栖息地恢复的纪录片。该节目在英国有 153 万观众，在美国有 120 万观众。BBC 自然历史部的专用网页在播出后的两周内流量显著增加，访问量达 16.28 万次。该节目播出后，BBC 地球的推特账户有史以来第一次被顶上了热搜榜榜首。英国和美国有二十多家媒体和新闻机构报道了这个节目（V.Bromley and R.Davis，个人通讯）。

2018 年之前，Discovery 探索频道制作了一部纪录片，名为"穿山甲的秘密（Secrets of the Pangolin）"，重点介绍了中国台湾地区的研究人员和当地的保护志愿者对穿山甲开展的就地和救护圈养工作，纪录片中还讲述了一只新生穿山甲的故事。该节目在东南亚地区的观看人数达到了 2 亿，纪录片还在中国台湾台北动物园播放，用于提高游客对穿山甲的认识。电影和纪录片能够吸引大量观众的眼球，可以让大量的观众接触到穿山甲那样鲜为人知的动物及其保护问题。

名人参与

名人效应可以提高公众参与保护活动的积极性（Duthie et al.，2017）。虽然相关研究不多（Brockkington and Henson，2015），但无疑名人参与有助于提高公众对特定问题（如环境问题）的认识并产生兴趣。2012～2018 年，有两次名人参与穿山甲保护活动：分别是英国剑桥公爵（HRH The Duke of Cambridge）和中国及越南的著名影星。

2014 年，全球热门游戏《愤怒的小鸟》制作方——芬兰 Rovio 游戏娱乐公司与野生动物协会合作制作了一个穿山甲板块的游戏——"与穿山甲一起滚动"。专为提高人们对穿山甲的认识而设计，让从来没有听说过穿山甲的观众与穿山甲展开一场对话（N. Doak，个人评论）。该游戏在 2014 年 11 月上市仅一周，体验人数就超过了一千万次。游戏发布时还附带了宣传视频，主要内容是剑桥公爵正在玩该款游戏，并讨论穿山甲和野生动物非法交易。视频观看高达 210 多万次，在推特平台上的浏览量超过 6100 万次（United for Wildlife，2014）。

在亚洲为了提高公众对穿山甲的认识，野生救援组织（WildAid）于 2016 年 5 月发起了一项保护穿山甲活动。参加人员包括：中国著名女演员杨颖（Angelababy）和全球知名演员、武术家成龙，这是首次邀请穿山甲分布国的名人参与保护活动。2016 年 5 月至 2018 年底，野生救援组织（WildAid）在中国 37 个城市的地铁、政府大楼、办公场所和机场布设了超过 10 万个视频屏幕和广告牌，据估计，观看总数超过 25 亿人次。该活动的在线视频在 2016～2018 年累计浏览量超 2 亿次。2017 年 12 月，一部由

Angelababy 亲述的从纳米比亚偷猎者手中没收和救护穿山甲的故事短片在微博上约有 4000 万次浏览量，仅第一天浏览量就达 2500 万次（S. Blake，个人评论）。

地区倡导的全球穿山甲保护网络

前文提到的历次重要事件与 2012～2018 年历次穿山甲宣传活动结合起来形成了地区倡导的全球穿山甲保护网络，这是穿山甲保护历程中的第八项具有影响力的活动。此网络通过在各地开展大量活动，积极发挥个人和集体的影响力，提高公众对穿山甲的认识。具体包括：开展一系列宣传教育活动、积极让当地社区参与保护工作、媒体推动、发起筹款活动及保护政策的调整等。

越南的拯救野生动物行动通过拯救和救护非法贸易中的穿山甲，提高了学生和游客对穿山甲的认识，同时提高了政府官员对穿山甲非法贸易知识的了解。在香港特别行政区，嘉道理农场暨植物园的 Gary Ades 生产穿山甲相关的教育产品，2015～2018 年，估计有 450 000 名游客了解穿山甲保护知识。在马来西亚沙巴，Elisa Panjang 在推动沙巴野生动物部门加强对捕猎和贩卖马来穿山甲的保护和惩罚力度方面发挥了关键作用。在尼泊尔和印度，Tulshi Laxmi Suwal、Ambika Khatiwada、Kumar Paudel 及 Rajesh Mohapatra 分别与当地社区成员、政府官员及利益相关者就保护穿山甲进行了圆桌讨论。在巴基斯坦，Tariq Mahmood 对非法穿山甲贸易开展了研究，通过国家通讯社等途径，宣传了印度穿山甲在巴基斯坦面临的威胁。在津巴布韦，Lisa Hywood 在推动政府对偷猎和贩卖穿山甲实施严厉的惩罚方面发挥了重要作用。在喀麦隆，美国鱼类及野生动植物管理局的研究员在电视广播节目开展宣教，以提高人们对中非穿山甲面临日益严重威胁的认识。

这个网络也延伸到穿山甲分布区以外的国家。在美国，Paul Thomson、Keri Parker 及其同事于 2007 年创建了拯救穿山甲的网站（Save pangolins.org），这是第一个专门开展穿山甲科普和提高人们对穿山甲面临困境认知的网站；此后，该网站发展成为民营组织，旨在提高人们对穿山甲保护的认知和保护资金的筹措。珊瑚橡树制片公司（Coral&Oak Productions）的电影制作人凯蒂·舒勒（Katie Schuler）制作了一部强有力的宣传短片，记录了从森林偷猎穿山甲到餐盘的过程。从 2016 年推出至 2018 年底，在多个国家播出，观看量超过 5000 万人次。教育家 Louise Fletcher 在印度尼西亚、尼泊尔和南非等国家开展了利用穿山甲艺术激发和教育学龄儿童保护穿山甲的活动。

从认识到行动

本章讨论了 2012～2018 年，在区域、国家和全球层面针对政策制定者、资助者和全球公众在内的重要受众开展的明显有助于提高对穿山甲认识的 8 个关键事件和活动。自然保护主义者通过全社会对穿山甲日益增加的关注来获得资金、影响政策制定、改变消费者行为等，并采取进一步行动和措施，防止穿山甲过度利用。

从这些事件中可以总结经验助力穿山甲保护，并为其他看似"被遗忘"的物种做出范例，其中包括降低公众认知成本的措施，如 Facebook、世界穿山甲日在内的免费社交网络和活动；吸引企业和公司参与，并为之承担一定的开发费用（如 Rovio 娱乐的《愤怒的小鸟》游戏、谷歌涂鸦）。电影和名人效应也可以达到让广泛受众接受穿山甲保护教育的目的。使用传统媒体（如 CNN 等新闻机构）和新媒体（如在线社交平台）对全球范围内提高公众保护穿山甲的认识非常有效，尤其是在个人和非政府组织的推动下当地利益相关方的参与尤其重要。最后，从 CITES 的 Cop17 的前前后后可以看出，穿山甲保护政策制定可以受到包括决策者和其他利益相关方（包括传统媒体、社交媒体及公众）对某一特定问题的认识和兴趣的影响。

与传统上更具代表性的物种不同，穿山甲这种鲜为人知的物种要被广泛地认识才能激发人们对其保护的兴趣，从而调动资金并制定具体的保护措施。穿山甲保护的具体实践者表示，2012 年以来，通过扩大宣传，不断提高人们对穿山甲的认识，筹集资金更加容易。穿山甲是解决当前全球野生动物非法贸易问题的重点关注物种之一，为此，美国和英国等政府为之提供了资金和政策的支持。

有必要为穿山甲保护开展进一步宣传活动，确保它们在今后的保护工作中能得到更多支持，特别是在国家层面，那些暂时没有提上日程的保护行动能否有效减少穿山甲灭绝的风险仍有待观察，正如本章所讨论的，我们有理由对穿山甲的未来持乐观态度，因为广大公众对穿山甲保护的兴趣和热情越来越高涨了。

参 考 文 献

Anadu, P.A., Elamah, P.O., Oates, J.F., 1988. The bushmeat trade in southwestern Nigeria: a case study. Hum. Ecol. 16 (2), 199-208.

Brockington, D., Henson, S., 2015. Signifying the public: celebrity advocacy and post-democratic politics. Int. J. Cult. Stud. 18 (4), 431-448.

Challender, D.W.S., Baillie, J.E.M., Waterman, C., IUCN SSC Pangolin Specialist Group, 2012. Catalysing conservation action and raising the profile of pangolins-the IUCN SSC Pangolin Specialist Group (PangolinSG). Asian J. Conserv. Biol. 1 (2), 140-141.

Challender, D.W.S., Waterman, C., Baillie, J.E.M., 2014. Scaling up Pangolin Conservation. IUCN SSC Pangolin Specialist Group, Zoological Society of London, London, UK.

Duthie, E., Veríssimo, D., Keane, A., Knight, A.T., 2017. The effectiveness of celebrities in conservation marketing. PLoS One 12 (7), e0180027.

Harrington, L.A., D'Cruze, N.D., Macdonald, D.W., 2018. Rise to fame: events, media activity and public interest in pangolins and pangolin trade, 2005-2016. Nat. Conserv. 30, 107-133.

Heath, M.E., Vanderlip, S.L., 1988. Biology, husbandry, and veterinary care of captive Chinese pangolins (*Manis pentadactyla*). Zoo. Biol. 7 (4), 293-312.

Heath, M.E., Coulson, I.M., 1997. Home range size and distribution in a wild population of Cape pangolins, *Manis temminckii*, in north-west Zimbabwe. Afr. J. Ecol. 35 (2), 94-109.

IUCN Species Survival Commission, 2016. Terms of reference for Members of the IUCN Species Survival Commission 2017-2020. Available from: <www.iucn.org/sites/dev/files/tors_ssc_members_2017-2020_final_0.pdf>. [November 3, 2018].

IUCN SSC Pangolin Specialist Group, 2016. The status, trade and conservation of pangolins (*Manis* spp.). CITES CoP17 Inf. 59. Available from: <https://cites.org/sites/default/files/eng/cop/17/InfDocs/E-CoP17-Inf-59.pdf>. [April 12, 2019].

IUCN SSC Pangolin Specialist Group, IUCN SSC Asian Species Action Partnership, Wildlife Reserves Singapore, IUCN SSC Conservation Planning Specialist Group, 2018. Regional Sunda Pangolin (*Manis javanica*) Conservation Strategy 2018-2028. IUCN SSC Pangolin Specialist Group, Zoological Society of London, London, UK.

Mohr, E., 1961. Schuppentiere. Neue Brehm-Bucherei. A. Ziemsen Verlag, Wittenberg Lutherstadt.

Pagès, E., 1975. Etude eco-ethologique de *Manis tricuspis* par radio-tracking. Mammalia 39, 613-641.

Pantel, S., Chin, S.-Y. (Eds.), 2009. Proceedings of the Workshop on Trade and Conservation of Pangolins Native to South and Southeast Asia, 30 June-2 July 2008, Singapore Zoo, Singapore, TRAFFIC Southeast Asia, Petaling Jaya, Selangor, Malaysia.

Proulx, R., Massicotte, P., Pépino, M., 2014. Googling Trends in Conservation Biology. Conserv. Biol. 28 (1), 44-51.

Schultz, P.W., 2010. Making energy conservation the norm. In: Ehrhardt-Martinez, K., Laitner, J. (Eds.), People- Centered Initiatives for Increasing Energy Savings. American Council for an Energy Efficient Economy, pp. 251-262.

Sutter, J.D., 2014. The most trafficked mammal you've never heard of. Change the list, CCN.com. Available from: . [July 27, 2018].

United for Wildlife, 2014. Play Angry Birds Roll with the Pangolins Campaign. Available from: www.unitedfor-wildlife. org/#!/ 2014/12/play-angry-birds-roll-with-the-pangolins/. [July 28, 2018].

Wikipedia, 2019. Page views analysis for the term pangolin. Available from: <https://en.wikipedia.org>. [January 6, 2019].

Wu, S.B., Ma, G.Z., 2007. The status and conservation of pangolins in China. TRAFFIC East Asia Newsl. 4, 1-5. [In Chinese].

第 22 章　消费穿山甲及其制品的行为改变

盖尔·伯吉斯[1, 2]，阿莱格里亚·奥尔梅[3, 4]，迪奥戈·韦里西莫[5, 6]，卡莉·沃特曼[7, 8]

1. 环境科学研究院，英国伦敦

2. 环境学会，英国考文垂

3. 牛津大学动物学系，英国伦敦

4. 为了穿山甲民众组织，英国伦敦

5. 牛津大学动物学系和马丁学院，英国牛津

6. 圣地亚哥动物园保护研究中心，加利福尼亚州埃斯孔迪多

7. 摄政公园伦敦动物学会保育与政策部，英国伦敦

8. 摄政公园伦敦动物学会，世界自然保护联盟物种生存委员会穿山甲专家组，英国伦敦

引　言

解决野生动物及其制品的非法贸易需要多种途径（Burgess，2016；Challender et al.，2015）。从原产地、贩运路线到主要消费市场等各环节都需要采取管制措施（见第 17 章和第 18 章）。各项措施在实施过程中还应让当地社区参与，并确保他们从保护中获得合法和可持续的利益（见第 23 章；Cooney et al.，2017）。然而，在需求持续的情况下，各项措施可能受到非法市场难以控制的破坏（Nijman，2010；Veríssimo et al.，2012）。

因此，有效解决野生动物制品需求被认为是解决非法野生动物贸易的关键（TRAFFIC，2016；Veríssimo and Wan，2019）。犯罪预防模型和经济理论都认为减少终端消费者对野生动物制品的需求可以降低市场价格，降低市场参与者（包括国际犯罪网络）参与偷猎和非法贸易的动力（Gore，2011）。这将减少偷猎，使得保护的各个方面都趋于良性发展，促进受胁物种野生种群恢复（Challender and MacMillan，2014）。

因此，"减少需求"被认为是解决野生动物非法贸易的关键，这一观点从 20 世纪 70 年代以来得到广泛认同（Arthur and Wilson，1979），特别是 2012 年以后反响更加强烈，各国政府在 2014 年和 2018 年 1 月《伦敦宣言》及相关声明中商定减少穿山甲消费需求。另一个值得注意的例子是联合国大会关于"打击非法贩运野生动物"的决议（69/314）。该决议包括一些重要的区域协定，如中非合作论坛（FOCAC）和亚太经济合作组织（APEC）等。《濒危野生动植物种国际贸易公约》第 17 次缔约方大会通过了减少需求的措施，根据这些协定和宣言，《濒危野生动植物种国际贸易公约》（CITES 第 17 次缔约方大会）第 17.4 号决议要求各缔约方采取行动，通过以证据为基础的实例减少对非法野生动物制品的需求。《濒危野生动植物种国际贸易公约》第 17.10 号决议为穿山甲制定了保护策略。

本章讨论的重点是如何减少消费者需求，这是对实施社会控制措施（如法规、执法和零售商取消制品销售）的补充（Burgess，2016）。本章首先介绍了穿山甲消费需求的背景，讨论了有关减少穿山甲需

求所做的努力和面临的挑战。总结了减少亚洲消费者需求的具体措施，并讨论了通过它改变消费者行为，减少消费者对穿山甲制品需求的可能性。

穿山甲消费需求的背景

穿山甲在亚洲（第 14 章）和非洲（第 15 章；Ingram et al.，2018）的大部分国家都有消费需求。穿山甲是蛋白质食物的重要来源，身体其他部分可用于医药、装饰和祭祀等（第 12 章及第 14～16 章）。

鉴于穿山甲及其制品的消费动机和消费群体多种多样，消费需求很难被定性，消费市场也错综复杂，受到来源地供应、消费市场对穿山甲的需求和趋势等各种因素的影响。当前许多非法国际贸易由亚洲国家的需求所驱动，如越南、缅甸等（第 16 章；Heinrich et al.，2017；Nijman et al.，2016）。美国、欧洲国家和日本等也对穿山甲及其制品有一定的需求（Heinrich et al.，2016，2017），但大多数针对野生动物非法贸易问题的研究和干预措施主要集中在越南等亚洲国家（Veríssimo and Wan，2019）。由于近几十年来的需求剧增，非法野生动物贸易市场规模庞大，我们对这些需求的性质有了更多的了解，但还需深入分析以明确这些非法贸易对野生动物种群有哪些影响（Nijman，2010）。

减少消费需求的挑战和思考

要厘清野生动物消费需求的驱动因素和贸易问题是非常困难的，它与人们长期以来根深蒂固的文化和信仰密切相关，这样一来就有可能需要挑战传统的文化。因此，我们寄希望于通过我们的工作让消费者自己发生转变，而非强制。

社会营销等学科应该用来服务于目标受众和整个社会。它们的设计不应以牺牲目标受众利益为代价保护生物多样性，尽管如此，目标受众往往并不知道什么样的行为符合自身的最佳利益，环保主义者则更清楚目标受众应该如何行事，这就导致公众做出消费行为改变却被认为是装装样子（Andreasen，2002）。在生物多样性保护方面，那些到处宣扬野生动物重要性的人往往生活在远离保护物种的国家和地区，这使得情况变得更加复杂，产生了"新殖民主义"的指责。

因此，必须清醒地认识到，虽然减少野生动物需求的社会许可证可从国家政府颁布的法律法规中进行规定，但有许多具体的措施要以民众的利益为出发点。为了确保行为的合法性，致力于减少野生动物需求的工作人员应与他们工作的国家和社区建立更广泛的伙伴关系，并确保有充分的理由让政府支持他们所关注的优先事项。还应考虑到干预可能产生的潜在非预期结果（Cho and Salmon，2007），失败的干预会导致时间浪费和资源损失，使原本要减轻的威胁反而恶化（Pfeiffer，2004）。

从历史上看，我们对野生动物消费需求行为改变的干预措施缺乏深入的和文化上的理解（Greenfield and Veríssimo，2019；Olmedo et al.，2017）。许多试图改变消费者偏好和选择倾向的工作只注重广度，忽视了深度（Burgess et al.，2018）。在评估成果方面，描述用语通常是"达到"而非"共鸣"（Burgess et al.，2018；Veríssimo and Wan，2019）；只对信息进行大概描述，忽视了买家、用户和监督团体对消费者习惯改变可量化的影响（Duthie et al.，2017）。

大多数情况下，信息提供、消费意识和行为改变之间的联系是非常脆弱的（Burgess，2016；Veríssimo et al.，2012）。消费者的行为特征不仅受知识的影响，还受社会背景、政治和文化等各种力量，以及信息的可信程度（Burgess et al.，2018）的影响。知识的变化最终可能导致野生动物消费者的态度转变，他们愿意支持生物多样性保护和保障动物福利，但可能仍然不会改变其消费行为（Lane and Potter，2007）。

越南针对减少犀牛角需求的工作就是这方面的研究案例。许多野生动物保护组织和机构把主要的保护力量都放在了打击野生动物的非法贸易市场，因此，目前急需通过干预措施改变人们消费野生动物及其制品的习惯。Olmedo 等（2017）在此基础上制定了一个框架，对旨在减少越南犀牛角消费行为改变的干预措施进行评估。这包括：明确可衡量的目标、理论体系、研究支持、过程监测和评价，最后对干预结果进行评估，提高管理者在这方面的认知和野生动物保护管理能力。结果表明，很少有干预措施具有详细的步骤（Olmedo et al.，2017），他们把重点工作放在如何提高人们对法律约束的认识上，片面地强调犀牛面临的威胁和灭绝的后果，这在某种程度上适得其反，刺激了一些民众以"物以稀为贵"寻求购买犀牛角（Burgess，2016；Kennaugh，2016）。这个案例说明，在制定减少野生动物消费需求的措施时应充分考虑各方面的因素。下面的两个案例总结了对穿山甲两个主要国际需求市场的理解。

亚洲穿山甲的消费需求

亚洲一直是穿山甲及其制品消费需求研究的重点地区，主要集中在越南等国的一些大城市。野生动物的消费在一定程度上与城市人口有关（Nijman，2010；Zhang and Yin，2014），因此，可以通过这些区域的消费者视角审视每种野生动物的消费需求与驱动力。本节首先从讨论这些消费认知的差距和局限性入手。由于我们主要关注需求行为改变，因此这里指的消费者被视为所有已经或者打算购买、赠送或使用穿山甲及其制品的人群。市场研究是指确定市场上穿山甲及其制品的可获得性和销售价格，消费者研究是指揭示消费者知识、态度、价值观和行为的社会经济和心理统计学信息。

缺口和局限性

导致对穿山甲及其制品的消费需求认知不清的关键是多维度和高质量的穿山甲消费研究缺乏。通过 9 份针对穿山甲消费的专项调查报告来看，许多报告仍然停留在大幅报道或新闻描述，缺乏深入的调研和剖析，除了 Shairp 等（2016）进行的多物种研究外，大多数研究缺乏对穿山甲及其制品消费者的群体统计和消费心理的分析。

在中国和越南进行的几项调查的范围有可能重叠，反映了不同组织间在开展研究的过程中缺乏沟通合作，重复性研究还可能导致项目实施方和调查方在执行阶段协调出现问题。由于不同研究的方法差异，无法对这些调查结果进行比较。许多研究调查的样本选取及其抽样数量不具有权威代表性，导致研究结果的可信度降低。因此，不同利益相关者开展的消费者研究都应具有一致标准，确保数据结果能够统一使用和互补，从而对穿山甲的消费模式和动机有更深入的剖析，确保根据调查结果制定的干预措施更加有效，并被 CITES 推荐进行保护实践（如列入第 17.4 号决议中）。

下面介绍在中国和越南开展的两项关于穿山甲及其制品消费需求的研究案例，研究还处于初步阶段，需要进一步深入研究，以确保在非法贸易扩散之前查明来源和采取具体措施减少需求。

中国

对北京、上海、广州、杭州、南宁和昆明的高收入家庭进行的调查发现，3000 名受访者中，10%的人报告过去曾食用过穿山甲（WildAid，2016）。另一次调查了 6 个城市（其中 5 个城市与之前的研究重叠）的 1800 名受访者，调查发现，7%的人曾购买过穿山甲制品（USAID，2018a）。根据调查，消费率最高的城市是北京和上海，城市的中药店是大多数消费者购买穿山甲及其制品的主要场所（USAID，2018a）。

穿山甲肉

对中国香港 1037 名居民进行了随机调查，仅有 0.1%的人是在香港食用过穿山甲肉，大多数人声称是在内地消费了穿山甲及其制品（香港大学国际人道协会，2015）。2016 年进行的另一项调查中，对中国 10 个大、中、小城市的 1892 名居民进行了采访，发现过去一年 9%的受访者吃过穿山甲肉（Horizon China，2016）。野生救援组织（2016）研究发现，约四分之一的受访者食用过穿山甲肉，主要是因为它

图 22.1　缉获的穿山甲鳞片。图片来源：林宝阮。

被视为"身份象征"和"珍稀的野生动物"。此前对 6 个城市 969 人的研究调查发现，0.6%的受访者在过去一年吃过穿山甲肉（Wasser and Bei Jiao，2010）。

穿山甲鳞片

调查结果显示，78%的消费者在过去一年购买过鳞片；这些鳞片用于治疗疾病和作为运气符（USAID，2018a；图 22.1）。同时，Wasser 和 Bei-Jiao（2010）发现，969 名受访者中有 1.4%的人报告称，他们将穿山甲作为补品或药物食用，但没有具体说明种类。另一项调查显示，14%的中国城市居民将穿山甲制品用于医疗用途（Horizon China，2016）。野生救援组织在中国的研究表明，鳞片可能是多种处方药的成分之一；含有穿山甲鳞片的药品是消费量最大的穿山甲制品，约有三分之二的消费者自述食用过。这些药物被认为可以治疗一系列疾病，包括风湿病、皮肤病、水肿和脓液、哮喘、癌症和促进泌乳等（见第 14 章；Nash et al.，2016；WildAid，2016）。同样，Yu 和 Hong（2016）认为，穿山甲鳞片是治疗乳腺癌和淋巴瘤相关症状的药物中的常见成分。穿山甲鳞片在《中国药典》中被列为促进泌乳、改善血液循环和治疗皮肤病的处方药（Chinese Pharmacopeia Commission，2015）。

中华人民共和国国家林业和草原局（NFGA）已经禁止销售和贸易某些穿山甲制品，但医用鳞片贸易是合法的。这使得大约 200 家制药公司可以将政府库存的甲片用于生产大约 70 种特许药品，经认证后，大约 700 家医院可以出售这些药品（China Biodiversity Conservation and Green Development Foundation，2016）。但是，有证据表明，未经许可的医院也有在处方药中使用穿山甲鳞片，未经注册的药店也易获得甲片或者药品（Xu，2009；Xu et al.，2016）。需要进一步研究以确定现有的合法贸易是否为穿山甲制品的消费创造了社会需求，从而进一步鼓励消费需求，但 2020 年版的《中国药典》不再收录穿山甲及其制品，也许很多问题就迎刃而解了。

WildAid（野生救援组织）（2016）的调查发现，70%的受访者表示，他们认为穿山甲鳞片具有药用价值。在中国香港，39%的香港居民认为鳞片具有药用价值，仅有 0.2%的人使用过穿山甲鳞片（Humane Society International, Hong Kong University，2015）。

有趣的是，USAID（美国国际开发署）（2018a）在中国内地进行的研究中，57%的受访者认为，类似的合成制品可以替代穿山甲鳞片用于医疗目的，17%的受访者表示，没有类似的物质可以发挥甲片相同的功效。

尽管采用的研究方法不同，调研结果也无法比较，但总的来看，药用可能是刺激穿山甲及其制品消费的重要潜在因素。

消费者

关于穿山甲消费者的意愿、态度、价值观等报告来自 GlobeScan 为美国国际开发署进行的一项研究（USAID，2018a）。这项研究发现，61%的穿山甲消费者（n=126）是男性。大多数消费者年龄在 31～40 岁，属于中等收入群体。在过去一年购买过穿山甲制品的人群中，67%的人对购买或拥有穿山甲制品有很高的社会接受度。

穿山甲酒

据报道，"很一大部分消费者"饮用穿山甲酒（即身体部位浸泡的酒）（WildAid，2016），但关于受调查人群的消费意愿、消费者的背景和消费动机等信息却很少。

装饰用途

有证据表明,穿山甲鳞片做成的雕刻品(如发夹;图 22.2)在网络上有售卖,也有人把它用于装饰(Soewu and Sodeinde,2015),但相关信息非常有限,进一步了解消费心理至关重要。

图 22.2　用穿山甲鳞片雕刻的梳子。

越南

在越南,2015 年进行的消费者调查发现,4%的受访者(来自河内、胡志明和岘港的 815 名高收入者)报告称购买过穿山甲制品。酒和肉制品是消费量最大的制品,约有一半人消费过这两种制品(WildAid,2016)。在一项对野生动物消费的总体调查中,Do (2011)发现,在胡志明市,约 10%的成人受访者(*n*=4062)和受访儿童(*n*=3562)声称消费过穿山甲制品。然而,一项对胡志明市市民进行的随机调查显示,只有 0.3%的人消费过穿山甲制品(Education for Nature Vietnam,2016)。

2018 年,越南 5 个城市(河内、海防、岘港、芹苴和胡志明)通过手机对 1400 名参与者进行了一项调查。这项调查只包括满 18 岁且收入至少为每月税前 10 000 000 越南盾的受访者。调查结果显示,5 个城市中有 10%的受访者表示,他们在生活中曾经购买过穿山甲制品;在一年内,有 6%的受访者购买过穿山甲制品,有 5%的受访者在 6 个月内购买过,大多数消费者都是在国内私人手中购买的(USAID,2018b)。调查的结果差别很大,可能是每项调查研究所采用的方法不同造成的,但由于缺乏具体的研究过程数据,无法评估其原因。

绝大多数受访者意识到销售和购买穿山甲制品是违法的(WildAid,2016),但在越南,目前执法没有起到有效的威慑作用。随着该国新刑法通过,截至 2018 年 1 月 1 日,一些环保人士预计,与非法野生动物利用相关的法律法规在公众的法律意识中将得到提高,执法力度也将加强。美国国际开发署(USAID,2018b)的研究发现,尽管有 52%的穿山甲消费者听说过刑法修正案,其中,86%的受访者同意这些修正案,但还有 60%的受访者表示可能在将来再次购买穿山甲制品。

穿山甲肉

Do 等(2011)调查发现,在胡志明市穿山甲肉是消费最多的穿山甲制品(约占受访者的 10%);同样,Venkataraman(2007)发现,在河内调查的 2000 名受访者中,10%的人食用过穿山甲肉(图 22.3),

图 22.3　正在烹调的穿山甲肉。图片来源:林宝阮。

而且他们中的大多数人都有 5 年以上的消费历史(WildAid,2016)。2018 年进行的研究发现,购买过穿山甲制品的人中有 12%最近一年内又购买了穿山甲肉(USAID,2018b)。

在越南,穿山甲肉最主要的消费动机是穿山甲的稀有性、药用及消费者的虚荣心(WildAid,2016)。Shairp 等(2016)也认为,对那些希望在越南城市中展示自己社会地位的人来说(主要是商业精英和政府官员),穿山甲肉的高价格和稀有性对他们很有吸引力。这些调查研究支持 Do 等(2011)关于越南野生动物消费情况的调查结果,但有必要开展更加深入的研究。

穿山甲鳞片

WildAid（2016）研究发现，41%的穿山甲消费者食用了穿山甲鳞片制成的药物。尽管越南将含有穿山甲鳞片成分的药物列为处方药，但只有四分之一的穿山甲消费者声称他们购买了这些处方药。这印证了 Do 等（2011）的研究结果，Do 认为穿山甲药物和穿山甲酒是消费量最大的制品。同样，美国国际开发署的研究结果表明，穿山甲鳞片及其粉末是购买最多的制品。消费过穿山甲制品的人群中，37%购买过鳞片，31%购买过鳞片粉末（USAID，2018b）。鳞片被认为可以治疗多种疾病，包括癌症、慢性水痘、疟疾、寒战、风湿病、月经停滞、泌乳不足、止血和瘰疬（Vo，1998）。

图 22.4　越南的穿山甲酒。
图片来源：拯救越南野生动物组织。

野生救援组织的研究发现，只有 8%的越南受访者认为穿山甲鳞片具有药用价值。64%的受访者听说过它的"疗效"，但不确定是否属实（WildAid，2016）。此外，穿山甲制品被认为可以提高其他药物成分的功效（USAID，2018b）。

穿山甲酒

野生救援组织（2016）报告穿山甲酒有被消费的记录，但尚未对该制品进行专门研究。美国国际开发署进行的研究（2018b）发现，在购买过穿山甲制品的人中，只有 1%的人报告购买过穿山甲酒（图 22.4）。

装饰用途

美国国际开发署的研究（2018b）发现，在购买过穿山甲制品的受访者中，有 6%购买过用穿山甲制品制作的雕塑或者雕像。

消费者

美国国际开发署拯救物种项目研究发现，购买过穿山甲制品的人中，64%是收入较高的男性，平均龄为 35.8 岁。购买穿山甲制品的三大用途是：保健、治疗疾病和赠予他人（USAID，2018b）。

通过行为改变减少穿山甲制品需求的机会

行为的类型

通过对中国和越南穿山甲制品消费需求研究发现，除上述提及的因素外，还受到传统观念的影响，如鳞片可以治疗疾病或促进健康，肉类消费可以显示社会地位（同时也提供营养）。这两类动机，即药物和情感动机，在其他类型的非法野生动物交易中也很明显，包括犀牛角、虎（*Panthera tigris*）制品和大象（Elephantidae）象牙等（Burgess，2016；Burgess et al.，2018）。

穿山甲制品的购买和使用的发生率及频率要使用相关的行为科学理论、模型和框架来研究如何减少，不仅如此，还可兼顾研究工作的隐蔽性或信息公开，以及验证它们所需的社会证据量。此外，还需要考虑行为改变的应用对象是否仅针对穿山甲制品的消费群体。

值得注意的是，消费行为改变的策略和方法很大程度上跨越了"社会行为改变传播"领域（SBCC：per Clark et al.，2017）。尽管穿山甲鳞片消费有多种原因，但本节中主要集中于药物和情感的讨论。

"药物"动机

关于穿山甲制品的"医药"用途，虽然有例外，但普遍认为，穿山甲制品可用于促进健康或治疗疾病，因此，购买和使用它们有可能会形成一种习惯。

经常使用和偶尔消费有很大差别。"经常性"行为往往更"牢固"，可塑性更小，更具挑战性。他们的思维也可能会更加固定和执着（Caputo，2013），属于思维"一次性的实践"（Kahneman，2012）。简单地说，与更深思熟虑的行为相比，这种行为更可能是一种被动重复模式，而不是主动选择。这给基于"同情"来减少消费需求的工作带来挑战，它们会受到同情心丧失（Kinnick et al.，1996）和社会道德认知缺失（Bandura，1991）等因素的影响。尤其是个人的思想道德会影响他在购买穿山甲制品时的自我调节或控制能力。

另一个复杂的因素是"购买"和"使用"的受众不同，可能需要采取不同的措施（Cialdini，1984）。比如，在越南，新生儿的祖母可能同时提供并推荐新妈妈食用穿山甲鳞片制品促进泌乳（Thomas-Walters，2017）。年长的人通常更具有话语权，主导穿山甲鳞片制品被持续使用。中国的情况是患者一般不会质疑医生开的传统处方药物。这点和"西方"医学体系一样，对医生等专业人士的判断、知识或决定提出质疑是非常不符合常理的。这就进一步说明需要仔细根据不同的行为改变的对象采取针对性的干预措施，以期达到最佳的改变效果。

"情感"动机

关于"情感"动机的消费者（满足其享乐或彰显社会地位），一般而言，吃穿山甲肉是偶然或一次性的行为，如果要充分达到他们追求的"稀有"的目的，摄入的穿山甲肉应该是罕见或难获得的。

对于这类消费群体，吃穿山甲肉通常是公开的，即行为需要被知晓，也需要"社会认同"（Aronson et al.，2005），以确保他人对其社会地位的"认可"。因此，对这种消费动机，减少需求的目标需要认真考虑。

一般来说，"药物"和"情感"动机，需要围绕使用频次和消费场合进行更深入的研究。对于穿山甲制品消费者的价值观、社会态度和信仰应该有更清楚的了解。除了需要了解他们对高品质"食物"的定义外，还需要了解他们如何获得最佳品质穿山甲制品，是经过询问还是去找可靠的来源，对价格的反应，购买和使用的意图，穿山甲制品的销售网络控制及影响因素等。了解它们有助于确定最佳的理论框架，通过采取针对性的措施，改变行为和减少需求（图 22.5）。

图 22.5　中国雕刻家将果核雕刻成穿山甲模样，说明中国收藏家尝试采用适当的方法来说服消费者选择替代产品（艺术家刘保东是一位雕刻大师，他在热衷于保护穿山甲的同时满足消费者对穿山甲的需求。图片来源：刘保东）。

现有经验

至少有 5 个 NGO 组织和一个政府间国际合作组织设计、开发和实施了"减少穿山甲制品需求"的行动，以期影响中国和越南潜在的穿山甲制品消费者。大多数行动方案遵循大众传播或"遍地开花"的传播方式；旨在最大限度扩散信息，而非针对特定人群进行宣传。没有一项具体行动可以成功推广和复制，因为这种方法仅有试图改变消费者行为的理论基础，缺乏对特定的目标群体采取针对性的措施（Olmedo et al., 2017；Veríssimo and Wan, 2019）。以下所举的例子是在其他领域应用的理论和经验，可能对消费穿山甲制品的行为改变有参考价值。

要说明的是，尽管我们一直在讨论一系列减少穿山甲制品需求的方法，但不应忽视法律威慑的重要性。针对无论是因为"药物"或"情感"动机购买和消费穿山甲制品的行为，有效的社会控制、强制执行和禁止销售等强有力的措施对穿山甲制品消费的行为转变，以及确保法律法规的执行力都是至关重要的。因为被司法机关起诉会对个人的消费意图和行动产生重要影响（Schneider, 2008；USAID, 2018b）。

多重模型

虽然行为学有理论、框架、原则、概念和可塑模型可以应用于降低消费穿山甲制品的行为，但这里不能一一列举，本节重点围绕消息传播和传播机制进行阐述。理论框架和具体案例参见 Darnton（2008）、Michie 和 Johnston（2012）及改变野生动物消费者（2019）等的相关研究。

减少"药物"需求的特定行为改变理论

无论何种习惯性消费行为或多或少具有特殊的内在关联，如针对"药物"动机的消费行为的 Lewin 的"解冻-变化-再冻（unfreeze-change-refreeze）"模型以及"变革理论"（Lewin, 1947）。

行为理论的基础是通过提高消费者认知水平，避免发生"不受欢迎"的行为，并被新产生和可持续的更具社会责任感或环境价值的行为所取代。"重要的习惯行为"也应该被考虑在内（Duhigg, 2012），这些习惯行为可能会对改变目标行为产生重要影响，此外，打破潜意识习惯也是一个重要的影响因素。另一个需要考虑的问题是，在消费者的关键生活变化期间（如换工作、搬家、结婚，穿山甲制品使用者生孩子）提供的干预措施可能会导致他们的行为发生重大的改变，进而更容易实现改变消费行为的目的（Duhigg, 2012）。

根据这项研究的结论，要减少需求，有效的做法是针对特定目标人群进行指导，如关于穿山甲鳞片可能促进泌乳的问题，可以通过医生或者护士给新妈妈们提供专业建议，从而降低穿山甲鳞片药用的需求。专业人士的意见往往可以高效纠正、改变和重新塑造消费者的消费观。与此同时，为新妈妈们提供具体同等功效的替代方案，特别是那些既成功地挑战传统观念，又实现了促进泌乳效果的办法，以增加消费穿山甲鳞片行为改变的成功概率（Broad and Burgess, 2016）。需要注意的一点是，最好是德高望重的专家学者和具有专业资质的人士提出替代使用穿山甲鳞片的方案，这样一来，成功率会大大提高。相反，如果是政府管理部门、野生动物保护机构或者 NGO 组织所提出的方案，效果会大打折扣。因此，让医疗部门、医学院、培训机构、研究机构和高校，以及世界中医药学会联合会（WFCMS）等享有盛誉的工作人员参与这项工作将发挥重要的积极作用。

定期强化、认可和奖励新的"可取"行为也很重要。促进正面信息传播而不只一味地否定负面信息，以实现最大影响的信息传播效力（Keller and Lehmann, 2008；Schaffner et al., 2015）。

减少"情感"需求的具体行为改变理论

对于那些公开或显而易见的消费行为，如消费穿山甲肉是希望得到身边人的尊重和社会认同，可以用社会网络理论来解释这类特殊的需求（Lin, 1999），这一行为理论的核心是对社交网络中影响途径的洞察。"节点"和"纽带"等属性是"社会网络分析"研究的重要主题，因此，围绕诸如节点驱动力之类的研究非常多，目标受众认为这些能彰显更高的社会地位。Dunbar（1992）研究发现，亲密的家庭成员和朋友是改变他们习惯和决定的最有影响力的人。 一些更大众化的研究，如 Rogers 的创新离散模型

（Rogers，1983）和 Gladwell 的 Maven 的连接器与销售人员（Connectors and Salespeople）模型（Gladwell，2000），确定了几种有影响力的人格类型与行为改变相关。Rogers 的模型中，"创新者"（约占群体的 2.5%）最喜欢尝试新鲜事物，也最容易被改变。通过"社会关系"吸引"创新者"，然后通过"说服人员"说服"创新者"，这一系列的行动重点在于信息交流，从而增加转变观念的概率，完成更大的变化。由于炫耀性消费行为需要公开并得到他人的认可，因此，行动应具有持久性以确保真正意义的行为改变。

两种动机的相关研究模型

"改变阶段"模型（Prochaska and Diclemente，1983）源于在公共卫生实践中的行为改变，是少数承认人们从社会或环境"不受欢迎"的行为转变为"可取"的行为时所经历的"旅程"的模式之一。反复、保持和改善是这一过程的重要组成部分，简单地说，重新引导那些为了治疗疾病或促进健康食用穿山甲鳞片的人，以及吃穿山甲肉彰显社会地位的人通过一系列不同阶段来慢慢进行行为改变，在每个阶段都需要不同角色的人积极参与。

"社会-生态模型"（SEM）（Bronfenbrenner，1979）起源于人类发展生态框架，与 Vlek 的"需求-机会-能力"模型（Vlek et al.，1997）类似，"社会-生态模式"在广泛决策制定过程中，综合考虑各种因素对行为改变的影响。在不同层次将内在因素与外在因素区分开来，对行为目的和具体行动方案，以及在行为过程中遇到的阻碍、抑制和积极因素都加以考虑。因此，要在制定减少穿山甲制品需求的顶层设计、具体方案和执行过程中考虑到每一项影响因素。

结　　论

本章试图总结利用行为科学减少非法穿山甲制品需求的必要性、机遇和潜在机制。本章关键点是从多方面去思考，不仅包括社会科学的干预措施，还包含更具法律性质的干预措施。

虽然有许多研究旨在加深对亚洲穿山甲消费需求驱动因素的了解，通过引导、塑造和宣传等手段阻止民众消费穿山甲及其制品，但很少有公开发表的研究报告，而且很少有人关注购买和使用穿山甲制品群体的心理和社会特征。

尽管还有很多人还在通过消费穿山甲鳞片获得治疗疾病和促进健康的功效，通过消费穿山甲肉以彰显个人的社会地位，但他们对穿山甲及其制品的认识还存在很多误区，这就为我们提供了机会，通过深入研究为真正实现消费行为的改变提供有价值的信息，成功地改变消费者的陋习。

因此，除了上文所述外，研究还应该包括行为过程和变化分析所需的各种要素，如购买途径和消费驱动因素、抑制和促进因素，以及促进消费和炫耀行为的因素等（Austin et al.，2011）。通过比较分析，找出当前消费者最常见且对穿山甲野生种群最具破坏性的消费动机，这样一来就容易确定减少需求事项的优先级。鳞片通常在走私中被缉获，但在传统药物治疗中，它们的用量又很少，那么，穿山甲的乱捕滥猎到底是为了获取什么？肉、鳞片还是其他的附属品（相关分析详见第 16 章）？

这些疑问将推动相关研究更深入和精细，一旦有了答案，就能针对性采取降低消费行为的有效措施。尽管这种行为改变案例在其他领域广泛应用而且收效显著（Defra，2008），但它们在帮助减少穿山甲消费行为方面应用的还很少，本章旨在抛砖引玉。

致　　谢

主要感谢 IUCN/SSC 穿山甲专家组成员、亚洲贸易高级主管詹姆斯•康普顿（James Compton）对本章初稿的审定。

参 考 文 献

Andreasen, A.R., 2002. Marketing social marketing in the social change marketplace. J. Public Policy Market. 21 (3), 3–13.

Aronson, E., Wilson, T.D., Akert, A.M., 2005. Social Psychology, fifth ed. Prentice Hall, Upper Saddle River, New Jersey.

Arthur, L., Wilson, W., 1979. Assessing the demand for wildlife resources: a first step. Wildlife Soc. Bull. (1973- 2006) 7 (1), 30–34.

Austin, A., Cox, J., Barnett, J., Thomas, C., 2011. Exploring Catalyst Behaviours: Full Report. A Report to the Department for Environment, Food and Rural Affairs. Brook Lyndhurst for Defra, London.

Bandura, A., 1991. Social cognitive theory of moral thought and action. In: Kurtines, W.M., Gewirtz, J.L. (Eds.), Handbook of Moral Behavior and Development, vol. 1. Erlbaum, Hillsdale, New Jersey, pp. 45–103.

Broad, S., Burgess, G., 2016. Synthetic biology, product substitution and the battle against illegal wildlife trade. TRAFFIC Bull. 28 (1), 23–28.

Bronfenbrenner, U., 1979. The Ecology of Human Development. Experiments by Nature and Design. Harvard University Press, Cambridge.

Burgess, G., 2016. Powers of persuasion: conservation communications, behavioural change and reducing demand for illegal wildlife trade. TRAFFIC Bull. 28 (2), 65–73.

Burgess, G., Zain, S., Milner-Gulland, E.J., Eisingerich, A., Sharif, V., Ibbett, H., et al., 2018. Reducing Demand for Illegal Wildlife Products: Research Analysis on Strategies to Change Illegal Wildlife Product Consumer Behaviour. Available from: <https://www.traffic.org/site/assets/files/11081/demand_reduction_research_report.pdf>. [April 10, 2019].

Caputo, A., 2013. A literature review of cognitive biases in negotiation processes. Int. J. Conflict Manage. 24 (4), 374–398.

Challender, D.W.S., MacMillan, D.C., 2014. Poaching is more than an enforcement problem. Conserv. Lett. 7 (5), 484–494.

Challender, D.W.S., Harrop, S.R., MacMillan, D.C., 2015. Understanding markets to conserve trade-threatened species in CITES. Biol. Conserv. 187, 249–259.

China Biodiversity Conservation and Green Development Foundation, 2016. An Overview of Pangolin Data: When Will the Over-Exploitation of the Pangolin End? Available from: <http://www.cbcgdf.org/English/NewsShow/5011/6145.html>. [March 19, 2019].

Chinese Pharmacopeia Commission, 2015. Pharmacopoeia of the People's Republic of China 2015. Medical Science and Technology Press, Beijing, China.

Cho, H., Salmon, C.T., 2007. Unintended effects of health communication campaigns. J. Commun. 57 (2), 293–317. Cialdini, R.B., 1984. Influence: The Psychology of Persuasion. Harper Business.

Clark, C.J., Spencer, R.A., Shrestha, B., Ferguson, G., Oakes, M., Gupta, J., 2017. Evaluating a multicomponent social behaviour change communication strategy to reduce intimate partner violence among married couples: study protocol for a cluster randomized trial in Nepal. BMC Public Health 17, 75.

Cooney, R., Roe, D., Dublin, H., Phelps, J., Wilkie, D., Keane, A., et al., 2017. From poachers to protectors: engaging local communities in solutions to illegal wildlife trade. Conserv. Lett. 10 (3), 367–374.

Darnton, A., 2008. GSR Behaviour Change Knowledge Review Reference Report: An Overview of Behaviour Change Models and Their Uses. Available from: <https://assets.publishing.service.gov.uk/government/uploads/system/uploads/attachment_data/file/498065/Behaviour_change_reference_report_tcm6-9697.pdf>. [March 19, 2019].

Defra, 2008. A Framework for Pro-Environment Behaviours. Available from: <https://www.gov.uk/government/publications/a-framework-for-pro-environmental-behaviours>. [April 10, 2019].

Do, H.T.T., Bui, M.H., Hoang, H.D., Do, H.T.H., 2011. Consumption of Wild Animal Products in Ho Chi Minh City,

Vietnam-Results of Resident and Student Survey. Wildlife At Risk, Ho Chi Minh City, Vietnam.

Duhigg, C., 2012. The Power of Habit: Why We Do What We Do and How to Change. Random House Books, London.

Dunbar, R., 1992. Neocortex size as a constraint on group size in primates. J. Hum. Evol. 22 (6), 469-493.

Duthie, E., Veríssimo, D., Keane, A., Knight, A.T., 2017. The effectiveness of celebrities in conservation marketing. PLoS One 12 (7), e0180027.

Education for Nature Vietnam (ENV), 2016. Pangolin Consumer Crime in Vietnam: The Results of ENV Surveys and Enforcement Campaigns, 2011-2015. Available from: <http://envietnam.org/images/News-Resources/Publication/jan-28-2016-pangolin-TCM-survey-results.pdf> . [March 19, 2019].

Gladwell, M., 2000. The Tipping Point-How Little Things Make a Big Difference. Little, Brown and Company, Boston.

Gore, M., 2011. The science of conservation crime. Conserv. Biol. 25 (4), 659-661.

Greenfield, S., Veríssimo, D., 2019. To what extent is social marketing used in demand reduction campaigns for illegal wildlife products? Insights from elephant ivory and rhino horn. Soc. Market. Quart. 25 (1), 40-54.

Heinrich, S., Wittmann, T.A., Prowse, T.A., Ross, J.V., Delean, S., Shepherd, C.R., et al., 2016. Where did all the pangolins go? International CITES trade in pangolin species. Glob. Ecol. Conserv. 8, 241-253.

Heinrich, S., Wittman, T.A., Ross, J.V., Shepherd, C.R., Challender, D.W.S., Cassey, P., 2017. The Global Trafficking of Pangolins: A Comprehensive Summary of Seizures and Trafficking Routes From 2010-2015. TRAFFIC, Southeast Asia Regional Office, Petaling Jaya, Selangor, Malaysia.

Horizon China, 2016. Report on the Survey on the Attitude of the Chinese Public Towards the Consumption of Pangolins and Their Products. Report Presented to AITA Foundation and Humane Society International.

Humane Society International, Hong Kong University, 2015. Survey on Pangolin Consumption Trends in Hong Kong. Available from: <https://www.scribd.com/document/274722859/Hong-Kong-Pangolin-Survey-2015-HKU-HSI>. [March 19, 2019].

Ingram, D.J., Coad, L., Abernethy, K.A., Maisels, F., Stokes, E.E., Bobo, K.S., et al., 2018. Assessing Africa-wide pangolin exploitation by scaling local data. Conserv. Lett. 11 (2), e12389.

Kahneman, D., 2012. Thinking Fast and Slow. Penguin, United Kingdom.

Keller, P.A., Lehmann, D.R., 2008. Designing effective health communications: a meta-analysis. J. Public Policy Market. 27 (2), 117-130.

Kennaugh, A., 2016. Rhino rage: What is driving illegal consumer demand for rhino horn? NRDC. Available from: <https://www.savetherhino.org/assets/0002/8719/Rhino_rage_report_by_Alex_Kennaugh_Dec_2016.pdf>. [March 19, 2019].

Kinnick, K.N., Krugman, D.M., Cameron, G.T., 1996. Compassion fatigue: communication and burnout toward social problems. J.Mass Commun. Quart. 73 (3), 687-707.

Kotler, P., Zaltman, G., 1971. Social marketing: an approach to planned social change. J. Market. 35, 3-12.

Lane, B., Potter, S., 2007. The adoption of cleaner vehicles in the UK: exploring the consumer attitude-action gap. J. Cleaner Prod. 15 (11-12), 1085-1092.

Lewin, K., 1947. Frontiers in group dynamics: concept, method and reality in social science; social equilibria and social change. Hum. Relat. 1 (1), 5-41.

Lin, N., 1999. Building a network theory of social capital. Connections 22, 28-51.

Michie, S., Johnston, M., 2012. Theories and techniques of behaviour change: developing a cumulative science of behaviour change. Health Psychol. Rev. 6 (1), 1-6.

Nash, H.C., Wong, M.H., Turvey, S.T., 2016. Using local ecological knowledge to determine status and threats of the Critically Endangered Chinese pangolin (Manis pentadactyla) in Hainan, China. Biol. Conserv. 196, 189-195.

Nijman, V., 2010. An overview of international wildlife trade from Southeast Asia. Biodivers. Conserv. 19 (4), 1101-1114.

Nijman, V., Zhang, M.X., Shepherd, C.R., 2016. Pangolin trade in the Mong La wildlife market and the role of Myanmar in the smuggling of pangolins into China. Glob. Ecol. Conserv. 5, 118–126.

Olmedo, A., Sharif, V., Milner-Gulland, E.J., 2017. Evaluating the design of behavior change interventions: a case study of rhino horn in Vietnam. Conserv. Lett. 11 (1), e12365.

Pfeiffer, J., 2004. Condom social marketing, Pentecostalism, and structural adjustment in Mozambique: a clash of AIDS prevention messages. Med. Anthropol. Quart. 18 (1), 77–103.

Prochaska, J.O., Diclemente, C.C., 1983. Toward a comprehensive model of change. In: Miller, W.R., Heather, N. (Eds.), Treating Addictive Behaviors. Applied Clinical Psychology, vol. 13. Springer, Boston.

Rogers, E.M., 1983. Diffusion of Innovations. Free Press, New York.

Schaffner, D., Demarmels, S., Juettner, U., 2015. Promoting biodiversity: do consumers prefer feelings, facts, advice or appeals? J. Consum. Market. 32 (4), 266–277.

Schneider, J.L., 2008. Reducing the illicit trade in endangered wildlife: the market reduction approach. J. Contemp. Crim. Just. 24 (3), 274–295.

Shairp, R., Veríssimo, D., Fraser, I., Challender, D.W.S., MacMillan, D.C., 2016. Understanding urban demand for wild meat in Vietnam: implications for conservation actions. PLoS One 11 (1), e0134787.

Thomas-Walters, L.A., 2017. Mapping Motivations. Combatting Consumption of Illegal Wildlife Trade in Vietnam. Available from: <https://www.traffic.org/site/assets/files/4313/understanding-motivations-sum-mary-final-web.pdf>. [March 19, 2019].

TRAFFIC, 2016. Changing Behaviour to Reduce Demand for Illegal Wildlife Products: Workshop Proceedings. Available from: <http://www.traffic.org/general-reports/traffic_pub_gen108.pdf>. [March 19, 2019].

Soewu, D.A., Sodeinde, O.A., 2015. Utilization of pangolins in Africa: fuelling factors, diversity of uses and sustainability. Int. J. Biodivers. Conserv. 7 (1), 1–10.

USAID (2018a). Research Study on Consumer Demand for Elephant, Pangolin, Rhino and Tiger parts and products in China. USAID Wildlife Asia. Available at: <http://www.usaidwildlifeasia.org/resources/reports/usaid_china_wildlife-demand-reduction_english_presentation_june12_2018_final.pdf/view>. [March 19, 2019].

USAID (2018b). Research Study on Consumer Demand for Elephant, Rhino and Pangolin Parts and Products in Vietnam. Available at: <https://www.usaidwildlifeasia.org/resources/reports/ussv-quant-report-savingelephants-pangolins-and-rhinos-20181105. pdf>. [March 19, 2019].

Venkataraman, B., 2007. A Matter of Attitude: The Consumption of Wild Animal Products in Ha Noi, Vietnam. TRAFFIC Southeast Asia, Greater Mekong Programme, Ha Noi, Vietnam.

Veríssimo, D., Challender, D.W.S., Nijman, V., 2012. Wildlife trade in Asia: start with the consumer. Asian J. Conserv. Biol. 1 (2), 49–50.

Veríssimo, D., Wan, A.K.Y., 2019. Characterizing efforts to reduce consumer demand for wildlife products. Conserv. Biol. 33 (3), 623–633.

Vlek, C., Jager, W., Steg, L., 1997. Modellen en strategiee··n voor gedragsverandering ter beheersing van collectieverisico's. Nederlands Tijdschrift voor de Psychologie 52, 174–191.

Vo, V.C., 1998. Dictionary of Vietnamese Medicinal Fauna and Minerals, Medicine. Ha Noi Health Publishing House, Hanoi. [In Vietnamese].

Wasser, R.M., Bei Jiao, P., 2010. Understanding the Motivations: The First Step Toward Influencing China's Unsustainable Wildlife Consumption. TRAFFIC East Asia report.

WildAid, 2016. Pangolins On the Brink. Available from: <http://wildaid.org/wp-content/uploads/2017/09/WildAid-Pangolins-on-the-Brink.pdf>. [March 19, 2019].

Xu, L., 2009. The pangolin trade in China. In: Pantel, S., Chin, S.-Y. (Eds.), Proceedings of the Workshop on Trade and Conservation of Pangolins Native to South and Southeast Asia, 30 June–2 July 2008, Singapore Zoo, Singapore. TRAFFIC

Southeast Asia, Petaling Jaya, Selangor, Malaysia, pp. 189–193.

Xu, L., Guan, J., Lau, W., Xiao, Y., 2016. An Overview of Pangolin Trade in China. TRAFFIC Briefing Report. TRAFFIC, Cambridge, UK, pp. 1–10.

Yu, R., Hong, H., 2016. Cancer Management With Chinese Medicine-Prevention and Complementary Treatments. World Scientific Publishing, New Jersey.

Zhang, L., Yin, F., 2014. Wildlife consumption and conservation awareness in China: a long way to go. Biodivers. Conserv. 23 (9), 2371–2381.

第 3 部分

现场保护和当地社区参与

第23章　发动当地社区应对穿山甲非法贸易：谁、为什么及如何做？

罗西·库尼[1,2]，丹尼尔·W. S.查兰德[3,4]

1. 世界自然保护联盟环境、经济和社会政策委员会/物种生存委员会可持续利用和生计专家小组，瑞士格朗
2. 澳大利亚国立大学芬纳环境与社会学院，澳大利亚堪培拉
3. 牛津大学动物学系和马丁学院，英国牛津
4. 摄政公园伦敦动物学会，世界自然保护联盟物种生存委员会穿山甲专家组，英国伦敦

引　言

几十年来，人们逐渐认识到，保护生物多样性最好能得到与野生动物生活在一起的当地居民的支持和当地社区的参与（Brown，2002；CBD，2004；Ghimire and Pimbert，1997；IUCN，1994，1996；WCED，1987）。如果生物多样性保护工作没有当地的支持，很难利用当地的人力等资源，特别是保护工作在当地遇到阻力甚至引起敌意时，难以应对（Cooney et al.，2018；Duffy et al.，2016；Twinamatsiko et al.，2014），这已经成为几十年来以社区为基础开展保护和资源管理工作者的普遍共识。尽管保护工作的成效不一，但更多的是一些值得称赞的成功案例和由此受益的物种（Anderson and Mehta，2013；Brooks et al.，2012；Frisina and Tareen，2009；Hulme and Murphree，2001；Roe et al.，2009）。对于穿山甲，在非洲和亚洲有很多以当地社区为中心的保护项目，包括孟加拉国（Trageser et al.，2017）、印度、马来西亚、尼泊尔（第25章）、新加坡（第26章）和喀麦隆（第27章）等。

撰写本章借鉴了世界自然保护联盟的可持续利用和生计专家组（IUCN SULI）及几个区域办事处、国际环境与发展研究所（IIED）、交通局和其他合作伙伴在2015~2017年进行的咨询报告和案例分析，并参考了相关的文献资料。有学者提出"加强执法"倡议（Cooney et al.，2016a，2016b，2017），在2013年前后，全球政策高度关注非法野生动物贸易（IWT），并将当时的"盗猎危机"归结为执法问题，至少在非消费市场的"盗猎来源国"是如此，特别是撒哈拉以南的非洲地区（Challender and MacMillan，2014；Duffy，2014；Lunstrum，2014）。

此外，官方认同了与当地居民和社区共同打击野生动物非法贸易的作用及重要性。例如，政府首脑和高级官员在非法野生动物贸易的第一次政府间会议上签署的《伦敦宣言》（2014年）声明："与当地社区合作，并让当地社区参与在野生动物周边地区建立的监测和执法网络。"卡萨内（Kasane）宣言（2015）强调了"提高当地人在保护野生动物资源中的利益，因为他们在传统上或法律上都拥有这方面的权利"。这一项声明在河内（2016）和伦敦（2018）分别举行的第三届和第四届非法野生动物贸易政府间会议上得到了广泛响应（另见第24章）。增加地方社区在国际和国家决策中的发言权也是CITES的讨论主题（CITES，2019）。

本章讨论的是那些与穿山甲生活在同一区域的当地人——居住在穿山甲生存的保护区、栖息地及周

边环境的原住民和当地社区（以下简称"社区"）。有观点认为，自上而下的强制性措施充其量只能解决穿山甲盗猎和贩运问题的一小部分，甚至可能导致问题变得更加严重和复杂。将当地社区作为重要的合作伙伴，并强调了从"加强执法"倡议和其他倡议中得出的支持和促使社区参与保护的有效方法才是科学保护穿山甲的有效途径。保护组织需要拟定一项成熟的工作框架，以更好地了解如何激励社区参与打击野生动物非法贸易与保护工作（Cooney et al.，2016a，2016b，2017），以及推行"改革理论"，阐明在社区层面采取一系列行动以减少盗猎（Biggs et al.，2016）的重要性。虽然本章的主要内容并没有完全关注在穿山甲本身，但涉及了对跨地区和不同动物类群盗猎的相关研究，可以为穿山甲保护提供有益的借鉴，并总结出穿山甲保护的经验教训和具体措施。

为什么谈社区？

为什么说让当地社区参与到打击盗猎穿山甲非法贸易中是非常必要的？盗猎者为了获取利益对穿山甲进行掠夺式的盗猎，采取更严厉的惩罚措施也是合情合理的，为保护野生动物所制定的法律规章被挑战，这种疯狂的盗猎对穿山甲种群产生了明显的负面影响（第 14～16 章），因此，严格执法是显而易见的补救办法。然而，像很多其他社会监管领域一样，将执法作为唯一或主要的应对措施过于单薄：可能存在执法无法对抗违法行为的潜在驱动因素，还可能疏远重要的合作伙伴。同时还存在其他方面的问题，如政治意愿低和资金紧缺（见第 17 章；Challender and MacMillan，2014，2016），以及在偏远地区（如边境地区、人工林；Challender and Waterman，2017）执法困难等问题。此外，过度或错误地使用武力打击盗猎可能或已经导致虐待、侵犯人权和严重的社会问题（IUCN-SULI，IIED，CEED，TRAFFIC，2015）。

无疑，某些情况下社区是否参与打击盗猎穿山甲并不重要，或者说这种参与并不现实，特别是当盗猎活动发生在远离居住区的偏远地区时。外来人员进行穿山甲盗猎时，当地社区既没有大规模地参与盗猎和贸易，也不支持盗猎行为。但大多数情况下，当地社区和基于社区的保护措施是非常必要和重要的。

第一，穿山甲栖息在社区生活、使用或管理的土地上。除了南极洲以外，全球约有 25%的土地由当地居民拥有并管理（Garnett et al.，2018；Molnar et al.，2004），这些土地中约有三分之二还没有被集中开发——比非当地居民管理的土地占比要高得多。事实上，正式列为保护区的土地中有 40%以上是当地居民的土地。所以，只有在当地社区的领导、支持和帮助下，这些广阔区域的穿山甲才能得到最有效的保护。

第二，社区成员本身也会不经意参与穿山甲捕猎活动：他们可能会寻找穿山甲，或在其他活动（如采集、林业或农业）中偶然遇到穿山甲并进行捕获，或参与穿山甲贸易和贩运。社区成员还会为外来的盗猎者提供食物或住宿及有关穿山甲的信息，从而间接地助长了盗猎行为。盗猎的动机千差万别，包括满足生存的需要、获得收入或社会地位、追求具有文化意义的传统习俗，以及曾经受到过与保护有关的不公平对待等（Duffy，2010；Duffy et al.，2016；Harrison et al.，2015）。其中，有些动机可以通过适当的干预进行转变。

第三，为解决盗猎问题，通常会影响到当地人利用该物种和自然环境获取食物、住所、收入和其他生计需求的生活方式，且这些生活方式蕴含着他们的文化、传统和福祉。因此，解决盗猎问题有时会对他们的生计和权益造成一定影响。在当前某些地区保护措施日益军事化的情况下（"反盗猎战争"；Büscher and Ramutsindela，2016；Lunstrum，2014），可能真实存在对当地居民的严重虐待和对人权的侵犯等情况。指导不当或过于严厉的措施包括骚扰、不合理的限制人们使用野生动物资源、侵犯权利、损害当地人从野生动物保护中获得的利益（Büscher and Ramutsindela，2016；Corry，2015；Duffy，2014；Lunstrum，2014）。新闻媒体十分关注这类事件，如 2013 年坦桑尼亚的反盗猎倡议行动（Makoye，2014）、喀麦隆土著巴卡人的待遇（Survival International，2014），以及在印度卡兹兰加国家公园（Kaziranga National Park）疑似盗猎者的当地村民被枪杀（Rowlatt，2017）。由政府和非政府组织（NGO）主导的野生动物保护工作走过了一段弯路，为了追求保护效果而牺牲当地社区利益，如把印第安人驱逐出黄石公园（Poirier and Ostergren，2002），印度老虎保护区内的社区不断被迁移（Dash and Behera，2018；Torri，2011）。为了追求保护而牺牲一些边远和最贫穷的人的利益是非常不公平的。从保护的角度来看，过于严厉的做法也可能适得其反。当人们认为自己被以保护野生动物的名义不公正对待时，愤怒和怨恨就会变本加厉的成为盗猎的一个重大动机（Hübschle，2017；Massé et al.，2017；Twinamatsiko et al.，2014）。因此，尊重当地社区权利、保障当地民生，支持社区并使其成为合作伙伴参与到保护中，为保护野生动物提供了一种更加公正、包容和强有力的支持。

第四，与野生动物生活在一起并依赖当地自然资源的社区，通常拥有大量对保护具有直接价值的乡土知识，能帮助工作人员了解穿山甲的分布情况、栖息地、与其他物种的相互作用及种群的丰度（Nash et al.，2016；Newton et al.，2008）。与社区在互惠和信任的基础上合作，可以使这些本地认知与主流科学知识一起得到利用和传播，使保护更加有效。

第五，只要社区居民活动在野生动物栖息地附近，他们对执法的支持和合作就能有效地影响执法工作。有效执法的关键在于良好的情报，而这些情报主要来自当地人。这在警务研究中众所周知——既适用于城市也包括农村地区（Wilkie et al.，2016）。居民和管理部门进行合作能够最有效地预防犯罪和开展执法（Hawdon and Ryan，2011）。当地人能提供关于谁在盗猎和在哪里盗猎的关键情报，如果社区没有与保护管理部门达成良好关系，不愿意提供有价值的情报，会严重损害执法有效性（见第18 章）。

认识到社区对保护工作和保护部门的支持非常重要，这就引出了一个问题：什么样的条件有可能创造和促成这种支持？执法工作和几十年来有关社区参与管理野生动物的实例提供了经验和教训。

保护措施如何支持和参与社区活动

如上文所述，政府间声明的演变包括日益强调当地社区的作用和权利（Cooney et al.，2018），然而几乎没有证据表明，这些声明呼吁和承诺正在成功落到实处。其中的原因可能是政府、捐助者和项目设计者对如何在当地实施基于社区的保护措施缺乏详细了解（IUCN-SULI，IIED，CEED，TRAFFIC，2015）。既没有蓝图设计，也没有详细、清晰的规划，让不同的社区广泛参与野生动物保护，然而这些社区多样，往往有着不同的复杂结构。社会经济、政治、法律、环境、历史因素、野生动物和管理部门之间的关系，以及他们对打击野生动物非法贸易的看法和态度都不同（Biggs et al.，2016；Cooney et al.，2016a，2016b）。所有这些因素共同影响着当地社区保护措施的有效性。

通过激励措施，推动当地社区和个人参与到解决穿山甲盗猎和相关非法贸易的工作中来。Cooney 等（2016a，2016b，2017）认为，野生动物保护和打击野生动物非法贸易通常都会涉及成本和收益（包括有形和无形），一般而言，只有保护工作能够为个人带来积极利益，才能获得广泛的支持（图23.1）。在此基础上，Biggs 等（2016）提出了"改革理论"，研究社区及当地个人所面临的激励措施，如何改变并影响他们是选择盗猎穿山甲或者与盗猎合作，还是选择保护穿山甲和执法部门合作（图23.2）。下面将介绍和讨论这些途径。

加强对违法行为的制约

应对盗猎和野生动物非法贸易，强调最多的措施是加强对捕猎和贸易的限制，强化法律体系，增加发现、逮捕和定罪捕猎及贸易穿山甲者的可能性，增加制裁手段和处罚措施，增加人们从事盗猎的成本（Duffy，2014；St. John et al.，2015）。通过赋予社区权力及与社区达成合作关系，使社区积极主动参与

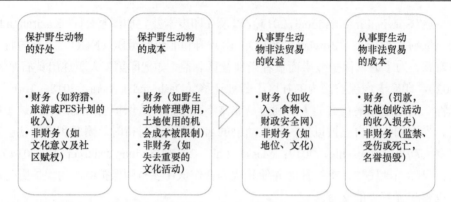

图 23.1　在野生动物非法贸易背景下，探讨当地野生动物保护需要的条件的概念框架。如果当地社区个人净收益（财务和非财务）大于从事野生动物非法贸易的净收益，他们更可能选择保护野生动物。生态环境服务付费（PES）。转载自 Cooney, R., Roe, D., Dublin, H., Phelps, J., Wilkie, D., Keane, A. et al., 2016. From poachers to protectors: engaging local communities in solutions to illegal wildlife trade. Conserv. Lett. 10 (3), 367-374。

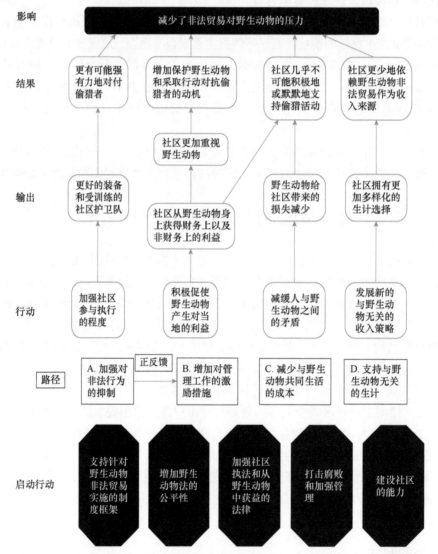

图 23.2　基于社区的打击非法野生动物贸易行动变化的简化理论。在 A 和 B 两种途径之间存在着积极的正反馈，因为增强了管理工作激励措施的社区将有更多的资源来打击盗猎，而且更有可能这样做。转自 Biggs, D., Cooney, R., Roe, D., Dublin, H. T., Allan J. R., Challender, D. W. S. et al., 2016. Developing a theory of change for a community-based responses to illegal wildlife trade. Conserv. Biol. 31(1), 5-12。

执法，强化抑制手段（Lotter and Clark，2014；Naidoo et al.，2016；Roe et al.，2015）。就算没有管理部门援助，社区成员也会自发地保护他们的土地和野生物种免受损害（Blomberg，2018；Eaton，2016）。有些地方，社区成员可以担任联合巡逻中的侦查员、线人和向导，或将他们知道的信息共享给执法部门（Lotter and Clark，2014；Wilkie et al.，2016）。社区成员可以充当执法当局的"耳目"，建立基于移动技术的机制，使人们能够更加轻松、匿名和安全地报告信息。除此之外，社会制裁和非正式制裁（"同伴压力"）会被认为是不可接受的行为。

社区成员是否参与保护工作取决于他们对野生动物和保护当局的态度。当人们对野生动物有强烈的主人翁意识或管理意识时，他们会有最强烈的动机去参与保护工作——他们在保护"他们的"野生动物（Wilkie et al.，2016）。相反，当保护措施不尊重或边缘化社区居民（IUCN-SULI，IIED，CEED，TRAFFIC，2015），或当局腐败严重，社区成员很难有动力参与保护工作。

如果"外来者"装备精良、有组织地在进行盗猎，社区成员单独或与管理部门合作去打击盗猎可能存在很大风险（IUCN-SULI，IIED，CEED，TRAFFIC，2015）。当外部组织（政府或非政府组织）雇佣或动员社区成员时，应该向他们解释清楚他们所面临的风险，并且要谨慎地进行组织工作，还要有适当的奖励措施（Wilkie et al.，2016）。除此之外，有逮捕权的执法机关要对社区提供有效且迅速的后援保障，保护社区成员的安全和资产。

为了激励人们在加强执法方面发挥积极作用，至关重要的是，加强对盗猎和盗猎同谋行为的打击力度，加强人们对警察和法律制度的信任，承认野生动物保护合法且公平，并有人身安全保障。下面将继续展示这些内容。

增加保护的激励措施

加强社区从保护中获得的利益，激励其积极参与管理和保护。这项经验在社区保护和自然资源管理方面有着悠久的历史，但需要在 IWT 的背景下明确说明，因为过度强调强制执行可能会有悖于经验。野外实地保护措施通常包括社区参与部分，但是与社区的合作基本上是当局对社区单向的"教育"过程，社区没有任何有意义的理由来投入时间和资源参与保护工作（Nilsson et al.，2016）。社区需要现实的、与当地相关的激励措施，建设性地与执法部门合作，支持保护工作。

涉及穿山甲在内的高价值物种保护时，激励措施与保护工作息息相关，参与盗猎和野生动物非法贸易获利可能非常高。至少自 20 世纪 80 年代以来，尤其是在亚洲，穿山甲的高价一直诱使当地社区盗猎和非法交易（见第 16 章）。东南亚的许多地方，找到一只穿山甲被称为"彩票中奖"，因为在许多农村地区，卖一只穿山甲获得的利润相当于几个月工资（D. Challender，未发表数据）。为了对抗非法活动带来的回报，必须采取强有力的保护措施，特别是人们还在为生存而努力，激励措施必须内含高度社会价值或经济价值。关于激励内容应该是货币还是非货币、金融还是非金融、有形还是无形，才能提供对社区有意义的保护激励措施，在这一点上业内存在分歧。有些案例的研究表明，保护激励措施所需的利益必须是有形的和金钱上的（Mazambani and Dembetembe，2010；Musavengane and Simatele，2016）。但是也有人指出，无形的社会激励在以社区为基础的保护中可能更为重要，包括公平和赋权（Berkes，2004；Horwich and Lyon，2007）。文化因素，如"地方自豪感"，可能成为社区参与保护工作的强大驱动力（Govan et al.，2006）。对有些社区来说，保护野生物种可能是其文化、身份和精神价值的内在属性，他们对文化和身份的信仰将为参与保护提供强大的动力。一般来说，那些为满足基本生活需要苦苦挣扎的人很可能更需要有形的经济利益来抵消盗猎的回报，特别是在参与盗猎受到处罚的可能性很低的地区。

可以通过多种方式增加社区参与保护获得的利益，如加强社区所有权和/或使用、管理和受益于野生动物（生活、文化和/或商业目的）的能力，参与生态环境服务付费（PES）计划，获得保护区门票费或类似收入流的份额，获得社区警卫或自然旅游企业的工作机会，或加强与保护野生动物管理机构的合作与沟通（IUCN-SULI，IIED，CEED，TRAFFIC，2015；Roe et al.，2015）。

这些利益可以有力激励社区参与打击盗猎和野生动物非法贸易，反对盗猎和野生动物非法贸易，如纳米比亚（Naidoo et al., 2016）和肯尼亚（Blackburn et al., 2016）的保护区的情况。不同措施的有效性会因当地情况而异：例如，只有在满足某些条件（如政治稳定、旅游基础设施齐全和拥有风景名胜）的情况下，旅游业的效益才有保障（Naidoo et al., 2016）。

赋予社区对自然资源获取、使用和决策的权力，才能预测以社区为基础的保护措施在哪些地方能够成功。许多研究发现，这些对野生土地实施控制、保护和管理的权利比利益本身及其分配更重要（Lokina and Robinson, 2008; Waylen et al., 2010）。但是这种权力的下放有损一些公共和私人利益相关者的庞大既得利益，所以受到中央政府的强烈抵制（Nelson, 2010）。在非洲，至少在林地方面，几乎没有权力的下放：在这里，政府仍然拥有98%的林地（RRI, 2012, Anderson and Mehta, 2013）。在亚洲情况稍好一些——政府控制着约68%的林地，而个人和企业拥有约24%的林地，其余的归当地社区所有。在拉丁美洲，占有情况发生了重大变化——政府控制约36%，社区控制约39%。

值得注意的是，加强社区管理和使用土地、资源的权利并不意味着自动赋予社区对穿山甲合法使用的权利，穿山甲在亚洲和非洲大多数分布区国家都是受保护物种。许多因素使野生穿山甲的管理和可持续利用成为具有挑战性的概念：大多数穿山甲种群面临非常严重的威胁，且难以评估其种群动态（见第35章），人们对穿山甲种群知识了解匮乏，意味着实现穿山甲可持续利用将具有挑战性。野生穿山甲的国际商业贸易被禁止（见第19章）。此外，正如Freese（2012）所强调，穿山甲异常高的资源价值给社区管理带来了潜在挑战，包括：当盗猎者有巨大的利润动机去承担高风险时，难以执行社区管理权；强大的既得利益凌驾于较弱的社区权利之上；对资源未来价值的不确定性，导致在价格较高的情况下，人们倾向于尽可能最大额度地立即获利。

什么样的利益适当且有效，因不同社区而异，但重要的是，这些利益反映社区从事一切活动的优先级，而不是实施保护措施和项目的优先级。需要让社区自由选择这些利益：要让社区以有意义的方式参与保护工作，而且需要做的远远不止这些，如提供外部资助、给予社区更大的权利并与野生动物的所有权或管理权相联系（Cooney et al., 2018; Duffy et al., 2016）。

当然，利益不是万能药，它可能会以各种方式出错。这种利益的分配可能出现严重的问题，并导致许多行动不能奏效。利益分配必须得到社区大众支持，需要成员普遍认为公平（Hartley and Hunter, 1997）。如果仅掌握在少数上层可能会破坏整个社区的潜在参与热情（Spiteri and Nepalz, 2006）。这些利益还必须被社区认同，且与避免盗猎和保护穿山甲及其栖息地有关，以避免盗猎和保护穿山甲及其栖息地为条件，否则这些利益的奖励将不会产生有利的影响［见下文"支持替代性（非野生动物）生计"］。激励社区的目的是支持保护野生动物的行为，无论是禁止盗猎、执行巡逻、共享信息还是其他行为，获取利益都需要以该行为作为条件，并大体上与不同个人贡献量相匹配（Chevallier, 2016; Roe et al., 2000）。最后，个人参与保护获得的利益可能不足以抵消他为野生动物或自然保护而投入的成本（Child, 1995; Gibson and Marks, 1995）。

降低与野生动物共同生活的成本

通过降低与野生动物共同生活的成本来减少盗猎的方法可能对于穿山甲暂时不适用，因为与大象（Elephantidae）或老虎（*Panthera tigris*）不同，穿山甲不会给社区造成直接的损失，威胁人类的安全或生计。对这一方法更广泛的理解是减少自然保护给当地人带来的成本。排他和强制性的保护形式造成了巨大的社会成本——减少生计选择、减少具有重要文化意义的习俗、当地居民流离失所、本土知识边缘化，以及大规模监禁和惩罚盗猎者的社会成本。对于负责抓捕犯罪分子的执法人员而言，当地社区成员往往是"软柿子"。他们通常是盗猎和贸易链中的"步兵"，获得的利益微乎其微，往往不了解全球环境或物种保护的状况，也没什么权力。贸易链上游的参与者可能过于强大或人脉广布，即使他们实际参与了盗猎和贸易，执法人员也可能对他们束手无策。马斯（Massé）等（2017）详细描述了莫桑比克犀牛保护区附近社区遭受的创伤和破坏，数十名涉嫌盗猎的年轻男子被杀，留下了大量的寡妇和孤儿。同样，马来西亚沙巴的反盗猎活动升级，引发了对当地社区的攻击。很多家庭失去了养家糊口的人，不得不出售土地这一唯一的谋生资产，来支付罚款（Cooney et al.，2016a），这使人们陷入了更加贫困的恶性循环，进一步增加了当地人对盗猎收益的依赖。对自然资源保护部门的愤怒和怨恨会促使人们更多地参与非法活动，尤其是当社区民众发现执法人员腐败和对强大的犯罪利益执法不力时，会阻碍与社区的合作。基于尊重、正义和针对非法贸易链中高层人员恰当的执法方法，可以缓解紧张局势，为制定强有力的合作保护战略提供更有利的环境。

支持替代性（非野生动物）生计

在野生动物保护工作领域，为当地社区提供"替代生计"，使社区乐于参加反盗猎活动的方法十分受欢迎。这些途径指不基于（合法或非法）利用野生资源的生计，而是依靠诸如小规模农业和零售企业等其他活动的生计。请注意，以可持续利用野生物种为基础的生计（如通过狩猎和旅游业）将属于"加强保护激励措施"的第一条途径（图 23.2 中的途径 B）

但是缺乏证据证明替代生计能够实现有效保护。这些项目通常设计不良，缺乏足够的监测和评估，或文献记录不足（Roe et al.，2009，2015；Wicander and Coad，2014；Wright et al.，2016）。使用这些举措通常是为了给社区提供一种除了野生动物非法贸易之外的收入来源，试图减少人们对野生动物非法贸易的依赖和非法狩猎花费的时间。但是这些项目的设计人员往往忽视了社区利用野生动物的文化和经济因素（如介绍国内的蛋白质来源并假设人们会喜欢它们），没有充分地考虑新企业的经济可行性（如销售蜂蜜或工艺品）和举措，没有对应适当的受益人（如举措没有使那些可能参与盗猎的人受益）（Roe et al.，2015）。

最重要的是，人们从替代生计措施中的获益很少需要以保护野生动物的成果为前提，两者之间缺乏联系。既然人们可以在不减少盗猎的情况下就从替代生计中获益，那么这种替代生计的措施就不可能有效地杜绝盗猎。替代生计的获益可能无法取代盗猎和野生动物非法贸易带来的利益，只能起到补充作用（Wright et al.，2016）。甚至从长远来看，这些替代生计的举措有些情况下还会破坏保护，如农业等生计，会刺激社区更多地开发土地从事农业，从而破坏自然环境。虽然有一些成功的案例表明，替代生计能够有效地应对野生动物非法贸易（Lotter and Clark，2014），或者增加替代生计的创收机会激励了"改过自新的盗猎者"（Harrison et al.，2015），但必须非常谨慎地采用这种方法。

重要的不是你做什么，而是你做事的方式——合作建立在平等和信任的基础上

面对上述情况，着眼于穿山甲保护的政策设计者和项目实施者可能会仔细考虑哪些策略和方法可能会在特定领域实现有效保护。然而，从研究和对"加强执行"的讨论中得到的一个强烈而一致的信息是这方面还是空白，而且比具体使用的战略更重要的是如何确定这些战略，以及谁参与这些决策（Cooney et al.，2016a，2016b，2017，2018；IUCN-SULI，IIED，CEED，TRAFFIC，2015）。针对盗猎和野生动物非法贸易干预措施的成功通常取决于所采取的方法。当地对保护措施的动机和所有权对于成功十分重要（见第 24 章）。

对于涉及当地社区的反盗猎行动来说，缓慢推进行动、与社区建立信任、发展互惠合作的关系是很重要的，而很多措施设置 2~5 年的实行时间，这是不容易实现的。保护战略应与社区共同制定，而不是由政府、非政府组织或国际政策审议从外部强加给社区。社区需要参与讨论盗猎问题，并决定采取何种战略来解决这些问题，而不仅仅是消极地依赖外部提供的经济利益。从野生动物中获益的生计选择和方式需要由社区成员根据其自身文化和社会经济价值观自行选择，而不是由外界强加给社区。这也适用于执法措施——在"合作执行"的地方，这些执法措施将更加有效，因为社区在制定规则和违反规则的惩

罚方面有发言权，社区受到尊重，愿意与执法当局建立信任关系。针对盗猎和野生动物非法贸易的措施可以帮助社区实现自己的目标（如安全、牲畜保护、粮食安全、资源管理、维护文化和传统知识），但要理解这些社区的优先事项，需要通过在规划和执行的每个阶段寻求和听取社区的意见来获得社区的信任。

打击野生动物非法贸易背景下的一个特别见解是，社区成员和项目设计者与实施者持有的关于因果关系的"改革理论"或信仰可能会有很大的差异，这可能会成为项目和措施实施的重要障碍。在一种称为"第一道防线（FLoD）"的方法中（见第 24 章），上文所述的基本改革理论（图 23.2）已经在肯尼亚的社区进行了实地测试和完善，并强调了实践中体现出的理论与实际不匹配和这一理论在实施过程中带来的问题。从项目初始阶段就让社区参与设计和规划打击盗猎及野生动物非法贸易的措施，应该能够提高项目成功的可能性，可以适用于穿山甲保护。

结　　论

在几十年的研究和实践中，本章所蕴含的教训和见解已经被反复学习和强调。然而，显而易见的是，这些理论总体上并没有付诸行动。当前涉及穿山甲和许多其他物种的盗猎和非法贸易危机引发了保护方面的"危机模式"响应：这意味着在一些地方（如撒哈拉以南的非洲地区）过度依赖简单化、惩罚性和排斥性措施，而这些措施不仅无法长期有效地解决盗猎和非法贸易问题，同时还会给生活在野生动物分布区内的社区带来沉重的代价。从野生动物保护的角度来看，这些方法可能会适得其反——导致社区成员被剥夺公民权利、怨恨和愤怒，削弱了社区与当局合作的潜力，而且在事实上推动了更多的社区参与野生动物非法贸易的盗猎活动。所有生活在野生动物附近的社区成员的行为和决定都会影响（或可能影响）盗猎和贩运穿山甲的模式，无论社区成员是选择直接参与盗猎、支持盗猎者还是选择与执法机构合作、提供情报，社区成员的参与或支持对穿山甲保护工作的开展至关重要。

通过社区成员的参与和支持来解决穿山甲盗猎问题，使社区成员能够被激励和被授权去保护野生物种和土地。令人欣慰的是，许多基于当地社区的穿山甲保护项目正在非洲和亚洲实施，但为了确保能够成功应对穿山甲所面临的威胁，保护工作还有更大的努力空间。这些措施可以增强社区成员管理和受益于野生动物资源的权利，增强他们的主人翁意识和管理意识，并降低他们因与野生动物共同生活或采取保护措施而面临的成本。合作执法模式可以调动社区成员的精力、知识和能力，这能够强有力地促进保护工作的进行。强制执行在以社区为基础的方法中至关重要，但最关键的是，执法是在维护和保护社区及其成员的权利，而不是损害他们的权益。

保护工作持久开展要做的不仅仅是汲取越来越多的经验教训和探索最佳方案，而是设法确保在设计和执行新的政策时实际考虑到这些经验教训和最佳做法。Nelson（2010）强调说，至少在非洲的背景下，关于哪些方法有效、哪些方法无效及为什么有效，已经提出无数的科学证据，但这永远无法与目前现实世界决策方式背后的强大利益相抗衡。只有当社区本身有能力要求权利并让决策者承担责任时，才有可能进行真正的改革（Nelson，2010）。为此，需要组织和动员他们，并需要建立代表制和问责制的民主机制。

社区需要在与他们相关的决策和政策制定中有更大的发言权，包括在反盗猎方面。如果穿山甲要与控制或影响其大部分栖息地的社区一起生存下去，其他参与穿山甲保护工作的成员需要帮助这些社区提高能力去为他们发声，并且倾听他们的意见。

参 考 文 献

Anderson, J., Mehta, S., 2013. A Global Assessment of Community Based Natural Resource Management: Addressing the Critical Challenges of the Rural Sector. USAID, Washington, D.C., USA. Available from: <https://rmportal.net/library/content/global-

assessment-cbnrm-challenges-rural-sector/view>. [December 11, 2018].

Berkes, F., 2004. Rethinking community-based conservation. Conserv. Biol. 18 (3), 621–630.

Biggs, D., Cooney, R., Roe, D., Dublin, H.T., Allan, J.R., Challender, D.W.S., et al., 2016. Developing a theory of change for a community-based response to illegal wildlife trade. Conserv. Biol. 31 (1), 5–12.

Blackburn, S., Hopcraft, G.C., Ogutu, J.O., Matthiopoulos, J., Frank, L., 2016. Human-wildlife conflict, benefit sharing and the survival of lions in pastoralist communitybased conservancies. J. Appl. Ecol. 53 (4), 1195–1205.

Blomberg, M., 2018. Meet the 'vigilante' grandfathers protecting indigenous forest life in Cambodia. Al Jazeera. Available from: <https://www.aljazeera.com/indepth/features/cambodia-indigenous-vigilante-grandfathers-protect-forest-life-181115215336028. html>. [December 11, 2018].

Brooks, J.S., Waylen, K.S., Borgerhoff Mulder, M., 2012. How national context, project design, and local community characteristics influence success in communitybased conservation projects. Proc. Natl. Acad. Sci. 109 (52), 21265–21270.

Brown, K., 2002. Innovations for conservation and development. Geogr. J. 168 (1), 6–17.

Büscher, B., Ramutsindela, M., 2016. Green violence: rhino poaching and the war to save Southern Africa's peace parks. Afr. Aff. 115 (458), 1–22.

CBD, 2004. Programme of Work on Protected Areas, approved at COP 7, Kuala Lumpur, February 2004. Available from: <https://www.cbd.int/doc/publications/ pa-text-en.pdf>. [February 4, 2019].

Challender, D.W.S., MacMillan, D.C., 2014. Poaching is more than an enforcement problem. Conserv. Lett. 7 (5), 484–494.

Challender, D.W.S., MacMillan, D.C., 2016. Transnational environmental crime: more than an enforcement problem. In: Schaedla, W.H., Elliott, L. (Eds.), Handbook of Transnational Environmental Crime. Edward Elgar Publishing, Cheltenham and Northampton, Massachusetts, pp. 489–498.

Challender, D., Waterman, C., 2017. Implementation of CITES Decisions 17.239 b) and 17.240 on Pangolins (Manis spp.), CITES SC69 Doc. 57 Annex. Available from: <https://cites.org/sites/default/files/eng/com/sc/69/E-SC69-57-A.pdf>. [December 2, 2018].

Chevallier, R., 2016. The State of Community-Based Natural Resource Management in Southern Africa-Assessing Progress and Looking Ahead. Occasional Paper 240. South African Institute of International Affairs, Johannesburg, South Africa.

Child, B., 1995. The practice and principles of communitybased wildlife management in Zimbabwe: the CAMPFIRE Programme. Biodivers. Conserv. 5 (3), 369–398.

CITES, 2019. Participatory Mechanism for Rural Communities, CITES CoP18 Doc. 17.3. Available from: <https://cites.org/sites/ default/files/eng/cop/18/doc/E-CoP18-017-03.pdf>. [April 14, 2019].

Cooney R., Brunner J., Roe D., Compton J., Laurenson J., 2016a. Workshop Proceedings: Beyond Enforcement: Engaging Communities in Combating Illegal Wildlife Trade. A Regional Workshop for Southeast Asia, with a focus on the Lower Mekong Basin. Published by IUCN SULi. Available at: <https://www.iucn.org/commissions/commission-environmental-economic-and-social-policy/ourwork/specialist-group-sustainable-use-and-livelihoods-suli/communities-and-illegal-wildlife-trade/beyond-enforce-ment-initiative>. [December 11, 2018].

Cooney R., Roe D., Melisch R., Dublin H., Dinsi S., 2016b. Workshop Proceedings: Beyond Enforcement: Involving Indigenous Peoples and Local Communities in Combating Illegal Wildlife Trade. Regional Workshop for West and Central Africa. Published by IUCN SULi. Available at: <https://www.iucn.org/commissions/commission-environmental-economic-andsocial-policy/our-work/specialist-group-sustainable-useand-livelihoods-suli/communities-and-illegal-wildlife-trade/beyond-enforcement-initiative>. [December 11, 2018].

Cooney, R., Roe, D., Dublin, H., Phelps, J., Wilkie, D., Keane, A., et al., 2017. From poachers to protectors: engaging local communities in solutions to illegal wildlife trade. Conserv. Lett. 10 (3), 367–374.

Cooney, R., Roe, D., Dublin, H., Booker, F., 2018. Wild Lives, Wild Livelihoods: Engaging Communities in Sustainable Wildlife

Management and Combating Illegal Wildlife Trade. United Nations Environment Program, Nairobi, Kenya. Available at: <http://wedocs.unep.org/bitstream/handle/20.500.11822/22864/WLWL_Report_web.pdf>. [December 11, 2018].

Corry, S., 2015. When Conservationists Militarize, Who's the Real Poacher? Truthout, August 9, 2015.

Dash,M., Behera, B., 2018. Biodiversity conservation, relocation and socio-economic consequences: a case study of Similipal Tiger Reserve. India Land Use Policy 78, 327–337.

Duffy, R., 2010. NatureCrime: How We're Getting Conservation Wrong. Yale University Press, New Haven, Connecticut.

Duffy, R., 2014. Waging a war to save biodiversity. Int. Aff. 90 (4), 819–834.

Duffy, R., St. John, F.A.V., Bűscher, B., Brockington, D., 2016. Toward a new understanding of the links between poverty and illegal wildlife hunting. Conserv. Biol. 30 (1), 14–22.

Eaton, S., 2016. These Indian Women Said They Could Protect Their Local Forests Better Than the Men in Their Village. The Men Agreed. PRI, The World. Public Radio International. Available from: <https://www.pri.org/stories/2016-03-21/women-are-india-s-fiercest-forest-protectors>. [December 11, 2018].

Freese, C., 2012. Wild Species as Commodities: Managing Markets and Ecosystems for Sustainability. Island Press, Washington, D.C.

Frisina, M.R., Tareen, S.N.A., 2009. Exploitation prevents extinction: case study of endangered Himalayan sheep and goats. In: Dickson, B., Hutton, J., Adams, W.M. (Eds.), Recreational Hunting, Conservation and Rural Livelihoods. Blackwell Publishing Ltd, Chichester, pp. 141–156.

Garnett, S.T., Burgess, N.D., Fa, J.E., Fernandez-Llamázares, Á., Molnár, Z., Robinson, C.J., et al., 2018. A spatial overview of the global importance of indigenous lands for conservation. Nat. Sustain. 1 (7), 369–374.

Ghimire, K.B., Pimbert, M.P. (Eds.), 1997. Social Change and Conservation: Environmental Politics and Impacts of National Parks and Protected Areas. Earthscan, London.

Gibson, C.C., Marks, S.A., 1995. Transforming rural hunters into conservationists: an assessment of communitybased wildlife management programs in Africa. World Dev. 23 (6), 941–957.

Govan, H., Tawake, A., Tabanukawai, K., 2006. Community-based marine resource management in the South Pacific. Parks 16 (1), 63–67.

Harrison, M., Roe, D., Baker, J., Mwedde, G., Travers, H., Plumptre, A., et al., 2015. Wildlife Crime: A Review of the Evidence on Drivers and Impacts in Uganda. IIED, London, UK.

Hartley, D., Hunter, N., 1997. Community wildlife management: turning theory into practice. Paper prepared for the DFID Natural Resource Advisors Conference 6–10 July 1997. Sparsholt College, Winchester, UK.

Hawdon, J., Ryan, J., 2011. Neighborhood organizations and resident assistance to police. Sociol. Forum 26 (4), 897–920.

Horwich, R.H., Lyon, J., 2007. Community conservation: practitioners' answer to critics. Oryx 41 (3), 376–385.

Hulme, D., Murphree, M. (Eds.), 2001. African Wildlife and Livelihoods: The Promise and Performance of Community Conservation. James Currey, Oxford.

Hűbschle, A.M., 2017. The social economy of rhino poaching: of economic freedom fighters, professional hunters and marginalized local people. Curr. Sociol. 65 (3), 427–447.

IUCN, 1994. The Importance of Community-Based Approaches. Resolution 023 of the 19th General Assembly of IUCN, Buenos Aires, 1994. Available from: <https://portals.iucn.org/library/sites/library/files/resrecfiles/GA_19_RES_023_The_Importance_of_Community_based_Ap.pdf>. [December 11, 2018].

IUCN, 1996. Collaborative Management for Conservation. Resolution 042 of the First World Conservation Congress of IUCN, Montreal, 1996. Available from: <https://portals.iucn.org/library/sites/library/files/resrecfiles/WCC1_REC_042_COLLABO-RATIVE_MANAGEMENT_FOR_CONSERVA.pdf>. [December 11, 2018].

IUCN-SULI, IIED, CEED, TRAFFIC, 2015. Beyond enforcement: communities, governance, incentives and sustainable use in combating wildlife crime. Symposium Report, 26–28 February 2015, Glenburn Lodge, Muldersdrift, South Africa. IIED, London, UK.

Lokina, R.B., Robinson, E.J., 2008. Determinants of Successful Participatory Forest Management in Tanzania. The Environment for Development Initiative, Tanzania.

Lunstrum, E., 2014. Green militarization: anti-poaching efforts and the spatial contours of Kruger National Park. Ann. Assoc. Am. Geogr. 104, 816–832.

Lotter, W., Clark, K., 2014. Community involvement and joint operations aid effective anti-poaching in Tanzania. Parks 20 (1), 19–28.

Makoye, K., 2014. Anti-Poaching Operation Spreads Terror in Tanzania. Available from: >http://www.ipsnews.net/2014/01/anti-poaching-operation-spread-terrortanzania/>. [February 4, 2019].

Massé, F., Gardiner, A., Lubilo, R., Themba, M.N., 2017. Inclusive anti-poaching? Exploring the potential and challenges of community-based anti-poaching. South Africa Crime Quart. 60, 19–27.

Mazambani, D., Dembetembe, P., 2010. Community Based Natural Resource Management Stocktaking Assessment: Zimbabwe Profile. USAID, Washington, D.C.

Molnar, A., Scherr, S., Khare, A., 2004. Who Conserves the World's Forests? Community-Driven Strategies to Protect Forests and Respect Rights. Forest Trends, Washington D.C.

Musavengane, R., Simatele, D., 2016. Significance of social capital in collaborative management of natural resources in Sub-Saharan African rural communities: a qualitative meta-analysis. South African Geogr. J. 99 (3), 1–16.

Naidoo, R., Weaver, C.L., Diggle, R.W., Matongo, G., Stuart-Hill, G., Thouless, C., 2016. Complementary benefits of tourism and hunting to communal conservancies in Namibia. Conserv. Biol. 30 (3), 628–638.

Nelson, F., 2010. Community Rights, Conservation and Contested Land: The Politics of Natural Resource Governance in Africa. Routledge, London.

Newton, P., Nguyen, T.V., Roberton, S., Bell, D., 2008. Pangolins in peril: using local hunters' knowledge to conserve elusive species in Vietnam. Endanger. Sp. Res. 6 (1), 41–53.

Nash, H.C., Wong, M.H.G., Turvey, S.T., 2016. Using local ecological knowledge to determine status and threats of the Critically Endangered Chinese pangolin (*Manis pentadactyla*) in Hainan, China. Biol. Conserv. 196, 189–195.

Nilsson, D., Baxter, G., Buler, J.R.A., McAlpine, C.A., 2016. How do community-based conservation programs in developing countries change human behavior? A realist synthesis. Biol. Conserv. 200, 93–103.

Poirier, R., Ostergren, D., 2002. Evicting people from nature: indigenous land rights and National Parks in Australia, Russia, and the United States. Nat. Resour. J. 42 (2), 331–351.

Roe, D., Nelson, F., Sandbrook, S. (Eds.), 2009. Community Management of Natural Resources in Africa: Impacts, Experiences, and Future Directions. Natural Resources No. 18, International Institute for Environment and Development, London, UK.

Roe, D., Mayers, J., Grieg-Gran, M., Kothari, A., Fabricius, C., Hughes, R., 2000. Evaluating Eden - Exploring the Myths and Realities of Community Based Wildlife Management. Evaluating Eden Series Overview. IIED, London, UK.

Roe, D., Booker, F., Day, M., Zhou, W., Allebone-Webb, S., Hill, N.A.O., et al., 2015. Are alternative livelihood projects effective at reducing local threats to specified elements of biodiversity and/or improving or maintaining the conservation status of those elements? Environ. Evid. 4, 22.

Rowlatt, J., 2017. Kaziranga: The Park That Shoots People to Protect Rhinos. BBC News. Available from: <https://www.bbc.co.uk/news/world-south-asia-38909512>. [December 2, 2018].

Spiteri, A., Nepalz, S.K., 2006. Incentive-based conservation programs in developing countries: a review of some key issues and suggestions for improvements. Environ. Manage. 37 (1), 1–14.

St. John, F.A.V., Mai, C.H., Pei, K.J.C., 2015. Evaluating deterrents of illegal behavior in conservation: carnivore killing in rural

Taiwan. Biol. Conserv. 189, 86–94.

Survival International, 2014. Hunters or Poachers? Survival, the Baka and WWF. Available from: <https://www.survivalinternational.org/campaigns/wwf.com>. [February 4, 2019].

Torri, M.C., 2011. Conservation, relocation and the social consequences of conservation policies in protected areas: case study of the Sariska Tiger Reserve, India. Conserv. Soc. 9 (1), 54–64.

Trageser, S.J., Ghose, A., Faisal, M., Mro, P., Mro, P., Rahman, S.C., 2017. Pangolin distribution and conservation status in Bangladesh. PLoS One 12 (4), e0175450.

Twinamatsiko, M., Baker, J., Harrison, M., Shirkhorshidi, M., Bitariho, R., Wieland, M., et al., 2014. Linking Conservation, Equity and Poverty Alleviation: Understanding Profiles and Motivations of Resource Users and Local Perceptions of Governance at Bwindi Impenetrable National Park, Uganda. IIED Research Report. IIED, London, UK. Available from: <http://pubs.iied.org/14630IIED>. [December 11, 2018].

Waylen, K.A., Fischer, A., McGowan, P.J.K., Thirgood, S.J., Milner-Gulland, E.J., 2010. The effect of local cultural context on community-based conservation interventions: evaluating ecological, economic, attitudinal and behavioural outcomes. Environ. Evid. 1–36.

WCED, 1987. Our Common Future. World Commission on Environment and Development. Oxford University Press, Oxford.

Wicander, S., Coad, C., 2014. Learning Our Lessons: A Review of Alternative Livelihood Projects in Central Africa. Environmental Change Institute, University of Oxford, UK and IUCN, Gland, Switzerland. Available from: <http://cmsdata.iucn.org/downloads/english_-version.pdf/>. [February 4, 2019].

Wilkie, D., Painter, M., Jacob, I., 2016. Rewards and Risks Associated With Community Engagement in Anti- Poaching and Anti-Trafficking. Biodiversity Technical Brief. United States Agency for International Development, Washington D.C. Available from: <https://pdf.usaid.gov/pdf_docs/PA00M3R9.pdf>. [February 4, 2019].

Wright, J.H., Hill, N.A., Roe, D., Rowcliffe, J.M., Kumpul, N.F., Day, M., et al., 2016. Reframing the concept of alternative livelihoods. Conserv. Biol. 30 (1), 7–13.

第 24 章　利用部族信仰减少非法野生动物贸易方法的可行性

黛安娜·斯金纳[1]，霍利·达布林[2]，利奥·尼斯卡宁[3]，迪莉斯·罗[4]，阿克沙伊·维什瓦纳特[3]

1. 世界自然保护联盟可持续利用和生计专家组，津巴布韦哈拉雷
2. 世界自然保护联盟可持续利用和生计专家组，肯尼亚内罗毕
3. 世界自然保护联盟非洲南部与东部地区办事处，肯尼亚内罗毕
4. 国际环境与发展研究所，英国伦敦

引　言

2009~2019 年，非法野生动物贸易（IWT）持续增长，国际社会对这个问题的关注和资助也有所增加（Challender and MacMillan，2014；World Bank，2016）。许多高价值物种是这种贸易的目标，包括穿山甲（Manidae）、大象（Elephantidae）、犀牛（Rhinocerotidae）和各种大型猫科动物［如虎（*Panthera tigris*）］，以及许多树木、药用植物、芳香植物、观赏植物［如兰花（Orchidaceae）］、鸟类、爬行动物和鱼类（Rosen and Smith，2010）。在非洲和亚洲，穿山甲是偷猎和走私的主要目标（Heinrich et al.，2017）。

国际社会及各国在应对措施、资金分配和具体执行时，都把重点放在从源头到销赃过程的执法行动上（World Bank，2016）。尽管如此，人们也意识到野生动物能否长期生存，特别是能否成功打击野生动物非法贸易，在很大程度上取决于与这些物种生活在一起的当地居民和社区（Cooney et al.，2018）。许多政府间声明都承认了地方社区在野生动物保护方面的重要作用（表 24.1）。

表 24.1　关于社区在打击野生动物非法贸易中的作用的国际政策承诺

政策声明	相关声明
保护非洲象峰会（2013）[a]	"让与大象生活在一起的当地居民成为保护大象的积极伙伴。"
伦敦宣言（2014）[b]	"提高当地社区追求可持续生计的机会和消除贫困的能力。"
	"与当地社区合作，在野生动物周围地区建立监测和执法网络。
卡萨内宣言（2015）[c]	"通过加强实现这一目标所需的政策和立法框架，促进当地人保护野生动物资源的利益，因为他们对这些资源有着悠久的利用史和合法的权利。加强作为关键利益相关者的当地人的声音，并采取措施适地处理非法野生动物贸易和当地人的需求，包括对野生动物的可持续利用。"
布拉柴维尔宣言（2015）[d]	"承认土著人和当地社区的权利，通过可持续利用和替代生计，增加他们参与规划、管理和利用野生动物的权利，增加他们参与的机会，并加强他们打击野生动物犯罪的能力。"
联合国大会通过关于打击非法贩运野生动物的第 69/314 号决议（2015）[e]	"强烈鼓励会员国通过双边合作等方式，帮助支持受非法贩运野生动物及其不利影响的社区发展可持续的替代生计，让野生动物栖息地内和附近的社区作为积极参与合作的战略伙伴，充分参与保护及可持续利用工作，提高这些社区成员管理野生动物和荒野并从中受益的权利和能力。"
可持续发展目标 15（2015）[f]	"加强全球对打击偷猎和贩运受保护物种工作的支持力度，包括帮助提高当地居民寻求可持续生计机会的能力。"

续表

政策声明	相关声明
河内关于非法野生动物贸易的声明（2016）[g]	"认识到必须通过减少人与野生动物之间的冲突，支持社区努力提高其管理野生动物及其栖息地并从中受益的权利和能力，支持与野生动物生活在一起的社区作为积极的合作伙伴参与保护；并发展合作执法模式。"
	"当地人民的积极参与对有效监测和执法及可持续的社会经济发展至关重要。"
联合国大会通过关于打击非法贩运野生动物的第 71/326 号决议（2017）[h]	"让与大象生活在一起的当地居民成为保护大象的积极伙伴。"
伦敦宣言（2018）[i]	"认识到当地社区和土著人的重要参与作用和权利，确保以可持续的方式解决非法野生动物贸易问题。"

[a] 博茨瓦纳政府，IUCN，2014 年。保护非洲象峰会，哈博罗内，博茨瓦纳，2013 年 12 月 2~4 日，概要记录。

[b] 2014 年伦敦非法野生动物贸易会议，宣言。

[c] 关于非法野生动物贸易的卡萨内宣言，2015。

[d] 非洲联盟，2015 年。《非洲打击非法野生动植物非法利用和非法贸易战略》（2001 年第 9 号）。约翰内斯堡。

[e] 阿尔巴尼亚，其他 84 个联合国会员国，2015 年。打击野生动物非法贩运。

[f] 联合国大会，2015 年。改变我们的世界：2030 年可持续发展议程决议（大会第 A/RES/70/1 号决议）。联合国大会，纽约。

[g] 2016 年河内野生动物非法贸易会议。河内关于非法野生动物贸易的声明。

[h] 澳大利亚，其他 15 个联合国会员国，2017 年。打击野生动物非法贩运。

[i] 2018 年伦敦非法野生动物贸易会议。宣言。

尽管政策上更加重视，但仍缺乏与当地社区合作的有效实际指导（见第 23 章）。一部分问题在于没有实施计划。社区多样化导致不同的社会经济、政治、法律和环境因素影响社区与野生动物的相互作用，因此，人们对野生动物非法贸易有不同的看法和态度（Biggs et al., 2015）。因为不同的社区有各自的差异，同一种干预措施不可能覆盖全部，单一措施还会影响合作的效率。很少有人向社区咨询他们对野生动物非法贸易的看法及最好的解决方法，项目设计人员往往只凭自己的假设和想法去设计项目，但这些想法和假设可能与社区的实际情况不太一样（Roe et al., 2018）。

当地社区：对抗非法野生动物贸易的第一道防线（FLoD）——方法制定

在"加强执法"倡议（见第 23 章）的基础上，2016 年，世界自然保护联盟可持续利用和生计专家组（IUCN SULi）、国际环境与发展研究所（IIED）、世界自然保护联盟东非和南非区域办事处（ESARO）及世界自然保护联盟物种生存委员会（SSC）非洲象专家组（AfESG）从英国政府的非法野生动物贸易挑战基金获得资金，在"当地社区防范非法野生动物贸易第一道防线（FLoD）"倡议中实地测试"稻草模式限制理论（straw-model ToC）"。虽然强制执行后的"限制理论（ToC）"是国际通用的，但 FLoD 倡议旨在实地测试 ToC 的完整性，对其进行改进，并制定方法，以便项目能够实际使用 ToC，以改进措施促使社区参与打击野生动物非法贸易。

项目团队与肯尼亚的许多当地合作伙伴［大型动物基金会（Big Life Foundation）、克塔游猎服务公司（Cottar's Safari Services）、南裂谷土地所有者协会（South Rift Landowners Association）和肯尼亚野生动物保护协会（the Kenya Wildlife Conservancies Association）］合作，确定了肯尼亚南部的三个试验地点：靠近马赛马拉（Masai Mara）自然保护区的奥尔德克斯（Olderkesi）保护区，肖姆泼勒-奥克拉马（Shompole-Olkiramatian）集团牧场和毗邻集团牧场的 Group Ranches 国家公园的基里图姆（Kilitome）保护区。该项目的重点是与当地社区合作，了解该地区野生动物走私的犯罪背景和打击犯罪措施的成败。虽然该项目的重点是非洲象（*Loxodonta africana*），但在试点地区存在着许多非法野生动物贸易的目标物种，包括南非地穿山甲（*Smutsia temminckii*）。

该项目采用了"参与式行动研究"方法（Rowe et al., 2013），强调目标社区的参与和行动。传统的研究往往只由研究人员去推进，而"参与式行动研究"则是通过与利益相关者的合作、探讨和具体参与来理解和解决问题（Rowe et al.，2013）。

2016 年 5 月在内罗毕举行了一次基础研讨会，会上项目合作伙伴们讨论了加强强制执行的"ToC"（图 23.2）和相关假设，并根据反馈对项目进行改进。根据利益相关者的反馈，对干预措施、结论、产出和成果进行了相关讨论和改进。为了完成肯尼亚项目的指标，ToC 改进后成为"基线 ToC"（图 24.1），连同一组经过改进的假设，被当成新测试的起点。

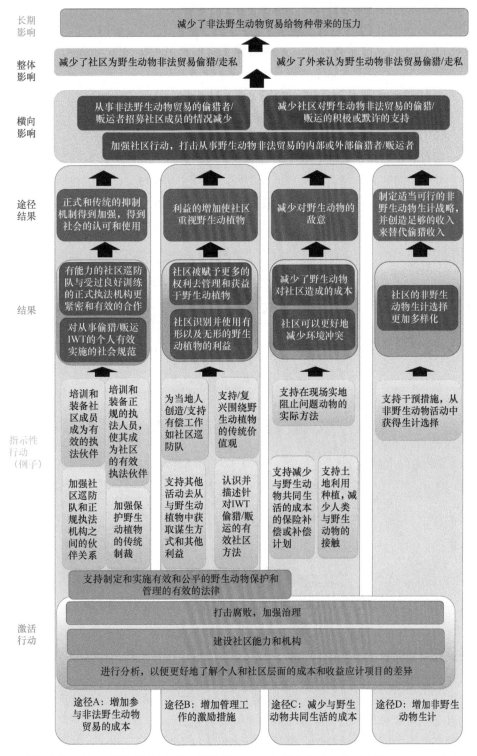

图 24.1　基线变化理论，更新后被纳入第一道防线（FLoD）防御指南。资料来源：Skinner 等（2018）。

"当地社区防范非法野生动物贸易第一道防线"项目的第一步是理解特定的野生动物非法贸易干预措施的设计逻辑。对打击野生动物非法贸易项目的设计者或实施者开展深入访谈，询问和阐明因果关系链，通过明确的或者是含蓄的方法来支撑因果关系链的关键因素。然后将这个逻辑与打击野生动物非法贸易项目所针对社区的实际情况结合，再通过实践来检验这个假设是否有效。这个过程包括一系列按社区成员年龄和性别划分的小组会议，使人们能在同一个社区内传播和分享各种不同的观点。

最后，召集社区和项目设计者与实施者，为他们提供平台，让各方在平台听取社区讨论结果，探讨不同的观点，调解各方分歧，确定需要变动或者推出新的措施。

案例研究（Niskanen et al.，2018）和第一道防线实施指南（Skinner et al.，2018）中详细记录了该过程。完整的案例研究、政策概要、实施指南和工具可在 IUCN 网站（https://www.iucn.org/flod）获得。

经 验 教 训

我们在整个项目测试过程中吸取了以下关键的经验教训。

第一，最重要的是对研究区域进行初步调查访问，召开初期研讨会，内容包括：①向项目设计和实施方及当地合作伙伴解释过程；②收集有关当地社区、野生动物和偷猎活动的必要背景信息；③确定主要利益相关者和目标社区；④确定研究地点的地理边界；⑤深入了解偷猎的程度（图 24.2）。

图 24.2　Shompole-Olkirimatian 的妇女在讨论减少非法野生动物贸易的最重要途径。
图片来源：IUCN/Akshay Vishwanath。

第二，关键利益相关者访谈提供了基本的独立三方关系，以帮助验证社区和项目设计者做的约束理论假设，确认有关机构（正式和非正式）、经济活动和偷猎动态的信息。

第三，社区焦点小组讨论（图 24.3）需要由当地人认为独立且不代表任何特殊利益或观点的专家提供相关帮助，且必须帮助参与者充分理解与他们相关的辅导工具。

第四，必须有熟练的翻译人员参与，将复杂概念翻译成当地语言，并通过某些有影响力的人（如领袖和某些社区精英）进行宣传，让所有人都能了解和知道这些行动，这一点至关重要。

第五，持续的反馈和验证过程是这个行动的核心部分。该过程相对复杂，开始之前就应该确保有充足的资源完成该过程。

图 24.3　在 Shompole-Olkirimatian 的反馈研讨会上，工作组讨论了第一道防线的调查结果。
图片来源：IUCN/Akshay Vishwanath。

肯尼亚南部试点项目的经验教训表明，第一道防线倡议是一种有效的方法，可以在不同环境，帮助社区就打击野生动物非法贸易问题发声。细节决定成败，通过阐明每个社区哪些打击野生动物非法贸易策略更有效，以及为什么其他策略不行的观点，使项目得到改进（或重新设计），或者直接针对社区需求和观点制定相应策略，增加项目成功率。

根据案例研究，基于社区参与的打击野生动物非法贸易基线总体结构和改进流程似乎正确。不同社区对每种途径的重视程度各不相同，每个地区面临的挑战也各不相同。如有些社区存在人兽冲突，导致对野生动物的报复性杀戮。这种现象似乎只是基里图姆（Kilitome）社区的问题，而没有发生在奥尔德克斯（Olderkesi）或肖姆泼勒-奥克拉马（Shompole- Olkiramatian）社区。

尽管具有相似的文化和经济特征，不同地区社区内不同性别和年龄的社区群体在关键问题上的意见和想法也有明显差异。一些打击野生动物非法贸易的措施可能更多地被某一个阶段性别或年龄组的社区成员认可，从而严重影响这些措施的可持续性。例如，就社区的未来展望而言，青年人的观点有时与老年人的观点很不一样，青年人更加重视现金活动。妇女们的观点也很不同，更加关注与儿童教育有关的福利。因此，如果项目能够与社区所有部门合作，更好地了解社区的动态、人员想法和态度，成功的可能性会更大。

马赛（Maasai）的放牧社区的长期愿景不仅限于减小偷猎压力这一具体目标，还包括更宏伟的目标，即保护整个生态系统不被破坏，在保护野生动物的同时促进地方土地可持续利用，这也有利于他们的核心生计——放牧。这些项目之所以能够更全面地考虑生态情况，可能是因为研究期间，暂时没有保护区被盗猎的情况。项目设计者、实施方和社区也清楚地认识到，虽然偷猎需要作为优先事项加以处理，但最终野生动物的未来仍然取决于它们能否获得足够的栖息地，或者能否在放牧地区与人类和平共处。与打击偷猎和非法贩运相比，防止栖息地丧失这一更大更复杂的问题，需要不同的战略、投资和范围更广的干预措施。

虽然以野生动物非法贸易为目的的偷猎在当时可能不是这三个社区面临的最直接的问题，但当地的人兽冲突是一个持续性问题。虽然肯尼亚政府通过立法改革做出了相关应对，但却在执行方面做的不到位，使得这成为了一个高度政治化的问题，引起社区广泛的不满。直接导致当地社区居民对大象和其他野生动物的报复性捕杀，或者是一些社区居民对外来者的偷猎行为视而不见。肯尼亚政府处理野生动物非法贸易和对猎杀野生动物人员的判罚，比补偿社区因野生动物造成的人员伤亡和其他损失反应更强烈、更迅速，这种处理问题的态度差异让当地人认为人权不如野生动物重要，引起了人们强烈的不满。

所有景区都认为旅游业带来的好处至关重要。然而，社区期望和旅游业实际带来的收益之间存在很大差距，即使具备一切旅游业运营条件的大型野生动物保护区也是如此。这些地区人口不断增长，世界各地和肯尼亚国际旅游市场变化无常和不稳定因素（如 2014 年埃博拉疫情暴发后，游客人数急剧下降），都影响着当地居民的生活。这也突出了确保旅游业收入及分配透明度的重要性。这是社区和旅游经营者之间建立与维持信任的一个关键前提。

总的来说，来自野生动物的收入不够充分，所以来自其他途径的合法收入是防止社区未来参与野生动物非法贸易的关键。其他与野生动物无关的收入来源，如畜牧业和农业，有助减少社区对旅游业的依赖，并可能减少偷猎。然而，长远来看，一部分生计项目对土地的利用会和野生动物的栖息地发生冲突，并造成一些负面影响。

人们认为，土地以多种用途为当地社区创造收入，同时也为野生动物提供大面积的栖息地，依赖于有效的土地利用规划和景区管理规划。三个实验地点中有两个符合这些条件。不管是以前还是现在，通过给土地划分区域来管理人兽冲突和解决和谐共处问题，这一点对所有利益相关者来说，都是成功实施保护措施的关键步骤。

让执法当局和社区建立合作伙伴关系，能让所有实验地点的社区认识到执法对保护野生动物的重要性。例如，组建一支训练有素、装备精良的当地社区巡防队，在当地社区情报网络的支持下，可以成为打击野生动物非法贸易强大的第一道防线。然而，只要这些项目仍然依赖外部资金支持，且情报提供者的隐私及安全得不到保障，这些项目的可持续性就会存在问题。

肯尼亚在《野生动物保护和管理法案》（2013）中引入的严厉惩罚对偷猎和非法贩运起到了威慑作用，这在国际上似乎是一致的。这些惩罚虽然极其严厉，但人们认同感很高，认为是公平正义的。社会制裁和社会舆论压力都能让政府加强对野生动物走私的打击力度，并能阻止偷猎。

结　　论

虽然有时会咨询或邀请社区参与外界推进的打击野生动物非法贸易（或更广泛的保护）项目规划，但这通常有象征性，准确的描述应该是"告知"而不是咨询。此外，这种咨询与邀请参与往往只涉及当地酋长、长老或关键决策者（通常是男子），而非广泛的社区成员。相比之下，第一道防线（FLoD）倡议尝试更具代表意义的社区协商——包括社区年轻人和老年人、妇女和男子的意见——并促进社区不同部分之间及项目设计者/实施者和他们的目标社区之间的互动、反馈和差异协调。

像第一道防线（FLoD）倡议这样的限制理论（ToC）方法可以帮助利益相关者理解以下方面：①社区和项目设计者的隐性限制理论；②社区内部及社区和设计者之间的差异；③项目特定组成部分成功或失败的原因。它还可以为其他项目（现有项目和新项目）提供有用的经验教训。

第一道防线倡议方法可以为社区和项目设计者提供一个极好的切入点，让他们就共同关心的基本问题进行真正的对话。虽然最初目的是解决野生动物非法贸易问题，但经验表明，第一道防线倡议方法有助于发掘更广泛的适用于社区自然资源管理的解决方案。

社区可以成为对抗非法野生动物贸易的有效的第一道防线（Cooney et al.，2017）。然而，野生动物管理需要成为当地人一种可行的、具竞争力的土地用途选择；要实现这一有效的土地利用规划和管理，就需要在宏观层面跨越各种土地用途，包括保护区内和保护区周围的土地利用，考虑整体规划与管理。同样，需要从野生动物身上获益，必须降低或管理与野生动物一起生活的成本。个别打击野生动物非法贸易项目可能非常有吸引力，有希望在短期内行动并取得实际成果。然而，长远来看，创造一个治理良好、政治开明和合作牢固的环境，鼓励和支持社区积极参与保护和以野生动物为基础的土地利用，可能会给非洲野生动物，包括穿山甲的未来带来更大的希望。

参 考 文 献

Biggs, D., Cooney, R., Roe, D., Dublin, H., Allan, J., Challender, D., Skinner, D., 2015. Engaging Local Communities in Tackling Illegal Wildlife Trade: Can a 'Theory of Change' help? (IIED Discussion Paper). IIED, London, UK.

Challender, D.W.S., MacMillan, D.C., 2014. Poaching is more than an enforcement problem. Conserv. Lett. 7 (5), 484-494.

Cooney, R., Roe, D., Dublin, H., Phelps, J., Wilkie, D., Keane, A., et al., 2017. From poachers to protectors: engaging local communities in solutions to illegal wildlife trade. Conserv. Lett. 10 (3), 367-374.

Cooney, R., Roe, D., Dublin, H., Booker, F., 2018. Wild Life, Wild Livelihoods: Involving Communities in Sustainable Wildlife Management and Combatting the Illegal Wildlife Trade. United Nations Environment Porgramme, Nairobi, Kenya.

Heinrich, S., Wittman, T.A., Ross, J.V., Shepherd, C.R., Challender, D.W.S., Cassey, P., 2017. The Global Trafficking of Pangolins: A Comprehensive Summary of Seizures and Trafficking Routes From 2010-2015. TRAFFIC, Southeast Asia Regional Office, Petaling Jaya, Selangor, Malaysia.

Niskanen, L., Roe, D., Rowe, W., Dublin, H., Skinner, D., 2018. Strengthening Local Community Engagement in Combatting Illegal Wildlife Trade: Case Studies From Kenya. IUCN, Nairobi, Kenya.

Roe, D., Dublin, H., Niskanen, L., Skinner, D., Vishwanath, A., 2018. Local Communities: The Overlooked First Line of Defence for Wildlife (No. 17455IIED), IIED Briefing Papers. IIED, London, UK.

Rosen, G.E., Smith, K.F., 2010. Summarizing the evidence on the international trade in illegal wildlife. Ecohealth 7 (1), 24-32.

Rowe, W.E., Graf, M., Agger-Gupta, N., Piggot-Irvine, E., Harris, B., 2013. Action Research Engagement: Creating the Foundation for Organizational Change, Monograph. Action Learning, Action Research Association Inc, Victoria, BC.

Skinner, D., Dublin, H., Niskanen, L., Roe, D., Vishwanath, A., 2018. Local Communities: First Line of Defence Against Illegal Wildlife Trade (FLoD). Guidance for Implementing the FLoD Methodology. IIED and IUCN, London, UK, and Gland, Switzerland.

World Bank, 2016. Analysis of International Funding to Tackle Illegal Wildlife Trade. The World Bank, Washington D.C.

第25章 尼泊尔穿山甲的社区保护——机遇与挑战

安比卡·P. 卡蒂瓦达[1]，图尔西·拉克西米·苏瓦尔[2, 3]，温迪·赖特[4]，迪莉斯·罗[5]，
帕拉提娃·卡斯帕尔[6]，桑占·塔帕[2]，库马尔·波德尔[7]

1. 国家自然保护信托基金，尼泊尔勒利德布尔
2. 小型哺乳动物保护与研究基金，尼泊尔加德满都
3. 屏东科技大学热带农业暨国际合作系，中国台湾屏东
4. 澳大利亚联邦大学健康与生命科学学院，澳大利亚维多利亚吉普斯兰
5. 国际环境与发展研究所，英国伦敦
6. 特里布汶大学巴克塔布尔多校区妇女保护组织，尼泊尔吉尔蒂布尔
7. 尼泊尔绿色保护组织，尼泊尔加德满都新巴内什沃尔

第 25 章 尼泊尔穿山甲的社区保护——机遇与挑战

引　言

尼泊尔有两种穿山甲，即中华穿山甲（*Manis pentadactyla*）和印度穿山甲（*M. crassicaudata*）。霍奇森（Hodgson）（1836）第一次报道了中华穿山甲及其中国中南部地区栖息地的情况。柯伯特（Corbet）和希尔（Hill）（1992）报道，中华穿山甲的分布包括尼泊尔东部。20 世纪 90 年代，苏瓦尔（Suwal）和费霍特（Verheugt）（1995）报道，印度穿山甲存在于奇特旺（Chitwan）国家公园、帕萨（Parsa）国家公园及巴拉（Bara）、帕萨（Parsa）和奇特旺（Chitwan）地区。这两种物种在尼泊尔都受到《国家公园和野生动物保护法》（1973 年）的保护，说明该国长期以来都非常重视穿山甲的保护。

尼泊尔长约 885km、宽约 193km，由东向西大致呈梯形，面积约 147 181km^2。北邻中国，其余三面与印度接壤。境内的海拔范围很广，从 60m 至 8848m。尼泊尔是被联合国列为"最不发达国家"的 47 个国家之一（联合国，2018）。尼泊尔自然资源丰富。水资源可利用率和森林覆盖率高达南亚人均水平的两倍（World Bank，2018）。生物多样性全球排名第 31 位，亚洲排名第 10 位（Joshi et al.，2017）。

尼泊尔一般分为 5 个地理区（图 25.1）和 6 个生物气候区。特莱（Terai）低地约占该国国土面积的 14%，其余为山区。山区地形包括西瓦利克山脉、丘陵、中山和高山地区。33% 的山区常年被雪覆盖，这意味着尼泊尔只有 67% 的土地适合人类居住（Baral and Bhatta，2005）。

穿山甲主要见于特莱低地、西瓦利克山脉、丘陵和中山地区（Gurung，1996；Jnawali et al.，2011），包括热带、亚热带和温带气候。尼泊尔国家自然保护信托基金（NTNC）进行的红外相机监控调查数据、专家和民间科学家的目击及没收和拯救动物的记录显示，中华穿山甲出现在多个保护区和国家公园（NP）（图 25.2）。其中包括干城章嘉峰（Kangchenjunga）保护区的低海拔地带，以及马卡鲁巴伦（Makalu Barun）、萨加玛塔（Sagarmatha）、奇特旺（Chitwan）和帕萨（Parsa）国家公园，高里三喀（Gaurishankar）保护区、施拉普里-纳加郡（Shivapuri-Nagarjun）国家公园、安纳普尔纳（Annapurna）保护区和尼泊尔西部的萨利杨（Salyan）保护区。类似的资料显示，在苏克拉梵塔（Suklaphanta）、巴迪亚（Bardiya）、班科

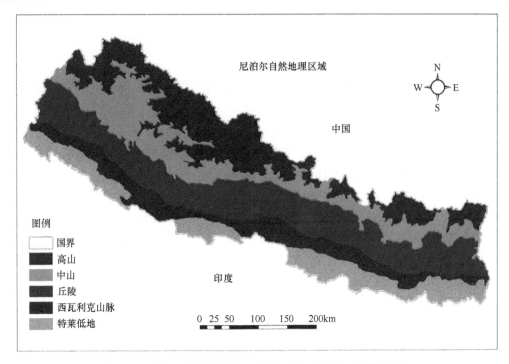

图 25.1　尼泊尔的地理区域。资料来源：尼泊尔政府调查部。

（Banke）、帕萨（Parsa）国家公园、凯拉里（Kailali）和苏尔凯特（Surkhet）区域有印度穿山甲分布的记录。这些数据表明，中华穿山甲分布在尼泊尔东部、中部和中西部，印度穿山甲分布在尼泊尔西部低海拔地区（图 25.2）。同时，数据也表明这两个物种是同域的（如在 Parsa 国家公园中）。特莱低地、西瓦利克（Siwaliks）山脉和中山的其他地区也可能存在穿山甲，但还需要进行研究来验证是否属实。

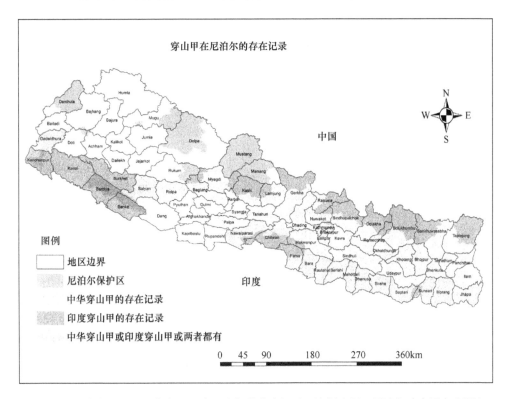

图 25.2　中华穿山甲和印度穿山甲在尼泊尔的生存记录。资料来源：尼泊尔政府国家公园和
野生动物保护部、国家自然保护信托基金调查部。

尼泊尔森林保护与管理的历史

尼泊尔对野生动物的保护始于 18 世纪。苏仁德拉·比克拉姆·沙阿（Surendra Bikram Shah）国王（1847~1881 年）颁布了禁止公众捕杀野生动物的法律（Upreti，2017）。而 19 世纪中期到 20 世纪 50 年代末，精英统治阶级成员前往泰瑞（特莱）地区猎杀老虎（*Panthera tigris*）和印度犀（*Rhinoceros unicornis*）的情况相对普遍（Gurung，1980；Smythies，1942）。1964 年，由于犀牛数量的减少，政府宣布建立保护区来保护犀牛及其栖息地（Bhatt，2003；Mishra，1982）。

尼泊尔保护区（PA）的当代历史和科学管理始于 1973 年，当时比兰德拉（Birendra）国王批准了《国家公园和野生动物保护法》，建立了奇特旺（Chitwan）国家公园（Bhattarai et al.，2017；Upreti，2017）。国家公园和野生动物保护部（DNPWC）随后于 1980 年成立，负责全面管理保护区。马亨德拉（Mahendra）国王自然保护信托基金 [现为国家自然保护信托基金（NTNC）] 是根据 1982 年《国家自然保护信托法》成立的自治非营利组织，旨在增强尼泊尔野外野生动物的保护力度。目前，尼泊尔有 12 个国家保护区、6 个保护区（CA）、1 个野生动物保护区（WR）、1 个狩猎保护区（HR）和 13 个缓冲区（BZ），总面积约为 34 000km^2（占陆地总面积的 23%）（表 25.1；DNPWC，2018）。缓冲区指保护区周围的多用途区域，可能包括村庄、社区森林和农田。

尼泊尔在保护区管理方面经历了以下几个主要阶段。第一阶段是"统一指挥和控制"（20 世纪 70 年代到 80 年代；Baral，2005）；第二阶段是"惩罚与隔离"（Bhattarai et al.，2017），旨在为贵族保护可狩猎的野生动物，排斥当地人并阻止他们从森林中获利。1973 年，以保护物种为目的的保护方法（物种层面的保护）成为一个重点；20 世纪 80 年代初，发展到生态系统层面的保护。直到 20 世纪 90 年代开始采用综合保护与发展（ICD）方法，当地人才被列为保护区管理的主要参与者。不同的国家采取不同形式的综合保护与发展方法，但在尼泊尔，由于它的地域差异，所以需要引入"缓冲区"的概念和建立自然保护区。自然缓冲区和保护区是适用 IUCN 标准的第Ⅵ类保护区，这类保护区能够满足其边界内当地社区和居民的生存需求。通过社区森林管理者授权和批准的业务，当地人民可以获得森林产品 [如柴火、木材、草和非木质森林产品（NTFP）]。

尼泊尔的穿山甲并不仅仅生活在该国的保护区内。在森林地区存在大量保护区外的穿山甲栖息地，而这些地区的管理不以保护为目的。森林和其他林地占地共 66 100km^2（661 万 hm^2）；占全国总面积的44.7%。在森林总面积中，有 49 300km^2（493 万 hm^2）或 82.7% 位于尼泊尔保护区之外（DFRS，2016）。保护尼泊尔的穿山甲必须考虑到这些地区。

尼泊尔以其非常成功的社区森林管理制度而闻名，其特点是将权力下放给当地居民，在可持续的基础上护养、管理和使用森林资源（Gilmour and Fisher，1991；尼泊尔政府公告，1988，2015；Hobley and Malla，1996）。可以说，该国在生产林管理方面比在保护区管理方面更有建树。

该地区建立了以社区为基础的管理组织，如缓冲区管理委员会和保护区管理委员会，以确保社区参与保护和发展相关措施的决策。30%~50% 的尼泊尔保护区产生的收入会通过缓冲区管理委员会投资于当地社区发展（DNPWC，2017）。这种方法鼓励社区居民参与保护活动，并将野生动物及其栖息地视为宝贵的社区资产（Bajracharya and Dahal，2008；Bhattarai et al.，2017）。人兽冲突一直是尼泊尔社区成功开展保护工作的一大难题（Acharya et al.，2016；Lamichane et al.，2018），而教育、缓和矛盾和补偿措施被认为是解决这一问题的重要对策。

截至 2019 年 1 月，共有 19 361 个社区森林使用者小组（CFUG），涉及 246 万个家庭（约占尼泊尔人口的 45%）管理全国范围内总面积为 18 135km^2 的林区（中央统计局，2012；林业部，2018）。同样，共有 875 021 户家庭（占人口的 16.1%；中央统计局，2017）管理着 428.35km^2 的租赁林和 576.63km^2 的合作林。"社区森林使用者小组"这个概念最初于 20 世纪 70 年代引入，目的是解决森林的可持续性利用问题，并保护当地树木资源，许多"社区森林使用者小组"的职权范围已扩大到包括野生动物保护。这在尼泊尔地区森林现有的保护利用方法的基础上，为保护穿山甲提供了一个额外的机会。

表 25.1　尼泊尔保护区名称

保护区名称	保护区申报日期	核心区面积/km²	缓冲区申报日期	缓冲区面积/km²	自然地理区（s）	存在的穿山甲
奇特旺（Chitwan）国家公园	1973	952.63	1996	729.37	低地（内特莱）	CP、IP
巴迪亚（Bardiya）国家公园	1976	968	1996	507	特莱到内特莱	IP
班科（Banke）国家公园	2010	550	2010	343	特莱到内特莱	IP
卡普塔德（Khaptad）国家公园	1984	225	2006	216	高山	—
郎唐（Langtang）国家公园	1976	1710	1998	420	中山到高山	CP
马卡鲁巴伦（Makalu Barun）国家公园	1991	1500	1999	830	中山到高山	CP
帕萨（Parsa）国家公园	1984	627.39	2005	285.3	特莱到内特莱	CP、IP
拉劳（Rara）国家公园	1976	106	2006	198	高山	—
萨加玛塔（Sagarmatha）国家公园	1976	1148	2002	275	高山	CP
施-婆桑杜（Shey-Phoksundo）国家公园	1984	3555	1998	1349	高山	—
施拉普里-纳加郡（Shivapuri-Nagarjun）国家公园	2002	159	2015	118.61	中山	CP
苏克拉梵塔（Suklaphanta）国家公园	1976	305	2004	243.5	低地（特莱）	IP
科什塔普（Koshitappu）野生动物保护区	1976	175	2004	173	低地（特莱）	IP
多帕坦（Dhorpatan）地方自治区	1987	1325	拟议	750	高山	
安纳普尔纳（Annapurna）保护区	1992	7629	—	—	中山到高山	CP
阿比纳帕（Api Nampa）保护区	2010	1903	—	—	中山到高山	
克里斯纳萨（Krishnasaar）保护区	2009	16.95	—	—	低地（特莱）	
高里三喀（Gaurishankar）保护区	2010	2179	—	—	中山到高山	CP
干城章嘉峰（Kangchenjunga）保护区	1997	2035	—	—	中山到高山	CP
玛纳斯卢峰（Manaslu）保护区	1998	1663	—	—	中山到高山	—
总核心区		28 731.97	总缓冲区	5 687.78		

注：拟议的多帕坦地方自治区（Dhorpatan HR）不包括在总缓冲区内，CP＝中华穿山甲，IP＝印度穿山甲。

尼泊尔穿山甲保护面临的挑战

目前少有关于穿山甲及其在尼泊尔保护区网络（包括国家公园、野生动物保护区、自然保护区和缓冲区）内的分布研究。尼泊尔保护区网络之外人类活动较多的地区，更容易获得穿山甲的信息。近期调查证实，尼泊尔 77 个区中有 44 个区存在穿山甲（森林和土壤保育部，2016）。它们已知的分布范围从低地热带地区（特莱）延伸到温带地区，这些地区的海拔较高，在尼泊尔东部最高可达 3000m（图 25.1；Khatiwada，2016）。人们担忧保护区外广泛分布的穿山甲容易受到威胁，包括与人类的接触（狩猎、偷猎和非法贸易、迫害）、森林砍伐、基础设施建设（包括公路建设和水电项目建设对穿山甲栖息地的破坏等）。其他问题包括：地方社区缺乏对该物种重要性和保护迫切性的认知，执法力量薄弱和资源不足，农业生产中过度使用化肥和杀虫剂。后者会对穿山甲的食物丰度造成影响，而有毒物质通过食物链的积累可能会对穿山甲产生负面影响。中国台湾的研究表明，长期暴露于环境中的毒素可能与中华穿山甲的肝脏和呼吸系统的高患病率有关（Khatri-Chhetri et al.，2016；Sun et al.，2019）。

由于这些威胁，尼泊尔曾经确切有穿山甲分布的一些区域，现已没有穿山甲［如巴克塔普尔（Bhaktapur）、卡夫雷帕兰乔克（Kavrepalanchowk）和辛都巴尔乔克县（Sindhupalchowk）等区域；Kaspal et al.，2016]。该国保护穿山甲的最大挑战是缺乏动物的种群数量和相关生态数据，无法针对性地采取保护行动，缺乏对捕猎穿山甲供本地使用和非法野生动物贸易程度与影响的了解。另外，尼泊尔也存在保护项目资金有限的问题。

缺乏相关生态数据

　　2016 年，尼泊尔进行了一次全国穿山甲调查，在 2012～2018 年开展了多个小规模的穿山甲保护项目。全国调查是确定尼泊尔穿山甲野外分布情况的第一步。这项调查在几个地区进行，很大程度上依赖于当地社区成员对穿山甲分布情况的报告，而不是系统性的生态调查（森林和土壤保育部，2016）。一些地方还开展了以收集中华穿山甲的基本生态信息为目的的小范围项目，以提高当地社区对穿山甲物种的认识（图 25.3）。但尼泊尔仍然缺乏穿山甲的关键生态数据，以及解决问题的有效研究方法。这些资料包括物种分布区域、生境需求、野外种群密度、潜在分布区、两个物种的共域程度、摄食生态、洞穴使用情况和遗传信息等。基线信息和所有这些参数的持续监测对保护和管理很重要，而且这些关键生态数据都是制定有效和合理的保护计划所必需的资料。

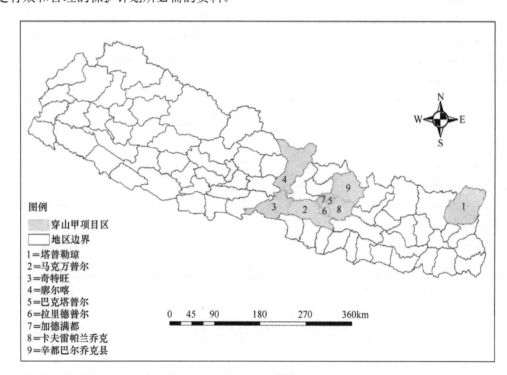

图 25.3　已推行以社区为基础的穿山甲保护计划的地区。资料来源：尼泊尔政府国家公园和
野生动物保护部、国家自然保护信托基金调查部。

　　当地社区有关穿山甲的社会和传统文化信息、当地人对穿山甲保护的态度及有关当地穿山甲生态知识的范围和类型，也将促进对尼泊尔穿山甲保护背景的了解。此外，还需要更好地了解当地威胁穿山甲生存的主要因子，如天灾（森林火灾、干旱、洪水、山体滑坡、气候变化）与人祸（偷猎、非法贸易、化肥对农作物和穿山甲食物的影响、水电、公路等基础设施建设的影响）可能都对野外穿山甲的种群数量影响巨大。为了更好地了解穿山甲的存在及其面临的威胁，还需要收集详细的救援和放生信息。设计出具有战略前瞻性的尼泊尔穿山甲保护项目及其有效实施都需要这些关键数据，以及各利益相关方，尤其是当地社区的积极参与。

尼泊尔穿山甲的偷猎和走私

　　在尼泊尔，盗猎和交易穿山甲及其制品（如甲片）是非法行为。《国家公园和野生动物保护法》（1973

年，特别是第 26.2 节）规定，任何杀死或伤害穿山甲的人将被处以 4 万尼泊尔卢比（约 400 美元）至 7.5 万尼泊尔卢比（约 750 美元）的罚款和/或面临 1～10 年的监禁。此外，尼泊尔政府通过了《濒危野生动植物种国际贸易公约 2018 年法案》（CITES）。该法案对违法行为的处罚作了规定：任何人未经许可而持有、使用、养殖、饲养、出售、购买、转让或获取穿山甲或其部分，将被处以 50 万尼泊尔卢比（约 5000 美元）至 100 万尼泊尔卢比（约 10 000 美元）的罚款和/或 5～15 年的监禁。尽管法律如此严厉，偷猎和贩运穿山甲的行为仍屡禁不止（Katuwal et al.，2013；Paudel，2015）：2010 年 5 月至 2018 年 7 月，尼泊尔至少缉获了 46 只穿山甲及其甲片，大概涉及 785kg 鳞片（图 25.4）。

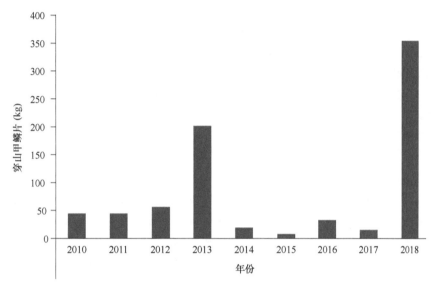

图 25.4　2010 年至 2018 年 7 月在尼泊尔查获的穿山甲鳞片。
Khatiwada 从尼泊尔的在线新闻报道中收集的数据。

尼泊尔社区保护穿山甲的方法为穿山甲保护提供了一种新的可能性（见后续的讨论），当地社区参与穿山甲保护项目的积极性越来越高。然而当地部分人仍会偷猎穿山甲。在尼泊尔的农村地区，偷猎是一种低风险且高回报的行为。尽管有传闻和证据表明，有些社区居民仍在食用穿山甲肉，但是驱动偷猎的因素很大程度上还是与高额利益有关。人们缺乏对保护穿山甲法律法规的了解，同时也缺乏对保护穿山甲重要性的认知。

目前，各种方法中有两个重要的方法可以从地方层面上帮助防止偷猎。第一，通过当地商定的规章制度，建立相关奖惩机制；第二，开展创收活动或技能培训，促进社区居民从事正当行业谋生。前者有助于奖励对保护穿山甲作出贡献的人，惩罚那些参与偷猎的人；后者可以减少当地居民对森林资源的依赖，并可能促使当地社区长期保护穿山甲。但是这些方法仍然存在局限性，后者可能仅仅提供额外收入，不能实际替代依赖森林资源的生计。且这些项目需要与当地社区做好详细的规划（见第 23 章和第 24 章）。

人类与穿山甲之间的矛盾

人类与穿山甲之间的矛盾主要发生在尼泊尔的丘陵和中低海拔区域（图 25.1），尤其是梯田农业用地。有传闻表明，这些地区穿山甲洞穴密度很大。当地人说这些洞穴会影响农作物生产，使梯田变得千疮百孔。也有人认为，密度过大的穿山甲洞穴会在雨季导致山体滑坡，但这些推测缺乏科学依据。为了防止这些事故发生，当地人会去捕杀出现在农田地区的野生穿山甲。在尼泊尔东北部的索鲁昆布（Solukhumbu）、塔普勒琼（Taplejung）和拉梅恰普（Ramechhap）等多个地区都报告了此类事件。在这里，当地人食用他们杀死的穿山甲肉，然后把甲片卖给非法交易的中间人。

即使有些地区的穿山甲洞穴不会造成上述问题，那里的人们也普遍认为遇到穿山甲会带来厄运，这使得当地人会主动去伤害这些动物。尼泊尔野生动物保护当局和机构在缓解人类与野生动物之间的冲突（涉及老虎和犀牛等其他物种）方面拥有丰富的经验。通过提高社区居民保护动物的意识和教育水平去改变当地居民的态度，这对于这些方案能否取得成功十分重要；而且能减少人类与穿山甲之间的冲突。

有限的保护资源

全球保护野生动物的资源都非常有限。尼泊尔的大部分保护资金来自国际捐助者和援助机构的资助。这些资源的很大一部分用于保护大象（Elephantidae）和犀牛等地方标志性的大型动物。尽管已经对尼泊尔的穿山甲进行了二十多项研究（Bhandari，2013；Dhakal，2016；Kaspal，2016；Khatiwada，2014；Khadgi，2016；Paudel，2015；Sapkota，2016；Suwal，2011；Tripathi，2015），但资源匮乏导致这些工作无法转化为协调一致的战略性保护行动。现有的工作很大程度上依赖少数支持穿山甲保护的研究人员、自然资源保护主义者、高校学者等，他们通常依靠私人或短期资助金来尽可能多地了解这些物种。缺乏战略方针意味着各个单独项目之间无法实现协同合作，而且会降低每个单独项目的效力和效率。这种做法是不可持续的。

在一些地区，穿山甲保护得到了社区的支持。例如，作为 2012 年建立的穿山甲保护计划部分，巴克塔普尔（Bhaktapur）的陶铎奇哈普（Taudolchhap）社区森林使用者小组一直在社区森林中保护获救和活动的中华穿山甲。尼泊尔政府森林和水土保持部以当地地区森林办公室（DFO）现金奖励形式鼓励他们为保护穿山甲所作的贡献。许多其他社区愿意保护穿山甲，并希望参与穿山甲研究和保护活动，包括建立穿山甲保护区和救援研究中心。同时他们也希望他们的贡献得到合理的报酬。陶铎奇哈普（Taudolchhap）社区森林使用者小组开发了一些创新的方法，确保他们的保护工作能够得到报酬。例如，他们向希望在其社区森林中研究穿山甲的科研人员和参观穿山甲的游客收取费用。

尼泊尔保护穿山甲的机遇——社区保护的承诺

尼泊尔在打击其保护区内的偷猎行为方面享有极高的声誉（Acharya，2016；世界自然基金会，2018）。参与尼泊尔反偷猎活动的组织包括中央政府和基层组织，包括尼泊尔政府森林和环境部（MoFE）、尼泊尔军队、各级政府当局、非政府组织（NGO）和社区组织（CBO）。在这种情况下，以社区为基础的反偷猎单位（CBAPU）是行动的主要部分。自 2012 年以来，它们在实现 6 个 "零偷猎" 年［即 12 个月内没有涉及三个主要大型动物物种——大独角犀、老虎和亚洲象（Elephas maximus）的偷猎］过程中发挥了关键作用。近期体制和立法改革加强了执法力度和当地社区的有效参与，促使了这次成功（Aryal et al.，2017）。当地社区采纳并支持以社区为基础的反偷猎单位概念，主要作用是及时向执法机构提供有关偷猎活动的准确情报。当地社区对尼泊尔野生动物保护的成功作出的巨大贡献，是进一步发展和完善森林地区（以人为主导的景观）和保护区周围社区主导的穿山甲保护的重要基础。

在保护区以外（包括森林区），没有专业或有组织的野生动物保护执法机构。传统上社区森林的重点是保护和生产森林资源，包括收集其他资源（动物、矿物等）。但当地的保护工作，特别是对穿山甲的保护，并不是社区优先考虑的问题（事实上，穿山甲的保护工作常常与社区林业团体 CFUG 关注的利益背道而驰）。然而，有些地区已开始提出社区保护倡议（图 25.3）。一些当地社区已经成功地制定和实施了一些策略，以在马克万普尔（Makwanpur）［拉尼班保护林（Raniban CF）］等社区森林中执行有关保护穿山甲等重要野生动物物种的法律。

重要的是，尼泊尔大部分穿山甲保护项目的关注点都放在中华穿山甲上。这包括各种为提高公众保护穿山甲意识的外展活动，如创建工作坊、制作电台节目、开展学校讲座，以及制作宣传保护穿山甲信息的产品（如海报、小册子、T 恤、杯子和徽章）。2016 年出版并广泛发行了一本名为 *Saalak*（尼泊尔语中的穿山甲）的书（Kaspal et al.，2016）。这本书将有成效的穿山甲保护方法与基于自然的旅游业带来的经济福祉联系起来，旨在改变人们对穿山甲在其自然栖息地中价值的看法。人们希望，目前已成功的基于社区的穿山甲保护工作可以扩大规模，并在全国推广。

在更广泛的范围内，一系列利益相关者正在讨论通过生态走廊将尼泊尔现有保护区连接起来，这是在现有和成功的规模化景观保护计划［如平原弧线（特莱弧）景观和奇特旺-安纳普尔纳（Chitwan-Annapurna）景观］的基础上进行的。将现有森林纳入保护区网络之内，将保护穿山甲和景观公园结合在一起，将为穿山甲的保护工作提供重要帮助，类似的工作还包括通过开展实地保护项目，或者改善当地生活、生计多样化而使当地社区居民主动参与保护工作。

尼泊尔基于社区的穿山甲保护计划

尽管存在上述挑战，尼泊尔仍成功开展了一些基于社区的穿山甲保护项目，当地社区积极参与并成功保护了当地穿山甲。这些项目已在尼泊尔各地区陆续实施（图 25.3；Kaspal，2016；Khatiwada，2014；NTNC，2018；SMCRF，2018；ZSL，2018）。

塔普勒琼（Taplejung）、马克万普尔（Makwanpur）、奇特旺（Chitwan）和廓尔喀（Gorkha）

2012 年，尼泊尔国家自然保护信托基金与伦敦动物学会合作，在尼泊尔东部塔普勒琼（Taplejung）地区的南柯杨（Nangkholyang）和多库（Dokhu）村启动了一个项目（图 25.3）。其目的是支持穿山甲保护活动，在地方层面提高认识和控制非法贸易。该项目成立了一个穿山甲保护委员会。

在开展这个项目之前，村民们如果遇到穿山甲，很可能会杀死它。穿山甲肉被认为是美味佳肴，会被村民食用或出售，穿山甲甲片可能会用于非法贸易。有证据表明，在项目实施之后，人们的观念和态度发生了变化。现在当地人在田里或路上遇到活穿山甲，通常会把它带回村庄，并通知保护委员会成员。委员会成员利用这个机会，把大家召集过来科普其相关的保护法律法规，然后将其放归野外。2013～2016 年，当地社区居民共发现了 6 只穿山甲，并将其交给委员会成员，穿山甲也被安全释放到适当的栖息地。2012～2014 年，当地社区的许多成员（约 45 人）积极参与保护机构组织的巡逻活动、社区会议，村民对穿山甲的保护意识也有所提高，但是在项目结束后，由于财政、后勤支持及技术支持逐渐减少，参与到穿山甲保护的人仅有 2～3 人。由于现在参与者很少，项目活动几乎全部停止。在没有后续的持续支持（财政、后勤和技术）之前，这种现状不太可能发生变化。如果得到地方政府的资金支持，或者社区开始直接从参与穿山甲保护中获益（如通过自然旅游），这种情况就可能发生改变。

2018 年世界穿山甲日，在靠近奇特旺（Chitwan）和帕萨（Parsa）国家公园的马克万普尔（Makwanpur）区建立了两个社区管理型穿山甲保护区（CMPCA），即 Chuchchekhola CFUG 和 Situ BZCFUG，面积约 7km²。这些新的穿山甲保护区（CMPCA）是伦敦动物学会、国家公园和野生动物保护部、尼泊尔国家自然保护信托基金、喜马拉雅自然（HN）、米提拉（Mithila）野生动物信托基金会（MWT）和当地社区小组合作的结果。2016 和 2018 年，在这些穿山甲保护区的 7 个社区森林使用者小组中开展了相关的社区参与计划，包括布设红外相机开展调查。社区森林使用者小组中的一个，即拉尼班（Raniban）社区森林使用者小组，发起了一个穿山甲保护计划，内容为社区领导宣布在社区森林内建立一个穿山甲核心区。这是在社区森林中，穿山甲保护区增加对穿山甲保护所有权和参与度的一个例子。

2016～2019 年，尼泊尔国家自然保护信托基金与奇特旺（Chitwan）地区的 4 个社区森林使用者小组和廓尔喀（Gorkha）地区的 4 个社区森林使用者小组进行了合作。从红外相机监测获取生态数据是该项目的一个关键特征。2016 年和 2018 年进行了红外相机监测调查，并确认在所调查的 8 个社区森林中有 3 个 [1 个在奇特旺（Chitwan），2 个在廓尔喀（Gorkha）] 有中华穿山甲分布，调查的 8 个森林群落都被认为是潜在的穿山甲栖息地。

尼泊尔国家自然保护信托基金还支持社区森林使用者小组实施推广计划，培训他们监控穿山甲，保护它们免遭偷猎和非法贸易。这些项目正朝着以社区为基础和主导的穿山甲保护项目的方向发展。

巴克塔普尔（Bhaktapur）、拉里德普尔（Lalitpur）、加德满都（Kathmandu）、卡夫雷帕兰乔克（Kavrepalanchowk）和辛都巴尔乔克县（Sindhupalchowk）

小型哺乳动物保护和研究基金会（SMCRF）、妇女保护组织（WC）、尼泊尔绿化组织（GHN）、尼泊尔自然遗产组织（NHN）和尼泊尔农村发展和环境保护委员会（NRDEPC）正在巴克塔普尔（Bhaktapur）、拉里德普尔（Lalitpur）、加德满都（Kathmandu）、卡夫雷帕兰乔克（Kavrepalanchowk）和辛都巴尔乔克县（Sindhupalchowk）等地区合作实施基于社区的穿山甲保护项目。旨在教育当地社区成员了解穿山甲知识，并让他们参与以社区为基础的穿山甲保护工作。

项目活动包括：外展，如在当地学校开展保护教育项目，在学校学生中举办作文或艺术作品竞赛，开展教育性公众演讲活动、圆桌讨论、广播、讲习班，以及张贴宣传海报、制作相关书籍、T 恤衫和帽子（SMCRF，2018）；社区能力建设方案，包括穿山甲生态调查和监测，收集当地生态知识，使用全球定位系统和相机捕捉器，组建和动员当地的以社区为基础的反偷猎单位；发展其他替代生计和创收活动（如合作社、小额贷款，以及推广寄宿家庭）。

当地居民长期在本地居住，了解当地地域环境并具有传统生态知识，这为提高对穿山甲种群及其分布的认识提供了宝贵的信息来源。此外，如果当地居民能够参与森林地区巡逻（这是一种在保护区网络之外缺乏的行动）——将降低其他社区成员参与盗猎穿山甲的可能性。从事穿山甲保护工作的社区成员向他们的同龄人宣传有关捕杀穿山甲的法律，并劝诫可能会从事非法活动的邻居、亲戚和朋友（Roe，2015）。最重要的是，从事保护工作的社区成员也会阻止外来者进入村庄寻找穿山甲或其甲片，外来者的这种行为会被当地居民向有关当局举报。

尼泊尔穿山甲保护的未来——机遇与挑战

尼泊尔当地有几个有意思的特点，有利于穿山甲保护工作。大多数尼泊尔人不是印度教徒就是佛教徒。这两种宗教的教义都十分尊重野生动物。生活在尼泊尔农村社区的人们通常都支持这些项目，因为他们认为保护野生动物和森林栖息地有益。这一方面由于他们的宗教价值观，另一方面因为他们明白，他们的生计依赖于自然资源 [如非木质森林产品（NTFP）]，因此，这些资源受到高度重视。尽管一些农村人认为看到穿山甲会带来厄运，杀死穿山甲可以防止他们自己和家庭遇到厄运，但也有人认为穿山甲对他们很有帮助，因为穿山甲以白蚁和蚂蚁为食，控制了这些昆虫的数量。一般来说，社区成员对以保护穿山甲为重点的社区项目的早期阶段十分感兴趣，因为他们获得了新的信息，并可以参加能力建设培训和研讨会。本章的作者通过访问部分参与者，他们认为能成功参与这类项目，不仅得到了来自同辈、媒体和项目组织者的认可，还让他们感受到了自身价值（自我价值感），并为贡献自我推进项目而感到自豪（自我效能感）。

尽管自 20 世纪 70 年代以来，穿山甲一直是尼泊尔的保护物种，但保护穿山甲并不是该国的最优先事项。像犀牛、老虎甚至雪豹（*Panthera uncia*）这样有魅力的大型旗舰动物才是关注的重点，才能得到大量的资金支持，同时尼泊尔也建立了保护区网络来保护这些物种。然而，尼泊尔的两种穿山甲物种面临灭绝的威胁，穿山甲的非法贸易水平也居高不下，令人担忧（另见第 16 章），这使得尼泊尔政府更加重视保护穿山甲。在 2016 年完成全国的穿山甲调查之前，尼泊尔政府曾制定了一项监测穿山甲的议定书，并制定了尼泊尔穿山甲保护行动计划（2018-22；DNPWC，2018；Department of Forestry，2018）。一个 DFO（Kavrepalanchowk）也为其管辖范围内的社区森林制定了穿山甲管理计划（Kaspal，2017）。

尼泊尔正在实施数个穿山甲保护项目，有一些出色的保护成功案例，社区保护起到了主导作用，在其管辖的森林和私人土地范围内，增强了当地保护穿山甲的能力。但是想要在尼泊尔实现成功保护穿山甲的目标，还需要克服一些困难，如资金短缺、缺乏生态数据及日益加剧的尼泊尔境内偷猎和非法贸易威胁。然而，有了必要资源和各机构合作，尼泊尔完全有能力在穿山甲保护方面处于国际领先地位。

参 考 文 献

Acharya, K.P., 2016. A Walk to Zero Poaching for Rhinos in Nepal. Department of National Parks and Wildlife Conservation, Kathmandu, Nepal.

Acharya, K.P., Paudel, P.K., Neupane, P.R., Kohl, M., 2016. Human-wildlife conflicts in Nepal: patterns of human fatalities and injuries caused by large mammals. PLoS One 11 (9), e0161717.

Aryal, A., Acharya, K.P., Shrestha, U.B., Dhakal, M., Raubenhiemer, D., Wright, W., 2017. Global lessons from successful rhinoceros conservation in Nepal. Conserv. Biol. 31 (6), 1494–1497.

Bajracharya, S.B., Dahal, N. (Eds.), 2008. Shifting Paradigms in Protected Area Management. National Trust for Nature Conservation, Kathmandu, Nepal.

Baral, N., 2005. Resources Use and Conservation Attitudes of Local People in the Western Terai Landscape, Nepal. M.Sc. Thesis, Florida International University, Miami, FL, United States.

Baral, T.N., Bhatta, G.P., 2005. Maximizing Benefits of Space Technology for Nepalese Society, Journal 5 (Published in 2063 B.S.), Nepalese Journal of Geoinformatics. Published by Ministry of Land Reform and Management, Government of Nepal.

Bhandari, N., 2013. Distribution, Habitat Utilization and Threats Assessment of Chinese Pangolin (*Manis pentadactyla* Linnaeus, 1758) in Nagarjun Forest of Shivapuri Nagarjun National Park. M.Sc. Thesis, Tribhuvan University, Kathmandu, Nepal.

Bhatt, N., 2003. Kings as wardens and wardens as kings: Post-Rana ties between Nepali royalty and National Park staff. Conserv. Soc. 2003 (1), 247–268.

Bhattarai, B.R., Wright, W., Poudel, B.S., Aryal, A., Yadav, B.P., Wagle, R., 2017. Shifting paradigms for Nepal's protected areas: history, challenges and relationships. J. Mountain Sci. 14 (5), 964–979.

Central Bureau of Statistics (CBS), 2012. National Population and Housing Census 2011 (National Report). NPHC 2011, 01. Central Bureau of Statistics, Kathmandu, Nepal.

Central Bureau of Statistics (CBS), 2017. A Compendium of National Statistical System of Nepal. Central Bureau of Statistics, Kathmandu, Nepal.

Corbet, G.B., Hill, J.E., 1992. The Mammals of the Indomalayan Region: A Systematic Review. Oxford University Press, Oxford.

Department of Forestry, 2018. Community Forestry. Available from: <http://dof.gov.np/dof_community_forest_division/community_forestry_dof>. [June 13, 2018].

Department of Forest Research and Survey (DFRS), 2016. Forest Resource Assessment Nepal. Kathmandu, Nepal.

Department of National Parks and Wildlife Conservation (DNPWC), 2017. Management Effectiveness Evaluation of Selected Protected Areas of Nepal. Ministry of Forests and Soil Conservation, Department of National Parks and Wildlife Conservation. Kathmandu, Nepal.

Department of National Parks and Wildlife Conservation (DNPWC), 2018. Protected Areas of Nepal. Available from: <http://www.dnpwc.gov.np/>. [June 9, 2018].

Dhakal, S., 2016. Distribution and Conservation Status of Chinese Pangolin in Palungtaar Municipality of Gorkha District, Western

Nepal. Tribhuvan University, Kathmandu, Nepal.

Gilmour, D.A., Fisher, R.J., 1991. Villagers, Forests, and Foresters: The Philosophy, Process, and Practice of Community Forestry in Nepal. Sahayogi Press, Kathmandu.

Government of Nepal, 1988. Master Plan for the Forestry Sector, Nepal. Kathmandu, Nepal. Government of Nepal, 2015. Forest Policy. Government of Nepal, Kathmandu.

Gurung, H., 1980. Vignettes of Nepal. Sajha Prakashan, Kathmandu, Nepal.

Gurung, J.B., 1996. A pangolin survey in Royal Nagarjung Forest in Kathmandu, Nepal. Tiger Paper 23 (2), 29–32.

Hobley, M., Malla, Y., 1996. From Forests to Forestry - The Three Ages of Forestry in Nepal: Privatization, Nationalization, and Populism. In: Hobley, M. (Ed.), Participatory Forestry: The Process of Change in India and Nepal. Rural Development Forestry Network, Overseas Development Institute, London, pp. 65–92.

Hodgson, B.H., 1836. Synoptical description of sundry new animals, enumerated in the catalogue of Nepalese mammals. J. Asiat. Soc. Bengal 5 (52), 231–238.

Joshi, B.K., Acharya, A.K., Gauchan, D., Chaudray, P. (Eds.), 2017. The State of Nepal's Biodiversity for Food and Agriculture. Ministry of Agricultural Development, Kathmandu, Nepal.

Jnawali, S.R., Baral, H.S., Lee, S., Acharya, K.P., Upadhyay, G.P., Pandey, M., et al., 2011. The Status of Nepal's Mammals: The National Red List Series. Department of National Parks and Wildlife Conservation, Kathmandu, Nepal.

Kaspal P., Shah, K.B., Baral. H.S., 2016. Saalak. Himalayan Nature, Kathmandu, Nepal.

Kaspal, P., 2016. Scaling up the Chinese Pangolin Conservation Through Education and Community- Based Monitoring Programs to Combat Pangolin Trade in Sindhupalchowk District, Nepal, Natural Heritage Nepal. A report submitted to the Ocean Park Conservation Foundation, Hong Kong.

Kaspal, P., 2017. Pangolin Conservation Management Plan for the Community Forests of Nepal. Natural Heritage Nepal. Submitted to District Forest Office, Kavrepalanchowk, Nepal.

Katuwal, H.B., Neupane, K.R., Adhikari, D., Thapa, S., 2013. Pangolin Trade, Ethnic Importance and Its Conservation in Eastern Nepal. Small Mammals Conservation and Research Foundation and WWFNepal, Kathmandu, Nepal.

Khadgi, B., 2016. Distribution, Conservation Status and Habitat Analysis of Chinese Pangolin (*Manis pentadactyla*) in Maimajuwa VDC, Ilam, Eastern Nepal. School of Environmental Science and Management (SchEMS), Pokhara University, Kathmandu, Nepal.

Khatiwada, A.P., 2014. Conservation of Chinese Pangolin (*Manis pentadactyla*) in the Eastern Himalayas of Nepal. Unpublished final report to Zoological Society of London, London, UK.

Khatiwada, A.P., 2016. A Survival Blueprint for the Chinese Pangolin, *Manis pentadactyla*. Zoological Society of London, London, UK.

Khatri-Chhetri, R., Chang, T.C., Khatri-Chhetri, N., Huang, Y.-L., Pei, K.J.-C., Wu, H.-Y., 2016. A retrospective study of pathological findings in endangered Formosan pangolins (*Manis pentadactyla pentadactyla*) from southern Taiwan. Taiwan Vet. J. 43 (1), 55–64.

Lamichhane, B.R., Persoon, G.A., Leirs, H., Poudel, S., Subedi, N., Pokheral, C.P., et al., 2018. Spatio-temporal patterns of attacks on human and economic losses from wildlife in Chitwan National Park, Nepal. PLoS One 13 (4), e0195373.

Ministry of Forest and Soil Conservation, 2016. National Pangolin Survey (NPS) Final Report. Government of Nepal, Kathmandu, Nepal.

Mishra, H.R., 1982. Balancing human needs and conservation in Nepal's Royal Chitwan Park. Ambio 11 (5), 246–251.

National Trust for Nature Conservation (NTNC), 2018. Annual Performance Report, Hariyo Ban Program, National Trust for Nature Conservation 2018. Kathmandu, Nepal.

Paudel, K., 2015. Assessing Illegal Wildlife Trade in Araniko-Trail, Nepal. M.Sc. Thesis, Pokhara University, Kathmandu, Nepal.

Roe, D., (Ed.), 2015. Conservation Crime and Communities: Case Studies of Efforts to Engage Local Communities in Tackling Illegal Wildlife Trade. IIED, London.

Sapkota, R., 2016. Habitat Preference and Burrowing Habits of Chinese Pangolin. M.Sc. Thesis, Tribhuvan University, Kirtipur, Nepal.

Small Mammals Conservation and Research Foundation (SMCRF), 2018. Educating and Empowering Local Community for Pangolin Conservation in Kathmandu Valley. Small Mammals Conservation Research Foundation, Kathmandu, Nepal.

Smythies, E., 1942. Big Game Shooting in Nepal. Thacker Spink, Calcutta.

Sun, N.C.-M., Arora, B., Lin, J.-S., Lin, W.-C., Chi, M.-J., Chen, C.-C., et al., 2019. Mortality and morbidity in wild Taiwanese pangolin (*Manis pentadactyla pentadactyla*). PLoS One 14 (2), e0198230.

Suwal, T.L., 2011. Status, Distribution, Behaviour and Conservation of Pangolins in Private and Community Forest of Balthali in Kavrepalanchowk, Nepal. M.Sc. Thesis, Tribhuvan University, Kathmandu, Nepal.

Suwal, R., Verheugt, Y.J.M., 1995. Enumeration of Mammals of Nepal. Biodiversity Profiles Project Publication No. 6. Department of National Parks and Wildlife Conservation, Ministry of Forest and Soil Conservation. His Majesty's Government, Kathmandu, Nepal.

Tripathi, A., 2015. Distribution and Conservation Status of Chinese Pangolin (*Manis pentadactyla*) in Prithivinarayan municipality, Gorkha, Western Nepal. B.Sc. Thesis, Tribhuvan University, Kathmandu, Nepal.

United Nations, 2018. UN list of Least Developed Countries. Available at: <http://unctad.org/en/pages/aldc/Least%20Developed%20Countries/UN-list-of-Least-Developed-Countries.aspx>. [September 25, 2018].

Upreti, B.N., 2017. Early Days of Conservation in Nepal: A Collection of Papers and Views Since 1970. Nepal Biodiversity Research Society, Kathmandu, Nepal.

World Bank, 2018. Nepal Systematic Country Diagnostic. Available at: <http://documents.worldbank.org/curated/en/361961519398424670/pdf/Nepal-SCD-Feb1-02202018.pdf>. [April 3, 2019].

WWF, 2018. How Nepal Achieved Zero Poaching. Available from: <http://tigers.panda.org/news/achievezero-poaching/>. [July 22, 2018].

ZSL, 2018. Launching the World's First Community Managed Pangolin Conservation Areas. Available from: <https://www.zsl.org/blogs/asia-conservation-programme/launching-the-world%E2%80%99s-first-community- managed-pangolin>. [July 22, 2018].

第26章　一种多相关利益方参与的研究和保护方法：以新加坡的马来穿山甲为例

海伦·C. 纳斯 [1, 2]，佩奇·B. 李 [3]，诺曼·T-L·利姆 [2, 4]，索尼娅·卢斯 [3]，切尼·利 [5]，钟逸飞 [5]，安妮特·奥尔森 [6]，安巴拉西·布珀 [7]，比·初·Ng·斯特兰奇 [8]，马杜·拉奥 [9]

1. 新加坡国立大学生物科学系，新加坡
2. 摄政公园伦敦动物学会，世界自然保护联盟物种生存委员会穿山甲专家组，英国伦敦，
3. 新加坡野生动物保护组织保护研究与兽医服务部，新加坡
4. 新加坡南洋理工大学国家教育学院，新加坡
5. 国家公园委员会保护部门，新加坡
6. 国际保育协会，新加坡
7. ACRES 野生动物救护中心，新加坡
8. 新加坡自然协会脊椎动物研究组，新加坡
9. 新加坡野生动物保护组织，新加坡

引　言

马来穿山甲是唯一分布于新加坡的穿山甲物种，分布在新加坡各地，包括乌敏（Ubin）岛和德光（Tekong）岛等近海岛屿（图26.1）。新加坡是个岛国，城市化程度很高，它的环境对穿山甲而言很独特。新加坡的马来穿山甲出现在高度发达的地区，如住宅区、中学和大学，以及其他地理范围内有天然植被的绿地和公园。

新加坡是唯一一个穿山甲不受偷猎威胁的国家（历史上曾发生过）。原因包括强有力的执法（新加坡国家公园管理委员会，2019），社会经济因素，即与其他国家相比较高的人均收入（新加坡统计局，2019），以及良好的医疗服务（新加坡卫生部，2019）。政府机构和其他利益相关者认识到，不应忽视新加坡穿山甲的安全和保护。这种认知驱使他们持续关注并采取行动来维持和增加新加坡穿山甲的种群数量。

本章总结了新加坡马来穿山甲的相关知识，回顾了对该物种的研究和保护行动，概述了新加坡保护马来穿山甲种群的未来计划。自始至终，都在强调建立一个国家级工作组，即新加坡穿山甲工作组（Singapore Pangolin Working Group，SPWG）的好处，促进利益相关者之间的合作，推动穿山甲保护。

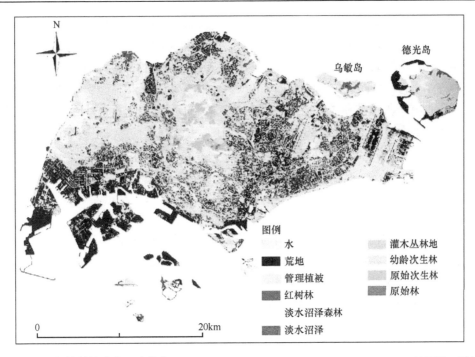

图 26.1　新加坡植被分布。改编自 Yee，A.T.K.，Corlett，R.T.，Liew，S.C.，Tan，H.T.W.，2011. The vegetation of Singapore—an updated map. Gardens' Bull. Singapore 63（1 & 2），205-212。

种　群

新加坡国土面积只有大约 720km²，由于穿山甲在全国都很罕见，人们怀疑其数量很少。2019 年，SPWG 促进了各机构和利益相关者之间的数据共享，首次估算了新加坡马来穿山甲的种群数量。采用标记重捕法和环境生态位模型（D. Fung Yu En，个人评论）估算新加坡有 1046 只马来穿山甲（575＜N_1＜1604；D. Fung Yu En，未发表数据）。数据来源包括新加坡国家公园（Chung et al.，2016）和一名新加坡国立大学（NUS）学生在自然保护区内进行的红外相机调查数据、万礼（Mandai）公园控股公司在私人土地上部署的红外相机调查数据、当地慈善机构动物保护研究和教育协会（Animal Concerns Research and Education Society，ACRES）的记录、新加坡野生动物保护组织（Wildlife Reserves Singapore，WRS）关于救助和放归穿山甲的微芯片数据，以及其他无线电遥测和穿山甲追踪数据。通过照片对穿山甲进行个体识别非常困难，由于穿山甲也分布在市区和没有红外相机覆盖的地区，使得对穿山甲种群的估算相当复杂，但使用标记重捕法和环境生态位模型的组合方法有助于解决这些问题。SPWG 成立于 2014 年，专门从事协调新加坡马来穿山甲的研究、保护和推广工作。在其成立之前，对穿山甲种群数量做出一个可靠的估计极其困难。

栖息地利用

新加坡高度城市化，当地穿山甲似乎已经改变了它们的行为模式，以便在这片支离破碎的自然栖息地中生存下来。自然栖息地包括低地龙脑香林、沿海山丘和淡水沼泽物种的原始森林、次生林、水杨梅林、草地、花园和城市公园（新加坡国家公园，2014）。除了自然栖息地外，穿山甲还常出没于人类活动频繁的区域，如屋苑、中学、大学和路旁。据记录，它们使用排水沟和涵洞穿过道路，可以利用城市结构在城市活动，如通过管道穿过建筑物下方（Nash et al.，2018a）。它们还会在建筑工地出没，在嘈杂或灯火通明的地方出没。目前尚不清楚这些行为是在新加坡的穿山甲中普遍存在，还是仅仅代表了少数分布于高度都市化环境的个体。新加坡其他区域分布的马来穿山甲栖息于森林、草原和其他绿地，并表现出在马来穿山甲地理分布范围内较常见的特征，如在森林中栖息和利用大树作为巢穴（见第6章）。

马来穿山甲利用不同管理部门管辖区域内的景观，包括新加坡国家公园、国防部（Ministry of Defence，MINDEF）、公共事业委员会（Public Utilities Board ，PUB）和陆地交通管理局（Land Transport Authority，LTA）。拥有天然植被和成熟树木的绿地大多局限于国家中部4个外围有绿色缓冲带的自然保护区（图26.1），和几个由国家公园管理的区域性公园。在军事区域也有穿山甲的存在，如西部集水区（the Western Catchment Area），那里限制外人出入。

生　态　学

人们对新加坡的马来穿山甲了解甚少。例如，它们的社会结构、种内与种间互作、种群分化和相关基因流等情况都知之甚少。然而，众所周知，它们使用各种各样的天然结构作为庇护所，包括洞穴、树木、蕨类植物和草本，以及城市结构（如管道）等。初步研究表明，穿山甲食性会因生境类型而异，某些物种如黄猄蚁（*Oecophylla smaragdina*）可能是其优先捕食的对象（A. Srivathsan，个人评论；见第6章）。该物种为半树栖动物，需花费时间寻找地下、陆地及树上的食物。对蚂蚁和白蚁的捕食有助于控制当地的害虫（即白蚁）数量，但人们对其捕食的猎物数量知之甚少。

人们对新加坡马来穿山甲的家域范围知之甚少（Lim，2007；Lim and Ng，2008a；Nash，2018）。该物种比较胆小，昼伏夜出，很少被看到，尽管有些个体（尤其是成年雄性）常见于公共区域（动物保护研究和教育协会，未公开数据）。可能是因为它们正在迁移并在寻找自己的栖息地，如白天在繁忙的城市十字路口发现了一只年轻的雄性个体（Nash，2018）。如果偷猎和路杀等威胁能够最小化，穿山甲似乎能适应新的生境（第6章）。不过，有报道称，雌性穿山甲更喜欢在大树下筑巢（Lim and Ng，2008a）。这些洞穴通常隐藏在茂密的灌木丛中，有时穿山甲会选择有其他障碍物的洞穴，比如攀缘植物和树根来保护洞穴入口。这表明，具有大树（胸径＞50cm）的成熟森林对马来穿山甲的繁殖和保护至关重要。

新加坡的穿山甲几乎没有天敌，因为新加坡的大型食肉动物已经灭绝。网纹蟒（*Malayopython reticulatus*）会捕食穿山甲（Lim and Ng，2008b），幼甲的体型较小，被捕食风险较高，但总体被捕食率很低。

威　胁

正如引言中提到，如果仍存在偷猎现象，也是新加坡地区马来穿山甲面临的威胁。野狗会对穿山甲构成威胁，它们追逐并伤害穿山甲个体，如严重抓伤或咬伤其尾部。有一只穿山甲被发现时只剩下了尾巴，可能是由于狗的攻击，也可能是其他原因，比如建筑机械造成的伤害。

路杀是马来穿山甲在新加坡的主要威胁。Chua等（2017）在1995～2017年记录了59起路杀事件。动物保护研究和教育协会报告称，在2014年6月至2018年3月，他们接到了107个关于穿山甲的救护电话，其中44%（*n*=47）与穿山甲出现在存在危险的道路上有关。其他打电话的原因主要是在住宅区、汽车底下、私人花园、游泳池、学校、寺庙和军事建筑及其他公共场所发现了穿山甲。也收到了一些关于穿山甲的投诉，如它们在木门下或花园里挖洞。通常情况下，如果当地人有幸遇到穿山甲，他们会很高兴，热衷通过社交媒体和当地自然网络快速分享看到的照片或视频。

动物保护研究和教育协会通常能够在一小时内快速响应大多数呼叫，评估形势后，工作人员有权根据已有的相关协议作出积极响应（动物保护研究和教育协会，2018）。所有被救护的穿山甲都被运送到新加坡野生动物保护组织的新加坡动物园，由兽医照顾。穿山甲康复后，新加坡国家公园会将其放归到安全且隐秘的野外环境。

立法保护和执法

20 世纪初，新加坡每年有允许合法捕杀穿山甲的时间段，但私人领地或其他限制区域除外（Tan and Tan，2013）。穿山甲汤是生日和其他庆祝活动的一道名菜。一些上了年纪的新加坡人会回忆起在唐人街餐馆里吃穿山甲的庆祝活动（H.C. Nash，未发表数据）。中药产品也含有穿山甲成分，如含有穿山甲鳞片粉末的药片、软膏和乳霜被用于治疗一系列疾病，包括皮肤疾病、改善泌乳和心脏病等（Y.F. Chung，未发表数据）。

随着穿山甲和其他野生动物保护意识的增强，新加坡政府决定在国内停止使用本土穿山甲，通过颁布《野生动物与鸟类法》（The Wild Animals and Birds Act，1965 年）来保护其他野生动物。新加坡还于1986 年成为《濒危野生动植物种国际贸易公约》的缔约方，在 2006 年推出了《濒危物种法》（Endangered Species Act），进一步限制穿山甲的贸易，包括未经许可不得销售或使用穿山甲产品。新加坡的文化和国家社会关系保证立法得到严格的执行，并对违法行为处以严厉的惩罚。再加上新加坡国土面积小，生活水平高于世界平均水平，动物保护立法在新加坡实施起来相对容易。全球范围内只有少数几个国家成功地将偷猎率降至极低，新加坡就是一个积极的榜样。现在，没有新加坡国家公园（新加坡《濒危野生动植物种国际贸易公约》的管理和科学权威机构）许可，在新加坡境内交易、消费或使用穿山甲产品均属违法行为。新加坡国家公园还对中药商店和其他商业贸易进行抽检，长期监控穿山甲产品的库存。根据《濒危物种（进出口）法》，对《濒危野生动植物种国际贸易公约》所列野生动物非法贸易（进口、出口和再出口）的最高处罚是每件标本罚款 50 000 新元（总额不超过 500 000 新元）或两年监禁。此外，市民只可使用自然保护区内的指定步道，夜间不得进入这些场所。新加坡国家公园的工作人员会定期检查捕猎套子、陷阱和排查可疑的行为，警察也会经常现场巡逻。

新加坡繁忙的港口可能仍然存在非法野生动物贸易现象，在实际工作中，并不是每艘船都有检查。截至 2019 年初，最后一次查获活体穿山甲是在 2003 年，从印度尼西亚贩运来的 20 只马来穿山甲。也查获过穿山甲鳞片，如 2015 年 12 月，在樟宜空运中心缉获了从尼日利亚贩运，途经新加坡运往老挝的 324kg 穿山甲鳞片。2019 年 4 月 3 日，新加坡移民与关卡局（ICA）及新加坡国家公园在巴西班让（Pasir Panjang）出口检查站查获了 12.9t 穿山甲鳞片，2019 年 4 月 8 日查获了 12.7t 鳞片（新加坡国家公园，个人通讯）。这两次事件中，鳞片都是在从尼日利亚运往越南的集装箱中缴获的。为减少非法贸易和防止通过新加坡进行贩运，新加坡已经作出了努力，包括改进举报、报道和执法（新加坡国家公园，个人报道）。然而，面对全球猖獗的野生动物非法贸易和高度有组织的犯罪网络（第 16 章），非法运输难以被发现。鉴于穿山甲在印度尼西亚和马来西亚等邻国面临的严重偷猎压力，新加坡执法机构和海关部门必须保持警惕，以防个人或犯罪组织在新加坡或将新加坡作为过境点进行穿山甲非法贸易。

开创性的研究和保护工作

新加坡以穿山甲为重点的保护活动始于 20 世纪 90 年代，由新加坡国家公园、新加坡野生动物保护组织和当地的自然保护者发起，目的是救助在市区发现的穿山甲，因为穿山甲在这些地方有被路杀和其他危险（如建筑机械）伤害的风险。康复的穿山甲被放归到岛上适合的栖息地。目前此类救助、康复和放归的行动仍在继续。

自 2005 年以来，包括新加坡动物园和夜间野生动物园在内的新加坡野生动物保护组织（WRS）一直在进行迁地保护的研究，新加坡野生动物保护组织是全球第一个在人工饲养条件下成功繁育和饲养马来穿山甲的组织（图 26.2）。2012~2018 年，新加坡野生动物保护组织共接收了 103 只被救助的新加坡

图 26.2　新加坡野生动物保护组织圈养的
马来穿山甲幼崽。

图片来源：新加坡野生动物保护组织/David Tan。

马来穿山甲，其中 7 只因福利原因被安乐死，7 只在抵达时已经死亡，其余的均被成功救助且植入芯片后放归野外。新加坡野生动物保护组织的动物行为专家利用喂食挑战来研究马来穿山甲的空间记忆能力，并得出了马来穿山甲可以通过学习找到可靠食物来源的结论（P. B. Lee，2018，未发表数据）。在动物营养学家的帮助下，圈养动物的饮食已得到评估和改善（见第 28 章；Cabana and Tay，2019）。新加坡野生动物保护组织拥有数十年的饲养经验，可成功进行保护育种和恢复被救助马来穿山甲的健康。

2005～2006 年，马来穿山甲生态学和行为学的实地研究率先在德港（Tekong）岛开展（Lim，2007）。包括对栖息地偏好、食物偏好、自然行为和基于自然历史的调查研究。野生穿山甲由人工徒手捕获，并利用无线电遥测技术和红外触发相机追踪。该项目于 2005 年 9 月至 2006 年 11 月进行，共捕获了 22 只穿山甲，无线电标签的脱落率很高，两周之内脱落了 80%，但成功追踪了 4 只成年雄性穿山甲 7 天（见第 6 章）。

新加坡穿山甲工作组

新加坡穿山甲工作组成立于 2014 年，由多方利益相关者组成，他们与开发商和政策制定者接触沟通，在研究和保护方面提供建议，致力于提高公众对穿山甲及其面临威胁的认识。新加坡穿山甲工作组为了协调新加坡穿山甲的保护、研究和推广工作而建立，由新加坡野生动物保护组织担任主席，由各种利益相关者组成，包括动物保护研究和教育协会、保护国际（Conservation International，CI）、李光前自然历史博物馆（Lee Kong Chian Natural History Museum，LKCNHM）、新加坡自然学会（Nature Society Singapore，NSS）、当地非政府组织"穿山甲故事"协会、野生动物保护协会（WCS）及学者和其他研究人员。新加坡穿山甲工作组制定了保护穿山甲的最佳策略，并开展了保护行动和管理计划。每两年举行一次工作组会议并与参会者持续沟通，促进就地和迁地研究项目、社区宣传、教育、媒体传播，协助穿山甲营救、康复和放生等。

新加坡穿山甲工作组在推动新加坡穿山甲研究和保护行动方面发挥了重要作用。该组织推动不同地区成员间建立了牢固的合作关系，促进各组织之间合作紧密、工作协调，加快了穿山甲研究工作，并使穿山甲的长期保护计划采取了科学的管理方式。新加坡穿山甲工作组增强了政府机构、科研单位和非政府组织之间的联系，促进了数据共享和协调配合标准化，借由这些优势，新加坡第一次对穿山甲的野外种群数量进行了科学精准的评估，这项工作是集成大量研究成果中的范例。

持续的穿山甲保护工作

自 2014 年 8 月以来，新加坡穿山甲工作组在新加坡开展了穿山甲研究和保护项目。项目主要目的为提升新加坡对马来穿山甲的了解，摸清马来穿山甲野外种群规模、家域范围和栖息地偏好。他们的研究手段多样：使用红外相机陷阱、野外追踪法、目测观察法和公路上撞死动物的统计报告、对获救穿山甲的分析和监测，以及基因研究。现正对已经开展的工作进行评估。

穿山甲野外种群大小、分布和生境选择的就地保护研究

红外相机调查

　　新加坡国家公园利用摄影机捕捉网格调查穿山甲的分布、估计种群大小及了解栖息地的偏好。相机陷阱部署在自然保护区和"生态链接（Eco-Link@BKE）"上，"生态链接（Eco-Link@BKE）"是一座横跨六车道高速公路连接保护区的高架野生动物桥。目前正在进行多次重复调查，了解长期以来的种群数量变化趋势。通过相机观察，桥上和保护区都发现有穿山甲。新加坡全国布设了超过 100 个抓拍摄像机，每个相机之间间隔 50m，分布在 500m×500m 范围的网格中，包含不同栖息地类型，包括原始林和次生林，以及较开放的灌木和草原地区。使用广义线性混合模型（GLMM）和广义最小二乘法（GLS）分析表明，穿山甲的存在并不会因森林类型、植被密度［归一化植被指数（NDVI）］或其他生境变量而发生显著变化（Y. F. Chung，未发表数据）。需要更深入了解穿山甲家域范围大小，以便使用红外相机监测数据制作穿山甲野外分布模型，这也可以通过跟踪方法来实现。

追踪和监测野外穿山甲

　　新加坡是一个很好的测试新技术的地点，因为每年有大量的穿山甲被救护和放生，而且穿山甲的野外栖息地很少有偷猎行为发生。2015 年，穿山甲的救护、恢复和放生被新加坡穿山甲工作组确定为国家优先行动。试用了两种方法来进行放生后的监测，即无线电追踪监测和微芯片标记法。为了进一步了解穿山甲的生态和行为（图 26.3），对救护和转移的穿山甲开展了放生后的监测，2016 年 3 月起开始对放生个体进行无线电追踪监测。初步结果表明，放生后亚成体和成年个体的行为在统计学上有显著差异，亚成体每晚似乎会行走很远的距离（据报道超过 3km），而成年个体每晚移动较少，可能有家域意识（见第 6 章；Nash，2018）。成体和亚成体穿山甲经常在市区草坪栖息，包括排水沟、涵洞和路边（Nash，2018）。此前没有马来穿山甲广泛利用城市景观的记录（第 6 章）。迄今为止，已经追踪到 10 只穿山甲，然而，无线电追踪器掉落率很高，大多数持续不到三周就丢失。只有两只雄性的监测维持了较长的一段时间，有一只是放生一个月后被重新发现（追踪器已掉落），然后重新安装和放归（Nash，2018）。由于存在这些问题，新加坡穿山甲放归后成活率是否下降的情况尚不明确，但 10 只动物中只有 2 只被证实在放归后死亡。

图 26.3　在新加坡监测放归后的马来穿山甲。图片来源：新加坡野生动物保护组织/David Tan。

　　第二种生态跟踪方法是微芯片标记法。新加坡动物园的兽医给每只获救和放生的穿山甲埋入皮下射频识别（RFID）微芯片，可以记录其各种信息。因此，如果这只穿山甲被重新发现，可以通过一个特洛芬（Trovan）标签阅读器对其信息进行查看。截至 2018 年，只有 4 只穿山甲被重新发现和放归，在所有被标记的穿山甲中所占比例很小。

　　随着技术进步，使用全球定位系统（GPS）标签使穿山甲野外追踪越来越容易。由于马来穿山甲的夜行性，无线电跟踪比较困难，有时甚至不可能，因为当穿山甲在树木密集的栖息地或地下洞穴时，无线电标签的低传输范围不足 50m。使用 GPS 标签将有利于进一步提高对穿山甲生态和行为的了解，并对放生后的监测起到重要作用。

目击和车祸死亡的监测数据

　　其他穿山甲数据收集方式包括目击和车祸报告，这些报告横跨各种数据库，如动物保护研究和教育协会、李光前自然历史博物馆、新加坡国立大学、新加坡国家公园生物多样性和环境数据库系统（BIOME）、新加坡生物地图集（SGBioAtlas）和国家环境局（NAE），都能够在地图上绘制出在公路上被车辆撞死的动物的具体位置和高发地区（Ong, 2017；Lee et al., 2018）。其他现有数据，特别是目击记录，正在整理中。新加坡穿山甲工作组致力于汇集来自不同组织的各种数据，以便在国家地域层面总结数据后得到想要的结果。此外，小组成员亦通过有关穿山甲的公开讲座或宣传单印制，向市民推广有关数据库信息，鼓励市民进行科学研究及报告目击穿山甲的情况。动物保护研究和教育协会发现，随着全国媒体开展网络和广播报道穿山甲的工作，穿山甲的救护和报道数量在增加（动物保护研究和教育协会，未发表数据）。

食性

　　需要进一步的研究来更好地了解新加坡马来穿山甲的食性喜好，包括穿山甲通过捕食蚂蚁和白蚁来控制害虫的潜在作用。宏基因组研究有助于提高对这些课题的理解（见《遗传学》一书）。新加坡穿山甲工作组将联合实地工作人员、兽医、实验室科学家和生物信息学家开展这项研究，将为这方面工作开展发挥重要作用。

迁地研究

对获救穿山甲进行分析和监测

　　新加坡野生动物保护组织对每一只被救护的穿山甲进行了全面的分析和监测工作。每只穿山甲都植入微晶片进行形态分析，收集形态数据。另外还采集血液、测定激素、DNA、精子和粪便样本，并用超声波检查是否怀孕或存在内伤。这些档案和微芯片为大范围的保护研究课题提供了一个坚实的基础，包括人工圈养繁殖、康复、救护和疾病筛选。每两年举行一次的新加坡穿山甲工作组会议，为成员之间的定期交流提供了平台，为新加坡动物园拟定新的研究目标或议定其他关于穿山甲的保护议程提供了帮助，协助他们调整监测方案。

遗传学

　　新加坡国立大学和南洋理工大学（NTU）进行了新加坡穿山甲的遗传学分析。新加坡穿山甲工作组将不同的研究人员和相关方联系起来实施这项研究。新加坡穿山甲工作组的合作伙伴相互取长补短，获得资金支持、相关样本收集和研究许可等，这种合作关系发挥了至关重要的作用。

　　南洋理工大学研究人员对穿山甲的细胞核和线粒体基因组进行了测序，为进一步研究当地种群遗传学奠定了基础。这项研究对评估新加坡野外穿山甲种群的遗传多样性和其应对环境变化的能力非常重要。

　　新加坡国立大学的研究人员通过收集死亡穿山甲的肠道内容物和活体粪便样本，利用宏基因组技术比较粪便中野生和圈养穿山甲的微生物群差异，由此确定野生穿山甲的食性特征（A. Srivathsan，个人评论）。公共数据库中缺乏穿山甲的标准食物数据限制了对它的食性分析，而且穿山甲自身的 DNA 也会掩盖食物的 DNA；现阶段研究证实了编织蚁是马来穿山甲偏好的食物，进一步的研究正在进行中（A. Srivathsan，2019，个人评论）。

新加坡国立大学也使用线粒体和限制位点遗传物质测序（RADseq 标记）来比较新加坡穿山甲和其他地区穿山甲的亲缘关系，以更好地了解遗传分化和种群结构。初步结果表明，新加坡穿山甲可能与北苏门答腊马来穿山甲相似（Nash et al.，2018b）。

保护穿山甲的展览与科普活动

2005 年起，当地非政府组织曾多次举办与穿山甲有关的科普展览和教育活动，如新加坡自然学会和"穿山甲故事"协会，还有新加坡国家公园、新加坡国立大学和新加坡野生动物保护组织。活动包括讲座、工艺品展示、舞蹈表演、讲故事、横幅展示、穿山甲日展览、游戏、礼物、小册子、宣传册和其他教育材料的宣传。

新加坡动物园和夜间野生动物园非常重视科普教育推广，对新加坡的生物多样性（包括穿山甲）进行科学讲解。2015 年，新加坡野生动物保护组织和国际野生物贸易研究组织（TRAFFIC）联合举办了为期一年、旨在阻止人们消费非法贩卖的野生动物肉类及制品的活动，名为"没有买卖，就没有杀害"。虽然新加坡当地没有消费穿山甲，但有一小部分人为了消费穿山甲或者穿山甲的附属产品，借旅游之名到海外某些穿山甲市场进行消费。

2018 年 2 月，为庆祝世界穿山甲日，新加坡国家公园和"穿山甲故事"协会在温莎自然公园组织了一上午的活动，帮助当地的儿童和成年人更多地了解马来穿山甲，宣传新加坡的保护工作。活动内容包括给穿山甲鳞片上色（图 26.4）、沿着匍茎草步道（Hanguana Trail）进行单词搜索以发现几个手工制作的木质穿山甲剪纸、讲故事（图 26.5）、参观艺术工作室和跟随导游游览。这是新加坡国家公园开展的多样化保护教育项目的一部分，包括"我爱大自然"儿童工作坊、大自然的艺术和欣赏大自然的漫步。虽然这些教育活动的影响尚未得到正式评估，但通过与活动的一些参与者的谈话得知，这些活动增加了他们对穿山甲的认识。还有几位参加者受启发捐款支持穿山甲保育工作。

举办诸如此类活动能提高公众认识，让人们对新加坡生活着马来穿山甲这一事实产生自豪感。这些科普展览活动的影响还不完全清楚，但对最后的项目评估应该有所裨益。新加坡穿山甲工作组计划摸底调查新加坡民众对穿山甲的态度和观念。研究结果将为未来穿山甲的科普展览和教育项目设计提供参考，这些项目将包括正式的监测和影响评估。

自 2014 年新加坡穿山甲工作组成立以来，新加坡的穿山甲受到了越来越多媒体的关注，也成为越来越多外展活动的焦点（新加坡穿山甲工作组，2019，未发表数据）。这些活动途径包括电视纪录片、新闻节目、文章、杂志专题、故事书、小册子、博物馆展览、艺术品和生态电影节的品牌宣传等，针对来自不同背景和不同年龄层的人。虽然活动影响还未被评估，但

图 26.4　2018 年在新加坡温莎自然公园为穿山甲的鳞片涂色。图片来源：新加坡国家公园。

图 26.5　2018 年在新加坡温莎自然公园讲故事。图片来源：新加坡国家公园。

有证据表明，人们正在做一些力所能及的协助工作，如向政府报告看到的穿山甲（动物保护研究和教育协会，未发表数据）。然而，许多新加坡人仍然不熟悉穿山甲，认识这个物种的人不一定知道它在新加坡有分布，但他们觉得可以做些什么来帮助和保护它们。新加坡穿山甲工作组准备解决这个问题，并将开始关注和评估这些活动的影响。

政策

与其他一些分布区国家相比，新加坡保护穿山甲的国家立法更为有力。然而，在这样一个人口密集的国家，自然保护区保护与开发之间的利益冲突不可避免，导致穿山甲栖息地丧失。一般而言，我们会致力进行环境研究和影响评估，并尽可能减轻对穿山甲的负面影响。2013～2019 年，一些开发商利用野生动物引导技术进行分期建设，帮助穿山甲和其他野生动物转移到安全区域。在新加坡，这是一种自愿的行为，在当地环保组织、新加坡穿山甲工作组、公众、环境相关政府机构和其他相关方的鼓励下，一些开发商选择这么做，这也符合国家政策，使新加坡成为一个"花园城市"。新加坡穿山甲工作组的成员通过与开发商直接或间接联系，让他们帮忙暂缓工程或者寻找新的方法，从而促进人类和穿山甲共存。另一种可实施的方法是为穿山甲和其他野生动物修建地下野生动物通道。

2018～2030 年拟实施的国家保护战略和行动计划

2017 年 7 月，新加坡野生动物保护组织在新加坡赞助并主办了第一个国家保护规划马来穿山甲研讨会（图 26.6）。新加坡穿山甲工作组会议讨论了制定国家保护战略的必要性，新加坡野生动物保护组织与新加坡国家公园、与世界自然保护联盟（IUCN）物种生存委员会亚洲物种行动伙伴关系（ASAP）、IUCN SSC 穿山甲（PSG）及保护规划专家组（CPSG）合作，共同举办了国家层面的研讨会。

研讨会的参与者来自当地非政府组织，包括动物保护研究和教育协会、新加坡自然学会和"穿山甲故事"协会，以及建屋发展局（HDB）、公共事业委员会和新加坡国土规划部门、大专院校的建筑设计及研究人员。研讨会的结果是新加坡马来穿山甲被列入国家保护战略和行动计划（Lee et al., 2018）。新

图 26.6　新加坡穿山甲工作组和其他参与者参加新加坡野生动物保护组织主办的保护计划研讨会。图片来源：新加坡国家公园/David Tan。

加坡穿山甲工作组负责实施、监测和评估行动计划及综合评估适应性管理。机构间的联络和合作被确定为最优先最重要的事项，如收集和分享信息，增强生境间的可持续性和连通性，确保重要的城市规划建设和相关政策实施，以及穿山甲的救援、康复和释放（Lee et al.，2018）。

新加坡穿山甲工作组的工作回顾

　　虽然新加坡的马来穿山甲面临的威胁在某些方面与其他地区不同，但新加坡穿山甲工作组面临的挑战和困难与其他国家有相似之处。

　　国家级工作小组的成立，推动了新加坡穿山甲保护工作的发展。这种模式可以应用到其他地区，特别是某些地区组织之间缺乏合作或者有直接竞争，会限制国家层面的研究和保护。

　　国家层面的工作组能帮助利益相关方摆脱研究和保护工作受到的人数和资金限制，转向一种协调的方式，使大规模、多利益相关方参与的项目能够得到设计、实施、监测和评估。

　　利益相关方之间的定期沟通，以及每两年一次的面对面会议，使团队合作得以加强，并在穿山甲保育方面取得了丰硕成果。他们提供各种机会，使各项目之间可以协同作用，提高了每个项目的效益和效率。

　　在新加坡，穿山甲保护工作取得成功的一个重要因素是利益相关者之间良好的氛围，以及由不同成员组成的工作团队，致力于共同的事业。有助于鼓励新加坡的利益相关者、其他机构和人民参与。

　　国家层面工作组的重要好处是能够通过与捐助者的合作获得大量资金支持。新加坡穿山甲工作组各成员开展的研究和保护项目得到了新加坡野生动物保护组织和新加坡野生动物保护组织基金的大量技术和财政支持，以及政府通过国家公园和其他机构提供的资金支持。财政稳定和政府机构的支持对新加坡穿山甲工作组的工作大有帮助。然而，新加坡许多穿山甲保护项目都依赖无偿的志愿者，新加坡穿山甲工作组的积极工作满足了这些志愿者的热情。

　　新加坡穿山甲保护工作已经取得了很大发展，但保护穿山甲种群还有漫长的路要走。新加坡国家保护战略和马来穿山甲行动计划是当前和未来保护行动的指路明灯，新加坡穿山甲工作组的总结反思、适应性管理对于保护该物种至关重要。

参 考 文 献

ACRES, 2018. Animal Concerns Research and Education Society. Available at: <http://acres.org.sg>. [March 26, 2019].

Cabana, F., Tay, C., 2019. The addition of soil and chitin into Sunda pangolin (*Manis javanica*) diets affect digestibility, faecal scoring, mean retention time and body weight. Zoo Biol. Early View.

Chung, Y.F., Lim, N.T.-L., Shunari, M., Wang, D.J., Chan, S.K.L., 2016. Record of the Malayan porcupine, *Hystrix brachyura* (Mammalia: Rodentia: Hystricidae) in Singapore. Nat. Singapore 9, 63-68.

Department of Statistics, Singapore, 2019. Household Income. Available at: <https://www.singstat.gov.sg/find-data/search-by-theme/households/householdincome/latest-data>. [April 12, 2019].

Lee, P.B., Chung, Y.F., Nash, H.C., Lim, N.T.-L., Chan, S.K. L., Luz, S., et al., 2018. Sunda Pangolin (*Manis javanica*) National Conservation Strategy and Action Plan: Scaling Up Pangolin Conservation in Singapore. Singapore Pangolin Working Group, Singapore.

Lim, N.T.-L., 2007. Autecology of the Sunda Pangolin (*Manis javanica*) in Singapore. M.Sc. Thesis, National University of Singapore, Singapore.

Lim, N.T.-L., Ng, P.K.L., 2008a. Home range, activity cycle and natal den usage of a female Sunda pangolin *Manis javanica* (Mammalia: Pholidota) in Singapore. Endanger. Sp. Res. 4, 233-240.

Lim, N.T-L., Ng, P.K.L., 2008b. Predation of *Manis javanica* by *Python reticulatus* in Singapore. Hamadryad 32 (1), 62-65.

Ministry of Health, Singapore, 2019. Singapore's Healthcare System. Available at: <https://www.moh.gov.sg/our-healthcare-system>. [April 12, 2019].

Nash, H.C., 2018. The Ecology, Genetics and Conservation of Pangolins. Ph.D. Thesis, National University of Singapore, Singapore.

Nash, H.C., Lee, P., Low, M.R., 2018a. Rescue, rehabilitation and release of Sunda pangolins (*Manis javanica*) in Singapore. In: Soorae, P.S., (Ed.), Global Re- Introduction Perspectives. Case-Studies From Around the Globe. IUCN/SSC Re-introduction Specialist Group, Abu Dhabi, UAE.

Nash, H.C., Wirdateti, Low, G., Choo, S.W., Chong, J.L., Semiadi, G., et al., 2018b. Conservation genomics reveals possible illegal trade routes and admixture across pangolin lineages in Southeast Asia. Conserv. Genet. 19 (5), 1083-1095.

National Parks Board (NParks), 2014. Terrestrial Ecosystems. Available at: <https://www.nparks.gov.sg/biodiversity/our-ecosystems/terrestrial>. [June 11, 2019].

National Parks Board (NParks), 2019. Do's and Don'ts-Animal Advisory for Pangolins. Available at: <https://www.nparks.gov.sg/gardens-parks-and-nature/dos-and-donts/animal-advisories/pangolins>. [April 12, 2019].

Ong, S.Y., 2017. The Identification, Characterisation and Management of Mammal Roadkill Hotspots on Mainland Singapore. B.Sc. Thesis, National University of Singapore, Singapore.

Tan, M.B.N., Tan, H.T.W., 2013. The Laws Relating to Biodiversity in Singapore. Raffles Museum of Biodiversity Research. National University of Singapore, Singapore.

第 27 章　保护非洲中部穿山甲栖息地的整体方法

安德鲁·福勒

摄政公园伦敦动物学会保护与政策部，英国伦敦

引　言

喀麦隆分布有三种穿山甲：巨地穿山甲（*Smutsia gigantea*）、白腹长尾穿山甲（*Phataginus tricuspis*）和黑腹长尾穿山甲（*P. tetradactyla*）。前两种穿山甲被列为濒危物种，黑腹长尾穿山甲在《世界自然保护联盟濒危物种红色名录》中被列为易危物种（见第 8 章和第 10 章）。在喀麦隆境内，巨地穿山甲受到 1994 年颁布的《喀麦隆森林法》的保护，意味着任何形式的捕猎和买卖其身体部位都被法律禁止（Challender and Waterman，2017）。白腹长尾穿山甲和黑腹长尾穿山甲并没有得到完全保护。直到 2017 年，上述法律把它们列为受保护物种。喀麦隆禁止任何对穿山甲的开发利用。

虽然喀麦隆法律保护穿山甲，但偷猎和贩运穿山甲并未断绝（Ingram et al.，2019）。穿山甲及其衍生产品的商业活动还在两大主要市场的需求推动下进行，且很大程度上没有受到抑制：①当地市场，主要是穿山甲肉制品的消费；②亚洲市场，穿山甲鳞片被批量售卖（Ingram et al.，2019）。当地市场可以进一步细分为当地社区消费市场及较大的城市中心野味供应市场（Furnell，2019）。

本章以喀麦隆的穿山甲保护为例。主要关注在东非国家公园贾河生物圈保护区（DBR）开展的保护活动，该地区生物多样性丰富，生存有三种热带非洲穿山甲和主要的非洲森林象（*Loxodonta cyclotis*）种群及类人猿。东非国家公园生物圈保护区相关保护工作正在全面进行，包括改善保护区的管理能力，为前线执法人员和司法机构提供支持，建立社区监控网络，鼓励当地社区参与保护等。

喀麦隆背景

喀麦隆位于非洲中部，因其文化、生态系统和地质特征的多样性，常被称为非洲的缩影（Mbenda et al.，2014）。从北部的半干旱地区，到刚果盆地的雨林，再到海洋和淡水栖息地，还有沿海红树林，喀麦隆拥有丰富多样的生境类型。喀麦隆西部与尼日利亚接壤，东北部与乍得接壤，东部与中非共和国接壤，南部与赤道几内亚、加蓬和刚果共和国接壤。刚果共和国南部覆盖着 22 万公顷的热带森林，是刚果盆地森林生态系统的重要组成部分（De Wasseige et al.，2009）。森林是当地社区和土著居民的生计来源，也是 8000 多种植物、900 多种鸟类和 300 多种哺乳动物的栖息地，包括西非低地大猩猩（*Gorilla gorilla gorilla*）和黑猩猩（*Pan troglodytes*；喀麦隆共和国，2012）。

喀麦隆大多数人从事自给自足的农业活动，生活在贫困之中。目前，当地经济得到了一定发展，也在不断加大自然资源开发，如种植、伐木特许权授予和水力发电站建设。快速扩张的基础设施建设开始威胁到野生动物。东亚公司承包了许多基础设施建设合同，加强了与中国和东亚的联系，并使喀麦隆拥有了相当数量的亚洲侨民（Nordtveit，2011）。这增加了人们进入东亚非法木材市场的机会，并为野生动

物贩运提供了便利（Clarke and Babic，2016）。有几个因素使得喀麦隆长期开展穿山甲保护工作具有挑战性，这与打击穿山甲非法贸易有关。喀麦隆林业和野生动物部（MINFOF）是喀麦隆负责管理保护区和保护野生动物的政府机构。同中非许多国家政府机构一样，喀麦隆林业和野生动物部缺乏足够的人力物力来有效地完成保护和管理任务。喀麦隆各级政府普遍存在腐败现象，透明国际（Transparency International）公布的清廉指数（corrup-tion perceptions index）中，喀麦隆在180个国家中排名第152位（Transparency International，2019）。

　　缺乏资源和治理不善的结果是司法程序在实践中行之失效。在处理非法野生动物贸易（IWT）时，这一点尤其严重。许多相关案件中，犯罪分子即使被逮捕定罪，也没有受到实质性的惩罚。因此，实施保护穿山甲和其他野生动物的法律时，支持喀麦隆林业和野生动物部的工作很重要。这包括获得执法机构授权，以及宪兵队、海关和机场保安机构与有关部委的支持和帮助。非政府组织（NGO）正在通过刑事程序方面的培训，为管理人员提供理论指导提高保护效率，以及为法律程序提供资金。运送证人到法庭听审和安排律师的费用往往由非政府组织承担，没有他们的协助，许多审判就无法正常进行。非政府组织和保护部门共同努力，以确保更好地跟踪案件的后续情况，持续追究那些已被定罪和判刑但并未缴纳罚金的犯罪分子。

喀麦隆的穿山甲

　　当地穿山甲消费（肉制品）和国际穿山甲贩运（主要是鳞片）的互相影响及作用基本未知。2017年2月至2018年8月，对喀麦隆中部、东部和南部地区的野生肉类市场和消费者的调查结果显示：穿山甲在最容易获得的野味种类中排第四（Furnell，2019）。过去10年亚洲需求激增之前，当地没有任何成规模的穿山甲鳞片市场。Furnell（2019）报道，雅温得市场很少发现鳞片和活体穿山甲，但较小的城市中心［如德朱姆（Djoum）和阿邦姆邦（Abong Mbang）］却很容易买到，这表明首都的商贩越来越意识到公开交易穿山甲的敏感性。

　　喀麦隆是亚洲穿山甲鳞片非法交易市场的主要出口国（Challender and Waterman，2017；CITES，2019；表27.1）。Mambeya等（2018）的记录显示，在21世纪初到2014年，加蓬穿山甲的价值和市场需求出现了大幅增长，他们指出，加蓬的穿山甲交易路线和走私象牙的森林路线一致，而不是明面上的公共交通路线。这与喀麦隆执法机构的看法一致，在喀麦隆，象牙贸易主要集中在加蓬北部三国交界处的贾河（Dja）-奥德扎拉（Odzala）-曼格倍（Minkébé）（TRIDOM）保护区地区（Wasser et al.，2015）。

表27.1　喀麦隆查获的大宗穿山甲鳞片贩运事件的年份、数量和目的地

年份	数量/kg	目的地	年份	数量/kg	目的地
2014	1500		2017	1050	尼日利亚
2015	214		2018	1000	中国
2016	680	马来西亚	2018	718	
2016	200		2019	2000	
2017	4898	中国			

　　除了上一节讨论的因素外，喀麦隆对穿山甲的保护还由于缺乏现存种群分布、生态和种群动态的准确数据和信息而受到限制。目前，对于穿山甲的小规模调查已经展开（Bruce et al.，2018），许多保护区都有穿山甲的记录，但对穿山甲的生态习性、分布和繁殖参数的了解有限。穿山甲种群的基础信息和持续监测对于信息管理和保护至关重要。由于很难对穿山甲进行个体识别，在保护区全面覆盖红外相机进行监测很有必要。自2017年以来，东非国家公园生物圈保护区已经启动了一个大规模的红外相机监测项目（见下一节）。

　　喀麦隆的穿山甲残余种群保护需要得到政府大力支持。喀麦隆林业和野生动物部等政府执法机构，以及港口和机场需要增加人力物力来控制穿山甲及其衍生产品的非法贸易。本章的其余部分将重点介绍东非国家公园生物圈保护区进行的保护措施，并对这些保护措施的成功与否进行评估，最后提出建议。

贾河（Dja）生物圈保护区

　　位于喀麦隆南部的贾河（Dja）动物（生物圈）保护区（DFR）（图 27.1）创建于 1950 年，于 1981 年得到联合国教科文组织和生物圈保护区（DBR）的共同认可。该动物保护区于 1987 年被联合国教科文组织指定为世界遗产。覆盖近 5260km² 的完整热带雨林，北部和西部有明显的岩石露头，并伴有小块的热带草原栖息地。该保护区是 TRIDOM 保护区的一部分，拥有数种重要的大型哺乳动物，包括非洲森林象、水牛、大猩猩、黑猩猩、肯尼亚林羚（*Tragelaphus eurycerus*）和三种热带非洲穿山甲（Dupain et al.，2004）。东非国家公园生物圈保护区周围的当地社区由多个民族组成，包括当地土著巴卡人和班图人（Muchaal and Ngandjui，2001）。社区通常分布在连接喀麦隆、加蓬和刚果共和国的主要道路沿线。保护区内部没有一直存在的社区。猎枪是当地社区狩猎的主要工具，兽套也被广泛使用（Muchaal and Ngandjui，2001；Wright and Priston，2010）。目前还没有精确的社区人口数据，但估计这些村庄居民有 1.95 万～3 万人（Ngatcha，2019）。2005 年，总人口数估计为 129 059 人，主要属于 6 个民族，包括两个半游牧民族，巴卡族和卡卡族。社区居民主要从事传统农业，野味仍是蛋白质的主要来源（BUCREP，2019）。

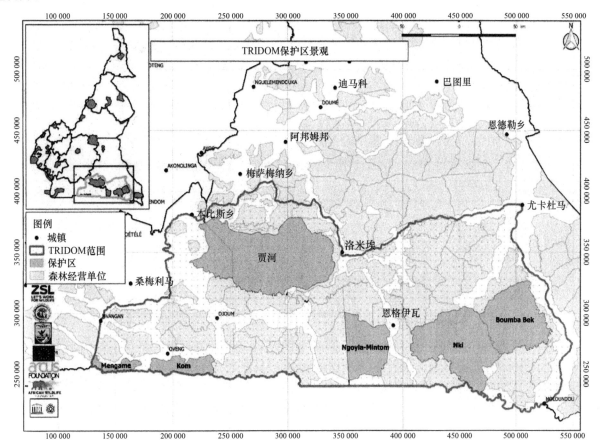

图 27.1　贾河（Dja）动物（生物圈）保护区位于 Tri-National Dja-Odzala-Minkébé（TRIDOM）三重国家级保护区的北部。该区域包含大片的天然林，其中一些被作为林业特许经营地和社区森林来管理。几个主要的保护区都在该保护区中。地图改编自全球森林监察（Global Forest Watch）；空间数据来自：MINFOF/WRI，https://cmr.forest-atlas.org。

东非国家公园生物圈保护区的保护行动

SMART

空间监测和报告工具（SMART）为巡逻活动、数据记录、报告和反馈提供了系统的方法。该系统的设计思路最大限度地利用现有的巡逻活动，通过将预先设定的数据输入手提电脑（PDA）或智能手机上的电子模型，使数据记录变得容易可靠。这个智能数据模型，根据当地保护服务量身定做，包括了记录特定的保护区域内可以遇到的所有物种和物种活动痕迹。经过与有关当局，如生态保护和保护区管理部门协商后完成。

SMART 于 2014 年引入东非国家公园生物圈保护区，之后被 4 个管理部门（北区、东区、西区和南区）的巡逻队采用。SMART 需要大量的持续性投入，以支付人员培训、购买适当的设备及确保持续巡逻的费用。巡逻人员使用手提电脑设备（最近已成功使用较便宜的智能手机）收集人类活动迹象的数据，包括陷阱、狩猎营地和遭遇（逮捕或警告），并下载到笔记本电脑进行分析和报告。智能巡逻管理系统可利用以往巡逻的数据，如已确定的人类非法活动热点区域和特定物种经常出现的位点，为未来的巡逻计划提供信息。管理方法较之前提高了适应性。该系统的设计目的是便于使用编制的模板制作精确的地图和报告，用于个人巡逻及完成每月、季度和年度报告。SMART 还可以方便地追踪工作人员的位置，从而帮助管理那些难以直接监督的偏远地区。

这种管理系统使保护区管理者能够追踪保护区内人类的活动迹象，以及巡逻过程中巡护人员直接和间接观察到的野生动物的活动迹象。也使管理人员能够通过增强对巡逻工作的理解来弥补巡逻的欠缺之处。通过预先建立一个位点，再指定行动路线，该系统可以为巡护人员提供特定的巡逻目标。巡逻强度通过计算在一次巡逻中通过的 $5km^2$ 网格的数量来测量。

表 27.2 显示了喀麦隆林业和野生动物部巡护人员在 2014～2018 年的巡逻总距离。巡逻距离从 2014 年的约 600km 增加到 2017 年的 12 000km 左右，在 2018 年下降到 11 247km 左右。减少的主要原因是保护服务站调来了 80 名人员并有其他新人加入，需要一段时间训练使巡逻队达到标准，因此在第一年，巡护距离减少了。

表 27.2　2014～2018 年喀麦隆林业和野生动物部生态警卫队巡逻的距离及发现的穿山甲痕迹数

年份	距离/km	穿山甲痕迹数	每公里识别的穿山甲痕迹数
2014	609.29	7	0.01
2015	956.00	30	0.03
2016	9 691.71	650	0.06
2017	12 421.62	878	0.07
2018	11 246.90	283	0.02

2016 年和 2017 年使用 SMART 实现的东非国家公园生物圈保护区巡逻覆盖范围和记录如图 27.2 所示。2016～2017 年，巡逻覆盖范围明显增加，覆盖范围扩大，网格单元增多。2016 年，喀麦隆林业和野生动物部巡护人员智能巡逻覆盖 9692km，共计记录 650 处穿山甲活动痕迹，包括足迹。2017 年累计达 12422km，共有 878 处痕迹，遇见率保持在 0.07/km 左右（表 27.2）。应该指出的是，穿山甲的活动痕迹并不容易确定，准确性有待商榷，因为有许多其他动物物种会产生类似的挖掘和抓挠痕迹。

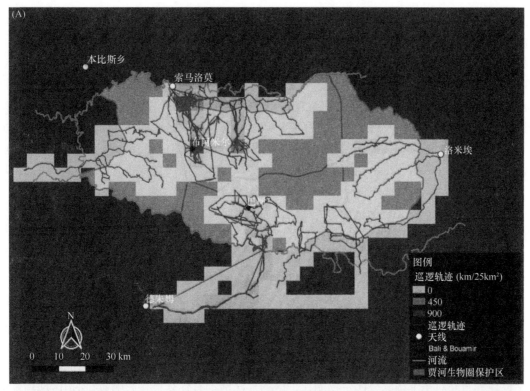

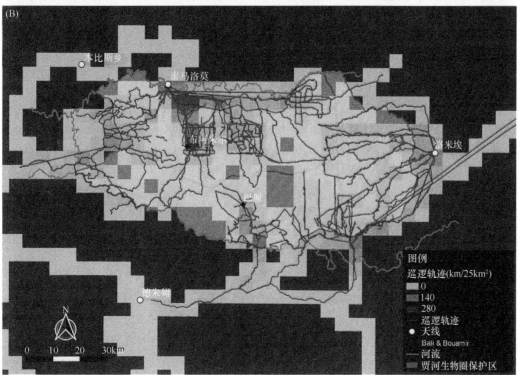

图 27.2　2016 年（A）和 2017 年（B），红色显示喀麦隆林业和野生动物部护林员在贾河（Dja）生物圈保护区的巡逻轨迹。

喀麦隆林业和野生动物部已经接受并在全国推广 SMART，他们在 10 个不同地区及其下属区域设立了 SMART 联络点，所有联络点由国家总联络点管理，监督数据管理和报告。地方层面上，东非国家公园生物圈保护区保护服务机构已迅速采用 SMART，尽管最初有些犹豫，但适应下来生态保护人员对该系统的反响较好。伦敦动物学会（ZSL）与其他保护组织合作，为各级人员安排了培训，并讨论了一项国家战略。

喀麦隆林业和野生动物部及其合作伙伴普遍认为这个智能管理系统有利于改善喀麦隆境内保护区的管理。这些保护项目往往独立进行，捐助者和执行机构（通常是非政府组织）间是一对一的关系。意味着在不同领域，密切协作与协调巡逻的有机联系和建立智能数据模型的机会并不多。因此，跨区域交流变得困难，阻碍了有效的区域和国家保护策略的实施。有一个例外是伦敦动物学会（ZSL）和非洲野生动物基金会（AWF）之间的合作，他们正在实施一个欧盟资助的项目（ECOFAC 6），共同支持林业和野生动物部有效管理非洲野生动物保护区。为了实现这一目标，这两个组织和喀麦隆林业和野生动物部设计了一个统一的中央智能数据模型，指导巡逻。在需要大量培训和监督的系统中，管理的核心问题是定期重新部署喀麦隆林业和野生动物部巡护人员。这将影响到喀麦隆所有保护区的保护工作，而且弱化了保护区合作组织的影响，后者为培训生态保护人员投入了大量资金。2017年底，东非国家公园生物圈保护区有80%的巡护人员被轮调到其他地方，空缺由新入职或其他岗位工作人员替代。虽然这可能增加生态保护的整体实力，但在特定地点难以实施具体管理方法，如 SMART，每次重新部署人员后必须迅速提供培训。许多人向喀麦隆林业和野生动物部献谋献策，但仍未能妥善解决这个问题。这些巡护人员可能被派到偏远地区，且只接受最低限度的培训和准备，这往往会导致其士气低落，无法有效地履行职责，甚至出现欺压当地社区居民的情况。经过与捐助者和非政府组织合作伙伴的讨论，喀麦隆林业和野生动物部正在制定一套招募当地生态保护人员的制度，作为国家生态保护人员招募程序的补充，允许从保护区附近的社区中选拔合格的候选人考核后任命为社区巡护人员。

尽管保护区的生态保护人员明显增加了巡逻力度，但偷猎和走私仍然是野生动物的主要威胁。目前还不清楚巡逻和查获对东非国家公园生物圈保护区的非法活动有什么直接影响。该保护区地理位置偏远，占地面积大，不太可能有足够的财力和人力资源直接将巡逻人员的数量和能力提升至能够显著减少偷猎和走私的水平，特别是考虑到非法贸易中潜在的经济效益推动。偷猎和走私带来的可观回报，对于相对贫穷的农村人是难以忽视的经济来源。许多从事穿山甲鳞片（和象牙）贸易的商贩和中间商并不来自保护区周围的社区。他们通常通过利诱或者威胁来让社区居民提供帮助，诸如向导、搬运工等。

任何长期、可持续的解决穿山甲捕猎和偷猎问题的方案，以及在像东非国家公园生物圈保护区这样的大型景观环境中的保护管理措施，都必须考虑到保护野生动物是否能对当地人产生巨大和长久的奖励。这些措施是为了减少社区居民对周边不可持续的自然资源开发的直接依赖，并使他们有能力拒绝偷猎集团参与非法贸易的胁迫性要求。为达到该目的，直接与当地社区合作，协商并实施有效的解决方案是相当必要的（见第24章和第25章）。提供当地需要的部分物资以改善其生活水平，也是成功保护不可或缺的一部分。

社区共管

围绕东非国家公园生物圈保护区开展的社区共管包括多种形式，从支持以社区为基础的自然资源管理到信息收集和以情报传递为主导的保护等。森林工作者最初的定义是指那些进入热带森林谋生的人（Bailey et al.，1992），他们通常依赖森林获取食物、住所和收入，东非国家公园生物圈保护区周围的农村社区非常担心外来人口会不可持续地消耗他们的野生动物资源。他们表示希望采取行动打击犯罪分子，因为他们认为这些犯罪分子威胁到了他们的安全和生计。通过建立社区监测网络（CSN），管理人员加强了对社区居民利用其村庄附近自然资源的监管。东非国家公园生物圈保护区附近的8个社区已经建立了监测网络，普遍认为对减少偷猎和贩运具有很大的影响。网络管理和运作是匿名的，所有交流都通过社区的一部电话进行，贷款由捐赠方每月提供。东非国家公园生物圈保护区中，监测网络智能电话由伦敦动物学会管理，并将呼叫记录保存至安全数据库。

鉴于可能被举报信息的敏感性，匿名至关重要，只有员工个人掌握举报人的个人身份信息。伦敦动物学会遵循协议的正确流程，以维护情报处理链。在提供有价值的信息时，会支付预先设定的奖励。由于在有效调动执法人员方面存在困难，在确保司法程序得到有效跟踪执行方面存在挑战，因此不可能在逮捕或起诉成功的情况下再支付资料费。因此，付款是在收到可靠信息时进行的。伦敦动物学会平均每月通过社区监测网络接到大约 5 个可信的举报电话。

东非国家公园生物圈保护区目前在 12 个社区，包括班图族（6 个）和巴卡族（6 个），已经开展了持续性的民生计划。通过监测妇女和土著人民等处于边缘地位群体的参与度来评估这些活动。创收活动（IGA）主要包括提供改良作物品种、帮助发展植物苗圃和家禽饲养。其他社区建议将发展蜂蜜生产作为有发展潜力的创收活动。养鸡等副业活动为社区提供了大量替代蛋白质，减少了以获取蛋白质为目的的狩猎。

随着当地社区成员在创收活动上花费的时间越来越多，他们用于狩猎的时间逐渐减少。下一步是甄选优秀猎人并鼓励他们进入创收活动。乡村储蓄和贷款协会（VSLA）为社区提供的服务是另一种让社区居民参与并为他们带来潜在生计和福祉的方式（Allen，2006；Ksoll et al.，2016）。这些方式用在东非国家公园生物圈保护区增强非木材森林产品（NTFP）的价值。乡村储蓄和贷款协会是一种微型融资机构，最初目的是为社区带来与保护工作无关的其他收入。然后，以这些利益输入为前提，通过引进与确保清洁水供应和其他与环境因素有关的项目，引进可持续利用自然资源的先进理念。目前在东非国家公园生物圈保护区周围的社区中有 16 个活跃的乡村储蓄和贷款协会。乡村储蓄和贷款协会不会立即产生保护的效果，但会给当地社区带来自然资源保护和可持续管理的理念。

乡村储蓄和贷款协会的另一个作用是可以将社区监测网络与他们的系统联系起来，以鼓励社区居民将信息传递给执法当局，保护社区森林不受外来者的侵害。如前所述，外来者进入当地森林并带走了大量的野生动物资源进入城市市场，包括穿山甲（Furnell，2019）。这种行为不仅破坏了资源，还阻碍了森林附近社区的有效管理。

UCL-ExCiteS

伦敦大学学院极端公民科学小组（UCL-ExCiteS）和伦敦动物学会为东非国家公园生物圈保护区周围的社区监控网络提供支持并报告其中的非法活动。支持社区传统的生态知识和文化价值与新技术相结合（ExCiteS Sapelli），监测和报告自然资源利用、野生动物犯罪和执法行动。沙贝利（Sapelli）是一个基于图标的数据收集工具，面向文盲较多的社区；工具的结构及其图标是根据项目的具体要求定制的。沙贝利（Sapelli）由社区领导项目设计和执行，所有权为社区所有。该项目也通过签订共同协议来增强数据主权（Lewis，2015）。这种工具此前曾在中非共和国和刚果共和国北部的森林社区中成功试点（Vitos et al.，2017），用于报告非法伐木和野生动物非法贸易的地点。项目合作伙伴正在通过咨询、研讨会、村庄会议和技能会议，向东非国家公园生物圈保护区的社区提供持续的技术支持，在这些过程中，他们强调了穿山甲的进化和生态意义。ExCiteS Sapelli 项目、社区监测网络、乡村储蓄和贷款协会及创收活动共同构成了一套互补的系统，当地社区可以利用它们来提高安全和生计，并帮助保护穿山甲和其他濒危物种。

私营部门的参与

私营部门在东非国家公园生物圈保护区周围地区进行投资，包括伐木特许权、橡胶种植园、水力发电供应商和狩猎特许权，为几种野生动物带来了显著的好处，包括建立了大猩猩和大象迁移走廊。例如，为伐木公司制定的野生动物管理计划，让承包者承诺不开放永久性道路，并以食堂的形式为其雇员提供野生动物的蛋白质替代品，并已经在包括帕里斯科（Pallisco）和鲁吉尔（Rougier）在内的几个地点建立了示范标准（Asanga et al.，2018）。这些措施有助于减轻对穿山甲及该地区其他受威胁野生动物的压力。

野生动物监测

自 2017 年以来，伦敦动物学会已经在东非国家公园生物圈保护区的几个地方开展了红外相机调查。红外相机提供了关键物种存在的重要信息，包括花豹（*Panthera pardus*）、非洲狞猫（*Caracal aurata*）、黑猩猩、大猩猩、非洲森林象及穿山甲。距保护区边界距离越远，穿山甲出现的频率越高，可能是由于靠近东非国家公园生物圈保护区边缘地区，狩猎和人类干扰随之增加。

2018 年，在东非国家公园生物圈保护区的北部和东部部署了两处红外相机网格，每处网格由 40 个红外相机组成。红外相机被放在 6km×7km 网格中，每隔 2km 放置一台，其中 4 台红外相机放置在离保护区较近的地方。在 2018 年 1 月至 5 月，这两个地区都部署了红外相机，为期 100d。与此同时，为了比较两种调查方法收集到的物种特异性指标，保护区进行了全面的动物物种普查。

相机陷阱不只是为穿山甲而架设。在北区发现了白腹长尾穿山甲和巨地穿山甲（白腹长尾穿山甲：共 23 次拍摄，提供了 174 张图片；巨地穿山甲：共 10 次拍摄，提供了 72 个图像）。黑腹长尾穿山甲没有被记录下来，可能是因为没有在树上设置相机陷阱。

这些影像为穿山甲生态学的研究提供了一些资料。所有被检测到的巨地穿山甲（10 次）都是独居的成年穿山甲，其中 90% 位于距离保护区边界 8km 以上的地方。主要在夜间活动，活跃程度在 04：00 达到顶峰，不过有一次活动发生在 07：00（见第 10 章）。研究人员一共记录了 23 次白腹长尾穿山甲活动，红外相机的时间记录显示穿山甲的活动模式完全是夜间活动，活动的高峰在午夜至 01：00 点。分布记录表明，该种多见于东非国家公园生物圈保护区内部区域。

值得注意的是，之前的调查显示，在热带森林中准确识别穿山甲野外活动痕迹方面，当地流传的知识经验有些不可靠（Bruce et al.，2018）。由于随行的研究人员对该物种感兴趣，在动物指南中有一种倾向，即将动物活动的模糊痕迹（如划痕和挖掘痕迹）都归类为穿山甲造成的，却无须任何科学可靠的方法进行验证。后来，在野生动物调查期间，除非有目击证据，间接的活动痕迹都没有归于穿山甲。这使得黑腹长尾穿山甲和白腹长尾穿山甲的偶遇率低至 0.001 只/km^2，分别记录了 1 例和 2 例。没有直接看到穿山甲的记录。

结论和建议

为了成功实现景观尺度的长期保护，有必要将执法行动（如在保护区内巡逻、保护区之间的隔离带和森林特许经营）与当地社区参与和私人活动结合起来。孤立地解决其中一个问题的影响十分有限。逮捕和没收不太可能从根本上杜绝盗猎行为，可能只是将盗猎转移到没有巡逻的地区。社区必须积极参与自然资源管理，开展创收活动，减轻过度开发给野生动物种群带来的压力。伐木公司等私营部门工作人员需要得到食堂和仓储商品蛋白质补贴，减轻其工作人员和家庭对野生动物造成的压力。同时，这些工作人员应该通过建立野生动物监测和与喀麦隆林业和野生动物部合作为执法巡逻提供便利，在能力范围内为有效控制偷猎盗猎作出贡献。

增加喀麦隆林业和野生动物部及喀麦隆其他执法机构人员的工作能力至关重要。长期有效的执法也是十分必要的，特别是针对走私路线上的非法活动。近年来，在喀麦隆南部的非法贸易打击方面有了一些成功案例。例如，2017 年 12 月，贾河（Dja）保护机构的喀麦隆林业和野生动物部生态警卫缴获了 216 根象牙，这是喀麦隆历史上缴获象牙数量最多的一次。有人怀疑穿山甲制品也通过相似的路径被贩卖到象牙市场，尽管查获本身并不能衡量成功与否，但上述没收行动也是保护行动进步的一个标志。

同样，了解当地、地区和全国的野味市场对遏制穿山甲的非法贸易也至关重要。需要对野味市场、消费者及其家庭背景进行调查，以便更好地了解贸易动态及其对穿山甲种群的影响。目前对天然蛋白质的需求主要集中在中小型哺乳动物身上，如豪猪和野猪，以满足当地居民的需求，捕猎名单很少包括受保护的物种。因此，通过精心设计和当地适当的行为改变激励机制，有可能减少穿山甲的消费。

通过执法行动和宣传穿山甲面临的威胁，努力减少消费和贩运穿山甲，同时采取确保穿山甲种群野外生存的保护措施。这些保护措施越来越多地在景观大环境层面上进行规划实施，而不是集中于单一地点或单一物种干预。为了应对森林砍伐、自给农业、野生动物狩猎和偷猎的现实情况，特别是穿山甲和非洲森林象偷猎等跨地区问题，需要考虑保护区附近地区大量居民当前和未来的需要。报告还考虑到，大量穿山甲及其他重要的中型和大型哺乳动物也栖息在保护区之外的区域，通常包括伐木区、商业种植园和小型农田。

景观尺度上的保护规划还需要考虑人口增长的需求，在适当的程度上满足当地社区的生存需求，同时确保穿山甲和其他物种的未来生存，这是一项重大挑战。喀麦隆目前正进行几个较大的保护项目，如德国发展银行（KfW）为喀麦隆西南部自然资源可持续管理项目（PSMNR）提供资助，试图创建一种新型合作管理方式。包括与当地社区签订保护发展协议，这些社区获得诸如改良可可品种等利益，为保护工作的进行提供便利。例如，禁止在村庄附近的森林打猎，这些森林通常位于保护区内。重点是在项目开始时通过与当地社区协商解决相关问题（Fouth et al.，2017；见第 23 章和第 24 章）。在 TRIDOM 保护区中也实施了一种类似的方法：首先参与乡村储蓄和贷款协会，然后开发创收活动，后者由社区成员选择和开发，并根据他们的需要进行定制。

喀麦隆保护穿山甲的成效将通过其野生穿山甲种群的状况来衡量。物种调查具有挑战性，标准化的监测方案仍在准备中（第 35 章）。东非国家公园生物圈保护区通过野生动物调查和相机陷阱调查对穿山甲进行了初步研究，取得了初步的研究成果。未来的工作将有望提高对该国穿山甲种群的了解，从而衡量其长期发展趋势并采取适当的保护行动。

参 考 文 献

Allen, H., 2006. Village savings and loans associations-sustainable and cost-effective rural finance. Small Enterprise Dev. 17 (1), 61-68.

Asanga, C., De Ornellas, P., Dethier, M., Fankem, O., Grange, S., Ngo Bata, M., et al., 2018. Boite a outils pour la prise en compte de la faune dans les forets de production du bassin du Congo. Zoological Society of London, Royaume-Uni.

Bailey, R.C., Bahuchet, S., Hewlett, B., 1992. Development in the Central African rainforest: concern for forest peoples. In: Cleaver, K.M. (Ed.), Conservation de la Forêt Dense en Afrique Centrale Et de L'Ouest. World Bank Publications, pp. 202-211.

BUCREP, 2019. Central Bureau of the Census and Population Studies. Available from: <http://www. bucrep.cm/index.php/ en/recensements/3eme-rgph/20-3eme-rgph/presentation/57-population-en-chiffre>[June 30, 2019].

Bruce, T., Kamta, R., Mbobda, R.B.T., Kanto, S.T., Djibrilla, D., Moses, I., et al., 2018. Locating giant ground pangolins (*Smutsia gigantea*) using camera traps on burrows in the Dja Biosphere Reserve, Cameroon. Trop. Conserv. Sci. 11, 1-5.

Challender, D., Waterman, C., 2017. Implementation of CITES Decisions 17.239 b) and 17.240 on Pangolins (*Manis* spp.), CITES SC69 Doc. 57 Annex. Available from: <https://cites.org/sites/default/files/ eng/com/sc/69/E-SC69-57-A.pdf> [April 18, 2019].

CITES, 2019. Wildlife Crime Enforcement Support in West and Central Africa. CITES CoP18 Doc. 34. Available from: < https://cites.org/sites/default/files/eng/cop/18/doc/E-CoP18-034.pdf> [April 22, 2019].

Clarke, A., Babic, A., 2016. Wildlife trafficking trends in sub-Saharan Africa. OECD, Illicit Trade: Converging Criminal Networks, OECD Reviews of RiskManagement Policies. OECD Publishing, Paris, France.

Critchlow, R., Plumptre, A., Alidria, B., Nsubuga, M., Driciru, M., Rwetsiba, A., et al., 2016. Improving lawenforcement effectiveness and efficiency in protected areas using ranger-collected monitoring data. Conserv. Lett. 10 (5), 572-580.

De Wasseige, C., Devers, D., de Merken, P., Eba'a Atyi, R., Nasi, R., Mayaux, P. (Eds.), 2009. Les forêts du Bassin du Congo:état des forêts 2008. EU Publications Office, Brussels, Belgium.

Dupain, J., Guislain, P., Nguenang, G., De Vleeschouwer, K., Van Elsacker, L., 2004. High chimpanzee and gorilla densities in a non-protected area on the northern periphery of the Dja Faunal Reserve Cameroon. Oryx 38 (2), 209-216.

Fouth, D., Nkolo, M., Scholte, P., 2017. Analysis of Protected or Conservation Areas Governance Models, Practical experiences of GIZ projects/programmes in Africa. Available from: <https://www.snrd-africa.net/ wp-content/uploads/2018/02/1801Doc_ Capitalisation GouvernanceAP_vf_eng-2.pdf>. [March 03, 2019].

Furnell, S., 2019. Analysis of wild meat markets and consumers in the Central, East and South regions of Cameroon: with a focus on pangolins. Zoological Society of London, London, UK.

Ingram, D.J., Cronin, D.T., Challender, D.W.S., Venditti, D. M., Gonder, M.K., 2019. Characterizing trafficking and trade of pangolins in the Gulf of Guinea. Glob. Ecol. Conserv. 17, e00576.

Ksoll, C., Bie Lilleor, H., Helth Lonborg, J., Dahl Rasmussen, O., 2016. Impact of village savings and loan associations: evidence from a cluster randomized trial. J. Dev. Econ. 120, 70-85.

Lewis, J., 2015. Where goods are free but knowledge costs. Hunter-gatherer ritual economics in Western Central Africa. Hunter Gatherer Res. 1 (1), 1-27.

Mambeya, M.M., Baker, F., Momboua, B.R., Pambo, A.F.K., Hega, M., Okouyi, V.J.O., et al., 2018. The emergence of a commercial trade in pangolins from Gabon. Afr. J. Ecol. 56 (3), 601-609.

Mbenda, H.G.N., Awasthi, G., Singh, P.K., Gouado, I., Das, A., 2014. Does malaria epidemiology project Cameroon as 'Africa as miniature'? J. Biosci. 39 (4), 727-738.

Muchaal, P.K., Ngandjui, G., 2001. Impact of village hunting on wildlife populations in the Western Dja Reserve, Cameroon. Conserv. Biol. 13 (2), 385-396.

Ngatcha, L., 2019. Contribution a la preservation de la biodiversite par la mise on oeuvre des activites generatrices de revenus (AGRs) au profit des populations riveraines de la reserve de la biosphere du Dja. Memoire presente en vue de l'obtention du Diplome de Master Professional en Sciences Forestieres. Universite de Yaoundé 1, Cameroon.

Nordtveit, B.H., 2011. An emerging donor in education and development: a case study of China in Cameroon. Int. J. Educ. Dev. 31 (2), 99-108.

Republic of Cameroon, 2012. National Biodiversity Strategy and Action Plan-Version II-MINEPDED, Yaoundé, Cameroon.

Transparency International, 2019. Cameroon. Available from: <https://www.transparency.org/country/ CMR>. [August 10, 2019].

Vitos, M., Altenbuchner, J., Stevens, M., Conquest, G., Lewis, J., Haklay, M., 2017. Supporting Collaboration with Non-Literate Forest Communities in the Congo-Basin. In: Proceedings of the 2017 ACM Conference on Computer Supported Cooperative Work and Social Computing, pp. 1576-1590.

Wasser, S.K., Brown, L., Mailand, C., Mondol, S., Clark, W., Laurie, C., et al., 2015. Genetic assignment of large seizures of elephant ivory reveals Africa's major poaching hotspots. Science 349 (6243), 84-87.

Wright, J., Priston, E.C., 2010. Hunting and trapping in Lebialem Division, Cameroon: bushmeat harvesting practices and human reliance. Endanger. Sp. Res. 11, 1-12.

第4部分
迁 地 保 护

第 28 章　穿山甲人工繁育的经验与挑战

利安娜·薇薇安·威克[1]，弗朗西斯·卡巴纳[2]，杰森·秦[3]，杰西卡·吉默森[4]，弗洛拉·罗萱怡[3]，卡林·洛伦斯[5]，拉杰什·库马尔·莫哈帕特拉[6]，艾米·罗伯茨[7]，吴诗宝[8]

1. 维多利亚保育动物园希尔斯维尔野生动物保护区澳大利亚野生动物医疗中心，澳大利亚维多利亚州希斯维尔

2. 新加坡野生动物保护组织，新加坡

3. 台北动物园，中国台湾台北

4. 菊芳国家公园拯救越南野生动物组织，越南宁平

5. 约翰内斯堡野生动物兽医医院，南非约翰内斯堡

6. 南丹卡南动物园，印度布巴内斯瓦尔

7. 芝加哥动物园/布鲁克菲尔德动物园，美国伊利诺伊州布鲁克菲尔德

8. 华南师范大学生命科学学院，中国广州

引　言

大规模捕杀、特殊的生境及自身独特的生理特征（如低繁殖率），使得野生穿山甲濒临灭绝（Gaubert，2011；Sodeinde and Adedipe，1994）。因此，迫切需要建立穿山甲迁地保护来保护穿山甲种群（见第 31 章）。圈养穿山甲历史悠久，最早记录在 1859 年缅甸的佛寺（Yang et al.，2007）。记录表明，人工圈养的穿山甲有很高的死亡率。圈养种群能长期稳定健康地生存是一项重大挑战（Chin and Tsao，2015；Mohapatra and Panda，2014a）。

由于穿山甲非法走私规模不断扩大，十分有必要增加穿山甲的救护、治疗、繁殖育种及圈养管理等方面的知识储备。目前，许多国家都设立了穿山甲救护中心，包括中国、柬埔寨、印度、老挝、新加坡、越南、南非共和国和津巴布韦等。执法部门缉获的活体穿山甲在放归野外之前，都要进行身体体况的检查与评估（Chin and Yang，2009；Clark et al.，2009；Mohapatra，2016；Nash et al.，2018；Sun et al.，2019；Zhang et al.，2017），或者进行人工圈养扩大种群。目前通过开展穿山甲圈养增加了人们对穿山甲各方面习性了解的深度。但由于非法走私的规模较大（见第 16 章），在非洲和亚洲经济落后的地区或国家，仍然没有较好的环境和资源来收容救护这些执法部门缉获的穿山甲。

目前，各个国家开始在穿山甲自然地理分布范围之外，建立圈养种群（见第 31 章）。美国圈养的白腹长尾穿山甲种群规模已经开始慢慢扩大（Aitken-Palmer et al.，2017；Anon，2017）。德国莱比锡（Leipzig）动物园和日本东京上野（Ueno）动物园分别成功圈养了 4 只与 1 只中华穿山甲。也有一些穿山甲救护与繁殖中心（PCBC）建立在穿山甲自然地理分布范围内，如新加坡动物园（Vijayan et al.，2009）、中国台湾台北动物园（Chin et al.，2015）、印度的南丹卡南动物园（Mohapatra and Panda，2014a）。这些保护中心为穿山甲人工圈养、饲料营养、繁殖保育作出了重大贡献，并且拥有超过 60 年穿山甲圈养的经验。

本章概述了世界各地动物园和救护中心圈养穿山甲的概况。包括定期检疫和长期饲养管理总结，简

要介绍了这几十年来，观察到的穿山甲食性营养，讨论了穿山甲的行为、福利并总结了穿山甲成功繁殖育种的经验。希望这些圈养经验能帮助扩大巨地穿山甲种群规模，为全球各地圈养和保护穿山甲工作作出一定的贡献。

全球范围内饲养穿山甲

穿山甲既可以短期人工圈养，如对于一些在野外受伤的个体需要兽医治疗或被执法部门缉获后开展放归前检疫、身体健康状况评估，又可进行长期圈养，如被纳入迁地保护育种计划进行人工繁育用于扩大野外种群或进行科学研究。圈养穿山甲的笼舍大小、建筑材料和饲养管理方式，都取决于穿山甲所需人工圈养的时间长短和穿山甲的种类。

笼舍设计和饲养环境

建筑材料和设计依据

穿山甲身手敏捷、四肢强壮，不同种类的穿山甲有自身的行为习性和觅食特点，有些种类的穿山甲可以利用强壮的前肢和坚硬的长爪爬树、挖洞及挖开白蚁坚固的土穴。因此，在设计和建造穿山甲的运输箱和圈养笼舍时，应充分考虑穿山甲攀爬和挖掘的能力，排除穿山甲逃离笼舍的可能。在建筑施工中需要浇筑混凝土的地方，应保障混凝土的浇筑厚度、水泥和沙子的比例要大，以防止穿山甲打洞逃跑。此外，一些用于填缝或密封的材料最好不要选用硅酮密封剂等软材料作为填充物，以防被穿山甲挖开（Anon，2017）。所有的灯具、电线、铺设管道和其他设备都应安置在穿山甲触碰不到的地方。如果安置在笼舍墙壁或栅栏外，应保持在穿山甲舌头舔舐不到的安全距离（Anon，2017）。另一个需要考虑的问题是，由于穿山甲在国际走私贸易中，具有较高的经济利润，所以在日常饲养管理中应考虑穿山甲被偷盗的可能，定时巡查笼舍，做好相应的防范措施。

穿山甲会在一些设计不当的圈舍中受伤。可能会受到严重的外伤，如关节脱臼、皮肤肌肉撕裂、骨折、爪间皮肤擦伤等。查兰德（Challender）（2012）就曾观察到一只穿山甲攀爬到金属网栅栏上，划伤了面颊、前肢及胸前皮肤。另外，穿山甲也会被卡住，导致其鳞片受损。圈舍中所有摆放的物体要安放适当。各物品摆放距离应保证穿山甲能完全通过，最好能满足穿山甲转身的空间。因为穿山甲在狭小的空间内很难转身，身上鳞片会钩住旁边的物体并造成损坏（Anon，2017）。在粗糙的混凝土地板上，穿山甲的脚垫、尾巴，鼻尖等部位有时也会被擦伤。

穿山甲对环境的温差变化极为敏感。因此，严格把控圈舍环境温度对保障穿山甲的健康至关重要。一些常见的呼吸系统疾病如肺炎，通常由环境温差变化较大引起（Chin and Tsao，2015；Mohapatra and Panda，2014a）。设计穿山甲圈舍时，要确保适当防风、防雨和防晒，为其提供一个舒适的生存环境。在华南师范大学穿山甲人工救护与繁殖育种研究基地，除为野外救护的马来穿山甲提供适应生存的自然条件外，还在圈舍中安装了地板采暖和加湿器等设备，以保障环境温度在18~30℃，湿度全年保持在60%以上（Zhang et al.，2017）。若将穿山甲饲养在仿生态的自然环境中，将环境的温度和湿度控制在适当的范围内就比较困难了，因此利用环境温度和湿度监测设备进行监控十分必要，利用温控和加湿设备可以适当进行温度和湿度调节，保障穿山甲生存的最适环境条件。表28.1列出了人工圈养条件下不同种属穿山甲的最适环境温度范围。

表 28.1　圈养穿山甲的最适环境温度和湿度

种属	温度/℃	湿度/%
马来穿山甲 [a] [b]	18～30	84～100
中华穿山甲 [c] [d]	24～26（最低 10、最高 28）	>80
	18～24（在中国台湾）	70（在中国台湾）
印度穿山甲 [e] [f]	15.5～34.5（冬季）	23～89.5（冬季）
	20～40（夏季）	22.5～98（夏季）
菲律宾穿山甲	未知	未知
白腹长尾穿山甲 [g]	25.6～27.8（最低 23.8、最高 29.4）	35～55
黑腹长尾穿山甲	未知	未知
巨地穿山甲	未知	未知
南非地穿山甲 [h]	18～35	59 左右

数据来源如下：

[a] 来自中国华南师范大学穿山甲人工救护与繁殖育种研究基地。

[b] 来自新加坡野生动物保护组织。

[c] 来自中国台湾台北动物园。

[d] 来自德国莱比锡动物园。

[e] 来自印度南丹卡南动物园穿山甲保护繁殖中心。

[f] Mohapatra, R.K. Panda, S., Nair, M.V., 2014. Architecture and microclimate of burrow systems of Indian pangolins in captivity. Indian Zoo Year Book. vol. VIII，12-24.

[g] 来自布鲁克菲尔德动物园/美国芝加哥动物学会。

[h] 来自南非约翰内斯堡野生动物兽医医院。

穿山甲救护圈舍的设计

因病需要治疗的穿山甲可以放在医疗箱中或者混凝土搭建的小型笼舍内。对于马来穿山甲和南非地穿山甲在医治期间居住的笼箱要在内部用钢条进行加固。此外，救护笼箱内部尺寸要足够大，以便为人工圈养的个体提供摆放水盆和食盆的位置。并且笼箱内部应铺有毛巾、毛毯或柔软的垫子。

穿山甲的救护笼箱内部应铺有加热垫或其他加热装置，用于保温。值得注意的是，穿山甲通常会在加热垫和笼箱的空隙处打洞，动物身体虚弱时很容易造成外源性灼伤。

这种笼箱适用于需要在笼舍内静养和康复的穿山甲，但不适用于长期圈养。

短期隔离

为保持良好的生物安全，隔离房的建造应选择便于清洁和消毒的材料（Vogelnest，2008）。利用混凝土建造地面和围墙也是出于这种目的。

然而，在遮雨庇护的同时，也要保障通风，通常一半笼舍有顶棚，一半笼舍采用铁丝网铺盖较好（图 28.1A）。

成功放归野生动物和动物福利保障都是在较好笼舍饲养环境的基础上开展的。这种笼舍的饲养环境能维持动物行为多样性。虽然隔离圈舍比日常饲养圈舍的面积小很多，但也要保障穿山甲能有一定的活动空间，充分地表达其行为习性，如攀爬和游泳洗澡。在穿山甲放归野外前十分有必要进行隔离。

在隔离室内也应提供用于游泳的水池，方法是在每个隔离区的混凝土地面挖一个小水池。这种简单的设计，可方便排水和定期冲洗水池，保障环境卫生。

笼舍内应装有管道或中空的树木及人工搭建的巢箱，为穿山甲提供一个安静、较暗的居住环境，在使用管子和空心圆木的地方，可能会有较大的穿山甲蜷缩在里面，很难观察和检查。若有多只穿山甲饲养在同一个隔离区内，应满足每只穿山甲都有独立睡觉的地方。

图 28.1　（A）越南 Cuc Phuong 国家自然公园穿山甲笼舍的围墙。部分遮雨顶棚和部分通风采光笼舍。笼舍树枝方便穿
山甲攀爬。图片来源：利内·维克（Leanne Wicker），食肉动物和穿山甲保护项目/拯救越南野生动物组织。（B）隔离笼舍
　　内部的游泳水池。图片来源：利内·维克（Leanne Wicker），食肉动物和穿山甲保护项目/拯救越南野生动物组织。

日常饲养圈舍

为了保障圈养穿山甲长期的福利，我们提供了尺寸更大的笼舍，以及仿生态的居住环境，以满足其
日常攀爬、挖掘、游泳等行为的空间需求。我们发现，挖掘和游泳有利于穿山甲的健康和保障动物福利
（Mohapatra，2016；Rabin，2003）。

大多数长期饲养穿山甲的场所，都以天然土层作为圈舍内地面，较深的土层为穿山甲提供了挖掘
和掩埋粪便的条件，以保障它们的自然习性。当提供有土层地面时，穿山甲会花大量的精力在挖掘上，
减少了很多焦躁的状态和异常行为，这在中华穿山甲和印度穿山甲饲养实践中得到了研究验证（Nguyen
et al.，2010）。较为柔软的土层地面会减少穿山甲四肢挖掘导致的擦伤，混凝土地面会使其四肢脚垫擦
伤。当然，若以软土作为笼舍地面，则要考虑穿山甲的逃跑问题（Challender et al.，2012；Mohapatra，
2016）。需要在土壤深层设计防逃基底。由于铺设铁网可能会对穿山甲造成伤害，所以建议利用混凝土铺
设底部。此外还要考虑安装排水系统。确保及时清扫每天的粪便和食物残渣。虽然全天对穿山甲进行监
控，观察穿山甲的健康状态和保障其动物福利，但是一旦穿山甲挖掘洞穴并在内部居住，便很难观察。
马来穿山甲在妊娠和哺乳期常在深洞中居住。通过调查中国台湾台北动物园中的中华穿山甲的生境选择，
发现它们会在含有树叶的土壤中打洞。土壤的理化性质应满足中华穿山甲自然选择的习性，50～100cm
的土壤深度，既可以使其掘洞的习性得到满足和保障，也有助于监测其圈养行为。

两个相邻的笼舍，特别是两只雄性穿山甲相邻饲养时，最好采用混凝土灌注的墙体，避免穿山甲爬
过中间墙体，导致两只穿山甲为了领地相互打斗，致使个体受伤，甚至死亡（Challender et al.，2012）。

必须为长期圈养的穿山甲提供休息、运动、观察等满足野外生活习性的圈舍。通过摆设树枝、树干
和种植灌木，让其利用尾巴缠绕自由攀爬。印度的穿山甲救护与繁殖中心（PCBC）在圈舍里设计了一
个 2m×2m×1m 的土丘让穿山甲打洞，以便其白天在洞穴中休息。促进其体温调节和维持正常的昼夜节
律（Mohapatra，2016）。

穿山甲善于游泳（Yang et al.，2007）。目前报道过马来穿山甲会在水池中进行排便（Challender et al.，
2012；Zhang et al.，2017）。水池的水足够多时，穿山甲可以在里面洗澡和游泳。印度穿山甲可以通过浸
泡降温避暑（图 28.2；Mohapatra and Panda，2014b）。在越南，当周围的环境温度高于 30℃时，圈养的
马来穿山甲会在水池中游泳洗澡。同时观察到穿山甲采食蚂蚁后也会游泳洗澡。这可能是为了降温，也

可能是通过浸泡将夹在甲片下的蚂蚁冲洗掉，缓解蚂蚁咬伤（Nguyen et al.，2010）。

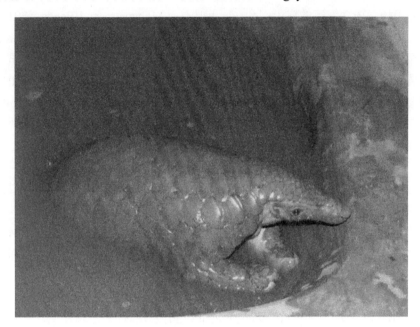

图 28.2　印度南丹卡南动物园，印度穿山甲在水池里游泳。图片来源：Rajesh Kumar Mohapatra。

在圈养穿山甲的各个地区，根据其居住习性让其自由选择在巢箱还是在外面居住。通常利用混凝土、木箱或塑料板搭建的巢箱，可以安放在地面、地下。穿山甲可以通过混凝土浇筑的管道进入地下巢箱，在入口处安有小门，可达到控制出入的目的。这样的设计可增加巢箱的保温性，人工巢箱内的温度通常比室温要低，大量的塑料、陶瓷、空心树桩及易于挖掘的土堆，不仅为穿山甲提供了栖息场所，且有利于穿山甲选择温度合适的场所（图 28.3；Mohapatra，2016；Zhang et al.，2017）。

图 28.3　印度南丹卡南动物园，一对被圈养的印度穿山甲母子，它们在一个空心树桩内。
图片来源：Rajesh Kumar Mohapatra。

社 会 种 群

虽然目前对穿山甲的社会行为研究较少，但大多数人认为，穿山甲除发情期和育幼期，绝大多数时间在野外都独居（Challender，2009；Mohapatra and Panda，2014a；Richer et al.，1997）。一些人工条件下，如保护区或养殖场，成功繁育的穿山甲会在一起居住（Mohapatra and Panda，2014a）。据报道还有一对雌雄穿山甲（Nguyen et al.，2010；van Ee，1966）、两只雌性穿山甲（Challender et al.，2012；Nguyen et al.，2010）甚至一个种群的穿山甲在一起居住的情况（Nguyen et al.，2010；Wilson，1994）。但是雄性穿山甲在一起居住就会发生打斗（Mohapatra and Panda，2014a；Nguyen et al.，2010）。印度穿山甲除发情期和育幼期会在一起居住外，其他情况也都是独居的（Mohapatra and Panda，2014b）。

行为监测、福利和环境丰容

由于穿山甲是夜行动物（黑腹长尾穿山甲除外）（第 8 章），因此我们多在夜间对其行为进行监测。通过在圈舍内架设红外相机，能准确地观察到穿山甲在不受人为干扰下，正常的作息规律。在许多动物园，包括中国台湾台北动物园、美国芝加哥动物学会/布鲁克菲尔德动物园，通过在木制巢箱上打孔架设红外相机，监测穿山甲的作息规律和健康状态，尤其是在繁殖育幼期间，对雌性哺乳幼崽的行为进行监测。

关于穿山甲行为的文献记载较少。通过对人工圈养的印度穿山甲（Mohapatra，2016；Mohapatra and Panda，2014a，2014b）和马来穿山甲（Challender et al.，2012）的行为监测发现，它们主要在夜间活动，并且受季节温度变化和光照周期的影响。

当然也有少数的异常行为被报道出来。包括马来穿山甲在圈舍沿同一方向进行"抓挠"，有报道表示这和释压有关；以及按照"8 字"或圆形图案等重复路线行走。同样的情况在中华穿山甲和印度穿山甲上都有发生（Challender et al.，2012；Mohapatra and Panda，2014b；Zhang et al.，2017）。

开展环境丰容可以减少这种异常行为，并且可以提高圈养野生动物的福利（Mason et al.，2007），至少在穿山甲这个物种上得到了证实（Mohapatra，2016）。圈养穿山甲的环境丰容包括建造圈舍围墙、提供能招引白蚁的腐木、树叶及丰富的腐殖质；利用绳索悬挂树枝为穿山甲提供爬架；合理更换食物投放位置适应其捕食习性（Anon，2017；Challender et al.，2012；Mohapatra and Panda，2014b；Nguyen et al.，2010）。新加坡野生动物保护组织的饲养管理者会把活的织叶蚁放在自制的纸质蚁巢中，再将这些蚁巢摆放在穿山甲的圈舍中，让穿山甲自由采食。这些用于投食的蚂蚁来自越南的野外蚁群，通过间歇性投放为越南野生动物救护中心的穿山甲提供丰富的营养物质（Nguyen et al.，2010）。在一些动物园，包括德国莱比锡动物园（Zoo Leipzig）和美国布鲁克菲尔德动物园（Brookfield Zoo），利用定时喂食器和具有挑战性的益智喂食器投食，大幅度增加了穿山甲的觅食时间和运动量，提高了圈养穿山甲的福利。

在南非和津巴布韦，穿山甲放归前，除体况达标外还需每天让穿山甲在野外自己觅食、活动 8 小时，观察穿山甲能否满足日常营养与能量摄入标准。同时观察穿山甲在行走觅食时是否和野外穿山甲行为一致，包括嗅探、挖掘食物、进食及排便等行为。穿山甲可以在气味熟悉的饲养员的带领下，散步、觅食及在白蚁巢穴睡觉，且会感到十分放松。初次接触时，穿山甲会保持警惕，身体蜷缩，长时间接触后，警觉性会降低，但是在接触陌生人或听到巨大的噪音时又会表现出来。

虽然关于穿山甲人为训练的报道较少，但莱比锡动物园（Zoo Leipzig）和布鲁克菲尔德动物园（Brookfield Zoo）等动物园已经对一些雌性穿山甲进行了无麻醉情况下的超声波检查，评估它们的繁殖状况并监控它们的怀孕情况。发现部分雌性穿山甲十分配合。布鲁克菲尔德动物园的一只穿山甲已习惯了用食物作为强化物自愿修剪指甲。

随着穿山甲的救护工作更偏向于保护和扩大种群，更需为其提供一个良好的圈养环境，以维护圈养穿山甲的健康和动物福利。

穿山甲人工饲料与营养

穿山甲是一种食蚁性哺乳动物。和其他食虫动物一样，人工圈养的饲料不仅要营养丰富还需要良好的口感。这是人工圈养穿山甲长期以来所面临的难题（Yang et al.，2007）。关于穿山甲饲料营养的现有记录较少。当然也有一些较好的饲养配方发表出来，如为保障中华穿山甲食肉动物的饮食习性，人工饲料配方包括：米糊、肉末、狗粮、牛奶、炼乳、商品猫罐头、牛心、黄粉虫干、蟑螂及一些婴幼儿食物。流质食物在中华穿山甲的身上取得了阶段性的成功。用昆虫制备的颗粒饲料在中华穿山甲和马来穿山甲身上进行试验，发现适口性均很差。一些穿山甲幼崽对商品性猫罐头和奶油制品有所偏爱。但另一些则拒绝食用任何人工饲料，并且个体差异较大。

中国台湾台北动物园研发的穿山甲人工饲料最为成功。由家蚕、低脂奶粉、酵母椰子粉、蜂蛹、面包虫、蛋黄、米饭、红薯、苹果、维生素添加剂及土壤等组成。粪便的颜色、黏稠度、形状的变化，可作为评估饲料指标的标准（Chin et al.，2009）。新加坡野生动物保护组织（WRS）成功繁育穿山甲的饲料配方以蚂蚁等昆虫为主，并在长期的饲养和繁殖方面效果较好（Cabana et al.，2017）。最初饲料配方以牛肉为主，由于牛肉处理较为麻烦及脊椎动物脂肪酸结构和蚂蚁、白蚁的脂肪酸结构不同渐渐被其他配方替代。

非洲穿山甲的人工饲料和亚洲穿山甲的成分相似。同样以流质食物为主，包括肉糜、牛奶、蚂蚁、鸡蛋、麸皮及其他谷物。救护中心之前会添加玉蜀黍粉、肉制品、蜂蜜等，但适口性较差（Menzies，1966）。自 2016 年以来，美国野生动物园人工圈养的穿山甲采取喂食流质食物得到的效果较好。饲料里有亮斑扁角水虻（*Hermetia illucens*）幼虫、反吐丽蝇（*Calliphora vomitoria*）幼虫、粉虱、蚕蛹、家养蟋蟀（*Acheta domesticus*）和琼脂。但穿山甲对这种人工饲料也需要一个适应期（Lombardi，2018）。有报道称，一只白腹长尾穿山甲连续喂食了鸟类饲料（包括谷物、昆虫、蜂蜜）13 个月（Menzies，1963）。不同的穿山甲对食物的偏好似乎也存在差异，有报道称，在布朗克斯动物园（Bronx Zoo）饲养的一只穿山甲和圣地亚哥动物园（San Diego Zoo）饲养的两只穿山甲中，有一只拒绝采食各种人工饲料，而另一只雄性穿山甲一生都需采取灌喂的方式进食。

鉴于穿山甲人工饲料研制较难，很多圈养穿山甲的救护中心及地方大多以天然蚂蚁作为投喂的饲料。这一点对于刚刚救护收容的穿山甲十分重要，因为刚收容过来的穿山甲对人工饲料还不适应（Mohapatra and Panda，2014a；Nguyen et al.，2010）。马来穿山甲和印度穿山甲都能接受黄猄蚁（*Oecophylla smaragdina*；Mohapatra and Panda，2014a；Nguyen et al.，2010）。当然，马来穿山甲也吃举腹蚁（*Crematogaster* sp.）（Nguyen et al.，2010）。成年的印度穿山甲每天大概食用 600g 左右的黄猄蚁（约占其体重的 5%），而亚成体的穿山甲只食用成年个体的 10%。为圈养的穿山甲寻找可持续的织叶蚁巢穴是一个重大挑战。当食物短缺和供应不足时，通常将煮熟的鸡蛋与奶粉打碎混合，作为印度穿山甲的替代食物（Mohapatra and Panda，2014a）。

在津巴布韦和南非共和国，黑腹长尾穿山甲放归野外前会进行体况健康检查，放归后会进行密切的监测。目前还没有研制出这种穿山甲的人工饲料。在圈养的情况下，尽量满足提供丰富营养物质的需求，某种程度上能提高该物种的生存率和康复率（见第 30 章）。

关于穿山甲饲料的研发一直备受争议（Cabana et al.，2017；Yang et al.，2007）。一个较为成功的饲料配方既要有良好的口感又要能满足穿山甲生长的各个阶段的营养需要和饮食习性。目前，穿山甲完全主动接受人工饲料仍然是很大的难题，救护中心和动物园所饲喂的食物不能为全部穿山甲接受，当然这些都是一个缓慢适应的过程。以蚂蚁、蚂蚁卵和幼虫为最初的食物，然后慢慢地增加人工混合物的比例。没有蚂蚁、蚂蚁卵和幼虫的加入，大多数为穿山甲配制的人工饲料都很难被接受。而且在接受程度上个体差异也较大。

饲料配方

几丁质

昆虫的外骨骼占野生穿山甲食源性物质较大比例，将其添加到圈养穿山甲的饲料配方中已被证明可增加食物的消化率（Chin et al.，2009）。据报道，几丁质添加到人工饲料中可提高圈养中华穿山甲有机质的消化吸收率（Chin et al.，2009），可能是因为肠道蠕动减慢。对于昆虫比例较低的人工饲料，可人工添加甲壳素（几丁质）。甲壳素作为一种前体生物制剂，直接饲喂穿山甲有益于其肠道菌群。用马来穿山甲进行的饲养实验支持了这一理论，其中甲壳素占饮食组分的10%，发现甲壳素既可辅助消化吸收又能帮助消化有机物、粗蛋白和纤维，还不会影响饮食的口感（Cabana and Tay，2019）。

土壤

土壤对大食蚁兽（*Myrmecophaga tridactyla*）的粪便稠度有显著影响，在圈养日粮中添加高达 40% 的土壤可产生形状更好的粪便（Clark et al.，2016）。这对于圈养的食蚁物种来说是意料之中的事，当它们闯入蚁巢和白蚁巢穴捕食时，会自然地摄入土壤。因此，在新加坡野生动物保护组织（WRS）救护的马来穿山甲胃内容物中 60%～70%是沙子也较为普遍。在人工饲养的日粮中添加土壤可能有许多好处。首先，它有助于研磨胃里的食物，增加有机物的表面消化率。其次，摄入有机质可能会增加纤维的消化，从而增加短链脂肪酸的产生，有利于肠道健康。再次，它有助于降低整体饮食的能量摄入，让穿山甲消耗更多的食物，同时更容易控制它们的体重（Cabana and Tay，2019）。这很重要，因为圈养的穿山甲很容易出现肥胖问题（见第 29 章）。最后，土壤可能提供有益的环境细菌，这些细菌可能具有类似益生菌的作用。然而，在饮食中添加土壤可能并不像描述的那么简单。因为质地、气味和味道的变化可能会影响某些饲料的适口性。因此，逐渐增加土壤和几丁质的添加量，需要较长的摸索期。

营养需求

野生动物的营养需求在很大程度上是未知的（Cheeke and Dierenfeld，2010）。因此，野生动物的饮食通常基于现有"模型"物种的营养需求。"模型"物种的选择将取决于系统发育关系、饲养生态学和/或消化形态学和生理学的相似性（Redford，1985）。对于穿山甲来说，根据它们饲养生态学的相似性，大食蚁兽的营养需求通常基于家犬的营养模型。Cabana 等（2017）回顾了圈养机构研发的较为成功的穿山甲饲料，其营养需求与犬科动物有相似的范围（表 28.2）。因此，参考家犬营养需求，同时结合大食蚁兽的饲喂观察，作为将来研发圈养穿山甲饮食结构的基础参照。

表 28.2　圈养穿山甲的日粮营养成分参考（干物质）

营养成分	参考范围	营养成分	参考范围
粗脂肪/%[a]	19～31	钠/%[b]	0.06
粗蛋白/%[a]	32～53	钾/%[b]	0.6
酸性洗涤纤维（ADF）/%[a]	5～16	铁/（mg/kg）[b]	80～200
钙/%[a]	0.4～1.3	铜/（mg/kg）[b]	7.3～250
磷/%[a]	0.25～0.80	锌/（mg/kg）[b]	120～1 000
维生素 A/（IU A/kg）[b]	5 000～25 000	硒/（mg/kg）[b]	0.11～2.0
维生素 D/（IU A/kg）[b]	500～5 000	维生素 E/（mg/kg）[b]	50～1 000

[a] 数据来自 Cabana, F., Plowman, A., Nguyen, V.T., Chin, S.-C., Sung-Lin, W., Lo, H.-Y., et al., 2017. Feeding *Asian pangolins*: an assessment of current diets fed in institutions worldwide. Zoo Biol, 36（4），298-305。

[b] 数据来自美国国家科学研究委员会，2006 年。犬猫的营养需要。美国国家科学研究委员会，国家科学院出版社，华盛顿特区。

虽然当前有一定的穿山甲营养学基础来维持穿山甲几个物种的营养需求（如中华穿山甲和马来穿山甲），并且在某些情况下可进行繁殖（Cabana et al.，2017）。但并非所有物种都是如此，而且穿山甲营养知识还不够完整，需要进一步研究。

人工圈养繁殖

考虑控制人工圈养穿山甲的存活率方面难度较大，开展人工救护和繁育野生穿山甲可能失败也不足为奇（Yang et al.，2007）。主要还是对穿山甲各个阶段的营养需求、救护后高应激反应、高发病率和死亡率，以及繁殖期了解较少，尤其是对配偶的选择、育幼期的行为及断奶期的饲养管理等方面了解甚少（Hua et al.，2015；Pattnaik，2008；Sun et al.，2018；Yang et al.，2007）。

在过去的 150 年里，有不定期的关于大多数穿山甲物种的少量圈养繁殖报告（Hua et al.，2015；Yang et al.，2007）。包括 2016 年在美国出生的白腹长尾穿山甲（Lombardi，2018）。开展穿山甲圈养较为成功的单位有中国台湾台北动物园、南丹卡南的穿山甲救护与繁殖中心（PCBC）、印度野生动物园、中国华南师范大学穿山甲人工救护与繁殖育种研究基地（PRB-SCNU）和新加坡野生动物保护组织等。这些动物园或救护中心都花费了大量的精力在饲料营养和环境丰容上，尽可能还原穿山甲野外生存环境，满足其自然条件下的行为表达，以及开展规范的饲养管理和妊娠行为的监测（Chin et al.，2009；Hua et al.，2015；Mohapatra and Panda，2014a；Yang et al.，2007）。一些穿山甲圈养的饲养记录，尤其是涉及生病和受伤的野生穿山甲，以及从非法贸易中罚没并移交到救援中心的穿山甲的饲养管理记录，这些圈养条件下的繁殖记录很有可能不能真实代表野生状态下的繁殖情况。此外，很多圈养条件下繁殖产下的穿山甲多数在第一年死亡（Yang et al.，2007），只有少数出现繁育三代的记录，其中中国台湾台北动物园人工繁育的中华穿山甲最具代表性（第 36 章；Hua et al.，2015）。

不同种类的穿山甲在繁殖性状上存在较大的差异。研究表明，中华穿山甲有一个明确的繁殖季节（Zhang et al.，2016），而其他种类的穿山甲一年四季都在繁殖（Lim and Ng，2008；Zhang et al.，2015）。除了 5 月和 6 月外，圈养的印度穿山甲全年都有幼崽出生的报道（Mohapatra and Panda，2014a）。

文献中报道的妊娠期和断奶时间在种间及种内也有很大差异（表 28.3，表 28.4），但一般来说，妊娠期很长。此外，也有报道称穿山甲有双胞胎现象（Payne et al.，1998；Prater，1971）。目前的研究结果和一些圈养较为成功的动物园，包括拯救越南野生动物组织（SVW）和南丹卡南的穿山甲救护与繁殖中心（PCBC）、布鲁克菲尔德动物园（Brookfield Zoo）都只报道了每胎只产一只穿山甲。而一例因走私被有关部门罚没的马来穿山甲死后剖检发现左右子宫角各有一胎儿（N. D. H. Nguyen，个人评论）。由于雌性穿山甲会有育幼行为，多只失去母本的幼崽会骑在附近任何成年穿山甲的背上（Nguyen et al.，2007），可能会出现一些被收容救护的雌性穿山甲携带两个（或更多）幼崽的报道。目前，十分有必要对穿山甲繁殖领域开展深入研究。

表 28.3 穿山甲妊娠时间记录

物种	妊娠时间
马来穿山甲	不同记录：176~188d（Zhang et al.，2015）； <168d（Nguyen et al.，2010）
中华穿山甲	不同记录：180~225d（Zhang et al.，2016）； 318~372d [a]（详见第 4 章）
印度穿山甲	不同记录：165d [b]、251d（Mohapatra et al.，2018；详见第 5 章）
菲律宾穿山甲	未记录（详见第 7 章）
白腹长尾穿山甲	140~150d [c]、186d [d]、209d [e]（详见第 9 章）

续表

物种	妊娠时间
黑腹长尾穿山甲	140d [e, f]
巨地穿山甲	未记录
南非地穿山甲	105～140d [g, h]

[a]Chin, S.-C., Lien, C.-Y, Chan, Y.-T., Chen, C.-L., Yang, Y.-C., Yeh, L-S., 2011. Monitoring the gestation period of rescued Formosan puangolin (*Manis pentadactyla*) with progesterone radioimmunoassay. Zoo Biol. 31 (4), 479-489。

[b]Panda, S., Mishra, S., Mishra, A., Mohapatra, S.N., 2010. Nandankanan Faunal Diversity. Nandankanan Biological Park, Forest and Environment Department, Government of Odisha, India。

[c]Pagès, E., 1972. Comportement maternel et developpement due jeune chez un pangolin arboricole (*M. tricuspis*). Biol. Gabon. 8, 63-120。

[d]Menzies, J.I., 1971. The birth in captivity of a tree pangolin (*Manis tricuspis* Rafinesque) and observations on its development. Niger. J. Sci. 5, 77-84。

[e]Kersey, D., Guilfoyle, C., Aitken-Palmer, C., 2018. Reproductive hormone monitoring of the tree pangolin (*Phataginus tricuspis*). Chicago International Symposium on Pangolin Care and Conservation, Brookfield Zoo, Chicago, IL, 23-25 August 2018。

[f]Pagès, E., 1972, Comportement maternel et developpement du jeune chez un Pangolin arboricole (*M. tricuspis*). Biol. Gabon. 8, 63-120。

[g]van Ee, C., 1966. A note on breeding the Cape pangolin *Manis temminckii* at Bloemfontein zoo. Int. Zoo Yearb.6 (1), 163-164。

[h]D. W. Pietersen，未发表数据。

表28.4　穿山甲断奶时间记录

物种	断奶时间
马来穿山甲	不同记录：107～112d[a]、90～120d (Lim and Ng, 2008)
中华穿山甲	不同记录：113d[b]、157d (Sun et al.，2018；详见第4章)
印度穿山甲	150～240d[c]
菲律宾穿山甲	未记录（详见第7章）
白腹长尾穿山甲	90～180d[d, e]或继续生产（详见第9章）
黑腹长尾穿山甲	继续生产[d]
巨地穿山甲	继续生产（详见第10章）
南非地穿山甲	135～360d（详见第11章）

[a] 新加坡野生动物保护组织，未发表数据。

[b]Masui, M., 1967. Birth of a Chinese pangolin *Manis pentadactyla* at Ueno Zoo, Tokyo. Int. Zoo Yearb. 7 (1), 114-116。

[c]Mohapatra, R.K., Panda, S., 2014. Husbandry, behaviour and conservation breeding of Indian pangolin. Folia Zool. 63 (2), 73-80。

[d]Kingdon, J., 1971. East Africa Mammals. At Atlas of Evolution in Africa, vol. I, Primates, Hyraxes, Pangolins, Protoungulates, Sirenians. Academic Press, London。

[e]Pagès, E., 1972. Comportement maternel et developpement due jeune chez un pangolin arboricole (*M. tricuspis*). Biol. Gabon. 8, 63-120。

穿山甲人工育幼

为了保障人工圈养条件下的穿山甲体况健康、生长发育还能保留野外生存习性，以便未来放归野外环境，一般尽量在仿生态环境下进行人工圈养（McCracken，2008）。这依赖于充分了解野生幼崽的正常生长发育过程、育幼行为表达、各生长阶段饮食结构、断奶年龄及环境变化等因素。可惜的是，人们对穿山甲的正常繁殖行为和人工育幼知之甚少（Challender，2009）。因此，很多时候开展人工育幼（失去母本的穿山甲幼崽）是在对野外穿山甲生长情况未知的状态下进行的。尽管如此，中华穿山甲、印度穿山甲和马来穿山甲的人工育幼已经获得成功（Mohapatra，2013；Nguyen et al.，2010）。

穿山甲需要人工育幼的原因有很多，如人工圈养条件下出生的幼崽，母兽母性不强，无法进行育幼，或者母兽受伤严重，甚至死亡，需要饲养管理人员进行人工育幼。在非法贸易中收容救护的穿山甲，救护人员不了解它们与母兽分离的方式和时间。此外，个体较小、拒绝食用成年穿山甲食物（蚂蚁、蚂蚁卵）等，这些个体需要人工育幼（Mohapatra，2013；Nguyen et al.，2010）。

　　和所有失去母本的动物幼崽一样，穿山甲幼崽在提供任何食物之前必须先稳定下来。母本照顾可确保穿山甲幼崽体温正常并适当吸吮母乳补水，幼崽脱离母本照顾可能出现低温或脱水等现象（Gage，2008）。引入替代母乳之前，可以通过口服、静脉注射或皮下注射电解质和液体疗法来补充水分和维持电解质平衡（Gage，2008）。用于穿山甲的成功替代母乳的配方包括马来穿山甲和中华穿山甲的幼猫代乳奶粉（Jaffar et al.，2018；Nguyen et al.，2010）以及印度穿山甲的幼犬代乳奶粉（Mohapatra and Panda，2014a）。为了降低肠胃不适的风险，代乳牛奶逐渐添加，最初以 25%的添加量补充，之后，最初的 24～72h 逐渐增加到 100%（Nguyen et al.，2010）。供给穿山甲幼崽吸乳的奶嘴采用宠物医院给幼猫或大型有袋动物适用的型号。食物的饲喂量取决于动物的年龄和发育阶段。因为没有穿山甲的生长发育曲线，所以每天监测体重、评估身体状况和行为表达可以作为参考指标。一只人工饲养成功的马来穿山甲，到达救护中心时体重为 700g，最初喂食占体重 20%的牛奶，每天分成 4 次投喂（Nguyen et al.，2010）。在人工育幼较为成功的机构，早期添加额外的蛋白质来源，特别是酪蛋白；在哺乳期间，蛋白质与脂肪的比例逐渐下降，以进一步促进幼崽生长发育。但即便如此，人工饲养条件下幼崽的生长速度也很难达到野外幼崽的生长速度（Cabana et al.，2019；Sun et al.，2018）。

　　穿山甲幼崽的生长发育速度取决于年龄和种类。一只人工饲养的印度穿山甲被安置在一个 60cm×40cm×30cm 的箱子里，里面铺有柔软的毛巾（Mohapatra，2013）。虽然刚开始空间大小适宜，但随着个体生长，箱子空间显得相对狭小，需要更大的空间（Mohapatra，2013）。在越南，一只失去母本的穿山甲幼崽和一群刚刚断奶或接近断奶的幼崽被安置在一处，并且只有在进行体况检查时才会被带出巢箱，以减少热量的散失。圈养过程中一直放有人工饲料，促进了从育幼代乳奶粉到离乳饲料的过渡（Nguyen et al.，2010）。与所有失去母本的幼崽一样，圈养过程中要严格把控环境卫生和饲养管理。人工圈养条件下育幼的穿山甲幼崽比野外母本照顾的更容易感染传染病（Nguyen et al.，2010）。

　　人工饲养穿山甲的成功断奶仍然具有挑战性，人工饲养的死亡率仍然很高。迫切需要深入了解所有穿山甲物种母本育幼的行为表达。

总　　结

　　由于非法贸易严重威胁亚洲和非洲的野生穿山甲种群，全世界都在加大保护力度，制定穿山甲保护方案，对圈养的穿山甲进行管理和保护育种。目前在穿山甲的营养需求方面取得了进展，有可靠的报告显示，人工饲料不仅被穿山甲接受，而且对圈养穿山甲的健康和繁殖成功产生了积极的影响。穿山甲的笼舍围栏设计和建造不当不仅会对穿山甲造成伤害还增加了逃逸的概率。这些都表明要严格把控圈舍设计，要根据圈养穿山甲的不同种类和年龄合理建造围栏。此外，穿山甲对环境温度和湿度敏感度高。人们也慢慢认识到穿山甲慢性和急性应激带来的严重后果，更加注重圈养穿山甲的福利，并为长期圈养的穿山甲提供丰富的营养。

　　然而，开发营养丰富且易于被穿山甲接受的人工饲料，仍然是一项重大挑战。对于野生穿山甲繁殖行为的监测，可以为人工圈养条件下的穿山甲繁殖提供参考，提高圈养穿山甲繁育的成功率。虽然人们慢慢认识到圈养穿山甲福利的重要性，但很少有机构制定修缮或实施方案，以便为穿山甲提供更合理的饲养条件。

　　近几十年来，尽管人工繁育穿山甲取得了很大的进步，但仅局限于马来穿山甲、中华穿山甲、印度穿山甲及白腹长尾穿山甲。人们对于南非地穿山甲的人工圈养知识了解甚少，菲律宾穿山甲、巨地穿山甲、黑腹长尾穿山甲的个体信息和圈养知识则更为缺乏。

参 考 文 献

Aitken-Palmer, C., Sturgeon, G.L., Bergmann, J., Knightly, F., Johnson, J.G., Ivančić, M., et al., 2017. Enhancing conservation through veterinary care of the whitebellied tree pangolin (*Manis tricuspis*). 49th AAZV Annual Conference Proceedings. American Association of Zoo Veterinarians, Texas, United States.

Anon, 2017. Brookfield Zoo: White-Bellied Tree Pangolin Standards of Care. Chicago, IL, United States.

Cabana, F., Tay, C., 2019. The addition of soil and chitin into Sunda pangolin (*Manis javanica*) diets affect digestibility, faecal scoring, mean retention time and body weight. Zoo Biol. Early View.

Cabana, F., Plowman, A., Nguyen, V.T., Chin, S.-C., Sung-Lin, W., Lo, H.-Y., et al., 2017. Feeding Asian pangolins: an assessment of current diets fed in institutions worldwide. Zoo Biol. 36 (4), 298-305.

Cabana, F., Tay, C., Arif, I., 2019. Comparison of growth rates of hand-reared and mother-reared Sunda pangolin (*Manis javanica*) pups at the Night Safari (Singapore). J. Zoo Aquarium Res. 77 (1), 44-49.

Challender, D., 2009. Asian Pangolins: how behavioural research can contribute to their conservation. In: Pantel, S., Chin, S.-Y. (Eds.), Proceedings of the Workshop on Trade and Conservation of Pangolins Native to South and Southeast Asia, 30 June-2 July 2008, Singapore Zoo, Singapore. TRAFFIC Southeast Asia, Petaling Jaya, Selangor, Malaysia, pp. 95-102.

Challender, D.W.S., Nguyen, V.T., Jones, M., May, L., 2012. Time-budgets and activity patterns of captive Sunda pangolins (*Manis javanica*). Zoo Biol. 31 (2), 206-218.

Cheeke, P.R., Dierenfeld, E.S., 2010. Comparative Animal Nutrition and Metabolism. Cambridge University Press, Cambridge.

Chin, J.S.-C., Tsao, E.H., 2015. Pholidota. In: Miller, R.E., Fowler, M.E. (Eds.), Fowler's Zoo and Wild Animal Medicine, vol. 8. Saunders, St. Louis, pp. 369-375.

Chin, S.-C., Yang, C.-W., 2009. Formosan pangolin rescue, rehabilitation and conservation. In: Pantel, S., Chin, S.-Y. (Eds.), Proceedings of the Workshop on Trade and Conservation of Pangolins Native to South and Southeast Asia, 30 June-2 July 2008, Singapore Zoo, Singapore. TRAFFIC Southeast Asia, Petaling Jaya, Selangor, Malaysia, pp. 108-110.

Chin, S.-C., Yang, C.-W., Lien, C., Chen, C., Guo, J., Wang, H., et al., 2009. The effect of soil addition to the diet formula on the digestive function of Formosan pangolin (*Manis pentadactyla pentadactyla*). Third meeting of the Asian Society of Zoo and Wildlife Medicine 18_19 August 2009, Seoul National University, Seoul, Republic of Korea.

Chin, S.-C., Lien, C.-Y., Chan, Y., Chen, C.-L., Yang, Y.-C., Yeh, L.-S., 2015. Hematologic and serum biochemical parameters of apparently healthy rescued Formosan pangolins (*Manis pentadactyla pentadactyla*). J. Zoo Wildlife Med. 46 (1), 68-76.

Clark, L., Nguyen, T.V., Phuong, T. Q., 2009. A long way from home: the health status of Asian pangolins confiscated from the illegal wildlife trade in Viet Nam. In: Pantel, S., Chin, S.-Y. (Eds.), Proceedings of the Workshop on Trade and Conservation of Pangolins Native to South and Southeast Asia, 30 June-2 July 2008, Singapore Zoo, Singapore. TRAFFIC Southeast Asia, Petaling Jaya, Selangor, Malaysia, pp. 111-118.

Clark, A., Silva-Fletcher, A., Fox, M., Kreuzer, M., Clauss, M., 2016. Survey of feeding practices, body condition and faeces consistency in captive ant-eating mammals in the UK. J. Zoo Aquarium Res. 4 (4), 183-195.

Gage, L.J., 2008. Hand-Rearing Wild and Domestic Mammals. Wiley-Blackwell, Oxford.

Gaubert, P., 2011. Family Manidae. In: Wilson, D.E., Mittermeier, R.A. (Eds.), Handbook of the Mammals of the World, vol. 2. Hoofed Mammals. Lynx Edicions, Barcelona, pp. 82-103.

Hua, L., Gong, S., Wang, F., Li, W., Ge, Y., Li, X., et al., 2015. Captive breeding of pangolins: current status, problems and future prospects. ZooKeys 507, 99-114.

Jaffar, R., Kurniawan, A., Maguire, R., Anwar, A., Cabana, F., 2018. WRS Husbandry Manual for the Sunda Pangolin (*Manis javanica*), first ed. Wildlife Reserves Singapore Group, Singapore.

Lim, N.T.L., Ng, P.K., 2008. Home range, activity cycle and natal den usage of a female Sunda pangolin Manis javanica (Mammalia: Pholidota) in Singapore. Endanger. Sp. Res. 4, 233-240.

Lombardi, L., 2018. U.S. zoos learn how to keep captive pangolins alive, helping wild ones. Available from: ＜https://news.mongabay.com/2018/01/u-s-zooslearn-how-to-keep-captive-pangolins-alive-helping-wildones/＞. [January 15, 2019].

Mason, G., Clubb, R., Latham, N., Vickery, S., 2007. Why and how should we use environmental enrichment to tackle stereotypic behaviour? Appl. Anim. Behav. Sci. 102 (3-4), 163-188.

McCracken, H., 2008. Veterinary aspects of hand-rearing orphaned marsupials. In: Voglenest, L., Woods, R. (Eds.), Medicine of Australian Mammals. CSIRO Publishing, Clayton South, Victoria, Australia, pp. 13-37.

Menzies, J., 1963. Feeding pangolins (*Manis* spp [sic]) in captivity. Int. Zoo Yearb. 4 (1), 126-128.

Menzies, J., 1966. A note on the nutrition of the tree pangolin *Manis tricuspis* in captivity. Int. Zoo Yearb. 6 (1), 71-71.

Mohapatra, R.K., 2013. Hand-rearing of rescued Indian pangolin (*Manis crassicaudata*) at Nandankanan Zoological Park, Odisha. In: Acharjyo, L.N., Panda, S. (Eds.), Indian Zoo Year Book. Indian Zoo Directors Association and Central Zoo Authority, New Delhi, India, pp. 17-25.

Mohapatra, R., 2016. Studies on Some Biological Aspects of Indian Pangolin (*Manis crassicaudata* Gray, 1827). Ph.D. Thesis, Utkal University, Bhubaneswar, India.

Mohapatra, R.K., Panda, S., 2014a. Husbandry, behavior and conservation breeding of Indian pangolin. Folia Zool. 63 (2), 73-80.

Mohapatra, R.K., Panda, S., 2014b. Behavioural descriptions of Indian pangolins (*Manis crassicaudata*) in Captivity. Int. J. Zool. 795062.

Mohapatra, R.K., Panda, S., Sahu, S.K., 2018. On the gestation period of Indian pangolins (*Manis crassicaudata*) in captivity. Biodivers. Int. J. 2 (6), 559-560.

Nash, H.C., Lee, P., Low,M.R., 2018. Rescue, rehabilitation and release of Sunda pangolins (*Manis javanica*) in Singapore. In: Soorae, P.S. (Ed.), Global Re-Introduction Perspectives. Case-Studies From Around the Globe. IUCN/SSC Reintroduction Specialist Group, Abu Dhabi, UAE.

Nguyen, V.T., Clark, L., Tran, Q., 2010. Management Guidelines for Sunda Pangolin (*Manis javanica*), first ed. Carnivore and Pangolin Conservation Program, Cuc Phuong National Park, Vietnam.

Pattnaik, A., 2008. Enclosure design and enrichment key to the successful conservation breeding of Indian pangolin (*Manis crassicaudata*) in captivity. Indian Zoo Year Book V, 91-102.

Payne, J., Francis, C.M., Phillipps, K., 1998. Field Guide to the Mammals of Borneo, third ed. Sabah Society, Kota Kinabalu, Malaysia.

Prater, S.H., 1971. The Book of Indian Mammals, third ed. Bombay Natural History Society, Bombay.

Rabin, L., 2003. Maintaining behavioural diversity in captivity for conservation: natural behaviour management. Anim. Welfare 12 (1), 85-94.

Redford, K.H., 1985. Feeding and food preference in captive and wild giant anteaters (*Myrmecophaga tridactyla*). J. Zool. 205 (4), 559-572.

Richer, R., Coulson, I., Heath, M., 1997. Foraging behaviour and ecology of the Cape pangolin (*Manis temminckii*) in north-western Zimbabwe. Afr. J. Ecol. 35 (4), 361-369.

Sodeinde, O.A., Adedipe, S.R., 1994. Pangolins in south-west Nigeria-current status and prognosis. Oryx 28 (1), 43-50.

Sun, N.C.-M., Sompud, J., Pei, K.J.-C., 2018. Nursing period, behavior development, and growth pattern of a newborn Formosan pangolin (*Manis pentadactyla pentadactyla*) in the Wild. Trop. Conserv. Sci. 11, 1-6.

Sun, N.C.-M., Arora, B., Lin, J.-S., Lin, W.-C., Chi, M.-J., Chen, C.-C., et al., 2019. Mortality and morbidity in wild Taiwanese pangolin (*Manis pentadactyla pentadactyla*). PLoS One 14 (2), e0212960.

van Ee, C., 1966. A note on breeding the Cape pangolin Manis temniincki at Bloemfontein zoo. Int. Zoo Yearb. 6 (1), 163-164.

Vijayan, M., Leong, C., Ling, D., 2009. Captive Management of Malayan Pangolins Manis javanica in the Night Safari. In: Pantel, S., Chin, S.-Y. (Eds.), Proceedings of the Workshop on Trade and Conservation of Pangolins Native to South and Southeast Asia, 30 June-2 July 2008, Singapore Zoo, Singapore. TRAFFIC Southeast Asia, Petaling Jaya, Selangor, Malaysia, pp. 119-130.

Vogelnest, L., 2008. Veterinary considerations for the rescue, treatment, rehabilitation and release of wildlife. In: Vogelnest, L., Woods, R. (Eds.), Medicine of Australian Mammals. CSIRO, Publishing, pp. 1-12.

Wilson, A.E., 1994. Husbandry of pangolins Manis spp. Int. Zoo Yearb. 33 (1), 248-251.

Yang, C.-W., Chen, S., Chang, C.-Y., Lin, M.F., Block, E., Lorentsen, R., et al., 2007. History and dietary husbandry of pangolins in captivity. Zoo Biol. 26 (3), 223-230.

Zhang, F., Wu, S., Yang, L., Zhang, L., Sun, R., Li, S., 2015. Reproductive parameters of the Sunda pangolin, *Manis javanica*. Folia Zool. 64 (2), 129-135.

Zhang, F., Wu, S., Zou, C., Wang, Q., Li, S., Sun, R., 2016. A note on captive breeding and reproductive parameters of the Chinese pangolin, *Manis pentadactyla* Linnaeus, 1758. ZooKeys 618, 129-144.

Zhang, F., Yu, J., Wu, S., Li, S., Zou, C., Wang, Q., et al., 2017. Keeping and breeding the rescued Sunda pangolins (*Manis javanica*) in captivity. Zoo Biol. 36 (6), 387-396.

第29章 穿山甲兽医学

利安娜·薇薇安·威克[1]，卡林·洛伦斯[2]，兰金海[3]

1．维多利亚州动物园集团希斯维尔野生动物保护区澳大利亚野生动物医疗中心，澳大利亚维多利亚州希斯维尔

2．约翰内斯堡野生动物兽医医院，南非约翰内斯堡

3．菊芳国家公园拯救越南野生动物组织，越南宁平

引 言

尽管圈养穿山甲已有 150 多年的历史（Yang et al.，2007），但很少有穿山甲寿命超过 20 年的报道，大多数出生后 6 个月内死亡，穿山甲的存活率较低（Chin and Tsao，2015；Mohapatra and Panda，2014；Wilson，1994；Yang et al.，2007；Zhang et al.，2017）。对穿山甲的营养需求、繁殖习性、饲养要求的不了解，以及穿山甲对圈养环境的不适应，导致穿山甲发病率和死亡率较高（Clark et al.，2009；Hua et al.，2015；Perera et al.，2017）。

随着野生种群数量的减少，迫切需要改善圈养穿山甲的健康和福利，作为穿山甲保护的重要组成部分（见第31章）。然而，相比其他物种，对穿山甲的生理学和常见健康问题的研究很不足（Langan，2014）。各地区穿山甲救护中心开展穿山甲的繁育和保护工作仍面临巨大挑战。本章介绍了世界各地动物园和救援中心报道的穿山甲的易感疾病及健康的常见问题，包括正常的生理指标（包括血液生化和血液学）、临床诊断，以及穿山甲疾病的综合治疗和麻醉方案。

穿山甲的保定

物理保定方法

身体健康的穿山甲非常强壮，面临危险时会迅速蜷缩成球状，并将尾巴盘卷盖住头部。通常用外力是无法将蜷缩的穿山甲身体展开的，这样做很容易使穿山甲受伤（Langan，2014；Robinson，1999）。虽然穿山甲性情温顺，但鉴于它们强壮的四肢、锋利的鳞片和长而有力的爪子，在进行保定时还需谨慎。

圈养穿山甲应定期做一些兽医临床检查，如测量体重、体况检查、饲喂状况及影像学检查（B 超）（Wilson，1994）。幼年动物和较为配合的个体可能不需要采取麻醉就可以进行保定（Chin and Tsao，2015）。一些中华穿山甲和马来穿山甲可以配合长时间饲养它的饲养员，进行一定的兽医临床检查。饲养员通过抓住其尾巴，使穿山甲的前肢慢慢接触地面，直到它的身体自由展开（Nguyen et al.，2010）。极度紧张或体重较大的穿山甲，如南非地穿山甲和巨地穿山甲，就不适合这种物理保定的方法。

经过长时间且频率较高的临床检查，穿山甲自卫行为可能会表现得比较明显，它会将身体蜷缩，拒绝兽医人员对其进行临床检查和治疗。在皮下注射或肌肉注射药剂后，穿山甲会蜷缩起来，将注射器针头包裹在内部，很难取出。因此，需要进行兽医手术的建议进行镇静或麻醉。

药物镇静与麻醉

对健康穿山甲进行镇静和全身麻醉通常并不复杂，而且麻醉前不需要禁食。具体使用的麻醉和镇静药物及使用方法见表 29.1。

表 29.1　治疗穿山甲的药物。本表介绍了已发表文献的研究成果、死亡报告、
救援中心和动物园的医疗记录及穿山甲兽医的个人经验

药物名称	给药量/给药方式/给药频率	物种	适应证/用途	文献来源
		抗生素		
硫酸阿米卡星	4.4mg/kg 逐渐降至 2.2mg/kg SC BID	白腹长尾穿山甲	用于治疗革兰氏阴性菌引起的感染	
阿莫西林 [a]	15mg/kg PO SID，最多使用 14d	白腹长尾穿山甲	用于治疗各种细菌性感染	
阿莫西林（长效制剂）	8mg/kg IM EOD，4～6 个周期	马来穿山甲	用于减少动物应激；未进一步研究，这种长效制剂的疗效仍未知	
复方阿莫西林 [a, b, c, d, h]	10～20mg/kg　PO，IM，SID～BID	马来穿山甲、中华穿山甲、南非地穿山甲、白腹长尾穿山甲	用于治疗各种感染，包括鳞甲下的皮炎和其他皮肤伤口感染	Nguyen et al.，2010
氨苄西林 [e]	20～40mg/kg IV，每天 3～4 次	白腹长尾穿山甲	用于治疗各种细菌性感染	
青霉素 G [a, b]	20mg/kg IV，IM，3～7d 50 000 IU SC，SID，连续使用 10d	马来穿山甲 白腹长尾穿山甲	用于治疗呼吸道感染	
头孢他啶	20mg/kg IM，BID	白腹长尾穿山甲	用于治疗各种细菌性感染	
头孢噻呋 [a]	4.4mg/kg SC，SID，连续使用 10d	白腹长尾穿山甲	用于治疗各种细菌性感染	
头孢噻呋结晶游离酸（长效制剂）[b, e]	6～8mg/kg SC，3～5d 一个周期	马来穿山甲、白腹长尾穿山甲	用于减少动物应激；未进一步研究，这种长效制剂的疗效仍未知	Lam，2018
头孢曲松钠 [a]	50mg/kg IM，BID，连续使用 7d	白腹长尾穿山甲	用于治疗各种细菌性感染	
头孢氨苄	15mg/kg PO	马来穿山甲	用于治疗呼吸道、皮肤和骨骼感染	
环丙沙星 [a, h]	5～15mg/kg PO，BID，连续使用 14d	白腹长尾穿山甲	用于治疗各种细菌性感染	
克林霉素 [b, h]	10mg/kg PO，BID，连续使用 7～10d	马来穿山甲	用于治疗骨、尾巴或四肢的皮肤感染	
恩诺沙星 [a, b, c, d, e, f]	5～15mg/kg PO　SID 或 2.5～5mg/kg IV	马来穿山甲、南非地穿山甲、白腹长尾穿山甲	用于疑似厌氧菌引发的感染	Jaffar et al.，2018
氟康唑 [a]	5mg/kg PO BID，连续使用 5d	白腹长尾穿山甲	用于治疗口腔念珠菌病	
伊曲康唑 [a]	5mg/kg PO SID，连续使用 4 个星期	白腹长尾穿山甲	用于治疗口腔念珠菌病	
盐酸林可霉素	0.3ml/kg	中华穿山甲	用于治疗对其他广谱抗生素无效的严重细菌感染	Zhang et al.，2017
马波沙星 [f, h]	2～8mg/kg PO SID，连续使用 14d	马来穿山甲	用于治疗各种细菌性感染	Jaffar et al.，2018

续表

药物名称	给药量/给药方式/给药频率	物种	适应证/用途	文献来源
甲硝唑（灭滴灵）[a、b、e、h]	15～25mg/kg PO BID，连续使用 7d	马来穿山甲、白腹长尾穿山甲	用于治疗细菌和原生动物感染	
制霉菌素[a]	50 000～150 000 单位 PO BID	白腹长尾穿山甲	用于治疗口腔念珠菌病	
托曲珠利[b]	2.5～5mg/kg PO SID，连续使用 3d	马来穿山甲	用于球虫病的治疗	Clark et al.，2010；Jaffar et al.，2018；Lam，2018；Nguyen et al.，2010
甲氧苄啶磺胺甲噁唑[f]	30mg/kg PO SID，连续使用 7d	马来穿山甲	用于球虫病的治疗	Jaffar et al.，2018
		抗寄生虫药物		
阿维菌素	400mg/kg PO SID，连续使用 3d	中华穿山甲	用于治疗多种内外寄生虫	Zhang et al.，2017
阿苯达唑[b]	20mg/kg PO	印度穿山甲	用于治疗胃肠道线虫感染	Lam，2018；Mohapatra and Panda，2014
伊维菌素注射液（1%）[a、b、d、e、f、g]	0.2～0.4mg/kg PO，SC	中华穿山甲、马来穿山甲、白腹长尾穿山甲	用于治疗多种内外寄生虫	Chin et al.，2015；Clark et al.，2010；Jaffar et al.，2018；Lam，2018；Nguyen et al.，2010
氟虫腈喷雾剂	7～10mg/kg TOP	白腹长尾穿山甲	用于蜱叮咬的局部治疗	
咪多卡（咪多卡二丙酸盐）[c]	6mg/kg，一次（可能需要间隔 24h 进行两次治疗）	南非地穿山甲	用于治疗原发性梨形虫病，如疑似的巴贝虫病。可能引起流涎，使用小剂量阿托品肌肉注射可以控制流涎	
左旋咪唑[b]	5mg/kg PO	马来穿山甲	不推荐使用，可能导致穿山甲过度流涎	
林丹粉剂（0.5%）[g]	TOP	中华穿山甲	用于治疗穿山甲的蜱叮咬，但对哺乳动物具有毒性作用，建议谨慎使用	Chin and Tsao，2015
氯硝柳胺（灭绦灵）[g]	157mg/kg	中华穿山甲	用于治疗胃肠道绦虫感染	Chin et al.，2015
哌嗪[g]	88～110ml/kg	中华穿山甲	用于治疗胃肠道线虫感染	Chin et al.，2015
双羟萘酸噻嘧啶[a]	5mg/kg PO，每周一次，连续使用 4 周	白腹长尾穿山甲	用于治疗胃肠道线虫感染	
吡喹酮[a、b、e]	7～25mg/kg PO SID，连续使用 3d	马来穿山甲、白腹长尾穿山甲	用于治疗胃肠道绦虫感染	Lam，2018
噻苯咪唑	59mg/kg 随饲料投喂，一次	中华穿山甲	用于治疗胃肠道蛔虫感染	Heath and Vanderlip，1988
		镇痛药		
丁丙诺啡[c、e]	0.01～0.02mg/kg IM，IV 间隔 8h	南非地穿山甲、白腹长尾穿山甲	镇痛、镇静	
布托啡诺[d、f]	0.05～0.09mg/kg SC，IM，IV 0.2mg/kg IM，SC，IV	马来穿山甲 中华穿山甲	镇痛、镇静，但对马来穿山甲只有轻微的镇静作用	Jaffar et al.，2018
卡洛芬[f]	4mg/kg SID	马来穿山甲	非甾体抗炎药。谨慎使用，可能会引发胃溃疡。在给药前确保充足饮水	Jaffar et al.，2018

续表

药物名称	给药量/给药方式/给药频率	物种	适应证/用途	文献来源
芬太尼（透皮剂）[c]	25μg/h，皮肤透皮剂贴在皮肤上	南非地穿山甲	阿片类镇痛剂。置于胸腹或腹部，贴在皮肤上	
美洛昔康[b, c, f, h]	一次 0.2mg/kg SC/PO SID，然后 0.1mg/kg SC/PO SID	马来穿山甲、南非地穿山甲、白腹长尾穿山甲	非甾体抗炎药。谨慎使用，可能会引发胃溃疡。在给药前确保充足饮水	Jaffar et al.，2018
盐酸曲马多[b]	1～3mg/kg PO，IM，BID	马来穿山甲	合成阿片类镇痛药	
		麻醉镇静		
阿扎哌隆[c]	0.5mg/kg IM	南非地穿山甲	浅而时间较长的镇静剂，用于降低抓捕动物时的应激反应、进行插管灌喂	
地西泮（安定）[b, c]	0.5～1mg/kg IM	马来穿山甲	术前镇静	Lam，2018
	1～3mg/kg PO	南非地穿山甲	用于减少圈养动物的焦虑和压力	
盐酸氯胺酮	22～25mg/kg	中华穿山甲、黑腹长尾穿山甲	不建议长期使用，可能导致过度流涎和肌肉僵直、震颤	Heath and Vanderlip，1988；Robinson，1983
氯胺酮/美托咪啶[c]	氯胺酮 2mg/kg IM 美托咪啶 0.3mg/kg IM 阿替美唑 0.05mg/g IM，	马来穿山甲	通常用于检查健康的动物	Jaffar et al.，2018
氯胺酮/咪达唑仑[f]	氯胺酮 5mg/kg IM 咪达唑仑 0.05mg/kg IM 氟马西尼 0.01mg/kg IM	马来穿山甲	适用于需要麻醉的短时间手术	Jaffar et al.，2018
替来他明/唑拉西泮[g]	3～5mg/kg	中华穿山甲	适用于较短时间手术麻醉	Chin and Tsao，2015
		镇静药		
曲唑酮[b]	2～5mg/kg PO SID～TID	马来穿山甲	用于减少圈养动物的短期压力	
氟哌啶醇	0.5～1mg/kg PO SID，连续使用 3～5 天	马来穿山甲	用于减少圈养动物的短期压力	
		胃肠药		
水杨酸亚铋[h]	8.7mg/kg PO TID	白腹长尾穿山甲	用于治疗各种胃肠疾病，包括腹泻和胃酸分泌过多	
卡莫瑞林[h]	2.88mg/kg PO SID	白腹长尾穿山甲	用作促进食欲	
西咪替丁[b, g]	5～10mg/kg PO BID	中华穿山甲、马来穿山甲	组胺 H 受体拮抗剂，抑制胃酸的产生	Chin and Tsao，2015；Lam，2018
法莫替丁[a, e, h]	0.15～0.5mg/kg SC，PO SID	白腹长尾穿山甲	组胺 H 受体拮抗剂，抑制胃酸的产生	
马罗皮坦柠檬酸盐[e]	1～2mg/kg PO，SC	白腹长尾穿山甲	止吐药，用于止吐	
胃复安	0.5mg/kg IM	白腹长尾穿山甲	刺激胃的运动和收缩，可能出现胃肠道堵塞，慎用	
奥美拉唑[a, e]	2mg/kg PO SID	白腹长尾穿山甲	减少胃酸的产生，用于治疗胃溃疡	
昂丹司琼	1mg/kg PO BID	白腹长尾穿山甲	止吐药，用于止吐	
雷尼替丁[a, b, f, g]	2～3.5mg/kg PO BID	中华穿山甲、马来穿山甲、白腹长尾穿山甲	需要同少量食物一起投喂	Chin and Tsao，2015；Jaffar et al.，2018；Nguyen et al.，2010

续表

药物名称	给药量/给药方式/给药频率	物种	适应证/用途	文献来源
蒙脱石散 [b]	75～150mg/kg PO QID	马来穿山甲	使用 7d 后，可预防应激性胃溃疡的发生	
硫糖铝 [a、b、e、f、g]	50～100mg/kg PO BID，饲料投喂前 1h 给药	中华穿山甲、马来穿山甲、白腹长尾穿山甲	黏附在胃黏膜上，覆盖在溃疡处，防止胃酸腐蚀。如果在喂食前至少 30min 给药，效果会有所改善。需要同少量食物一起投喂	Chin et al.，2015；Jaffar et al.，2018
		维生素及微量元素		
抗坏血酸（维生素 C）[h]	22mg/kg PO BID	白腹长尾穿山甲	为缺乏的个体进行添加	
钴胺素（维生素 B12）[h]	500 mcg SC	白腹长尾穿山甲	用于治疗贫血和为缺乏的个体进行添加	
氢氧化铁	10mg/kg IM，一次	白腹长尾穿山甲	用于治疗贫血	
维生素 K1（维生素 K）	1.5mg/kg IM SID	白腹长尾穿山甲	用于以补充维生素为基础的出血性疾病，大食蚁兽中的维生素 K 治疗出血性疾病的作用及添加量需要进一步的研究	
		急救药品		
阿托品 [b、g]	0.04～0.05mg/kg SC，IM 或缓慢 IV	中华穿山甲、马来穿山甲	拟胆碱药过量的解毒剂；治疗窦性心律过缓、窦房传导阻滞和不完全的房室传导阻滞；多涎症；麻醉前给药，用于阻止和减少呼吸道的分泌物等。在马来穿山甲上得到证实	Chin and Tsao，2015
	1～2mg/kg IV	马来穿山甲	用于麻醉时刺激呼吸	
		局部眼科药物		
环丙沙星溶液 0.3% [a]	一次一滴，BID	白腹长尾穿山甲	用于治疗眼睛和眼周组织的细菌感染	
硫酸庆大霉素软膏 [a]	一次一滴，BID	白腹长尾穿山甲	用于治疗眼睛和眼周组织的细菌感染	
麦黄酮耳部和眼部软膏（杆菌肽锌 500IU/g，硫酸新霉素 5mg/g，硫酸多黏菌素 B 10 000IU/g）	一次一滴，BID～QID	马来穿山甲	用于治疗角膜溃疡	Nguyen et al.，2010

注：PO—口服，IM—肌肉注射，SC—皮下注射，IV—静脉注射，TOP—局部用药，SID—一天一次，BID—一天两次，TID—一天三次，QID—一天四次，EOD—每两天一次，IU—国际计量单位。治疗药剂使用机构：

[a] 美国圣地亚哥动物园。

[b] 拯救越南野生动物组织。

[c] 南非约翰内斯堡野生动物兽医医院。

[d] 中国香港特别行政区嘉道理农场暨植物园。

[e] 美国布鲁克菲尔德动物园/芝加哥动物学会。

[f] 新加坡野生动物保护组织。

[g] 中国台湾台北动物园。

[h] 美国格拉迪斯·波特动物园。

肌肉注射或皮下注射安定（地西泮），在马来穿山甲和中华穿山甲上已有很好的镇静效果。并可进行兽医临床检查和治疗。南非地穿山甲也通过布托啡诺和盐酸美托咪定的配合用药，取得了较好的镇静效果（使用剂量及用法见表 29.1），但镇静时间较短，不足以进行影像学检查（X 射线摄影）或内窥镜检查。

　　可采取很多注射药物的麻醉方案，包括舒泰（是一种市面上常见的复合镇静剂，由盐酸替来他明和盐酸唑拉西泮组合而成），用于增强麻醉效果（Chin and Tsao，2015）。此外，采用异氟醚与氧气混合的吸入麻醉是外科麻醉最常用的方法（Chin and Tsao，2015；Khatri-Chhetri et al.，2015；Nguyen et al.，2010）。穿山甲可通过面罩给药进行异氟醚诱导麻醉，前提是穿山甲身体未蜷缩成球状，或者将穿山甲放入密封的箱体中进行诱导麻醉。由于穿山甲面颊较为狭长，口腔开口较小，因此对穿山甲进行气管插管较为困难，目前使用面罩输送异氟醚和氧气来维持麻醉的效果最佳（图 29.1A～图 29.1D）。

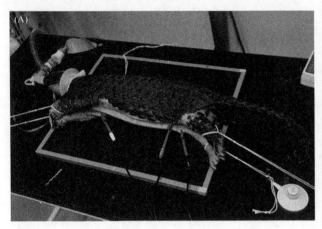
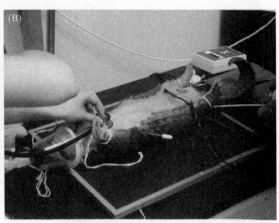
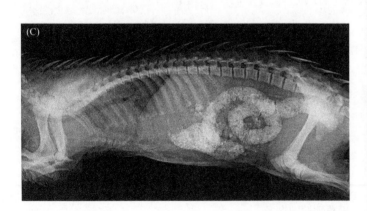
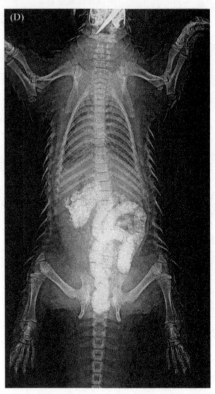

图 29.1　（A～D）一只雄性中华穿山甲通过面罩吸入异氟醚麻醉，进行影像学 X 线诊断。（A）穿山甲被麻醉后侧卧位摆位。通过心电图导联，注意心电图夹的位置，以监测心脏的跳动规律。（B）穿山甲以腹背位摆位，除进行心率监测，还使用听诊器听诊心肺音，以测量麻醉期间的心率和呼吸频率。（C）左侧位摆位 X 光片，显示正常的胸、腹及骨骼解剖学结构。背部体表的鳞片清晰可见。在直肠中有大量的粪便。（D）同一个体的正常腹背侧 X 光片，如（B）所示。照片来源：嘉道理农场暨植物园（Kadoorie Farm and Botanic Garden，KFBG）。

曾报道过使用盐酸氯胺酮可提高中华穿山甲（Heath and Vanderlip，1988）和黑腹长尾穿山甲（Robinson，1983）的麻醉安全性。但是使用剂量过高，可导致肌肉强直、流涎，且麻醉维持时间较短。因此不再推荐这种麻醉方案（Jaffar et al.，2018；Langan，2014）。

麻醉监测

麻醉期间的监测指标与其他小型哺乳动物相似。至少应监测心率、呼吸频率和体温（表框 29.1）。

表框 29.1　穿山甲的生理指标范围

呼吸频率（以每分钟呼吸次数计算）	心率（以每分钟跳动次数计算）	体温（肛温/℃）
中华穿山甲 14～53 （Heath and Vanderlip，1988）	中华穿山甲 80～86 （Heath and Vanderlip，1988）	中华穿山甲 32.2～35.2 （Heath，1987；Chin and Tsao，2015）
马来穿山甲 12～16（麻醉中） 60～100（清醒或活动中） （Nguyen et al.，2010）	马来穿山甲 80～200 （Nguyen et al.，2010）	马来穿山甲 32.2～35.2 （Nguyen et al.，2010）
南非地穿山甲 19～30（麻醉中） （K. Lourens，未发表数据）	南非地穿山甲 65～80（麻醉中） （K. Lourens，未发表数据）	南非地穿山甲 32～34 （K. Lourens，未发表数据）
白腹长尾穿山甲 20～50 （C. Singleton，个人评论）	白腹长尾穿山甲 80～140 （C. Singleton，个人评论）	白腹长尾穿山甲 31.1～33.9 （C. Singleton，个人评论）

在麻醉期间，通过观察和听诊器听诊及手术心率监测设备来监测心率和呼吸频率（图 29.1B）。脉搏氧量计探头可置于腹股沟、前肢乳头两侧及后肢膝关节皮肤皱褶处。有一些种类的穿山甲还可以摸到股内脉搏，但在南非地穿山甲身上却摸不到。也可以通过心电图（ECG；图 29.1A，图 29.1B）监测心脏的跳动规律及异常变化（A. Grioni，个人评论）。

体　况　检　查

查找穿山甲疾病发生的原因，首先应对动物的行为，行走、呼吸状况和对外来刺激的反应进行密切观察。健康的穿山甲皮肤触感柔软、温暖。遇到外界刺激时，身体会迅速蜷缩成球状。待外源性刺激降低或声音减弱后会慢慢展开身体，并对周围环境进行试探。通过嗅觉感知周围环境和接触它们的人，尝试用前爪抓爬和用尾巴盘卷它们能触及到的物品（Nguyen et al.，2010）。

患病或受伤的动物很虚弱，身体只能部分蜷缩。尽管活力不如健康个体但它们仍可对外界刺激（触摸和声音）作出蜷缩反应。

体况严重衰弱的穿山甲通常侧卧或俯卧，对外界刺激很少或者不作出反应。整个检查的过程中身体舒展。病重的穿山甲腹部皮肤触感湿冷，口腔、鼻孔及腹部皮肤颜色呈苍白或灰白色（Nguyen et al.，2010）。出现这种状况的穿山甲很有可能会死亡。

当穿山甲身体紧紧蜷缩在一起时，只能检查身体侧部、背部及尾巴外侧的鳞片和皮肤。不可能检查面部、四肢、尾巴的腹侧或颈部的腹侧、胸部和腹部等位置，可能需要镇静或麻醉才能进行全面检查。

体检时应注意以下事项

生理指标

呼吸频率、心率和肛温根据测量时是否进行活动、是否发生应激、健康状况及动物是否清醒或是否受到药物镇静或麻醉的影响而有很大的变化。穿山甲的肛温比大多数哺乳动物低。表 29.1 列出了测量的穿山甲的呼吸频率、心率和肛温。

体重和身体状况评估

身体状况良好的穿山甲肌肉在椎骨、肩胛骨棘和骨盆上发达，腹部外侧有鳞片皮肤与无鳞片皮肤过渡处无凹陷。

穿山甲体况较差时，体重也迅速减轻（Nguyen et al.，2010）。体况较差的个体能透过鳞甲触摸到椎骨、肩胛骨棘和骨盆。腹部两侧有鳞片皮肤与无鳞皮肤凹陷明显。

肥胖会成为穿山甲食用人工饲料出现的常见问题之一。颈部周围可见脂肪隆起，背部中线及臀部上方丰满呈圆形，腹围较大，腹部两侧无鳞皮肤明显高于两侧有鳞片皮肤。

皮肤弹性与脱水

穿山甲鳞片的存在会对穿山甲皮肤弹性及水分蒸发作用有一定的影响。脱水时在正常的动物身上可以看到皮肤一定程度的松弛。穿山甲发生脱水时会变得嗜睡、眼窝凹陷、前肢皮肤弹性较差、眼周及口腔内黏膜干燥。临床上可以将血液学指标、红细胞压积和总血清蛋白作为评估脱水的指标。

皮肤与鳞片

健康的野生穿山甲鳞片边缘经常会损坏，而鳞片也是不断生长的。临床上常见的鳞甲损伤就是甲片基部甲床损伤，以及皮肤的暴露性损伤（图 29.2）。这在执法部门罚没的穿山甲身上经常发生。对收容救护的穿山甲要重点检查鳞片下皮肤是否发生皮炎或包括蜱在内的外部寄生虫寄生现象。身体严重虚弱的穿山甲有时会在口腔、鼻孔、眼睛和脚垫周围出现较难愈合的溃疡性皮肤病变，而且病因不明（Nguyen et al.，2010）。

眼睛与鼻周

从眼周和鼻周脓性分泌物可判断个体是否存在炎症。健康的穿山甲眼周可能较为湿润甚至有轻微的泪痕，以及少量的浆液性鼻液流出。

胸部听诊

鉴于穿山甲对呼吸系统疾病的易感性，胸部听诊很重要。但进行听诊时，穿山甲鳞片的刮擦声会掩盖呼吸声和心音，使听诊的准确性下降。可以通过对无鳞片区域进行听诊使听诊更加准确。然而，对于未进行麻醉的穿山甲，有很多人在穿山甲周围会使其感到不安，甚至产生应激，身体蜷缩成球状，难以进行听诊（Nguyen et al.，2010）。

口腔

穿山甲没有牙齿，所以一般不做牙齿检查。身体严重衰弱的穿山甲可能在舌体或口腔黏膜上有溃疡。

由于穿山甲口腔较为狭窄，很难进行口腔检查。但可以通过麻醉后用内窥镜进行口腔检查。有时穿山甲在检查时会主动伸出附有唾液的长舌。穿山甲的唾液腺发达，因此穿山甲嘴边及口腔咽喉处经常会有许多黏液，应避免将其作为呼吸系统疾病的判断依据。

图 29.2　鳞甲基部皮肤溃疡性病变。从非法野生动物贸易中收容救护的南非地穿山甲。病变位于鳞片基部皮肤交界处，在腹壁外侧。鳞片隆起，病变中间位置组织坏死。抗生素和局部治疗对该个体效果较好。图片来源：卡林·洛伦斯（Karin Lourens），约翰内斯堡野生动物兽医医院（Johannesburg Wildlife Veterinary Hospital）。

肌肉骨骼检查

由于穿山甲被覆鳞片，当穿山甲受伤时，很难发现肌肉和骨骼的损伤。脊柱的损伤就更难发现。可通过观察穿山甲行走的姿势、攀爬的动作及触诊躯干与脊柱骨骼，来判断穿山甲骨骼是否损伤。如果需要进一步的确诊，做影像学检查（X 光）是十分必要的（详见诊断学；图 29.1A～图 29.1D）。

穿山甲的性别鉴别

对蜷缩的穿山甲个体进行性别鉴别十分困难。但穿山甲身体打开时可以进行检查鉴定。雄性穿山甲的睾丸位于腹股沟两侧，阴茎起始于肛门前端。雌性穿山甲的外阴很小，阴蒂开口于肛门前端。雌雄个体在腋窝区域都有一对乳头。在哺乳期，雌性乳头会肿胀，通过触诊可触摸到乳腺（Nguyen et al.，2010）。

临床诊断学

血液生化和血液学

虽然不用对个体进行麻醉就可以抽血。但为了进行安全准确的静脉采血或静脉注射，一般都进行浅层麻醉（Nguyen et al.，2010）。

目前对穿山甲进行静脉采血的位置有很多，但最常见的采血位置是尾部腹侧中间静脉（图 29.3）。通常采用 21～23 号的针头沿尾部腹侧中线向头侧方向以 45°入针（Chin and Tsao，2015；Heath and Vanderlip，1988；Nguyen et al.，2010）。麻醉后，马来穿山甲通常从头静脉采集血液。

中华穿山甲、马来穿山甲、白腹长尾穿山甲及印度穿山甲的血液生化指标和文献来源详见表 29.2 和表 29.3。不是所有公布的数值范围都经过统计学验证，有些样本量很小，还包括不健康的动物。性别似乎对这些参数没有显著影响。因此需要进一步研究季节和年龄的影响，包括所有种类的穿山甲和具有统计意义的健康个体样本（见第 34 章）。

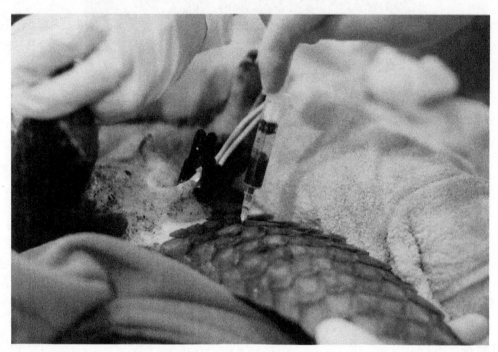

图 29.3　麻醉后的马来穿山甲经尾部腹侧中间尾静脉收集血液。穿山甲也可用 24 号针头经尾静脉输液。
照片来源：越南野生动物园（拯救越南野生动物组织）。

尿检和粪检

尿液最好是经麻醉后从穿山甲的膀胱直接收集。尿液分析包括显微镜检查，检查细菌、细胞、管型和晶体，测量尿液比重，以及使用商用尿液试纸检查蛋白质、胆红素、尿胆素原、葡萄糖、酮、血及尿液的 pH。目前，所有种类穿山甲的正常尿液都缺乏分析指标。

由于最近圈养的穿山甲中胃肠道寄生虫的发病率极高，而身体虚弱的个体受到严重的寄生虫感染可能致命，因此必须进行粪检，特别是那些对圈养环境还不适应的个体。这包括粪便水洗漂浮，评估胃肠道虫卵或球虫的存在情况；革兰氏染色粪便涂片，检查微生物多样性；用相关制剂评估活动的原生动物。对于检查个体是否需要治疗取决于寄生虫虫卵的数量、粪便的检查和穿山甲的临床检查，当发生水样或带血粪便时，恢复后会存在反复性复发的可能（表 29.1）。

粪便微生物培养也被用于虚弱的穿山甲的诊断工作，已分离出一些对人类和动物健康都有意义的细菌种属（表 29.4）。

影像学

强烈建议对患病或受伤的穿山甲进行影像学诊断。超声和 X 射线摄影是穿山甲最常用的影像学检查方法。至少进行两次 X 射线摄影（腹背侧或背腹侧和腹侧）来确定病变的位置，并根据需要附加视图（图 29.1A～图 29.1D）。得到的影像鳞片可见，但不会降低影像学诊断的识别度。

表29.2 穿山甲血液生化指标

指标	中华穿山甲 a, b			中华穿山甲 c			印度穿山甲 a, d, e			马来穿山甲 f			白腹长尾穿山甲 g		
	样本数 (n)	平均值 (SD)	范围	样本数 (n)	平均值 (SD)	范围	样本数 (n)	平均值 (SD)	范围	样本数 (n)	平均值 (SD)	范围	样本数 (n)	平均值 (SD)	范围
总蛋白 / (g/L)	51	74.60 (±0.08)	52~96	99	61.75 (±6.25)	49.5~74	1	71.7	—	51	73.8 (±9.3)	50.00~93.00	10	59.6	—
白蛋白 / (g/L)	50	36.60 (±5.2)	27~45	100	35.18 (±3.79)	27~42.95	—	—	—	51	(39 (±9.2)	27.00~63.00	—	—	—
球蛋白 / (g/L)	—	—	—	—	—	—	—	—	—	51	34.9 (±12.9)	11.00~66.00	—	—	—
天门冬氨酸氨基转移酶 (AST) / (U/L)	32	23.91 (±11.31)	49~49	99	24.4 (±15.43)	11~87	—	—	—	—	—	—	—	—	—
丙氨酸氨基转移酶 (ALT) / (U/L)	51	156.43 (±99.81)	45~528	100	154.86 (±81.98)	48.05~395.83	—	—	—	47	140.1 (±87.8)	71.00~569.00	—	—	—
总胆红素 / (μmol/L)	42	7.18 (±7.18)	1.71~30.78	100	10.52 (±6.57)	3.42~30.69	—	—	—	51	9.8 (±3.6)	6.00~22.00	—	—	—
尿素氮 / (mmol/L)	51	11.41 (±4.17)	5.89~31.06	100	12.96 (±3.84)	7.38~23.73	1	31.26	—	49	9.64 (±4.47)	3.70~20.60	10	5.85	—
肌酸酐 / (μmol/L)	51	33.59 (±18.56)	8.84~114.92	100	20.51 (±9.39)	8.84~48.4	1	22.1	—	43	37.2 (±25.7)	4.00~104.00	10	66.3	—
尿酸 / (μmol/L)	19	30.93 (±22.6)	11.90~107.06	100	47.72 (±15.18)	23.6~91.3	—	—	—	—	—	—	—	—	—
葡萄糖 / (mmol/L)	48	3.25 (±2.14)	1.89~9.99	99	5.04 (±1.38)	2.3~8.63	—	—	—	—	—	—	—	—	—
碱性磷酸酶 (ALP) / (U/L)	48	209.56 (±142.71)	42~623	—	—	—	—	—	—	44	482.5 (±192.3)	156.00~903.00	—	—	—
胆固醇 / (mmol/L)	50	5.61 (±2.93)	2.69~11.03	—	—	—	1	113.71	—	—	—	—	—	—	—
甘油三酯 / (mmol/L)	17	1.44 (±0.87)	0.24~3.56	—	—	—	—	—	—	—	—	—	—	—	—
淀粉酶 / (U/L)	22	280 (±105.14)	148~538	99	201.88 (±99.31)	50.5~475	—	—	—	49	351.4 (±104.7)	114.00~653.00	—	—	—

续表

	中华穿山甲 [a,b]			中华穿山甲 [c]			印度穿山甲 [a,d,e]			马来穿山甲 [f]			白腹长尾穿山甲 [g]		
	样本数 (n)	平均值 (SD)	范围	样本数 (n)	平均值 (SD)	范围	样本数 (n)	平均值 (SD)	范围	样本数 (n)	平均值 (SD)	范围	样本数 (n)	平均值 (SD)	范围
脂肪酶/（U/L）	—	—	—	99	50.94 (±13.96)	25~86.5	—	—	—	—	—	—	—	—	—
钙/（mmol/L）	41	2.66 (±0.25)	2.05~3.1	100	2.53 (±0.3)	1.96~3.1	—	—	—	51	2.46 (±0.16)	1.96~2.78	—	—	—
磷/（mmol/L）	32	1.79 (±0.34)	1.32~2.36	99	1.97 (±0.4)	1.18~2.84	—	—	—	51	2.47 (±0.51)	1.52~4.23	—	—	—
钠/（mmol/L）	21	148.86 (±3.24)	144~156	99	137.04 (±6.31)	124.66~149.42	—	—	—	51	144.4 (±4.7)	135.00~160.00	10	142.6	—
钾/（mmol/L）	21	4.94 (±0.62)	4~5.9	100	4.5 (±0.75)	3.41~6.64	—	—	—	50	4.59 (±0.56)	3.70~6.20	10	5.6	—
氯化物/（mmol/L）	21	101.9 (±2.81)	95~107	100	92.46 (±6.18)	80.05~104.43	—	—	—	—	—	—	10	109	—

a 转换为国际单位制（SI）单位的值，以便在所有报告范围内进行比较。

b 数据来自Chin, S.C., et al., 2015. Hematologic and serum biochemical parameters of apparently healthy rescued Formosan pangolins (Manis Pentadactyla Pentadactyla). J. Zoo Wildlife Med. 46 (1), 68-76。

c 数据来自Khatri-Chhetri, R., et al., 2015. Reference intervals for hematology, serum biochemistry, and basic clinical findings in free-ranging Chinese Pangolin (Manis pentadactyla) from Taiwan. Vet. Clin. Pathol. 44 (3), 380-390。

d 数据来自单个样本在采血时临床不适。所有其他范围代表临床健康的穿山甲。

e 数据来自Mohapatra, R.K., Prafulla, M.K., Panda, S., 2014. Haematological, biochemical and cytomorphometric analysis of an Indian Pangolin. Int. Res. J. Biol. Sci. 3 (8), 77-81。

f 数据来自Ahmad, A.A., Samsuddin, S., Oh, S.J.W.Y., Martinez-Perez, P., Rasedee, A., 2018. Hematological and serum biochemical parameters of rescued Sunda pangolins (Manis javanica) in Singapore. J. Vet. Med. Sci. 80 (12), 1867-1874。

g 数据来自Oyewele, J.O., Ogunsanmi, A.O., Ozegbe, P., 1998. Plasma electrolyte, enzyme protein and metabolite levels in the adult African white-bellied pangolin (Manis tricuspis). Trop. Vet. 16 (1), 73-79。

表 29.3　穿山甲血液学指标

指标	中华穿山甲[a, b]			中华穿山甲[c]			印度穿山甲[a, d, e]			马来穿山甲[f]			白腹长尾穿山甲[g]		
	样本数(n)	平均值(SD)	范围	样本数(n)	平均值(SD)	范围	样本数(n)	平均值(SD)	范围	样本数(n)	平均值(SD)	范围	样本数(n)	平均值(SD)	范围
红细胞压积/%	50	39.09（±6.63）	23.5~55.3	100	37（±0.08）	0.18~0.53	1	20.2	—	51	41.26（±6.61）	25~55	10	40.40（±4.95）	—
血红蛋白浓度/（g/L）	50	142（±23.4）	83~186	96	130.85（±25.12）	81.83~179.88	1	75	—	51	140.20（±26.8）	61~194	10	100.1（±14.4）	—
红细胞数/（×10^12/L）	50	5.67（±1.03）	3.5~8.6	99	5.47（±1.13）	2.66~7.73	1	2.8	—	51	6.6（±1.6）	1.92~9.65	10	4.19（±0.68）	—
平均红细胞体积/fL	—	—	—	100	68.94（±6.45）	58.5~83.59	1	72.14	—	51	65.0（±3.4）	56~75	10	97.75（±14.35）	—
平均血红蛋白量/Pg	50	25.24（±1.97）	20.1~28.9	100	23.38（±2.69）	18.36~31.61	1	26.78	—	49	20.99（±1.85）	17.3~29.5	10	24.13（±3.43）	—
平均血红蛋白浓度/（g/L）	50	34.46（±1.17）	31.3~38.6	100	339.7（±41.80）	254.4~463.2	1	371.2	—	50	322.90（±22.00）	289~426	10	248.4（±24.6）	—
血小板数/（×10^9/L）	—	—	—	100	233.52（±108.96）	63.8~530.93	—	—	—	—	—	—	—	—	—
白细胞总数/（×10^9/L）	—	—	—	96	5.46（±1.59）	2.34~8.58	1	25.9	—	51	7.82（±3.13）	1.86~17.86	10	4.8（±2.09）	—
淋巴细胞数/（×10^9/L）	—	—	—	—	—	—	—	—	—	49	1.29（±0.69）	0.3~3.0	10	2.22（±1.01）	—
淋巴细胞占比/%	—	—	—	—	—	—	1	59	—	—	—	—	10	46.9（±9.61）	—
单核细胞数/（×10^9/L）	—	—	—	—	—	—	—	—	—	51	0.43（±0.41）	0.01~2.5	10	0.10（±0.11）	—
单核细胞占比/%	—	—	—	—	—	—	1	12	—	—	—	—	10	2.7（±2.79）	—
中性粒细胞数/（×10^9/L）	—	—	—	—	—	—	—	—	—	50	5.7（±2.85）	1.29~13.96	10	2.44（±1.29）	—
中性粒细胞占比/%	—	—	—	—	—	—	1	18	—	—	—	—	10	49.3（±11.71）	—

续表

	中华穿山甲 [a, b]			中华穿山甲 [c]			印度穿山甲 [a, d, e]			马来穿山甲 [f]			白腹长尾穿山甲 [g]		
	样本数 (n)	平均值 (SD)	范围	样本数 (n)	平均值 (SD)	范围	样本数 (n)	平均值 (SD)	范围	样本数 (n)	平均值 (SD)	范围	样本数 (n)	平均值 (SD)	范围
嗜酸性粒细胞数/（×10⁹/L）	—	—	—	—	—	—	—	—	—	50	0.14（±0.19）	0~0.97	10	0.04（±0.04）	—
嗜酸性粒细胞占比/%	—	—	—	—	—	—	1	11	—	—	—	—	10	0.90（±0.99）	—
嗜碱性粒细胞数/（×10⁹/L）	—	—	—	—	—	—	—	—	—	50	0.01（±0.02）	0~0.08	10	0.01（±0.03）	—
嗜碱性粒细胞占比/%	—	—	—	—	—	—	—	—	—	—	—	—	10	0.2（±0.63）	—

a 转换为国际单位制（SI）的数值，以便在所有报告范围内进行比较。

b 数据来自Chin, S.C., et al., 2015. Hematologic and serum biochemical parameters of apparently healthy rescued Formosan pangolins (*Manis Pentadactyla Pentadactyla*). J. Zoo Wildlife Med. 46 (1), 68-76。

c 数据来自Khatri-Chhetri, R., et al., 2015. Reference intervals for hematology, serum biochemistry, and basic clinical findings in free-ranging Chinese Pangolin (*Manis pentadactyla*) from Taiwan. Vet. Clin. Pathol. 44 (3), 380-390。

d 数据来自单个样本在采血时临床不适。所有其他范围出现临床健康的穿山甲。

e 数据来自Mohapatra, R.K., Prafulla, M.K., Panda, S., 2014. Haematological, biochemical and cytomorphometric analysis of an Indian Pangolin. Int. Res. J. Biol. Sci. 3 (8), 77-81。

f 数据来自Ahmad, A.A., Samsuddin, S., Oh, S.J.W.Y., Martinez-Perez, P., Rasedee, A., 2018. Hematological and serum biochemical parameters of rescued Sunda pangolins (*Manis javanica*) in Singapore. J. Vet. Med. Sci. 80 (12), 1867-1874。

g 数据来自Oyewele, J.O., Ogunsanmi, A.O., Ozegbe, P., 1998. Plasma electrolyte, enzyme protein and metabolite levels in the adult African white-bellied pangolin (*Manis tricuspis*). Trop. Vet. 16 (1), 73-79。

表 29.4 已知穿山甲病原微生物

（包含已发表的文献、死亡报告、救援中心和动物园的医疗记录及与在圈养穿山甲的机构中工作的兽医的个人交流结果）

病原微生物	宿主	国家或地区	穿山甲中的临床症状	文献来源
细菌				
穿山甲边虫（Anaplasma pangolinii）	马来穿山甲	马来西亚	临床没有明显症状	Koh et al., 2016[a]
大肠杆菌（Escherichia coli）	中华穿山甲 印度穿山甲	美国 印度	从生病或身体虚弱的穿山甲中分离	Heath and Vanderlip, 1988; Narayanan et al., 1977
变形杆菌（Proteus vulgaris）	中华穿山甲	美国	从生病或身体虚弱的穿山甲中分离	Heath and Vanderlip, 1988
粪链球菌（Streptococcus faecalis）	印度穿山甲	印度	从生病或身体虚弱的穿山甲中分离	Narayanan et al., 1977
葡萄球菌（Staphylococcus sp.）	印度穿山甲	印度	从生病或身体虚弱的穿山甲中分离	Narayanan et al., 1977
铜绿假单胞菌（Pseudomonas aeruginosa）	印度穿山甲	印度	从生病或身体虚弱的穿山甲中分离	Narayanan et al., 977
荧光假单胞菌（P. fluorescens）	中华穿山甲	美国	从生病或身体虚弱的穿山甲中分离	Heath and Vanderlip, 1988
克雷白氏肺炎杆菌（Klebsiella pneumoniae）	中华穿山甲	美国	从生病或身体虚弱的穿山甲中分离	Heath and Vanderlip, 1988
支原体（Mycoplasma sp.）	马来穿山甲	马来西亚	从生病或身体虚弱的穿山甲中分离	Jammah et al., 2014[b]
原虫				
巴贝斯虫（Babesia spp.）	马来穿山甲	泰国	未见明显的临床症状	Sukmak et al., 2018[e]
弓形虫（Toxoplasma gondii）	印度穿山甲	印度	未见明显的临床症状	Kegaruka and Willaert, 1971[d]
冈比亚锥虫（Trypanosoma brucei nongambiense）	黑腹长尾穿山甲 白腹长尾穿山甲	喀麦隆	未见明显的临床症状	Herder, 2002[f]; Njiokou et al., 2004[g]; Njiokou et al., 2006[h]
同日疟原虫（T. vivax）	黑腹长尾穿山甲 白腹长尾穿山甲	喀麦隆	未见明显的临床症状	Herder, 2002[f]; Njiokou et al., 2004[g]
艾美球虫[i]（Eimeria spp.）	马来穿山甲	越南	健康的个体可以耐过，身体虚弱的个体严重感染可致命	Narayanan et al., 1977
E. tenggilingi	马来穿山甲	马来西亚	未见明显的临床症状	Else and Colley, 1976[j]
E. nkaka	白腹长尾穿山甲	安哥拉	未见明显的临床症状	Jirků et al., 2013[k]
疟原虫（Plasmodium sp.）	白腹长尾穿山甲	加蓬	未见明显的临床症状	Coatney and Roudabush, 1936[l]
P. tyrio	中华穿山甲	印度	未见明显的临床症状	Coatney and Roudabush, 1936[l]
梨形虫（未鉴定，但可能为巴贝斯虫属）	南非地穿山甲	英国、南非共和国	未见明显的临床症状	Perkins and Schaer, 2016[m]; Rewell, 1950[n]
病毒				
大瘟热病毒（CDV）	中华穿山甲	中国	临床发现穿山甲肺部、消化道和脑部有 CDV 病变，可能与呼吸系统疾病有关	Chin and Tsao, 2015

续表

病原微生物	宿主	国家或地区	穿山甲的临床症状	文献来源
内源性逆转录病毒（MPERV1）	中华穿山甲	中国	未见明显的临床症状	Zhuo and Feschotte, 2015[o]
蜱				
花蜱 *Amblyomma* sp.（包括之前报道的 *Aponomma* sp.）	穿山甲属	越南	临床健康的个体有轻微的寄生现象，但寄生数量过多会导致个体身体虚弱	Toumanoff and Maillard, 1957[p]; Ugiagbe and Awharitoma, 2015[q], Orhierhor et al., 2017[r]
	白腹长尾穿山甲 南非地穿山甲	尼日利亚		
	白腹长尾穿山甲	中非共和国	临床健康的个体有轻微的寄生现象，但寄生数量过多会导致个体身体虚弱	Rahm, 1956[t]; Pourrut et al., 2004[u]; Ntiamoa-Baidu et al., 2007a[v], b[w]; Medianikov et al., 2012a, b; Uilenberg et al., 2013[x]
A. compressum[s]	黑腹长尾穿山甲	科特迪瓦、中非共和国		
	巨地穿山甲	刚果民主共和国		
	南非地穿山甲	加纳、利比里亚、加蓬、美国		
A. clypeolatum	印度穿山甲	斯里兰卡	未见明显的临床症状	Liyanaarachchi et al., 2013, 2015[y], 2016
A. gerviasi（之前报道的 *Aponomma gervaisi*）	印度穿山甲	印度	未见明显的临床症状	Pillai and George, 1997[z]; Mohapatra and Panda, 2014
	菲律宾穿山甲	菲律宾	未见明显的临床症状	详见第7章
爪哇花蜱[s]（*A. javanense*）	马来穿山甲	柬埔寨、中国、马来西亚、泰国、越南	临床健康的个体有轻微的寄生现象，但寄生数量过多会导致个体身体虚弱	Liyanaarachchi et al., 2013, 2016; Hoogstraal, 1971[aa]; Kollars and Sithiprasasna, 2000[bb]; Parola et al., 2003[cc]; Yang et al., 2010; Hassan et al., 2013[dd]
	印度穿山甲	斯里兰卡		
龟形花蜱（*A. testudinarium*）	中华穿山甲	中国、斯里兰卡	临床健康的个体有轻微的寄生现象，但寄生数量过多会导致个体身体虚弱	Chin and Tsao, 2015; Liyanaarachchi et al., 2013, 2015[y], 2016; Khatri-Chhetri et al., 2016
	印度穿山甲			
台湾血蜱（*Haemaphysalis formosensis*）	中华穿山甲	中国	未见明显的临床症状	Khatri-Chhetri et al., 2016
豪猪血蜱（*H. hystricis*）	中华穿山甲	中国	未见明显的临床症状	Khatri-Chhetri et al., 2016
H. parmata	白腹长尾穿山甲	加纳	未见明显的临床症状	Ntiamoa-Baidu et al., 2007b[w]
蓖硬蜱（*Ixodes rasus*）	南非地穿山甲	中非共和国	未见明显的临床症状	Uilenberg et al., 2013[x]
	黑腹长尾穿山甲	加蓬	未见明显的临床症状	详见第8章
非洲钝缘蜱（*Ornithodoros moubata*）	南非地穿山甲	莫桑比克	未见明显的临床症状	Dias, 1954[ee], 1963[ff]
O. compactus	南非地穿山甲	南非共和国	未见明显的临床症状	Jacobsen et al., 1991[gg]

续表

病原微生物	宿主	国家或地区	穿山甲的临床症状	文献来源
扇头蜱（Rhipicephalus sp.）	白腹长尾穿山甲	尼日利亚	未见明显的临床症状	Orhierhor et al., 2017[r]
镰形扇头蜱（R. haemaphysaloides）	印度穿山甲	斯里兰卡	未见明显的临床症状	Liyanaarachchi et al., 2015[y]
R. longus	南非地穿山甲	中非共和国	未见明显的临床症状	Uilenberg et al., 2013[x]
R. muhsamae	白腹长尾穿山甲 南非地穿山甲	中非共和国	未见明显的临床症状	Uilenberg et al., 2013[x]
泰氏锥虫（R. theileri）	南非地穿山甲	南非共和国	未见明显的临床症状	Jacobsen et al., 1991[gg]
螨虫				
Manitherionyssus heterotarsus	南非地穿山甲	南非共和国	未见明显的临床症状	Jacobsen et al., 1991[gg]
Manisicola africanus	南非地穿山甲	南非共和国	未见明显的临床症状	Lawrence, 2009[hh]
Sarcoptiform mite（未确定种属）	中华穿山甲	中国	导致皮肤严重感染，导致疥疮、溃烂等	Khatri-Chhetri et al., 2017
线虫				
钩虫（Ancylostoma spp.）	中华穿山甲 白腹长尾穿山甲 巨地穿山甲	中非共和国，中国，美国	未见明显的临床症状	Chin and Tsao, 2015; Uilenberg et al., 2013[x]
马来丝虫（Brugia malayi）	马来穿山甲	马来西亚	未见明显的临床症状	Laing et al., 1960[ii], 1961[jj]
B. pahangi	马来穿山甲	马来西亚	未见明显的临床症状	Laing et al., 1960[ii]; Wilson, 1961[jj]
Capillaria spp.	中华穿山甲	中国	未见明显的临床症状	Chin and Tsao, 2015
Cylicospirura spp.	中华穿山甲	美国	未见明显的临床症状	Heath and Vanderlip, 1988
Chenospirura kwangtungensis	中华穿山甲	中国	未见明显的临床症状	Kou et al., 1958[kk]
双瓣线虫（Dipetalonema fausti）	中华穿山甲	斯里兰卡	未见明显的临床症状	Esslinger, 1966[ll]
Habronema hamospiculatum	南非地穿山甲	南非共和国	未见明显的临床症状	Baylis, 1931[mm]
Leipernema leiperi	中华穿山甲	印度	未见明显的临床症状	Singh, 2009[nn]
Manistrongylus meyeri	中华穿山甲	中国	未见明显的临床症状	Cameron et al., 1960[oo]
M. manidis	白腹长尾穿山甲	刚果民主共和国	未见明显的临床症状	Baer, 1959[pp]
微丝蚴（Microfilaria lukakae）	白腹长尾穿山甲	安哥拉	未见明显的临床症状	Pais Caeiro, 1959[qq]
M. lundae	白腹长尾穿山甲	安哥拉	未见明显的临床症状	Pais Caeiro, 1959[qq]
M. nobrei	白腹长尾穿山甲	安哥拉	未见明显的临床症状	Pais Caeiro, 1959[qq]
M. vilhenae	白腹长尾穿山甲	安哥拉	未见明显的临床症状	Pais Caeiro, 1959[qq]

续表

病原微生物	宿主	国家或地区	穿山甲的临床症状	文献来源
美洲钩虫 (Necator americanus)	马来穿山甲	印度尼西亚	未见明显的临床症状	Baylis, 1933[rr]; Cameron et al., 1960[oo]; Khatri-Chhetri et al., 2017
	中华穿山甲	中国	未见明显的临床症状	
Parastrongyloides sp.	白腹长尾穿山甲	尼日利亚	未见明显的临床症状	Orhierhor et al., 2017[r]
Pholidostrongylus armatus	白腹长尾穿山甲	刚果民主共和国	未见明显的临床症状	Baer, 1959[pp]
粪类圆线虫 (Strongyloides spp.)	中华穿山甲	中国	未见明显的临床症状	Chin and Tsao, 2015; Khatri-Chhetri et al., 2017;
Strongyle type[s]	中华穿山甲	美国	未见明显的临床症状	Heath and Vanderlip, 1988; Ugiagbe and Awharitoma, 2015[q]
	南非地穿山甲	尼日利亚		
	马来穿山甲	越南		
Trichochenia meyeri	印度穿山甲	印度	未见明显的临床症状	Naidu and Naidu, 1981[ss]
绦虫				
棘球绦虫 (Echinococcus sp.)	印度穿山甲	印度	未见明显的临床症状	Rao et al., 1972[tt]
Metadavainea sp.	白腹长尾穿山甲	尼日利亚	未见明显的临床症状	Orhierhor et al., 2017[r]
M. aellemi	白腹长尾穿山甲	科特迪瓦	未见明显的临床症状	Rahm, 1956[t]
	黑腹长尾穿山甲			
瑞氏绦虫 (Raillietina rahmi)	白腹长尾穿山甲	科特迪瓦	未见明显的临床症状	Rahm, 1956[t]
	黑腹长尾穿山甲			
R. anoplocephaloides	白腹长尾穿山甲	科特迪瓦	未见明显的临床症状	Rahm, 1956[t]
	黑腹长尾穿山甲			
双带巢瓣绦虫 (Oochoristica sp.)	南非地穿山甲	尼日利亚	未见明显的临床症状	Ugiagbe and Awharitoma, 2015[q]
棘头虫				
Nephridiacanthus gerberi	巨地穿山甲	刚果民主共和国	未见明显的临床症状	Baer, 1959[pp]
Macracanthorhyncus sp.	白腹长尾穿山甲	尼日利亚	未见明显的临床症状	详见第9章
钩棘头虫 (Oncicola sp.)	白腹长尾穿山甲	尼日利亚	未见明显的临床症状	详见第9章
舌形虫				
涧头虫 (Armillifer sp.)	南非地穿山甲	尼日利亚	未见明显的临床症状	Ugiagbe and Awharitoma, 2015[q]
舌形虫[uu] (Unidentified pentastome)	白腹长尾穿山甲	美国	未见明显的临床症状	

[oo] 约翰内斯堡野生动物兽医院，南非。
[s] 拯救越南野生动物组织，越南。
[uu] 圣地亚哥动物园，美国。

参考文献：

a Koh, F.X., Kho, K.L., Panchadcharam, C., Sitamand, F.T., Tay, S.T., 2016. Molecular detection of *Anaplasma* spp. in pangolins (*Manis javanica*) and wild boars (Sus scrofa) in Peninsular Malaysia. Vet. Parasitol. 227, 73-76.

b Jamnah, O., Faizal, H., Chandrawathani, P., Premaalatha, B., Erwanas, A.I., Rozita, L., Ramlan, M., 2014. Eperythrozoonosis (*Mycoplasma* sp.) in Malaysian pangolin.Malay. J. Vet. Res. 5 (1), 65-69.

c Suknak, M., Yodsheewan, R., Sangkharak, B., Kaolim, N., Ploypan, R., Soda, N., Wajiwalku, W., 2018. Molecular detection of *Babesia* spp. from confiscated Sunda pangolin (*Manis javanica*) in Thailand. Proceedings ofthe 11th International Conference of Asian Society of Conservation Medicine. One Health in Asia Pacific, Wildlife Disease Association Australasia (WDAA), Udayana University, Bali, Indonesia, 28-30 October, p. 45.

d Kageruka, P., Willaert, E., 1971. *Toxoplasma gondii* (Nicolle and Manceaux 1908) isolated from Goura cristata Pallas and *Manis crassicaudata* Geoffroy. Acta Zoologica et Pathologica Antverpiensia 52, 3-10.

f Herder, S., 2002. Identification oftrypanosomes in wild animals from Southern Cameroon using the polymerase chain reaction (PCR). Parasite 9 (4), 345-349.

g Njiokou, F., Simo, G., Nkinin, S., Laveissie`re, C., Herder, S., 2004. Infection rate of *Trypanosoma brucei* sl, T. vivax, T. congolense "forest type", and T. simiae in small wild vertebrates in south Cameroon. Acta Trop. 92 (2), 139-146.

h Njiokou, F., Laveissie`re, C., Simo, G., Nkinin, S., Gre`baut, P., Cuny, G., Herder, S., 2006. Wild fauna as a probable animal reservoir for *Trypanosoma brucei gambiense* in Cameroon. Infect.,Genet. Evol. 6 (2), 147-153.

j Else, J.G., Colley, F.C., 1976. *Eimeria tenggilingi* sp. n. from the scaly anteater *Manis javanica* Desmarest in Malaysia. J. Eukaryotic Microbiol. 23 (4), 487-488.

k Jirků, M., Kvičerová,J., Modrý, D., Hypša, V., 2013. Evolutionary plasticity in coccidia-striking morphological similarity of unrelated coccidia (Apicomplexa)from related hosts: *Eimeria* spp. from African and Asian Pangolins (Mammalia: Pholidota). Protist 164 (4), 470-481.

l Coatney, G.R., Roudabush, R. L., 1936. A catalog and host-index ofthe Genus *Plasmodium*. J. Parasitol. 22 (4), 338-353.

m Perkins, S.L., Schaer, J., 2016. A Modern Menagerie of Mammalian Malaria. Trends Parasitol. 32 (10), 772-782.

n Rewell, R.E., 1950. Report of the Society's Pathologist for the year 1949. Proc. Zool. Soc. Lond. 120 (3), 485-495.

o Zhuo, X.,Feschotte, C., 2015. Cross-species transmission and differential fate of an endogenous retrovirus in three mammal lineages. PLoS Pathog. 11 (10), 1-23.

p Toumanoff, C., Maillard, D., 1957. A new tick of the genus *Aponomma* occurring on the pangolin in South Vietnam. Bulletin de la Sociétéde pathologie exotique et de ses filiales 50 (5), 700-703.

q Ugiagbe, N., Awharitoma, A., 2015. Parasitic infections in African pangolin (*Manis temminckii*)from Edo State, southern Nigeria. Zoologist (The)13, 17-21.

r Orhierhor, M., Okaka, C.E., Okonkwo, V.O., 2017. A survey of the parasites of the African white-bellied pangolin, Phataginus tricuspis, in Benin City, Edo State, Nigeria. Niger. J. Parasitol. 38 (2), 266.

t Rahm, U., 1956. Notes on Pangolins ofthe Ivory Coast. J. Mammal. 37 (4), 531-537.

u Pourrut, X., Emane, K.A., Camicas, J-L., Leroy,E., Gonzalez, J.P., 2011. Contribution to the knowledge of ticks (*Acarina: Ixodidae*)in Gabon. Acarologia 51 (4), 465-471.

v Ntiamoa-Baidu, Y., Carr-Saunders, C., Matthews, B.E., Preston, P.M., Walker, A.R.,2007. An updated list of the ticks of Ghana and an assessment of the distribution of the ticks of Ghanaian wild mammals in different vegetation zones. Bull. Entomol. Res. 94 (3), 245-260.

w Ntiamoa-Baidu, Y.,Carr-Saunders, C., Trueman, B.E., Preston, P.M., Walker, A.R., 2007. Ticks associated with wild mammals in Ghana. Bull. Entomol. Res. 95 (3), 205-219.

x Uilenberg, G., Estrada-Peña, A., Thal, J., 2013. Ticks of the Central African Republic. Exp. Appl. Acarol. 60 (1), 1-40.

y Liyanaarachchi, D. R., Rajakaruna, R.S., Dikkumbura, A.W., Rajapakse, R.P.V.J., 2015. Ticks infesting wild and domestic animals and humans of Sri Lanka with new host records. Acta Trop. 142, 64-70.

z Pillai, K.M., George, P.O., 1997. Tick infestation in an Indian pangolin (Manis crassicaudata). Indian Vet. J. 74 (1), 71-72.

aa Hoogstraal, H., 1971. Identity,hosts, and distribution of Haemaphysalis (Rhipistoma)canestrinii (Supino)(Resurrected), the Postulated Asian Progenitor of the African Leachi Complex (Ixodoidea: Ixodidae). J. Parasitol. 57 (1), 161-172.

bb Kollars,Jr, T.M., Sithiprasasna, R., 2000. New host and distribution record of *Amblyomma javanense* (Acari: Ixodidae)in Thailand. J. Med. Entomol. 37 (4), 640-640.

cc Parola, P., Cornet, J.P., Sanogo, Y.O., Miller, R.S, Van Thien, H., Gonzalez, J.P., et al., 2003. Detection of Ehrlichia spp., Anaplasma spp., Rickettsia spp., and other eubacteria in ticks from the Thai-Myanmar border and Vietnam. J. Clin. Microbiol. 41 (4),1600-1608.

dd Hassan, M., Sulaiman, M.H., Lian, C.J., 2013. The prevalence and intensity of *Amblyomma javanense* infestation on Malayan Pangolins (*Manis javanica* Desmarest)from Peninsular Malaysia. Acta Trop. 126 (2), 142-145.

ee Dias, J.A.T.S., 1954. Alternative Hosts of *O. moubata* In Mozambique. Anais do Instituto de Medicina Tropical 11 (3/4), 635_639.

ff Dias, J.T.S., 1963. The importance of wart-hog (*Phacochoerus aethiopicus*)in the epidemiology of the relapsing fever or tick fever in Mozambique. South African J. Sci. 59 (12), 573-574.

gg Jacobsen, N., Newbery, R., De Wet, M., Viljoen, P., Pietersen, E.,1991. A contribution of the ecology of the Steppe pangolin *Manis temminckii* in the Transvaal. Zeitschrift fu ¨ r Sa ¨ ugetierkunde 56 (2), 94-100.

hh Lawrence, R.F., 2009. A new mite from the South African pangolin. Parasitology 31 (4), 451-457.

ii Laing, A., Edeson, J., Wharton, R., 1960. Studies on filariasis in Malaya: the vertebrate hosts of Brugia malayi and B. pahangi. Ann. Trop. Med. Parasitol. 54 (1), 92-99.

jj Wilson, T.,1961. Filariasis in Malaya-a general review. Trans. R. Soc. Trop. Med. Hyg. 55 (2), 107-129.

kk Kou, C. C., 1958. Studies on parasitic nematodes of mammals from Canton. I. Some new species from Paradoxurus minor exitus Schwarz, *Paguma larvata larvata* (Hamilton Smith), and Mani's pentadactyla aurita Hodgson. Acta Zool. Sin. 10 (1), 60-72.

ll Esslinger, J.H., 1966. Dipetalonema *Fausti* sp. n. (Filarioidea: Onchocercidae), a Filarial Parasite of the Scaly Anteater, *Manis pentadactyla* L. (Pholidota), from China. J. Parasitol. 52 (3), 494-497.

mm Baylis, H.A., 1931. XXIII.-On a Nematode parasite of pangolins. Ann. Mag. Nat. Hist. 8 (44), 191-194.

nn Singh, S.N., 2009. On a new nematode *Leipernema leiperi* n.g., n.sp. (Strongyloididae), parasitic in the pangolin *Manis pentadactyla* from Hyderabad, India. J. Helminthol. 50 (4), 267-274.

oo Cameron, T.W.M., Myers, B.J., 1960. *Manistrongylus meyeri* (Travassos, 1937)Gen. Nov., and Necator americanus from the pangolin. Can. J. Zool. 38 (4), 781-786.

pp Baer, J.G., 1959. Helminthes parasites. Exploration des Parcs Nationaux du Congo Belge: Mission, Baer, J.G., Gerber, W. (1958).

qq Pais Caeiro, V., 1959. Quatro especies de microfilarias do Phataginus *Manis tricuspis* (Rafinesque). An Escola Superior Medicina Veterina ´ria Lisbon 2, 83-94.

rr Baylis, H.A., 1933. XLIII.-On some parasitic worms from Java, with remarks on the Acanthocephalan genus Pallisentis. Ann. Mag. Nat. Hist. 12 (70), 443-449.

ss Naidu, K.V., Naidu, K.A., 1981. *Trichochenia meyeri* (Travassos, 1937)Naidu KV and Naidu KA comb. nov. (Nematoda: Trichostrongylidae Leiper, 1912)from Pangolin in South India. Proc. Anim. Sci.-Indian Acad. Sci. 90 (6), 615-618.

tt Rao, A., Misra, S., Acharjyo, L., 1972. Pulmonary hydatidosis in captive animals at Nandankanan Zoo. Indian Vet. J. 49 (8), 842-843.

健康问题和传染病

本节概述了近期野外收容救护、非法野生动物交易罚没及世界各地救护中心和动物园长期圈养的穿山甲常见的健康问题。

穿山甲常见传染病

穿山甲救护及日常饲养管理中，清除潜在病原体（Munson，1991）对科学制定疫病防治、日常饲养管理规程和维护种群健康至关重要（Hope and Deem，2006）。这也为监测疾病（Lonsdorf et al.，2006）和预防穿山甲传染病奠定了基础（Leendertz et al.，2006）。鉴于人们预防人畜共患病和野生动物疾病的观念增强（Jones et al.，2008），已清楚地认识到直接接触野生动物或食用野生动物对人类健康具有风险（Travis et al.，2006）。

据报道，穿山甲携带大量病原微生物，包括 8 种细菌、5 种原生生物（其中 1 种梨形虫属未鉴定）、2 种病毒、5 种蜱、2 种螨虫（其中 1 种疥螨未鉴定）、15 种线虫、4 种绦虫，此外还报道了 8 种穿山甲棘头虫目 3 个种属和五口虫纲 2 个种属。当然，随着对穿山甲健康研究的深入和分子生物学诊断能力的增强，可能会有越来越多种类的病原微生物被发现。传统上依靠形态学来鉴定寄生虫的种类（Nadler and De Leon，2011），由于分类学不断在修订，特别是有一些分类不太为人所知，本研究这方面的分类也存在不准确的地方。

本研究大部分建立在莫哈帕特拉（Mohapatra）等（2016）的研究基础上，研究的样本量非常小，没有涵盖生病或感染的穿山甲的临床状况。因此，临床意义仅限于报道的部分穿山甲（表 29.4）。三篇已发表的论文描述了穿山甲受寄生虫感染的不良状态（Heath and Vanderlip，1988；Narayanan et al.，1977；Yang et al.，2010）。可研究人员却没有指出个体是由于感染寄生虫体质衰弱还是体质衰弱时恰好寄生虫寄生感染。有篇论文描述了中国台湾一只中华穿山甲（Khatri-Chhetri et al.，2017）因感染一种未经鉴定的肉食螨（图 29.4；R. Khatri-Chhetri，个人评论）而发生严重的、类似于疥癣的皮肤病。

蜱一般寄生在穿山甲鳞片下的皮肤和眼睛周围。虽然已经报道了许多蜱种属（表 29.4），但是有两种花蜱——非洲的 A. compressum 和亚洲的爪哇花蜱（A. javanense），仅在穿山甲上发现，并且蜱的所有生命周期个体阶段在穿山甲上均有发现（Kolonin，2007）。健康的野生穿山甲身上仅寄生少量蜱，但收容救护的穿山甲身上往往携带着大量的蜱。这可能是应激相关的免疫抑制导致体质虚弱，引发较多蜱寄生。过多的蜱寄生可能会导致贫血和身体衰弱，需要人工清除蜱或局部使用杀螨剂进行治疗（表 29.1）。

救援中心和动物园在对穿山甲的尸检和粪便评估中发现了胃肠道寄生虫，有大量的线虫、绦虫和原生动物。球虫病会导致水样腹泻、黑便甚至死亡（Clark et al.，2009；Clark et al.，2010；Jaffar et al.，2018）。球虫（Eimeria spp.）卵囊存在于健康的野生穿山甲粪便中（Jaffar et al.，2018）。有人认为一定数量球虫可能不会干扰穿山甲正常肠道菌群，因为发现许多受感染的个体是健康的。而临床上球虫病的发生发展与宿主的免疫状态及健康水平有关。

许多研究表明，穿山甲在一些人畜共患病中可能扮演着中间宿主的身份。一项研究发现，在中国台湾救护的中华穿山甲身上寄生的豪猪血蜱（Haemaphysalis hystricis）中可分离出康氏立克次体（Rickettsia conorii）、埃立克体亚种（Ehrlichia sp.）和无形体亚种（Anaplasma sp.），分别能引起人类斑点热、埃立克体病和无浆体病（Khatri-Chhetri et al.，2016）。在泰缅边境和越南，从马来穿山甲身上寄生的爪哇花蜱中也分离出无浆体（Parola et al.，2003）。在刚果民主共和国和利比里亚的野味市场上，从一只巨地穿山甲和一只白腹长尾穿山甲身上取下的 A. compressum 分别有一半和10%感染并携带非洲立克次体（Rickettsia africae）。非洲立克次体（Rickettsia africae）是非洲蜱叮咬人类传染的病原体（Mediannikov et al.，2012a，2012b）。

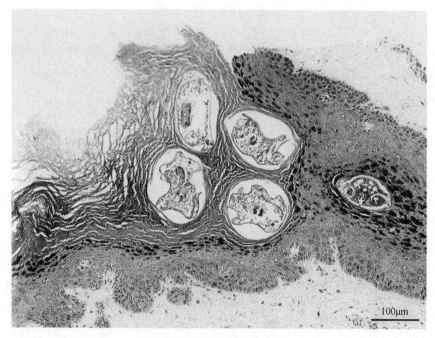

图 29.4　患有严重螨虫感染（苏木精和伊红染色）的中华穿山甲皮肤组织切片。皮肤高度角化，
高倍镜下无毛发的皮肤真皮层显著增厚，并且横切面上有多个未识别的疥螨。临床上，
这只穿山甲消瘦并伴有严重的皮炎。照片来源：Rupak Khatri-Chhetri。

野生动物携带的病原体向人类和家畜传染的风险逐渐增加（Cantlay et al.，2017；Smith et al.，2017）。随着人们对野生动物资源的掠夺和野生动物全球贸易量增大，物种之间非自然性的病原体感染和跨界传播增强（Daszak et al.，2001）。从斯里兰卡城市周边的穿山甲身上分离出了携带爪哇花蜱（*A. javanense*）的细菌，这可能表明，穿山甲在维持或传播这种病原体方面发挥了一定的作用（Liyanaarachchi et al.，2013；Liyanaarachchi et al.，2016）。穿山甲在全球范围内的非法野生动物贸易中交易数量较大（见第 16 章），它们可作为病原体的载体。在法国机场没收的冷冻非洲穿山甲肉中分离出 5 种人畜共患病细菌——单核细胞增生李斯特氏菌（*Listeria monocytogenes*）、金黄色葡萄球菌（*Staphylococcus aureus*）、链球菌（*Streptococcus* sp.）、肠杆菌（*Enterobacter* sp.）和产酸克雷伯菌（*Klebsiella oxytoca*），充分证明了这一点（Chaber and Cunningham，2016）。

表 29.4 报告了所有 8 种穿山甲感染的病原微生物。这对穿山甲传染病研究很重要。然而，菲律宾穿山甲只报告了 1 种，巨地穿山甲只报告了 2 种。虽然已有对这些病原体引发的人畜共患病的报道，但它们对穿山甲宿主健康的重要性仍不清楚。因此，进一步了解有关穿山甲中发现的传染性病原体的广度及其对穿山甲健康的影响，应该是未来研究的重点。

罚没和救护穿山甲的健康状况

非法野生动物贸易中罚没的穿山甲因捕捉、储存和贩运的条件恶劣，通常健康状况很差（Bell et al.，2004；Wicker et al.，2016）。非法贸易中救护的穿山甲通常长时间没有进食和饮水（Clark et al.，2009；Sun et al.，2019），收容到救护场所也会出现严重虚弱、营养不良和脱水等常见症状。中国台湾一家野生动物救护中心抢救出的穿山甲，绝大多数（82.9%）非常不健康，几乎四分之一（23%）的穿山甲被诊断为营养不良（Sun et al.，2019）。在印度（Mohapatra and Panda，2014）、中国台湾（Khatri-Chhetri et al.，2017）和越南北部（Clark et al.，2009）对罚没的穿山甲进行尸检时，也发现了其身体消瘦的症状。Zhang 等（2017）对中国罚没的马来穿山甲进行调查，发现通常身体虚弱、体温过低。在南非，所有被送到野生动物兽医院的穿山甲都表现出营养不良、脱水及身体过度虚弱的迹象，行走时无法保持尾巴正常抬高。一些病情严重的个体出现了继发性低蛋白血症引发的腹水和胸腔积液。

严重衰弱的穿山甲必须进行强化治疗才能存活，穿山甲救护中心和动物园必须有适当的资源，并有经过培训能够为穿山甲进行生存护理的兽医团队。

呼吸系统疾病

肺炎是穿山甲常见严重的呼吸系统疾病，也是圈养穿山甲发病和死亡的主要原因之一（Chin and Tsao，2015；Khatri-Chhetri et al.，2017；Mohapatra and Panda，2014；Sun et al.，2019）。临床症状包括：卡他性、脓性的鼻和眼分泌物，寒战，呼吸困难，吞咽困难。情况严重时，会发生共济失调（Chin and Tsao，2015。值得注意的是，健康的穿山甲经常会渗出浆液性鼻和眼分泌物。而在急性应激状态下，这一现象可能更为明显。咳嗽并没有被认为是患有呼吸系统疾病的临床症状。肺炎被认为是应激性免疫抑制的继发性疾病，常见于环境温度下降或变化较大，以及不适当的饮食或拒绝食用人工圈养食物而导致穿山甲营养不良的情况（Zhang et al.，2017）。过度拥挤的圈养条件下，卫生条件差引起的氨气浓度较高也可能导致呼吸道疾病的发生。

穿山甲呼吸系统疾病的诊断和治疗以正常的小动物医学方法为基础，应包括全面的临床检查、影像学、血液生化和血液学检查。在个体高度应激和明显免疫抑制的情况下，治疗通常难以成功。然而，对一些南非地穿山甲实施每天三次盐水雾化和氧气吸入治疗取得了一定成功。

消化系统疾病

对近期收容救护的穿山甲进行尸检，常见到消化道黏膜（舌、食管、胃黏膜、肠黏膜）出血、溃疡性病变，伴有轻度至重度胃炎（Chin and Tsao，2015；Chin et al.，2006；Clark et al.，2009；Jaffar et al.，2018；Mohapatra and Panda，2014；Sun et al.，2019；Yang et al.，2007）。溃疡广泛分布于胃黏膜表面（图 29.5）。临床上患病的穿山甲个体表现为沉郁、食欲不振，有时粪便潜血。皮肤的表皮和黏膜苍白，触摸无温感。可进行血液学检查看个体是否发生贫血。

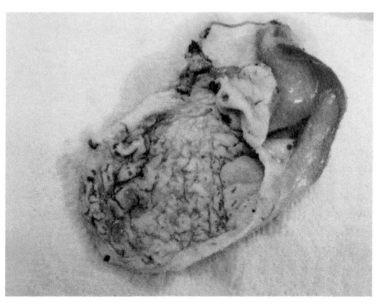

图 29.5 一只马来穿山甲在非法野生动物贸易中被罚没后，尸体剖检显示严重胃肠溃疡。死前，身体极度虚弱、胃口较差，粪便潜血。对症治疗使用雷尼替丁和硫糖铝，但依旧未有明显改善，考虑到动物福利进行安乐死。图片来源：越南食肉动物和穿山甲保护项目（CPCP）。

对死亡的个体进行大体解剖和组织学检查，尚未发现这些病变的明确原因。然而，运输不适应和囚禁产生的应激，以及营养不足影响胃肠道微生物群落变化被认为是其死亡的原因（Chin and Tsao，2015；Clark et al.，2009；Jaffar et al.，2018）。不合理的圈养饮食导致个体胃酸分泌水平不正常。这和澳大利亚有袋动物——短吻针鼹（*Tachyglossus aculeatus*）急性胃炎发病的原因相似。短吻针鼹（*Tachyglossus aculeatus*）与穿山甲食性相似（M. Shaw，个人评论）。因此，有必要进一步研究穿山甲的胃肠生理和微生物群落。然而，鉴于胃肠道溃疡在穿山甲中并不常见，而且它们已经进行圈养，并食用适当的人工饲料，故推断急性和慢性应激很可能在溃疡的发展中发挥重要作用。

建议对产生高度应激的个体使用预防性胃保护剂，特别是那些刚被救护圈养的个体（表 29.1）。在圈养饮食中添加土壤，也可降低胃溃疡和肠炎的发生率（Chin and Tsao，2015）。长效的丁基苯酮神经抑制剂——氟哌啶醇，也被用来治疗和防止个体的高度应激（J. Jimerson，个人评论）。

鉴于穿山甲容易发生胃溃疡，对穿山甲治疗应慎用非甾体抗炎药，仅在个体不发生脱水状况时使用。

有报道称，马来穿山甲（Zhang et al.，2017）和中华穿山甲（J. Chin，个人评论）误食入秸秆和木屑刨花引起胃肠道阻塞。因此，圈养穿山甲的垫料选择要谨慎。

皮肤和鳞片的损伤

穿山甲鳞片下的皮肤擦伤和潮湿、溃疡性皮炎，可能是穿山甲被贩卖囚禁时，恶劣的卫生条件导致的（Clark et al.，2009；Khatri-Chhetri et al.，2017；Perera et al.，2017）。此外，贩卖穿山甲时会把穿山甲装在织网麻袋里，紧紧卷起来。它们会被自己排在麻袋里的粪便和尿液长时间浸染发生皮肤疾病和损伤（图 29.6）。

图 29.6　从越南非法野生动物贸易中没收的两只马来穿山甲。两只穿山甲都蜷缩在网袋里。由于非法贸易中的穿山甲一般按照重量出售，较重的动物获得较高的价格。地面上可见的黄色黏性物质——掺水的玉米粉，被灌喂用来增加动物的体重。穿山甲在强制灌喂过程中会产生较高的应激，而且经常受伤。图为在越南刚没收的穿山甲，出现的黄色带血粪便是常见的症状。图片来源：越南食肉动物和穿山甲保护项目（CPCP），Leanne Wicker。

每天使用局部消毒溶液（包括聚维酮碘稀释液、氯己定稀释溶液、硫酸镁盐浸浴和无菌乳酸林格氏液或 0.9%氯化钠溶液）进行冲洗，然后局部使用抗感染乳膏，如磺胺类乳膏，严重病例可能需要注射抗生素（表 29.1；Clark et al.，2009；Perera et al.，2017）。

外伤

狩猎陷阱、兽夹、枪支或刀具会造成一系列的伤害（图 29.7），包括骨折、四肢或尾巴的创伤性缺失、颈部或身体周围皮肤肌肉的撕裂或环状割伤（Clark et al., 2009; Jaffar et al., 2018; Khatri-Chhetri et al., 2017; Sun et al., 2019）。猎狗和其他食肉动物会造成不同程度的咬伤，包括四肢和尾巴的刺创和撕裂，如果不及时治疗，可能会引发败血症甚至死亡（Clark et al., 2009; Jaffar et al., 2018）。荐椎和骨盆髋骨的骨折，会伴有软组织损伤，多因机动车碰撞和碾压造成（Jaffar et al., 2018）。

创伤不仅限于刚刚收容的穿山甲。某些被认为是高度应激反应的异常行为（如抓爬围栏），也是造成圈养穿山甲创伤性损伤的原因之一（Challender et al., 2012），通常认为面颊皮肤、前臂皮肤及尾巴、爪子的损伤由这种行为造成。

穿山甲疾病的诊断和治疗主要以小动物医学方法

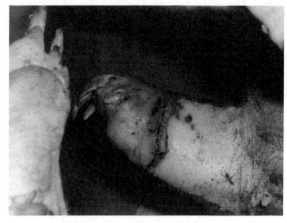

图 29.7　在越南罚没的一只马来穿山甲，右前肢为捕兽夹产生的严重的伤口。伤口进行抗生素治疗（阿莫西林克拉维酸治疗 10 天），每日用洗必泰稀溶液冲洗，涂抹磺胺嘧啶银乳膏后包扎，第一层用非黏附性、透气性较好的纱布包扎，第二层用粘性绷带包扎。伤口慢慢完全愈合。
图片来源：越南食肉动物和穿山甲保护项目（CPCP），Leanne Wicker。

为基础，包括体格检查、肌肉骨骼检查、神经学检查和影像学检查。选择抗生素应根据细菌培养和药敏结果指导用药（Jaffar et al., 2018）。严重时需手术治疗。局部包扎和缝合有助于伤口愈合。据报道，使用激光治疗可加快愈合（L. Hai，未发表数据）。在很多情况下，当病情发展不可逆时，可以从动物福利角度考虑进行安乐死。

眼科疾病

目前报道有角膜溃疡、低眼压、炎症和眼周组织水肿。非法野生动物交易中罚没的穿山甲出现这些疾病，很可能是盗猎和运输过程中的粗暴处理和不良卫生造成的。诊断和治疗遵循小动物医学方法。可能需要手术摘除眼球，但也有局部使用抗菌眼膏成功治疗的一些简单病例（Clark et al., 2009）。

器官功能性障碍

随着不断更新穿山甲生理参考指标和建立圈养穿山甲种群，将不断深入认识穿山甲器官功能性障碍的潜在原因和进展。在印度穿山甲、马来穿山甲、中华穿山甲和白腹长尾穿山甲的尸检和肝脏组织病理学发现的基础上，根据肝酶升高、肝脏肿大或颜色异常，描述了没有明确潜在病因的肝脏病理学（Chin and Tsao, 2015; Khatri-Chhetri et al., 2017; Zhang et al., 2017）。肝脏脂肪样病变多见于白腹长尾穿山甲（C. Aitkin-Palmer，个人评论）。

根据印度穿山甲、马来穿山甲和白腹长尾穿山甲尸检中肾脏异常病变和组织病理学推断，可能存在未知的肾脏疾病（Chin and Tsao, 2015; Khatri-Chhetri et al., 2017; Zhang et al., 2017）。

临 床 治 疗

治疗穿山甲疾病曾使用过的药物方案见表 29.1。目前还没有关于穿山甲药物动力学、药效学和疗效的研究。因此，用药物治疗穿山甲的一般方法和原则都是从那些用于小型家畜的方法和原则中推断出来的。考虑到穿山甲较其他哺乳动物偏低的肛温和特殊的消化生理机制（Nisa et al., 2005），其很可能与家养的猫和狗的胃肠道吸收和药物代谢不同。然而，在缺乏专门研究的情况下，对穿山甲的药物治疗剂量仍然基于小动物的使用剂量，根据个人经验和圈养穿山甲治疗效果进行适当调整。

如果穿山甲能自主进食，口服药物可以添加到少量食物中。虽然穿山甲是夜行动物，但白天可以通过轻轻触碰其身体，使其苏醒再通过在食物中添加药物的方式多次给药。如果穿山甲不能自主进食，药物可以通过对个体进行镇静或麻醉后进行灌喂投药。

即使穿山甲处于蜷缩姿势，也可以通过肌肉注射的方式，将药物注射到腰椎、骶骨和尾骨的肌肉中。如果是皮下给药，必须轻轻地提起鳞片，针头以一定角度穿过较厚的皮肤进入皮下空间。由于背部皮肤有明显的张力，特别是当动物蜷缩时，所以从身体腹侧皮下注射效果较好。

输液疗法

由于非法贸易罚没的穿山甲从野外捕获的时间长短不等，被救护的时候经常会出现不同程度的脱水（Clark et al.，2009）。补液是收容后最先治疗的措施之一。

液体药物或补水可以通过口服、皮下注射、静脉注射或腹腔注射的方式输送，这取决于个体虚弱和脱水的程度（Jaffar et al.，2018）。液体药物的选择根据临诊结果，并基于小型家畜的给药方法进行给药。皮下注射（图29.8）通常注入腹外侧与股前皮下间隙（Jaffar et al.，2018）。静脉注射可以通过尾中静脉或头静脉注入药物，也可以通过在头静脉填埋留置针进行注射。通过使用热塑性夹板和三层绷带保定四肢，目前已成功地为马来穿山甲持续输液（Jaffar et al.，2018）。

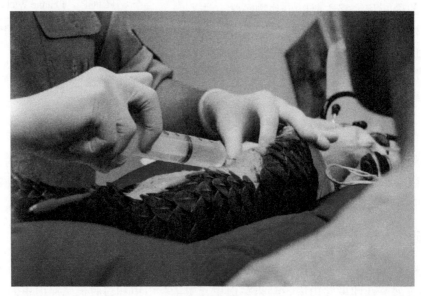

图29.8　麻醉后的中华穿山甲腹侧皮下注射液体。动物躺在红色柔软的空气加热垫上，在麻醉期间将温暖的空气输送到动物的下方和周围，以维持正常体温。图片来源：嘉道理农场暨植物园（KFBG）。

补充喂养

穿山甲是具有高度特化饮食结构的食蚁哺乳动物，给圈养穿山甲提供足够的营养保障是一个重大挑战（Cabana et al.，2017；Yang et al.，2007）。要让某些野生穿山甲适应人工饲料很困难，甚至不可能。圈养的穿山甲表现出一种强烈的、对特定蚂蚁或白蚁的食欲偏好，许多救援中心花费大量资源获取活蚂蚁或冷冻蚂蚁来喂养刚刚收容的穿山甲（Challender et al.，2012）。鉴于为穿山甲提供大量活体蚂蚁和蚂蚁卵不切实际，特别是穿山甲被收容到其原有生境外的救护场所时（Challender et al.，2012），有必要进一步研发科学的穿山甲人工饲料，保证为穿山甲提供足够的营养和可持续性饲料（Cabana et al.，2017）。

身体严重虚弱的个体可能需要紧急补充能量和营养。过度应激或身体虚弱的穿山甲可能主动拒绝进食（Nguyen et al.，2010），营养不良是穿山甲发病率和死亡率显著升高的原因（Cabana et al.，2017；Lin et al.，2015）。这些情况下，利用涂抹润滑剂和大小适当的灌喂管插管灌喂，补充营养物质，可以维持穿山甲体能。南非地穿山甲在救护的最初 48h 内可以进行灌喂，但当穿山甲体能恢复时，都会拒绝灌喂。在这种情况下，可以通过放置 PEG（经皮内窥镜胃造口术）管为南非地穿山甲紧急补充营养，该方法是在内窥镜检查的引导下，使 PEG 管穿过皮肤和腹壁直接插入胃中（K. Lourens，未发表数据）。

目前，可使用的一些维持体能的营养物质，包括市售食肉动物康复期饲料、动物处方饲料、市售黄粉虫饲料、市售猫食用罐头、冷冻蚂蚁和蚂蚁卵混合饲料及中国台湾台北动物园研制的黏性糊状人工饲料（Lin et al.，2015）。

虽然饲养管理者认为通过灌喂的方式为穿山甲紧急补充能量和营养物质十分必要，但是由于个体拒绝进食，需要长期灌喂（Aitken-Palmer et al.，2017），然而这也并不是没有风险。人类医学文献中对营养过度快速供给会导致损伤性代谢和生理紊乱就有详细的描述，但在兽医文献中却鲜有报道（Brenner et al.，2011）。一些穿山甲最初对支持性治疗反应良好，然而灌喂导致了一些穿山甲的病情突然恶化和死亡。还有一些更实际的考虑因素：必须确保灌喂管插入食道中，而不是进入舌头周围的盲端囊；在拔出管后有可能导致食物返流，易导致个体吸入性肺炎；长时间的灌喂会使穿山甲易患口腔念珠菌病；训练穿山甲自主进食需要一个逐渐适应的过程。

结　　论

从过去的经验看，圈养条件下穿山甲存活率较低，所以动物园救护穿山甲的救护率不高。只能将非法贸易中罚没的穿山甲成功救护后，建立保护繁殖项目，以补充日益减少的野外种群。本章突出强调了穿山甲卫生和兽医护理需求。

体况检查、疾病诊治的一般方法都遵循小动物临床诊疗技术，同时考虑到穿山甲一些体征的独特性，包括缺乏牙齿、特化的饮食结构和消化生理、肛温较低、被覆鳞片等。对从 8 种穿山甲种群中分离出的大量病原微生物的了解，以及对常见的非传染性疾病的了解，为圈养穿山甲的护理人员提供了良好的技术参照。这有助于诊断和治疗救护的穿山甲，并确保圈养机构有足够的资源，以更好地保障他们护理的动物的健康。公布的一些生理参考指标，包括少数穿山甲种群的血液生化和血液学，也为患病和受伤穿山甲的健康调查和治疗提供了临床指导。未来将丰富这一领域的生理参数及物种信息，了解不同年龄和生殖阶段健康穿山甲的状态，提高研究的样本量，使数据更具诊断参考价值。

临床医学的许多领域都还有待研究。包括迫切需要发展临床病理学和病理解剖，以便更彻底地了解穿山甲疾病发生的根本原因和进展，以及开展药理学研究，以优化患病和受伤动物的治疗方案和结果。这对从非法野生动物贸易中罚没的穿山甲尤其重要。虽然目前救护的穿山甲死亡率有所降低，但仍然很高。需要为严重衰弱的穿山甲制定安全和有效的急救方案，并确保全世界穿山甲救护场所有效实施这些方案。

虽然本书对 8 个种属的穿山甲临床诊疗状况均有介绍，但主要是亚洲的马来穿山甲、中华穿山甲、印度穿山甲及非洲的南非地穿山甲和白腹长尾穿山甲。菲律宾穿山甲、巨地穿山甲和黑腹长尾穿山甲的兽医临床信息较少。虽然许多经验教训可以用于改善研究相对较少的物种的健康和福利，但仍然需要专门对这些物种进行兽医学研究。

致　　谢

感谢来自全球穿山甲保护界的许多人的帮助。中国香港嘉道理农场暨植物园（Kadoorie Farm and Botanic Garden，KFBG）的盖瑞·埃兹（Gary Ades）和亚历山德罗·格里奥尼（Alessandro Grioni）教授；美国圣地亚哥动物园科拉·辛格尔顿（Cora Singleton）教授和伊尔泽·斯塔里斯（Ilse Stalis）教授；美国芝加哥动物学会布鲁克菲尔德动物园的科珀·艾特金-帕尔梅（Copper Aitken-Palmer）教授；新加坡野生动物保护组织的谢商哲（音）（Shangzhe Xie）教授；印度南丹卡南动物园的拉杰什·K.莫哈帕特里（Rajesh K. Mohapatra）教授；越南拯救越南野生动物组织的杰西卡·吉莫森（Jessica Jimerson）和阮玉洪（音）（Nguyen Ngoc Duyen Huong）教授；美国海洋世界公园的朱迪·St.莱杰（Judy St. Leger）教授；美国格拉迪斯·波特（Gladys Porter）动物园的托马斯·W.德玛尔（Thomas W. Demar）教授及邦尼·拉斐尔（Bonnie Raphael）教授；中国香港海洋公园保育基金会的保罗·马特里（Paolo Martelli）教授；英国帕金顿动物园（Paignton Zoo）环境公园的克里斯塔·范·维森（Christa van Wessem）教授；中国台湾屏东科技大学的卢帕克·卡特里·契特里（Rupak Khatri Chhetri）教授；澳大利亚墨尔本大学兽医生物科学名誉教授威廉·伊恩·贝弗里奇（William Ian Beveridge）和兽医病理学专家伊丽莎白·多布森（Elizabeth Dobson）教授，感谢他们在知识、经验和数据方面的贡献。

参 考 文 献

Aitken-Palmer, C., Sturgeon, G.L., Bergmann, J., Knightly, F., Johnson, J.G., Ivančić, M., et al., 2017. Enhancing conservation through veterinary care of the whitebellied tree pangolin (*Manis tricuspis*). 9th AAZV Annual Conference Proceedings. American Association of Zoo Veterinarians, Texas, United States.

Bell, D.J., Roberton, S.I., Hunter, P.R., 2004. Animal origins of SARS Coronavirus: possible links with the international trade in small carnivores. Philos. Trans. R. Soc. B: Biol. Sci. 359 (1447), 1107-1114.

Brenner, K., Kukanich, K.S., Smee, N.M., 2011. Refeeding syndrome in a cat with hepatic lipidosis. J. Feline Med. Surg. 8 (13), 614-617.

Cabana, F., Plowman, A., Nguyen, V.T., Chin, S.-C., Sung-Lin, W., Lo, H.-Y., et al., 2017. Feeding Asian pangolins: an assessment of current diets fed in institutions worldwide. Zoo Biol. 36 (4), 298-305.

Cantlay, J.C., Ingram, D.J., Meredith, A.L., 2017. A review of zoonotic infection risks associated with the wild meat trade in Malaysia. EcoHealth 14 (2), 361-388.

Chaber, A.-L., Cunningham, A., 2016. Public health risks from illegally imported African bushmeat and smoked fish. EcoHealth 13 (1), 135-138.

Challender, D.W.S., Nguyen, V.T., Jones, M., May, L., 2012. Time-budgets and activity patterns of captive Sunda pangolins (*Manis javanica*). Zoo Biol. 31 (2), 206-218.

Chin, J.S.-C., Tsao, E.H., 2015. Pholidota. In: Miller, R.E., Fowler, M.E. (Eds.), Fowler's Zoo and Wild Animal Medicine, vol. 8. Saunders, St. Louis, pp. 369-375.

Chin, S.C., Liu, C.H., Guo, J.C., Chen, S.Y., Yeh, L.S., 2006. A 10-year review of autopsy of rescued Formosan pangolin (*Manis pentadactyla pentadactyla*) in Taipei Zoo. 2nd Meeting of the Asian Society of Conservation Medicine, Asian Zoo and Wildlife Medicine Conference, Chulalongkorn University, Bangkok, Thailand.

Chin, S.-C., Lien, C.-Y., Chan, Y., Chen, C.-L., Yang, Y.-C., Yeh, L.-S., 2015. Hematologic and serum biochemical parameters of apparently healthy rescued Formosan pangolins (*Manis Pentadactyla Pentadactyla*). J. Zoo Wildlife Med. 46 (1), 68-76.

Clark, L., Van Thai, N., Phuong, T.Q., 2009. A long way from home: the health status of Asian pangolins confiscated from the illegal wildlife trade in Viet Nam. In: Pantel, S., Chin, S.-Y. (Eds.), Proceedings of the Workshop on Trade and Conservation of Pangolins Native to South and Southeast Asia, 30 June-2 July 2008, Singapore Zoo, Singapore. TRAFFIC Southeast Asia, Petaling Jaya, Selangor, Malaysia, pp. 111-118.

Clark, L.V., Nguyen, T.V., Tran, Q.P., Higgins, D.P., 2010. A Retrospective Review of Morbidity and Mortality in Pangolins Confiscated From the Illegal Wildlife Trade in Vietnam. American Association of Zoo Veterinarians, South Padre Island, Texas,

United States.

Daszak, P., Cunningham, A.A., Hyatt, A.D., 2001. Anthropogenic environmental change and the emergence of infectious diseases in wildlife. Acta Trop. 78 (2), 103-116.

Heath, M.E., 1987. Twenty-four-hour variations in activity, core temperature, metabolic rate, respiratory quotient in captive Chinese pangolins. Zoo Biol. 6 (1), 1-10.

Heath, M.E., Vanderlip, S.L., 1988. Biology, husbandry, and veterinary care of captive Chinese pangolins (*Manis pentadactyla*). Zoo Biol. 7 (4), 293-312.

Hope, K., Deem, S.L., 2006. Retrospective study of morbidity and mortality of captive jaguars (*Panthera onca*) in North America: 1982 to 2002. Zoo Biol. 25 (6), 501-512.

Hua, L., Gong, S., Wang, F., Li, W., Ge, Y., Li, X., et al., 2015. Captive breeding of pangolins: current status, problems and future prospects. ZooKeys 507, 99-114.

Jaffar, R., Kurniawan, A., Maguire, R., Anwar, A., Cabana, F., 2018. WRS Husbandry Manual for the Sunda Pangolin (*Manis javanica*), first ed. Wildlife Reserves Singapore Group, Singapore.

Jones, K.E., Patel, N.G., Levy, M.A., Storeygard, A., Balk, D., Gittleman, J.L., et al., 2008. Global trends in emerging infectious diseases. Nature 451 (7181), 990-993.

Khatri-Chhetri, R., Sun, C.M., Wu, H.Y., Pei, K.J.C., 2015. Reference intervals for hematology, serum biochemistry, and basic clinical findings in free-ranging Chinese Pangolin (*Manis pentadactyla*) from Taiwan. Vet. Clin. Pathol. 44 (3), 380-390.

Khatri-Chhetri, R., Wang, H.-C., Chen, C.-C., Shih, H.-C., Liao, H.-C., Sun, C.-M., et al., 2016. Surveillance of ticks and associated pathogens in free-ranging Formosan pangolins (*Manis pentadactyla pentadactyla*). Ticks and Tick-borne Dis. 7 (6), 1238-1244.

Khatri-Chhetri, R., Chang, T.-C., Khatri-Chhetri, N., Huang, Y.-L., Pei, K.J.-C., Wu, H.-Y., 2017. A retrospective study of pathological findings in endangered Formosan pangolins (*Manis pentadactyla pentadactyla*) from Southeastern Taiwan. Taiwan Vet. J. 43 (1), 55-64.

Kolonin, G.V., 2007. Mammals as hosts of Ixodid ticks (Acarina, Ixodidae). Entomol. Rev. 87 (4), 401-412.

Lam, H.K., 2018. Evaluating and monitoring health of confiscated pangolins: veterinary responses at rescue sites. Back to the Wild - Training Workshop. USAID, Save Vietnam's Wildlife, Khao Yai National Park, Thailand.

Langan, J.N., 2014. Tubulidentata and Pholidata. In: West, G., Heard, D.J., Caulkett, N. (Eds.), Zoo Animal and Wildlife Immobilization and Anesthesia, second ed. Wiley Blackwell, Oxford, pp. 539-542.

Leendertz, F.H., Pauli, G., Maetz-Rensing, K., Boardman, W., Nunn, C., Ellerbrok, H., et al., 2006. Pathogens as drivers of population declines: the importance of systematic monitoring in great apes and other threatened mammals. Biol. Conserv. 131 (2), 325-337.

Lin, M.F., Chang, C.Y., Yang, C.W., Dierenfeld, E.S., 2015. Aspects of digestive anatomy, feed intake and digestion in the Chinese pangolin (*Manis pentadactyla*) at Taipei zoo. Zoo Biol. 34 (3), 262-270.

Liyanaarachchi, D., Rajapakse, R., Dilrukshi, P., 2013. Tick Vectors of Spotted Fever Rickettsia in Sri Lanka, 17. Book of abstracts of the Peradeniya University Research Sessions, Sri Lanka, p. 146.

Liyanaarachchi, D., Rajakaruna, R., Rajapakse, R., 2016. Spotted fever group rickettsia in ticks infesting humans, wild and domesticated animals of Sri Lanka: one health approach. Ceylon J. Sci. (Biol. Sci.) 44 (2), 67-74.

Lonsdorf, E.V., Travis, D., Pusey, A.E., Goodall, J., 2006. Using retrospective health data from the Gombe chimpanzee study to inform future monitoring efforts. Am. J. Primatol. 68 (9), 897-908.

Mediannikov, O., Davoust, B., Socolovschi, C., Tshilolo, L., Raoult, D., Parola, P., 2012a. Spotted fever group rickettsiae in ticks and fleas from the Democratic Republic of the Congo. Ticks and Tick-borne Dis. 3 (5-6), 371-373.

Mediannikov, O., Diatta, G., Zolia, Y., Balde, M.C., Kohar, H., Trape, J.-F., et al., 2012b. Tick-borne rickettsiae in Guinea and

Liberia. Ticks and Tick-borne Dis. 3 (1), 43-48.

Mohapatra, R.K., Panda, S., 2014. Husbandry, behavior and conservation breeding of Indian pangolin. Folia Zool. 63 (2), 73-80.

Mohapatra, R.K., Panda, S., Nair, M.V., Acharjyo, L.N., 2016. Check list of parasites and bacteria recorded from pangolin (*Manis* sp.). J. Parasit. Dis. 40 (4), 1109-1115.

Munson, L., 1991. Strategies for integrating pathology into single species conservation programs. J. Zoo Wildlife Med. 22 (2), 165-168.

Nadler, S.A., De Leon, G.P.-P., 2011. Integrating molecular and morphological approaches for characterizing parasite cryptic species: implications for parasitology. Parasitology 138 (13), 1688-1709.

Narayanan, S., Kirchheimer, W., Bedi, B., 1977. Some bacteria isolated from the Indian pangolin (*Manis crassicaudata*) Geoffroy. Indian Vet. J. 54 (9), 692-988.

Nguyen, T.V., Clark, L., Tran, P.Q., 2010. Management Guidelines for Sunda pangolin (*Manis javanica*), first ed. Carnivore and Pangolin Conservation Program, Cuc Phuong National Park, Vietnam.

Nisa, C., Kitamura, N., Sasaki, M., Agungpriyono, S., Choliq, C., Budipitojo, T., et al., 2005. Immunohistochemical study on the distribution and relative frequency of endocrine cells in the stomach of the Malayan pangolin, *Manis javanica*. Anat., Histol. Embryol. 34 (6), 373-378.

Parola, P., Cornet, J.-P., Sanogo, Y.O., Miller, R.S., Van Thien, H., Gonzalez, J.-P., et al., 2003. Detection of Ehrlichia spp., Anaplasma spp., Rickettsia spp., and other eubacteria in ticks from the Thai-Myanmar border and Vietnam. J. Clin. Microbiol. 41 (4), 1600-1608.

Perera, P.K.P., Karawita, K.V.D.H.R., Pabasara, M.G.T., 2017. Pangolins (*Manis crassicaudata*) in Sri Lanka: a review of current knowledge, threats and research priorities. J. Trop. For. Environ. 7 (1), 1-14.

Robinson, P., 1983. The use of ketamine in restraint of a black-bellied pangolin (*Manis tetradactyla*). J. Zoo Anim. Med. 14 (1), 19-23.

Robinson, P.T., 1999. Pholidota (Pangolins). In: Miller, R.E., Fowler, M.E. (Eds.), Fowler's Zoo and Wild Animal Medicine, vol. 8. Saunders, St. Louis, pp. 407-410.

Smith, K.M., Machalaba, C.M., Jones, H., Caceres, P., Popovic, M., Olival, K.J., et al., 2017. Wildlife hosts for OIE-Listed diseases: considerations regarding global wildlife trade and host-pathogen relationships. Vet. Med. Sci. 3 (2), 71-81.

Sun, N.C.-M., Arora, B., Lin, J.-S., Lin, W.-C., Chi, M.-J., Chen, C.-C., et al., 2019. Mortality and morbidity in wild Taiwanese pangolin (*Manis pentadactyla pentadactyla*). PLoS One 14 (2), e0212960.

Travis, D.A., Hungerford, L., Engel, G.A., Jones-Engel, L., 2006. Disease risk analysis: a tool for primate conservation planning and decision-making. Am. J. Primatol. 68 (9), 855-867.

Wicker, L.V., Canfield, P.J., Higgins, D.P., 2016. Potential pathogens reported in species of the family Viverridae and their implications for human and animal health. Zoonoses Public Health 64 (2), 75-93.

Wilson, A.E., 1994. Husbandry of pangolins Manis spp. Int. Zoo Yearb. 33 (1), 248-251.

Yang, C.W., Chen, S., Chang, C.Y., Lin, M.F., Block, E., Lorentsen, R., et al., 2007. History and dietary husbandry of pangolins in captivity. Zoo Biol. 26 (3), 223-230.

Yang, L., Su, C., Zhang, F., Wu, S., Ma, G., 2010. Age structure and parasites of Malayan pangolin (Manis javanica). J. Econ. Anim. 14 (1), 22-25. [In Chinese].

Zhang, F., Yu, J., Wu, S., Li, S., Zou, C., Wang, Q., et al., 2017. Keeping and breeding the rescued Sunda pangolins (*Manis javanica*) in captivity. Zoo Biol. 36 (6), 387-396.

第 30 章　穿山甲救护、康复和放归

尼奇·赖特[1, 2]，杰西卡·吉默森[3]

1. 非洲国际爱护动物协会，南非约翰内斯堡
2. 非洲穿山甲工作组，南非约翰内斯堡
3. 菊芳国家公园拯救越南野生动物组织，越南宁平

引　言

2016 年，穿山甲被列入《濒危野生动植物种国际贸易公约》（CITES）附录Ⅰ（见第 19 章），穿山甲在国家自然资源管理、保护和执法机构中的被重视程度有所提高。穿山甲在大多数国家都是受保护的物种，但不同物种在各个国家的保护程度不同，法律执行的有效性方面也存在差异，并且一些地区有关部门的执法力度还是较差（Challender and Waterman，2017）。尽管如此，在非洲和亚洲，查获穿山甲及其制品的案件还是经常发生（16 章；Heinrich et al.，2017）。许多地方，从非法贸易中罚没的穿山甲被收容到救护中心进行健康评估和康复，然后再放回野外。这一过程推动了穿山甲康复、兽医卫生和圈养护理方面的技术发展。本章旨在记录和对比不同国家、不同环境、不同种类穿山甲的护理康复经验。主要借鉴了南非和越南的经验。本章首先介绍了两国穿山甲的救护、体况恢复和放生工作，然后讨论了一些关于非法贸易中救护穿山甲的案例。

救　护　工　作

在南非，有两个主要原因导致南非地穿山甲需要救援和康复。首先，穿山甲个体被偷猎和贩卖，在执法机构的侦查下（如通过诱捕行动），被收容到最近的野生动物救护中心或动物园，这些机构拥有救护穿山甲所需的专业技术和条件（图 30.1）。这时需要对救护动物进行病理学取样为司法程序提供信息（见第 20 章）。其次，南非地穿山甲被电死在农场周围的电网上（Beck，2008；Pietersen et al.，2014；详见第 11 章）。这些动物不经意间缠绕在带电电线的底部，大多数穿山甲无法存活，但也有一小部分存活下来。有些动物在不明其生存状况的情况下被农场主发现后立即放生。此外，在纳米比亚和南非开普敦，估计每年有多达 280 只穿山甲在过马路时被车辆撞死（Pietersen et al.，2016）。经历电击和交通事故幸存的穿山甲也是救护工作的一部分。

相比之下，越南的情况大不相同，主要是因为被捕获的动物数量较大。越南不仅是穿山甲产品的消费市场（见第 22 章），也是东南亚其他地区走私穿山甲到中国的通道（见第 16 章；Nguyen，2009）。拯救越南野生动物组织（SVW）是一个成立已久的越南非政府组织（NGO），经常与政府联系，从非法贸易中救护穿山甲。每次查获的穿山甲数量、大小都有变化，从 1 只到 200 多只不等，主要包括马来穿山甲和中华穿山甲。根据不同物种救护的数量和状态，救护场所会适当调整护理质量和动物分类方案。在越南，从非法贸易中救护的穿山甲贩卖前就被装到网袋或箱子里，难以确定被关押了多久（另见第 29

章）。它们身体上常常沾有粪便和尿液。此外，许多穿山甲被灌食玉米糊，以增加体重，从而提高非法走私者的经济收入。被灌食的个体常伴有腹泻，排出黄色水样分泌物，经常表现出食欲不振。这种灌食方法会造成食管损伤，引起胃炎。在圈养个体数量较多的地方，最强壮的个体会优先得到照顾。这个选择性的过程被用来稳定个体，为运送到最近的救护中心做准备。

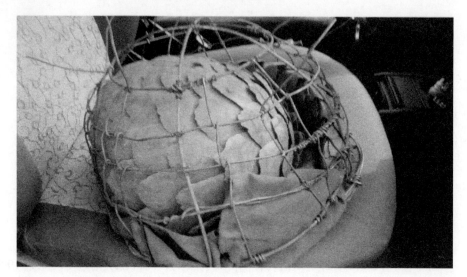

图 30.1　　一只在南非非法贸易中罚没的成年南非地穿山甲。图片来源：非洲穿山甲工作组。

身 体 恢 复

将穿山甲放归自然是一项复杂的工作，并非所有情况下都能做到。圈养穿山甲的技术取决于有关品种、栖息地、兽医治疗及个体康复的状态。在南非，穿山甲的康复工作涉及范围较广，从受过专业训练、配备现代化设施的康复人员，到知识缺乏、资源匮乏的偏远地区的狩猎农民和当地的救护人员。通常情况下，会通过电话传达建议和治疗方案，帮助任何救护穿山甲的人。

无论在什么地方开展救护工作，尽快稳定个体体况都至关重要。在南非和越南，救护的穿山甲被放在温度适宜的隔离围栏内，并提供被褥（如毯子）、食物和水。除非动物患有创伤需要治疗，否则尽量减少干扰，先让它们在安静的环境中降低应激水平。需要注意的是，接触穿山甲也会使它们产生应激反应（见第 29 章）。

让动物恢复到最佳健康状态，首先要进行全面的身体检查。在拯救越南野生动物组织（SVW），诊断工具有限。如果在初次评估或隔离的第一周内发现任何伤口或疾病症状，则对动物使用驱虫剂、胃保护剂和广谱抗生素进行预防性治疗。在最初的隔离期，会对脱水和厌食的穿山甲进行补充维生素的输液治疗，以恢复正常的电解质平衡。

检查穿山甲的伤口是否感染，是否有寄生虫寄生（检查包括体表和体内，体内检查通过观察粪便），眼睛是否受伤、感染及呼吸状态（另见第 29 章）。一旦发现伤口，需要马上处理，并可以对马来穿山甲和中华穿山甲使用口服抗生素进行治疗。如果怀疑骨折，要进一步进行身体检查和影像学检查。骨折是否包扎或截肢，取决于动物在野外活动和生存的能力。对预后不良不适宜在野外生存及长期圈养的个体，有必要实施安乐死。神经系统问题在动物身上也很常见，如在南非，动物被汽车撞伤导致的神经系统问题。

采集血样、红细胞计数和血清化学是检查动物状况的重要诊疗手段。最重要的是血糖和白蛋白水平，这也用于监测疾病是否发生（见第 29 章）。另需进行血涂片检查，注意血小板数目和形态。在拯救越南野生动物组织，许多穿山甲显示出凝血因子水平较低的现象。需要进行粪便漂浮试验和直接浸润涂片检查，以评估寄生虫的种类和数量（见第 29 章）。

非法贸易中罚没的穿山甲通常营养不良且体重过轻
（图 30.2），要注意根据个体状况给予饲喂，避免因营养
物质饲喂的不适应出现代谢紊乱。动物每天晚上饲喂的
食物量都有记录。如果动物不吃人工饲料，就会有另
一种选择——自主觅食活蚂蚁。南非地穿山甲出现了
该情况。在越南，中华穿山甲和马来穿山甲觅食的蚁
巢都从当地森林中采集，放在动物的围栏里，同时也
会提供食用型蚂蚁卵，这些蚂蚁卵可能与养殖的家蚕
混合饲喂动物。

在南非，一旦南非地穿山甲被认为足够健康，就会被
放归，任其自主觅食（Richer et al., 1997）。这种穿山甲不
适应圈养，也不吃人工配置的食物。因此，康复期的穿山
甲需要每天到外面自主觅食，这一点与中华穿山甲和马来
穿山甲不同。

满足穿山甲圈养基本要求的住所，包括坚固的防止
逃跑的围栏，拥有通风良好的模拟洞穴的休息场所，还
可以根据动物的种类、适宜的环境温度和年龄铺设一个

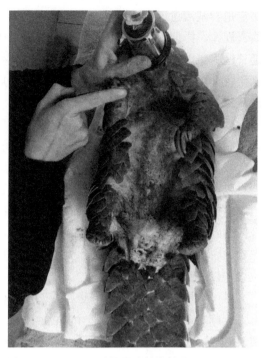

图 30.2　一只从非法贸易中解救的南非地穿山甲。
图片来源：非洲穿山甲工作组。

加热装置（见第 28 章）。对于半树栖物种（如马来穿山甲），以本地植物、树干和树枝搭建网格爬架，
使动物能够表现出自然的攀爬行为。需要长期圈养无法放生的动物个体的人工饲料和野生动物有所
不同（见第 28 章）。

放　归

放归野外是救援、康复和圈养过程的最后一步。在南非，越来越多的经验表明，如果适当放养南非
地穿山甲，它们救护存活的概率会更高（R. Jansen，个人评论）。这也适用于人工饲养的穿山甲。适当的
放养需要动物习惯新的环境，并进行密切的监测，即使动物仍留在康复中心，每天也需要护理员在新环
境中带着它们散步。在南非，放养周期为 5d。动物在每次喂食前后都要称重，以记录体重是否增加。饲
养幼体白腹长尾穿山甲和体重不到 1kg 的黑腹长尾穿山甲的经验表明，它们应该在专门的看护人员（A.
Kriel，个人评论）陪同下进行适当的放养。并安装监控设备对这两个物种进行实时监测。

在南非，所有的穿山甲放养时都有安装定位设备进行监测。它们在三周内每天接受两次监测，然后
在三个月内每周接受两次监测，之后的 12 个月内每周接受一次监测。这是为了对分布行为和存活率进行
调查。放归的地点需经过仔细选择。关键的考虑因素包括放归地点是否存在偷猎，或者该地区是否适合
放生、是否在国家公园或保护区内，以及是否对偷猎行为进行全面的监控（Pietersen et al., 2016）。此外，
还应考虑放归地点电网围栏所造成的隐患。令人欣慰的是，南非的一些保护区正在减少电网围栏所造成
的问题，从而保证包括穿山甲在内的较小动物的安全（Beck, 2008；Pietersen et al., 2014）。解决方法有
通过切断电网围栏的电源或增加电网的高度来防止体型更小的动物触电。

在越南，拯救越南野生动物组织（SVW）的目标是尽可能有效地恢复穿山甲体况并放归。救护期结
束后，各方面状况稳定的穿山甲被作为放归的预选个体。兽医团队通过进行视诊，观察行动姿态、评估
应激水平、身体状况检查及观察活动节律，确定是否达到放归的要求。目前，疾病排查是根据临床症状
的表现逐一进行的。体况稳定的动物在放归前不进行任何病原体排查。穿山甲疾病的诊治与检查及放生
前的健康评估一直以来都是个难题。例如，穿山甲的脚垫、尾巴或鼻子上可能有一个较小的伤口，必须

决定是尝试治愈这个伤口以防止进一步感染，还是不治疗避免动物产生应激。如果动物的身体状况良好、饮食规律、排便正常、体重稳定，应考虑尽快放归，以减少圈养带来的相关问题。为了解决一些问题而延长这些穿山甲的圈养时间，往往会导致其死亡。许多个体虽然在数周内体征保持稳定，但环境温度等变化较大可能会导致动物突然食欲不振。一旦准备放归，穿山甲就会被植入微型芯片为放归后生态监测做准备。

拯救越南野生动物组织（SVW）的主要职能是救护和放归马来穿山甲。这包括将动物运送到物种地理分布范围内的两个国家公园之一（分别离救护中心 270km 和 1500km）。

野外研究小组考虑到拯救越南野生动物组织（SVW）在这些公园里放生穿山甲已经有好多年，并且假设以前放生过穿山甲的地方有一定数量的稳定种群，在放归时要考虑到这一点，这也是在自然栖息地限制穿山甲放归的主要因素。前往放归地点的路程对这些穿山甲来说应激很大，特别是考虑到越南部分地区的路面状况不佳。这些动物用木箱运输，隔夜喂食，在运输箱里放上毯子和水，然后在释放前再次喂食。通常，由于运输限制，一次放归穿山甲的数量约 25 只。由于物种的独居性，通常被放归到不同的位置，以避免种群密度过大。

尽可能按照放归实践指导进行放归（IUCN/SSC，2013）。

放归之前，对放归地点进行调查，确定是否有充足的食物供应、适宜的生境和景观（如用于休息的树洞），以及放归地点周围社区是否定期举办野生动物宣传活动，为保护穿山甲提供支持。放归地点必须能够容纳新的穿山甲，因为放生的动物需要建立栖息地。然而，越南放归马来穿山甲的一个关键问题是确定放归地点是否可以容纳更多的穿山甲。这在一定程度上与穿山甲标准化监测方法的缺乏有关（见第35 章），导致放归点动物种群密度分布情况无法确定。此外，越南许多地区的穿山甲数量已经严重减少，这意味着需要开展全面调查工作，确认种群的分布密度，保证合理放归（Willcox et al., 2019）。由于对当地穿山甲种群的具体分布情况不明确，而实际上确定种群状况与紧急放归（在很短的时间内紧急放生多达 200 只穿山甲）的必要性可以相互权衡，以便给动物最好的生存机会。在条件允许时，在放归地点架设红外相机进行野外监测，并在选定的穿山甲个体上安装 GPS 追踪器，可以监测行为分布和存活状况。但放归数量较大，进行全群监测会给监测工作带来巨大的挑战。

案 例 分 析

一只受伤严重的南非地穿山甲

2018 年 4 月，约翰内斯堡野生动物兽医医院收容了一只从非法贸易中救护的重达 13kg 的成年雄性南非地穿山甲。这只穿山甲严重脱水，左后肢明显跛行，同一条腿外侧有一处伤口。疑似这只个体是被囚禁或者是被陷阱捕获的。使用异氟醚吸入麻醉穿山甲个体，进行静脉输液和全面临床检查。影像学（X射线摄影）检查显示左侧胫骨和腓骨骨折。动物稳定下来后，给予止痛药和抗生素治疗。兽医外科专家会诊后，用钢板和螺钉固定了骨折的后肢。受伤的穿山甲在手术后可自由行走，这是所有小动物发生此类骨折治疗恢复后的状态。最初的 24h 里，通过灌喂的方式喂食穿山甲。这只动物服用了少量镇静剂，因为要对成年的穿山甲开展灌喂难度较大。

两天后，这只动物可以自主觅食。接下来的 10 天里，饮食状况较好，每晚食入多达 600g 的蚂蚁，体重稳定。然而，左后肢上的伤口裂开了，经检查，是动物的运动肌肉收缩导致金属板移动，骨骼再次错位，致使伤口裂开并发生了严重的感染。每天使用镇静剂后进行伤口的清洗和消炎。治疗人员试图用绷带包扎伤口，但由于个体生理受限等原因，不易包扎。该穿山甲被注射了安定、氟哌啶醇、咪达唑仑等药物来限制活动，但在这种动物身上，这些药物一次只能维持几个小时。适当给予抗生素和止痛药，似乎短期也有一定的镇静作用。然而，两周后，进行影像学（X 光）检查时，钢板已经从骨头上脱落。

随即再进行一轮手术，并重新固定钢板。然而，由于骨损伤和并发感染，预后不良。穿山甲需要在术后尽量保持静止。尽管使用了镇静剂，但效果不佳。在第二次手术后 48h 内，固定钢板被破坏，钢板背面的胫骨出现粉碎骨折。最后决定对该穿山甲实施安乐死。

南非地穿山甲的康复和放归

南非执法人员于 2018 年 1 月在约翰内斯堡没收了一只体重 11.3kg 的雄性南非地穿山甲。这只动物被送往约翰内斯堡（Johannesburg）野生动物兽医医院进行治疗和康复。

由于穿山甲被装在车辆的备用轮毂中运输，穿山甲身体被机油污染。用温和的洗涤剂在温水中清洗动物表面的污渍，防止摄入机油中毒。然后用异氟醚吸入麻醉，清洁腹部和鳞片下皮肤。肌肉注射低剂量安定，降低应激水平；检测血糖水平，并进行血液学检查，包括血细胞计数和血清化学分析。

这只穿山甲的身体状况总体良好，但已经长时间没有进食、饮水。这只动物被带到户外自主觅食 11 天，每晚花 3 个小时觅食。在不觅食的时候，穿山甲被安置在一个定制的睡袋里，里面有加热垫和水盆。穿山甲体重保持较好，显然摄取了足够数量的蚂蚁和白蚁。研究人员对其实施了麻醉，为国家动物园生物库种群监测取样，这包括采集血液和体重测量。

2018 年 2 月初，为该穿山甲安装了监测装置，并放归到一个自然保护区。放归后对该个体进行监测，此后每天和每周对其进行定位监测。几个月后，穿山甲已经移动了大约 10km，并停留在一个特定的地区，表明该动物已经建立了一个家域。

被陷阱捕获的马来穿山甲

2018 年 10 月，一只雌性成年马来穿山甲在越南谅山省（Lang Son）获救，被拯救越南野生动物组织（SVW）收容。收容时，体重 4kg，眼睛明亮、精神状态活跃，生性警觉，没有出现应激反应。通过大体检查发现，该个体可能有捕捉陷阱导致的皮肤或肌肉的坏死、腐烂，沿着胸部腹侧呈对角线割伤，穿过肌肉层，延伸至胸部外侧（图 30.3），伤口较深（0.5~1cm），脓性分泌物从伤口深处排出。经进一步检查，发现该动物轻度脱水，面色苍白。也有腹泻的迹象，肛周浸染粪便。对其身上一些蜱做了驱除治疗。医疗人员决定将这只穿山甲麻醉进行进一步检查。随后研究证实，腹部两侧鳞片下也有坏死组织，考虑到感染的深度和感染部位治疗后活动受限，应对预后具有保障措施。

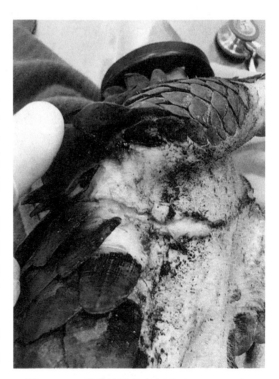

图 30.3　一只雌性马来穿山甲（*M. javanica*）出现环状割伤。照片来源：Jess Jimerson。

整个伤口先用 0.9% 的生理盐水冲洗，去除坏死区域的皮肤和肌肉，并用稀释碘伏溶液清洗。总共有 7 片鳞片被摘除。在身体侧面的伤口敷上少量生理盐水浸润的纱布，再盖上厚厚的干纱布，在不使伤口干燥的情况下清除残留的污染物。用粘性绷带包裹身体，固定纱布位置，防止进一步污染（图 30.4）。接下来的治疗过程中，该动物被放在木制的盒子里，以减少活动，饲喂解冻的冰冻蚂蚁卵（200g/d），并用阿莫西林克拉维酸钾（Clavamox）、美洛昔康、西咪替丁和伊维菌素搭配治疗。

第二天换药时，发现穿山甲腹部肿胀结实，超声检查证实怀孕。然而，两天后，人们发现这只穿山甲的外阴周围有黑色的血液流出，超声波没有检测到幼崽心跳，推断这只穿山甲死产。

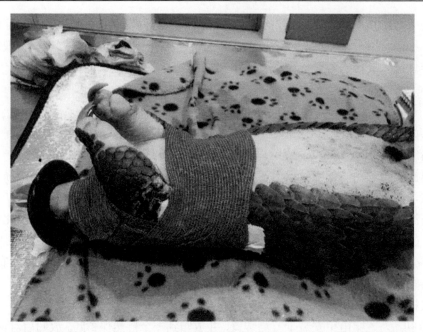

图 30.4　对雌性马来穿山甲（*M. javanica*）进行麻醉手术后的伤口包扎。照片来源：Jess Jimerson。

　　4 天后，对穿山甲麻醉后进行了两次换药和伤口清理，由于存在脓性分泌物对伤口进行了深入清洗，这只个体通过补水，情况良好，食物摄入量也增加到每天 250g。而在随后几天的进一步检查中，发现其右后肢脚垫有 0.2～0.3cm 长的溃疡伤口。用洗必泰和 0.9%生理盐水冲洗，并加涂磺胺嘧啶（SSD）银乳膏。

　　几天后穿山甲体重增加到 4.5kg，胸部伤口愈合良好。接下来的一周内，要对动物进行麻醉以更换胸部伤口上的绷带，反复清洁脚垫溃疡并用磺胺嘧啶（SSD）银乳膏治疗。截至 2018 年 10 月底，该动物体重增加至 4.7kg，伤口全部愈合。随后的 72h 内，通过将穿山甲转移到更大的隔离区，解决了限制动物移动导致通风不良引起的轻微呼吸问题。到了 11 月初，该个体被放归野外。

总　　结

　　穿山甲经常在非洲和亚洲分布区被捕获。自 21 世纪初以来，在南非和越南的穿山甲救护、康复和放归工作中积累了很多经验，对救护的动物来说，根据它们的健康状况，有机会进行康复和放归野外，特别是非洲穿山甲的康复和放归，是一个相对较新的课题，几乎没有相关的记录。因此，救护和放归期间收集的观察数据为进一步了解这些物种提供了新的重要数据。将穿山甲放归自然仍面临挑战。在越南，考虑到成功救护和准备放归的穿山甲数量，应在放归前确定当地穿山甲种群的状况，并监测放归后的动物数量。穿山甲的救护、康复和放归，为拯救其生命和保护穿山甲作出了重要贡献。成功的关键是相关部门的工作配合，包括政府机构（如执法机构）、救护中心和兽医医院，这使被救护的穿山甲能及时得到所需的治疗，并有更大的生存概率。

参 考 文 献

Beck, A., 2008. Electric Fence Induced Mortality in South Africa. M.Sc. Thesis, University of the Witwatersrand, Johannesburg, South Africa.

Challender, D., Waterman, C., 2017. Implementation of CITES Decisions 17.239 b) and 17.240 on Pangolins (*Manis* spp.), CITES SC69 Doc. 57 Annex. Available From ＜https://cites.org/sites/default/files/ eng/com/ sc/69/E-SC69-57-A.pdf＞. [February 2,

2018].

Heinrich, S., Wittmann, T.A., Ross, J.V., Shepherd, C.R., Challender, D.W.S., Cassey, P., 2017. The Global Trafficking of Pangolins: A Comprehensive Summary of Seizures and Trafficking Routes From 2010-2015. TRAFFIC, Southeast Asia Regional Office, Petaling Jaya, Selangor, Malaysia.

IUCN SSC (IUCN Species Survival Commission), 2013. Guidelines for Reintroductions and Other Conservation Translocations. Version 1.0. Gland. IUCN Species Survival Commission, Switzerland.

Nguyen, T.V.A., 2009. ENV wildlife crime unit's efforts to combat illegal wildlife trade in Vietnam. In: Pantel, S., Chin, S.-Y. (Eds.), Proceedings of the Workshop on Trade and Conservation of Pangolins Native to South and Southeast Asia, 30 June-2 July 2008, Singapore Zoo, Singapore. TRAFFIC Southeast Asia, Petaling Jaya, Selangor, Malaysia, pp. 169-171.

Pietersen, D.W., McKechnie, A.E., Jansen, R., 2014. A review of the anthropogenic threats faced by Temminck's ground pangolin, *Smutsia temminckii* in southern Africa. South Afr. J. Wildlife Res. 44 (2), 167-178.

Pietersen, D.W., Jansen, R., Swart, J., Kotze, A., 2016. A conservation assessment of *Smutsia temminckii*. In: Child, M.F., Roxburgh, L., Do Linh San, E., Raimondo, D., Davies-Mostert, H.T. (Eds.), The Red List of Mammals of South Africa, Swaziland and Lesotho. South African National Biodiversity Institute and Endangered Wildlife Trust, South Africa.

Richer, R.A., Coulson, I.M., Heath, M.E., 1997. Foraging behavior and ecology of the Cape pangolin (*Manis temminckii*) in north-western Zimbabwe. Afr. J. Ecol. 35 (4), 361-369.

Willcox, D., Nash, H., Trageser, S., Kim, H.J., Hywood, L., Connelly, E., et al., 2019. Evaluating methods for detecting and monitoring pangolin (Pholidota: Manidae) populations. Glob. Ecol. Conserv. 17, e00539.

第31章　动物园参与穿山甲保护：贡献、机遇、挑战与未来

克里·帕克[1, 2]，索尼娅·卢斯[2, 3, 4]

1. 拯救穿山甲野生动物保护网，美国加利福尼亚旧金山
2. 摄政公园伦敦动物学会，世界自然保护联盟物种生存委员会穿山甲专家组，英国伦敦
3. 新加坡野生动物保护组织保护研究与兽医服务部，新加坡
4. 世界自然保护联盟物种生存委员会自然保育规划专责小组，美国明尼苏达州苹果谷

引　言

　　野生动物爱好者们不时会问，在动物园可以看到穿山甲吗？他们想看到穿山甲的愿望往往与想帮助它们的愿望交织在一起：我在哪里可以看到穿山甲？我能帮什么忙？有时候答案很简单。例如，到新加坡的游客有机会看到穿山甲，且门票收入将支持新加坡野生动物保护组织（WRS）的本地和国际保护研究项目。其他保育动物园也积极响应公众日益增长的兴趣并乐于提供帮助，不时向世界自然保护联盟物种生存委员会（IUCN SSC）穿山甲专家组（PSG）就"我们如何获得圈养穿山甲，以便为保护它们作出贡献"寻求指导。

　　救护中心热衷向公众展示受关注的穿山甲可以理解。虽出于善意的目的，但想进一步保护穿山甲，有限的种群能够而且应该发挥什么作用，答案还不清楚。本章讨论了动物园如何从保护穿山甲受益，列举了保育动物园做出的杰出例子，探讨了动物园参与穿山甲保护的挑战和风险，并提出了合理的建议。

动物园参与保育工作

　　首先，要明确保育动物园的定义。动物园可以定义为任何展示活体动物供公众观赏的场所（Gray，2017），而保育动物园则是物种保护中心。借用世界动物园协会（WAZA）的定义来说，是指"在拯救野生物种种群的同时，为其提供最高标准的护理和福利，并根据动物行为习性提供特殊的照看"（Barongi et al.，2015）。有证据表明，大部分动物园正努力让所有的日常运营达到这样的标准（Gray，2017），特别是由动物园和水族馆协会（AZA）、欧洲动物园和欧洲水族馆协会（EAZA），以及澳大利亚动物园和水族馆协会（ZAA）提出的标准。理想状况下，参观保育动物园的游客希望遇到的动物都受到良好的照顾，这样他们不仅会在参观中有健康、充满趣味的体验，还能学习如何独自帮助动物并传播积极的影响（Barongi et al.，2015）。

　　总的来说，国际野生动物保护组织有较大的潜力引导人们向保护野生动物的方向积极发展，尤其是通过提高普通人的环保意识和环保素养，为野生动物保护作出贡献。WAZA对国家和地区水生动物保护进行了调查。据报道，WAZA每年在水生动物保护上花费大约3.5亿美元（Gusset and Dick，2011），WAZA和认证机构每年不断增加这个款项（Cress，2018）。对世界上许多地方的人，特别是城市居民来说，动物园提供了一个接触野生动物和体验自然的重要机会。事实上，动物园可能是唯一能接触来自世界各地

的各种动物和物种科普的地方（Grajal et al.，2018）。据估计，每年约有 400 家 WAZA 会员机构接待动物园游客约 7 亿人次（Gusset and Dick，2011）。动物园努力为游客创造一种体验，激发他们对野生动物的保护意愿，并让他们参与保护。最近的研究表明，动物园保护宣传教育可以支持更多的人参与生物多样性的保护，尤其是当他们授权游客开展近距离接触动物活动时（Grajal et al.，2018）。

　　人工环境下进行的迁地保护，如动物园的迁地保护，与原栖息地保护物种相结合，可以为物种保护作出重要贡献。《世界自然保护联盟物种迁地保护管理使用指南》（以下简称 IUCN 迁地指南）概述了迁地管理活动对物种保护有益的方面。通过保护研究、保护培训或保护教育活动，迁地管理活动有可能解决对物种构成主要威胁的因素。它们可以抵消一定的潜在危险，如通过迁地保护或建立人工种群应对环境变化带来的威胁及幼体高死亡率的问题，以及通过重新引入新种群来支持种群恢复（IUCN SSC，2014）。

如何引导动物园参与保护穿山甲

　　如何为穿山甲发掘这些机会？与动物园不同的是，保护组织如 Tikki Hywood 基金会、津巴布韦和拯救越南野生动物组织（SVW），通过几十年的经验积累，制定了救护、恢复和放归方案。同时，保育动物园是多方机构，有能力主办和发起迁地保护活动，包括救护和康复，并在就地和迁地保护穿山甲方面发挥有效的领导作用。这里重点介绍以下几个例子。

　　中国台湾台北动物园（Taipei Zoo）和新加坡野生动物保护组织（Wildlife Reserves Singapore，WRS）对数百只中华穿山甲和马来穿山甲实施了救护和放归计划，这些动物是十多年来从非法贸易和交通事故中救护出来的。两家动物保护组织都细心照料着不适合放归的穿山甲，并为公众提供教育展览及开展穿山甲饲养管理、圈养繁殖等项目研究。他们开展了大量的就地和迁地保护的研究工作，从血液生化参数（Khatri-Chhetri et al.，2017）和妊娠期（Chin et al.，2011）的确定，到利用无线电跟踪技术对救护放归后的穿山甲进行野外监测等研究。他们赞助并进行了一系列原生态和非原生态的调查研究。

　　2004 年，中国台湾台北动物园与 IUCN 的保护规划专家组（CPSG）[该小组的前身是保护繁殖专家小组（CBSG）] 合作，为中华穿山甲在中国台湾举办了第一次种群和栖息地生存力评估（PHVA）研讨会，开展了第一个穿山甲保护行动计划（Chao et al.，2005）。2017 年，中国台湾台北动物园举办了一次后续研讨会，审查进展情况并制定新的保护方案（见第 36 章）。同时，新加坡野生动物保护组织（WRS）在赞助、组织和主办穿山甲专家面对面交流合作会方面发挥了重要作用。其中包括 2008 年首次由交通部门领导举办的穿山甲贸易与保护研讨会、2013 年第一次国际穿山甲专家组（PSG）会议及 2017 年新加坡和区域马来穿山甲保护规划研讨会（见第 33 章）。

　　南非国家动物园（NZG）就南非地穿山甲保护开展了广泛的教育和科学意识活动。南非国家动物园（NZG）的科学家成功测序了所有 4 种非洲穿山甲的线粒体全基因组，为该物种的政策和管理决策制定提供信息。还为南非警察局提供了指定的取证服务。资助并组织了非洲自然资源保护委员会的建设项目，如为赞比亚国家公园提供野生动物分子生物学技术培训，并对非洲穿山甲进行地理分布知识培训。新西兰政府并不计划圈养穿山甲，而是与一家经过批准的救护中心密切合作开展穿山甲的救助（A. Kotze，个人评论）。

　　在穿山甲自然栖息地范围以外的保育动物园，尽管没有举办现场展览，但仍支持物种保护。包括英国伦敦动物学会（ZSL）、澳大利亚塔龙加动物园和美国休斯敦动物园。自 2012 年穿山甲专家组（PSG）改革以来，英国伦敦动物学会（ZSL）一直担任专家组的东道主，提供财政资助，支持专家组的兼职项目官员，并主办专家组的网站，以及在喀麦隆、中国、尼泊尔、菲律宾和泰国开展穿山甲保护项目。2016 年，澳大利亚塔龙加动物园发起了一项传统物种活动，致力于保护包括马来穿山甲在内的 10 种重要物种。这包括向拯救越南野生动物组织（SVW）提供建议，提高康复穿山甲的动物福利，支持制定穿山甲放归前疾病风险评估的工作（Taronga Zoo，2019）。自 2007 年以来，休斯敦动物园一直为拯救越南野生动组织（SVW）提供资金和技术支持，并为马来西亚沙巴州的生态研究和建设工作提供支持（P. Riger，个人评论）。

增加动物园参与穿山甲保护的机会

保育动物园已经在保护穿山甲方面发挥了领导作用，但还有更多的可能性。如果将国际动物园网络组织起来，开展集体投资，可以成为物种恢复的强大力量。金狮绢毛猴（*Leontopithecus rosalia*）、大熊猫（*Ailuropoda melanoleuca*）和袋獾（*Sarcophilus harrisii*）的国际保护项目就是成功的案例。不同利益方成立的国际联盟共同努力，可以确保取得较好的保护成果，保护物种免于灭绝。

金狮绢毛猴保护单位开创了合作保护的先河，从 1972 年救护金狮绢毛猴的会议开始，包括现状审查和制定集体保护建议，圈养管理和研究计划（Rylands et al.，2002）。在突破圈养繁殖失败的因素后，数十家动物园合作培育了数百只金狮绢毛猴，确保圈养种群的遗传多样性。野生金狮绢毛猴种群的数量，曾经少于 200 只，通过重新引入有所增加，到 2018 年，大约有 3200 只个体。为全球 150 家动物园的 500 只金狮绢毛猴提供了保护协议，这对易受疾病（如黄热病）影响的金狮绢毛猴至关重要。国际保育动物园网络的持续投资对于支持巴西的金狮面狨协会（Associação Mico-Leão-Dourado，AMLD）连接和保护金狮绢毛猴的森林栖息地，使其免受疾病暴发、森林砍伐和非法贸易的威胁仍然至关重要（Mickelburg and Ballou，2013；Perez，2018）。

中国的大熊猫保护计划为另一个重要的榜样。中国动物园协会（CAZG）1998 年发起了一项针对大熊猫的生物医学调查，解决大熊猫长期以来繁殖力低下的问题。受哥伦比亚广播公司研讨会对猎豹（*Acinonyx jubatus*；Wildt et al.，2006）、苏门答腊虎（*Panthera tigris* sumatrae；Tilson et al.，2001）和华南虎（*P. t.* amoyensis；Traylor-Holzer et al.，2010）开创性生物医学调查的启发，一个由 7 个机构的专家组成的跨学科国际小组，在兽医学、生殖生理学、内分泌学、动物行为学、遗传学、营养学和病理学方面，对 61 只大熊猫进行了评估，以期发现大熊猫的健康和繁殖障碍。调查发现了一些重要的新信息，这些信息对改善大熊猫饲养有直接影响并成倍增长了物种生物学知识（Wildt et al.，2006）。随着时间推移，在中国国家科学技术委员会的领导下，专家组织将全球圈养大熊猫种群转变为一个健康可持续发展的种群，既可以作为防止野生大熊猫灾难性减少的保险种群，也可以作为重引入或种群扩大的来源（Traylor-Holzer and Ballou，2016）。到 2018 年，全球 93 家机构中的 548 只个体都是迁地保护的成果，它们的年龄和性别结构都很平衡（K. Traylor-Holzer，个人评论）。国际动物园投资有助于改善野生动物的数量，据估计，到 2015 年，野生动物数量在 10 年内增加了 17%，同时也有助于将大熊猫保护区系统扩大到 67 个保护区（Parker，2005；Traylor Holzer and Ballou，2016）。

基于这些经验，动物保护组织的努力合作为袋獾带来了希望。袋獾曾面临灭绝的危险，原因是一种被称为袋獾面部肿瘤疾病（DFTD）的快速传播。从 2003 年开始，政府定期与世界自然保护联盟的保护规划专家组（CPSG）合作组织研讨会，将实地考察人员、生态学家、疾病专家、非政府组织、当地动物园、文化宣传组织和政策制定者聚集在一起，共同规划了多方面的保护行动。从对袋獾面部肿瘤疾病（DFTD）的理解和管理上的突破，到将圈养种群保护计划改造为一个渐进的、适应性管理计划，该计划积极促进野生物种恢复。目的不仅是确保物种免于灭绝，而且最终提供全面的生态保护恢复种群。截至 2014 年，该计划包括了大约 500 只个体，其中约 75% 的个体被圈养在动物园和其他圈养场所中，20% 被放归到自然保护区中，5% 被放归到受保护的岛屿上。从一开始，包括动物园在内的动物保护组织人员的加入，以及保护规划专家组（CPSG）定期开展的研讨会，都使动物园获得了巨大和持续的投资（Lees et al.，2013）。

动物园参与穿山甲保护的挑战和风险

　　鉴于动物园对野生动物保护作出的贡献，不难理解国际动物园保护组织为什么要积极开展穿山甲的迁地保护。然而，各种因素阻碍迁地保护。动物园的游客可能会失望地发现，动物园里的穿山甲展品很少，尤其是在穿山甲的自然栖息地之外。因为从历史上看，被圈养的穿山甲存活率一直很低，尽管近年来在穿山甲的饲养方面取得了进展，但保障穿山甲的长期圈养存活仍然是一项挑战（见第 28 章）。圈养繁殖的成功案例罕见，而且繁殖成功的案例大多是当地穿山甲品种。由于存在这些风险因素，新加坡野生动物保护组织（WRS）和中国台湾台北动物园只对那些在救护和康复后被认为无法放归的动物进行圈养繁殖，尽管这可能会降低圈养动物的存活率和繁殖成功率。

　　更为复杂的是对动物园圈养动物的社会舆论压力。公众舆论认为，圈养野生动物的行为存在道德争论（Grajal et al., 2018）。一般认为动物园在动物保护和商业活动之间存在利益矛盾（McGowan et al., 2016）。全面开展动物保护的成功案例可能会被媒体的商业利益言论取代（Maynard, 2018）。在全球约 16 000 家动物园和水族馆中，只有约 400 家是世界动物园协会（WAZA）的成员（Cress, 2018），只有不到 1000 家获得了动物园和水族馆协会（AZA）、欧洲动物园和欧洲水族馆协会（EAZA）和澳大利亚动物园和水族馆协会的认证（AZA, 2018；EAZA, 2018；ZAA, 2018）。世界动物园和世界水族馆协会（WAZA）不是一个认证机构，但它制定了开展动物保育的规程，并要求成员遵守道德和动物福利准则（Barongi et al., 2015；Cress, 2018；WAZA, 2003）。到 2023 年，世界动物园和世界水族馆协会（WAZA）将要求其所有机构成员都获得地区动物园和水族馆协会的认证（Cress, 2018）。

　　有关动物园的某些社会舆论并非没有根据，突显了动物园坚持最好的动物护理和福利标准的重要性。而且，重要的是并非所有濒危物种都能从迁地保护中获益（IUCN SSC, 2014；McGowan et al., 2016）。Snyder 等（1996）强调了应加强对圈养繁殖计划的重视程度。通过增大投入力度、开展人工驯化，以及优化饲养管理技术，加强培育不适宜放归野外的野生个体或者引入到人工圈养种群中的个体，提高种群引入后人工圈养的成功率。此外，野生动物迁徙到栖息地之外的生境中，会引起种群的疾病暴发，为种群的扩大和生存带来风险。虽然会面临一定威胁，但保护计划有时还会选择在彻底排查风险和利益之前开始圈养繁殖。Bowkett（2009）警告说，如果不总结过去在物种保护中采用圈养繁殖的经验教训，就有可能导致种群扩大计划失败，并最终导致物种灭绝。

　　为种群保护寻找合适的穿山甲尤其困难。穿山甲野外资源被广泛剥夺，以至于即使开展保护工作的动物园也可能在无意中对其造成过度开发。动物园开展穿山甲的救护和康复工作计划，是动物园面对野生动物贩运者走私物种的公开挑战（Cress, 2018；WAZA, 2014）。最糟糕的是，不法分子可能伪装成动物园工作者，通过法律开发野生动物资源（Beastall and Shepherd, 2013；Nijman and Shepherd, 2009；WAZA, 2014），类似于商业野生动物养殖实体的模式（Brooks et al., 2010；Bulte and Damania, 2005）。《世界动物园协会道德和动物福利准则》规定，在一定条件下可以从野外获取动物（WAZA, 2003）。然而，在反对动物园圈养动物的争论中，人们不相信动物园是真正意义上的保护动物（Barongi, 2018），动物园可能私下收购动物以扩大圈养种群，这样的做法也让其他一些开展动物保护的工作者产生质疑。

　　当迁地保护计划和物种管理计划制定不全面时，物种保护规划可能出现分歧，并加剧合作关系破裂（Traylor-Holzer et al., 2018）。迁地种群结构可能不适合恢复物种，反之，迁地保护对濒危物种可能没有明显的积极作用。Ashe（2018）描述了生境调查者对保护性繁殖工作的偏见，这可能导致动物园失去迁地保护的机会，无法拯救即将灭绝的动物，如小头鼠海豚（*Phocoena sinus*）和加利福尼亚湾石首鱼（*Totoaba macdonaldi*），它们也会成为偷猎和贩卖者的目标。这种偏见可能会加剧原生态保护工作者与迁地工作者之间的紧张关系。最终，造成物种数量减少甚至灭绝。

　　在保护区内部冲突中，各利益相关者在目标上发生冲突，可能被视为以牺牲彼此利益为代价

（Madden and McQuinn，2014；Redpath et al.，2013）。Redpath（2013）提醒应防止此类分歧演变成破坏性冲突，应减少因此所带来的损失。

在穿山甲不同种群的保护工作中，一些动物保护组织者围绕穿山甲圈养种群对其保护发挥的作用展开争论，引发争端，在 2016 年后变得明显起来。当时，美国的一个动物园团体——通常被称为穿山甲联盟（Pangolin Consortium）（Pangolin Consortium，2019）——从多哥进口野生的白腹长尾穿山甲（*Phataginus tricuspis*），用于研究和圈养繁殖。这些动物园的行为招致了一些社会环保组织和当地穿山甲专家公开批评（Cassidy，2017；Hywood，2018；Pepper，2017）。对于穿山甲保护来说，圈舍管理需要大量的时间和资源。穿山甲联盟随后承诺停止进口穿山甲（Hywood，2018）。穿山甲联盟已经启动了一项保护倡议，并正在追溯适用《世界自然保护联盟迁地指南》，如召开迁地保护研讨会为饲养管理需要的大量资金投入和资源进行申报，以期为穿山甲营造最适宜的生存和保护环境（Pangolin Consortium，2019）。

为了克服这些挑战，保育动物园和保护动物资源的动物园，可能会意识到潜在的争议，因而可能不愿意参与穿山甲保护，而且可能导致动物园和政府聘请的穿山甲专家被卷入这场争端。

展　望

保育动物园在保护穿山甲方面发挥了引领作用，保育动物园体系与动物保护组织有效合作的情况下，为物种恢复作出了贡献，这一点毋庸置疑。为了确保积极开展穿山甲就地保护和迁地保护工作，最重要的是，所有重要利益相关方都应通过决策过程共同制定穿山甲的迁地保护计划。鉴于历史上圈养穿山甲存活率较低，圈养繁殖计划考虑不周，采购穿山甲的敏感性，以及一些穿山甲保护组织持不同意见的情况，圈养种群在穿山甲保护中应发挥的作用、透明度，以及与所有重要保护组织的合作对迁地管理和就地保护的协同作用至关重要。

Byers（2013）和 Traylor-Holzer（2018）描述了一种物种保护的综合计划，其物种管理计划由所有负责方共同制定，为物种制定一个单一、全面的计划，最终目标是支持其在野外的保护。该"计划"结合了《世界自然保护联盟迁地指南》的迁地指导方针，规定了 5 个步骤的决策过程，以考虑迁地保护的成功率，并确保迁地保护设备完善，并且不破坏野外保护（Byers et al.，2013；IUCN SSC，2014；Traylor-Holzer et al.，2018）。这一系统、科学、全面的评估过程涉及所有就地保护和迁地保护的物种，使自然保护区能够了解物种迁地保护的潜在风险、成本、优势和可行性。经过系统评估，这 5 个步骤包括：①物种状态评估，包括生存威胁分析；②确定迁地保护在物种整体保护中可能发挥的潜在作用；③确定完成保护任务所需的迁地种群特征；④确定资源及当地保护管理所需的专业知识，以履行其职责并评估其可行性和所涉及的风险。只有在这一评估完成之后，才作出知情和透明的决定，即第五步。将迁地保护纳入物种保护战略的决定中，应权衡拟议迁地保护成功的可能性、总体成本和风险及替代性保护行动（IUCN SSC，2014）。

《世界自然保护联盟迁地指南》可适用于现有圈养种群（IUCN SSC，2014）。也适用于已迁地保护的穿山甲种群，包括对物种初始状态的审查。然而，理想的过程是在获取穿山甲用于动物学研究目的之前主动应用 5 步决策过程，紧急获取情况除外（如救护穿山甲的收容）。遵循 5 步决策方针，以确保迁地保护适合的保护目标。在采取高风险行动（如出于动物学目的将穿山甲从野外救护）之前，达成集体协议至关重要。通过"一个计划"的方式与所有参与救护的单位进行合作，将最大限度地减少围绕圈养种群在保护中的作用而产生分歧的风险。跳过这些步骤的动物机构，可能会让人觉得他们单方面采取行动是为了满足个人或机构的议程，而不是真正出于保护动物的目的。

建议面对面的参与，如通过一个多方组织的研讨会共同决议。虽然亲自召集国际利益相关单位的成本似乎高得令人望而却步，但由于面对面的接触有助于相互合作和发展，因此其收益大于最初的投资，即使参与者有不同的动机,面对面的交谈也能取得多方满意的商议结果(Drolet and Morris,2000;Emerson et al.,2009)。使研讨会取得积极成果的机会最优化,特别是减少争端的情况下,包括中立的第三方,第三方负责指导参与者进行有组织的参与性协商过程(Madden and McQuinn,2014;Redpath et al.,2013)。在包括动物园在内的各类野生动物保护组织和中立的第三方领导推动下,共同遵循结构化、协商化的规划,努力实现共同目标时,物种保护便克服了冲突,集体制定计划,并形成合作伙伴关系,其成果将超过最初的目标和期望(CBSG,2017)。专家小组已开始与保护研究小组及其他保护组织合作,为 8 种穿山甲制定保护方案,最终目标是形成一套全球统一的穿山甲保护方案。这个过程包括定期举行保护规划研讨会(见第 33 章)。到目前为止,已经举办了 4 次研讨会:马来穿山甲东南亚区域研讨会(IUCN SSC Pangolin Specialist Group et al.,2018);新加坡马来穿山甲全国研讨会(Lee et al.,2018);菲律宾穿山甲国家讲习班(IUCN SSC Pangolin Specialist Group,2018);在中国台湾为中华穿山甲举办的种群和栖息地生存力评估(PHVA)研讨会,该研讨会回顾了自 2004 年生存力评估研讨会以来取得的进展(参见第 36 章)。确定了一系列干预措施,诸如打击贩运、建立有效执法体系及与当地社区合作等事项(见第 33 章和第 36 章;Lee et al.,2018)。但尚未对救护穿山甲在保护中应发挥何种作用达成共识(IUCN SSC Pangolin Specialist Group,2018)。因此,2019 年在泰国举办了一个迁地保护需求评估研讨会,对就地保护和迁地保护的马来穿山甲进行协商,共同进行《世界自然保护联盟迁地指南》的 5 步决策过程,并为其他穿山甲物种的类似评估奠定了基础。

同样,穿山甲未来的保护规划工作应包括通过《世界自然保护联盟迁地指南》评估的迁地保护。为了工作的可持续性,并为就地保护和迁地管理的保护单位所接受,双方都应在"一个计划"的框架内参与这一进程,并承诺遵循《世界自然保护联盟现场外准则》的步骤。5 步决策过程的应用可能最终不会同意穿山甲的圈养繁殖、展览、畜牧业研究或其他迁地保护活动的建议。但为马来穿山甲制定的区域保护战略建议成立一个穿山甲专家组(PSG),以审议圈养穿山甲的问题(IUCN SSC PSG,2018)。该工作组发起了一项合乎逻辑的行动项目,评估开发一套集中可行的全球研究报告或类似的组织系统,以便保护和管理圈养的穿山甲。

由于认识到之前存在的问题,穿山甲保护组织将沟通协调措施纳入保护规划过程,可以减少开展保护穿山甲的动物园和其他动物保护组织之间的矛盾。保护规划专家组(CPSG)召开的研讨会,旨在提供一个开放沟通的环境,以揭露和解决潜在的冲突,支持参与者引导该过程(CBSG,2017)。开展工作之前每个保护组织进行的适当规划,对穿山甲保护工作的持续性至关重要。保护冲突转化(CCT)的原则和技术可用于支持研讨会规划者创建协作环境的条件和设计参与过程(Madden and McQuinn,2014)。为建设中心提供资源和技术指导,帮助培养研讨会参与者和穿山甲保护从业人员以增强其救护技能(CCPB,2018)。

虽然保护穿山甲的策略还在制定中,但保育动物园可以通过多种方式开展穿山甲保护工作,并为其保护作出贡献。伦敦动物学会、休斯敦动物园和塔龙加动物园提供了极好的方案,说明了保育动物园如何在不圈养穿山甲的情况下,对穿山甲的保护产生实质性影响。穿山甲的保护工作需要持续投资,且有很多机遇来支持野外保护。这不仅为当地保护工作提供了急需的资金,而且可以为当地保护区建立桥梁,加强合作。动物园也有助于提高人们对穿山甲面临威胁的认识,如参加世界穿山甲日活动(见第 21 章)。此外,Grajal(2018)为制定教育策略提供了建议,鼓励采取环保行为。ZACC(动物园和水族馆保护组织)(2018 年)建议动物园采取行动打击野生动物贩运。世界动物园和世界水族馆协会的保护战略概述了动物园运营中的最佳做法,为如何开展保护工作提供了指导,包括改进保护工作的建议(Barongi et al.,2015)。

最后,保育动物园、政府、其他决策者和捐助者可以采取关键行动来支持制定穿山甲综合保护策略。一旦制定了保护策略,保育动物园将有机会支持和参与实施。在"一个计划"方法框架内,所有参与单位商议的结果可以为动物园积极参与穿山甲保护提供指导。

致　谢

感谢大卫·维尔特（David Wildt）教授（史密森保护生物学研究所）、卢安·迪兹（Lou Ann Dietz）和詹姆斯·迪兹（James Dietz）教授（拯救金狮绢毛猴）对我们项目早期阶段的建议和鼓励。感谢皮特·里奇（Peter Riger）教授（休斯敦动物园）、安托瓦内特·科茨（Antoinette Kotze）教授［南非国家生物多样性研究所（SANBI）］、利内·维克（Leanne Wicker）教授（维多利亚动物园）、丹·查兰德（Dan Challender）教授（IUCN SSC 穿山甲专家组）、保罗·汤姆森（Paul Thomson）（拯救穿山甲）、弗洛拉·罗依萱（Flora Hsuan Yi Lo）和詹森·秦乾施（Jason Shih-Chien Chin）教授（中国台湾台北动物园）慷慨地分享信息。感谢凯西·特雷勒-霍尔泽（Kathy Traylor-Holzer）博士（保护规划专家组）提供了实质性和有效的审查与反馈。

参 考 文 献

Ashe, D., 2018. The Immeasurable Distance Between Late and Too Late: Learning From the Ex Situ Attempt for the Vaquita. IUCN SSC Quarterly Report, June 2018, pp. 24-25. Available from: <https://www.iucn.org/sites/dev/files/media-uploads/2018/09/iucn-ssc-quarterly-report-jun2018-web.pdf>. [October 28, 2018].

AZA (Association of Zoos and Aquariums), 2018. Currently Accredited Zoos and Aquariums. Available from: <https://www.aza.org/current-accreditation-list>. [September 21, 2018].

Barongi, R., 2018. Committing to conservation: can zoos and aquariums deliver on their promise? In: Minteer, B.A., Maienschein, J., Collins, J.P. (Eds.), The Ark and Beyond: The Evolution of Zoo and Aquarium Conservation. University of Chicago Press, Chicago and London, pp. 108-121.

Barongi, R., Fisken, F.A., Parker, M., Gusset, M. (Eds.), 2015. Committing to Conservation: The World Zoo and Aquarium Conservation Strategy. WAZA Executive Office, Gland.

Beastall, C., Shepherd, C., 2013. Trade in 'captive bred' echidnas. TRAFFIC Bull. 25 (1), 16-17.

Bowkett, A., 2009. Recent captive-breeding proposals and the return of the ark concept to global species conservation. Conserv. Biol. 23 (3), 773-776.

Brooks, E.G., Roberton, S.I., Bell, D.J., 2010. The conservation impact of commercial wildlife farming of porcupines in Vietnam. Biol. Conserv. 143 (11), 2808-2814.

Bulte, E.H., Damania, R., 2005. An economic assessment of wildlife farming and conservation. Conserv. Biol. 19 (4), 1222-1233.

Byers, O., Lees, C., Wilcken, J., Schwitzer, C., 2013. The one plan approach: the philosophy and implementation of CBSGs approach to integrated species conservation planning. WAZA Mag. 14, 2-5.

Cassidy, R., 2017. Pangolin Conservation Won't Be Achieved in American Zoos. Pittsburgh Post-Gazette. Available from: <https://www.post-gazette.com/opin ion/letters/2017/06/01/Pangolin-conservation-won-t-be-achieved-in-American-zoos/stories/201706010017>. [September 21, 2018].

CBSG (Conservation Breeding Specialist Group), 2017.　Second Nature: Changing the Future of Endangered Species. IUCN SSC Conservation Breeding Specialist Group, St. Paul, Minnesota.

CCPB (Center for Conservation Peace Building), 2018. Center for Conservation Peace Building. Available from: <https://cpeace.ngo/>. [September 21, 2018].

Chao, J.-T., Tsao, E.H., Traylor-Holzer, K., Reed, D., Leus, K. (Eds.), 2005. Formosan Pangolin Population and Habitat Viability Assessment: Final Report. IUCN SSC Conservation Breeding Specialist Group, Apple Valley, Minnesota.

Chin, S.-C., Lien, C.-Y., Chan, Y.-T., Chen, C.-L., Yang, Y.-C., Yeh, L.-S., 2011. Monitoring the gestation period of rescued

Formosan pangolin (*Manis pentadactyla pentadactyla*) with progesterone immunoassay. Zoo Biol. 31 (4), 479-489.

Cress, D., 2018. Keynote Speaker. Zoos and Aquariums Committing to Conservation Conference, 26 January, Jacksonville, Florida.

Drolet, A.L., Morris, M.W., 2000. Rapport in conflict resolution: accounting for how face-to-face contact fosters mutual cooperation in mixed-motive conflicts. J. Exp. Soc. Psychol. 36 (1), 26-50.

EAZA (European Association of Zoos and Aquariums), 2018. Accreditation. Available from: < https://www.eaza. net/members/accreditation/>. [September 21, 2018].

Emerson, K., Orr, P.J., Keyes, D.L., McKnight, K.M., 2009. Environmental conflict resolution: evaluating performance outcomes and contributing factors. Conflict Resolution Quart. 27 (1), 27-64.

Grajal, A., Luebke, J.F., Kelly, L.A.D., 2018. Why zoos have animals: exploring the complex pathyway from experiencing animals to pro-environmental behaviors. In: Minteer, B.A., Maienschein, J., Collins, J.P. (Eds.), The Ark and Beyond: The Evolution of Zoo and Aquarium Conservation. University of Chicago Press, Chicago and London, pp. 192-203.

Gray, J., 2017. Zoo Ethics: The Challenges of Compassionate Conservation. CSIRO Publishing, Ithaca and London.

Gusset, M., Dick, G., 2011. The global reach of zoos and aquariums in visitor numbers and conservation expenditures. Zoo Biol. 30 (5), 566-569.

Hywood, L., 2018. Response to Mongabay pangolin article. Available from: <https://news.mongabay.com/2018/01/u-s-zoos-learn-how-to-keep-captive-pangolins-alivehelping-wild-ones/>. [September 21, 2018].

IUCN SSC (IUCN Species Survival Commission), 2014. Guidelines on the Use of Ex Situ Management for Species Conservation. Version 2.0. IUCN Species Survival Commission, Gland, Switzerland.

IUCN SSC Pangolin Specialist Group, 2018. Scaling up Palawan Pangolin Conservation - Developing the First National Conservation Strategy for the Species. Available from: <https://www.pangolinsg.org/2018/04/23/scalingup-palawan-pangolin-conservation-developing-the-firstnational-conservation-strategy-for-the-species/>. [September 21, 2018].

IUCN SSC Pangolin Specialist Group, IUCN SSC Asian Species Action Partnership, Wildlife Reserves Singapore, IUCN SSC Conservation Planning Specialist Group, 2018. Regional Sunda Pangolin (*Manis javanica*) Conservation Strategy 2018-2028. IUCN SSC Pangolin Specialist Group, Zoological Society of London, London, UK.

Khatri-Chhetri, R., Chang, T.-C., Khatri-Chhetri, N., Huang, Y.L., Pei, K.J.C., Wu, H.Y., 2017. A retrospective study of pathological findings in endangered Taiwanese pangolins (*Manis pentadactyla pentadactyla*) From Southeastern Taiwan. Taiwan Vet. J. 43 (1), 55-64.

Lee P.B., Chung Y.F., Nash H.C., Lim N.T-L., Chan S.K.L., Luz S., et al., 2018. Sunda Pangolin (*Manis javanica*) National Conservation Strategy and Action Plan: Scaling Up Pangolin Conservation in Singapore. Singapore Pangolin Working Group, Singapore.

Lees, C., Andrews, P., Sharman, A., Byers, O., 2013. Saving the devil; one species, one plan. WAZA Mag. 14, 37-40.

Madden, F., McQuinn, B., 2014. Conservation's blind spot: the case for conflict transformation in wildlife conservation. Biol. Conserv. 178, 97-106.

Maynard, L., 2018. Media framing of zoos and aquaria: from conservation to animal rights. Environ. Commun. 12 (2), 177-190.

McGowan, P.J., Traylor-Holzer, K., Leus, K., 2016. IUCN guidelines for determining when and how ex situ management should be used in species conservation. Conserv. Lett. 10 (3), 361-366.

Mickelburg, J., Ballou, J.D., 2013. The golden lion tamarin conservation programme's one plan approach. WAZA Mag. 14, 2-5.

Nijman, V., Shepherd, C.R., 2009. Wildlife trade from ASEAN to the EU: issues with the trade in captive-bred reptiles from Indonesia. TRAFFIC Europe, Brussels, Belgium.

Pangolin Consortium, 2019. Care and Conservation Through Collaboration: The Pangolin Consortium Story. Available from: < http://zaa.org/members/ membonly/images/pangolin.pdf>. [January 19, 2019].

Parker, K., 2005. State of the Panda Policy 2005: An Overview of the United States Policy on Giant Panda Import Permits and A Review and Analysis of Conservation Projects in China Sponsored by US Zoos. Unpublished Scholarly Paper, University of Maryland, Maryland, United States.

Pepper, E., 2017. Zoos Take a Step Backward in Pangolin Conservation, Scientific American. Available from: < https://blogs.scientificamerican.com/observations/zoostake-a-step-backward-in-pangolin-conservation/>. [September 21, 2018].

Perez, L.P., 2018. Golden Lion Tamarin Conservation Program: history and challenges, the strategic role of zoos. Zoos and Aquariums Committing to Conservation Conference, 24 January, Jacksonville, Florida.

Redpath, S.M., Young, J., Evely, A., Adams, W.M., Sutherland, W.J., Whitehouse, A., et al., 2013. Understanding and managing conservation conflicts. Trends Ecol. Evol. 28 (2), 100-109.

Rylands, A.B., Mallinson, J.J.C., Kleiman, D.G., Coimbra-Filho, A.F., Mittermeier, R.A., Damara, R.A., et al., 2002. A history of lion tamarin research and conservation. In: Kleiman, D.G., Rylands, A.B. (Eds.), Lion Tamarins: Biology and Conservation. Smithsonian Institution Press, Washington D.C. and London, pp. 3-41.

Snyder, N.F., Derrickson, S.R., Beissinger, S.R., Wiley, J.W., Smith, T.B., Toone, W.D., et al., 1996. Limitations of captive breeding in endangered species recovery. Conserv. Biol. 10 (2), 338-348.

Taronga Zoo, 2019. Our Legacy Commitment. Available from: <https://taronga.org.au/conservation-and-science/our-legacy-commitment>. [January 6, 2019].

Tilson, R., Traylor-Holzer, K., Brady, G., Armstrong, D., Byers, O., Nyhus, P., 2001. Training, transferring technology, and linking in situ and ex situ tiger conservation in Indonesia. In: Conway, W., Hutchins, M., Souza, M., Kapetanekos, Y., Paul, E. (Eds.), AZA Field Conservation Resource Guide. Zoo Atlanta, Atlanta, pp. 245-255.

Traylor-Holzer, K., Ballou, J.D., 2016. Is conservation really black and white? WAZA News 16 (1), 2-7.

Traylor-Holzer, K., Xie, Z., Yin, Y., 2010. The struggle to save the last South China tigers. In: Tilson, R., Nyhus, P. (Eds.), Tigers of the World, second ed. Academic Press, London, Burlington, San Diego, pp. 457-461.

Traylor-Holzer, K., Leus, K., Byers, O., 2018. Integrating ex situ management options as part of a one plan approach to species conservation. In: Minteer, B.A., Maienschein, J., Collins, J.P. (Eds.), The Ark and Beyond: The Evolution of Zoo and Aquarium Conservation. University of Chicago Press, Chicago and London, pp. 129-141.

WAZA (World Association of Zoos and Aquariums), 2003. Code of Ethics and Animal Welfare. Available from: < http://www.waza.org/files/webcontent/1.public-site/ 5.conservation/code-of-ethics-and-animal-welfare/Code %20of%20Ethics-EN.pdf>. [September 21, 2018].

WAZA (World Association of Zoos and Aquariums), 2014. Resolution 69.1: Legal, Sustainable and Ethical Sourcing of Animals. Available from: <https://aboutzoos.info/images/stories/files/WAZA-resolution-69-1-animalsourcing. Pdf>. [September 21, 2018].

Wildt, D.E., Zhang, A., Zhang, H., Xie, Z., Janssen, D., Ellis, S., 2006. The giant panda biomedical survey: how it began and the value of people working together across cultures and disciplines. In: Wildt, D.E., Zhang, A., Zhang, H., Janssen, D.L., Ellis, S. (Eds.), Giant Pandas: Biology, Veterinary Medicine, and Management. Cambridge University Press, New York, pp. 17-36.

ZAA (Zoo Aquarium Association), 2018. Membership. Available from: <https://www.zooaquarium.org.au/index.php/ membership/>. [September 21, 2018].

ZACC (Zoos and Aquariums Committing to Conservation), 2018. ZACC Conference 2018. Available from: <https://zaccjax. weebly.com/>. [October 30, 2018].

第32章 评估穿山甲养殖对保护的影响

迈克尔·赛斯-洛尔福斯 [1]，丹尼尔·W.S.查兰德 [2]

1. 牛津大学地理与环境学院和马丁学院，英国牛津
2. 牛津大学动物学系和马丁学院，英国牛津

引　言

人类发展进程上一直有开发利用穿山甲资源的历史（第 14～16 章）。尽管大多数国家立法禁止商业开发该物种，但某些地区仍然存在狩猎或捕捉穿山甲行为（合法和非法）（Ingram et al.，2018），并在国际上大量贩运，主要走私到中国和越南（第 16 章）。随着人们越来越关注穿山甲的开发利用对其种群数量的影响，包括 2008 年前后非洲穿山甲开始洲际贩运到亚洲（Challender and Hywood，2012；Heinrich et al.，2016），2016 年生物多样性缔约方大会（CITES 第 17 次缔约方大会）将所有穿山甲种类列入《濒危野生动植物种国际贸易公约》（CITES）附录Ⅰ。从此，国际商业贸易严禁野生穿山甲及其制品的流通（第 19 章）。

多方面证据表明，非洲和亚洲各国的消费者仍然有对穿山甲的需求，甚至一直在增加（Boakye et al.，2015；Ingram et al.，2018；Shairp et al.，2016）。此外，一些国家政府似乎很看重穿山甲及其物品的利用。穿山甲在非洲和亚洲都被认为是上好的营养美食，并通过合法或非法创收给当地人的生计作出贡献（Boakye et al.，2016；D'Cruze et al.，2018）。

相反，一些野生动物保护者反对穿山甲及其制品的商业贸易和消费使用。这包括一些穿山甲非法贸易严重的地区和 CITES 的非缔约方，他们担心偷猎和贩运活动猖獗，迫切希望禁止对该物种的商业开发。一些保护者担心开展圈养会导致允许穿山甲制品（如鳞片）库存流通的地区或国家，都将允许罚没的非法穿山甲鳞片再次流向野生动物市场。此外，一些发达国家的野生动物保护组织和非政府组织（NGO）坚决反对任何情况下出于任何目的对穿山甲及其制品的消费行为。

经济理论表明，哪里有对商品的需求，哪里就有贸易供应，通常由赚取利润的前景所驱动（Marshall，2009），即便这种行为非法。这种情况下，贩卖者通常在社会制约和相关监管部门的执法下对可能受到的惩罚作出反应（Becker，1968）。因此，只要法律无法完全禁止，非法活动就会继续存在，程度取决于利润超过预期的潜在成本的大小。据观察，非法活动是否持续存在与禁止野生动物产品和其他商品有关，特别是毒品和酒精，但也与常规消费品有关，因为这些产品受到了法规约束，从而刺激了有组织的犯罪（Glenny，2008）。

虽然监管通常用于限制偷猎者及其获得自然资源的机会，但也有局限性（如资源限制、政治限制；Challender and MacMillan，2016），而需求减少和行为改变尚未被证明是有效的保护干预手段（Veríssimo and Wan，2019；第 22 章）。此外，全球范围内，对野生动物产品（包括列入 CITES 的产品）有需求的地方，对许多物种实施的解决方案是人工繁殖或圈养繁殖（Harfoot et al.，2018）。然而对某些物种来说，

这种方法有局限性［如狮（*Panthera leo*）；Williams et al.，2017］，甚至很大程度上对野生种群产生消极影响（如鳄鱼；Hutton and Webb，2003），对于一些其他物种，这种方法也有争议（如熊；Dutton et al.，2011）；显然不能以这样的方式去解决保护问题［如二裂坎棕（*Chamaedorea ernesti-augusti*）；Williams et al.，2014］。此外，商业化的圈养繁殖也引起了其他关注，如遗传效应，尤其是进入野生种群或重新引入的情况（Araki et al.，2007）。

本章讨论了养殖穿山甲对野生穿山甲的保护作用。讨论了未来几十年可能出现的情况。广义而言，这些问题包括：①应用生物技术和其他解决方案来应对当前圈养穿山甲的养殖困难，养殖穿山甲是可能的，并且可以规模化（如在中国）；②在世界范围内禁止销售穿山甲及其产品；③成功改变消费行为，促使消费者偏好的实质性改变。本章其余部分讨论了穿山甲养殖如何与关键变量（即评估养殖对野生动物种群的潜在影响时，需要考虑的因素）相关发展，然后回顾了经济刺激的基本理论和理解对养殖的潜在反应的理论基础。最后，讨论了这一理论的应用与关键因素之间的关系，阐述了穿山甲养殖在未来可能发生的情况及其对野生种群的影响。

穿山甲养殖对野生穿山甲的保护是利还是弊？需要考虑到关键的变量

要确定养殖穿山甲对野生物种保护的利弊，需要考虑各种关键变量与养殖方式的相关性，其中包括以下几个方面。

（1）国内立法促进或抑制农业发展的程度。穿山甲在大多数栖息地都受到国家法律保护。禁止对野生种群的商业开发，但不包括人工繁育种群，在一些国家或地区，圈养繁殖和养殖是一种合法的保护手段（Harris，2009）。然而，这不是根本的解决方法，因为用于商业生产的农业生产可能非法，但圈养繁殖可能不是非法的，会导致一个模糊的真空地带。目前圈养的老虎（如孟加拉虎）就是这种情况。

（2）法律允许或禁止国内贸易的程度。同样，这不是简单的法律规定：贸易可能被允许，但受到严格控制或征税，有助于在一定程度上限制非法贸易。

（3）针对通过养殖对野生产品贸易进行清洗的执法力度和相关能力。法律不仅重要，更重要的是它们的执行程度，从监测到对违法者的有效定罪和惩罚。反过来又取决于它们在多大程度上被社会公众认可，以及有效执行的经济承受能力。

（4）消费者对穿山甲产品的偏好。这可能随时间变化而改变，在数量和质量上都如此，如来自人工养殖和野生穿山甲的产品间的相对偏好可能会随着时间的推移而改变。

（5）储备政策的影响。穿山甲鳞片和其他衍生物品的累计库存及其销售或销毁也可能间接影响农业和野生捕捉的相对经济竞争力。

（6）技术变革的影响。随着时间的推移，新技术可能会改变农业相对于野生捕捉的经济竞争力，如生物技术解决方案。

野生动物捕捉、合法供应和非法交易的理论

解决穿山甲养殖如何帮助或阻碍野生种群保护的问题，已为建立的野生动物救护和养殖理论提供了一些指导。Hotelling（1931）和 Gordon（1954）的开创性研究之后，资源经济学学科发展了理论工具，用于理解自然资源商业开发的影响及其对保护的影响。这项早期工作确定了强制执行的所有权和使用权在管理公共资源开发中的关键作用，Hardin（1968）在其《共同的悲剧》（*Tragedy of the Commons*）一文中向科学家强调了这一问题。正如 Ostrom（1990）和其他人指出的，Hardin 描述了一个不受管制的开放获取问题，而不是公有所有权，并且在集体安排下有许多管理良好的资源管理实例。尽管如此，在考虑野生动物捕捉制度的可持续性时，要了解对相关物种进行管理的具体制度安排至关重要，因为这些制度

对捕获激励有着非常重要的影响（Barrett et al.，2001；'t Sas-Rolfes，2017）。在这种情况下，制度被定义为构成政治、经济和社会互动的人道设计约束（North，1991）。

因此，在分析收获和养殖的相关激励措施时，必须确定不同贩卖者对财产和相关自然资源的出售和使用的合法权利，并了解在所有相关司法管辖区内对野生物种的管理规则。了解穿山甲的这一管理制度环境很重要，因为不同的条件会为不同的贩卖者提供参与保护的激励和参与贸易的抑制措施。各国之间存在的差异也将影响捕捉和贸易动态。一般来说，野生穿山甲在受到保护的国家比将其视为开放资源的国家生存状态更加良好。

Clark（1973，2010）以渔业为重点，进一步发展了资源经济学领域，专门研究在开放获取条件下生物资源的过度开发。这项工作结合了犯罪经济学的见解（Cook，1977；Ehrlich，1973），为非法开发陆生野生动物的动机建模奠定了基础（Milner-Gulland and Leader-Williams，1992）。Clark 为后续工作进行了改进（Barbier and Schulz，1997；Swanson，1994），包括大型陆生物种的栖息地保护和管理。这项工作在重要方面将这些案例与开放获取的渔业区分开来，并提出了将私人监管的可持续合法捕获作为与非法捕获竞争的一种手段。

穿山甲是陆生野生动物，目前尚不清楚野外捕获产生的收益在多大程度上可能会被重新投资于穿山甲的管理和保护，尽管保护穿山甲及其栖息地都有潜在的成本。野生穿山甲获得利益的模型还没有正式的案例来确定可持续捕捉的可行性。这类研究可以提供有用的指标，说明合法野生动物资源开采比非法开采要可行，两者可以与不同环境下的农业经济进行比较。如果这种情况不允许合法野生动物资源开发收益后再投资于保护，那么这种资源开发影响非法贸易的主要机制是前者参与消费者市场的直接竞争。换句话说，销售合法穿山甲产品将会影响非法产品的购买，因为它们可能会提供更好的性价比（即价格）。在消费者看来，这是一种把更好的质量和更低的售价结合在一起的销售方式。

与这种竞争方法一致，合法供应有商业价值的野生动物资源可能对黑市价格施以压力，从而减少非法捕获，这一概念遵循了基本的经济原则，并提供了其他保护方法，如 Bergstrom（1990）所提议的。简单地说，这种方法意味着，将野生动物产品引入市场——无论是合法的收获、库存（合法或非法）还是农业生产——都将有利于特定物种野生种群的保护。然而，解除贸易禁令和促进物种产品合法贸易明显受到制约。Fischer（2004）强调了这一点，他描述了 4 个理论条件，在将以前的濒危物种产品非法贸易合法化时，这些条件可能是黑市发展的因素。这 4 个条件为平行市场的存在、污名效应、洗钱潜力和反补贴非法供应成本效应。

例如，如果人工养殖的穿山甲及其产品未被现有野生穿山甲肉和鳞片（以及相关产品）消费者购买，而是另辟通向全新消费者群体的途径，那么平行市场将存在。如果消费者接受现有的法律禁令，认为穿山甲产品对健康或其他方面没有好处，那么就可以说存在污名效应；这种情况下，解除禁令可能会向消费者发出信号，表明这些产品值得购买。穿山甲产品是否存在污名效应尚未得到证实。洗钱的定义是将非法获得的产品引入合法的供应链和市场，从而改变产品的法律地位，此类产品的非法来源通常对最终用户隐瞒。洗钱被认为是一个普遍的问题，许多非法收获的野生动物产品其实是允许人工养殖的（Hinsley et al.，2017；Hinsley and Roberts，2018）。最后，在允许进行某些合法贸易的情况下，有一种论点认为，这种合法市场的存在使走私和非法消费买卖（除了可能的洗钱）成为可能，从而使执法复杂化。因此有效降低了非法产品的走私和其他交易成本。

Fischer 的 4 个条件强调了评估贸易政策的优点和设计适当的缓解措施时必须要考虑的问题。此外，考虑养殖产品可以多大程度上取代野生产品的需求时，了解消费者在多大程度上以何种价格选择这两种产品也很重要。消费者可能声称自己更喜欢野生动物而非养殖的动物产品，这种偏好也是由两种产品之间的价格差异和获取方式所决定的。如果这些产品更便宜或更容易获得，许多消费者可能会认为购买的产品比较劣质。对于包括穿山甲在内的陆生野生动物产品替代行为的实际发生程度研究甚少，但对于海鲜产品却进行了一些详细的研究（Brayden et al.，2018）。当养殖产品被认证为普通、合法和可持续，而竞争的野生产品来源不明，可能是假冒或非法的、不可持续的来源时，选择就更复杂了。

就穿山甲而言，全球政策正朝着禁止的方向发展，试图给消费和贸易者打上烙印，惩罚继续在国际上和某些国家内部进行贸易的人。目前还不清楚这些禁令措施将如何影响非法收获的穿山甲产品的市场价格。它们是会下降还是上升，至少在一定程度上取决于消费者对所有穿山甲产品的持续需求。如果消费需求持续增加，价格将持续高涨，增加养殖产品合法供应可能会压低野生收获产品的市场价格。然而，将 Fischer 的分析应用于实际情况，养殖产品可能只会提供一个单独的平行市场。此外，继续存在的合法市场还可能破坏产品、污名化产品，为非法收获的穿山甲产品提供洗钱的机会，并使消费国对国境内产品的执法变得困难。

经济学家的理论研究发现，在其他特定的情况下，野生动物养殖可能受到商业开发的威胁（Bulte and Damania，2005；Mason et al.，2012）；但这些特殊情况突出了制定政策时对行业结构进行更仔细分析的必要性。作为理论经济学家工作的补充，从业人员和科学家对野生动物养殖保护这一主题的兴趣越来越大（Mockrin et al.，2005；Phelps et al.，2014；Tensen，2016）。然而，保护科学家和经济学家之间的理解差距仍然很明显，提供一般性政策决策框架的尝试，往往会使问题过度简化而达不到要求。Cooney 等（2015）强调了野生动物贸易相关问题的高度复杂性和变异性，并强调了检查所有区域和整个贸易链上每个贸易物种具体特征的重要性。

从当前的现状看穿山甲的养殖

无论现在还是将来，穿山甲养殖是会帮助还是阻碍这种野生动物的保护？为了解决这个问题，本节讨论了关键可变因素和理论命题，并根据目前有关穿山甲的知识（基于从相关研究中收集的定量和定性数据）来考虑。这个问题必须在各种不同的、甚至相互冲突的行动背景下加以考虑，即不同的保护者目前追求不同的政策和结果，如在中国和其他国家扩大人工养殖，全面禁止销售穿山甲产品，致力于减少（如果不是消除）消费者需求。

这个问题只能在已知有限的穿山甲养殖的情况进行分析：在亚洲，中国、老挝和越南都有过穿山甲养殖的尝试，在非洲，乌干达的一个养殖场仅开到 2016 年，莫桑比克的另一个养殖场开到 2018 年（Challender et al.，2019）。而重要的是，目前还没有商业圈养繁殖成功任何一种穿山甲。尽管历史上曾尝试过圈养繁殖，但大多数圈养动物在短时间内死亡（如两年）并且育种成功非常有限（见第 28 章；Hua et al.，2015；Yang et al.，2007）。不过，人们认识到，投资穿山甲养殖的目的是确保不久的将来商业养殖取得成功，因此，如果可能的话，必须考虑到养殖的潜在影响。

如前所述，穿山甲在大多数地区是保护物种，国家法律通常禁止该动物的捕捉和贸易（Challender and Waterman，2017），但也有例外，如加蓬，当地的白腹长尾穿山甲和黑腹长尾穿山甲可以在规定的季节内捕获和交易（见第 8 章和第 9 章）。还有中国，允许使用经认证的鳞片和含有鳞片的药品，该认证体系涵盖中药专利（含量表）的生产，认证药品只能通过中国 716 家定点医院销售（China Biodiversity Conservation and Green Development Foundation，2016），中国国家政策鼓励对野生动物进行商业性人工繁育以供应市场（Harris，2009）。

大多数穿山甲产于非洲和亚洲，当地人通常缺乏土地或资源所有权（如某些常见的野味或丛林肉食来源物种和植物资源）。例外情况包括南非的部分地区（如南非共和国）和东非。这种情况在近期不太可能改变。尽管国际上禁止开发穿山甲资源，但执法工作仍受许多因素的影响，包括缺乏人力和技术能力及资源（Bennett，2011；Challender and MacMillan，2016）。此外，尽管少有对捕捉穿山甲经济动机的专项研究，但很明显，这种动物的高经济价值为偷猎和贩运穿山甲提供了强大的动机（见第 16 章），这导致大量的非法捕获、本地使用和消费（Ingram et al.，2018）及贩运（Cheng et al.，2017）。当地居民通常很少参与物种保护管理，野生捕捉的收益很少，甚至没有用于管理和保护物种。

了解养殖的潜在影响，关键是了解穿山甲产品消费者的需求和驱动他们购买的因素。消费者需求至少是偷猎穿山甲（以及尝试养殖穿山甲）的部分推动力。消费者愿意花钱满足需求，穿山甲产品供应商有赚钱的动机，市场才能存在。

消费者可以决定合法还是非法购买产品。某些消费者会关心合法性，不以任何价格购买非法产品。其他人可能不关心合法性，但仍然关心价格。大多数消费者可能会对价格关心，一般来说，消费者对价格较高的产品购买较少，而价格较低的产品购买较多（高端商品除外，但那是特殊情况[①]，因为资源稀缺规律不适用于所有营销）。

消费者可能会关心产品品质，如是否野生或养殖（出于健康原因），货品动物是否受伤，或者其他偏好，且愿意付钱去满足某些特定的要求。这些选项不一定是二选一，也并非固定。举个例子，鲑消费，一些消费者可能只吃野生鲑，不考虑价格；其他人可能只吃人工养殖鲑。如果不受限于供货量，消费者可能愿意吃任意一种，但价格决定选择。人们对穿山甲产品的品位可能也会有所不同，这取决于产品的质量特征和价格。现有研究表明，目前的需求是对野生穿山甲肉的内在偏好（Drury，2009；Shairp et al.，2016）、野生中药产品（Liu et al.，2016）及衍生的野生穿山甲鳞片。不同种类的穿山甲鳞片似乎都可以相互替代，然而，关于消费者偏好或中医从业者对替代鳞片的研究较少（Challender et al.，2019）。在主要消费市场，穿山甲肉的替代品也是如此。

价格至少有一部分是由生产和供应成本决定的。没有人能够持续以低于购买成本的价格出售产品，因此供应成本支撑价格。决定穿山甲供应成本的因素有哪些？非法供应的情况下，除了罚款之外，还有额外的交易费用，如隐瞒和可能的贿赂。经济犯罪分析员根据被逮捕和受到惩罚的可能性，根据罚款的金额，假设了罚金溢价（Milner-Gulland and Leader-Williams，1992）。

某些情况下，合法或非法供应商都可能具有成本优势，这取决于空间和时间上的差异。即使在一个特定的时间，也会有很大的差异：由于收益递减的规律（及相关的不同边际成本），养殖成本会随着产量的增加而下降，非法捕捉成本会随着物种的减少而增加。在中国已知存在的养殖场，准确的生产成本仍未知，然而，现有的研究表明，养殖成本很高，而且采购野生穿山甲及其制品并将其运输到本地和国际市场可能更便宜（Challender et al.，2019）。我们还需要更多的研究，了解与各种形式的穿山甲消费相关的经济动机，以及这些动机在未来可能发生的变化。

库存管理也是影响穿山甲产品市场价格的一个重要因素，可以激励人们捕捉或养殖穿山甲。2009 年以来，中国每年从政府储备中向法律许可的市场平均发放 26.6t 鳞片（China Biodiversity Conservation and Green Development Foundation，2016）。这些鳞片和相关产品的使用与贸易属于中国认证体系。一些非洲国家也有库存，并表示这些库存是在穿山甲被列入 CITES 附录 I 之前获得的。例如，刚果民主共和国 2017 年报告称拥有 22t 鳞片（CITES，2017）。

人们正在寻求技术进步，克服现有圈养穿山甲的繁殖障碍。如要解决圈养饮食不足和应激诱导免疫抑制引发的高死亡率，以及普遍缺乏穿山甲生殖生物学知识，特别是雌性生殖周期和断奶后育幼问题等（见第 28 章；Challender et al.，2019；Hua et al.，2015）。如果能克服这些困难，由此扩大的养殖规模可能会降低生产成本，至少在经济上使一些穿山甲养殖具有可行性。

无论是现在还是将来，穿山甲养殖对环境保护的影响，都存在很大的不确定性。现有的养殖场的种源可能来自野外种群，这进一步刺激了亚洲与非洲的偷猎和贩运活动。这些养殖场可能会希望未来能够得到开展贸易的投资者的支持。人们对现有捕获激励措施知之甚少，消费者和中医从业者都是如此，二者调节了对产品数量的需求并寻找到穿山甲产品的替代品。目前尚未解决的库存争端加剧了这种局面的不确定性。

[①] 某些情况下，当产品变得稀缺时，即使价格上涨，也可能对某些消费者产生额外的价值：事实上，价格上涨甚至可能导致购买者的需求增加。这被称为凡勃伦（Veblen）或势利（Snob）效应（Chen，2016）。

未来适当的研究可能有助于减少这种不确定性，并且至关重要的是，可为地区、国家和国际组织（如CITES 组织）的政策和决策提供信息，有利于保护穿山甲。值得特别注意的问题包括：推动亚洲和非洲主要产地养殖的经济激励措施；穿山甲产品的需求在主要消费市场（如越南）的可替代性；养殖供应成本，包括生产成本，与野生穿山甲捕捉成本的比较；合法市场和非法市场如何相互作用，包括洗钱的程度，以及养殖供应如何影响储存政策，反之亦然。

结　　论

穿山甲受到过度开发的威胁，一些国家正在尝试养殖，以确保穿山甲产品（主要是用于消费的鳞片）可持续发展。这对保护野生种群可能产生的影响值得评估。理论、经济和其他方面都可以指导这种评价。需要考虑的关键可变因素包括立法（特别是是否允许养殖）和执法程度、是否可能发生洗钱、消费者对穿山甲产品和替代品的选择、养殖如何影响库存政策，以及技术如何改变养殖业的经济竞争力。穿山甲成功实现人工饲养不是出于商业目的，目前还不清楚穿山甲养殖对野生穿山甲保护的直接影响。然而，养殖场的存在有可能刺激非洲和亚洲的偷猎和贩运活动。为了更好地了解养殖穿山甲的潜在影响，还需要进一步的研究。这应考虑到在各种情况下，如规模化养殖活动、更全面的贸易禁令或消费行为改变而导致的消费者选择的变化，所确定的关键因素可能会如何变化。穿山甲的保护、贸易和养殖的长期前景仍然非常不确定。

参 考 文 献

Araki, H., Cooper, B., Blouin, M.S., 2007. Genetic effects of captive breeding cause a rapid, cumulative fitness decline in the wild. Science 318 (5847), 100-103.

Barbier, E.B., Schulz, C.-E., 1997. Wildlife, biodiversity and trade. Environ. Dev. Econ. 2 (2), 145-172.

Barrett, C.B., Brandon, K., Gibson, C., Gjertsen, H., 2001. Conserving tropical biodiversity amid weak institutions. Bioscience 51 (6), 497-502.

Becker, G.S., 1968. Crime and punishment: an economic approach. J. Polit. Econ. 76 (2), 176-177.

Bennett, 2011. Another inconvenient truth: the failure of enforcement systems to save charismatic species. Oryx 45 (4), 476-479.

Bergstrom, T., 1990. On the economics of crime and confiscation. J. Econ. Perspect. 4 (3), 171-178.

Boakye, M.K., Pietersen, D.W., Kotzé, A., Dalton, D.-L., Jansen, R., 2015. Knowledge and uses of African pangolins as a source of traditional medicine in Ghana. PLoS One 10 (1), e0117199.

Boakye, M.K., Kotzé, A., Dalton, D.L., Jansen, R., 2016. Unravelling the pangolin bushmeat commodity chain and the extent of trade in Ghana. Hum. Ecol. 44 (2), 257-264.

Brayden, W.C., Noblet, C.L., Evans, K.S., Rickard, L., 2018. Consumer preferences for seafood attributes of wildharvested and farm-raised products. Aquacult. Econ. Manage. 22 (3), 362-382.

Bulte, E.H., Damania, R., 2005. An economic assessment of wildlife farming and conservation. Conserv. Biol. 19 (4), 1222-1233.

Challender, D.W.S., Hywood, L., 2012. African pangolins under increased pressure from poaching and intercontinental trade. TRAFFIC Bull. 24 (2), 53-55.

Challender, D.W.S., MacMillan, D.C., 2016. Transnational environmental crime: more than an enforcement problem. In: Schaedla, W.H., Elliott, L. (Eds.), Handbook of Transnational Environmental Crime. Edward Elgar Publishing, Cheltenham and Northampton, Massachusetts, pp. 489-498.

Challender, D., Waterman, C., 2017. Implementation of CITES Decisions 17.239 b) and 17.240 on Pangolins (Manis spp.), CITES SC69 Doc. 57 Annex. Available from: <https://cites.org/sites/default/files/eng/com/sc/69/E-SC69-57-A.pdf>. [August 2,

2018].

Challender, D.W.S., 't Sas-Rolfes, M., Ades, G., Chin, J.S.C., Sun, N.C.-M., Chong, J.L., et al., 2019. Evaluating the feasibility of pangolin farming and its potential conservation impact. Glob. Ecol. Conserv. 20, e00714.

Chen, F., 2016. Poachers and snobs: demand for rarity and the effects of antipoaching policies. Conserv. Lett. 9 (1), 65-69.

Cheng, W., Xing, S., Bonebrake, T.C., 2017. Recent pangolin seizures in China reveal priority areas for intervention. Conserv. Lett. 10 (6), 757-764.

China Biodiversity Conservation and Green Development Foundation, 2016. An Overview of Pangolin Data: When Will the Over-Exploitation of the Pangolin End? Available from: ＜http://www.cbcgdf.org/English/NewsShow/5011/6145.htm＞. [March 19, 2019].

CITES, 2017. SC69 Doc. 29.2.2, Application of Article XIII in the Democratic Republic of the Congo. Available from: ＜https://cites.org/sites/default/files/eng/com/sc/69/E-SC69-29-02-02.pdf＞. [March 3, 2019].

Clark, C.W., 1973. The economics of overexploitation. Science 181 (4100), 630-634.

Clark, C.W., 2010. Mathematical Bioeconomics: The Mathematics of Conservation. John Wiley & Sons, Hoboken, New Jersey.

Cook, P.J., 1977. Punishment and crime: a critique of current findings concerning the preventive effects of punishment. Law Contemp. Probl. 41 (1), 164-204.

Cooney, R., Kasterine, A., MacMillan, D., Milledge, S., Nossal, K., Roe, D., et al., 2015. The Trade in Wildlife: A Framework to Improve Biodiversity and Livelihood Outcomes. International Trade Centre, Geneva, Switzerland.

D'Cruze, N., Singh, B., Mookerjee, A., Harrington, L.A., Macdonald, D.W., 2018. A socio-economic survey of pangolin hunting in Assam, Northeast India. Nat. Conserv. 30, 83-105.

Drury, R., 2009. Reducing urban demand for wild animals in Vietnam: examining the potential of wildlife farming as a conservation tool. Conserv. Lett. 2 (6), 263-270.

Dutton, A., Hepburn, C., Macdonald, D.W., 2011. A stated preference investigation into the Chinese demand for farmed vs. wild bear bile. PLoS One 6 (7), e21243.

Ehrlich, I., 1973. Participation in illegitimate activities: a theoretical and empirical investigation. J. Polit. Econ. 81 (3), 521-565.

Fischer, C., 2004. The complex interactions of markets for endangered species products. J. Environ. Econ. Manage. 48 (2), 926-953.

Glenny, M., 2008. McMafia: A Journey Through the Global Criminal Underworld, first ed. Alfred A. Knopf, New York.

Gordon, H.S., 1954. The economic theory of a commonproperty resource: the fishery. J. Polit. Econ. 62 (2), 124-142.

Hardin, G., 1968. The tragedy of the commons. Science 162 (3859), 1243-1248.

Harfoot, M., Glaser, S.A.M., Tittensor, D.P., Britten, G.L., McLardy, C., Malsch, K., et al., 2018. Unveiling the patterns and trends in 40 years of global trade in CITESlisted wildlife. Biol. Conserv. 223, 47-57.

Harris, R.B., 2009. Wildlife Conservation in China. Preserving the Habitat of China's Wild West. Routledge, Oxon.

Heinrich, S., Wittmann, T.A., Prowse, T.A.A., Ross, J.V., Delean, S., Shepherd, C.R., et al., 2016. Where did all the pangolins go? International CITES trade in pangolin species. Glob. Ecol. Conserv. 8, 241-253.

Hinsley, A., Nuno, A., Ridout, M., St. John, F.A.V., Roberts, D.L., 2017. Estimating the extent of CITES noncompliance among traders and end-consumers; lessons from the global orchid trade. Conserv. Lett. 10 (5), 602-609.

Hinsley, A., Roberts, D.L., 2018. The wild origin dilemma. Biol. Conserv. 217, 203-206.

Hotelling, H., 1931. The economics of exhaustible resources. J. Polit. Econ. 39 (2), 137-175.

Hua, L., Gong, S., Wang, F., Li, W., Ge, Y., Li, X., et al., 2015. Captive breeding of pangolins: current status, problems and future prospects. ZooKeys 507, 99-114.

Hutton, J., Webb, G., 2003. Crocodiles: legal trade snaps back. In: Oldfield, S. (Ed.), The Trade in Wildlife, Regulation for Conservation. Earthscan, London, pp. 108-120.

Ingram, D.J., Coad, L., Abernethy, K.A., Maisels, F., Stokes, E.J., Bobo, K.S., et al., 2018. Assessing Africa-wide pangolin exploitation by scaling local data. Conserv. Lett. 11 (2), e12389.

Kremer, M., Morcom, C., 2000. Elephants. Am. Econ. Rev. 90 (1), 212-234.

Liu, Z., Jiang, Z., Fang, H., Li, C., Mi, A., Chen, J., et al., 2016. Perception, price and preference: consumption and protection of wild animals used in traditional medicine. PLoS One 11 (3), e0145901.

Marshall, A., 2009. Principles of Economics: Unabridged, eighth ed. Cosimo Classics, New York.

Mason, C.F., Bulte, E.H., Horan, R.D., 2012. Banking on extinction: endangered species and speculation. Oxford Rev. Econ. Policy 28 (1), 180-192.

Milner-Gulland, E.J., Leader-Williams, N., 1992. A model of incentives for the illegal exploitation of black rhinos and elephants: poaching pays in Luangwa Valley, Zambia. J. Appl. Ecol. 29 (20), 388-401.

Mockrin, M.H., Bennett, E.L., LaBruna, D.T., 2005. Wildlife Farming: A Viable Alternative to Hunting in Tropical Forests? WCS Working Paper No. 23. Wildlife Conservation Society, New York.

North, D.C., 1991. Institutions. J. Econ. Perspect. 5, 97-112. Ostrom, E., 1990. Governing the Commons: The Evolution of Institutions for Collective Action. Cambridge University Press, New York.

Phelps, J., Carrasco, L.R., Webb, E.L., 2014. A framework for assessing supply-side wildlife conservation. Conserv. Biol. 28 (1), 244-257.

Shairp, R., Veríssimo, D., Fraser, I., Challender, D.W.S., MacMillan, D., 2016. Understanding urban demand for wild meat in Vietnam: implications for conservation actions. PLoS One 11 (1), e0134787.

Swanson, T.M., 1994. The Economics of Extinction Revisited and Revised: A Generalised Framework for the Analysis of the Problems of Endangered Species and Biodiversity Losses. Oxford Economic Papers, 46, 800-821.

Tensen, L., 2016. Under what circumstances can wildlife farming benefit species conservation? Glob. Ecol. Conserv. 6, 286-298.

't Sas-Rolfes, M., 2017. African wildlife conservation and the evolution of hunting institutions. Environ. Res. Lett. 12, 115007.

't Sas-Rolfes, M., Moyle, B., Stiles, D., 2014. The complex policy issue of elephant ivory stockpile management. Pachyderm 55, 62-77.

Veríssimo, D., Wan, A.K.Y., 2019. Characterizing efforts to reduce consumer demand for wildlife products. Conserv. Biol. 33 (3), 623-633.

Williams, S.J., Jones, J.P.G., Annewandter, R., Gibbons, J. M., 2014. Cultivation can increase harvesting pressure on overexploited plant populations. Ecol. Appl. 24 (8), 2050-2062.

Williams, V.L., Loveridge, A.J., Newton, D.J., Macdonald, D.W., 2017. A roaring trade? The legal trade in Panthera leo bones from Africa to East-Southeast Asia. PLoS One 12 (10), e0185996.

Yang, C.W., Chen, S., Chang, C.-Y., Lin, M.F., Block, E., Lorentsen, R., et al., 2007. History and dietary husbandry of pangolins in captivity. Zoo. Biol. 26 (3), 223-230.

Zhang, Y., 2009. Conservation and trade control of pangolins in China. In: Pantel, S., Chin, S.-Y. (Eds.), Proceedings of the Workshop on Trade and Conservation of Pangolins Native to South and Southeast Asia. 30 June - 2 July 2008, Singapore Zoo, Singapore. TRAFFIC Southeast Asia, Petaling Jaya, Selangor, Malaysia. pp. 66-74.

第 5 部分

保育规划、研究和融资

第 33 章　穿山甲的保育战略和优先行动

蕾切尔·霍夫曼 [1]，丹尼尔·W. S.查兰德 [2, 3]

1. 世界自然保护联盟物种生存委员会，英国剑桥
2. 牛津大学动物学系和马丁学院，英国牛津
3. 摄政公园伦敦动物学会，世界自然保护联盟物种生存委员会穿山甲专家组，英国伦敦

引　言

为了有效保护濒危物种，目前急需制定一系列的保育战略和行动计划，保证有效贯彻与落实有高灭绝风险的物种保护。因此，我们需要制定完整系统的保育行动战略，鼓励不同利益相关者主动参与进来，特别是在不同的地区、国家之间，甚至在全球范围内，通过各方共同努力，因地制宜推进实施。

与具有代表性且研究成果丰富的犀牛科（Rhinocerotidae）和狮（Panthera leo）不同，穿山甲在历史上很少受到关注和保护。但是自 2010 年以来，穿山甲的曝光率明显增加（见第 21 章）。因此，在亚洲和非洲的一些国家，包括政府、非政府组织（NGO）及从业人员在内的各方利益相关者发起了保护穿山甲的计划和项目。但是，因为资源匮乏、方法复杂，所以保护行动最大限度地提高所涉物种保护成功的可能性至关重要，特别是当物种面临多重危险或者高度灭绝风险时。本章讨论了如何制定穿山甲的保育战略，以成功保育野生穿山甲种群。

保育战略和行动计划

过去 30 年间，绝大多数物种保护战略或行动计划都是由世界自然保护联盟（IUCN）制定的。IUCN SSC（物种生存委员会）行动计划系列旨在解决与物种（或物种群体）保护相关的最紧迫问题并指导保护行动，被认为是世界上最有权威的信息来源之一。自 1985 年以来，这些计划一直在公布和编制中，主要工作由专家组（SG）、监察委员会负责。从过去已有的经验来看，这些计划基于确切的研究结论，这为他们编写某个物种种群及其受威胁状况提供了最新和最全面的信息。这些计划确定了保护的优先次序，并通过协调相关利益方去保证计划顺利实施。一般来说，这些计划在重大审查和修订之前有 10 年的有效期。2008 年，《IUCN SSC 物种保护战略规划：手册》（IUCN SSC，2008）为制定物种保护战略提供了建议方法，它的出版标志着审查和修订过程的转变。该手册没有简单地发布关于物种的信息，而是强调了将保护学与更多的咨询和参与过程结合起来的必要性。这使得所有利益相关方能够承担起责任，能够共同制订保护管理战略。此外，如果认为必要和合理，世界自然保护联盟还有其他方法可以纳入到行动规划，包括"种群和栖息地生存力评估"（PHVA），这是通过评估种群生存能力来设定物种恢复的目标，以及综合评估从业人员在就地和迁地物种的保护工作中，将世界自然保护联盟的迁地保护指南（IUCN SSC，2014）应用到区域或全球所得到的经验。

世界自然保护联盟目前的保护规划工作重点突出包容性和参与性。这通常需要团结所有（和预先

确定的）利益相关者和专家（政府、非政府、科学家和实践者）来分享信息、经验和专业知识，找出存在的不足并评估受到的威胁。对物种而言，也就是威胁种群的因素，即什么威胁着物种的生存？这也能推动《世界自然保护联盟濒危物种红色名录》的重新评估。在这个过程中，参与者全身心投入并在几天的时间里发展和达成一个共同的愿景、目标及行动指南，减轻特定物种面临的威胁。同时发动有决心和能力的人，共同协作，评估收益、支出、项目可行性及执行阶段可能遇到的挑战。另外，成功实施保护行动有赖于与当地社区的合作（见第 23 章至第 27 章），应该确保土著知识和文化价值观纳入规划和实际工作。

实施保护行动计划有直接和间接的好处。保护行动计划的制定提供了指导物种保护的蓝图，包括具体目标、目的和实施计划，这有利于资助者和捐助者对是否资助进行判断。此外，在几天的时间内召集不同的利益相关方来制定一项行动计划的关键好处是，可以让各方建立并加强联系，这有助于各方通过从行动计划理念到交付、出版、传播及之后的实施和评估来保证工作的顺利开展。

虽然保护计划是世界自然保护联盟、物种生存委员会、特别小组等组织的优先事项，但这些小组还必须从事一系列其他保护活动。自 2016 年以来，这些活动大致分为三个基本功能：评估（通过红色名录评估物种状态）、计划（确定保护生物多样性的最佳战略）和行动（促进改善生物多样性现状的行动）。这一框架被定义为"物种保护循环"，目前正在鼓励特别小组围绕这三个组成部分规划他们的目标，并在战略上（在可能和必要的情况下迅速采取行动）从评估转向规划和实施有效的保护行动。穿山甲专家组（PSG）正利用这一框架，每年制定目标，并规划世界自然保护联盟四年期（IUCN 实施的四年期）的预期成果。

穿山甲的保育战略

穿山甲面临着复杂的保护困境，意味着制定一个指导保护穿山甲的区域性和国家性战略非常必要。穿山甲面临着很高或非常高的灭绝风险，由于它们具有很高的经济价值，因此被一些有组织性的犯罪集团通过不同贸易路线大量贩运，而特定物种［如巨地穿山甲（S. gigantea）和黑腹长尾穿山甲（P. tetradactyla）］的知识为人类了解甚少，这些问题阻碍了穿山甲的保护。此外，鉴于该物种面临的威胁增加（第 21 章），人们越来越乐意投资保护穿山甲，如前所述，许多利益相关者正在启动以穿山甲为目标的重点保护项目。

截至 2019 年，此类战略仍然有限。像这样的第一个计划是 2005 年中国台湾为中华穿山甲建立的种群和栖息地的生存能力评估（见第 36 章；Chao，2005）。虽然它并不是一项行动计划，但随后在 2008 年举行的南亚和东南亚穿山甲贸易和保护研讨会上提出了建议（Pantel and Chin，2009）。2014 年，穿山甲专家组发布了一个有利于筹集资金的全球保护行动计划——"扩巨地穿山甲保护"行动计划（Challender et al.，2014），最近包括世界自然保护联盟物种生存委员会（IUCN/SSC）保护规划专家组（CPSG）、世界自然保护联盟物种生存委员会（IUCN/SSC）亚洲物种行动伙伴关系（ASAP）和新加坡野生动物保护组织在内的合作伙伴经过合作，发布了马来穿山甲（Manis javanica）的区域保护战略（IUCN SSC Pangolin Specialist Group et al.，2018）。穿山甲专家组还与巴拉望可持续发展工作委员会（PCSDS）、卡塔拉基金会和伦敦动物学会合作，制定了针对菲律宾穿山甲的国家战略（IUCN SSC Pangolin Specialist Group，2018），并于 2017 年在中国台湾与多个合作伙伴更新了中华穿山甲的保护战略和种群与栖息地的生存能力评估（见第 36 章）。2015 年在越南举行了第一次穿山甲岭州会议（Anon，2015）并发布了 CITES 关于穿山甲保护和贸易的第 17.10 号决议（见第 19 章），这些工作为穿山甲保护的第一次行动计划作了补充。

然而，由于几乎所有穿山甲物种都缺乏保育战略，因此迫切需要通过世界自然保护联盟来召集所有利益相关者召开有关穿山甲保护的研讨会，确保为这 8 种穿山甲制定详细的区域保护战略。共享经验教训，使现有的研究和方法标准化，产生一个综合一致的方法来保护该物种。至关重要的是通过参与进程来促进合作，建立工作网络和伙伴关系，执行已制定的计划（为随后制定国家行动提供帮助）。这一过程将使本篇讨论的各种干预、方法和工具成为可能（第 17～32 章，第 34～38 章），确定穿山甲保育的优先行动。这些工作可酌情辅以其他形式的评估，包括种群和栖息地的生存能力评估和专业间协作与团队技能评估（ICAT；见第 31 章）。至关重要的是，我们不只是制定行动计划，更要保证行动计划能够被有效执行、监测和评估（Fuller et al.，2003）。

结　　论

保育战略对指导物种保护活动至关重要，过去 30 年，世界自然保护联盟为制定这些战略树立了榜样。穿山甲面临的保护困境需要在区域层面上制定涵盖所有 8 种穿山甲的保育战略，从而促进国家行动计划的制定。使用世界自然保护联盟的方法确保遵循一个平等的过程，确保行动计划得到所有关键利益相关方的同意，避免不同组织单独制定额外的战略，避免相互竞争，有助于防止浪费资源和重复性工作。世界自然保护联盟的物种生存委员会穿山甲专家组能够召集不同的利益相关者，并确保穿山甲的保护资金能得到合理使用。

参 考 文 献

Anon, 2015. First Pangolin Range State Meeting Report. 24-26 June, Da Nang, Vietnam.

Challender, D.W.S., Waterman, C., Baillie, J.E.M., 2014. Scaling up Pangolin Conservation. IUCN SSC Pangolin Specialist Group, Zoological Society of London, London, UK.

Chao, J.-T., Tsao, E.H., Traylor-Holzer, K., Reed, D., Leus, K. (Eds.), 2005. Formosan Pangolin Population and Habitat Viability Assessment: Final Report. IUCN/SSC Conservation Breeding Specialist Group, Apple Valley, Minnesota.

Fuller, R.A., McGowan, P.J.K., Carroll, J.P., Dekker, R.W.R. J., Garson, P.J., 2003. What does IUCN species action planning contribute to the conservation process? Biol. Conserv. 112 (3), 343-349.

IUCN SSC (IUCN Species Survival Commission), 2008. Strategic Planning for Species Conservation: A Handbook. Version 1.0. Gland, Switzerland.

IUCN SSC, 2014. Guidelines on the Use of Ex Situ Management for Species Conservation. Version 2.0. IUCN Species Survival Commission, Gland, Switzerland.

IUCN SSC Pangolin Specialist Group, 2018. Scaling up Palawan Pangolin Conservation-Developing the First National Conservation Strategy for the Species. Available from: ＜https://www.pangolinsg.org/2018/04/23/scaling-up-palawan-pangolin-conservationdeveloping-the-first-national-conservation-strategy-forthe-species/＞. [September 21, 2018].

IUCN SSC Pangolin Specialist Group, IUCN SSC Asian Species Action Partnership, Wildlife Reserves Singapore, IUCN SSC Conservation Planning Specialist Group, 2018. Regional Sunda Pangolin (Manis javanica) Conservation Strategy 2018-2028. IUCN SSC Pangolin Specialist Group, Zoological Society of London, London, UK.

Pantel, S., Chin, S.-Y. (Eds.), 2009. Proceedings of the Workshop on Trade and Conservation of Pangolins Native to South and Southeast Asia, 30 June-2 July 2008, Singapore Zoo, Singapore. TRAFFIC Southeast Asia, Petaling Jaya, Selangor, Malaysia.

第 34 章　穿山甲的研究需求

达伦・W. 彼得森[1, 2]，丹尼尔・W. S.查兰德[2, 3]

1. 比勒陀利亚大学动物与昆虫学院哺乳动物研究所，南非哈特福尔德
2. 摄政公园伦敦动物学会，世界自然保护联盟物种生存委员会穿山甲专家组，英国伦敦
3. 牛津大学动物学系和马丁学院，英国牛津

引　　言

穿山甲属于鲜为人知的哺乳动物，主要是因为一直以来少有对它们保育和研究的关注（Challender et al.，2012），其他原因是穿山甲是夜行性动物［除了黑腹长尾穿山甲（*Phataginus tetradactyla*）］，种群密度低且难以观察（Heath and Coulson，1997；Willcox et al.，2019）。21 世纪初期，随着人们对穿山甲印象加深，情况发生了改变（见第 21 章），但该物种仍然为人所知甚少，缺乏保护。本章讨论了穿山甲的研究需求及其保护。重点是保护研究，并提出研究需求，如果研究需求得到满足，就应产生有关穿山甲及其威胁的知识和解决手段，为保护管理和行动提供信息。本书第 1 章和第 2 章讨论研究了穿山甲的进化史，通过查阅现有文献及穿山甲专家在 2018 年完成的一份关于穿山甲研究需求的问卷调查的 65 名受访者的反馈，确定了拟议的研究方向（IUCN SSC Pangolin Specialist Group，2018），本书各章节所讨论的研究需求不是按优先次序提出的，也并非详尽无遗。

贸易、贩运和政策

有关穿山甲合法和非法贸易的文献越来越多，包括了穿山甲贸易额和穿山甲贩卖路线 （Heinrich et al.，2016，2017；Ingram et al.，2018，2019；Nijman et al.，2016）。此项研究有助于我们了解穿山甲贸易和贩运动态，为国家和国际决策提供信息参考（《濒危野生动植物种国际贸易公约》，见第 19 章），并对开发利用产生的影响进行评估（见《生物学》和《生态学》）。Heinrich（2017）估计，在 2010～2015 年，每年平均出现 29 条新的穿山甲贩运路线，充分体现了持续在这一领域开展研究的必要性，即产生新的知识并向决策者和其他关键利益相关者提供信息。今后的研究应设法阐明当前穿山甲贩运的主要来源（包括国家和具体地点）及相关的非法贸易路线、运输方法和网络。这类研究需要开发更准确的转换参数，以便从缴获的鳞片数量来估算非法贸易中穿山甲的数量。这适用于缺乏可靠估计数据的非洲穿山甲（*Phataginus* spp.和 *Smutsia* spp.）和印度穿山甲（*Manis crassicaudata*）（见第 16 章）。同样，要更好地了解当地和国家对该物种的消费及使用程度，以便为当地和国家管理措施提供信息。

减少亚洲和非洲消费者对穿山甲的需求是保护穿山甲的一项重要措施。然而，目前仍然缺乏对穿山甲消费者进行严格的、同行评议的研究，以此为如何干预和改变这类消费者的行为提供信息（见第 22 章）。虽然现有的保育战略强调了在亚洲关键地区（如中国和越南）进行此类研究的必要性，但在非洲的主要消费国进行此类研究也很有必要，特别是在那些穿山甲资源不能持续开发利用的国家。这项研究不

应该局限于用传统的方式了解消费者（如通过种群数量统计资料），而应该采用新的方法，如了解人们的消费心理（见第 22 章）。大多数国家的穿山甲贸易和消费都与非法行为有关，但存在一套研究技术，可以用来了解消费者（Nuno and St. John，2015）。

所有穿山甲都在 CITES 第 17 次缔约方大会上被列入 CITES 附录 I 中（见第 19 章）。尽管一些政策制定者和保护工作者思想上积极，但他们对这些政策如何影响穿山甲数量尚不清楚，还应该加强研究关注。一些参与者认为这种影响能够有积极的效果，但政策变化仍会带来潜在的不利后果。一些地区和国家立法发生变化，导致穿山甲非法贸易日益增加，这些非法贸易很可能发展得更为深入，导致这项工作更难监测。此外，这可能使穿山甲衍生物（如鳞片）价格上涨，穿山甲的捕获量增加，从而导致狩猎和偷猎率增加，加速对种群的毁坏。1977 年，当黑犀（*Diceros bicornis*）被列入 CITES 附录 I 时，犀牛角的价格随之上涨，导致至少 18 个国家的犀牛物种在当地灭绝（Leader-Williams，2003）。通过调查合法与非法贸易动态还有缉获量并走访穿山甲产品市场，可以研究 CITES 附录 I 对穿山甲的影响，以及将物种列入 CITES 附录 I 对该物种是否有积极的作用。

正如第 32 章中所讨论的，人们正在尝试商业圈养穿山甲，这对野生穿山甲种群的影响值得研究关注。Challender 等（2019）研究表明，穿山甲养殖的可能性并不乐观，大规模养殖穿山甲十分困难。然而，他们也指出，这种评估存在不确定性，需要进一步研究其潜在的影响，包括对养殖的经济效益、消费者需求、农业成本及合法和非法市场之间的相互作用（见第 32 章）。

取　　证

野生动物法医学是打击野生动物非法贸易的一种新兴的工具。du Toit 等（2017）研究了从穿山甲鳞片中提取可用脱氧核糖核酸（DNA）的方法，Gaubert 等（2016，2018）在白腹长尾穿山甲种群中发现了明显的地理结构，表明该方法可用于确定走私标本的地理来源。未来的研究应侧重于利用线粒体脱氧核糖核酸（mtDNA）和核酸标记的组合扩大 DNA 数据库（见第 20 章），以便了解贩运动态和来源地点，有针对性地指导保护行动和政策。同样，需要进一步开发有效技术来检测加工过的穿山甲衍生物产品（如碾碎的或粉末状的鳞片）（见第 20 章）。

生物学和生态学

目前急需准确可靠地估计穿山甲数量，确定在当地和国际上的开发利用对穿山甲种群的影响，并为地区、国家和国际上的管理、政策与保护行动提供信息。然而，目前在大多数情况下，缺乏该物种的生物学和生态学知识及监测技术（见第 35 章），如没有对印度穿山甲、巨地穿山甲、白腹长尾穿山甲或黑腹长尾穿山甲（参见第 8 章）进行家域范围的研究。

每个物种的现有知识记录在第 4～11 章。目前急需对那些极度缺乏了解的物种进行详细的生态学研究，最明显的是巨地穿山甲和黑腹长尾穿山甲。然而，即使是那些研究已经比较充分的物种，也存在明显的知识漏洞，如虽然针对南非地穿山甲已经进行了一些生态学研究，但这些研究都局限在南非。因此，需要对所有物种进行深入研究，重点在于阐明宏观和微观尺度上决定物种分布的因素，以及家域大小、生境需求和潜在的生境偏好、生境利用和季节变化的关系等。利用生物学和生态学的监测方法，研究穿山甲洞穴（和其他用于保护的结构）及其使用情况，包括创建洞穴、使用频率和潜在变化（如按季节和月相）。利用从生态研究中积累的知识来监测种群是一种非常重要的方法，也有助于为管理和养护规划提供信息，包括确定穿山甲保护的优先领域。

通过研究自然景观、人工景观和退化景观之间的生态关系，以及不同物种在单一生境（如油棕榈种植园）孤立区长期存活和繁殖的能力，可以进一步完善穿山甲的保育规划。同样，研究也需要确定穿山甲准确的昼夜节律模式、社会和觅食行为、饮食和猎物偏好，了解这些行为是否会随着季节变化而发生变化，以及同区域物种之间的生态差异。

人们对穿山甲种群行为缺乏了解，尽管有人提出了多配偶制和单配偶制，但大多数物种的繁殖生物学和种群结构鲜为人知（见第4章和第11章）。这一领域的研究能够使我们了解其繁殖策略、种群的基因交流和遗传变异。尽管对繁殖有一些了解（如季节性与非季节性），但对雌性生殖生物学（如发情周期）的了解还是很少，无法确定妊娠期，从而延迟胚胎植入（见第9章）。对雌性母体的产后护理、幼崽断奶年龄、动物生长速度、扩散行为、性成熟和首次繁殖年龄知识的了解十分有限。同样对物种的世代间隔、寿命等信息的了解也很有限。然而这些因素对于了解穿山甲种群数量、种群的繁衍和增长速度至关重要，可以有效地评估保护状况。

最后，穿山甲在调节白蚁和蚂蚁种群数量中扮演着十分重要的生态角色（见第3章）。通过对该物种的生态系统服务进行量化研究，能够帮助我们更好地理解该物种减少后带来的潜在影响，有助于为投资决策提供信息。

遗 传 学

关于穿山甲遗传学的研究越来越多，其中大部分集中在法医遗传学上（见第20章）。非法医遗传学研究的对象主要包括两种穿山甲（中华穿山甲和马来穿山甲）的全基因组的解码，通过研究结果推断穿山甲的进化（见第1章和第2章），此外，还对马来穿山甲进行了转录分析，并对某些基因进行了鉴定。这为穿山甲的生物化学和该物种对各种刺激的反应提供了深刻的见解，并揭示了它们适应以蚁为食的生活方式的机制（Ma et al., 2019；Yusoff et al., 2016）。

Gaubert（2016）研究了白腹长尾穿山甲的种内变异，划分了6个地理隔离的谱系，并将它们确定为进化显著单元（ESU）（见第2章）。Hassanin（2015）根据单个个体的序列，在加蓬发现了一种神秘的白腹长尾穿山甲物种。有必要利用核基因组学和比较形态学进一步研究白腹长尾穿山甲潜在的物种或亚种地位，这对保护管理具有重要的意义。

Nash等（2018）利用全基因组标记揭示了马来穿山甲高度分化的亚种群。本研究在加里曼丹岛、爪哇和新加坡/苏门答腊发现了不同的谱系，另外，该物种的广泛分布暗示了可能存在尚未报道的多样性（Nash et al., 2018）。这方面需要进一步调查，如果得到证实，将对马来穿山甲保护管理产生重大影响。Zhang等（2015）在谱系上发现了一支亚洲的穿山甲与马来穿山甲亲缘关系最近。这个新的谱系可能与菲律宾穿山甲（*M. culionensis*）相对应，但菲律宾穿山甲不在他们的分析中，或者结果可能反映了基因扩增的假阳性（Gaubert et al., 2015）。穿山甲可能比其他哺乳动物具有更明显的遗传变异，但这需要在一个完整的信息框架内进行评估。需要说明的是，中华穿山甲亚种的地位是基于形态学提出的，而非遗传学（Allen, 1938）。

穿山甲种群方面的研究很少。du Toit（2014）提出了在南部非洲有限地理结构中南非地穿山甲的种群数量，特别是纳米比亚和南非共和国种群以及莫桑比克和津巴布韦种群之间的遗传分化。du Toit（2014）认为，这可能反映了一种古老的或近期的人为因素引起的分化，后一种猜想较为合理，因为在这些种群之间没有明显的自然基因流动阻碍。这些结果源于小样本，也反映了基因区域内的突变率；理想情况下，需要在不同物种范围内进行更深入的研究，并加大取样力度，以阐明科学问题。除了中华穿山甲和之前讨论过的穿山甲之外，对巨地穿山甲、黑腹长尾穿山甲或亚洲的穿山甲还没有进行过种群水平的研究。这类研究可通过观察社会结构（见《生物学》和《生态学》）、种群和物种的遗传多样性来保护穿山甲，并提供可以估算有效种群规模和近交衰退的方法，还可用来确定个体放归的具体地点。

饲养和人工繁育

有必要对穿山甲的饲养、营养和医疗健康进行研究。每年大量的穿山甲都会从非法贸易中被没收，这些穿山甲需要一段时间的圈养才能康复。亚洲已经建立了一些具备相关专业知识的保护中心（见第28～30 章），但相比之下，非洲穿山甲在圈养条件下的生存状况很糟糕（圣地亚哥动物园除外，该动物园多年来一直养着一只白腹长尾穿山甲）。这使非洲穿山甲的救援和恢复工作更具挑战性。对于南非地穿山甲、白腹长尾穿山甲和黑腹长尾穿山甲来说，最大的成功在于将动物维持在半人工饲养的环境中，让它们自然觅食，直到它们恢复健康后可以被放生（Tikki Hywood Foundation，未发表数据）。充分了解非洲穿山甲的居住情况和饲养要求，以及在护理期间穿山甲的死亡原因，对提高康复率非常关键。而如果迁地保护是为了将来保护非洲或亚洲穿山甲（见第 31 章），就需要提供适当的饲养条件和长期护理，这需要对穿山甲的饲养管理进行深入研究。包括优化人工饲料，或在没有人工饲料的地方进行开发，研究重点应该是分析穿山甲在野外的食性，以及穿山甲的胃和微生物对消化的作用。

圈养兽医学方面，已有研究报道了各种血液生化和血液学值的参考区间（Chin et al.，2015；Khatri-Chhetri et al.，2015）。而需要验证一些文献的结论，应该基于适当的样本量来调查不同季节和年龄的身体指标差异（见第 29 章）。

据报道，穿山甲有许多寄生生物（见第 29 章），尽管我们也了解到某些生物有一定的生存能力，但它们对个体宿主健康的影响尚不清楚，需要进一步研究。还需要对穿山甲进行病理学研究，特别是对从非法贸易中没收的个体，应深入了解穿山甲发病的根本原因、发展过程，以及可能的治疗方案。

气 候 变 化

气候变化是穿山甲的潜在威胁。随着全球气温的升高，所有种类穿山甲的地理范围可能都会缩小、转移或受到其他方面的影响，尤其是对居住在干旱地区的印度穿山甲和南非地穿山甲的影响（见第 5 章和第 11 章）。研究气候变化对穿山甲的潜在影响将有助于采取适当的措施减少其受到的威胁。

结　　论

虽然穿山甲是鲜为人知的哺乳动物，但它已经开始受到广泛的研究和保护。然而，有关穿山甲的知识还存有空白，这制约了对该物种的有效保护和管理。因此，急需在多个领域特别是穿山甲贸易和贩卖动态及政策制定方面进行调查研究，并对穿山甲生活史、生物学和生态学、种群及其行为学进行研究，包括制定监测方法，以便为今后的保护工作提供信息指导。

致　　谢

感谢在 2018 年夏季完成关于穿山甲研究需求问卷的调查人，他们提供了本章信息。

参 考 文 献

Allen, G.M., 1938. The Mammals of China and Mongolia. Natural History of Central Asia, vol. XI. Part I. The American Museum of Natural History, New York.

Challender, D.W.S., Baillie, J.E.M., Waterman, C., IUCN SSC Pangolin Specialist Group, 2012. Catalysing conservation action and raising the profile of pangolins-the IUCN SSC Pangolin Specialist Group (Pangolin SG). Asian J. Conserv. Biol. 2, 139-140.

Challender, D.W.S., 't Sas-Rolfes, M., Ades, G., Chin, J.S.C., Sun, N.C.-M., Chong, J.L., et al., 2019. Evaluating the feasibility of pangolin farming and its potential conservation impact. Glob. Ecol. Conserv. 20, e00714.

Chin, S.-C., Lien, C.-Y., Chan, Y., Chen, C.-L., Yang, Y.-C., Yeh, L.-S., 2015. Hematologic and serum biochemical parameters of apparently healthy rescued Formosan pangolins (*Manis pentadactyla pentadactyla*). J. Zoo Wildl. Med. 46 (1), 68-76.

du Toit, Z., 2014. Population genetic structure of the ground pangolin based on mitochondrial genomes. M.Sc. Thesis, University of the Free State, Bloemfontein, South Africa.

du Toit, Z., Grobler, J.P., Kotze, A., Jansen, R., Dalton, D.L., 2017. Scale samples from Temminck's ground pangolin (*Smutsia temminckii*): a non-invasive source of DNA. Conserv. Genet. Resour. 9 (1), 1-4.

Gaubert, P., Njiokou, F., Olayemi, A., Pagani, P., Dufour, S., Danquah, E., et al., 2015. Bushmeat genetics: setting up a reference framework for the DNA-typing of African forest bushmeat. Mol. Ecol. Resour. 15 (3), 633-651.

Gaubert, P., Njiokou, F., Ngua, G., Afiademanyo, K., Dufour, S., Malekani, J., et al., 2016. Phylogeography of the heavily poached African common pangolin (Pholidota, *Manis tricuspis*) reveals six cryptic lineages as traceable signatures of Pleistocene diversification. Mol. Ecol. 25 (23), 5975-5993.

Gaubert, P., Antunes, A., Meng, H., Miao, L., Peigné, S., Justy, F., et al., 2018. The complete phylogeny of pangolins: scaling up resources for the molecular tracing of the most trafficked mammals on Earth. J. Hered. 109 (4), 347-359.

Hassanin, A., Hugot, J.-P., van Vuuren, B.J., 2015. Comparison of mitochondrial genome sequences of pangolins (Mammalia, Pholidota). C. R. Biol. 338 (4), 260-265.

Heath, M.E., Coulson, I.M., 1997. Home range size and distribution in a wild population of Cape pangolins, *Manis temminckii*, in north-west Zimbabwe. Afr. J. Ecol. 35 (2), 94-109.

Heinrich, S., Wittmann, T.A., Prowse, T.A.A., Ross, J. V., Delean, S., Shepherd, C.R., et al., 2016. Where did all the pangolins go? International CITES trade in pangolin species. Glob. Ecol. Conserv. 8, 241-253.

Heinrich, S., Wittman, T.A., Rosse, J.V., Shepherd, C.R., Challender, D.W.S., Cassey, P., 2017. The Global Trafficking of Pangolins: A Comprehensive Summary of Seizures and Trafficking Routes From 2010-2015. TRAFFIC, Southeast Asia Regional Office, Petaling Jaya, Selangor, Malaysia.

Ingram, D.J., Coad, L., Abernethy, K.A., Maisels, F., Stokes, E.J., Bobo, K.S., et al., 2018. Assessing Africa-wide pangolin exploitation by scaling local data. Conserv. Lett. 11 (2), e12389.

Ingram, D.J., Cronin, D.T., Challender, D.W.S., Venditti, D. M., Gonder, M.K., 2019. Characterizing trafficking and trade of pangolins in the Gulf of Guinea. Glob. Ecol. Conserv. 17, e00576.

IUCN SSC Pangolin Specialist Group, 2018. Methods for monitoring populations of pangolins (Pholidota: Manidae). IUCN SSC Pangolin Specialist Group, Zoological Society of London, London, UK.

Khatri-Chhetri, R., Sun, C.-M., Wu, H.-Y., Pei, K.J.-C., 2015. Reference intervals for hematology, serum biochemistry, and basic clinical findings in free-ranging Chinese Pangolin (*Manis pentadactyla*) from Taiwan. Vet. Clin. Pathol. 44 (3), 380-390.

Leader-Williams, N., 2003. Regulation and protection: successes and failures in rhinoceros conservation. In: Oldfield, S. (Ed.), The Trade in Wildlife, Regulation for Conservation. Earthscan, London, pp. 89-99.

Ma, J.-E., Jiang, H.-Y., Li, L.-M., Zhang, X.-J., Li, H.-M., Li, G.-Y., et al., 2019. SMRT sequencing of the full-length transcriptome of the Sunda pangolin (Manis javanica). Gene 692 (15), 208-216.

Nash, H.C., Wirdateti, Low, G., Choo, S.W., Chong, J.L., Semiadi, G., et al., 2018. Conservation genomics reveals possible illegal trade routes and admixture across pangolin lineages in Southeast Asia. Conserv. Genet. 19 (5), 1083-1095.

Nijman, V., Zhang, M.X., Shepherd, C.R., 2016. Pangolin trade in the Mong La wildlife market and the role of Myanmar in the smuggling of pangolins into China. Glob. Ecol. Conserv. 5, 118-126.

Nuno, A., St. John, F.A.V., 2015. How to ask sensitive questions in conservation: a review of specialized questioning techniques.

Biol. Conserv. 189, 5-15.

Willcox, D., Nash, H.C., Trageser, S., Kim, H-J., Hywood, L., Connelly, E., et al., 2019. Evaluating methods for detecting and monitoring pangolin (Pholidota: Manidae) populations. Glob. Ecol. Conserv. 17, e00539.

Yusoff, A.M., Tan, T.K., Hari, R., Koepfli, K.-P., Wee, W.Y., Antunes, A., et al., 2016. De novo sequencing, assembly and analysis of eight different transcriptomes from the Malayan pangolin. Sci. Rep. 6, 28199.

Zhang, H., Miller, M.P., Yang, F., Chan, H.K., Gaubert, P., Ades, G., Fischer, G.A., 2015. Molecular tracing of confiscated pangolin scales for conservation and illegal trade monitoring in Southeast Asia. Glob. Ecol. Conserv. 4, 414-422.

第35章 为穿山甲保护建立稳健的生态监测方法

达娜·J.莫林[1, 2, 3]，丹尼尔·W.S.查兰德[3, 4]，伊舒·古德维尔·伊舒[3, 5]，

丹尼尔·J.英格拉姆[6]，海伦·C.纳斯[3, 7]，温迪·帕纳诺[8]，埃利沙·潘姜[3, 9, 10]，

孙敬闵[11]，丹尼尔·威尔科特斯[3, 12]

1. 密西西比大学渔业与水产养殖野生动物学院，美国密西西比斯塔克维尔
2. 南伊利诺伊大学联合野生动物实验室，美国伊利诺伊卡本代尔
3. 摄政公园伦敦动物学会，世界自然保护联盟物种生存委员会穿山甲专家组，英国伦敦
4. 牛津大学动物学系和马丁学院，英国牛津
5. 中非盗猎应对小组穿山甲保护网，喀麦隆雅温得
6. 斯特灵大学生物与环境科学院非洲森林生态学小组，英国斯特灵
7. 新加坡国立大学生物与环境科学学院，新加坡
8. 金山大学动植物与环境科学学院生理学与非洲生态中心脑功能研究组，南非约翰内斯堡
9. 卡迪夫大学卡迪夫生物科学学院生物与环境部，英国卡迪夫
10. 沙巴野生动物部丹瑙吉朗野外中心，马来西亚哥打基纳巴卢
11. 屏东科技大学生物资源研究所，中国台湾屏东
12. 菊芳国家公园拯救越南野生动物组织，越南宁平

引　言

穿山甲研究没有得到应有的重视。19世纪和20世纪，研究主要集中在分类学和形态学上（Mohr，1961）。到20世纪中后期穿山甲研究的重点才逐渐转移到生态学，并且主要关注非洲穿山甲（Heath and Coulson，1997；Pagès，1975；Swart et al.，1999）。21世纪（Akpona et al.，2008）才逐渐出现关于亚洲穿山甲的研究（Lim and Ng，2008；Wu et al.，2002，2003）。穿山甲难以琢磨的行为、夜行性、低种群密度和稀有性（Challender and Waterman，2017；Nash et al.，2016；Pietersen et al.，2014），使对它们的研究非常具有挑战性。此外，不同种的大小、活动模式、移动方式及本地和分布区域内的栖息地也各不相同，需要采取不同的调查手段来研究穿山甲。之前大多数的研究主要集中在比较容易观测的物种，如南非地穿山甲（Pietersen et al.，2014；Swart et al.，1999）、印度穿山甲（Irshad et al.，2015）及中华穿山甲（Wu et al.，2003）。基本还没有涉及其他种的研究，尤其是黑腹长尾穿山甲（*Phataginus tetradactyla*）。

人们已经深刻认识到使用健全的生态监测方法是保护穿山甲所有种公认且迫切的需求（Anon，2015；Challender et al.，2014；Lee et al.，2018）。需要了解包括物种分布、局部种群密度和种群增长率的基础信息，评估穿山甲在当地、地方、国家和国际层面的种群状态，以及当地利用和盗猎对国际非法贸易的

影响。种群状态、种群分布与动态驱动因子的可靠估计对制定适合当地、国家或国际的管理措施和保护策略都有非常重要的作用（如 CITES）。

面向保护的有效监测框架

监测并非孤立的目标，应该被视为更广泛保护目标的组成部分。管理工作应该有效和有组织，能够为未来的保护行动提供信息。依据针对性和适应性原则制定监测工作框架，可以最大程度影响和提升现有知识，而对成功方法的反复回顾和知识及时更新可以确保保护工作产生最大的成果（Lindenmayer and Likens，2009；Nichols and Williams，2006）。此外，当有清晰的保护目标时，实施合适的计划和监测是适应性管理的组成部分（Gibbs，2008）。

对管理措施的成效进行系统建模是有效保护决策的 5 个基本要素之一（Kendall，2001；Nichols et al.，1995；Williams et al.，2002）。监测的主要目标是种群状态，如果不能获得准确的监测信息，就不可能准确评估种群的状态（Krebs，1991）。因此，监测项目一个最重要的工作是如何组织设计监测计划，可以估计感兴趣的参数及提供对物种生态学和保护工作产生影响的准确信息（Nichols and Williams，2006；Yoccoz et al.，2001）。关键的目标在这里定义为"状况＋问题"（表框 35.1）。换句话说，得到的信息应该能回答一些问题，比如是什么导致了种群状态变化（目标性监测；Nichols and Williams，2006），以及种群如何对特定的管理活动产生反应回馈（主动适应性管理；McCarthy and Possingham，2007；McDonald-Madden et al.，2010），而不仅仅是对种群状态单独进行监测和监控。

表框 35.1　目前对穿山甲分布和密度、知识缺口及研究需求的理解

决定穿山甲分布和密度的因素有：①允许种群持续存在的生态因素；②导致种群下降和分布区退缩的人为因素。

生态因素：大多数的穿山甲物种能适应不同的栖息地，其历史上的分布范围只受到生理和地理因素的限制。其死亡的主要原因不是来自天敌的捕杀，因为它们的防御行为是将自己卷成一个紧实的球体并只暴露出鳞甲。然而，我们目前尚不清楚穿山甲与其他食蚁动物争夺食物资源、洞穴或其他休息场所的情况，而且其他洞穴动物对穿山甲洞穴的临时或强制性使用也可能影响该物种的分布和密度。

人为因素：与人相关的因素可能是间接的，如土地使用和景观破碎化，也可能是直接的，如以当地利用或非法贸易为目的的狩猎。狩猎可能是大多数穿山甲物种种群密度和分布的决定性因素，尤其是在南亚，但在非洲这种情况也逐渐增多（第 16 章）。然而，所有人为因素导致退化的总体程度，以及每个区域每个物种人为因素导致种群降低的程度仍然不清楚。

穿山甲保护的"状况＋问题"

2018 年，在为改进和规范穿山甲保护监测方法而组织的一次研讨会上，来自 16 个穿山甲分布国的穿山甲专家发现了 3 个总体知识缺口（IUCN SSC Pangolin Specialist Group，2018）。识别知识缺口有助于指导现有相关研究，探明对穿山甲种群分布和密度有积极与消极影响的因素。在适应性监测框架中解决这些研究需求，有助于更新现有知识，为将来的研究提供有力证据并加以完善（图 35.1）。同时也确认了有助于加快填补穿山甲种群研究的知识缺口。

研究需求及相应的参数、"状况＋问题"举例

研讨会参与者将研究需求划分为 4 个类别，并定义了相应的参数，同时为每个参数提供了最初的"状况＋问题"。

（1）限制全球分布和局部种群密度的因素（生态因素和人为因素）。

• 景观情况和直接的人为威胁严重程度（消除当地利用和国际非法贸易）。

    • 问题举例：在有巡护的地区，白腹长尾穿山甲的密度是否更高？保护区内的中华穿山甲密度是否更高？马来穿山甲家域状态如何随距村庄距离变化而变化？什么社会因素影响了当地穿山甲的利用？

    • 栖息地特点、生理限制、取食偏好及对资源的竞争。

    • 问题举例：印度穿山甲的密度随土壤类型和猎物密度改变怎样变化？巨地穿山甲的家域状态是否会随食蚁兽家域的改变而改变？

    （2）利用与过度利用的界限，为当地利用、管理和立法及理论上的国际商业贸易决策提供支持。

    • 目前的密度、存活率与生产率、净增长率与种群增长率，以及典型的扩散行为。

    • 问题举例：雌性菲律宾穿山甲一胎生产几个幼崽？多久生产一次？幼崽的存活率是多少？目前黑腹长尾穿山甲在喀麦隆的丰富度如何？它们的数量随当地人口密度的变化如何改变？

    （3）穿山甲种群对间接人为威胁因素的承受能力（土地利用变化和破碎化）。

    • 比较在自然景观和退化景观中的生态学特征。

    • 问题举例：马来穿山甲在棕榈种植园中的密度是否低一些？在被棕榈种植园分隔的破碎化区域，穿山甲的繁殖率是否与其他地方一样？改变土地用途和景观破碎化是否增加了穿山甲种群的脆弱性？

    （4）其他的可以用来填补穿山甲研究的知识缺口。

    • 理想的采样设计与时机。

    • 不同生境中的个体或季节空间利用模式、洞穴利用模式和洞穴结构、影响利用的因素、昼夜节律模式和潜在的季节变化。

    在适应性监测框架下启动监测计划，允许将有关影响穿山甲种群状态的新问题和假设纳入长期监测计划，不随时间变化而影响监测的完整性（Lindenmayer and Likens，2009）。适应性监测框架的核心是一个研究种群的概念模型（图 35.1），以及物种种群的组分是如何对假定的因子或保护活动进行响应的（Gitzen et al.，2012；Lindenmayer and Likens，2009）。基于目前的理解，图 35.1 描绘了穿山甲种群密度和分布通常取决于人类主导的生态与环境条件。人类导致的种群减少和分布范围缩减的主要因素有：①栖息地退化、破碎化及人类引起的非消费性死亡；②供当地利用的盗猎；③为国际非法贸易而进行的盗猎。所有这些因素对每个物种和地区都有不同程度的影响，因此模型应该针对特定的研究种群进行细化。这样的一个穿山甲保护模型可以细化到如何收集数据来回答物种对环境变化、人类利用和种群保护工作的响应（Lindermayer and Likens，2009）。所以，适应性监测框架提升了对种群有针对性的监测，厘清了穿山甲种群状态和与种群变化相关的因素，同时也提升了对特定背景下的威胁因素的理解并量化了保护工作的成功程度（图 35.1，表框 35.1）。

    这并不意味着适应性监测一定需要在同一个地方连续进行，连续性监测可能会由于不可预见的后续花费而变得累赘不堪。然而，种群生态学概念模型为穿山甲生态学和保护研究提供了重要的参考，因为获得的信息可以用来更新或支持概念模型和基础假设的结构。不同时间和种类的穿山甲研究可以加深对不同地区穿山甲种群受到的威胁和需求的理解。

    如前所述，对一些穿山甲物种和其种群知识的了解还十分匮乏，需要填补的知识空白还很多（第34章）。对科学家来说，需要根据自身能力和有限的资源选择所研究的问题。但是，也非常鼓励研究者优先开展那些有助于理解穿山甲所面临的威胁、提出潜在监管和管理措施的研究。保护生物学是一门"危机科学"（Soule，1985，1991），穿山甲保护是其中的代表，一些穿山甲的数量正在以惊人的速度减少，定义并回答"状况＋问题"可以识别处于巨大风险中的种群，也可以为采取行动阻止种群下降提供宝贵信息。

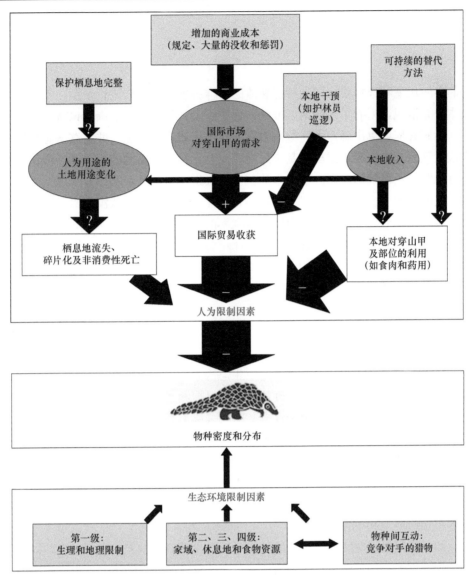

图 35.1　在适应性监测框架中用来描述影响穿山甲种群分布和密度因子的系统图。该概念模型对所有穿山甲物种都适用。图片的顶部展示的是能从种群范围影响穿山甲的假定威胁因素和潜在保护行动。威胁因素用加粗的框表示，能对威胁因素产生作用的潜在因子用橘色椭圆表示，目前可能减少威胁或减缓种群下降和灭绝的保护行动用金色方框表示。箭头的大小表示假设能产生的相对作用大小：正向作用（＋）、负效应（－）、未知（？）。识别可能的保护行动可以制定针对性监测的"状况＋问题"。图片底部的绿色部分表示限制物种分布和密度的生态与环境因子。目前掌握的知识强烈说明大多数地区的多数穿山甲种群状态受到的人为干扰相比于生态环境因子要大得多。然而，在保护行动有积极影响的情况下，了解生态和环境限制因素，有助于预测种群延续和恢复，并通过增加和纠正现有知识，为潜在的种群恢复计划提供依据。

监测穿山甲的研究设计

在适应性监测框架下，一旦适合的"状态＋问题"被定义，需要制定出合适的采样方法和研究计划。这两者的选择都依赖要测量的参数，参数的选择取决于该物种的保护状态和可用资源。

分布和密度

确认分布与估计家域状态

选择研究的空间尺度和选择获得详细种群参数的采样强度之间需要进行平衡。不知道或不确定某些穿山甲物种基本分布情况，阻碍了一些地区被纳入保护行动计划（Challender and Waterman，2017）。在这种情况下，初始研究应当集中确定本区域是否存在穿山甲或占域状态，并将这些感兴趣的参数与相应的生态或人为因素联系起来。应该指出的是，虽然确定有无种群是监测的第一步，但仅仅以穿山甲的有无来计数或进行推断是不准确的，会产生严重的偏差（Sollmann et al.，2013）。

相反，较大尺度上的研究应考虑到穿山甲的不完全探测性，即使确认没有穿山甲出现的地方，也需要将空间或时间重复调查的历史整合到穿山甲占域概率的估计中（MacKenzie et al.，2002，2017）。真正的占域应该是二元的（即穿山甲在某个地方出现与否）。因此，虽然占域状态可以在大空间尺度上估计穿山甲分布，不需要识别单个个体（参见密度估计），但这个参数提供的信息比较粗糙；占域只能探测到某个地方种群状态的改变，而这种改变是穿山甲从那个地方消失的结果，用这样的信息启发未来的保护工作会使保护行动显得太迟。

密度估计

种群密度（数量/单位面积）可以为种群状态、生态因素和人为因素的效应、种群对保护措施的响应提供更加丰富的信息。依靠对种群密度的精确估计，可以探测当地种群的细微变化，在种群消失之前对它进行干预或管理。但是，估计密度要困难许多，需要强度更高的采样，这限制了推断的空间尺度。因为种群密度是一个人们高度感兴趣的参数，研发了许多统计模型用来估计它。这些方法可以分为两类：一类需要一定形式的个体识别，另一类不需要。前一类包括标志重捕法（CMR；Otis et al.，1978；Williams et al.，2002）和空间标志重捕法（SCR；Borchers and Efford，2008；Royle and Young，2008；Royle et al.，2014）。后一类包括距离采样法，以及在给定假设的个体移动模式下通过动物空间计数来估计种群密度的层次模型（如随机相遇模型和不标记模型）。

从研究设计和调查出发，空间标志重捕法经常可以提供准确无偏差的密度估计，同时也可以在研究设计和抽样强度上提供很强的灵活性，因为估计结果在违反模型假设的情况下也比较稳健（Royle et al.，2014，2016）。相比不需要探测个体位置信息的传统标志重捕法，使用空间标志重捕法获得的密度估计更加受人欢迎。这是因为空间标志重捕模型估计密度时将密度作为一个参数放在模型中，而传统标志重捕法是估计种群数量后选择一个可能有偏差或随意的区域作为采样区域，而后计算出来的（Borchers and Efford，2008）。基于外表识别穿山甲个体是不太可能的（IUCN SSC Pangolin Specialist Group，2018）。因此，空间标志重捕法研究的采样方法要么捕获并标记个体，再次相遇时可以识别；要么通过非损伤采样和基因检测的方法来识别个体。

那些不需要个体识别的种群估计方法要严格遵守模型假设，否则估计准确度会有折扣。所有的估计方法中，在满足模型假设前提下，距离采样法被认为是最可靠的方法（Buckland et al.，2012）。但是由于穿山甲个体不活跃（如在洞穴中休息），以及低种群密度使得探测它比较困难，对洞穴进行距离采样并利用一定方法估计洞穴密度是估计洞栖物种密度最有希望的方法（即南非地穿山甲、印度穿山甲、中华穿山甲）。随机相遇模型（Rowcliffe et al.，2008）与"不标记"模型，或者是空间关联计数模型（Chandler and Royle，2013）需要关于个体移动的信息及很强的假设（Burgar et al.，2018；Cusack et al.，2015）。但是，对大多数穿山甲物种而言，空间利用和家域范围的知识有限，这种方法的应用还有短板（Challender et al.，准备发表；IUCN SSC Pangolin Specialist Group，2018；Willcox et al.，2019）。

主动和适应性采样

无论是自然状态还是过度利用，大多数穿山甲物种在它们的分布区都以低密度出现（见第 9 章；Challender et al.，准备发表；Irshad et al.，2015；Pietersen et al.，2014；Willcox et al.，2019）。大空间尺度上很难监测低密度种群，为了评估种群随时间变化的情况和保护行动的有效性，需要很大的监测强度以对种群参数进行评估。此外，一些穿山甲物种活动非常隐蔽，或者由于有限的昼夜活动时间而很难观测（Lim，2007）。因此，要非常仔细地考虑合适的抽样方法和设计采样方案。标准的分层采样方案使用主动探测器阵列（如相机陷阱网格、声音探测阵列、随机布设的样线），需要大量调查工作才能获得足够多的穿山甲探测数据，即使只是为了以合理的精度估计比较粗糙的种群参数（占域状态）（Khwaja et al.，2019；Willcox et al.，2019）。相反，主动采样方法搜寻个体或痕迹可能最有效，如使用搜寻犬或在前期调查获得信息的基础上布设样线进行调查。此外，适应性采样在估计低密度种群方面有很大潜力，可提高参数评估的效率和精度，包括占域率和密度（Conroy et al.，2008；Wong et al.，2018）。适应性采样在模型中结合了两种采样强度，首先在大空间范围上进行低强度监测，然后在那些探测概率超过一定阈值的地方进行高强度的监测。改进采样方法可以提升种群参数估计的有效性，特别是针对穿山甲种群的估计。

评估种群输入和输出

种群大小和随时间变化（种群增长率）的估计来源于与上一次种群普查中种群输入（出生和迁入）与输出（死亡和迁出）数据的比较结果。这通常被称为拜德（BIDE）模型（Cassell，2001），为形成种群动态假设，评估有害或有利行动的影响，以及预测种群对输入输出率的影响提供了便利条件。了解造成种群密度和分布变化的机制对估计种群状态同样重要，因为通过这样的信息可以知道对减缓种群数量下降最直接最有用的保护行动。毫无疑问的是，由当地利用（Ingram et al.，2018）和/或非法国际贸易（Heinrich et al.，2017）引起的死亡是大多数穿山甲种群变化的主要因素，应该作为研究的焦点并妥善解决急迫的保护需求（第 34 章）。此外，每个物种的生活史信息，如繁殖率和扩散，可用来预测不同的种群如何响应人为干预和保护行动，预测潜在的种群恢复，协助优化资源投入方向，特别是预测种群对死亡率的响应，这对当地利用和为非法国际贸易制定管制措施提供科学依据十分重要。估计种群数量参数的方法多种多样（Williams et al.，2002），也是种群生态学领域正在进行的研究课题（Kéry and Royle，2016；Kéry and Schaub，2012），选择合适的模型或估计量要靠可用的采样方法和收集到的数据。

穿山甲监测的抽样方法

根据需要调查的参数和研究目标选择一种抽样方法或者是几种方法的结合。迄今为止，许多常用的抽样方法在穿山甲监测中获得的结果都不好（Willcox et al.，2019），需要仔细考虑确保对目标穿山甲物种有足够的抽样。例如，被动式相机陷阱阵列，这种应用于许多哺乳动物的监测技术，没有在穿山甲监测中产生供可靠占域估计的足够遇见率（Burton et al.，2015；O'Connell et al.，2010），但在未被利用的种群中可能会有效（Willcox et al.，2019）。此外，即使在遇见率高的情况下，如果没有对个体空间利用的强烈假设，依赖于相机陷阱阵列的可靠种群密度估计会受到个体识别的影响，而目前还不知道或无法确认个体空间利用的假设（Burgar et al.，2018；Cusack et al.，2015）。有 4 种树栖或半树栖穿山甲，如果按照标准兽道布设相机陷阱就不太可能探测到这些物种。那些在地面活动的穿山甲物种不怎么利用兽道而习惯于在地面上随机走动或在不适宜安装相机陷阱的浓密灌丛中活动（E. Panjang，D. Willcox，个人观察），即使带诱饵的相机陷阱也没能提升捕获率（Marler，2016）。此外，许多穿山甲物种的分布都很稀疏，需要在大空间范围内进行足够多的被动式采样，以保证探测到足够的个体来估计其占域面积或密度，这会导致采样成本变高，但只能获得非常有限的产出。但是，相机陷阱与其他采样方法一起使用，如布设相机获得感兴趣参数的数据，在穿山甲研究中也有效果，就像在其他与穿山甲生态上相似的物种中获得成功一样，像犰狳（Cingulata）和哥法地鼠龟（*Gopherus polyphemus*；Ingram et al.，2019）。比如，在洞穴入口或可以确认穿山甲利用的地方，或者监测佩戴追踪器的带崽雌性，或者是将相机陷阱放在树上用来确认树栖或半树栖穿山甲物种的出现。

尽管存在挑战，一些采样方法已经证明能够应用在某些特定穿山甲物种的估计中，其他方法可能对相似的物种有潜在应用（图 35.2），包括主动搜寻穿山甲和其痕迹的采样方法。在样方中或沿样线搜寻洞穴可以用来估计掘洞物种的密度。鉴于穿山甲不止使用一个洞穴，多个穿山甲或其他物种也可能使用同一个洞穴（Willcox et al.，2019），需要使用内窥镜或其他方法来确认穿山甲的存在。密度估计应该结合距离抽样法与洞穴占域率估计（Stober et al.，2017；地鼠陆龟的案例）。

采用空间标志重捕法捕获然后标记穿山甲，可能比远程探测器阵列更加适合估计密度。研究人员在南非地穿山甲单个甲片上钻孔或在一系列甲片上钻孔，使用标准编号系统进行重捕获后识别（W. Panaino，个人评论）。另外，将独特的可识别的微芯片植入到马来穿山甲身上效果很好，但当穿山甲被捕获时，需要一个电子扫描仪来读取微芯片（Nash et al.，2018）。卡拉哈里沙漠的南非地穿山甲可在松软的沙质土壤上留下非常独特的足迹。在卡拉哈里，有规律的沙道对于探测穿山甲足迹很有用，穿山甲往往直接穿越沙道而不是沿道路行走，跟踪足迹到洞穴可以捕捉和标记穿山甲。但是，通过足迹调查找寻个体的方法应用在其他穿山甲身上是非常困难的。穿山甲的野外痕迹容易和其他物种混淆，所以足迹调查方法通常不作为判别穿山甲出现的可靠方法。穿山甲的挖掘痕迹、爪印、树上的抓痕、气味和洞穴，都可以由不同种类的穿山甲产生，在低密度种群里观察痕迹还需要广泛搜索才能发现穿山甲个体。在尼泊尔，一只训练有素的保护犬团队成功探测到了地栖中华穿山甲及它们的粪便（H. J. Kim，J. Hartmann，个人评论）。但是，由于现存种群密度很低，还需要大量的调查工作，适应性调查策略对提升效率及获得足够的探测数据估计种群参数很有必要（不仅仅是确认出现与否）。搜寻犬团队无法探测半树栖马来穿山甲的粪便，但是在越南西部探测到了穿山甲个体。驯导员猜测在这种条件下搜寻犬方法无效，因为马来穿山甲喜欢在水中或树上排便分散气味，此外由于盗猎，研究区域内的种群密度非常低，所以需要更进一步的研究，完善不同条件下使用搜寻犬定位穿山甲及其痕迹的方法。非损伤性基因采样可以通过痕迹来探测穿山甲，确定物种，甚至可以识别个体，以便构建标志重捕模型和空间标志重捕模型（Waits and Paetkau，2005）。因此，结合非损伤性组织采样和其他探测穿山甲痕迹的采样方法可以在遇见率和研究设计合适的情况下，用来准确估计种群状态。使用基因数据也可以探究一些其他的主题，包括亲缘关系、交配体系、扩散生态学和遗传种群生存力分析。

社会科学研究方法，如收集当地生态知识（LEK）和人类收集的其他形式的信息（如出没记录）非常有用，可以为直接有效的野外采样提供先决信息，也可以评估穿山甲种群面临的威胁（Nash et al.，2016；Newton et al.，2008）。方法包括调查问卷、非结构化和半结构化访谈和参与式绘图，新方法可以用来询问当地社区成员、原住民和其他利益相关者敏感问题（Newing，2011；Nuno and St John，2015）。此外，如果抽样结构合理，社会科学研究方法有潜力用于大范围的穿山甲占域状态估计［在非洲森林象（*Loxodonta cyclotis*）中已有应用，Brittain et al.，2018］，或者为更加密集的野外抽样工作提供信息。

甚高频（VHF）无线电追踪器追踪已经在了解穿山甲家域大小、栖息地利用、活动模式及穿山甲的其他生态学知识方面发挥了作用（如南非地穿山甲；Pietersen et al.，2014）。该技术通常在地栖和半树栖菲律宾穿山甲上效果较佳，但仍然存在问题，因为一天中大部分时间穿山甲都在洞穴中，这阻碍了信号的传输。对于其他半树栖穿山甲，标签的附着问题也限制了研究。之前的研究中，马来穿山甲的鳞片在两到三周后就会破裂，导致标签脱落（Lim，2007；Nash et al.，2018）。但是，在加里曼丹岛有两只马来穿山甲使用 VHF 标签跟踪了将近 8 周。能够收集较精细尺度位置和时间数据的卫星标签通常太大，无法附着在较小的穿山甲个体上。不过，随着电池尺寸的缩小、新动物追踪卫星网络的发展，未来穿山甲的追踪问题，前景可观。

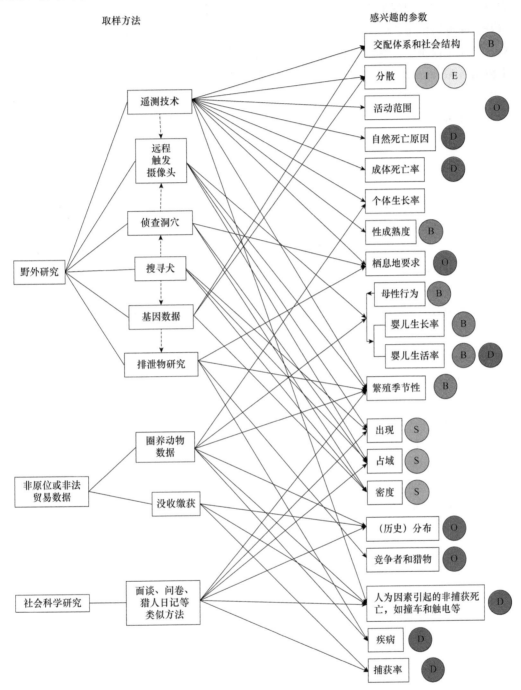

图 35.2　经证实或具有应用潜力的穿山甲采样方法（左列和中列），用实线箭头与相关参数连接（右列）。感兴趣参数根据种群统计信息进行了分类，包括状态（灰色 S）、繁殖增长或出生（绿色 B）、迁入（蓝色 I）、死亡（红色 D）、迁出（黄色 E）。标注为紫色 O 的参数提供了有助于全面理解穿山甲种群和密度的信息。加粗的箭头将估算种群状态主要指标（出现、占域和密度）的抽样方法与适当的研究设计和统计方法联系起来。中列中的垂直虚线箭头表示用于估计感兴趣参数的完整方法。例如，在洞穴口设置远程触发相机可以确认穿山甲存在，或者用于研究母性行为和繁殖季节。

　　现有的取样方法不断改进，特别是随着新技术的发展和各方对穿山甲监测工作的重视（Challender et al.，in prep.）。一些潜在的方法只能在预研究中进行实地测试和改进，以便应用于特定的穿山甲物种。例如，树栖相机捕获可用于阐明半树栖和树栖物种（如黑腹长尾穿山甲）的分布和活动模式。其他被提及的方法需要在投资和使用保护监测项目前验证其概念。理论上讲，声学设备可以根据打破蚁巢和白蚁土堆时的声音来探测穿山甲。然而，作为被动监测阵列，仍然需要大量的采样获得足够的探测数据以估计种群参数。一项来自寄生无脊椎动物的基因鉴定的新兴技术，包括蜱和舌蝇（iDNA），可能在穿山甲未来监测中应用（Abrams et al.，2018）。但是，在应用这种方法之前，开发潜在应用将需要全面的野外测试和专门的模型。无论如何，要进一步研究穿山甲以更好地为现在和未来的保护工作提供信息，就需要开发改进取样方法以估计种群参数。

参 考 文 献

Abrams, J.F., Hoerig, L., Brozovic, R., Axtner, J., Crampton-Platt, A., Mohamed, A., et al., 2018. Shifting up a gear with iDNA: from mammal detection events to standardized surveys. bioRxiv, 449165.

Akpona, H.A., Djagoun, C.A.M.S., Sinsin, B., 2008. Ecology and ethnozoology of the three-cusped pangolin *Manis tricuspis* (Mammalia, Pholidota) in the Lama forest reserve, Benin. Mammalia 72 (3), 198-202.

Anon, 2015. First Pangolin Range State Meeting Report. June 24-26, 2015, Da Nang, Vietnam.

Borchers, D.L., Efford, M.G., 2008. Spatially explicit maximum likelihood methods for capture-recapture studies. Biometrics 64 (2), 377-385.

Brittain, S., Bata, M.N., De Ornellas, P., Milner-Gulland, E. J., Rowcliffe, M., 2018. Combining local knowledge and occupancy analysis for a rapid assessment of the forest elephant *Loxodonta cyclotis* in Cameroon's timber production forests. Oryx, 1-11.

Buckland, S.T., Anderson, D.R., Burnham, K.P., Laake, J.L., 2012. Distance Sampling: Estimating Abundance of Biological Populations. Springer Science & Business Media, Berlin.

Burgar, J.M., Stewart, F.E., Volpe, J.P., Fisher, J.T., Burton, A.C., 2018. Estimating density for species conservation: comparing camera trap spatial count models to genetic spatial capture-recapture models. Glob. Ecol. Conserv. 15, e00411.

Burton, A.C., Neilson, E., Moreira, D., Ladle, A., Steenweg, R., Fisher, J.T., et al., 2015. Wildlife camera trapping: a review and recommendations for linking surveys to ecological processes. J. Appl. Ecol. 52 (3), 675-685.

Cassell, H., 2001. Matrix Population Models: Construction, Analysis and Interpretation, second ed. Sinauer Associates, Sunderland, Massachusetts.

Challender, D.W.S., Waterman, C., Baillie, J.E.M. (Eds.), 2014. Scaling Up Pangolin Conservation. IUCN SSC Pangolin Specialist Group Conservation Action Plan. Zoological Society of London, London, UK.

Challender, D., Waterman, C., 2017. Implementation of CITES Decisions 17.239 b) and 17.240 on Pangolins (Manis spp.), CITES SC69 Doc. 57 Annex. Available from: ＜https://cites.org/sites/default/files/eng/com/sc/69/E-SC69-57-A.pdf＞. [August 2, 2018].

Challender, DWS., Alvarado, D., Archer, L., Brittain, S., Chong, J.L., Copsey, J., et al. (In prep.). Developing ecological monitoring methods for pangolins (Pholidota: Manidae).

Chandler, R.B., Royle, J.A., 2013. Spatially explicit models for inference about density in unmarked or partially marked populations. Ann. Appl. Stat. 7 (2), 936-954.

Conroy, M.J., Runge, J.P., Barker, R.J., Schofield, M.R., Fonnesbeck, C.J., 2008. Efficient estimation of abundance for patchily distributed populations via twophase, adaptive sampling. Ecology 89 (12), 3362-3370.

Cusack, J.J., Swanson, A., Coulson, T., Packer, C., Carbone, C., Dickman, A.,J., et al., 2015. Applying a random encounter model to estimate lion density from camera traps in Serengeti National Park, Tanzania. Wildlife Manage. 79 (6), 1014-1021.

Gibbs, J.P., 2008. Monitoring for Adaptive Management in Conservation Biology. Network of Conservation Educators and Practitioners, Center for Biodiversity and Conservation, American Museum of Natural History, New York.

Gitzen, R.A., Millspaugh, J.J., Cooper, A.B., Licht, D.S., 2012. Design and Analysis of Long-Term Ecological Monitoring Studies. Cambridge University Press, Cambridge.

Heath, M.E., Coulson, I.M., 1997. Home range size and distribution in a wild population of Cape pangolins, *Manis temminckii*, in north-west Zimbabwe. Afr. J. Ecol. 35 (2), 94-109.

Heinrich, S., Wittman, T.A., Ross, J.V., Shepherd, C.R., Challender, D.W.S. Cassey, P., 2017. The Global Trafficking of Pangolins: A Comprehensive Summary of Seizures and Trafficking Routes From 2010-2015. TRAFFIC, Southeast Asia Regional Office, Petaling Jaya, Selangor, Malaysia.

Ingram, D.J., Coad, L., Abernethy, K.A., Maisels, F., Stokes, E.J., Bobo, K.S., et al., 2018. Assessing Africa-Wide pangolin exploitation by scaling local data. Conserv. Lett. 11 (2), e12389.

Ingram, D.J., Willcox, D, Challender, D.W.S., 2019. Evaluation of the application of methods used to detect and monitor selected mammalian taxa to pangolin monitoring. Glob. Ecol. Conserv. 18, e00632.

Irshad, N., Mahmood, T., Hussain, R., Nadeem, M.S., 2015. Distribution, abundance and diet of the Indian pangolin (*Manis crassicaudata*). Anim. Biol. 65 (1), 57-71.

IUCN SSC Pangolin Specialist Group, 2018. Methods for monitoring populations of pangolins (Pholidota: Manidae). IUCN SSC Pangolin Specialist Group, Zoological Society of London, London, UK.

Kendall, W.L., 2001. Using models to facilitate complex decisions. In: Shenk, T.M., Franklin, A.B. (Eds.), Modeling in Natural Resource Management. Island Press, Washington D.C., pp. 147-170.

Kéry, M., Schaub, M., 2012. Bayesian Population Analysis Using WinBUGS: a Hierarchical Perspective. Academic Press, San Diego.

Kéry, M., Royle, J.A., 2016. Applied Hierarchical Modeling in Ecology: Analysis of Distribution, Abundance and Species Richness in R and BUGS, vol. 1: Prelude and Static Models. Academic Press, San Diego.

Khwaja, H., Buchan, C., Wearn, O.R., Bahaa-el-din, L., Bantlin, D., Bernard, H., et al., 2019. Pangolins in global camera trap data: implications for ecological monitoring. Glob. Ecol. Conserv. 20, e00769.

Krebs, C.J., 1991. The experimental paradigm and longterm population studies. Ibis 133 (s1), 3-8.

Lee, P.B., Chung, Y.F., Nash, H.C., Lim, N.T.L., Chan, S.K. L., Luz, S., et al., 2018. Sunda Pangolin (*Manis javanica*) National Conservation Strategy and Action Plan: Scaling Up Pangolin Conservation in Singapore. Singapore Pangolin Working Group, Singapore.

Lim, N.T.L., 2007. Autecology of the Sunda Pangolin (Manis Javanica) in Singapore. M.Sc. Thesis, National University of Singapore, Singapore.

Lim, N.T.L., Ng, P.K.L., 2008. Home range, activity cycle and natal den usage of a female Sunda pangolin *Manis javanica* (Mammalia: Pholidota) in Singapore. Endanger. Sp. Res. 4, 233-240.

Lindenmayer, D.B., Likens, G.E., 2009. Adaptive monitoring: a new paradigm for long-term research and monitoring. Trends Ecol. Evol. 29 (9), 482-486.

Mackenzie, D.I., Nichols, J.D., Lachman, G.B., Droege, S., Royle, J.A., Langtimm, C.A., 2002. Estimating site occupancy rates when detection probabilities are less than one. Ecology 83 (8), 2248-2255.

Mackenzie, D.I., Nichols, J.D., Royle, J.A., Pollock, K.H., Bailey, L., Hines, J.E., 2017. Occupancy Estimation and Modeling: Inferring Patterns and Dynamics of Species Occurrence. Elsevier, New York.

Marler, P.N., 2016. Camera trapping the Palawan Pangolin *Manis culionensis* (Mammalia: Pholidota: Manidae) in the wild. J. Threat. Taxa 8 (12), 9443-9448.

McCarthy, M.A., Possingham, H.P., 2007. Active adaptive management for conservation. Conserv. Biol. 21 (4), 956-963.

Mcdonald-Madden, E., Probert, W.J., Hauser, C.E., Runge, M.C., Possingham, H.P., Jones, M.E., et al., 2010. Active adaptive conservation of threatened species in the face of uncertainty. Ecol. Appl. 20 (5), 1476-1489.

Mohr, E., 1961. Schuppentiere. Neue Brehm-Bucherei. A. Ziemsen Verlag, Wittenberg Lutherstadt.

Nash, H.C., Wong, M.H.G., Turvey, S.T., 2016. Using local ecological knowledge to determine status and threats of the Critically Endangered Chinese pangolin (*Manis pentadactyla*) in Hainan, China. Biol. Conserv. 196, 189-195.

Nash, H.C., Lee, P., Low, M.R., 2018. Rescue, rehabilitation and release of Sunda pangolins (*Manis javanica*) in Singapore. In: Soorae, P.S. (Ed.), Global Re-Introduction Perspectives. Case-Studies From Around the Globe. IUCN/SSC Re-introduction Specialist Group, Abu Dhabi, UAE.

Newing, H., 2011. Conducting Research in Conservation: A Social Science Perspective. Routledge, Oxon.

Newton, P., Nguyen, T.V., Roberton, S., Bell, D., 2008. Pangolins in peril: using local hunters' knowledge to conserve elusive species in Vietnam. Endanger. Sp. Res. 6, 41-53.

Nichols, J.D., Johnson, F.A., Williams, B.K., 1995. Managing North American waterfowl in the face of uncertainty. Annu. Rev. Ecol. Syst. 26, 177-199.

Nichols, J.D., Williams, B.K., 2006. Monitoring for conservation. Trends Ecol. Evol. 21 (12), 668-673.

Nuno, A., St John, F.A.V., 2015. How to ask sensitive questions in conservation: a review of specialised questioning techniques. Biol. Conserv. 189, 5-15.

O'Connell, A.F., Nichols, J.D., Karanth, K.U., 2010. Camera Traps in Animal Ecology: Methods and Analyses. Springer Science & Business Media, Berlin.

Otis, D.L., Burnham, K.P., White, G.C., Anderson, D.R., 1978. Statistical inference from capture data on closed animal populations. Wildlife Monogr. 62, 3-135.

Pagès, E., 1975. Étude éco-éthologique de Manis tricuspis par radio-tracking. Mammalia 39, 613-641.

Pietersen, D.W., Mckechnie, A.E., Jansen, R., 2014. Home range, habitat selection and activity patterns of an arid-zone population of Temminck's ground pangolins, *Smutsia temminckii*. Afr. Zool. 49 (2), 265-276.

Rowcliffe, J.M., Field, J., Turvey, S.T., Carbone, C., 2008. Estimating animal density using camera traps without the need for individual recognition. J. Appl. Ecol. 45 (4), 1228-1236.

Royle, J.A., Young, K.V., 2008. A hierarchical model for spatial capture-recapture data. Ecology 89 (8), 2281-2289.

Royle, J.A., Chandler, R.B., Sollmann, R., Gardner, B., 2014. Spatial Capture-Recapture. Academic Press, San Diego.

Royle, J.A., Fuller, A.K., Sutherland, C., 2016. Spatial capture -recapture models allowing Markovian transience or dispersal. Popul. Ecol. 58 (1), 53-62.

Sollmann, R., Mohamed, A., Samejima, H., Wilting, A., 2013. Risky business or simple solution-relative abundance indices from camera-trapping. Biol. Conserv. 159, 405-412.

Soulé, M.E., 1985. What is conservation biology? Bioscience 35 (11), 727-734.

Soulé, M.E., 1991. Conservation: tactics for a constant crisis. Science 253 (5021), 744-750.

Stober, J.M., Prieto-Gonzalez, R., Smith, L.L., Marques, T. A., Thomas, L., 2017. Techniques for estimating the size of low-density gopher tortoise populations. J. Fish Wildlife Manage. 8 (2), 377-386.

Swart, J.M., Richardson, P.R.K., Ferguson, J.W.H., 1999. Ecological factors affecting the feeding behaviour of pangolins (Manis temminckii). J. Zool. 247 (3), 281-292.

Waits, L.P., Paetkau, D., 2005. Noninvasive genetic sampling tools for wildlife biologists: a review of applications and recommendations for accurate data collection. J. Wildlife Manage. 69 (4), 1419-1433.

Willcox, D., Nash, H.C., Trageser, S., Kim, H-J., Hywood, L., Connelly, E., et al., 2019. Evaluating methods for detecting and monitoring pangolin (Pholidata: Manidae) populations. Glob. Ecol. Conserv. 17, e00539.

Williams, B.K., Nichols, J.D., Conroy, M.J., 2002. Analysis and Management of Animal Populations. Academic Press, San Diego.

Wong, A., Fuller, A.K., Royle, J.A., 2018. Adaptive Sampling for spatial capture-recapture: an efficient sampling scheme for rare or patchily distributed species. bioRxiv, 357459.

Wu, S.B., Liu, N.F., Ma, G.Z., Xu, Z.R., Chen, H., 2003. Habitat selection by Chinese pangolin (*Manis pentadactyla*) in winter in Dawuling Natural Reserve. Mammalia 67 (4), 493-501.

Yoccoz, N.G., Nichols, J.D., Boulinier, T., 2001. Monitoring of biological diversity in space and time. Trends Ecol. Evol. 16 (8), 446-453.

第 36 章　中国台湾中华穿山甲种群生存力评估与保护规划

吉姆·高[1]，赵荣台[2]，杰森·秦[1]，廖洪江[1]，李宇文[1]，卡洛琳·利斯[3]，

凯西特雷勒-霍尔兹[3]，陈玉婷[1]，弗洛拉·罗萱怡[1]

1. 台北动物园，中国台湾台北
2. 台湾林业科学研究所，中国台湾台北
3. 世界自然保护联盟物种生存委员会自然保育规划专责小组，美国明尼苏达州苹果谷

引　言

中华穿山甲（*Manis pentadactyla*）在中国台湾分布于低地地区（Sun et al.，2019）。许多作者（Allen，1938；Chao，1989）基于形态学特征认为它是一种独特的亚种——台湾穿山甲（*M. p. pentadactyla*），但需要更多的研究来弄清它的分类地位（见第 4 章；Kao et al.，2019）。当地的过度利用、国际贸易与非法交易导致亚洲穿山甲种群数量降低（见第 14 章、第 6 章），但是中国台湾的中华穿山甲是现存少数几种自然状态下相对稳定的种群之一。该地区的保护实践和研究工作保障了中华穿山甲的种群生存，扩展了穿山甲现有的知识，并进一步促进了保护工作开展。

20 世纪 50 年代至 60 年代，为了满足人们对穿山甲鳞片的需求，中国台湾每年至少有 60 000 只中华穿山甲被抓获（Chao，1989）。这导致 20 世纪 70 年代末穿山甲数量下降，中国台湾开始从东南亚采购穿山甲（见第 16 章）。尽管当地还在继续因肉和甲片需求（药用目的）对穿山甲进行猎捕，但种群数量有所回升。一项 1988～1989 年对当地猎人的调查发现，与前些年相比每月捕获的穿山甲数量减少，猎人在野外发现穿山甲比较困难（Chao，1989）。

尽管有捕获和利用穿山甲的历史，但是对中国台湾中华穿山甲野生种群的了解还很少，直到 1980年赵荣台（Jung-Tai Chao）和台湾林业科学研究所（TFRI）开始对其进行生物学、繁殖和保护研究。缺乏关于中华穿山甲的知识也限制了其圈养工作。20 世纪 90 年代，台北动物园发起了穿山甲救援项目——"野生动物避难和救护中心运营项目"，并开始积累穿山甲兽医护理和人工饲养经验。最初救护的穿山甲由于饮食不足引起消化问题，死亡率很高（Chin et al.，2012）。由于兽医缺乏穿山甲生理和生物知识，对穿山甲健康状态的监控非常不准确，有时会出现误判。饲养员也不知道微生境会如何影响穿山甲行为，因此无法给动物提供最好的圈养环境。

但是，迁地保护管理为观察动物和环境因素提供了方便，因为这些都是可控、可监测的。随着时间推移，在穿山甲生殖医学、人工饲养和兽医护理方面收集到了有价值的数据和信息，并最终开发出合适的饲料（Chin，2006，2007，2008；台北动物园未发表数据；Yang et al.，2001；Yang，2006）。1995～2004 年，台北动物园救护的穿山甲中 67%的死亡都是由于消化问题（Chin et al.，2012）。但是，2008～2017 年，这样的死亡率下降到了 13%（台北动物园未发表数据）。

穿山甲圈养的进步也反映在成功繁殖上。1997 年 12 月台北动物园首例成功繁育的中华穿山甲，产下了一只雄性中华穿山甲，名为穿莔（Chuan Pan）；它的父母分别是 1995 年与 1996 年救护的。这只穿

山甲至今还活着，已经超过 20 岁。它还成功繁殖出了雌性穿山甲后代，而这只雌性穿山甲又繁殖出了两只后代。

尽管 21 世纪初救护的穿山甲死亡率有所降低，但是野生穿山甲仍然受到盗猎、诱捕和野狗攻击的威胁（Wang et al.，2011）。为了解决野生穿山甲知识匮乏的问题、进行有针对性的研究、提升穿山甲保护，台北动物园、台湾林业科学研究所、IUCN 物种生存委员会穿山甲专家组及台当局"农委会"一起合作进行了台湾中华穿山甲种群生存力分析，规划了保护战略。2004 年，在台当局"农委会"的资助下，台北动物园邀请 IUCN 物种生存委员会保护规划专家组（以前被称为保育专家组），为中国台湾中华穿山甲举行了种群和栖息地生存力评估（PHVA）研讨会。

2004 年穿山甲种群和栖息地生存力分析

穿山甲种群和栖息地生存力评估研讨会是一个由多方利益相关者参与、基于科学的物种保护规划的过程，该过程与世界自然保护联盟物种生存委员会推荐的通用规划规程一致，在 20 世纪 80 年代由保护规划专家组研发（IUCN SSC，2017）。全体会议和小组讨论可用来分析问题、设定目标、评估潜在解决方法及推荐的保护行动。研讨结果通常提供一个量化工具，如种群生存力分析模型，帮助生态学家、管理者和其他利益相关者理解种群面临的主要威胁并评估保护行动是否有效。

2004 年的研讨会上（图 36.1），来自大学、台湾当局和动物园的 42 位参与者分组讨论了中华穿山甲的保护，其中有两个讨论威胁相关的工作组：一个主要关注栖息地问题，一个关注人为相关的威胁，另有一个小组从事种群生物学和种群生存力分析建模（Chao et al.，2005）。

图 36.1　台北动物园 2004 年穿山甲种群和栖息地生存力评估研讨会。

对栖息地相关问题进行的讨论，识别出了三个主要关切的土地利用活动：道路建设、房屋及糟糕的农业生产。并制定了具体的保护行动，以缓解每一项威胁，达到降低栖息地丧失、破碎化和退化的目标（表 36.1）。

表 36.1　种群和栖息地生存力评估研讨会识别的与栖息地相关的威胁，2004 年研讨会的建议，2017 年前取得的进展及 2017 年研讨会的建议

威胁	2004 年种群和栖息地生存力评估研讨会建议	进展（2004～2017 年）	2017 年种群和栖息地生存力评估研讨会建议
修建道路	提升对新道路建设的严格审查 考虑使用廊道将栖息地连接起来 限制穿山甲栖息地中道路的使用	自 2004 年起，台湾当局"主管部门"每年都会安排一批预算以缓解道路建设对野生动物的负面影响，包括建立生态廊道、控制入侵物种及阻止不必要的道路建设 2017 年，台湾当局"主管部门"为所有的公共建设计划建立了《公共建设生态清单机制》	发起研究以填补道路建设如何影响穿山甲种群及其保护方面的知识空白 确定穿山甲在道路上被撞死的频次及发生的地点（即热点地区） 回顾已有的关于穿山甲路杀的信息，并评估其对种群的影响 为靠近路杀热点地区和穿山甲栖息地的当地教育工作者建立一个传播信息的平台
修建房屋	减少低地丘陵地区开发 建立保护区 实施建设法 建立严格的环境影响评估 鼓励生态（环境友好型）工程 启动社区宣教项目	自 2004 年起，已经建立了包括地区公园、自然保护区和野生动物保护区在内的 9 个新自然保护地 其中的 7 个都在低地丘陵地区	启动关于人类使用导致土地利用转变与穿山甲出现和种群之间关系的研究
农业滥用	加强对滥用土地行为的执法（通过台湾行政主管部门） 制定指导方针或举办教育活动，提高公众对穿山甲的认识 鼓励栖息地恢复 减少杀虫剂和除草剂的使用 鼓励生态种植（有机）	2009 年，由台湾行政主管部门批准，台当局"农委会"出台了乡村振兴政策，以替代农业补贴，从事固碳及推销环境友好型农产品 2017 年，台当局"农委会"宣布三年内使其有机农业的种植面积翻倍至 0.8%。"有机农业促进有关规定"颁布于 2018 年 5 月 30 日 由《生物多样性公约》缔约方大会确认的《里山倡议》（The Satoyama Initiative）受到了台湾当局、私营部门和 NGO 的支持	启动关于人类利用导致土地用途转变与穿山甲出现和种群之间关系的研究

人类活动对穿山甲种群的最严重威胁是野狗捕食和直接偷猎穿山甲。土地开发及其相关活动也对穿山甲种群构成了潜在的负面影响。尽管也讨论了杀虫剂的使用和外来穿山甲的出现可能会带来的疾病风险，但是这类影响还不确定。缓和这些威胁的目标是：控制野狗数量、停止偷猎、减少中国台湾对穿山甲及其产品的需求。这要通过更好地执行 1989 年生效的所谓"野生动物保护法"以及推广替代品来代替传统中药中的穿山甲甲片来实现（表 36.2）。

表 36.2　种群和栖息地生存力评估（PHVA）研讨会识别出的人为威胁因素，2004 年研讨会的建议，2017 年前取得的进展及 2017 年研讨会的建议

威胁	2004 年种群和栖息地生存力评估研讨会建议	进展（2004～2017 年）	2017 年种群和栖息地生存力评估研讨会建议
野狗/流浪狗/家狗	将流浪狗从穿山甲栖息地中清除 给宠物狗安装微芯片 有效控制垃圾，避免给流浪狗提供食物	越来越多的流浪狗正对包括穿山甲在内的野生动物构成严重威胁	建立一个平台，收集流浪狗对穿山甲影响的科学证据 提升流浪猫狗对穿山甲种群影响的教育 与台湾"有关当局"开会讨论如何改善流浪狗的管理 通过更完善的标准操作程序，改善由台湾"有关当局"运作的野生动物热线（报告受伤的穿山甲）
偷猎	加强所谓"野生动物保护法"的执行 移除捕捉野生动物的陷阱 组织志愿看守队防止偷猎	公众的生物多样性和保护意识普遍提高，野生动物的开发利用有所减少	设计一个司法培训课程，内容包括环境、生物多样性、偷猎和诱捕野生动物等 召集相关利益者审查适用的有关规定及其执行方面的问题 讨论如何提高野生动物利用、诱捕和栖息地管理水平 进行研究为台湾当局的战略规划和执法提供基本资料（如盗猎甲片）

续表

威胁	2004 年种群和栖息地生存力评估研讨会建议	进展（2004～2017 年）	2017 年种群和栖息地生存力评估研讨会建议
人为干扰	对穿山甲产品的需求 加强所谓"野生动物保护法"的执行	公众的生物多样性和野生动物保护意识普遍增强	
	减少对穿山甲及其产品的需求 在中药中推广使用猪蹄替代穿山甲甲片	台湾野生动物的使用已经减少，部分因为所谓"动物保护法"和所谓"野生动物保护法"的实施	
	组建监督小组防止偷猎和贩运		
	为地区公园、自然公园和森林游乐区的游客制定"行为准则"	公众的生物多样性和保护意识普遍提高，野生动物的开发利用有所减少	建立适当的教育计划，提高公众保护环境的意识，实施有针对性的行为改变计划以促进亲近环境的行为
	遵循公园的有关规定		
	提高公众对本地动植物的认识		

　　人类活动会造成穿山甲受伤或流离失所。如前所述，由于缺乏人工饲养和兽医护理的知识，穿山甲的救护和康复令人饱受困扰。因此建议加强传播台北动物园救护和研究中华穿山甲的经验与知识，并鼓励对救护和护理开展进一步的研究（表 36.3）。

表 36.3　种群和栖息地生存力评估研讨会识别出的迁地保护相关的问题，
2004 年研讨会的建议，2017 年前取得的进展及 2017 年研讨会的建议

问题	2004 年种群和栖息地生存力评估研讨会建议	进展（2004～2017 年）	2017 年种群和栖息地生存力评估研讨会建议
缺乏对获救穿山甲的兽医护理知识	建立检疫和体格检查规程 开展穿山甲解剖、生理、营养和医疗保健研究	通过台北动物园的救护与康复系统，在穿山甲兽医护理、人工饲养、营养及繁殖方面积累经验并开展研究	成立穿山甲救援整合工作小组 在救援中心之间建立长期沟通机制
圈养期间的饮食问题	进行营养研究 确定合适的日粮	在穿山甲特定饲料方面取得了进展，包括制定了幼年穿山甲饲养方案	进行进一步的饲养营养、生理和繁殖研究
缺乏标准化的程序	为检疫和基本体检程序制定饮食和规程	通过台北动物园的救护与康复系统，在穿山甲兽医护理、人工饲养、营养及繁殖方面积累经验并开展研究	举办研讨会，将现有的三个救援中心聚集在一起，分享标准的操作程序，并就释放后的监测准则达成一致
			规范研究方案和方法，确保从获救个体收集到需要的信息
对受伤穿山甲的容纳能力不足			探讨在台湾东部增设救援中心的可行性
			建立培训计划，增加拥有穿山甲人工饲养专业知识的人员数量
缺乏一个妥善管理的迁地保护保险种群		台北动物园已建立繁殖种群以供研究之用	制定并遵循保留不可释放的救护穿山甲指南
			在台湾的三个救援中心为穿山甲分配可用的空间，最大限度地提高救护能力

　　由于缺乏关于穿山甲生活史、种群和威胁相关数据的信息及知识，种群生存力分析面临挑战。利用 VORTEX 软件程序建立的一个穿山甲种群模型，可以模拟野生动物种群增长的复杂动态，以及这些动态在人为活动威胁情况下随时间的变化（Lacy，1993）。2004 年的基准模型预测中国台湾穿山甲种群数量有缓慢下降的趋势，但存在一定的不确定性。灵敏度测试是用来确定模型结果最关键的参数，使我们制定出了一份需要优先研究的清单，为更全面评估野生中华穿山甲种群生存力填补了重要的数据空白（表 36.4）。2004 年的数据不足以使用种群生存力分析模型对种群进行可靠预测，也不足以评估潜在的管理策略功效。

　　尽管在 2004 年种群和栖息地生存力评估研讨会之前可用的穿山甲种群知识比较有限，但是研讨会对穿山甲保护发挥了有益的作用。研讨会通过加强参与者与利益相关者的交流与合作，强调了了解穿山甲

知识的必要性，更重要的是研讨出了今后的研究方向。在专业知识的支持下，研讨会参与者能够制定优先保护目标并提出可以作为穿山甲保护管理策略框架的行动建议。

2004 年种群和栖息地生存力评估研讨会后续开展的工作

2004～2016 年，中国台湾采取的很多保护行动都让穿山甲受益。其中一些行动直接产生于 2004 年种群和栖息地生存力评估（PHVA）研讨会，其他活动是大范围保护行动的结果，其中包括台湾当局层面的保护。

2004 年的种群和栖息地生存力评估（PHVA）研讨会提高了中国台湾对中华穿山甲研究的关注，增强了对该物种的了解。2004～2016 年，11 个硕士和 1 个博士研究生研究了该物种，研究主题从生活史、群体遗传学到救护草案、生态学和疾病（Khatri-Chhetri et al.，2016）。此外，2006 年设计完成和投入使用了野生动物救护和报告系统（Wang，2007）。这促成了中国台湾路杀观测网络的发展，观测网络自 2011 年 8 月一直积极地记录台湾穿山甲路杀事件。中华穿山甲是该网络追踪的 31 个重点物种之一，该网络有14 000 多名成员，向公众展示了道路对野生动物的负面影响。

成立于 2004 年的观察者生态顾问有限责任公司（OECC）协助中国台湾有关当局转变为一个生态导向的建设组织。中国台湾有关当局每年编列预算，以减轻道路建设对野生动物的负面影响，并资助了生态廊道建设项目，用于连接道路和道路建设导致的孤立栖息地，有助于减少生境破碎化的影响，并通过规划阶段的干预防止不必要的道路建设。

公共建设委员会在 2017 年后向 21 个中国台湾有关当局提出正式申请，提出在将来所有的公共建设计划中采用并进一步完善"公共建设生态清单制度"。虽然尚处于初期阶段，但在所有公共建设中采用这项机制，可避免破坏野生动物的生境和走廊，令中国台湾的生物多样性受益，其中包括中华穿山甲。

随着中国台湾许多低海拔地区的发展，人类对穿山甲及其栖息地的影响在过去几十年不断增长。两项由台湾当局牵头的主要行动有益于穿山甲保护。首先，从 2004～2018 年，建立了 3 个公园、3 个自然保护区、4 个野生动物保护区及 7 个野生动物主要栖息地。这 17 个新建保护地中有 5 个主要坐落在穿山甲出现的低海拔地区，分别是旭海-观音鼻自然保留区、北投石自然保留区、桃园高荣野生动物保护区、翡翠水库食蛇龟野生动物保护区、云林湖本八色鸟主要栖息地。由于保护区受到严格的开发规则约束，这些新保护地会对穿山甲数量恢复产生积极的影响。

其次，2009 年台当局"农委会"出台了一项乡村振兴政策，得到了中国台湾行政主管部门的支持。这项政策的要点是：①用对乡村社区的投资替代农业补助；②在农村社区内从事固碳活动；③推销环境友好型农产品。2017 年，台当局"农委会"发布公告，宣布三年内将有机农业种植面积扩张至两倍，达到中国台湾陆地面积的 0.8%左右。公告发布之后，2018 年 5 月 30 日颁布了"有机农业促进有关规定"，并于 2019 年正式实施。

另外，《生物多样性公约》第 10 次缔约方大会确认了《里山倡议》是能促进理解人为因素影响自然环境的工具，可以同时使生物多样性和人类受益。《里山倡议》旨在通过环境友好耕作方式恢复或重建社会-生态生产景观，这包括大量减少或在某些情况下完全禁止使用农药、除草剂和化肥等。

Khatri-Chhetri 等（2017）发现 2003～2014 年，中国台湾东南部的穿山甲死亡个体肝脏和呼吸系统病变的发病率很高。Sun 等（2019）提出这可能是由于长期暴露在有毒环境中，因为中国台湾农场经常使用杀虫剂和除草剂。穿山甲死亡率和农药之间的关系仍不清楚，需要进一步开展研究，而乡村振兴政策和《里山倡议》行动会带来更清洁的环境，并更好地恢复自然栖息地，这对包括穿山甲在内的野生动物都有益。

穿山甲仍然面临着许多威胁。越来越多的野狗成为当地野生动物包括穿山甲的严重威胁。据估计，2009 年中国台湾大约有 85 000 只野狗，到 2015 年这一数字上升至 128 000（Council of Agriculture,

Executive Yuan，2009，2015）。其次，东亚包括中国台湾存在穿山甲非法贸易。尽管没有证据表明中国台湾有穿山甲非法贸易的情况（前面提到的被查没的穿山甲可能产自东南亚的其他地方，见第 16 章），但是有其他物种被捕获并贩运的情况 ［如黄额闭壳龟（*Cuora flavomarginata*），Chen and Wu，2016］，台湾当局"主管部门"有必要对未来可能发生的穿山甲偷猎和贩运保持警惕。

鉴于 2004～2016 年对穿山甲保护采取的积极行动，以及穿山甲正面临的和潜在的威胁，2017 年台北动物园与其他主要利益相关方召集专家，开展了中国台湾中华穿山甲种群状态回顾与讨论，并重新评估了保护行动和相关保护策略。

2017 年种群和栖息地生存力评估

中国台湾中华穿山甲第一次种群和栖息地生存力评估（PHVA）研讨会举行后的 13 年，2017 年 12 月，台北动物园联合台当局"农委会"、特有生物研究保育中心、穿山甲专家组和保护规划专家组共同举办了第二届国际穿山甲种群和栖息地生存力评估（PHVA）研讨会（Kao et al.，2019）。穿山甲种群和栖息地生存力评估（PHVA）研讨会之前有两次为期一天的预备会议：第一次为种群生存力分析模型（PVA）建立会议；第二次为"一个计划方法"会议，该会议重点突出物种保护规划过程。PVA 作为一个量化规划工具，也是将迁地保护行动整合进保护规划的工具。保护规划的"一个计划方法"包括一个所有负责方都参与的计划，不管是否包含就地保护和迁地保护，都要参与其中，最终的目的是支持物种野外的保护（见第 31 章）。最终有 130 位参与者，其中有来自 13 个国家超过 70 位专家参加了种群和栖息地生存力评估（PHVA）研讨会和预备会议（图 36.2）。

图 36.2　台北动物园 2017 年穿山甲种群和栖息地生存力评估（PHVA）研讨会参会人员合照。

种群建模

根据中国台湾地区中华穿山甲种群规模、生物学和受威胁的最新数据进行的种群建模显示，野生穿山甲种群数量没有下降，没有监测到重大的威胁，预测穿山甲种群有良好的生存能力。敏感性分析确定成年雌性存活率和生殖率是未来种群数量增长与生存能力提升的主要驱动因素。为了更好地评估中华穿山甲种群的未来，并为中国台湾中华穿山甲种群保护制定有效的管理策略，还需要填补繁殖与存活方面的重要知识空白，特别是威胁因素（如狗、道路、盗猎）对穿山甲的影响及程度方面。虽然穿山甲生物学特性仍存在一些不确定性，但所建立的模型代表了现有穿山甲的最佳种群模型，并可作为今后其他穿山甲物种种群生存力分析的基础（表框36.1）。

表框 36.1　中国台湾中华穿山甲种群生存力分析

自然和人为的复杂交互因素共同影响了野生动物种群的命运。种群生存力分析使用计算机程序模拟其复杂性，评估目前和变化条件下的种群状态。为了配合 2017 年种群和栖息地生存力评估研讨会，我们利用 VORTEX（v10.2.14）软件对中国台湾中华穿山甲种群进行了种群生存力分析（Lacy and Pollak, 2017）。台北动物园和特有物种研究所整理了详细的种群资料，并在作种群和栖息地生存力评估前由穿山甲专家进行了修订。虽然对中华穿山甲的生物学、种群大小和受威胁的了解尚不全面，但通过综合评估已发表和未发表的数据及专家意见，得出了有价值的分析结果。种群生存力分析详细资料，参见 Kao 等（2019）的研究报告。

虽然中国台湾还没有可靠的野生穿山甲种群估计值，但是研究表明，存在 4 个连接受限的亚种群。栖息地适宜性建模构建了一个穿山甲潜在栖息地空间分布模型，为了构建种群生存力模型，我们估计了穿山甲密度和占域比例。

野外和圈养数据被用来作为模型的繁殖数据输入。这些包括长期的单配偶制，首次繁殖平均年龄为 2～3 岁，最大年龄 15 岁，两次繁殖的平均间隔为 1.5 年。死亡率基于一般哺乳动物的生活史特征（如世代时间和预期内增长率）、动物园数据和野外种群趋势及路杀和救护的死亡率数据的基础产生。

由于缺乏野生穿山甲数据，研究用敏感性测试探索作为主要模型输入项以确定哪个参数对种群生存力影响最大。影响评估中国台湾野生中华穿山甲种群生存力及有效保护管理策略制定的因素包括：野生种群大小和破碎化程度、种群动态、繁殖率、穿山甲损失原因（死亡或捕获）和比例及不同地区的威胁因子。了解穿山甲自然和人为导致的死亡率是了解这些种群未来生存力的关键。在缺乏具体相关知识的情况下，专家意见和积极主动的做法有助于确定潜在的威胁和可以缓解这些威胁的未来的行动。当务之急，要了解和尽量减少成年雌性生存与繁殖的威胁因素。

如果没有穿山甲种群统计数据和面临威胁的准确知识，很难对中华穿山甲未来种群生存力和可以承受的损失水平进行准确的估计。一项探究损失对穿山甲种群影响的评估发现，当每年强度变化 4% 时会显著降低种群数量，可导致种群数量年损失 6%～7%（图 36.3）。包括盗猎和路杀或被野狗捕食的非自然威胁因素导致的种群减少。野生种群能够承受的实际损失数量取决于实际种群规模、其他形式的死亡及种群数量比率。

尽管野生中华穿山甲种群数量比率、种群大小和分布、人为威胁因素都存在不确定性，但也有足够的信息用来作种群生存力分析，为指导未来研究和潜在管理措施提供有益的信息。没有来自野外的直接证据或模拟结果表明，中华穿山甲种群在中国台湾地区有所下降，尽管这些结论需要谨慎解释。随着对穿山甲生物学、死亡形式和比率的认识不断提高，更可靠的生存能力预测将有可能指导有效的管理行动，以保护穿山甲。

在获得更好的种群数量结构率数据，特别是种群估计和威胁数据的前提下，提升繁殖率、减少野生成年雌性穿山甲死亡率的行动是提升种群生存力的推荐管理措施。

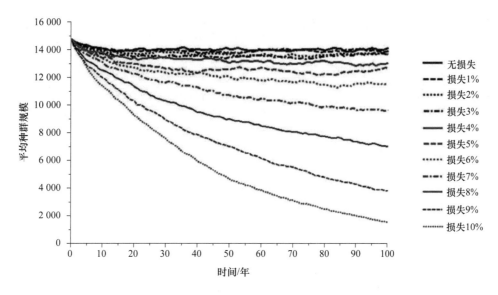

图 36.3　基于基本模式的中国台湾穿山甲种群平均规模预测。

保护行动计划

在一次全体研讨会上，与会人员就中国台湾穿山甲的前景达成共识，确认了野生穿山甲生存的威胁和障碍。同时成立了三个工作组，处理的问题有：①栖息地改善和来自人类的直接威胁（合并了 2004年种群和栖息地生存力评估研讨会的两个主题）；②种群生物学、分布和野外状态（包括填补数据缺口并进行研究）；③迁地保护行动，以支持穿山甲保护。

与会者讨论了一系列已知和潜在的由人类直接造成的威胁，包括被野狗和猎狗捕杀、路杀、人为开发（土地用途转变）、诱捕、非法贸易（潜在威胁）、森林火灾（潜在威胁）和采伐（潜在威胁）。提出了 4 项目标及为实现这些目标而采取的行动：了解并量化每种威胁对中国台湾穿山甲数量及保护的影响；确保管理动物福利和野生动物保护的规章得到充分有效的执行，并确保相关政策相互支持；提高公众意识，针对重点受众开展有针对性的行为改变活动，确保公众教育以正确的方式、由正确的人实施；研究及实施保护穿山甲的措施，鼓励人与穿山甲在自然环境下或人工改造的栖息地里共存（表36.1，表 36.2）。

通过对种群生物学、分布和野生种群现状的分组讨论，确定了中华穿山甲保护的空白信息，主要可分为 4 个方面：集合种群结构和特征、数量和生境质量、健康状况及中国台湾分布的中华穿山甲的分类学地位。因此建议成立一个工作小组——中国台湾中华穿山甲核心小组来协调研究和保护（表 36.4）。

表 36.4　种群和栖息地生存力评估研讨会识别出的优先研究需求，
2004 年研讨会的建议，2017 年前取得的进展及 2017 年研讨会的建议

问题	2004 年种群和栖息地生存力评估研讨会建议	进展（2004～2017 年）	2017 年种群和栖息地生存力评估研讨会建议
研究管理	建立一个整合穿山甲研究信息的数据库 提升穿山甲生物学和种群的基础研究	2004～2016 年有 11 位硕士研究生和1 位博士研究生完成了关于中国台湾地区中华穿山甲的论文	成立研究工作组和伦理委员会，目的：设定研究优先级和规范方案；协调研究人员和救援机构之间的数据共享和样本交换；确保研究和保护活动的资金；开发种群监测的培训课程
分类学	阐明中国台湾地区中华穿山甲的分类地位		阐明中国台湾地区中华穿山甲的分类地位

续表

问题	2004 年种群和栖息地生存力评估研讨会建议	进展（2004~2017 年）	2017 年种群和栖息地生存力评估研讨会建议
物种生态学	解剖学和生理学研究	一个硕士研究生完成了关于食物消化率的论文	发起研究填补已确定的知识空白（Kao et al.，2019）
生活史数据	进行无线电研究，追踪穿山甲的繁殖率和生存率	完成了一篇关于繁殖与亲代照顾的硕士论文（Chan，2008）	填补关键种群参数方面的重要知识缺口（Kao et al.，2019）
	为研究和救护制定合适的抓捕和保定方法	在台北动物园建立了研究计划和迁地繁殖种群	
	制定识别穿山甲年龄的标准方法		
种群数据（大小和结构）	验证利用洞穴计数法估计穿山甲种群的方法	基于微卫星变异，一个硕士研究生完成了一篇关于中国台湾中华穿山甲亲属关系和社群结构的论文（Chang，2014）	确定集合种群结构和特点
	探索种群研究的其他普查方法		
	为分类研究制定基因标记		
	阐明种群的基因结构		
栖息地数据	确定不同栖息地的穿山甲种群密度	完成了关于家域大小、洞穴生境、栖息地分布的 3 篇硕士论文	确定穿山甲生境范围和生境质量
	确定适合穿山甲生存的栖息地类型		
威胁数据	确定死亡率及其原因	完成了一篇健康监测与疾病监测的博士论文	确定整体健康状况
		完成了肠道寄生虫、救护康复、穿山甲产品鉴定等 4 篇硕士论文	

　　来自中国台湾穿山甲救护中心，以及中国香港、马来西亚沙巴、泰国和越南救助中心的代表及来自尼泊尔的穿山甲救助个人与台北动物园、野外保护工作代表会面，并探讨了穿山甲迁地保护的潜在方案。完成这个方案运用了《世界自然保护联盟物种迁地保护管理使用指南》（IUCN SSC，2014；见第 31 章）。中国台湾中华穿山甲迁地保护有三重作用：救护、康复和放归，研究，防止灭绝。通过小组讨论探讨了制定发挥这些作用的项目的相对价值、风险和可行性，以及如何将迁地保护种群对穿山甲保护的作用最大化。小组讨论提出了以下建议：①在中国台湾进行最好的穿山甲救护、康复、放生实践；②进行迁地种群研究，以更好地理解穿山甲保育管理；③为保险起见，利用救护过程中保留的个体建立一个中华穿山甲繁殖种群（表 38.3）。

　　没有证据表明穿山甲在中国台湾的种群数量在过去 10 年有所下降，有些地区甚至传闻它们的种群数量在增加。与全球穿山甲的处境相比，中国台湾可能是仅存的几个可以在相对自然的条件下研究穿山甲的地点之一。然而，要确保种群长期存活，仍然存在一些挑战。2017 年种群和栖息地生存力评估研讨会之后，紧接着又召开了保护战略规划会议。这导致了"中国台湾穿山甲核心小组"的成立，目的是协调信息共享、实施保护策略和行动计划。此后，以下小组纷纷成立：穿山甲研究小组（由特有物种研究所领导），穿山甲保护策略小组（由台湾当局"主管部门"领导），穿山甲教育小组（由台北动物园领导），穿山甲救护联合小组（由台北动物园领导；图 36.4）。研讨会鼓励广泛的利益相关方发挥领导作用，最大限度地提高实施建议行动的可能性。

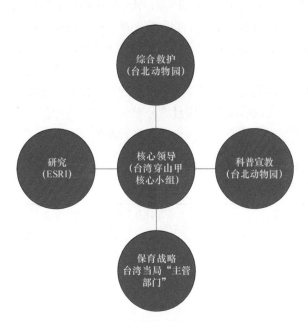

图 36.4　中国台湾穿山甲保护战略和行动计划实施框架。

两次穿山甲种群和栖息地生存力评估研讨会的比较和教训

对比 2004 年和 2017 年的两次穿山甲种群和栖息地生存力评估研讨会，参与者类型、发挥的作用和活动及讨论的议题都有很大不同（表 36.5）。

表 36.5　2004 年与 2017 年穿山甲种群和栖息地生存力评估研讨会的比较

种群生存力分析	2004 年	2017 年
时间	11 月 23～26 日	12 月 3～8 日
参与方	穿山甲研究人员，学者和研究生，动物园员工，其他从事穿山甲保护的生态学家	穿山甲研究人员，学者和研究生，动物园员工，救护中心、生态和野生动物保护方面的民间组织，生态咨询公司，其他从事穿山甲保护的生态学家
种群生存力分析讨论工作组	栖息地恢复 人为引起的威胁 种群生态学/模型	种群生态学 人为威胁 迁地保护管理
问题	栖息地与环境：土地利用，栖息地丧失、破碎化、退化，缺少关于穿山甲栖息地需求的知识 人为活动：公路建设、房屋、农业 野狗 盗猎 中华穿山甲与马来穿山甲间杂交 饲养和兽医护理 杀虫剂的使用	中华穿山甲状态信息 栖息地与环境：土地利用、暴雨、砍伐树木、森林火灾、食物资源 野狗 路杀 猎套和鼷狗 非法贸易 救援、康复与放归
目标	减少栖息地丧失、破碎化、退化，最小化人为干扰对栖息地的影响，增加对穿山甲栖息地利用的了解 禁止盗猎，减少对穿山甲的需求 提升公众意识 控制野狗种群 停止或减少剧毒杀虫剂的使用 明确中国台湾中华穿山甲的分类地位 提升穿山甲兽医护理水平及它们的生物学和药理学知识 弄清穿山甲生物知识空白以确定保护研究优先项	收集关于穿山甲生物学、分布、栖息地和威胁的关键信息 保证对穿山甲种群和其栖息地的足够保护 最大限度地保护迁地穿山甲
行动	制定规章制度：强化新路建设审查，提升土地滥用的执法力度 建立栖息地连接：如高速公路廊道，限制适宜栖息地的道路建设 减少低山区域的发展，建立保护区 鼓励栖息地恢复，减少使用杀虫剂和除草剂 鼓励研究人员将研究焦点放在穿山甲上	形成专门工作小组协调保护行动，每五年回顾一次保护进程：中国台湾穿山甲核心小组、研究小组、穿山甲保护策略小组、教育小组、穿山甲救护联合小组（Kao et al., 2019）

跨学科研究有所增加，如来自动物园和大学的动物学和昆虫学学者合作分析穿山甲的自然食谱，改进人工饲料，最终得到实用的救护和人工饲养技术。生态学顾问也使用地理信息系统分析了穿山甲栖息地面积，为穿山甲保护作出了贡献。

中国台湾的动物园和救护中心在 2017 年种群和栖息地生存力评估研讨会上发挥的作用比 2004 年重要了许多。分析 10 年有价值的数据，其结果可以对提高未来穿山甲的饲养、繁殖、兽医护理、生长速度、幼崽发育、营养需求、人工饲粮和疾病预防提供一定帮助。种群生存力分析启发了救援中心合作制定救援和放归穿山甲的标准程序及创建研究项目。

2017 年的种群和栖息地生存力评估研讨会有中国台湾 3 家动物保护组织及其他 5 个民间保护组织和救援组织参与，包括国家公园与野生动植物保护管理局（泰国）、嘉道理农场暨植物园（中国香港）、沙巴野生动物救护中心（马来西亚）、拯救越南野生动物组织（越南）和小型野生哺乳动物保护和研究基金会（尼泊尔）。这是 8 个组织第一次召开会议，会议分享了多个案例的研究经验并讨论了保护穿山甲的国际行动。

2004 年种群和栖息地生存力评估研讨会上提出的某些问题，如使用杀虫剂和除草剂，与外来穿山甲物种杂交的可能性，已不再被认为是保护问题（如马来穿山甲）。但一些威胁还依然存在并在未来有可能变得更加严峻，亟需行动，如栖息地被破坏、狩猎和偷猎、非法诱捕、非法贸易、路杀和野狗袭击。

2017 年种群和栖息地生存力评估研讨会更加系统地厘清了 2004 年提出的问题，进一步明确了中国台湾穿山甲保护应该做的事情。将进一步研究野生穿山甲的生活史和种群数量比例、种群大小和分布、遗传特征、密度和栖息地利用及兽医护理等方面的知识，填补知识空白。中国台湾穿山甲保护协会很乐观，因为有一个专门的小组就商定的优先事项采取行动。

通过在中国台湾举办的两次中华穿山甲种群和栖息地生存力评估研讨会，有以下几点经验总结。

（1）种群生存力分析过程可以作为一种工具来帮助识别主要的威胁，并确定应该采取哪些优先行动来减缓这些威胁。

（2）研讨会可以为当地科学家和其他利益相关方提供一个平台，让他们分享和整合当前信息，总结濒危物种现状，并在研究和保护活动方面进行合作。

（3）种群生存力分析过程中延长的讨论阶段（3~4d）可以提升利益相关方之间的协作，并且可以使专家和利益相关者之间建立共识，形成多学科的团队。

（4）种群生存力分析为媒体曝光提供了机会，加强了公众对受威胁物种及其面临的威胁因素的认识。

（5）2017 年举行的第二次种群和栖息地生存力评估研讨会提供了机会衡量 2004 年第一次研讨会以来的保护进展，修改了保护计划和策略，以反映当前的社会经济和生态环境。

（6）研讨会所有的讨论环节囊括所有的利益相关方非常重要，最终可以整合形成一个物种保护的总体计划方案（"一个计划"途径）。

（7）成立一个专门工作小组来协调达成的行动是实施保护行动最重要的策略。

中国台湾穿山甲的未来

穿山甲全球贸易盛行。中华穿山甲数量在 20 世纪后期急剧下降，中国台湾似乎是唯一一个拥有穿山甲稳定种群的地区。通过两场种群和栖息地生存力评估研讨会及持续超过 13 年的保育行动，我们已经积累了不少中华穿山甲的知识。然而，仍然存在许多实际和潜在的威胁。中国台湾穿山甲核心小组及其下属小组将协调和实施未来的保育工作，分享这独特物种的保育经验和知识，达成对中国台湾穿山甲未来的共同愿景：到 2042 年，每个人都认识并重视中国台湾穿山甲，愿意在充分了解的基础上，共同努力，妥善保护它的栖息地，维持种群生存力，使穿山甲与人类和谐相处（Kao et al.，2019）。

致　谢

对于小程（Junior Cheng）和阿德里亚娜·圣克鲁兹-卡斯特罗（Adriana Santacruz-Castro）对本章提供的有价值的帮助致以深深的谢意。

参 考 文 献

Allen, G.M., 1938. The Mammals of China and Mongolia. Natural History of Central Asia vol. XI. Part 1. The American Museum of Natural History, New York.

Chan, Y.T., 2008. The Breeding Behavior Study and Mother-Young Relationship of Captive Formosan Pangolins (*Manis pentadactyla pentadactyla*). M.Sc. Thesis, National Pingtung University of Science and Technology, Pingtung, Taiwan. [In Chinese].

Chang, C.Y., 2004. Study on the Apparent Digestibility of Diet on Formosan Pangolin. M.Sc. Thesis, National Taiwan University, Taipei, Taiwan. [In Chinese].

Chang, S.P., 2014. The Kinship and Social Structure of the Formosan Pangolin (*Manis pentadactyla pentadactyla*) in Luanshan, Taitung, based on Microsatellite Variations. M.Sc. Thesis, National Pingtung University of Science and Technology, Pingtung, Taiwan. [In Chinese].

Chao, J.T., 1989. Studies on the Conservation of the Formosan Pangolin (*Manis pentadactyla pentadactyla*). General Biology and Current Status. Division of Forest Biology, Taiwan Forestry Research Institute. Council of Agriculture, Executive Yuan, Taiwan. [In Chinese].

Chao, J.-T., Tsao, E.H., Traylor-Holzer, K., Reed, D., Leus, K. (Eds.), 2005. Formosan Pangolin Population and Habitat Viability Assessment: Final Report. IUCN/SSC Conservation Breeding Specialist Group, Apple Valley, Minnesota.

Chen C.F., Wu, L., 2016. Protected Turtles Seized From Taiwanese Vessel on Route to China. Available from: ＜ http://focustaiwan.tw/news/asoc/201611220021. Aspx＞. [November 22, 2016].

Chin, S.C., 2006. Conservation Medicine Research on Chinese Pangolin (*Manis pentadactyla*). Research Programs of Taipei Zoo, Taipei, Taiwan. [In Chinese].

Chin, S.C., 2007. Physiology, Ecology, Pathology, and Husbandry Research on Chinese Pangolin (*Manis pentadactyla*). Research Programs of Taipei Zoo, Taipei, Taiwan. [In Chinese].

Chin, S.C., 2008. Physiology, Ecology, Pathology, and Husbandry Research on Chinese Pangolin (*Manis pentadactyla*). Research Programs of Taipei Zoo, Taipei, Taiwan. [In Chinese].

Chin, S.C., Yu, P.H., Chan, Y.T., Chen, C.Y., Guo, J.C., Yeh, L.S., 2012. Retrospective Investigation of The Death of Rescued Formosan Pangolin (*Manis pentadactyla pentadactyla*) During 1995 and 2004. Taiwan Vet. J. 38 (4), 243-250. [In Chinese].

Council of Agriculture, Executive Yuan, 2009. The Number of Stray Dogs in Each County in Taiwan. Available from: ＜ https://animal.coa.gov.tw/html/index-06-1-4. html＞. [April 2, 2019]. [In Chinese].

Council of Agriculture, Executive Yuan, 2015. The Number of Stray Dogs in Each County in Taiwan. ＜https://animal. coa.gov.tw/html/index-06-0621-dog.html＞. [April 2, 2019]. [In Chinese].

Heinrich, S., Wittman, T.A., Ross, J.V., Shepherd, C.R., Challender, D.W.S., Cassey, P., 2017. The Global Trafficking of Pangolins: A Comprehensive Summary of Seizures and Trafficking Routes From 2010-2015. TRAFFIC, Southeast Asia Regional Office, Petaling Jaya, Selangor, Malaysia.

IUCN SSC (IUCN Species Survival Commission), 2014. Guidelines on the Use of Ex Situ Management for Species Conservation. Version 2.0. IUCN Species Survival Commission, Gland, Switzerland.

IUCN SSC Species Conservation Planning Sub-Committee, 2017. Guidelines for Species Conservation Planning. Version 1.0. IUCN, Gland, Switzerland.

Kao, J., Li, J.Y.W., Lees, C., Traylor-Holzer, K., Jang-Liaw, N.H., Chen, T.T.Y., et al., (Eds.), 2019. Population and Habitat Viability Assessment and Conservation Action Plan for the Formosan Pangolin, *Manis p. pentadactyla*. IUCN SSC Conservation Planning Specialist Group, Apple Valley, Minnesota.

Khatri-Chhetri, R., Wang, H.-C., Chen, C.-C., Shih, H.-C., Liao, H.-C., Sun, C.-M., et al., 2016. Surveillance of ticks and associated pathogens in free-ranging Formosan pangolin (*Manis pentadactyla pentadactyla*). Ticks Tick- Borne Dis. 7 (6), 1238-1244.

Khatri-Chhetri, R., Chang, T.-C., Khatri-Chhetri, N., Huang, Y.L., Pei, K.J.C., Wu, H.Y., 2017. A retrospective study of pathological findings in endangered Taiwanese pangolins (*Manis pentadactyla pentadactyla*) from Southeastern Taiwan. Taiwan Vet. J. 43 (1), 55-64.

Lacy, R.C., 1993. VORTEX: A computer simulation model for population viability analysis. Wildl. Res. 20, 45-65.

Lacy, R.C., Pollak, J.P., 2017. VORTEX: A stochastic simulation of the extinction process. Version 10.2.14. Chicago Zoological Society, Brookfield, IL, USA.

Marex, 2018. Four Thousand Disemboweled Pangolins Found. Available from: ＜ https://www.maritimeexecutive. com/article/four-thousand-disemboweledpangolins- found＞. [February 3, 2018].

Sun, N.C.-M., Arora, B., Lin, J.-S., Lin, W.-C., Chi, M.-J., Chen, C.-C., et al., 2019. Mortality and morbidity in wild Taiwanese pangolin (*Manis pentadactyla pentadactyla*). PLoS One 14 (2), e0212960.

Wang, P.J., 2007. Application of Wildlife Rescue System in Conservation of the Formosan Pangolins (*Manis pentadactyla pentadactyla*). M.Sc. Thesis, National Taiwan University, Taipei, Taiwan.

Wang, L.M., Lin, Y.J., Chan, F.T., 2011. Retrospective analysis of the causes of morbidity of wild Formosan pangolins (*Manis pentadactyla pentadactyla*). Taiwan J. Biodivers. 13 (3), 245-255. [In Chinese].

Yang, C.W., 2006. The Research on Gastrointestinal Tract Microbiota and Diet Requirements of Chinese Pangolin (*Manis pentadactyla*). Research Programs of Taipei Zoo, Taipei, Taiwan. [In Chinese].

Yang, C.W., Guo, J.C., Li, C.W., Yuan, H.W., Ttai, Y.L., Fan, C.Y., 2001. The Research on Chinese Pangolin (*Manis pentadactyla*) in Taiwan. Research Programs of Taipei Zoo, Taipei, Taiwan. [In Chinese].

第37章　发挥金融创新潜力支持穿山甲保护

奥利弗·威瑟 [1]，滕凯·佐尔塔尼 [2]

1. 摄政公园伦敦动物学会保护与政策部，英国伦敦
2. 贝特金融，瑞士日内瓦

引　　言

随着野生动物、栖息地环境和自然资源面临的压力越来越大，保护栖息地完整的紧迫性变得越来越强烈，挑战性也越来越大。因此全球粮食生产和消费模式（Poore and Nemecek，2018）、资源使用方式和能源生产方式都亟需转型，需重新考量生产-消费模式及其经济驱动因素，社会各行各业应建立起伙伴关系，建立相关机制，为提高生产效率提供适当的奖励。

探索创新途径，以可持续金融方式改变固有的使用和消费模式，同时认识到环境需求和自然资本提供的机会，是越来越多投资人和捐赠者的要求。投资人和捐赠者越来越重视对环境产生积极影响（Reisman et al.，2018）。本章致力于将这些主题联系起来，找出创新途径、发现保护潜力。应用案例证明建立创新金融模式对穿山甲保护有积极影响，主要研究了利用投资来保护犀牛（犀牛科）的案例。此外，还重点介绍了以其他自然资源为基础的解决方案。

增加环境保护投资，设计解决方案，引出许多科学问题。保护组织如何调动更多的私人资本促进物种良性发展？一个"可投资"或"可融资"的项目是什么样的？还有，怎样的机构才能吸引不同的合作伙伴？本章建议将环境保护从挑战（社区和市场对环境的威胁）转变为机会（利用金融创新来配置资本，产生积极的环境影响和潜在的经济回报）。

穿山甲和传统保护资金模式的挑战

过度开发野生动物资源将导致包括穿山甲在内的物种走向灭绝（Maxwell et al.，2016；第4～11章）。全球范围内大部分穿山甲贸易都违法，大量的穿山甲及其衍生品在国际上交易，主要流向亚洲市场（见第16章）。穿山甲贩运活动极为复杂，不仅严重影响穿山甲种群数量，也以各种方式影响当地土著人民，引发社会的腐败、暴力和不稳定问题（见第23章）。保护和防止贩卖穿山甲，应确保该物种在当地的可持续利用，这需要大规模和长期的政治、财政保障。穿山甲保护的成功与否最终取决于资金来源的转变。

从2013年开始，对穿山甲保护的关注及资金投入都有所增加（见第21章），但是传统方式获得的资金仍然不足，无法有效缓解穿山甲长期面临的威胁。应对这一挑战需要有一种针对性强并可扩展的方法，一种利用创新融资机制来吸引新资金的方法。例如，联合有影响力的慈善机构投资人，集中资金，推动保护区的保护管理。

对穿山甲保护来说，最关键的问题是"我们如何以可持续和财务透明的方式实现物种恢复和种群增长，同时满足捐助者和资助者的各种需求及要求？""令人沮丧的是，目前缺乏对穿山甲种群的标准化

监测，需要制定评定有关穿山甲种群状况的指标"（见第 35 章）。要回答这个问题，需要重新审视这种以短期合同、有限资金和缺乏适应性管理能力驱动的传统保护资金筹措模式的问题。

由于自然资源承受的压力越来越大，包括来自非法野生动物贸易（IWT）的压力，资金有限甚至短缺（O. Withers，未发表数据），保护区管理工作受到很大的限制。因此会将财政资源从生境恢复与可持续建设转移到抑制偷猎、处理火灾或其他灾害反应等问题上（Emerton et al.，2006）。但这种方式可能会导致恶性循环，使保护区和公园的管理人员将原本用于应对未来挑战的资金转来应对当前的挑战。

保育基金通常是短期拨款（如 2～5 年），资金转移可能不定期或延迟，这会导致保护区管理人员在面对威胁时不能及时干预，甚至可能需要较长时间才能达到预期结果。停止投入资金之前，短期基金可能没有足够的时间使干预措施制度化。因此，许多干预措施或许能实现预期目标，但产生的影响不会超过资助期限。这种短期拨款不能长期有效地干预威胁。保护部门也面临资金短缺问题。全球生物多样性保护每年预计花费 3000 亿～4000 亿美元（Credit Suisse and McKinsey，2016）。相比之下，据估计，2016年全球只有 520 亿美元投资于保护项目（Credit Suisse and McKinsey，2016），世界银行（2016）估计，2010～2016 年，国际捐助者投资的用于打击非法野生动物贸易的资金只有 13 亿美元。保护项目的资金不足限制了保护项目的规划和实施，难以解决物种面临的威胁。

保护部门普遍缺乏适应性管理能力。而这样的能力被广泛认为是保护成功的关键（Stankey et al.，2005），但正如讨论的那样，传统的资助模式经常缺少一些必要的环节，如管理者不能恰当管理他们所辖的保护区。在传统的投资模式中，许多保护领域由于不能采取全面的、有据可证的方法来管理和规划而受到阻碍，缺乏作出管理决策的财务机制，这主要表现在：①管理能力方面的差距；②改革措施缺乏理论指导。穿山甲保护也是如此，一直受限于传统的捐助模式，但它将受益于以成果为基础的筹资模式，以激励产生更有效和透明的运行模式。本章将讨论替代传统资助模式的方案。

行业背景：自然资本方法和保护资金的兴起

直接或间接的财政投资是为了长期维护生态系统。要做到长期的资金投入，需要通过持续管理生态系统并拥有一个或多个收入流来筹集资金，这些资金流一部分用于生态系统保护，另一部分在寻求经济回报时返还给投资人或捐助者。本章后面的例子解释了这个概念。保护领域大部分资金来源于传统的资金募集渠道，如政府、基金会、公司或者个人捐款，而非明确寻求现金流来维持项目的财政和期限（Credit Suisse and McKinsey，2016）。

至关重要的是，通过扩展影响力获得持续投资，支持传统捐赠者驱动的保护项目。因为越来越多的主权投资与政府的诸多要求相联系（如人口老龄化、医疗保健），且传统捐赠（慈善）投资具有一定的局限性（Borgerhoff Mulder and Coppolillo，2005），同时，物种保护的需求规模和潜在投资额也在增加（Emerton et al.，2006）。长期、可持续融资将确保基金得到更有效的利用，可具体联系预先设定的目标，投资收益可用于再投资，形成良性循环，而非将所有资金需求都依赖于资助者。一种方法是根据项目背后的自然资本，确定项目中现有和未来潜在的现金流，并利用这些资金再投资、偿还或建立可行的金融模型。这种金融价值来源被定义为"可再生和不可再生的自然资源（如植物、动物、空气、水、土壤、矿物），这些资源结合在一起为人们带来了源源不断的利益"（Atkinson and Pearce，1995；Daly，1994）。受宏观经济和人口因素影响，迫切需要实行这种方法。挑战包括全球人口增长（到 2050 年估计为 97.7亿）、粮食不安全、新兴消费者不断增加的购买力及气候变化带来的损害（United Nations，2017）。

国际发展团体正在通过追求联合国可持续发展目标（SDG）推动以成果为导向的新融资工具，其中一些工具可调动尚未开发的私营部门资本和知识，同时重新定位全球经济和社会挑战，为投资提供机会。还有几种因素可促进环保经济发展。其中包括《自然资本宣言》，这份全球性声明，表明金融部门致力于将自然资本标准整合到金融产品和服务中，多数金融机构已经签署了该宣言。遵循对金融机构而言至关重要的环境、社会和治理（ESG）因素（如代表员工和客户进行投资），并制定商业供应链标准和商品认证标准，进一步促进项目发展。这些举措非常有意义，因为穿山甲物种在生态系统中比较脆弱，考虑到环境及其他可能对种群产生负面影响的因素，如破坏生境，随意开发自然资源导致生境破坏。通过恰当的行动措施来保护穿山甲。本质上讲，我们面临的挑战是如何从"不伤害"穿山甲过渡到保护穿山甲。

责任制投资和财政保护

责任制投资存在巨大的机会，除了财务回报之外，环境、社会和治理也受到关注并且已经成为主流。全球范围内，截至 2016 年有近 23 万亿美元资产被用于责任制投资（GSIA，2017）。比 2014 年增加了 25%，相当于全球金融资产总额的 26%。在责任制投资框架下，保护投资除了可以获得经济回报之外，还对环境产生客观的积极影响。

来自森林、鱼类和淡水等自然资源的经济效益独立于通货膨胀或公共权益波动等宏观经济。它使更多的资金流入自然资源保护和经济可持续开发。基金、直接投资、实物资产投资、固定收益和绩效奖励都是为了将资金引入生态系统，建立和维护生态系统的基础设施。这些投资机会为投资人和相关投资机构带来了一些非经济回报：投资组合多样化、调整潜在的风险回报率（或资本回报率）、明确可衡量的影响，以及寻求财富保护和创造可持续收益。因此，在这些领域投资有商业理由，如鼓励保护穿山甲。但是，必须找到适当的机制来满足投资人和被保护物种的需要。

重要的是，这种投资有资金支持。2016 年，全球有 520 亿美元投资于环保项目，其中大部分来自公共和慈善基金（Credit Suisse and McKinsey，2016）。自然投资（Nature Vest）和 EKO（2014）发现，到 2019 年，美国的私人投资人打算在保护投资上投入 56 亿美元，相当于每年 11.2 亿美元，大部分是针对美国的，预期回报率［内部收益率（internal rate of return，IRR）］在 5%~9.9%。该调查还发现，2009~2013 年，全球保护影响投资金额达 234 亿美元。2014~2019 年，国际金融公司（IFC）等金融机构的投资总额为 215 亿美元，其中私人投资占 19 亿美元（NatureVest and EKO，2014）。结论是，需要 3000 亿~4000 亿美元来保护健康的生态系统（土地、空气和水），这说明了上述的资金缺口，为投资人和捐助者创造了投资机会。每年估计的总保护成本（3000 亿~4000 亿美元）只占全球银行总资产（175 万亿美元）的一小部分，这意味着每年估计的总保护成本相对较小（Deloitte，2018）。

受回报、收益或其他经济利益驱动，加上环境影响和家庭偏好（倾向于在自己家乡或本地投资或捐赠），寻求环保融资解决方案的投资人往往是有高资产的个人、私人基金会，以及少部分企业。目前有一种普遍错误的看法，认为必须牺牲回报，才能产生影响。因此，投资人试图解决潜在投资人的风险/回报准则，同时最大化潜在的非财务利益（如保护重要的土地、资源或物种所带来的正面影响）。

为什么没有更多的资金流入保护部门呢？确定的投资障碍包括高昂的搜索成本（找到合适的投资人和项目），缺乏项目开发商的开发记录，难以获得抵押品，土地权利的监管薄弱，难以货币化、量化或复制，昂贵的监督和审计，价格缺乏可预测性及专业投资能力有限，如很少有人能够将保护和金融联系起来并提供投资建议（Davies et al.，2016）。穿山甲（及其他物种）的保护投资模式必须要克服这些障碍。

投资需求、风险和回报、生态系统及资金来源的多样性意味着开发的融资机制过多。表 37.1 列出了一些可能用于保护穿山甲物种及其栖息地或影响其保护的机制。将这些机制应用于物种和生境保育的例子，分别列在表框 37.1 和表框 37.2 中。这些机制的数量和重要性都在增加。下面提到的一个机制，即社会和发展影响债券，在犀牛影响投资（RII）项目的讨论中得到了扩展应用。

表 37.1　选择对穿山甲有潜力的创新融资方式和工具

创新融资机制	描述
生物多样性补偿	补偿发展项目对生物多样性造成的严重影响及产生的可衡量的成果
生物勘探	为了开发有商业价值的产品和应用，对自然界生物化学和遗传信息进行系统搜索
自然保护转换债务	减少发展中国家债务存量或债务还本付息以换取其承诺保护自然的协议
生态财政转移支付	整合生态服务意味着将保护指数（如保护区规模/质量）作为财政分配公式的一部分，以奖励对保护的投资
公司挑战基金	在竞争的基础上向营利项目分配赠款（或优惠融资）的基金工具
绿色债券	绿色债券是指将收益完全投资于环境效益项目的债券
	绿色债券是一种固定收益证券，将特定的环境利益考虑进去，为公司或项目筹集资金，它们为绿色主题投资提供了一种保护基金的手段。例如，可持续农业、节能建筑、清洁能源、工业和交通、水和废物、生物多样性保护或城市农业
彩票	政府和民间社会团体利用彩票为教育、卫生、历史遗址保护和自然保护等慈善目的筹集资金
生态服务价格	当生态系统服务的受益者或使用者直接或间接地向服务提供者支付生态系统服务费用时，就产生了生态系统服务支付
社会和发展影响债券	一种金融工具，允许私人（影响力）投资人为提供社会和环境成果的公共项目预付资金，以换取经济利益
对燃料、杀虫剂或可再生自然资本征税	为汽车或家庭供暖购买燃料的个人或公司支付销售税，或用于杀虫剂，或用于水/木材或其他自然资本的使用。这些税收可以减少化石燃料（和杀虫剂）的消耗和森林砍伐，同时减少温室气体的排放，保护公共财产
可持续农业票据	可持续农业票据是一种债务证券，投资于种植合作社和农业企业，促进改善环境绩效和建立粮食系统的农业做法，同时惠及中小农民
	收益每半年支付一次或有利息，旨在减轻贫困，提升粮食生产和环境保护

表框 37.1　蟒蛇和皮革奢侈品行业

　　50 多年来，蟒蛇一直是亚洲和欧洲时尚及皮革行业的贸易对象。蟒蛇皮已经成为经典的皮革产品，需求量也在不断增长。从印度尼西亚的村庄开始，蟒皮以 30 美元的价格出售，加工成为意大利和法国著名时装公司的蟒皮手袋后，售价可达 1.5 万美元。专家对该物种的保护担忧日甚，动物福利组织也发起了倡议，反对运送和宰杀蛇的行为。"蟒蛇保护合作伙伴"始于 2013 年，由开云集团、国际贸易中心（ITC）、世界自然保护联盟物种生存委员会（SSC）和蟒蛇专家小组组成，致力于改善蟒蛇贸易可持续性和产业转型（IUCN，2013）。

表框 37.2　利用州周转基金开展土地保育

　　在美国，州周转基金（SRF）是基础设施项目的低成本融资来源，现已用于保护事业。例如，如果当地公共水系统需要新的储水罐，或者重新设计了一个收集雨水的项目，借款人可以通过"清洁水州周转基金"来申请贷款（CWSRF；Martinez，2018）。

　　州周转基金是州属基础银行设施，利用联邦资金提供低成本贷款。美国的环境保护署向各州提供能够达到清洁水和饮用水标准的资金补助，各州配套提供20%的资金。如果按美元对美元来衡量对社区的影响，这些赠款的价值将达到两倍或三倍，如联邦资金每增加 1 美元，可以通过清洁水州周转基金（CWSRF）向社区提供 3 美元的援助（Martinez，2018）。2017 年，清洁水州周转基金（CWSRF）在全国范围内获得了 9.96 亿美元的联邦资金资助，各州也配套了资金，总计近 13 亿美元（Martinez，2018）。各州增加投资，共提供了 76 亿美元的贷款（Martinez，2018）。

　　Martinez M. 2018. Using State Revolving Funds for Land Conservation.https://www.Conservationfinance network. org/2018/05/21/using-state- revolving-funds- for-land-conservation［2019-05-31］。

基于成果的融资：犀牛影响投资项目

　　基于成果的融资方式是一种创新型的融资机制，作为一种吸引私人资本，解决传统上由公共部门提供资金的社会问题的方式，其具有挑战性，但吸引力越来越大。这些投资机制可以在未来为重点保护区提供额外的资金，并提高管理效率。本节以犀牛影响投资（RII）项目作为研究案例，说明这种投资方式在穿山甲保护方面的潜力。

　　犀牛影响投资项目的目标是通过示范一种可复制的基于结果的融资机制，引导更多的私人和公共资金来提高重点犀牛种群的管理效率，从而转变保护融资的形式。该项目关注黑犀（*Diceros bicornis*）和白犀（*Ceratotherium simum*），但重点关注的对象是前者。

　　犀牛影响投资（RII）项目的融资模式是诱导投资资金流向选定区域，为保护犀牛提供资金。投资人基于有关干预的风险，通过衡量不确定性来承担投资的风险。使用关键绩效指标（KPI）、犀牛净增长率和预先商定的目标来衡量投资和保护的成功程度。成果支付人基于保护成果（通过 KPI 衡量），向投资人支付原始投资金额，加上或减去一个百分比，这个百分比与所取得成果和所设定目标相关联（图 37.1）。假设的背后是成果支付人支付投资人财务回报，补偿投资人承担的没有达到目标结果和没有实现他们潜在财务回报的风险。投资风险越高，补偿风险的财务回报预期就越高。成果支付人只为取得能够保证成功的成果付款，因为投资人已经承担了目标无法实现的风险，而经济回报是一种溢价结果，由支付者向投资人支付，确保犀牛保护的成果和影响力达到事先商定的目标。这使传统的捐助者得以转变为结果支付者，可以通过实施不失败的干预措施而积累下一笔储蓄，并将这种结果风险转移给投资人。

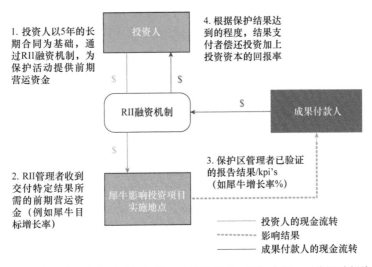

图 37.1　以犀牛影响投资项目成果为基础的融资模式。资料来源：犀牛影响投资项目。

　　犀牛影响投资（RII）项目将重要的犀牛景点集中在一个多样化的投资组合中，以提供一个大规模的单一保护融资工具（图 37.2）。这种投资组合方式使投资人的风险在多个地点和国家得到分散，而这些风险与犀牛保护基金所取得的成果有关。这有利于降低产品风险，促进投资，并降低取得预期成果的风险成本，如投资人为补偿其风险敞口和影响回报而预期或要求的财务回报。

图 37.2　RII 技术保护产品开发流程。来源：犀牛影响投资项目。

　　这个案例研究集中在犀牛影响投资产品开发过程中的技术保护元素细节，展示了可量化的结果目标，可衡量的风险和基于成果的最佳实践。

　　传统的融资模式和犀牛影响投资模式之间有以下区别。

　　基于成果的投资方法：与传统的筹资模式不同，犀牛影响投资模式需要基于结果的方法来应对保护挑战。它的重点从投入和产出转移到长期结果与影响，因为私人投资将关注收回成本，并确保投资管理者以最有效率的方式利用这些投资。基于度量和证据，这个模型驱动利益相关者批判性地分析和理解保护问题，定义进展并关注结果。

　　成果支付人只为成果付钱：成果支付人的价值主张非常明确，只有在取得成果，而且只有犀牛影响投资实现了犀牛净增长率目标时才会付钱。换句话说，投资人只奖励那些根据公认标准获得成功的保护项目。这与传统的保护基金不同，在传统的保护基金中，捐助者在一开始就只能根据预测的结果，而不是得到保证的结果或资金价值来资助一个项目。

　　投资资金的流入：这种模式把一个发展难题变成一个可投资的机会，即它为影响投资创造了机会。影响投资人为犀牛保护活动和干预提供了预先的流动资金，缓解了目前的资金短缺，增加了保护部门的资助资金，并减轻了捐赠者的工作量。

　　激励适应性管理：鼓励成果支付人、投资人和保护区管理人员一起工作，采取灵活多变的方法来实现服务。这种管理上的灵活性能提高其影响力，并确保实现业绩目标（即犀牛数量增长）。

限制理论

　　限制理论（ToC）是"在特定的背景下对如何及为什么会发生变化进行综合描述和说明的理论"，它侧重于填补项目或特定计划的工作漏洞，明确该理论如何影响这些工作，从而实现最终的目标。限制理论通过长期目标来实现，根据这些目标确定需要满足的必要条件及这些条件对该目标的影响（Theory of Change Community，2019）。犀牛影响投资（RII）的限制理论（ToC）以物种为中心（图 37.3），相关的 4 个行动（主题）都显示了因果关系，主题优化时，犀牛数量会增加。

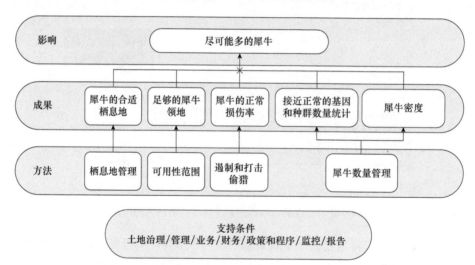

图 37.3　野生犀牛数量变化的高级理论。资料来源：Balfour, D., Barichievy, C., Gordon, C., et al, 2019. A Theory of Change to grow numbers of African rhino at a conservation site. Conserv. Sci Pract. 1(6)，e40。

　　在犀牛影响投资限制理论框架的基础上，项目开发商与保护区和犀牛管理专家磋商制定了一系列有力措施，将投入转化为影响力。这些影响因素通常具有组织性和结构性，因此应在实施特定物种的干预措施之前加以解决，以便使干预措施效力最大化。从投资人的角度来看，这些是明确的贡献因素和成功投资的先决条件。2018 年 3 月，在南非举行的第二届犀牛科学和管理会议上，犀牛影响投资限制理论（RII ToC）得到了相关人员（管理人员、研究人员和犀牛专家）的认可。

结果指标和关键绩效指标

衡量犀牛影响投资（RII）项目成功与否的指标是由犀牛保护协会确定并报告的，该指标也是与世界自然保护联盟（IUCN）物种生存委员会（SSC）非洲犀牛专家组（AfRSG）主席和科学官员协商后确定的。犀牛的增加数量以犀牛净增长率来衡量（图 37.3，图 37.4）。净增长率如图 37.5 所示。犀牛数量增加的重点在于最大限度地提高自然生物生长率和最大限度地降低非自然死亡率（图 37.6）。

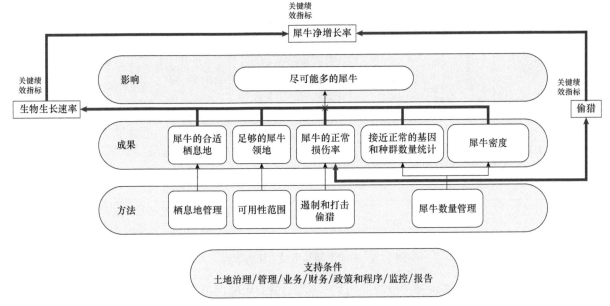

图 37.4　犀牛影响投资路径和关键 绩效指标。资料来源：犀牛影响投资项目。

$$犀牛（y_2）＝犀牛（y_1）＋出生（y_1）－死亡（y_1）＋移入（y_1）－移出（y_1）$$

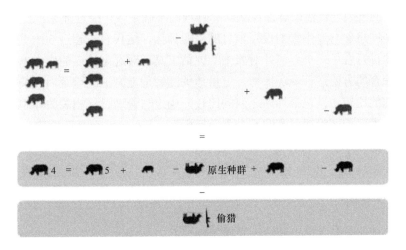

图 37.5　犀牛净增长率计算。

衡量犀牛影响投资（RII）成功与否的标准是犀牛数量达到目标增长率的百分比：关键绩效指标完成的基本百分比＝（实际净增长率－基线净增长率）/（目标净增长率－基线净增长率）。目标增长率和基线增长率是基于某一地点与大陆一级的历史数据。

选址和投资项目建设过程

利用非洲犀牛专家组（AfRSG）的犀牛种群分类系统确定优先的栖息地组合。在这个评级系统中，犀牛种群被认为是大陆上最重要的种群（它们的生存对该物种和亚种的生存至关重要），分别列为重点 1、重点 2 或重点 3 种群（重点 1 是最关键和最重要的种群）。

逻辑上可供保护的资源有限，如果没有解决方法，那么优先考虑的是要设法保护具有重要意义的关键种群，特别是最高等级的重点 1 种群。

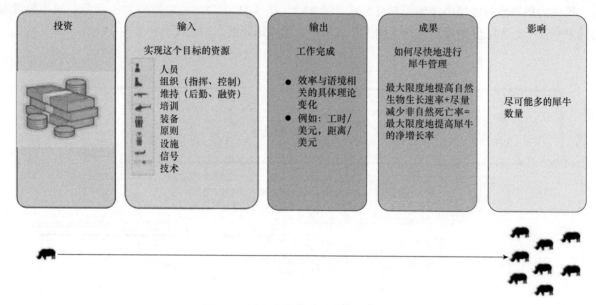

图 37.6　犀牛净增长率最大化的管理。

这个分类系统表明，只要选择关键种群的某一部分，就有可能保护大部分的黑犀牛和白犀牛。在 133 个被评为重点或关键的犀牛种群中，34 处重点犀牛产地有 25 处位于非洲，9 处位于亚洲，非洲产地的犀牛占野生犀牛总数的 76%。

出于实际原因，其中几个地点被认为不适合犀牛影响投资项目。这包括技术性问题、种群规模了解不详细、跨区域管理的挑战、政治敏感性及战略和管理的不确定性。经过筛选，25 个非洲产地选址减少到 18 个，其中 15 个同意参与犀牛影响投资项目的差距评估，这代表了超过 50% 的非洲犀牛。

犀牛影响投资项目开发了一个专门针对犀牛的评估工具，对选定地点的生态、管理和财政能力进行评估和打分。利用聚合的方法进行现场评估，定量地关注管理能力上的差距，以及干预措施的成本。现场评估既包括场地内的比较，也包括场地之间的比较，确定与管理目标相关的犀牛保护状况。

定量评估基于犀牛保护区管理效率的 6 个主要指标。

（1）安全：保护地（PA）能否有效保护犀牛种群？

A．公开安全

b．秘密安全

c．调查

（2）监控：保护地能否有效监控和管理其犀牛种群？

（3）管理：保护地是否得到有效管理？

（4）生物管理：保护区是否具备管理犀牛的栖息地/条件/专业知识？

（5）社会政治：巴勒斯坦权力机构是否让当地利益相关者参与犀牛保护？

（6）融资：保护地是否每年都有必要的经营预算？

每个类别都被再次细分为犀牛种群管理的具体实施方面：

（1）战略

（2）操作

（3）监测和报告

（4）人力资源

（5）设备

（6）基础设施

对于每个子类别，都要问一系列问题：

（1）保护地有什么？

（2）保护地需要什么？

（3）到保护地要花多少钱？

产出是衡量管理机构已完成目标的比例、所需的干预措施类型和实现这些目标的预计成本，以及在这些条件下可能实现的潜在增长率的指标。这将被视为被评估场地特定开发背景下的限制理论（ToC）。

评估差距之后，评估小组根据评估结果得出的选址标准对这 15 个地点进行评估。评估小组由公认的犀牛管理专家组成，包括非洲犀牛专家组（AfRSG）成员、保护区管理人员和在非洲有保护经验的安全人员。该小组根据以下 5 项标准对场地进行评估。

保护犀牛的地点/提案的重要性：种群对全球犀牛保护的相对重要性是什么？

管理策略：是否存在合乎逻辑的、经过深思熟虑的方法来达到预期目标？这些干预措施的影响可能有多大？

保护地（PA）管理人员的跟踪记录：管理机构相关人员的跟踪记录及其状态是否能使干预策略得以实施？

成本效益：是否可以更有效地实施拟议的干预战略和/或是否有任何支出与实现犀牛保护成果没有关系？

风险概况：计划失败的风险评估和吸引投资的可能性。

该标准表现出保护地评价的主观性，每个保护地都是经过讨论以产生共识，但排名是在每个保护地的基础上进行的。所有被选中的保护地都是黑犀牛种群生活的地点。这不是故意的，也不是有意为之，但有必要事后指出，单一物种的重点保护使得融资机制更加简单透明。

保护地投资准备

为了能够实现评估小组确定的结果，入围的地区得到了赠款资金和技术援助，以满足最低水平的投资。

投资准备阶段的目标是确保各保护站点能够得到投资，并有效和负责地将资金用于犀牛保护，以实现预期目标。这包括确保各保护站点有多套管理方案，以便面临多种投资风险时能够妥善解决问题，减少投资人的担忧。

每个站点都需要满足以下条件才能接受投资。

（1）尽职调查得到批准。

（2）变革理论，为期五年的关于犀牛保护和管理的预算工作计划。

（3）监控以满足犀牛影响投资的要求（报告和审计）：①每一地点都必须在犀牛数量估计上达成一致的置信区间；②保护地必须在投资准备期结束后提供所有犀牛保护成果的证据，并且在投资阶段每年提供一次；③必须对每个地点的犀牛数量进行审计，并在商定的置信区间内作出准确判断。

在投资准备阶段进行的具体工作最终取决于所选的每个保护地点的背景、需要和状况，这些需要通过相关评审专家综合确定。在进行投资准备活动之后，对每个地点进行评估，以确定其是否已准备好接受投资。达到投资要求的地点随后被考虑纳入犀牛影响投资项目融资机制，完成选址和投资组合建设过程中的技术保护要素。保护点要向投资人证明，他们的保护措施可以实现保护目标。

增强影响力的机会

确定在哪里及如何对物种保护产生积极影响，部分取决于可以利用哪些机会。这基于一系列的可变因素，如地理位置、对目标物种的了解和保护需求，以及最重要的因素——利益相关者。无论是作为执行者、投资人还是社区成员，他们的利益与保护成果息息相关，但又有不同，他们的角色不同，影响的程度也不同。他们对保护物种能作出的贡献，他们能够用于部署投资或实施项目的时间，取决于他们的职能和能力，以及其掌握的资源数量。在保护区或社区实施项目或投资，通常会带来一定的风险，土地保有权使问题进一步复杂化。社区、政府、非政府组织、投资人和捐助者都有自己的需求和要求，这些都必须考虑成本效益并进行协调。利益相关者之间的这种差异性对参与项目提出了挑战，并解释了为什么需要不同的资金来源，以及为什么创建有投资价值的项目（尤其是大规模的）具有挑战性。

小型的一次性生态系统保护项目不能解决大量濒危物种面临的生存问题，也不能保证机构投资人尽职调查和执行任务所需的时间和资源。由于需要数十亿美元的保护资金，而且包括犀牛和穿山甲在内的非法物种市场价值上亿美元，因此，成功扩大物种保护规模的潜在影响巨大且广泛。方法复制很必要，但是需要先证明犀牛影响投资项目的模式有效。

影响不仅仅在物种层面。在犀牛保护项目中，避免景观退化不仅能保护犀牛，还可以防止野火，有助于保存土壤中的有机质，避免储存碳的释放，且不会破坏水质。保护景观可以限制侵蚀、滑坡和洪水。所有这些都可以通过节省成本和各种结构货币化来衡量。

例如，积极恢复景观和保护区域的森林健康，有助于维持和修复自然景观（如牧场）及具有历史文化意义的资源，这不仅可以提高旅游业收入，还能保证社区居民和其他动物的健康。自然基础设施改善了社区和野生动物的水供应，可以确保在干旱时期有充足的饮用水，并改善土壤成分（同时，健康的土壤能更好地保持水分）。健康的生态系统可以降低侵蚀和洪水暴发的速度。这些干预措施中，许多都有可能增加收入。将保护利益转化为经济价值可以帮助利益相关者理解保护资金的经济机会，并扩大利益相关者的参与。

建　　议

保护穿山甲是一项全球性挑战，需要采取综合可持续的保护措施。为了在穿山甲保护问题上取得积极成果和持续影响，协调可持续发展的三个核心要素至关重要：经济增长、社会包容和环境保护。因此在管理和筹资方面都需要积极配合，协调治理才能实现积极影响。

根据所讨论的案例（即犀牛影响投资项目）及其他创新性融资机制（表37.1），我们提出以下建议，为未来穿山甲保育的战略性融资提供参考。

变化理论：保护部门需要发展和认可一种变化理论，该理论可作为框架，用于确定实现影响的途径、设计管理措施和开发保护穿山甲的金融工具。

数据和指标：数据和指标用于衡量项目重要性和管理措施的有效性。正如犀牛影响投资项目所显示，监控对此类融资方式能否成功至关重要，创建一个健全的监控和衡量方式可以使投资人减少投资风险。在衡量穿山甲保护成果产出的有效指标方面，保护金融行业缺乏明确的标准，这与缺乏普适化的种群监测方法有关（见第35章）。所以目前迫切需要设计实用的衡量标准，促进使用标准化的数据和分析方法，并在可能的情况下利用以科学为基础的、经济有效和可度量的现有基础设施。

利益相关者参与：在选择地点时，应考虑与哪些保护地、社区和受益人合作。利益相关者和保护地的多样性可以创造资金流动的多样性，增加直接和间接影响，但太多的利益相关者和保护地会增加交易成本、复杂性和执行风险。

收入和价值生成：在创造盈利模式时，至关重要的是确定生态服务受益者是最有可能支付保护区费用的一群人，这通常通过生态旅游表现出来，如公园收费、出租小屋和其他与旅行相关的娱乐项目。这些费用还可以用于建设防火和防洪屏障，以及类似的自然基础设施。

混合资本：建立适当的融资机制和相匹配的风险回报标准，满足投资人的经济回报和利益相关者的需要（或保护地的需要）至关重要。爱心资金（通常以赠款的形式）在项目开发的早期阶段至关重要，一旦项目准备好接受投资，在其他资金到账之前，可以先用该特殊资金进行试点运行。

规模：尽职调查、交易费用、承包项目和项目成果检测是主要的固定成本，较小的项目可能不需要这些。为了最终能够吸引来投资机构和机构投资人，管理单位必须证明该资金使用的合理性。聚集资金可以扩大保护影响，但需要利益相关者群体之间的有效协调和协作。

政治相关性：保护部门需要努力提高穿山甲的政治相关性。需要将穿山甲定位为除提供环境效益外还能提供经济和社会效益的经济动物（见第 3 章），并使保护目的与可持续发展目标保持一致。

促进私人投资：实际上，增加私人投资将需要政府和多边机构的公共部门提供一系列财政和政策鼓励及管理措施，以确保有效性。管理措施可能包括调整国际金融公司（IFC）的业绩标准，该标准是衡量环境、社会和公司治理（ESG）方面的商业运作成果的最佳指南，以更好地整合生物多样性保护资源，或考虑进行更多的监管改革，促进非法野生动物贸易（IWT）公司（如军火、烟草）的撤资。激励措施可能包括减免税收（就像英国的社会影响税激励措施一样）和引入具体的影响投资和野生动物保护债券。穿山甲保护团体需要与多方保护团体合作，将非法野生动物贸易（IWT）和其他保护组织纳入全球资本市场。

结　　论

投资保护为穿山甲保护取得积极成果提供了机会。假设开发出了监测穿山甲数量的合适指标和手段，那么适用于犀牛的社会影响债券等模式将来也可以用于穿山甲。衡量生态系统服务和自然资源的影响和财务回报，能够发挥自然资源、栖息地和物种（包括穿山甲）更大的价值，并为保护资金的持续增长创造一个良性循环。因此，未来的一个关键措施是鼓励采用一些以成果为基础、以回报为导向的融资工具，通过改善管理和成本效益，为穿山甲筹集资金。从这方面来看，影响投资的趋势是积极的，保护是创新融资的下一个重点，并吸引公共和私营部门、捐助者和投资人的兴趣，这种新模式值得进一步调试和发展。与穿山甲专家、金融家和环保人士携手合作，可以解决以往穿山甲保护的投资障碍，并通过创新融资这种新模式为该物种的复壮带来实际帮助。

参 考 文 献

Atkinson, G., Pearce, D., 1995. Measuring sustainable development. In: Bromley, D.W. (Ed.), Handbook of Environmental Economics. Blackwell, Oxford, pp. 166-182.

Balfour, D., Barichievy, C., Gordon, C., Bret, R., 2019. A Theory of Change to grow numbers of African rhino at a conservation site. Conserv. Sci. Pract. 1 (6), e40.

Borgerhoff Mulder, M., Coppolillo, P., 2005. Conservation: Linking Ecology, Economics and Culture. Princeton University Press, Princeton.

Credit Suisse Group AG and McKinsey Center for Business and Environment, 2016. Conservation Finance. From Niche to Mainstream: The Building of an Institutional Asset Class. Credit Suisse Group AG and McKinsey Center for Business and Environment, pp. 1-28.

Daly, H., 1994. Operationalizing sustainable development by investing in natural capital. In: Jansson, A.-M., Hammer, M., Folke,

C., Costanza, R. (Eds.), Investing in Natural Capital: The Ecological Economics Approach to Sustainability. Island Press, Washington D.C., pp. 22-37.

Davies, R., Engel, H., Käppeli, J., Wintner, T., 2016. Taking conservation finance to scale. Available from: https://www.mckinsey.com/business-functions/sustainability/our-insights/taking-conservation-finance-toscale ＞ . [May 31, 2019].

Deloitte, 2018. The Deloitte International Wealth Management Centre Ranking 2018: The Winding Road to Future Value Creation, third ed. Deloitte Consulting AG.

Emerton, L., Bishop, J., Thomas, L., 2006. Sustainable Financing of Protected Areas: A Global Review of Challenges and Options. IUCN, Gland, Switzerland and Cambridge, UK.

GSIA (Global Sustainable Investment Alliance), 2017. Global Sustainable Investment Review 2016. Global Sustainable Investment Alliance.

IUCN. 2013. Kering, IUCN and the International Trade Centre form partnership to improve python trade. Available from: ＜ https://www.iucn.org/content/kering- iucn-and-international-trade-centre-form-partnershipimprove- python-trade＞. [May 15, 2019].

Martinez, M., 2018. Using State Revolving Funds for Land Conservation. Available from: ＜ https://www. conservationfinancenetwork.org/2018/05/21/using-staterevolving- funds-for-land-conservation＞. [May 31, 2019].

Maxwell, S.L., Fuller, R.A., Brooks, T.M., Watson, J.E.M., 2016. Biodiversity: the ravages of guns, nets and bulldozers. Nature 536 (7615), 143-145.

NatureVest, EKO Asset Management Partners, 2014. Investing in Conservation: A Landscape Assessment of an Emerging Market. NatureVest, EKO Asset Management Partners.

Poore, J., Nemecek, T., 2018. Reducing food's environmental impacts through producers and consumers. Science 360 (6392), 987-992.

Reisman, J., Olazabal, V., Hoffman, S., 2018. Putting the "Impact" in impact investing: the rising demand for data and evidence of social outcomes. Am. J. Eval. 39 (3), 389-395.

Stankey, G.H., Clark, R.N., Bormann, B.T., 2005. Adaptive Management of Natural Resources: Theory, Concepts, and Management Institutions. Gen. Tech. Rep. PNWGTR- 654. U.S. Department of Agriculture, Forest Service, Pacific Northwest Research Station, Portland, Oregon, United States.

Theory of Change Community, 2019. What is Theory of Change? Theory of Change Community. Available from: ＜ https://www.theoryofchange.org/what-is-theory- of-change/＞. [May 14, 2019].

World Bank, 2016. Analysis of International Funding to Tackle Illegal Wildlife Trade. The World Bank, Washington D.C.

United Nations, 2017. World Population Prospects: The 2017 Revision, Key Findings and Advance Tables. Working Paper No. ESA/P/WP/248. United Nations, New York.

第38章　发展旅游支持穿山甲保护

恩里科·迪·米宁 [1, 2, 3]，安娜·豪斯曼 [1, 2]

1．赫尔辛基大学地质科学与地理学院，芬兰赫尔辛基

2．赫尔辛基大学可持续发展科研所，芬兰赫尔辛基

3．夸祖鲁-纳塔尔大学生命科学学院，南非韦斯特维尔

引　言

穿山甲由于其肉和鳞片巨大的非法贸易量，成为世界上被贩卖最多的野生哺乳动物（见第16章和第21章；Heinrich et al.，2016；Whiting et al.，2013）。到目前为止，穿山甲及其他物种的保护工作主要针对野生动物交易市场。例如，通过改进立法和执法，加强监测供应链上的非法贸易。最近，一些措施主要体现在减少消费者对穿山甲产品的需求（见第22章；Challender et al.，2015；Cheng et al.，2017；Nijman et al.，2016；Whiting et al.，2013）。然而，由于穿山甲分布区存在经济差异，加上执法力度不强及腐败等因素，穿山甲的偷盗猎杀行为似乎更加猖獗。

生物多样性保护资源十分匮乏（McCarthy et al.，2012）。因此，生物多样性的消耗性和非消耗性使用被视为创造急需资金来支持生物多样性保护的有效手段（Di Minin et al.，2013a；Naidoo et al.，2011）。生态旅游是世界上发展最快的产业之一，保护区是生态旅游产业的基石（Balmford et al.，2015）。通过非消耗性生态旅游，创造生物多样性与人类共存的互惠互利。生态旅游可以为发展中国家的人类社区提供一个重要的潜在收入来源（Krüger，2005）。但许多问题也随之而来，包括长途旅行车辆等的碳排放、栖息地破坏、土著居民流离失所和对动物的干扰等问题（Gössling，1999）。如果可持续地开展生态旅游，将为土地的保护利用及提高濒危物种的生存率提供重要的机会（Di Minin et al.，2013a；Buckley et al.，2016）。

生物多样性是吸引生态旅游者到保护区的主要因素之一（Di Minin et al.，2013b；Naidoo and Adamowicz，2005；Siikamäki et al.，2015）。最受欢迎的多数为大型哺乳动物（如老虎和大象）（Di Minin et al.，2013b；Leader-Williams and Dublin，2000）。像南非这样的国家，整个生态旅游产业都围绕"五大兽"这些魅力物种打造（Di Minin et al.，2013b）。如果只关注这些物种，那么缺乏魅力的物种保护程度就会受到限制。而生态旅游市场还存在能代替魅力物种的动物（Di Minin et al.，2013b；Hausmann et al.，2017a）。像穿山甲这类稀有和难以捉摸的物种对有经验的游客更有吸引力（Di Minin et al.，2013b）。评估这种替代性生态旅游市场有助于了解生态旅游潜力，支持对当地魅力较弱的物种的保护（Buckley，2013）。如一个专门的生态旅游市场的收入，可能对提高保护穿山甲地区的管理和保护（如执法）提供支持，并有助于支持社区的社会经济发展。可一直以来都没有评估生态旅游对保护野生穿山甲潜力的研究。

传统上，评估生态旅游者对生物多样性的偏好是通过使用显示偏好法和陈述偏好法进行的（Adamowicz et al.，1994）。在显示偏好法中，偏好是指游客在真实市场中的行为，如估算去往自然区域的旅行成本（Ezebilo，2016）及与生物多样性特征相关的特征价格（Gibbons et al.，2014）。相反，在陈

述偏好法中，调查用于评估对生物多样性和生态系统服务的偏好。最广泛使用的陈述偏好法是选择实验和条件估值方法，偏好是从构建的虚拟市场中，从个人那里获得的信息（Adamowicz et al.，1998）。偏好程度波动用来计算生态旅游者对一些行动和政策的支付意愿程度。选择实验更多地用来评估生物多样性偏好程度（Di Minin et al.，2013b；Hausmann et al.，2017a；Veríssimo et al.，2009）。条件价值评估法要求受访者直接报告他们的付款意愿，以获得特定的生物多样性经验（Ressurreição et al.，2012）。

了解游客对生物多样性偏好的新方法包括从社交媒体挖掘数据（Hausmann et al.，2018）。社交媒体平台正成为分享与自然有关的信息和经验的流行手段，大量用户生成的数据可以为科学和实践提供信息（Di Minin et al.，2015）。社会媒体数据越来越多地用于保护科学的许多领域，从评估保护区的访问率（Tenkanen et al.，2017）到了解哪些社会经济和生物特征影响保护区的社交媒体发布（Hausmann et al.，2017b）。Hausmann 等（2018）通过将社交媒体数据与传统调查对比，发现社交媒体能作为一种可选择的、耗时的、具有成本效益的方式来评估生态游客在保护区的生物多样性偏好。社交媒体还能通过生态旅游者自愿或非自愿充当公民科学家来监测物种，报告公众目击事件，特别是穿山甲这种稀有或难以捉摸的物种（Hausmann et al.，2018）。

本章使用了条件价值评估法，通过在线调查和从两个社交媒体平台（Flickr 和 Twitter）中挖掘数据，来检验生态旅游如何通过公民科学为穿山甲保护和科学研究作出贡献。具体来说，研究目标包括：①评估愿意花钱看穿山甲或支持保护穿山甲的人数；②评估如何利用社交媒体数据来推断保护区内穿山甲分布的信息。

方　　法

偏好

通过在线调查，利用条件价值评估法评估生态旅游者对穿山甲物种的偏好程度，评估生态旅游者在野外观察穿山甲的情况，以保护穿山甲。条件价值评估法是一种陈述偏好法，在环境经济学中广泛应用于评估非市场商品和服务的效用价值（Boxall et al.，1996）。在这里，条件价值评估法被用来评估穿山甲对当代人和后代人的使用价值（即非消费性、娱乐性、野生价值）和非使用价值（即与当前或未来使用无关的效用价值）。对穿山甲的非使用价值进行评估，要求受访者对以下内容作出表述：①能够在野外看到穿山甲的重要程度（可选值）（利克特量表，从 5 分完全不重要，到 45 分非常重要）；②其他人正在或可能在野外看到穿山甲的重要程度（利他价值）；③知道后代人能够看到或可能看到穿山甲在野外的重要程度（遗赠价值）；④穿山甲在野外存在的重要程度与人类是否能看到它无关（存在价值）。

通过询问受访者是否打算在不久的将来（5 年后）前往穿山甲分布区，评估穿山甲在生态旅游中的使用价值。要求受访者说明他们的支付意愿，受访者所到的自然区域不同，看到穿山甲的概率也不同。对于那些不想旅游的受访者，他们的支付意愿将一次性捐赠给开发与保护穿山甲的可持续生态旅游的保护项目。此外，为了了解先前关于穿山甲的调查是否会影响受访者的支付意愿，评估了受访者对穿山甲的存在和保护状况的认识，以及受访者是否曾在野外见过穿山甲。

最后，为了确定与穿山甲有关的生态旅游潜在市场，收集了关于受访者的社会背景及他们对其他生物多样性偏好的信息。为了评估比穿山甲更广泛的生物多样性的偏好，要求受访者能够具体指出生物多样性群体（即体重超过 5kg 的大型哺乳动物、体重低于 5kg 的小型哺乳动物、鸟类，爬行动物、两栖动物、节肢动物、植物、景观等），他们在参加野生动物观赏活动时，大多是在寻觅这些物种。人们还被要求对最喜欢的 5 个物种进行排名，而某些排名前 5 的物种他们还没有见过，他们表示特别希望见到这些物种。

实施调查

为了接触对穿山甲旅游倡议感兴趣的国家和国际生态旅游者/捐助者的大众群体，进行了一项自愿匿名的在线调查。由于面对面访谈的成本很高，受访者只能在特定地点进行访谈。因此，此项调查在网上公布，由访问南非或对南非野生动物感兴趣的生态旅游群体通过最受欢迎的社交媒体群分享。由于此社交媒体在保护区游客和对野生动物感兴趣的人群中相当受欢迎，可以获得所有愿意参加与穿山甲相关活动的游客的代表性样本，为调查提供便利。样本量通过从以前、现在和未来保护区游客中随机抽取来确定。这项在线调查通过特定的社交媒体平台（Facebook 和 Twitter）和新闻博客进行分享，通过滚动抽样技术随机抽取受访者（Newing，2011），并从受访者的社交网络中招募其他受访者。

社交媒体数据

社交媒体上包含"穿山甲"这个词的帖子（无论是作为关键词还是图片描述）都从网络相簿（https://www.flickr.com/services/api/）和微博（https：//developer.twitter.com/en/docs/tweets/search/api-reference）的应用程序中收集。1970 年 1 月至 2018 年 4 月征集的 105 664 个帖子中（大多数帖子是后期设立）网络相簿和微博收集了 2100 个带有地理标签的帖子（2011～2017 年）。对帖子内容进行了人工分类，只保留与穿山甲物种有关的地理标记帖子。然后进行空间重叠分析，仅识别来自世界自然保护联盟范围内所有现存穿山甲物种和保护区数据库内的帖子（https:// www.protectedplanet.net/）。

结　　果

描述性统计

共有来自 53 个不同国家的 395 名受访者参加了调查。大多数受访者来自美国（22%）、英国（17%）和南非（17%）。这些受访者都受过高等教育（女性 65%）（76%拥有学士、硕士或博士学位）。调查对象的平均年龄为 43 岁，大多数人处于 18～30 岁（26%）和 31～40 岁（23%）。整体而言，70%的受访者认为自己对动物保护有兴趣，或从事与动物保护有关的工作。平均而言，受访者的年总收入为 3.25 万美元，其中包括极端收入阶层，收入最高（超过 5 万美元）或最低（不超过 5000 美元）的比例较高（分别为 33%和 19%）。受访者平均每年花费 1120 美元作为观察野生动物的旅行费用。和受访者的年总收入相似，每年的极端差旅费用中最高（超过 3000 美元）和最低（低于 50 美元）两种情况最常见（分别为 27%和 33%）。几乎所有的受访者（97%）都知道穿山甲，读过或看过关于穿山甲物种及其保护状况的信息（84%）。只有 17%的受访者曾在野外看到过穿山甲，尽管近一半（40%）的受访者在过去 5 年中曾去过穿山甲出没的自然区域。80%的受访者表示，他们未来打算前往穿山甲出没的地区，参与野生动物观赏活动。

穿山甲的不使用和使用价值

总的来说，无论受访者在野外是否看到过穿山甲，它的非使用价值都得到了高度认可（3～4 分；图 38.1）。存在价值和遗赠价值被认为非常重要，得分较高。平均而言，对小型哺乳动物和鸟类特别感兴趣的被调查者中，小型哺乳动物（ANOVA　$F_{1387}=9.31$，$P<0.01$，Cohen's $d=0.513$）和鸟类（ANOVA　$F_{1387}=8.459$，$P<0.01$，Cohen's $d=0.371$）的非使用价值要高得多。

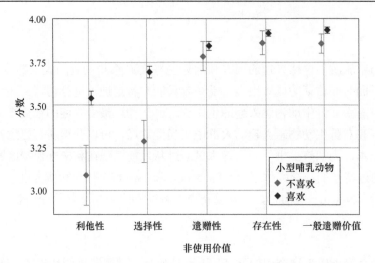

图 38.1　穿山甲的非使用价值（利他性、选择性、遗赠性、存在性）和更广泛的生物多样性（一般遗赠价值）平均分，
以及受访者是否喜欢小型哺乳动物的平均分。条形表示显著性水平为 0.95 的置信区间。

　　将来打算去旅行的受访者参观有穿山甲出没区域的平均支付意愿（236.7±17.4 USD）显著高于（$t=-4.44$, df=573.55, $P<0.0001$）不太可能出现穿山甲的区域（183.11±16 USD）。随着收入（Pearson's $r=0.313$, $P<0.0001$）和受访者差旅费（Pearson's $r=0.309$, $P<0.0001$）的增加，观看穿山甲的人数也会增加，而对大型哺乳动物不感兴趣的受访者中，这一比例明显更高（ANOVA $F_{1288}=4.7$, $P<0.05$, Cohen's $d=0.741$）（图 38.2）。在不打算旅行的受访者中，捐赠的支付意愿平均值为 27.72 美元±6.5 美元，一部分人群对野生动物观赏不感兴趣，但在参观自然区域时更喜欢体验广泛的生物多样性（ANOVA $F_{1.78}=10.32$, $P<0.001$, Cohen's $d=0.726$）。

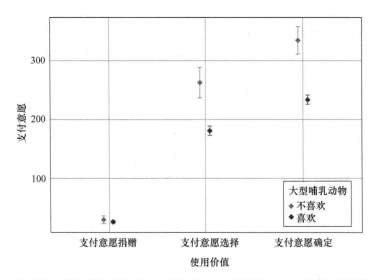

图 38.2　偏好或不喜欢大型哺乳动物的受访者的平均支付意愿，（a）捐赠给生态旅游穿山甲保护项目（支付意愿捐赠），
（b）到访穿山甲出现但可能看不到的区域（支付意愿选择），（c）访问某个可以看到穿山甲的区域（支付意愿确定）。
条形表示显著性水平为 0.95 的置信区间。

　　最后，18%的受访者表示，穿山甲是他们最喜欢的 5 个物种之一，无论他们是否见过该物种。此外，58%的受访者表示，穿山甲是他们尚未见过但特别希望见到的物种，并且在最喜欢前 5 种物种中排名最高（图 38.3）。

社交媒体和穿山甲的分布

在世界自然保护联盟地理范围内现存的所有穿山甲物种中，总共发现了 1000 个与穿山甲相关的地理标记帖子（网络相册上有 632 个，Twitter 上有 368 个）。这些帖子出现在有穿山甲出没的非洲和亚洲的 54 个国家和地区中的 41 个国家和地区。在网络相册上地理标记最多的地点是中国台湾，而在 Twitter 上地理标记最多的国家是印度尼西亚。总的来说，穿山甲存在的证明来自所有国家和地区的 58 个保护区中有地理标记的帖子。

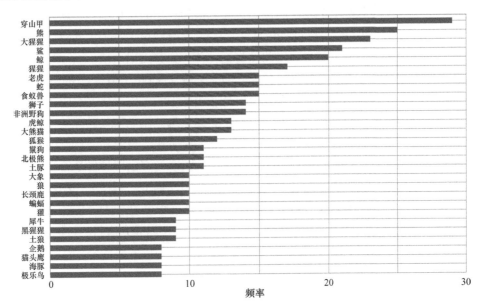

图 38.3　受访者最喜欢的没有见过并希望见到的五大物种。频率根据排名中的位置进行加权
（即前 1＝5 分，前 2＝4 分，前 3＝3 分，前 4＝2 分，前 5＝1 分）。

讨　　论

我们的研究结果重点说明，至少在南非，穿山甲可以发挥重要的生态旅游作用，因为大多数受访者将它们列为尚未见过的最喜欢的物种。调研结果还显示，在保证有机会看到穿山甲的情况下，受访者的支付意愿更高。我们的调查对象中包括去过撒哈拉以南非洲国家及非洲其他自然保护区的生态旅游者，因此调查结果对非洲大陆的影响超出了南非。一些受访者不打算前往穿山甲出没的地区，但他们对保护穿山甲十分感兴趣。这些效果在全球促进生态旅游和筹集资金支持整个穿山甲的保护方面具有积极的影响。最后，社交媒体的帖文提供了关于穿山甲在全球分布的准确的时空信息。

由于野生动物非法贸易，主要是穿山甲肉类和鳞片的非法交易屡禁不止，穿山甲面临着很高的灭绝风险（Heinrich et al.，2016；Whiting et al.，2013）。穿山甲出现在社会经济和人类需求最高、资源最稀缺的地区，尤其是发展中国家（Waldron et al.，2013）。如果管理得当，生态旅游可以为当地社区带来意想不到的好处（Isaac，2000）。研究发现，如果能够保证有见到穿山甲的机会，生态游客对穿山甲的兴趣和支付意愿就会更高。虽然有很多动物福利（开展生态旅游活动，不伤害动物）和金融（启动生态旅游企业的资金）方面的考虑，重要的是突出这个隐居物种在南部非洲生态旅游中的潜在价值。特别是对大型哺乳动物不太感兴趣的生态游客来说，穿山甲的观赏率更高。这表明，缺乏魅力物种的地区可能依靠穿山甲吸引生态旅游者。应该仔细考虑这些情况，特别是考虑到生态旅游市场的饱和，但这也表明了在保护穿山甲的基础上开发特定区域生态旅游项目的潜力。应该优先考虑更容易出入和政治稳定的地区（Hausmann et al., 2017b）。在偷猎情况严重的地区，生态旅游可以为当地社区带来许多好处，直接雇佣生态旅游项目人员（如导游）或护林员、提供服务（如提供食物）等都有助于加强对穿山甲的保护和养护。

我们的样本所针对的人群，是那些对撒哈拉以南非洲保护区感兴趣且热衷于国内外自然保护区的生态游客，是选择前往非洲体验生物多样性的游客代表（Di Minin et al., 2013b；Hausmann et al., 2017a）。这些人群清楚了解穿山甲的保育情况及其将要面临的挑战。因此，我们的研究结果可靠，因为对穿山甲保护感兴趣的人数足够多。与此同时，有些生态旅游者对生物多样性保护不太感兴趣、不太愿意去穿山甲出没的地区，但他们也关心这些濒危物种的保护，并愿意为它们的保护工作捐款。我们的结果证实了最近的研究（Di Minin et al., 2013b；Hausmann et al. 2017a），有些市场不一定支持生态旅游营销策略，只关注有魅力的物种，但生态旅游营销也可以关注其他物种，如穿山甲。

此外，社交媒体数据可能会提供物种分布和偏好的新见解（Barve, 2014；Hausmann et al., 2018）。在这一章中，我们评估了社交媒体数据在推断穿山甲分布范围中的作用。研究表明，即便像穿山甲这样难以捉摸的物种，社交媒体数据也可以为生态调查提供额外信息，比如可以通过相机调查，让人们对该物种在保护区内外分布的情况有新的认识。由于这些信息的暂时性，自愿和非自愿公民科学数据的监测可以提供保护区内穿山甲的实际情况，从而推断出保护区的状况及穿山甲种群是否发生了局部灭绝。虽然本研究只考虑了地理标记的社交媒体帖子，但内容自动分类提供了一种在更大样本（包括非地理标记的帖子）上提取穿山甲目击信息的有效方法（如通过文本内容推断位置）（Di Minin et al., 2018, 2019）。然而，应该谨慎使用这些信息，以免透露穿山甲的确切位置，避免它们成为偷猎的目标（Lowe et al., 2017）。

结　　论

本章研究表明，生态旅游者有兴趣也愿意付费去野外观看穿山甲，这能激励保护穿山甲物种的工作。可行的情况下，有必要开发可持续生态旅游项目，支持穿山甲保护和提高当地动物福利。对当地生计的贡献反过来可激励人们保护穿山甲，拒绝偷猎。最后，应根据保护战略和优先事项，从战略上制定新的生态旅游项目（如在偷猎猖獗或者穿山甲数量高的地区），以便这些项目有助于实现保护穿山甲和可持续利用穿山甲的目的。

参 考 文 献

Adamowicz, W., Louviere, J., Williams, M., 1994. Combining revealed and stated preference methods for valuing environmental amenities. J. Environ. Econ. Manage. 26 (3), 271-292.

Adamowicz, W., Boxall, P., Williams, M., Louviere, J., 1998. Stated preference approcaches for measuring passive use values: chioice experiments and contingent valuation. Am. J. Agric. Econ. 80 (1), 64-75.

Balmford, A., Green, J.M.H., Anderson, M., Beresford, J., Huang, C., Naidoo, R., et al., 2015. Walk on the wild side: estimating the global magnitude of visits to protected areas. PLoS Biol. 13 (2), e1002074.

Barve, V., 2014. Discovering and developing primary biodiversity data from social networking sites: a novel approach. Ecol. Inf. 24, 194-199.

Boxall, P.C., Adamowicz, W.L., Swait, J., Williams, M., Louviere, J., 1996. A comparison of stated preference methods for environmental valuation. Ecol. Econ. 18 (3), 243-253.

Buckley, R., 2013. To use tourism as a conservation tool, first study tourists. Anim. Conserv. 16 (3), 259-260.

Buckley, R.C., Morrison, C., Castley, J.G., 2016. Net effects of ecotourism on threatened species survival. PLoS One 11 (2), 23-25.

Challender, D.W.S., Harrop, S.R., MacMillan, D.C., 2015. Understanding markets to conserve trade-threatened species in CITES.

Biol. Conserv. 187, 249-259.

Cheng, W., Xing, S., Bonebrake, T.C., 2017. Recent pangolin seizures in China reveal priority areas for intervention. Conserv. Lett. 10 (6), 757-764.

Di Minin, E., MacMillan, D.C., Goodman, P.S., Escott, B., Slotow, R., Moilanen, A., 2013a. Conservation businesses and conservation planning in a biological diversity hotspot. Conserv. Biol. 27 (4), 808-820.

Di Minin, E., Fraser, I., Slotow, R., MacMillan, D.C., 2013b. Understanding heterogeneous preference of tourists for big game species: implications for conservation and management. Anim. Conserv. 16 (3), 249-258.

Di Minin, E., Tenkanen, H., Toivonen, T., 2015. Prospects and challenges for social media data in conservation science. Front. Environ. Sci. 3, 63.

Di Minin, E., Fink, C., Tenkanen, H., Hiippala, T., 2018. Machine learning for tracking illegal wildlife trade on social media. Nat. Ecol. Evol. 2, 406-407.

Di Minin, E., Fink, C., Hiippala, T., Tenkanen, H., 2019. A framework for investigating illegal wildlife trade on social media with machine learning. Conserv. Biol. 33 (1), 210-213.

Ezebilo, E.E., 2016. Economic value of a non-market ecosystem service: an application of the travel cost method to nature recreation in Sweden. Int. J. Biodivers. Sci., Ecosyst. Serv. Manage. 12 (4), 314-327.

Gibbons, S., Mourato, S., Resende, G.M., 2014. The amenity value of English nature: a hedonic price approach. Environ. Resour. Econ. 57 (2), 175-196.

Gössling, S., 1999. Ecotourism: a means to safeguard biodiversity and ecosystem functions? Ecol. Econ. 29 (2), 303-320.

Hausmann, A., Slotow, R., Fraser, I., Di Minin, E., 2017a. Ecotourism marketing alternative to charismatic megafauna can also support biodiversity conservation. Anim. Conserv. 20 (1), 91-100.

Hausmann, A., Toivonen, T., Heikinheimo, V., Tenkanen, H., Slotow, R., Di Minin, E., 2017b. Social media reveal that charismatic species are not the main attractor of ecotourists to sub-Saharan protected areas. Sci. Rep. 7 (1), 763.

Hausmann, A., Toivonen, T., Slotow, R., Tenkanen, H., Moilanen, A., Heikinheimo, V., et al., 2018. Social media data can be used to understand tourists' preferences for nature-based experiences in protected areas. Conserv. Lett. 11 (1), 1-10.

Heinrich, S., Wittmann, T.A., Prowse, T.A.A., Ross, J.V., Delean, S., Shepherd, C.R., et al., 2016. Where did all the pangolins go? International CITES trade in pangolin species. Glob. Ecol. Conserv. 8, 241-253.

Isaac, J., 2000. The limited potential of ecotourism to contribute to wildlife conservation. Wildlife Soc. Bull. 28 (1), 61-69.

Krüger, O., 2005. The role of ecotourism in conservation: panacea or Pandora's box ? Biodivers. Conserv. 14 (3), 579-600.

Leader-Williams, N., Dublin, H., 2000. Charismatic megafauna as "flagship species." In: Entwistle, A., Dunstone, N. (Eds.), Priorities for the Conservation of Mammalian Diversity: Has the Panda Had Its Day. Cambridge University Press, Cambridge, pp. 53-81.

Lowe, A.J., Smyth, A.K., Atkins, K., Avery, R., Belbin, L., Brown, N., et al., 2017. Publish openly but responsibly. Science 357 (6347), 141.

McCarthy, D.P., Donald, P.F., Scharlemann, J.P.W., Buchanan, G.M., Balmford, A., Green, J.M.H., et al., 2012. Financial costs of meeting global biodiversity conservation targets: current spending and unmet needs. Science 338 (6109), 946-949.

Naidoo, R., Adamowicz, W.L., 2005. Biodiversity and nature-based tourism at forest reserves in Uganda. Environ. Dev. Econ. 10 (2), 159-178. Naidoo, R., Weaver, L.C., Stuart-Hill, G., Tagg, J., 2011. Effect of biodiversity on economic benefits from communal lands in Namibia. J. Appl. Ecol. 48 (2), 310-316.

Newing, H.N., 2011. Conducting Research in Conservtion. A Social Science Perspective. Routledge, Oxon.

Nijman, V., Zhang, M.X., Shepherd, C.R., 2016. Pangolin trade in the Mong La wildlife market and the role of Myanmar in the smuggling of pangolins into China. Glob. Ecol. Conserv. 5, 118-126.

Ressurreição, A., Gibbons, J., Kaiser, M., Dentinho, T.P., Zarzycki, T., Bentley, C., et al., 2012. Different cultures, different values:

the role of cultural variation in public's WTP for marine species conservation. Biol. Conserv. 145 (1), 148-159.

Siikamäki, P., Kangas, K., Paasivaara, A., Schroderus, S., 2015. Biodiversity attracts visitors to national parks. Biodivers. Conserv. 24 (10), 2521-2534.

Tenkanen, H., Di Minin, E., Heikinheimo, V., Hausmann, A., Herbst, M., Kajala, L., et al., 2017. Instagram, Flickr, or Twitter: assessing the usability of social media data for visitor monitoring in protected areas. Sci. Rep. 7, 17615.

Verıssimo, D., Fraser, I., Groombirdge, J., Bristol, R., MacMillan, D.C., 2009. Birds as tourism flagship species: a case study of tropical islands. Anim. Conserv. 12 (6), 549-558.

Waldron, A., Mooers, A.O., Miller, D.C., Nibbelink, N., Redding, D., Kuhn, T.S., et al., 2013. Targeting global conservation funding to limit immediate biodiversity declines. Proc. Natl. Acad. Sci. U.S.A. 110 (29), 12144-12148.

Whiting, M.J., Williams, V.L., Hibbitts, T.J., 2013. Animals traded for traditional medicine at the Faraday market in South Africa: species diversity and conservation implications. In: Alves, N., Romeu, R., Lucena, I. (Eds.), Animals in Traditional Folk Medicine. Springer-Verlag Berlin Heidelberg, Berlin, pp. 421-473.

第四篇

未来

第 39 章　提升穿山甲保护规模

丹尼尔·W. S. 查兰德[1, 2]，海伦·C. 纳斯[2, 3]，卡莉·沃特曼[2, 4]，蕾切尔·霍夫曼[5]

1. 牛津大学动物学系和马丁学院，英国牛津
2. 摄政公园伦敦动物学会，世界自然保护联盟物种生存委员会穿山甲专家组，英国伦敦
3. 新加坡国立大学生物科学系，新加坡
4. 摄政公园伦敦动物学会保护与政策部，英国伦敦
5. 世界自然保护联盟物种生存委员会，英国剑桥

引　言

穿山甲是极其特殊的物种，是世界上唯一真正意义上的鳞甲类哺乳动物。经过几千万年它们已经进化出了独特的形态学和生态学适应方式（第 1 章）。然而，它们是少数几个所有成员物种都面临灭绝威胁的哺乳动物类群之一（第 4 章至第 9 章）。尽管如此，过去对穿山甲的保护研究非常有限，对它们的了解仍然不足。鼓舞人心的是，自从 2010 年穿山甲为世界所熟知之后，这种状况已经开始转变（第 21 章；Harrington et al.，2018）。10 年间，它们从默默无闻到高度引人注目，与其他具有代表性的物种（如非洲象）一起成为打击全球非法野生动物贸易运动的代表。使得世界各地的公众对穿山甲的认知有了巨大的飞跃，穿山甲所处的困境引起了许多人的关注，这些人 10 年前甚至可能不知道穿山甲的存在。

同样，国际保护团体也逐渐认识到穿山甲所面临的威胁及解决这些威胁的紧迫性。这在很大程度上归功于少数研究人员、保护工作者和活动人士的努力，他们在过去的几十年不辞辛劳地研究、倡导和支持穿山甲保护（第 21 章）。现在 8 种穿山甲受到越来越多政府、非政府组织和保护工作者的关注。

本书介绍了关于穿山甲最新的知识、它们的进化和系统分类学、自然历史及威胁因素，并讨论了保护该物种的一系列方法和措施。本章讨论了未来 20 年穿山甲的发展趋势，思考了国际保护团体该如何通过合作和多学科方法扩大穿山甲的保护规模。现在仍然有时间保护亚洲和非洲不同地点具有代表性的穿山甲种群。既然穿山甲已经得到全世界的关注，它们得到持续的、战略性的保护和帮助的时机也已经到来。

成功的基础

目前已经具备了为穿山甲建立长期可持续性保护项目的坚实基础。全球穿山甲保护团体已经积累了几十年关于穿山甲的基础知识、专业知识、面临的威胁及解决威胁需要做的工作（如在中国、越南、津巴布韦）。随着穿山甲吸引了一批致力于保护它们的科学家和支持者，这个团体逐渐壮大。新项目开发，必须建立有效的交流、协作和知识共享机制，以便在当前资源和资金有限的情况下提高保护行动的效率和效力。

作为世界自然保护联盟（IUCN）物种生存委员会（SSC）一部分的穿山甲专家组（PSG）可以在其

中发挥重要作用。世界自然保护联盟物种生存委员会是一个来自世界各国的近 9000 人的网络，包含近 150 个致力于全球多样性保护的专家组。2012 年初，穿山甲是唯一一个在物种生存委员会中没有专家组的哺乳动物类群，尽管在 1992～1997 年［凯文·拉扎勒斯（Kevin Lazarus）博士为主席］和 1998～2004 年［赵荣台（Jung-Tai Chao）博士为主席］曾有过该小组的前身。意识到这个空白，穿山甲专家组改革形成（第 21 章；Challender et al.，2012）。

拥有一个物种生存委员会专家组对物种保护有很多益处，他们紧密联合可以将穿山甲保护提升到另一个高度。专家组拥有召集利益相关者的能力，利用世界自然保护联盟作为政府间国际组织的中立角色推动各方对话（如在科学家、非政府组织、保护工作者、当地社区、公民和企业间），利用政府行政手段帮助取得成功的保护成果。他们还拥有启动或者参与穿山甲保护计划的能力，通过利益相关者的参与和协助确定优先保护区的能力（第 33 章），以及识别穿山甲重要地理分布区域的能力。此外，世界自然保护联盟及物种生存委员会是独立可信的科学建议和信息提供者。例如，穿山甲专家组向诸如《濒危野生动植物种国际贸易公约》提供制定国际政策的专家技术指导，为穿山甲保护等级和《世界自然保护联盟濒危物种红色名录》灭绝风险评估提供支持。物种生存委员会专家组拥有围绕穿山甲保护问题（如迁地保护的角色）制定世界自然保护联盟指导方针、标准、立场声明的能力。最后，在世界自然保护联盟物种生存委员会中设立代表穿山甲的专家组可以提供很多跨学科合作的机会，如可持续利用和生计、保护规划、野生动物健康、气候变化等专题问题，为保护挑战提供创新解决方案，协调一致的研究方法，分享知识，加强对保护需求和优先事项的监测。

这不是说专家组的益处仅从国际层面获得。在国家范围内，专家组与政府和非政府组织伙伴合作，对单个国家范围内的穿山甲保护产生积极影响。例如，专家组与菲律宾非政府组织伙伴合作制定了穿山甲国家保护策略，引导优先考虑对穿山甲保护的投资。

通过建立包括关键利益相关者在内的国家和地区工作组，穿山甲的保护优先级也在国家和地区层面进行。事实证明，这些组织通过加强穿山甲研究人员和保护工作者之间的合作，加强与政策制定者和企业接触，深入强化了穿山甲保护。虽然没有通过世界自然保护联盟进行合作，但是国家和地区工作小组与穿山甲专家组在成员上有很大重叠，在新加坡（第 26 章）和中国台湾（第 36 章），他们在穿山甲保护策略的制定上开展了积极的合作。

挑　　战

虽然以上所述带给了我们希望，但是穿山甲面临的威胁仍逐渐增多，现有证据表明，其种群数量正在下降。令人严重担心的是穿山甲保护在未来 10 年将面对的挑战。穿山甲及其衍生物在世界上很多国家和地区都有极高的经济价值，这些地方对穿山甲的需求仍然存在，对穿山甲的认识似乎也在增加，这些地方成为挑战控制穿山甲利用水平的关键，特别是在农村或环境艰苦的地区（第 18 章）。更糟糕的是，狩猎、偷猎和贩运穿山甲常常被认为是低风险高回报（第 17 章）；此外，2008～2019 年，逐渐出现将非洲穿山甲运至亚洲（几乎只包括甲片）的跨大洲非法交易，对穿山甲种群造成了额外的压力（第 8 章至第 11 章，第 16 章）。此外，国际非法贸易网络正使用越来越复杂的走私方法和路线以避免被发现（第 16 章；Heinrich et al.，2017）。

许多关键宏观经济因素进一步加剧了这种困境。在很多穿山甲分布国，预期的人口增长率都很高（如刚果共和国、印度、尼日利亚；United Nations，2019），这很可能会增加包括穿山甲及其栖息地在内的自然资源的压力。全球贸易水平预期增加（Lloyd's Register et al.，2013），以及东亚在非洲的高水平投资（Zhang et al.，2015）可能会加剧非洲穿山甲及其鳞片流向亚洲市场的非法交易。中医药文化的复兴和中国"一带一路"倡议的兴起也可能对穿山甲获取、利用和贸易的可持续性产生重大影响（Ascensao et al.，2018）。

几乎没有证据表明，公认的穿山甲优先保护事项，即降低消费需求可以有效保护穿山甲（Veríssimo and Wan，2019）。然而，即使这些努力有效，但是在一定的时间内，是否可以在足够大的范围内改变消费习惯，这些改变对减少穿山甲贸易到一个不再威胁其生存的级别是否有贡献？

机　　遇

尽管挑战很多，但也有使我们乐观的理由。人们对穿山甲及其威胁因素有了更多的了解，可以为穿山甲短期和长期的保护干预和管理提供信息（第 4 章至第 11 章）。越来越多的政府、非政府组织、保护工作者、学者及其他利益相关者为穿山甲在地区层面、国家层面和国际层面的保护提供支持。穿山甲保护团体也在不断壮大，也开始指导保护行动和投资，制定保护策略（第 33 章、第 36 章）。国家层面正在形成国家工作小组，将国家和国际保护措施有效地联系在一起（第 26 章）。地方层面，通过投资、能力培养、引进如 SMART 等保护工具、引进保护项目等一系列措施使保护区管理越来越好。这将为穿山甲优先保护事项协同纳入此类项目提供机会，包括与当地社区和原住民发展伙伴关系（第 23 章至第 27 章）。也可利用公众科学更好地传播我们对这个物种的了解并为穿山甲保护作出贡献（第 38 章）。捐赠者也对穿山甲表现出了越来越浓厚的兴趣，尽管面临的挑战会一直持续，有限保护资金的竞争日益激烈。基于此，需要创新的方法保证为保护行动提供足够的支持（第 37 章）。

穿山甲的未来明朗吗？

提升穿山甲保护规模意味着需要对每一个亚种有足够的了解并建立种群监测。知识和信息可以用来判定，在一个能代表该物种及其栖息地特点的特定监测地点，移除威胁后种群数量维持稳定还是有所增长。此外，穿山甲研究一直在进行中，保护穿山甲是保护议程中的重要内容，地区和国家保护战略不断用来指导保护行动。如果在关键地区为每一个物种建立有效的就地保护、有效的社区参与、形成伙伴关系，这一宏伟目标就可以实现；一线执法人员和司法人员还必须提高对涉及穿山甲的野生动物犯罪的认识，并对其严肃处理，对偷猎和非法交易起到威慑作用。在重点市场，消费者需求不应该成为威胁穿山甲的因素。要实现这样的壮举、克服已知的挑战需要巨大的政策意愿和勇气，还需要包括政府及其授权机构、学者、非政府组织，特别是当地社区和原住民在地区层面、国家层面和国际层面的通力合作。虽然有将愿景变为现实的强大基础存在，但未来 20 年甚至更长时间内挑战也不可小觑，任重而道远。

参 考 文 献

Ascensão, F., Fahrig, L., Clevenger, A.P., Corlett, R.T., Jaeger, J.A.G, Laurance, W.F., et al., 2018. Environmental challenges for the belt and road initiative. Nat. Sustain. 1, 206-209.

Challender, D.W.S., Baillie, J.E.M., Waterman, C., IUCN SSC Pangolin Specialist Group, 2012. Catalysing conservation action and raising the profile of pangolins - the IUCN SSC Pangolin Specialist Group (PangolinSG). Asian J. Conserv. Biol. 1 (2), 140-141.

Harrington, L.A., D'Cruze, N., Macdonald, D.W., 2018. Rise to fame: events, media activity and public interest in pangolins and pangolin trade, 2005-2016. Nat. Conserv. 30, 107-133.

Heinrich, S., Wittman, T.A., Ross, J.V., Shepherd, C.R., Challender, D.W.S., Cassey, P., 2017. The Global Trafficking of Pangolins: A Comprehensive Summary of Seizures and Trafficking Routes From 2010-2015. TRAFFIC, Southeast Asia Regional Office, Petaling Jaya, Selangor, Malaysia.

Lloyd's Register, QinetiQ, University of Strathclyde, 2013. Global Marine Trends 2030. Available from: ＜https://

www.lr.org/en-gb/insights/global-marine-trends-2030/＞. [September 27 2019].

United Nations, 2019. World Population Prospects 2019. Highlights. United Nations Department of Economic and Social Affairs. United Nations, Geneva.

Verı'ssimo, D., Wan, A.K.Y., 2019. Characterizing efforts to reduce consumer demand for wildlife products. Conserv. Biol. 33 (3), 623-633.

Zhang, S., Blanchard, B., Rajagopalan, M., 2015. China just made a $2 billion move in an oil-rich west African nation. Available from: ＜https://www.businessinsider. com/r-china-agrees-2-billion-infrastructure-deal-withequatorial-guinea-2015-4?r5UK＞. [September 27 2019].

索　引